Handbuch Kulturwissenschaftliche „Studies“

Handbuch Kulturwissenschaftliche „Studies“

Herausgegeben von
Jonas Nesselhauf und Florian Weber

DE GRUYTER

ISBN 978-3-11-071283-4
e-ISBN (PDF) 978-3-11-071291-9
e-ISBN (EPUB) 978-3-11-071293-3

Library of Congress Control Number: 2024940388

Bibliografische Information der Deutschen Nationalbibliothek
Die Deutsche Nationalbibliothek verzeichnet diese Publikation in der Deutschen Nationalbibliografie; detaillierte bibliografische Daten sind im Internet über http://dnb.dnb.de abrufbar.

Einbandabbildung: Karl Newton/Moment/Getty Images
Satz: Integra Software Services Pvt. Ltd.
Druck und Bindung: CPI books GmbH, Leck

www.degruyter.com

Vorwort

Mit dem *cultural turn* in der zweiten Hälfte des 20. Jahrhunderts öffnen sich nicht nur bisher eher hermetisch abgeschlossene geistes- und sozialwissenschaftliche Disziplinen für ein kulturwissenschaftliches Denken und Arbeiten – vielmehr entstehen aus diesen Studien heraus fruchtbare neue, Fachgrenzen überschreitende Ansätze: Die kulturwissenschaftlich orientierten „Studies“ sind interdisziplinäre und dynamische Forschungsbereiche, die sich auch bislang marginalisierten Themen und Akteur*innen zuwenden, diese systematisch erschließen (bspw. WOMEN'S STUDIES, POSTCOLONIAL STUDIES etc.) und letztlich aber auch selbst wiederum weitere „Studies“ generieren (aus den WOMEN'S STUDIES respektive den GENDER STUDIES etwa die FEMINIST STUDIES, MASCULINITY STUDIES/MEN'S STUDIES, FAT STUDIES, DISABILITY STUDIES, PORN STUDIES usw.). Diese hochspezialisierten, starre Fächergrenzen überschreitenden und stark praxistheoretischen Ansätze sind dabei inzwischen nicht mehr aus den Literatur-, Kultur- und Medienwissenschaften wie auch den Geschichts-, Politik-, Raum- und Sozialwissenschaften wegzudenken – in ihrer Spezifik allerdings gleichzeitig ein wissenschaftstheoretisch noch relativ unerschlossenes Gebiet.

Dieses Handbuch versucht sich jenem Desiderat mit einer zweiteiligen Struktur anzunehmen: So sollen im Folgenden zunächst die historische Entwicklung in und aus dem weiten Feld der CULTURAL STUDIES allgemein skizziert, die wissenschaftsstrategische Herausbildung und die Einflussmöglichkeiten dieser „Studies“ aufgezeigt, und letztlich die Bedeutung und die Folgen einer solchen Partikularisierung und Heterogenisierung für die CULTURAL STUDIES reflektiert werden.

Der Hauptteil besteht dann aus der Analyse von 32 exemplarischen „Studies“: Dabei leiten namhafte Kulturwissenschaftler*innen aus der deutschsprachigen Forschungslandschaft in ihren jeweiligen Bereich ein und stellen in stets vergleichend aufgebauten Artikeln (a) die Herausbildung der entsprechenden „Study“ aus neu zu erschließenden Themengebieten wie auch (b) deren Etablierung und Institutionalisierung innerhalb der internationalen *scientific community* (mit einem Schwerpunkt auf die D-A-CH Region) vor und skizzieren (c) zentrale Fragestellungen, methodische Ansätze und Herangehensweisen. Abschließend versuchen ein Register der erwähnten (im Fließtext in Kapitälchen gesetzten) „Studies“ und tabellarische Übersichten die netzwerkhaften Ver-Bindungen zwischen diesen Forschungsrichtungen aufzuzeigen.

Die getroffene Auswahl der hier vorgestellten, bei Verweisen auf andere Artikel mit einem Pfeil → versehenen „Studies“ muss zwangsläufig beispielhaft bleiben – es lässt sich leider schlicht nicht jeder kulturwissenschaftliche Forschungsansatz eigenständig im Handbuch vertreten, so dass einige der Artikel als ‚Schablone‘ für

https://doi.org/10.1515/9783110712919-202

thematisch ähnliche „Studies“ fungieren: So kann bspw. der Beitrag zu den EUROPEAN STUDIES exemplarisch die in der deutschsprachigen Forschung eher weniger institutionalisierten, aber grundsätzlich sehr ähnlich aufgebauten AFRICAN STUDIES oder ASIAN STUDIES reflektieren, der Artikel zu (CRITICAL) ETHNIC STUDIES deutet gleichfalls auf die verwandten (CRITICAL) WHITENESS STUDIES hin, der Beitrag zu den MINORITY STUDIES denkt die LATINA/O STUDIES ebenso mit wie die AFRICAN AMERICAN STUDIES, CHICANA/O STUDIES usw. usf.

Dass manche Leser*innen dennoch für ihre jeweiligen Interessen fraglos relevante Artikel vermissen, liegt schließlich aber ebenso an bedauerlichen Absagen, die leider nicht kompensiert werden konnten, ohne das ursprünglich breiter angelegte Projekt weiter in die Länge zu ziehen. Und ohnehin müssen auch die vorliegenden Beiträge als Momentaufnahme verstanden werden – zu dynamisch entwickeln sich die „Studies“ und deren Forschungsperspektiven stets weiter.

Unser größter Dank geht an die wunderbaren Beiträger*innen, die mit ihren fachlich fundierten, zugleich gründlich recherchierten wie kritisch reflektierten Artikeln für das Gelingen dieses Handbuchs zu den allergrößten Teilen verantwortlich sind. Ebenso freuen wir uns, dass sich der Verlag De Gruyter auf dieses Experiment eingelassen hat, das sich durch verschiedenfache Unwägbarkeiten leider stärker verzögert hat, als wir das gewünscht haben: Anja Michalski und später Stella Diedrich haben unser Vorhaben von der ersten Skizze durch eine globale Pandemie und bis zur Drucklegung professionell begleitet und unterstützt.

Die Herausgeber
Saarbrücken, im Sommer 2024

Inhaltsverzeichnis

Jonas Nesselhauf und Florian Weber

Einleitung: Perspektiven auf die kulturwissenschaftlichen „Studies“

1 Von der Kulturforschung zu den Cultural Studies

Das Interesse an der Analyse kultureller Systeme und Prozesse (vgl. grundsätzlich zum Begriff von „Kultur/en“ etwa Assmann 2007, 13–17), so lässt sich etwas pauschal annehmen, ist wohl so alt wie die Menschheit selbst: Das philosophische Nachdenken über Staatstheorien wie die empirische Beobachtung ‚fremder‘ Kulturen, theoretische Schriften zum Aufbau einer ‚idealen‘ Gesellschaft wie auch ‚ethnographische‘ Beschreibungen von anderen Gemeinschaften machen bereits die frühesten, heute noch erhaltenen Schriftzeugnisse der europäischen Antike aus. So entwickelt etwa Platon – prospektiv, jedoch im Abgleich mit der prehellenistischen *pólis* – im vierten vorchristlichen Jahrhundert in seiner *Politeia* in der Definition gesellschaftlicher Tugenden, Symbole, Ordnungen, Institutionen und Systeme unter der umsichtigen Philosophenherrschaft (Platon 2020, 377) die ideale Rahmenstruktur einer sozialen Gemeinschaft, und legt damit den Grundstein für eine politische Kulturforschung (→ Political Studies). In einer Tradition der *Historien* von Herodot (5. Jhdt. v. Chr.) stehend – „Die Perser überziehen den Toten mit Wachs und bestatten ihn dann. Die Mager aber unterscheiden sich sehr von allen anderen Menschen und insbesondere von den Priestern in Ägypten.“ (Herodot 2002, 177) – beschreibt der römische Geschichtsschreiber Tacitus im zweiten nachchristlichen Jahrhundert in seinem *De origine et situ Germanorum liber* durchaus systematisch und anhand von verschiedenen Kategorien (Geographie, Lebensweise, Sitten, Bräuche, Familie, Religion, Rechtsprechung, Kriegsführung etc.) die germanische Kultur auf der anderen Seite des Limes. Ob er tatsächlich jemals dorthin gereist ist und den ‚großen Gestalten mit ihren wild blickenden blauen Augen und rötlichem Haar‘, durch ‚Klima oder Bodenbeschaffenheit gegen Kälte und Hunger abgehärtet‘ (Tacitus 2016, 9), den ‚nackt und schmutzig‘ aufwachsenden Kindern (Tacitus 2016, 31) wirklich gegenüberstand oder die Berichte von durchzechten Gelagen und blutigen Streitigkeiten (Tacitus 2016, 35) lediglich aus stereotypisierenden Erzählungen kannte, bleibt jedoch bis heute unklar. Aber selbst eine fehlende Authentizität der interkulturellen Erfahrungen dürfte die Funktion der nicht nur deskriptiven, teilweise reißerischen, gar häufig wertenden Inszenierung von ‚Fremdheit‘ wohl kaum geschmälert haben: In der strategischen Rückbindung zur eigenen, der lesenden Zielgruppe bekannten Kultur können die zivilisatorischen Leistungen des *impe-*

https://doi.org/10.1515/9783110712919-001

rium romanum somit einseitig auf-, zugleich die ‚barbarische' Lebensweise abgewertet und so als Mahnung vor der eigenen kulturellen ‚Dekadenz' inszeniert werden (Krebs 2011, 47).

Dieses grundsätzliche Interesse setzt sich im 15. und 16. Jahrhundert mit den (eurozentristisch: ‚Entdeckungsreisen' genannten) protokolonialistischen Reisen britischer, spanischer, portugiesischer oder italienischer Seefahrer zu den Amerikas oder in die Südsee fort, wenn kaum ein nautisches Logbuch oder ‚ethnographischer' Expeditionsbericht die Begegnungen mit den ‚naiven Ureinwohnern' nicht monokausal und in missionarischer Überlegenheit ausdeutet (→ POSTCOLONIAL STUDIES). Gerade die ‚unzivilisatorische' Nacktheit der ‚wilden' Menschen – „The Men go naked, it can hardly be said they cover thier [sic] Natural parts" (Cook 2003 [1779/1955], 378) – wird dabei auffällig häufig zur Distinktionskategorie, um das vermeintlich kulturell unterlegene ‚Andere' vom eigenen Selbstbild abzugrenzen. Innerhalb dieser vereinfacht skizzierten Tradition ist bspw. auch (noch) der französische Schriftsteller Stendhal (d. i. Marie-Henri Beyle, 1783–1842) und seine Schrift *De l'amour* von 1822 zu verorten, wenn gesellschaftlich unterschiedlich ausgeprägte (und v. a.: normierte) Liebeskonzepte als *tertium comparationis* für den Ver- und Abgleich von Frankreich, England, Italien, Spanien und Deutschland herangezogen werden. In einer durchaus unterhaltsamen Vermischung aus eigenen, häufig anekdotischen und teils prahlerischen Reise- und entsprechend ‚Liebes'-Erfahrungen in Verbindung mit systematischen Reflexionen über genau jene sehr verschiedenen Diskurse von (nicht nur ehelicher) Liebe identifiziert Stendhal kulturspezifische Einflussfaktoren wie Regierungsform, Moral und Erziehung, geographische Lage, philosophisches Denken, Kunst und Literatur etc. für jene Unterschiede: „So ist neben dem Klima auch die Einrichtung des Lebens in Spanien und Italien der Musik und der Liebe ebenso günstig wie sie denselben in England feindlich ist. Ich tadle nicht, noch lobe ich; ich beobachte." (Stendhal 2012, 168)

Aufgrund der Wertungen und Verallgemeinerungen zwar weiterhin problematisch, bewegt sich die essayistische Schrift dennoch mit ihrem klar festgelegten Untersuchungsrahmen, mit der Entwicklung einheitlicher (wenngleich willkürlicher) Vergleichsparameter und mit den scheinbar objektiven Kriterien im zeitlichen Kontext der Herausbildung strukturierter Wissenschaften: Ausgerichtet an den frühen botanischen, zoologischen und mineralogischen Taxonomien – Carl von Linné setzt in seiner *Systema Naturae* (1735) erstmals Pflanzen, Tiere und Gesteine in ein genealogisches Verhältnis von Stamm, Klasse, Ordnung, Familie, Gattung und Art (Eselsbrücke: SKOFGA) – wird im 19. Jahrhundert der analytische Ver- und Abgleich zur universalisierbaren Methode. Neben der möglichst wertneutralen „Vergleichung" (Weber 1968 [1904], 203) von Rechtsformen oder Regierungssystemen als kulturspezifische Phänomene entwickeln sich ebenso Ansätze einer vergleichenden

Sprachgeschichte (Wilhelm von Humboldt, 1820), Religionswissenschaft (Friedrich Max Müller, 1873) oder schließlich der (proto)strukturalistischen Märchenforschung (Antti Aarne, 1913), die bis zum völkerverständigenden Ideal einer ‚vergleichenden Geschichtsbetrachtung' als trans-nationalhistorisches Projekt reicht (Bloch 1963 [1928], 40).

Den nächsten Schritt zu einer empirischen Kultursoziologie geht dann bspw. Émile Durkheim (1858–1917) mit seiner 1897 veröffentlichten Studie *Le suicide*: Wurden zuverlässige Personenstandsinformationen bislang fast ausschließlich über Kirchenbücher – die für die Frage des ‚unchristlichen' Selbstmords jedoch keine große Hilfe wären – aufgezeichnet, bildet sich nicht zuletzt auch mit der Säkularisierung der europäischen Nationalstaaten in der Moderne ein zentralisiertes bürokratisches System zum Zweck eines flächendeckenden Melde- und Steuerwesens aus, deren demographische Erhebungen als umfassende Datenquelle genutzt werden können. Durkheim greift auf diese statistischen Erfassungen zurück und versucht sowohl überblickende Zahlen für die französischen Départements sowie teilweise auch Deutschland zu sammeln, als auch diese möglichst kleinteilig auszuwerten, etwa hinsichtlich des Verhältnisses zwischen Selbstmord und sozialem Hintergrund (Alter, Geschlecht, Religion, Gesellschaftsschicht, Beruf, Einkommen, Alkoholismus usw.) oder einer möglichen Rückbindung des Suizids an die klimatischen Verhältnisse, die Jahreszeiten, gar die Wochentage und Uhrzeiten: „Wenn die Selbstmorde von Januar bis Juli zahlenmäßig zunehmen, dann nicht etwa, weil die Hitze einen störenden Einflu[ss] auf den Organismus ausübt, sondern weil das Leben in der Gesellschaft intensiver wird." (Durkheim 1983, 122)

In der Folge diversifiziert sich eine deutsch- und französischsprachige Tradition der ‚Kulturwissenschaft' mit sehr unterschiedlichen Methoden und Theorien: Ein stark historisch orientiertes Interesse an kulturellen Praktiken und Techniken – bspw. bei Marcel Mauss (1872–1950) mit Studien zu Gabe und Tausch („Essai sur le don", 1925) oder der sozial(isiert)en ‚Formung' des Körpers („Les techniques du corps", 1936) sowie bei Maurice Halbwachs (1877–1945) zur gesellschaftlichen Dimension des Erinners (*Les cadres sociaux de la mémoire*, 1925) und zu Formen eines ‚kollektiven Gedächtnisses' (*La mémoire collective*, 1939) – als auch eine ‚ethnographische' Analyse des Denkens und Wissens ‚indigener', ‚traditioneller', ‚schriftloser' Gesellschaften bei Claude Lévi-Strauss (1908–2009) und seine Forschungen zu ‚heißen' und ‚kalten' Kulturen (*La Pensée sauvage*, 1962) setzt sich fort bei Michel Foucault (1926–1984) und dessen diskursgeschichtlichen Schriften zu den durchaus kulturell arbiträr definierten Kategorien von ‚Wahnsinn' (*Folie et déraison*, 1961) oder ‚Sexualität' (*Histoire de la sexualité*, 1976–1984/2018), zur Disziplinierung des Körpers in Gefängnis, Krankenhaus oder Militär (u. a. *Naissance de la clinique*, 1963; *Surveiller et punir*, 1975) usw.

Dieser ‚französischen' Tradition gegenüber stehen Georg Simmel (1858–1918) und dessen Untersuchungen zu Geld (1900), Scham (1901) oder Mode (1905) wie auch Max Weber (1864–1920) mit seiner Studie *Die protestantische Ethik und der Geist des Kapitalismus* (1904/05, 1920) an den Schnittstellen von Kulturwissenschaft und Soziologie, Ökonomie und Philosophie. Mit der *Philosophie der symbolischen Formen* (1923–29) von Ernst Cassirer (1874–1945), den ikonographischen Studien von Aby Warburg (1866–1929) unter dem Titel *Mnemosyne* (1924) und den Überlegungen von Walter Benjamin (1892–1940) zum *Kunstwerk im Zeitalter seiner technischen Reproduzierbarkeit* (1935/36) rücken die Bedingungen medialer Vermittlung und Wahrnehmung in den Fokus, und Sigmund Freud (1856–1939) versucht in *Das Unbehagen in der Kultur* (1930) die ontogenetischen Ansätze seiner Psychoanalyse (etwa Kontrolle und Unterdrückung von Triebbefriedigung) als phylogenetische Prinzipien auf die Entwicklung von Gemeinschaften zu übertragen. Norbert Elias (1897–1990) wiederum untersucht genau diesen *Prozess der Zivilisation* (1939) u. a. anhand von Benimmbüchern – und damit einer normativen Textsorte, die kulturen- und schichtenspezifische (wenn auch prinzipiell ‚willkürliche') Regeln und Konventionen festschreibt, wodurch sich im diachronen Vergleich interessante Wandlungen, etwa im Verständnis von Sexualität und Gewalt, Scham und Etikette aufzeigen lassen.

Von der Emigration aus dem nationalsozialistischen Terrorregime unterbrochen, damit aber in Kontakt mit der nordamerikanischen (Populär)Kultur gebracht, wird die sogenannte „Frankfurter Schule" mit ihrem Projekt der „Kritischen Theorie". So ist die 1944 in den USA vollendete *Dialektik der Aufklärung* von Max Horkheimer (1895–1973) und Theodor W. Adorno (1903–1969) zugleich eine kulturkritische Abrechnung mit der „selbstzerstörerischen Affinität" einer eigentlich aufgeklärten ‚Kulturnation' „zur völkischen Paranoia" (1988, 3), als auch eine rezente wie prospektive Kritik an der zunehmenden „Fusion von Kultur und Unterhaltung" (1988, 152) in lediglich auf ökonomischen Erfolg ausgelegten Kinofilmen, schematisch-innovationslosen Fernsehserien oder ideologisch problematischer, massenkompatibler Pop(ulär)musik.

Die geäußerte Sorge um die ‚Macht' des kommerziellen, werbefinanzierten Radios und später Fernsehens – durch ihre Verfügbarkeit in den US-amerikanischen Wohnzimmern in der „trügerische[n] Form desinteressierter, überparteilicher Autorität, die für den Faschismus wie gegossen ist" (Horkheimer und Adorno 1988, 168) dem nationalsozialistischen Propagandainstrument des Volksempfängers nicht unähnlich – lässt das Populäre, also was vielen Menschen gefällt und auf breites Interesse stößt, hinreichend verdächtig erscheinen: Mit dieser Abwertung der/als „Kulturindustrie" geht ein dezidiertes Verständnis von ‚Hochkultur' einher, die sich zumeist weder für das Populare und noch weniger für das Populäre einer Kultur interessiert. Damit wird allerdings auch der eurozentristische Kanon der Literatur-,

Kunst- oder Musikgeschichte, bestehend aus Werken von primär männlichen, weißen, privilegierten Künstlern, fortgeschrieben, und so reziprok die Zugänglichkeit und Teilhabe von ‚anderen' *communities* (und deren Stimmen und Perspektiven) zum und am Kunstsystem erschwert.

Doch erst in den 1960er Jahren wird die dringende Notwendigkeit einer wissenschaftlich fundierten Auseinandersetzung mit bislang diskursiv unterrepräsentierten Fragestellungen – sowohl wenig beachteten, vermeintlich zu ‚banalen' Medien und Genres von Unterhaltungsliteratur oder Superhelden-Comic, wie auch der gleichberechtigten Aufnahme von bspw. weiblichen oder queeren, aus den früheren Kolonien oder der Arbeiterklasse stammenden Künstler*innen unter den Kategorien von *race, class* und Gender ins universitäre Curriculum – zum neuen Paradigma der kulturwissenschaftlichen Forschung. Den zentralen Umbruchsmoment stellt dabei die Gründung und Institutionalisierung eines „Centre for Contemporary Cultural Studies" (CCCS) an der University of Birmingham im Jahr 1964 dar: Gründungsdirektor wird Richard Hoggart (1918–2014), dessen 1957 veröffentlichte Studie *The Uses of Literacy. Aspects of Working-Class Life* wegweisende Impulse für die wissenschaftliche Beschäftigung mit massen- und populärkulturellen Phänomenen und ‚proletarischer' Alltagskultur liefert, gefolgt von Stuart Hall (1932–2014), der jene prägenden gesellschaftlichen und technologischen Transformationsprozesse nach 1945 auch kultur- und wissenschaftstheoretisch untersucht. Das – wie er es später nennt (Hall 1992, 278) – niemals abgeschlossene ‚Projekt' der CULTURAL STUDIES „really begins with the debate about the nature of social and cultural change in postwar Britain. An attempt to address the manifest break-up of traditional culture, especially traditional class cultures, is set about registering the impact of the new forms of affluence and consumer society on the very hierarchical and pyramidal structure of British society. Trying to come to terms with the fluidity and the undermining impact of the mass media and of an emerging mass society on this old European class society, it registered the cultural impact of the long-delayed entry of the United Kingdom [as, previously, British Empire] into the modern world." (Hall 1990, 12)

Sowohl mit ihren biographischen Hintergründen (aus der Arbeiterschicht respektive dem erst 1962 dekolonisierten Jamaica stammend) wie auch der postmarxistischen Prägung innerhalb der ‚Neuen Linken' (Marchart 2018, 59) versteht die neue Generation kulturwissenschaftlich und -soziologisch Forschender ‚die Kultur' nicht länger als „das einbalsamierte Erbe einer nationalen Tradition, sondern [als] Schauplatz von Kämpfen" (Assmann 2017, 21) um politische Macht, ökonomisches Kapital, symbolische Anerkennung und soziales Prestige. Diese kritische Perspektive auf gesellschaftliche Aushandlungsprozesse, auf den Einfluss von massenmedial vermittelten Ideologien oder hegemonialen Strukturen patriarchaler, kapitalistischer Systeme auf Individuum und Gesellschaft etc. wird in den 1980er Jahren auch um

Impulse von der anderen Seite des Atlantiks erweitert, wenn die von den USA ausgehende Strömung des „New Historicism" – beeinflusst von Clifford Geertz (1926–2006) und seinem Konzept der ‚dichten Beschreibung' („Thick Description", 1973) und von den Literaturwissenschaften ausgehend – Kultur/en als diskursive Verflechtung von Texten begreifen. Fortan – so das selbst als *grand récit* zu kritisierende Narrativ (Lyotard 1979, 63) – haben sich die angloamerikanischen CULTURAL STUDIES, von Birmingham ausgehend, inzwischen an allen Fakultäten, Departments und Colleges der „Humanities" in UK und den USA etabliert, scheinen gar als überdisziplinärer Forschungsbereich (Müller-Funk 2006, 270) die ‚traditionellen' Geisteswissenschaften „geradezu abgelöst [zu] haben" (Bachmann-Medick 2018, 8).

2 Von den CULTURAL STUDIES zu den kulturwissenschaftlichen „Studies"

Wird das diskursive Wissen in der europäischen Moderne etwa über die „Ismen" als programmatische „Sammlungs- und Bewegungsbegriffe" (Koselleck 1979, 113) ideologisch strukturiert wie durch die (Her-)Ausbildung von Wissenschaften und Fächern im 19. Jahrhundert formal institutionalisiert, macht wohl nicht zuletzt die technologische Beschleunigung, soziale Komplexität und globale Vernetzung aller Lebensbereiche im 20. Jahrhundert ein zunehmend kleinteiliges Denken notwendig: Fortan haben erklärende Universaldisziplinen wie bislang Theologie oder Philosophie offenbar ausgedient und können mit dem – zuvor noch in der nachahmenden strukturalistisch-vergleichenden Systematisierung vermeintlich erreichten – Konkurrenzdruck naturwissenschaftlicher ‚Objektivität' endgültig nicht mehr mithalten. Die thematisch dynamischen und auch im methodischen Vorgehen flexiblen, von vornherein trans- und interdisziplinär ausgerichteten „Studies", die im Zentrum dieses Handbuchs stehen, reagieren auf diese zugleich Nachfrage und Dringlichkeit der konzeptionellen Neuorientierung, auf die ab den 1960er Jahren mit den CULTURAL STUDIES einhergehenden neuen Aufgaben und Forschungsfragen. Denn mit der im CCCS konstituierten und von den West Midlands ausstrahlenden paradigmatischen Perspektivverschiebungen werden andere Schwerpunkte und Kompetenzen, spezifische Theorien und Methoden notwendig – etwa für die Erforschung des Popularen (bspw. ‚volkstümliche' Artefakte und Bräuche) und Populären, das bislang noch häufig aus quantitativen („well liked by many people") oder qualitativen („inferior kind of work") Gründen abgelehnt wurde (Williams 1988, 237), für die Erforschung sub-, jugend- und gegenkultureller Phänomene und Praktiken, für eine globale Kontextualisierung über den bisherigen Eurozentrismus hinaus usw. usf., auch wenn die CULTURAL STUDIES hierbei nicht selten für ihre scheinbare ‚Grenzenlosigkeit‘ kritisiert werden (Fauser 2011, 35).

Vorausgesetzt und begleitet wird diese Entwicklung von sogenannten *turns* – einerseits kulturwissenschaftlichen Einflüssen auf andere Geistes- und Gesellschaftswissenschaften, andererseits von einflussreichen Paradigmenwechseln innerhalb der Kulturwissenschaften respektive den CULTURAL STUDIES selbst, beginnend mit dem *linguistic turn* (Bachmann-Medick 2018, 7): Um die Mitte des 20. Jahrhunderts in und von der Sprachphilosophie ausgerufen (Rorty 1967), dringt die richtungsweisende „Einsicht in die Sprachabhängigkeit und in die Vorgängigkeit von Text und Repräsentation als Erkenntnisbedingung“ (Bachmann-Medick 2018, 34) in die Geistes-, Sozial- und Kulturwissenschaften. Doris Bachmann-Medick macht über diesen „‚Mega-Turn‘“ (2018, 33) hinaus in ihrem Standardwerk – mittlerweile in sechster Auflage (2018) sowie in englischer Übersetzung (2016) erschienen – sieben weitere wirkmächtige *turns* aus, die sich dadurch auszeichnen, dass der „Forschungsfokus von der Gegenstandsebene neuartiger Untersuchungsfelder auf die Ebene von Analysekategorien und Konzepten ‚umschlägt‘“ (2018, 26): Der *interpretive turn* mit einem neuen (beide Konzepte verbindenden) Begriff von ‚Kultur‘ und ‚Text‘; der *performative turn* um die Schlüsselbegriffe von Performanz und Ritual, Akt und Inszenierung; daran anschließend der *reflexive turn* / *literary turn* / *rhetorical turn* mit einer epistemologischen Selbst-, Repräsentations- und Textkritik; der aus den → POSTCOLONIAL STUDIES in andere Disziplinen ausschlagende *postcolonial turn*; unter dem Begriff des *translational turn* versammeln sich verschiedenste kulturelle Übersetzungsprozesse in sprachlicher/textlicher Kommunikation ebenso wie bei wissenschaftlichen Konzepten oder sozialen Praktiken; die raumkritische Wende des *spatial turn* (→ AREA STUDIES, → BORDER STUDIES) sowie der in den 1990er Jahren ausgerufene *iconic turn* / *pictorial turn* (→ VISUAL STUDIES).

Doch so sehr diese konkreten *turns* einleuchten, so unklar bleibt generell die Frage, (ab) wann ein *turn* denn wirklich ein/zum *turn* wird, lässt sich der genaue ‚Umschlagsmoment‘ wohl kaum objektiv bestimmen als vielmehr eher ‚vermuten‘. Entsprechend stark sind die Forderungen, bspw. das neue und zahlreiche Geistes- und Sozialwissenschaften beeinflussende Denken von Körper(lichkeit) auch ‚offiziell‘ als *body turn* / *somatic turn* / *corporeal turn* (Schroer 2005, 10) anzuerkennen (BODY STUDIES), die inter- und transdisziplinären Forschungstätigkeiten zur Dinglichkeit und Materialität als *material turn* festzumachen (MATERIAL CULTURE STUDIES, CULTURAL MEMORY STUDIES) etc. Und so werden in den Artikeln dieses Handbuchs immer wieder andere *turns* ausgemacht, die als Kultur- und Theorie-Wandel (Assmann 2016, 42–43) mit den jeweiligen „Studies“ in Verbindung stehen, aber (noch) nicht – bzw. nicht überall – den Stellenwert einer solchen Wende erhalten haben, darunter der *animal turn* (→ ANIMAL STUDIES), der *anthropocenic turn* oder *environmental turn* (→ Environmental Studies), der *culinary turn* (→ Food Studies), der *global turn* (→ Global Studies), der *memory turn* (→ Memory Studies), der *posthumanist turn* (→ Queer Studies), der *mobility turn* (→ Social Studies) usw. usf.

Dass wiederum auch die Cultural Studies selbst zu einer paradigmatischen Wende wurden und als *cultural turn* die geistes- und sozialwissenschaftlichen Disziplinen beeinflussten (Bachmann-Medick 2018, 8–10), zeigt eine weitere grundsätzliche Problematik in der keineswegs einheitlichen Begriffsverwendung: So haben sich in den vergangenen Jahrzehnten aus der ‚Birminghamer Schule' der Cultural Studies zahlreiche andere Forschungsbereiche herausgebildet, die einerseits auf solche ‚Wenden' zurückgehen, diese gleichzeitig aber durch eine interdisziplinäre Spezialisierung auf bisher marginalisierte Aspekte stärker ausdifferenzieren und aufteilen – etwa wenn sich aus dem *postcolonial turn* sowohl die inzwischen stark institutionalisierten → Postcolonial Studies entwickelt haben, im weiteren Verlauf aber bspw. ebenso die → (Critical) Ethnic Studies, die Subaltern Studies oder die → Minority Studies mit vergleichbaren, aber doch ganz spezifischen Themen und Perspektiven entstanden sind, daraus wiederum noch konkreter die Blackness Studies respektive die (Critical) Whiteness Studies, die African American Studies, die Latina/o Studies die Chicana/o Studies usw. usf. (vgl. dazu auch die Übersicht am Ende des Bandes).

Denn während das Verhältnis der Cultural Studies zu diesen ‚anderen' Forschungsrichtungen häufig unbestimmt bleibt (handelt es sich dabei auch um eine „Study" auf ‚gleicher' Ebene, um die ‚Mutter-Study' oder eine ‚Meta-Study'?) offenbaren gerade diese kleinteiligen „Studies" mit ihrer „auf dem ‚linguistic turn' und den poststrukturalistischen Theorien aufbauende[n] Ausdifferenzierung" (Moebius 2009: 162) das Potenzial einer gezielten – die gesellschaftliche Pluralität des 20. und frühen 21. Jahrhunderts notwendig machende wie reziprok dieser gerecht werdenden – Fokussierung auf konkrete Fragestellungen, v. a. bei ‚unangenehmen' und bisher von der Forschung eher ausgesparten Themen: Als fächerübergreifende Forschungsansätze zeichnen sich die „Studies" sowohl durch ein hochgradig inter- und transdisziplinäres Denken wie auch eine breite Anschlussfähigkeit an diskursive Wissensordnungen aus, wobei bereits die Begriffsverwendung selbst einer einzelnen „Study" im Plural (nämlich: „Studies") deren Pluralität und Heterogenität (an)zeigt – und das hinsichtlich der historisch diachronen wie kulturenvergleichend synchronen Breite der Fragestellungen, der Diversität der Blickwinkel wie auch der verwendeten theoretischen und methodischen Ansätze. Dabei bilden die „Studies" – nicht obwohl, sondern gerade weil sie quasi ‚über' den Fachdisziplinen von Geschichts-, Literatur-, Medien- oder Sozialwissenschaften stehen – in aller Regel keine eigen(ständig)en Theorien und Methoden aus, sondern greifen auf die jeweiligen Werkzeugkästen zurück, machen historisch orientierte wie sozialwissenschaftlich-empirische Herangehensweisen ebenso fruchtbar wie (entsprechend der Bedürfnisse und Kompetenzen der Forschenden) ein qualitatives oder quantitatives Arbeiten.

Nichtsdestotrotz ist das Anliegen der „Studies“ nahezu stets gleich: Bisher marginalisierte Themen und Fragestellungen werden in den Mittelpunkt der kulturwissenschaftlichen Forschung gerückt, und das mit einem dezidiert kritischen – häufig auch so in die Selbstbezeichnung übernommenen (etwa: CRITICAL ANIMAL STUDIES als ‚Ergänzung'/‚Erweiterung' der → ANIMAL STUDIES etc.) – Anspruch einer gesamtgesellschaftlichen Perspektive in der Aufdeckung von kulturellen Hegemonien und Asymmetrien oder systemischen Wechselwirkungen in der Produktion und Rezeption des diskursiven Wissens (etwa → POSTCOLONIAL STUDIES, → GENDER STUDIES usw.). Dass die innovative daher häufig auch eine engagierte Perspektive ist, unterstreicht die politische Fundierung der CULTURAL STUDIES und dürfte unproblematisch bleiben, solange zwischen Wissenschaft und Aktivismus klar unterschieden wird.

3 Potenziale und Limitierungen eines ‚kleinteiligen' Denkens

Auch wenn Kulturwissenschaften und CULTURAL STUDIES, wie an ihrer jeweiligen Genese gesehen, keinesfalls synonym zu setzen sind, und die Institute, Studiengänge und Professuren im deutschsprachigen Raum kaum den englischen Begriff tragen – sowie ohnehin sehr stark den Literatur- und Geschichtswissenschaften verbunden sind/bleiben –, werden tatsächlich viele der „Studies“ als Forschungsschwerpunkte durchaus sehr stark rezipiert und institutionalisiert (überblickend Köppe und Winko 2013, 217–219). Diese vielleicht überraschende Beobachtung mag darauf zurückzuführen sein, dass universitäre Strukturen häufig eher schwerfällig, die konkrete Forschung in Arbeitsgruppen und an Lehrstühlen im Gegensatz dazu flexibler und – gerade im Bemühen um internationale Sichtbarkeit – stärker am angloamerikanischen System der „Studies“ ausgerichtet ist.

Letztlich ist es sicherlich aber auch gerade jene Kleinteiligkeit, die „Studies“ in der Reaktion auf aktuelle geopolitische Entwicklungen und gesellschaftliche Debatten ‚beweglich' und in der bereits skizzierten Über-Disziplinarität so innovativ macht. So haben sich bspw. (exemplarisch und vereinfacht skizziert) aus den WOMEN'S STUDIES und in Verbindung mit den MEN'S STUDIES / → MASCULINITY STUDIES stehend die nun jedoch postfeministisch informierten GENDER STUDIES, in deren Nähe wiederum die → QUEER STUDIES oder die stark von den FEMINIST STUDIES geprägten FAT STUDIES entwickelt; regionale Spezialisierungen (etwa: AFRICAN GENDER STUDIES) reflektieren die von den europäischen und nordamerikanischen

Wissensdiskursen abweichende Genese und Schwerpunktsetzung; die GENDER MEDIA STUDIES oder PORN STUDIES legen ihren Schwerpunkt dezidiert auf mediale Darstellungen usw. usf.

Die Grenzen dazwischen verlaufen teils fließend, und Prämissen der einen gehen auch in andere „Studies" ein, was von den zahlreichen Verweisen in den 32 Artikeln dieses Handbuchs unterstrichen wird. Dies bedeutet umgekehrt allerdings auch: Die kulturwissenschaftlichen „Studies" stellen ein sich rasch und dynamisch veränderndes Feld dar, und das Einarbeiten in einen Forschungsbereich erfordert – selbst, wenn dort bereits einschlägige Hand- und Studienbücher, Anthologien und Zeitschriften existieren (vgl. dazu auch die Übersichten in den jeweiligen Artikeln) – entsprechende Gründlichkeit.

Jene unbedingten Vorteile der „Studies" sind allerdings nicht kritik- und reflexionslos zu belassen, kann diesen neuen Forschungsrichtungen doch, erstens, eine gewisse diskursive ‚Blindheit' wie auch, zweitens, eine potenzielle ‚Beliebigkeit' vorgeworfen werden.

Und tatsächlich mag gerade die Kleinteiligkeit unter Umständen eine eher problematische ‚Einseitigkeit' in Forschung und Denken befördern. Denn so wichtig und notwendig es ist, bisher vernachlässigte Fragestellungen in den Blick zu nehmen und dadurch marginalisierten Gruppen eine ‚Stimme' und ‚Sichtbarkeit' zu geben, so groß ist dabei doch die potenzielle Gefahr einer gewissen (ideologischen) ‚Blindheit'. Gerade der amerikanischen Linken ist dabei immer wieder – und teils von ihren ‚eigenen' (Vor)Denker*innen – vorgeworfen worden, sie wolle „das Anderssein nicht ignorieren, sondern kultivieren" (Rorty 1999, 97): „[T]he contemporary cultural Left urges that America should not be a melting-pot, because we need to respect one another in our differences. This left wants to preserve otherness rather than ignore it." (Rorty 1998, 100)

Mit seinen Warnungen deckte der amerikanische Philosoph Richard Rorty (1931–2007), selbst eine zentrale Figur der (in seiner Sicht ‚progressiven', nicht ‚kulturellen') Linken in den USA, bereits Ende der 1990er Jahre einen eklatanten Zwiespalt in den CULTURAL STUDIES auf: Denn auf die notwendigen Erfolge der *political correctness* der 1970er Jahre (Rorty 1998, 82), also einer sprachsensiblen Reflexion in der Verwendung von problematischen Begriffen, folgte eine seiner Meinung nach elitäre Abgrenzung und dadurch regelrechte intellektuelle Abschottung, indem sich die ‚kulturelle Linke' statt konkreten Reformen vielmehr abstrakten ‚Philosophisierungen' zuwende: „When one of today's academic leftists says that some topic has been ‚inadequately theorized', you can be pretty certain that he or she is going to drag in either philosophy of language, or Lacanian psychoanalysis, or some neo-Marxist version of economic determinism." (Rorty 1998, 93)

Etwas polemisch gefragt: Welchen Beitrag liefert eine (zweifellos völlig zu recht!) kulturelle ‚Differenzen' untersuchende Forschungsrichtung für ein tatsächliches Überwinden dieser Ungleichheiten in der Realität? Denn eine bloße ‚Theoretisierung' von gesellschaftlichen Problemen würde im schlechtesten Fall zu einer reinen ‚Viktimisierung' führen – mit dem etwas pauschalen Vorwurf „‚Cultural Studies' means ‚Victim Studies'" (Rorty 1998, 79) –, und auch die reine wissenschaftsstrategische Selbstlegitimierung der eigenen Forschungen würde die herausgestellten Differenzen lediglich stärken. (Idealerweise stellt sich diese Frage bei einer mit ausgewogenen Ansätzen arbeitenden „Study" natürlich nicht.)

Ohnehin geht dieses Problem letztlich v. a. mit Fragen zur Diskursmacht einher, und das in beide Richtungen – nämlich mit Blick auf die Forschung wie auch die Forschenden selbst. Denn wurde etwa den frühen Vertreterinnen der Feminist Studies oder der Women's Studies noch häufig eine einseitige Perspektivierung vorgeworfen, so stehen umgekehrt heute männliche Wissenschaftler dieser Bereiche schnell im Verdacht des *mansplaining*, also dem Sprechen über ein Thema ohne jegliche eigene Erfahrungen. Ähnliches kann für Forschende der Subaltern Studies oder → Postcolonial Studies, die nicht aus dem Globalen Süden stammen, für Forschende in den → Disability Studies ohne Behinderung gelten etc.

So führt die Frage, welchen Akteur*innen es überhaupt ‚erlaubt' sei, den Diskurs weiterzutragen, nicht selten zum Konflikt zwischen einer freien Teilhabe am wissenschaftlichen Erkenntnisgewinn einerseits und der (ebenso begründeten) Angst vor einer Vereinnahmung der jeweiligen „Study" durch nicht ausreichend informierte/legitimierte Stimmen. Doch auch hier erscheinen schlicht Reflexion und Ausgewogenheit als sinnvolle Grundwerkzeuge zur Vermeidung von potenziellen Asymmetrien, denn fraglos lässt sich bspw. im Bereich der → Holocaust Studies mit den entsprechenden geschichts- oder sozialwissenschaftlichen, kulturtheoretischen oder philologischen Kompetenzen auch ohne autobiographischen Bezug zur Shoah arbeiten – und vielleicht ist ohnehin gerade eine kritische Distanz zu jedem Forschungsbereich sogar notwendig oder zumindest hilfreich.

Das zweite Problem des kleinteiligen Denkens geht letztlich wohl auf den *cultural turn* innerhalb der Disziplinen und Fächer wie auch auf die zuvor besprochene Öffnung der Cultural Studies zurück. Denn mit der scheinbar unbegrenzten ‚Zuständigkeit' kulturwissenschaftlicher Forschungen durch ein weites Begriffsverständnis von Kultur(en) und deren materiellen und immateriellen Hervorbringungen interessieren sich die Cultural Studies nun quasi für jedes Thema und jede mediale oder performative Darstellungsform. Dieser Universalitätsanspruch (der natürlich auch durch die fachlichen Kompetenzen des jeweiligen Forschenden gedeckt sein muss) bringt gerade noch in der Etablierung und Institutionalisierung begriffenen „Studies" die Vorwürfe einer gewissen Beliebigkeit, der bloßen ‚Modeerscheinung' oder der reinen Beschäftigung mit Phänomenen, „die vordergründig politisch sind“ (Müller-Funk 2006, 285), ein.

Für Kritiker*innen könnte sich dieses Gefühl durch die regelmäßige ‚Ausrufung‘ neuer „Studies“ nochmals verschärfen – auch wenn sich gesellschaftliche Relevanz und akademische Notwendigkeit ja eigentlich reziprok befördern bzw. kontrollieren. Denn jede „Study“ muss sich im wissenschaftlichen ‚Wettbewerb‘ durchsetzen, und das in einer stets ähnlichen Systematik, die im vergangenen Jahr in einem Theorieseminar mit Master-Studierenden der Angewandten und Historisch orientierten Kulturwissenschaften an der Universität des Saarlandes am Beispiel der „Unicorn Studies“ so durchgespielt wurde: Ganz grundsätzlich lässt sich bereits auf Ansätze unterschiedlicher Disziplinen wie auch eine breite Quellenlage zurückgreifen – neben antiken Erwähnungen findet sich diese mythologische Figur des Einhorns schließlich auch in zahlreichen mittelalterlichen wie frühneuzeitlichen Texten und Abbildungen. Aus einem Vergleich der literarischen Beschreibungen und visuellen Ikonographien (→ Visual (Culture) Studies) lässt sich also ein erstes ‚Standbein‘ für unsere „Study“ herausstellen, und auch im methodischen Vorgehen besteht eine gewisse Nähe zu den bereits etablierten → Animal Studies (respektive Human Animal Studies) sowie möglicherweise, wenn es sich bei dem Einhorn um eine anatomische Abweichung handelt, auch den → Disability Studies. Zwar dürften empirische Arbeiten in diesem Bereich wohl eher schwierig sein, doch als kulturenvergleichend global ähnliche Erscheinung ergeben sich zweifelsfrei hinreichende Ansätze für erste Konferenzen und Publikationen.

Aus diesen Vernetzungen wiederum entstehen mit einiger Latenz wahrscheinlich Forschungsverbünde und Gesellschaften („Unicorn Studies Association“), wissenschaftliche Zeitschriften und Schriftenreihen („Journal of Unicorn Studies“, „Unicorn Studies Review“, „International Quarterly of Unicorn Studies“ etc.) sowie schließlich Anthologien, die einschlägige Grundlagentexte zusammenfassen (*A Companion to Unicorn Studies* oder *The Unicorn Studies Reader*). Eine solche Etablierung innerhalb der *scientific community* würde dann mit der Konzeption interdisziplinärer Studiengänge – Geschichts-, Medien- und Kulturwissenschaften mit Anteilen der Zoologie – und schließlich der Weiterentwicklung zu den „Cultural Unicorn Studies“ oder gar den „Critical Unicorn Studies“ einhergehen.

Und auch wenn dieses (absichtlich weit hergeholte) Gedankenexperiment albern klingen mag, so wäre es doch prinzipiell möglich, eine solche Forschungsrichtung der „Unicorn Studies“ auszurufen. Und genau darin liegt vielleicht ein weiteres Problem der kulturwissenschaftlichen „Studies“, deren programmatische Offenheit eben auch eine potenzielle Grenzenlosigkeit, und deren spezifische Ausdifferenzierung ein gewisses Ausfransen impliziert. Zugespitzt formuliert: Die kulturwissenschaftlichen „Studies“ wollen/dürfen gerade keine standardisiert-kanonisierte ‚Mehrheitsforschung‘ sein, um so bislang marginalisierte Themen von genau jenen Wissenschaftler*innen zu bearbeiten, die hierfür eine kritische Perspektive einnehmen und hegemoniale Strukturen aufzeigen und bisherige (eurozentrische, kapitalistische, patriarchale etc.) Blickrichtungen umkehren können. Erkenntnis- und wissenschaftskritisch ist die ‚kleinteilige' Anlage dabei wohl Segen und Fluch zugleich – so flexibel diese neuen Forschungsrichtungen in ihren theoretischen und methodischen Ansätzen und einem Arbeiten über disziplinäre Grenzen hinweg auch sind, und so scheinbar transparent und nachvollziehbar die (am Beispiel der „Unicorn Studies" durchgespielte) Genese, so schnell bilden sich gerade in kleinen, noch im Entstehen und der Institutionalisierung begriffenen „Studies" jedoch auch *gatekeeper* heraus, die grundlegende Positionen vorgeben und – für die eigene, selbstlegitimierende Sichtbarkeit und im Wettbewerb um Fördermittel – relativ einfach den Zugang mit strategischen Alleinstellungsansprüchen und über problematische Fragen der Diskursmacht beschränken können.

Dass dieses Handbuch daher in der Vorstellung von 32 kulturwissenschaftlichen Forschungsrichtungen (bei allen Unterschieden in der Schwerpunktsetzung und Institutionalisierung) stets auch nach ‚blinden Flecken' fragt, soll aber in keinster Weise das Projekt der „Studies" generell infrage stellen als eher – aus genau jenem (macht- und abhängigkeits-)kritischen Bewusstsein der CULTURAL STUDIES heraus, das alle diese „Studies" überhaupt fundiert hat – mit den gleichen Kriterien messen. Vielmehr haben die zahllosen Forschungsrichtungen von den AFFECT STUDIES bis zu den WOMEN'S STUDIES unserer freilich unvollständigen Listung am Ende des Bandes mit ihrer praxistheoretischen Perspektive, ihrer sozial- und kulturkritischen Sicht sowie ihrem neuen Bewusstsein für Materialität und Medialität, Körper und Praktiken (Moebius 2012, 7–9) das kulturwissenschaftliche Denken in allen Disziplinen verändert und geprägt. Das gilt in besonderer Weise auch gerade für jene Forschungsrichtungen, die über das Pantheon der allgegenwärtigen → GENDER STUDIES, → MEDIA STUDIES oder → POSTCOLONIAL STUDIES hinaus die jeweiligen Nischen abdecken. Und vielleicht auch irgendwann für die Beschäftigung mit Einhörnern.

4 Literaturverzeichnis

Aarne, Antti. *Leitfaden der Vergleichenden Märchenforschung*. Hamina 1913.

Assmann, Aleida. „Die Grenzenlosigkeit der Kulturwissenschaften". *Kulturwissenschaftliche Zeitschrift* 1 (2016): 39–48.

Assmann, Aleida. *Einführung in die Kulturwissenschaft. Grundbegriffe, Themen, Fragestellungen*. 4. Aufl. Berlin 2017.

Bachmann-Medick, Doris. *Cultural Turns. New Orientations in the Study of Culture*. Übers. von Adam Blauhut. Berlin 2016.

Bachmann-Medick, Doris. *Cultural Turns. Neuorientierungen in den Kulturwissenschaften*. 6. Aufl. Reinbek 2018.

Benjamin, Walter. *Das Kunstwerk im Zeitalter seiner technischen Reproduzierbarkeit. Mit Ergänzungen aus der ersten und zweiten Fassung*. Hrsg. von Burkhardt Lindner. Stuttgart 2011.

Bloch, Marc. „Pour une histoire comparée des sociétés européennes". *Mélanges historiques*. Paris 1963: 16–40.

Cassirer, Ernst. *Philosophie der symbolischen Formen. Erster Teil: Die Sprache*. Berlin 1923.

Cassirer, Ernst. *Philosophie der symbolischen Formen. Zweiter Teil: Das mythische Denken*. Berlin 1925.

Cassirer, Ernst. *Philosophie der symbolischen Formen. Dritter Teil: Phänomenologie der Erkenntnis*. Berlin 1929.

Cook, James. *The Journals. Prepared from the Original Manuscripts by J.C. Beaglehole*. Hrsg. von Philip Edwards. London 2003 [1779/1955].

Durkheim, Émile. *Der Selbstmord*. Übers. von Sebastian und Hanne Herkommer. Frankfurt a.M. 1983.

Fauser, Markus. *Einführung in die Kulturwissenschaft*. 5. Aufl. Darmstadt 2011.

Foucault, Michel. *Folie et déraison. Histoire de la folie à l'âge classique*. Paris 1961.

Freud, Sigmund. *Das Unbehagen in der Kultur*. Wien 1930.

Geertz, Clifford. „Thick Description: Toward an Interpretive Theory of Culture". *The Interpretation of Cultures. Selected Essays*. New York 1973: 3–30.

Halbwachs, Maurice. *Les Cadres sociaux de la mémoire*. Paris 1924.

Halbwachs, Maurice. *La Mémoire collective*. Paris 1950 [1939].

Hall, Stuart. „The Emergence of Cultural Studies and the Crisis of the Humanities". *October* 53 (1990): 11–23.

Hall, Stuart. „Cultural Studies and its Theoretical Legacies". *Cultural Studies*. Hrsg. von Lawrence Grossberg, Cary Nelson und Paula Treichler. New York 1992: 277–286.

Herodot. *Historien. Erstes Buch. Griechisch/Deutsch*. Übers. von Christine Ley-Hutton. Stuttgart 2002.

Hoggart, Richard. *The Uses of Literacy. Aspects of Working-Class Life, with Special Reference to Publications and Entertainments*. Harmondsworth 1957.

Horkheimer, Max und Theodor W. Adorno. *Dialektik der Aufklärung. Philosophische Fragmente*. Frankfurt a.M. 1988.

Humboldt, Wilhelm von. *Über das vergleichende Sprachstudium in Beziehung auf die verschiedenen Epochen der Sprachentwicklung*. Leipzig 1820.

Köppe, Tilmann und Simone Winko. *Neue Literaturtheorien. Eine Einführung*. 2. Aufl. Stuttgart 2013.

Koselleck, Reinhart. *Vergangene Zukunft. Zur Semantik geschichtlicher Zeiten*. Frankfurt a.M. 1979.

Krebs, Christopher B. *A Most Dangerous Book. Tacitus's „Germania" from the Roman Empire to the Third Reich*. New York 2011.

Lévi-Strauss, Claude. *La Pensée sauvage*. Paris 1962.

Linné, Carl. *Systema naturæ, sive regna tria naturæ systematice proposita per classes, ordines, genera, & species*. Leiden 1735.

Lyotard, Jean-François. *La condition postmoderne. Rapport sur le savoir*. Paris 1979.

Marchart, Oliver. *Cultural Studies*. 2. Aufl. München 2018.

Mauss, Marcel. „Essai sur le don. Forme et raison de l'échange dans les sociétés archaïques". *L'Année Sociologique I* (1925): 30–186.

Mauss, Marcel. „Les techniques du corps". *Journal de Psychologie* 32.3/4 (1936): 271–293.

Moebius, Stephan. *Kultur*. Bielefeld 2009.

Moebius, Stephan. „Kulturforschungen der Gegenwart. Die Studies". *Von den Cultural Studies bis zu den Visual Studies. Eine Einführung*. Hrsg. von Stephan Moebius. Bielefeld 2009: 7–12.

Müller, Friedrich Max. *Introduction to the Science of Religion. Four Lectures, Delivered at the Royal Institution, with Two Essays on False Analogies, and the Philosophy of Mythology.* London 1873.
Müller-Funk, Wolfgang. *Kulturtheorie. Einführung in Schlüsseltexte der Kulturwissenschaften.* Tübingen 2006.
Platon. „Politeia". *Sämtliche Werke, Band 2.* Übers. von Friedrich Schleiermacher. Reinbek 2020: 195–537.
Rorty, Richard (Hrsg.). *The Linguistic Turn. Essays in Philosophical Method.* Chicago, IL 1967.
Rorty, Richard. *Achieving Our Country. Leftist Thought in Twentieth-Century America. The William E. Massey Sr. Lectures in the History of American Civilization.* Cambridge, MA 1998.
Rorty, Richard. *Stolz auf unser Land. Die amerikanische Linke und der Patriotismus.* Übers. von Hermann Vetter. Frankfurt a.M. 1999.
Schroer, Markus. „Zur Soziologie des Körpers". *Soziologie des Körpers.* Hrsg. von Markus Schroer. Frankfurt a.M. 2005: 7–47.
Simmel, Georg. *Philosophie des Geldes.* Leipzig 1900.
Simmel, Georg. „Zur Psychologie der Scham". *Die Zeit* 19. November 1901: 84–86.
Simmel, Georg. *Philosophie der Mode.* Berlin 1905.
Stendhal. *Über die Liebe.* Übers. von Franz Hessel. Frankfurt a.M. 2012.
Tacitus. *Germania. Lateinisch/Deutsch.* Übers. von Manfred Fuhrmann. Stuttgart 2016.
Warburg, Aby. *Werke in einem Band. Auf der Grundlage der Manuskripte und Handexemplare.* Hrsg. von Martin Treml, Sigrid Weigel und Perdita Ladwig. Frankfurt a.M. 2010.
Weber, Max. „Die protestantische Ethik und der Geist des Kapitalismus". *Gesammelte Aufsätze zur Religionssoziologie, Band 1.* Tübingen 1920: 17–206.
Weber, Max. „Die ‚Objektivität' sozialwissenschaftlicher und sozialpolitischer Erkenntnis [1904]". *Gesammelte Aufsätze zur Wissenschaftslehre.* Hrsg. von Johannes Winckelmann. Tübingen 1968: 146–214.
Williams, Raymond. *Keywords. A Vocabulary of Culture and Society.* London 1988.

Roland Borgards

Animal Studies

1 Forschungsgeschichte

Für die Erforschung der Tiere war im neuzeitlichen Wissenschaftssystems lange allein die Zoologie zuständig, allenfalls assistiert von Disziplinen wie der Veterinärmedizin oder den Agrarwissenschaften. Die kulturwissenschaftlichen ANIMAL STUDIES haben diese enge disziplinäre Zuordnung aufgebrochen. Darin liegt ihr historischer Ursprung wie ihre systematische Begründung: Tiere sind mehr als ein zoologisch erfassbares Objekt. Das beginnt in den 1970er Jahren mit philosophischen Impulsen aus der Tierethik (Singer 1996), erweitert sich bald um soziologische Perspektiven (Teutsch 1975) und erfasst dann seit den 2000er Jahren auch die gesamten Geistes- und Kulturwissenschaften (Borgards 2016a).

Die kulturwissenschaftlichen ANIMAL STUDIES lassen sich mithin als ein multidisziplinäres Fragefeld beschreiben – als das Feld derjenigen Fragen, die sich dank und mit Tieren stellen lassen. Im Bereich der Tierphilosophie (Wild 2008) sind dies zunächst die Debatten um den Geist der Tiere, um die anthropologische Differenz und um die Tierethik: Können Tiere denken? Gibt es einen kategorialen Unterschied zwischen Mensch und Tier? Wie sollen wir uns gegenüber Tieren verhalten? Der Soziologie (Wiedemann 2002; Pfau-Effinger und Buschka 2013; Sebastian 2016) geht es v. a. um den Ort der Tiere in unserer Gesellschaft: Welchen Stellenwert haben Tiere in unterschiedlichen sozialen Gefügen? Welche Gesellschaften berücksichtigen welche tierlichen Ansprüche? Welchen Anteil haben Tiere am Funktionieren von Gesellschaften? Wie könnte eine inklusive Vielarten-Gesellschaft beschaffen sein (Taylor et al. 2018), wie sie seit kurzem auch Gegenstand der Multispecies Ethnography (McLauchlan 2021) geworden ist? Die Geistes- und Kulturwissenschaften schließlich untersuchen die kulturellen Repräsentationen von Tieren sowie das Mitwirken der Tiere an der Produktion von Kultur im Allgemeinen und Kunstwerken im Besonderen (Borgards 2016a): Welche literarischen, musikalischen, bildnerischen, theatralen und filmischen Formen werden den Tieren in den unterschiedlichen Kunstformen zu verschiedenen Zeiten in unterschiedlichen Kulturen gegeben? Inwiefern werden Tiere in den Künsten nicht nur abgebildet, sondern sind als Koproduzenten selbst in die Entstehung eines Gedichts, eines Bildes, eines Musikstücks involviert? Welchen Anteil haben Tiere an historischen Prozessen (Fudge 2006; Baratay 2012; Krüger et al. 2015; Roscher et al. 2021)? Und welchen Ort haben die Tiere in einer Geschichte der Philosophie (De Fontenay 1998)? Die Zoologie und insbesondere die Ethologie, die Verhaltenswissenschaft, werden als Naturwissenschaften in dieses multidisziplinäre Feld mit einbezogen, haben darin aber keine Führungsrolle mehr.

https://doi.org/10.1515/9783110712919-002

Der tierethische Einsatzpunkt der ANIMAL STUDIES in den 1970er Jahren verweist auf den gesellschaftlichen Kontext, dem sich die Erweiterung des menschlichen Blicks auf die Tiere verdankt: einer grundsätzlichen Kritik an Herrschaftsverhältnissen und insbesondere an der ausbeutenden Herrschaft des Menschen über die Natur. Grundlage dieser Ausbeutung ist ein Mechanismus des *othering* (DeMello 2012), der Tiere in drei Schritten zu verfügbaren Objekten macht: Tiere sind, erstens, ganz anders als Menschen (z. B. sprachlos), zweitens viel weniger als Menschen (z. B. weniger klug), und dürfen deshalb, drittens, ohne Bedenken gebraucht, benutzt oder auch einfach beseitigt werden. Diesem Argument wird in den ANIMAL STUDIES nun in allen drei Schritten widersprochen.

Erstens erweist sich der Gegensatz zwischen Mensch und Tier, die anthropologische Differenz, als bloße metaphysische Setzung, die sich dekonstruieren lässt (Wolfe 2003; Derrida 2010, 2015, 2017), als fundamentale politische Konstruktion, die von einer „anthropologischen Maschine" hervorgebracht wird (Agamben 2003), und als instabiles Konzept, das philosophiehistorisch v. a. als ein Gegenstand kontroverser Debatten erscheint (Wild 2006): Es gibt nicht eine eindeutige anthropologische Differenz, die das Tier und den Menschen voneinander unterscheidet; es gibt nur viele Speziesdifferenzen, entlang derer viele Menschen und viele verschiedene nicht-menschliche Tiere auf viele verschiedene Weisen sich einander gleichen und sich voneinander unterscheiden. Und dort, wo uns in unserer Kultur dennoch ein eindeutiger Unterschied zwischen Mensch und Tier begegnet, ist dieser Unterschied nicht ontologisch gegeben, sondern politisch und diskursiv hergestellt.

Zweitens ist gar nicht so klar, ob Tiere im Vergleich mit Menschen wirklich eindeutig weniger können. Vieles, was lange als ausschließlich menschliche Fähigkeit galt, ist mittlerweile auch bei einzelnen Tierarten nachgewiesen (Bekoff 2004) – es kommt nur darauf an, dass wir den Tieren die richtigen Fragen stellen (De Waal 2017; Despret 2019): Delfine verständigen sich in einem gruppenspezifischen Code aus Klicklauten (Sprache), Hunde haben ein Gefühl für Gerechtigkeit (Moral), Fruchtfliegen können träumen und depressiv werden (Psyche), Schimpansen entwickeln lokale, über Generationen weiter tradierte Werkzeuge zum Termitenfischen (Kultur). An solchen Evidenzen arbeitet die Ethologie schon seit den 1970er Jahren; mittlerweile haben sich diese Forschungen in einer New Ethology (Borgards 2020a) verdichtet, die dem alten Vorurteil tierlicher Unfähigkeit fast wöchentlich neue Belege tierlicher Fähigkeiten entgegenstellt. Michel de Montaigne (1533–1592) hat das schon früh als skeptizistischen Einwand gegen die Arroganz des Menschen gegenüber den Tieren formuliert: „Wenn ich mit meiner Katze spiele, wer weiß, ob ich nicht mehr ihr zum Zeitvertreib diene als sie mir?" (zit. n. Borgards et al. 2015, 39)

Drittens schließlich bleibt jede Begründung von Handlungen aus Gegebenheiten ein naturalistischer Fehlschluss (*naturalistic fallacy*), der ethisch unzulässigerweise aus dem Sein ein Sollen ableitet, aus einer natürlichen Gegebenheit eine kulturelle Norm. Das heißt: Selbst wenn Tiere ganz anders und viel weniger als Menschen wären (was sie nicht sind), wäre das noch kein Grund, sie ganz anders und viel schlechter zu behandeln. Umgekehrt lässt sich ethisch aus dem Anders-Sein und Weniger-Können sogar eine moralische Verpflichtung ableiten, wie wir sie z. B. gegenüber Säuglingen und Demenzkranken ganz selbstverständlich wahrnehmen. Gesellschaft, Kultur und Politik wären aus dieser Perspektive grundsätzlich im Sinne von mehr-als-menschlichen Gemeinschaften zu konzipieren, als eine *Zoopolis* (Donaldson und Kymlicka 2013).

Mit diesen Argumenten bewegen sich die ANIMAL STUDIES im Rahmen posthumanistischer Perspektiven (Wolfe 2010): Der Mensch ist nicht länger Ausgangspunkt, Zentrum und Ziel, zu dem sich die Tiere als Mittel, Projektionsflächen und Ressourcen ins Verhältnis setzen lassen; der Mensch erscheint allenfalls noch als involviertes Element einer multidimensionalen, vernetzten, verflochtenen Situation. Diese Dezentrierung des Anthropos speist sich in den ANIMAL STUDIES insbesondere aus den Theorieangeboten von Gilles Deleuze, Félix Guattari, Jacques Derrida, Bruno Latour und Donna Haraway: Deleuze und Guattari entfalten ein „Tier-Werden", bei dem das autonome Subjekt der abendländischen Metaphysik seine Haltung und Kontur verliert (Deleuze und Guattari 1997 [1980]). Derrida dekonstruiert die anthropologische Differenz zugunsten einer tiertheoretischen Limitrophie, einer wuchernden Vervielfältigung der Speziesgrenzen; und er verwirft den Gewalt produzierenden Singular ‚das Tier' zugunsten eines Ambivalenzen zulassenden Plurals, in dem allein ‚die Tiere' angemessen adressierbar sind (Derrida 2010, 47–58). Latour beschreibt in seiner Actor-Network-Theory (ANT) Gesellschaften als Netzwerke von Akteuren, wobei er Menschen von autonomen Subjekten zu vernetzten Akteuren herab- und Tiere von heteronomen Objekten auf vernetzte Akteure heraufstimmt (Latour 2001, 2007). Und Haraway schließlich begreift Menschen und Tiere als „companion species" (Haraway 2003, 2008), die gemeinsam in performativen Akten „entangled naturecultures" (Haraway 2016), verflochtene „Naturenkulturen" (Gesing et al. 2019), hervorbringen.

Nun sind die Geistes- und Kulturwissenschaften, die im Englischen so genannten ‚Humanities', ihrer Definition nach eigentlich mit Gegenständen befasst, die Menschen für Menschen hergestellt haben. Anthropozentrismus ist für die klassischen ‚Humanities' also kein Problem, sondern ein Axiom. Deshalb ist die De-Anthropozentrierung, die sich aus der neuartigen Berücksichtigung der Tiere ergibt, mehr als ein neues Thema der Kulturwissenschaften. Vielmehr verschiebt sie deren axiomatisches Grundgefüge. Entsprechend ist auch von einem *„animal turn"* (Ritvo 2007; Weil 2010) der Kulturwissenschaften die Rede: Die ANIMAL STUDIES verstehen sich als eine neue Grundhaltung, die es bei jeder kulturwissenschaftlichen Analyse zu bedenken gilt, als Teil der New Humanities (Derrida 2018).

Sehr ähnlich haben vor den Animal Studies schon die → Gender Studies argumentiert. Entsprechend gibt es zwischen den beiden Ansätzen eine Reihe personeller Kontinuitäten sowie argumentative Überschneidungen (Adams 1990, 1994; Haraway 1991; Oliver 2009; Adams und Gruen 2014; Freccero 2015). Was die Animal Studies von den → Gender Studies übernommen haben, ist u. a. ihre integrierende Geste: Es soll in der Forschung etwas ins Zentrum gestellt werden, das bisher marginalisiert wurde. Was die Animal Studies dann aber kritisch gegen die → Gender Studies vorgebracht haben, war u. a. deren eigene marginalisierende Geste: Indem Gender-Aspekte ins Zentrum gestellt wurden, wurden Tier-Fragen an den Rand gedrängt. So wurde und wird etwa kontrovers darüber diskutiert, ob Judith Butlers Gendertheorie die Tiere ignorant ausblende oder produktiv einbeziehe (Stanescu 2012). Die Animal Studies verstehen sich dabei als ein sicherer Weg, jeder Form von kulturtheoretischer und gesellschaftlicher Tiervergessenheit zu entgehen.

Doch auch die Fokussierung der Animal Studies lässt sich auf deren implizite Marginalisierungen hin betrachten: Indem Tier-Aspekte ins Zentrum gestellt werden, so argumentieren etwa die → Plant Studies (Stobbe et al. 2022), werden Pflanzen-Fragen an den Rand gedrängt. Entsprechend wird derzeit kontrovers darüber diskutiert, ob die Animal Studies „pflanzenblind" (Middelhoff 2022) seien. Einen möglichen Weg aus dieser Überbietungsdynamik weisen der Ecocriticism und die Environmental Humanties (→ Environmental Studies), also die umweltorientierten Geistes- und Kulturwissenschaften (Rose et al. 2012; Bergthaller et al. 2014; Bühler 2016), deren übergreifendes Methoden- und Theorieangebot eine Zusammenarbeit von → Animal Studies und → Plant Studies (sowie Climate Studies, Anthropocene Studies, Extinction Studies usw.) ermöglicht.

Die Animal Studies können also schon auf eine recht lange Theoriegeschichte zurückblicken. Entsprechend ist auch die Institutionalisierung der Animal Studies mittlerweile weit fortgeschritten. Es gibt einschlägige Zeitschriften, im englisch- und deutschsprachigen Raum z. B. *Society & Animals* (seit 1993), das *Journal for Critical Animal Studies* (seit 2003), *Antennae* (seit 2007), *humanimalia* (seit 2009), *Tierethik* (seit 2009), das *Animal Studies Journal* (seit 2012), *Tierstudien* (seit 2012) und die *Zeitschrift für Kritische Tierstudien* (seit 2018). Daneben existieren auch Buchreihen, z. B., und wieder nur für den deutsch- und englischsprachigen Raum, *Human-Animal Studies* (bei transcript), *Cultural Animal Studies* (bei Metzler), *Tiere in der Geschichte* (bei Böhlau), *Interdisziplinäre Tierethik* (bei Nomos), *The Animal Turn* (bei UVP Michigan), *Studies in Animals and Literature* (bei Palgrave), *The Palgrave Macmillan Animal Ethics Series* (gleichfalls bei Palgrave), *Human Animal Studies* (bei Brill), *Critical Animal Studies* (gleichfalls bei Brill), *Animals, History, Culture* (bei Johns Hopkins UVP), *Animal Lives* (bei UVP Chicago) und *Animal Voices / Animal Worlds* (bei UVP Georgia). Getragen werden diese Zeitschriften und Buchreihen zum Teil von Einrichtungen und Netzwerken wie dem *Animals & Society Institute*, dem *Messerli Forschungsinstitut Wien*, dem *Forschungsnetzwerk Cultural and Literary Animal Studies* sowie dem *Chimaira Arbeitskreis für Human-Animal Studies*.

Auch in der universitären Lehre gewinnen die ANIMAL STUDIES an Bedeutung, wobei im universitären Bereich unter dem Titel ANIMAL STUDIES häufig noch weitgehend naturwissenschaftlich ausgerichtete Master-Programme firmieren. Der Aufschwung der ANIMAL STUDIES zeigt sich aber auch in der Berücksichtigung von Tier-Fragen quer durch die Fächervielfalt der Kultur- und Geisteswissenschaften. Zur Unterstützung dieser breiten Lehre sind mittlerweile Anthologien erschienen (Kalof und Fitzgerald 2007; Armstrong und Botzler 2008; Borgards et al. 2015; Opfermann 2022) sowie Einführungen (DeMello 2012; Waldau 2013; Taylor 2013; Kompatscher et al. 2017; Kean und Howell 2019), Handbücher (Marvin und McHugh 2014; Borgards 2016a; Kalof 2017; McHugh et al. 2020; Roscher et al. 2021) und Lexika (Bekoff 2007; Ferrari und Petrus 2015).

Neben der wissenschaftlichen Institutionalisierung ist auch eine interne Differenzierung der ANIMAL STUDIES zu beobachten: Die HUMAN ANIMAL STUDIES argumentieren v. a. aus der Perspektive der Sozialwissenschaften und stellen die Mensch-Tier-*Beziehung* ins Zentrum ihrer Analysen (DeMello 2012; Taylor 2013; Kompatscher et al. 2017). Die CRITICAL ANIMAL STUDIES zielen auf einen politisch und praktisch wirksamen Einspruch gegen die herrschenden Verhältnisse der Ausbeutung, Unterdrückung und Gewalt (Best 2009). Die LITERARY ANIMAL STUDIES konzentrieren sich auf die Tiere der Literatur (McHugh 2011; McHugh et al. 2020). Und die CULTURAL AND LITERARY ANIMAL STUDIES betonen, dass Tier-Fragen stets mit kulturellen und literarischen Verfahren verflochten sind (Borgards 2016b, 2019).

2 Exemplarische Beispiele und Fragestellungen

Exemplarisch vorgestellt werden soll hier nun ein Fall, an dem sich die historischen, literarischen, philosophischen und soziologischen Zugriffe der ANIMAL STUDIES erläutern lassen. Es sind dies die Ziegen, Hunde und Kaninchen auf der Isla Juan Fernández (vgl. hierzu ausführlich Borgards 2016c, 2017, 2020b; Borgards et al. 2023, 17–56).

Die Insel, um die es hier geht, liegt einsam im Südosten des Pazifiks: eine kleine Vulkaninsel, etwa 600 Kilometer von der Küste Chiles entfernt. Entdeckt wird sie am 22. November 1574 vom spanischen Seefahrer Juan Fernández (1536–1604). Fernández, von dem die Insel für die nächsten 400 Jahren ihren Namen hat, ist nicht nur der erste Europäer, sondern überhaupt der erste Mensch, der diese Insel betritt. Für den europäischen Kolonialismus, der ab dem 16. Jahrhundert den Raum des Pazifiks ‚entdeckt' (→ Postcolonial Studies), folgt die Erschließung der Isla Juan Fernández einem etablierten Muster. Dabei geht es erstens darum, in der unsteten Weite des Ozeans terrestrische Fixpunkte zu etablieren. Zweitens bietet die Insel fundamentale, im Pazifik rare Ressourcen wie Süßwasser und Brenn- bzw. Bauholz. Drittens zielt das koloniale Projekt auf Landnahme, auf die Erweiterung des eigenen Territoriums. Im Fall der Isla Juan Fernández geschieht dies nicht im Zuge der imperialen Unterwerfung einer indigenen Bevölkerung, sondern – menschenleer wie die Insel bisher ist – durch die Gründung einer kleinen Kolonie im Jahr 1591. Diese Kolonie wird schon 1595, nur vier Jahre später, wieder aufgegeben; eine dauerhafte Besiedlung der Insel durch Menschen gibt es erst seit 1877.

Das ist, in einer kurzen Fassung, die Kolonisierungsgeschichte der Isla Juan Fernández, wie sie früher von Historiker*innen stets erzählt wurde: als eine Geschichte ohne Tiere. Gegen diesen methodischen Anthropozentrismus der traditionellen Geschichtswissenschaften setzt die „Animate History" (Krüger et al. 2015) auf eine grundsätzliche Integration der Tiere, die nicht nur als Objekte menschlichen Handelns, sondern als selbst wirkmächtige Akteur*innen ins Spiel gebracht werden. Für die Isla Juan Fernández heißt dies zunächst einmal, dass deren Geschichte nicht erst im Jahr 1574 mit der Entdeckung durch und für Menschen beginnt – denn Tiere gibt es auf der Insel schon lange vor den Menschen. Für eine Kolonialgeschichtsschreibung, die die Tiere systematisch berücksichtigt (Crosby 1986; Grove 1995; Anderson 2004; Huggan und Tiffin 2010), markiert die Ankunft der Menschen also keinen Anfang, sondern einen Einschnitt. Und dieser Einschnitt entfaltet seine Wirksamkeit wiederum weniger ausgehend von den Menschen, die auf der Insel eine Kolonie errichten, als von den Tieren, die zu Zwecken der Kolonialisierung auf die Insel gebracht werden. Denn die Menschen verschwinden, als die Kolonie schon 1595 wieder aufgegeben wird. Was aber bleibt, das sind die neu eingeführten Tiere: Katzen, Schweine, Ratten und v. a. Ziegen.

Es sind diese Ziegen, die die Geschichte der Insel für die nächste Zeit bestimmen. Seefahrende Menschen kommen im 17. Jahrhundert nur sporadisch vorbei, um ihre Vorräte an Wasser, Holz und nun auch Fleisch aufzufüllen. Die europäischen Ziegen hingegen erobern, verwildernd und sich rasant vermehrend, als kolonisierende Tiere den Raum der Insel. Die erste Karte der Isla Juan Fernández zeigt schon 1685, also keine hundert Jahre nachdem die erste Ziege die Insel erreichte, wie diese Tiere sich die Insel aneignen: Von „Goat Hills" und „Goat Quarters" ist da die Rede (zit. n. Borgards et al. 2023, 21). Die Ziegen haben dabei die Topographie der Insel nicht nur besetzt, sondern auch verändert: Der flachere Teil der Insel, wo vor den Ziegen noch Buschwerk, Bäume und Wiesen zu finden waren, hat sich in eine kahlgefressene Steppenlandschaft verwandelt; Erosionen schwemmen Teile der Insel ins Meer.

Doch alle paar Jahre ankert auch zu dieser Zeit ein Schiff vor der Isla Juan Fernández, so z. B. im Jahr 1704 das britische Kaperschiff Cinque Ports. Als die Cinque Ports ihre Anker wieder lichtet, bleibt – nach einem Streit mit seinem Kapitän – der schottische Seefahrer Alexander Selkirk freiwillig auf der Insel zurück. Fünf Jahre dauert es, bis das nächste britische Schiff die Insel ansteuert und Selkirk wieder aufnimmt. In diesen fünf Jahren lebt Selkirk von und mit den Ziegen. Die Berichte, die von seiner Rettung im Jahr 1709 erhalten sind, lesen sich – ausgehend vom methodisch-theoretischen Programm der Animal Studies – wie tierphilosophische Reflexionen. Etwa mit Derrida, Deleuze und Guattari: Ohne menschliche Gesellschaft verblasst bei Selkirk die Sprache; im jagenden und hegenden Umgang mit den Ziegen verstärkt sich zugleich seine körperliche Agilität; Selkirk wird den Menschen unähnlicher, den Tieren ähnlicher. In solchen Augenblicken des Tier-Werdens gerät die anthropologische Differenz ins Wanken. Ihren prägnanten Ausdruck findet diese limitrophe Dynamik in Selkirks Kleidung, die im Jahr 1709 vollständig aus Ziegenfellen besteht. Selkirk, so steht es in den Berichten, ist „a Man cloth'd in Goat-Skins“ (zit. n. Borgards et al. 2023, 26), ein hybrider Ziegenhautmensch.

Oder mit Haraway und Latour: Selkirk wird den Ziegen nicht nur ähnlich, er begreift sie auch als eine Kumpanen-Art, als „companion species“, mit der sich eine artenübergreifende Lebensgemeinschaft bilden lässt, eine kleine ‚Multi-Species-Society‘. Selkirk, so ist zu lesen, treibt diese soziale Nähe zu den Ziegen und zu seinen Katzen sehr weit, bis zu gemeinsamen Musik- und Tanzabenden: „He [...] would now and then sing and dance with them and his Cats“ (zit. n. Borgards et al. 2023, 32). Die fünf Jahre, die Selkirk auf der Isla Juan Fernández verbringt, werden damit zu einem philosophischen Experiment, das die Basiselemente des Kulturellen und des Sozialen erweitert: Kultur ist nicht zwingend etwas, das Menschen für Menschen herstellen; sie kann auch etwas sein, das Tiere und Menschen zusammen und füreinander hervorbringen. Und das Soziale entsteht nicht zwingend nur aus der Relation zwischen Menschen; es kann sich auch in der Relation von Menschen und Tieren entwickeln. Selkirk ist zwischen 1704 und 1709 zwar der einzige Mensch auf der Isla Juan Fernández. Aber er ist dennoch nicht allein.

Die Berichte über Selkirk finden einen produktiven Leser: Daniel Defoe (1660–1731). Für seinen *Robinson Crusoe* (1721) versetzt Defoe zwar den Schauplatz des Geschehens aus dem Pazifik in den Atlantik, und er verlängert den Inselaufenthalt auf 28 Jahre. Was er aber übernimmt, das sind die Ziegen (Armstrong 2008). Ikonisch ist das Bild Robinsons in Ziegenkleidung und in Ziegenbegleitung. Um auf diese Ziegenmotive und ihre Herkunft aus den Selkirk-Berichten aufmerksam zu werden, brauchten die Literaturwissenschaften natürlich keine Animal Studies. Die Ziegen sind in diesem Roman wirklich nicht zu übersehen. Doch einer klassischen

Motivgeschichte der Ziegen entgehen zwei zentrale Aspekte des Romans, die in der Perspektive der CULTURAL AND LITERARY ANIMAL STUDIES sichtbar werden können.

Zum einen geben die Ziegen auf Robinsons Insel Anlass zu einer Neubewertung der zivilisatorischen Leistung des Schiffbrüchigen. Robinson inszeniert sich zwar gerne als jemand, der die gesamte europäische Kultur in einem zweiten, autonomen Schöpfungsakt noch einmal hervorbringen kann, als Jäger, Sammler, Hirt, Ackerbauer, Viehzüchter, Architekt, Baumeister, Töpfer, Schriftsteller, Erzieher, usw. Ein Mensch strandet allein auf einer einsamen Insel und beginnt die Kultur noch einmal ganz von vorne, von einem Nullpunkt aus. So mag es scheinen. Doch da sind die Ziegen. Und diese Ziegen, das lehrt der tierhistorische Blick auf die Isla Juan Fernández, sind europäische Importe. Robinson strandet also gar nicht auf einer von Europa bisher unberührten Insel. Die europäischen Kolonisatoren waren vor ihm schon da; und sie sind – in Gestalt der Ziegen – auch immer noch vor Ort. Defoes Roman erzählt mithin weniger davon, wie sich aus dem Nichts einer unberührten Natur ein kleines Quasi-Europa bauen lässt; er erzählt vielmehr davon, welche eminente Rolle Tiere im Prozess der europäischen Kolonialisierung spielen.

Zum anderen finden sich neben den Ziegen eine ganze Reihe weiterer Tiere, die den Roman bestimmen, u. a. ein Hund, mehrere Katzen und ein Papagei. Defoe bedient sich auch hier teilweise bei den Selkirk-Berichten, übernimmt dabei aber nicht nur einzelne Motive, sondern gleich das ganze philosophische Kultur- und Sozialexperiment: Auch Robinson begibt sich in das Gravitationsfeld eines Tier-Werdens, wenn er sich mit Ziegenfell einkleidet; auch er bildet eine Haus- und Tischgemeinschaft mit seinen Begleittieren, mit denen er speist und tanzt; auch seine Sprache verblasst, wird dann aber (als eine eigene Defoe-Erfindung) in den Sprechakten des Papageis Poll aufbewahrt. Tiere – in Defoes Roman, aber auch in den anschließenden Robinsonaden – erweisen sich so als produktiver Zugang zu einem ganzen Text- und Medienuniversum (Borgards et al. 2016).

Eine tierorientierte Interpretation erreicht damit zweierlei zugleich: Sie ermöglicht neue Einsichten in den Roman, was bei einem derart kanonischen und vielinterpretierten Text wie Defoes *Robinson Crusoe* keine Kleinigkeit ist. Und sie ermöglicht vom Text her neue Einsichten in den Status, der Tieren in einer bestimmten Kultur, zu einer bestimmten Zeit zugesprochen wird. Mit der Hilfe von Tieren lassen sich literarische Texte neu interpretieren; und mit der Hilfe von literarischen Texten lassen sich die Tiere – inklusive ihrer Relation zu den Menschen – besser verstehen.

Während Defoes Roman seine literaturgeschichtliche Karriere beginnt, vermehren sich auf der Isla Juan Fernández weiter die Ziegen. Diese Ziegen wiederum dienen im 17. Jahrhundert v. a. den britischen Freibeutern, die in der spanischen

Kolonie Chile nicht vor Anker gehen können, als hilfreiche Ressource. Die spanisch-chilenische Regierung beschließt deshalb die Ausrottung der Ziegen und setzt zu diesem Zweck im Jahr 1675 Hunde auf der Insel aus, die sich vermehren und die Ziegen als ihre Beute vernichten sollen. Der Plan geht zwar nicht auf, weil sich lediglich ein neues Gleichgewicht zwischen der Raubtier- und der Beutepopulation etabliert. Doch die Berichte vom dynamischen Ausgleich zwischen den Hunden und den Ziegen der Isla Juan Fernández entfalten eine bemerkenswerte theoriegeschichtliche Dynamik. Vermittelt über Joseph Townsends sozialökonomisch argumentierende *Dissertation on the Poor Law* (1787) gelangen sie zunächst in Thomas Malthus' *Essay on the Principle of Population* (1798) und von dort schließlich in Charles Darwins *Origins of Species* (1859). Die Ziegen und die Hunde der Isla Juan Fernández bilden mithin ein Modell für die Ausformulierung der modernen Evolutionstheorie; und zugleich wird durch sie, so beschreibt es Latour, die Isla Juan Fernández ein „mythischer Ort erster Soziobiologen" (Latour 2001, 337).

Die Geschichte der Isla Juan Fernández nimmt dann im 20. Jahrhundert noch einmal eine weitere folgenreiche Wendung, an der wiederum Defoes Roman auf eigentümliche Weise beteiligt ist. Im Jahr 1935 werden – es geht wieder um Fleisch – Kaninchen auf der Insel ausgesetzt. Sie vermehren sich unkontrolliert, ein radikaler Kahlfraß der Berghänge führt zu massiven Erosionen. 1966 beschließt die chilenische Regierung – diesmal geht es um Tourismus – die Umbenennung der Insel, orientiert an der literarischen Version ihres berühmten Schiffbrüchigen, in „Isla Robinson Crusoe". Die touristischen Gäste bleiben zwar weiterhin aus, doch hilft der neue Name dabei, finanzielle Mittel für biologische Forschung und für biologische Schutzprogramme einzuwerben: Eine Insel, der wir Robinson zu verdanken haben, verdient es, erforscht und geschützt zu werden.

Eine soziologische Netzwerkanalyse im Sinne Latours hat bei einem Blick auf den aktuellen Zustand der Isla Robinson Crusoe also einiges einzubeziehen: die Biogeographie der Insel, ihre Kolonialgeschichte, Schifffahrtsrouten, die Theoriegeschichte der Evolutionsbiologie und der Soziobiologie, die Literaturgeschichte der Robinsonaden, den aktuellen Forschungsbetrieb der Biologie, das Funktionieren von Naturschutzprogrammen und schließlich natürlich das Verhältnis von Menschen und Ziegen, von Ziegen und Hunden, von Menschen und Kaninchen, von Kaninchen und Gras, von Gras und Erde.

Eine empirisch arbeitende, die Tiere einbeziehende Soziologie findet in der Isla Robinson Crusoe den Fall einer mehr-als-menschlichen Gemeinschaft mit ihren charakteristischen Spannungen: Wer lebt hier miteinander, wer gegeneinander? Wer ist auf wen angewiesen, wie lassen sich die unterschiedlichen Interessen in einen Ausgleich bringen? Wie beschreiben die menschlichen Bewohner*innen ihre eigene Lage auf der Insel, und mit welchen Mitteln können auch die nichtmenschlichen Bewohner*innen zu Wort kommen?

Die Isla Juan Fernández gewinnt also durch die ANIMAL STUDIES eine ganz neue Kontur: Historisch, insofern ihre Geschichte ohne die Tiere unvollständig bleibt. Philosophisch, insofern auf ihr Fragen der anthropologischen Differenz und einer Tier-Mensch-Kumpanei ausgehandelt werden. Literaturwissenschaftlich, insofern sie neue Lesarten des *Robinson Crusoe* eröffnet. Und soziologisch, insofern sie erst als eine Multi-Species-Gesellschaft angemessen beschrieben ist (→ SOCIAL STUDIES).

Und selbst die Grenzen der ANIMAL STUDIES werden sichtbar. Denn wo sind die Pflanzen? Nur ganz beiläufig war von der Vegetation die Rede, von Sträuchern und Gras, aufgefressen von Ziegen und Kaninchen. Die ANIMAL STUDIES geben der Isla Juan Fernández zwar eine neue Kontur; ein vollständiges Bild liefern aber auch sie nicht. Ergänzend wäre nach der Pflanzengeschichte der Insel zu fragen, nach der Pflanzenphilosophie ihrer Besucher*innen und Bewohner*innen, nach der Pflanzenliteraturgeschichte der Robinsonaden, nach der Pflanzensoziologie einer Multi-Species-Gesellschaft, die neben nicht-menschlichen Tieren und Menschen auch die Pflanzen als Akteure berücksichtigt (→ PLANT STUDIES). Was sich damit abzeichnet, ist eine Inselkulturbiogeographie, die unter dem Dach der Environmental Humanties (→ ENVIRONMENTAL STUDIES) gut aufgehoben ist (Borgards et al. 2023).

3 Kulturwissenschaftliche Forschung im deutschsprachigen Raum

Die ANIMAL STUDIES haben im englischsprachigen Raum begonnen. Wichtig waren hier in den 1990er Jahren zunächst Neuseeland und Kanada, später dann auch England und die USA. Im deutschsprachigen Raum sind die ANIMAL STUDIES mit der üblichen Verzögerung angekommen, mit ersten Ansätzen in den 2000er Jahren, mit großer Intensität und die Schwelle zur Institutionalisierung überschreitend dann in den 2010er Jahren. Dieser späte Einsatz hat dazu geführt, dass die soziologischen und tierethischen Themen der 1970er und 1980er Jahre weniger Einfluss entwickeln konnten, als die in den 2000er und 2010er Jahren aktuellen tiertheoretischen Debatten im Anschluss an Derrida, Deleuze und Guattari, Agamben, Latour und Haraway. Entstanden sind so die CULTURAL AND LITERARY ANIMAL STUDIES (Borgards 2016b, 2019) sowie spezifische tiersoziologische (Wirth et al. 2015) und tierethische (Grimm und Wild 2016) Ansätze.

Mittlerweile haben sich die Unterschiede zwischen der englischsprachigen und der deutschsprachigen Forschung zu den Tieren in Kultur und Gesellschaft weitgehend aufgelöst. Die deutsche Forschung hat den Anschluss an die englische gefunden; die englische Forschung hat Impulse aus der deutschen aufgenommen. Einen Einblick in die Vielfalt der einschlägigen Fragestellungen und die Fülle der Forschungsbeiträge geben vier umfangreiche, online verfügbare Bibliographien: die kultur- und literaturwissenschaftlich orientierte Bibliographie *Cultural and Literary Animal Studies* mit über 6.000 Einträgen (https://www.clas-digital.uni-frankfurt.de/catalogue/collections/XCFFDRQC), die auf literarische und insbesondere mittelalterliche Tiere fokussierte Bibliographie *Animaliter* mit über 5.000 Einträgen (https://www.encyclopaedia-animalium.germanistik.uni-mainz.de/bibliographie.html), die soziologisch ausgerichtete *Animal Studies MSU Bibliography* mit über 4.000 Einträgen (https://animalstudies.msu.edu/bibliography.php) und die einige Hundert Einträge umfassende und mit Kommentaren versehene *Animal Studies Living Bibliography* (http://www.lbanimalstudies.org.uk).

4 Potenzial, Kritik und Ausblick

Für die Kultur-, Geistes- und Sozialwissenschaften sind die ANIMAL STUDIES von eminenter Bedeutung. Sie können nicht nur die Grundvoraussetzungen unserer Gesellschaft und unserer Kultur in ein neues Licht rücken, sondern auch die Wissenschaften, die sich der Analyse von Kultur und Gesellschaft widmen, in ihren Axiomen befragen und neu ausrichten. Die Tiere sind nicht einfach ein Thema, das sich mit dem üblichen Handwerkszeug der Sozial-, Kultur- und Geisteswissenschaften untersuchen ließe; sie sind darüber hinaus eine Herausforderung für dieses Handwerkszeug, für das Selbstverständnis dieser Wissenschaften.

In dieser Grundsätzlichkeit liegt ein hoher Anspruch an das eigene wissenschaftliche Arbeiten. Das heißt aber nicht, dass die ANIMAL STUDIES der beste oder gar der einzige Weg sind, auf dem sich zu einer überzeugenden Interpretation gesellschaftlicher Verhältnisse oder kultureller Produkte kommen ließe. Der mehrfache Hinweis auf die → PLANT STUDIES hat ja eine der systematischen Grenzen der ANIMAL STUDIES immer wieder in Erinnerung gerufen. Wer sich auf die Tiere konzentriert, dem entgeht anderes. Paul de Man (1971) hat diesen Effekt einmal auf die treffende epistemologische Formel von „Blindness and Insight“ gebracht: Blindheit ist nicht nur etwas, das durch Einsicht beseitig wird; Blindheit ist auch etwas, das durch Einsicht produziert wird.

So wohletabliert, theoretisch durchdacht, methodisch entfaltet und vielfach in konkrete Forschung überführt wie die ANIMAL STUDIES mittlerweile sind, ist es an der Zeit für eine gezielte Beunruhigung: Die Unruhe, die dann entsteht, wenn die eigenen Blindheiten in den Blick genommen werden. Zwei Bereiche scheinen dabei derzeit von besonderer Wichtigkeit.

Da sind, erstens, die anderen Anderen – diejenigen, die auch immer wieder einem *othering* unterworfen werden. Von Frauen, Pflanzen und Kolonisierten (→ GENDER STUDIES, → PLANT STUDIES, → POSTCOLONIAL STUDIES) war schon die Rede. Hinzu kommen Kinder (CHILD STUDIES), Menschen mit Behinderung (→ DISABILITY STUDIES), Menschen jenseits heteronormativer Sexualität (→ QUEER/NESS STUDIES), sozial Deklassierte (CLASS STUDIES), Menschen mit nicht-weißer Hautfarbe (Critical Race Theory, → CRITICAL ETHNIC STUDIES). Die Liste ließe sich verfeinern und ergänzen. Sie verweist aber schon in dieser kurzen Form auf das Problem, dass sie selbst das *othering* wiederholt, von dem sich die genannten Ansätze gerade kritisch absetzen wollen: Eine Forschung, die sich um all die Anderen kümmert, bestätigt damit, dass es sich dabei um Andere handelt. Eine Möglichkeit, sich explizit mit diesen Fallstricken, aber v. a. mit dem Potenzial einer solchen Zusammenschau auseinanderzusetzen, bietet die Theorie der Intersektionalität, über die auch die ANIMAL STUDIES zur Kooperation mit anderen Other-Studies gefunden haben (Kompatscher et al. 2017, 190–199), etwa mit den → DISABILITY STUDIES (Jenkins et al. 2020) oder den → QUEER STUDIES (Irni 2020).

Und da sind, zweitens, die kolonialen Wurzeln der ANIMAL STUDIES selbst: Ist es nicht eine reichlich weiße Idee, eine koloniale Besiedlungsidee, sich auf diese Weise und mit diesem Instrumentarium den Tieren zuzuwenden? Spricht da nicht die abendländische Kultur bzw. der globale Norden, als spräche er für die ganze Menschheit, die ganze Welt? Wird da nicht eine partiale Perspektive klammheimlich universalisiert? Das sind berechtigte Fragen. Entsprechend ist den ANIMAL STUDIES im Allgemeinen und den CRITICAL ANIMAL STUDIES im Besonderen vorgeworfen worden, selbst nur eine weitere Spielart des „white settler colonialism“ (Belcourt 2020) zu sein. Die ANIMAL STUDIES haben schon früh damit begonnen, sich mit dem Problem der „Decolonization“ auseinanderzusetzen (Haraway 1989, 115; Plumwood 2002; Huggan und Tiffin 2010, 151–158; Deckha 2012), und sie wenden sich ihm derzeit wieder in großer Intensität zu (Montfort et al. 2020; Wadiwel 2020). Im Zentrum stehen dabei bisher kulturtheoretische und soziologische Überlegungen. Wie sich diese Überlegungen für konkrete kultur- und geisteswissenschaftliche Analysen fruchtbar machen lassen, etwa in den Literatur-, Musik-, Bild- oder Filmwissenschaften, bleibt zu zeigen.

5 Literaturverzeichnis

Adams, Carol J. *The Sexual Politics of Meat. A Feminist-Vegetarian Critical Theory*. London 1990.

Adams, Carol J. *Neither Man nor Beast. Feminism and the Defense of Animals*. London 1994.

Adams, Carol J. und Lori Gruen (Hrsg.). *Ecofeminism. Feminist Intersections with Other Animals and the Earth*. New York 2014.

Agamben, Giorgio. *Das Offene. Der Mensch und das Tier*. Übers. von Davide Giuriato. Frankfurt a.M. 2003 [2002].

Anderson, Virginia DeJohn. *Creatures of Empire. How Domestic Animals Transformed Early America*. Oxford 2004.

Armstrong, Philip. *What Animals Mean in the Fiction of Modernity*. New York 2008.

Armstrong, Susan und Richard Botzler (Hrsg.). *The Animal Ethics Reader*. London 2008.

Baratay, Éric. *Le point de vue animal. Une autre version de l'histoire*. Paris 2012.

Bekoff, Marc. *Encyclopedia of Animal Behavior*. 3 Bde. Westport, CT 2004.

Bekoff, Marc (Hrsg.). *Encyclopedia of Human-Animal Relationships. A Global Exploration of Our Connections with Animals*. 4 Bde. Westport, CT 2007.

Belcourt, Billy-Ray. „An Indigenous critique of Critical Animal Studies". *Colonialism and Animality. Anti-Colonial Perspectives in Critical Animal Studies*. Hrsg. von Kelly Struthers Montford und Chloë Taylor. London 2020: 19–28.

Bergthaller, Hannes et al. „Mapping Common Ground. Ecocriticism, Environmental History, and the Environmental Humanities". *Environmental Humanities* 5 (2014): 261–276.

Best, Steven. „The Rise of Critical Animal Studies. Putting Theory Into Action and Animal Liberation Into Higher Education". *Journal for Critical Animal Studies* 7.1 (2009): 9–52.

Borgards, Roland (Hrsg.). *Tiere. Kulturwissenschaftliches Handbuch*. Stuttgart 2016a.

Borgards, Roland. „Tiere und Literatur". *Tiere. Kulturwissenschaftliches Handbuch*. Hrsg. von Roland Borgards. Stuttgart 2016b: 225–244.

Borgards, Roland. „Selkirks Tiere. Insel-Theriotopien bei Woodes Rogers (1712), Edward Cooke (1712) und Richard Steele (1713)". *Robinsons Tiere*. Hrsg. von Roland Borgards, Marc Klesse und Alexander Kling. Freiburg 2016c: 25–59.

Borgards, Roland. „Die Legende vom Kampf der Ziegen mit den Hunden auf der Isla Juan Fernández". *Gespenster des Wissens. Für Joseph Vogl*. Hrsg. von Ute Holl, Claus Pias und Burkhardt Wolf. Zürich 2017: 55–60.

Borgards, Roland. „Nach der Wendung. Zum Stand der Cultural and Literary Animal Studies (CLAS)". *Tierstudien* 16 (2019): 117–125.

Borgards, Roland. „Cultural Animal Studies zwischen Neuer Tiertheorie und New Ethology". *Menschen und Tiere. Grundlagen und Herausforderungen der Human-Animal Studies*. Hrsg. von Friedrich Jäger. Berlin 2020a: 41–55.

Borgards, Roland. „Parrot Poll. Animal Mimesis in Daniel Defoe's Robinson Crusoe". *Humanimalia* 11.2 (2020b): 1–24.

Borgards, Roland, Alexander Kling und Esther Köhring (Hrsg.). *Texte zur Tiertheorie*. Stuttgart 2015.

Borgards, Roland, Marc Klesse und Alexander Kling (Hrsg.). *Robinsons Tiere*. Freiburg 2016.

Borgards, Roland, Lena Kugler und Mira Shah. *Pazifische Passagen. Ein Insularium des Großen Ozeans*. Göttingen 2023.

Bühler, Benjamin. *Ecocriticism. Grundlagen, Theorien, Interpretationen*. Stuttgart 2016.

Crosby, Alfred W. *Ecological Imperialism. The Biological Expansion of Europe, 900–1900*. Cambridge 1986.

De Fontenay, Elisabeth. *Le silence des bêtes. La philosophie à l'épreuve de l'animalité*. Paris 1998.
De Man, Paul. *Blindness and Insight. Essays in the Rhetoric of Contemporary Criticism*. New York 1971.
De Waal, Frans. *Are We Smart Enough to Know How Smart Animals Are?* New York 2017.
Deckha, Maneesha. „Feminist Theory. Centralizing Race and Culture in Feminist Work on Nonhuman Animals". *Hypatia* 27.3 (2012): 524–545.
Deleuze, Gilles und Félix Guattari. *Tausend Plateaus. Kapitalismus und Schizophrenie*. Berlin 1997 [1980].
DeMello, Margo. *Animals and Society. An Introduction to Human-Animal Studies*. New York 2012.
Derrida, Jacques. *Das Tier, das ich also bin*. Wien 2010 [2006].
Derrida, Jacques. *Das Tier und der Souverän I. Seminar 2001–2002*. Hrsg. von Michel Lisse, Marie-Louise Mallet und Ginette Michaud. Wien 2015 [2008].
Derrida, Jacques. *Das Tier und der Souverän II. Seminar 2002–2003*. Hrsg. von Michel Lisse, Marie-Louise Mallet und Ginette Michaud. Wien 2017 [2010].
Derrida, Jacques. *Die unbedingte Universität*. Frankfurt a.M. 2018 [2001].
Despret, Vinciane. *Was würden Tiere sagen, würden wir die richtigen Fragen stellen?* Münster 2019 [2012].
Donaldson, Sue und Will Kymlicka. *Zoopolis. Eine politische Theorie der Tierrechte*. Frankfurt a.M. 2013 [2011].
Ferrari, Arianna und Klaus Petrus (Hrsg.). *Lexikon der Mensch/Tier-Beziehungen*. Bielefeld 2015.
Freccero, Carla. „Cherche la chatte. Derrida's Queer Feminine Animality". *French Thinking About Animals*. Hrsg. von Louisa Mackenzie und Stephanie Posthumus. East Lansing, MI 2015: 105–120.
Fudge, Erica. *Brutal Reasoning. Animals, Rationality, and Humanity in Early Modern England*. Ithaca, NY 2006.
Gesing, Friederike et al. (Hrsg.). *NaturenKulturen. Denkräume und Werkzeuge für neue politische Ökologien*. Bielefeld 2019.
Grimm, Herwig und Markus Wild. *Tierethik zur Einführung*. Hamburg 2020.
Grove, Richard H. *Green Imperialism. Colonial Expansion, Tropical Island Edens and the Origins of Environmentalism, 1600–1860*. Cambridge 1995.
Haraway, Donna. *Primate Visions. Gender, Race, and Nature in the World of Modern Science*. New York 1989.
Haraway, Donna. *Simians, Cyborgs, and Women. The Reinvention of Nature*. New York 1991.
Haraway, Donna. *The Companion Species Manifesto. Dogs, People, and Significant Otherness*. Chicago, IL 2003.
Haraway, Donna. *When Species Meet*. Minneapolis, MN 2008.
Haraway, Donna. *Staying With the Trouble. Making Kin in the Chthulucene*. Durham, NC 2016.
Huggan, Graham und Helen Tiffin. *Postcolonial Ecocriticism. Literature, Animals, Environment*. London 2010.
Irni, Kuura. „Queering Multispecies Bonding. Reading Donna Haraway's Dog Stories as Queer Feminism". *Humanimalia* 12.1 (2020): 188–209.
Jenkins, Stephanie, Kelly Struthers Montford und Chloë Taylor (Hrsg.). *Disability and Animality. Crip Perspectives in Critical Animal Studies*. London 2020.
Kalof, Linda und Amy Fitzgerald (Hrsg.). *The Animals Reader. The Essential Classic and Contemporary Writings*. Oxford 2007.
Kalof, Linda. *The Oxford Handbook of Animal Studies*. Oxford 2017.
Kean, Hilda und Philip Howell (Hrsg.). *The Routledge Companion to Animal-Human History*. Abingdon 2019.
Kompatscher, Gabriela, Reingard Spannring und Karin Schachinger (Hrsg.). *Human-Animal Studies. Eine Einführung für Studierende und Lehrende*. Münster 2017.

Krüger, Gesine, Aline Steinbrecher und Clemens Wischermann (Hrsg.). *Tiere und Geschichte. Konturen einer Animate History*. Stuttgart 2015.
Latour, Bruno. *Das Parlament der Dinge. Für eine politische Ökologie*. Frankfurt a.M. 2001 [1999].
Latour, Bruno. *Eine neue Soziologie für eine neue Gesellschaft. Einführung in die Akteur-Netzwerk-Theorie*. Frankfurt a.M. 2007 [2005].
Marvin, Garry und Susan McHugh (Hrsg.). *The Routledge Handbook of Human-Animal Studies*. London 2014.
McHugh, Susan, Robert McKay und John Miller (Hrsg.). *The Palgrave Handbook of Animals and Literature*. New York 2020.
McHugh, Susan. *Animal Stories. Narrating Across Species Lines*. Minneapolis, MN 2011.
McLauchlan, Laura. „Multispecies Ethnography". *Handbook of Historical Animal Studies*. Hrsg. von Mieke Roscher, André Krebber und Brett Mizelle. Oldenburg 2021: 393–408.
Middelhoff, Frederike. „Animal Studies and Plant Studies". *Literaturen und Kulturen des Vegetabilen. Plant Studies, Kulturwissenschaftliche Pflanzenforschung*. Hrsg. von Urte Stobbe, Anke Kramer und Berbeli Wanning. Berlin 2022: 71–95.
Montford, Kelly Struthers und Chloë Taylor (Hrsg.). *Colonialism and Animality. Anti-Colonial Perspectives in Critical Animal Studies*. London 2020.
Oliver, Kelly. „Sexual Difference, Animal Difference. Derrida and Difference ‚Worthy of Its Name'". *Hypatia* 24.2 (2009): 54–76.
Opfermann, Susanne (Hrsg.). *Begegnungen mit (anderen) Tieren*. Berlin 2022.
Pfau-Effinger, Birgit und Sonja Buschka (Hrsg.). *Gesellschaft und Tiere*. Wiesbaden 2013.
Plumwood, Val. „Decolonizing Relationships with Nature". *Decolonizing Nature. Strategies for Conservation in a Post-Colonial Era*. Hrsg. von William Adams und Martin Mulligan. London 2002: 51–78.
Ritvo, Harriet. „On the animal turn". *Daedalus. Journal of the American Academy of Arts and Sciences* 136.4 (2007): 118–122.
Roscher, Mieke, André Krebber und Brett Mizelle (Hrsg.). *Handbook of Historical Animal Studies*. Oldenburg 2021.
Rose, Deborah Bird et al. „Thinking Through the Environment, Unsettling the Humanities". *Environmental Humanities* 1 (2012): 1–5.
Sebastian, Marcel. „Tiere und Gesellschaft". *Tiere. Kulturwissenschaftliches Handbuch*. Hrsg. von Roland Borgards. Stuttgart 2016: 16–24.
Singer, Peter. *Animal Liberation. Die Befreiung der Tiere*. Reinbek 1996 [1975].
Stanescu, James. „Species Trouble. Judith Butler, Mourning, and the Precarious Lives of Animals". *Hypatia* 27.3 (2012): 567–582.
Stobbe, Urte, Anke Kramer und Berbeli Wanning (Hrsg.). *Literaturen und Kulturen des Vegetabilen. Plant Studies, Kulturwissenschaftliche Pflanzenforschung*. Berlin 2022.
Taylor, Nik, Zoei Sutton und Rhoda Wilkie. „A Sociology of Multi-Species Relations". *Journal of Sociology* 54.4 (2018): 463–466.
Taylor, Nik. *Humans, Animals, and Society. An Introduction to Human-Animal Studies*. New York 2013.
Teutsch, Gotthard Martin. *Soziologie und Ethik der Lebewesen. Eine Materialsammlung*. Frankfurt a.M. 1975.
Wadiwel, Dinesh Joseph. „Foreword. Thinking ‚Critically' About Animals After Colonialism". *Colonialism and Animality. Anti-Colonial Perspectives in Critical Animal Studies*. Hrsg. von Kelly Struthers Montford und Chloë Taylor. London 2020: xvii–xxiv.
Waldau, Paul. *Animal Studies. An Introduction*. Oxford 2013.
Weil, Kari. „A report on the animal turn". *differences* 2 (2010): 1–23.

Wiedenmann, Rainer. *Die Tiere der Gesellschaft. Studien zur Soziologie und Semantik von Mensch-Tier-Beziehungen*. Konstanz 2002.

Wild, Markus. *Die anthropologische Differenz. Der Geist der Tiere in der frühen Neuzeit bei Montaigne, Descartes und Hume*. Berlin 2006.

Wild, Markus. *Tierphilosophie zur Einführung*. Hamburg 2008.

Wirth, Sven et al. (Hrsg.). *Das Handeln der Tiere. Tierliche Agency im Fokus der Human-Animal Studies*. Bielefeld 2015.

Wolfe, Cary (Hrsg.). *Zoontologies. The Question of the Animal*. Minneapolis, MN 2003.

Wolfe, Cary. „Animal Studies. Disciplinarity, and the (Post) Humanities". *What Is Posthumanism?* Minneapolis, MN 2010: 99–126.

Ulf Engel und Ute Wardenga

Area Studies mit Schwerpunkt African Studies

1 Einleitung

AREA STUDIES – oder später auch: die Regionalwissenschaften – sind in der zweiten Hälfte des 19. Jahrhunderts entstanden. Sie wurden wesentlich von der Geographie stimuliert, die seit ca. 1840 im Kontext der „explorativen Entschleierung" der Erde durch Forschungsreisen zu einem eigenen Forschungsfeld geworden war (wegweisend war dabei Alexander von Humboldts Lateinamerika-Expedition, 1799–1804). Haupttriebkraft war die von Europa (v. a. Großbritannien, Frankreich, Deutschland) vorangetriebene Vermessung und Kartographierung außereuropäischer Gebiete, die damit eine wichtige Voraussetzung für die Entfaltung von „Kolonialwissenschaften" (→ POSTCOLONIAL STUDIES) schuf. Sowohl die Geographie als auch die zunächst stark linguistisch und philologisch ausgerichteten AREA STUDIES haben die Vermessung der *global condition* – der Wahrnehmung des Zusammenwachsens der Welt hin zu einer nicht mehr hintergehbaren Verflechtung (Robinson 1990; Bright und Geyer 1994; Geyer und Bright 1995) – vorbereitet und in einem wechselseitig konstitutiven Verhältnis dialektisch begleitet. Beide Wissenschaften sind geistige Kinder der europäischen Aufklärung, des christlichen Missionierungsprojektes und der Kolonialisierung Afrikas und Asiens (sowie der europäischen Binnenkolonialisierung im russischen Osten). Als Wissensordnung im Sinne Michel Foucaults (1966) stehen Geographie und AREA STUDIES für einen methodologischen Eurozentrismus, der das ‚Außereuropäische' als Gegenpol zu einer ‚abendländischen', okzidentalen Identität konstruiert, die immer als ‚kulturell' oder ‚zivilisatorisch' höherwertig imaginiert wurde (Said 1978; Blaut 1993; Wardenga 2019).

Rasch wurden die AREA STUDIES institutionalisiert und professionalisiert, und differenzierten sich dabei im letzten Drittel des 19. Jahrhunderts in eigene Fächer: diverse Philologien, Geographie, Ethnologie und die Religionswissenschaften (u. a. Brogiato 2005; Vermeulen 2016). Von Europa ausgehend gründen sich die AREA STUDIES im 20. Jahrhundert auch in den USA, Russland, China und anderen Staaten.

Alle AREA STUDIES arbeiten mit Raumbezügen. Im 19. Jahrhundert dominierten v. a. Ansätze, die stark beobachtungs- und datengetrieben waren. Sie dienten dazu, außereuropäische Erdteile ‚auf die Karte' und damit in die Logik eines visuellen Mediums zu bringen, das die gesamte Erde als einen Komplex maßstäblich gestufter Räume (Kontinente – Großräume – Länder – Landschaften/Regionen) neu les-

https://doi.org/10.1515/9783110712919-003

bar machte (Jahn und Wardenga 2016). Seit etwa 1900 durchlief das gesamte Wissensgebiet eine erste Kulturalisierungswelle, die zu einer geistes- und kulturwissenschaftlichen Akzentuierung führte, selbst in der sich damals als Naturwissenschaft verstehenden Geographie. Symptomatisch hierfür war der Landschaftsbegriff (Möhring et al. 2019, 9–16). Er beförderte einerseits die Vorstellung, dass außereuropäische Räume und Kulturen als eigenständig zu beschreiben waren und in ihrem je spezifischen So-Sein erklärt werden mussten. Die damit zumindest in der Theorie angelegte Kontingenz und Vielfalt (also die prinzipiell vorhandene Option der Analyse des auch anders Möglichen) fand allerdings in der weltanschaulich hoch politisierten, auf die hegemoniale Aneignung von „Lebensräumen" fokussierten NS-Raumforschung keinen Widerhall. Nach 1945 griff die Raumforschung unter sorgfältiger Verdrängung ihrer NS-Vergangenheit die schon in der Weimarer Republik formulierten Konzepte einer historisch-genetischen Kulturlandschaftsforschung auf. Sie arbeitete nun mit einem transskalaren und vergleichenden Ansatz, der auf die typisierende Analyse von Mensch-Natur-Verhältnissen in unterschiedlichen Weltregionen spezialisiert war (→ Environmental Studies, → Animal Studies, → Plant Studies). Als Erklärungsrahmen fungierten Kulturstufentheorien, mit der Folge, dass der *gegenwärtige* Entwicklungsstand der führenden Industrienationen in der ‚Ersten' und ‚Zweiten' Welt unreflektiert auf die *zukünftigen* Entwicklungspotenziale von Ländern der ‚Dritten Welt' übertragen wurde (Wardenga 2020). Hier knüpfte auch die sich seit den 1960er Jahren international herausbildende, angewandt und politikberatend arbeitende neue Raumforschung an. Sie bevorzugte funktionalistische (also im weitesten Sinn zweckgeleitete) Deutungs-, Beschreibungs- und Erklärungskonzepte. Diese verabschiedeten sich radikal von Deutungshorizonten, die die Gegenwart als Ergebnis einer historischen Entwicklung verstanden hatten. Sie postulierten stattdessen – optimistisch befeuert von den neuen Möglichkeiten einer computergestützten Datenverarbeitung – die modernisierungstheoretisch geprägte Vorstellung einer *prinzipiell immer* optimierungsbedürftigen Gegenwart. Die nun stärker sozialwissenschaftlich grundierte Forschung betrachtete ‚Entwicklungsländer' deshalb als ‚Labore' einer möglichst rasch nachzuholenden ‚Modernisierung', wobei kapitalistische und sozialistische Konzepte in der bipolaren Welt des Kalten Krieges miteinander konkurrierten. Allerdings wurden z. B. mit der Dependenztheorie auch andere Stimmen laut. Sie kritisierten vehement die raumbezogenen Asymmetrien zwischen einem als ‚Zentrum' auf permanente Dominanz gestellten ‚Norden' und einem von ihm als ‚Peripherie' in Abhängigkeit gehaltenen ‚Süden' (Wallerstein 1974).

Das gesamte Feld der Area Studies ist mittlerweile bei weitem zu groß, um es hier in seiner räumlichen, intellektuellen und institutionellen Komplexität angemessen würdigen zu können. Im Folgenden konzentrieren wir uns deshalb auf die Entwicklung der Afrikawissenschaften (African Studies) in Deutschland seit dem Ende des 19. Jahrhunderts, an denen beispielhaft einige der einleitend beschriebenen Grundmerkmale der Area Studies aufgezeigt werden sollen (zur internationalen Entwicklung der Area Studies siehe u. a. Loschke 2017; Kwaschik 2018; Naumann 2018; zu den konkurrierenden welt- und universalgeschichtlichen Ansätzen vgl. Middell 2005).

2 Institutionalisierung der deutschsprachigen Afrikawissenschaften (African Studies)

Im deutschsprachigen Raum hatte die Entwicklung der Area Studies ihren Ausgang in der Beschäftigung mit Ägypten: 1868 wurde in Wien eine erste außerordentliche Professur geschaffen, und ab 1873 hielt Leo Simon Reinisch (1832–1919) als Lehrstuhlinhaber Vorlesungen zur Ägyptologie. Aus dieser Professur erwuchs 1923 das Institut für Afrikanistik und Ägyptologie, das dann 1978 als Institut für Afrikanistik fortgesetzt wurde. In Deutschland wurden die ersten afrikaspezifischen Lehrstühle 1887 in Berlin, 1900 in Leipzig und 1909 in Hamburg berufen. Die Lehrstuhlinhaber verfolgten idiosynkratische Forschungsinteressen und waren noch nicht in afrikawissenschaftliche Lehrgänge eingebunden. So wurden z. B. in Leipzig zwischen 1892 und 1944 Vorlesungen zu Geographie, Völkerkunde, Kolonisation und der Geschichte Afrikas gehalten. Zusätzlich zu den bereits seit 1871 bestehenden Professuren für Geographie (zunächst Oskar Peschel, dann 1876 Otto Delitsch, 1883 Ferdinand von Richthofen und ab 1886 Friedrich Ratzel) wurde 1900 eine Professur für modernes Arabisch und hamitische Sprachen Afrikas besetzt, im folgenden Jahr eine Professur für Anthropologie, Ethnographie und Prähistorie sowie 1915 eine Professur für Kolonialgeographie und Kolonialpolitik (Brahm und Jones 2009, 296–299). Eine kleine Konjunktur verdankt die afrikawissenschaftliche Universitätslehre und -forschung dann in den 1930er Jahren konservativen und faschistischen Fantasien über eine Rückeroberung der nach dem Ersten Weltkrieg verloren gegangenen Kolonien in Afrika, China und dem Pazifik.

In den 1950er und 1960er Jahre wurden die Area Studies im Zuge des Wiederaufbaus der deutschen Universitäten nach dem Zweiten Weltkrieg zunächst um den politisch scheinbar unverdächtigen Kern der Linguistik und Philologie herum gruppiert. Dies hatte zur Folge, dass sich Lehrgebiete in Studienprogrammen niederschlugen und sich ein Fächerkanon zu entwickeln begann: Die westdeutschen Afrikawissenschaften wurden als philologisch verstandene „Afrikanistik“ begründet, die dann in den 1960er Jahren um Wissenszugänge aus der Geschichtswissenschaft und Ethnologie ergänzt wurden. In der Deutschen Demokratischen Republik (DDR) wählte man im gleichen Zeitraum – v. a., aber nicht ausschließlich, in Leipzig – einen breiter aufgestellten Wissenszugang, der sich an den Entwicklungen der Afrikawissenschaften in Paris oder Moskau orientierte und sich fachlich um die Geschichtswissenschaft ausrichtete (Brahm und Jones 2009, 305–310). Während des Kalten Krieges wurde den Afrikawissenschaften in der Bundesrepublik Deutschland – etwa im Vergleich zu den Osteuropawissenschaften, die unter dem Motto *know your enemy* funktionierten (Engerman 2011) – bei der Produktion von strategischem Wissen deutlich weniger Relevanz beigemessen. In der DDR jedoch hatten die Afrikawissenschaften, wenn auch vom Personaltableau her überschaubar, eine deutlich strategische Funktion bei der Begründung einer neuen Afrikapolitik zu Beginn der 1960er Jahre, die auch durch das Bemühen gekennzeichnet war, international diplomatische Anerkennung zu finden und die Isolation durch die Bundesrepublik zu durchbrechen (Stichwort: Hallstein-Doktrin, die darauf abzielte, die Beziehungen zu jenen Staaten abzubrechen, die die DDR anerkannten).

Im vereinigten Deutschland blieb der Kern der mit Afrika befassten AREA STUDIES nach 1991/1992 und der ‚Abwicklung' des Leipziger Instituts zunächst afrikanistisch geprägt. Dies änderte sich erst mit der Internationalisierung der universitären Lehre und der Einführung der gestuften Bachelor- und Masterprogramme im Zuge des Bologna-Prozesses ab 2005: Von den sieben Standorten in Deutschland, die afrikabezogene Studiengänge anbieten, weisen zwei einen afrika*nistischen* Zugang zum Wissensgebiet Afrika auf (Hamburg und Köln) und fünf einen afrika*wissenschaftlichen* (Bayreuth, HU Berlin, Frankfurt am Main, Leipzig, Mainz – letzterer im Rahmen eines Ethnologie-Studienganges). Diese sehr deutsche Dichotomie zwischen sprachwissenschaftlichen einerseits und geschichts-, kultur- und sozialwissenschaftlichen Zugängen andererseits schlug sich in der Gründung von zwei getrennten Fachverbänden nieder: der Vereinigung für Afrikawissenschaften in Deutschland e.V. (VAD, 1969 gegr. als Vereinigung von Afrikanist*innen in Deutschland) und dem Fachverband Afrikanistik e.V. (gegr. 2017), in dem auch die Universität Wien vertreten ist, dessen Vorläufer seit den späten 1970er Jahren „Afrikanistentage" organisiert hat (zuweilen auch gemeinsam mit der VAD). Die Ausstattung deutscher Universitäten mit philologischen Afrikalehrstühlen steht in einem gewissen Spannungsverhältnis zur eher geringen Anzahl der Studierenden der Afrikanistik. International ist die Variante der Afrikawissenschaften (AFRICAN STUDIES) deutlich stärker vertreten, obgleich sich auch hier eine wissenschaftsimmanente Zuspitzung findet: die Gegenüberstellung von vermeintlich theoriebildenden systematischen Disziplinen einerseits (wie etwa Geschichte, Politikwissenschaft, Geographie oder Soziologie) und den eklektischen AREA STUDIES, die frei einer eigenen Methode seien, andererseits (Bates et al. 1993; Szanton 2004; Derichs et al. 2020; Aris 2021).

Institutionell dominiert in den Afrikawissenschaften in Deutschland eine Lehrstuhl-Orientierung im Rahmen einer überschaubaren Anzahl von Studiengängen – im Gegensatz etwa zu den USA, die v. a. nach dem Zweiten Weltkrieg auf die Bildung von interdisziplinären, vorrangig sozialwissenschaftlich ausgerichteten Zentren gesetzt haben. Zwar ist es in Deutschland durchaus zur Bildung von afrikawissenschaftlichen Zentren gekommen (1996 Zentrum Moderner Orient, Berlin; 2003 Zentrum für Interdisziplinäre Afrikaforschung, Frankfurt/Main; 2020 Africa Centre for Transregional Research, Freiburg; sowie das Forum Afrikazentrum der Universität Würzburg, mit seinem Jungen Afrikazentrum für Nachwuchswissenschaftler*innen und dem 2014 gegründeten Bayerischen Institut für Afrika-Studien, BRIAS), diese spielen als Institutionen in der universitären Lehre jedoch noch keine systematische Rolle. Dies gilt gleichfalls für das Max-Planck-Institut für ethnologische Forschung (Halle/Saale), an dem sehr stark auch zum afrikanischen Kontinent gearbeitet wird.

Zu Beginn des neuen Millenniums wurden die deutschen Universitäten von finanziellen Sparrunden ‚heimgesucht' (so wurden bspw. in Sachsen zwischen 2001 und 2008 insgesamt 715 Stellen abgebaut, davon 186 in Leipzig). Häufig gerieten „kleine Fächer", oder so genannte Orchideenfächer, unter Druck (wobei die Afrikawissenschaften an den meisten Standorten *de facto* nicht zu dieser Kategorie zählen und die definitorischen Bemühungen des „Portals Kleine Fächer" durchaus auf Kritik stoßen). Diese als Krise der Area Studies wahrgenommene Situation rief auch den Wissenschaftsrat auf den Plan, der vehement Gründe für die gesellschaftliche Relevanz der nun als „Regionalwissenschaften" titulierten Area Studies identifizierte (Wissenschaftsrat 2006). In der Folge haben Wissenschaftsförderinstitutionen – von der Deutschen Forschungsgemeinschaft (DFG) und der VolkswagenStiftung bis hin zum Bundesministerium für Bildung und Forschung (BMBF) – hochdotierte Finanzierungsinitiativen aufgelegt, in deren Folge die Area Studies, zumindest im Vergleich zur Situation in Frankreich, Großbritannien oder den USA, heute deutlich besser dastehen als zuvor (s. u.).

3 Epistemologische Orientierung

Die Zäsur des Endes des Kalten Krieges 1989/1990 hat in den deutschsprachigen African Studies zunächst nicht unmittelbar epistemologische Innovationen ausgelöst. Wie auch in anderen Area Studies gibt es in den Afrikawissenschaften keine eigenen epistemologischen Fundamente; vielmehr bedienen sich ihre Vertreter*innen in den Baukästen der jeweiligen Herkunftsfächer. Die eurozentristische Grundkonstante der Area Studies hat bis weit in das 21. Jahrhundert hineingewirkt und ist erst durch die vielerorts eher schleppende Rezeption des *postcolonial turn* in Frage gestellt worden (→ Postcolonial Studies). Dabei ist das Tempo des Wandels wiederum stark davon abhängig, wie rasch sich die ‚Mutterdisziplinen' geöffnet haben (z. B. Kulturgeschichte) bzw. über wie viel Beharrungsvermögen sie verfügen (etwa Politikwissenschaft/→ POLITICAL STUDIES). Entsprechend haben Vertreter*innen der Afrikawissenschaften in Deutschland individuell auch kulturwissenschaftliche Paradigmenwechsel wie den *performative turn* oder den *iconic turn* (s. u. zu Bayreuth) mitvollzogen. Postulate und Methoden der Nähe zu WOMEN'S STUDIES und FEMINIST STUDIES werden vereinzelt ebenso aufgegriffen wie die → MASCULINITY STUDIES oder die MIGRATION STUDIES/→ REFUGEE STUDIES.

Die Verflechtung zwischen den klassischen Regionalwissenschaften und der Geographie ist ein besonderer Fall: Bis in die 1990er/2000er Jahre war dies eher eine Frage des Standorts. So war in Bayreuth diese Verbindung bspw. schon relativ früh ausgeprägt. Andererseits konnte man, z. B. wie die Universität Trier, jahrzehntelang einen starken landschaftsbezogenen Afrikaschwerpunkt in der Geographie haben, jedoch dann eher im angewandten Bereich mit der Bodenkunde und den Agrarwissenschaften zusammenarbeiten, ohne dass der Kontakt zu den Afrikawissenschaften gesucht wurde. Wenige Afrikawissenschaftler*innen haben eine ausgewiesene Nähe zur Geographie, und insbesondere der Regionalen Geographie – dies dann aber sehr reflektiert und mit intellektuellen Rückwirkungen auch in die Geographie.

4 Landkarte der Afrikawissenschaften im deutschsprachigen Raum

In Deutschland sind sieben Universitäten zentral für die Forschung und Lehre zu Afrika: neben den afrika*nistischen* Standorten Hamburg und Köln sind dies die afrika*wissenschaftlichen* Standorte Bayreuth, HU Berlin, Frankfurt am Main, Leipzig und Mainz. Daneben wird sozialwissenschaftliches Wissen zu Afrika an vier außeruniversitären Institutionen produziert: dem Arnold-Bergstraesser-Institut in Freiburg (ABI, gegr. 1960), dem Deutschen Institut für Entwicklungspolitik in Bonn (DIE, gegr. 1964 in Berlin), dem German Institute of Global and Area Studies in Hamburg (GIGA, 1964 gegr. als Deutsches Übersee-Institut, umbenannt 2006) sowie der Stiftung Wissenschaft und Politik (SWP, gegr. 1962 in Ebenhausen bei München, seit 2001 in Berlin beheimatet).

An der Universität Bayreuth werden aktuell die folgenden Studiengänge mit Afrikaschwerpunkt angeboten: an der Fakultät für Sprach- und Literaturwissenschaften jeweils ein BA und ein MA *African Verbal and Visual Arts: Languages, Literatures, Media and Art*; an der Fakultät für Biologie, Chemie und Geowissenschaften ein BA *Geographische Entwicklungsforschung Afrikas*; und an der Kulturwissenschaftlichen Fakultät ein BA *Kultur und Gesellschaft Afrikas* sowie ein MA EIMAS, European Interdisciplinary Master *African Studies* und der MA *Kultur und Gesellschaft Afrikas*. Die HU Berlin bietet einen BA *Area Studies Asia/Africa* mit mehreren track-Optionen an; der MA *African Studies* ist gerade ausgelaufen. In Hamburg gibt es je zwei BA- und zwei MA-Studiengänge mit Afrikaschwerpunkt (BA *Afrikanische Sprachen und Kulturen – im Vergleich*; dazu ein vierjähriger Internationaler BA *Afrikanische Sprachen und Kulturen* sowie die beiden MA *African Languages and Cultures/Afrikanische Sprachen und Kulturen* bzw. *Manuscript Cultures*). In Köln gibt es neben den BA-Programmen *Sprachen und Kulturen Afrika* (auch mit Schwerpunkt Kultur- und Sozialanthropologie) bzw. *Geographie (mit Schwerpunkt Afrika)* auch einen MA *Afrikanistik und Ägyptologie*. In Leipzig wird neben dem BA *Afrikawissenschaften* auch ein MA *African Studies* angeboten. Und in Mainz bestehen BA-Programme für *Ethnologie* bzw. *Linguistik (mit Schwerpunkt Afrikanistik)* sowie ein MA *Ethnologie des Globalen*.

Zwei Universitäten bieten auch Studiengänge in Afrika an: Bayreuth unterhält seit 2008 an der School of Law der University of Dar es Salaam am Tansanisch-deutschen Fachzentrum für Rechtswissenschaft (TGCL) einen Master (LL.M.); und das Global and European Studies Institute (GESI) der Universität Leipzig hat gemeinsam mit dem Institute for Peace and Security Studies (IPSS) der Addis Abeba University 2012 einen MA *Global Studies with an emphasis on Peace and Security in Africa* aufgelegt. In beiden Fällen werden die Studiengänge finanziell durch den DAAD gefördert.

An der Universität Wien können ein BA *Afrikastudien* bzw. ein MA *Afrikawissenschaften* belegt werden, und in der Schweiz existieren afrikawissenschaftliche Master-Studiengänge in Basel und Genf.

Im deutschsprachigen Raum sind sechs wissenschaftliche Afrikazeitschriften hervorzuheben: das *Africa Spectrum* (gegr. 1966, hrsg. vom GIGA Hamburg), *Afrika, Asien, Lateinamerika* (1973–2000, die Zeitschrift des Zentralrats für Asien, Afrika und Lateinamerika, Berlin), das *Internationale Afrikaforum* (gegr. 1965, Köln, hrsg. vom Europäischen Institut für Politische, Wirtschaftliche und Soziale Fragen); *Recht in Afrika/Law in Africa/Droit en Afrique* (gegr. 1998, hrsg. von der Gesellschaft für afrikanisches Recht e.V., Köln); die *Zeitschrift für Ethnologie* (gegr. 1869, hrsg. von der Deutschen Gesellschaft für Sozial- und Kulturanthropologie, DGSKA & Berliner Gesellschaft für Anthropologie, Ethnologie und Urgeschichte, BGAEU) sowie *Stichproben: Wiener Zeitschrift für kritische Afrikastudien* (gegr. 2001; hrsg. vom Verein Stichproben am Institut für Afrikawissenschaften der Universität Wien).

5 Exemplarische Beispiele und Fragestellungen

Von klassischen Themen der Afrikawissenschaften *per se* kann nicht gesprochen werden. Dies war immer abhängig von der Nähe einzelner Vertreter*innen zu ihren jeweiligen Mutterdisziplinen und den wissenschaftspolitischen Bündnissen, die an einzelnen Standorten eingegangen worden sind. Daher ist die Abfolge und Ausrichtung von Verbundforschung ein guter Indikator für die thematischen Aufmerksamkeitswellen in den deutschen Afrikawissenschaften. Sie lässt sich prägnant an den von der DFG geförderten Sonderforschungsbereichen (SFB) darstellen.

In historischer Perspektive sind die folgenden SFBs mit ausschließlicher Orientierung auf den afrikanischen Kontinent zu nennen: An der Goethe-Universität in Frankfurt am Main wurde mit der maximalen Förderdauer von zwölf Jahren 1988 ein SFB zum Thema „History of Culture and Language in the Natural Environment of the West African Savannah“ (SFB 268, 1988–2002) eingeworben. An der Universität zu Köln folgte 1995 ein SFB mit dem Schwerpunkt „Kultur- und Landschaftswandel im ariden Afrika – Entwicklungsprozesse unter ökologischen Grenzbedingungen“ (SFB 389). Bayreuth bekam den Zuschlag für einen SFB „Lokales Handeln in Afrika im Kontext globaler Einflüsse“ (Bayreuth, SFB/FG 560, 2000–2007). Dieser knüpfte an einen erfolgreichen SFB „Identität Afrika“ (SFB 214, 1984–1997) und ein Graduiertenkolleg „Interkulturelle Beziehungen in Afrika“ (GRK 187, 1990–1999) an. Und in Hamburg wurde ein etwas kurzlebigerer SFB zum Thema „Umbrüche in afrikanischen Gesellschaften und ihre Bewältigung“ (SFB 520, 1999–2003) aufgelegt.

Neben diesen ausschließlich auf Afrika spezialisierten SFBs gab es natürlich auch andere SFBs mit erkennbaren Afrikaschwerpunkten: Dies gilt etwa für den SFB an der Johannes-Gutenberg-Universität Mainz zum Thema „Kulturelle und sprachliche Kontakte: Prozesse des Wandels in historischen Spannungsfeldern Nordostafrikas/Westasiens“ (SFB 295, 1997–2008), den SFB zu „Manuskriptkulturen in Asien, Afrika und Europa“ an der Universität Hamburg (SFB 950, 2011–2020) oder den SFB „Soziokulturelle Dynamiken im Umgang mit Ressourcen“ an der Eberhard-Karls-Universität Tübingen (SFB 1070, 2013–2025).

In der jüngeren Vergangenheit sind vier innovative Verbundprojekte hervorzuheben – sei es, weil hier epistemologisches Neuland beschritten wird, oder weil neue Formen der Kooperation mit afrikanischen Partner*innen etabliert werden. Im Rahmen der Exzellenzinitiative des Bundes hat die Universität Bayreuth den Zuschlag für ein Cluster „Africa Multiple: Reconfiguring African Studies“ erhalten: Aufbauend auf die seit 2007 in der Exzellenzinitiative geförderte Bayreuth International Graduate School of African Studies (BIGSAS) will das 2019 eingerichtete Cluster die Afrikawissenschaften gleichermaßen konzeptionell wie – mit Blick auf die Formen der Kooperation – auch strukturell erneuern, u. a. durch die enge

Kooperation mit der Moi University (Eldoret, Kenya), der Rhodes University (Makhanda, Südafrika), der Université Ki-Zerbo (Ouagadougou, Burkina Faso) und der University of Lagos (Nigeria).

Gleichermaßen strukturelles Neuland beschreitet 2018 das an der University of Legon (Accra, Ghana) angesiedelte Maria Sibylla Merian Institute for Advanced Studies in Africa (MIASA), das die Albert-Ludwigs-Universität Freiburg gemeinsam mit dem Arnold-Bergstraesser-Institut eingeworben hat. *Research fellows* aus Deutschland, Ghana und der Region forschen hier auf Augenhöhe zum Thema „Sustainable Governance". Das MIASA ist eines von mittlerweile fünf Merian-Zentren weltweit, die das BMBF finanziert. Die anderen Standorte sind – in der Reihenfolge ihrer Bewilligung – New Delhi/Indien (zum Thema „Metamorphosen des Politischen"), Guadalajara/Mexico („Wahrnehmungen der Krise Lateinamerikas"), São Paulo/Brasilien („Gesellschaftliches Zusammenleben") sowie Tunis/Tunesien („Imagining Futures – Dealing with Dispartities").

Mit Blick auf Versuche, mit Bundesmitteln Forschung in Afrika von Afrikaner*-innen zu unterstützen, knüpfen beide Projekte an die Erfahrungen des „Programme Point Sud" an. Dieses wurde 2009 gemeinsam von der DFG und dem Zentrum für interdisziplinäre Afrikaforschung (ZIAF, gegr. 2003) der Goethe-Universität Frankfurt ins Leben gerufen, um Workshops und Konferenzen in den Geistes- und Sozialwissenschaften am Sitz des Instituts in Bamako (Mali) finanzieren zu können. Mittlerweile ist ein Partnernetzwerk geschaffen worden, mit elf Instituten aus Westafrika, Mosambik, Südafrika und Frankreich.

Der in Bonn und Köln angesiedelte SFB/Transregio 228 „Zukunft im ländlichen Afrika: Zukunft-Machen und sozial-ökologische Transformation", Bonn, Köln (Müller-Mahn und Kioko 2021) fragt in der Kooperation von Geograph*innen, Anthropolog*innen sowie Natur- und Agrarwissenschaftler*innen innovativ danach, wie Zukünfte bzw. sozial-ökologische Transformationen gegenwärtig im ländlichen Raum Afrikas verhandelt werden. Und der 2016 gestartete SFB 1199 „Verräumlichungsprozesse unter Globalisierungsbedingungen" in Leipzig, mit empirischen Projekten in zahlreichen Weltregionen, bringt über die Klammer der raumtheoretischen Wende (*spatial turn*) Geistes- und Sozialwissenschaftler*-innen zusammen, die ergründen wollen, wie Raumentrepreneure soziale Prozesse seit der Herstellung der *global condition* im späten 19. Jahrhundert aushandeln, indem sie in der Verfolgung ihrer je eigenen Globalisierungsprojekte die sozialen Räume neu formatieren.

6 Ausblick

In den *rational choice*-geprägten Sozialwissenschaften Deutschlands (→ Social Studies) hat sich mit Blick auf die als ‚Aufstieg' gerahmte veränderte Wahrnehmung des Globalen Südens (Stichwort „BRICS", also Brasilien, Russländische Föderation, Indien, Volksrepublik China und Südafrika), das Feld der Vergleichenden Regionalstudien oder Comparative Area Studies entwickelt (Basedau und Köllner 2007; Basedau 2020; zur Kritik siehe Ndlovu-Gatsheni et al. 2022). Multi-disziplinäre Ansätze mit dem Einsatz von *mixed-methods* sollen dazu beitragen, die unterschiedlichen Perspektiven zwischen „Afrika" und dem „Westen" zu beleuchten und relevante Trends in Afrika, aber auch zwischen dem Kontinent und anderen Weltregionen herauszufiltern. Eine epistemologisch sehr viel weitergehende Entwicklung stellt die Begründung der kritischen Regionalwissenschaften oder Critical Area Studies dar (für Afrika siehe Marks und Bisschoff 2019). Hier schlagen sich – mittlerweile verstärkt auch im deutschsprachigen Raum – zwei der wichtigen *turns* der letzten Dekaden nieder: die postkoloniale Theoriebildung (→ Postcolonial Studies) und die raumtheoretische Wende (*spatial turn*). Gemeinsam ist beiden Impulsen die Frage nach den Bedingungen der Produktion von Weltwissen.

Mir der wissenschaftsinternen Thematisierung von epistemischer Gewalt (u. a. durch Spivak 1988), dem *cognitive empire* des akademischen Nordens gegenüber dem Global Süden (Ndlovu-Gatsheni 2020; Neilson 2021), gar dem *epistemicide* an Positionen aus dem Süden (Bennet 2014) und Alltagsdebatten um post-koloniale Erinnerungskulturen, wie etwa der #RhodesMustFall-Kampagne an südafrikanischen Universitäten sowie später auch in Oxford, ist die dominante westliche Wissensordnung zumindest in einigen Disziplinen und an einigen akademischen Standorten unter erheblichen Rechtfertigungsdruck gekommen. So wie vermehrt kritische Einsichten in die rassistischen Ursprünge auch heute noch dominanter Wissenszugänge formuliert werden (etwa mit Blick auf die politikwissenschaftlichen International Relations siehe Davies et al. 2020), ist auch der Ruf nach einer Dekolonisierung der Lehrinhalte (*decolonising the curriculum*; vgl. Nhlapo und Garuba 2012; Jansen 2019; Falola 2022), aber auch nach der Öffnung von Disziplinen für „Wissen aus dem Süden" (vgl. Comaroff und Comarrof 2012) immer lauter geworden. Teilweise ist diese Forderung sogar bis in das Feld der International Studies/→ Global Studies vorgedrungen (Acharya 2014), auch wenn diese dort bislang weitgehend ungehört verhallt ist.

Die zweite wichtige Debatte in dieser Hinsicht ist die raumtheoretische Wende in den Geistes- und Sozialwissenschaften. Der *spatial turn* hat zur intellektuellen Auflösung des Container-Charakters von Weltregionen beigetragen und es u. a. ermöglicht, transregionale Verflechtungen nicht nur beschreibend, sondern auch theoretisch reflektiert zu thematisieren (Middell 2018). Dies ist nicht ohne Folgen für das Verhältnis von Area Studies zu den systematischen Disziplinen geblieben. Besonders intensiv wird dieser Zusammenhang in einigen → Global Studies-Studiengängen diskutiert. Diese sind von einer Dichotomie geprägt: Auf der einen Seite das *gros* der Studiengänge, die den ersten Anregungen in diesem Feld aus den USA folgen (mit klarer Orientierung an einer intellektuell flachen Interpretation von ‚der Globalisierung' als rezenter und singulärer Prozess, der von einem geographischen Zentrum – den USA oder bestenfalls der Triade – ausgeht); auf der anderen Seite einige wenige Studiengänge, die sehr postkolonial verankert sind und von multiplen Globalisierungsprozessen sprechen, die im 19. Jahrhundert ihren Ausgang nahmen und von allen Teilen der Welt gleichermaßen ausgehen (Darian-Smith und McCarthy 2017; Loeke und Middell 2019). In Deutschland wird das Feld der → Global Studies seit 2002 in Freiburg und seit 2006 in Leipzig angeboten (mit Unterschieden entlang der gerade skizzierten Bandbreite). Mittlerweile bietet auch die HU Berlin ein entsprechendes Studienprogramm an, und die Johannes-Gutenberg-Universität Mainz einen MA Ethnologie des Globalen.

In Leipzig ist das eingangs dieses Kapitels beschriebene wechselseitige Begründungsverhältnis zwischen Geographie und Regionalwissenschaften nach Dekaden intellektuell getrennt beschrittener Pfade in den letzten Jahren wieder besonders gestärkt worden: durch den Erasmus Mundus Master Global Studies, die Graduate School Global and Area Studies, die Gründung des Research Centres Global Dynamics (ReCentGlobe) und den Forschungsneubau Global Hub. Im Kern teilen diese gleichermaßen in der Lehre und der Forschung angesiedelten Vorhaben ein gemeinsames methodologisches Verständnis: die Historisierung des jeweiligen Gegenstandes, der konsequente Vergleich in Raum und Zeit sowie die Reflexion der eigenen Positionalität. Hieraus ist eine neue Sprech- und Dialogfähigkeit mit dem Global Süden erwachsen, die in zahlreichen Partnerschaften mit akademischen Standorten in Lateinamerika, Afrika und Asien geübt wird. Die Area Studies haben sich unter diesen Bedingungen zu einem Vorbild für eine neue Regionalgeographie gemausert.

7 Literaturverzeichnis

Acharya, Amitav. „Global International Relations (IR) and Regional Worlds. A New Agenda for International Studies". *International Studies Quarterly* 58.4 (2014): 647–659.

Ahram, Ariel I., Patrick Köllner und Rudra Sil (Hrsg.). *Comparative Area Studies. Methodological Rationales and Cross-regional Applications*. New York 2018.

Appadurai, Arjun. „Globalization and Area Studies: The Future of a False Opposition". Amsterdam 2000.

Aris, Stephen. „International vs. Area? The Disciplinary-Politics of Knowledge-Exchange Between IR and Area Studies". *International Theory* 13.3 (2021): 451–482.

Basedau, Matthias. „Rethinking African Studies: Four Challenges and the Case for Comparative African Studies". *Africa Spectrum* 55.2 (2020): 194–206.
Basedau, Matthias und Patrick Köllner. „Area Studies, Comparative Area Studies, and the Study of Politics: Context, Substance, and Methodological Challenges". *Zeitschrift für Vergleichende Politikwissenschaft* 1.1 (2007): 105–124
Bates, Robert H., Valentin-Yves Mudimbe und Jean O'Barr (Hrsg.). *Africa and the Disciplines. The Contribution of Research in Africa to the Social Sciences and Humanities*. Chicago, IL 1993.
Bennet, Karen. „Epistemicide!". *Translator* 13.2 (2014): 151–169.
Blaut, James M. *The Colonizer's Model of the World. Geographical Diffusionism and Eurocentric History*. New York 1993.
Brahm, Felix und Adam Jones. „Afrikanistik". *Geschichte der Universität Leipzig, 1409–2009. Band 4.1: Fakultäten, Institute, Zentrale Einrichtungen*. Hrsg. von der Senatskommission zur Erforschung der Leipziger Universitäts- und Wissenschaftsgeschichte. Leipzig 2009: 295–324.
Bright, Charles und Michael Geyer. „Weltgeschichte als Globalgeschichte. Überlegungen zu einer Geschichte des 20. Jahrhunderts". *Comparativ* 4.5 (1994): 13–45.
Brogiato, Heinz Peter. „Geschichte der deutschen Geographie im 19. und 20. Jahrhundert – ein Abriss". *Allgemeine Anthropogeographie*. Hrsg. von W. Schenk und K. Schliephake. Gotha 2005: 41–81.
Comaroff, John und Jean L. Comaroff. „Theory From the South: Or, How Euro-America Is Evolving Toward Africa". *Anthropological Forum* 22.2 (2012): 113–131.
Darian-Smith, Eve und Philip C. McCarthy. *The Global Turn Theories, Research Designs, and Methods for Global Studies*. Oakland, CA 2017.
Davies, Alexander E., Vineet Thakur und Peter Vale. *The Imperial Discipline. Race and the Founding of International Relations*. London 2020.
Derichs, Claudia, Ariel Heryanto und Itty Abraham. „Area Studies and Disciplines: What Disciplines and What Areas?". *International Quarterly for Asian Studies* 51.3/4 (2020): 35–49.
Engel, Ulf. „Gedanken zur Afrikanistik – Zustand und Zukunft einer Regionalwissenschaft in Deutschland". *Afrika Spectrum* 38.1 (2003): 111–123.
Engel, Ulf et al. „Africa in the Globalizing World – A Research Agenda". *Comparativ* 27.1 (2017): 97–110.
Engerman, David C. *Know Your Enemy. The Rise and Fall of America's Soviet Experts*. Oxford 2011.
Falola, Toyin. *Decolonizing African Studies. Knowledge Production, Agency, and Voice*. Rochester, NY 2022.
Foucault, Michel. *Les Mots et les Choses: Une archéologie des sciences humaines*. Paris 1966.
Geyer, Michael und Charles Bright. „World History in a Global Age". *The American Historical Review* 100.4 (1995): 1034–1060.
Hobson, John M. *The Eurocentric Conception of World Politics. Western International Theory, 1760–2010*. Cambridge 2012.
Houben, Vincent. *The New Area Studies and Southeast Asian History*. Göttingen 2013.
Jahn, Karsten und Ute Wardenga. „Wie Afrika auf die Karte kommt. Das Beispiel Georg Schweinfurth". *Sources and Methods for African History and Culture. Essays in the Honour of Adam Jones*. Hrsg. von G. Castryck, S. Strickrodt und K. Werthmann. Leipzig 2016: 137–161.
Jansen, Jonathan D. (Hrsg.). *Decolonisation in Universities. The Politics of Knowledge*. Johannesburg 2019.
Keim, Wiebke. *Vermessene Disziplin. Zum konterhegemonialen Potenzial afrikanischer und lateinamerikanischer Soziologen*. Bielefeld 2008.

Kwaschik, Anne. *Der Griff nach dem Weltwissen. Zur Genealogie von Area Studies im 19. und 20. Jahrhundert.* Göttingen 2018.
Lewis, Martin W. und Kären E. Wigen. *The Myth of Continents. A Critique of Metageography*. Berkeley, CA 1997.
Loeke, Konstanze und Matthias Middell (Hrsg.). *The Many Facets of Global Studies. Perspectives from the Erasmus Mundus Global Studies Programme*. Leipzig 2019.
Loschke, Torsten. *Area Studies Revisited. Die Geschichte der Lateinamerikastudien in den USA, 1940 bis 1970*. Göttingen 2017.
Marks, Zoe und Lizelle Bisschoff. „Editorial Introduction: Decolonizing Critical African Studies". *Critical African Studies* 11.2 (2019): 137–142.
Marung, Steffi. „Transregionality in the Study of Area Studies". *The Routldege Handbook of Transregional Studies*. Hrsg. von M. Middell. London 2019: 23–28.
Möring, Maren, Gabriele Pisarz-Ramirez und Ute Wardenga. *Imaginationen*. Berlin 2019.
Messer-Davidow, Ellen, David R. Shumway und David J. Sylvan (Hrsg.) *Knowledges. Historical and Critical Studies in Disciplinarity*. Charlottesville, VA 1993.
Middell, Matthias. *Weltgeschichtsschreibung im Zeitalter der Verfachlichung und Professionalisierung. Das Leipziger Institut für Kultur- und Universalgeschichte, 1890–1990*. Leipzig 2005.
Middell, Matthias (Hrsg.). *The Routledge Handbook of Transregional Studies*. Abingdon 2018.
Mielke, Katja und Anna-Katharina Hornidge (Hrsg.). *Area Studies at the Crossroads. Knowledge Production After the Mobility Turn*. New York 2017.
Müller-Mahn, Detlef und Eric Kioko. „Rethinking African Futures after COVID-19". *Africa Spectrum* 56.2 (2021): 216–227.
Naumann, Katja. *Laboratorien der Weltgeschichtsschreibung. Lehre und Forschung an den Universitäten Chicago, Columbia und Harvard, 1918–1968*. Göttingen 2018.
Naumann, Katja et al. (Hrsg.). *In Search of Other Worlds. Essays Towards a Cross-Regional History of Area Studies*. Leipzig 2019.
Ndlovu-Gatsheni, Sabelo J. „The Cognitive Empire, Politics of Knowledge and African Intellectual Productions. Reflections on Struggles for Epistemic Freedom and Resurgence of Decolonisation in the Twenty-First Century". *Third World Quarterly* 42.5 (2020): 882–901.
Ndlovu-Gatsheni, Sabelo J., Rüdiger Seesemann und Christine Vogt-William. „African Studies in Distress: German Scholarship on Africa and the Neglected Challenge of Decoloniality". *Africa Spectrum* 57.1 (2022): 83–100.
Neilson, David. „Epistemic Violence in the Time of Coronavirus: From the Legacy of the Western Limits of Spivak's ‚Can the Subaltern Speak' to an Alternative to the ‚Neoliberal Model of Development'". *Educational Philosophy and Theory* 53.8 (2021): 760–765.
Nhlapo, Thandabantu und Harry Garuba (Hrsg.). *African Studies in the Post-Colonial University*. Kapstadt 2012.
Robinson, Richard. „Mapping the Global Condition: Globalization as the Central Concept". *Theory, Culture & Society* 7.2 (1990): 15–30.
Rosa, Marcelo C. „Theories of the South: Limits and Perspectives of an Emergent Movement in Social Sciences". *Current Sociology* 62.6 (2014): 851–867.
Said, Edward. *Orientalism*. New York 1978.
Sidaway, James D. „Geography, Globalization, and the Problematic of Area Studies". *Annals of the Association of American Geographers* 103.4 (2013): 984–1002.
Spivak, Gayatri C. „Can the Subaltern Speak?". *Marxism and the Interpretation of Culture*. Hrsg. von N. Carry und L. Grossberg. Urbana, IL 1988: 271–313.
Szanton, David L. (Hrsg.). *Politics of Knowledge. Area Studies and the Disciplines*. Berkeley, CA 2004.

Vermeulen, Han F. *Before Boas. The Genesis of Ethnography and Ethnology in the German Enlightenment.* Lincoln, NE 2016.
Wallerstein, Imannuel. „The Rise and Future Demise of the World Capitalist System. Concepts for Comparative Analysis“. *Comparative Studies in Society and History* 16.4 (1974): 387–415.
Wardenga, Ute. „Geographische Gesellschaften als Pioniere nationaler und kolonialer Raumordnungen“. *Geographische Rundschau* 5 (2019): 10–14.
Wardenga, Ute. „Vergangene Zukünfte – oder: Die Verhandlung neuer Möglichkeitsräume in der Geographie“. *Geographische Zeitschrift* 108.1 (2020): 4–22.
Waters, Neil L. *Beyond the Area Studies Wars. Toward a New International Studies*. Hanover, NH 2000.
Wissenschaftsrat. „Empfehlungen zu den Regionalstudien“. Bonn, 7. Juli 2006.
Zimbalist, Zack. „So Many ‚Africanists‘, So Few Africans: Reshaping Our Understanding of ‚African Politics‘ through Greater Nuance and Amplification of African Voices“. *Review of African Political Economy* 47.166 (2020): 621–637.

Astrid M. Fellner und Christian Wille

Cultural Border Studies

1 Forschungsgeschichte

1.1 Definition des Forschungsbereichs

Die Cultural Border Studies sind ein Teilgebiet der Border Studies, ein interdisziplinäres Forschungsfeld, das am Schnittpunkt verschiedener Disziplinen der Geistes-, Kultur- und Sozialwissenschaften angesiedelt ist. Die Border Studies, oder Grenz(raum)studien, widmen sich Grenzen und Grenzziehungsprozessen, die v. a. in den letzten Jahren wieder vermehrt an Bedeutung gewonnen haben und auf drei Dimensionen von Grenzen fokussieren: auf die territoriale, soziale und kulturelle. Spätestens seit den 2000er Jahren ist innerhalb der „Humanities" eine fortschreitende Ausdifferenzierung und Weiterentwicklung der Border Studies zu beobachten, die die bislang dominante Position der Raumwissenschaften zugunsten kulturwissenschaftlicher Perspektiven relativiert hat. Die kulturwissenschaftlich ausgerichteten Border Studies analysieren Grenzen und Grenzräume kritisch und betrachten sie sowohl synchron wie diachron als Ergebnisse von komplexen räumlichen, zeitlichen, sozialen und kulturellen Prozessen, die nicht statisch, sondern dynamisch und veränderbar sind. Der analytische Blick umfasst dabei vielfältig gelagerte Grenzziehungen, wobei diese als diskursive Prozesse und soziale Praktiken begriffen werden können, die Ordnung zwischen einem Innen und Außen sowie Differenz zwischen dem Eigenen und Anderen stiften können.

Grenzen können somit vielerlei Formen annehmen – von territorialen, materiellen bis hin zu unsichtbaren, aber dennoch wirkmächtigen Grenzen sowie sozialen oder mentalen Trennlinien. Grenzen gehören „zu den Konstanten menschlichen Denkens und Handelns" (Kleinschmidt 2014, 3), und jegliche Bildung von Kategorien kann als Grenzformation und Einteilung verstanden werden (Schimanski 2007, 12). Identitätsbildungen z. B. erfordern „einen Akt der Grenzziehung" (Kleinschmidt 2011, 9); sie grenzen Dinge und Personen voneinander ab. Grenzen trennen aber nicht nur: im räumlichen wie zeitlichen Sinne stellen Grenzen auch eine Beziehung zwischen einer Beschränkung und einer Verbindung her (Schimanski und Wolfe 2007, 11–12). Sowohl als territoriale Markierungen wie auch als symbolische Trennlinien und gleichzeitig auch als verbindende Elemente kommt Grenzen somit eine weitreichende Bedeutung zu. Besonderes Augenmerk liegt in der kulturwissenschaftlichen Betrachtung dabei auf Grenzräumen, sogenannten *borderlands* (Anzaldúa 2012 [1987]), da diese grenzüberschreitende Verflechtungsräume und hy-

https://doi.org/10.1515/9783110712919-004

bride Übergangsbereiche darstellen, die für Orte innovativer Kulturproduktion und Entwicklung ästhetischer Phänomene stehen (Fellner 2021, 438–442).

Die Cultural Border Studies gehen von einem „geweiteten" Grenzbegriff (Redepenning 2019) aus, als „everyday phenomena, necessary for the organization of social life" (Scott und Sohn 2018, 1), wodurch es möglich wird, die vielfältigen politischen, administrativen, sozialen, kulturellen, ästhetischen, sprachlichen, mentalen etc. Grenzziehungsprozesse zu analysieren. Der Analysefokus liegt dabei nicht auf der Grenze als ontologischem Gegenstand, sondern auf den für Grenzen konstitutiven Praktiken, Diskursen, Materialitäten und Repräsentationen. Diese Ausrichtung ermöglicht es, Grenzen in ihren sozialen (Re-)Produktionsprozessen, sogenannte *border-making processes* (Kolossov und Scott 2013, Abs. 28), und ihren künstlerischen sowie sprachlichen Darstellungsformen zu untersuchen. Dieser Zugang zu Grenzen bietet nicht nur zahlreiche Anschlüsse für kulturwissenschaftliche Fragen, sondern fordert diese geradezu ein. Aufgrund ihres multidisziplinären Charakters sind die Cultural Border Studies nicht auf einen bestimmten Gegenstandsbereich rund um Grenzen verengt; ebenso wenig basieren sie auf einem etablierten Kanon von Theorien und Konzepten. Vielmehr führen die Cultural Border Studies unterschiedliche theoretische Perspektiven der Kultur- und Sozialwissenschaften produktiv zusammen und bieten somit Raum für wissenschaftliche Innovation.

1.2 Ursprung und historische Entwicklung, gesellschaftliche Hintergründe

Der Begriff der „Grenze" entfaltet als zentraler alltagsweltlicher wie wissenschaftlicher Begriff eine hohe Wirkmächtigkeit. Als eigenständiges Feld hat sich die Grenz(raum)forschung in den 1980er und 1990er Jahren herausgebildet, in einer Zeit der immens an Fahrt aufnehmenden Globalisierung, in der Grenzauflösungsprozesse (*de-bordering*) und neue Grenzziehungen (*re-bordering*) die Welt dominierten. Die Border Studies wurden zunächst in den USA prominent und beschäftigten sich mit der US-mexikanischen Grenze, die schnell zum ikonischen Beispiel in der Grenzraumforschung wurde: „*the* template for Border Studies in whatever part of global border research is carried out" (Wilson und Donnan 2012, 7). Seither gilt sie als eine Art „hyperborder" (Romero 2008), an der die Prozesse anderer Grenzen zum Teil gemessen werden. Vor allem in Zeiten der EU-Expansion nach dem Kalten Krieg blickten Grenzwissenschaftler*innen zunächst noch auf die Globalisierungsdynamiken und Transnationalisierungsprozesse in Nordamerika und nahmen sie zum Maßstab für ähnliche Phänomene an anderen Grenzen. Vor dem Hintergrund von Europäisierungs-, Regionalisierungs-

und Transnationalisierungsprozessen nahm das Interesse an Grenzraumstudien auch in Europa seit den 1990er Jahren zu und die Border Studies haben sich als wichtiges eigenständiges Arbeitsfeld etabliert. Die jüngsten Jahre zeigen, dass das Interesse an Grenzen rapide angestiegen ist und sich eine „multidisciplinary generation of Border Studies“ (Wastl-Walter 2011a, 2) herausgebildet hat.

Mit der militärischen Invasion Russlands in der Ukraine, dem Flüchtlingsdrama im Mittelmeer (→ Refugee Studies), der verstärkten Versicherheitlichungspolitik an der US-mexikanischen Grenze, der angespannten Lage an der nord-südkoreanischen Grenze und den großflächigen Grenzschließungen, die im Rahmen der Covid-19-Pandemie stattgefunden haben, sind grenzbezogene Fragen in den frühen 2020er Jahren relevanter denn je. Glaubte man in den 1990er Jahren noch an eine „borderless world“, in der die Globalisierung alle Grenzen überschreite (Ohmae 1990), so haben Grenzen v. a. seit den Terroranschlägen von 9/11 eine neue Hochkonjunktur erlebt. Diese „Renaissance von Grenzen“ (Fellner und Nossem 2024) findet v. a. im Nahen Osten, Zentralasien und Indien, Nordamerika und nicht zuletzt in Europa statt (von Bredow 2018). Wohin man auch blickt, in den 2020er Jahren verstärkt sich die Tendenz hin zu einer wirksameren Abgrenzungspolitik und neu ausgebauten Grenzen mit Sperranlagen und Überwachungstechnik; und die Dialektik von Entterritorialisierung und Territorialisierung, von Grenzöffnung und Abschottung wird zunehmend virulenter. Grenzen und Grenzkontrollen sind auch nicht mehr nur an statische Linien des Nationalstaates gebunden; Regulations- und Kontrollpraktiken finden vermehrt transterritorial statt und sind zudem oft vermeintlich unsichtbar geworden. Diese „Grenzmetamorphose“ (Mau 2021, 155) hat zur Folge, dass sich Inklusions- und Exklusionsmechanismen an Grenzen verstärken, was wiederum Auswirkungen auf Grenz(ziehung)en im gesellschaftlichen Zusammenleben und die mannigfaltigen kulturellen Verarbeitungsformen hat.

Während die Border Studies global einen starken Aufschwung erfahren haben, hat sich in den 2010er Jahren in der Grenzforschung ein kulturwissenschaftlicher Schwerpunkt, die Cultural Border Studies, herausgebildet. Sie können als das Ergebnis einer konvergenten Entwicklung zweier *turns* betrachtet werden: dem *cultural turn* in den Border Studies und dem *border turn* in den Cultural Studies (Nyman und Schimanski 2021, 5). Durch den konstruktivistischen Einfluss haben die Border Studies einen tiefgreifenden Wandel durchlaufen, der den Blick weg von der Grenze als gegebenem Gegenstand hin zu den Prozessen der Einsetzung, Relativierung, Verschiebung oder Überwindung von Grenzen gelenkt hat. Dadurch ist es zu einer Fokusverlagerung auf kulturwissenschaftliche Fragestellungen gekommen, wobei auch vermehrt ethnographische Methoden zum Einsatz kamen (Wilson und Donnan 2012, 13). Wie Tuulikki Kurki angemerkt hat, hatten eine Reihe von Grenzforschenden (z. B. Victor Konrad, Emmanuel Brunet-Jailly, Heather N. Nicol und David Newman) bereits frühzeitig den Begriff ‚Kultur‘ in die geopolitische und geographische Grenzforschung eingebracht (Kurki 2014, x). So erklärten Konrad und Nicol, dass die Kategorien ‚Kultur' und ‚Macht' als Schlüsselbegriffe fungierten im Erklärungsprozess dafür, wie Grenzen und Grenzräume hervorgebracht und aufrechterhalten werden (Konrad und Nicol 2011, 75). Die wissenschaftliche Beschäftigung mit ‚Kultur' in Grenzräumen geht auch auf eine lange Tradition der anthropologischen Forschung zurück, die sich bereits seit dem späten 19. Jahrhundert mit der kulturellen Dimension von Grenzen beschäftigte (Kurki 2014, 1057). So spielt auch die Auseinandersetzung Fredrik Barths (1969) mit dem „ethnic boundary making" eine wichtige Rolle. Einerseits wurde somit eine kulturwissenschaftliche Dimension in der sozial- und raumwissenschaftlichen Grenzforschung eingeführt, die ‚Kultur' als „specific culture of borderland communities" (Brunet-Jailly 2005, 637) und im Sinne der Cultural Studies als „the way of life" oder als „representation of that life" (Konrad und Nicol 2011, 72, 74) verwendete. Auch die sogenannten Critical Border Studies (Parker et al. 2009; Parker und Vaughan-Williams 2012) legten einen konstruktivistisch, kulturwissenschaftlich geprägten Fokus auf Grenzen, indem sie den statischen „lines in the sand"-Grenzbegriff (Parker et al. 2009) hinterfragten, die Grenze dezentrierten und sie vielmehr in ihrer Gemachtheit und Wirksamkeit beforschten. Der dezidierte Fokus auf ‚Kultur' in den sozial- und raumwissenschaftlichen Border Studies, der in jüngster Zeit prominent von Victor Konrad, Melissa Kelly und Anne-Laure Amilhat Szary vorangetrieben wurde, ist grundlegend für die Herausbildung der Cultural Border Studies (Konrad und Kelly 2021; Konrad und Amilhat Szary 2023).

Andererseits aber gründen die Cultural Border Studies auf der langen Tradition der Beschäftigung mit Grenzen, Grenzüberschreitungen und Grenzziehungen in den Literatur-, Kultur- und Sprachwissenschaften. Im Anschluss an die Arbeiten von Michel Foucault (1926–1984) und Homi K. Bhabha (geb. 1949) wurden Begriffe und Konzepte wie Zwischenräume, das Liminale, Schwellen und Figuren der Differenz wichtig (Parr 2008; Bruns 2021), die den oben genannten *border turn* in den Kulturwissenschaften einläuteten. Grenzen standen allerdings schon immer im Zentrum ästhetischer Darstellungen, was v. a. in der Chicana/o-Literatur prominent wurde. Diese Auseinandersetzung mit Grenzkulturen, ihrer spezifischen ästhetischen Dimension, der sprachlichen Entwicklung, ihrer linguistischen Eigenheiten, der *linguistic landscape* (Gerst und Klessmann 2015) und kulturellen Spezifizität sowie ihrer verschiedenen Theoretisierungen wurden für die Cultural Border Studies wegweisend. Konzepte wie *border poetics* (Schimanski und Wolfe 2007) und *border aesthetics* (Schimanski und Wolfe 2017), *borderscapes* (Brambilla 2015) oder *bordertextures* (Weier et. al. 2018; Wille et al. 2025) stellen Versuche dar, Bereiche von kulturwissenschaftlichen Dimensionen der Grenze zu theoretisieren. Die kulturwissenschaftliche Spezialisierung der Border Studies als eigene „Study", die sich in den letzten zehn Jahren v. a. an europäischen Universitäten herauskristallisiert hat, baut auf den beiden dargelegten Strängen der Beschäftigung mit ‚Grenzen' und ‚Kultur' auf.

1.3 Beeinflussung durch oder von *cultural turns*

Auch die Border Studies als disziplinenübergreifendes Arbeitsfeld haben, wie die Sozial- und Kulturwissenschaften im Allgemeinen, die großen *cultural turns* durchlaufen oder wurden von ihnen beeinflusst. Sie waren v. a. für die Entwicklung der Cultural Border Studies in Europa fundamental, hat die Einsicht in die soziale Gemachtheit von Grenzen, Räumen und Ordnungen hier doch erst kulturwissenschaftliche Perspektiven in der Grenz(raum)forschung eingefordert. Dafür wesentlich war die sog. konstruktivistische Wende in den Border Studies, die sich in den 1990er Jahren mit einem prozessualen Grenzbegriff vollzogen hat. Er geht von einer „processual ontology" (Brambilla 2015, 26), d. h. von einem Konstruktionscharakter der Grenze aus, ihren fortwährenden und existentiellen Reproduktionen, ihrer Historizität, Veränderbarkeit und Ordnungsstiftung (Wille 2021, 108). Diese Prämissen schließt das *bordering*-Konzept (Van Houtum und van Naerssen 2002) ein, das die Grenze (*border*) in prozessualisierender Absicht als eine (performative) Praxis (*bordering*) versteht: „To study processes of bordering is to investigate the everyday construction of borders, among others through ideology, art, political institutions and popular attitudes." (Scott 2021, 27) Das *bordering*-Konzept, das eher für eine methodologische Forschungseinstellung als für eine elaborierte Forschungsheuristik steht, hat in den letzten Jahrzehnten verschiedene Weiterentwicklungen erfahren, in denen nicht nur die kulturell-symbolische Dimension von Grenz(ziehung)en im Allgemeinen, sondern auch die Rolle von kulturellen Artefakten im Besonderen gestärkt wurde (Wille 2021).

In den Kulturwissenschaften erlangten Fragen nach kulturellen und historischen Konstruktionen und Semantisierungen von Räumen und deren Grenzen seit dem *spatial turn* enorme Bedeutung (Döring und Thielmann 2008): „Territoriale Grenzziehungen werden dabei als Teil der Konstruktionsprinzipien und Herrschaftsformationen von Nationen gesehen, deren Effekte spürbar sind und die Auseinandersetzungen und Grenzkonflikte produzieren." (Fellner 2021, 438) Im Zuge des *postcolonial turn* wiederum entwickelten sich Grenzen „zu herausgehobenen Forschungsfeldern des *spatial turns*" (Bachmann-Medick 2007, 297), was, wie oben beschrieben, maßgeblich einen *border turn* in den Literatur- und Kulturwissenschaften hervorbrachte. In Form von „Grenzüberschreitungen und Grenzverlagerungen" wurde Raum zu einer „Metapher für kulturelle Dynamik" (Bachmann-Medick 2007, 297). Die Grenze fungiert dabei als ein „Ort der Differenz. An ihr gelten eigene Gesetze, die Gesetze der Peripherie, die sich von denen des Zentrums unterscheiden, ja mit ihnen kollidieren können. Die Grenze ist aber nicht nur anders, sie ist auch eine Begegnung mit Anderem.“ (Lamping 2001, 12)

1.4 Nähe zu und Abgrenzung von anderen kulturwissenschaftlichen Disziplinen

Als interdisziplinäres Forschungsfeld sind die Cultural Border Studies eng mit anderen kulturwissenschaftlichen Disziplinen verbunden, die sich mit marginalisierten Identitäten und Fragen von Alteritäten beschäftigen. Um kulturelle und soziale Bruchlinien von Gesellschaften zu untersuchen, kreuzt die Kategorie ‚Grenze‘ sich einerseits mit anderen Analysekategorien wie Ethnizität/*race*, Gender, soziale Klasse/*class* und Nation; andererseits bestimmen Grenzziehungen die Konstitutionsprozesse von Identitäten und bringen Unterscheidungen und Ordnungen in Kategorienbildungen hervor. Dieser Fokus auf Identität und Differenz setzt die Cultural Border Studies in die Nähe der → Postcolonial Studies, den US-amerikanischen → (Critical) Ethnic Studies – v. a. der Chicana/o Studies, Forschungsgebiete, die in vielerlei Hinsicht intellektuelle Grundlagen für die Cultural Studies bilden. So haben die Differenz- und Grenztheorien von Homi K. Bhabha, Marie Louise Pratt, Walter Mignolo und Édouard Glissant Einzug in die Cultural Border Studies gefunden, und Konzepte wie „der dritte Raum“ (*third space*) „Kontaktzone“, „Hybridität“, „*métissage*“, „Transkulturalität“ oder „Dekolonialisierung“ sind zu zentralen Begriffen geworden.

In den American Studies fungierten Grenzen, Grenzüberschreitungen, Grenzräume und *borderlands* immer schon als zentrale Analysekategorien (vgl. Fellner 2009). So war Fredrick Jackson Turners Konzept der *frontier* (1893) lange *die* dominante Metapher, die das US-amerikanische Selbstverständnis definierte. Dieses Konzept der *frontier* wurde in den 1980er Jahren vom Konzept des *borderlands* abgelöst, das von Gloria Anzaldúa, einer Chicana-Autorin und Aktivistin, geprägt wurde. Ihre Studie *Borderlands/La Frontera* (1987) wurde sodann zum grundlegenden Text in den kulturwissenschaftlich geprägten Border Studies, und der Grenzraum zwischen Mexiko und den USA, über den sie schreibt, wurde zum paradigmatischen *borderlands*, welcher der damals neuen Forschungsrichtung der Border Studies in den USA ihren Impuls gab. Für Anzaldúa sind *borderlands* „ein Interaktionsraum und eine Kontaktzone, in der ein auffallendes Machtgefälle herrscht und in der Herrschaftsräume auf besondere Weise sichtbar werden“ (Fellner 2021, 439). Die Grenze bildet eine Übergangszone, eine offene Wunde, „*una herida abierta*, an open wound, where the Third World grates against the first and bleeds. And before a scab forms it hemorrhages again, the lifeblood of two worlds merging to form a third country – a border culture" (Anzaldúa 2012 [1987], 25). Diese hybride Grenzkultur entfaltet sich als ein produktiver und kreativer Spannungsraum, in dem kulturelle Auseinandersetzung entsteht.

1.5 Institutionalisierung

Aufgrund ihrer wachsenden Bedeutung durchlaufen die Border Studies in jüngster Zeit v. a. in Europa eine Institutionalisierung, von der die aufstrebende kulturwissenschaftliche Ausrichtung profitiert. Die wichtigste Fachgesellschaft für Border Studies ist die *Association for Borderlands Studies*, die – 1976 in den USA gegründet – zunächst Grenzforschende versammelte, die zur US-mexikanischen Grenze arbeiteten. Im Zuge der Entwicklung der Border Studies schlossen sich Grenzforschende aus allen Teilen der Welt der Fachgesellschaft an. Heute organisiert die *Association for Borderlands Studies* regelmäßig eine Jahrestagung in Nordamerika und eine Weltkonferenz, die alle vier Jahre stattfindet. Beide Formate listen in ihren Programmen zunehmend kulturwissenschaftliche Vorträge und Panels und haben sich inzwischen als zentrale Plattformen für die globale Gemeinschaft der Grenzforschenden etabliert.

Im Gegensatz zur *Association for Borderlands Studies* ist die Kulturwissenschaftliche Gesellschaft e.V. (KWG), die als Fachgesellschaft im deutschsprachigen Raum eine wichtige Rolle für die Cultural Border Studies spielt, in Sektionen organisiert. Diese stehen für thematische Arbeitsgruppen, darunter auch die Sektion „Kulturwissenschaftliche Border Studies", die seit 2016 besteht. Sie wurde auf Initiative von Grenzforschenden der Universität Luxemburg, Universität des Saarlandes und Europa-Universität Viadrina Frankfurt (Oder) mit dem Ziel gegründet, kulturwissenschaftliche Fragestellungen und Herangehensweisen innerhalb der Border Studies gezielt zu entwickeln und als Arbeitsfeld zu etablieren. Die Sektionsmitglieder treffen sich regelmäßig, kooperieren in Forschungs- und Publikationsprojekten und beteiligen sich an den Jahrestagungen der Kulturwissenschaftlichen Gesellschaft e.V. So fand bspw. im Jahr 2020 in Zusammenarbeit mit der Sektion die KWG-Jahrestagung „B/Ordering Cultures: Alltag, Politik, Ästhetik" an der Europa-Universität Viadrina Frankfurt (Oder) statt.

Hinsichtlich der Forschungszentren und Netzwerke der Border Studies sind die ersten Gründungen im US-mexikanischen Kontext auszumachen – z. B. das Center for Latin American and Border Studies (1979) oder das Colegio de la Frontera Norte (1982) –, gefolgt von Zentren in Europa in den 1990er Jahren wie dem Centre for Border Research (1989) oder dem Nijmengen Center for Border Research (1998). Ab der Jahrtausendwende sind v. a. in Europa vermehrt Neugründungen zu beobachten – z. B. das Institut des Frontières et Discontinuités (2006) und das Centre for Border Region Studies (2016) –, begleitet von diversen räumlichen Schwerpunktsetzungen, etwa dem African Borderlands Research Network (2007), Asian Borderlands Research Network (2008), VERA Centre for Russian and Border Studies (2011) etc.

Im deutschsprachigen Raum stechen zwei Forschungszentren heraus, die eine dezidiert kulturwissenschaftliche Orientierung aufweisen. Dazu zählt das Viadrina Center B/ORDERS IN MOTION, das 2013 an der Europa-Universität Viadrina Frankfurt (Oder) ins Leben gerufen wurde. Die beteiligten Wissenschaftler*innen der Europa-Universität Viadrina und anderer Universitäten untersuchen dort Grenzziehungs-, Ordnungs- und Migrationsprozesse im interdisziplinären Verbund. So haben sie etwa die Konferenzen „B/ORDERS IN MOTION: Current Challenges and Future Perspectives" (2018) sowie „Contesting 21st Century B/Orders" (2023) durchgeführt. Daneben ist das UniGR-Center for Border Studies zu erwähnen, das 2014 als grenzüberschreitendes Forschungsnetzwerk gegründet und 2022 in ein interdisziplinäres UniGR-Kompetenzzentrum überführt wurde. Dazu zählen die Grenzwissenschaftler*innen des Verbunds „Universität der Großregion" (UniGR), d. h. der Universität des Saarlandes, Universität Trier, Rheinland-Pfälzischen Technischen Universität Kaiserslautern-Landau (Deutschland), der Universität Lothringen (Frankreich), der Universität Luxemburg (Luxemburg) und der Universität Lüttich (Belgien). Ihre Arbeitsschwerpunkte reichen von den TERRITORIAL BORDER STUDIES (z. B. Arbeitsmarkt und Raumplanung in Grenzregionen) über CULTURAL BORDER STUDIES (z. B. Kultur, Sprache, Identitäten) bis hin zu theoretisch-konzeptionellen Fragen der Grenzforschung. Die kulturwissenschaftlich orientierten Wissenschaftler*innen sind in der Arbeitsgruppe „Bordertextures" organisiert und erproben einen Ansatz, der Grenzen als ein dynamisches und wirkmächtiges Gefüge, das kulturelle und symbolische Elemente einschließt, fasst. Das UniGR-Center for Border Studies hat in den vergangenen Jahren z. B. die internationale Konferenz „Border Renaissance. Recent Developments in Territorial, Cultural and Linguistic Border Studies" (2022) sowie die Europa-Konferenz der Association for Borderlands Studies unter dem Titel „Differences and Discontinuities in a ‚Europe without Borders'" (2016) durchgeführt.

Als einschlägiges Publikationsmedium der BORDER STUDIES gilt das *Journal of Borderlands Studies*, das 1986 in den USA ins Leben gerufen wurde. Nachdem dort überwiegend Ergebnisse der TERRITORIAL BORDER STUDIES publiziert wurden, hat sich die Fachzeitschrift heute auch für kulturwissenschaftliche Fragestellungen und Ansätze geöffnet. Daneben besteht seit 2019 die *open access*-Fachzeitschrift *Borders in Globalization Review*, die an der University of Victoria, British Columbia im Rahmen des Forschungsprogramms „Borders in Globalization" eingerichtet wurde und v. a. kunst-, kultur- und sozialwissenschaftliche Grenzforschung adressiert. Außerdem haben sich verschiedene Buchreihen etabliert, die über geopolitische Betrachtungen hinausgehen zugunsten kulturwissenschaftlicher Betrachtungen.

Dazu zählt die Reihe *Routledge Borderlands Studies* (hrsg. von James W. Scott und Ilkka Liikanen), die Arbeiten zu grenzüberschreitenden Verflechtungen, Alltagskulturen u. v. m. in Grenzregionen in Nordamerika und Europa, aber auch in Afrika, Asien und Lateinamerika publiziert. Die Reihe *Rethinking Borders* (hrsg. von Sarah Green und Hastings Donnan) wurde im Zuge des Projekts *EastBordNet – Remaking Borders in Eastern Europe* (COST, 2009–2013) eingerichtet, wird heute von der Manchester University Press herausgegeben und bietet eine Plattform für vorzugsweise ethnographische Forschung, die sich mit dem alltagskulturellen Erleben von Grenzen und Mobilitäten auseinandersetzt. Im deutschsprachigen Raum hat sich die Buchreihe „Border Studies. Cultures, Spaces, Orders" (hrsg. von Astrid M. Fellner, Konstanze Jungbluth, Hannes Krämer, Christian Wille) als Forum für CULTURAL BORDER STUDIES etabliert. Sie erscheint auf Deutsch oder Englisch im Nomos-Verlag und umfasst kulturwissenschaftliche Analysen von Grenzen aus literatur- und sprachwissenschaftlicher, soziologischer oder sozialanthropologischer Perspektive.

Auch wenn die BORDER STUDIES als interdisziplinäres Arbeitsfeld keinen abgesteckten Kanon an Theorien und Ansätzen aufweisen, sind bereits verschiedene Einführungswerke erschienen. Dazu zählen *The Ashgate Research Companion to Border Studies* (Wastl-Walter 2011a) oder *Introduction to Border Studies* (Sevastianov et al. 2015), die v. a. die TERRITORIAL BORDER STUDIES adressieren. Kulturwissenschaftliche Orientierungen finden eher Berücksichtigung in *A Companion to Border Studies* (Wilson und Donnan 2012) oder *A Research Agenda for Border Studies* (Scott 2020), die jeweils alltagskulturelle Dimensionen von Grenzen einschließen. Mit dem Handbuch *Grenzforschung. Handbuch für Wissenschaft und Studium* (Gerst et al. 2021) ist im deutschsprachigen Raum nicht nur die derzeit jüngste Einführung mit kulturwissenschaftlichen Schwerpunkten erschienen. Den Herausgeber*innen ist es auch gelungen, die Ausdifferenzierung der BORDER STUDIES in ihrer Breite und Tiefe überzeugend abzubilden.

2 Ausgewählte Gegenstandsbereiche der Cultural Border Studies

2.1 Border Writings – Literarische Repräsentationen von Grenzen

Literatur, die in Grenzregionen und *borderlands* entstanden ist, die sich mit Grenzen beschäftigt, eine Grenzpoetik aufweist und die grenzüberschreitend wirkt, nimmt eine zentrale Rolle in den CULTURAL BORDER STUDIES ein. Die Bezeichnungen für Grenzliteraturen variieren; man spricht von *border literature* oder *border writings* auf Englisch, Chicana/o-Literatur, postkolonialer Literatur, interkultureller Literatur, Migrant*innenliteratur auf Deutsch oder in der Germanistik auch von „Literatur der Grenze“ (Faber und Naumann 1995; Lamping 2001). Die CHICANA/O STUDIES, ein interdisziplinäres Forschungsgebiet, das sich u. a. mit *border literature* beschäftigt und sich in den USA in Folge der Bürgerrechtsbewegungen der 1960er Jahre, dem sogenannten Chicano Movement, entwickelte (→ CRITICAL ETHNIC STUDIES), machten den Begriff der Grenze zum zentralen Konzept des Kulturkontakts in Nordamerika: CHICANA/O STUDIES „has made the idea of the border available, indeed necessary, to the larger discourses of American literary studies, U. S. history, and cultural studies in general“ (Johnson und Michaelsen 1997, 22). Auf diese Weise gilt die Grenze „als ubiquitäres Motiv in der Tradition der mexikanisch-amerikanischen Literatur, die seit den 1980er Jahren den Kanon der US-amerikanischen Literatur maßgeblich verändert hat“ (Fellner 2021, 443).

Als ästhetisches Produkt der Grenze versucht die Chicana/o-Literatur die Grenze für Leser*innen erfahrbar zu machen. Charakteristischerweise weisen viele Werke der Chicana/o-Literatur auch eine eigene Grenzästhetik auf, die von Mehrsprachigkeit und einer multilingualen Poetik (Arteaga 1994, 1997), von Genre-Hybridität und einer *borderlands-consciousness*, wie es von Gloría Anzaldúa 1987 beschrieben wurde, durchzogen wird. Zu den spezifischen ästhetischen Merkmalen von *border literature* gehört auch der Magische Realismus sowie der Einsatz von Grenzfiguren wie dem Trickster (Sadowski-Smith 2008, 9). Als transgressiver Diskurs situiert sich *border literature* an der Kreuzung, dem Punkt des Zusammentreffens verschiedener Kulturen (Benito und Manzanas 2002, 14). In Folge beschäftigen sich Chicana/o-Autor*innen oft mit Identitätskonstruktionen und vermischen auf ästhetischer Ebene verschiedene historische, kulturelle, künstlerische und spirituelle Elemente und Traditionen. Sie schaffen somit einen neuen Stil, der für die *borderlands* charakteristisch ist.

2.2 *Border Art* – Grenzkunst

Seit den 1990er Jahren verfolgen interventionistische Kunstpraxen das Ziel, künstlerische Produktionen verstärkt im öffentlichen und sozialen Raum stattfinden zu lassen (Wenzel 2011, 8). Vor allem an der US-mexikanischen Grenze gibt es eine gut etablierte Tradition an Grenzkunstwerken und *border performances*. Diese Grenzkunst ist zu einem zentralen Forschungsgegenstand in den CULTURAL BORDER STUDIES geworden. Seit an der südkalifornischen Grenze der Performance-Künstler Guillermo Gómez-Peña (geb. 1955) mit seinen Performances *Border Brujo* (1988/89) und *The New World Border* (1992–1994) mediales Aufsehen erregte, ist die *border art* auch international ins Zentrum des Interesses gerückt. Sie ist v. a. in den letzten zwei Dekaden dezidiert global geworden, wie Anne-Laure Amilhat Szary (2015, 215) festgestellt hat: „On the US-Mexican border, for instance, it seems that since 2006, constructing the security-fence building has been accompanied by an artistic upsurge, which is nuanced by a shift in the nature of the production, with more mobile artworks, notably performances and cinematic projects." Auch in Europa ist Grenzkunst mit dem Mauerfall in Berlin (z. B. der East Side Gallery) und seit den „Refugee-Protesten" 2015 öffentlich bekannt geworden (Müller 2015, 147–174). Einerseits nähert sich *border art* der Grenze als Objekt der Darstellung an; andererseits wird die materialisierte Grenze, die *borderwall*, oft selbst zur ästhetischen Praxis (Fellner 2021, 447), was z. B. in den Beispielen, die in Ronald Raels *Borderwall as Architecture: A Manifesto for the U. S.-Mexico Boundary* (2017) zu finden sind, deutlich wird. Die Performance „Borrando la Frontera/Erasing the Border" der Grenzkünstlerin Ana Teresa Fernández (geb. 1981) im *Border Field State Park* an der Grenze in San Diego oder die Grenzwippen, die der Architekturprofessor Ronald Rael (geb. 1971) und die Architektin Virginia San Fratello (geb. 1971) entworfen hatten, sowie die kollaborative Performance *Border Cantos/Sonic Borders* des Komponisten Guillermo Galindo (geb. 1960) und Photographen Richard Misrach (geb. 1949) sind auch in Europa bekannt geworden. Und die internationale Virtual Reality-Installation *Carne y Arena* von Alejandro G. Iñárritu (geb. 1963) war von 2017 bis Januar 2018 in Mailand zu sehen.

2.3 Grenzen und Alltag

Die alltagskulturelle Dimension der CULTURAL BORDER STUDIES ist v. a. anthropologischen Ansätzen mit qualitativen Zugängen verhaftet. Im Zentrum steht hier die Frage, wie Grenzen (*borders*) und kulturelle Ordnungen (*boundaries*) im Alltag von Menschen wirksam sind und er- bzw. gelebt werden. Dieses Erkenntnisinteresse wird mit dem Begriff der *border experiences* gefasst, der in erster Linie die Rolle und Handlungsmacht derjenigen betont, die die Grenze ‚bewohnen' – d. h., die in sie verstrickt sind und sie über ihre Sinnproduktionen in und durch Alltagspraktiken, Erzählungen oder Repräsentationen aneignen bzw. (re-)produzieren (Wille und Nienaber 2020, 10). Alltagskulturelle Grenz(raum)forschung adressiert Gemeinschaften an, entlang oder über Grenzen am territorialen Rand, sie spürt der Grenze aber auch unabhängig von geopolitischen Verortungen nach. Die analytische Sensibilität, um zu erkennen, was die Grenzhaftigkeit des Alltags (*borderness*) – besonders jenseits des territorialen Rands – ausmacht, wird mit Sarah Green (2012, 580) über das alltagskulturelle Aufspüren von Klassifikationsmechanismen, Ordnungslogiken und ihrer Effekte gewonnen.

Alltagskulturelle Grenzforschung kann in drei Felder unterschieden werden, deren Erkenntnisinteressen sich ergänzen: Es handelt sich dabei zunächst um (a) den *Alltag an der Grenze*, womit Untersuchungen in Grenzregionen aufgerufen sind. Im Zentrum steht hier das Moment der alltäglichen Grenzüberschreitung, etwa im Zuge von Arbeiten, Wohnen oder Freizeit. Typische Fragestellungen resultieren aus der (dadurch vermeintlich entstehenden) Inkongruenz von Grenzen (*borders*) und kulturellen Ordnungen (*boundaries*), die oft aus dem Blickwinkel von Identitäten, räumlicher Alltagsorganisation, sozialen Beziehungen oder Opportunitäten bearbeitet werden (Wille 2012; Boesen und Schnuer 2018; Klatt 2021). Der *Alltag an der Grenze* als kulturwissenschaftliches Untersuchungsfeld wurde besonders von den Arbeiten der 1970 und 1980er Jahre in Nordamerika geprägt. Hier hat sich eine *Anthropology of Borderlands* (Alvarez 1995) entwickelt, die nach den *border cultures* als spezifische Identitätsformationen oder Hybridkomplexe von *„border people"* (Martínez 1994) v. a. an der US-mexikanischen Grenze fragt. Neuere Arbeiten relativieren die grenzräumliche Dimension von *border cultures* und konzeptualisieren sie als ein ubiquitäres Phänomen (Konrad und Amilhat Szary 2023). In jüngster Zeit, in der Grenzschließungen und Nationalismen (wieder) zu den Alltagserfahrungen von Grenzlandbewohner*innen in Europa zählen, ist ein gesteigertes Forschungsinteresse an alltagskulturellen Grenz(ziehung)en, ihren Trennwirkungen und Resilienzen in Grenzregionen zu beobachten (Andersen und Prokolla 2022; Wille 2023a).

Ein weiteres Feld alltagskultureller Grenzforschung bildet der (b) *Alltag mit der Grenze*. Damit sind Untersuchungen angesprochen, die auf die Wirksamkeiten von Grenzen (*borders*) bzw. kulturellen Ordnungen (*boundaries*) v. a. in machtkritischer Perspektive fokussieren. Hier dominieren in Europa spätestens seit den 2010er Jahren Forschungsarbeiten, die sich mit dem Alltag von Migrierenden und ihren Erfahrungen von Grenze/n auseinandersetzen. Im Anschluss an die Critical Migration Studies und Camp Studies werden Migrierende hier zumeist als Personen betrachtet, die die Grenze als unhintergehbar erfahren, d. h. die qua Klassifizierungspraktiken genuin in die Grenze verstrickt sind, qua biometrischer Verfahren die Grenze leiblich mit sich herumtragen (Amoore 2006) oder qua High-Tech-Surveillance sich fortwährend im Raum der Grenze (Schulze Wessel 2016) bewegen (→ Refugee Studies). Typische Fragestellungen beziehen sich dann auf die Manifestationen von Grenzen im Alltag von Migrierenden und auf ihre Handlungsmacht, sowohl vor, während oder nach der Bewältigung von Fluchtrouten. Dieser zeitlichen Sequenzierung folgend wird etwa zwischen *pre-borders* (z. B. verstellter Zugang zu Visa im Herkunftsland), *outsourced borders* (z. B. dem Zielland räumlich vorgelagerte Kontrollpraktiken und digitale Barrieren) und *post-borders* (z. B. administrative Klassifizierungsvorgänge, Disziplinierungstechniken im

Zielland) als eine mögliche Operationalisierung des *Alltags mit der Grenze* unterschieden (Houtum 2021, 40).

Schließlich untergliedert sich die alltagskulturelle Grenzforschung in den (c) *Alltag der Grenze.* Hier werden zumeist berufliche Kontexte untersucht, in denen Grenzen (re)produziert bzw. wirksam gemacht werden. Solche Untersuchungen überschneiden sich teilweise mit Fragen der → SURVEILLANCE STUDIES, wenn nach den beruflichen Praktiken von Grenzpolizist*innen (Côté-Boucher et al. 2014) oder von Ingenieur*innen, die Grenzüberwachungstechnologien entwickeln (Schwertl 2018), gefragt wird. Daneben wird auch die administrative Praxis als *Alltag der Grenze* adressiert, wenn z. B. bürokratische Praktiken der Kartographie als Modus von Grenzkonstruktionen (Connor 2023) oder bürokratische Praktiken der Bestimmung von Bleibeperspektiven für Geflüchtete (Sperling 2023) untersucht werden.

2.4 Grenzen und analytische Positionen

In methodologischer Hinsicht, d. h. hinsichtlich der grundlegenden Forschungshaltung und des Analysestandpunkts, ist spätestens seit dem erläuterten *cultural turn* in den BORDER STUDIES eine Diversifizierung festzustellen. Denn das prozessuale Verständnis von Grenze/n, das ebenjene als ontologischen Gegenstand überwindet, hat in den BORDER STUDIES nicht nur ein Einfallstor für kulturwissenschaftliche Fragestellungen geöffnet, es hat auch das Spektrum möglicher Beobachtungsperspektiven auf oder von Grenz(ziehung)en erweitert. So kann mit Gerst und Krämer (2021) in den BORDER STUDIES idealtypisch zwischen vier grenzanalytischen Positionen unterschieden werden: In den TERRITORIAL BORDER STUDIES sind das *Auf-die-Grenze-blicken* und *Über-die-Grenze-blicken* als Beobachtungsstandpunkte verbreitet, welche die Idee der Grenze als Linie implizieren, die Territorien bzw. politische Ordnungen trennt oder über grenzüberschreitende Beziehungen verbindet. In kulturwissenschaftlichen Betrachtungen sind überwiegend Analysestandpunkte anzutreffen, die sich als *In-die-Grenze-blicken* und *Wie-eine-Grenze-blicken* charakterisieren lassen. Hierbei interessieren sich Forschende nicht für die Grenze als linienhafte Markierung von Territorien oder politischen Einflussbereichen, sie nähern sich der Grenze vielmehr über die Idee ihrer Ausdehnung oder Diffusion. Als Ausdehnung wird die Grenze dann als ein ‚Dazwischen' im Sinne von Grenzregion (Klatt 2021), Raum der Grenze (Wille 2014), *contact zone* (Pratt 1992), *frontier* (Turner 1893), *borderlands* (Anzaldúa 1987), *third space* (Bhabha 1990), Passage, Schwelle (Benjamin 1991) oder liminaler Raum (Turner 2005) gefasst, *in* die analytisch hineingeblickt und verschiedene interessierende Dimensionen oder Hybriditäten untersucht werden können. Das *Wie-eine-Grenze-blicken* als Analyseposition schließt nicht von außen an (vorausgesetzte) Grenzen an. Es will die räumlich und sozial diffundierten Bedingungen, Materialitäten, Repräsentationen, Erfahrungen usw. von Grenzen erschließen, um über eine so erzielte ‚empirische Innensicht' nicht nur die Funktionsweisen von Grenz(ziehung)en zu entschlüsseln, sondern auch um (Effekte von) Grenz(ziehung)en dort aufzuspüren und sichtbar zu machen, wo sie sonst im Verborgenen bleiben. Eine solche grenzanalytische Position räumen methodologische Ansätze ein wie z. B. *The Indian Ocean as Method* (Hofmeyr 2012), *borderness* (Green 2012), *border thinking* (Mignolo 2000), *border as method* (Mezzadra und Neilson 2013), *migration as a prism* (Hess 2018) oder *Grenzpraxeologie* (Gerst und Krämer 2016; Connor 2023). Um wie eine Grenze blicken zu können, dezentrieren diese Methodologien die Grenze und konzentrieren sich auf ihre vielfältigen, oft verdeckten und diffundierten Manifestationen bzw. Wirksamkeiten.

2.5 Grenzen und Untersuchungsansätze

Die für die Cultural Border Studies charakteristischen Beobachtungsstandpunkte *In-die-Grenze-blicken* und *Wie-eine-Grenze-blicken* haben in den 2010 Jahren dafür gesorgt, Grenzen verstärkt als dynamische Gefüge zu verstehen und zu untersuchen, die aus einem komplexen Zusammenspiel verschiedener Elemente (z. B. Tätigkeiten, Diskurse, Wissen, Körper, Objekte etc.), Dimensionen (z. B. materiale, räumliche, temporale, körperliche etc.) und/oder Ebenen (z. B. lokale, regionale, nationale, europäische etc.) hervorgehen. Die Idee der Grenze als komplexes Gefüge, welche simplifizierenden Grenzverständnissen entgegenwirken soll, spiegelt sich in Ansätzen wider, die Grenzen als *complexities* (Wille et al. 2024), Regime (Hess und Schmidt-Sembdner 2021), Assemblagen (Sohn 2015), *scapes* (Brambilla 2015) oder Texturen (Weier et al. 2018) fassen. Letzte beiden Ansätze werden v. a. in den Cultural Border Studies praktiziert.

Das Verständnis von *borderscapes* bricht mit der Idee der Grenze als Linie im territorialen Raum und versteht Grenze als einen Verflechtungszusammenhang. Der Ansatz, den v. a. Chiara Brambilla (2015) kulturwissenschaftlich fundiert hat, knüpft an die „Scapes of Globalization" nach Arjun Appadurai (1996) an und fasst Grenzen als komplex-dynamische ‚Landschaften' (*scapes*), die in ihrer theoretisch-konzeptionellen Ausbuchstabierung auch als relationale, diffundierte, episodische, perspektivische und umkämpfte Formationen (von Praktiken) systematisiert werden können (Wille 2023b). *Borderscapes* steht dabei für Möglichkeitsräume, die über eine engagierte Grenzforschung unterdrückte Existenzen zu Akteur*innen der Grenz-Landschaftsgestaltung (*borderscaping*) ermächtigen sollen. Das Konzept hat über die Kulturwissenschaften hinausgehend verschiedene Auslegungen erfahren (Wille 2023b) und kommt sowohl in ästhetischen als auch alltagskulturellen

Analysen von Grenz(ziehung)en zum Einsatz (Brambilla et al. 2015; Schimanski 2015; Brambilla 2021).

Der Ansatz *bordertextures* will sich noch deutlicher vom Denken der Grenze als Linie im territorialen Raum emanzipieren: *Bordertextures* ist eine Entwicklung des UniGR-Center for Border Studies und wird sowohl in ästhetischen als auch alltagskulturellen Analysen von Grenz(ziehung)en angewendet (Wille et al. 2025). Die Grenze wird hier als eine dynamisch-wandelbare Textur gedacht, die aus Tätigkeiten, Diskursen, Objekten, Körpern und Wissen geknüpft ist, welche in ihrem komplexen Zusammenwirken Effekte hervorbringen, die Grenzen bzw. ihre Wirksamkeiten stabilisieren oder destabilisieren. Neben der Erfassung und Analyse von alltagskulturellen Grenz-Verwobenheiten erlaubt der Ansatz, „die vielzähligen Beziehungen zwischen Grenzdiskursen und ästhetischen, künstlerischen Aushandlungen der Grenze neu zu knüpfen und weiterzuschreiben" (Fellner 2020, 58). Dabei versteht er sich zugleich als Methode (*bordertexturing*), um Grenz(ziehung)en als komplexe Prozesse zu entschlüsseln, die darin relevanten Elemente zu erschließen und alternatives Wissen zu Tage zu fördern (Weier et al. 2018, 73).

3 Potenzial, Kritik und Ausblick

Als multi- und interdisziplinäres Arbeitsfeld befinden sich die CULTURAL BORDER STUDIES in einer Phase der Weiterentwicklung und Spezialisierung. Vor allem im europäischen Raum ist der kulturwissenschaftliche Fokus der BORDER STUDIES als eigene „Study" in den letzten Jahren sichtbarer geworden und muss sich angesichts der fortlaufend gravierender werdenden Krisen von Klima und Gesundheit, des russischen Angriffskriegs in Osteuropa oder der instabilen Situation auf dem Balkan ständig neuen Herausforderungen stellen. Gerade in dieser Zeit der Krisen können die CULTURAL BORDER STUDIES mit geeignetem Orientierungs- und Handlungswissen ihre Stärken entfalten (Fellner et al. 2023), wenn sie z. B. über die Analyse kultureller Darstellungsformen und Diskurse Kritik an der nationalen und imperialistischen Entstehungsgeschichte geopolitischer Grenzen üben. Außerdem machen die CULTURAL BORDER STUDIES in ihren Analysen Unsichtbares sichtbar, d. h. sie geben unterdrückten Existenzen eine Stimme, sorgen für Ermächtigungen von Grenzpersonen und fördern alternatives Wissen zu Tage. Eine solche engagierte Forschung, die über die dargelegten Methodologien gelingt, ist angesichts aktueller und erwarteter Migrations- und Fluchtbewegungen sowie sich verschärfender sozialer Fragmentierungen von Bedeutung. Trotz der rasanten Entwicklung und Potenziale der CULTURAL BORDER STUDIES steht das Arbeitsfeld aber erst am Anfang. Es teilt mit vielen anderen „Studies" noch ein Nischendasein im universitären Kanon der etablierten Disziplinen, was die Identifizierung von geeigneten Forschungsförderprogrammen oder -achsen, von Gutachtenden für Projektanträge oder Artikel sowie die Verankerung in universitären Strukturen erschwert.

Mit Blick auf aktuelle gesellschaftliche Entwicklungen wird der Mangel an historisch orientierten Arbeiten in den CULTURAL BORDER STUDIES virulent. Denn den noch relativ jungen Staatsgrenzen nach heutigem Vorbild sind vielfältige kulturelle Ordnungen mit multiplen Zentren und sich überschneidenden Loyalitäten vorausgegangen, die heute wieder als Denkmodelle aktuell werden (können). Außerdem kann die soziale Gemachtheit (und Umstrittenheit) von Grenzen, die sich in einem fortlaufenden (konfliktuellen) *becoming* artikuliert, nur in der Zeit gedacht und aus einer diachronen Perspektive heraus verstanden werden. Ferner wird die Notwendigkeit gesehen, in den CULTURAL BORDER STUDIES zukünftig stärker die digitaltechnologische Dimension von Grenz(ziehung)en zu berücksichtigen. Fortschreitende *datafication* und leistungsfähigere Big Data-Technologien machen die Grenze (un)sichtbar und mobil und verhelfen ihr, immer tiefer und unbemerkt in alle Lebensbereiche einzudringen. Nahezu in gleichem Maße aber demokratisieren und entwickeln sich digitale Praktiken der Anfechtung, Subversion und kulturellen Verarbeitung. Schließlich sollte der *border (in)justice* in kulturwissenschaftlichen Betrachtungen mehr Aufmerksamkeit geschenkt werden. Dies gelingt über die Frage nach dem selektiven Prinzip der Grenze, d. h. wer oder was von Grenz(ziehung)en betroffen ist und wer oder was nicht. Gegenstand solcher Analysen, die sich auf die Multivalenz der Grenze (Wille et al. 2023) oder auf „borderities" (Amilhat Szary und Giraut 2015) beziehen, sollten verstärkt die beobachtbare ungleiche Behandlung von Flüchtendengruppen und die dafür eingesetzten kulturellen Ordnungen sein.

In konzeptueller und methodologischer Hinsicht ist davon auszugehen, dass sich das Denken über Grenzen als dynamische, komplexe und relationale Gefüge, die über eine ‚empirische Innensicht' erschließbar werden, in den CULTURAL BORDER STUDIES fortschreiben und für weitere Konzepte bzw. Denkfiguren sorgen wird. Dabei wird weiterhin eine herausfordernde Übersetzungsarbeit in dem unübersichtlichen Arbeitsfeld zu leisten sein, und zwar in mehrfacher Hinsicht: Zum einen gilt es den Wissenstransfer zwischen den in verschiedenen Sprachen geführten wissenschaftlichen Debatten der CULTURAL BORDER STUDIES zu bewerkstelligen. Zum anderen gilt es zwischen den beteiligten Disziplinen, ihren intellektuellen Schulen, begrifflichen Vorverständnissen und eingeübten Methoden zu vermitteln. Schließlich gilt es die in den CULTURAL BORDER STUDIES praktizierten Ansätze, die sich bei näherer Betrachtung als Metaphern bzw. durchaus nützliche

Denkfiguren erweisen, weiterführend in method(olog)ische Überlegungen und Heuristiken zu überführen.

4 Literaturverzeichnis

Alvarez, Robert R. „The Mexican-US Border: The Making of an Anthropology of Borderlands". *Annual Review of Anthropology* 24 (1995): 447–470.

Amilhat Szary, Anne-Laure. „Walls and Border Art. The Politics of Art Display". *Journal of Borderlands Studies* 27.2 (2012): 213–228.

Amilhat Szary, Anne-Laure und Frédéric Giraut (Hrsg.). *Borderities and the Politics of Contemporary Mobile Borders*. London 2015.

Amoore, Louise. „Biometric Borders. Governing Mobilities in the War on Terror". *Political Geography* 25.3 (2006): 336–351.

Andersen, Dorte Jagetic und Eeva-Kaisa Prokkola (Hrsg.). *Borderlands Resilience: Transitions, Adaptions and Resistance at Borders*. London 2022.

Anzaldúa, Gloria. *Borderlands/La Frontera. The New Mestiza*. San Francisco, CA 2012 [1987].

Appadurai, Arjun. *Modernity At Large. Cultural Dimensions of Globalization*. Minneapolis, MN 1996.

Arteaga, Alfred. *An Other Tongue. Nation and Ethnicity in the Linguistic Borderlands*. Durham, NC 1994.

Arteaga, Alfred. *Chicano Poetics. Heterotexts and Hybridities*. Cambridge 1997.

Bachmann-Medick, Doris. *Cultural Turns. Neuorientierungen in den Kulturwissenschaften*. Reinbek 2007.

Benito, Jesús und Ana Maria Manzanas. „Border(lands) and Border Writing: Introductory Essay". *Literature and Ethnicity in the Cultural Borderlands*. Hrsg. von Jesús Benito und Ana Maria Manzanas. Amsterdam 2002: 1–22.

Benjamin, Walter. *Das Passagen-Werk*. Hrsg. von Rolf Tiedemann. 2 Bde. Frankfurt a.M. 1991.

Bhabha, Homi K. „The Third Space. Interview with Homi Bhabha". *Identity. Community, Culture, Difference*. Hrsg. von Jonathan Rutherford. London 1990: 207–221.

Boesen, Elisabeth und Gregor Schnuer (Hrsg.). *European Borderlands. Living with Barriers and Bridges*. Abingdon 2018.

Brambilla, Chiara. „Exploring the Critical Potenzial of the Borderscapes Concept". *Geopolitics*, 20.1 (2015): 14–34.

Brambilla, Chiara et al. (Hrsg.). *Borderscaping. Imaginations and Practices of Border Making*. Farnham 2015.

Brambilla, Chiara. „In/visibilities beyond the Spectacularisation. Young People, Subjectivity and Revolutionary Border Imaginations in the Mediterranean Borderscape". *Border Images, Border Narratives. The Political Aesthetics of Boundaries and Crossings*. Hrsg. von Johan Schimanski und Jopi Nyman. Manchester 2021: 83–104.

Bredow, Wilfried von. „Mauern und Zäune: Zur Renaissance von Sicherungsanlagen an Staatsgrenzen". *Bundeszentrale für Politische Bildung* 14. Mai 2018: https://www.bpb.de/themen/migration-integration/kurzdossiers/grenzzaeune-und-mauern/269158/mauern-und-zaeune-zur-renaissance-von-sicherungsanlagen-an-staatsgrenzen [31.01.2024].

Brunet-Jailly, Emmanuel. „Theorizing Borders: An Interdisciplinary Perspective". *Geopolitics* 10.4 (2005): 633–649.

Bruns, Claudia. „Gendering Border Studies? Schnittstellen zwischen Border und Gender Studies". *Handbuch Grenzforschung*. Hrsg. von Maria Klessmann, Dominik Gerst und Hannes Krämer. Baden-Baden 2021: 363–383.

Connor, Ulla. *Territoriale Grenzen als Praxis. Zur Erfindung der Grenzregion in grenzüberschreitender Kartografie*. Baden-Baden 2023.

Côté-Boucher, Karine, Frederica Infantino und Marc B. Salter. „Border Security as Practice. An Agenda for Research". *Security Dialogue* 45.3 (2014): 195–208.

Döring, Jörg und Tristan Thielmann (Hrsg.). *Spatial Turn. Das Raumparadigma in den Kultur- und Sozialwissenschaften*. Bielefeld 2008.

Faber, Richard und Barbara Naumann (Hrsg.). *Literatur der Grenze. Theorie der Grenze*. Würzburg 1995.

Fellner, Astrid M. „Crossing Borders, Shifting Paradigms: New Perspectives on American Studies". *Arbeiten aus Anglistik und Amerikanistik* 33.1 (2008): 21–46.

Fellner, Astrid. „‚America Aquí': Transhemispheric Visions, Border Studies and the Literatures of the Americas". *Exploring Spaces: Practices and Perspectives*. Hrsg. von Dorothea Steiner and Sabine Danner. Wien 2009: 251–277.

Fellner, Astrid M. „Grenzen der Gastfreundschaft. Kulturelle Praktiken und performative Aushandlungen von Grenzen in transozeanischen Fluchträumen". *Flucht, Grenze, Integration. Fuga, Confine, Integrazione. Beiträge zum Phänomen der Deplatzierung. Contributi al fenomeno dello spostamento*. Hrsg. von Dieter Heimböckel, Nathalie Roelens und Christian Wille. Bielefeld 2020: 49–66.

Fellner, Astrid M. „Grenze und Ästhetik. Repräsentationen von Grenzen in den kulturwissenschaftlichen Border Studies". *Grenzforschung. Handbuch für Wissenschaft und Studium*. Hrsg. von Maria Klessmann, Dominik Gerst und Hannes Krämer. Baden-Baden 2021: 436–456.

Fellner, Astrid M., Alina Mozolevska und Eva Nossem (Hrsg.). „Understanding Russia's War in Ukraine. Borders, Identities, and Boundaries: An Interview with Julia Buyskykh, Alina Mozolevska, and Oleksandr Pronkevich". *UniGR-CBS-Working Paper* 18 (2023).

Fellner, Astrid M. und Eva Nossem. „What is Border Renaissance?" *Borders in Globalization Review* 5.1 (2024): 68–77.

Gerst, Dominik und Maria Klessmann. „Multilingualism and Linguistic Demarcations in Border Regions. The Linguistic Border Landscape of the German-Polish Twin Cities Frankfurt (Oder) and Slubice". *Rhetoric and Communications* 15 (2015): 1–31.

Gerst, Dominik, Maria Klessmann und Hannes Krämer (Hrsg.). *Grenzforschung. Handbuch für Wissenschaft und Studium*. Baden-Baden 2021.

Gerst, Dominik und Hannes Krämer. „Methodologische Prinzipien einer allgemeinen Grenzsoziologie". *Geschlossene Gesellschaften. Verhandlungen des 38. Kongresses der Deutschen Gesellschaft für Soziologie*. Hrsg. von Stephan Lessenich. Bamberg 2016.

Gerst, Dominik und Hannes Krämer. „Methodologie der Grenzforschung". *Grenzforschung. Handbuch für Wissenschaft und Studium*. Hrsg. von Maria Klessmann, Dominik Gerst und Hannes Krämer. Baden-Baden 2021: 121–140.

Green, Sarah. „A Sense of Border". *A Companion to Border Studies*. Hrsg. von Thomas M. Wilson und Hastings Donnan. Malden, MA 2012: 573–592.

Hess, Sabine. „Border as Conflict Zone. Critical Approaches on the Border and Migration Nexus". *Migration. Changing Concepts, Critical Approaches*. Hrsg. von Doris Bachmann-Medick und Jens Kugele. Berlin 2018: 83–99.

Hess, Sabine und Matthias Schmidt-Sembdner. „Grenze als Konfliktzone – Perspektiven der Grenzregimeforschung". *Grenzforschung. Handbuch für Wissenschaft und Studium*. Hrsg. von Dominik Gerst, Maria Klessmann und Hannes Krämer. Baden-Baden 2021: 190–205.

Van Houtum, Henk. „Beyond ‚Borderism‘: Overcoming Discriminative B/ordering and Othering“. *Tijdschrift voor Economische en Sociale Geografie* 112.1 (2021): 34–43.

Van Houtum, Henk und Ton Van Naerssen. „Bordering, Ordering and Othering“. *Tijdschrift voor Economische en Sociale Geografie* 93.2 (2002): 125–136.

Johnson, David E. und Scott Michaelsen. „Border Secrets: An Introduction“. *Border Theory: The Limits of Cultural Politics*. Hrsg. von David E. Johnson und Scott Michaelsen. Minneapolis, MN 1997: 1–39.

Klatt, Martin. „Diesseits und jenseits der Grenze. Das Konzept der Grenzregion“. *Grenzforschung. Handbuch für Wissenschaft und Studium*. Hrsg. von Dominik Gerst, Maria Klessmann und Hannes Krämer. Baden-Baden 2021: 143–155.

Kleinschmidt, Christoph. „Einleitung. Formen und Funktionen von Grenzen. Anstöße zu einer interdisziplinären Grenzforschung“. *Topographien der Grenze. Verortungen einer kulturellen, politischen und ästhetischen Kategorie*. Hrsg. von Christoph Kleinschmidt und Christine Hewel. Würzburg 2011: 9–21.

Kleinschmidt, Christoph. „Semantik der Grenze“. *Aus Politik und Zeitgeschichte* 63.4–5 (2014): 3–8.

Kolossov, Vladimir und James Scott. „Selected Conceptual Issues in Border Studies“. *Belgeo* 1 (2013): 41 Abs.

Konrad, Victor und Anne-Laure Amilhat Szary. *Border Culture: Theory, Imagination, Geopolitics*. Abingdon 2023.

Konrad, Victor und Heather N. Nicol. „Border Culture, the Boundary Between Canada and the United States of America, and the Advancement of Borderland Theory“. *Geopolitics* 16.1 (2011): 70–90.

Konrad, Victor und Melissa Kelly (Hrsg.). *Borders, Culture, and Globalization: A Canadian Perspective*. Ottawa 2021.

Kurki, Tuulikki. „Borders From the Cultural Point of View: An Introduction to Writing Borders“. *Culture Unbound* 6. 6 (2014): 1055–1070.

Lamping, Dieter. *Über Grenzen. Eine literarische Topographie*. Göttingen 2001.

Martínez, Oscar J. *Border People. Life and Society in the U. S.–Mexico Borderlands*. Tucson, AZ 1994.

Mau, Steffen. *Sortiermaschinen. Die Neuerfindung der Grenze im 21. Jahrhundert*. München 2021.

Mezzadra, Sandro und Brett Neilson. *Border as Method, or: The Multiplication of Labor*. Durham, NC 2013.

Michaelsen, Scott und David E. Johnson (Hrsg.). *Border Theory. The Limits of Cultural Politics*. Minneapolis, MN 1997.

Mignolo, Walter D. *Local Histories/Global Designs. Coloniality, Subaltern Knowledges, and Border Thinking*. Princeton, NJ 2000.

Muth, Sebastian. „Linguistic Landscapes on the Other Side of the Border. Signs, Language and the Construction of Cultural Identity in Transnistria“. *International Journal of the Sociology of Language* 227.1 (2014): 25–46.

Müller, Gin. „Refugee-Protest im Spannungsfeld von Aktivismus, Institutionen, Kunst und medialer Sichtbarkeit. Protokolle/Reportage eines Supporters über die Monate nach der Besetzung der Votivkirche“. *Kunst. Theorie. Aktivismus. Emanzipatorische Perspektiven auf Ungleichheit und Diskriminierung*. Hrsg. von Alexander Fleischmann und Doris Guth. Bielefeld 2015: 147–174.

Ohmae, Kenichi. *The Borderless World. Power and Strategy in the Interlinked Economy*. New York 1990.

Parker, Noel et al. „Lines in the Sand? Towards an Agenda for Critical Border Studies“. *Geopolitics* 14.3 (2009): 582–587.

Parker, Noel und Nick Vaughan-Williams. „Critical Border Studies. Broadening and Deepening the ‚Lines in the Sand‘ Agenda“. *Geopolitics* 17.4 (2012): 727–733.

Parr, Rolf. „Liminale und andere Übergänge. Theoretische Modellierungen von Grenzzonen Normalitätsspektren, Schwellen, Übergängen und Zwischenräumen in Literatur- und Kulturwissenschaft". *Schriftkultur und Schwellenkunde*. Hrsg. von Achim Geisenhanslüke und Georg Mein. Bielefeld 2008: 11–63.

Pratt, Mary Louise. *Imperial Eyes, Travel Writing and Transculturation*. New York 1992.

Rael, Ronald. *Borderwall as Architecture. A Manifesto for the U. S.-Mexico Boundary*. Berkeley, CA 2017.

Redepenning, Marc. „Grenzziehungen und Grenzen. Ein sozialgeographischer Blick". *Grenzen. Annäherungen an einen transdisziplinären Gegenstand*. Hrsg. von Barbara Kuhn und Ursula Winter. Würzburg 2019: 141–168.

Romero, Fernando. *Hyperborder. The Contemporary U. S.-Mexico Border and Its Future*. Princeton, NJ 2008.

Rumford, Chris. „Introduction. Theorizing Borders". *European Journal of Social Theory* 9.2 (2006): 155–169.

Sadowski-Smith, Claudia. *Border Fictions. Globalization, Empire, and Writing at the Boundaries of the United States*. Charlottesville, VA 2008.

Schimanski, Johan. „Border Aesthetics and Cultural Distancing in the Norwegian-Russian Borderscape". *Geopolitics* 20.1 (2015): 35–55.

Schimanski, Johan und Stephen Wolfe (Hrsg.). *Border Poetics De-Limited*. Hannover 2007.

Schimanski, Johan und Stephen Wolfe. „Entry-Points. An Introduction". *Border Poetics De-Limited*. Hrsg. von Johan Schimanski und Stephen Wolfe. Hannover 2007: 9–26.

Schimanski, Johan und Stephen Wolfe (Hrsg.). *Border Aesthetics. Concepts and Intersections*. New York 2017.

Schulze Wessel, Julia. „On Border Subjects. Rethinking the Figure of the Refugee and the Undocumented Migrant". *Constellations*, 23.1 (2016): 46–57.

Schwertl, Maria. „Die Entmenschlichung der Grenze. Zur Bedeutung von Technisierung im EUropäischen Migrations- und Grenzregime". *Movements* 4. 2 (2018): 77–101.

Scott, James W. „Bordering, Ordering and Everyday Cognitive Geographies". *Tijdschrift voor Economische en Sociale Geografie* 112.1 (2021): 26–33.

Scott, James W. *A Research Agenda for Border Studies*. Northampton, MA 2020.

Scott, James W. und Christophe Sohn. „Place-Making and the Bordering of Urban Space. Interpreting the Emergence of New Neighbourhoods in Berlin and Budapest". *European Urban and Regional Studies* 26.3 (2018): 297–313.

Sevastianov, Sergei V. et al. (Hrsg.). *Introduction to Border Studies*. Vladivostok 2015.

Sohn, Christoph. „Navigating Borders' Multiplicity: The Critical Potenzial of Assemblage". *Area* 48.2 2 (2016): 183–189.

Sperling, Simon. „Was bedeutet hier eigentlich ‚(nicht) bleiben werden'? Polysemie und Multivalenz bei aufenthaltsprognostischen Grenzziehungsprozessen". *B/Orders are (not) Everywhere (for Everyone): On the Multivalence of Borders in a Flee(t)ing Europe*. Hrsg. von Christian Wille, Florian Weber und Astrid M. Fellner *(Borders in Perspective* 8) 2023: 53–70.

Turner, Frederick Jackson. *The Frontier in American History*. New York 1920 [1893].

Turner, Victor. *Das Ritual. Struktur und Anti-Struktur*. Frankfurt a.M. 2005.

Wastl-Walter, Doris (Hrsg.). *The Ashgate Research Companion to Border Studies*. Farnham 2011a.

Wastl-Walter, Doris. „Introduction". *The Ashgate Research Companion to Border Studies*. Hrsg. von Doris Wastl-Walter. Farnham 2011b: 1–8.

Weier, Sebastian et al. „Bordertexturen als transdisziplinärer Ansatz zur Untersuchung von Grenzen. Ein Werkstattbericht". *Berliner Debatte Initial* 29.1 (2018): 73–83.

Wenzel, Anna-Lena. *Grenzüberschreitungen in der Gegenwartskunst: Ästhetische und philosophische Positionen*. Bielefeld 2011.

Wille, Christian. „Räume der Grenze. Eine praxistheoretische Perspektive in den kulturwissenschaftlichen Border Studies". *Praxeologie. Beiträge zur interdisziplinären Reichweite praxistheoretischer Ansätze in den Geistes- und Sozialwissenschaften*. Hrsg. von Friedericke Elias et al. Berlin 2014: 53–72.

Wille, Christian. „Vom processual shift zum complexity shift. Aktuelle analytische Trends der Grenzforschung". *Grenzforschung. Handbuch für Wissenschaft und Studium*. Hrsg. von Dominik Gerst, Maria Klessmann und Hannes Krämer. Baden-Baden 2021: 106–120.

Wille, Christian: „Europäische Grenzraumforschung in Zeiten der Vergrenzung: Problemaufriss und Perspektiven". *Pandemisches Virus – nationales Handeln. Covid-19 und die europäische Idee*. Hrsg. von Dominik Brodowski, Jonas Nesselhauf und Florian Weber. Wiesbaden 2023a: 25–43.

Wille, Christian. „Borderscapes". *Glossary Border Studies* 2023b: http://cbs.uni-gr.eu/index.php/en/ressources/glossary-item/borderscapes [31.01.2024].

Wille, Christian und Birte Nienaber (Hrsg.). „Borders and Border Experiences". *Border Experiences in Europe. Everyday Life, Working Life, Communication, Languages*. Baden-Baden 2020: 7–16.

Wille, Christian, Florian Weber und Astrid M. Fellner (Hrsg.). „B/Orders are (not) Everywhere (for Everyone). On the Multivalence of Borders in a Flee(t)ing Europe". *Borders in Perspective* 8 (2023).

Wille, Christian et al. (Hrsg.). *Border Complexities and Logics of Dis/Order*. Baden-Baden 2024.

Wille, Christian, Astrid M. Fellner und Eva Nossem (Hrsg.). *Bordertextures: A Complexity Approach to Cultural Border Studies*. Bielefeld 2025 (i.V.).

Wilson, Thomas M. und Hastings Donnan. *Companion to Border Studies*. London 2012.

Anne Grüne

Communication Studies

Die Frage nach einer Einführung in die COMMUNICATION STUDIES muss zunächst mit einer Gegenfrage beantwortet werden: Lässt sich denn überhaupt ein kritisch kulturwissenschaftlicher Forschungsbereich identifizieren, den wir COMMUNICATION STUDIES nennen können? Die Antwort hierauf ist aufgrund des vorliegenden Artikels ganz offensichtlich kein eindeutiges „Nein" – sie ist aber ebenso wenig ein klares „Ja". Im Kontext von Darstellungen kulturtheoretischer Entwicklungen haben COMMUNICATION STUDIES jedenfalls im Gegensatz zu den → MEDIA STUDIES bisher keine dezidierte Erwähnung gefunden (Hörning und Reuter 2004; Bachmann-Medick 2010; Moebius 2012). Die folgende Darstellung ist daher vielmehr als Spurensuche von möglichen Perspektiven auf und von COMMUNICATION STUDIES zu verstehen. Es geht also weniger um die Frage „Was sind COMMUNICATION STUDIES?" als vielmehr: „Was können COMMUNICATION STUDIES sein?" Dies bedeutet, die interdisziplinären Wechselwirkungen zwischen der deutschen Kommunikationswissenschaft und einer kritischen Kulturwissenschaft, insbesondere ihrer Prägung durch die CULTURAL STUDIES, aber auch geprägt durch Einflüsse anderer Fächer wie den Regionalwissenschaften (→ AREA STUDIES), auszuloten.

Auf den ersten Blick ist eine Dynamik, nach der sich spezifische „Studies" aus der Kommunikationswissenschaft herausbilden, in Deutschland allerdings nicht erkennbar, auch wenn man den kommunikativen Charakter von Kultur und zugleich die inhärenten kulturellen Implikationen von Kommunikation betonen möchte, die eine interdisziplinäre Schnittstelle leicht nahelegen (Hafez 2001; Krotz 2003; Hepp 2008). Die COMMUNICATION STUDIES – hier nun als internationale Fachbezeichnung der Kommunikationswissenschaft verstanden – sind zwar nicht gänzlich unbeeindruckt vom *cultural turn* und den CULTURAL STUDIES geblieben, eine nachhaltige, kritisch kulturwissenschaftliche Öffnung des Fachs kann aber nicht konstatiert werden, bedenkt man etwa die nach wie vor starke Orientierung an Modellen und Theorien mittlerer Reichweite, die Präsenz behavioristischer Einflüsse oder die Dominanz etablierter quantitativer Verfahren im Vergleich zu, wenn auch inzwischen mehr akzeptierten, nicht-standardisierten und experimentellen Methodenanwendungen. Auch die in Deutschland forcierte Abgrenzung zwischen Medien- und Kommunikationswissenschaft ist geeignet, nicht so sehr gemeinsame Grundlagen, Interessen und eine wechselseitige Bereicherung zu befördern, sondern die Demarkationslinien zwischen geistes- und sozialwissenschaftlicher Auseinandersetzung mit Medien und ihren kulturellen Implikationen zu pointieren.

Durch die Reflexion interdisziplinärer Wechselwirkungen können allerdings Bausteine eines wünschenswerten ‚multiple turns' freigelegt werden, der die eige-

https://doi.org/10.1515/9783110712919-005

nen Forschungsbereiche aus den Perspektiven der jeweils anderen qualifizieren und sie auf diese Art für eine inter-/transkulturelle Forschung zukunftsfähig machen kann. Aus visionärer Perspektive könnten diese neuen Cultural Communication Studies eine interessante Gegentendenz zur kleinteiligen Ausdifferenzierung immer neuer kritischer Studies in den Gesellschaftswissenschaften sein, da ‚Kommunikation' als wichtige gesellschaftstheoretische Ressource neben Macht und Kapital integraler Bestandteil letztlich aller gesellschaftlichen Formationskämpfe ist (Hafez und Grüne 2021, 20). Eine stärkere Orientierung am Verständnis des kommunikativen Aufbaus heutiger ‚Kulturkämpfe' und Wissensordnungen könnte somit eine Brückenfunktion erfüllen.

Eine solche Ausrichtung an aktuellen gesellschaftlichen Herausforderungen muss folglich Kommunikationsanalysen einschließen, die über eine Reproduktion von Wissen über nationale und ‚westliche' Kontexte hinausgehen und damit *kosmopolitisch interventionistisch* sind (→ Global Studies). Gerade durch die vergleichende und grenzüberschreitende Analyse des kommunikativen Unterbaus aktueller globaler Herausforderungen wird ein relevanter Beitrag zu dialogischer wissenschaftlicher Praxis geleistet: Klimawandel (→ Environmental Studies), Digitalisierung oder moderne Migrationsbewegungen (→ Refugee Studies) erfordern informierte Wissensgesellschaften über nationale Grenzen hinweg (→ Border Studies). Die kommunikative Konstruktion, Vermittlung und Verarbeitung globaler Prozesse wird demzufolge auch über Wissen und Unwissen in den Weltbeziehungen mitentschieden, über gegenseitige Abschottung oder integrative globale Anerkennung.

Auf die Nähe zwischen den Anliegen der Cultural Studies und der den → Area Studies nahestehenden internationalen/transkulturellen Medien- und Kommunikationsforschung wird in der nachfolgenden Rekonstruktion daher mit einem Schwerpunkt eingegangen, der in bisherigen Darstellung nicht in dieser Weise reflektiert wurde, aber eine der wichtigen Interventionen im Wechselverhältnis von Kommunikationswissenschaft und Cultural Studies beschreibt.

1 Cultural Studies in der deutschen Kommunikationswissenschaft

Der Einfluss der Cultural Studies auf die deutsche Kommunikationswissenschaft ist seit etwa der Jahrtausendwende mehrfach dokumentiert worden (Göttlich und Winter 1999; Hepp 1999; Schwer 2005; Mikos 2008; Lohmeier 2016). Die vorliegenden Einführungstexte fokussieren v. a. die engere Rezeption der angloamerikanischen Cultural Studies und insbesondere der Media Cultural Studies/

Cultural Media Studies, und etablieren damit einen spezifischen Blick auf die deutsche Verarbeitung.

Im relativen Einklang haben die Autor*innen festgestellt, dass die Auseinandersetzung mit den Cultural Studies durch Kommunikationswissenschaftler*innen in Deutschland erst Ende der 1990er Jahre verspätet begann, sich auf selektive Ausschnitte der Cultural Studies beschränkte, nämlich v. a. die Rezeptions- bzw. Aneignungsstudien und die Populärkulturforschung, und nicht gerade auf fruchtbaren Boden stieß. Diese Beurteilung wird *grosso modo* auch von außen bestätigt, etwa aus finnischer (Koivisto und Thomas 2007; vgl. Lohmeier 2016) und österreichischer Sicht (Horak 2019, 2021), wo reduzierte Impulse der Cultural Studies ebenfalls beklagt werden.

In der Ursachenforschung für diese späte und selektive Rezeption werden verschiedene Aspekte beleuchtet – etwa die eigenständige und damit bereits ‚besetzte' Entwicklung der deutschen Kulturwissenschaft(en) im Speziellen und die historischen Unterschiede der deutschen Disziplin- und Hochschulentwicklung im Allgemeinen, die weniger Raum für eine reformorientierte Etablierung interdisziplinärer Studies ließ (Göttlich und Winter 1999; Mikos 2008). Auch in der Aufarbeitung der noch jungen Fachgeschichte der Kommunikationswissenschaft wird auf eine konservative Prägung hingewiesen (Löblich und Scheu 2011), die in Teilen der Kommunikationswissenschaft sicherlich dazu führte, dass politische Einmischung bzw. die Politisierung des Fachs unter einem anderen Stern hingen. In diesem Zusammenhang sei auch nochmals auf Elisabeth Noelle-Neumann (1916–2010) verwiesen, die die empirisch-sozialwissenschaftliche Ausrichtung des Fachs mitgeprägt hat und mit der Theorie der Schweigespirale und dem Allensbacher Institut für Sozialwissenschaft national und international Bekanntheit erlangte, deren publizistisches Wirken in der Zeit der nationalsozialistischen Herrschaft aber noch um die Jahrtausendwende zu fachinternen Debatten um Formen des Umgangs mit den historischen Spuren führte (Pöttker 2005; Erbing 2010).

Neben diesen spezifischen wissenschaftsgeschichtlichen Bedingungen werden schließlich auch Unterschiede in den kritischen Denktraditionen u. a. der Frankfurter Schule und des radikalen Konstruktivismus, die Einfluss auf die Kommunikationswissenschaft hatten, angeführt, aus denen „intellektuelle Integrationsschwierigkeiten" (Lohmeier 2016, 119; Karmasin 2003; Schwer 2005) der Cultural Studies resultierten.

Tatsächlich leuchtet ein, dass das kritisch-rationalistische und v. a. empirizistisch geprägte Selbstverständnis der deutschen Kommunikationswissenschaft dazu beigetragen hat, dass ein intellektuelles Projekt, welches sich kritischen Interventionismus auf die Fahne geschrieben hatte, unkonventionelleren nicht-standardisierten Methoden gegenüber aufgeschlossen war, geisteswissenschaftliche Theorien integrierte und auf dialogische Theoriebildung hin orientiert war, eher mit Skepsis zur Kenntnis genommen wurde.

Allerdings gilt dies nicht nur im engeren Sinne für die CULTURAL STUDIES, sondern für kulturtheoretische Perspektiven generell, die zumindest in der Breite des Fachs keine Selbstverständlichkeit waren und sind (Ang 1990, 239; Schwer 2005). Auch wenn innerhalb von Selbstverständnisdebatten immer wieder betont wird, dass die Kommunikationswissenschaft eine „Integrationswissenschaft" sei, die sich seit jeher Theorien und Methoden anderer Disziplinen bedient habe (Koenen und Sanko 2017), so trifft dies nur eingeschränkt auf eine *selektive Interdisziplinarität* im Bereich der politisch orientierten Massenkommunikation oder den behavioristischen Trends, v. a. der Medienwirkungsforschung, zu, die die Grenze zwischen Kommunikationswissenschaft und Psychologie mitunter verschwimmen lassen.

Bedenkt man die Herkunft der Kommunikationswissenschaft aus der Publizistikwissenschaft, die frühen Einflüsse von Markt- und Meinungsforschung und die Schwerpunktsetzung auf massenmedialer und politischer Kommunikation (Averbeck-Lietz 2015), dann ist nachvollziehbar, warum ein Interesse an neuen Perspektiven auf (Alltags-)Kultur eher von anderen Disziplinen (Literaturwissenschaft, Soziologie, Filmwissenschaft, Philologien etc.) ausging. Auch die relative Marginalisierung nicht-mediatisierter interpersonaler und sozialer Kommunikation in der Kommunikationswissenschaft engte und engt Anknüpfungsmöglichkeiten für Forschungsperspektiven ein, die kulturelle Alltagspraktiken auch jenseits von Medienrezeption bzw. -aneignung bearbeiten.

Es lässt sich insofern beobachten, dass unterschiedliche kulturwissenschaftliche Schulen sowie Disziplinen, in denen Kulturkonzepte eine deutlich differenziertere Auseinandersetzung erfahren (z. B. Ethnologie, Anthropologie, Philologien, Regionalwissenschaften), keine besondere interdisziplinäre Prägung in der Breite der deutschen Kommunikationswissenschaft hinterlassen haben. Allerdings lohnt sich ein Blick auf heterogene Teilbereiche des Fachs, in denen die CULTURAL STUDIES durchaus stärker Eingang gefunden haben.

2 Theoretische Interventionen der Medienkulturforschung

Um die Jahrtausendwende haben sich eine Reihe von Kommunikations- und Medienwissenschaftler*innen erstmals explizit mit den CULTURAL STUDIES auseinandergesetzt, was zum Teil als Folge von deren Teilnahme an der europäischen *Crossroads*-Konferenz 1996 in Tampere gedeutet wird (Mikos 2021). Charakterisiert wird diese Phase durch die Publikation übersetzter Originaltexte und einführender Sammelbände zu den Cultural Studies (z. B. Bromley et al. 1999; Hepp 1999; Hepp und Winter 1999/2008; Hörning und Winter 1999; Winter 2001; Hepp et al. 2009). Theoretisch wie empirisch stehen hier die Arbeiten zur aktiven und mithin rebellischen Fernsehrezeption (→ Television Studies), Halls *encoding/decoding*-Modell sowie die allgemeine (Medien-)Populärkulturforschung im Vordergrund (Hepp und Winter 1999/2008; Göttlich 2021).

Die heute als „Medienkultur"-Forschung charakterisierbaren Arbeiten, die sich in diesem Umfeld entwickelt haben (z. B. Hepp 2013), nehmen ihren Ausgang v. a. in theoriezentrierten Auseinandersetzungen mit den Kulturdefinitionen der Cultural Studies, welche nun um stärker medien- und kommunikationswissenschaftliche Terminologien (Stichwort: Medienkultur-Kreislauf) angereichert und im Kontext der Formulierung neuer Metaprozesse (Stichwort: Mediatisierung, Mediengesellschaft) diskutiert werden. Einzelne, quasi deduktive Anwendungen ergeben sich in diesem Forschungszusammenhang in der Rezeptions- und Aneignungsforschung (z. B. Hepp 1998) sowie in eher unsystematischen Einzelbetrachtungen popkultureller Phänomene unter der Prämisse der Medienkultur, die von Musikvideos über Körpermedialitäten bis hin zu Fans von Horrorfilmen reichen (z. B. Hepp und Winter 1999/2008; Winter 2010).

Theoretische Konzeptualisierungen zirkulärer Verständnisse von Medienkommunikation, die die Relevanz diskursiver Deutungsvorgänge im Prozess der Medienproduktion, über die Medientexte und -rezeption, fokussieren, sind ähnlich auch in jene Subdisziplinen eingeflossen, die sich mit einzelnen Formen der Massenmedien beschäftigen (Popular Culture Studies, Popular Media Studies etc.).

Eine stärkere Berücksichtigung der Cultural Studies haben bspw. Elisabeth Klaus und Margreth Lünenborg (2004) gefordert, die kulturelle Teilhabemöglichkeiten in der Mediengesellschaft mit dem Kreislauf von Bedeutungsproduktion verknüpft und dabei „Cultural Citizenship" zentral gestellt haben. Lünenborg zufolge kann der Einbezug des Konzepts als generelle „Hintergrundfolie des Medienhandelns" als sinnvolle Perspektiverweiterung für die kulturelle Bedeutung von Journalismus dienen (2005, 217). Ähnlich hat auch Rudi Renger auf das Potenzial der Cultural Studies hingewiesen, die eine „relationale Betrachtung" von Journalismus als Teil alltagskultureller Deutungspraxis und gesellschaftlicher Ordnung stärken könnte (2004, 371). Gerade das durch die Cultural Studies ermöglichte komplexe Verständnis des Publikums im Journalismus wird in diesen Debatten betont, ähnlich wie die bisher unausgeschöpften Potenziale für eine kritische Produktionsanalyse des Journalismus (Renger 2004, 366; Lünenborg 2005, 102).

Regelmäßige Bezüge zu den Cultural Studies finden sich darüber hinaus in der kommunikationswissenschaftlichen Film- und Fernsehforschung (Film Studies; → Television Studies); insbesondere die Arbeiten von Stuart Hall und John

Fiske liefern hier theoretische Impulse für das Verhältnis zwischen Filmnarrativen und deren Aneignung oder die gesamtgesellschaftliche Einbettung unterhaltender Medienangebote (vgl. unter dem Stichwort „Intertextualität" etwa Fiske zit. n. Winter und Mikos 2001; Mikos 2015, 2016).

Nicht zuletzt sei noch auf einige lose miteinander verbundene Teilbereiche hingewiesen, in denen kulturtheoretische Entwicklungen reflektiert wurden: Arbeiten im Umfeld der visuellen Kommunikationsforschung haben sich bspw. mit dem *iconic turn* auseinandergesetzt, wenn auch eher in Abgrenzung zu den → Visual (Culture) Studies (Lobinger 2012; Geise et al. 2016). Ebenso wird zum Zusammenhang von Medien und Erinnerungen geforscht, wo Rekurse auf die → Memory Studies und Konzepte des kulturellen Gedächtnisses naheliegen (Böhling und Lohmeier 2020; Fiedler 2021).

Wenn eine Institutionalisierung der Cultural Studies im Feld der Medien- und Kommunikationswissenschaft an ihrer Sichtbarkeit bemessen wird, lässt sich aber sicher schlussfolgern, dass diese am ehesten mit der eingangs genannten „Medienkultur"-Forschung verbunden ist, die sich in der Titelgebung von Forschungs- und Lehrprogrammen sowie wenigen Denominationen in Deutschland ausdrückt. Eine umfassendere Institutionalisierung einer von den Cultural Studies geprägten Kommunikationswissenschaft kann aber vor dem Hintergrund einer heterogenen Aneignung und der selektiven und spezifischen Auseinandersetzung mit den Cultural Studies nicht konstatiert werden.

3 Rassismuskritische Perspektiven als *missing link* zwischen Cultural Studies und deutscher Kommunikationswissenschaft?

Was v. a. bei den zuerst genannten theoretischen Umkreisungen sowie den selektiven Anwendungen populärkultureller Phänomene und deren Aneignungsprozesse zuweilen aus dem Blick geraten sein mag, ist die ebenso wichtige und eigentliche gesellschaftliche Problemanalyse, die den britischen Cultural Studies in den 1960er Jahren ihr Momentum gab. Trotz der umfangreichen theoretischen Arbeit bleibt ‚Theorie' in den Cultural Studies nie reiner Selbstzweck, sondern ein dialogischer Teil einer spezifisch akademisch-politischen Herangehensweise an gesellschaftliche Problemlagen, wozu etwa die diskursiven Mechanismen der Marginalisierung von gesellschaftlichen Gruppen oder die rassistischen Machtkonstellationen multikultureller Gesellschaften zählen (Hall 2000).

Am Beispiel von Stuart Hall (1932–2014) lässt sich dies sehr gut veranschaulichen: Er ist einerseits als Theoretiker eines zirkulären Kommunikationsverständnisses zu identifizieren (*encoding/decoding*), was ihn leicht anschlussfähig für die Kommunikationswissenschaft macht. Gleichzeitig ist seine Arbeit aber nicht losgelöst von den Problemen moderner postkolonialer/multikultureller Gesellschaften zu verstehen. Paul Gilroy hat in einem der posthum veröffentlichten Publikationsserien zurecht auf die enge Verwobenheit von Halls intellektuellem Wirken und seiner fortdauernden Auseinandersetzung mit Rassismus verwiesen (2021, 1): „It begins from the provocative possibility that reckoning with the place of race and racism in Hall's thought is indispensable for coming to terms with the meaning and the politics of his intellectual work as a whole." Hall selbst hat seine Kommunikationstheorie ebenfalls mit seinen eigenen migrantischen Erfahrungen in Verbindung gebracht, wenn er in seiner quasi-Autobiographie in Rückblick auf seinen medien- und kommunikationswissenschaftlichen Text „Die strukturierte Vermittlung von Ereignissen" mit den Worten zitiert wird (2017, 208–209): „These abstract reflections were rooted in my coming face-to-face with England. Encountering Englishness on home territory – England at home – made it possible for me later to develop within a Cultural Studies framework a critical model of how culture itself worked, although I didn't take it up in these terms until after the fact."

Vor dem Hintergrund, dass es also weniger Kulturanalysen an sich als für sich sind, die bei den Cultural Studies im Zentrum stehen, lässt sich nun fortführend ein anderer Ausgangspunkt für den Einfluss der Cultural Studies in der deutschen Kommunikationswissenschaft nehmen, der sich stärker den thematischen Zusammenhängen und damit einer quasi induktiven Auseinandersetzung widmet.

Ein solches Vorgehen entspricht einem antidisziplinären und auch anti-kanonischen Verständnis der „Studies". Es erinnert vielmehr an die Argumentation zur Dynamik wissenschaftlicher *turns* im Plural von Doris Bachmann-Medick (2010), nach der die *turns* nicht für hermetische Paradigmenwechsel einer Disziplin stünden, sondern für Schwerpunktverlagerungen wissenschaftlicher Aufmerksamkeit, Theoriebildung und Praxis. In diesem Sinne können neben den oben skizzierten Versuchen einer Medienkultur-Konzeptualisierung noch weitaus mehr kultursensible wie kulturrelevante Forschungsbereiche in der Kommunikationswissenschaft identifiziert werden.

Das mehrfach postulierte Integrationsproblem der Cultural Studies in die Kommunikationswissenschaft kann vor diesem Hintergrund dann auch als Teil eines *Wahrnehmungsproblems* interpretiert werden: Oftmals informieren nämlich Cultural Studies und Kulturtheorie auch dort eine modulare Theoriebildung und insbesondere kritische, postkoloniale oder kosmopolitische Forschungsinteressen, wo sich Kommunikationsforschung nicht explizit mit Medienkultur, sondern mit

Medien- und Kommunikationssystemen, ihren Strukturen, Akteuren, Prozessen im Kontext spezifischer Gesellschaftsentwicklungen beschäftigt. Dies gilt etwa für medien- und kommunikationswissenschaftliche Auseinandersetzungen mit Geschlechterordnungen, mit Rassismus und Multikulturalismus (Stichwort: Medien und Gender; Medien und Migration) und schließlich die damit zusammenhängende vergleichende und grenzüberschreitende Medien- und Kommunikationsforschung.

Gleichzeitig lassen sich am Beispiel rassismuskritischer Ansätze wiederum Potenziale eines wechselseitigen *turns* beleuchten. Denn während die Kommunikationswissenschaft zu Teilen die rassismuskritischen Kontexte ausgeblendet hat, so kann auch eine kulturkritische Machtanalyse von den Instrumentarien der Kommunikationswissenschaft profitieren. Bspw. hat Stuart Hall selbst auf die Defizite seines skizzierten Kommunikationskreislaufs (2004/1980) hingewiesen: „So what media pick up on is already a discursive universe. The encoding moment doesn't come from nowhere. I make a mistake by drawing that bloody diagram with only the top half. [...] I must show how decoding enters practice and discourses which a reporter is picking up on." (Hall 1994, 260)

Die Prozesse zwischen Aneignung, kollektiver Orientierungsmuster und journalistischer Redaktion sind in vielfache Filterungsprozesse sozialer Kommunikation eingebettet. Rassismus findet ja ganz konkret in Alltagsgesprächen und Institutionen (Stichwort: Organisationskommunikation) statt. Tatsächlich wissen wir zwar viel über die Macht hegemonialer Rassismusdiskurse, aber wenig darüber, wie sich Rassismus zwischen unterschiedlichen Gruppen im Alltag kommunikativ (re-)konstruiert oder welche Diskursarenen dafür zentraler sind als andere (Ist es der empirische Stammtisch? Oder der imaginierte ‚generalisierte Andere'?). Mit Ansätzen zur Gruppenkommunikation, zur Redaktionsforschung oder journalistischen Ethik sowie zur Meinungs- und Meinungsführerforschung hat umgekehrt auch die Kommunikationswissenschaft deutlich mehr für ein sozialwissenschaftliches Fundament von Kulturanalysen zu bieten als empirisch medieninhaltsanalytische Kompetenz.

4 Feministische Intervention und Gender Media Studies in der Kommunikationswissenschaft

Ertragreiche Rückgriffe auf die Cultural Studies sind im Bereich der deutschsprachigen Gender Media Studies (Lünenborg und Maier 2013) bzw. der feministischen Medienforschung oder kommunikationswissenschaftlichen Geschlechterforschung (Klaus 2005; Dorer und Klaus 2008) zu finden, die an Schnittstellen von Sozial- und Geisteswissenschaft, von Kommunikations- und Medienwissenschaft operieren, und zu denen interdisziplinäre Arbeiten zum Zusammenhang von Medien, Kommunikation und Geschlecht zählen. Dass Geschlecht eine kulturell geprägte Kategorie gesellschaftlicher Ordnung ist, eingebettet in mediale Diskurse und reproduziert durch kulturelle Praktiken, ist hier eine selbstverständliche Perspektive (→ GENDER STUDIES). Durch den Einbezug feministischer Theorietraditionen, die selbst ja prägenden Einfluss auf die CULTURAL STUDIES hatten, Arbeiten der CULTURAL STUDIES, → QUEER STUDIES und → POSTCOLONIAL STUDIES wie auch jenen zu performativen Praktiken, sind hier deutliche Charakteristika einer kritischen kulturrelevanten Forschung erkennbar, die auch Klaus und Lünenborg klar herausstellen (2011, 3): „Im Kern der Teildisziplin geht es also um die Anwendung von verschiedenen feministischen Theorien in der Kommunikations- und Medienwissenschaft und deren Betrachtung der verschiedenen Fachgegenstände unter der Perspektive der Gender Studies. Dieses Vorhaben kann als unorthodox, widerspenstig und offen bezeichnet werden und weist damit eine Analogie zu den Cultural Studies auf."

Auch wenn dieser Teildisziplin ebenfalls eine späte Entwicklung im internationalen Vergleich attestiert wird und die deutschsprachige Forschung stark von österreichischen Instituten geprägt ist, so lässt sich eine stetige Auseinandersetzung mit Geschlechterverhältnissen in und durch Medien beobachten. Insbesondere Arbeiten zu Frauen in den Massenmedien, Frauen im Journalismus und frauenspezifischer Rezeption lassen sich bis in die 1970er Jahre zurückverfolgen (Dorer und Klaus 2008; Lünenborg und Klaus 2011; Lünenborg und Maier 2013). Ulla Wischermann (2018) sieht sogar einen noch früheren Anfang in den ersten Frauenmedien-Analysen der 1940er Jahre.

Eine fehlende Institutionalisierung dieses Forschungsfeldes wie auch insgesamt für die CULTURAL STUDIES in Deutschland wird zwar nach wie vor beklagt (Klaus und Lünenborg 2011; Wischermann 2018), die Teildisziplin hat sich aber inzwischen sichtbar etabliert und möglicherweise auch indirekt durch die starke Repräsentation von Wissenschaftlerinnen im Feld zu einer disziplininternen Emanzipation beigetragen.

5 Regionalwissenschaftliche Interventionen und global orientierte Forschung in der Kommunikationswissenschaft

Kritische kulturrelevante Kommunikationsforschung hat sich schließlich ebenfalls im Bereich der internationalen/transkulturellen und globalen Medien- und Kommunikationsforschung etabliert. Dies gilt zum Beispiel für Untersuchungen zur Auslandsberichterstattung, in der selektive und stereotype Darstellungen anderer Länder, Gesellschaften und Regionen sowie deren Zustandekommen analysiert werden, oder für theoretische Arbeiten zur Bedeutung des Journalismus für kulturelle Übersetzungsleistungen und damit dessen Beitrag für die globale Wissensgesellschaft (Hafez 2002; Hahn und Schröder 2008). Zudem sind Überlegungen von Stuart Hall und anderen Kulturtheoretiker*innen nicht nur in Arbeiten zum Auslandsjournalismus eingeflossen, sondern haben ebenfalls Unterhaltungsforschung im internationalen Vergleich inspiriert (Grüne 2016; Saudeco Añez 2021). Auch wenn sie hier oftmals nicht alleiniger Dreh- und Angelpunkt sind, so finden Arbeiten und erkenntnistheoretische Perspektiven aus dem Umfeld der Cultural Studies und → Postcolonial Studies in diesen Feldern selbstverständlich Berücksichtigung.

Neben dem Einbezug theoretischer Aspekte ist es eine Orientierung an den Anliegen der Cultural Studies, die überall dort inhärent ist, wo bspw. nach hegemonialen Deutungen und (Mis-)Repräsentationen spezifischer marginalisierter Gruppen gesucht wird. Am Beispiel der Forschung zum Islambild und zum Muslim*innenbild der Medien wird dies deutlich: Bezüge zu Edward Said (1978, 1981) oder Stuart Hall (2013) liegen hier nahe, wenn versteckte gesellschaftliche Konsense stereotyper Interpretationsschemata aufgedeckt werden und die Dekonstruktion dieser Bilder die Relevanz für postkoloniale Gesellschaftsordnungen unmittelbar berührt (Hafez 2000; Lünenborg et al. 2011; Hafez und Schmidt 2020; vgl. auch Richter 2015).

Die interdisziplinäre Beschäftigung mit dem vermeintlich ‚Anderen' oder dem ‚Hybriden' durch internationale und transkulturelle Kommunikationsforschung stellt kritisch interventionistisches Wissen in Teilaspekten bereit, das für den politischen Zusammenhalt (z. B. Migration und Medien) und globale gesellschaftliche Herausforderungen (z. B. Medienentwicklungen und Demokratisierung) von großer Bedeutung ist. Die Subdisziplin internationaler Kommunikationsforschung ist durch die Grundprinzipien ihrer wissenschaftlichen Praxis somit eng mit den → Postcolonial Studies und Cultural Studies verknüpft. Diese Verbindung zwischen kritischer Forschungshaltung und internationalen Perspektiven ist auch bereits in der Geschichte der Kommunikationswissenschaften angelegt, wo etwa Franz Dröge (1937–2002) und Hans Kleinsteuber (1943–2012) eben nicht nur einer kritischen Tradition zuzuordnen sind (Löblich und Scheu 2011), sondern sich auch früh mit dem Außen- und Innenverhältnis von Medien und Kommunikation auseinandergesetzt haben – Dröge (1967) etwa zu Vorurteilen und Nationenstereotypen in Massenmedien und Kleinsteuber (2002) zum internationalen Mediensystemvergleich und zur internationalen Berichterstattung.

Der *implizite Interventionismus* kritischer internationaler Kommunikationswissenschaft übersetzt sich mithin auch in explizite Formen, wenn man bedenkt, dass einige Akteur*innen dieser Subdisziplin auch im politischen Wissenstransfer wirken (z. B. Rat für Migration, Neue Medienmacher). Zudem hat ein bestehendes DFG-Netzwerk zu „Kosmopolitischer Kommunikationswissenschaft" eine wissenschaftspolitische Intervention für eine ‚tiefe' Internationalisierung in der *Publizistik*, dem Zentralorgan der deutschen Kommunikationswissenschaft, formuliert, die eine postkoloniale Neuausrichtung auf Forschung v. a. über die Kontexte des Globalen Südens einfordert und sich damit für die dringend notwendige kosmopolitische Wende des Fachs stark macht (Badr et al. 2020). Auch die Tagungen der entsprechenden Fachgruppe der Deutschen Gesellschaft für Publizistik- und Kommunikationswissenschaft haben wiederholt Themen im Spektrum der Cultural Studies-Diskurse gesetzt; hier ging es in den vergangenen Jahren bspw. um „De-Westernization" der internationalen Kommunikationsforschung, um Diversity in der Mediengesellschaft, Entangled Histories im Kontext von Medienkommunikation oder Medien und Ungleichheiten.

Gerade in der Artikulation gesellschaftlicher Missstände, bspw. durch die Aufdeckung stereotyper bis hin zu rassistischen Strukturen medialer Repräsentationsregime oder den kritischen Verweis auf mangelnde Partizipationsmöglichkeiten von Migrant*innen in den Medien und der Einforderung wissenschaftspolitischer Impulse wird der selbstreflexive und interventionistische Charakter der Forschung sehr konkret und geht über eine letztlich ‚geschützte' Medienkultur-Analyse popkultureller Medien hinaus. Interessanterweise ist eine interdisziplinäre Öffnung der Kommunikationswissenschaften hin zu den → Area Studies im Ansatz der Medienkultur/Mediatisierungsforschung gar nicht explizit mitberücksichtigt (Hepp 2004; Hepp 2013, vii). Zwar werden hier transkulturelle Phänomene einer vermeintlichen Medienglobalisierung theoretisiert, oftmals aber kaum in eine Auseinandersetzung mit den Entwicklungen in Ländern des Globalen Südens transferiert, so dass eine konzentrierte und vergleichende Beobachtung und empirische Qualifikation ausbleibt (Grüne 2016, 429).

Eine an den modernen → Area Studies orientierte Forschung kann hingegen von den Entwicklungen einer kontextsensiblen Wissenschaft, die die Praxis der Wissensgenese kritisch reflektiert (Stichwort: Eurozentrismus; Selbstreflexion) und die alternatives, interventionistisches Wissen zur Verfügung stellt, um bestehende Zusammenhänge neu zu justieren (Stichwort: Regionalkompetenz; Interdisziplinarität), profitieren (Hafez 2013; Richter 2016). Es lohnt hier noch einmal die Worte von Kai Hafez zu zitieren, der auf die praxeologischen Defizite der deutschen Kommunikationsforschung pointiert hingewiesen hat (2013, 236): „For Media Studies in the west to remain ‚international', it will no longer suffice to know western theories and somehow claim that Media Studies are intrinsically interdisciplinary – because they are not. The average western media scholar might be aware of general theories in social sciences, but he or she hardly ever speaks non-western languages or is an expert of non-western countries. The problem is not an essential claim to non-Western theory building, but we need theoretical refinement because processes 'overseas' might not differ completely from the west but they can occur as specific variations of theoretical formations. Although occasional cooperation between Media and Area Studies does exist, media analysis in both fields is to a large extent separated – interdisciplinary cooperation is the exception, not the rule."

Interdisziplinarität und Internationalisierung hängen also eng zusammen, und die Stärkung der *area*-Kompetenz löst den Anspruch notwendiger Kontextualisierung ein, da ohne sie komplexe Vergleiche gar nicht möglich sind (Badr et al. 2020). Auch wenn, wie Carola Richter gezeigt hat, der Kontextualismus der → Area Studies nicht mit dem der Cultural Studies gleichzusetzen ist (2016, 99) unterstützen sie aber umfangreiche Kenntnisse über Gemeinsamkeiten und Differenzen lokaler Gesellschaften und fördern somit Sensibilität für ein kritisch differenziertes Kulturverständnis. Nicht nur die theoretische Reflexion, sondern auch das adäquate Kontextwissen aus den Regionalwissenschaften kann als Dämmschicht allzu voreiliger kulturalistischer Essentialismen wirken. Zumindest liegt eine große Chance darin, seltenere „most-different" Vergleiche im Bereich von Medien- und Kommunikationsentwicklung ernst zu nehmen, da sie nicht nur neue theoretische Schlussfolgerungen durch die Aufdeckung von vielschichtigen Ähnlichkeiten und Unterschieden erlauben, sondern auch Wissenschaftskulturen verzahnen können, wie es bspw. in Projekten zu Transformationen im Deutsch-Indonesischen Vergleich oder zu weltweiten Journalismus-Kulturen versucht wurde (Grüne et al. 2019; Hanitzsch et al. 2019).

Oft liefert erst der Einbezug des ‚Außen' die notwendige akademische Interpretationskompetenz über die ‚inneren' Phänomene. Forschung zur Kommunikation von Migrant*innen sagt uns erst etwas, wenn wir ihre Position in verschiedenen Diskursen verstehen: Bei der Auslandsberichterstattung informiert erst das Spannungsverhältnis zwischen nationalen Diskurspositionen und Diskursalternativen des Auslands den selektiven Blick auf die Welt und selbst die Aneignung globaler Popkultur kann durch den Einbezug der Produktionszusammenhänge bereichert werden. Die Erweiterung des wissenschaftlichen Dialogs mit dem ‚Anderen' hilft, sich von der Reproduktion bestehenden Wissens zu entfernen und über hypothetische Erklärungen zu kulturellen Differenzwahrnehmungen hinauszugehen. Leider werden in medien- und kommunikationswissenschaftlicher Forschung aber noch zu häufig veraltete homogene Kulturraum-Verständnisse oder simplizistische Kultur-Container der interkulturellen Management-Forschung (Stichwort: Hofstede) bedient.

Vor diesem Hintergrund erhält der Mangel an Internationalisierung, der der deutschen Medien- und Kommunikationswissenschaft attestiert wird (Behmer und Wimmer 2009; Hafez 2013; Badr et al. 2020), auch für die Kulturforschung des Fachs eine besondere Brisanz. Denn dass gerade das Internationalisierungs-Defizit mit dem unbeholfenen Umgang mit ‚Kultur' und einer vermeintlich reduzierten Berücksichtigung der CULTURAL STUDIES im Fach zusammenhängt, ist bisher nicht umfänglich berücksichtigt worden.

6 Zusammenfassung

CULTURAL STUDIES und angrenzende Entwicklungen haben also durchaus ihre Spuren in der deutschen Kommunikationswissenschaft hinterlassen, v. a. in einer sichtbaren theoretischen Intervention im Umfeld einer Medienkulturforschung, in einer ebenso deutlichen feministischen Intervention im Umfeld der deutschen GENDER MEDIA STUDIES sowie eher implizit in den Ausprägungen der internationalen/transkulturellen Medien- und Kommunikationsforschung, die Ungleichheitsverhältnisse und globale Zusammenhänge in den Blick nimmt. Mangelnde Institutionalisierung und Fragmentierung der – wenngleich nicht immer trennscharfen – Einflüsse lässt zwar keine Projektierung einer aus diesen Bereichen sich etablierenden „Studies" zu. Die Integration der verschiedenen Forderungen von kritischer Theoriebildung bis hin zur Stärkung internationaler Kompetenzen und der Berücksichtigung von Ungleichheitsregimen liefern allerdings mögliche Konturen von CULTURAL COMMUNICATION STUDIES. Vor allem die Rückbesinnung auf die Beschäftigung mit den dargestellten gesellschaftlichen Verwerfungen heutiger Gesellschaften (Gender, Migration, globale Integration) liefert interdisziplinäre Anschlussfähigkeiten einerseits und ist andererseits Beispiel für die implizite Prägekraft kritischer Kulturforschung in der Kommunikationswissenschaft auch jenseits der expliziten Auseinandersetzung mit ‚Kultur'.

7 Literaturverzeichnis

Ang, Ein. „Culture and Communication. Towards an Ethnographic Critique of Media Consumption in the Transnational Media System". *European Journal of Communication* 5.2 (1990): 239–260.

Averbeck-Lietz, Stefanie. *Soziologie der Kommunikation. Die Mediatisierung der Gesellschaft und die Theoriebildung der Klassiker.* Berlin 2015.

Bachmann-Medick, Doris. *Cultural Turns. Neuorientierungen in den Kulturwissenschaften.* 4. Aufl. Reinbek 2010.

Badr, Hanan et al. „Kosmopolitische Kommunikationswissenschaft. Plädoyer für eine ‚tiefe Internationalisierung' des Fachs in Deutschland". *Publizistik* 65.3 (2020): 295–303.

Behmer, Markus und Jeffrey Wimmer. „Mehr Schein als Sein? Internationale und interkulturelle Kommunikation als Themen kommunikationswissenschaftlicher Lehre". *Communicatio Soziales* 42.4 (2009): 405–419.

Böhling, Rieke und Christine Lohmeier. „On ‚Storing Information' in Families. (Mediated) Family Memory at the Intersection of Individual and Collective Remembering". *Information Storage*. Hrsg. von Cornelia S. Große und Rolf Drechsler. Cham 2020: 161–177.

Bromley, Roger, Udo Göttlich und Carsten Winter (Hrsg.). *Cultural Studies. Grundlagentexte zur Einführung*. Lüneburg 1999.

Dorer, Johanne und Elisabeth Klaus. „Feministische Theorie in der Kommunikationswissenschaft". *Theorien der Kommunikations- und Medienwissenschaft*. Hrsg. von Carsten Winter, Andreas Hepp und Friedrich Krotz. Wiesbaden 2008: 91–112.

Dröge, Franz W. *Publizistik und Vorurteil*. Münster 1967.

Erbing, Lutz. „Nachruf. Elisabeth Noelle (19.12.1916–25.3.2010)". *Publizistik* 55 (2010): 305–309.

Fiedler, Anke. „The Power of Hegemonic Memory. Tracing the Past in Everyday Discourse on the Example of National Socialism in Germany". *International Journal of Communication* 15 (2021): 3379–3396.

Geise, Stephanie et al. (Hrsg.). *Historische Perspektiven auf den Iconic Turn. Die Entwicklung der öffentlichen visuellen Kommunikation*. Köln 2016.

Gilroy, Paul. „Introduction: Race is the Prism". *Stuart Hall. Selected Writings on Race and Difference*. Hrsg. von Paul Gilroy und Ruth Wilson Gilmore. Durham, NC 2021: 1–19.

Göttlich, Udo. „The Kultursoziologie of Cultural Studies". *Cultural Studies revisited. Nordlicht/Revontulet. Aufbruch in Österreich und internationale Entwicklung*. Hrsg. von Johanna Dorer, Roman Horak und Matthias Marschik. Wiesbaden 2021: 85–97.

Göttlich, Udo und Carsten Winter. „Wessen Cultural Studies? Zur Rezeption der Cultural Studies im deutschsprachigen Raum". *Cultural Studies. Grundlagentexte zur Einführung*. Hrsg. von Roger Bromley, Udo Göttlich und Carsten Winter. Lüneburg 1999: 25–39.

Göttlich, Udo und Rainer Winter (Hrsg.). *Politik des Vergnügens. Zur Diskussion der Populärkultur in den Cultural Studies*. Köln 2000.

Grüne, Anne. *Formatierte Weltkultur? Zur Theorie und Praxis globalen Unterhaltungsfernsehens*. Bielefeld 2016.

Grüne, Anne et al. (Hrsg.). *Media and Transformation in Germany and Indonesia. Asymmetrical Comparisons and Perspectives*. Berlin 2019.

Hafez, Kai (Hrsg.). *Islam and the West in the Mass Media. Fragmented Images in a Globalizing World*. Cresskill, NJ 2000.

Hafez, Kai. „Medien, Kommunikation,Kultur. Irrwege und Perspektiven der Globalisierungsdebatte". *Weltkulturen unter Globalisierungsdruck. Erfahrungen und Antworten aus den Kontinenten*. Hrsg. von Rainer Tetzlaff. Bonn 2001: 93–117.

Hafez, Kai. *Die politische Dimension der Auslandsberichterstattung*. 2 Bde. Baden-Baden 2002.

Hafez, Kai. „The Methodology Trap. Why Media and Communication Studies Are Not Really International". *Communications. The European Journal of Communication Research* 38.3 (2013): 323–329.

Hafez, Kai und Sabrina Schmidt. „Rassismus und Repräsentation. Das Islambild deutscher Medien im Nachrichtenjournalismus und im Film". *Bundeszentrale für politische Bildung* 27. August 2020: https://www.bpb.de/lernen/bewegtbild-und-politische-bildung/themen-und-hintergruende/314621/rassismus-und-repraesentation-das-islambild-deutscher-medien-im-nachrichtenjournalismus-und-im-film [31.01.2024].

Hafez, Kai und Anne Grüne. *Grundlagen der globalen Kommunikation. Medien, Systeme, Lebenswelten*. München 2021.

Hahn, Oliver und Roland Schröder (Hrsg.). *Journalistische Kulturen. Internationale und interdisziplinäre Theoriebausteine*. Köln 2008.

Hall, Stuart. „Reflections Upon the Encoding/Decoding Model. An Interview with Stuart Hall". *Viewing, Reading, Listening. Audiences and Cultural Reception*. Hrsg. von Jon Cruz und Justin Lewis. Boulder, CO 1994: 253–274.

Hall, Stuart. „Das theoretische Vermächtnis der Cultural Studies". *Cultural Studies. Ein politisches Theorieprojekt*. Hrsg. von Stuart Hall. 3. Aufl. Hamburg 2000: 34–51.

Hall, Stuart. „Kodieren/Dekodieren". *Ideologie, Identität, Repräsentation*. Hrsg. von Stuart Hall. 7. Aufl. Hamburg 2004: 66–80.

Hall, Stuart. „The Spectacle of the ‚Other'". *Representation*. Hrsg. von Stuart Hall, Jessica Evans und Sean Nixon. 2. Aufl. Los Angeles, CA 2013: 225–279.

Hall, Stuart. *Familiar Stranger. A Life Between Two Islands*. Durham, NC 2017.

Hanitzsch, Thomas et al. (Hrsg.). *Worlds of Journalism. Journalistic Cultures Around the Globe*. New York 2019.

Hepp, Andreas. *Fernsehaneignung und Alltagsgespräche. Fernsehnutzung aus der Perspektive der Cultural Studies*. Opladen 1998.

Hepp, Andreas. *Cultural Studies und Medienanalyse. Eine Einführung*. Opladen 1999.

Hepp, Andreas. *Netzwerke der Medien. Medienkulturen und Globalisierung*. Wiesbaden 2004.

Hepp, Andreas. „Kulturtheorie in der Kommunikations- und Medienwissenschaft". *Theorien der Kommunikations- und Medienwissenschaft*. Hrsg. von Carsten Winter, Andreas Hepp und Friedrich Krotz. Wiesbaden 2008: 113–137.

Hepp, Andreas. *Medienkultur. Die Kultur mediatisierter Welten*. 2. Aufl. Wiesbaden 2013.

Hepp, Andreas, Friedrich Krotz und Tanja Thomas (Hrsg.). *Schlüsselwerke der Cultural Studies*. Wiesbaden 2009.

Hepp, Andreas und Rainer Winter (Hrsg.). *Kultur, Medien, Macht. Cultural Studies und Medienanalyse*. 2. Aufl. Wiesbaden 1999.

Hepp, Andreas und Rainer Winter (Hrsg.). *Kultur, Medien, Macht. Cultural Studies und Medienanalyse*. 3. Aufl. Wiesbaden 2008.

Hörning, Karl H. und Rainer Winter (Hrsg.). *Widerspenstige Kulturen. Cultural Studies als Herausforderung*. Frankfurt a.M. 1999.

Hörning, Karl H. und Julia Reuter (Hrsg.). *Doing Culture. Neue Positionen zum Verhältnis von Kultur und sozialer Praxis*. Bielefeld 2004.

Horak, Roman. *Jenseits der Kulturwissenschaften. Beiträge zu Cultural Studies, Popular- und Massenkultur*. Wien 2019.

Horak, Roman. „Ein frühes Ende vor dem späten Beginn". *Cultural Studies revisited. Nordlicht/Revontulet. Aufbruch in Österreich und internationale Entwicklung*. Hrsg. von Johanna Dorer, Roman Horak und Matthias Marschik. Wiesbaden 2021: 165–176.

Karmasin, Matthias (Hrsg.). *Kulturwissenschaft als Kommunikationswissenschaft. Projekte, Probleme und Perspektiven*. Wiesbaden 2003.

Krotz, Friedrich. „Kommunikationswissenschaft, Kulturwissenschaft. Glückliches Paar oder Messaillance?". *Kulturwissenschaft als Kommunikationswissenschaft. Projekte, Probleme und Perspektiven*. Hrsg. von Matthias Karmasin. Wiesbaden 2003: 21–48.

Klaus, Elisabeth. *Kommunikationswissenschaftliche Geschlechterforschung. Zur Bedeutung der Frauen in den Massenmedien und im Journalismus*. Neuaufl. Wien 2005.

Klaus, Elisabeth und Margreth Lünenborg. „Cultural Citizenship. Ein kommunikationswissenschaftliches Konzept zur Bestimmung kultureller Teilhabe in der Mediengesellschaft“. *M&K* 52.2 (2004): 193–213.

Klaus, Elisabeth und Margreth Lünenborg. „20 Jahre Gender- und Queertheorien in der Kommunikations- und Medienwissenschaft“. *SCM Studies in Communication and Media* 0.1 (2011): 95–117.

Kleinsteuber, Hans J. „Mediensysteme im internationalen Vergleich: Ein Überblick“. *Die Zukunft der internationalen Kommunikationswissenschaft in Deutschland.* Hrsg. von Kai Hafez. Hamburg 2002: 39–58.

Koenen, Erik und Christina Sanko. „Die Mediengesellschaft und ihre Wissenschaft im Wandel. Disziplinäre Genese und Wandelprozesse der Kommunikationswissenschaft in Deutschland, 1945–2015“. *Kommunikationswissenschaft im internationalen Vergleich. Transnationale Perspektiven.* Hrsg. von Stefanie Averbeck-Lietz. Wiesbaden 2017: 113–159.

Koivisto, Juha und Peter Thomas. *Mapping Communication and Media Research: Germany.* Helsinki 2007.

Lobinger, Katharina. *Visuelle Kommunikationsforschung. Medienbilder als Herausforderung für die Kommunikations- und Medienwissenschaft.* Wiesbaden 2012.

Löblich, Maria und Andreas Matthias Scheu. „Writing the History of Communication Studies. A Sociology of Science Approach“. *Communication Theory* 21.1 (2011): 1–22.

Lohmeier, Christine. „Cultural Studies in der Kommunikationswissenschaft“. *Handbuch nicht standardisierte Methoden in der Kommunikationswissenschaft.* Hrsg. von Stefanie Averbeck-Lietz und Michael Meyen. Wiesbaden 2016: 109–124.

Lünenborg, Margreth. *Journalismus als kultureller Prozess. Zur Bedeutung von Journalismus in der Mediengesellschaft. Ein Entwurf.* Wiesbaden 2005.

Lünenborg, Margreth, Katharina Fritsche und Annika Bach. *Migrantinnen in den Medien. Darstellungen in der Presse und ihre Rezeption.* Bielefeld 2011.

Lünenborg, Margreth und Tanja Maier. *Gender Media Studies. Eine Einführung.* Konstanz 2013.

Mikos, Lothar. „Cultural Studies im deutschsprachigen Raum“. *Kultur, Medien, Macht. Cultural Studies und Medienanalyse.* Hrsg. von Andreas Hepp und Rainer Winter. Wiesbaden 2008: 177–192.

Mikos, Lothar. *Film- und Fernsehanalyse.* 3. Aufl. Konstanz 2015.

Mikos, Lothar. „Filmanalyse und Kommunikationswissenschaft“. *Handbuch nicht standardisierte Methoden in der Kommunikationswissenschaft.* Hrsg. von Stefanie Averbeck-Lietz und Michael Meyen. Wiesbaden 2016: 257–271.

Mikos, Lothar. „Crossroads 1996 und Cultural Studies in Deutschland“. *Cultural Studies revisited. Nordlicht/Revontulet. Aufbruch in Österreich und internationale Entwicklung.* Hrsg. von Johanna Dorer, Roman Horak und Matthias Marschik. Wiesbaden 2021: 219–226.

Moebius, Stephan (Hrsg.). *Kultur. Von den Cultural Studies bis zu den Visual Studies.* Bielefeld 2012.

Pöttker, Horst (Hrsg.). *Abgewehrte Vergangenheit. Beiträge zur deutschen Erinnerung an den Nazionalsozialismus.* Köln 2005.

Renger, Rudi. „Journalismus als kultureller Diskurs. Grundlagen der Cultural Studies als Journalismustheorie“. *Theorien des Journalismus. Ein diskursives Handbuch.* Hrsg. von Martin Löffelholz. 2. Aufl. Wiesbaden 2004: 395–371.

Richter, Carola. „Orientalismus und das Andere“. *Handbuch Cultural Studies und Medienanalyse.* Hrsg. von Andreas Hepp et al. Wiesbaden 2015: 313–321.

Richter, Carola. „Area Studies. Regionalstudien in der Kommunikationswissenschaft“. *Handbuch nicht standardisierte Methoden in der Kommunikationswissenschaft.* Hrsg. von Stefanie Averbeck-Lietz und Michael Meyen. Wiesbaden 2016: 95–108.

Saucedo Añez, Carolina. *Die Doppelmoral des medialen ethnischen Humors. Satire, Minstrel- und Ethno-Comedy im internationalen Vergleich*. Wiesbaden 2021.

Schwer, Katja. *Typisch deutsch? Zur zögerlichen Rezeption der Cultural Studies in der deutschen Kommunikationswissenschaft*. München 2005.

Wischermann, Ulla. „Frauen- und Geschlechterforschung in der Kommunikations- und Medienwissenschaft. Ein Blick zurück". *Kommunikationswissenschaftliche Gender Studies*. Hrsg. von Ricarda Drüeke et al. Bielefeld 2018: 57–76.

Winter, Rainer. *Die Kunst des Eigensinns. Cultural Studies als Kritik der Macht*. Weilerswist 2001.

Winter, Rainer. *Der produktive Zuschauer. Medienaneignung als kultureller und ästhetischer Prozess. Medienaneignung als kultureller und ästhetischer Prozess*. 2. Aufl. Köln 2010.

Winter, Rainer und Lothar Mikos (Hrsg.). *Die Fabrikation des Populären. Der John-Fiske-Reader*. Bielefeld 2001.

Susanne Hamscha

Disability Studies

1 Forschungsgeschichte

1.1 Definition des Forschungsbereichs

Die kulturwissenschaftlichen DISABILITY STUDIES sind ein interdisziplinäres Forschungsfeld, das sich in den 1980er Jahren in Nordamerika und Großbritannien formiert und dort auch am nachhaltigsten etabliert hat. Im Zentrum dieser Disziplin steht die kritische Auseinandersetzung mit ‚Behinderung', die auf der Annahme fußt, dass Behinderungen keinen medizinisch diagnostizierbaren Zustand beschreiben (*medical model*), sondern gesellschaftlich und kulturell konstruiert werden (*social model*). Dieses *social model* wird seit den frühen 2000er Jahren immer wieder für das Ausblenden der spezifischen körperlichen und kognitiven Erfahrungen von Menschen mit Behinderung/en kritisiert und revidiert. In einer Art Synthese der beiden sehr konträren Modelle wird Behinderung gegenwärtig als Identität verstanden, die in der Interaktion eines Körpers oder Geistes mit seiner Umwelt produziert wird. Die spezifischen Erfahrungen werden also nicht ausgeblendet, werden aber erst vom Gegenüber bzw. durch die Umstände als Behinderung markiert.

Ähnlich wie Gender oder *race* wird Behinderung als soziale Kategorie verstanden, anhand der sich gesellschaftliche Machtverhältnisse ablesen lassen: gesellschaftlich dominante Bilder von „normalen" körperlichen und kognitiven Fähigkeiten lassen Behinderung als „negativ andersartig" erscheinen und führen implizit wie explizit zu Ableismus und damit zur Ausgrenzung und Marginalisierung von Menschen mit Behinderung/en (Dederich 2007, 9). Während im öffentlichen Diskurs Menschen mit Behinderung/en oft als Randgruppe gesehen werden, argumentieren Vertreter*innen der DISABILITY STUDIES, dass Behinderung „vielleicht die grundlegendste menschliche Erfahrung" ist, denn „wenn wir lange genug leben, wird jeder von uns einmal behindert sein" (Garland Thomson 2003, 422). Ein zentrales Anliegen der DISABILITY STUDIES ist daher, auf die Komplexität und Volatilität von körperlichen und kognitiven Fähigkeiten hinzuweisen, die sich vielmehr auf einem Spektrum verorten lassen als in den beiden scheinbar absoluten Zuständen von ‚behindert' und ‚nicht-behindert'.

https://doi.org/10.1515/9783110712919-006

1.2 Ursprung und historische Entwicklung

Die Disability Studies sind eine emanzipationsorientierte Disziplin, die eng mit den Bürgerrechtsbewegungen der 1960er und 1970er Jahre verwoben ist. Die Disability Rights-Bewegung in den USA datiert zwar in die 1930er Jahre zurück (Patterson 2018, 439–442), nahm aber Mitte der 1960er Jahre verstärkt Fahrt auf. Als Wendepunkt kann der Civil Rights Act von 1964 gesehen werden, der zwar die Diskriminierung aufgrund von Hautfarbe, Geschlecht, Religion und nationaler Herkunft verbat, jedoch Behinderung nicht inkludierte. Dieser Ausschluss führte zu immer lauteren Forderungen nach gleichem gesetzlichem Schutz und zu Kritik an einer Behindertenpolitik, die vorwiegend aus einer medizinisch-karitativen Perspektive Beschlüsse fasste (Patterson 2018, 448). Damit einher ging eine breite Kritik gegen die Verwahrung von Menschen mit Behinderungen in Institutionen, gegen Fremdbestimmung und gegen gesellschaftliche und politische Ausgrenzung, aus der sich der Leitspruch „Nothing about us without us!" herauskristallisierte.

Kern der Bewegung war der Kampf um gesellschaftliche und politische Anerkennung. Die medizinisch und karitativ institutionalisierte Behindertenhilfe hatte seit dem späten 18. Jahrhundert zur Ausformung einer Reihe von Exklusionsbereichen in der Gesellschaft beigetragen, indem Menschen mit Behinderung/en in passive Positionen gedrängt wurden: als Patient*innen oder als Empfänger*innen karitativer Leistungen wurde ihnen Unterstützung für die ‚Überwindung' ihres individuellen ‚Problems' zuteil, Selbstbestimmung und gesellschaftliche Teilhabe wurden ihnen gleichzeitig abgeschrieben (Dederich 2007, 9–10). Nach David T. Mitchell und Sharon L. Synder ist die Rückforderung von Autonomie eine Wurzel der Disability Studies, da Menschen mit Behinderungen anfingen, „den Diskursen, die nicht mit ihnen, sondern über sie geführt wurden, in künstlerischer, wissenschaftlicher und pädagogischer Hinsicht etwas entgegenzusetzen" (2002, 116). Wissenschaftliche Forschungs- und Publikationstätigkeit über Behinderung fand lange Zeit primär aus einer externen Perspektive statt, d. h. Menschen mit Behinderungen dienten in der medizin(histor)ischen oder in der sozialwissenschaftlichen Forschung als Forschungsgegenstände. In der Regel erlangten behinderte Wissenschaftler*innen wenig bis keine Bedeutung, und ihre spezifischen Perspektiven, Erfahrungen und ihr eigenes Wissen war *de facto* nicht sichtbar (Schönwiese 2005, 18).

Der Soziologe Irving Kenneth Zola gründete 1982 die *Society for the Study of Chronic Illness, Impairment and Disability*, die 1986 in *Society for Disability Studies* umbenannt wurde, um losgelöst von der medizinisch-rehabilitativen Forschung die Auseinandersetzung mit Behinderung aus einer inter- und transdisziplinären Perspektive zu fördern. Zola wollte die kulturellen, sozialen, rechtlichen, historischen und ökonomischen Diskurse, an deren Schnittstellen ‚Behinderung' entsteht, stärker in den Fokus wissenschaftlicher Arbeit rücken. Die Nähe zu politischem Aktivismus und gesellschaftspolitischem Engagement blieb aber integraler Bestandteil der Disability Studies und sollen nach den Vorstellungen vieler Vertreter*innen der Disziplin eine „untrennbare Einheit" mit der wissenschaftlichen Arbeit bilden (Dederich 2007, 18).

In Überblicken über das Forschungsfeld wird die Verschränkung des Politischen, Emanzipatorischen, Persönlichen und Wissenschaftlichen deutlich. So schreibt die Wissenschaftlerin und Aktivistin Simi Linton (1998, 4): „We are all bound together, not by this list of our collective symptoms but by the social and political circumstances that have forged us as a group. We have found one another and found a voice to express not despair at our fate but outrage at our social positioning." Mit „wir" meint Linton hier offensichtlich Wissenschaftler*innen mit Behinderung, jedoch sind die Disability Studies durchaus auch für nichtbehinderte Wissenschaftler*innen offen. Die Auseinandersetzung mit marginalisierten Identitäten erfordert auch eine Auseinandersetzung mit dem Hegemon, in diesem Fall dem Normkörper; die Disability Studies verlangen zusätzlich nach einem kritischen Blick auf „gesellschaftliche und kulturelle Wandlungsprozesse im Umgang mit den grundlegenden Erfahrungen menschlicher Vergänglichkeit, Krankheit, Gebrechlichkeit und Abhängigkeit" (Dederich 2007, 19). Die Disability Studies sind daher nicht nur für Menschen mit Behinderung/en relevant, da sie eine breite Diskussion über die Konstruktion und Abweichung von Normen, über körperliche und kognitive Integrität, über Autonomie und Verletzlichkeit, und nicht zuletzt über die Kontrollierbarkeit von Gesundheit anregen.

Innerhalb der Disability Studies kann man unterschiedliche Strömungen identifizieren, die Behinderung aus spezifischen kritischen Perspektiven beleuchten: kritische Disability Studies (Siebers 2008; Shildrick 2009; Goodley 2014), feministische Disability Studies (Garland Thomson 1996, 2014; Hall 2011; Kafer 2013), queere Disability Studies (McRuer und Wilkerson 2003; McRuer 2006; Kafer 2013), *race* und Behinderung (Schalk 2018), Posthumanismus in den Disability Studies (Goodley et al. 2014; Murray 2020), Performance-Kunst und Behinderung (Sandahl und Auslander 2009; Kuppers 2014), sowie Sexualität und Behinderung (McRuer und Mollow 2012), um die wichtigsten zu nennen.

1.3 Nähe zu und Abgrenzung von anderen Disziplinen

Als interdisziplinäres Forschungsfeld sind die Disability Studies eng mit anderen kulturwissenschaftlichen Disziplinen verbunden, die sich mit marginalisierten Identitäten und Konstruktionen von ‚Normalitäten' beschäftigen. Innerhalb der Disability Studies kommt körperlicher Behinderung tendenziell mehr Aufmerksamkeit zu als kognitiver Behinderung, was zum Teil damit zu tun haben mag, dass man hier von Forschung im Bereich der kulturwissenschaftlichen BODY STUDIES zehren kann. In *Volatile Bodies* (1994) theoretisiert Elizabeth Grosz die soziale Konstruiertheit von Körpern und zeigt auf, dass der männliche Körper nicht nur im gesellschaftlichen, sondern auch im wissenschaftlichen Diskurs zum Normkörper wurde. Ihre Argumentation, dass der Körper einerseits volatil und andererseits sozial konstruiert ist, findet Niederschlag in den zentralen Thesen der DISABILITY STUDIES. Die feministische Schule innerhalb der BODY STUDIES, vertreten u. a. durch Rosi Braidotti, Susan Bordo, Donna Haraway und Elaine Scarry, hat generell wichtige Vorarbeit für die DISABILITY STUDIES geleistet. Im Kern übten die feministischen BODY STUDIES Kritik an der Diktion, dass Biologie ‚Schicksal' sei und Frauen aufgrund körperlicher Merkmale und Prozesse (Menstruation, Schwangerschaft, Menopause) gleichsam in ihrer Körperlichkeit ‚gefangen' seien und gesellschaftlich daher eine untergeordnete Rolle einzunehmen haben. Die Dekonstruktion eines scheinbar ‚echten' biologischen Körpers, der außerhalb von Diskursen existiert, war wegweisend für die Theoretisierung von Behinderung als soziales Konstrukt.

Als einflussreich muss außerdem die phänomenologische Strömung der BODY STUDIES genannt werden, allen voran Maurice Merleau-Pontys Kritik am Körper/Geist-Dualismus nach René Descartes (*Phénoménologie de la perception,* 1945) und Michel Foucaults Ausführungen zur Regulierung des Körpers durch die Ausübung von Macht (*Surveiller et punir,* 1975). Für die kritische Aufarbeitung der Institutionalisierung von Menschen mit Behinderungen und für eine Kritik des medizinisch-rehabilitativen Zugangs zu Behinderung sind Foucaults Thesen zur Disziplinierung des Körpers und zur Wirkung hegemonialer Diskurse auf den Körper besonders wertvoll.

Behinderung war in den BODY STUDIES lange Zeit nur Randthema, zu dominant waren die v. a. feministischen (nicht-behinderten) Stimmen innerhalb dieser Disziplin (Mitchell und Snyder 1997, 1–6). In den letzten 10 Jahren rückte Behinderung, angetrieben von Theorien zur Technologisierung und Optimierung des Körpers, stärker in den Fokus der Aufmerksamkeit der BODY STUDIES. Vertreter*innen der DISABILITY STUDIES kritisieren allerdings, dass BODY STUDIES Behinderung oft als Chiffre für die scheinbare Unvollkommenheit queerer, geschlechtlicher oder rassifizierter Körper verwenden, anstatt Kritik an der Konstruktion von Behinderung zu üben (Snyder 2006a, 197).

Die DISABILITY STUDIES stehen außerdem den → GENDER STUDIES bzw. der feministischen Theorie und den → QUEER STUDIES bzw. der queeren Theorie besonders nahe. → GENDER STUDIES und DISABILITY STUDIES vereint der Fokus auf den Körper als Materie, in der sich Machtachsen kreuzen und in die der Wert eines Menschen gleichsam eingeschrieben werden kann. Ohne den Körper würde es weder ‚Geschlecht' noch ‚Behinderung' geben, wie Swantje Köbsell schreibt (2010, 18). Die zentrale Erkenntnis der Geschlechterforschung, dass der Körper Träger eines sozial konstruierten Geschlechts ist, das ständig reproduziert wird und eine hierarchische Gliederung der Geschlechter beinhaltet, hat die Theoretisierung von Behinderung stark beeinflusst. Weibliche und behinderte Körper weisen dabei starke Ähnlichkeit in ihrer kulturellen Bewertung auf, wie Köbsell zeigt: beide werden als passiv, schwach, abhängig, hilfsbedürftig und machtlos gesehen (2010, 23). Rosemarie Garland Thomson weist darauf hin, dass sowohl der weibliche als auch der behinderte Körper als Abweichung von der Norm gesehen würden und beide von der vollständigen Partizipation am gesellschaftlichen und ökonomischen Leben ausgeschlossen seien (Garland Thomson 2005). Die DISABILITY STUDIES profitieren daher nicht nur von der poststrukturalistischen Tradition der → GENDER STUDIES, sondern auch von feministischer Ökonomie- und Kapitalismuskritik sowie feministischen Auseinandersetzungen mit den Begriffen ‚Arbeit' und ‚*care*-Arbeit'.

Es ist aber sicherlich die Dekonstruktion von Gender und die Erkenntnis, dass der Körper kein neutrales Feld, sondern immer bereits Teil der Konstruktion von Geschlecht ist, die maßgeblich zur Theoriebildung in den DISABILITY STUDIES beigetragen haben: *Gender Trouble* (1990) und *Bodies That Matter* (1993) von Judith Butler sind Werke, auf die gerne rekurriert wird und die – nicht zufälligerweise – auch maßgeblich die Theoriebildung in den → QUEER STUDIES vorangetrieben haben. Denn auch die → QUEER STUDIES begreifen den ‚normalen' Körper als soziales Konstrukt, das durch das machtvolle Einschreiben von Differenz und einer daraus folgenden Hierarchisierung entsteht. So wie Mann/Frau oder nicht-behindert/behindert ist Heterosexualität/Homosexualität ein binäres Paar, das aus einer ‚Norm' und einem davon abweichenden, ‚abnormalen' Part besteht. Die gemeinsame Basis der → QUEER STUDIES und der DISABILITY STUDIES ist daher eine dekonstruktivistische Perspektive, und der Fokus liegt auf sozio-kulturellen Normalisierungsprozessen und Strategien des *othering* sowie einem gesellschaftspolitischen Anspruch an die eigene Disziplin (Raab 2013, 41). So wie LGBTQIA^{+}-Wissenschaftler*innen sich den derogativen Begriff *queer* wiederangeeignet und als kritische Positionierung gegen Heteronormativität etabliert haben, haben Vertreter*innen der DISABILITY STUDIES im Zuge ihres Empowerments den Begriff *crip* („Krüppel") für ihre kritische Theoriebildung für sich in Anspruch genommen. Ähnlich wie die Queer Theory eine umfassende Kritik an der Heteronormativität darstellt und versucht, queere Perspektiven und Erfahrungen Raum zu geben, kann die Crip Theory als breite Kritik am Ableismus verstanden werden sowie als Versuch, behinderte Perspektiven und Erfahrungen als wertvoll und erkenntnisbringend sichtbar zu machen (McRuer 2006; Kafer 2013). So lehnt sich das Konzept der *crip time*, das die Querverbindungen von Marginalisierung und Zeit theoretisiert, direkt an queere Temporalität an, die versucht den Zusammenhang zwischen Marginalisierung und dominanten Vorstellungen einer guten, gesunden Zukunft zu erörtern (Edelman 2004; Kafer, 2013).

Die Disability Studies grenzen sich ab von dem, was Linton „Not-Disability-Studies“ nennt, d. h. Disziplinen, die Behinderung nicht als sozio-kulturelles Konstrukt betrachten, sondern Therapie, Intervention, oder Förderung als Sinn ihrer Arbeit sehen (Linton 1998, 36). Die Disability Studies verstehen sich als wichtige Kritikerin dieser Disziplinen, die u. a. die Medizin, (Sonder-)Pädagogik und Sozialarbeit umfassen. Diese Fächer sprechen aus gänzlich anderen historischen Erfahrungen und gesellschaftlichen Positionen, da interventionsorientierte Disziplinen eine Veränderung des Subjekts erreichen wollen und Behinderung daher grundsätzlich als Problem behandeln (Dederich 2007, 51–52). Diese Disziplinen tendieren daher auch dazu, Menschen mit Behinderungen als Patient*innen oder Klient*innen zu sehen, und den Erkenntnissen und Perspektiven von Wissenschaftler*innen mit Behinderungen nicht genügend Aufmerksamkeit zu schenken. Die Disability Studies wollen im Gegensatz dazu einen gesellschaftlichen Wandel herbeiführen, also den Kontext und nicht das Individuum verändern, und eine Epistemologie der Inklusion generieren (Linton 1998, 135).

1.4 Institutionalisierung der Disability Studies

Mit der Verabschiedung des *Americans with Disabilites Act* (ADA) im Jahr 1990 konnte man in den USA ein gesteigertes Interesse an Disability Studies sowie ein wachsendes Bewusstsein für Barrierefreiheit und Zugangsgerechtigkeit im Hochschulbereich beobachten. Die Gründung der *Society for the Study of Chronic Illness and Disability* bzw. *Society for Disability Studies* stellt einen ersten Meilenstein in der Institutionalisierung der Disability Studies in Nordamerika dar. Aus einem einfachen Newsletter, den Irving K. Zola versendete, wuchs das 1980 gegründete Online-Journal *Disability Studies Quarterly*, das bis heute eines der wichtigsten englischsprachigen Publikationsorgane dieser Disziplin ist. Die Jahrestagungen der *Society for Disability Studies* haben sich zudem als eine der wichtigsten Fachkonferenzen etabliert.

Der ADA stellte in der Institutionalisierung der Disability Studies einen wichtigen Wendepunkt dar, denn die rechtlichen Verbesserungen allein veränderten natürlich nicht den gesellschaftlichen Status von Menschen mit Behinderungen. Zola und sein Netzwerk versuchten, eine neue Generation behinderter Studierender zu erreichen, die, ermutigt durch den ADA, das Thema Behinderung an ihren Hochschulen wissenschaftlich wie institutionell sichtbarer machen sollten (Snyder 2006b, 484). Die zu Beginn stark sozialwissenschaftliche Ausrichtung der Disability Studies wich im Laufe der Zeit einer geistes- und kulturwissenschaftlichen Prägung, die in den USA bis heute den Ton angibt. So wurden an zahlreichen Universitäten Studiengänge von BA bis PhD in Disability Studies eingeführt (z. B. Syracuse University, Ohio State University, University of Illinois at Chicago, University of California at Berkeley), interdisziplinäre Studiengänge und Forschungszentren etabliert (z. B. NYU Center for Disability Studies, Center for the Study of Social Difference at Columbia University, Transdisciplinary Disability Studies Group at UC San Diego), Curricula überarbeitet und Lehrveranstaltungen entwickelt, durch die Behinderung in all seinen Facetten beleuchtet wird.

Eine ähnliche Entwicklung nahm die Institutionalisierung der DISABILITY STUDIES in Großbritannien, wo sich die Disziplin in den 1970er Jahren ebenfalls aus einer Kritik an interventionsorientierten und karitativen Zugängen zu Behinderung herausbildete. Tom Shakespeare schreibt, dass es darum ging, „integrierte Lebensformen zu fördern, die Bürgerrechte neu zu bestimmen und all die Hindernisse zu beseitigen, die behinderte Menschen als solche diskriminieren", d. h. Ziel war auch hier eine Kontextveränderung herbeizuführen (Shakespeare 2003, 428). 1975 fand an der Open University in Kent die erste Lehrveranstaltung statt, die man den DISABILITY STUDIES zurechnen kann (Renggli 2004). Das Centre for Disability Studies der University of Leeds, das in seiner Vorform in den 1990er Jahren gegründet wurde, ist das bekannteste und international renommierteste Forschungszentrum in Großbritannien. Von 1995 bis 2013 wurden Forschungsmittel aufgewendet, um unter *The Disability Press* wissenschaftliche Arbeiten aus den DISABILITY STUDIES zu publizieren und einem breiteren Publikum zugänglich zu machen. Die wichtigsten Publikationsorgane, die aus den britischen DISABILITY STUDIES hervorgegangen sind, sind jedoch die Zeitschriften *Disability & Society* (seit 1986) und *Journal of Literary and Cultural Disability Studies* (seit 2009).

Zu den Schlüsselpublikationen der DISABILITY STUDIES zählt Irving K. Zolas Autobiographie *Missing Pieces: A Chronicle of Living With a Disability* (1982), die Zolas wissenschaftlichen Zugang zu Behinderung widerspiegelt. *The Disability Studies Reader,* erstmals 1997 herausgegeben von Lennard Davis und mittlerweile in seiner fünften Auflage, ist die wichtigste Anthologie dieser Disziplin. Weitere zentrale Anthologien, die zur Institutionalisierung des Fachs maßgeblich beigetragen haben, sind *Staring Back: The Disability Experience from the Inside Out* (Fries 1997) sowie *Disability Studies: Enabling the Humanities* (Brueggemann et al. 2002). *Claiming Disability* von Simi Linton (1998) gilt als die erste kritische Auseinandersetzung mit den DISABILITY STUDIES als Forschungsfeld und war gleichzeitig Verortung und Manifest einer sich bildenden Disziplin. Tobin Siebers Aufsatz „Disability in Theory: From Social Constructionism to the New Realism of the Body" (2001) übt Kritik am *social model* und verhandelt zentrale Prämissen der Disziplin. Siebers argumentiert, dass das *social model* Körpererfahrungen nicht ausreichend berücksichtige, die zudem von einer reinen Kontextveränderung nicht berührt würden, und plädiert daher für einen neuen Realismus des Körpers.

2 Exemplarische Fragestellungen

2.1 Die Historisierung von „Behinderung“: Diskurse des Monströsen

Eine Auseinandersetzung mit den kulturgeschichtlichen Bedeutungen ‚außergewöhnlicher‘, ‚abnormaler‘ Körper zeigt auf, wie Wissen über den Körper einerseits begründet und legitimiert wird, sich andererseits aber auch im stetigen Wandel befindet. Historisch wurden Anomalien und Missbildungen als monströs betrachtet und dienten als „Metapher für das Andere, Ausgegrenzte, Ausgemerzte“ (Zürcher 2004, 6). Veränderungen des Weltbildes und des Verständnisses von Natur sowie die Herausbildung naturwissenschaftlicher Disziplinen spiegeln sich in der Bewertung von der Norm abweichender Körper wider. Ziel dieser Aufarbeitung ist nicht, neues medizinisches Wissen über den Körper hervorzubringen, sondern vielmehr den Körper und (Nicht-)Behinderung zu historisieren und so Muster von Ein- und Ausgrenzung offenzulegen. Zentrale Fragestellung ist also, wie das soziale Konstrukt ‚Behinderung‘ kulturhistorisch gewachsen ist.

Die Abhandlung des Chirurgen Ambroise Paré (1510–1590) über Tiere, Monster und Missgeburten (1573) bietet Aufschluss über die Interpretation missgebildeter Körper im 16. Jahrhundert und über Ordnungs- und Klassifikationssysteme seiner Zeit. Als Zeichen Gottes und Strafe für moralische Verfehlungen wurde eine Verknüpfung zwischen Körperlichkeit und Metaphysis hergestellt, die erst mit der fortschreitenden Entmythologisierung von ‚Monstern‘ im Zeitalter der Aufklärung abebbte. Allerdings wurde dem Körper auch in aufgeklärten Gesellschaften nicht wertfrei begegnet; es kam eher zu einer scheinbar rationalen, wissenschaftlichen Deutung, die zu einer subtileren Einschreibung von Wert und Unwert führte. Das Monströse wurde also gleichsam in Wissenschaftssysteme überführt und als Wissensobjekt konstruiert (Moscoso 1995). Die Erforschung von Anomalien bei Mensch und Tier wurde als Teratologie bezeichnet, also als „Lehre von Monstern“. Diese Disziplin, die im 19. Jahrhundert ihren Höhepunkt erreichte, scheiterte an dem Vorhaben der objektiven Verwissenschaftlichung, indem ihr Name bereits eine Bewertung ihrer Studienobjekte vornahm. Die Durchlässigkeit der Grenze zwischen Mensch und Tier in der Teratologie befeuerte eine Hierarchisierung von Körpern, die in ihrer Essenz rassistisch und sexistisch war, in der Natur aber ihre scheinbar objektive Begründung fand (Dederich 2007, 93–94).

Die Schaumedizin auf der einen und die Zurschaustellung ‚andersartiger‘ Körper in *freak shows* auf der anderen Seite wurden prominente Orte der Verhandlung der Mensch-Tier-Grenze und des Normkörpers (→ ANIMAL STUDIES). Wie Dederich schreibt, erfüllte die Präsentation dieser Körper mehrere Funktionen (2007, 101): „Ihr ästhetisches Arrangement, das sie als spektakuläre Objekte eines überlegenen Wissens rekontextualisierte, führte zur Bestätigung und Verfestigung einer spezifischen Normalität in der Kultur der Betrachter." So verwundert es auch nicht, dass die Abgrenzung der Wissenschaft vom Schaugewerbe sehr dürftig war, und Wissenschaftler*innen durchaus *freak shows* und ‚Völkerschauen' frequentierten. Man kann also von einer wechselseitigen Legitimation der Begutachtung ‚andersartiger' Menschen sprechen, die in den Disability Studies aufgearbeitet wird (Lange 2006, 63).

Schaumedizin und *freak shows* verloren mit dem Ersten Weltkrieg an Bedeutung, während Rehabilitation und Intervention an Bedeutung gewannen. Die Rekonstruktion verwundeter Körper durch Prothesen führte zu Veränderungen in der Wahrnehmung und Darstellung von Behinderung. Zwar blieb man an der defizitären Sichtweise verhaftet, aber Behinderung rückte stärker in die Mitte der Gesellschaft und wurde nicht mehr sensationalistisch in Szene gesetzt. Der Körper wurde reparierbar, wiederherstellbar und konnte durch Intervention seiner Monstrosität enthoben werden. Dies erforderte aber die Verfestigung eines Normkörpers, der als Vorlage für eine präzise Rekonstruktion dienen konnte (vgl. Berz und Price 2003; Serlin 2004). Die Verschiebung vom monströsen zum mechanischen Menschen ist eine signifikante, da der rehabilitative und interventionsorientierte Zugang zu Behinderung bis in die Gegenwart wirkt.

2.2 Die Repräsentation von Behinderung in der Populärkultur

Auch in der Populärkultur kann man Strategien der (De-)Konstruktion von Behinderung identifizieren, die nachhaltig in gesellschaftliche Ansichten und Einstellungen wirken. Mit Bezug auf literarische und filmische Beispiele argumentieren David Mitchell und Sharon Snyder in *Narrative Prosthesis: Disability and the Dependencies of Discourse* (2000), dass Behinderung in kulturellen Texten auf verschiedene Weisen in Erscheinung trete, die Präsenz von Behinderung über Jahrhunderte aber eine Konstante darstelle. Die Repräsentation von Behinderung in diesen Texten erzählt somit Einiges über die Wahrnehmung von Behinderung im Spiegel der Zeit, produziert aber gleichzeitig Bilder, die diese Wahrnehmungen befeuern und verfestigen. Mitchell und Snyder sprechen von Behinderung als erzählerischer Prothese, als Krücke, auf die Erzählungen sich für ihre affektive Wirkmacht und ihr disruptives Potenzial stützen. Behinderung wird also als Stilmittel eingesetzt, um Figuren einen außergewöhnlichen Charakter zu verleihen bzw. um Gefühle und moralische Botschaften zu vermitteln. Gleichzeitig werden diese Figuren als ‚anders' markiert, und emotionale Reaktionen wie Mitleid, Abscheu, Ekel oder Beklemmung werden an die körperliche bzw. kognitive ‚Andersartigkeit' gekoppelt.

In der Populärkultur – seien es Filme, Serien, oder Musikvideos – lassen sich die von Mitchell und Snyder beschriebenen Tendenzen ebenfalls finden. In ihrem Buch *Disability and Popular Culture* (2015) bietet Katie Ellis einen umfassenden Überblick über die Darstellung von Behinderung in populärkulturellen Texten. Eindimensionale, reduktive Repräsentationen von Behinderung gibt es in der Populärkultur zuhauf. Zwerge und anderen magische Kreaturen vermitteln ein kindlich-unschuldiges Bild von Behinderung und dienen gleichzeitig der Belustigung (z. B. die sieben Zwerge in *Schneewittchen*). Bösewichte sind oft körperlich entstellt, wobei Behinderung als Metapher für moralische Verrohung eingesetzt wird, wie auch als Mittel, um Angst und Abscheu bei den Zuschauenden zu erzeugen (z. B. Darth Vader in *Star Wars*). Menschen mit Behinderungen werden auch oft als hilflose Opfer und ‚Gefangene' in ihrem Körper dargestellt, denen Mitleid entgegengebracht wird (z. B. die vom Hals abwärts gelähmte Maggie in *Million Dollar Baby*). Diese Darstellungen erzeugen den Eindruck, dass Behinderung zwangsläufig Leiden und Schmerz verursache, ein autonomes Leben unmöglich mache und die Lebensqualität dramatisch einschränke. Sehr häufig zu finden sind außerdem Bilder von Behinderung als Inspiration: als „inspiration porn" bezeichnet die Komödiantin Stella Young die Objektifizierung von Menschen mit Behinderung, die alltägliche Tätigkeiten ausführen und dafür als inspirierend bezeichnet werden. „Inspiration porn" dient dabei eher der Selbstbestätigung nicht behinderter Menschen („Zum Glück bin ich nicht behindert!"), als dass Behinderung als normaler Teil der Lebenserfahrung dargestellt würde. Behinderung ist in diesem Kontext primär ein Vehikel, das die positive Veränderung eines nicht-behinderten Protagonisten herbeiführt (z. B. der autistische Raymond in *Rain Man*). Problematisch ist außerdem die Idee, dass Teilhabe am ‚normalen' Leben möglich ist, wenn die individuelle Behinderung durch außerordentliche Anstrengung und einen starken Willen bewältigt wird. Behinderung wird dadurch zu einem individuellen ‚Problem' reduziert, das gelöst werden kann, wenn die betroffene Person es nur genug will (z. B. Stephen Hawking in *The Theory of Everything*).

Darüber hinaus setzen Popstars wie Lady Gaga oder The Weeknd Behinderung in ihren Musikvideos als Stilmittel ein. Wie Ellis schreibt, gehen die Meinungen der Kritiker*innen auseinander: während die einen das Heischen nach Aufmerksamkeit dahinter sehen, finden andere die Repräsentation von Behinderung/en durchaus subversiv, weil sie Teil eines postmodernen Theaters sei, in dem alles konstruiert und nichts mehr ‚natürlich' ist (2015, 112). Spannend ist auch die Frage, ob es moralisch vertretbar sei, dass sich nicht-behinderte Menschen Behinderung als Stilmittel aneignen und Behinderung als Teil einer Inszenierung konsumierbar machen (Smit 2014, 37). Gewinnt oder verliert Behinderung durch diese Aneignung an politischer Wirkmacht und wird eine kritische Auseinandersetzung mit dominanten Bildern von Behinderung gefördert? Ellis ermutigt jedenfalls die Disability Studies, sich mit dem Einfluss von Populärkultur auf die Identitätsbildung als Mensch mit Behinderung auseinanderzusetzen, da Populärkultur ohne jeden Zweifel dazu beitrage, Menschen behindert zu machen (2015, 161).

2.3 Inklusives Design

Zugangsgerechtigkeit ist ein zentrales Thema in den DISABILITY STUDIES, das sich nicht nur auf physische Barrieren beschränkt, sondern ebenso Zugang zu Information, Bildung und Leistungen in allen Lebensbereichen umfasst. Spätestens ab Juni 2025, wenn der *European Accessibility Act* angewendet werden muss, werden inklusive Konzepte und Grundsätze Standard in der Privatwirtschaft und im öffentlichen Bereich werden. Die DISABILITY STUDIES nähern sich inklusivem Design – oft auch *Universal Design* genannt – aus einer Menschenrechtsperspektive an, sind dabei aber grundsätzlich praxisorientiert. Die Beschäftigung mit inklusivem Design ist dabei zum einen eng verwoben mit der Frage, wie (un-)sichtbar Behinderung im öffentlichen Raum sei, zum anderen mit der Frage, wie normatives Design zur Konstruktion von Behinderung beitrage (Barnes 2011). Rosemarie Garland Thomson bezeichnet die bewusste wie unbewusste Unsichtbarmachung von Behinderung als „eugenic world-building" (2017, 135), d. h. als Versuch, die Teilhabe von Menschen mit Behinderungen am öffentlichen Leben zu erschweren und eine Welt zu schaffen, die nicht durch Behinderung und Krankheit ‚verunstaltet' wird. Fehlende Rampen und Fahrstühle, mangelnde Bodenindikatoren und akustische Warnsignale, Kopfsteinpflaster und Randsteine, schlechte Beleuchtung, unübersichtliche Kreuzungen und schwer erreichbare Bedienelemente sind nur einige von vielen Faktoren, die eine autonome Bewegung im öffentlichen Raum erschweren – nicht nur für Menschen mit Behinderungen, sondern für alle Menschen, deren Bedürfnisse temporär oder situativ nicht durch normatives Design erfüllt werden.

Inklusives Design passt sich also an die Nutzer*innen an, anstatt von ihnen zu erwarten, sich an die Umwelt bzw. das Produkt anzupassen. Für die DISABILITY STUDIES ist dies ein spannender Punkt, da sich inklusives Design gegen die Idee eines Normkörpers stellt und sich an Prinzipien wie Flexibilität, Intuition und Fehlertoleranz orientiert. Inklusives Design denkt in Nutzungssituationen, berücksichtigt also den Kontext, und nicht in Nutzungstypen. Das aktive Suchen nach exkludierenden Situationen führt zu einer Verschiebung der Perspektive, da die Welt nicht durch die Brille eines abstrakten, ‚normalen' Körpers und Verstands betrachtet, sondern als Ort begriffen wird, den Menschen je nach ihrer spezifischen Situation sehr unterschiedlich wahrnehmen können.

Die Gestaltung der materiellen Welt ist untrennbar verbunden mit den Einstellungen einer Gesellschaft und diskriminierenden Strukturen. Wie wir Wissen einordnen, mit materiellen Dingen interagieren und über die Nutzerinnen der von Menschen geschaffenen Umwelt sprechen, ist für Fragen der sozialen Gerechtigkeit und Zugehörigkeit zentral (Hamraie 2017). Inklusives Design verbindet also ästhetisch-gestalterische mit gesellschaftspolitischen und rechtlichen Fragestellungen, die u. a. auch den Zugang zu Information und Bildung betreffen. So umfasst bspw. das Übereinkommen über die Rechte von Menschen mit Behinderungen der Vereinten Nationen (UN-Behindertenrechtskonvention, BRK) neben der Teilhabe am öffentlichen und politischen Leben auch den Zugang zu einem integrativen Bildungssystem, das die Unterstützung von Kindern mit Behinderung auch in regulären Schulen ermöglicht. Die Konvention hält fest, dass Behinderung aus der Wechselwirkung zwischen Menschen und einstellungs- bzw. umweltbedingten Barrieren entsteht, also kontextabhängig ist, und gießt das von den DISABILITY STUDIES kommende Verständnis von Behinderung/en in einen völkerrechtlichen Vertrag. In der Auseinandersetzung mit inklusivem Design versuchen die DISABILITY STUDIES so ihrem eigenen Anspruch, eine nachhaltige Kontextveränderung herbeizuführen, gerecht zu werden.

2.4 Medical Humanities und Bioethik

Normativ-ethische Fragestellungen und das *medical model* beschäftigen die DISABILITY STUDIES verstärkt, seit die Kritik an dem *social model* gewachsen ist. Die Medical Humanities als interdisziplinäres Forschungsfeld, das die wechselseitige Beziehung zwischen Gesellschaft, Medizin, Gesundheit und Kultur betrachtet, bieten Anknüpfungspunkte für die Verhandlung eines Modells von Behinderung, das kulturelle und biomedizinische Aspekte in Einklang bringt: Die Medical Humanities binden geistes- und sozialwissenschaftliche Inhalte und Perspektiven in die Reflexion über Medizin als Wissenschaft ein.

Vertreter*innen der Medical Humanities können durch die Berücksichtigung einer DISABILITY STUDIES-Perspektive Ärzt*innen dabei unterstützen, die medizinische Versorgung von Menschen mit Behinderungen und chronisch Kranken zu verbessern. Durch diesen Blickwinkel werden die sozio-ökonomischen Rahmenbedingungen, die individuelle Erfahrungen von Behinderung und Krankheit prägen, miteinbezogen und ein Ausgleich zu medizinischem Wissen in der Institution der Klinik geschaffen (Garden 2010, 74). Die DISABILITY STUDIES wiederum haben erkannt, dass das *social model* dazu tendiert, spezifische Bedürfnisse nach Pflege und Versorgung auszublenden und der Artikulation von Schmerz- und Leidenserfahrungen nicht genügend Raum zu geben.

In diesem Spannungsfeld steht die ethische Frage, was ein gutes, lebenswertes Leben ausmacht: Die Menschen sind inzwischen in der Lage, in Prozesse des

Lebens entscheidend einzugreifen – man denke an pränatale Diagnostik oder Stammzellenforschung – und durch Prothesen oder Implantate ‚Ersatzteile' einzusetzen, wodurch sich die Grenzen zwischen Natur und Kultur verschieben und sich die Vorstellung von Gesundheit und einem guten Leben verändert. Diese Technisierung des Menschen stellt nicht zuletzt unser Selbstverständnis als Menschen in Frage (Manzei 2005, 57). Die Bioethik, als Teildisziplin der Ethik, die diese Entwicklungen reflektieren und normative Richtlinien ableiten soll, ist daher in den DISABILITY STUDIES sehr präsent und wird in Zukunft vermutlich eine immer wichtigere Rolle spielen.

Der wichtigste Kritikpunkt der DISABILITY STUDIES an medizinisch-rehabilitativen Ansätzen ist, dass dieser Zugang oft mit der Behauptung einhergehe, dass Behinderung die Lebensqualität und auch den Lebenswert reduziere. Wenn Behinderung als Belastung gesehen wird, liegt es nahe zu versuchen, Behinderung so gut es geht zu heilen bzw. zu verhindern. Hinter diesem Gedanken liegt eine eugenische Ideologie, die in der nationalsozialistischen Bevölkerungspolitik zu Euthanasie, Zwangssterilisation und Zwangsinstitutionalisierung geführt hat. Heutige Technologien (z. B. in der pränatalen Diagnostik) unterscheiden sich von diesem Gedankengut, jedoch bleibt die Frage, welches Leben ‚lebenswert' sei und wer auf dieser Welt leben sollte, eine spannende – aus bioethischer Sicht wie aus Perspektive der DISABILITY STUDIES. Die Annahme, dass gewisse körperliche Funktionen einen intrinsischen Wert besitzen, der durch Behinderung gemindert werde, kann als Grundlage für eine Differenzierung zwischen Personen, Nicht-Personen, Noch-Nicht-Personen und Nicht-Mehr Personen verwendet werden, auf der eine Hierarchisierung der ethischen und rechtlichen Schutzwürdigkeit vorgenommen wird (Dederich 2007, 178).

Practical Ethics (1994) des australischen Ethikers Peter Singer ist mitunter das bekannteste Werk, in dem auf der Basis von körperlichen Merkmalen und Funktionen Bewertungen vorgenommen werden. Singers Thesen wurden v. a. im deutschsprachigen Raum sehr kontrovers diskutiert, da die Idee der Bewertbarkeit des Lebens an die Bevölkerungspolitik des Nationalsozialismus erinnerte. Debatten über die Sterbehilfe kreisen zumeist um den Punkt, welche Funktionen ausfallen müssen, damit – plakativ gesprochen – der Körper objektiv seinen Wert verloren hat und die Beendigung des Lebens legitim ist. Die Covid-19-Pandemie hat ebenfalls eine breite Diskussion darüber ausgelöst, welche Leben ‚schutzbedürftig' und ‚schützenswert' seien. Im Dezember 2021 hat das Bundesverfassungsgericht den Deutschen Bundesrat dazu aufgefordert, unverzüglich Vorkehrungen zum Schutz von Menschen mit Behinderungen im Fall einer Triage zu treffen. Grund für diese Entscheidung war eine Verfassungsbeschwerde, die neun Menschen mit Behinderungen oder Vorerkrankungen eingereicht hatten. Sie befürchteten, in Triage-Situationen nicht mehr ausreichend behandelt zu werden, wenn keine klaren Vorgaben existieren und ihre Behinderungen bzw. Vorerkrankungen negativ bewertet werden würden.

Wie lässt sich dieses Spannungsfeld auflösen? Alison Kafer versucht in *Crip, Feminist, Queer* (2013) ein Modell von Behinderung zu entwickeln, das den konstruktivistischen Ansatz mit den spezifischen Erfahrungen, die Behinderung generiert, verbindet. Sie nennt dieses Modell *political/relational*, versteht Behinderung also zum einen als politische Identität und zum anderen als eine Zuschreibung, die in Beziehungen zu anderen Menschen und situationsbedingt produziert wird. Der Körper an sich (aber auch Eingriffe in Prozesse des Lebens) ist weder ahistorisch noch apolitisch und nie losgelöst von der Gesellschaft, in der er sich bewegt, und anderen Körpern oder Umgebungen, mit denen er in Kontakt tritt (Kafer 2013, 120). Das *political/relational model* verortet Behinderung also weder im Individuum, wie das *medical model*, noch in der Gesellschaft, wie das *social model*, sondern in der Interaktion des Individuums mit seiner Umwelt und begreift Behinderung somit als Konzept, das stets aufs Neue verhandelt werden muss.

3 Kulturwissenschaftliche Forschung im deutschsprachigen Raum

Auch in Deutschland haben sich die Disability Studies aus einer Behindertenbewegung entwickelt, die in den 1960er Jahren langsam wuchs, sich aber in den 1970er Jahren erst richtig konsolidierte. Wie Anne Waldschmidt betont, griff die Behindertenbewegung ohne Kenntnis der internationalen Aktivitäten zentrale Fragestellungen der Disability Studies auf (2005, 11). Wissenschaftskritik und die Abgrenzung zur Sonderpädagogik war ein wichtiges Anliegen: auf heil- und sonderpädagogischen Fachtagungen traten Vertreter*innen der Behindertenbewegung auf, um die nicht-behinderte Fachwelt mit provozierenden Thesen und Aktionen zu verunsichern. Auch die Erforschung von eugenischer Ideologie, der ‚Rassenhygiene' und der systematischen Ermordung von Menschen mit Behinderungen im ‚Dritten Reich' (Aktion T4) wurde in den 1980er Jahren von der Behindertenbewegung begonnen. Wissenschaftliche Debatten entstanden ebenso zum Themenkomplex der Gentechnologie, Bioethik und Pränataldiagnostik (Degener und Köbsell 1992; Köbsell 2003). Diese Arbeiten wurden zunächst noch ohne institutionelle Verankerung und Anerkennung der Wissenschaftsgemeinschaft geleistet.

Seit der Jahrtausendwende kann man die Herausbildung der Disability Studies als Forschungsrichtung im deutschsprachigen Raum beobachten. Als Katalysator für diese Entwicklung sind die Fachtagungen „Der (im)perfekte Mensch" (2001) und „PhantomSchmerz" (2002) zu nennen. Im April 2002 gründete sich die

Arbeitsgemeinschaft Disability Studies in Deutschland (AGDS), und im Juli 2003 fand schließlich in Bremen die Sommeruniversität „Disability Studies in Deutschland – Behinderung neu denken!" statt. Der Prozess der Institutionalisierung der Disability Studies ist also ein „Flickenteppich" von Arbeiten, „die als deutschsprachige Disability Studies rekonstruiert werden können" (Waldschmidt 2005, 12). Nach wie vor fehlt es in den deutschsprachigen Disability Studies jedoch an einer klaren Programmatik und innovativen theoretischen Impulsen. In ihrer Arbeit profitieren die Disability Studies daher (noch) von der Theoriebildung in englischsprachigen Ländern, die der eigenen Theorieproduktion weit voraus ist.

Ein wesentlicher Schlüssel zur Konsolidierung der Disziplin sind Forschungszentren, Lehrstühle und die damit verbundenen Ressourcen. Im Jahr 2001 wurde in Berlin das Institut *Mensch Ethik Wissenschaft* als gemeinnützige GmbH gegründet, um die wissenschaftliche Arbeit von Behinderten- und Sozialverbänden zu unterstützen. Seit 2004 gibt es an der Universität Köln auf Betreiben von Anne Waldschmidt die *iDis – Internationale Forschungsstelle Disability Studies.* 2014 kam das aktuell von Siegfried Saerberg geleitete ZeDiSplus (*Zentrum für Disability Studies und Teilhabeforschung*) in Hamburg dazu, 2015 schließlich das Bochumer Zentrum für Disability Studies (BODYS) rund um Theresia Degener. An der Universität Kiel befindet sich ein Forschungsschwerpunkt im Bereich der Geschichtswissenschaften zu Disability in sozialistischen Gesellschaften. Anne Waldschmidt, Theresia Degener und Swantje Köbsell (Alice Salomon Hochschule Berlin) zählen zu den renommiertesten deutschen Disability Studies-Forscherinnen.

In Österreich sind die Disability Studies an der Universität Innsbruck sehr präsent, einerseits mit dem Forschungsbereich Disability Studies und Inklusive Pädagogik am Institut für Erziehungswissenschaften, andererseits mit der barrierefreien digitalen Bibliothek zu Behinderung und Inklusion (Bidok), die 1997 von Volker Schönwiese begründet wurde, einem der wichtigsten Vertreter der Disability-Forschung und Behindertenbewegung im deutschsprachigen Raum. Mit dem Studiengang Disability und Diversity Studies an der FH Kärnten und dem Arbeitsbereich Sozialpädagogik und Inklusionsforschung an der Universität Klagenfurt haben sich weitere Standorte in der Behindertenforschung etabliert. Seit 2009 gibt es mit der Arbeitsgruppe und Kooperationsplattform DiStA (*Disability Studies Austria*) ein interdisziplinäres Netzwerk für Wissenschaftler*innen, Künstler*innen und Aktivist*innen, das regelmäßig Fachtagungen organsiert. In der Schweiz wurde an der Universität Zürich mit dem Netzwerk Disability Studies erst 2021 ein Prozess der Institutionalisierung begonnen. Das 2009 an der Universität St. Gallen gegründete *Center for Disability and Integration* hat seinen Schwerpunkt nicht in den kulturwissenschaftlichen Disability Studies, sondern fokussiert auf Inklusion am Arbeitsmarkt.

Am 21. Oktober 2018 wurde auf der Disability Studies-Konferenz „Disko18 – Disability Studies im deutschsprachigen Raum. Zwischen Emanzipation und Vereinnahmung“ ein Netzwerk für die deutschsprachigen DISABILITY STUDIES gegründet, um die internationale Zusammenarbeit – und damit die Disziplin insgesamt – zu stärken. Der daraus hervorgegangene Sammelband *Disability Studies im deutschsprachigen Raum: Zwischen Emanzipation und Vereinnahmung* (Brehme et al. 2020) ist ein wichtiger Beitrag zur Selbstreflexion der deutschsprachigen DISABILITY STUDIES. Mit der *Zeitschrift für Disability Studies* (ZDS) gibt es seit 2021 ein *open access*-Pendant zum *Disability Studies Quarterly*, und mit der Buchreihe *Disability Studies: Körper, Macht, Differenz* (Transcript Verlag, hrsg. von Anne Waldschmidt) einen wichtigen Vorstoß, um der Forschung in den deutschsprachigen DISABILITY STUDIES mehr Sichtbarkeit zu verschaffen und die Profilierung der Disziplin voranzutreiben. Mit dem *Handbuch Disability Studies* (Waldschmidt 2022) gibt es nun endlich auch ein umfassendes Nachschlagewerk für den deutschsprachigen Raum.

4 Potenzial, Kritik und Ausblick

Wie jede andere Disziplin entwickeln sich die DISABILITY STUDIES in ihrem Profil und in ihren Fragestellungen stetig weiter. Sowohl im englischsprachigen als auch im deutschsprachigen Raum werden die DISABILITY STUDIES auch in Zukunft ihr Verhältnis zur Disability Rights-Bewegung immer wieder hinterfragen und neu definieren müssen, um das disziplinäre Selbstverständnis klar zu artikulieren. „Handelt es sich bei den DISABILITY STUDIES um eine ‚politische Wissenschaft‘ und den ‚wissenschaftlichen Arm‘ der Bewegung?“, wie Anne Waldschmidt fragt, „oder sollten sie sich des Engagements und des Aktivismus enthalten?“ (2020, 179) Mit ihrer dem Wissenschaftssystem eigentlich fremden Zielsetzung der Teilhabe öffnen die DISABILITY STUDIES Raum für einen regen Austausch zwischen Theorie und Praxis, der das Potenzial hat, über die Wissenschaft hinaus zu wirken.

Auch die Frage, wer zu DISABILITY STUDIES arbeiten darf und wessen Stimmen Gehör finden, wird weiter diskutiert werden. Es ist davon auszugehen, dass sich die Fragestellungen und Perspektiven von behinderten Wissenschaftler*innen von denen nicht-behinderter Wissenschaftler*innen unterscheiden, da die Erfahrungen des In-Der-Welt-Seins Forschungsfragen und Methoden mitbeeinflussen. Das bedeutet aber nicht, dass nicht-behinderte Wissenschaftler*innen nicht zu Behinderung arbeiten könn(t)en. Die Debatte um Selbst- oder Stellvertretung ist, wie Waldschmidt schreibt, am Ende immer eine machttheoretische Frage, welche Stimmen als legitim gewürdigt werden (2020, 180). Das betrifft auch die behinderten Stimmen innerhalb der Disziplin: die DISABILITY STUDIES müssen sich die Kritik gefallen lassen, sehr stark von weißen, sozio-ökonomisch privilegierten Vertreter*innen aus dem Globalen Norden dominiert zu werden. Eine Disziplin, die sich der gerechten Teilhabe verschrieben hat, müsste den Anliegen von im Diskurs bislang unterrepräsentierten Gruppen mehr Raum geben und dies als Chance für eine Ausdifferenzierung des Forschungsprogramms sehen.

Gerade im deutschsprachigen Raum wäre darüber hinaus eine stärkere Anbindung an verwandte Disziplinen und die Vernetzung mit internationalen Wissenschaftler*innen für die Profilierung der Disability Studies enorm wichtig. Sowohl die institutionelle Verankerung als auch die Formulierung eines eigenen Forschungsprogramms sind in den deutschsprachigen Disability Studies im Vergleich zum anglosächsischen Raum noch dürftig. Dabei wäre besonders in Deutschland und Österreich mit der Aufarbeitung der Aktion T4 im ‚Dritten Reich', deren ideologische Wurzeln und ihren Nachwirkungen in die heutige Zeit (Sterbehilfe, Triage, pränatale Diagnostik und Abtreibung) sehr viel Potenzial für interdisziplinäre und international relevante Forschung gegeben.

International ist davon auszugehen, dass die globale Covid-19-Pandemie zu einem wichtigen Forschungsgegenstand werden wird: Für die Disability Studies scheinen in diesem Kontext ethische Fragestellungen (Triage, schützenswertes Leben) interessant, aber auch Fragen der sozialen Gerechtigkeit (Zugang zu medizinischer Versorgung, globale Verteilung von Impfstoff und Medikamenten) und der nachhaltigen Veränderung von Gesellschaften (Long Covid, psychische Gesundheit). Auch Fragen der Zugangsgerechtigkeit, des inklusiven Designs und barrierefreier Technologien könnten im Zuge der Aufarbeitung der Pandemie vorangetrieben werden.

Doch auch die phänomenologische Strömung in den Disability Studies wird sich, angetrieben von internen Debatten, weiterentwickeln müssen: Aus dem *political/relational model* und Fragestellungen zum Erkenntnisgewinn aus einer *crip*-Perspektive hat sich in den letzten zehn Jahren das Konzept der *Cripistemology*, also einer *crip*-Epistemologie, herausgebildet (Johnson und McRuer 2014). Wie bei vielen anderen Konzepten der Disability Studies liegt der Fokus hier v. a. auf dem Erkenntnisgewinn, der aus körperlichen Behinderungen generiert wird. Die Disability Studies werden sich damit auseinandersetzen müssen, wie den spezifischen Erfahrungen und den sich daraus ergebenden Erkenntnissen von Menschen mit kognitiven Behinderungen Rechnung getragen werden kann. Für das Erreichen der eigenen Ziele wäre das ein wichtiger Schritt.

5 Literaturverzeichnis

Barnes, Colin. „Disability and the Importance of Design for All“. *Journal of Accessibility and Design for All* 1.1 (2011): 54–79.
Berz, Peter und Matthew Price. „Ersatzglieder“. *Der (Im)Perfekte Mensch: Metamorphosen von Normalität und Abweichung*. Hrsg. von Petra Lutz und Thomas Macho. Köln 2003: 143–161.
Brehme, David et al. (Hrsg.). *Disability Studies im deutschsprachigen Raum: Zwischen Emanzipation und Vereinnahmung*. Weinheim 2020.
Brueggemann, Brenda et al. (Hrsg.). *Disability Studies: Enabling the Humanities*. New York 2002.
Dederich, Markus. *Körper, Kultur und Behinderung: Eine Einführung in die Disability Studies*. Bielefeld 2007.
Degener, Theresia und Swantje Köbsell. *„Hauptsache, es ist gesund?“ Weibliche Selbstbestimmung unter humangenetischer Kontrolle*. Hamburg 1992.
Edelman, Lee. *No Future: Queer Theory and the Death Drive*. Durham, NC 2004.
Ellis, Katie. *Disability and Popular Culture: Focusing Passion, Creating Community and Expressing Defiance*. London 2015.
Fries, Kenny (Hrsg.). *Staring Back: The Disability Experience from the Inside Out*. New York 1997.
Garden, Rebecca. „Disability and Narrative: New Directions for Medicine and the Medical Humanities“. *Medical Humanities* 36 (2010): 70–74.
Garland Thomson, Rosemarie. *Extraordinary Bodies Figuring Physical Disability in American Culture and Literature*. New York 1996.
Garland Thomson, Rosemarie. „Andere Geschichten“. *Der (Im)Perfekte Mensch: Metamorphosen von Normalität und Abweichung*. Hrsg. von Petra Lutz und Thomas Macho. Köln 2003: 418–425.
Garland Thomson, Rosemarie. „Feminist Disability Studies“. *Signs* 30.2 (2005): 1557–1587.
Garland Thomson, Rosemarie. „The story of my work: How I became disabled“. *DSQ:Disability Studies Quarterly* 34.2 (2014): o.P.
Garland Thomson, Rosemarie. „Eugenic World Building and Disability: The Strange World of Kazuo Ishiguro's ‚Never Let Me Go‘“. *Journal of Medical Humanities* 38 (2017): 133–145.
Goodley, Dan. *Dis/ability Studies: Theorizing Disablism and Ableism*. London 2014.
Goodley, Dan et al. (Hrsg.). *Disability and Social Theory. New Developments and Directions*. London 2014.
Hall, Kim Q. (Hrsg.). *Feminist Disability Studies. Bloomington*, IN 2011.
Hamraie, Aimi. *Building Access. Universal Design and the Politics of Disability*. Minneapolis, MN 2017.
Johnson Merri Lisa und Robert McRuer. „Cripistemologies. Introduction“. *Journal of Literary & Cultural Disability Studies* 8.2 (2014): 127–147.
Kafer, Alison. *Feminist, Queer, Crip*. Bloomington, IN 2013.
Köbsell, Swantje. „Die aktuelle Biomedizin aus Sicht der Disability Studies“. *Kulturelle Aspekte der Biomedizin. Bioethik, Religionen und Alltagsperspektiven*. Hrsg. von Silke Schicktanz, Christof Tannert und Peter Wiedemann. Frankfurt a.M. 2003: 160–186.
Köbsell, Swantje. „Gendering Disability. Behinderung, Geschlecht und Körper“. *Gendering Disability. Intersektionale Aspekte von Behinderung und Geschlecht*. Hrsg. von Jutta Jacob, Swantje Köbsell und Eske Wollrad. Bielefeld 2010: 17–33.
Kuppers, Petra. *Studying Disability Arts and Culture*. London 2014.
Lange, Britta. *Echt. Unecht. Lebensecht. Bilder im Umlauf*. Berlin 2006.
Linton, Simi. *Claiming Disability. Knowledge and Identity*. New York 1998.
Manzei, Alexandra. „Umkämpfte Deutungen. Gesellschaftstheorie und die Kritik szientifischer Bestimmungen menschlicher Existenz in der biotechnologischen Medizin“. *Zwischen*

Anthropologie und Gesellschaftstheorie. Zur Renaissance Helmuth Plessners im Kontext der Modernen Lebenswissenschaften. Hrsg. von Alexandra Manzei, Mathias Gutmann und Gerhard Gamm. Bielefeld 2005: 55–82.

McRuer, Robert. *Crip Theory*. New York 2006.

McRuer, Robert und Abby L. Wilkerson (Hrsg.). *Desiring Disability: Queer Theory Meets Disability Studies*. GLQ: *A Journal of Lesbian and Gay Studies*. 9.1/2 (2003).

McRuer, Robert und Anna Mollow (Hrsg.). *Sex and Disability*. Durham, NC 2012.

Mitchell, David T. und Sharon L. Snyder. „Introduction. Disability and the Double Bind of Representation". *The Body and Physical Difference. Discourses of Disability*. Hrsg. von David T. Mitchell und Sharon L. Snyder. Ann Arbor, MI 1997: 1–32.

Mitchell, David T. und Sharon L. Snyder. *Narrative Prosthesis. Disability and the Dependencies of Discourse*. Ann Arbor, MI 2000.

Moscoso, Javier. „Vollkommene Monstren und Unheilvolle Gestalten". *Der falsche Körper. Beiträge zu einer Geschichte der Monstrositäten*. Hrsg. von Michael Hagner. Göttingen 1995: 56–72.

Murray, Stuart F. *Disability and the Posthuman: Bodies,Technology, and Cultural Futures*. Liverpool 2020.

Patterson, Lindsey. „The Disability Rights Movement in the United States". The Oxford Handbook of Disability History. Hrsg. von Michael Rembis, Catherine Kudlick und Kim E. Nielsen. Oxford 2018:439–458.

Raab, Heike. „Cripping the Visual. Visual Politics in Crip Queer Activism". *Queer Futures. Reconsidering Ethics, Activism, and the Political*. Hrsg. von Elahe Haschemi Yekani, Eveline Kilian und Beatrice Michaelis. New York 2013: 37–50.

Renggli, Cornelia. „Disability Studies: Ein historischer Überblick". *Disability Studies. Ein Lesebuch*. Hrsg. von Jan Weisser und Cornelia Renggli. Luzern 2004: 14–26.

Sandahl, Carrie und Philipp Auslander. *Bodies in Commotion: Disability and Performance*. Ann Arbor, MI 2009.

Schalk, Sami. *Bodyminds Reimagined. (Dis)ability, Race, and Gender in Black Women's Speculative Fiction*. Durham, NC 2018.

Schönwiese, Volker. „Perspektiven der Disability Studies". *Behindert(e) in Familie, Schule und Gesellschaft* 4 (2005): 16–21.

Serlin, David. *Replaceable You. Engineering the Body in Postwar America*. Chicago, IL 2004.

Shakespeare, Tom. „Betrachtungen zu den britischen Disability Studies". Übers. von Burkhardt Wolf. *Der (Im)Perfekte Mensch: Metamorphosen von Normalität und Abweichung*. Hrsg. von Petra Lutz und Thomas Macho. Köln 2003: 426–434.

Shildrick, Margrit. *Dangerous Discourses of Disability, Subjectivity and Sexuality*. London 2009.

Siebers, Tobin. „Disability in Theory. From Social Constructionism to the New Realism of the Body". *American Literary History* 13.4 (2001): 737–754.

Siebers, Tobin. *Disability Theory*. Ann Arbor, MI 2008.

Smit, Christopher R. „Body Vandalism. Lady Gaga, Disability, and Popular Culture". *Review of Disability Studies: An International Journal* 10.1–2 (2014): 28–39.

Snyder, Sharon L. „Body, Theories of". *Encyclopedia of Disability*. Hrsg. von Gary L. Albrecht. London 2006a: 194–198.

Snyder, Sharon L. „Disability Studies". *Encyclopedia of Disability*. Hrsg. von Gary L. Albrecht. London 2006b: 478–490.

Tervooren, Anja. „Disability Studies, Körper und das komplexe Feld der Identitäten. Ein Interview mit Sharon L. Snyder und David Mitchell". *Die Philosophin: Forum für feministische Theorie und Philosophie* 25 (2002): 115–125.

Waldschmidt, Anne. „Disability Studies. Individuelles, soziales und/oder kulturelles Modell von Behinderung?". *Psychologie und Gesellschaftskritik* 29.1 (2005): 9–31.
Waldschmidt, Anne. *Disability Studies zur Einführung*. Hamburg 2020.
Waldschmidt, Anne (Hrsg.). *Handbuch Disability Studies*. Wiesbaden 2022.
Zola, Irving K. *Missing Pieces. A Chronicle of Living with a Disability*. Philadelphia, PA 1982.
Zürcher, Urs. Monster oder Laune der Natur. Medizin und die Lehre von den Missbildungen, 1780–1914. Frankfurt 2004.

Gabriele Dürbeck und Florian Auerochs

Environmental Studies / Environmental Humanities

Der Begriff ENVIRONMENTAL STUDIES (ES) bezeichnet ein multi-, inter- und transdisziplinäres Forschungsfeld mit einer Vielfalt an beteiligten Disziplinen der Natur-, Sozial-, Geistes- und Kulturwissenschaften, in der die wissenschaftliche Untersuchung von komplexen Mensch-Umwelt-Beziehungen im Mittelpunkt steht. Unter „Umwelt" werden sowohl die physischen als auch die künstlichen Umwelten verstanden, die menschliche Individuen und Kollektive umgeben und die sie hervorgebracht haben. Die ES sehen es als ihre Aufgabe, die Verbindungen zwischen biophysischen Systemen und ökonomischen, sozialen und politischen Institutionen und menschlichen Einstellungen und Praktiken zu untersuchen (Adelson et al. 2008, 2, 5). Sie umfassen eine enorme Pluralität an Konzepten, die von Allmendeproblematik und Bioregionalismus über Umweltkatastrophe, Vulnerabilität und Vorsorgeprinzip bis zu Gaia und Wildnis reichen; neuere Konzepte der ES wie Resilienz, Nachhaltigkeit und Ökosystemdienstleistungen werden auch als „boundary objects" diskutiert (Lundgren 2021). Die ES sind durch unterschiedliche Forschungsansätze wie Erdsystemwissenschaften, Politische Ökologie, Ökofeminismus, Umweltgeschichte, -ethik, -geographie, -psychologie, -politik, -recht oder -soziologie geprägt, die zum Teil eigene Subdisziplinen, Lehrstühle, Fachgesellschaften und Studienprogramme hervorgebracht haben. Im *Companion to Environmental Studies* (Castree et al. 2018), der bislang umfangreichsten Einführung in das breite Forschungsfeld, sind über 100 Konzepte, Ansätze und Schlüsselthemen der ES definiert.

Für ein kulturwissenschaftliches Handbuch relevant sind die teils sogar ähnlich definierten Environmental Humanities (EH), die sich aber deutlicher auf die Geistes- und Kulturwissenschaften sowie die verschiedenen Künste und Medien konzentrieren. Das schnell wachsende Forschungsfeld der EH bezeichnet die interdisziplinäre Vernetzung von bereits bestehenden Forschungsansätzen wie etwa Ecocriticism, Umweltgeschichte, Umweltphilosophie, → SCIENCE AND TECHNOLOGY STUDIES (STS), Umweltethnologie, Kulturgeographie oder Politische Ökologie; sie haben in den letzten Dekaden zur Theorie und Praxis von Ökofeminismus, INDIGENOUS STUDIES und Umweltgerechtigkeit beigetragen. Als weitere Teilbereiche der EH können auch die schnell wachsenden CULTURAL AND CRITICAL → ANIMAL STUDIES (CLAS), CULTURAL AND CRITICAL → PLANT STUDIES, PETROCULTURE STUDIES (s. 2.2) sowie Energy Humanities (Jones 2019), Blue Humanities (Mentz 2019), möglicherweise auch die → FOOD STUDIES und VEGAN STUDIES sowie die Medical-Environmental Humanities gelten (Rangarajan

https://doi.org/10.1515/9783110712919-007

et al. 2022); zum Teil verstehen sich diese bereits als ausdifferenzierte Forschungsfelder. Die EH markieren einen Paradigmenwechsel in den Geistes-, Kultur- und Sozialwissenschaften, indem sie nach Antworten auf die Klimakrise und den radikalen Umweltwandel im Zeitalter des Anthropozän suchen. In der doppelten Einsicht, dass die Klimakrise durch menschliches Handeln hervorgebracht und nicht allein durch wissenschaftliche und technologische Maßnahmen gelöst werden kann, kommt den EH eine wichtige inter- und transdisziplinäre Rolle zu. In Anbindung an und in Kooperation mit den Natur- und den Sozialwissenschaften untersuchen die EH zum einen die sozialen und kulturellen Auswirkungen von anthropogenen Eingriffen in die Umwelt wie Ressourcenerschöpfung, Biodiversitätsverlust und Massenaussterben, Meeresverschmutzung, toxische Landschaften und Plastikmüll, zum anderen die unterschiedlichen Einstellungen, Imaginationen, Werthaltungen, Narrative und Repräsentationen von Mensch-Umwelt-Verhältnissen im historischen Wandel und in ihren jeweiligen räumlichen, sozialen und kulturellen Kontexten. Die EH bringen dabei prinzipielle Anliegen der Humanities wie „meaning, value, responsibility and purpose“ (Rose et al. 2012, 1) in ihrer Behandlung von Umweltfragen und Klimakrise zur Geltung.

1 Forschungsgeschichte

Das disziplinenübergreifende Forschungsfeld der ES ist mit der Entwicklung der Umwelt- sowie der Erdsystemwissenschaften seit den 1960er und 1970er Jahren schnell gewachsen. Zunächst strebten die ES mit ihren Forschungs- und Studienprogrammen nach einer Verbindung der verschiedenen Disziplinen der Naturwissenschaften. Bald erweiterten sie ihr Feld auch auf die Sozialwissenschaften und Humanities, konstituieren sich Gesellschaften und Umwelten doch in zunehmendem Maße gegenseitig. Allerdings waren viele Sozial-, Geistes- und Kulturwissenschaftler*innen mit dem limitierten interdisziplinären Verständnis der ES, deren Studienprogramme oft nur Natur- und Ingenieurwissen sowie Recht und Politik umfassten, unzufrieden (Heise 2017, 2), so dass sie nach neuen Möglichkeiten einer breiteren Zusammenarbeit strebten. Dies war ein wichtiger Anstoß für die Entwicklung der EH, die ökologische Krisen nicht primär wissenschaftlich-technologisch, sondern als Fragen von sozioökonomischer Ungleichheit, kultureller Differenz und unterschiedlichen Traditionen, Werten und ethischen Vorstellungen begreifen (Heise 2017, 2). Sowohl die ES als auch die EH haben sich weiter etabliert. Manche sehen die ES als das breitere Feld an, in das zahlreiche Disziplinen, Inter- und Subdisziplinen mit ihren unterschiedlichen Ansätzen und Methoden einfließen, weshalb ihr Charakter ‚heterodox‘ und ‚plural‘ sei (Castree et al. 2018, 2–3). Andere sehen die EH als umfassender an, denn auch sie streben danach, all die genannten Bereiche zu verbinden, wobei sie aber die Notwendigkeit sehen, Fragen des Umweltwandels und der Klimakrise grundsätzlich als soziale und kulturelle Herausforderungen zu verstehen. Insofern ist weniger der Geltungsbereich, sondern die Frage der Gewichtung entscheidend, liegt der Fokus der EH doch auf der Analyse der sozialen Auswirkungen von gravierenden Umweltveränderungen sowie der Untersuchung von kulturellen Praktiken, Narrativen, Künsten und Medien mit Blick auf die Wechselbeziehung des Menschen mit seiner Umwelt und nicht-menschlichen Wesen.

Im Unterschied zu den ES lässt sich die Forschungsgeschichte der EH deutlicher eingrenzen: Die EH haben sich seit etwa 2007 explizit unter diesem Label als neue interdisziplinäre Matrix (Heise 2017, 1) zu formieren begonnen. Freilich gibt es viele Vorläufer, die manche schon bei Aldo Leopolds für die spätere Umweltbewegung wichtigen Konzept der ‚Landethik' (1949) finden (Sörlin 2012), doch in jedem Fall seit den 1960er Jahren, als sich im Zuge von Rachel Carsons aufrüttelndem Buch *Silent Spring* (1962), dem Bericht des Club of Rome *Limits to Growth* (1972), der Ölkrise 1973, großen Umweltkatastrophen (Seveso 1976, Bhopal 1984, Tschernobyl 1986 u. a.), der Rio-Konferenz für Umwelt und Entwicklung 1992 und dem Kyoto-Protokoll 1997 in vielen Ländern ein *environmental turn* mit einem verstärkten Umweltbewusstsein und dem Anspruch auf ‚ökologische Modernisierung' (Hajer 1997), Umweltschutz und nachhaltige Zukunftsplanung vollzog. Diese Entwicklung schlug sich auch in der akademischen Welt nieder: Es etablierten sich neue Subdisziplinen und internationale Fachgesellschaften in den 1970er Jahren zu Umweltethik und Umweltphilosophie, in den 1980er zu Umweltgeschichte und Umweltgeographie und in den 1990er Jahren zu Ökologie und Ecocriticism (Adamson und Davis 2017; Castree 2021, 5), die alle in die EH einfließen.

In Australien sind in den 1990er Jahren die interdisziplinären Ecological Humanities als Antwort auf die globale Umweltkrise entstanden. Das Manifest von Libby Robin und Deborah Bird Rose (2004) betont eine Ontologie der Konnektivität und die Dezentrierung cartesianischer Rationalität, fordert die Einbindung von situiertem Wissen und Praktiken Indigener Kulturen und inklusivere Konzepte von Gerechtigkeit, um eine ökologische Ethik zu entwickeln; es hat bis heute nichts von seiner Aktualität eingebüßt. Der „MacArthur Workshop on Humanistic Studies of the Environment" (1991–1995) am Massachusetts Institute of Technology (MIT) zielte darauf, ökologische Probleme im Verhalten von menschlichen Einstellungen, Praktiken und Institutionen in ihren lokalen Kontexten anzugehen. Die 1994 gegründete, finanziell gut ausgestattete Swedish Foundation for Strategic Environmental Research (MISTRA), deren Ziel es ist, durch die Entwicklung strategischer Umweltforschung zur Lösung gravierender Umweltprobleme beizutragen und gleichzeitig die schwedische Wettbewerbsfähigkeit und nachhaltige Entwicklung zu fördern, zeigt in einem Hintergrundpapier die besondere Rolle der EH in Schweden und ihre Kooperation mit vielen anderen EH-Forschungsgruppen in den USA und Canada, verschiedenen Ländern Europas, in Japan und Lateinamerika auf (Nye et al. 2013).

Die EH sind meist aus solchen „pragmatischen Zusammenschlüssen v. a. in Form von Forschernetzwerken, Forschungszentren, integrierten Studienprogrammen und Nachwuchsprogrammen" (Wilke 2015, 95) hervorgegangen. Ausgehend von Australien, Nordamerika und Schweden ist die baldige Institutionalisierung der EH in weiteren Ländern Europas und Asiens, insbesondere Taiwan, stetig vorangeschritten und setzt sich auch mit der Gründung von Forschungsverbünden, Graduiertenprogrammen und einzelnen Lehrstühlen an vielen weiteren Standorten fort. All diese Initiativen sind durch die jeweiligen institutionellen Voraussetzungen und Expertisen der beteiligten Forschenden geprägt und geben den EH mannigfaltige Erscheinungsformen. Genannt seien das KTH Environmental Humanities Labratory in Stockholm (seit 2011), der Eco-Humanities Hub an der Mid Sweden University (seit 2014), The Australien Environmental Humanities Hub (seit 2014) sowie die Forschungsnetzwerke Nordic Network for Interdisciplinary Environmental Studies (NIES, seit 2007), The Transatlantic Research Network in Environmental Humanities (2011), Humanities for the Environment (HfE, seit 2013), Environmental Humanities at UCLA in Los Angeles (seit 2014) sowie die European Environmental Humanities Alliance als Dachorganisation von bereits genannten und weiteren thematisch verwandten Forschungszentren oder -verbünden.

Eine maßgebliche Rolle für die Etablierung der EH spielt auch die Gründung von Fachzeitschriften wie der australischen Zeitschrift *Environmental Humanities* (seit 2012) sowie *Resilience: A Journal of the Environmental Humanities* (seit 2014) an der University of Nebraska. Zugleich haben bahnbrechende Monographien wie etwa von Stacy Alaimo, Lawrence Buell, William Cronon, Donna Haraway, Bruno Latour, Carolyn Merchant, Timothy Morton, Rob Nixon, Val Plumwood oder Anna Tsing die konzeptionelle Fundierung der EH befruchtet. Zentrale Überblicksartikel (z. B. Bergthaller et al. 2014; Castree 2014, 2021; Holm et al. 2015) haben das Feld der EH vermessen. Eine Konzentration der ersten Konsolidierungsphase zeichnet sich um 2017/2018 ab. So findet sich bereits eine beträchtliche Reihe von Handbüchern (Choné et al. 2016; Heise et al. 2017), Einführungen (Emmet und Nye 2017; Hubble und Ryan 2021) sowie Sammelbänden (z. B. DeLoughrey et al 2015; Adamson und Davis 2017; Oppermann und Iovino 2017; Bergthaller und Mortenson 2018; Schmidt und Zapf 2021), die den EH deutlichere Kontur verleihen und zu ihrer weiteren Ausdifferenzierung in Verbindung mit dem Anthropozän und globalen Ökologien beitragen; sie werden im nächsten Abschnitt vorgestellt. Außerdem sind in den letzten Jahren einige Buchreihen zu den EH bei Routledge, Palgrave Macmillan, Brill/Rodopi, Wilfrid Laurier University Press oder Metzler/Springer entstanden, die dem verstärkten Interesse an diesem Forschungsfeld Rechnung tragen.

2 Exemplarische Beispiele und Fragestellungen

Zentral für die bisherigen Bestimmungen der EH ist sowohl ihr kritisch-analytischer Zugang zu allen Wissenschaften, die sich mit Mensch-Umwelt-Beziehungen befassen, als auch ihr konstruktiver Beitrag zur Lösung von Umweltproblemen. Die EH verstehen sich als inter- und transdisziplinär, reflektieren die epistemologischen und methodologischen Herausforderungen interdisziplinärer Forschung und suchen nach effektiven Formen der Kommunikation von Umweltwissen in unterschiedlichen Gemeinschaften.

Für die konzeptionelle Herausbildung der EH wichtig war der Artikel „Mapping Common Ground. Ecocriticism, Environmental History, and the Environmental Humanities" (Bergthaller et al. 2014). Ausgehend von der Einsicht, dass für ein Verständnis der globalen Umweltkrise nicht nur die Naturwissenschaften, sondern auch die Sozialwissenschaften und ‚Humanities' unentbehrlich sind (Sörlin 2012), vermessen die zehn Autor*innen aus geographischen, geschichts- und literaturwissenschaftlichen Universitätsinstituten in Australien, China, Taiwan, Großbritannien, Schweden, Südafrika und den USA die gemeinsamen Grundlagen für ihre enge interdisziplinäre Kooperation. Was sie an essenziellen Methoden für die EH herausstellen, könnte sogar allgemein für eine innovative Forschungspraxis gelten: Erstens „slow scholarship", also ein Denken über verschiedene zeiträumliche Skalen hinweg, das nicht nach vorschnellen Lösungsansätzen sucht, sondern nach einem tieferen Verständnis und einer Reflexion auf die Geschichte und unterschiedlichen Erfahrungen mit lokalen Mensch-Umwelt-Verhältnissen; zweitens ein „langjähriges Experimentieren" sowie, drittens, die Bereitschaft für „riskantes Denken", das auf moralische Sicherheiten verzichtet, ‚Leitplanken' des politischen Diskurses überschreitet und bei komplexen Sachverhalten verweilt (Bergthaller et al. 2014, 265–266). Sie gehen auch auf die Bedeutung von sozialen Praktiken wie das „environing" ein, d. h., die Umwelt wird nicht als gegeben hingenommen, sondern als Raum für soziales Handeln verstanden und gestaltet (Bergthaller et al. 2014, 267, 272).

Der umfangreiche *Guide des Humanités environnementales* (Choné et al. 2016) stellt im ersten Teil in 30 Artikeln grundlegende Ansätze und Arbeitsfelder der EH vor: von der Umweltethik über Ökospiritualismus und Umweltpsychologie bis zur politischen Ökologie, von der Naturpoetik über Umweltästhetik bis zur Ökokritik, von der Agrarsoziologie über Ethnozoologie bis zur nachhaltigen Stadtökologie. Die Aufsätze im zweiten Teil betrachten einschlägige Konzepte wie etwa

Feuer, Wasser, Luft, Wald, Berge, Landschaft, Risiko, Naturkatastrophe, Ökozid, Naturschutz, Wildnis, Wildtiere, Bäuerlichkeit wie auch ökologische Ungleichheiten oder Energiewende. Der EH-Führer ist demnach eher wie ein Lexikon angelegt, das das interdisziplinäre Feld kartographiert, in seine Grundlagen einführt und eine Orientierung für weitere Forschung gibt. Der 2017 vom selben Team publizierte Band *Rethinking Nature* (Choné et al. 2017) rekonzeptualisiert in Auseinandersetzung mit Bill McKibbens vieldiskutiertem Buch *End of Nature* (1989) die Idee der Natur als unhintergehbar. In der Einleitung diskutieren die Herausgeber*innen die Frage, wie nach der Dekonstruktion der Natur-Kultur-Dichotomie die Pluralität der Beziehungen zwischen Menschen und nicht-menschlichen Entitäten gedacht werden kann. Sie betonen zum einen – jenseits der seit der europäischen Aufklärung vorherrschenden Begrenzung der Naturauffassung auf natur- und technikwissenschaftliche Zugänge – die Bedeutung der symbolischen, sozialen, kulturellen und politischen Dimensionen der Natur in Beziehung zu menschlichen Gesellschaften. Zum anderen schließen sie an die pluralen Konzeptionalisierungen von Natur im 19. und 20. Jahrhundert an, um zu zeigen, wie traditionelle Bestimmungen und akademische Disziplinen aufgebrochen und neue interdisziplinäre Forschungsfragen und -praktiken hervorgebracht werden können. Insbesondere trägt der Band dazu bei, die EH in den USA und die lange Tradition der Auseinandersetzung mit der Natur in Philosophie und Sozialwissenschaften in Europa in einen fruchtbaren interdisziplinären Dialog zu bringen.

In ihrer programmatisch angelegten Einleitung „A Postcolonial Environmental Humanities" heben Elizabeth DeLoughrey, Jill Didur and Anthony Carrigan die Notwendigkeit hervor, durch geeignete *inter*disziplinäre Methodologien neue Formen von Umweltwissen zu erarbeiten (2015, 8). Dies bedeute auch, nicht-menschliche Entitäten und das ‚subalterne Andere' in das Denken einzubeziehen, ‚von unten zu lernen' und entgegen überkommener Hierarchien von Globalem Norden vs. Globalem Süden eine neue Definition des Selbst zu gewinnen, d. h. Fragen von Ethik und Verantwortung in den Vordergrund zu rücken. Von der feministischen und postkolonialen Annahme ausgehend, das Wissen „immer kulturell situiert" und die eigene Positionalität zu reflektieren sei, nehmen die Autor*innen eine spezifischere Bestimmung der EH vor: Diese bieten ein kulturell differenziertes, historisch nuanciertes Verständnis von Mensch-Umwelt-Beziehungen und reflektieren die Begrenzungen von einseitigen Methodologien (DeLoughrey et al. 2015, 9). Demnach betont ein postkolonialer Ansatz in den EH unterschiedliche Wissensformen und legt das Augenmerk darauf, wie Machtbeziehungen den Umgang mit Umwelt auf verschiedenen Skalen vom Lokalen bis zum Globalen beeinflussen (DeLoughrey und Handley 2011). Die Beiträger*innen sind einer ‚kritischen Ökologie' verpflichtet, die ausgehend von Marx' Kapitalismuskritik und der Kritischen Theorie sowie in Anknüpfung an die Subaltern Studies und → Postcolonial Studies respektive Studien zu *race*, Geschlecht und Sexualität (→ Gender Studies) mit Ansätzen wie Bioregionalismus, Ökofeminismus, Sozialökologie und Umweltgerechtigkeit verbunden wird, um Herrschaftsformen zu erkennen und abzubauen. Die Notwendigkeit einer Situierung der Ökologie, insbesondere in der Geschichte des Imperialismus (DeLoughrey et al. 2015, 15) zeigt sich auch in vielen der einzelnen Beiträge, sei es zu karibischer Kunst, dem Umgang mit der Atomkatastrophe auf den Marshall-Inseln oder afrikanischer Petrofiction.

Die kritische Einführung in die Environmental Humanities (Emmet und Nye 2017, 4) bestimmt die EH als globale intellektuelle ‚Bewegung' mit dem Ziel, die Beziehung zwischen wissenschaftlichen und technischen Disziplinen und den ‚Humanities' neuzubewerten, wobei letztere essenziell für ein Verständnis und die Lösung für die durch Industriegesellschaften hervorgebrachten Dilemmata seien. Gemäß den Autoren liefern die EH historische Perspektiven, unterstützen bei der Interpretation von wissenschaftlichen und technischen Innovationen, adressieren ethische Probleme, identifizieren die impliziten Narrative über Herkunft und Verbrauch von Energie und natürlichen Ressourcen in der öffentlichen Meinung und fördern nicht zuletzt Wertvorstellungen, die für die Herausbildung einer umweltfreundlichen Gesellschaft notwendig sind. Um neue Wege aus der Umweltkrise zu finden, müssten die üblichen Barrieren zwischen Wissenschaft und Öffentlichkeit eingerissen und das Wissen der Zivilgesellschaft einbezogen werden. Mit der Einsicht, dass wir die Umwelt, deren aktiver Teil die Menschen sind, nicht einfach managen können, sondern dafür Wertvorstellungen und ein breiteres kollaboratives Wissen als bloß technische Daten benötigen, fordern sie „knowledge that is *affective*, or emotionally potent, in order to be *effective*" (Emmet und Nye 2017, 8). Als Ausgangspunkt der EH nennen sie die dreifache Zurückweisung des Kantischen ‚Ding an sich', der Natur-Kultur-Dichotomie sowie der Auffassung einer Überlegenheit westlicher Kulturen oder überhaupt einer kulturellen Hierarchie. Grundlegende Konzepte der EH seien die Idee von Entitäten in Netzwerken, artenübergreifende Beziehungen, ‚companion species' (Haraway), Umweltgerechtigkeit, ‚degrowth' und Resilienz. Die weiteren Autor*innen dieser kritischen Einführung in die EH gehen auf zentrale Themen wie Allmendeproblematik (Hardin), ‚ökologischen Imperialismus' (Crosby) ‚slow violence' (Nixon) und nicht zuletzt die Gefahr des sechsten Massenaussterbens (Kolbert) ein. In der Bearbeitung dieser Themen heben sie die kritische und zugleich konstruktive Rolle der EH hervor.

Diese Spannung reflektiert auch Ursula Heise in ihrem programmatischen Artikel „The Environmental Humanities and the Future of the Human" (2016). Indem sie auf den kritischen Anspruch der EH eingeht, den diese in die Umweltwissenschaften wie auch in den Umweltaktivismus einbringen, gibt sie zu bedenken, dass Wissenschaftler*innen außerhalb der Humanities oft ungeduldig auf Kritik reagierten, wenn sie nicht mit konstruktiven Alternativen verbunden wird. Als neue Aufgabe der EH formuliert sie deshalb die gleichzeitige Kultivierung von synthetischen und analytischen Perspektiven sowie von konstruktivem und kritischem Denken (Heise 2016, 28). Zudem geht sie auf die Schwierigkeit ein, dass Naturschützer*innen sowohl im Globalen Norden, die ihre Wurzeln in der europäischen Romantik und der Reaktion auf die Industrialisierung im 19. Jahrhundert sehen, als auch im Globalen Süden, für die Naturzerstörung als Auswirkung von Modernisierung und Kolonialisierung im Vordergrund steht, apokalyptische bzw. Niedergangsnarrative verwenden. Alternative Ideen zum Schutz der Natur könnten am anderen Ende der Skala allerdings auch ökomodernistischen Narrativen wie in Ted Nordhaus' und Michael Shellenbergers provokativem Essay *The Death of Environmentalism* (2004) Vorschub leisten. Demgegenüber stellt Heise die wesentliche Rolle der EH für eine kritische Analyse sowohl solcher Niedergangsnarrative als auch historisch unreflektierter ökomodernistischer Erzählungen heraus. Gegenüber apokalyptischen Szenarien und einem ungetrübten Optimismus hat Christof Mauch (2019) mit „slow hope" ein anknüpfungsfähiges Konzept ausformuliert.

Die beiden Herausgeber von *Framing the Environmental Humanities* (Bergthaller und Mortensen 2018, 252–254) reflektieren die Schwierigkeiten, aber auch die Chancen der interdisziplinären Arbeit der EH: Diese ermöglichten es, zwischen verschiedenen Feldern hin- und herzuwandern, scheinbar disparate Fragestellungen miteinander zu verbinden und sich produktiv mit der Komplexität und der Unübersichtlichkeit der gegenwärtigen Umweltprobleme auseinanderzusetzen. Die EH könnten sinnvolle Rahmungen vornehmen und damit auch eine wirksame kommunikative Brücke zu einer größeren Öffentlichkeit schlagen. Von einer vergleichbaren Grundauffassung geht auch der Artikel „Four Problems, Four Directions for Environmental Humanities" (Neimanis et al. 2015, 67) aus, indem die Autor*innen Differenzen von Weltbildern, Geschichten, Subjektivitäten und Praktiken verschiedener Gemeinschaften in ihrem Umgang mit Umwelt zum Ausgangspunkt für eine offene, selbstreflexive, die Widersprüche anerkennende epistemologische Ausrichtung der EH nehmen. Die vier Probleme im Umgang mit der Umwelt betreffen, erstens, die Entfremdung von der Natur und ihre Unberührbarkeit, zweitens die post-politische Situation, drittens die negative Rahmung von Umweltwandel und, viertens, die Abspaltung von Umwelt von anderen Problembereichen. Um diese Herausforderungen anzugehen, schlagen die Autor*innen vor, verschiedene sozialkulturelle Umweltimaginarien und grüne Utopien einzubeziehen, naturkulturelle Interdependenzen und feministische Genealogien zu berücksichtigen, trans- und postdisziplinäre Ansätze auch mit Künstler*innen und Praktiker*innen zu verfolgen und schließlich in Anknüpfung an Formate wie *citizen science* oder *street science* eine Bewegung über wissenschaftliche Disziplinen hinaus zu entwickeln, die sie „citizen humanities" nennen (Neimanis et al. 2015, 88). Die Ausrichtung der EH sehen sie daher als „critical posthumanities", die für die nächste Generation ein kritisches historisches Verständnis, eine präzise Erforschung von konkurrierenden Diskursen und Praktiken sowie den Mut, sich eine Vielfalt von möglichen Zukünften zu entwerfen, erfordern (Neimanis et al. 2015, 9–10).

Der 2021 publizierte *Cambridge Companion to Environmental Humanities* schließlich geht bereits von einer gewissen Konsolidierung der EH aus, wenn die Einleitung unter dem Titel „The Shape of the Field" (Cohen und Foote 2021, 4) die unterschiedlichen Stufen vom Ecocriticism sowie etliche der hier bereits genannten Einführungen in die EH und ES aufzählt, sich aber insofern von diesen abhebt, als jedes Kapitel eine spezifische analytische Methode oder ein Schlüsselkonzept der EH vorstellt. Neben vielen oben bereits genannten Konzepten werden hier auch Ernährung, Wasser und Eis, Steine, Kohle/Öl-Gewinnung, Müll und Öko-Medien mit Blick auf die ungleichen sozialen Auswirkungen des Klimawandels dargelegt.

2.1 Die Herausforderung des Anthropozän für die EH

Bemerkenswert ist, dass fast in allen Bestimmungen der EH eine kritische und zugleich äußerst produktive Auseinandersetzung mit dem 2000 eingeführten Anthropozän-Konzept (Crutzen und Stoermer 2000) stattfindet. Das Konzept, das den Erdsystem- und Geowissenschaften entstammt, bestimmt den Menschen als geobiophysikalische Kraft von planetarischem Ausmaß. In den letzten 20 Jahren hat es sich rasant in den unterschiedlichsten Wissenschaften und der Öffentlichkeit auch als kulturelles Konzept ausgebreitet, so dass von einem „anthropocenic turn" gesprochen werden kann (Dürbeck und Hüpkes 2020). Während die einen das Konzept tendenziell als anthropozentrisch ablehnen und alternative Konzepte wie etwa „Kapitalozän" (Malm und Hornborg 2014; Moore 2016), „Chthulucene", „Plantationocene" (Haraway 2015) oder „Symbiozän" (Albrecht 2015) favorisieren, versuchen andere das Anthropozän produktiv zu machen, sehen es als „useful meta-concept" (Adamson 2017, 6), als Chance, bisherige Fragestellungen unter einem neuen „sympathetic frame" (Castree 2014, 240) zu fassen, oder sprechen sogar von „Anthropocene Humanities" (Holm et al. 987). Zentraler Angriffspunkt der EH ist die dem Anthropozän zugrundeliegende universalistische Idee der Menschheit als planetarisch wirksamer Agentin und die damit verbundene große Erzählung, die eigentlich mit der Postmoderne als verabschiedet galt. Kritisiert wird zum einen die unreflektierte Betonung menschlicher Gestaltungskraft in der ökomodernistischen Vorstellung von „the good Anthropocene" (Asafu-Adjaye et al. 2015), die durch die Fortsetzung blinden Fortschrittsglaubens zugleich als hegemonisch und geokratisch (Bonneuil und Fressoz 2015, 48, 93) erscheine. Zum anderen wird die universalistische Idee des Anthropos aus poststrukturalistischer, postkolonialer und posthumanistischer Sicht angefochten, da sie verdecke, dass nicht *die* Menschheit als Kollektivsubjekt handelt, sondern die jeweiligen Individuen und Kollektive auf Basis bestimmter ökonomischer, sozialer und politischer Machtbeziehungen in unterschiedlichem Ausmaß für die Klimakrise verantwortlich sind. Deshalb spricht Dipesh Chakrabarty (2012, 14) von zwei Modi des Menschen „as a geophysical force and as a political agent". Im „Gerichtsnarrativ" des Anthropozän-Diskurses (Dürbeck 2018, 9–10) werden der kapitalistische Westen (Malm und Hornborg 2014) oder die OECD- und BRIC-Länder als Schuldige (Steffen et al. 2015) gesehen, wobei aber China und Indien stark aufholen und mittlerweile zu den Mitverursachern zählen. Die für die globale Erwärmung verantwortliche Menschheit müsse als „intergenerational, multispecies diversity" (Adamson 2017, 13) unter Berücksichtigung von Differenz, Alterität und Multiplizität narrativer Konstruktionen konzipiert werden (DeLoughrey et al. 2015, 12–13).

Neben diesen Kritikpunkten stellt besonders die kulturwissenschaftliche Anthropozänforschung das Zusammentreffen inkompatibler Größenmaßstäbe als Formproblem heraus, wenn die menschliche Zivilisationsgeschichte auf geologische Tiefenzeit bezogen, wenn lokale Lebensformen planetarischen Veränderungen des Erdsystems gegenübergestellt und wenn ‚harmlose' Einzelaktionen mit kumulativen Effekten des Handelns verglichen werden (Horn und Bergthaller 2019, 127). Dabei besteht nicht nur das Problem, wie der Komplexität des Anthropozän, die sich in dieser Mehrskalarität bzw. dem „clash of scales" (Clark 2015) zeigt, angemessen Rechnung getragen werden kann, sondern es wird auch die Frage aufgeworfen, ob das Konzept des Menschen tatsächlich skalierbar ist und in einen viel größeren zeitlichen und räumlichen Rahmen übersetzt werden kann (Woods 2014, 133; Dürbeck und Hüpkes 2021). Das Anthropozän-Konzept bedeutet eine fundamentale Erschütterung der Natur-Kultur-Dichotomie und betont die Interdependenz von menschlichen und nicht-menschlichen Agentien als Struktur eines neuen Bewusstseins von Ko-Existenz und Immanenz (Dürbeck 2018, 13–15; Horn und Bergthaller 2019, 127). Auch den anthropozän inspirierten EH geht es durch ihre theoretischen Werkzeuge und kritische Imagination darum, den Fokus auf „a dis-anthropocentric alliance of entangled subjects" und die vielfältigen Verbindungen von Menschen in ihren materiellen, sozialen und kulturellen Besonderheiten und Wechselbeziehungen mit nicht-menschlichen Agentien und Prozessen zu richten (Iovino und Oppermann 2017, 12–13). Das Anthropozän bietet insofern die Möglichkeit, mit einem posthumanistischen Blick die Menschen als Teil eines Netzwerkes neu zu bestimmen, indem sie als „trans-corporeal subjects" (Alaimo 2010, 17) in ihrer Einbettung in biophysische Prozesse und ihrer Abhängigkeit von begrenzten Ressourcen für einen verantwortlichen Umgang mit dem Planeten in die Pflicht genommen werden. Für die beiden Herausgeber*innen von *Voices from the Anthropocene* (Iovino und Oppermann 2017) reichen die Stimmen vom interdisziplinären Ecocriticism, New Materialisms, Ökofeminismus über neue sozialen Ontologien, Kulturökologie und Maschine-Mensch-Hybride bis zur Biosemiotik, artenübergreifenden Ethnographie und Artengerechtigkeit; sie nehmen damit eine integrative Perspektive auf den Anthropozän-Diskurs ein. Ebenfalls ausgehend von einer Pluralität von interagierenden menschlichen und nicht-menschlichen Entitäten lotet der auf Integration von verschiedenen Wissenssystemen, Wertewandel und soziale Praktiken ausgerichtete Sammelband *Humanities for the Environment* die Handlungsoptionen für die Gestaltung „lebenswerte[r] Zukünfte" im Anthropozän aus (Adamson 2017, 14).

Andere sehen eine „produktive konzeptionelle Spannung" (Heise 2017, 5) zwischen dem im Anthropozän-Konzept als hierarchisch und exzeptionell gedachten menschlichen Subjekt, dessen Handeln auf Macht und Ungleichheit basiert, und posthumanistischen Modellen der Agentialität von artenübergreifenden Gemeinschaften. Gegenüber einer in der Akteur-Netzwerk-Theorie (ANT) angelegten Tendenz von flachen Ontologien, die eine Verantwortlichkeit für Umweltzerstörung und Umweltschutz erschwere, sieht Heise die Aufgabe der EH weniger in einer Auflösung als in einer Neukonzeption des menschlichen Subjekts, welche Fragen von Macht und Machtlosigkeit sowie indigene Perspektiven und Umweltgerechtigkeit konstitutiv einbezieht. Das breite Themenspektrum der 45 Beiträge des von ihr koeditierten *Routledge Companion to the Environmental Humanities* (Heise et al. 2017) umfasst postkoloniale und deleuzianische Forschung zum Anthropozän, Beiträge zur zeitlich-räumlichen Skalarität, zur planetaren Ausbeutung der Erde ebenso wie posthumanistische Ansätze zu artenübergreifender Ethologie und Umweltgerechtigkeit wie auch ‚klassischere' Themen der Umweltgeschichte, Wildnis, Petrofiction und Stadtökologie bis hin zur Untersuchung von umweltbezogenen Künsten, Medien und digitalen Technologien.

2.2 Petrofiction und Petroculture Studies

Mit den EH theoretisch und methodisch insbesondere in literaturwissenschaftlichen Fragen eng verknüpft sind die Ansätze eines kulturwissenschaftlichen Forschungsbereichs, den Timothy Clark (2019, 91) als Petroculture Studies (PS) bezeichnet hat. Das Deutungsparadigma der Energie, v. a. der erdfossilen, wurde in mehreren Anläufen in eine kulturwissenschaftliche Komparatistik aufgenommen. Angestoßen wurde die Perspektive, Öl als sinnstiftende Ressource für kulturwissenschaftliche Analysen zu setzen, von einer 2011 erschienenen Ausgabe des *PMLA*, die den einflussreichen Leitartikel „Literature in the Ages of Wood, Tallow, Coal, Whale Oil, Gasoline, Atomic Power, and Other Energy Sources" der Amerikanistin Patricia Yaeger enthält. In diesem schlägt die Autorin vor, fossil-chemische Energiewelten einer literaturwissenschaftlichen Betrachtung zuzuführen, indem Texte, Genres und ganze Literaturepochen auf ihren stofflich-energetischen Unterbau befragt werden, was letztlich zu einer perspektivöffnenden Neuordnung des Kanons nach einer bioökonomischen Größe führen würde (Yaeger 2011, 305). Das Vorhaben, die Geschichte der Energiesysteme synchron wie diachron mit der Evolution und Distribution kultureller Aussageformen engzuführen bzw. spezifische Verdichtungsfelder von kultureller Rhetorik, (Sozio-)Ästhetik und fossilen Energieregimen als Analyseachse zu wählen, mündet 2014 zum Sammelband *Oil Culture*, herausgegeben von den US-amerikanischen Kunstwissenschaftlern Ross Barrett und Daniel Worden. „[O]il culture", heißt es dort, „encompasses the fundamental semiotic processes by which oil is imbued with value within petrocapitalism" (Barrett und Worden 2014, xxvi). Die angestrebte „cultural analysis of oil" (Barrett und Worden 2014, xxi) widmet sich medienübergreifend einem dynamischen Feld (gegen-)hegemonialer Repräsentationsmuster, die die kulturelle Signifikanz des Öls stabilisieren oder unterlaufen, womit dem *oil culture*-Konzept ein semiotisch-textualistischer Kulturbegriff zugrunde liegt.

Seit Erscheinen eines weiteren Sammelbandes – *Petrocultures. Oil, Politics, Culture* (2017) – wird das kulturwissenschaftliche Erforschen ölkapitalistischer Ungleichheitsdynamiken und ökologischer Transformativität unter der titelgebenden Kulturkonzeption der *petroculture* geführt, die als eine skalenübergreifende Inkorporations- und Transformationskultur entworfen wird (Carlson et al. 2017, 3–19). Der begriffliche Wechsel von *‚oil-‘* zu *‚petro-‘* erlaubt, einen durch die gesamte Kultur gehenden „petro-text" (Sullivan 2017) bzw. eine fossil-chemische Textur der Kultur zu entbergen, die sich als subtextuelle „infrastructure" (Starobinsky 1971, 153) nicht nur in kulturellen Texten und Narrationen, sondern auch in Körpern und ökologischen Systemen abgesenkt hat. Damit wird den materiellen Semiosen der fossil-chemisch fabrizierten Kultursphäre stärker noch eine unterschwellige materielle *codage* zugestanden, als dies im Entwurf der *oil culture* der Fall war. Anders als in einem Zugriff, der den Ölkapitalismus als kulturellen Text konzipiert, verschwindet Öl als materieller Referent nicht aus der Interpretation, sondern ist aktiver Referenzpunkt in einem wechselseitigen Interpretationsprozess mehr-als-menschlicher Infra- und Superstrukturen. Damit greifen in der Idee der *petroculture*s ein kulturmaterialistisches, ein kultursemiotisches und ein neumaterialistisches Verständnis von Kultur und dem Zusammenspiel ihrer zeichenhaften und materiellen Dynamiken zwischen Basis- und Überbauphänomenen ineinander.

Die PS wollen zeigen, dass Ressourcen-Relationen als kultur- und literaturwissenschaftliche Gravitationslinien eine Reihe von Fragen ermöglichen, die gerade auch für die Literatur- und Kulturwissenschaft produktiv gemacht werden können. Die sowohl inhaltliche als auch methodische Nähe der PS zum postkolonialen Ecocriticism (vgl. Mackenthun 2015) gründet im gemeinsamen Interesse der beiden Felder an den kulturellen Ökologien neokolonialer Ressourcentopographien, was in der Erarbeitung einer, erstens, politischen Ökologie des weltliterarischen Systems resultiert. Einige Vertreter*innen der PS wie das Warwick Research Collective (WREC) deuten weltliterarische Formationen mit ihren spezifischen Zeit-Raum-Relationen selbst als einen Effekt der expandierenden Aneignung von menschlichen und außermenschlichen Naturen (Energieflüssen, Rohmaterialien etc.) durch ein ‚weltökologisches Regime' (J. W. Moore) wie dem Ölkapitalismus. Die weltweiten Expansions- und Verdichtungsdynamiken fossiler Prägung lassen sich somit auch als Treiber weltliterarischer (Externalisierungs-)Strukturen lesen, in denen imperiale Nord-Süd- sowie Natur-Kultur-Verhältnisse dialektisch aufgehoben und komparatistisch aufzuarbeiten sind. Deshalb forcieren die literaturwissenschaftlichen PS ein „commitment to a ‚worlded' mode of reading capable of grasping this systemic and uneven relationality" (Westall 2017, 269) zwischen Ölkapitalismus und externalisierten NaturKulturen. Zweitens sind *literarische* Ölkulturen auch ‚NaturKulturen', weil in ihnen ein vormals geologisch geborgener Naturstoff auf komplexe Weise das kulturelle Leben durchdringt und ermöglicht, wodurch Natur und Kultur nicht mehr dichotomisch voneinander unterschieden werden können. Der Ansatz der PS stellt die Frage, inwiefern es sich bei erdfossilen Textkulturen (wie etwa der „petrofiction", dem Literaturgut des Ölzeitalters; vgl. Ghosh 1992) um eine auch textlich manifeste ‚NaturKultur' (vgl. Haraway 2006, 110) handelt, weil das literarische Erscheinen von Erdöl einmal mehr auf die intrikate Verflechtung von kulturellen Zeichensystemen und ihrer molekularen Grundlage, also der materiellen Organisation von z. B. auch diegetischen Strukturen hindeutet. Daran schließt die Frage nach der, drittens, narrativen Wirkmacht von Öl und anderen Energie-Akteuren: Erdöl wird nicht nur global transportiert und polymerchemisch weitertransformiert, gerade Öl- und Plastikmüllschwemmen zeugen davon, dass sich „Konfliktstoffe" (Soentgen 2019) auch von selbst bewegen und umwandeln. Mit solchen teilsouverän aus sich selbst heraus erzeugten Zustandsänderungen wohnt geöffneten Stoffkreisläufen ein narratives Potenzial inne, da ihre post-natürliche Selbstentfaltung aktiv daran beteiligt ist, Narrationen entstehen zu lassen (Carlson et al. 2017, 3). Neben der energiegeschichtlichen Historisierung literarischer Texte führt ein solches Vorgehen schließlich zu, viertens, alternativer Textgruppenbildung, da ein Literaturphänomen wie die ‚petrofiction' das Ergebnis der Gruppierung von Texten um ein Element aus der (vormals) nicht-menschlichen Welt darstellt. In der im Frühjahr 2012 vom kanadischen Literatur- und Kulturtheoretiker Imre Szeman herausgegebenen Ausgabe des literaturkritischen Magazins *American Book Review* mit dem Hefttitel und Themenschwerpunkt *Petrofictions* dient der von Amitav Ghosh in einem 1992 erschienenen Essay geprägte Begriff längst nicht mehr der Bezugnahme auf eine Gruppe literarischer (Öl-)Fiktionen, sondern der konstruktiven, z. T. auch kontrastiven Textgruppenbildung ohne gemeinsame Grundlage in der narrativen Imagination (Szeman 2012). So finden sich literaturkritische Arbeiten zu Helon Habilas Roman *Oil on Water* (2010) und Gustav Meyrinks

Kurzgeschichte *Petroleum, Petroleum* (1913) u. a. neben Besprechungen von Ausstellungskatalogen (Ernst Logars *Invisible Oil*, 2011), politischen Sachbüchern (Ezra Levants *Ethical Oil: The Case for Canada's Oil Sands*, 2011) und einem dokumentarischen Photobuch (Edward Burtynskys *Oil*, 2009) wieder. Weil im Sammelbegriff der ‚petrofiction' vereint, wirkt die Textauswahl zwar erratisch, spiegelt aber den real existierenden Pluralismus an kulturellen Perspektiven auf Öl in den kontemporären Bild- und Textkulturen wider. Damit spielt die ‚petrofiction' über das Fehlen ihrer systematischen Gattungsbezüge hinaus die Rolle einer kreativen Textgruppenbildnerin, die die Diversität eigenständiger Auseinandersetzungen mit Öl in einem Netz von Beziehungen zulässt und ermutigt. Das Ziel der PS einer umfassenden Rückverstofflichung der „immaterial self-presentation" (Westall 2017, 271) der Ölmoderne wird damit auf allen relevanten Skalen und auch in ihren Texten angestrebt.

3 Kulturwissenschaftliche Forschung im deutschsprachigen Raum

Fragestellungen der EH richten sich vielfach auch auf kulturelle Repräsentationen von Mensch-Umwelt-Verhältnissen in Literatur, Film und anderen Künsten. Als ein wichtiger Bestandteil der EH gilt daher der Ecocriticism (z. B. Garard 2014), teilweise auch bezeichnet als Green Studies (z. B. Coupe 2000), welche die Erforschung der Verbindung von Ökologie, Kultur und Literatur zum Gegenstand haben. Der Ecocriticism hat sich ausgehend von den USA seit den 1990er Jahren bald in Europa und mit einiger Verzögerung auch in Deutschland mit eigenen Fachgesellschaften, Buchreihen und Zeitschriften etabliert. Für den deutschsprachigen Ecocritisicm sind eigene literarische und kulturelle Traditionen wie Kritische Theorie, die phänomenologisch orientierte Naturästhetik von Gernot und Hartmut Böhme sowie die Kulturökologie von Hubert Zapf (Goodbody 2014; Dürbeck und Stobbe 2015; Bühler 2016), auch im Hinblick auf die besondere Entwicklung des deutschsprachigen Nature Writing, dargelegt worden (Dürbeck und Kanz 2020). Ein weiterer großer Forschungsbereich stellt EocMedia dar. So widmet sich die „AG Eco Media" an der Universität Potsdam den „Überschneidungszonen einer Medienökologie, die Medienhaushalte und mediale (Um-)Welten in den Blick nimmt" und mit einer medienkulturwissenschaftlichen und -ästhetischen Erforschung von ökologischen Fragen verbindet (https://ecomedia.uni-potsdam.de). In diesen Bereich gehören auch die grünen Filmstudien mit ihrer Analyse der zentralen Rolle von Emotionen für Umweltdenken und -handeln (Weik von Mosser 2017) sowie die Untersuchung von Umweltdokumentarfilmen (z. B. Kaul und Lange 2020).

Im deutschsprachigen Raum gibt es bereits etliche Forschungszentren und vielversprechende neue Initiativen zur Etablierung der EH, die auch international ausstrahlen. Eine führende Rolle nimmt das Rachel Carson Center for Environment and Society (RCC) ein, das 2009 in Kooperation mit der Ludwig-Maximilians-Universität München und dem Deutschen Museum gegründet wurde. Es setzt sich zum Ziel, Bildung, Forschung und internationale Zusammenarbeit im Bereich der EH und Sozialwissenschaften zu fördern und trägt zu öffentlichen und wissenschaftlichen Debatten über zukünftige ökologische und soziale Herausforderungen bei. Das RCC will die EH stärken und ihr Profil als weltweit bedeutendes und wachsendes Fachgebiet schärfen. Unterstützt durch Mittel der DFG, des ERC, dem BMBF und der VolkswagenStiftung bietet es ein Fellowship-Programm mit bislang über 300 Wissenschaftler*innen meist aus dem Ausland, ein breites wissenschaftliches Vortrags-, Tagungs-, Workshop- und transdisziplinäres Veranstaltungsprogramm, eigene Schriftenreihen und die Zeitschrift *RCC Perspectives* sowie ein Master- und Promotionsprogramm „Environment and Society" und in Kooperation mit der Universität Augsburg das Internationale Doktorandenkolleg „Rethinking Environment" an.

An der Universität Augsburg hat sich seit 2015 ein interdisziplinäres EH-Forschungsnetzwerk etabliert, das mit dem Wissenschaftszentrum Umwelt in Augsburg und dem RCC kooperiert. Die Augsburger EH haben das Ziel, „komplementär zu den Natur-, Computer- und Technikwissenschaften den eigenständigen Beitrag der Geisteswissenschaften zur Analyse, Reflexion und Vermittlung ökologischer Probleme zu erforschen und nach außen sichtbar zu machen" (Zapf und Zemanek 2021, 5). Sie bieten den Masterstudiengang „Umweltethik" sowie einen EH-Schwerpunkt im Augsburger Promotionsprogramm an. Das Forschungsnetzwerk steht auf drei Säulen: Erstens der Kulturökologie, zweitens der Materialökologie und Stoffgeschichte sowie, drittens, der Politischen Ökologie (Schmidt et al. 2020, 226). Die Forschung konzentriert sich auf die Analyse und Rekonstruktion von Umweltveränderungen, die Untersuchung von kulturellen Repräsentationen von Umweltwandel sowie auf die Analyse von Werten und Normen zum angemessenen Umgang mit der Umwelt, die auf Selbstreflexion und transdisziplinärer Kooperation beruhen (Zapf und Schmidt 2021).

Seit 2012 hat Berbeli Wanning an der Universität Siegen die „Forschungsstelle Kulturökologie und Literaturdidaktik" (KÖLI) aufgebaut. 2013 wurde die KÖLI offiziell als Dekadenprojekt der UNESCO-Weltdekade für Bildung für nachhaltige Entwicklung ausgezeichnet und trägt durch die kulturökologische Analyse von Literatur dazu bei, Werte, Wissen und Kompetenzen für ein Leben in Nachhaltigkeit herauszubilden. Zu den Aktivitäten gehören Ringvorlesungen, Gastvorträge, Tagungen und Literaturlesungen, die Herausgabe einer Schriftenreihe sowie die Mitarbeit an der Virtuellen Akademie Nachhaltigkeit.

An der Universität Freiburg wurden auf Basis der dort seit Jahrzehnten etablierten Subdisziplin der Umweltgeschichte und bestehender Expertisen im ES-Bereich das Profilfeld der multidisziplinären Nachhaltigkeitsforschung und seit 2020 der Forschungsschwerpunkt „Environmental Humanities" in Kooperation mit dem Freiburg Institute for Advanced Studies (FRIAS) mit einem Fellowship-, Workshop- und Vortragsprogramm gegründet. Doppeltes Ziel ist es, „auszuloten, wie die Geisteswissenschaften selbst Resilienz ausbilden können angesichts der Herausforderungen, die aus Veränderungen im akademischen Wertesystem und neuer Hochschulpolitik erwachsen. [...] Zum anderen leisten die individuellen Einzelprojekte des Forschungsschwerpunkts konkrete Beiträge zu einer interdisziplinären Resilienzforschung", um „neue Perspektiven auf aktuelle Gesellschaftsdebatten" zu eröffnen (https://www.frias.uni-freiburg.de/de/foerderprogramme/schwerpunkte/environmental-humanities).

An der Universität zu Köln ist 2022 das Forschungszentrum „Multidisciplinary Environmental Studies in the Humanities" (MESH) mit Mitteln der Alexander von Humboldt-Stiftung und der Philosophischen Fakultät unter der Leitung von Kate Rigby eingerichtet worden; es bietet auch eine EH-Graduiertenausbildung. In drei Forschungsbereichen – dekoloniale kulturelle Ökologien, artenübergreifende Konvivialität und Katastrophenvorsorge – erkundet es die sozialen, kulturellen und ethischen Dimensionen des globalen Umweltwandels und die damit verbundenen ökologischen, klimatischen und gesundheitlichen Krisen, indem es die historische, philosophische, literarische, linguistische und kulturanthropologische Expertise der Geisteswissenschaften mit den Natur- und Sozialwissenschaften ins Gespräch bringt. Die inter- und transdisziplinäre Forschung richtet sich „insbesondere auf die kulturellen Annahmen, Einstellungen, Bedeutungen und Werte, die den vorherrschenden Mustern der menschlichen Interaktion mit anderen Lebewesen und unserer gemeinsamen physischen Umwelt zugrunde liegen und von ihnen beeinflusst werden, um zu einer Transformation in den Forschungsagenden und der Gesellschaft insgesamt beizutragen" (https://mesh.uni-koeln.de/about).

Obgleich es an deutschsprachigen Universitäten etliche weitere Initiativen zur Etablierung der EH gibt, geht der Ausbau von Studienprogrammen und EH-Professuren noch zögerlich voran.

4 Potenzial, Kritik und Ausblick

Bei der interdisziplinären Ausrichtung der ES und EH sind umweltethische, ökofeministische, posthumanistische und postkoloniale Ansätze einer sowohl ‚schöpferischen' als auch ‚kritischen Ökologie' besonders fruchtbar, neue Fragestellungen zu generieren. Auch haben Anthropolog*innen und Ethnograph*innen darauf hingewiesen, dass indigene Kosmologien und vitalistische Diskurse für die Erforschung von naturkultureller Interdependenzen hilfreich sind. Ein deutlicher Forschungsbedarf besteht in ‚place-based studies' (Schaumann und Sullivan 2017, 12), die bezogen auf bestimmte Orte, Regionen oder Länder naturkulturelle Interdependenzen und ökologische Problemstellungen wie etwa Landraub, global organisierten Ökotourismus ohne lokale Beteiligung oder toxische Umwelten in marginalisierten Gemeinschaften untersuchen. Zur weiteren Ausdifferenzierung der EH wird beitragen, dass sie für einzelne Disziplinen spezifiziert werden, wie dies etwa für die Theologie (Giblett 2018), Germanistik und Philosophie (Wilke und Johnstone 2017) oder Pädagogik (Johnston und Aftandilian 2018) begonnen hat. Zudem wird der Anwendungsbereich durch Historisierung erweitert, wenn bestimmte Fragestellungen der EH auf frühere Epochen der Antike (Schliephake 2020), des Mittelalters und der Vormoderne (z. B. Siewers 2014; Gaffney 2017) bezogen werden. Auch wenn sich die → Animal Studies sowie → Plant Studies als eigene Forschungsfelder betrachten, gehören ihre Gegenstände, Fragestellungen und Methodologien wesentlich zum größeren Bereich der EH. Aktuelle Studien betonen die produktive Rolle der digitalen Medien und loten die Parallelen von EH und Digital Humanities aus (z. B. Posthumus et al. 2018; Travis 2018), woraus neue Fragestellungen hervorgehen.

Obgleich Einigkeit in einer transdisziplinären Öffnung der EH zur Hervorbringung einer besseren Welt von den meisten gefordert und begrüßt wird, besteht oft ein Mangel in der verständlichen Artikulation ihrer Ergebnisse für andere Disziplinen wie auch für Politik und unterschiedliche Interessengruppen in Wirtschaft und Gesellschaft, was erst ein verändertes Denken und Handeln ermögliche (Holm 2014). Um Verhalten zu beeinflussen, ist der Bereich von Wissenskommunikation und Bildung von besonderer Bedeutung. Hier können u. a. Umweltliteratur, EcoMedia, Umwelt(dokumentar)filme und EcoArt (Cheetham 2018) wichtige Beiträge leisten. Eine verständliche Vermittlung von pluralistisch organisiertem Wissen ist auch mit der Wirkkraft von Erzählungen verbunden. So fordert etwa Donna Haraway „we need to change our stories" (Haraway und Terranova 2016), wenn wir Veränderung im Umgang mit der Umwelt erreichen wollen. Geschichte und Narration sind oft der ‚Faden', der neue Konstellationen von Repräsentation, Abbildung, Modellierung, Interpretation und Visualisierung von Umweltwissen hervorbringt (Adamson 2017, 15). Wie Wissen effektiver werden kann, wird eine stete Herausforderung für die EH bleiben.

Ein gutes Beispiel ist das internationale und interdisziplinäre Konsortium „Humanities for the Environment" (H*f*E), das seit 2013 eine Plattform für die Verbindung von Wissenschaft und Praxis etabliert hat. Transdisziplinäre Allianzen zwischen Natur-, Sozial-, Geistes- und Kulturwissenschaftler*innen, Künstler*innen und verschiedenen lokalen und regionalen Akteur*innen unterschiedlichster Herkünfte sollen zu einer kulturellen Transformation und einer gerechten und nachhaltigen Welt beitragen. Zu diesem Zweck hat das H*f*E-Konsortium so genannte „EH-Observatorien“ eingerichtet, die erkunden, wie unterschiedliche Disziplinen der Humanities entscheidende Weichenstellungen vornehmen können, globale Umweltprobleme zu verstehen, tiefere Einsichten in menschlichen Wahrnehmungen, Motivationen und Handlungsweisen zu erhalten und zur Förderung von Umweltschutz und Nachhaltigkeit beizutragen. Während die Natur- und Technikwissenschaften nach ‚sicheren' empirischen Maßnahmen zur Anpassung und Verminderung der Folgen des globalen Klimawandels suchten, seien gemäß den Autor*innen die Humanities in besonderem Maße dafür prädestiniert, vielfältige Optionen und Lösungsmöglichkeiten im Umgang mit sozialen Unsicherheiten und Kontingenzen abzuwägen (Holm et al. 2015, 990). Die sechs großen geographisch gebündelten Observatorien arbeiten zu bestimmten Themenschwerpunkten wie etwa „Resilience in the Anthropocene“, „Rethinkung Nurture and Renewing Nature in the Anthropocene“, „The Uncertain Future“ oder „Earth Keeping“ (Holm et al. 2015, 987–988). Das H*f*E veranstaltet Workshops und Tagungen mit Wissenschaftler*innen aus unterschiedlichen Disziplinen und Stakeholdern in Wirtschaft, Politik, Kultur und Museen und publiziert die Ergebnisse. Dabei behandeln insbesondere das australische, das asiatisch-pazifische und das afrikanische Observatorium bislang in den EH noch zu wenig beachtete Fragen von *class*, *race*, Indigenen Kulturen, Geschichte des Kolonialismus (→ POSTCOLONIAL STUDIES) und der Globalisierung (→ GLOBAL STUDIES) wie auch Konsumideologien und Ernährungssicherheit (→ FOOD STUDIES). Plattform für all diese Aktivitäten ist die an der Arizona State University koordinierte Webseite https://hfe-observatories.org. Das 2015 publizierte „E*f*H-Manifesto für Research and Practice“ (Holm et al. 2015) setzt der Leugnung des Klimawandels wie auch dem Alarmismus von apokalyptischen Szenarien eine optimistischere Interpretation entgegen, bleibe den menschlichen Gemeinschaften doch noch eine kurze Zeitspanne, eine neue Verfassung mit zivilgesellschaftlichem Handeln und globaler Regierungsformen herzustellen, wozu die EH einen wesentlichen Beitrag leisten können.

5 Literaturverzeichnis

Adamson, Joni. „Introduction. Integrating Knowledge, Forging New Constellations of Practice in the Environmental Humanities“. *Humanities for the Environment. Integrating Knowledge, Forging New Constellations of Practice*. Hrsg. von Joni Adamson und Michael Davis. London 2017: 3–19.

Adamson, Joni. „Introduction. The HfE Project and Beyond. New Constellations of Practice in the Environmental and Digital Humanities“. *Resilience. A Journal of the Environmental Humanities* 5.2 (2018): 1–20.
Adamson, Joni, William A. Gleason und David N. Pellow (Hrsg.). *Keywords for Environmental Studies*. New York 2016.
Adelson, Glenn et al. „Why Environmental Studies?“. *Environment. An Interdisciplinary Anthology*. Hrsg. von Glenn Adelson. New Haven, CT 2008: 1–5.
Alaimo, Stacy. *Bodily Natures. Science, Environment and the Material Self*. Bloomington, IN 2010.
Albrecht, Glenn. „Exiting the Anthropocene and Entering the Symbiocene“. *Center for Humans & Nature* 17. Dezember 2015: https://humansandnature.org/exiting-the-anthropocene-and-entering-the-symbiocene [31.01.2024].
Asafu-Adjaye, John et al. „An Ecomodernist Manifesto“. 2015: http://www.ecomodernism.org/manifesto-english [31.01.2024].
Barrett, Ross und Daniel Worden. „Introduction to Oil Culture“. *Oil Culture*. Hrsg. von Ross Barrett und Daniel Worden. Minneapolis, MN 2014: xvii–xxxiii.
Bergthaller, Hannes et al. „Mapping Common Ground. Ecocriticism, Environmental History, and the Environmental Humanities“. *Environmental Humanities* 5.1 (2014): 261–276.
Bergthaller, Hannes und Peter Bjerre Mortensen (Hrsg.). *Framing the Environmental Humanities*. Leiden 2018.
Bonneuil, Christophe und Jean-Baptiste Fressoz. *The Shock of the Anthropocene. The Earth, History and Us*. New York 2015.
Bühler, Benjamin. *Ecocriticism. Grundlagen, Theorien, Interpretationen*. Stuttgart 2016.
Carlson, Adam, Imre Szeman und Sheena Wilson (Hrsg.). „On Petrocultures, or: Why We Need to Understand Oil to Understand Everything Else“. *Petrocultures. Oil, Politics, Culture*. Hrsg. von Adam Carlson, Imre Szeman und Sheena Wilson. Montreal 2017: 3–19.
Castree, Noel. „The Anthropocene and the Environmental Humanities. Extending the Conversation“. *Environmental Humanities* 5 (2014): 233–260.
Castree, Noel. „Environmental Humanities“. *The International Encyclopedia of Geography*. Hrsg. von Douglas Richardson et al. Malden, MA 2021: 1–25.
Castree, Noel, Mike Hulme und James D. Proctor (Hrsg.). *Companion to Environmental Studies*. London 2018.
Chakrabarty, Dipesh. „Postcolonial Studies and the Challenge of Climate Change“. *New Literary History* 43 (2012): 1–18.
Cheetham, Mark. *Landscape Into Eco Art. Articulations of Nature Since the ‘60s*. University Park, PA 2018.
Choné, Aurélie, Isabelle Hajek und Philippe Hamman (Hrsg.). *Guide de Humanités environnementales*. Villeneuve d'Ascq 2016.
Choné, Aurélie, Isabelle Hajek und Philippe Hamman (Hrsg.). *Rethinking Nature. Challenging Disciplinary Boundaries*. London 2017.
Clark, Timothy. *Ecocriticism on the Edge. The Anthropocene as a Threshold Concept*. London 2015.
Clark, Timothy. *The Value of Ecocriticism*. Cambridge 2019.
Cohen, Jeffery Jerome und Stephanie Foote (Hrsg.). *The Cambridge Companion to Environmental Humanities*. Cambridge 2021.
Coupe, Laurence (Hrsg.). *The Green Studies Reader. From Romanticism to Ecocriticism*. London 2000.
Crutzen, Paul und Eugene F. Stoermer. „The ‚Anthropocene‘“. In: *Global Change Newsletter* 41 (2000): 17–18.
DeLoughrey, Elizabeth M. und George B. Handley (Hrsg.). *Postcolonial Ecologies. Literatures of the Environment*. Oxford 2011.

DeLoughrey, Elizabeth M. et al. „A Postcolonial Environmental Humanities". *Global Ecologies and the Environmental Humanities. Postcolonial Approaches*. Hrsg. von Elizabeth M. DeLoughrey et al. New York 2015: 1–32.

Dürbeck, Gabriele. „Narrative des Anthropozän. Systematisierung eines interdisziplinären Diskurses". *Kulturwissenschaftliche Zeitschrift* 2.1 (2018): 1–20.

Dürbeck, Gabriele und Philip Hüpkes (Hrsg.). *The Anthropocenic Turn. The Interplay Between Disciplinary and Interdisciplinary Responses to a New Age*. New York 2020.

Dürbeck, Gabriele und Philip Hüpkes. „The Anthropocene as an Age of Scalar Complexity. Introduction". *Narratives of Scale in the Anthropocene: Imagining Human Responsibility in an Age of Scalar Complexity*. Hrsg. von Gabriele Dürbeck und Philip Hüpkes. New York 2021: 1–20.

Dürbeck, Gabriele und Christine Kanz (Hrsg.). *Nature Writing in der deutschsprachigen Literatur von Goethe bis zur Gegenwart. Kontroversen, Positionen, Perspektiven*. Berlin 2020.

Dürbeck, Gabriele und Urte Stobbe (Hrsg.). *Ecocriticism. Eine Einführung*. Köln 2015.

Emmett, Robert S. und David E. Nye. *The Environmental Humanities. A Critical Introduction*. Cambridge, MA 2017.

Gaffney, Erika (Hrsg.). *Environmental Humanities in Pre-Modern Cultures*. Amsterdam 2017.

Garrard, Greg (Hrsg.) *The Oxford Handbook of Ecocriticism*. Oxford 2014.

Ghosh, Amitav. „Petrofiction. The Oil Encounter and the Novel [1992]". *Energy Humanities. An Anthology*. Hrsg. von Dominic Boyer und Imre Szeman. Baltimore, MD 2017: 431–440.

Giblett, Rodney James. *Environmental Humanities and Theologies. Ecoculture, Literature and the Bible*. Milton 2018.

Goodbody, Axel. „German Ecocriticism: An Overview". *The Oxford Handbook of Ecocriticism*. Hrsg. von Greg Garrard. Oxford 2014: 547–559.

Hajer, Maarten A. *The Politics of Environmental Discourse. Ecological Modernization and the Policy Process*. Oxford 1997.

Haraway, Donna. „Encounters with Companion Species. Entangling Dogs, Baboons, Philosophers, and Biologists". *Configurations* 14.1/2 (2006): 97–114.

Haraway, Donna. „Anthropocene, Capitalocene,Plantationocene, Chthulucene. Making Kin". *Environmental Humanities* 6 (2015): 159–165.

Haraway, Donna und Fabrizio Terranova. *Storytelling for Earthly Survival*. 2016.

Heise, Ursula K. „The Environmental Humanities and the Futures of the Human". *New German Critique* 43 (2016): 21–31.

Heise, Ursula K. „Introduction. Planet, Species, Justice, and the Stories We Tell About Them". *The Routledge Companion to the Environmental Humanities*. Hrsg. von Ursula K. Heise, Jon Christensen und Michelle Niemann. London 2017: 1–10.

Heise, Ursula K., Jon Christensen und Michelle Niemann (Hrsg.). *The Routledge Companion to the Environmental Humanities*. London 2017.

Holm, Poul. „Can Environmental Humanities Help Make a Better World?". *RCC Perspectives* 2 (2014): 57–60.

Holm, Poul et al. „Humanities for the Environment. A Manifesto for Research and Action". *Humanities* 4.4 (2015): 977–992.

Horn, Eva und Hannes Bergthaller. *Anthropozän zur Einführung*. Hamburg 2019.

Hubbell, J. Andrew und John C. Ryan (Hrsg.). *Introduction to the Environmental Humanities*. New York 2021.

Johnston, Lucas F. und Dave Aftandilian (Hrsg.). *Grounding Education in Environmental Humanities. Exploring Place-Based Pedagogies in the South*. Abingdon 2018.

Jones, Jamie L. „Beyond Oil. The Emergence of the Energy Humanities". *Resilience. A Journal of the Environmental Humanities* 6.2 (2019): 155–163.
Kaul, Susanne und Stefan Lange (Hrsg.). *Ziele und ästhetische Strategien von Umweltdokumentarfilmen. Eine interdisziplinäre Annäherung*. Braunschweig 2020.
Lundgren, Jakob. „The Grand Concepts of Environmental Studies Boundary Objects Between Disciplines and Policymakers". *Journal of Environmental Studies and Science* 11 (2021): 93–100.
Mackenthun, Gesa. „Postkolonialer Ecocriticism". *Ecocriticism. Eine Einführung*. Hrsg. von Gabriele Dürbeck and Urte Stobbe. Köln 2015: 81–93.
Malm, Andreas und Alf Hornborg. „The Geology of Mankind? A Critique of the Anthropocene Narrative". *The Anthropocene Review* 1.1 (2014): 62–66.
Mauch, Christof. „Slow Hope. Rethinking Ecologies of Crisis and Fear". *RCC Perspectives. Transformations in Environment and Society* 1 (2019): 1–43.
Mentz, Steve. „Experience Is Better than Knowledge: Premodern Ocean Science and the Blue Humanities". *Configurations* 27.4 (2019): 433–442.
Moore, Jason W. (Hrsg.). *Anthropocene of Capitalocene? Nature, History, and the Crisis of Capitalism.* Oakland, CA 2016.
Neimanis, Astrida, Cecilia Åsberg und Johan Hedrén. „Four Problems, Four Directions for Environmental Humanities. Toward Critical Posthumanities for the Anthropocene". *Ethics and the Environment* 20.1 (2015): 67–97.
Nye, David E. et al. *The Emergence of Environmental Humanities.* Stockholm 2013.
Oppermann, Serpil und Serenella Iovino. *Environmental Humanities. Voices from the Anthropocene.* London 2017.
Posthumus, Stephanie, Stéfan Sinclair und Veronica Poplawski. „Digital and Environmental Humanities. Strong Networks, Innovative Tools, Interactive Objects". *Resilience. A Journal of the Environmental Humanities* 5.2 (2018): 156–171.
Rangarajan, Swarnalatha, Vidya Sarveswaran und Scott Slovic (Hrsg.). *The Bloomsbury Handbook to the Medical-Environmental Humanities.* London 2022.
Robin, Libby und Deborah Bird Rose. „The Ecological Humanities in Action. An Invitation". *Australian Humanities Review* 31/32 (2004): o.P.
Rose, Deborah Bird et al. „Thinking Through the Environment, Unsettling the Humanities". *Environmental Humanities* 1.1 (2012): 1–5.
Schaumann, Caroline und Heather I. Sullivan. „Introduction". *German Ecocriticsm in the Anthropocene.* Hrsg. von Caroline Schaumann und Heather I. Sullivan. New York 2017: 7–21.
Schliephake, Christopher. *The Environmental Humanities and the Ancient World. Questions and Perspectives.* Cambridge 2020.
Schmidt, Matthias und Hubert Zapf (Hrsg.). „Environmental Humanities. An Emerging Field of Transdisciplinary Research". *GAIA* 29.4 (2020): 225–229.
Schmidt, Matthias und Hubert Zapf (Hrsg.). *Environmental Humanities. Beiträge zur geistes- und sozialwissenschaftlichen Umweltforschung.* Göttingen 2021.
Siewers, Alfred Kentigern (Hrsg.). *Re-imagining Nature. Environmental Humanities and Ecosemiotics.* Lewisburg, PA 2014.
Soentgen, Jens. *Konfliktstoffe. Über Kohlendioxid, Heroin und andere strittige Substanzen.* München 2019.
Sörlin, Sverker. „Environmental Humanities. Why Should Biologists Interested in the Environment Take the Humanities Seriously?". *BioScience* 62.9 (2012): 788–789.
Starobinski, Jean. *Les Mots sous les Mots. Les Anagrammes de Ferdinand de Saussure.* Paris 1971.
Steffen, Will et al.: „The Trajectory of the Anthropocene. The Great Acceleration". *The Anthropocene Review* (2015): 81–98.

Sullivan, Heather. „Material Ecocriticism and the Petro-Text". *The Routledge Companion to the Environmental Humanities*. Hrsg. von Jon Christensen, Ursula K. Heise und Michelle Niemann. London 2017: 414–423.

Szeman, Imre: „Introduction to Focus. Petrofictions". *American Book Review* 33.3 (2012): 3.

Travis, Charles. „The Digital Anthropocene, Deep Mapping, and Environmental Humanities' Big Data". *Resilience. A Journal of the Environmental Humanities* 5.2 (2018): 172–188.

Weik von Mossner, Alexa. *Affective Ecologies. Empathy, Emotion, and Environmental Narrative*. Columbus, OH 2017.

Westall. Claire. „World-Literary Resources and Energetic Materialism". *Journal of Postcolonial Writing* 53.3 (2017): 265–276.

Wilke, Sabine. „Environmental Humanities". *Ecocriticism. Eine Einführung*. Hrsg. von Gabriele Dürbeck und Urte Stobbe. Köln 2015: 94–106.

Wilke, Sabine und Japhet Johnstone (Hrsg.). *Readings in the Anthropocene. The Environmental Humanities, German Studies, and Beyond*. New York 2017.

Woods, Derek. „Scale Critique for the Anthropocene". *The Minnesota Review* 83 (2014): 133–144.

Yaeger, Patricia. „Literature in the Ages of Wood, Tallow, Coal, Whale Oil, Gasoline, Atomic Power, and Other Energy Sources". *Publications of the Modern Language Association of America* 126.2 (2011): 305–310.

Zapf, Hubert und Mathias Schmidt. „Environmental Humanities. Eine Einführung in den Band". *Environmental Humanities. Beiträge zur geistes- und sozialwissenschaftlichen Umweltforschung*. Hrsg. von Hubert Zapf und Mathias Schmidt. Göttingen 2021: 9–15.

Zapf, Hubert und Evi Zemanek. „Die Environmental Humanities im deutschsprachigen Raum. Erste Forschungszentren, Ansätze und Perspektiven". *Le végétal au défi des humanités environnementales. Die Pflanzenwelt im Fokus der Environmental Humanities*. Hrsg. von Aurelie Choné und Philippe Hamman. Berlin 2021: 73–100.

Sabine Müller

(Critical) Ethnic Studies

1 Forschungsgeschichte

Im Hinblick auf das kulturwissenschaftliche Forschungsfeld der CRITICAL ETHNIC STUDIES ist zwischen einem engen und einem weiten Begriffsverständnis zu unterscheiden: Aus einem breiteren Blickwinkel versteht man hierunter eine zunehmend stärker werdende, auf prekäre gesellschaftliche Tendenzen der letzten Jahrzehnte reagierende Ausrichtung innerhalb der ETHNIC STUDIES, die durch interdisziplinäre Brückenschläge zu verschiedenen ‚Critical Studies' und zu dementsprechenden Ansätzen (Black Marxism, Black Feminism, QUEER OF COLOR STUDIES, CRITICAL LEGAL STUDIES, Critical Race Theory, Critical Geography usw.) gekennzeichnet ist. In einem engeren Sinn bezieht sich der Terminus CRITICAL ETHNIC STUDIES auf eine sich seit 2011 im angloamerikanischen Raum unter diesem Namen institutionalisierende Forschungsrichtung, die an die genannten kritischen Tendenzen innerhalb der etablierten ETHNIC STUDIES anschließt und diese vernetzt und fokussiert fortführt.

Beide Stränge sind durch geteilte Anliegen und Fragestellungen geprägt. Ihr gemeinsamer Ausgangspunkt ist die kritische Reflexion jener wissenschaftlichen und politischen Errungenschaften, die im Zuge des Civil Rights Movement und der Studierendenproteste in den USA der 1960er Jahre zur akademischen Institutionalisierung der ersten, sich zunehmend ausdifferenzierenden ETHNIC STUDIES-Departments (BLACK STUDIES, ASIAN AMERICAN STUDIES, NATIVE AMERICAN STUDIES usw.) führten (→ MINORITY STUDIES). Kritisch hinterfragt wird v. a. die ‚große Erzählung', dass die Institutionalisierung dieser „Studies" in Verbindung mit den erkämpften Bürgerrechten und Sozialreformen für die betroffenen ethnisierten und rassialisierten Minoritäten eine Verbesserung der Lebensverhältnisse und eine Reduktion der gegen sie gerichteten Diskriminierung und Gewalt erreichen werde. Aus Sicht der Vertreter*innen der CRITICAL ETHNIC STUDIES ist in wissenschaftlicher, politischer, sozialer und ökonomischer Hinsicht genau das Gegenteil eingetreten: Statt der Fortschritte, die man sich erhoffte, habe sich im Zusammenspiel mit den Mechanismen der neoliberalen Universität eine intrikate Logik vermeintlicher Inklusion entfaltet, die auf der Basis eines zur Schau gestellten Multikulturalismus die progressive Identitätspolitik der jungen Departments domestiziert habe. Diese Neutralisierung des gesellschaftsverändernden Potenzials der etablierten ETHNIC STUDIES-Departments habe dazu geführt, dass keine ausreichenden Instrumente entwickelt wurden, um der Verfestigung neuer, komplexerer Technologien forcierter Ungleichheit und dem unerwarteten, globalen Wiederer-

https://doi.org/10.1515/9783110712919-008

starken xenophober, anti-egalitärer und rassistischer Bewegungen wissenschaftlich und politisch angemessen begegnen zu können (Elia et al. 2016, 1–6). In den angloamerikanischen Wissenschaften ist der Begriff *race* nicht ausschließlich negativ (‚rassistisch') konnotiert, sondern wird auch – wie etwa in der Critical Race Theory – kritisch-affirmativ verwendet, weshalb zahlreiche englischsprachige Standardwerke die Themen *race* und *ethnicity* gemeinsam behandeln. Beide Begriffe beziehen sich auf soziokulturell konstruierte, klassifizierende Selbst- und Fremdzuschreibungen, deren Grenzen – auch aufgrund unterschiedlicher Verwendungskontexte – beizeiten unklar werden. Weitgehend Einigkeit besteht jedoch dahingehend, dass sich Selbst- und Fremd-Identifizierungen auf der Grundlage des Faktors *race* primär auf physische Differenzsetzungen (insbesondere die Pigmentierung der Haut) stützen, während man den Begriff der Ethnizität eher an geteilte kulturelle Praktiken und Traditionen sowie an die geographische Herkunft der jeweiligen Personen und Gruppen bindet (Caliendo und McIlwain 2020, 1–2, 18–24). Soweit in der zitierten und behandelten Forschungsliteratur nicht anders gehandhabt, liegen dem vorliegenden Beitrag ebendiese konstruktivistischen, anti-essentialistischen Begriffsdefinitionen zugrunde, wobei, um den abweichenden Konnotationen im Deutschen und im Englischen zu entsprechen, *racial* mit „rassialisiert" und *ethnic* mit „ethnisiert" übersetzt wird und der Begriff *race* unübersetzt bleibt.

Ausgehend von den oben beschriebenen Entwicklungen der Post-Civil Rights-Ära gilt das Hauptinteresse der Critical Ethnic Studies der Frage, wie rassistische Formen individueller, systemischer und struktureller Gewalt – trotz der erzielten emanzipatorischen Erfolge – in der politischen Moderne überdauern konnten. Diese Frage beruht auf dem Verdacht, dass sowohl grundlegende Kontinuitäten als auch folgenreiche Transformationen bisher übersehen oder nicht ausreichend berücksichtigt wurden. Vor diesem Hintergrund richten die Vertreter*innen der kritischen Ethnic Studies ihre Aufmerksamkeit verstärkt auf die Rolle der Kategorien *race, class, gender* und *sexuality* in politisch-ökonomischen, rechtlichen und militärischen Systemen globaler Gewalt. Besonderes Augenmerk gilt hier zudem dem spezifisch zeitgenössischen Ineinandergreifen früh- und spätkapitalistischer, geo- und biopolitischer Machtformen, dessen Logik und Geschichte aus Sicht der Critical Ethnic Studies unzureichend theoretisiert und erforscht sind.

Als lange Zeit führende Disziplin im Feld der klassischen Ethnic Studies können v. a. die Black Studies und African American Studies auf eine Forschungsgeschichte zurückblicken, die – mit Autoren wie W. E. B. Du Bois (1868–1963), Carter G. Woodson (1875–1950), Booker T. Washington (1856–1915) und George Washington Williams (1849–1891) – bis ins späte 19. und beginnende 20. Jahrhundert zurückreicht (Bobo et al. 2004, 1–12; zur Geschichte der aufschlussreichen Umbenennungen und Abgrenzungen der Black Studies, African American Studies, Africana Studies und der Africology, vgl. Asante und Karenga 2006, 3–15.). Zu den einflussreichsten Arbeiten zählen hier u. a. Du Bois' Studien *The Philadelphia Negro* (1899) und *The Souls of Black Folk* (1903), Woodsons *A Century of Negro Migration* (1918) und Washingtons *The Story of the Negro: The Rise of the Race from Slavery* (1909). Trotz zahlreicher Bestrebungen, die Erforschung der Geschichte rassialisierter Bevölkerungsgruppen zu institutionalisieren, brachte erst das Jahr 1968 den entscheidenden Durchbruch. Im Kontext des Civil Rights Movement, der Schwarzen Bürgerrechtsbewegung der 1950er und 1960er Jahre, begann sich an den amerikanischen Westküsten-Universitäten auch ein schlagkräftiger studentischer Aktivismus zu entwickeln. So formierte sich bspw. unter der Bezeichnung Third World Liberation Front (TWLF) an der San Francisco State University eine Koalition zwischen der Black Student Union, der Latin American Students Organization, der Asian American Political Alliance, dem Phillipine American Collegiate Endeavor und der Native American Students Union. Mit der Organisation eines der längsten Streiks der US-Geschichte gelang es der TWLF 1968, die Etablierung erster Black und Ethnic Studies Schools und Departments sowie eine Erhöhung der Zulassung als „colored" wahrgenommener Studierender durchzusetzen.

Auf diese in San Francisco und Berkeley errungene, zweifache Öffnung des bislang weitgehend ‚weißen', US-amerikanischen Universitätssystems folgte Schritt für Schritt eine zunehmend flächendeckende Institutionalisierung der Erforschung von Geschichte und Gegenwart diskriminierter rassialisierter und ethnisierter Minoritäten aus nationaler, später zudem aus transnationaler und diasporischer Perspektive. Den Auftakt bei der akademischen Verankerung der genuin interdisziplinären Ethnic Studies machten die Black und African American Studies, gefolgt von den Asian American Studies, Native American Studies, Latina/o Studies und Chicana/o Studies sowie einer Reihe weiterer, sich entlang identitäts- und bewusstseinspolitischer Linien ausdifferenzierender Wissenschaftsfelder. Sozial-, geschichts-, kultur- und literaturwissenschaftliche Zugänge verbindend, zielten die frühen Ethnic Studies auf die Rekonstruktion der Geschichte und Erfahrung der Versklavten, Unterdrückten und Ausgebeuteten aus einem neuen, eigenständigen Blickwinkel. Diese Suche nach autonomen Epistemen – etwa einer „black perspective" (Asante und Mazama 2005, xix) – war eng mit den jeweiligen *communities* und ihren politischen Organen verwoben und brachte eine besondere Tradition des „scholar-activism" (Asante und Karenga 2006, 9) hervor.

Gerade dieses lokal verankerte Selbstverständnis als Gegenentwurf zum kolonial belasteten, europäischen Wissenschaftssystem bildete auch die Grundlage für eine (die Institutionalisierung spätestens seit den 1980er Jahren begleitende) Verschränkung mit Ansätzen, die sich in verwandten politischen Kontexten herausbildeten. Hier waren es insbesondere die Feminist Studies und → Gender Studies sowie die Intersektionalitätsforschung (Crenshaw 1989), deren Anregungen aufgegriffen wurden und – mit den Black Women's Studies, Queer of Color Studies, Gay

Latino Studies usw. – neue Forschungsfelder an den Schnittstellen (*intersections*) der Differenzkategorien *class*, *race* und *gender* hervorbrachten. Diese weitere Diversifizierung der Ethnic Studies wurde durch die Rezeption der im Kontext der britischen Cultural Studies entstehenden Arbeiten von Stuart Hall, Paul Gilroy und Kobena Mercer – der Black Cultural Studies – nicht nur inhaltlich gestärkt. Auch institutionell trugen die Black Cultural Studies dazu bei, dass die Frage nach ineinandergreifenden Diskriminierungsachsen in den akademischen Lehrplänen zahlreicher Länder einen festen Platz erhielt, eine Entwicklung, die durch die Rezeption der aus dem globalen, antikolonialen Widerstand hervorgehenden → Postcolonial Studies und Subaltern Studies unterstützt wurde.

Vor diesem wissenschaftshistorischen Hintergrund wird deutlich, dass dem sich seit den späten 1960er Jahren etablierenden, sich der europäischen Disziplin der Ethnologie entgegenstellenden Feld der Ethnic Studies von Beginn an ein kritischer Impetus eingeschrieben war und ist, der sich auch in der Entwicklung und Wahl der analytischen Instrumente niederschlägt. Aus diesem Grund wäre es verfehlt, jene neueren Entwicklungen, die hier unter der Bezeichnung Critical Ethnic Studies zusammengefasst werden, als Folge eines *critical turn* im Sinne einer datierbaren, lokalisierbaren und inhaltlich abgrenzbaren Wende mit einem Davor und Danach, einem Diesseits und Jenseits zu verstehen (Elia et al. 2016, 1–15). Was sich dennoch klar diagnostizieren lässt, ist eine steigende Bedeutung bestimmter (selbst)kritischer Ansätze. Auslöser hierfür waren v. a. wissenschaftsexterne, gesellschaftliche Entwicklungen, die aus Sicht der wissenschaftlichen Akteur*innen neue Strategien der Kritik erforderten. Verstärkt wurde diese Motivation dadurch, dass die Ethnic Studies durch das Erstarken von White Supremacy-Bewegungen sowie durch von der Finanzkrise (2008) ausgelöste universitäre Budgetkürzungen institutionell in eine ‚kritische', d. h. bedrohte Lage gerieten (Elia et al. 2016, 4).

Vor diesem Hintergrund lässt sich die gesellschaftskritische Neuausrichtung innerhalb der Ethnic Studies als ein zunehmender Zweifel am eingeschlagenen Weg beschreiben, der sich – ohne auf einen Ursprung rückführbar zu sein – in den unterschiedlichsten Bereichen artikulierte. Wichtige Katalysatoren hierfür waren die Beobachtung, dass die durch staatliche Organe ausgeübte oder durch sie sanktionierte rassistische Gewalt nicht sank, sondern stieg, sowie die Erkenntnis, dass sich die Mechanismen der Ausbeutung und Unterdrückung konstant weiterentwickelten (Márquez und Rana 2015). Intensivierte Grenzregime (→ Border Studies), eine radikalisierte Internierungspolitik (Camp Studies, Incarceration Studies), eine Verzahnung rassistischer Innen- und Außenpolitik, von *welfare* und *warfare*, neue Formen der räumlichen Segregation und Ungerechtigkeit (*environmental justice*, *climate justice*), der Verdacht auf eine Alibirolle (*tokenism*) und PR-Funktion der Ethnic Studies-Departments (‚Exzellenz durch Diversität') – all dies führt v. a. in den US-amerikanischen Ethnic Studies zu einer immer stärker werdenden Aufmerksamkeit für systemische Zusammenhänge und für die Notwendigkeit verfeinerter und aktualisierter, relationaler Analysen. Das methodologische und historische Wissen um die Macht rassistischer ‚Texte' (Diskurse, Ideologien, Bilder, Literatur usw.) wird dabei nicht zurückgelassen. Im Zentrum der kritischen ETHNIC STUDIES steht dennoch ein neues Interesse für die Rolle des Staats, des Justiz- und Gefängnissystems, der spätkapitalistischen und neoimperialistischen Akkumulation, der Kriegsführung (im weitesten Sinn) sowie – an vorderster Stelle – für die *Verflechtung* dieser Systeme und ihrer Machttechnologien. Den in den 1950er Jahren geprägten Begriff des militärisch-industriellen Komplexes aufgreifend, werden neue Phänomene der ‚Machtagglomeration' unter den Stichworten des „military-industrial-media complex", des „academic-industrial" und des „prison-industrial complex" (Davis 2003; Ferguson 2012) diskutiert, wobei jedoch das in diesen zugespitzten Begriffen angelegte Spannungsverhältnis zu neueren Machttheorien (Gouvernementalität, Biomacht, Subalternität/Hegemonie usw.) mitbedacht wird. Thesen der Critical Geography nach David Harvey zur Verflechtung von Kapitalismus, Raum und Staat (Harvey 2001) aufgreifend und um den Aspekt der rassistischen Gewalt ergänzend, wird zur Thematisierung der Multidimensionalität der Problematik auch der Begriff des „state-finance-racial violence nexus" (Melamed 2015) verwendet.

Forschungsgeschichtlich ist entscheidend, dass mit diesen Fragestellungen ein Zusammenrücken der stark ausdifferenzierten Stränge der ‚klassischen' ETHNIC STUDIES verbunden ist und dass sich die interdisziplinäre Arbeit entlang neuer, nicht mehr identitätspolitisch bestimmter Achsen zu konstituieren beginnt. An die Stelle der Rekonstruktion von Praktiken des *othering* oder *empowerment* einzelner Gruppen treten neue, alle ETHNIC STUDIES gemeinsam betreffende Themen, die zugleich die Dringlichkeit neuer analytischer Kategorien und Methoden sichtbar machen und auch hier eine Zusammenarbeit nahelegen. Dem ersten, einführenden Sammelband zu den CRITICAL ETHNIC STUDIES im engeren Sinn (Elia et al. 2016) gelang es, die zentralen Fragen des jungen Forschungsfelds in fünf pointierte, das Buch strukturierende Topoi zu fassen, die – nicht zufällig – konfliktgeladene Konstellationen adressieren. Der erste Abschnitt wirft unter dem Titel „The Multicultural Nation and the Violence of Liberal Rights" den Blick auf das Scheitern der mit der liberalen, rechtlichen Gleichstellung verknüpften Hoffnungen auf eine gewaltfreie, postrassistische Zukunft auf, worauf im nächsten Schritt akademisch-selbstreflexive Untersuchungen zum Thema „Critical Ethnic Studies Projects Meet the Neoliberal University" folgen. Nachdem Abschnitt drei unter der Überschrift „The Body and the Dispensations of Racial Capital" bereits sehr deutlich zum Zusammendenken mikro- und makropolitischer Begriffe und Konzepte auffordert, setzt das darauffolgende Kapitel diese Programmatik in neuem Kontext fort. Unter dem Titel „Militarism, Empire, and War: The Security State and States of Insecurity" werden mit der Konfrontation ‚harter' und ‚weicher' Machtlogiken wiederum Problematiken zusammengeführt, die bisher in sehr unterschiedlichen, kaum vernetzten Feldern der Sozial- und Kulturwissenschaften erforscht werden. Indem der Band mit exemplarischen Untersuchungen zu „Fugitive Socialities and Alternative Futures" schließt, erinnert er daran, dass es trotz alarmierender Entwicklungen auch unerwartet durchsetzungsfähige, neue Widerstandsbewegungen (u. a. Black Lives Matter, globaler indigener Protest) auf ihre Erfolgsbedingungen zu betrachten gilt.

Auch wenn sich hiermit bestimmte thematische Brennpunkte der CRITICAL ETHNIC STUDIES definieren lassen, handelt es sich dennoch um ein nach wie vor offenes Projekt, um einen Prozess der Suche, der auf der Grundlage eines fächer- und institutionenübergreifenden Dialogs auch die Suche nach neuen analytischen Kategorien und Methoden einschließt. Die Denktraditionen, denen man sich vor diesem offenen Hintergrund neu zuwendet, sind entsprechend vielfältig. Sie entstammen u. a. der (neo-)marxistischen, globalisierungs- und imperialismuskritischen Kultur- und Sozialwissenschaft, dem Radical Feminism, der Black Radical Tradition, der Critical Geography of Race (Price 2010), der Carceral Geography (Gilmore 2007) und den INCARCERATION STUDIES sowie zahlreichen anderen kritischen Ansätzen. In Zusammenhang mit dem Bemühen um neue machttheoretische und machthistorische Perspektiven ist zudem ein wachsendes Naheverhältnis zu den Geschichtswissenschaften zu beobachten.

Versucht man, ein gemeinsames Kennzeichen dieser breit angelegten Suchbewegungen und ihrer theoretischen Relektüren auszumachen, fällt v. a. die Präsenz post-poststrukturalistischer Tendenzen auf. Der Poststrukturalismus bleibt mit seiner Kritik an den Emanzipationsnarrativen der Moderne, mit seinem Differenzbegriff und der zentralen Stellung kultureller Erzählungen im engeren und weiteren Sinn zwar fixer Bezugspunkt. Dennoch zeigt sich eine zunehmende Skepsis der Hoffnung gegenüber, dass mit der Dekonstruktion ‚weißer' Narrative und Archive genug getan ist – eine Skepsis, die im Feld der US-amerikanischen ETHNIC STUDIES an eine überdurchschnittlich starke Tradition der Kritik an wirklichkeitsfernen, elitären, einem akademischen Narzissmus dienenden Ansätzen der Literatur- und Kulturanalyse (Christian 1987) anschließen kann. Im Bereich der Rezeption postkolonialer Ansätze zeigt sich diese Neuorientierung u. a. darin, dass zwar Gayatri Chakravorty Spivaks Epistemologie-Kritik weiterhin wichtig bleibt und auch die jüngere politische Differenzphilosophie (z. B. Jacques Rancière) rezipiert wird. Die Arbeiten Homi K. Bhabhas oder Edward Saids werden hingegen von einem neu aufkommenden Interesse an den radikalen Überlegungen Frantz Fanons klar verdrängt (→ POSTCOLONIAL STUDIES).

Indem die politische Lage in den USA sowie deren globale Rolle als entscheidender Kontext für die Herausbildung der CRITICAL ETHNIC STUDIES gelten können, ist der Einfluss der Geschichte der *cultural turns* – verglichen mit der Wissenschaftsgeschichte anderer Studies – vergleichsweise gering bzw. nimmt eine etwas andere Gestalt an. So kann der *transnational turn*, die Ersetzung nationalstaatlicher Prämissen durch zwischenstaatliche, postnationale und globale Perspektiven, zweifelsohne als Katalysator auf dem Weg zur kritischen Neuausrichtung der ETHNIC STUDIES verstanden werden. Zugleich ist aber zu bedenken, dass ebendieser *turn* mit den Konzepten der „African Diaspora" und des „Black Atlantic" (Gilroy 1993) sowie durch den das Fach prägenden Fokus auf das Zusammenspiel von Rassialisierung, Geopolitik und Migration selbst mitgestaltet wurde. Im Hinblick auf die beiden im vorliegenden Fall wichtigsten ‚Wenden' – auf den *material* und den *ethical turn* – lassen sich sowohl Parallelen und Wechselbeziehungen als auch alternative Entwicklungen beobachten. So war bereits den klassischen ETHNIC STUDIES bei ihrer Etablierung eine gesellschaftspolitische Orientierung und eine ethische (Selbst-)Reflexion konstitutiv eingeschrieben – eine Verbindung, die durch die CRITICAL ETHNIC STUDIES nur in ihrer Ausrichtung verändert wird. In den Trends zur Konzentration auf ‚immaterielle' Diskurs- und Textuniversen waren die ETHNIC STUDIES durch die enge Verbindung mit den realen Lebenswelten diskriminierter *communities* hingegen nur beschränkt involviert. Aus diesem Grund zeichnet sich auch die Gegenbewegung schwächer ab, wobei zwischen den aktuellen, jüngeren CRITICAL ETHNIC STUDIES und dem *material turn* wiederum ein klares Naheverhältnis erkennbar ist.

Während die Position der CRITICAL ETHNIC STUDIES in der Geschichte der *cultural turns* somit nicht ganz eindeutig zu bestimmen ist, lässt sich sehr klar angeben, welche wissenschaftlichen Fächer und Entwicklungen als institutionelle, politische und theoretisch-methodologische Wegbereiter verstanden werden können. Chronologisch betrachtet sind hier zunächst die CRITICAL LEGAL STUDIES und die sich hieraus entwickelnde Critical Race Theory zu nennen. Erstere etablierten sich in den 1970er Jahren, ausgehend von der Kritik an der als formalistisch und objektivistisch dekonstruierten liberalen Prämisse, dass Rechtssysteme aus einem Set feststehender, neutraler Normen bestünden. Auf Argumente der Kritischen Theorie und des französischen Poststrukturalismus zurückgreifend, halten die Vertreter*innen der CRITICAL LEGAL STUDIES dem entgegen, dass auch das System juristischer Normen auf binären Logiken basiert. Sozioökonomische Privilegien werden innerhalb dieser Logiken in einem andauernden Prozess des Performens aktiv (re-)produziert, wodurch sich freilich auch zu nutzende politische Handlungsspielräume eröffnen (Unger 1983).

Aus dieser grundlegend neuen Sichtweise auf die soziale und politische Funktion des Rechts entwickelten engagierte Jurist*innen in den späten 1980er Jahren die Critical Race Theory, indem sie die Grundaxiome der CRITICAL LEGAL STUDIES im Hinblick auf den Binarismus *Black versus White* weiterführten und hierfür nicht nur auf Foucault, Gramsci und Derrida, sondern auch auf Autor*innen der „American radical tradition" (Sojourner Truth, W. E. B. Du Bois, Black Power und

Chicano Movements, Radical Feminism usw.) zurückgriffen (Crenshaw et al. 1995; Delgado und Stefancic 2017, 5). Auf dieser Grundlage stellen die Vertreter*innen der Critical Race Theory den Hoffnungen des Civil Rights Movement, dass rechtliche ‚Gleichheit' und stetige politische Arbeit zu einer Überwindung rassistischer Strukturen führen können, das Argument entgegen, dass Rassismus keine korrigierbare gesellschaftliche Abweichung, sondern ein konstitutives, nicht eliminierbares Element sozialer Systeme darstelle (Valdes et al. 2002, 1; Delgado und Stefancic 2017, 8–9). Da aus diesem Grund auch neue Strategien „to combat whiteness" (Curry 2009, 5) vonnöten seien, plädieren sie dafür, bei der Analyse rassialisierter Ungleichheit den Blick weniger auf die Benachteiligten, sondern auf die Komplizenschaft all jener zu richten, die – in welcher Form auch immer – aus dem System der ‚weißen Vorherrschaft' Vorteile ziehen.

Ebendiese Umkehr der Blickrichtung liegt auch den sich in den 1990er Jahren herausbildenden CRITICAL WHITENESS STUDIES zugrunde, die – wie die CRITICAL ETHNIC STUDIES – auf die neue Doppelgestalt rassistischer Strukturen und Praktiken verweisen. Diese seien nun einerseits subtiler, noch unsichtbarer angelegt, andererseits seien im Kontext der Privatisierung staatlicher Agenden und des Erstarkens neuer White Supremacy-Bewegungen exakt entgegengesetzte Tendenzen zu beobachten: eine gesteigerte Gewaltbereitschaft und ein verringertes Bemühen, rassistische Überzeugungen geheim zu halten. Beide Herausforderungen verlangen aus Sicht der CRITICAL WHITENESS STUDIES „a focus on Whiteness", basierend auf der Anerkennung, „that the color of the race problem is White" (Jensen 2020, 25). Vor diesem Hintergrund zielen die (angloamerikanischen) CRITICAL WHITENESS STUDIES auf das Aufzeigen des Umstands, „that race is real in social terms": „Whiteness is not an identity rooted in actual cultural traditions but was instead constructed for political and economic domination." (Jensen 2020, 29–31)

Die Entstehungszeiträume der Critical Race Theory und der CRITICAL WHITENESS STUDIES sowie deren Rezeption innerhalb der etablierten ETHNIC STUDIES-Departments und anderer, mit *ethnicity* und *race* befasster Forschungseinrichtungen belegen, dass bereits seit den 1980er Jahren eine stetig steigende Zuwendung zu jenen Fragestellungen und Ansätzen stattfindet, die den CRITICAL ETHNIC STUDIES im weiten Sinne zugeordnet werden können. Die Geschichte der expliziten, sich unter dieser Bezeichnung institutionalisierenden CRITICAL ETHNIC STUDIES beginnt hingegen erst 2011 mit einer Gründungskonferenz in Riverside, California, an der 1.500 Wissenschafter*innen, Aktivist*innen und Künstler*innen teilnahmen (Márquez und Rana 2015, 1). 2013 folgte eine ebenso wichtige Konferenz in Chicago, auf der die Critical Ethnic Studies Association (CESA) gegründet wurde, unter deren Dach auch die von Michelle M. Wright und Jodi A. Byrd herausgegebene Buchreihe *Critical Insurgencies* angesiedelt ist. 2016 erschien der oben bereits zitierte, erste einführende Sammelband *Critical Ethnic Studies. A Reader*, herausgegeben von Nada Elia, David M. Hernández, Jodi

Kim, Shana L. Redmond, Dylan Rodríguez und Sarita Echavez See. Seit 2017 erscheint zweimal jährlich die ebenfalls mit der CESA eng verknüpfte Zeitschrift *Critical Ethnic Studies*, die sich als „a space for insurgent critique, primarily within the field of Ethnic Studies, and, subsequently, within the academy“ versteht (Márquez und Rana 2015, 5).

2 Exemplarische Beispiele und Fragestellungen

Um einen möglichst repräsentativen Einblick in das inhaltliche und methodologische Spektrum der Critical Ethnic Studies zu geben, werden im Folgenden Arbeiten zu unterschiedlichen Zeiträumen, mit unterschiedlichen methodischen Zugängen und zu drei Kernthemen vorgestellt. Zunächst wird das Konzept des „racial capitalism“ (Robinson 2000 [1983], 2) ins Zentrum gerückt, dessen Prägung und Diskussion bis in die Ethnic Studies der 1980er Jahre zurückreicht und Grundlagenwerke der Black Studies, der African American Studies und der Critical Whiteness Studies hervorgebracht hat, die stark von quellenorientierten, historiographischen Methoden geprägt sind. Im Anschluss werden zwei Arbeiten vorgestellt, die sich der Problematik der Neutralisierung und Instrumentalisierung des gesellschaftskritischen Potenzials der von den sozialen Bewegungen der 1960er und 1970er Jahre erkämpften Black Studies- und Ethnic Studies-Departments durch Mechanismen der neoliberalen Universität widmen.

Die erste Studie (Ahmed 2012) ist empirisch-sozialwissenschaftlich angelegt und rückt den in der (seit längerem implementierten) universitären Diversitätsrhetorik angelegten Widerspruch zwischen einem zur Schau getragenen Antirassismus einerseits, und zeitgleich institutionalisierten neuen Formen der Absicherung rassistischer Strukturen andererseits ins Zentrum. Die zweite Arbeit (Ferguson 2012) wählt einen Zugang, der Foucaults Konzepte der Biopolitik und der (neoliberalen) Gouvernementalität aufgreift und weiterentwickelt. Der hierdurch eröffnete, breite historische und geographische Horizont wird mit der Lektüre von literarischen Texten, Bildern, Kunstwerken und historischen Quellen verknüpft, anhand derer der Autor den Kampf zwischen den gesellschaftsverändernden Ambitionen der jungen Ethnic Studies-Departments und der sich in dieser Krisensituation erfolgreich neu erfindenden Systemen des ‚weißen‘ Machterhalts rekonstruiert. Abschließend wird ein Aufsatz (Feldman 2016) präsentiert, der die Tradition der → Visual (Culture) Studies und → Surveillance Studies mit Theorien, Methoden und Fragestellungen der Critical Geography of Race und der Critical Race Theory verbindet. Vor diesem Hintergrund konturiert er jene neue, gedoppelte Logik der Rassialisierung, die mit der exponentiellen

Ausweitung der Kriegsführung und Überwachung durch unbemannte Flugkörper und mit dem rechts- und mediengeschichtlich folgenreichen Chronotopos des präventiven *war on terror* einhergeht.

Der Begriff des „racial capitalism" wurde von Cedric J. Robinson in seiner 1983 erstmals erschienenen Studie *Black Marxism: The Making of the Black Radical Tradition* geprägt, ein Buch, dessen Titel auf eines der großen Standardwerke der britischen CULTURAL STUDIES – auf die 20 Jahre zuvor publizierte Arbeit des britischen Sozialhistorikers E. P. Thompson mit dem Titel *The Making of the English Working Class* (1963) – anspielt. Thompson hält darin den universalistischen Axiomen des historischen Materialismus das Argument entgegen, dass sich die aufbegehrende Arbeiterklasse durch kulturelle Praktiken im gleichen Maße selbst ‚gemacht habe', wie sie von den materiellen Bedingungen ‚gemacht wurde'. Dieses Argument aufgreifend, geht Robinson zugleich darüber hinaus, indem er der Tradition des europäischen Marxismus vorhält, dass letzterer als „Western construction" (Robinson 2000 [1983], 2) die Geschichte und Erfahrung ‚schwarzer' Menschen und *communities* und deren Rolle als Akteure der Veränderung und des Widerstands nicht greifen könne. Eine große historische Linie ziehend, stellt er dem ökonomischen Determinismus und Entwicklungsdenken des klassischen Marxismus den anhand umfangreicher Materialien veranschaulichten Befund gegenüber, dass dem Kapitalismus bereits seit seiner Entstehung im Europa der Neuzeit eine kulturell ‚gemachte', rassistische Logik – eine kulturelle Ökonomie – und damit ein vergessener Widerspruch eingeschrieben war: „Race was its epistemology, its ordering principle, its organizing structure, its moral authority, its economy of justice, commerce, and power." (Robinson 2000 [1983], xxxi) Ebendies sei auch der Grund, warum die von Marx und Engels theoretisierte Hoffnung, „that bourgeois society would rationalize social relations and demystify social consciousness", durch das Realwerden des exakten Gegenteils widerlegt wurde: „The development, organization, and expansion of capitalist society pursued essentially racial directions" (Robinson 2000 [1983], 2) – der Kapitalismus entfaltete sich als „racial capitalism", der sozioökonomische Strukturen, ideologische Formationen und politische Widerstandsbewegungen gleichermaßen durchdrang.

Rassismus wird von Robinson damit als historisch vorgängige, als „material force" (Robinson 2000 [1983], 198) wirkende kulturelle Ökonomie rekonstruiert, die aus seiner Sicht nicht nur die Wirtschafts- und Sozialgeschichte der rassistisch-kapitalistischen Akkumulation (Sklaverei, Kolonialismus, Ausbeutung von Migrant*-innen und indigenen Kulturen usw.) strukturiert habe. Als historische ‚Kraft' prägte sie – dem Marx'schen Konzept des determinierten Denkens entsprechend – auch die Geschichte der Wahrnehmung dieser zwei ineinandergreifenden Stränge der historischen Unterdrückung und Entrechtung sowie der hieraus entstehenden „two programs of revolutionary change“ (Robinson 2000 [1983], 1): des Marxismus einerseits, des *Black radicalism* andererseits.

Erst vor dem Hintergrund dieser Diagnose eines systematischen blinden Flecks in der marxistischen Geschichtsschreibung erhalten die zwei darauffolgenden Argumentationsetappen ihre Bedeutung. In einem ersten Schritt widmet sich Robinson einer Archäologie der „Black resistance“ (130), indem er Akte des ‚schwarzen‘ Widerstands seit dem frühen 16. bis ins 20. Jahrhundert als vergessene Geschichte politischer *agency* rekonstruiert und hierbei Ereignisse in den europäischen Kolonien, in Latein- und Nordamerika, in Haiti und Brasilien, in der Karibik und in Afrika miteinbezieht. Diese Gegenerinnerung, die an zahlreiche gleichgelagerte, bereits Ende des 19. Jahrhunderts einsetzende Projekte anschließen kann, fungiert jedoch nicht nur als Kritik am ‚weißen‘, eurozentrischen Marxismus. Sie bildet in der Folge auch die Grundlage für eine Relektüre der Klassiker der „Black radical tradition“ von W. E. B. Du Bois über C. L. R. James bis zu Richard Wright. Grundlinie dieser spezifischen Relektüre ist die (historisch-materialistische) Verortung der Entwicklung der Theorie und Historiographie der „Black liberation“ im Spannungsfeld zwischen einem ermächtigenden Aufgreifen der Thesen und Erfahrungen ‚weißer‘, europäischer „radicals“ einerseits, einer durch „Westernized eyes“ (Robinson 2000 [1983], 240) verzerrten Wahrnehmung der eigenen, ‚schwarzen‘ Geschichte andererseits. Schritt für Schritt setzte sich freilich die Zurückweisung – die Negation – des Einflusses ‚weißer‘, ‚westlicher‘ Ideen und Wahrnehmungen durch und ging damit in die Fundamente jener „Black radical tradition“ ein, die die ‚schwarzen‘ Emanzipationsprozesse des 20. Jahrhunderts prägt. Ob sich die in ihrem Wechselspiel rekonstruierten zwei ‚Geschichten‘ und ihre Utopien – die Befreiung der ökonomisch und der rassistisch Ausgebeuteten – zu einer gemeinsamen, einstimmig zwischen Haupt- und Nebenwiderspruch (*class* versus *race*) unterscheidenden Geschichte zusammenfügen lassen, überlässt Robinson mit dem Hinweis, dass beides „powerful but imperfect moral visions“ (Robinson 2000 [1983], 28) seien, den Leser*innen und damit jenen, die weiterhin Geschichte ‚machen‘.

Der kritische Abgleich der von den antirassistischen Freiheitsbewegungen (Civil Rights Movement usw.) nach 1945 gehegten Hoffnungen mit den ernüchternden bis alarmierenden Diagnosen der Gegenwart gehört zu den Kernanliegen der Critical Ethnic Studies. In diesem Kontext wird auch die Frage nach der Rolle der Universitäten und ihrem Umgang mit den in den 1960er und 1970er Jahren erkämpften Black- und Ethnic Studies-Departments intensiv diskutiert und – in einem Naheverhältnis zu den Critical University Studies (Boggs und Mitchell 2018, 438–463) – auf unterschiedliche Weise erforscht. In ihrer Monographie *On Being Included: Racism and Diversity in Institutional Life* (2012) nähert sich Sara Ahmed der Problematik mittels qualitativ-sozialwissenschaftlicher, transnational vergleichender Methoden, die durch eine phänomenologische Perspektive ergänzt werden. Grundlage ihrer Analyse bilden Interviews, die sie an britischen und australischen Universitäten mit so genannten „diversity workers" (Ahmed 2012, 31) führte – mit Personen, die zur Qualitätsverbesserung ihrer Institution durch Steigerung von deren ‚Diversität' beauftragt wurden. Dass Diversitäts-Arbeiter*innen in ihrer täglichen Arbeit – im eklatanten Gegensatz zur Selbst-Vermarktung ihrer sich als modern, offen und multikulturell präsentierenden Universitäten – mit einer tief verankerten institutionellen Whiteness und beharrlichen Rassismen zu kämpfen haben, darf als erwartbares Ergebnis der Auswertung gelten. Auch für Insider*innen erschütternd ist freilich Ahmeds Rekonstruktion, mit welchem Zynismus der vom universitären (New Public) Management in Gang gesetzte „equality and diversity pride" (Ahmed 2012, 109) als Mittel der Bewahrung tradierter Ungleichheiten eingesetzt wird. Denn die neue Diversitätsrhetorik ist mehr als eine ästhetisierende Alibi- und Symbolpolitik in der Konkurrenz um Top-Platzierungen in den internationalen Universitäten-Rankings und um zahlungskräftige Investor*-innen, Förderer*innen und Studierende. Indem die „language of diversity" (Ahmed 2012, 51–81) Begriffe wie Chancengerechtigkeit, Diskriminierung und Rassismus als veraltet denunziert und deren Nutzung als Angriff auf die PR-Bemühungen der nach dem Sigel der Exzellenz strebenden Universitäten versteht, sichert sie bestehende rassistische Strukturen aktiv ab und betreibt Exklusion durch vorgebliche Inklusion. Dass dies bewusst geschieht, belegt der Umstand, dass nicht reale soziale Relationen, sondern „race equality documents" (Ahmed 2012, 100) – also Papiere wie Mission Statements – als Indikatoren der institutionellen ‚Diversitäts-Performance' herangezogen werden. Wie erfolgreich dieser engmaschige Kreislauf administrativer Vorgaben und ihres Monitorings durch die „audit culture" (Ahmed 2012, 99) der Qualitätssicherungs-Abteilungen bestehende Machtasymmetrien verstärkt, bezeugt Ahmeds Nachweis, dass ihre Interview-Partner*innen *einen* Begriff fast ausnahmslos nicht verwendeten: Rassismus.

In *The Reorder of Things: The University and Its Pedagogies of Minority Difference* (2012) widmet sich Roderick A. Ferguson genau jener Frage, die Ahmeds Ergebnisse aufwerfen: Wodurch wurde es möglich, dass die von den Protestbewegungen der 1960er und 1970er Jahre erkämpften universitären Reformen – die Öffnung für ‚nicht-weiße' Studierende (und Mitarbeiter*innen) sowie die Etablierung interdisziplinärer Black Studies, Ethnic Studies und → Gender Studies – von genau jenen gesellschaftlichen Kräften instrumentalisiert wurden, gegen die man angetreten war? Fergusons Arbeit macht deutlich, dass zur Beantwortung dieser neuen Frage auch neue theoretische Wege eingeschlagen werden müssen. Sein Hauptbezugspunkt sind hier die Arbeiten Michel Foucaults, insbesondere dessen Konzept der dezentral-performativen, modernen Biomacht. Letztere unterscheidet sich von historisch älteren Machtformen dadurch, dass sie nicht mit Zwang, physischer Gewalt und Repression arbeitet, sondern dass sie *produktiv* wirkt, indem sie – ohne als

Macht wahrgenommen zu werden – bestimmte gewünschte Selbstentwürfe, Handlungen und Organisationsformen hervorbringt. Unter dem korrespondierenden Begriff der Biopolitik versteht man dementsprechend Steuerungstechnologien, die Bevölkerungen auf subtile, als Freiheit und Selbstbestimmung verkannte Weise dazu bringen, dem Staat – oder einer anderen Instanz – aktiv und freiwillig ‚nützlich' zu sein. Das zweite große Arbeitsfeld Foucaults, an das Ferguson anschließt, ist dessen Analyse der ambivalenten Rolle der sich um 1800 herausbildenden Humanwissenschaften. Foucaults Argument lautet hier, dass diese ‚Wissenschaften vom Menschen' ein Schlüsselinstrument der modernen, produktiven Logik der Macht darstellen, bringen sie doch jenes (potenziell befreiende) Wissen hervor, das die Selbstwahrnehmung von Subjekten und Kollektiven reguliert, das aber zugleich die Grundlage für die neue, effizientere, weil tiefer verankerte Logik der Steuerung bildet.

An genau diesem wissens- und machtgeschichtlichen Punkt hakt Ferguson ein, indem er die Etablierung der ‚Interdisziplinen' der Black Studies und Ethnic Studies (später der → Gender Studies usw.) als Folge der Civil Rights und Student Movements der 1960er Jahre unter einem analogen, jedoch in einem entscheidenden Punkt abweichenden Blickwinkel analysiert: Denn während Foucault das ‚westliche' Subjekt und dessen *innere* Gespaltenheit (Differenz) als Maßstab für seine Dekonstruktion des Emanzipationsnarrativs der politischen Moderne verwendet, ist Fergusons Bezugspunkt die so genannte „minority difference" (Ferguson 2012, 6) – ein Begriff, dessen Vielschichtigkeit erst vor dem Hintergrund des bei Ferguson implizit bleibenden, jedoch gerade in dieser Aussparung mitzudenkenden Komplementärkonzepts der Mehrheitsdifferenz nachvollziehbar wird (→ Minority Studies). Mit konstantem Bezug auf diese gespaltene Schlüsselfigur (*minority/majority difference*) stellt der Autor der alten, repressiven, ‚Minderheiten' offen ausgrenzenden Universität die moderne, neoliberale Universität gegenüber, der es gelungen sei, die gegen sie gerichtete Kritik durch die Inklusion der „minority difference" zu absorbieren und zur Etablierung neuer, effizienterer Strategien der Sicherung rassistischer Strukturen zu nutzen. Wie Foucaults ‚Wissenschaften vom Menschen' sind auch Fergusons ‚Wissenschaften von den Minoritäten' tiefgreifende Ambivalenzen eingeschrieben, die nicht nur den Raum der Universität, sondern – als Grundlage moderner Machttechnologien – Staat, Ökonomie und Geopolitik in all ihren globalen Verflechtungen betreffen. Genau diesen Verflechtungen geht der Autor in sieben Kapiteln nach, die schrittweise nachvollziehen, wie die US-amerikanische Universität zum „training ground" (Ferguson 2012, 11) für die Entwicklung administrativer Strategien zur Nutzenmaximierung der neuen „Currency of Difference" (Ferguson 2012, 227) werden konnte.

Während Ferguson sich das Ziel setzte, v. a. die Geschichte der raffinierter werdenden, ‚weichen' Macht aus einem rassismuskritischen Blickwinkel neu zu schreiben, rückt Keith P. Feldman in seinem Aufsatz „Empire's Verticality: The Af-Pak Frontier, Visual Culture, and Racialization from Above" (2016) ein besonderes Kapitel in der Geschichte der ‚harten', physischen Macht in den Mittelpunkt: die Verflechtung von Kriegs-, Medien- und Rassifizierungstechnologien im 21. Jahrhundert. Sein historischer Ausgangspunkt ist hierbei zum einen die inzwischen prägende Rolle unbemannter, ferngesteuerter Luftfahrzeuge in der US-amerikanischen Kriegsführung, zum anderen der ebendort zeitgleich etablierte Diskurs der „homeland security" (Feldman 2016, 376). Spannend wird dieser Zusammenhang erst, wenn man berücksichtigt, dass Nationalstaaten weltweit medien- und publikumswirksam die Befestigung ihrer territorialen Grenzen in Szene setzen (→ Border Studies) und damit eine „racialization on the ground" (Feldman 2016, 380) betreiben, die mit zahlreichen weiteren, neuen Formen rassialisierter Räumlichkeit (privatisierte Überwachungs- und Gefängnisindustrie, ‚Auffanglager', urbane Ghettos usw.) verbunden ist (Camp Studies, Incarceration Studies).

Feldmans Hauptargument lautet, dass die aktuelle, territorial orientierte, auf das Bild des Nationalstaats gestützte „racialization on the ground" zwar Altbekanntes fortzusetzen scheint. Realiter basiere dieser ‚horizontale Rassismus' jedoch auf einem grundlegend neuen Zusammenspiel mit einer vertikal operierenden, an die Figur der „homeland security" gebundenen „racialization from above". Letztere propagiert ein dem kartographischen, horizontalen Raumdenken entgegengesetztes, in seiner Logik und Macht jedoch nahezu unkenntliches Grenzregime, das Feldman am Beispiel der militärischen Durchführung und medialen Inszenierung der Tötung des al-Qaida Anführers Osama bin Laden im Mai 2011 veranschaulicht. Die berühmte, als „innovation in executice transparency" (Feldman 2016, 388) gefeierte Photographie des Situation Room im Weißen Haus, auf welcher der erste US-Präsident afroamerikanischer Herkunft inmitten der sonst ‚weißen' Staatselite die Ereignisse auf einem Monitor gebannt zu verfolgen scheint, dient aus diesem Blickwinkel nur einem Ziel: der Legitimierung und Normalisierung des Rechts des imperialen Staats „to extraterritorial killing" (Feldman 2016, 377). Erfolgsgrundlage dieser Strategie sei die massenmedial trainierte, unbewusst eingeübte, vertikale Blickachse, die auf dem ‚Boden' bestehende nationale Grenzen und (territoriale) Rechte ignoriert und aus dem Bild- und Wahrnehmungsfeld ebenso exkludiert wie die von dieser Gewalt betroffenen, gequälten, gefolterten und/oder verstümmelten Körper. Entscheidend ist, dass dieses visuelle Arrangement die Figur einer global flexiblen, überall verortbaren, temporären „border zone" (Feldman 2016, 385) zwischen ‚weiß' und ‚nicht-weiß' entstehen lässt, die auch die Unterscheidung zwischen „homefront" und „foreign battlefield" (Feldman 2016, 385), Alltag und Krieg aufgrund gemeinsamer Technologien (Überwachung durch Drohnen, mediale Hypervisualität usw.) und Kompetenzen (z. B. Department of Homeland Security) verwischt.

Feldman beschreibt diese Allgegenwart der ‚Grenzsituation' (im mehrfachen Wortsinn) als „ubiquitous bordering on the ground" (Feldman 2016, 380). Dieses sei mit gänzlich neuen medialen, administrativen und militärischen Dispositiven und Praktiken – wie u.a. dem Big-Data-gestützten „precision targeting" – verwoben, wodurch der Krieg gegen den Terror (*war on terror*) „becomes inscribed in the homeland security state's governing legal, military, and policing apparatus and infuses its visual logics" (Feldman 2016, 381). Durch diese komplexe Transformation erfährt der Faktor *race* eine neue Konstituierung und Aufladung, denen es – dem Kernanliegen der CRITICAL ETHNIC STUDIES entsprechend – mit ebenso neuen, nicht-essentialistischen, interdisziplinären Methoden beizukommen gilt.

3 Kulturwissenschaftliche Forschung im deutschsprachigen Raum

Wie in der Forschungsgeschichte und den vorgestellten Beispielen bereits deutlich wurde, entwickelten sich die CRITICAL ETHNIC STUDIES zum überwiegenden Teil im angloamerikanischen Raum, wobei man zudem zwischen einem dominierenden US-amerikanischen und einem aus den britischen CULTURAL STUDIES stammenden Strang unterscheiden kann. Im Zuge der Rezeption der Popularkultur-Studien der CULTURAL STUDIES avancierten an zahlreichen deutschsprachigen Forschungseinrichtungen kulturelle Praktiken wie Hip-Hop, Rap-Musik oder die „Afroamerikanophilie" (Ege 2007) der 1960er und 1970er Jahre zu anerkannten kulturwissenschaftlichen Untersuchungsgegenständen (POPULAR CULTURE STUDIES). Die Forschungen und Debatten der ‚klassischen', US-amerikanischen ETHNIC STUDIES wurden in den deutschsprachigen Kultur- und Sozialwissenschaften hingegen zunächst primär in den geographisch einschlägigen Fächern – Amerikanistik, Anglistik, Afrikanistik (→ AFRICAN STUDIES), außereuropäische Geschichte und Sozialanthropologie usw. – aufgegriffen und in die Disziplinen integriert. Erst in den 1990er und 2000er Jahren gelang es, u. a. einen eigenständigen, interdisziplinären Forschungszweig der BLACK EUROPEAN STUDIES bzw. AFRICAN EUROPEAN STUDIES (Beezmohun 2016; Garrido et al. 2020) zu etablieren, der sich der Geschichte und den Erfahrungen ‚nicht-weißer' Personen und Gruppen zuwendet und mit den repräsentierten *communities* und ihren Aktivist*innen in engem Austausch steht. Möglich wurde dies auch durch die intensive Rezeption der → POSTCOLONIAL STUDIES, weshalb die im deutschen Sprachraum betriebene Forschung zu *race* und *ethnicity* – im Gegensatz zum angloamerikanischen Raum – stark mit postkolonialen Zugängen verwoben ist (Martin 2001; Nagl 2009). Hervorzuheben ist auch, dass sich an den Schnittstellen der → GENDER STUDIES und → QUEER/NESS STUDIES mit dem Black Feminism einerseits, den CRITICAL WHITENESS STUDIES (Hacker 2005; Piesche 2012; Tißberger 2013; Arndt et al. 2017 [2005]) andererseits, besonders produktive Forschungsbereiche herausbildeten.

Dass es in der wissenschaftlichen Landschaft des deutschsprachigen Raums kaum zur Etablierung von Institutionen kam, die in ihrem identitätspolitischen Fokus und in der interdisziplinär-kulturwissenschaftlichen Verschränkung von Sozial-, Geschichts- und Geisteswissenschaften (Literatur-, Medien-, Kunstgeschichte usw.) den angloamerikanischen Ethnic Studies-Departments vergleichbar sind, ist nicht zuletzt darauf zurückzuführen, dass sich ab den späten 1960er Jahren im deutschen Sprachraum eine breite, von der Forderung nach Aufarbeitung des Holocaust getragene Rassismusforschung etablieren konnte, die in ihrer Genese als Analogon zur Geschichte der Ethnic Studies-Departments verstanden werden kann (→ Holocaust Studies). In enger Verbindung mit der Kritischen Gesellschaftswissenschaft begann man hier die Geschichte des Nationalismus, Nationalsozialismus und Antisemitismus zu erforschen und bezog zunehmend weiter gespannte Felder (Kolonialgeschichte, Antiziganismus, Islamophobie usw.) mit ein. Hiermit wurde eine Infrastruktur geschaffen, die auch als Fundament für aktuelle, antirassistisch orientierte Forschungen fungiert (Mosse 2006; Hund 2018) und durch eine fest etablierte Migrations- und Interkulturalitätsforschung ergänzt wird (→ Refugee Studies).

Bezüglich der Rezeption der Critical Ethnic Studies im deutschsprachigen Raum ergibt sich ebenfalls ein sehr spezifisches und positives Bild. So ist zwar einerseits eine Institutionalisierung des neuen Forschungsfeldes auch aufgrund der schwachen Tradition ‚klassischer' Ethnic Studies zurzeit nicht in Sicht, andererseits gehören zahlreiche seiner Schlüsselwerke bereits unumstritten zum Pflichtrepertoire interdisziplinär-kulturwissenschaftlicher Ausbildungs- und Forschungsprogramme: Texte von Sara Ahmed, Kimberlé Crenshaw, Ruth Wilson Gilmore, Paul Gilroy, Stuart Hall, David Harvey, Angela Davis, David Roediger, Roderick Ferguson, Lisa Lowe, George Lipsitz und Grace Kyungwon Hong gelten – gemeinsam mit Klassikern der Black Radical Tradition und Romanen von Toni Morrison (1931–2019) oder Ralph Ellison (1914–1994) – als kulturwissenschaftliche Basislektüre und sind zudem in zahlreichen sozialwissenschaftlichen Disziplinen fester Bestandteil des *state of the art*. Eine besondere Aufmerksamkeit erfahren zurzeit zudem die Critical Race Theory (Liebscher 2021) und die Critical Philosophy of Race (Lepold und Martinez Mateo, 2021). Befördert wird diese breit gestreute Rezeption durch das (auch im deutschen Sprachraum) steigende Interesse für Fragestellungen und Ansätze, die sich der Ausdifferenzierung und Entkopplung geistes-, sozial-, wirtschafts-, rechts- und geschichtswissenschaftlicher Disziplinen entgegenstellen und damit eine Rückkehr zu dem mit dem Begriff der Kulturwissenschaft ursprünglich verbundenen Projekt engagierter interdisziplinärer Forschung einfordern.

4 Potenzial, Kritik und Ausblick

Das zentrale Potenzial der Critical Ethnic Studies liegt in der systematisch selbstkritischen, interdisziplinären Neuorientierung der Erforschung von Gewalt, Ungerechtigkeit und deren Möglichkeitsbedingungen in ihren mikro- und makropolitischen Dimensionen. Im angloamerikanischen Raum ist in den nächsten Jahren mit einer zunehmenden Etablierung der Critical Ethnic Studies zu rechnen, die auch, wie anzunehmen ist, zu Umstrukturierungen und/oder stärkeren Bindungen zwischen den jetzigen Ethnic Studies- (→ Minority Studies, African American Studies, Asian American Studies, Chicana/o Studies, Latina/o Studies, Indigenous Studies, Queer of Color Studies usw.) und den Cultural Studies-, Media Studies- und → Communication Studies-Departments führen wird. Das Potenzial der Critical Ethnic Studies für den deutschsprachigen Raum besteht insbesondere in den präzisen Gegenwartsdiagnosen, die in der Analyse der rasant ansteigenden, zunehmend komplexer werdenden ‚glokalen' Machtasymmetrien zugleich veranschaulichen, dass verantwortungsbewusstes Wissenschaftshandeln zurzeit verlangt, neue theoretische Wege zu suchen und neue interdisziplinäre Allianzen zu etablieren. Das in den deutschsprachigen Kulturwissenschaften zu beobachtende neue Interesse an Geschichte und Sozialwissenschaft, an Fragen von Gewalt und Widerstand, Ökonomie und Recht sowie die starke Rezeption der Governmentality Studies (Bröckling 2018) belegen, dass wichtige Zielsetzungen der internationalen Critical Ethnic Studies mit hiesigen Forschungsdesideraten übereinstimmen. Angesichts aktueller gesellschaftlicher Entwicklungen (Demokratieskepsis, neue Rassismen, Refeudalisierungstendenzen, sinkende Chancengerechtigkeit, Umstrukturierung der Universitäten) ist zu hoffen, dass auch die wissenschaftspolitische Grundmotivation der Critical Ethnic Studies eine höchstmögliche Rezeption erfährt. Umgelegt auf den deutschsprachigen Raum wäre dies die Frage, ob die mit dem Projekt der Kritischen Gesellschafts- und Kulturwissenschaften verbundenen Hoffnungen eingelöst wurden oder ob es Zeit wird, diese Hoffnungen neu zu erfinden.

5 Literaturverzeichnis

Ahmed, Sara. *On Being Included. Racism and Diversity in Institutional Life*. Durham, NC 2012.

Arndt, Susan et al. (Hrsg.). *Mythen, Masken und Subjekte. Kritische Weißseinsforschung in Deutschland*. Münster 2017 [2005].

Asante, Molefi Kete und Maulana Karenga (Hrsg.). *Handbook of Black Studies*. London 2006.

Asante, Molefi Kete und Ama Mazama (Hrsg.). *Encyclopedia of Black Studies*. London 2005.

Beezmohun, Sharmilla (Hrsg.). *Continental Shifts, Shifts in Perception. Black Cultures and Identities in Europe*. Newcastle upon Tyne 2016.

Bobo, Jacqueline, Cynthia Hudley und Claudine Michel. *The Black Studies Reader*. Abingdon 2004.

Boggs, Abigail und Nick Mitchell. „Critical University Studies and the Crisis Consensus". *Feminist Studies* 44.2 (2018): 432–463.
Bröckling, Ulrich. „Governmentality Studies. Gouvernementalität. Die Regierung des Selbst und der anderen". *Sozialpsychologie und Sozialtheorie. Band 1: Zugänge*. Hrsg. von Oliver Decker. Wiesbaden 2018: 31–45.
Caliendo, Stephen M. und Charlton D. McIlwain (Hrsg.). *Routledge Companion to Race and Ethnicity*. Abingdon 2020.
Casey, Zachary A. (Hrsg.). *Encyclopedia of Critical Whiteness Studies in Education*. Leiden 2021.
Christian, Barbara. „The Race for Theory". *Cultural Critique* 6 (1987): 51–63.
Crenshaw, Kimberlé. „Demarginalizing the Intersection of Race and Sex: A Black Feminist Critique of Antidiscrimination Doctrine, Feminist Theory and Antiracist Politics". *University of Chicago Legal Forum* 89.1 (1989): 139–167.
Crenshaw, Kimberlé et al. „Introduction". *Critical Race Theory. The Key Writings that Formed the Movement*. Hrsg. von Kimberlé Crenshaw et al. New York 1995: xiii–xxxii.
Curry, Tommy. „Will the Real CRT Please Stand Up? The Dangers of Philosophical Contributions to CRT". *Crit. A Critical Legal Studies Journal* 2.1 (2009): 1–49.
Davis, Y. Angela. *Are Prisons Obsolete?* New York 2003.
Delgado, Richard und Jean Stefancic (Hrsg.). *Critical Race Theory. An Introduction*. New York 2017.
Delgado, Richard und Jean Stefancic. *Critical Whiteness Studies. Looking Behind the Mirror*. Philadelphia, PA 1997.
Du Bois, W. E. B. *The Philadelphia Negro*. Philadelphia, PA 1899.
Du Bois, W. E. B. *The Souls of Black Folk*. Chicago, IL 1903.
Ege, Moritz. *Schwarz werden. „Afroamerikanophilie" in den 1960er und 1970er Jahren*. Bielefeld 2007.
Elia, Nada et al. (Hrsg.). *Critical Ethnic Studies. A Reader*. Durham, NC 2016.
Fanon, Frantz. *Schwarze Haut, weiße Masken*. Wien 2013 [1980].
Feldman, Keith P. „Empire's Verticality. The Af-Pak Frontier, Visual Culture, and Racialization from Above". *Critical Ethnic Studies. A Reader*. Hrsg. von Nada Eli et al. Durham, NC 2016: 376–392.
Ferguson, Roderick A. *The Reorder of Things. The University and Its Pedagogies of Minority Difference*. Minneapolis, MN 2012.
Ferreira da Silva, Denise. *Toward a Global Idea of Race*. Minneapolis, MN 2007.
Ferreira da Silva, Denise. „Globality". *Critical Ethnic Studies* 1.1 (2015): 33–38.
Garrido, Felipe Espinoza et al. (Hrsg.). *Locating African European Studies. Interventions, Intersections, Conversations*. Abingdon 2020.
Gilmore, Ruth Wilson. *Golden Gulag. Prisons, Surplus, Crisis, and Opposition in Globalizing California*. Berkeley, CA 2007.
Gilroy, Paul. *The Black Atlantic. Modernity and Double Consciousness*. Cambridge, MA 1993.
Hacker, Hanna. „Nicht Weiß Weiß Nicht. Übergänge zwischen Critical Whiteness Studies und feministischer Theorie". *L'Homme. Europäische Zeitschrift für Feministische Geschichtswissenschaft* 16.2 (2005): 13–27.
Hall, Stuart. *Rassismus und kulturelle Identität. Ausgewählte Schriften 2*. Hamburg 1994.
Hall, Stuart. *Selected Writings on Race and Difference*. Hrsg. von Paul Gilroy und Ruth Wilson Gilmore. Durham, NC 2021.
Harvey, David. *Spaces of Capital. Towards a Critical Geography*. Edinburgh 2001.
Hill-Collins, Patricia und John Solomos (Hrsg.). *The SAGE Handbook of Race and Ethnic Studies*. London 2010.
Hong, Grace Kyungwon. „Neoliberalism". *Critical Ethnic Studies* 1.1 (2015): 56–67.

Hong, Grace Kyungwon und Roderick A. Ferguson (Hrsg.). *Strange Affinities. The Gender and Sexual Politics of Comparative Racialization*. Durham, NC 2011.

Hund, Wulf D. *Rassismus und Antirassismus*. Köln 2018.

Jensen, Robert. „Whiteness". *Routledge Companion to Race and Ethnicity*. Hrsg. von Stephen M. Caliendo und Charlton D. McIlwain. Abingdon 2020: 25–32.

Lepold, Kristina und Marina Martinez Mateo. *Critical Philosophy of Race. Ein Reader*. Berlin 2021.

Liebscher, Doris. *Rasse im Recht. Recht gegen Rassismus*. Berlin 2021.

Lipsitz, George. *The Possessive Investment in Whiteness. How White People Profit From Identity Politics*. Philadelphia, PA 2018 [1998].

Lowe, Lisa. *The Intimacies of Four Continents*. Durham, NC 2015.

Márquez, John D. und Junaid Rana. „Editors' Introduction. On Our Genesis and Future". *Critical Ethnic Studies* 1.1 (2015): 1–8.

Martin, Peter. *Schwarze Teufel, edle Mohren. Afrikaner in Geschichte und Bewusstsein der Deutschen*. Hamburg 2001.

Melamed, Jodi. „Racial Capitalism". *Critical Ethnic Studies* 1.1 (2015): 76–85.

Mercer, Kobena. *Welcome to the Jungle. New Positions in Black Cultural Studies*. Abingdon 1994.

Mosse, George L. *Die Geschichte des Rassismus in Europa*. Frankfurt a.M. 2006.

Nagl, Tobias. *Die unheimliche Maschine. Rasse und Repräsentation im Weimarer Kino*. München 2009.

Piesche, Peggy (Hrsg.). *Euer Schweigen schützt Euch nicht. Audre Lorde und die Schwarze Frauenbewegung in Deutschland*. Berlin 2012.

Price, Patricia. „At the Crossroads. Critical Race Theory and Critical Geographies of Race". *Progress in Human Geography* 34.2 (2010): 147–174.

Reddy, Chandan. *Freedom with Violence. Race, Sexuality, and the US State*. Durham, NC 2011.

Robinson, Cedric J. *Black Marxism. The Making of the Black Radical Tradition*. Chapel Hill, NC 2000 [1983].

Roediger, David R. *The Wages of Whiteness. Race and the Making of the American Working Class*. London 2007 [1991].

Tißberger, Martina. *Dark Continents und das UnBehagen in der weißen Kultur. Rassismus, Gender und Psychoanalyse aus einer Critical Whiteness-Perspektive*. Münster 2013.

Thompson, E. P. *The Making of the English Working Class*. London 1963.

Unger, Roberto Mangabeira. „The Critical Legal Studies Movement". *Harvard Law Review* 96.3 (1983): 561–675.

Valdes, Francesco, Jerome McCristal Culp und Angela P. Harris (Hrsg.). *Crossroads, Directions and a New Critical Race Theory*. Philadelphia, PA 2002.

Washington, Booker T. *The Story of the Negro. The Rise of the Race from Slavery*. New York 1909.

Woodson, Carter G. *A Century of Negro Migration*. Washington, DC 1918.

Florian Weber

European Studies

1 European Studies – eine Konturierung

Eine Einordnung der European Studies mag – im Gegensatz zu manch anderen kulturwissenschaftlichen Studies – zunächst einfach erscheinen, geht es doch um ‚europabezogene' Themen mit entsprechendem Raumbezug. Diesem Einstieg wohnt natürlich eine gewisse Provokation inne, denn höchstens ein erster Impuls legt eine leichte Bestimmung nahe. So gelingt eine territoriale Konturierung Europas weder historisch noch aktuell auf eindeutige Weise. Zudem bestehen vielfältige Verflechtungen ‚Europas' mit der Welt, die es bei einer ‚Positionsbestimmung' zu berücksichtigen gilt. Entsprechend lassen sich auch Forschungsfragen und -zugänge der European Studies – in Verbindung mit deren Blickrichtung von innen wie von außen auf Europa und über Europa hinaus – nicht ohne Weiteres auf ein festes Fundament stellen. In der Postmoderne mag dies grundlegend nicht verwundern, entledigt uns aber nicht des Versuchs einer Einordnung. Hieraus resultiert im ersten Schritt eine Herleitung dessen, was sich als European Studies bestimmen lässt, zunächst im Gesamtüberblick und danach mit einem Fokus auf den deutschsprachigen Raum. Über Ausschnitte aus Forschungsvorhaben wird beispielhaft die Vielfalt des Feldes zwischen makro- und mikroperspektivischen Zugängen illustriert. Abschließend werden Herausforderungen, Chancen und potenzielle künftige Themenfelder aufgezeigt.

Wie die einführenden Bemerkungen bereits nahelegen, muss eine Verortung der European Studies mehrere Komponenten umfassen: Zunächst lassen sie sich als Teil der → Area Studies, die sich im wissenschaftlichen Kontext ab dem 19. Jahrhundert etablierten, deuten. Im Geiste Alexander von Humboldts (1769–1859) und der ihm zugeschriebenen Zielsetzung, den ‚Totalcharakter einer Erdgegend' bestimmen zu wollen (bspw. bei Schmithüsen 1973, 157), wurden von Europa aus kontinental differenzierend Forschungsarbeiten vorangebracht, die gleichzeitig insbesondere außenpolitischen und kolonialen Interessen dienten. Verstärkt nach dem Ersten Weltkrieg und innerhalb des Kalten Krieges gewannen → Area Studies an Bedeutung, wie sich in der Gründung interdisziplinärer Forschungsinstitute zu Asien, Afrika und der Sowjetunion (Wissenschaftsrat 2006, 9–11), die „oftmals auf traditionellen Konzepten von (Welt-)Regionen aufbauen" (Glasze et al. 2014, 2), widerspiegelt. Letztlich stehen sie so in der Tradition eines landes- und länderkundlichen Paradigmas (Blotevogel 1996, 12), das auch für Europa herangezogen wird, wenn es als Kontinent und damit raumbezogen gedacht wird und forschungsbezogen in den Blick rückt (Liebert 2015, 1). Dabei kann mit

https://doi.org/10.1515/9783110712919-009

Calhoun (2003, 5) sogar vom ‚Prototyp' der → AREA STUDIES ausgegangen werden: „European Studies is perhaps the most basic model behind all Area Studies programs [...]. It is the model because the idea of Europe as a multiplicity of nations and states united by ‚civilization', history, geography, religion, and politics informed the very idea that regions should be units of academic and indeed public interest." Hieraus lässt sich eine scheinbar eingängige Begriffsbestimmung ableiten, wenn „Vorgänge von Forschung und Lehre im Hinblick auf den geographisch eingegrenzten Gegenstand ‚Europa'" bezeichnet werden (Beichelt et al. 2013a, 9) – eine Containerraumdefinition, die mindestens die Herausforderung mit sich bringt, eigentlich beantworten zu müssen, wo Europa beginnt und endet.

Die EUROPEAN STUDIES entwickeln sich ab etwa Mitte des 20. Jahrhunderts vom englischsprachigen Forschungskontext ausgehend mit einem Fokus auf Kultur(en) und Gesellschaften in einem sich restrukturierenden Europa im Spannungsfeld zwischen ‚West' und ‚Ost'. Auf diese Weise kommt gleichzeitig – nach und nach immer stärker – eine ‚Aufweitung' jenseits einer spezifischen räumlichen Verortung zum Tragen: „European Studies has never been simply the study of a region, but always complexly interwoven with ideas about modernity, the West, Christendom, democracy, and civilization itself." (Calhoun 2003, 6) Einen markanten Anteil daran hat auch die Begriffsbildung ‚Europa' aus der griechischen Mythologie heraus: Europa, die Tochter des phönizischen Königs Agenor sei danach durch den Göttervater Zeus in Stiergestalt auf die Insel Kreta entführt und verführt worden. Ihr Name wurde begriffsgebend für einen Teil der Erde und kündete von der Entstehung des Abendlandes (Gebhardt et al. 2013, 2). Raumbezüge, Mythos und Idee Europas als Quelle für Identitätsbestimmungen werden verwoben (Calhoun 2003, 5), woraus sich letztlich auch die Vielfalt multidisziplinärer Forschungszugänge ergibt. Forcierend wirkte in den letzten Jahrzehnten in diesem Zusammenhang der kulturwissenschaftliche *spatial turn*, aus dem eine Dynamik aus den Sozial- und Kulturwissenschaften für europabezogene Forschungsvorhaben resultierte. Mit dem vollzogenen Paradigmenwechsel wird neben Zeit auch Raum als soziokulturelle Größe gerahmt und analyserelevant: „Raum meint soziale Produktion von Raum als einem vielschichtigen und oft widersprüchlichen gesellschaftlichen Prozess, eine spezifische Verortung kultureller Praktiken, eine Dynamik sozialer Beziehungen, die auf eine Veränderbarkeit von Raum hindeuten." (Bachmann-Medick 2018, 290)

Im Hinblick auf das Feld der EUROPEAN STUDIES lässt sich zunächst eine weite Auslegung ‚abstecken': Mit der Betonung ‚Europas' als ideenbasiertem Prozess wird das ‚Werden Europas' in den Fokus gerückt (Fulbrook 2009). Neben der Beleuchtung des historischen ‚europabezogenen' Entwicklungsprozesses über mehrere Jahrtausende hinweg (bspw. Kissel 2015) werden – mitunter in enger Koppelung – politische, ökonomische, soziale, kulturelle etc. Umbrüche (Calhoun 2003, 6–8) analysiert. Was wirkte forcierend für Veränderungen in Politik, Wirtschaft, Gesellschaft, welche Europa-Ideen gingen damit einher (Liebert 2015, 5–9)? Daneben besteht eine engere Auslegung, die Europa als sich wandelnde Ordnungsform hin zur heutigen Europäischen Union ausleuchtet. Im deutschsprachigen Kontext wird bei ‚Europa' daher auch verkürzt von den EU-Studien gesprochen. Es ist damit in besonderer Weise der Entwicklungsprozess in Richtung „einer staatenübergreifenden europäischen Kooperation und Integration" (Liebert 2015, 3), der v. a. mit politik-, rechts-, wirtschafts-, sozialwissenschaftlicher Ausrichtung in den Mittelpunkt des Interesse rückt (Beichelt et al. 2013a, 10) – also der EUropäische Integrationsprozess (Bieling und Lerch 2012; Bieling und Große Hüttmann 2016) nach dem Zweiten Weltkrieg von der Europäischen Gemeinschaft für Kohle und Stahl als erste supranationale Gemeinschaft bis hin zur heutigen EU mit ihren Mitgliedsstaaten (Dinan 2014; Jones et al. 2014). Denca (2011, 146) verbindet die ‚weite' Studienausrichtung mit pluralistischen und multidisziplinären Ansätzen, die sich aus einer weiten Palette an Zugängen aus unterschiedlichen Disziplinen speisen, wohingegen die ‚enge' als „rooted into mainstream political science and International Relations, being considered part of ‚normal science'" gedeutet wird.

Damit einher geht auch die Frage, inwieweit Forschungsarbeiten eher disziplinär, also in einer Vielfalt von ‚Europawissenschaften' mit spezifischen Blickwinkeln (Schuppert et al. 2005), Bearbeitung finden oder tatsächlich Interdisziplinarität gegeben ist (Wolff und Liebert 2015). Den letzteren Anspruch verfolgen u. a. Kirschner und Nate (2019), um Wandlungs- und Aushandlungsprozesse in einem neu sich entwerfenden ‚Europa' zu untersuchen. Bspw. Liebert (2015, 2) nimmt im Rahmen einer Einführung zu interdisziplinären Europastudien eine Auffächerung von Forschungsfragen vor, die zum einen der bisherigen Konturierung des Feldes folgen und zum anderen allerdings – wie sich noch zeigt – nicht umfänglich abbilden, was sich unter European Studies fassen lässt: „Auf welche Weise haben sich im Lauf der Geschichte Europas geteilte Werte, kollektive Identitäten, und neuerdings innovative Modelle politischer Kooperation und Integration herausbilden können, während frühere Versuche zur Einigung des Kontinents immer wieder scheiterten? Wie lässt sich die im Zuge der europäischen Integrations-, Erweiterungs- und Europäisierungsprozesse hervorgebrachte Ordnungsform der Europäischen Union am besten beschreiben: anhand bekannter Herrschaftstypen, z. B. als Staatenbund oder als Bundesstaat, oder zutreffender als ein neuartiger Typus sui generis? Wieweit lässt sich diese neuartige komplexe Ordnungsform mit Hilfe bestimmter Leitideen von Einheit in der Vielfalt oder europäischer Demokratie rechtfertigen, und in welchen politischen Handlungsfeldern ist ihre Legitimität umstritten? Wie effektiv sind europäische politische Kooperation und Integration innerhalb des weiteren Europas – z. B. zwischen der EU und Russland – sowie international im Umgang mit globalen Herausforderungen, und wo lassen ihre Problemlösungskapazitäten zu wünschen übrig?“

Eher begrenzt bzw. implizit werden in diesen aufgeworfenen Fragen auch Aspekte der Maßstäblichkeit und damit der geographisch-raumbezogenen Komplexität und Reichweite adressiert (Wissenschaftsrat 2006, 7): Diese reichen von globalen Referenzen (u. a. die EU im Verhältnis zu ihren Nachbarn, Kooperationen, Konflikte etc.) über regionale Interdependenzen (regionale Dynamiken in einem ‚Europe of regions‘; vgl. dazu bspw. Paasi 2009) bis hin zu regionalen und lokalen ‚europabezogenen‘ Themen (vgl. z. B. Konflikthaftigkeiten um Irland, Jugoslawien oder Katalonien, dazu u. a. Gebhardt 2013a; Mose 2014). Ohne essentialistisch und geodeterministisch zu argumentieren bzw. kulturräumlich-regionale Gliederungen der Welt reproduzieren zu wollen (kritisch dazu bspw. auch Glasze et al. 2014), kommt der Raumorientierung je nach verfolgter Forschungsfrage eine nicht zu vernachlässigende Relevanz zu, wenn sie denn konstruktivistisch situiert und reflektiert wird.

Wie steht es vor dem beschriebenen Hintergrund um die Institutionalisierung der European Studies? Einen Indikator stellen international erscheinende Zeitschriften dar, die die übergreifende Breite der European Studies in disziplinärer Verortung und in Teilen in interdisziplinärer Ausrichtung widerspiegeln: Seit 1971 erscheint das *Journal of European Studies*, seit 1977 das *Journal of European Integration*. Weitere folgten, auch noch mit Gründung in jüngerer Zeit: *Journal of Contemporary European Studies* (seit 1980), *Journal of European Public Policy* (seit 1994), *European Research Studies Journal* (seit 1998), *Journal of Contemporary European Research* (seit 2005) oder *Review of European Studies* (seit 2009). Die Nähe zu anderen „Studies“ und die Verortung im spezifischen Fachkontext führen allerdings dazu, dass keineswegs nur in diesen Zeitschriften veröffentlicht würde. Einen weiteren Indikator spiegeln Handbücher wider, die sich an einer Gesamtschau versuchen (zu deutschsprachigen siehe den folgenden Abschnitt). Rumford (2009b, 2) fasst in der Einleitung zum *SAGE Handbook of European Studies* (Rumford 2009a) das Forschungsfeld weit und macht die Befassung mit Transformationsprozessen Europas zur gemeinsamen Klammer – und dies in Verbindung mit „new, multidisciplinary agendas“. Neben einer geschichtlichen Hintergrundlegung, Entwicklungslinien nach dem Zweitem Weltkrieg, Governance und Institutionalisierungsprozessen hin zur rezenten EU werden dezidiert postkoloniale Perspektiven und ein Blick ‚Beyond Europe‘ aufgefächert. Darüber hinaus werden aktuelle Themenfelder ausdifferenziert. Europäische Entwicklungen werden unter Betonung der Prozesshaftigkeit in einen globalen Zusammenhang eingebettet (Rumford 2009b, 2–4). Die Institutionalisierung schlägt sich zudem in Forschungseinrichtungen und Studiengängen nieder – mit einem Blick auf Europa und aus Europa, wie sich hier ohne Anspruch auf Vollständigkeit zeigen lässt. Von Nordamerika ausgehend hat sich eine European Union

Studies Association konstituiert und an der University of California in Berkeley besteht bspw. ein Institute of European Studies. Von London ausgehend vernetzt die University Association for Contemporary European Studies die Aktivitäten des vereinigten Königreichs mit Vereinigungen in anderen Ländern, darunter gerade solchen innerhalb der Europäischen Union. Entsprechend finden sich Institute, Zentren, Foren und vielfältige Lehrstühle an den unterschiedlichsten Orten. Wie Beichelt et al. (2013a, 19–20) herausgearbeitet haben, resultiert innerhalb Europas eine Vielzahl an EUROPEAN STUDIES-Studiengängen mit diversen Schwerpunkten, wobei sie in Deutschland (siehe dazu auch den nächsten Abschnitt), Frankreich und Polen eher fakultätsorientiert disziplinär, in Großbritannien und den Niederlanden dagegen eher übergreifender gegenstandsorientiert ausfallen.

In Anlehnung an die Politikwissenschaftler*innen Ernesto Laclau und Chantal Mouffe (2015 [1985]) lassen sich EUROPEAN STUDIES in der Zusammenschau des bisher Dargestellten als ‚leerer Signifikant' deuten, an den sich unterschiedliche Auslegungen, Ausrichtungen und Zugangsweisen anketten lassen. Dies bringt einerseits die Herausforderung von Unschärfen einer Bestimmung des ‚Markenkerns' der „Study" mit sich, andererseits bietet dies Chancen für eine ‚breite' Anschlussfähigkeit unterschiedlichster Forscher*innen.

2 Forschung und Lehre im deutschsprachigen Raum

Nachdem in den bisherigen Ausführungen auf internationale Diskussionsstränge Bezug genommen wurde – ohne verschleiern zu wollen, dass die Blickrichtung eher ‚aus Europa heraus' auf Europa erfolgte –, richtet sich nun der Fokus auf den deutschsprachigen Raum, insbesondere Deutschland. Im Hinblick auf die Forschungsfragen kann zunächst – wenig verwunderlich – konstatiert werden, dass sowohl die weite als auch enge „Studies"-Auslegung und ebenso die Vielfalt an Fragestellungen nicht spezifisch vom bisher Erläuterten abweichen. Mit Liebert (2015, 3) lassen sich hier die Europastudien als „ein multi- und interdisziplinäres Feld der Zusammenarbeit" einer Vielzahl an Fächern beschreiben. Automatisch ergibt sich eine Perspektive ‚von innen heraus', die es zu dezentrieren gilt (allg. dazu bspw. Husseini de Araújo 2011), soll nicht in einer eurozentristischen Verengung verharrt werden. In welchem Umfang dies gelingt, ist letzten Endes vom jeweiligen Vorhaben und den beteiligten Wissenschaftler*innen und deren Partner*-innen abhängig.

Wie der deutsche Wissenschaftsrat (2006) in seinen Empfehlungen zu den Regionalstudien in den Hochschulen und außeruniversitären Forschungseinrichtungen' zu Beginn des 21. Jahrhunderts aufschlüsselt, ist die Liste an außeruniversitären Einrichtungen, Bibliotheken, Instituten und An-Instituten, Kollegs bis hin zu einzelnen Professuren im Fachgebiet Europastudien lang und vielfältig. Die Europa-Universitäten Viadrina Frankfurt (Oder) und Flensburg tragen in ihrer Benennung bereits Europa im Namen und zielen auf eine wissenschaftliche Bearbeitung von „Zukunftsfragen Europas" ab, so dass hier Universitätsstandorte ein europäisches *labelling* erhalten. In den Kontext der → Area Studies lässt sich das Zentralinstitut für Regionenforschung (ab 1974) der Universität Erlangen-Nürnberg verorten, das neben weiteren über eine Sektion „Regionen in Europa" verfügt und so regional-europäische Differenzierungen vornimmt und einer Bearbeitung zuführt. An der Universität des Saarlandes wird dem Vernetzungsgedanken Rechnung getragen, indem 2020/2021 das Cluster für Europaforschung – neben dem bestehenden rechts- und wirtschaftswissenschaftlich ausgerichteten Europa-Institut – eingerichtet wurde, das eine interdisziplinäre Verbindung und Vernetzung von Forschung mit Europabezug gewährleisten will. Exemplarisch für eine Vielzahl weiterer Einrichtungen sei hier nur das Institut für Länderkunde e.V., heute Leibniz-Institut für Länderkunde, genannt, das 1992 in Leipzig gegründet wurde und als Forschungsinstitut mit Deutschland- und Europafokus regionalwissenschaftlich arbeitet (Blotevogel 1996, 15).

Die Themenbreite lässt sich im deutschsprachigen Kontext erahnen, wenn ein Blick in zwei Lehrbücher zu ‚Europa-Studien' bzw. ‚Interdisziplinären Europastudien' geworfen wird. Ersteres ist bereits in zweiter Auflage erschienen (Beichelt et al. 2013b) und nimmt geradezu eine prototypisch sektorale Unterteilung in Kultur, Politik, Recht und Wirtschaft mit jeweils mehreren Beiträgen vor. Letzteres differenziert hingegen eher übergreifender in historische Entwicklungen, Grundlagen der Europäischen Union, Konfliktfelder, Deutschland und die EU im 21. Jahrhundert sowie in einen Einblick in quantitative und qualitative Forschungsmethoden. Gleichzeitig handelt es sich um eine spezifische Auswahl an Beiträgen, die quasi automatisch viele weitere Facetten nicht explizit berücksichtigen kann. Eine gewisse ‚Einengung' zeigt sich auch innerhalb der deutschen Studiengänge: rund 20 Angebote im Bachelor und gut 30 im Master sind auf den Websites ‚Hochschulkompass' als Angebot der Hochschulrektorenkonferenz sowie ‚Bachelor and More' zu finden, die von Europäischer Ethnologie über Europa-Studien/European Studies bis hin zu regionalen Schwerpunktsetzungen auf Südosteuropa und Osteuropa reichen – und dies gerade mit geschichtsorientiertem und rechts-, sozial- bzw. kulturwissenschaftlichem Fokus. Die Studiengänge weisen damit durchaus gewisse fachspezifische Kernbelange auf, führen aber kaum zu einem spezifischen Berufsbild, was zugleich positiv wie negativ interpretiert werden kann. Um sowohl eine interdisziplinäre Vielfalt als auch eine disziplinäre Verortung zu generieren, wurden an der Universität des Saarlandes seit Wintersemester 2020/

2021 vier Studiengänge der Europawissenschaften mit fachspezifischer Schwerpunktsetzung auf Geographie, Neu-Zeit-Geschichte, Vergleichende Literaturwissenschaft und Politik–Recht–Gesellschaft eingerichtet.

3 ,Europabezogene' Forschung – eine exemplarische Beleuchtung

Um den Einblick zu konkretisieren, was sich unter EUROPEAN STUDIES einordnen lässt, rücken im Folgenden einige Beispiele skizzenhaft in den Fokus, wobei in diesem Zuge v. a. auch der Frage der Maßstäblichkeit Bedeutung beigemessen wird.

Wie dargestellt, lässt sich einer der Schwerpunkte von Forschungsarbeiten um den Konstitutionsprozess hin zur heutigen Europäischen Union konturieren (,enge' Auslegung der EUROPEAN STUDIES), ausgehend von historischen, dahin führenden Entwicklungslinien (bspw. Kohler-Koch et al. 2004; Scott 2011; Dinan 2014; Bieling und Große Hüttmann 2016). Gerade nach dem „Epochenbruch des Zweiten Weltkriegs" stellte nach mehreren Phasen der Maastrichter Vertrag (1991) eine entscheidende Wegmarke zugunsten einer ,EUropäischen Integration' dar, mit der „Europa als hegemoniale Idee" weiter forciert wurde (Beichelt et al. 2013a, 9) und so einer multidisziplinären Analyse unterlag und unterliegt. Seit den 2000er Jahren verweisen u. a. gescheiterte Referenden in Frankreich und den Niederlanden zu einem europäischen Verfassungsvertrag, gesellschafts-politisch-wirtschaftliche Herausforderungen im Zuge der EU-Osterweiterung, die so bezeichnete ,Flüchtlingskrise' 2015 (→ REFUGEE STUDIES), ein Euroskeptizismus, der Brexit oder die Corona-Pandemie darauf, dass die Entwicklung der EU keineswegs nur eine Wegrichtung kennt und Zwischenergebnisse des ,Integrationsprozesses' auch zwischen nationalen und gemeinschaftlichen Interessenlagen infrage gestellt werden können (Jańczak 2016, 63). Dies schlägt sich in forschungsbezogener Ausleuchtung nieder (u. a. McCall 2012; Jańczak 2016; Becker et al. 2017; Beichelt 2017; Clarke et al. 2017; Agarin und Nancheva 2018; Adam 2019; Mroczek-Dąbrowska und Matysek-Jędrych 2020). Europäisierungs- und Renationalisierungstendenzen wird damit gleichermaßen Beachtung geschenkt (Mau 2015, 95; vgl. bspw. auch Scott 2012, 91; Durand et al. 2017, 3–4; Schröder et al. 2024). In diesem Kontext wird u. a. danach gefragt, inwieweit sich Integrationsprozesse integrationistisch oder souveränitätsorientiert vollziehen, also eher Vertiefungsschritte zur Stützung EUropäischer Gemeinschaftsinstitutionen erfolgen oder nationale Souveränitätsrechte bewahrt werden wollen (Beichelt 2013, 124–126), woraus gleichzeitig folgt, dass von ,differenzierter Integration' auszugehen sei (Ondarza 2013; Busch 2014). Theoretisch-konzeptionell wurde und wird die ,Integration' der Europäischen Gemeinschaft bzw. Union in ihrer Ausdifferenzierung aus unterschiedlichen Grundpositionen heraus analysiert (im Überblick bspw. Beichelt 2013; Wolff 2015), darunter u. a. Neorealismus, Funktionalismus bzw. Neofunktionalismus, (liberaler) Intergouvernementalismus (Wiener und Diez 2004; Grimmel und Jakobeit 2009; Bieling 2012; Steinhilber 2012) und Neo-Institutionalismus (vgl. u. a. als Ausgangspunkt North 1992). Insgesamt lässt sich eine Pluralisierung der theoretischen Analysezugänge konstatieren (Rosamond 2000; Kohler-Koch et al. 2004; Wessels 2008), um Entwicklungsprozesse weitergehend zu analysieren (Neyer 2013, 135), wobei sich ganz grundlegend insbesondere Rational Choice- gegenüber konstruktivistischen Zugriffen differenzieren lassen. Bei letzteren wird ‚Europa' allgemein als ‚Raum' sich verändernder Bedeutungen und so – dem kulturwissenschaftlichen *spatial turn* folgend – als Konstrukt aufgefasst, woraus sich auch ergibt, dass bspw. ‚europäische Identitäten' nicht prädefiniert ausfallen, sondern in regelmäßiger Aushandlung gedacht werden (Ruggie 1998; Christiansen et al. 2001; Risse 2010). Konstruktionsprozesse und divergierende Deutungsmuster (bspw. im Hinblick auf national-europabezogene Diskurse; vgl. Liebert 2015, 7) erhalten in dieser ‚Stoßrichtung' zentrale Aufmerksamkeit. In Bezug auf die Ausleuchtung des politischen Systems der Europäischen Union als ‚System besonderer Art' (Eriksen und Fossum 2011; Tömmel 2014) hat *multi-level governance* hohe ‚Prominenz' erlangt, wodurch der EU als komplexem ‚Mehrebenensystem' (paradigmatisch Richardson und Mazey 2015 [1996]) Rechnung getragen wird. Diese Perspektive hat sich als analytischer Ansatz letztlich induktiv aus der Betrachtung der EUropäischen Integration mit einer wachsenden Einbindung supra- und subnationaler Akteure und der Ausweitung europäischer Regional- und Strukturpolitiken heraus entwickelt (früh und zentral Marks 1992), um Netzwerke und Dynamiken von Entscheidungsprozessen genauer nachzuvollziehen (resümierend hierzu Hooghe und Marks 1997; Piattoni 2009; Batory und Cartright 2011; Knodt und Große Hüttmann 2012). Die EU stellt so einen Fall *sui generis* dar, anhand dessen die *multi-level governance*-Perspektive entwickelt wurde und forschungsbezogen adaptiert wird.

Zentrale Relevanz erlangt(e) im EUropäischen Kontext auch eine Auseinandersetzung mit den Binnen- und Außengrenzen, womit Grenzen insgesamt einen machtvollen Einfluss auf die Konstitution ‚Europas' entfalten (Scott 2012, 84). In der „Epoche der klassischen Moderne" bedingten Grenzziehungen zwischen Nationalstaaten ‚Ordnung', der Idee der nationalen Souveränität folgend (Schiffauer 2013, 109). So konnte Macht territorial rückgebunden abgesichert werden, um den Bedürfnissen sowohl nach „(vermeintlicher) Sicherheit" als auch nach der „Gewährung von Schutz vor Krieg und Verfolgung" nachzukommen (Känner 2019, 17). In der Europäischen Gemeinschaft und später der Europäischen Union wandelte sich in den letzten Jahrzehnten allerdings die Relevanz von Staatsgrenzen, markant mit dem Schengener Abkommen aus dem Jahr 1985 in Verbindung stehend, das den

Weg für ein Ende permanenter Personenkontrollen innerhalb der heutigen EU ebnete (vgl. dazu bspw. Zaiotti 2011; Miggelbrink 2013; Wille 2015, ix) – zeitweilig euphorisch nach dem Fall des ‚Eisernen Vorhangs' auch als *deterritorialization* auf dem Weg zu einer *borderless world* gedeutet (Ohmae 1999 [1990]; siehe bspw. auch Paasi 2019). Mit dem Abbau der EU-Binnengrenzen seit dem Schengener Abkommen 1985 ging allerdings gleichzeitig der Ausbau der Sicherung der Außengrenzen einher – zwei Seiten der gleichen Medaille (Eigmüller 2021). Es ist also das „Spannungsfeld von ‚grenzenloser Welt' und ‚Festung Europa' der 1990er-Jahre" (Wille 2021, 107), das forschungsbezogen Beachtung findet. Grenzen sind damit in den letzten Jahren keineswegs bedeutungslos geworden, sondern befinden sich in einer dynamischen Aushandlung (Kolossov und Scott 2013, Abs. 40; Paasi 2003; Weber und Wille 2020), wovon bspw. Diskussionen um Sicherheit und Terrorismus, Migration und Flucht sowie populistische Strömungen mit ihren Forderungen nach Renationalisierung und Grenzsicherung zeugen (u. a. Johnson et al. 2011; Scott 2012; Wilson und Donnan 2012; Durand et al. 2017; Heintel et al. 2018; Coman 2019). Ein ‚Bogenschlag' zur Entwicklung der EU ergibt sich ergänzend binnengrenzorientiert u. a. darüber, dass Bewohner*innen von Grenzregionen „European integration on a daily basis" – positiv wie negativ – erfahren (Kuhn 2012, 95). Es sind zusätzlich gerade Grenzregionen, die – so Klatt (2021, 151) – sich als „Laboratorien der europäischen Integration" bezeichnen lassen. Die Covid-19-Pandemie hat im Frühjahr 2020 mit verschiedenen Grenzsicherungs- und Grenzschließungsmaßnahmen markant vor Augen geführt, dass auch europäische Binnengrenzen im Schengen-Raum keineswegs unumstößlich offen sind, woraus sich neue Forschungsfragen ergeben (Medeiros et al. 2021; Wassenberg 2020; Weber 2022). Eine Forschungsausrichtung, die sich dezidiert mit Grenz(ziehung)en auseinandersetzt, stellen die → Border Studies dar, die eng mit den European Studies verbunden sind. Es ist dezidiert auch diese Verknüpfung, die forschungsbezogen befruchtend wirken kann, was die Verbindung aus *EU-multi-level* und *cross-border governance* illustriert: Sobald grenzüberschreitende Kooperationsformen in Europa untersucht werden, so adressieren Forscher*innen fast automatisch Beziehungen auf horizontaler Ebene (also über nationale Grenzen hinweg) und zugleich vertikal über Ebenen hinweg (bspw. Perkmann 2003, 2007; Yoder 2003; Blatter 2004; Reitel 2006; Nadalutti 2014; Špaček 2018; Noferini et al. 2020). Die Analyse grenzregionaler Verflechtungsräume wie bspw. die Großregion SaarLorLux mit der Frankreichstrategie des Saarlandes als grenzüberschreitend ausgerichteter Ansatz zur Schaffung eines ‚mehrsprachigen Raums deutsch-französischer Prägung' (Crossey und Weber 2020, 2022; Weber 2020) lässt sich so – mit gerade regionalem Fokus – auch als Teil der European Studies einordnen.

Eine weitere Verknüpfung der European Studies lässt sich in Richtung der → Refugee Studies aufzeigen, gleichzeitig gekoppelt an die → Border Studies. Forschungsbezogen werden die Außengrenzen der Europäischen Union u. a. als ein umkämpfter Raum der EU-Politik zwischen Grenzkontrollen, spezifischen Grenzziehungsmechanismen und Flüchtlingsrechten gerahmt (Klepp 2011; Börzel 2017; Genova 2017; Pichl und Tohidipur 2019; Ellebrecht 2020), wobei einhergehend u. a. rechtliche, moralische, aber auch lebensweltliche Fragen Bearbeitung finden (u. a. Friese 2014; Cuttitta 2015, 2018; Albahari 2016; Fernandez 2017; Campesi 2018). Mit der Stoßrichtung von ‚Grenzregimen' (als Sammelbände Hess und Kasparek 2012; Heimeshoff et al. 2014; Hess et al. 2016) wird eine macht- und herrschaftssensible Perspektive eingenommen, die Forschung anleitet und zudem emanzipativ wirken will (resümiert in Fiedler et al. 2017, 11). Das Feld der Beleuchtung der Außengrenzen in Verbindung mit dem Fokus auf das Migrationsgeschehen macht allgemein die Krisen- und Konflikthaftigkeit der EU sichtbar (Fiedler et al. 2017, 9–10) und unterstreicht die dynamische Interdependenz aus Grenzen und Migration bzw. Flucht (Vollmer und Düvell 2021, 325; Fellner und Weber 2023). Darüber hinaus lässt sich auch hier die Maßstabsebene wechseln, wenn zum Beispiel Steuerungsmechanismen von Migration auf städtischer Ebene differenziert werden (Fauser 2017). Europa und konkret die Europäische Union sind grundlegend migrationsbezogen insgesamt immer als ‚in Bewegung' zu denken (Bade 2000) – als eines der Felder, das sich im Schnittfeld zu anderen auch unter EUROPEAN STUDIES fassen lässt.

4 Résumé, Einordnung und Ausblick

Bereits dieser kurze Überblick zeigt, wie schwierig eine Bestimmung des Feldes der EUROPEAN STUDIES ausfällt. ‚Europa' wird zu einem Referenzpunkt, indem Forschungsfragen adressiert werden, die einen entsprechenden Bezug aufweisen, ohne dass dieser sich allerdings rein raumbezogen deuten lassen muss. Es ist auch das Verhältnis von Europa zur Welt, das einfließt. Gleichzeitig hat sich in einer ‚engeren' Auslegung ein Schwerpunkt in der Auseinandersetzung mit dem EU-Integrationsgeschehen etabliert. Je kleinteiliger – frage- wie raumbezogen – Arbeiten ausfallen, desto mehr lässt sich wiederum die Frage stellen, inwieweit das Label EUROPEAN STUDIES üblicherweise zur Anwendung kommt.

In kritischer Perspektive besteht die Gefahr eines latenten ‚Eurozentrismus', wenn nur von innen heraus auf ‚Europa' geblickt wird (vgl. Calhoun 2003, 5). Damit verbunden ist auch eine Überbetonung des europäischen Integrationsweges gegenüber ‚nachholender Entwicklung' in anderen Teilen der Welt als Herausforderung zu benennen. Vorsicht ist zudem vor einem Geodeterminismus geboten, mit dem Raum zu einer bestimmenden Größe erhoben wird (in Anschluss an Blotevogel 1996, 13). Ergänzend muss eine Reflexion des Forschungsgegenstands erfolgen, denn von Europaforscher*innen werden immer auch „neue Entitäten geschaffen, hinter denen die sprachliche und kulturelle Vielfalt Europas zu verschwinden droht. Selbst vordergründig neutrale Raumbegriffe wie ‚Osteuropa' oder ‚Balkan' sind externe Setzungen mit begrenzter analytischer Tauglichkeit" (Wissenschaftsrat 2006, 15–16).

Hieraus resultiert, vermeintlich natürliche Gegebenheiten und Setzungen und damit verbunden einen territorialen Raum(container)begriff kritisch zu hinterfragen. Zudem ist ‚Europa' zur Perspektivierung nicht nur aus europäischer Sicht zu betrachten, sondern auch „mit den Augen der ‚Anderen'" (Gebhardt 2013b, 445), und zudem der Blick auf Europa in der Welt zu weiten, wozu der *postcolonial turn* einen wichtigen Beitrag leisten kann (Castro Varela und Dhawan 2015). Einen Aspekt stellt hier forschungsbezogen die Beleuchtung transnationaler Räume, bspw. Diasporagemeinschaften (Bachmann-Medick 2018, 296; Robertson-von Trotha 2019), dar. Im Hinblick auf künftige Themen der European Studies können zudem weiter Detailfacetten im Werden ‚Europas' fundiert werden, ebenso die Weiterentwicklung der EU nach dem Brexit, Aushandlungen um die EU-Außengrenzen mit einem speziellen Fokus auf Fluchtdynamiken, Auswirkungen des russischen Angriffskriegs auf die Ukraine sowie schließlich auch Klimawandel und Post-Covid-Wandlungsprozesse.

5 Literaturverzeichnis

Adam, Rudolf G. *BREXIT. Eine Bilanz*. Wiesbaden 2019.

Agarin, Timofey und Nevena Nancheva (Hrsg.). *A European Crisis. Perspectives on Refugees, Solidarity, and Europe*. Stuttgart 2018.

Albahari, Maurizio. *Crimes of Peace. Mediterranean Migrations at the World's Deadliest Border*. Philadelphia, PA 2016.

Bachmann-Medick, Doris. *Cultural Turns. Neuorientierungen in den Kulturwissenschaften*. 6. Aufl. Reinbek 2018.

Bade, Klaus J. *Europa in Bewegung. Migration vom späten 18. Jahrhundert bis zur Gegenwart*. München 2000.

Batory, Agnes und Andrew Cartright. „Re-visiting the Partnership Principle in Cohesion Policy. The Role of Civil Society Organizations in Structural Funds Monitoring". *Journal of Common Market Studies* 49.4 (2011): 697–717.

Becker, Sascha O., Thiemo Fetzer und Dennis Novy. „Who voted for Brexit? A Comprehensive District-Level Analysis". *Economic Policy* 32.92 (2017): 601–650.

Beichelt, Timm. „Politik in Europa zwischen Nationalstaaten und EU. Auf dem Weg zu einem integrierten Analysekonzept". *Europa-Studien. Eine Einführung*. Hrsg. von Timm Beichelt et al. 2. Aufl. Wiesbaden 2013: 119–134.

Beichelt, Timm. „Zwischen nationalen und gemeinschaftlichen Interessen. Die europäische Politik im Kontext der Flüchtlingskrise". *Europas Ende, Europas Anfang. Neue Perspektiven für die Europäische Union*. Hrsg. von Jürgen Rüttgers und Frank Decker. Frankfurt a.M. 2017: 89–102.

Beichelt, Timm et al. „Einleitung. Was heißt und zu welchem Ende studiert man Europastudien?". *Europa-Studien. Eine Einführung*. Hrsg. von Timm Beichelt et al. 2. Aufl. Wiesbaden 2013a: 9–32.

Beichelt, Timm et al. (Hrsg.). *Europa-Studien. Eine Einführung*. 2. Aufl. Wiesbaden 2013b.

Bieling, Hans-Jürgen. „Intergouvernementalismus". *Theorien der europäischen Integration*. Hrsg. von Hans-Jürgen Bieling und Marika Lerch. 3. Aufl. Wiesbaden 2012: 77–97.

Bieling, Hans-Jürgen und Martin Große Hüttmann (Hrsg.). *Europäische Staatlichkeit. Zwischen Krise und Integration*. Wiesbaden 2016.

Bieling, Hans-Jürgen und Marika Lerch (Hrsg.). *Theorien der europäischen Integration*. 3. Aufl. Wiesbaden 2012.

Blatter, Joachim. „‚From Spaces of Place' to ‚Spaces of Flows'? Territorial and Functional Governance in Cross-Border Regions in Europe and North America". *International Journal of Urban and Regional Research* 28.3 (2004): 530–548.

Blotevogel, Hans Heinrich. „Aufgaben und Probleme der Regionalen Geographie heute. Überlegungen zur Theorie der Landes- und Länderkunde anläßlich des Gründungskonzepts des Instituts für Länderkunde, Leipzig". *Berichte zur deutschen Landeskunde* 70.1 (1996): 11–40.

Börzel, Tanja. „Grenzenloses Europa und die Grenzen Europas". *Europas Ende, Europas Anfang. Neue Perspektiven für die Europäische Union*. Hrsg. von Jürgen Rüttgers und Frank Decker. Frankfurt a.M. 2017: 77–87.

Busch, Berthold. *Differenzierte Integration als Modell für die Zukunft der Europäischen Union?* Köln 2014.

Calhoun, Craig. „European Studies. Always Already There and Still in Formation". *Comparative European Politics* 1.1 (2003): 5–20.

Campesi, Giuseppe. „Italy and the Militarisation of Euro-Mediterranean Border Control Policies". *Contemporary Boat Migration. Data, Geopolitics, and Discourses*. Hrsg. von Elaine Burroughs und Kira Williams. London 2018: 51–73.

Castro Varela, María do Mar und Nikita Dhawan. *Postkoloniale Theorie. Eine kritische Einführung*. 2. Aufl. Bielefeld 2015.

Christiansen, Thomas, Knud Erik Jørgensen und Antje Wiener (Hrsg.). *The Social Construction of Europe*. London 2001.

Clarke, Harold D., Matthew Goodwin und Paul Whiteley. *Brexit. Why Britain Voted to Leave the European Union*. Cambridge 2017.

Coman, Ramona. „Values and Power Conflicts in Framing Borders and Borderlands. The 2013 Reform of EU Schengen Governance". *Journal of Borderlands Studies* 34.5 (2019): 685–698.

Crossey, Nora und Florian Weber. „Zur Konstitution multipler Borderlands im Zuge der Frankreichstrategie des Saarlandes". *Geographien der Grenzen. Räume, Ordnungen, Verflechtungen*. Hrsg. von Florian Weber et al. Wiesbaden 2020: 145–166.

Crossey, Nora und Florian Weber. „Die Frankreichstrategie des Saarlandes als multisektoraler Impuls für die grenzüberschreitende Zusammenarbeit". *Strategien und Konzepte grenzüberschreitender Raumentwicklung und Raumplanung*. Hrsg. von Kirsten Mangels und Daniela Briegel. Kaiserslautern 2022: 23–41.

Cuttitta, Paolo. „Humanitarianism and Migration in the Mediterranean Borderscape. The Italian-North African Border Between Sea Patrols and Integration Measures". *Borderscaping: Imaginations and Practices of Border Making*. Hrsg. von Chiara Brambilla et al. Burlington, VT 2015: 131–139.

Cuttitta, Paolo. „Inclusion and Exclusion in the Fragmented Space of the Sea. Actors, Territories and Legal Regimes between Libya and Italy". *Contemporary Boat Migration. Data, Geopolitics, and Discourses.* Hrsg. von Elaine Burroughs und Kira Williams. London 2018: 75–94.

Denca, Sorin Stefan. „Book review. Chris Rumford, ed. (2009). ‚The SAGE Handbook of European Studies'". *Journal of Contemporary European Research* 7.1 (2011): 145–147.

Dinan, Desmond. *Europe Recast. A History of European Union.* 2. Aufl. Basingstoke 2014.

Durand, Frédéric, Antoine Decoville und Robert Knippschild. „Everything All Right at the Internal EU Borders? The Ambivalent Effects of Cross-Border Integration and the Rise of Euroscepticism". *Geopolitics* 25.3 (2017): 1–22.

Eigmüller, Monika. „Grenzen und Europa". *Grenzforschung. Handbuch für Wissenschaft und Praxis.* Hrsg. von Dominik Gerst, Maria Klessmann und Hannes Krämer. Baden-Baden 2021: 257–266.

Ellebrecht, Sabrina. *Mediated Bordering. Eurosur, the Refugee Boat, and the Construction of an External EU Border.* Bielefeld 2020.

Eriksen, Erik Oddvar und John Erik Fossum (Hrsg.). *Rethinking Democracy and the European Union.* London 2011.

Fauser, Margit. „The Emergence of Urban Border Spaces in Europe". *Journal of Borderlands Studies* 31.5 (2017): 1–18.

Fellner, Astrid M. und Florian Weber. „Grenzen und Grenzregime". *Flucht- und Flüchtlingsforschung. Handbuch für Wissenschaft und Studium.* Hrsg. von Tabea Scharrer et al. Baden-Baden 2023: 315–319.

Fernandez, Maïté. „The EU External Borders Policy and Frontex-Coordinated Operations at Sea: Who Is in Charge? Reflections on Responsibility for Wrongful Acts". *„Boat Refugees" and Migrants at Sea: A Comprehensive Approach. Integrating Maritime Security with Human Rights.* Hrsg. von Violeta Moreno-Lax und Efthymios Papastavridis. Leiden 2017: 379–407.

Fiedler, Mathias et al. „Umkämpfte Bewegungen nach und durch EUropa. Zur Einleitung". *movements* 3.1 (2017): 9–19.

Friese, Heidrun. *Grenzen der Gastfreundschaft. Die Bootsflüchtlinge von Lampedusa und die europäische Frage.* Bielefeld 2014.

Fulbrook, Mary (Hrsg.). *Europe since 1945.* Oxford 2009.

Gebhardt, Hans. „Europäische Herrschaftsstrukturen und territoriale Konflikte im Laufe der Geschichte". *Europa. Eine Geographie.* Hrsg. von Hans Gebhardt, Rüdiger Glaser und Sebastian Lentz. Berlin 2013a: 148–160.

Gebhardt, Hans. „Konkurrenz für Europa – die Zukunft in einer globalisierten Welt". *Europa. Eine Geographie.* Hrsg. von Hans Gebhardt, Rüdiger Glaser und Sebastian Lentz. Berlin 2013b: 445–481.

Gebhardt, Hans, Rüdiger Glaser und Sebastian Lentz. „Europa – Raumerfahrungen, Raumkonstruktionen und machtvolle Repräsentationen". *Europa. Eine Geographie.* Hrsg. von Hans Gebhardt, Rüdiger Glaser und Sebastian Lentz. Berlin 2013: 2–24.

Genova, Nicholas de. *The Borders of Europe. Autonomy of Migration, Tactics of Bordering.* Durham, NC 2017.

Glasze, Georg et al. „Regionalforschung in der Geographie und interdisziplinäre ‚area studies' nach dem ‚cultural turn'. Eine Einführung". *Geographische Zeitschrift* 102.1 (2014): 1–6.

Grimmel, Andreas und Cord Jakobeit (Hrsg.). *Politische Theorien der Europäischen Integration. Ein Text- und Lehrbuch.* Wiesbaden 2009.

Heimeshoff, Lisa-Marie et al. (Hrsg.). *Grenzregime II. Migration, Kontrolle, Wissen. Transnationale Perspektiven.* Berlin 2014.

Heintel, Martin, Robert Musil und Norbert Weixlbaumer (Hrsg.). *Grenzen. Theoretische, konzeptionelle und praxisbezogene Fragestellungen zu Grenzen und deren Überschreitungen*. Wiesbaden 2018.

Hess, Sabine und Bernd Kasparek (Hrsg.). *Grenzregime. Diskurse, Praktiken, Institutionen in Europa*. Berlin 2012.

Hess, Sabine et al. (Hrsg.). *Der lange Sommer der Migration. Grenzregime III*. Berlin 2016.

Hooghe, Liesbet und Gary Marks. „The Making of a Polity. The Struggle over European Integration". *European Integration Online Papers* 1.4 (1997): 70–97.

Husseini de Araújo, Shadia. *Jenseits vom „Kampf der Kulturen". Imaginative Geographien des Eigenen und des Anderen in arabischen Printmedien*. Bielefeld 2011.

Jańczak, Jarosław. „European Groupings of Territorial Cooperation as an element invigorating integration processes at the local and regional levels in the European Union". *Przegląd Politologiczny* 2 (2016): 63–73.

Johnson, Corey et al. „Interventions on Rethinking ‚the Border' in Border Studies". *Political Geography* 30.2 (2011): 61–69.

Jones, Erik, Anand Menon und Stephen Weatherill (Hrsg.). *The Oxford Handbook of the European Union*. Oxford 2014.

Känner, Lise. „Zur rhetorischen Verschiebung von Staatsgrenzen. An den Grenzen Europas und des Rechts". *Interdisziplinäre Perspektiven auf Migration, Grenzen und Recht*. Hrsg. von Max Pichl und Timo Tohidipur. Bielefeld 2019: 17–40.

Kirschner, Martin und Richard Nate (Hrsg.). *Europa. Krisen, Vergewisserungen, Visionen. Interdisziplinäre Annäherungen*. Bielefeld 2019.

Kissel, Wolfgang Stephan. „Dreitausend Jahre Europa. Konstellationen des kulturellen Gedächtnisses". *Interdisziplinäre Europastudien. Eine Einführung*. Hrsg. von Janna Wolff und Ulrike Liebert. Wiesbaden 2015: 29–53.

Klatt, Martin. „Diesseits und jenseits der Grenze. Das Konzept der Grenzregion". *Grenzforschung. Handbuch für Wissenschaft und Praxis*. Hrsg. von Dominik Gerst, Maria Klessmann und Hannes Krämer. Baden-Baden 2021: 143–155.

Klepp, Silja. *Europa zwischen Grenzkontrolle und Flüchtlingsschutz. Eine Ethnographie der Seegrenze auf dem Mittelmeer*. Bielefeld 2011.

Knodt, Michèle und Martin Große Hüttmann. „Der Multi-Level Governance-Ansatz". *Theorien der europäischen Integration*. Hrsg. von Hans-Jürgen Bieling und Marika Lerch. 3. Aufl. Wiesbaden 2012: 187–205.

Kohler-Koch, Beate, Thomas Conzelmann und Michèle Knodt. *Europäische Integration, Europäisches Regieren*. Wiesbaden 2004.

Kolossov, Vladimir und James Scott. „Selected Conceptual Issues in Border Studies". *Belgeo* 1 (2013): 41 Abs.

Kuhn, Theresa. „Europa ante portas: Border Residence, Transnational Interaction and Euroscepticism in Germany and France". *European Union Politics* 13.1 (2012): 94–117.

Laclau, Ernesto und Chantal Mouffe. *Hegemonie und radikale Demokratie. Zur Dekonstruktion des Marxismus*. 5. Aufl. Wien 2015 [1985].

Liebert, Ulrike. „Was ist Europa? Zur Einführung in die interdisziplinären Europastudien". *Interdisziplinäre Europastudien. Eine Einführung*. Hrsg. von Janna Wolff und Ulrike Liebert. Wiesbaden 2015: 1–25.

Marks, Gary. „Structural Policy in the European Community". *Euro-Politics. Institutions and Policymaking in the „new" European Community*. Hrsg. von Alberta M. Sbragia. Washington, DC 1992: 191–224.

Mau, Steffen. „Horizontale Europäisierung. Eine soziologische Perspektive“. *Interdisziplinäre Europastudien. Eine Einführung*. Hrsg. von Janna Wolff und Ulrike Liebert. Wiesbaden 2015: 93–113.

McCall, Cathal. „Debordering and Rebordering the United Kingdom“. *A Companion to Border Studies*. Hrsg. von Thomas M. Wilson und Hastings Donnan. Chichester 2012: 214–229.

Medeiros, Eduardo et al. „Covidfencing Effects on Cross-Border Deterritorialism. The Case of Europe“. *European Planning Studies* 29.5 (2021): 962–982.

Miggelbrink, Judith. „Vom ‚Eisernen Vorhang‘ zum Schengen Abkommen. Entwicklung der Grenzen und Grenzregime in Europa und in der EU“. *Europa. Eine Geographie*. Hrsg. von Hans Gebhardt, Rüdiger Glaser und Sebastian Lentz. Berlin 2013: 208–211.

Mose, Jörg. *Katalonien zwischen Separatismus und Transnationalisierung. Zur Konstruktion und Dynamik raumbezogener Identitäten*. Münster 2014.

Mroczek-Dąbrowska, Katarzyna und Anna Matysek-Jędrych. „‚To fear or not to fear?‘ The Nature of the EU-27 Countries‘ Vulnerability to Brexit“. *European Planning Studies* 29.2 (2020): 277–290.

Nadalutti, Elisabetta. „What Kind of Governance Does Emerge in EU Cross-Border Regions and Southeast Asia Growth Triangles? Italy-Slovenia and Indonesia-Malaysia-Singapore Border Zones Revisited“. *Asia Europe Journal* 12.4 (2014): 365–382.

Neyer, Jürgen. „Die europäische Demokratie und die deliberative Integrationstheorie“. *Europa-Studien. Eine Einführung*. Hrsg. von Timm Beichelt et al. 2. Aufl. Wiesbaden 2013: 135–147.

Noferini, Andrea et al. „Cross-Border Cooperation in the EU. Euroregions Amid Multilevel Governance and Re-Territorialization“. *European Planning Studies* 28.1 (2020): 35–56.

North, Douglass Cecil. *Institutionen, institutioneller Wandel und Wirtschaftsleistung*. Tübingen 1992.

Ohmae, Kenichi. *The Borderless World. Power and Strategy in the Interlinked Economy*. New York 1999 [1990].

Ondarza, Nicolai von. „Die zerfasernde Union. Differenzierung als Realität des Integrationsprozesses“. *Europa-Studien. Eine Einführung*. Hrsg. von Timm Beichelt et al. 2. Aufl. Wiesbaden 2013: 149–166.

Paasi, Anssi. „Region and Place. Regional Identity in Question“. *Progress in Human Geography* 27.4 (2003): 475–485.

Paasi, Anssi. „Regions and Regional Dynamics“. *The SAGE Handbook of European Studies*. Hrsg. von Chris Rumford. Los Angeles, CA 2009: 464–484.

Paasi, Anssi. „Borderless Worlds and Beyond. Challenging the State-Centric Cartographies. Borderless Worlds for Whom?“. *Ethics, Moralities and Mobilities*. Hrsg. von Anssi Paasi et al. Abingdon 2019: 21–36.

Perkmann, Markus. „Cross-Border Regions in Europe: Significance and Drivers of Regional Cross-Border Co-Operation“. *European Urban and Regional Studies* 10.2 (2003): 153–171.

Perkmann, Markus. „Policy Entrepreneurship and Multilevel Governance. A Comparative Study of European Cross-Border Regions“. *Environment and Planning C: Government and Policy* 25.6 (2007): 861–879.

Piattoni, Simona. „Multi-Level Governance. A Historical and Conceptual Analysis“. *Journal of European Integration* 31.2 (2009): 163–180.

Pichl, Max und Timo Tohidipur (Hrsg.). *An den Grenzen Europas und des Rechts. Interdisziplinäre Perspektiven auf Migration, Grenzen und Recht*. Bielefeld 2019.

Reitel, Bernard. „Governance in Cross-Border Agglomerations in Europe. The Examples of Basle and Strasbourg“. *Europa Regional* 14.1 (2006): 9–21.

Richardson, Jeremy und Sonia Mazey (Hrsg.). *European Union. Power and Policy-Making*. 4. Aufl. New York 2015 [1996].
Risse, Thomas. *A Community of Europeans? Transnational Identities and Public Spheres*. Ithaca, NY 2010.
Robertson-von Trotha, Caroline Y. (Hrsg.). *Diaspora. Netzwerke globaler Gemeinschaften*. Karlsruhe 2019.
Rosamond, Ben. *Theories of European Integration*. Basingstoke 2000.
Ruggie, John Gerard. *Constructing the World Polity. Essays on International Institutionalization*. London 1998.
Rumford, Chris (Hrsg.). *The SAGE Handbook of European Studies*. Los Angeles, CA 2009a.
Rumford, Chris. „Introduction. The Stuff of European Studies". *The SAGE Handbook of European Studies*. Hrsg. von Chris Rumford. Los Angeles, CA 2009b: 1–14.
Schiffauer, Werner. „Grenzen im Neuen Europa". *Europa-Studien. Eine Einführung*. Hrsg. von Timm Beichelt et al. 2. Aufl. Wiesbaden 2013: 109–116.
Schmithüsen, Josef. „Was ist eine Landschaft? (1963)". *Das Wesen der Landschaft*. Hrsg. von Karlheinz Paffen. Darmstadt 1973: 156–174.
Schröder, Martin et al. „A Matter of Time, not Generations: Rising Emotional Attachment to the European Union, 1991–2023. An Age Period Cohort Analysis." *Journal of European Public Policy* 2024: 1–29.
Schuppert, Gunnar Folke et al. (Hrsg.). *Europawissenschaft*. Baden-Baden 2005.
Scott, James W. „Borders, Border Studies and EU Enlargement". *The Ashgate Research Companion to Border Studies*. Hrsg. von Doris Wastl-Walter. Farnham 2011: 123–142.
Scott, James W. „European Politics of Borders, Border Symbolism and Border Cooperation". *A Companion to Border Studies*. Hrsg. von Thomas M. Wilson und Hastings Donnan. Chichester 2012: 83–99.
Špaček, Martin. „Multilevel Cross-Border Governance in the Czech-Saxon Borderland. Working Together or in Parallel?". *Administrative Culture* 18.2 (2018): 175–202.
Steinhilber, Jochen. „Liberaler Intergouvemementalismus". *Theorien der europäischen Integration*. Hrsg. von Hans-Jürgen Bieling und Marika Lerch. 3. Aufl. Wiesbaden 2012: 141–163.
Tömmel, Ingeborg. *Das politische System der EU*. 4. Aufl. München 2014.
Vollmer, Bastian A. und Franck Düvell. „Grenzen und Migration. Eine dynamische Interdependenz". *Grenzforschung. Handbuch für Wissenschaft und Praxis*. Hrsg. von Dominik Gerst, Maria Klessmann und Hannes Krämer. Baden-Baden 2021: 316–330.
Wassenberg, Birte. „‚Return of Mental Borders': A Diary of COVID-19 Closures between Kehl, Germany, and Strasbourg, France". *Borders in Globalization Review* 2.1 (2020): 114–120.
Weber, Florian. „Grenzüberschreitende Governance in der Großregion SaarLorLux". *Forum Wohnen und Stadtentwicklung* 4 (2020): 183–186.
Weber, Florian. „Cross-Border Cooperation in the Border Region of Germany, France, and Luxembourg in Times of Covid-19". *European Societies* 24.3 (2022): 354–381.
Weber, Florian und Christian Wille. „Grenzgeographien der COVID-19-Pandemie". *Geographien der Grenzen. Räume, Ordnungen, Verflechtungen*. Hrsg. von Florian Weber et al. Wiesbaden 2020: 191–223.
Wessels, Wolfgang. *Das politische System der Europäischen Union*. Wiesbaden 2008.
Wiener, Antje und Thomas Diez (Hrsg.). *European Integration Theory*. Oxford 2004.
Wille, Christian. „Zur Einleitung. Lebenswirklichkeiten und politische Konstruktionen in Grenzregionen". *Lebenswirklichkeiten und politische Konstruktionen in Grenzregionen. Das Beispiel*

der Großregion SaarLorLux: Wirtschaft, Politik, Alltag, Kultur. Hrsg. von Christian Wille. Bielefeld 2015: ix–xvi.

Wille, Christian. „Vom processual shift zum complexity shift: Aktuelle analytische Trends der Grenzforschung". *Grenzforschung. Handbuch für Wissenschaft und Praxis*. Hrsg. von Dominik Gerst, Maria Klessmann und Hannes Krämer. Baden-Baden 2021: 106–120.

Wilson, Thomas M. und Hastings Donnan (Hrsg.). *A Companion to Border Studies*. Chichester 2012.

Wissenschaftsrat. *Empfehlungen zu den Regionalstudien (Area Studies) in den Hochschulen und außeruniversitären Forschungseinrichtungen*. Mainz 2006.

Wolff, Janna. „Europäische Integration. Politikwissenschaftliche Schlüsseltheorien". *Interdisziplinäre Europastudien. Eine Einführung*. Hrsg. von Janna Wolff und Ulrike Liebert. Wiesbaden 2015: 69–92.

Wolff, Janna und Ulrike Liebert (Hrsg.). *Interdisziplinäre Europastudien. Eine Einführung*. Wiesbaden 2015.

Yoder, Jennifer A. „Bridging the European Union and Eastern Europe. Cross-Border Cooperation and the Euroregions". *Regional & Federal Studies* 13.3 (2003): 90–106.

Zaiotti, Ruben. *Cultures of Border Control. Schengen and the Evolution of European Frontiers*. Chicago, IL 2011.

Heike Derwanz

Fashion Studies

1 Forschungsgeschichte

1.1 Gegenstand

Die Fashion Studies beschäftigen sich mit der kulturwissenschaftlichen Betrachtung von Mode(n). Zwei Begriffe werden zu Grunde gelegt: Der auf das Lateinische *modus* für „Art und Weise" zurückgehende Begriff der Mode wurde in Frankreich seit dem 15. Jahrhundert als gemeinschaftliche Art sich zu kleiden verwendet (Kawamura 2011, 8; Gaugele 2016, 184). Französisch *la mode* oder italienisch *la moda* bedeuten hingegen „Sitte" oder „Zeitgeschmack" (Loschek 2007, 160). In der Wendung *à la mode* taucht er ab den 1620er Jahren in Deutschland auf. *Fashion* als englischer Begriff hingegen leitet sich vom Französischen *façon* (Latein: *factio*) für „Bearbeitung", „Machart" und „Manieren" ab (Kawamura 2011, 8; Gaugele 2016, 184). Der Begriff weist auf etwas Gemachtes und bezeichnet ab dem 16. Jahrhundert die Art der Herstellung von Kleidung (Kawamura 2011, 8). In den Fashion Studies wird er in seiner breiten Definition für „Kleidung", „Aussehen" oder „Stil" verwendet und steht zugleich für materielle Objekte *und* ein Symbolsystem (Rocamora und Smelik 2016, 2).

Fashion Studies beschäftigen sich zumeist mit Kleidung, weil sich Mode als unsichtbares und ungreifbares Phänomen in ihr symbolisch manifestieren kann, so Yuniya Kawamura in *Fashion-ology* (2004, 33). Dennoch sind die Begriffe „Mode" und „Kleidung" nicht gleichzusetzen, denn „Kleidungsstücke müssen erst einen sozialen und medialen Prozess durchlaufen, um Mode zu werden und damit einen Mehrwert zu erhalten" (Gaugele 2016, 183). Die Zuspitzung auf Kleidung hat nicht erst in den heutigen Fashion Studies Erweiterungen erfahren, wie bspw. das 1787 bis 1827 erschienende *Journals des Luxus und der Moden* zeigt. Erstens wurde der Begriff historisch auf Gegenstände, Reiseziele, gesellschaftliche Fragen, die Künste (Gaugele 2016, 185) oder soziale Gesten, wie Händeschütteln, Verbeugen usw. (Kawamura 2004, 23) angewandt. Gerade sozialwissenschaftliche Modetheorien wenden sich um 1900 von einem konkreten Gegenstand ab und beschreiben Moden als ein soziales, auf das Neue zielende Phänomen (Kawamura 2004, 25). Die Diskussion, wann ein Phänomen nur Kleidung und wann als Mode einzuordnen ist, ist eine der grundlegenden Debatten innerhalb der Fashion Studies (Loschek 2007). Hier schließen Debatten zu den Begriffen „Kleidung" (*clothes*) und „Kostüm" (*costume*) an. In Abgrenzung dazu definiert Lehmann die Costume Studies als „quantitative, typologische Einordnung von Kleidung in ihr geschicht-

https://doi.org/10.1515/9783110712919-010

liches Umfeld“ (2012, 24). In der deutschsprachigen Kostümkunde wie auch der Volkskunde wurden Moden und Trachten gegenübergestellt (Böth 1988; Keller-Drescher 2015).

Zweitens wurde von Joanne B. Eicher und weiteren Autor*innen der Fokus in Bezug auf Kleidung vom Kleidungsstück auf den sogenannten *dress* erweitert, ein Begriff, der gleichzeitig auf Veränderungen des Körpers durch Kosmetik, Tattoos usw. abzielt (*body modifications*), während Kleidung selbst, wie auch Schmuck für Eicher zu den Ergänzungen des Körpers (*body supplements*) gezählt werden (Roach Higgins und Eicher 1993; Eicher 2016, 204–205). Die Erweiterung ist deshalb so bedeutsam, da DRESS STUDIES und FASHION STUDIES schwer zu unterscheiden sind: Kawamura schreibt FASHION STUDIES/DRESS STUDIES (2011), während Taylor darauf hinweist, dass sich die FASHION STUDIES an den Ausbildungsstandorten eher auf das 20. und 21. Jahrhundert konzentrieren (2013, 25).

1.2 Historische Genese

Von den bereits in den 1980er Jahren auftretenden FASHION STUDIES wird im deutschsprachigen Raum seit der Jahrtausendwende gesprochen (Gaugele 2016, 183, 195). Sie speisen sich zum einen aus etablierten Disziplinen wie Kunst- und Literaturgeschichte (inkl. Kostümgeschichte), die durch Sozialwissenschaften und Anthropologie ergänzt wurden. In der zweiten Hälfte des 20. Jahrhundert machten aber v. a. die CULTURAL STUDIES, Medienwissenschaften (→ MEDIA STUDIES), → GENDER STUDIES und Textilwissenschaften die FASHION STUDIES zu einer disziplinübergreifenden Kulturwissenschaft mit zeitgenössischem Gegenstand: „We can regard Fashion Studies as an interdisciplinary area of knowledge that has emerged because of theories and research findings that cross traditional disciplinary boundaries, and it becomes possible to integrate and incorporate multiple different methodological strategies.“ (Kawamura 2011, 13)

Erste Diskurse über Mode in westlichen Quellen treten in Kawamuras Genealogie der FASHION STUDIES im Italien des 16. Jahrhunderts auf (2011, 3; vgl. Taylor 1998, 355). In ihrer Geschichte der deutschsprachigen FASHION STUDIES verortet Elke Gaugele eine erste Verwissenschaftlichung von Mode schon in den Kleiderordnungen der frühen Neuzeit (2016, 184). In den deutschsprachigen Ländern entstand die Kostümgeschichte im 19. Jahrhundert an den Kunstakademien (Gaugele 2015) und wird bis heute durch die Gesellschaft für Historische Waffen- und Kostümkunde (gegr. 1896) und ihrer Zeitschrift vertreten. Bereits 1892 erfolgte die Schenkung der *Sammlung für Kostümwissenschaft*, heute *Lipperheidische Kostümbibliothek*, an das Berliner Kunstgewerbemuseum. Als Hauptaufgabe wurden Chronologien erstellt, um Datierungen von Bildern und Rekonstruktionen für künstlerische und performative Praktiken zu ermöglichen (Keller-Drescher 2015, 179). War sie zunächst eine Hilfswissenschaft, wurde Kostümgeschichte später zu einer eigenständigen Disziplin zwischen Kultur- und Naturwissenschaften mit eigenen Professuren, in der im 19. Jahrhundert auch naturwissenschaftliche Theorien und Konzepte von Ethnie, *race*, Gender, Gesundheit usw. verhandelt wurden (Gaugele 2016, 187–188).

Zu Beginn des 20. Jahrhunderts setzt Kawamura mit der Beschäftigung der neuen Disziplinen Psychologie und Anthropologie – bspw. mit Theorien zur Funktion von Kleidung als Dekoration oder Schutz (2011, 3) – die nächste Entwicklungsstufe an. Durch Autoren wie Gabriel Tarde (1890), Thorstein Veblen (1899), Georg Simmel (1904) und Ferdinand Tönnies (1909) entstehen gleichzeitig sozialwissenschaftliche Modetheorien, die Mode als einen sozialen Prozess beschreiben. Die Verbreitung von Mode durch Imitation sowie die sozialen Effekte von Inklusion und Exklusion standen dabei im Vordergrund (Tönnies 1909, 4). Die Theorien werden bis heute als Grundlagen der FASHION STUDIES diskutiert und beschrieben gleichzeitig die Bedeutung von Mode in den westlich modernen Gesellschaften.

Die Beschäftigung mit diesen Theorien (Bovenschen 1986) und Mode als einem Phänomen der Moderne prägten die deutschen FASHION STUDIES im 20. Jahrhundert: Mode wurde im Zuge dessen definiert als „Permanenz des ewig Neuen“ (Bovenschen 1986, 13). Für Kawamura verschob Herbert Blumers ethnographischer Aufsatz „Fashion: From Class Differentiation to Collective Action“ (1969) den Fokus von führenden gesellschaftlichen Gruppen auf die kollektive Aktivität und den kollektiven Geschmack. Als Konsequenz dessen unterstreicht Gaugele im 20. Jahrhundert den Einfluss der Jugendkulturen und des Ideals der Jugend. Studien hierzu sind häufig den CULTURAL STUDIES zuzurechnen und prägten Begriffe wie „Style“, „Subkultur“ und „Subversion“ (Gaugele 2016, 192). Im Zuge der Kritik an gesellschaftlichen Hierarchien wurde durch die Medienwissenschaften (→ MEDIA STUDIES) die Frage nach der Verbreitung von Mode neu gestellt. Mode, über die zumeist als Bild gesprochen wird (→ VISUAL STUDIES), vermittelt sich seit dem 20. Jahrhundert über andere Medien, der Photographie, Modenschauen oder spezifischen Zeitschriften und digitalen Medien (Wenrich 2015). Und auch die Kultur- und Sozialanthropologie war ein wichtiger Impulsgeber im 20. Jahrhundert. Während im deutschsprachigen Bereich die Textilwissenschaften und dann die Kulturanthropologie des Textilen entstehen, gibt der Reader *The Anthropology of Dress and Fashion* von Brent Luvaas und Joanne B. Eicher (2019) einen Überblick über internationale Entwicklungen. Ethnographische Forschungsmethoden und v. a. die globale Perspektive erweiterten den Forschungsgegenstand Mode grundlegend.

Vor dem Hintergrund der diversen disziplinären Ansätze des 20. Jahrhunderts sind die FASHION STUDIES im 21. Jahrhundert durch eine interdisziplinäre kritische Wissensproduktion charakterisiert, die die Perspektiven integriert. Hier schließt eine der wichtigsten aktuellen Entwicklungen an, die von den britischen Kunsthochschulen ausstrahlt und Designpraxis mit empirischen Forschungen verbindet (Fletcher 2016; Fletcher und Grimstad Klepp 2017). Im Bereich *Sustainability and Fashion* wird Mode als Produktions- und Konsumsystem analysiert und schafft über die Perspektive der Nachhaltigkeit an zeitgenössische Praxis gebundene Forschungen (z. B. *Routledge Handbook of Sustainability and Fashion* 2015; Payne 2021). Wenn die britische Dress-Historikerin Lou Tayler (1998; 2013) in ihrer Strukturierung die Unterschiede zwischen Forschung *über* Mode an den Universitäten und Forschung *mit* den Objekten in Museen und Sammlungen hinweist, greift dies also zu kurz. Zusammen mit den Hochschullehrenden, die Praktiker*innen für die Modeindustrie (Produktion, Marketing und Journalismus) ausbilden, stellen sich die FASHION STUDIES heute als transdisziplinäre Kulturwissenschaft dar.

1.3 Bisherige Marginalisierung und Beziehung zu anderen „Studies“

Die wissenschaftliche Betrachtung von Kleidung und Moden wird von Forscher*innen als historisch marginalisiert beschrieben (Kawamura 2011, 11; Jenss 2016, 4). Als Hauptgründe werden die Feminisierung des Gegenstandes (Taylor 1998) und fehlende Theoretisierungen genannt (Böth 1988, 226; Kawamura 2004, 32). Gitta Böth bemerkt, dass in der Kleidungsforschung die weiblichen Wissenschaftler*innen die von Männern erstellten „reputationsfördernden“ wissenschaftlichen Theorien anwenden (1988, 226), und Heike Jenss markiert den Übergang von Dress *History* zu Fashion *Study* als ein Zeichen der theoretischen Unterfütterung (2016, 6).

Einen Teil dieser Marginalisierungen teilen die FASHION STUDIES mit verwandten „Studies“, in denen marginalisierte Gruppen sichtbar gemacht werden. Seit den 1990er Jahren übten dabei die CULTURAL STUDIES einen entscheidenden Einfluss aus: Jennifer Craik legte 1993 ihre Perspektive auf das kapitalistische Modesystem vor und kritisierte, dass anstatt von *haute couture* der Kauf in Massenkatalogen oder der Konsum zu Hause beforscht werden sollte (209). Ihr Entwurf stellt unter der Konsumperspektive den Habitus und die Körpertechnologien in den Mittelpunkt. In der Monographie *Fashion and Cultural Studies* verortet Susan B. Kaiser beide „Studies“ und sieht ihre Gemeinsamkeit im Interesse an Machtbeziehungen um soziale Bewegungen (2012, 11) und im Überwinden von Essentialismen und tradierten binären Oppositionen, wie z. B. Weiblichkeit oder Männlichkeit, die lange die FASHION STUDIES dominierten (2012, 2).

Angela McRobbies Schriften aus den CULTURAL STUDIES zu Perspektiven von Mädchen und Frauen wurden weit rezipiert. Sie erschlossen zum einen den Konsum von Gruppen außerhalb der bürgerlichen oder Oberschichten (1991) und zum anderen die Produktion von Kleidung (2004). Eine inhaltliche Nähe oder Überschneidungen gibt es in den Bereichen zu → GENDER STUDIES, → MASCULINITY STUDIES, WOMEN'S STUDIES, → QUEER/NESS STUDIES, FEMINIST STUDIES und FAT STUDIES, in denen Kleidung als Repräsentationspraktik eine dominante Rolle spielt (Gaugele 2016, 196).

Analog zur Entstehung der FASHION STUDIES entwickeln sich aus der Archäologie, Geschichte, Anthropologie und Geographie in den 1980er Jahren in Großbritannien die MATERIAL CULTURE STUDIES (MCS) mit einem Fokus auf Konsum, Alltagsleben in der Moderne und Semiotik (Black et al. 2013, 6). Daniel Miller, einer der wichtigsten Vertreter, widmete sich auch dem Thema Kleidung, z. B. im Sammelband *Clothing as Material Culture* mit Susanne Küchler (2005). Mit anderen Autor*innen publizierte er ethnographische Studien zur Jeans (2011a; 2011b) oder zum Sari (2003). Das Themenfeld bleibt aber innerhalb der MCS randständig. Black et al. kritisieren aus der Perspektive der FASHION STUDIES, dass in den MATERIAL CULTURE STUDIES der Fokus zu stark auf der Bedeutung der Objekte liege und das Objekt zu wenig beachtet werde (2013, 7; Rocamora und Smelik 2016, 11–14). Nur wenige Forscher*-innen im deutschsprachigen Raum reklamieren den Begriff „Materielle Kultur" für ihre Forschungen zu Mode. Materielle Kultur als Abgrenzung zu immateriellen Forschungsgegenständen wurde in der deutschsprachigen Volkskunde im 20. Jahrhundert „Sachkultur" genannt, Kleidung speziell „textile Sachkultur" (Mentges 2005, 15).

Die PHOTOGRAPHY STUDIES, → VISUAL (CULTURE) STUDIES oder → MEDIA STUDIES, die MUSEUM STUDIES oder PERFORMANCE STUDIES, wobei der *performative turn* insbesondere im Bereich Körper und Kleidung einflussreich war (Niessen et al. 2003, 22–23), knüpfen ebenfalls auf der Ebene der Repräsentation und des Materiellen an. BUSINESS STUDIES, URBAN STUDIES oder → POSTCOLONIAL STUDIES werden von Taylor als weitere benachbarte Studies zu den FASHION STUDIES benannt (2002, 24).

Gaugele und Kastner zählen die FASHION STUDIES heute zu den „Critical Studies" im Kunstfeld, also ausdifferenzierte und gleichzeitig transversale Wissenschaftsbereiche, die sozial- und kulturwissenschaftliche Ansätze kritisch anwenden (2016, 2–3).

1.4 Institutionalisierung

FASHION STUDIES haben sich unter diesem Namen zuerst an den Kunsthochschulen und Universitäten in Großbritannien und Nordamerika etabliert. Die Dominanz dieser Position wird durch das Research Collective for Decoloniality and Fashion (RCDF, gegr. 2012) kritisch reflektiert: „From a decolonial perspective, we aim to rethink fashion as a multitude of possibilities rather than a normative framework falsely claiming universality." (https://rcdfashion.wordpress.com/about) Einige wenige spezifische Ausbildungszentren sind entstanden, wie das Center for Fashion Studies in Stockholm (2006–2018), der Schwerpunkt an der CUNY in New York, aber auch Studiengänge an der Parsons New School for Design und dem Fashion Institute of Technology, ebenfalls in New York, oder dem Columbia College in Chicago (Kawamura 2011, 13–14). Die ersten unabhängigen FASHION STUDIES-Kurse sollen in den 1980er Jahren an den australischen Universitäten in Queensland und Sydney gegeben worden sein. Die Fachzeitschriften, die sich von der historischen Kostüm- oder Textilgeschichte unterscheiden, sind allerdings weit später entstanden: *Fashion Theory. The Journal of Dress, Body and Culture* (seit 1997) und *The International Journal of Fashion Design, Technology and Education* (seit 2008), *Fashion Theory, Textile: The Journal of Cloth and Culture* (seit 2008), *Fashion Practice: The Journal of Design, Creative Process and the Fashion Industry* (seit 2009), *Critical Studies in Fashion and Beauty* (seit 2010), *International Journal of Fashion Studies* (seit 2014), *The Fashion Studies Journal* (seit 2016) oder *Fashion Studies* (seit 2018).

2 Aktuelle Beispiele und Fragestellungen

2.1 Was ist Mode?

Modetheorien beschäftigen sich mit der Frage was oder „Wann ist Mode?" (Loschek 2007) sowie mit ihrer Verbreitung. Dabei schränken Modedefinitionen nach Kawamura entscheidend die Identifizierung eines Phänomens als Mode ein (2005, 27; Eicher 2016, 204). Der Forschungsgegenstand wird bspw. dadurch konstruiert, dass Gruppen ein- oder ausgeschlossen werden. Mit dem häufig verwendeten Begriff „Anti-Mode" beschrieb Polhemus westliche und nicht-westliche Kleidung, die nicht Mode ist (1978; vgl. auch König 1985). Abby Lillethun erklärt jedoch in *The Fashion Reader*, dass sich keine einzelne Modetheorie durchsetzen konnte (2022, 117). Im deutschsprachigen Diskurs hat sich ein Verständnis von Mode als kulturelle Praxis etabliert. Mode „als spezifischer Umgang mit vestimentären Artefakten" (7), wie Gertrud Lehnert 2013 definiert, oder wie Gabriele Mentges warnt: „Auf keinen Fall lässt sich Mode als ein systemisches Konstrukt denken, sondern sie kann nur als ein Handlungsfeld verstanden werden, in dem sich vielfältige, sich auch widersprechende kulturelle Praktiken verschränken und bündeln." (2005, 19)

Die wissenschaftliche Konstruktion eines Phänomens als Mode entspricht meist einer modehistorischen Perspektive. Die grundlegende Vorgehensweise untersucht „Mode" einer bestimmten Zeit, beschreibt sie, definiert sie und entwirft chronologische Abfolgen und Brüche. Modehistoriker*innen wie Valerie Steele legten in dieser Weise englischsprachig ein breites Œuvre vor, Adelheid Rasche tat dies im deutschsprachigen Raum. Einen gewichtigen (End-)Punkt setzte Barbara Vinken 1994 mit ihrem Buch *Mode nach der Mode* (vgl. auch Agins 1999): Vinken arbeitet zunächst mit literarischen Beispielen und geht dann in ihren Interpretationen auf zeitgenössische Modenschauen über. Das ‚Ende der Mode' bezieht sie auf die postmoderne *haute couture* der 1990er Jahre, die selbstreflexiv zitiert. In Abgrenzung dazu arbeitete Gundula Wolter (1994) auf Grundlage diverser Quellenarten zur Konstruktion von Geschlechteridentitäten und Mode als einem Phänomen der Massenkultur. Beide Autorinnen arbeiten an Genderfragen, einem Themenstrang der FASHION STUDIES, dem seit den 1990er Jahren viele Sammelbände gewidmet sind.

Eng mit der Genderthematik verbunden wurde durch die FASHION STUDIES der Schwerpunkt Mode und Identität, basierend auf der Integration kultur- und sozialanthropologischer Studien und in der globalen Erweiterung (→ GLOBAL STUDIES). Sammelbände wie *Re-Orienting Fashion. The Globalization of Asian Dress* (Niessen et al. 2003), *The Fabric of Cultures. Fashion, Identity and Globalization* (Paulicelli und Clark 2009) oder die zehnbändige *Encyclopedia of World Dress and Fashion* (Eicher 2010) eröffneten durch Fallbeispiele globalhistorische Perspektiven, die letztlich die Definition der Mode als westlich in Frage stellen (z. B. Eicher 2016, 204). Das Buch *Fashion History. A Global View* von Linda Welters und Abby Lillethun sammelt die Kritiken an einer eurozentristischen Modegeschichte (2018, 2–3) und entwirft eine Pluralität von Moden. Grundlegend dafür ist die Annahme, dass Menschen ihren Körper nutzen, um sich verändernde Bedeutungen auszudrücken (Welters und Lillethun 2018, 7), wodurch sich ihr Modebegriff dementsprechend auf zeit- und ortsspezifische Stile einer Gruppe von Menschen, die sich verändern, bezieht (Welters und Lillethun 2018, 16). Die Vernachlässigung von Studien zur Zirkulation von Kleidung, die fehlende kritische Aufarbeitung kolonialer Prozesse und Prozesse der Aneignung zeigen im Kapitel „Global Fashion" (Welters und Lillethun 2018, 170–191), wie Modegeschichte verkürzt konzeptioniert wurde. Der Sammelband *Fashion and Postcolonial Critique* von Elke Gaugele und Monica Titton (2019) unterfüttert den zugrunde liegenden erkenntnistheoretischen *turn* einer postkolonialen Perspektive durch aktuelle empirische Beispiele. Das Research Collective for Decolonizing Fashion arbeitet ebenfalls mit dem Ziel, kulturelle Diversität und multiple historische Narrative im heutigen Umgang mit Mode zu fördern.

2.2 Wie breitet sich eine Mode aus?

Die soziologischen Modetheorien um die Wende zum 20. Jahrhundert beschäftigten sich mit der Frage der Verbreitung von Mode und beschrieben die Mechanismen der Imitation. Nachdem während des 20. Jahrhunderts die Vorstellung einer Weitergabe von Mode von höheren Gesellschaftsschichten zu niedrigeren (*trickle-down*) zugunsten einer synchronen Modeentwicklung mit unterschiedlichsten Einflüssen erweitert wurde, verschob sich die Frage der Verbreitung auf die Produktion von Bildern und Medien. Grundlegende Studien sind im Sammelband *Die Medialität der Mode* vermittelt (Wenrich 2015) und zeigen das jeweils zeittypische Wechselverhältnis zwischen Medien und Mode. Aus dieser medienwissenschaftlichen Perspektive erklärt Dagmar Venohr (2015), dass Mode selbst kein Medium sei, sondern als ein Transmedium zwischen unterschiedlichen Medien fungiert. Durch die gestiegene Relevanz des Posierens und Inszenierens von Körpern und Kleidung als Alltagspraktiken werden digitale und soziale Medien ein Forschungsschwerpunkt der nächsten Jahre sein.

Durch modesoziologische Perspektiven wurde das Verhältnis von Mode und Körper/n in den Blick genommen. Joanne Entwistles *The Fashioned Body* (2000) verknüpft Konzeptionen von Körper(lichkeit) mit Konzepten von Identität, Gender, Sexualität, aber auch der Modeindustrie und gesellschaftlichem Wandel. Kleidung, die Körper unmittelbar und effektiv geschlechtlich konstruiert (Entwistle 2000, 41), transportiert auch Körpernormierungen, Konzepte von Schönheit usw. (Church Gibson 2012). Beschreibt Giulia Mensitieri die heute noch große Bedeutung der Modemagazine in der Modeindustrie (2020), haben sich durch die Etablierung neuer sozialer Medien unabhängig vom Feld der *haute couture* Potenziale aufgetan, andere Körper als modisch zu inszenieren und Normierungen neu auszuhandeln. So fragt Melanie Haller, ob sogenannte Plus-Size-Blogs zu einer Diversifizierung in der Mode beitragen können. Der schlanke Körper als Norm und ästhetischer Maßstab sei zwar weiter Ausgangspunkt der Forschung, doch mit dem deutschen Modesoziologen René König deutet Haller den Versuch der Diversifizierung selbst als eine Mode im Sinne eines kulturellen Gestaltungsprinzips (2018, 246). Haller zeigt das Dilemma der Blogger*innen durch mehr Repräsentation die Normierung der Industrie verändern zu wollen und gleichzeitig selbst der Marginalisierung zu unterliegen, indem sie keine Kleidung innerhalb des Größensystems der Modeindustrie finden. Sie reproduzieren sogar Praktiken zur optischen Verschlankung der Körper als strukturelles Merkmal im Modesystem (Haller 2018, 251). In der strategischen Anwendung von Modewissen bezogen auf die Frage „Wer macht die Mode?" zeigt die Studie, welchen Beitrag die FASHION STUDIES zu aktuellen gesellschaftlichen Fragen leisten.

2.3 Wie wird Mode produziert?

Das Ziel modehistorischer Untersuchungen ist oft, den Ursprung einer Mode, ihren Gegenstand und die Produzent*innen sichtbar zu machen. Nur ein kleiner Teil dieser Forschungen beleuchtet umfangreich die Wirtschaftsgeschichte, die innerhalb der FASHION STUDIES in vereinzelten Strängen beforscht wird, ohne dass bisher eine Zusammenführung vorliegt. Ellen Leopold legte in ihrem Aufsatz „The Manufacture of the Fashion System" eine Grundlage, die bis heute allein steht. Dabei kritisiert sie die vorherrschende Perspektive, dass die Mode die Industrie ‚macht' und nicht umgekehrt (1992, 101). Anknüpfend an den erweiterten Modebegriff mahnt sie, dass die Modegeschichte die Massenproduktion von Kleidung vergessen hätte (Leopold 1992, 102). Doch gerade für die Theoretisierung von Mode sind Forschungen interessant, die das Wechselverhältnis mit dem Wirtschaftssystem aufzeigen. In den letzten Jahren gab es nach der Katastrophe in Rana Plaza (Bangladesch) 2012 besonders große gesellschaftliche Aufmerksamkeit für die Industrie und zu Fragen der Nachhaltigkeit. Die deutschsprachige Forschung ist im Bereich der aktuellen Produktion jedoch besonders dünn. Es entstanden vielmehr eine Reihe von Einzelstudien zur Kleidungsproduktion, die die Geschichte einzelner Unternehmen aufarbeiten (Burri 2012; Haller 2021; Tietze und Schlittler 2021) oder aber Regionen und Städte in den Fokus nehmen (Westphal 2019).

Vor allem international entwickelte sich ein neuer Forschungsstrang zum Marketing von Mode: Der Wirtschaftssoziologe Patrik Aspers legte eine Studie zum Markt für Modephotographie (2006) vor und warf mit *Orderly Fashion* 2016 einen breiteren Blick auf Märkte im Bereich Mode. Die Verbreitung und Werbung wird in Einzelstudien adressiert, wie in Lehnerts *Mode. Models. Superstars* (1996), der umfassenden Untersuchung *Fashion and Celebrity Culture* von Pamela Church Gibson (2012) oder Joanne Entwistles *The Aesthetic Economy of Fashion. Markets and Value in Clothing and Modelling* (2009). Mit ihrer ethnographischen Studie *The Most Beautiful Job in the World* (2020) erforschte Giulia Mensitieri die Arbeit in der heutigen *haute couture* als Teil der Kreativindustrie. Das Forschungsfeld wird zumeist historisch über die Rezeption der Produkte und nicht als eine Industrie mit einem breiten Netzwerk an zughörigen Berufen wahrgenommen. In ihrer Ethnographie gelingen Mensitieri viele Einblicke, die Modetheorien entscheidend erweitern können, v. a. die Beschreibung des dualen Charakters als ein soziales und materielles, kommerzielles und symbolisches Feld (2020, 24). Das Berufsfeld bezeichnet sie als „tentacular system", welches auf Exklusion beruhe (2020, 87) und in dem Arbeiter*innen ebenso von dem Traumbild der „Mode" eingenommen werden, wie das Publikum.

Forschungen zum Konsum von Kleidung werden international hauptsächlich informiert durch die Cultural Studies oder Material Culture Studies durchgeführt (Miller und Banerjee 2003; Miller und Woodward 2012). Sie haben durch Perspektiven auf Nachhaltigkeit verstärkt Aufmerksamkeit gefunden (Fletcher 2010, 2016; Flechter und Grimstad Klepp 2017), die auf die Wechselwirkungen von Produktion und Konsum abzielen. Ein vernachlässigtes Feld sind die Phasen des Aussortierens und der Zirkulation von bereits verkaufter und getragener Kleidung als ein Effekt von Moden (Derwanz 2020a). Durch die sozialen Medien ist hier ein hoch dynamischer neuer Markt für Secondhand-Kleidung online entstanden, der zunächst nachhaltige Effekte verspricht (Derwanz 2021). Kleidung und Mode werden nicht nur in globalen Ketten auf Grundlage eines post-kolonialen Wirtschaftssystems produziert, sondern auch rezirkuliert, wie drei ethnographische Studien zu Secondhand-Kleidung aus dem Globalen Norden im Globalen Süden zeigen (Tranberg Hansen 2000; Norris 2010, Brooks 2015).

2.4 Wie wird Mode erforscht?

Die vermehrte interdisziplinäre Forschung schlägt sich international in zwei Methodenbüchern nieder. Angefangen mit Yuniya Kawamuras *Doing Research in Dress and Fashion* (2011), publizierte Heike Jenss 2016 *Fashion Studies. Research Methods, Sites, and Practices*. Kawamura stellt die zum Kanon gewordenen Methoden der Fashion Studies vor: Befragungen, Ethnographie, semiotische Analyse, Objektanalyse und Online-Methoden (siehe auch Taylor 2002). Im Vergleich dazu stellt Jenss ethnographische Forschungsmethoden vor, die Modeproduktion und -konsum fokussieren. Sie präsentiert Fallstudien aus den Bereichen Materielle Kultur, Ethnographie und *mixed methods*, wobei sich fast alle Fallstudien auf zeitgenössische Phänomene beziehen. *Material Methods. Researching and Thinking with Things* (2019) von Sophie Woodward vertieft die Perspektive der Material Culture Studies.

Neben den neuen methodischen Entwicklungen in Bezug auf digitale und soziale Medien (bspw. mit einer Special Issue der *Fashion Theory* (2015) zum Thema „Analyzing Fashion Blogs" oder dem 2020 erschienenen Sammelband *Digital Research Methods in Fashion and Textile Studies* von Amanda Sikarskie) sind auch die materiellen Objekte neu in den Blick gerückt (Woodward 2020). Vor allem im Forschungsfeld Mode und Nachhaltigkeit (Konsum) werden Objekte in den Wardrobe Studies grundlegend anders als durch die historische Dressanalyse (Taylor 2002) kontextualisiert. Informiert durch die → Science and Technology Studies widmen sich die Wardrobe Studies den Beziehungen der Kleidungsstücke zur Person, dem Ensemble an Kleidung untereinander und anderer menschlicher und nicht-menschlicher Akteure

(Grimstad Klepp und Bjerck 2014). Die Methodensammlung *Opening Up the Wardrobe* (Fletcher und Grimstad Klepp 2017) unterstreicht die Bedeutung des Kleiderschrankes als einerseits persönliche Sammlung von bedeutungstragenden Objekten und andererseits als Konvolut von produzierter und konsumierter Materie mit einer bestimmten Lebensspanne. Nahmen die FASHION STUDIES also bisher die Erweiterung vor, sich auch massenproduzierte Kleidung aller Gruppen von Menschen vorzunehmen, dringen sie mit den WARDROBE STUDIES in den Alltagsbereich des Haushalts vor. Dem *practice turn* der Geistes- und Sozialwissenschaften folgend, kommen dabei nicht mehr ausschließlich die sozialen, sondern vermehrt materielle Qualitäten durch Praktiken, wie Pflege, Reinigung, Kauf, Gebrauch, Zirkulation oder Müllwerdung in den Blick. Die präsentierten Forschungsmethoden umfassen Kleiderschrankinterviews, Auszählungen, biographische Interviews und auf ethnographischer zirkulärer Methodenentwicklung im Feld beruhende kreative Forschungsmethoden (siehe etwa Skjold 2014).

3 FASHION STUDIES im deutschsprachigen Raum

FASHION STUDIES, wie auch Modewissenschaften, haben sich als institutionelle Bezeichnung für Professuren, Fachgesellschaften oder Fachzeitschriften in den deutschsprachigen Ländern noch nicht etablieren können. Aufgrund ihrer inter- und transdisziplinären Ausrichtung werden FASHION STUDIES in Deutschland nicht von einem an Disziplinen und damit Vertretungen in der Deutschen Forschungsgemeinschaft (DFG) geknüpften Fachverband repräsentiert. Eine breite Interessensvertretung bietet das *netzwerk mode textil* (gegr. 2008) mit seinen Jahrbüchern für Deutschland, Österreich und die Schweiz sowie das *Austrian Fashion Net* (seit 2006).

FASHION STUDIES werden in Deutschland meist als ein Teilbereich anderer Studienfächer an Fachhochschulen, privaten Hochschulen sowie Universitäten unterrichtet, weshalb ein Überblick über Forschung und Lehre lückenhaft bleiben muss. Somit lehren neben den Ausbildungen für Mode- und Textildesign, Textiltechnik, Textil- und Bekleidungsmanagement an den Hochschulen und Fachhochschulen auch Vertreter*innen der FASHION STUDIES in den Ausbildungen für das Lehramt an Schulen (TU Darmstadt, Universität Flensburg, PH Freiburg, PH Heidelberg, Universität Oldenburg, Universität Osnabrück) oder Berufsschulen (TU Aachen, PH Freiburg). Die Lehramtsvertreter*innen werden durch den Fachverband ... *textil* vertreten (Rusch 2015). Einige wenige Studiengänge beschäftigen sich aus kulturwissenschaftlicher Perspektive mit FASHION STUDIES (Universität Dortmund: BA Textilgestaltung, Universität Oldenburg: BA Materielle Kultur), die jeweils für das Lehramt sowie außerschulische Kultur- und Bildungseinrichtung qualifizieren.

Mit dem Promotionsrecht für Hochschulen wurde das Spektrum an Forschung v. a. im Bereich der praxis-basierten oder künstlerischen Forschungen erweitert. Dennoch existieren keine spezialisierten deutschsprachigen Promotionsstudiengänge oder -kollegs. Innerhalb der FASHION STUDIES können Promovierende am Austrian Center for Fashion Research (Akademie der bildenden Künste Wien und Kunstuniversität Linz) oder in der Promovierendengruppe des *Netzwerk Mode Textil* Austausch finden.

Die vielfältigen Forschungsaktivitäten im deutschsprachigen Raum sind an Sammelbänden abzulesen, die zunächst die historischen Theorie-Texte aufbereiteten. Als erste Anthologie ist Silvia Bovenschens *Die Listen der Mode* (1986) zu nennen, der Textauszüge historischer sozialwissenschaftlicher Studien bis zur Literaturwissenschaft und Semiotik sowie interpretierende Aufsätze dazu publizierte. Mit *Die Blumen der Mode* vervielfältigte Barbara Vinken 2016 die Forschungsperspektiven für den Zeitraum zwischen 1714 und 2016. Gabriele Mentges gab 2005 den umfangreichen Sammelband *Kulturanthropologie des Textilen* heraus, der sowohl deutschsprachige aktuelle Beiträge als auch Perspektiven von Forscher*innen der internationalen FASHION STUDIES enthält. Die Unterkategorien nehmen Themen des Sammelns, der Technologie, Medien und Methoden ebenso auf wie theoretische Diskurse. Auch wenn der Begriff nicht fällt, ist es einer der wichtigsten deutschsprachigen Beiträge zu den FASHION STUDIES. Im Jahr 2015 wurden zwei weitere Sammelbände veröffentlicht, die ebenfalls die FASHION STUDIES abbilden: Christa Gürtler und Eva Hausbacher versammelten in *Kleiderfragen. Mode und Kulturwissenschaft* elf Beiträge deutschsprachiger Autor*innen zu ihren aktuellen Forschungen über Mode. Im gleichen Jahr erschien aus dem Dortmunder Institut von Gudrun König, Gabriele Mentges und Michael Müller *Die Wissenschaften der Mode,* der expliziter als andere Bände zuvor die deutschsprachigen FASHION STUDIES thematisiert, aber auch nicht so benennt. Zu spezifischen Unterthemen erschienen unzählige Anthologien, darunter ein Band zur *Medialität der Mode* (2015). In *Ist Mode queer? Neue Perspektiven der Modeforschung* erstellte Gertrud Lehnert 2016 eine Aktualisierung ihres Bandes von 1998 zu Genderforschungen; 2019 stellten König und Mentges in *Musealisierte Mode* eine Zusammenschau der Expertisen zum geisteswissenschaftlichen Praxisbereich Museum vor; in der Reihe *Fashion Studies* im Transcript Verlag gibt Gertrud Lehnert seit 2013 Monographien und Anthologien heraus.

4 Potenzial, Kritik und Ausblick

Black et al. mahnen im *Handbook of Fashion Studies* 2013 einen holistischen Blick auf den Forschungsgegenstand der FASHION STUDIES an, wie er in den aktuellen internationalen Publikationen und v. a. in Methodenbüchern vertreten wird (2013, 8, 11). Das ist der wahrscheinlich größte Einfluss, den die Etablierung der FASHION STUDIES auf die wissenschaftliche Betrachtung von Mode und Kleidung hatte. Durch den Fokus auf Mode als Forschungsobjekt wurden kostümhistorische, literaturwissenschaftliche oder soziologische Perspektiven zusammengeführt und um Ansätze aus den CULTURAL STUDIES, FEMINIST STUDIES oder der Kultur- und Sozialanthropologie erweitert. Blieb vielleicht die Ziel- und Blickrichtung auf soziale Prozesse, Bedeutung, Design usw. disziplinär verankert, so waren durch die gemeinsame Überschrift FASHION STUDIES nun die anderen Perspektiven präsent. Vertreter*innen der FASHION STUDIES wandten sich bewusst gegen Festschreibungen vorgefertigter Bedeutungen von Kulturen, Körpern oder Identitäten (Jenss 2016, 7). Einer der wichtigsten inhaltlichen Strategien ist dabei sicher, Mode/n als politisch zu betrachten (Gaugele 2014). So wiesen Gaugele und Kastner (2016) auf die Kritik und Selbstreflexivität der „Critical Studies“ und damit auch der FASHION STUDIES hin. Die Gruppe *Fashion Act Now* fordert über den Neologismus „Defashion“ einen Paradigmenwechsel in der Gesellschaft, in dem Kritiken an durch Mode reproduziertem Rassismus, Neo-Kolonialismus, Sexismus usw. hin zu einem partizipativen und gerechterem System umgesetzt werden sollen (Niessen 2022). Wissenschaftsjournalistische Publikationen wie Orsola de Castros *Loved Clothes Last* (2021) richten sich vor dem Hintergrund der *Fashion Revolution*-Bewegung (gegr. 2013) aufklärend an Konsumierende. Sie fordern, wie auch das *Collective Fashion Justice, Fashion Act Now* oder seit 1989 die *Clean Clothes Campaign* international oder im deutschsprachigen Raum *Femnet, die Christliche Initiative Romero, Südwind* und andere Nichtregierungs-Organisationen, eine „saubere, sichere, faire, transparente und verantwortungsvolle Modeindustrie“ (Fashion Revolution 2023). Die FASHION STUDIES und diese Organisationen stehen in einer Wechselwirkung miteinander, indem sie Wissen produzieren und verbreiten, den FASHION STUDIES ein gesellschaftliches Gesicht und eine Relevanz geben und zum Teil durch dieselben Personen bespielt werden. Im Jahr 2014 publizierte die einflussreiche Trendforscherin Li Edelkort mit ihrem *Anti_Fashion Manifest* eine harsche Kritik am „Modesystem“. Sie bezieht sich v. a. auf die Praxis in der heutigen Modeproduktion und Ausbildung und stellt die Zukunft der Mode durch das Produktionssystem in Frage (siehe auch Payne 2021; Niessen 2022). Auch innerhalb der FASHION STUDIES wurde kritisch angemerkt, dass die Produktion von Kleidung – und hier sollte hinzugefügt werden, die gesamte ökonomische Seite der Mode – als Forschungslücke zu bezeichnen ist (Kawamura 2005; Mentges 2005, 20; schon Böth 1988, 232).

In zukunftsweisender Art schließt die australische Autorin Alice Payne mit ihrem Buch *Designing Fashion's Future* (2021) diese Lücke und führt theoretische Konzepte, Fragen zu ökologischer und sozialer Nachhaltigkeit mit den Realitäten der Modeproduktion zwischen Discountern im untersten Segment der Massenmode und der *haute couture* zusammen. Aus den Museumssammlungen heraus war der Schwerpunkt der Betrachtung *einer* oder *der* Mode in Bild und Objekt traditionell die (handgemachte) Bekleidung der obersten Gesellschaftsschichten. Dies spiegelt sich darin, dass mit dem Begriff Mode ausschließlich Designer*-innenmode oder *haute couture* gemeint war (und teilweise immer noch ist), ohne Pluralitäten anzuerkennen (Jenss 2016, 8). Sich dieser historisch extrem limitierten Quellenlage für eine Definition des Gegenstandes Mode bewusst zu werden, wurde lange vernachlässigt. Zudem konnten die FASHION STUDIES lange für bestimmte Fragen nur, da in den Hochschulen noch disziplinär verortet, unterkomplexe Methoden anbieten. Die aktuellen Methodenbücher arbeiten deshalb mit *mixed method*-Ansätzen (Jenss 2020; Sikarskie 2020), wobei der digitale Raum und digitale Bilder als industrielle und private Praxis noch mehr integriert werden sollten (→ VISUAL STUDIES).

Weiterzuentwickeln sind dabei auch die Ausbildungen an Hochschulen und Universitäten für die unterschiedlichen Anwendungsbereiche (Kent 2018). Eine wichtige Initiative ist der *Digital Multilogue of Fashion Education* als Plattform für Lehrende an den Hochschulen (seit 2020). Die Veranstaltung bietet die Möglichkeit, die deutschsprachigen Institutionen direkt mit dem internationalen Diskurs zu verbinden. Aus der fehlenden Institutionalisierung der FASHION STUDIES in Deutschland, Österreich oder der Schweiz entstehen eine Reihe von Folgeproblemen: eine mangelnde Bündelung der Interessen und deshalb keine strategisch ausgerichtete Forschungsförderung, der Verlust von Professuren sowie zu wenig Information und Zugang zu spezifischen Datenbanken und Archiven.

5 Literaturverzeichnis

Agins, Teri. *The End of Fashion*. New York 1999.

Aspers, Patrik. *Markets in Fashion. A Phenomenological Approach*. Abingdon 2006.

Aspers, Patrik. *Orderly Fashion. A Sociology of Markets*. Princeton, NJ 2016.

Black, Sandy et al. „Introduction". *The Handbook of Fashion Studies*. Hrsg. von Sandy Black. London 2013: 1–16.

Blumer, Herbert. „Fashion: From Class Differentiation to Collective Action". *The Sociological Quarterly* 10.3 (1969): 275–291.

Böth, Gitta. „Kleidungsforschung". *Grundriß der Volkskunde. Einführung in die Forschungsfelder der Europäischen Ethnologie*. Hrsg. von Rolf. W. Brednich. Berlin 1988: 221–238.

Bovenschen, Silvia. *Die Listen der Mode*. Frankfurt a.M. 1986.

Brooks, Andrew. *Clothing Poverty. The Hidden World of Fast Fashion and Second-Hand Clothes.* London 2015.
Burri, Monika. *Bodywear. Geschichte der Trikotkleidung, 1850–2000.* Zürich 2012.
Castro, Orsola de. *Loved Clothes Last. How the Joy of Rewearing and Repairing Your Clothes can be a Revolutionary Act.* London 2021.
Church Gibson, Pamela. *Fashion and Celebrity Culture.* London 2012.
Craik, Jennifer. *The Face of Fashion. Cultural Studies in Fashion.* London 1993.
Derwanz, Heike. „Der schnelle Tod der Fast Fashion. Empirische Zugänge zu einer Theorie des Aussortierens". *Der Tod und das Ding. Textile Materialitäten im Kontext von Vergänglichkeit.* Hrsg. von Traute Rüter, Melanie Haller und Stefanie Mallon. Münster 2020: 211–239.
Derwanz, Heike. „Digitalizing Local Markets. The Secondhand Market for Clothing in Hamburg, Germany". *Research in Economic Anthropology* 41 (2021): 135–161.
Edelkort, Li. *Anti_Fashion. A Manifesto for the Next Decade.* Paris 2014.
Eicher, Joanne B., Roach Higgins und Mary Ellen. „Definition and Classification of Dress. Implications for Analysis of Gender Roles". *Dress and Gender. Making and Meaning in Cultural Contexts.* New York 1993: 8–28.
Eicher, Joanne B. (Hrsg.). *Encyclopedia of World Dress and Fashion.* 10 Bde. New York 2010.
Eicher, Joanne B. „Editing Fashion Studies. Reflections on Methodology and Interdisciplinarity in the Encyclopedia of World Dress and Fashion". *Fashion Studies. Research Methods, Sites and Practices.* Hrsg. von Heike Jenss. London 2016: 198–214.
Entwistle, Joanne. *The Fashioned Body. Fashion, Dress and Modern Social Theory.* London 2000.
Entwistle, Joanne. *The Aesthetic Economy of Fashion. Markets and Value in Clothing and Modelling.* Oxford 2009.
Fashion Revolution. *We Are Fashion Revolution*: https://www.fashionrevolution.org. [31.01.2024].
Fletcher, Kate. „Slow Fashion. An Invitation for Systems Change". *Fashion Practice* 2.2 (2010): 259–266.
Fletcher, Kate und Mathilda Tham. *Routledge Handbook of Sustainability and Fashion.* Abingdon 2015.
Fletcher, Kate. *The Craft of Use. Post-Growth Fashion.* London 2016.
Fletcher, Kate und Ingun Grimstad Klepp. *Opening Up the Wardrobe. A Methods Book. Wardrobe Studies.* Oslo 2017.
Gaugele, Elke. *Aesthetic Politics in Fashion. Publication Series of the Academy of Fine Arts Vienna.* Wien 2014.
Gaugele, Elke. „Kostümgeschichten und frühe Modetheorien des 19. Jahrhunderts als Wissensordnungen der Moderne". *Die Wissenschaften der Mode.* Hrsg. von Gudrun M. König, Gabriele Mentges und Michael R. Müller. Bielefeld 2015: 49–79.
Gaugele, Elke und Jens Kastner. *Critical Studies. Kultur- und Sozialtheorie im Kunstfeld.* Wiesbaden 2016.
Gaugele, Elke und Monica Titton. *Fashion and Postcolonial Critique.* Wien 2019.
Grimstad Klepp, Ingun und Mari Bjerk. „A Methodological Approach to the Materiality of Clothing. Wardrobe Studies". *International Journal of Social Research Methodology* 17.4 (2014): 373–386.
Gürtler, Christa und Eva Hausbacher. *Kleiderfragen. Mode und Kulturwissenschaft.* Bielefeld 2015.
Haller, Melanie. „Plus Size-Blogs als Diversität von Mode? Zu Praktiken visueller Repräsentationen von Körpern und der Infragestellung weiblicher Normkörper in der Mode". *Körperbilder, Körperpraktiken. Visualisierung und Vergeschlechtlichung von Körpern in Medienkulturen.* Hrsg. von Elke Grittmann et al. Köln 2019: 245–260.
Haller, Melanie. „Erzählte Modegeschichte. Zeitzeugen einer deutschen Haute-Couture am Beispiel der Firma Lauer-Böhlenhoff". *Jahrbuch des Netzwerkes Mode Textil.* Augsburg 2021: 57–68.
Jenss, Heike. *Fashion Studies. Research Methods, Sites and Practices.* London 2016.
Kaiser, Susan B. *Fashion and Cultural Studies.* London 2012.

Kawamura, Yunira. *Fashion-ology. An Introduction to Fashion Studies*. Oxford 2004.
Kawamura, Yunira. *Doing Research in Dress and Fashion*. London 2011.
Keller-Drescher, Lioba. „‚Tracht' als Denkstil. Zum Wissensmodus volkskundlicher Kleidungsforschung". *Die Wissenschaften der Mode*. Hrsg. von Gudrun M. König, Gabriele Mentges und Michael R. Müller. Bielefeld 2015: 169–184.
Kent, Holly M. *Teaching Fashion Studies*. London 2018.
König, Gudrun, Gabriele Mentges und Michael R. Müller. *Die Wissenschaften der Mode*. Bielefeld 2015.
König, Gudrun und Gabriele Mentges. *Musealisierte Mode. Positionen, Thesen, Perspektiven*. Münster 2019.
König, René. *Menschheit auf dem Laufsteg. Die Mode im Zivilisationsprozess*. München 1985.
Lehnert, Gertrud. *Mode. Models. Superstars*. Köln 1996.
Lehnert, Gertrud. *Mode, Weiblichkeit und Modernität*. Dortmund 1998.
Lehnert, Gertrud. *Mode, Theorie, Geschichte und Ästhetik einer kulturellen Praxis*. Bielefeld 2013.
Lehnert, Gertud. *Ist Mode queer? Neue Perspektiven der Modeforschung*. Bielefeld 2016.
Lehmann, Ulrich. „Mode gegen Moderne". *Mode. Ein kulturwissenschaftlicher Grundriss*. Hrsg. von Susanne Rohr, Laura Bieger und Annika Reich. Paderborn 2012: 23–55.
Leopold, Ellen. „The Manufacture of the Fashion System". *Chic Thrills. A Fashion Reader*. Hrsg. von Juliet Ash und Elizabeth Wilson. London 1992: 101–117.
Lillethun, Abby. „Fashion Theory. Part Introduction". *The Fashion Reader*. Hrsg. von Linda Welters und Abby Lillethun. 3. Aufl. London 2022: 117–121.
Loschek, Ingrid. *Wann ist Mode? Strukturen, Strategien und Innovationen*. Berlin 2007.
Luvaas, Brent und Joanne B. Eicher (Hrsg.). *The Anthropology of Dress and Fashion. A Reader*. London 2019.
McRobbie, Angela. *Feminism and Youth Culture. From „Jackie" to „Just Seventeen"*. London 1991.
McRobbie, Angela. *British Fashion Design: Rag Trade or Image Industry*. London 2004.
Mentges, Gabriele (Hrsg.). *Kulturanthropologie des Textilen. Ein einführendes Handbuch*. Berlin 2005.
Mensitieri, Giulia. *The Most Beautiful Job in the World*. London 2020.
Miller, Daniel und Mukulika Banerjee. *The Sari*. Oxford 2003.
Miller, Daniel und Suzanne Küchler. *Clothing As Material Culture*. Oxford 2005.
Miller, Daniel und Sophie Woodward. *Global Denim*. Oxford 2012.
Mora, Emanuela und Agnes Rocamora. „Analyzing Fashion Blogs". *Fashion Theory* 19.2 (2015): 149–156.
Niessen, Sandra. „Defining Defashion. A Manifesto for Degrowth". *International Journal of Fashion Studies* 9.2 (2022): 439–444.
Niessen, Sandra, Ann Marie Leshkowich und Carla Jones (Hrsg.). *Re-Orienting Fashion. The Globalization of Asian Dress*. London 2003.
Norris, Lucy. *Recycling Indian Clothes. Global Contexts of Reuse and Value*. Bloomington, IN 2010.
Paulicelli, Eugenia und Hazel Clark. *The Fabric of Cultures. Fashion, Identity and Globalization*. London 2009.
Payne, Alice. *Designing Fashion's Future. Present Practice and Tactics for Sustainable Change*. London 2021.
Polhemus, Ted und Lynn Proctor. *Fashion and Anti-Fashion. An Anthropology of Clothing and Adornment*. London 1978.
Rocamora, Agnes und Anneke Smelik. *Thinking Through Fashion. A Guide to Key Theorists*. London 2016.
Rusch, Waltraud. *Textil, Kultur, Mode. Festschrift 40 Jahre Fachverband … textil. e.V.* Norderstedt 2015.
Sikarskie, Amanda. *Digital Research Methods in Fashion and Textile Studies*. London 2020.
Simmel, Georg. „Philosophie der Mode". *Moderne Zeitfragen* 11 (1905): 5–41.

Skjold, Else. *The Daily Selection*. Frederiksberg 2014.

Tarde, Gabriel. *Les lois de l'imitation*. Paris 1890.

Taylor, Lou. „Doing the laundry? A reassessment of object-based Dress History". *Fashion Theory* 2.4 (1998): 337–358.

Taylor, Lou. *The Study of Dress History*. Manchester 2002.

Tietze, Katharina und Anna-Brigitte Schnittler. *Bally. A History of Footwear in the Interwar Period.* Bielefeld 2021.

Tönnies, Ferdinand. *Die Sitte*. Frankfurt a.M. 1909.

Tranberg Hansen, Karen. *Salaula. The World of Secondhand Clothing and Zambia*. Chicago, IL 2000.

Veblen, Thorstein. *Theorie der feinen Leute. Eine ökonomische Untersuchung der Institutionen.*Frankfurt a.M. 2007 [1899].

Venohr, Dagmar. „ModeMedien. Transmedialität und Modehandeln". *Die Medialität der Mode*. Hrsg. von Rainer Wenrich. Bielefeld 2015: 109–126.

Vinken, Barbara. *Mode nach der Mode. Kleid und Geist am Ende des 20. Jahrhunderts.* Frankfurt a.M. 1994.

Vinken, Barbara. *Die Blumen der Mode. Klassische und neue Texte zur Philosophie der Mode*. Stuttgart 2016.

Welters, Linda und Abby Lillethun. *Fashion History. A Global View*. London 2018.

Wenrich, Rainer. *Die Medialität der Mode. Kleidung als kulturelle Praxis. Perspektiven für eine Modewissenschaft*. Bielefeld 2015.

Westphal, Uwe. *Modemetropole Berlin, 1836–1938. Entstehung und Zerstörung der jüdischen Konfektionshäuser*. Leipzig 2019.

Wolter, Gundula. *Hosen, weiblich. Kulturgeschichte der Frauenhose*. Marburg 1994.

Woodward, Sophie. *Material Methods. Researching and Thinking With Whings*. London 2020.

Timo Sedelmeier

Food Studies

Viele der aktuellen globalen Herausforderungen, wie bspw. der Klimawandel (→ ENVIRONMENTAL STUDIES), Hunger und Überfluss sowie soziale Ungleichheiten, haben direkte Auswirkungen auf die Produktion bzw. den Konsum von Lebensmitteln oder sind durch diese bedingt (Levkoe et al. 2016, 3). Die Ernährung ist ein Thema, das alle Menschen betrifft, häufig mit Emotionen verbunden ist und regionale sowie nationale Identitäten prägt. Zurecht wird sie von Neuloh und Teuteberg (1976, 397) – in Anlehnung an Marcel Mauss (1872–1950) – als „soziales Totalphänomen" bezeichnet. Vor diesem Hintergrund ist es nicht verwunderlich, dass die Produktion, die Vermarktung und der Konsum von Nahrungsmitteln ein Feld ist, das von zahlreichen sozial- und geisteswissenschaftlichen, aber auch naturwissenschaftlichen Disziplinen beforscht wird. Insbesondere in der Ethnologie, den empirischen Kulturwissenschaften, der Humangeographie sowie der Soziologie sind infolge des *cultural turn* zahlreiche Publikationen entstanden. Der vorliegende Beitrag bietet einen Überblick über die FOOD STUDIES und skizziert einige wichtige Entwicklungslinien sowie Forschungsgebiete, ohne – in Anbetracht der Größe des Themenfeldes – einen Anspruch auf Vollständigkeit erheben zu wollen. Dass dies ein geradezu vermessenes Ziel wäre, verdeutlicht ein Blick in das *Routledge International Handbook of Food Studies* (Albala 2014), das als Standardwerk der FOOD STUDIES gelten kann und auf ca. 400 Seiten in über 30 Beiträgen darstellt, welche Disziplinen sich mit welchen Forschungsfeldern beschäftigen. Trotz des großen Umfanges und der enormen inhaltlichen Bandbreite weist auch dieses Werk noch zahlreiche inhaltliche blinde Flecken auf und thematisiert bspw. den internationalen Diskurs innerhalb der *geography of food* (Nahrungsgeographie) mit keiner Silbe.

1 Forschungsgeschichte

Das Bedürfnis nach Nahrung ist eines der zentralsten überhaupt, denn wer es als Organismus nicht stillen kann, den wird eher früher als später der Hungertod ereilen, und wer als Regierung die Nahrungssicherheit (*food security*) nicht gewährleisten kann, dem droht der Machtverlust, denn „Nahrungssicherung gehört [...] unabdingbar zur politischen Machterhaltung und bildet eine der ältesten Legitimationsquellen von Herrschaft" (Barlösius 2016, 19–20). Daher erscheint es auch nicht verwunderlich, dass bereits im späten 18. Jahrhundert wissenschaftliche Veröffentlichungen entstanden, die sich dem Themenfeld Nahrungsmittelproduk-

https://doi.org/10.1515/9783110712919-011

tion und Ernährung aus ökonomischer, sozialer und politischer Perspektive näherten. Zu den bekanntesten unter den Studien dieser Zeit muss Thomas Robert Malthus' *Essay on the Principle of Population* (1798) gezählt werden, in dem er darlegt, dass das Angebot an Nahrungsmitteln nicht mit dem Bevölkerungswachstum Schritt halten könne, was zwangsläufig zu Hungerkrisen führe. Heute wissen wir, dass sich Malthus irrte, dass gleichwohl jedoch ein Aspekt seiner Überlegungen, die Tragfähigkeit der Erde, nach wie vor relevant und aktuell ist.

Im frühen 20. Jahrhundert waren es dann überwiegend Ethnolog*innen, die sich für Fragen der Ernährung innerhalb von Gesellschaften interessierten. Zu nennen ist hier insbesondere die Studie *Hunger and Work in a Savage Tribe* (Richards 1932), in der die Autorin „zu der Feststellung [gelangt], dass nicht Sexualität, sondern Ernährung der Fixstern sei, in dessen Licht die Sozialität und Kultur einer Gesellschaft zu sehen sei" (Kofahl und Schellhaas 2018, 11), aber auch Bronislaw Malinowskis Abhandlung über die Korallengärten auf den Trobriand-Inseln (1935), die längst zu den Klassikern der Feldforschungsaufenthalte zählt. In der deutschsprachigen Soziologie ist es v. a. Georg Simmels Beitrag zur *Soziologie der Mahlzeit* (1910), in der er die sozialisierende Kraft von Mahlzeiten darlegt, und der auch heute noch als Referenz in der sozialwissenschaftlichen Beschäftigung mit Mahlzeiten herangezogen wird (Schönberger 2011, 19).

Ab der zweiten Hälfte des 20. Jahrhunderts nahm die Beschäftigung mit Fragen der Nahrungszubereitung, deren Konsum sowie identitätsstiftenden Funktion in den sozialwissenschaftlichen Disziplinen zu. Einen Meilenstein auf diesem Weg stellt der Artikel des französischen Philosophen Roland Barthes (1915–1980) dar, den er zu Beginn der 1960er Jahre in den *Annales* veröffentlichte, und in welchem er die Bedeutung von Lebensmitteln als Schlüssel für das Verständnis gesellschaftlicher Entwicklungen in Gegenwart und Vergangenheit darlegt. Darin betont er, dass Essen eine wichtige Rolle beim Zugehörigkeitsempfinden einer Person zu einer Nationalität spiele und führt als Beispiel für identitätsstiftende Produkte u. a. Coca-Cola an. Zudem kommt er zum Schluss, dass die Nahrungszubereitung und das Ernährungsverhalten von Personen viel über deren Distinktion aussage und damit darüber wie sie sich selbst sehen und von anderen gesehen werden (Barthes 1961). Andere Arbeiten aus der damaligen Zeit, die eine Ausstrahlung bis in die Gegenwart besitzen, sind bspw. Claude Levi-Strauss' Studie *Le Triangle Culinaire* (1965), Günter Wiegelmanns Abgrenzung einer ethnologischen Nahrungsforschung (1971) sowie Mary Douglas' *Les Structures du Culinaire* (1979).

Eine wirkliche Formierung zu den FOOD STUDIES setzt jedoch erst etwa Mitte der 1980er Jahre ein, wobei es hier zu differenzieren gilt zwischen den eher konsumorientierten FOOD STUDIES und den eher produktionsorientierten AGRO-FOOD STUDIES, auch wenn diese in den 1990er Jahren einen *consumption turn* vollzogen haben und die Grenzen zwischen FOOD STUDIES und AGRO-FOOD STUDIES zudem fließend sind. Während letztere insbesondere durch Arbeiten aus der Agrargeographie, -geschichte, -ökonomie und -soziologie geprägt wurden, sind die FOOD STUDIES maßgeblich von den Kulturwissenschaften (bspw. Kulturanthropologie) vorangetrieben worden (Ermann et al. 2018, 12).

Die AGRO-FOOD STUDIES sind aus der Erkenntnis erwachsen, dass die Analyse des ‚Agrarischen' nicht bei den landwirtschaftlichen Betrieben und damit der Produktionsseite enden dürfe, sondern die gesamte Wertschöpfungskette – also auch Handel, Konsum, und politische Steuerung – in die wissenschaftliche Betrachtung miteinbezogen werden müsse (Ermann et al. 2018, 11). Diese Forderung wird auch von Atkins (1988) gestellt, der eine Ablösung der traditionellen Agrargeographie durch eine Nahrungsgeographie (*geography of food*) propagiert und dies u. a. damit begründet, dass die Analyse von Nahrungssystemen sowie die Ausbildung weltweiter Handelsbeziehungen und deren Einfluss auf das Ernährungsverhalten (und die dadurch bedingte Ausbreitung von Zivilisationskrankheiten) bis dato zu wenig berücksichtigt worden seien (Atkins 1988, 282). Infolge bildete sich u. a. ein Zweig der Nahrungsgeographie heraus, der den Konsum von Lebensmitteln in den Vordergrund rückte, die sogenannte *geography of food consumption*. In deren Studien werden insbesondere Unterschiede in den Verzehrgewohnheiten von Konsument*-innen innerhalb und zwischen den Ländern des Globalen Nordens bzw. Südens thematisiert (Grigg 1995, 1999). In der jüngeren und jüngsten Vergangenheit entstanden zahlreiche Veröffentlichungen, die sich alternativen Nahrungsmittelversorgungssystemen widmen und die Frage des Zugangs zu Lebensmitteln und deren Regionalität sowie Saisonalität in den Mittelpunkt ihrer Betrachtungen stellen (u. a. Whatmore et al. 2003; Niles und Roff 2008; Goodman et al. 2011).

Die Formierung der FOOD STUDIES ging v. a. von der Anthropologie bzw. Ethnologie sowie der Soziologie aus, setzte sich dann jedoch in zahlreichen weiteren Sozial- und Geisteswissenschaften, aber auch Naturwissenschaften, fort (Albala 2014). Für die Ethnologie, so stellen Kofahl und Schellhaas (2018, 14) fest, vollzog sich der sogenannte *culinary turn* in den 1980er Jahren und manifestiert sich in einer Reihe von Texten, die auch heute noch als Standardwerke gelten können, wie bspw. Appadurai (1981), Goody (1982), Harris (1985) und Mintz (1985). So erläutert Goody (1982), warum sich in manchen Gesellschaften neben der alltäglichen Küche (*low cuisine*) eine gehobene (*high cuisine*) herausgebildet hat, wohingegen Mintz (1985) am Beispiel des Zuckerkonsums in England zeigt, wie sich ein Luxusgut zu einem Grundbestandteil unserer Nahrungsmittel gewandelt hat. In der Folge rückten insbesondere Fragen der Identität im Kontext von Ernährung in den Vordergrund – sei es nationale, ethnische, aber auch geschlechtliche Identität (Dirks und Hunter 2014, 5). Auch in den Kommunikationswissenschaften (→ COMMUNICATION STUDIES) stehen einerseits Fragen von Identität und Zuschreibungsprozessen im Kontext von Ernährungsstilen im Vordergrund, andererseits bildet aber auch die Kommunikation über Lebensmittel, bspw. in Form von Werbung, einen Forschungsschwerpunkt, in dem insbesondere analysiert wird, wie Akteur*innen (z. B. Konzerne) ihre Macht nutzen, um die Deutungshoheit in einem gesellschaftlichen Diskurs zu erlangen: „Broadly viewed, communication food scholarships looks at how, what, and to what effect meaning is created as message producers (typically, but not exclusively, corporations) create messages about food (advertisements, commercials, films) that circulate in culture and are interpreted by audiences." (Lizie 2014, 27)

Auf Seiten der Soziologie bestand der Zugang zu Ernährungsthemen v. a. im Kontext von sozialen Problemlagen (McIntosh 2014, 16). So übt Whit (1995) in *Food and Society* aus einer neo-marxistischen Perspektive Kritik an westlichen Konsummustern, und Sobal (1995) beschäftigt sich mit den Folgen ernährungsbedingter Zivilisationskrankheiten wie Adipositas (Fat Studies). Eine Reihe von Studien thematisiert – häufig vor dem Hintergrund des Sozialkapitals nach Bourdieu (1979) – den ungleichen Zugang zu Nahrungsmitteln (Martin et al. 2004; Locher et al. 2005; Johnson et al. 2010). Während in der Soziologie häufig die Konsummuster verschiedener Bevölkerungsgruppen, bspw. gemessen am Einkommen, Sozialstatus und Alter, analysiert werden, fragt die Psychologie insbesondere danach, wie das Ernährungsverhalten durch Lebensumstände und -erfahrungen geprägt wird und wie man dieses Wissen nutzen kann, um das Ernährungsverhalten von Personen positiv (im Sinne der Gesundheitsförderung bzw. -erhaltung) beeinflussen zu können. Dazu bedient sich ein Großteil der Studien methodisch nahezu ausschließlich laborbasierter Experimente (vgl. Wansink 2006), wohingegen qualitative Feldforschungen, die bspw. auf teilnehmender bzw. nicht-teilnehmender Beobachtung basieren, eine Minderheit darstellen (Cargill 2014, 43).

Nach diesem Überblick über die Anfänge der wissenschaftlichen Auseinandersetzung mit Lebensmitteln sowie der Etablierung der Food Studies und Skizzierung einiger Forschungsfragen und Methoden wird im Folgenden der Fokus auf die Institutionalisierung der Food Studies gelegt. Hierfür werden einige der wichtigsten Forschungsinstitute und Vereinigungen exemplarisch angeführt und kurz vorgestellt sowie ein Überblick über einschlägige Studiengänge sowie Publikationen gegeben. Als erstes kann und muss konstatiert werden, dass die Food Studies zwar ein „growing academic enterprise" (Watson und Klein 2016, 1) sind, ihre Institutionalisierung bis dato jedoch insbesondere in den USA stattgefunden hat, in geringerem Maße in Kanada, Großbritannien sowie Italien. An einigen US-amerikanischen Universitäten gibt es seit mehreren Jahren Programme im Bereich der Food Studies, bspw. an der Boston University (*Master of Liberal Arts in Gastronomy*), der Chatham University (*M.A. in Food Studies*), der Syracuse University (*B.Sc. und M.Sc. in Food Studies*), der University of Arizona (*B.A. in Food Studies*) sowie der University of Vermont (*M.Sc. in Food Systems*) – um nur einige zu nennen. In Europa gibt es hingegen nur wenige Standorte, an denen sich die

Food Studies etablieren konnten. Neben wenigen Universitäten bzw. Instituten in Italien, Irland und England ist es insbesondere die Universität von Tours (Frankreich), die mit einem Master-Studiengang in *Food History* einen diesbezüglichen Ausbildungs- und Forschungsschwerpunkt besitzt.

Die Institutionalisierung manifestiert sich jedoch nicht nur in Stipendienprogrammen, sondern auch in der Gründung und Etablierung entsprechender Forschungszentren, Arbeitskreise und Verbände. Wenig verwunderlich ist, dass deren räumlicher Schwerpunkt ebenfalls in Nordamerika, insbesondere in den USA, liegt. Eine der ältesten Vereinigungen ist die *Society for the Anthropology of Food and Nutrition* (SAFN), die 1974 unter dem Namen *Council on Nutritional Anthropology* (CNA) gegründet wurde und zum Ziel hat, den Austausch unter Forschenden im Bereich Nahrung und Ernährung disziplinenübergreifend zu fördern (https://foodanthro.com). Weitere renommierte Vereinigungen sind die *Association for the Study of Food and Society* (ASFS) sowie die *Agriculture, Food and Human Values Society* (AFHVS), die seit 1992 jährlich eine gemeinsame Konferenz austragen (https://www.food-culture.org). Die bedeutendste internationale Konferenz in Europa ist das *Oxford Symposium on Food and Cookery*, das seit 1979 jährlich stattfindet und insbesondere durch eine große Internationalität geprägt ist (https://www.oxfordsymposium.org.uk).

Parallel zu den Vereinigungen und Konferenzen wurden auch zahlreiche wissenschaftliche Journale gegründet, die ihren Schwerpunkt im Bereich der Food Studies haben. Eine der ältesten ist *Food and Foodways*, eine Zeitschrift, die seit Mitte der 1980er Jahre regelmäßig erscheint. Andere renommierte Journale sind die *Gastronomica* (seit 2001) sowie *Food, Culture and Society* (seit 1996). Bedeutende und häufig zitierte Monographien sind u. a. *Meals to come. A History of the Future of Food* (2006) sowie *Encyclopedia of Food and Agricultural Ethics* (2014).

In diesem Kapitel erfolgte eine kurze Übersicht über die historische Entwicklung der Food Studies, ihrer thematischen Schwerpunkte sowie Institutionalisierung. Im folgenden Kapitel werden einige Kernthemen (ungleicher Zugang zu Nahrungsmitteln, Normierung der Ernährung etc.) kurz skizziert. Dazu sollen die *foodscapes* als themenübergreifender Rahmen etabliert werden, da sich diese zur Analyse zahlreicher Prozesse im Bereich der Nahrungsmittelproduktion, -distribution und -konsumption sowie der symbolischen Aufladung von Nahrungsmitteln eignen.

2 Foodscapes

Die Erforschung sogenannter *foodscapes* (deutsch: „Nahrungslandschaften") ist ein noch relativ junges Feld in der wissenschaftlichen Analyse von Nahrungssystemen, das sich zwar bereits Mitte der 1990er Jahre zu formieren begann, aber erst seit 2010 durch eine steigende Anzahl von Publikationen, die den Terminus verwenden, an Popularität gewann – insbesondere in Nordamerika (Vonthron et al. 2020). Die Nahrungslandschaften werden als Orte bzw. Räume definiert, die einerseits mit der Beschaffung und Zubereitung, andererseits aber auch mit der Kommunikation und Deutung von Nahrungsmitteln verbunden sind (MacKendrick 2014, 16). Sie beinhalten jedoch nicht nur die Seite des Konsums, sondern auch die Produktion und Distribution, was sich bspw. im raumwirksamen Handeln multinationaler Nahrungsmittelkonzerne manifestiert (Sedelmeier et al. 2021, 18). Im Folgenden werden anhand zweier Fallbeispiele die Produktion von agrarischen Gütern und der ungleiche Zugang zu Lebensmitteln illustriert.

2.1 Intensivlandwirtschaft in Almería

Im äußersten Südosten Spaniens liegt in der Region Andalusien die Provinz Almería, die einerseits durch den Naturpark Cabo de Gata und die Strände der Costa de Almería einen hohen Bekanntheitsgrad aufweist, andererseits aber auch als landwirtschaftliches Intensivgebiet eine hohe Bedeutung für den europäischen Markt hat. Der Anbau von Obst und Gemüse wird durch das warme, semiaride Klima begünstigt: Die Jahresdurchschnittstemperatur beträgt 22 °C, die Menge des jährlichen Niederschlages liegt bei 225mm (Egea et al. 2018, 105). Während die Wärme und Sonneneinstrahlung das Pflanzenwachstum begünstigen, ist die geringe Niederschlagsmenge ein limitierender Faktor der agrarischen Nutzung und erfordert eine kontinuierliche Bewässerung. Diese hat jedoch in den letzten vier Jahrzehnten zu immer drängenderen Problemen in Bezug auf die Verfügbarkeit von Wasser und dessen Qualität geführt. Als Hauptverursacher können dabei drei Prozesse identifiziert werden: die Übernutzung der Grundwasserspeicher, der Eintrag von Meerwasser in die Aquifere sowie die Kontamination durch Düngeeintrag (Castro et al. 2019, 10). Den damit einhergehenden negativen Auswirkungen auf die lokalen Ökosysteme, wie bspw. der Rückgang von Biodiversität, stehen auf der anderen Seite positive ökonomische Faktoren gegenüber: Mit einem Beitrag von 1,8 Mrd. Euro durch die Landwirtschaft selbst sowie 1,6 Mrd. Euro durch davon abhängige Nebengewerbe hat der Sektor eine große ökonomische Bedeutung für die Provinz und einen Anteil von 13% am BIP Almerías, wohingegen der Agrarsektor insgesamt in Spanien gerade einmal 2,5% des BIP ausmacht (Castro et al. 2019, 3). Mit der fortschreitenden Entwicklung der Landwirtschaft ab den 1980er Jahren ist ein ökonomisches Wachstum verbunden gewesen, das von Mota et al. (1996, 1600) als „Almería economic miracle“ bezeichnet wurde und dazu geführt hat, dass die Provinz, gemessen am BIP, in den letzten Jahrzehnten in der Rangfolge der spanischen Provinzen deutlich nach oben geklettert ist. Dies ist insofern beachtlich, da Almería bzw. die gesamte Region Andalusien in den Jahrzehnten nach dem Zweiten Weltkrieg von Auswanderung der Landbevölkerung stark betroffen war, woran auch der Stabilisierungsplan der Regierung Ende der 1950er Jahre nichts ändern konnte. Die Lebensverhältnisse der Landarbeiter*innen waren durch niedrige Löhne, informelle, saisonale Beschäftigungsverhältnisse und fehlendem Zugang zu Bildung sowie sozialen Sicherungssystemen geprägt (Tietje 2015, 108). Im Zuge des Ausbaus der landwirtschaftlichen Produktion und der Umstellung auf Gewächshäuser – das erste wurde 1963 in Roquetas de Marr errichtet (Martínez Veiga 2001, 23) – wuchs die Fläche des Gemüseanbaus rasant, und die Emigration konnte erfolgreich gestoppt werden (Egea et al. 2018, 105). Die Betriebe waren entweder Latifundien oder als Familienbetrieb geführte Kleinstbetriebe, die Arbeitskräfte in ersteren überwiegend Lohnarbeiter*innen, in letzteren Familienmitglieder (Tietje 2015, 109).

Gegenwärtig wird in der Provinz auf einer Fläche von weit über 30.000 ha Intensivlandwirtschaft betrieben (Koch und Reese 2017, 123), wodurch die Region die größte zusammenhängende Fläche von Gewächshäusern weltweit besitzt. Da diese Form der Landwirtschaft zudem sehr arbeitsintensiv ist, wurden seit Ende der 1980er Jahre vermehrt migrantische Arbeitskräfte aus verschiedenen Staaten Afrikas, aber auch Zentral- und Osteuropas eingesetzt (Castro et al. 2019, 3). Ein Großteil der Arbeiter*innen kommt aus dem nahe gelegenen Marokko und arbeitet unter prekären Bedingungen: niedrige Entlohnung, lange Arbeitszeiten, häufig ohne Arbeitsverträge (Tietje 2015, 106). Diese Tagelöhner*innen sind häufig nicht oder nur in einem geringen Maße gewerkschaftlich organisiert, und die hohe Nachfrage nach einer Tätigkeit in der Landwirtschaft in dieser Gruppe verleiht den Produzent*innen die Macht, die Arbeitslöhne auf einem niedrigen Niveau zu halten. Die geringen Arbeitskosten – bspw. im Vergleich zum Anbau in niederländischen Gewächshäusern – sind ein entscheidender Faktor, der den Standort Almería im globalen Wettbewerb konkurrenzfähig hält. Unter dem Aspekt der Nachhaltigkeit muss man jedoch bilanzieren, dass die Intensivlandwirtschaft Almerías in ökonomischer Hinsicht zwar rentabel ist, jedoch mit negativen ökologischen sowie sozialen Folgen einhergeht.

2.2 Food Deserts

Unter Verwendung des Terminus *food desert* begann ab etwa Mitte der 1990er Jahre eine Debatte in Großbritannien, die dann auch nach Nordamerika schwappte, und in deren Zentrum der ungleiche Zugang zu Nahrungsmitteln steht (Whelan et al. 2002, 2083). *Food deserts* werden i. d.R. als urbane Orte definiert – in jüngerer Zeit auch als ländliche –, die keinen Zugang zu gesunden, erschwinglichen Lebensmitteln aufweisen (Alviola 2013, 1259). Die Einstufung als gesundes bzw. ungesundes Lebensmittel erfolgt dabei häufig entlang der Energiedichte: solche mit einer niedrigen werden als gesund erachtet, fett- und zuckerreiche hingegen als ungesund (Wright et al. 2016, 178). Neben dem Kriterium der finanziellen Mittel (*asset*), die einer Person bzw. einem Haushalt zum Erwerb von Lebensmitteln zur Verfügung stehen, identifiziert Shaw (2006) zwei weitere Zugangsbarrieren: die individuellen Einstellungen (*attitude*) sowie die körperlichen Fähigkeiten (*ability*). Dementsprechend wurden in den politischen Debatten, insbesondere in den USA, bei der Suche nach Ursachen der Entstehung sog. *food deserts* sehr stark auf die räumlichen Entfernungen fokussiert und Innenstadtbereiche US-amerikanischer Städte als Problemgebiete identifiziert, da dort infolge der Ansiedlung und Konzentration von Superstores in den Randbezirken der Städte viele Lebensmittelgeschäfte geschlossen wurden (Cummins und Macintyre 1999, 546) und sich in diesen frei gewordenen Räumlichkeiten verstärkt Filialen großer Fast-Food-Ketten niederlassen (Hillstrom 2012, 36). Ausgehend von der Annahme, dass die oben genannte Entwicklung zu einer Ausdünnung der Versorgungsmöglichkeiten mit frischen Nahrungsmitteln geführt hat, erscheint es plausibel, dass u. a. die gezielte Ansiedlung von Supermärkten in betroffenen städtischen Quartieren eine adäquate Lösungsstrategie sein könnte. Dies lässt jedoch außer Acht, dass Supermärkte als profitorientierte Unternehmen kaum ein Interesse haben dürften, Filialen in einkommensschwachen Gebieten zu eröffnen (Wright et al. 2016, 180). Zudem bedeutet das bloße Vorhandensein von Supermärkten nicht, dass die Anwohner*innen sich dort mit frischen, gesunden Lebensmitteln versorgen.

Neben der Kritik an möglichen Lösungsstrategien gibt es aber auch auf einer viel grundsätzlicheren Ebene Kritik am Konzept der *food deserts* selbst. Bereits zu Beginn der 2000er Jahre wurden die *food deserts* von Cummins und Macintyre als „factoid“ (2002, 436) bezeichnet – als eine durch ständige akademische Reproduktion zur Realität aufgestiegene Scheinwirklichkeit. Es wird sogar argumentiert, dass das Konzept zum Instrumentarium einer neoliberalen Governance gehöre, die darauf ausgerichtet sei, ein von der weißen Mittelschicht abweichendes Einkaufs- und Ernährungsverhalten zu pathologisieren (Shannon 2013, 249).

Im Lichte der oben angeführten Kritik stellt sich die Frage, ob das Konzept überhaupt einen Mehrwert zur Analyse von Ernährungsverhalten in Armutslagen bietet. Dieser scheint dann gegeben zu sein, wenn *food deserts* als ein relatives sowie relationales Konzept gefasst werden, also nicht als objektive räumliche Manifestationen, sondern als individuelle Problemlagen. In Ergänzung zu den von Shaw (2006) angeführten Faktoren *ability, asset* und *attitude* sollte auch das Sozialkapital einer Person in die Analyse einbezogen werden, da dieses Defizite in anderen Bereichen kompensieren kann (Sedelmeier 2019, 696).

3 Food Studies im deutschsprachigen Raum

Wie im ersten Kapitel bereits angeklungen ist, hat die wissenschaftliche Erforschung von Themen aus den Bereichen Erzeugung, Verteilung und Konsum von Nahrungsmitteln eine relativ lange Tradition im deutschsprachigen Raum – sei es aus natur-, geistes- oder auch sozialwissenschaftlicher Perspektive, was sich in einer Vielzahl von Publikationen zeigt. Wie Ermann et al. (2018) jedoch vollkommen zurecht betonen, bilden die Food Studies, respektive Agro-Food Studies, „einen im angloamerikanischen Sprachraum etablierten akademischen Diskussionszusammenhang. Dieser konstituiert sich zwar nicht als eigenständige Disziplin, ist aber über eine Reihe von wissenschaftlichen Vereinigungen, Konferenzformaten und Fachzeitschriften präsent“ (Ermann et al. 2017, 11), wohingegen „eine vergleichbare Bezeichnung für ein wissenschaftliches Themengebiet, welches gerade die Verbindung zwischen dem Produktions- und dem Konsumkontext des Essens in den Blick nimmt bzw. das quer zu den konventionellen disziplinären Grenzen liegt [...] im deutschsprachigen Raum“ fehlt (Ermann et al. 2017, 12).

Eine Institutionalisierung in Form einer eigenständigen „Study“ steht derzeit noch weitgehend aus, innerhalb der wissenschaftlichen Disziplinen formierten sich jedoch in den letzten Jahrzehnten Subdisziplinen, die Nahrungssysteme in den Fokus des Interesses rücken, teils sehr interdisziplinär agieren und sich innerhalb ihrer Wissenschaft mit unterschiedlichem Erfolg etablierten. So konstatieren Kofahl und Schellhaas für die Kulinarische Ethnologie, dass diese „im deutschsprachigen Europa nach wie vor ein stiefmütterliches Dasein“ friste (2016, 16). Ähnliches lässt sich von der Soziologie berichten: So schreibt Barlösius im Vorwort der dritten Auflage ihrer viel beachteten Monographie *Soziologie des Essens. Eine sozial- und kulturwissenschaftliche Einführung in die Ernährungsforschung*, dass sie mit der Erstauflage des Buches das Ziel verfolgt habe, „eine Grundlegung der Soziologie des Essens ausarbeiten zu wollen“ (2016, 6), um dann zu bilanzieren, dass dies bis dato nicht eingetreten sei. Auch in der Humangeographie spielt die Erforschung von Nahrungssystemen in verschiedenen Subdisziplinen traditionell eine Rolle, bspw. in der Agrargeographie, der Wirtschaftsgeographie sowie der geographischen Entwicklungsforschung. Insbesondere in den letzten Jahren nimmt die Zahl an Veröffentlichungen zu, die sich mit alternativen Wirtschaftsformen, alternativen Ernährungspraktiken sowie Ernährungsidentitäten auseinandersetzt (unter vielen: Krüger und Strüver 2018; Rosol und Strüver 2018). Im Kern des Interesses stehen dabei Fragen von Ernährungsgerechtigkeit, Ernährungssouveränität sowie alternative Produktionsweisen, wie etwa die Solidarische Landwirtschaft.

4 Fazit und Ausblick

Die FOOD STUDIES sind im englischsprachigen Raum weitgehend etabliert und haben Einzug in vielfältige wissenschaftliche Disziplinen und Forschungseinrichtungen erhalten. Für die deutschsprachigen FOOD STUDIES fällt das Fazit deutlich nüchterner aus: Zum einen ist die Interdisziplinarität deutlich geringer, zum anderen steckt auch die Institutionalisierung noch weitestgehend in den Kinderschuhen. Gleichwohl sind die Zeichen einer diesbezüglichen Veränderung unverkennbar: Innerhalb von Disziplinen verschwimmen die Grenzen zwischen den Teildisziplinen in zunehmendem Maße. Nahrungssysteme werden multiperspektivisch untersucht und lassen sich nicht einzelnen Subdisziplinen zuordnen, sondern führen diese zusammen (Rosol und Strüver 2018, 172). Die zunehmende Bedeutung, die der wissenschaftlichen Erforschung von Nahrungssystemen zugesprochen wird, manifestiert sich zudem ab den 2010er Jahren in einer Reihe von Tagungen und Konferenzen zu Ernährungsthemen und der Gründung von entsprechenden Arbeitskreisen. Jüngst hat sich bspw. im Rahmen der Deutschen Gesellschaft für Geographie (DGfG) der Arbeitskreis *Agri-Food-Geographies* gegründet. Dies sind positiv stimmende Anzeichen, dass die Formierung der FOOD STUDIES voranschreitet. Gleichwohl wird sich zeigen müssen, ob disziplinäre Grenzen nicht nur zwischen Subdisziplinen einer Wissenschaft aufgehoben werden, sondern auch die fächerübergreifende Zusammenarbeit im Rahmen der FOOD STUDIES zunimmt.

5 Literaturverzeichnis

Albala, Ken. *Routledge International Handbook of Food Studies*. New York 2014.

Alviola, Pedro A. et al. „Determinants of Food Deserts". *American Journal of Agricultural Economics* 95.5 (2013): 1259–1265.

Appadurai, Arjun. „Gastro-Politics in Hindu South Asia". *American Ethnologist* 8.3 (1981): 494–511.

Atkins, Peter J. „Redefining Agricultural Geography as the Geography of Food". *Area* 20.3 (1988): 281–283.

Barlösius, Eva. *Soziologie des Essens. Eine sozial- und kulturwissenschaftliche Einführung in die Ernährungsforschung*. 3. Aufl. Weinheim 2016.

Barthes, Roland. „Pour une psycho-sociologie de l'alimentation contemporaine". *Annales. Economies, sociétés, civilisations* 16.5 (1961): 977–986.

Belasco, Warren J. *Meals to Come. A History of the Future of Food*. Berkeley, CA 2006.

Bourdieu, Pierre. *La Distinction. Critique sociale du jugement*. Paris 1979.

Cargill, Kima. „Historical Background of Food Scholarship in Psychology and Major Theoretical Approaches in Use". *Routledge International Handbook of Food Studies*. Hrsg. von Ken Albala. New York 2014: 39–47.

Castro, Antonio J. et al. „Six Collective Challenges for Sustainability of Almería Greenhouse Horticulture". *International Journal of Environmental Research and Public Health* 16 (2019): 1–23.

Cummins, Steven und Sally Macintyre. „The Location of Food Stores in Urban Areas: A Case Study in Glasgow". *British Food Journal* 101.7 (1999): 545–553.

Cummins, Steven und Sally Macintyre. „‚Food Deserts'. Evidence and Assumption in Health Policy Making". *British Medical Journal* 325 (2002): 436–438.

Dirks, Robert und Gina Hunter. „The Anthropology of Food". *Routledge International Handbook of Food Studies*. Hrsg. von Ken Albala. New York 2014: 3–13.

Douglas, Mary. „Les Structures du Culinaire". *Communications* 31 (1979): 145–170.

Egea, Francisco J., Roberto G. Torrente und Alfredo Aguilar. „An Efficient Agro-Industrial Complex in Almería (Spain): Towards an Integrated and Sustainable Bioeconomy Model". *New Biotechnology* 40 (2018): 103–112.

Ermann, Ulrich et al. *Agro-Food Studies. Eine Einführung*. Wien 2018.

Goodman, David, E. Melanie DuPuis und Michael K. Goodman. *Alternative Food Networks. Knowledge, Practice, and Politics*. London 2011.

Goody, Jack. *Cooking, Cuisine and Class. A Study in Comparative Sociology*. Cambridge 1982.

Grigg, David. „The Geography of Food Consumption: A Review". *Progress in Human Geography* 19.3 (1995): 338–354.

Grigg, David. „The Changing Geography of World Food Consumption in the Second Half of the Twentieth Century". *The Geographical Journal* 165.1 (1999): 1–11.

Harris, Marvin. *Good to Eat. Riddles of Food and Culture*. New York 1985.

Hillstrom, Kathryn. „How Real Are Food Deserts?". *Today's Dietitian* 14 (2012): 36.

Johnson, Cassandra M. et al. „Eating Behaviors and Social Capital are Associated with Fruit and Vegetable Intake Among Rural Adults". *Journal of Hunger and Environmental Nutrition* 5.3 (2010): 302–315.

Koch, Alexander und Steffen Reese. „Nachhaltige Tomaten aus Almeria? Über den Beitrag des Ökolandbaus für eine nachhaltige Landwirtschaft in wasserarmen Regionen". *Der kritische Agrarbericht* (2017): 123–126.

Kofahl, Daniel und Sebastian Schellhaas. *Kulinarische Ethnologie. Beiträge zur Wissenschaft von eigenen, fremden und globalisierten Ernährungskulturen*. Bielefeld, 2018.

Krüger, Timmo und Anke Strüver. „Narrative der ‚guten Ernährung': Ernährungsidentitäten und die Aneignung öffentlicher Nachhaltigkeitsdiskurse durch Konsument*innen". *Zeitschrift für Wirtschaftsgeographie* 62.3–4 (2018): 217–232.

Levi-Strauss, Claude. „Le Triangle Culinaire". *L'arc* 26 (1965): 19–29.

Levkoe, Charles Z., Jennifer Brady und Colin R. Anderson. „Toward an Interdisciplinary Food Studies: Working the Boundaries". *Conversations in Food Studies*. Hrsg. von Colin R. Anderson, Jennifer Brady und Charles Z. Levkoe. Winnipeg 2016: 3–19.

Lizie, Arthur. „Food and Communication“. *Routledge International Handbook of Food Studies*. Hrsg. von Ken Albala. New York 2014: 27–38.

Locher, Julie L. et al. „Social Isolation, Support, and Capital and Nutritional Risk in an Older Sample. Ethnic and Gender Differences“. *Social Science and Medicine* 60.4 (2005): 747–761.

MacKendrick, Norah. „Foodscape“. *Contexts* 13.3 (2014): 16–18.

Malinowski, Bronsilaw. *Coral Gardens and Their Magic*. 2 Bde. London 1935.

Malthus, Thomas R. *An Essay on the Principle of Population, As It Effects the Future Improvement of Society*. London 1798.

Martin Katie S. et al. „Social Capital Is Associated With Decreased Risk of Hunger“. *Social Science and Medicine* 58.12 (2004): 2645–2654.

Martínez Veiga, Ubaldo. *El Ejido. Discriminación, Exclusión Social y Racismo*. Madrid 2001.

McIntosh, William Alex. „The Sociology of Food“. *Routledge International Handbook of Food Studies*. Hrsg. von Ken Albala. New York 2014: 14–26.

Mintz, Sidney W. *Sweetness and Power. The Place of Sugar in Modern History*. New York 1985.

Mota, Juan F. et al. „Agricultural Development vs Biodiversity Conservation. The Mediterranean Semiarid Vegetation in El Ejido (Almeria, Southeastern Spain)“. *Biodiversity and Conservation* 5 (1996): 1597–1617.

Neuloh, Otto und Hans Jürgen Teuteberg. „Psychosoziale Ursachen des Fehlverhaltens in der Ernährung“. *Ernährungsbericht 1976*. Hrsg. von Deutsche Gesellschaft für Ernährung. Frankfurt a. M. 1976: 395–445.

Niles, Daniel und Robin Jane Roff. „Shifting Agrifood Systems: The Contemporary Geography of Food and Agriculture; an Introduction“. *GeoJournal* 73.1 (2008): 1–10.

Richards, Audrey. *Hunger and Work in a Savage Tribe. A Functionalist Study of Nutrition Among the Southern Bantu*. London 1932.

Rosol, Marit und Anke Strüver. „(Wirtschafts-)Geographien des Essens. Transformatives Wirtschaften und alternative Ernährungspraktiken“. *Zeitschrift für Wirtschaftsgeographie* 62.3/4 (2018): 169–173.

Schönberger, Gesa. „Die Mahlzeit und ihre soziale Bedeutung. Simmel, Wiegelmann, Douglas, Tolksdorf, Barlösius“. *Mahlzeiten. Alte Last oder neue Lust?* Hrsg. von Gesa Schöneberger und Barbara Methfessel. Wiesbaden 2011: 17–25.

Sedelmeier, Timo. „Food Deserts. Einblicke in Nahrungslandschaften“. *Landschaftskonflikte*. Hrsg. von Karsten Berr und Corinna Jenal. Wiesbaden 2019: 687–697.

Sedelmeier, Timo, Olaf Kühne und Corinna Jenal. *Foodscapes/Nahrungslandschaften. Eine Bestandsaufnahme*. Wiesbaden 2021.

Shannon, Jerry. „Food Deserts: Governing Obesity in the Neoliberal City“. *Progress in Human Geography* 38.2 (2013): 248–266.

Shaw, Hillary J. „Food Deserts: Towards the Development of a Classification“. *Geografiska Annaler: Series B, Human Geography* 88.2 (2006): 231–247.

Simmel, Georg. „Soziologie der Mahlzeit [1910]“. *Brücke und Tür. Essays der Philosophen zur Geschichte, Religion, Kunst und Gesellschaft*. Hrsg. von Michael Landmann. Stuttgart 1957: 1–7.

Sobal, Jeffrey. „The Medicalization and Demedicalization of Obesity“. *Eating Agendas. Food and Nutrition as Social Problems*. Hrsg. von Donna Maurer und Jeffrey Sobal. New York 1995: 67–90.

Thompson, Paul B. und David M. Kaplan. *Encyclopedia of Food and Agricultural Ethics*. Dordrecht 2014.

Tietje, Olaf. „Tagelöhner*innen in Andalusien“. *Journal für Entwicklungspolitik* 31.4 (2015): 105–124.

Vonthron, Simon, Coline Perrin und Christophe-Toussaint Soulard. „Foodscape. A Scoping Review and a Research Agenda for Food Security-Related Studies“. *PloS one* 15.5 (2020): 1–26.

Wansink, Brian. *Mindless Eating. Why We Eat More Than We Think*. New York 2006.

Watson, James L. und Jakob A. Klein. „Introduction. Anthropology, Food and Modern Life“. *The Handbook of Food and Anthropology*. Hrsg. von James L. Watson und Jakob A. Klein. London 2016: 1–27.

Whatmore, Sarah, Pierre Stassart und Henk Renting. „What's Alternative About Alternative Food Networks?“. *Environment and Planning A: Economy and Space* 35.3 (2003): 389–391.

Whelan, Amanda et al. „Life in a ‚Food Desert‘“. *Urban Studies* 39.11 (2002): 2083–2100.

Whit, William C. *Food and Society. A Sociological Approach*. New York 1995.

Wiegelmann, Günter. „Was ist der spezielle Aspekt ethnologischer Nahrungsforschung?“. *Ethnologia Scandinavica* (1971): 6–15.

Wright, James D. et al. „Food Deserts: What is the Problem? What is the Solution?“. *Society* 53.2 (2016): 171–181.

Solvejg Nitzke

Futures Studies

1 Forschungsgeschichte

Futures Studies bilden ein inter- und transdisziplinäres Feld, in dessen Zentrum die systematische Analyse von Zukunftsbildern mit dem Ziel der Bereitstellung von Wissen und Diskussionsgrundlagen zur Gestaltung wünschenswerter Zukünfte steht. Diese Zukünfte sind unterschiedlich definiert (temporal, temporal/spatial, linear-singulär, plural etc.), haben aber gemeinsam, dass sie als gestaltbar betrachtet werden bzw. durch die Futures Studies zu gestaltbaren Größen werden: „Futures Studies operates as a global academic field, on the assumption that consciousness has increased to embrace multiple future possibilities, and that we are free agents to create worlds of our choices and participate consciously in our own evolution." (Gidley 2017, 4) Nicht nur in dieser Hinsicht affirmieren und produzieren Futures Studies Gegenstände und Bedingungen ihrer Forschung in einem zirkulären Austausch, der „Zukunft/Zukünfte" voraussetzt, um sie erforschen zu können und reziprok ihre Erforschbarkeit zur Begründung ihrer Relevanz setzt. Wenig zufällig befasst sich Jennifer Gidley, eine der führenden Vertreterinnen der Futures Studies, in *Future. A Very Short Introduction* (2017) mit Zukunft aus Perspektive des akademischen Feldes und umgekehrt. Aus kulturwissenschaftlicher Perspektive ist genau das vielleicht der entscheidende Punkt: Zukunft und Zukunftsforschung hängen produktiv zusammen und provozieren eine dritte Position, die wiederum in die Futures Studies integriert werden kann. Damit ist das Forschungsfeld nicht nur eines, in dem sich Kulturwissenschaftler*innen betätigen können, sondern auch ein lohnender Gegenstand kulturwissenschaftlicher Forschung generell. Dementsprechend ist die Forschungsgeschichte der Futures Studies immer auch eine Begriffs- und Kulturgeschichte der Zukunft sowie eine Geschichte derjenigen, die Zukunft erforschen oder über sie nachdenken, ohne sich zu dieser „Study" zu zählen bzw. zählen zu können.

Beteiligt sind an den Futures Studies v. a. solche Disziplinen, deren Methodenspektrum die Analyse und Modellierung großer Datenmengen umfasst und die Wissensbestände bearbeiten, die z. B. durch subjektive Färbung, komplexe Bedingungen der Erhebung oder Modellierung, oder notwendig spekulative Anteile gekennzeichnet sind und die planend bzw. gestaltend arbeiten. Das können Sozial- und Politikwissenschaften, Psychologie, Pädagogik, Linguistik oder Ökonomie sein, aber auch Stadtplanung, Architektur und Design. Futures Studies agieren parallel forschend und beratend bzw. aktivistisch. Das heißt, sie begreifen Analyse und Gestaltung als zwei Seiten einer Medaille – um gestalten zu

https://doi.org/10.1515/9783110712919-012

können, muss analysiert werden, und umgekehrt. Somit ist die Verknüpfung akademischer Zukunftsforschung und nicht-akademischer Zukunftsgestaltung ein fundamentaler Baustein im Selbstverständnis des Feldes. Die Studienordnung des weiterbildenden Masters „Zukunftsforschung" an der FU Berlin definiert dementsprechend Politik, Wirtschaft, Technik und Gesellschaft als mögliche Einsatzfelder für ihre Absolvent*innen, die zentrale Stellung von „Zukunft" und ihre Konzeption nicht zuletzt in den FUTURES STUDIES selbst legt aber einen Anspruch nahe, der potenziell alle Menschen und Dinge zu Objekten und Subjekten dieser Forschungsrichtung macht, denn Zukunft betrifft im besten Fall alle. Dementsprechend vielfältig und komplex sind nicht nur die Einsatzfelder, sondern auch die epistemologischen und historischen Grundlagen der FUTURES STUDIES.

Während Jennifer Gidley auf etwa dreitausend Jahre historischer Zukunftsforschung verweist, liegen deren Anfänge als wissenschaftliche „Study" in den Jahrzehnten unmittelbar nach dem Ende des Zweiten Weltkriegs. Die Diskrepanz zwischen diesen Zeiträumen ist an sich bereits signifikant: Denn ob und wie Zukunftsdenken historisch verankert wird und wie FUTURES STUDIES sich und ihr(e) Zukunftskonzept(e) davon absetzen, sagt viel über sie aus. Gidley (2017, 20–44) stellt zwischen den Zukunftstechniken der Sybillen, den Frühneuzeitlichen Wissenschaften und den modernen Forecast-Methoden zwar qualitative Unterschiede fest, macht diese aber v. a. an den Vorstellungen von Zukunft und ihrer (Nicht-)Gestaltbarkeit fest. Der Soziologe Wendell Bell hingegen unterscheidet in seinem zwanzig Jahre älteren Aufsatz „What do we mean by Futures Studies?" zwischen einem universalen Bedürfnis, Zukunftswissen zu erlangen sowie der Notwendigkeit mit diesem Wissen umzugehen – „the only really knowledge is knowledge about the future" (1996, 13) – und den historischen Entwicklungen des Zukunftsbezugs, die für Bell erst ab der Zeit um 1800, namentlich mit dem „shift from space to time in utopian thought" (1996, 4), relevant werden und bis in die Science Fiction von Jules Verne (1828–1905) und H.G. Wells (1866–1946) reichen. Als „recent origins of Futures Studies" (1996, 5) bestimmt Bell, wie auch sein Kollege Jim Dator, die 1960er Jahre.

In diesem Jahrzehnt verdichtete sich ein zunehmendes Interesse an der Systematisierung von Aussagen über und Empfehlungen für die Zukunft. Der Jurist und Politikwissenschaftler Ossip K. Flechtheim (1909–1998) gilt als Begründer der „Futorologie" in Deutschland – seine in die 1940er Jahre zurückreichenden Forderungen nach einer systematischen Erforschung und später nach einer „Befreiung der Zukunft selber als Bestandteil der Futurologie" (1970, 390). Damit wandte er sich insbesondere gegen die staatliche (d. h. ideologische) Planung von Zukunft ausschließlich entlang naturwissenschaftlich-technologischer Interessen. Diese Vision partizipativ und divers organisierter Zukunftsforschung findet sich nach wie vor im Profil des 1981 gegründeten Instituts für Zukunftsstudien und Technologiebewertung (IZT) in Berlin, dessen Ehrenvorsitzender Flechtheim war.

Etwa zur gleichen Zeit wie Flechtheims Einforderung einer wissenschaftlichen Futurologie wurde in den USA die RAND-Corporation gegründet: Als einer der ersten sogenannten *think tanks* lieferte RAND (kurz für: *Research and Development*) Analysen und Empfehlungen für das US-amerikanische Militär. Im Zentrum stand dabei die Entwicklung zukunftsorientierter Problemlösungsprozesse, die quantitative Methoden der Wirtschafts- und Sozialwissenschaften, Spieltheorie und Design verbinden und Anwendungsfelder für militärische und zivile Zwecke identifizieren sollte. Spätestens in den 1950ern kristallisierte sich „systems analysis" und der daraus abgeleitete Anspruch an „rational choice" als wichtigstes Projekt der RAND-Corporation heraus (Amandae 2003, 75).

Berühmt-berüchtigt wurde v. a. der Einsatz von Spieltheorie im Rahmen der strategischen Atomkriegsführung. Diese verbindet sich mit keinem Namen so eng wie mit dem des RAND-Chefstrategen Herman Kahn (1922–1983). Seine Bücher *On Thermonuclear War* (1960), *Thinking About the Unthinkable* (1962) und *The Year 2000* (1967) entwickelten basierend auf der RAND-spezifischen Weise der *systems analysis* Zukunftsszenarien, die v. a. dazu beitrugen, das titelgebende „Undenkbare" zum Gegenstand von Diskussion und Politik zu machen (Horn 2014, 91). Wie populär diese Weise des Denkens wurde, lässt sich nicht nur daran ermessen, dass Kahn ebenso zum Vorbild von Stanley Kubricks *Dr. Strangelove, or: How I Learned to Stop Worrying and Love the Bomb* (1964) wurde wie für die mittlerweile fest in der Popkultur verankerten Vorstellungen von „Zukunftstechnologien" der 1960er und 1970er Jahre. Dazu gehören sowohl fliegende Autos und Raketen als auch die nun wieder aktuell werdenden terraformenden Technologien des *climate engineering* (Fleming 2012; Nitzke 2017).

RAND war jedoch nicht der einzige Akteur, dessen Zukunftsvisionen Einfluss auf die Vorstellung davon nahmen, inwiefern Zukunft nicht nur gestaltbar ist, sondern einen spezifischen Look prägte, der bis heute wiedererkennbar ist – was wohl nirgendwo so deutlich wird, wie in den Zukunfts-Abteilungen der Disney-Parks (Mittermeier 2020, 46–57). Dazu trugen v. a. die berühmten geodätischen Kuppeln (*geodesic domes*) von Richard Buckminster Fuller (1895–1983) bei: „Biosphère" lautet der Name der berühmtesten Kuppel, die für die Weltausstellung 1967 in Montreal gebaut wurde, und des an diese Idee anknüpfenden Projekts „Biosphere 2", das 1991 in der Wüste Arizonas eine in sich geschlossene, autotrophe Biosphäre anlegte. Auch wenn das Experiment scheiterte, bleibt das Konzept kulturell einflussreich, wie z. B. in T.C. Boyles Roman *Terranauts* (2017; vgl. Heibach 2021). Diese sind für die Futures Studies aber nicht nur ihres ‚futuristischen' Aussehens wegen wichtig, sondern weil Richard Buckminster Fuller sie sowohl als Modell zukunftsfähigen Bauens als auch als künstliche Biosphäre konzipierte. Design und Zukunftsforschung führte er dabei in der Idee vom „Raumschiff Erde“ zusammen: Im *Operating Manual for Spaceship Earth* (1969) entwirft er die Erde als vollständig steuerbares System, das Gestaltung erlaubt, aber ebenso Steuerung verlangt. Nicht zuletzt wegen seiner Betonung von Synergie und seinen holistischen Ansätzen stand Buckminster Fuller Kybernetiker*innen wie Lynn Margulis (1938–2011) und James Lovelock (1919–2022), den Begründer*innen der Gaia-Hypothese, sowie Francisco Varela (1946–2001) und Heinz von Foerster (1911–2002) nahe, deren *Gaian Systems* (Clarke 2020) maßgeblich zu Konzeptualisierungen globaler Ökosysteme und Kommunikationsstrukturen beitrugen. Auch Stewart Brand (geb. 1938), eine der Schlüsselfiguren der *counterculture* der 1960er und 1970er Jahre, gehörte zu diesem Kreis, der sich – in Abgrenzung von Kahn und der RAND-Corporation – auf andere Weise mit Zukunft auseinandersetzte. Jenseits von staatlicher Intervention und deutlich fortschrittsskeptischer ging es hier eher um praktische Utopien und berechenbare Systeme, die zwar auf ähnlichen Grundsätzen der Rationalität beruhten wie die der militarisierten Parallelunternehmungen, aber andere Ziele verfolgten (Franke 2013). Der grundsätzliche Unterschied besteht in der zirkulären Logik der systemtheoretischen *Gaian Systems* gegenüber den linearen, auf eine Zukunft und deren mögliche Gestaltung gerichteten Ansätzen wie den RAND-Konzepten: „Rather, [the concept of cybernetics] develops from its point of origin at the machine/organism interface into a transdisciplinary discourse comprehending differentiated operational interrelations among Earth, life, mind, and society.“ (Clarke 2020, 12)

Zukunft wird zu einer (oder vielen) anderen, wenn die *agency* von den Analysen des Systems in das System selbst verlagert wird. Nicht nur sind dann dualistische Unterscheidungen zwischen Maschine und Leben nicht mehr auf die gleiche Weise relevant, die Frage nach Gestaltbarkeit wird auch eine andere. In den Gaia-Diskursen zeigt sich davon ausgehend, dass die transdisziplinäre Ausrichtung der Futures Studies sowohl einer Vielfalt von Einsatzfeldern wie auch einem komplexen Gegenstand (in der Gegenwart) gerecht werden muss. Die Notwendigkeit, sich systematisch mit dieser Komplexität auseinanderzusetzen, wurde in den 1970er Jahren durch die erstarkenden Umweltbewegungen, die Beobachtungen sich rapide entwickelnder Computertechnik und globaler Urbanisierung weiter verstärkt. Die Gründung des Club of Rome im Jahr 1968, v. a. aber dessen Veröffentlichung von *Limits to Growth* (1972) setzten im Tandem mit Publikationen wie Paul und Anne Ehrlichs *The Population Bomb* (1968) das Thema der „Überbevölkerung“ auf die Agenda der Futures Studies, die sich in dieser Zeit zunehmend etablierten und institutionalisierten. Während das Copenhagen Institute for Futures Studies (CIFS) 1969 als *think tank* gegründet wird, ist das von Jim Dator im Jahr 1971 begründete Hawai'i Research Center for Futures Studies Teil der Politikwissenschaftlichen Fakultät an der University of Hawai'i. Im Jahr 1973 wird in Paris die World Futures Studies Federation gegründet, die bis heute eine zentrale Institution der Futures Studies ist und neben der Veranstaltung von Konferenzen auch Forschungsförderung betreibt und Lehr- und Forschungsmaterial auf ihrer Webseite zur Verfügung stellt (https://wfsf.org).

Die Geschichte der Futures Studies und ihrer Institutionalisierung diversifiziert und internationalisiert sich seitdem stetig, was nicht nur in Gidleys bereits erwähnter Einführung sichtbar wird, sondern auch Publikationen von Wendell Bell (1997), Janna Anderson (2006), Jenny Andersson (2015), und Wendy Schultz (2012) umfassend aufarbeiten. Gidley bietet eine Auffächerung der verschiedenen Forschungsrichtungen und Schwerpunkte der Zukunftsforschung an, die insbesondere zwischen positivistisch und pluralistisch organisierten Methoden ausdifferenziert. Dabei verweist sie u. a. auf „critical“, „cultural“, „participatory“ und „integral futures“, die mit jeweils unterschiedlichen Schwerpunkten, nicht nur berechnen, sondern auch normativ und wertkritisch Zeitbewusstsein und Planungsunternehmungen begleiten (2017, 63–82).

Auffällig aus Sicht einer literatur- und medienwissenschaftlich geprägten und informierten Kulturwissenschaft ist dabei die scheinbare Abwesenheit eben dieser Perspektive. Das ist deshalb bemerkenswert, weil viele der ‚Zukunftsbilder‘, die zu analysieren das Ziel ist, aus der Literatur stammen: Bell (1996) markiert, wie oben erwähnt, nicht nur Jules Verne und H.G. Wells als Vordenker, sondern auch Entwicklungen in der utopischen Literatur als relevant. In Gidleys „Global futures timeline“ (2017, 139–145) sind neben Mary Wollstonecraft Shelleys Romanen *Frankenstein* (1818) und *The Last Man* (1826) auch die literarische Science Fiction des 20. Jahrhunderts (u. a. Aldous Huxley, Isaac Asimov, Ursula K. Le Guin), sowie zentrale Filme – z. B. *Mad Max* (1979) als Beispiel für „early dystopian futures movie“ und *The Matrix* (1999) als „futures fiction movie“ – gleichberechtigt neben den Gründungen der WFSF und den diversen anderen Instituten aufgestellt. Dabei ist ‚Zukunft‘ ein zentrales Thema in den mit Fiktionen und künstlerischen Artefakten befassten Wissenschaften, nicht nur mit Blick auf einzelne Autor*innen wie Shelley oder Huxley, sondern auch in kulturwissenschaftlichen Überblicken, die die Rolle von Zukunft in und für Literatur untersuchen (u. a. Jameson 1982, 2007; Horn 2014; Willer und Bühler 2016; Becker et al. 2019), aus einer ökokritischen Perspektive die Zukunftsproduktion und Risiko-Konzepte der Umweltbewegungen analysieren (u. a. Heise 2008; Weik von Mossner und Mayer 2014), die in Zusammenarbeit von Künstler*innen und Wissenschaftler*innen Interventionen und Reflexionen gestalten (Tsing 2017; Mittmann et al. 2018) oder die Science Fiction als Zukunft und Vergangenheit produzierende *Kunst-Denkmaschine* konzipieren (Dath 2019). Auch die historische und historiographische Perspektive lässt noch Raum zur Reflexion von Zukunftsbildern und -konzepten, wie sie prominent Reinhart Koselleck (1979) untersuchte. In der jüngeren Forschung sowie in der aktuellen fiktionalen wie nichtfiktionalen Zukunftsliteratur findet diese Synthese von Futures Studies und im engeren Sinne kulturwissenschaftlicher Zukunftsforschung daher/folglich immer mehr Beachtung (siehe Abschnitt 4).

2 Exemplarische Fragestellungen

Die Fragestellungen und Arbeitsfelder der FUTURES STUDIES hängen davon ab, in welchem Kontext sie betrieben werden: *Think tanks* und Beratungsagenturen bieten vielfach konkrete Dienstleistungen zur Technikfolgeabschätzung an und bearbeiten – wie z. B. das Institut für Zukunftsstudien und Technologiebewertung in Berlin – öffentlich wie privat finanzierte Studien z. B. zu „Resilienter Mobilität" oder „Quantum-Computing". Sie folgen dabei ähnlichen Zielen, wie sie bereits Wendell Bell in den 1990ern für die FUTURES STUDIES formuliert, der von den einzelnen Projekten abstrahiert (1996, 3): „They explore alternative futures in order to assist people in choosing and creating the most desirable future." Damit ist das Ziel der Unternehmung wie folgt zu benennen: „The major purpose of futurists is to maintain or improve the welfare of humankind and the life-sustaining capacities of the earth itself." (Bell 1996, 9)

Wie nicht anders zu erwarten ist, geht es in den FUTURES STUDIES also um die denkbar größten Ziele. Auch universitäre Einrichtungen, wie die *Global Futures Initiative* an der Arizona State University (ASU) in den USA beabsichtigen, Veränderungen und Transformationen konkret auszugestalten, um Entscheidungsgrundlagen für politische Prozesse zu bieten: „ASU hopes to build a world headquarters for an international alliance of prominent scientists working together to address the most critical issues related to human society and the future states of planet Earth, looking at new energy systems, food security and land degradation, environment and public health, depletion of natural resources, water scarcity, and new economies (such as a carbon economy) and other areas needed for a rapidly changing world." (https://global.asu.edu/global-futures-laboratory)

Dass hier das Verb „hope" benutzt wird, spricht u. a. für eine veränderte Haltung zu den zu untersuchenden und zu gestaltenden Zukünften. Die globalen und planetaren Steuerungsphantasien der 1960er Jahre sind Modellen und Erzählungen von Erdzukünften gewichen, die ungleich schwerer zu kontrollieren sind (Lazier 2011; Boes 2014). Jennifer Gidley beginnt ihre Einführung auf ähnliche Weise (2017, 1): „The future we face today is one that threatens our very existence as a species. It threatens the comfortable urban lifestyles that many of us hold dear and the habitability of the earth itself. The times we are in are critical, and the challenges we face as global citizens are complex, intractable, and planetary. The impact of climate crisis alone is pointing to frightening futures of rising seas, drowning cities, mass migration of climate refugees, drastic food shortages due to loss of arable land to drought, floods, and salination, and the mass extinction of species.“

Die Gestaltung der Zukunft ist nicht mehr länger vorrangig ein Projekt der Verbesserung, sondern eines der Verhinderung von Katastrophen in planetaren Ausmaßen. In anderen Worten, Futures Studies bringen Zukunft und Zukünfte nicht nur in einem epistemischen Sinne hervor, sondern setzen sich zum Ziel, dazu beizutragen, dass es überhaupt eine (für möglichst viele Menschen lebbare und lebenswerte) Zukunft gibt. Das von der ASU formulierte Themenspektrum („energy systems, food security and land degradation, environment and public health, depletion of natural resources, water scarcity, and new economies“) entspricht weitgehend den sogenannten „great challenges“ der Gegenwart. Dieses Konzept geht u. a. auf James Martin zurück, der in *The Meaning of the 21st Century. A Vital Blueprint for Ensuring Our Future* (2006) die „great challenges“ („saving the earth, reversing poverty, steadying population growth, achieving sustainable lifes etc.“) zwar zwischen den Disziplinen ansiedelt, aber ausschließlich techn(olog)ische Lösungen vorschlägt. Das nach ihm benannte Institut an der University of Oxford wählt eine breitere Perspektive, die auch sozial und politisch progressivere Ansätze mit einbezieht (https://www.oxfordmartin.ox.ac.uk).

Gidleys ‚große Herausforderungen‘ – „the grand urbanization challenge“, „the grand education challenge“, „the grand climate challenge“ (Gidley 2017, 125, 128, 132) – treten noch einen weiteren Schritt zurück und identifizieren Urbanisierung, Bildung und Klima als zentrale Herausforderungen. Das führt sie schließlich zu der entscheidenden Frage, in welchem Modus Zukunft überhaupt geplant und gestaltet werden soll, ob als technotopische oder menschen-zentrierte. Diese Frage als Grundsatzfrage zu stellen, beansprucht für die Futures Studies ein weitaus breiteres wissenschaftliches aber auch gesellschaftlich-politisches Engagement, als das die szientistische oder positive Auffassung einer Zukunftsforschung tut, die in einem fortschrittsoptimistischen Sinne Zukünfte ausplant, von denen man sich nur noch die beste aussuchen muss. Sie führt letztlich auch zu einer Kritik an den Zeitmodellen der Futures Studies, die lineare Strukturen zugunsten komplexer und vielleicht paradoxer Konzepte aufgibt. Damit legt Gidley (stellvertretend für die „Study“) aber auch eine Richtung fest, die, wenn sie tatsächlich „humanitarian, philosophical and ecological“ sein will, deutlich stärker auch den Bereich der Kulturwissenschaften einbeziehen muss, der zumeist nicht empirisch operiert. Schon allein deshalb, weil die gesellschaftliche Akzeptanz wissenschaftlicher Szenarien nicht unwidersprochen gegeben ist, ist es unerlässlich, partizipative und transparente Modelle der Forschung und Wissenschaftskommunikation von vornherein in die Prozesse miteinzubeziehen. Dass und warum die Grenzen zwischen „prophecy“ und „forecast“ (Gidley 2017, 4) nicht so hart sind, wie sie vielen Zukunftsforscher*-

innen erscheinen, ist nur einer der Beiträge, die eine kulturwissenschaftliche Zukunftsforschung hier leisten kann; die kulturellen Bedingungen der Kommunikation und Kooperation und ggf. störende Narrative zu identifizieren, ein anderer.

3 Futures Studies im deutschsprachigen Raum

Über die genannten Futures Studies-Institutionen wie dem IZT und dem Masterstudiengang Zukunftsforschung an der FU Berlin hinaus gibt es noch eine Reihe universitärer und außeruniversitärer Institutionen, die sich im Feld der Zukunftsforschung mit unterschiedlichen Schwerpunkten im deutschsprachigen Raum engagieren. Neben dem Potsdam-Institut für Klimafolgenforschung listet das „Institut Futur" (Popp 2016) der FU Berlin dreizehn weitere Stellen auf, die Trend-, Innovations- und Technologieforschung betreiben. Daneben gibt es verschiedene Lehrstühle, v. a. an technischen Universitäten, die Zukunftsforschung (wie z. B. an der RWTH Aachen) lehren und durchführen. Die jüngste Forschungsstelle in Deutschland ist das im Jahr 2020 gegründete New Institute in Hamburg. Die Gründung des *think tanks* hat für einiges Aufsehen gesorgt, weil der Gründer, Unternehmer Erick Rickmers, damit explizit einen starken geisteswissenschaftlichen Schwerpunkt setzt, um dem immer noch vorherrschenden ökonomischen und politischen Wachstumsdenken kritisch zu begegnen. Unter der Leitung der Politökonomin und Transformationsforscherin Maja Göpel sollen über Fellowships Wissenschaftler*innen und Aktivist*innen zusammenkommen, um in Programmlinien Konzepte für „tragfähige Wertesysteme", „grüne Stadtentwicklung", „regenerative Wirtschaft" und „digitale Stadtmodelle" zu entwickeln (https://thenew.institute/de/what). Kulturwissenschaftliche Zukunftsforschung ist bisher nicht unbedingt in solchen Instituten organisiert und läuft auch nicht immer unter diesem Label, aber wird zunehmend sichtbar (z. B. an der TU Dresden, die 2021 das Programm TUDiSC: „Disruption and Societal Change" im Bereich Geistes- und Sozialwissenschaften und die Juniorprofessur Future Studies in der Amerikanistik eingerichtet hat). Seit 2023 erscheint im transcript Verlag die Reihe *Critical Futures* (herausgegeben von Moritz Ingwersen, Solvejg Nitzke, Regina Schober und Jens Temmen), die Futures Studies mit zukunfts-orientierten und -kritischen Perspektiven aus den Environmental Humanities, Afro- und LatinX-Futurisms und damit politischen Modi der Störung und Störungsforschung zusammenbringt.

Neben der Forschung an Zukunft als Thema und Motiv literarischer Texte (z. B. Cornils 2020) ist v. a. eine kulturwissenschaftliche Richtung von Interesse, die nach den narrativen Bedingungen der Möglichkeit fragt, die Zukunft vorstellbar und wissbar machen. Denn innerhalb von Erzählungen kann der prekäre Status von Zukunftswissen zum Vorteil werden, weil dessen gleichzeitige Notwenigkeit und

Unmöglichkeit (Bell 1996, 8–9), imaginär fruchtbar gemacht und als literarisches Wissen in (fiktionale) Entwürfe übersetzt wird, die sich untersuchen lassen. Die bereits erwähnte Forschung von Stefan Willer, Benjamin Bühler und anderen (u. a. am Leibniz-Zentrum für Literatur- und Kulturforschung, ZfL Berlin) ist in dieser Hinsicht wegweisend. Hervorzuheben sind hier besonders die Sammelbände *Futurologien* (2016) und *Zukunftssicherung* (2019), an denen beide beteiligt waren, sowie Bühlers Monographie *Ökologische Gouvernementalität: Zur Geschichte einer Regierungsform* (2018). Die Literaturwissenschaftlerin Eva Horn hat mit ihrer 2014 erschienenen Studie *Zukunft als Katastrophe* zentrale Beiträge zum Verständnis der Katastrophe als kulturelles Narrativ der Zukunftsmotovierung geleistet. Horn ist des Weiteren aktiv in der literatur- und kulturwissenschaftlichen Anthropozän-Forschung (Horn und Bergthaller 2019). Diese Forschungsrichtung ist, wie auch die Ergebnisse des Projekts „Narrative des Anthropozän in Wissenschaft und Literatur. Strukturen, Themen, Poetik" (vgl. u. a. Dürbeck et al. 2022) zeigen, in besonderem Maße mit der Schwierigkeit befasst, zugleich in Zukunft und Vergangenheit zu denken, weil die Frage nach der Benennung einer neuen geologischen Epoche nach den Menschen als entscheidender Gewalt (*force*) Implikationen mit sich bringt, die in naturwissenschaftlich-technischen Diskursen nicht zu fassen sind (→ Environmental Studies). Die Frage nach dem „Anthropos im Anthropozän" (Bajohr 2020) verlangt danach, Konzepte nach Kontrolle und Einfluss, Wissbarkeit und Handlungsfähigkeit „des Menschen" als Spezies, als selbstbeschriebene Gemeinschaft der Modernen, als politisches und biologisches Wesen einmal mehr kritisch zu befragen. Dabei stellt nämlich die Erkenntnis, dass sich kollektives menschliches Handeln auch dann auf die Ökosphäre auswirkt, wenn keine Entscheidung getroffen wurde, einen bestimmten Effekt zu erzielen, nicht zuletzt den Gestaltungsanspruch der Futures Studies selbst in Frage.

4 Potenzial, Kritik und Ausblick

Eine zentrale Kritik an zukunftsgerichtetem Erzählen richtet sich an die zumeist dichotome Unterscheidung von Dystopie und Utopie bzw. von Apokalypse und Idylle (Garrard 2012). Dagegen lässt sich einerseits anführen, dass die wenigsten Texte entweder das eine oder das andere in Reinform anbieten (anders als viele Szenarien), und andererseits lassen sich praktisch „Geschichten vom Gelingen" sammeln, die aus der Gegenwart Motivation für die Zukunft schöpfen – so beschreibt die vom Soziologen Harald Welzer gegründete Futurzwei-Stiftung ihre Arbeit, die sie neben ihrer Webseite auch in einem Zukunftsalmanach veröffentlicht (Welzer et al. 2016; www.futurzwei.org). Auch wenn das in Kooperation zwischen taz und Stiftung erscheinende Magazin *Futurzwei* den optimistischen Ton nicht immer zu halten vermag und stattdessen oft ins Polemische rückt, scheint diese anpackende Haltung genau richtig, um Probleme nicht nur theoretisch anzugehen. Das ‚Futur zwei' soll der Vorschlag für eine Perspektive sein, aus der man nicht betrachtet, was zu tun sein wird, sondern was man getan haben wird, um eine lebenswerte Zukunft zu ermöglichen. Das ist aus zwei Gründen spannend, denn erstens wird die Gestaltung aus der (kommenden) Zukunft in eine (zukünftige) Vergangenheit verlegt und zweitens verändert sich die Qualität der Zukunft auch aus der Gegenwart. Handlungen werden dann quasi entlang einer selbst determinierten Zukunft ausgeführt. Auch Eva Horn rückt den Modus des ‚Futur zwei' als entscheidende Haltung der Zukunftserzählung in den Fokus, allerdings nicht um positive Vorbilder für praktisches Handeln zu entwerfen, sondern um der modernen Katastrophenlust auf den Grund zu gehen: „Der Mensch schaut auf sich selbst zurück, aber nach seinem eigenen Ende, eine Reflexion im Futur II: Es wird einmal gewesen sein. Ein Blickpunkt, von dem aus sich die Frage stellt, warum ein aktuelles Zeitgefühl notwendig auf Fiktion angewiesen ist. Gerade die reale Unmöglichkeit des Gedankenexperiments, das beide Erzählungen anstellen, macht sie so produktiv und erfolgreich." (Horn 2014, 11)

Horn bezieht sich hier auf den Film *I am Legend* (2007) und eine Episode aus Jan Zalasiewicz' *Die Erde nach uns. Der Mensch als Fossil der fernen Zukunft* (2009), um zu zeigen, dass die unmögliche Erzählung der Gegenwart als Vergangenheit zu einem epistemischen Motivator wird, der Handeln für eine (andere) Zukunft überhaupt erst möglich (und nötig) macht. Selbst die technoutopistischen Visionen der 1950er und 1960er Jahre, so zeigt Horn, operieren unter der Maßgabe, das Schlimmste zu verhindern bzw. Szenarien zu entwerfen, „die Katastrophe und ihre Folgen in aller Konkretheit auszumalen, um sie als *machbar* darzustellen" (Horn 2014, 91). Dass es sich hierbei nichtsdestotrotz um, wenn vielleicht nicht so größenwahnsinnig wie Dr. Strangelove, so doch massiv optimistisch agierende Denk- und Modellierungsstrategien handelt, macht v. a. der Vergleich mit aktuellen Zukunftstexten klar. In seinem Aufsatz „Beyond the Future: Crisis and Precarious Temporality in Post-Capitalist Discourse" (Schmitt 2018) vergleicht der anglistische Kulturwissenschaftler Mark Schmitt eine Reihe von Texten, die massive Zweifel daran äußern, ob ‚Zukunft' als Konzept in einer durch und durch neoliberalen Welt noch Bestand haben kann. Das Vertrauen in die Zukunft, die das 20. Jahrhundert kennzeichne, so argumentiert Schmitt mit Franco Berardi (*After the Future*, 2011) und via Reinhart Koselleck (1979), sei nicht mehr haltbar, weil der Erwartungshorizont im Erfahrungsraum zusammengebrochen sei. In anderen Worten: die Verlagerung von Erwartung und Erfüllung (auch von Verpflichtungen) kann nicht mehr gelingen, weil die Gegenwart von einer so umfassend negativen Erfahrung geprägt ist, dass der (imaginäre) Abstand zwischen einer Zukunft – und sei es einer Zukunft als Katastrophe – nicht mehr groß genug ist. Die perpetuelle Krisenlage des Kapitalismus, so Schmitt mit Mark Fisher (*Capitalist Realism*, 2009), habe mit dem Vertrauen in die Zukunft ihre eigene Existenzgrundlage vernichtet und einem fundamentalen Pessimismus Platz gemacht. So lange FUTURES STUDIES für diese Entwicklung keine Sprache finden, besteht die Gefahr, dass sie an der Realität vorbei operieren. Denn anders als in den 1980er Jahren, als „No Future!“ (Sex Pistols) zum Slogan der Punk-Bewegung avancierte, steht nicht zu erwarten, dass ein Ereignis bevorsteht, das, wie der Fall des Eisernen Vorhangs und einem vermeintlichen ‚Ende der Geschichte‘ (Fukuyama), Zukünfte noch einmal zu öffnen vermag. Wenn lange „Systemwechsel“ (New Institute) keine leere Phrase bleiben soll, muss auch die Frage, ob Zukunft überhaupt noch ein lebbares Zeitmodell ist, im Zentrum der FUTURE STUDIES stehen.

5 Literaturverzeichnis

Amadae, S.M. *Rationalizing Capitalist Democracy. The Cold War Origins of Rational Choice Liberalism.* Chicago, IL 2003.

Anderson, Janna. *Futures Studies Timeline*: https://www.elon.edu/u/imagining/wp-content/uploads/sites/964/2019/07/Futures-Studies-Timeline.pdf [31.01.2024].

Andersson, Jenny. „Midwives of the Future. Futurism, Futures Studies and the Shaping of the Global Imagination“. *The Struggle for the Long-Term in Transnational Science and Politics.* Hrsg. von Jenny Andersson und Eglė Rindzevičiūtė. New York 2015: 16–37.

Bajohr, Hannes (Hrsg.). *Der Anthropos im Anthropozän. Die Wiederkehr des Menschen im Moment seiner vermeintlich endgültigen Verabschiedung.* Berlin 2020.

Bell, Wendell. „What Do We Mean by Futures Studies?“. *New Thinking for a New Millenium.* Hrsg. von Richard A. Slaughter. London 1996: 3–25.

Bell, Wendell. *Foundations of Futures Studies. History, Purposes, and Knowledge.* New Brunswick, NJ 1997.

Boes, Tobias. „Beyond Whole Earth: Planetary Mediation and the Anthropocene“. *Environmental Humanities* 5 (2014): 155–170.

Bühler, Benjamin. *Ökologische Gouvernementalität. Zur Geschichte einer Regierungsform.* Bielefeld 2018.

Bühler, Benjamin und Stefan Willer (Hrsg.). *Futurologien. Ordnungen des Zukunftwissens.* Paderborn 2016.

Becker, Johannes et al. (Hrsg.). *Zukunftssicherung. Kulturwissenschaftliche Perspektiven.* Bielefeld 2019.

Clarke, Bruce. *Gaian Systems. Lynn Margulis, Neocybernetics, and the End of the Anthropocene.* Minneapolis, MN 2020.

Dath, Dietmar. *Niegeschichte. Science Fiction als Kunst- und Denkmaschine.* Berlin 2019.

Dator, Jim. „Introduction. The Future Lies Behind! Thirty Years of Teaching Futures Studies“. *American Behavioral Scientist* 42.3 (1998): 298–319.

Dürbeck, Gabriele, Simon Probst und Christoph Schaub (Hrsg.). *Anthropozäne Literatur. Poetiken, Themen, Lektüren.* Stuttgart 2021.

Flechtheim, Ossip K. *Futurologie. Der Kampf um die Zukunft.* Köln 1970.

Fleming, James. *Fixing the Sky. The Checkered History of Weather and Climate Control.* New York 2012.
Franke, Anselm. *The Whole Earth. California and the Disappearance of the Outside.* Berlin 2013.
Garrard, Greg. *Ecocriticism.* 2. Aufl. London 2012.
Gidley, Jennifer M. *The Future. A Very Short Introduction.* Oxford 2017.
Heibach, Christiane. „Zwischen Kapitalismus, Kybernetik und Katastrophe. Zur Epistemologie der Klimakapsel". *Dritte Natur* 3.1 (2021): 125–135.
Heise, Ursula K. *Sense of Place and Sense of Planet. The Environmental Imagination of the Global.* Oxford 2008.
Horn, Eva. *Zukunft als Katastrophe.* Frankfurt a.M. 2014.
Jameson, Fredric. „Progress Versus Utopia; or, Can We Imagine the Future?". *Science Fiction Studies* 9.2 (1982): 147–158.
Jameson, Fredric. *Archaeologies of the Future. The Desire Called Utopia and Other Science Fictions.* London 2007.
Koselleck, Reinhart. *Vergangene Zukunft. Zur Semantik geschichtlicher Zeiten.* Frankfurt a.M. 1979.
Lazier, Benjamin. „Earthrise; or, The Globalization of the World Picture". *American Historical Review* 116 (2011): 602–630.
Lowenhaupt Tsing, Anna et al. (Hrsg.). *Arts of Living on a Damaged Planet.* Minneapolis, MN 2017.
Mayer, Sylvia und Alexa Weik von Mossner (Hrsg.). *The Anticipation of Catastrophe. Environmental Risk in North American Literature and Culture.* Heidelberg 2014.
Mitman, Gregg, Marco Armiero und Robert S. Emmett (Hrsg.). *Future Remains. A Cabinet of Curiosities for the Anthropocene.* Chicago, IL 2018.
Mittermeier, Sabrina. *Middle Class Kingdoms. A Cultural History of the Disneyland Theme Parks.* Chicago, IL 2020.
Nitzke, Solvejg. „Magie und Technik. Die Produktion und Manipulation der Atmosphäre bei Stanisław Lem". *Phänomene der Atmosphäre. Ein Kompendium Literarischer Meteorologie.* Hrsg. von Urs Büttner und Ines Theilen. Stuttgart 2017: 68–82.
Popp, Reinhold. *Zukunftswissenschaft & Zukunftsforschung. Grundlagen und Grundfragen. Eine Skizze.* Wien 2016.
Schultz, Wendy. „The History of Futures". *The Future of Futures.* Hrsg. von Andrew Curry. o.O. 2012: 3–7.
Welzer, Harald, Dana Giesecke und Luise Tremel (Hrsg.). *Futurzwei Zukunftsalmanach. 2017/18.* Frankfurt a.M. 2016.

Andreas Rauscher

Game Studies

1 Die Anfänge

In den letzten 25 Jahren haben sich die GAME STUDIES von einem multidisziplinären Forschungsfeld zwischen Medienkultur-, Design-, Informatik und Sozialwissenschaften zu einem eigenständigen Fach entwickelt. Allerdings wartet diese „Study" trotz der umfassenden Aktivitäten und der starken gesellschaftlichen Präsenz von Spielen in digitaler und analoger Form hierzulande nach wie vor auf eine umfassendere Verankerung im akademischen Betrieb durch Professuren und Institute. Die zahlreichen Akteur*innen der GAME STUDIES kommen aus denkbar unterschiedlichen Disziplinen und finden sich immer wieder in Forschungsverbänden und Interessensvereinigungen wie der 2003 gegründeten AG Games in der Gesellschaft für Medienwissenschaft (GfM), der internationalen Digital Games Research Association (DIGRA), der AG Spiel in der Gesellschaft für Digital Humanities oder spezialisierten Gruppen wie der Ludomusicology Research Group oder dem 2015 gegründeten Arbeitskreis Geschichtswissenschaft und Digitale Spiele zusammen.

Obwohl der Gegenstand der Forschung mit Phänomenen und Artefakten der analogen und digitalen Spielkultur sowie ihren Akteur*innen und Praktiken klar benannt ist, bestehen noch gewisse Unklarheiten bezüglich der genauen Bezeichnung der „Study". Im deutschsprachigen Raum bildet *Spielforschung* eine favorisierte Variante (Fizek 2021; Rautzenberg et al. 2021). Der Spieleforscher Gonzalo Frasca schlug die Bezeichnung *Ludologie* als „a discipline that studies games in general, and video games in particular" (2003, 222) vor. Der US-amerikanische Medienwissenschaftler und Gamedesigner Ian Bogost behauptete hingegen 2017 provokant, dass es sich „um den letzten gescheiterten Versuch[,] ein Forschungsfeld in den Geisteswissenschaften zu etablieren", handle (zit. n. Inderst und Wagner 2022, 18).

Auch wenn Bogosts Polemik der Vielseitigkeit der Aktivitäten der gegenwärtigen GAME STUDIES nicht gerecht wird, benennt er dennoch eine gewisse Diskrepanz: Denn trotz der Omnipräsenz der Spielkultur, die vom Nerd- und Nischenphänomen in die Mitte der Gesellschaft gerückt ist und inzwischen auch von offizieller Seite her als Kulturgut anerkannt wird (Zimmermann und Falk 2020), lässt eine umfassende Institutionalisierung der GAME STUDIES weiterhin auf sich warten.

Die folgenden Ausführungen werfen einen genaueren Blick auf die Entstehung der GAME STUDIES, ihre Fragestellungen und Methoden, sowie ihre Bedeu-

https://doi.org/10.1515/9783110712919-013

tung in der heutigen Forschungslandschaft. Sie bieten einen einführenden Überblick zu den Themen, Diskursen und Methoden.

2 Death Match: Die Ludologie-Narratologie-Kontroverse

In der ersten Ausgabe des bis heute relevanten und renommierten Online-Journals *Game Studies* von 2001 erklärte dessen Herausgeber Espen Aarseth, Leiter des Game Research Centers an der IT Universität in Kopenhagen, das Erscheinungsjahr des Journals zum „Year One" der GAME STUDIES. Mit der Studie *Cybertext. Perspectives on Ergodic Literature* hatte Aarseth bereits 1997 eines der beiden grundlegenden Werke für das neue Forschungsfeld der GAME STUDIES vorgelegt (Aarseth 1997). Im Unterschied zur damals viel diskutierten Hypertext-Forschungsliteratur verlagert Aarseth den Fokus der Aufmerksamkeit dabei auf die non-linearen und spielerischen Strukturen klassischer Story-basierter Text-Adventure-Games. Und im Gegensatz zur passiven Rezeption einer traditionellen Geschichte verlangen die von ihm und anderen Ludolog*innen als Kunst der Simulation verstandenen Videospiele eine eigene Anstrengung, um im Sinne der von ihnen definierten ergodischen Literatur erfolgreich durch das Spielszenario zu navigieren (Aarseth 1997, 1).

Das zweite 1997 veröffentlichte, immer wieder in den GAME STUDIES zitierte Standardwerk bildet die von der US-amerikanischen Medienwissenschaftlerin Janet Murray vom Georgia Tech Institute in Atlanta verfasste Studie *Hamlet on the Holodeck. The Future of Narrative in Cyberspace*: Inspiriert von der immersiven Genre-Simulationsmaschine des Holodecks aus der Serie *Star Trek – The Next Generation* (1987–1994) betrachtet sie Videospiele als neues Medium für ambitionierte Formen des Geschichtenerzählens.

Aus den beiden vermeintlich konträren Ansätzen von Aarseth und Murray ergab sich die erste große Kontroverse der GAME STUDIES: der Streit zwischen den spielzentrierten skandinavischen Ludolog*innen und den angeblich auf Erzählstrukturen fixierten US-amerikanischen Narrativist*innen (ausführlich dokumentiert in Wardrip-Fruin 2004). Kopenhagener Theoretiker*innen wie Jesper Juul mit seinem auf Regeln und Spielabläufe konzentrierten Classic Game Model (Juul 2005) stellten den Eigenwert der Spiele in den Mittelpunkt ihrer Untersuchungen. Sie proklamierten provokante Überlegungen, bspw. ob narrative Elemente nicht einfach nur überflüssiges Beiwerk in den überwiegend auf konfiguratives Geschick ausgelegten Videospielen seien (Eskelinen 2001).

Die skandinavischen Ludolog*innen inspirierten mit ihrer Betonung des Eigenwerts der Spiele eine ganze Generation von Spielforscher*innen. Allzu häufig konnte man sich in den von der oberflächlich geführten deutschen „Killerspiel“-Debatte geprägten 2000er Jahren von Kolleg*innen aus den Philologien und der traditionellen Kunst- und Kulturwissenschaft anhören, wo denn in den Spielen der narrative und ästhetische Gehalt sei. Dass dieser vielleicht auf Grund der eigenen mangelhaften Bemühungen, und nicht auf Grund des vermeintlich trivialen Studienobjekts, ausblieb, wurde häufig gar nicht erst in Betracht gezogen.

Allerdings muss auch eingeräumt werden, dass die alles auf den literarischen Gehalt oder die audiovisuelle Komposition reduzierenden Narativist*innen eher Phantomgegner*innen waren, um ausgesprochen effektvoll die ersten Diskurse der GAME STUDIES zu lancieren. Denn sofern sie sich überhaupt für Videospiele interessierten, erwiesen sich medienkulturwissenschaftlich orientierte Naratolog*-innen wie Marie-Laure Ryan als ausgesprochen aufgeschlossen gegenüber dem Eigenwert von Spielen und anderen ludischen Artefakten.

Umgekehrt lässt sich aus einer medienkomparatistischen Perspektive anmerken, dass sich die Gründungsschriften der noch zu etablierenden Ludologie allzu schnell auf Allgemeinplätze der klassischen Spielformen zurückzogen. Phänomene wie das Anfang der 1970er Jahre in seiner Pen-and-Paper-Form entstandene und in Videospiel-Adaptionen von *Fallout* (seit 1997) über die *Elder Scrolls*-Reihe (seit 1993) und *Baldur's Gate* (seit 1999) bis heute ausgesprochen beliebte und stilprägende Rollenspiel kommen in Juuls Modell etwa nur als marginaler Grenzfall vor (Juul 2005). Durch die Rollenspiele werden narrative Elemente, die von den Spieler*-innen wie im Impro-Theater performativ ausgehandelt werden, tatsächlich zum festen Bestandteil des Gamedesigns. Strategische Herausforderungen wie in klassischen Brettspielen und deren Erweiterung zu modernen Table-Top-Spielen ergänzen die mit einem Game Master ausgehandelten Plot-Entwicklungen zu einem epischen, über mehrere Sessions aufgeteilten Abenteuer. Die aus hybriden Konstellationen wie diesen entstandenen neuen Genres lassen sich nicht mit der gleichen Terminologie wie traditionelle, auf Wiederholbarkeit angelegte Gesellschaftsspiele erfassen. Sie erfordern neue Begrifflichkeiten und ergebnisoffene Studien, die je nach Gegenstand Methoden unterschiedlicher Disziplinen aufgreifen. In der Ludologie-vs.-Narratologie-Kontroverse gerieten bspw. medienästhetische Elemente ebenso wie die neuen räumlich organisierten dramaturgischen Konzepte der Spiele, vom Live-Action-Role-Playing (LARP) bis hin zum Open-World-Game, deutlich in den Hintergrund. Obwohl genau diese neu vermessenen Spielräume komplexe Betätigungsmöglichkeiten durch die individuelle Konfiguration der ausgespielten Rolle und die Eigenverantwortung der Spieler*innen eröffneten, tauchten die medienkomparatistischen und medienästhetischen Besonderheiten in den sehr formalistisch geführten Diskussionen kaum auf.

3 Spielziele und Fragestellungen der Game Studies

Natürlich beginnt die Forschung zu Spielen genauso wenig Anfang der 2000er Jahre wie die Filmwissenschaft (Film Studies) erst mit ihrer Institutionalisierung in den 1960er und 1970er Jahren anfängt. Vorläufer und Wegbereiter*innnen der Game Studies finden sich in der klassischen Kulturwissenschaft bei Johan Huizinga und seiner in *Homo Ludens* (1938) entwickelten Idee des magischen Kreises, in dem ein Spiel stattfindet, in der soziokulturellen Spielforschung bei Roger Caillois in *Les jeux et les hommes* (1958), in der postfreudianischen Psychoanalyse bei Donald Winnicott in *Playing and Reality* (1971), in der Pädagogik bei Brian Sutton-Smith in *The Ambiguity of Play* (1997) und in den ersten Überlegungen zu den Prinzipien des Videogame-Designs in Chris Crawfords *The Art of Computer Game Design* (1984).

Eine ähnliche Pionierfunktion wie die Publikationen von Aarseth und Murray auf der internationalen Ebene hatten für die deutschsprachigen Game Studies die 2000 an der Universität Weimar im Bereich Medienwissenschaft entstandenen Dissertationen *Gespielte Geschichten* von Britta Neitzel (2000) und *Computer–Spiel–Welten* von Claus Pias (2010). Im gleichen Zeitraum erschien Natascha Adamowskys Monographie zu *Spielfiguren in virtuellen Welten* (2000), und in den folgenden Jahren fanden erste Seminare zu Game Studies u. a. an den Universitäten Leipzig, Mainz, Frankfurt, Hamburg und München sowie an einigen anderen Hochschulen statt.

Die um die Jahrtausendwende begonnene Etablierung der Game Studies bündelt die verschiedenen Ansätze zu eigenen Forschungsfeldern innerhalb einer Disziplin. Philosophische Ansätze umfassen auf der jährlich stattfindenden *Games and Philosophy*-Konferenz die gesamte Bandbreite der analytischen und kontinentalen Traditionen. Sie reichen von der, u. a. von Espen Aarseth intensiv diskutierten Frage nach einer Ontologie des Spiels und seiner kleinsten Einheiten, über ethische Herausforderungen (Sicart 2009) und ästhetische Überlegungen zum Videospiel (Feige 2015) bis hin zu medienphilosophischen Reflexionen (Rautzenberg 2020). Narratologische Ansätze werden transmedial erweitert (Thon 2016), filmwissenschaftliche Genremodelle werden zur Anwendung auf Games als Alternative zu rein ludischen und narrativen Interpretationen medienkomparatistisch adaptiert (Rauscher 2012; Schniz 2020; Hennig und Krah 2023). Die soziokulturelle Forschung zu Games nimmt von Anfang an einen wesentlichen Teil der Forschungsaktivitäten ein (vgl. bspw. Biermann et al. 2023). Spielhandlungen werden im Sinne des *agency*-Begriffs nach Janet Murray als „the satisfying power to take meaningful action and see the results of our decisions and choices“ (1997, 216) diskutiert. Neben grundlegenden Überlegungen zum Gamedesign (Salen und Zimmerman 2010; Freyermuth 2015; Fullerton 2019; Schell 2020) rücken in den Game Studies darüber hinaus immer wieder Fragen der Spielkultur und ihrer Kontexte in den Mittelpunkt. Aus diesen ergeben sich produktive Schnittstellen zwischen geisteswissenschaftlichen Ansätzen der Medienwissenschaft, der Film-, Literatur-, Kunst- und Kulturwissenschaft und soziokulturell geprägten Ansätzen der CULTURAL STUDIES.

4 Tutorial: How to GAME STUDIES

Einführungsbände zu den GAME STUDIES stellen in der Regel Fragen der historischen Entwicklung von Spielen, Fragen der Begrifflichkeiten der einzelnen Forschungsbereiche, der Ästhetik, der narratologischen Aspekte und Fragen der kulturellen Rahmenbedingungen vor (Egenfeldt-Nielsen et al. 2008; Beil et al. 2018). Ansätze zur Analyse von Spielen beziehen neben den bereits erwähnten Fragen des Designs die Ebenen Kontext, konkrete Game-Betrachtung und formale Elemente (Fernández-Vara 2015) sowie die medialen Formen, Perspektivenstrukturen und performativen Erzählräume (Zierold 2011) ein.

Die Forschungsbereiche der GAME STUDIES tendieren zu Spielen als Artefakten, zu den Praktiken und Typologien der Spieler*innen sowie zu den kulturellen Kontexten. In der Regel kommt es immer wieder zu Überschneidungen der einzelnen Felder, die eine Kombination der unterschiedlichen Methoden erfordern. Ansätze, die sich einem Game als Artefakt widmen, interessieren sich für Fragen des Designs, des Balancings und des Gameplays, das die Interaktion zwischen Spieler*innen und Programm sowie das Spiel-Genre bestimmt. Perspektiven auf Spieler-Typologien erkunden hingegen unterschiedliche Spielweisen, das Nutzungsverhalten bestimmter Gruppen und die soziale Dynamik innerhalb verschiedener *communities*. Die weiter gefassten kulturellen Kontexte können hingegen Fragen nach Gender-Identitätskonstruktionen und Rollenbildern (→ GENDER STUDIES), nach der Produktion, der Zirkulation und den gesellschaftlichen Implikationen von Spielen in den Blick nehmen.

Häufig führen die Fragen aus einem Bereich der Spielkultur zu methodischen Ergänzungen aus anderen Feldern. Wenn Narratolog*innen etwa als Alternative zu den schnell stagnierten Polaritäten und Polemiken des Ludologie-vs.-Narratologie-Konflikts danach fragen, was passiert, wenn Spiele Geschichten erzählen, führt diese Perspektive höchstwahrscheinlich zu Story-Games wie den klassischen Grafik- und Text-Adventures der 1980er und 1990er Jahre oder zu den analogen und digitalen Rollenspielen. Diese eröffnen wiederum eine historische Perspektive, indem durch diese beiden Genres überhaupt erst performative Story-Elemente in Spiele als wesentliche Bestandteile des Gamedesigns Eingang fanden (Egenfeldt-Nielsen et al. 2008). Die transmedialen Verwandtschaften der Game-Settings zu medienübergreifenden Genres wie der Detektivgeschichte oder dem Abenteuerfilm, inklusive Held*-innenreise und Etappenzielen in Form von Quests, bilden einen Brückenschlag zur Genreforschung und zur Mediensemiotik. Die besondere Bedeutung des Raums in den Abenteuerszenarien offeriert schließlich Anschlussstellen zur narrativen Architektur des Spielraums sowie zu dessen Strukturen und kulturellen Implikationen (Günzel 2012; Bonner 2023).

Diese vernetzten Fragestellungen können über die Spiele hinaus auf weiter gefasste medienkulturelle Phänomene verweisen, wie im Folgenden am Beispiel des 1980er Jahre-Retros erläutert werden soll. Retro-Phänomene wie die in den 1980er Jahren angesiedelte, von Stephen King und Steven Spielberg gleichermaßen inspirierte Netflix-Mystery-Serie *Stranger Things* (seit 2016) sorgen immer wieder für neues Interesse an vergangener Spielkultur. Durch die Serie erfuhren sowohl die Arcade-Spielhallenkultur, als auch das Pen-and-Paper-Rollenspiel-System *Dungeons and Dragons* ein umfassendes Revival, bis hin zu auf die Serie bezogenen Sondereditionen klassischer analoger Spiele. Dass hierzulande die Arcade-Spielhallen auf Grund von Mitte der 1980er Jahre verschärften Jugendschutzbestimmungen gar nicht in der gleichen Weise wie im europäischen Ausland und in US-amerikanischen Filmen wie *Tron* (1982) oder in Serien wie *Stranger Things* präsent waren, bildet eine Diskrepanz im popkulturellen Gedächtnis, die für medienkulturwissenschaftliche Studien einen interessanten Anknüpfungspunkt eröffnet.

Dass die unterschiedlichen Zugänge zur Erforschung der ludischen Vergangenheit in den Game Studies ähnlich vielfältig wie die Methoden der Disziplin selbst ausfallen, verdeutlichen Publikationen wie der Sammelband *Retro-Games und Retro-Gaming: Nostalgie als Phänomen einer performativen Ästhetik von Computer- und Videospielkulturen* (Letourneur et al. 2015). Neben theoretischen Überlegungen zur praktischen Bedeutung von Retro-Gaming für das heutige Gamedesign und der Beschäftigung mit den Akteur*innen der Retroszene bilden etwa auch Experimente mit klassischen Hardware-Platinen, die von Forscher*innen wie Stefan Höltgen als Hands-On-Approach in Seminaren erprobt werden, einen möglichen Ansatz. Analog zu den Videospiel-Geschichten von Steven L. Kent (2002) oder den essayistischen Erkundungen von Matthias Mertens und Tobias Meißner, die unter dem aussagekräftigen Titel *Wir waren Space Invaders* 2003 autobiographische literarische Skizzen und weiter gefasste, potenzielle Perspektiven der gerade entstehenden Game Studies verknüpften, erschließen derartige Mikrogeschichten das breitere Spektrum der Games-Historie(n).

5 Akademisches Nomadentum zwischen Theorie und Praxis: Institutionalisierung der Game Studies in Deutschland

In den USA prägen insbesondere das Game Center der New York University, die Interactive Media & Games Division der USC in Los Angeles, das Georgia Tech in Atlanta, das Game Lab und die Publikationen des MIT, an dem mit *Spacewar* 1964 eines der ersten Videospiele entstanden war, den Diskurs in den Game Studies.

Während sich im europäischen Ausland, insbesondere durch das bereits erwähnte Kopenhagener Game Research Center, die Game Studies-Programme an der Brunel University London, an der University of Abertay und an der Universität Malta, durch das Center for Excellence in Game Culture Studies an der Universität Tampere, Finnland sowie das Game Research Center der Universität Utrecht zentrale Forschungsinstitute mit Leuchtturmfunktion etabliert haben, gestaltet sich die Institutionalisierung der Game Studies in Deutschland – im eklatantem Gegensatz zu den vielseitigen Tätigkeiten der deutschsprachigen Forscher*innen – noch sehr zurückhaltend. Mit Ausnahme des aus Informatik und Medienwissenschaft hervorgegangenen Studiengangs Computerspielwissenschaften an der Universität Bayreuth finden die meisten Aktivitäten im Bereich Game Studies überwiegend an Hochschulen und praxisbezogenen Einrichtungen wie dem 2010 von Gundolf S. Freyermuth und Björn Batholdy gegründeten Cologne Game Lab, dem von Linda Breitlauch betreuten Studiengang Intermedia Design an der Hochschule Trier, der Hamburger Hochschule für angewandte Wissenschaften und in Studiengängen wie Animation & Games an der Hochschule Darmstadt-Dieburg statt. Einzelne Institute wie an den Universitäten Düsseldorf, Freiburg, Köln, München, Saarbrücken und Siegen bieten zwar immer wieder Veranstaltungen aus dem Bereich Game Studies an. Sie bleiben bisher jedoch weitgehend an die Initiative einzelner Forscher*innen gebunden und erfahren trotz vereinzelter Initiativen wie der Siegener GamesCoop (vgl. auch GamesCoop 2012 und das von dieser herausgegebene Online-Journal *Spiel/Formen*) kaum Verstätigung in Form von regulären Studiengängen, entfristeten Stellen oder gar Professuren und Lehrstühlen. In Österreich sieht die Situation mit den Master-Studiengängen an der Alpen-Adria Universität Klagenfurt und der Donau-Universität Krems sowie der Games Research Group an der Universität Innsbruck etwas besser aus, aber dennoch befindet sich der *status quo* immer noch weit vom Angebot in englischsprachigen und skandinavischen Ländern entfernt.

Die 2023 in Marburg gegründete Arbeitsgruppe für Game Labs markiert ebenso wie die entsprechenden Einrichtungen in Marburg, Konstanz, Köln und Regensburg einen Schritt in die richtige Richtung. Dennoch könnte das Spektrum der akademisch institutionalisierten Game Studies noch weitaus umfassender und differenzierter sein. Auch die umfangreichen Aktivitäten in Form von Workshops, Arbeitspapieren, Publikationen und Austauschmöglichkeiten der zahlreichen Arbeitsgruppen und Forschungsinitiativen verdeutlichen über die Jahre hinweg, dass der Diskurs um die deutschsprachigen Game Studies über Eigenständigkeit und Kontinuität verfügt. Als Online-Journals haben sich die im Umfeld der Münchner Ludwig-Maximilians-Universität entstandene *Paidia* (seit 2011), das englischsprachige *Eludamos* (seit 2007) und die Siegener *Spiel/Formen* (seit 2021) fest etabliert. Parallel zu diesen wissenschaftlichen Zeitschriften existierten über die Jahre hinweg auch immer wieder Magazine wie *GEE* (seit 2003), *GAIN* (2017–2024) und *WASD* (2012–2021), die, vergleichbar der stilprägenden britischen Zeitschrift *EDGE* (seit 1993), eine Kombination aus Games-Feuilleton und Game Studies boten.

Als Konferenz-Formate hat sich neben den regelmäßigen Workshops der AG Games und des Arbeitskreises Geschichtswissenschaft und Games u. a. die an der Universität Passau begründete, mediensemiotisch geprägte, von Hans Krah und Martin Hennig initiierte Tagungsreihe *Spielzeichen* etabliert. Auf den ersten vier Tagungen der Reihe standen die Themen Zeichen (2014), Raum (2016), Kultur (2018) und Genre (2020), begleitet von Tagungsbänden, im Mittelpunkt. Dennoch haben die Game Studies an den hiesigen Universitäten immer noch mit den üblichen Vorurteilen zu kämpfen, von der Einschätzung, dass Spiele nur etwas für Kinder und Jugendliche seien, bis hin zur abfälligen Bemerkung, dass jetzt auch noch im Unterricht ‚gezockt' werden würde. Die Argumentation scheint in ihrem Schematismus nahezu austauschbar mit dem Vorwurf, Comics seien triviale Bildgeschichten oder in der Film- und Fernsehwissenschaft (→ Television Studies) würde man die ganze Zeit nur damit verbringen vor dem Bildschirm zu sitzen.

In einem Erfahrungsbericht für die Zeitschrift *Paidia* fasst Jochen Koubek, Professor an der Universität Bayreuth, in einer Sonderausgabe 2021 seine Erfahrungen mit der 2015/16 erfolgten Einrichtung des Studiengangs Computerspielwissenschaften zusammen. Der von ihm beschriebene Kampf mit Vorurteilen auf Seite der Verwaltung und der Umgang mit falschen Erwartungshaltungen, die anstelle von Orientierungswissen und Weltverständnis einen Ersatz für die Berufsausbildung erwarten, lässt sich ohne weiteres auf andere Hochschulen übertragen.

In dem 2018 erschienenen Handbuch *Games studieren – was, wie, wo?* weist Benjamin Beil, Professor für Medienwissenschaft mit dem Schwerpunkt Digitalkulturen an der Universität Köln, pointiert auf die Diskrepanz zwischen dem kulturell ausgesprochen präsenten Gegenstand Games und den zögerlichen Reaktionen der universitären Einrichtungen bezüglich der Institutionalisierung eines ihrer gesellschaftlich, künstlerisch und kulturell prägendsten Forschungsgegenstände hin. Die Möglichkeit Game Studies und Game Design zu verknüpfen, bietet für ihn „eine

Chance, die im Fall von Film/Filmwissenschaft und Fernsehen/Fernsehwissenschaft verpasst wurde“ (Beil 2018: 68). Gerade in Hinblick auf die Sicherung von Sammlungen und Design-Dokumenten zur Spielkultur wäre dies ein wichtiger Schritt sowohl für die PRODUCTION STUDIES, als auch für die Aufbereitung unterschiedlicher Prozesse und Entwicklungslinien der Spielgeschichte.

6 Achievement: Game Histories

Historische Perspektiven auf die Geschichte(n) der Games verdeutlichen, dass diese noch den Fehler aus den Anfangsjahren der Filmwissenschaft vermeiden können: Zahlreiche Zeitzeug*innen können noch befragt werden und ein Großteil der Designprozesse lässt sich, unabhängig von der Frage nach einer Kanonisierung, noch sichern und dokumentieren. Denn außerhalb der Filmmuseen und Kinematheken versäumte es die Filmwissenschaft in ihren Anfangsjahren allzu lange, systematische Sammlungen anzulegen und den Bestand aus Verleihen und Produktionsarchiven rechtzeitig zu sichern. Ganze Felder der frühen Filmgeschichte gingen so auf Grund mangelhafter Aufbewahrung und Auswertung verloren. Im Bereich der Games lässt sich dieser Missstand noch weitgehend vermeiden, unabhängig davon, ob die jeweiligen Spiele zum Bildungs- und Kulturgut oder einfach nur zum Dokument des vergangenen Zeitvertreibs archiviert werden. Einrichtungen wie das Computerspielmuseum in Berlin, das Literaturarchiv Marbach oder das Spielemuseum in Nürnberg, die sich mit Ausstellungen und der Bereitstellung von Recherchemöglichkeiten zur Spieleforschung beschäftigen, liefern wichtige Impulse für die Auseinandersetzung mit den Geschichte(n) der Spielkultur. Institutionen wie die Museen für Angewandte Kunst in Hamburg und Köln oder 2015 das Filmmuseum in Frankfurt am Main (etwa Lenhardt, Rauscher, DIF 2015) realisierten Ausstellungen zu unterschiedlichen Aspekten der Games-Geschichte. Die US-amerikanische Internet-Plattform archive.org bietet darüber hinaus eine breit gefächerte Sammlung an Videospielen an, die in den Bereich des Public Domain übergegangen sind. Im kommerziellen Bereich bereiten Plattformen wie *Good Old Games* (www.gog.com) und Steam für aktuelle PCs ältere Spiele neu auf. Häufig werden diese, analog zu DVD-Editionen von Filmklassikern, mit Zusatzmaterialien wie digitalen Design-Dokumenten, illustrierten Handbüchern, Karten und Soundtracks versehen. Auch wenn ein Games-Analogon zu den Film-Werkausgaben der Criterion Collection noch auf sich warten lässt, verdeutlichen diese Beispiele, inwiefern sich die Archivierung, Vermittlung und Verbreitung von älteren Spielen in einer Kombination aus digitalen und analogen Sammlungen realisieren lässt. Sowohl die Historisierung der GAME STUDIES selbst, als auch die unterschiedlichen Zugänge zu den möglichen Geschichte(n) der Games bilden einen wesentlichen Aspekt der aktuellen Methodendebatten.

7 Multidisziplinäre Methoden und die Forschungsfelder der GAME STUDIES

Die von Rolf F. Nohr, Britta Neitzel, Mathias Bopp, Thomas Hensel und anderen herausgegebenen deutschsprachigen Sammelbände zu Spielen wie *Silent Hill* und *Portal*, zu Strategiespielen oder zum Shooter-Genre betonten von Anfang an den multidisziplinären Charakter der GAME STUDIES. Medienwissenschaftler*-innen, Pädagog*innen, Psycholog*innen, Philosoph*innen, Literatur-, Film- und Kulturwissenschaftler*innen ergänzen sich in ihren Betrachtungen zu einer Spielreihe, einem Genre oder einem Phänomen der Spielkultur gegenseitig. Im Unterschied zu den Bänden der Reihe *Modern Classics* des *British Film Institute* stand hier nicht die Einzelbetrachtung einer bestimmten Disziplin oder eine*r einzelnen Autor*in im Mittelpunkt, sondern ein ganzes Panorama aus unterschiedlichen Ansätzen, Schwerpunkten und Erkenntnisinteressen bedingt sich effektvoll gegenseitig. Die Vorgehensweise, einen Gegenstand oder ein Phänomen der Spielkultur aus verschiedenen Disziplinen heraus zu betrachten, bietet einen möglichen methodischen Ansatz. Er findet sich auch in der von Klaus Sachs-Hombach und Jan-Noël Thon herausgegebenen Bestandsaufnahme *Game Studies. Aktuelle Ansätze zur Computerspielforschung* (2015), analog zu Sachs-Hombachs ähnlich konzipierten Sammelbänden zur Bildwissenschaft (→ VISUAL STUDIES).

Eine andere Tendenz bilden jene Ansätze, die sich aus den GAME STUDIES selbst heraus entwickelt haben (vgl. bspw. unter den Einführungen Egenfeldt-Nielsen et al. 2008; Salen und Zimmerman 2010; Férnandez-Vara 2015). Spezialisierte Reihen wie die ebenso informativen und vielseitigen Publikationen des Verlags Werner Hülsbusch repräsentieren ebenfalls die ganze Bandbreite der Spielforschung. Jochen Koubek merkt in seinem bereits erwähnten Aufsatz über die Entwicklung der GAME STUDIES an, dass deren erste Generation sich durch medien-kulturtheoretische Zugriffe auszeichne. Sie arbeiteten weniger an konkreten Spielen und interessierten sich für Videospiele als neues kulturelles Phänomen der Medienwissenschaft: „Es wurde zwar viel über Spiele geschrieben, aber nur wenig gespielt." (Koubek 2021)

8 Multiplayer: Game Studies Expansion Sets

Ab den 2000er Jahren wurden die Ansätze der GAME STUDIES um bildtheoretische, narratologische, filmwissenschaftliche und performative Betrachtungen erweitert. Einen weit gefassten Rahmen für die unterschiedlichsten Bereiche der Spielforschung bildet die Medienkulturwissenschaft. Über diese schreibt Natascha Adamowsky, Professorin mit dem Schwerpunkt Digitale Kulturen an der Universität Passau, in einer Einführung (2015, 343): „Jede kulturwissenschaftliche Forschung hat es immer wieder mit der Kernfrage zu tun, wie jene Kulturen beobachtet, bestimmt und verglichen werden können. Für eine kulturwissenschaftliche Computerspielforschung führt dies u. a. zu einem exemplarischen Vorgehen, zur Kontextualisierung einzelner Computerspielphänomene in ihrer historisch jeweils spezifischen ‚Kultur des Computerspielens' und zu einer besonderen Aufmerksamkeit für die Wanderungsbewegungen von Computerspielmotiven in der visuellen Kultur sowohl in Wissenschaft und Technik, als auch in den hohen wie den niederen, populären wie angewandten Künsten."

Gerade die von Adamowsky angesprochenen Wanderbewegungen bieten produktive Anknüpfungspunkte für medienästhetische Überlegungen, bspw. zur Übertragung filmischer Techniken der *mise-en-scène* auf Spiele (Rauscher 2014) oder zur Bildwissenschaft und Kunsttheorie (Schwingeler 2014; Hensel 2018).

In ihren phänomenologisch geprägten Ausführungen weist Adamowsky auch auf die unterschiedlichen Bedeutungen des deutschen Spielbegriffs und der englischen Begriffe *game* und *play* hin (2015, 345): „Während man im Deutschen immer nur vom ‚Spiel' sprechen kann, verweist das englische *play* auf die Intensität und Expressivität des Spiels, auf das Ludische, Spielerische, seinen Witz, wenn man so will, sein Vermögen, toll zu machen."

Der deutschsprachige Spielbegriff bietet insbesondere für die hiesige Medienphilosophie einen wichtigen Referenzpunkt, wie der programmatische Aufsatz über „Spielförmige Emergenz" von Markus Rautzenberg et al. (2021) verdeutlicht. Auch die Spielforscherin Sonia Fizek betont in einer Bestandsaufnahme der deutschsprachigen GAME STUDIES (2021): „It is the affinity between *Spielwissenschaft* and *Medienwissenschaft*, which in my understanding, defines and entrenches the place of Game Studies within the German academic landscape."

Hier sollte jedoch nicht übersehen werden, dass die Affinität zwischen Spiel- und Medienwissenschaft zwar einen wichtigen Teilbereich der deutschsprachigen GAME STUDIES markiert, diese jedoch nicht in ihrer Gesamtheit abbildet. Internationale Bestrebungen und Schnittstellen zu anderen Disziplinen wie die von Melanie Fritsch und ihren Kolleg*innen aus der internationalen Musikwissenschaft begründete Ludomusicology (Fritsch 2018), die Überlegungen zu einer transmedialen Narratologie (Thon 2016), die Fortsetzung der Mediensemiotik (Hennig

2017), die Erforschung von Designkonzepten (Freyermuth 2015) oder die Wechselspiele zwischen Filmwissenschaft und Games (Rauscher 2012) bilden weitere Tendenzen der hiesigen GAME STUDIES.

9 Level-Up: Kritik und Ausblick

In ihrem 2022 veröffentlichten Überblick zu den deutschsprachigen GAME STUDIES stellen Rudolf Inderst und Pascal Wagner fest, in diesen herrsche ein „enormes Spannungsfeld zwischen (herausgeforderter) Vielstimmigkeit auf der einen Seite und der enormen Herausforderung der – besonders im deutschsprachigen Raum manifesten – wankelmütigen, nur bedingt firm voranschreitenden Institutionalisierung“ (Inderst und Wagner 2022, 93).

Für die weitere Verstetigung der GAME STUDIES, die regelmäßig auf Tagungen, in Positionspapieren und auf Workshops diskutiert wird, zeichnen sich gegenwärtig zwei Optionen ab: Einerseits wird nach dem Vorbild des Branding „German Media Studies“ (→ MEDIA STUDIES) für eine an die Besonderheiten des deutschen Spielbegriffs anknüpfende spezielle Spielforschung geworben. So naheliegend dieser Ansatz für Perspektiven innerhalb der kontinentalen Philosophie und der deutschsprachigen Medienphilosophie auch erscheinen mag, nennt Gundof S. Freyermuth, Professor für Medienwissenschaft und GAME STUDIES an der TH Köln und Mitbegründer des Cologne Game Lab, einen überzeugenden Einwand gegen die Sonderweg „Studies“ der deutschen Medienwissenschaft (2020, 29): „Während z. B. literarische Werke oft deutlich nationalen Kulturen zuzuordnen sind und in ihrer Erkundung nationale Aspekte zum Tragen kommen, handelt es sich bei digitalen Spielen um ein überwiegend global produziertes, distribuiertes und rezipiertes Medium. Ihre wissenschaftliche Analyse verlangt nach internationalen und globalen Perspektiven.“

Gerade die Kooperationen und Austauschprozesse in den Bereichen Ludomusicology, in der Gamedesignforschung, sowie in der Comicforschung und den GAME STUDIES (Rauscher et al. 2020) legen andererseits eine internationale Perspektive jenseits der „German Media Studies“ nahe. Die produktivste Lösung wäre vermutlich nach dem Vorbild der Film- und der Medienkulturwissenschaften unterschiedliche Schwerpunkte an verschiedenen Standorten auszubilden. Eine derartige Ausdifferenzierung würde nicht nur die ganze Bandbreite der GAME STUDIES abbilden, sondern auch diese Disziplin auf das nächste Level befördern, nachdem in den letzten Jahrzehnten alle Tutorials und Einstiegslevel erfolgreich absolviert worden sind.

10 Literaturverzeichnis

Aarseth, Espen. *Cybertext. Perspectives on Ergodic Literature*. Baltimore, MD 1997.

Aarseth, Espen. „Computer Game Studies, Year One". *Game Studies* 1.1 (2001): o.P.

Adamowsky, Natascha. *Spielfiguren in virtuellen Welten*. Frankfurt a.M. 2000.

Adamowsky, Natascha. „Game Studies und Kulturwissenschaft". *Game Studies. Aktuelle Ansätze der Computerspielforschung.* Hrsg. von Klaus Sachs-Hombach und Jan-Noël Thon. Köln 2015: 342–372.

Beil, Benjamin. *First Person Perspectives. Point of View und figurenzentrierte Erzählformen in Film und Computerspiel*. Münster 2010.

Beil, Benjamin. *Game Studies. Eine Einführung*. Münster 2013.

Beil, Benjamin, Thomas Hensel und Andreas Rauscher (Hrsg.). *Game Studies*. Wiesbaden 2018.

Beil, Benjamin. „Loading ... Game Studies und Medienkulturwissenschaften". *Games studieren. Was, wie, wo? Staatliche Studienangebote im Bereich digitaler Spiele*. Hrsg. von Björn Bartholdy et al. Bielefeld 2018: 53–70.

Biermann, Ralf, Johannes Fromme und Florian Kiefer (Hrsg.). *Computerspielforschung: Interdisziplinäre Einblicke in das digitale Spiel und seine kulturelle Bedeutung*. Berlin 2023.

Bonner, Marc. *Offene-Welt-Strukturen. Architektur, Stadt- und Naturlandschaft im Computerspiel*. Marburg 2023.

Caillois, Roger. *Les Jeux et les hommes*. Paris 1958.

Crawford, Chris. *The Art of Computer Game Design*. Berkeley, CA 1984.

Egenfeldt-Nielsen, Simon, Jonas Heide Smith und Susana Tosca (Hrsg.). *Understanding Video Games*. New York 2008.

Eskelinen, Markku. „The Gaming Situation". *Game Studies* 1.1 (2001): o.P.

Feige, Daniel Martin. *Computerspiele. Eine Ästhetik*. Berlin 2015.

Feige, Daniel Martin, Sebastian Ostritsch und Markus Rautzenberg (Hrsg.). *Philosophie des Computerspiels. Theorie, Praxis, Ästhetik*. Stuttgart 2018.

Frasca, Gonzalo. „Simulation versus Narrative: Introduction to Ludology". *The Video Game Theory Reader*. Hrsg. von Mark J.P. Wolf und Bernard Perron. New York 2003: 221–236.

Freyermuth, Gundolf S. *Games, Game Design, Game Studies. Eine Einführung*. Bielefeld 2015.

Fernández-Vara, Clara. *Introduction to Game Analysis*. New York 2015.

Fizek, Sonia. „Quo Vadis German Game Studies? A Commentary". *Paidia. Sonderausgabe: Game Studies* (2021): o.P.

Fizek, Sonia. *Playing at a Distance. Borderlands of Video Game Aesthetics*. Cambridge, MA 2022.

Freyermuth, Gundolf S. „Game Studies". *Handbuch Gameskultur. Über die Kulturwelten von Games.* Hrsg. von Olaf Zimmermann und Felix Falk. Berlin 2020: 29–33.

Fritsch, Melanie. *Performing Bytes. Musikperformances der Computerspielkultur*. Würzburg 2018.

Fulleron, Tracey. *Game Design Workshop. A Playcentric Approach to Creating Innovative Games*. Boca Raton, FL 2019.

GamesCoop (Hrsg.). *Theorien des Computerspiels zur Einführung*. Hamburg 2012.

Günzel, Stephan. *Egoshooter: Das Raumbild des Computerspiels*. Frankfurt a.M. 2012.

Hennig, Martin. *Spielräume als Weltentwürfe. Kultursemiotik des Videospiels*. Marburg 2017.

Hennig, Martin und Hans Krah (Hrsg.). *Spielzeichen IV. Genres: Systematiken, Kontexte, Entwicklungen.* Glückstadt 2023.

Hensel, Thomas. „Bild". *Game Studies*. Hrsg. von Benjamin Beil, Thomas Hensel und Andreas Rauscher. Wiesbaden 2018: 47–62.

Höltgen, Stefan. *Open History. Archäologie des Retrocomputings*. Berlin 2022.

Huizinga, Johan. *Homo Ludens. Vom Ursprung der Kultur im Spiel*. Reinbek 2009 [1938].

Illger, Daniel. *Grüne Sonnen. Poetik und Politik der Fantasy am Medium Videospiel*. Berlin 2020.

Inderst, Rudolf und Pascal Wagner. *#Gamestudies. 20 Jahre Forschungsfantasie. Von der Disziplinierung eines Mediums*. Marburg 2022.

Juul, Jesper. *Half-Real. Video Games between Real Rules and Fictional Worlds*. Cambridge, MA 2005.

Kent, Steven L. *The Ultimate History of Video Games. From Pong to Pokémon and Beyond*. New York 2002.

Koubek, Jochen, Michael Mosel und Stefan Werning (Hrsg.): *Spielkulturen. Funktionen und Bedeutungen des Phänomens Spiel in der Gegenwartskultur und im Alltagsdiskurs*. Glückstadt 2013.

Koubek, Jochen: „Die Wissenschaft der Computerspiele. Eine Geschichte von Vorurteilen". *Paidia. Sonderausgabe: Game Studies* (2021): o.P.

Lenhardt, Eva, Andreas Rauscher und Deutsches Filminstitut (Hrsg.). *Film & Games. Ein Wechselspiel*. Berlin 2015.

Letourneur, Ann-Marie, Michael Mosel und Tim Raupach (Hrsg.). *Retro-Games und Retro-Gaming. Nostalgie als Phänomen einer performativen Ästhetik von Computer- und Videospielkulturen*. Glückstadt 2015.

Mertens, Mathias und Tobias O. Meißner. *Wir waren Space Invaders. Geschichten vom Videospiel*. Frankfurt a. M. 2002.

Möring, Sebastian. *Games and Metaphor. A Critical Analysis of the Metaphor Discourse in Game Studies*. Kopenhagen 2013.

Murray, Janet. *Hamlet on the Holodeck. The Future of Narative in Cyberspace*. New York 1997.

Neitzel, Britta, Matthias Bopp und Rolf F. Nohr (Hrsg.) *See? I'm Real ... Multidisziplinäre Zugänge zum Computerspiel am Beispiel von „Silent Hill"*. Münster 2004.

Neitzel, Britta. *Gespielte Geschichten. Struktur- und prozessanalytische Untersuchungen der Narrativität von Videospielen*. Weimar 2000.

Nohr, Rolf F. und Serjoscha Wiemer (Hrsg.). *Strategie Spielen. Medialität, Geschichte und Politik des Strategiespiels*. Berlin 2008.

Pias, Claus. *Computer-Spiel-Welten*. Zürich 2010.

Rauscher, Andreas. *Spielerische Fiktionen. Transmediale Genrekonzepte in Videospielen*. Marburg 2012.

Rauscher, Andreas. „Mise en Game. Die spielerische Aneignung filmischer Räume". *New Game Plus. Perspektiven der Game Studies. Genres, Künste, Diskurse*. Hrsg. von Benjamin Beil, Gundolf S. Freyermuth und Lisa Gotto. Bielefeld 2014: 89–114.

Rauscher, Andreas, Daniel Stein und Jan-Noël Thon. *Comics and Videogames*. London 2020.

Rautzenberg, Markus. *Bild und Spiel. Medien der Ungewissheit*. Paderborn 2020.

Rautzenberg, Markus et al. „Spielförmige Emergenz: Für eine Neubestimmung der Spielwissenschaften". *Paidia. Sonderausgabe: Game Studies* (2021): o.P.

Sachs-Hombach, Klaus und Jan-Noël Thon (Hrsg.). *Game Studies. Aktuelle Ansätze der Computerspielforschung*. Köln 2015.

Salen, Katie und Eric Zimmerman. *Rules of Play. Game Design Fundamentals*. Cambridge, MA 2010.

Schell, Jesse. *The Art of Game Design. A Book of Lenses*. Boca Raton, FL 2020.

Schmidt, Hanns Christian. *Transmediale Topoi. Medienübergreifende Erzählwelten in seriellen Narrativen*. Marburg 2020.

Schniz, Felix. *Genre und Videospiel: Einführung in eine unmögliche Taxonomie*. Wiesbaden 2020.

Schwingeler, Stephan. *Kunstwerk Computerspiel. Digitale Spiele als künstlerisches Material. Eine bildwissenschaftliche und medientheoretische Analyse*. Bielefeld 2014.

Sicart, Miguel. *The Ethics of Computer Games*. Cambridge, MA 2009.

Spöhrer, Markus. *Augenblick 87/88. Cinegames: Filmspiele und Spielfilme*. Marburg 2023.
Sutton-Smith, Brian. *The Ambiguity of Play*. Cambridge, MA 1997.
Thon, Jan-Noël. *Transmedial Narratology and Contemporary Media Culture*. Lincoln, NE 2016.
Wardrip-Fruin, Noah (Hrsg.). *First Person. New Media as Story, Performance, and Game*. Cambridge, MA 2004.
Winnicott, Donald. W. *Playing and Reality*. London 1971.
Zierold, Kirsten. *Computerspielanalyse. Perspektivenstrukturen, Handlungsspielräume, moralische Implikationen*. Trier 2011.
Zimmermann, Olaf und Felix Falk (Hrsg.). *Handbuch Gameskultur. Über die Kulturwelten von Games*. Berlin 2020.

Isabelle Stauffer

Gender Studies

1 Forschungsgeschichte

1.1 Forschungsbereich

Die GENDER STUDIES sind ein wichtiger Bereich der CULTURAL STUDIES. Ihre zentrale Analysekategorie ist Geschlechtlichkeit als historisch wandelbares, gesellschaftlich-kulturelles Phänomen, wofür der Begriff „Gender" verwendet wird (Feldmann und Schülting 2004, 224). Dieser ist ursprünglich eine lexikalisch-grammatische Kategorie, hat sich in den 1980er Jahren zum Begriff für soziokulturelles Geschlecht im Gegensatz zum biologischen Geschlecht *sex* entwickelt und schließt dabei beide Geschlechter ein (Braun und Stephan 2000, 10). Die Unterscheidung von *sex* und *gender* wird in den 1990er Jahren von Judith Butler dekonstruiert, indem sie auch *sex* zu einer sozialen Konstruktion erklärt (Butler 1991, 24).

Das Forschungsfeld der GENDER STUDIES stellt Geschlecht als relationale Kategorie in den Mittelpunkt interdisziplinärer wissenschaftlicher Analysen. Es reflektiert, in welcher Beziehung Geschlecht/er, Gesellschaft/en, Kultur/en und Wissen(-schaft) zueinander stehen sowie den eigenen wissenschaftlichen Standpunkt (Brand und Sabisch 2019, 1044). Im Verhältnis von Geschlecht und Gesellschaft sind weitere soziale Kategorien wichtig, wie sexuelle Orientierung/Begehren, Klasse, Ethnizität oder Alter. Da Geschlecht auf vielen verschiedenen Wissensfeldern strukturbildend ist, findet seine Erforschung in einem „Dialog zwischen einzelnen Disziplinen wie Geschichts-, Sozial-, Literatur-, Rechts, Medien-, Natur-, und Erziehungswissenschaft" (Brand und Sabisch 2019, 1047) statt.

1.2 Gesellschaftliche Hintergründe

Die GENDER STUDIES sind als neues Wissenschaftsgebiet im Kontext des *second wave feminism* entstanden (s. u.; Metz-Göckel 2010, 895). Ausgangspunkt der Frauenbewegungen seit der Französischen Revolution ist die Forderung nach gleichen Rechten für Frauen (Lenz 2010, 869), schließlich glich die rechtliche Stellung der Frau im 19. Jahrhundert noch derjenigen eines unmündigen Kindes: Sie brauchte einen Mann als Rechtsvertreter und war ihrem Vater, Ehemann oder einem männlichen Verwandten unterstellt; sie hatte kein Recht auf Eigentum und keine Verfügungsgewalt über ihre Kinder; eigenständige Berufstätigkeit war ihr verwehrt (Karl 2020, 19). Düster sah es auch im Bereich der Mädchenbildung aus: „Die Ausbildung von

https://doi.org/10.1515/9783110712919-014

Frauen war zu jener Zeit so rudimentär, dass es sich kaum lohnt, darüber zu berichten.“ (Karl 2020, 25) So beschränkte sich die ‚(Aus-)Bildung‘ v. a. darauf, Mädchen auf ein Leben als Hausfrau und Mutter vorzubereiten, sodass Frauen insbesondere der Zugang zu höherer Bildung lange Zeit verschlossen blieb.

Während auch in der vorindustriellen Gesellschaft eine politisch-religiöse Ungleichheit der Geschlechter vorhanden war, prägte diese das Zusammenleben der Geschlechter weniger hierarchisch als nach der Industrialisierung: In der agrarischen Subsistenzwirtschaft war die gesellschaftliche Arbeitsteilung noch wenig ausgeprägt und die Frauen trugen ihren Teil zum Erwerb bei. Mit der Industrialisierung wurden der private und der öffentliche Raum getrennt und jeweils einem bestimmten Geschlecht zugewiesen, wodurch sich die ökonomische Abhängigkeit der Frau verstärkte (Karl 2020, 20–21). Ausgerechnet Denker der Aufklärung, wie insbesondere Jean-Jacques Rousseau (1712–1778) in seinem Roman *Julie, ou: La nouvelle Héloïse* (1761) und seiner Erziehungsschrift *Émile, ou: De l'éducation* (1762), entwarfen ein Differenzprogramm der Geschlechter und fixierten Weiblichkeit auf Empfindsamkeit. Die Festlegung von Männlichkeit auf Autonomie und Weiblichkeit auf Unterordnung entspreche der Natur – so die Prämisse, womit die bürgerliche Arbeitsteilung gerechtfertigt wurde und das entsprechende Geschlechtermodell bis weit ins 20. Jahrhundert von Einfluss blieb (Schößler 2012, 19).

Die erste Frauenbewegung von der Französischen Revolution bis zum Ende des Ersten Weltkriegs (*first wave feminism*) forderte dementsprechend das Recht der Frau auf Erwerbsarbeit und freie Berufswahl, gleiche Bildungschancen für beide Geschlechter, das aktive und passive Wahlrecht und die Gleichstellung von Frauen und Männern vor dem Gesetz (Karl 2020, 12, 30–32, 51). Obwohl die Französische Revolution ohne die aktive Beteiligung von Frauen nicht oder weniger erfolgreich gewesen wäre, erwies sich, dass mit der Einführung der Kategorie „Menschenrechte“ in die politische Diskussion Frauenrechte nicht automatisch mitgemeint waren. Die Revolutionärin Olympe de Gouges (1748–1793) setzte deshalb 1791 der Erklärung der Menschenrechte vom 26. August 1789 ihre *Déclaration des droits de la Femme et de la Citoyenne* hinzu – und wurde 1793 hingerichtet. In ihrer Erklärung forderte sie die politische, soziale und juristische Gleichstellung der Frau, weshalb die Französische Revolution als Geburtsstunde der modernen Frauenbewegung gilt (Karl 2020, 51, 56–57). Ebenfalls bahnbrechend war Mary Wollstonecrafts (1759–1797) Forderung nach Frauenbildung in ihrer Schrift *A Vindication of the Rights of Women* von 1792 (Lenz 2019, 904). Nach dem Ersten Weltkrieg erhielten Frauen in den USA, England, Österreich und Deutschland mit dem Wahlrecht die Kernforderung der ersten Frauenbewegung erfüllt (Schulz 2019, 914; Karl 2020, 50, 78, 103). Wichtige Wegbereiterinnen der zweiten Frauenbewegung waren Virginia Woolf mit ihrem Essay *A Room of One's Own* (1929) und Simone de Beauvoirs *Le Deuxième Sexe* (1949). Mit ihrer Schrift machte Woolf auf die schlechteren Bildungschancen für Frauen und die Diskriminierungen, denen Autorinnen ausgesetzt waren, aufmerksam. Beauvoir formulierte in ihrer Studie die für den Feminismus bis heute zentrale These, dass man nicht als Frau geboren, sondern zu einer Frau gemacht wird (Frey Steffen 2017, 40–42, 46).

Die neue, zweite Frauenbewegung (*second wave feminism*) war Teil einer weltweiten Protestwelle, die nach dem Zweiten Weltkrieg sich in den Industrienationen ausbreitete (Karl 2020, 130) und dabei auf der ersten Frauenbewegung fußte (Metz-Göckel 2019, 1034). In Deutschland ist die zweite Frauenbewegung im Rahmen der Studierenden- und Jugendbewegung nach 1965 entstanden (Lenz 2010, 873). Zentrale Anliegen der neuen Frauenbewegung waren die Forderung nach Selbstbestimmung über den eigenen Körper, die eigene Sexualität, das eigene Leben und die eigene Sprache. Wichtig waren auch die psychologische Befreiung vom Mann, weibliche Vorbilder und die Bildung einer weiblichen Gegenkultur (Karl 2020, 13). In den 1990er Jahren gab es eine dritte Welle der Frauenbewegung (*third wave feminism*). Diese zeichnete sich „einerseits durch eine stark institutionalisierte Frauenpolitik und andererseits durch zahlreiche unabhängige Frauenprojekte [...], die sich v. a. mit der Teilhabe von Frauen in den neuen Technologien beschäftigten" (Karl 2020, 14), aus. In der wissenschaftlichen Diskussion wurde die binäre Opposition *sex* / *gender* durch eine stärkere Konzentration auf den Begriff „Gender" abgelöst.

Ab den 2010er Jahren hat eine vierte Welle der Frauenbewegung eingesetzt (*fourth wave feminism*). Dieser Feminismus ist populär und im Internet präsent, wie Beyoncés Song *Flawless* mit einem Ausschnitt aus Chimamanda Ngozi Adichies Rede „We should all be feminists" und die #MeToo-Debatte zeigen (Karl 2020, 257–259, 266–269). Insofern sind auch Impulse von Journalist*innen zentral für wichtige, aktuelle Begrifflichkeiten und Debatten rund um Gender. So ist Margarete Stokowskis Essayband *Untenrum frei* (2016) zu „einem Standardwerk des modernen Feminismus" (Karl 2020, 260) geworden. Die Journalistin Rebecca Solnit führte mit ihrem Essay *Men Explain Things to Me; Facts Didn't Get in Their Way* (2008/2012) den Begriff des *mansplaining* in die Debatte ein.

Ebenfalls zu dieser neuen Welle gehört die 1986 geborene Netzfeministin Laurie Penny. Sie zeigt in ihrem Buch *Meat Market. Female Flesh under Capitalism* (2011) auf, wie der weibliche Körper über den Imperativ, mit erotischem Kapital zu wuchern, und erzwungener Verrichtung unbezahlter Care-Arbeit zur Ware auf dem spätkapitalistischen Markt wird: „Frauen, die [...] sich nicht als sexy verkaufen, haben mit sozialen Konsequenzen zu rechnen." (Penny 2012, 37) Um aber dieses erotische Kapital zu akkumulieren, müssen Frauen kräftig konsumieren, da ihnen suggeriert wird, ihr Körper, so wie er ist, sei ungenügend oder sogar eklig: „[Ü]berall, auf Buchdeckeln, Müslipackungen und Schachteln mit Damenbinden, symbolisieren rumpflose Beine in High Heels mit Stilettoabsätzen den wohldurchdachten, auf Frauen abzielenden Konsumimperativ.“ (Penny 2012, 24) Aber auch hinsichtlich unbezahlter Care-Arbeit hängen die modernen Ökonomien von Frauen ab: „Ohne die Arbeit, die Frauen umsonst leisten, würde jede westliche Ökonomie innerhalb weniger Tage kollabieren.“ (Penny 2012, 95) Das System der Unterdrückung durch die „patriarchale Kapitalismusmaschine“ mittels Werbung, Mode, Schlankheitswahn, Pornographie, Strukturen von geschlechtsspezifischer Arbeit und häuslicher Gewalt ist so eingespielt und angewöhnt, dass es „quasi unsichtbar“ (Penny 2012, 9) ist. Penny möchte ein Bewusstsein dafür wecken und ruft nach dem Motto „Riot, don't diet“ (Penny 2012, 65) zur Rebellion auf (Karl 2020, 260).

In *Unspeakable Things, Sex, Lies and Revolution* (2014) „kritisiert Penny die gesellschaftliche Vorstellung von Liebe und Partnerschaft, der sie provokant das Konzept der Polyamorie entgegenstellt“ (Karl 2020, 260). Für Penny ist es gerade das kapitalistische System mit seinem Perfektionierungsgebot v. a. für Frauen, das die Persistenz des patriarchalen und heteronormativen Geschlechtersystems begünstigt (Karl 2020, 260). Zudem schreibt Penny über Cybersexismus: Sie schildert die ursprüngliche Utopie des freien Internets mit fluiden Geschlechteridentitäten ohne jegliche Diskriminierung – ganz im Gegensatz zur Realität, mussten und müssen doch Frauen, die das Internet auch für sich entdeckt hatten, mit Beleidigungen und Gewaltandrohungen von sexistischen Trollen in entsprechenden Hassforen rechnen: „Ziel dieser Attacken ist es, Frauen in dieser neuen und immer wichtigeren öffentlichen Domäne durch öffentliche Bloßstellung und Einschüchterung von ihren Internet-Aktivitäten abzuhalten.“ (Penny 2015, 191) Gegen solche Attacken wird meistens unter Verweis auf die Redefreiheit nicht weiter vorgegangen: „Nach der derzeit gängigen Logik der Misogynie im Internet steht das Recht einer Frau auf den Ausdruck der eigenen Persönlichkeit hinter dem Recht eines Mannes zurück, sie für die Ausübung dieses Rechts zu bestrafen.“ (Penny 2015, 197) Penny plädiert daher für die Notwendigkeit und die Möglichkeit, diese Strukturen zu verändern.

Die Metapher der Welle zur Beschreibung feministischer Bewegungen hat allerdings auch Kritik erfahren, sei sie doch – insbesondere für die gegenwärtigen Entwicklungen – zu vereinheitlichend, um die Komplexität der verschiedenen feministischen Bewegungen zu beschreiben. Linda Nicholson etwa (2010) schlägt stattdessen die Metapher des Kaleidoskops vor.

1.3 Beeinflussung durch *cultural turns*

Auch die Gender Studies sind von den *cultural turns* beeinflusst, „den unterschiedlichen Wenden, die sich seit den 1970er Jahren im Schlepptau des *linguistic turn* herausgebildet haben“ (Bachmann-Medick 2007, 7). So stehen die Gender Studies durch Judith Butlers zentralen Begriff der Geschlechterperformativität in enger Beziehung zum *performative turn*, der „die Aufmerksamkeit auf die Ausdrucksdimension von Handlungen und Handlungsereignissen bis hin zur sozialen Inszenierungskultur“ (Bachmann-Medick 2007, 104) lenkt. Wie Butler bezieht sich der *performative turn* auf die Sprechakttheorie John L. Austins und auf Victor Turners Ritualstudien, „um Geschlechterzugehörigkeit als Akt zu betrachten“ (Bachmann-Medick 2007, 127). Neben dem *performative turn* stehen die Gender Studies dem *postcolonial turn* nahe (→ Postcolonial Studies): Beide *turns* stellen eine „Schlüsselallianz zwischen Gender und Imperialismus in Bezug auf die Marginalisierung des/der ‚Anderen‘“ fest und beide bemühen sich „um die Aufhebung von Dichotomien und binären Systemen“ (Bachmann-Medick 2007, 219). In den feministischen Theorien der letzten Jahre lässt sich zudem ein erstarkendes Interesse an Materialität erkennen (Löw und Volk 2017, 70). Zentrale Gegenstände, die die Gender Studies mit dem *material turn* teilen, sind: geschlechtsspezifische Arbeitsteilung im globalisierten Kapitalismus, gesellschaftliche Naturverhältnisse angesichts von Klimakrise und Artensterben sowie die Beziehungen zwischen Diskurs und Materialität jenseits einfacher Entgegensetzungen (Löw et al. 2017, 11–13; Löw und Volk 2017, 71).

1.4 Nähe und Abgrenzung zu anderen „Studies“

In akademischer Hinsicht sind die Gender Studies aus den Women's Studies als akademische Lehr- und Forschungsgebiete mit feministischer Perspektive entstanden. Zu den Themen der Women's Studies gehören die Erforschung von und Kritik an der Stellung der Frau sowie theoretische und politische Debatten (Frey Steffen 2017, 50). Ende der 1980er Jahre wurden viele Frauenstudien im Zuge einer grundlegenden Selbstreflexion der Kategorie ‚Frau‘ in Gender Studies umbenannt (Brand und Sabisch 2019, 1045). Durch die Annahme eines „relationalen Verhältnis[ses] kultureller Geschlechterrepräsentationen“ (Bergmann et al. 2012, 10) ist auch Männlichkeit zu einem Untersuchungsgegenstand der Gender Studies geworden, spezifisch in den → Masculinity Studies/Men's Studies. Die → Queer Studies weisen Überschneidungen mit den Gender Studies auf (was bei Autor*innen wie Judith Butler in der deutschen Rezeption häufig ausgeblendet wurde). Während die Gender Studies mehr auf Geschlechtsidentität und Geschlechterordnung fokussieren, stellen die → Queer Studies sexuelles Begehren, sexuelle Identität und die Kritik der heterosexuellen Matrix stärker ins Zentrum ihrer Analysen. Mit der aufkommenden Intersektionalitätsforschung hat sich darüber hinaus die wichtige Erkenntnis durchgesetzt, „dass Geschlecht nicht allein über Identitätskonstruktionen entscheidet“ (Bergmann et al. 2012, 11). Der Begriff „Intersektionalität“ stammt vom Kimberlé Crenshaw (Purtschert und Meyer

2010, 131) und reflektiert „die Ko-Präsenz unterschiedlicher Marginalisierungsformen, ihre Verknüpftheit und ihre Vielschichtigkeit" (Dietze 2008, 31). Insofern spielen Kategorien wie *race*, Ethnie und Nationalität – ebenso wie für die → POSTCOLONIAL STUDIES – auch für die GENDER STUDIES eine wichtige Rolle. Die → POSTCOLONIAL STUDIES haben an den GENDER STUDIES die „eurozentristische Ausrichtung" und den „falschen Universalismus, für alle Frauen zu sprechen" (Bergmann et al. 2012, 216), kritisiert. Als problematisch erachten postkoloniale Kritiker*innen der westlichen GENDER STUDIES auch, dass diese Frauen aus dem Globalen Süden als homogene machtlose Gruppe festschreiben, um sich als autonome Subjekte zu profilieren (Bachmann-Medick 2007, 219). Deshalb haben bereits in den 1990er Jahren etwa Inderpal Grewal und Caren Kaplan (1997) transnationale GENDER STUDIES gefordert.

Diese inzwischen etablierten transnationalen Ansätze der Geschlechterforschung setzen drei Hauptakzente. Erstens geht es um komparatistisch angelegte Positionsbestimmungen und um Vergleiche zwischen der GENDER STUDIES verschiedener Weltregionen (Bose und King 2009). Zweitens wird – da die Globalisierung Geschlechterverhältnisse beeinflusst und umgekehrt – die Geschlechterforschung mit der Erforschung der Globalisierung verbunden (→ GLOBAL STUDIES). Dies führt zu einer stärkeren Hinterfragung etablierter Konzepte und Differenzierung der Kategorie des Geschlechts. Drittens wird die Geschlechterforschung im Sozialismus neu beleuchtet, was die starre Opposition zwischen Kapitalismus und Kommunismus durchbricht und zu einer neuen Periodisierung der Frauenbewegung beitragen könnte (Artwinska und Schulze-Fellmann 2022, 17).

1.5 Institutionalisierung

Die WOMEN'S STUDIES entstanden aus dem amerikanischen Feminismus der 1960er Jahre (Bergmann et al. 2012, 10). Als erstes richtete das San Diego College 1970 ein *Women's Studies Program* ein, danach die Cornell University in Ithaca, NY. Seither sind in den USA rund 700 entsprechende Studiengänge entstanden. Zudem wurden seit Mitte der 1970er Jahre Frauenforschungszentren an allen großen amerikanischen Universitäten eingerichtet (Frey Steffen 2017, 50). In Großbritannien beschließt eine Gruppe von Frauen 1970 bei einem *History Workshop* die erste *Women's Liberation Conference* abzuhalten (Frey Steffen 2017, 51). Wesentlich für die Begründung dieser Programme waren die Literaturwissenschaften. Zur Institutionalisierung der GENDER STUDIES im deutschsprachigen Raum siehe das dritte Kapitel des vorliegenden Artikels.

1.6 Zentrale Studien zur Genderforschung

Zentrale Studien zum *feminist literary criticism* verfassten Kate Millett mit *Sexual Politics* (1969), Elaine Showalter mit diversen Publikationen zu lesenden und schreibenden Frauen, Sandra Gilbert und Susan Gubar mit *The Madwoman in the Attic: The Woman Writer and the Nineteenth-Century Literary Imagination* (1979) sowie Toril Moi mit *Sexual / Textual Politics: Feminist Literary Theory* von 1985 (Frey Steffen 2017, 52–59).

Neben den englischsprachigen Wurzeln sind aber auch französische Theoretiker*-innen für die Entwicklung der GENDER STUDIES wichtig, etwa Hélène Cixous, Julia Kristeva und Michel Foucault (Schößler 2012, 27). Michel Foucaults Überlegungen „zur Historizität sowie zur diskursiven Verfasstheit von Sexualität und Geschlecht" (Bergmann 2012, 119), wie er sie in *La volonté de savoir* (1976/84) entworfen hat, werden von Judith Butler weiterentwickelt. Butlers *Gender Trouble. Feminism and the Subversion of Identity* (1990) ist die Initialzündung der GENDER STUDIES und → QUEER STUDIES, wenn sie ‚die Frau' als einheitliches Subjekt des Feminismus angreift, die Unterscheidung von *sex* und *gender* unterläuft, die heterosexuelle Matrix kritisiert und den Begriff der Geschlechterperformativität einführt, den sie in *Bodies that Matter* (1993) und *Undoing Gender* (2004) weiterentwickelt. Geschlechterperformativität meint, dass geschlechtliche Identität nicht an sich besteht, sondern durch die Wiederholung erlernter Akte beständig neu hergestellt und ausagiert wird bzw. werden muss. Diese performativen Akte können auch subversiv genutzt werden, indem sie die Mechanismen der geschlechtlichen Inszenierung ausstellen und in parodistischer Weise wiederholen, bspw. in Form von *drag* oder *butch/femme*-Stilisierungen (Bergmann 2012, 120–122).

Butlers Studie löste eine breite Debatte aus: „Der sogenannte Streit um Differenz involviert Seyla Benhabib, Drucilla Cornell, Nancy Fraser und in Deutschland vorab Barbara Duden." (Frey Steffen 2017, 82) Insbesondere Butlers Körper- und Politikbegriff wurden kontrovers diskutiert. So warf Duden Butler vor, sie negiere die Materialität des Körpers. Dagegen kann eingewendet werden, dass mit Butlers Behauptung, Geschlecht sei eine Konstruktion, keine Negierung der Biologie gemeint ist. Stattdessen wird die Vorstellung kritisiert, es gebe einen neutralen Zugriff auf geschlechtlich bestimmte Körper (Stauffer 2008, 211).

Hinsichtlich der politischen Dimension wurde insbesondere von Martha Nussbaum moniert, Butlers subversive Strategie der Geschlechterparodie könne nur in einem sehr kleinen, elitären Rahmen zu Veränderungen führen (Bergmann 2012, 122). Butlers Intervention gehört jedoch zu einem breiteren Diskussionsstrang einer politisch inspirierten Philosophie, der die Erkenntnisgrundlage für gender- und machtpolitische Veränderungen bietet.

Der amerikanische Kulturhistoriker Thomas Laqueur bestätigt mit seinen zwei historischen Körpermodellen in der medizinhistorischen Studie *Making Sex.*

Body and Gender from the Greeks to Freud (1990) viele Theoreme Butlers. Von der Antike bis ins 18. Jahrhundert herrscht nach Laqueur das Ein-Geschlecht-Modell vor, dessen Dominanz seit dem 18. Jahrhundert vom Zwei-Geschlechter-Modell abgelöst wird. Im *one sex model* entsprechen zwei soziale Geschlechter nur einem einzigen biologischen, die Grenzen zwischen Männern und Frauen sind eine Frage der Abstufung und nicht der Art. Der soziale Rang war wichtiger für die Geschlechtszugehörigkeit als das Organische (Laqueur 1996, 20). Den Wandel vom Ein-Geschlecht-Modell zum *two sex model* begründet Laqueur nicht mit dem wissenschaftlichen Fortschritt in der Erforschung des männlichen und weiblichen Körpers, sondern in einem epistemologischen und gesellschaftspolitischen Umbruch (Laqueur 1996, 22). Dabei löste im Zwei-Geschlechter-Modell die Berufung auf die Biologie als neue Erkenntnisgrundlage für die gesellschaftliche Ordnung jene auf göttlich gestiftete Hierarchien und menschliche Traditionen ab. Ihren Reproduktionsorganen völlig ausgeliefert, wurde die Frau als weniger entfremdet von der Natur gesehen als der Mann (Laqueur 1996, 200, 246). Das diente dazu, die gesellschaftliche und historische Konstruiertheit des weiblichen Geschlechts zu negieren, Frauen die Kulturfähigkeit abzusprechen und ihren Ausschluss aus dem öffentlichen Raum zu rechtfertigen (Laqueur 1996, 221–224). Laqueurs Modell wurde jedoch in mediävistischen und frühneuzeitlichen Forschungen kritisiert, besonders hinsichtlich der von ihm behaupteten Dominanz des *one sex model*, dem Zeitpunkt des Wechsels zum Zwei-Geschlechtermodell und den von ihm genannten Gründen für diesen Wandel (Stauffer 2008, 70). Trotz dieser Einwände ist zumindest eine „allmähliche Biologisierung der Geschlechterrollen feststellbar, die weniger mit wissenschaftlichem Fortschritt als mit wissenschaftspolitischen und gesellschaftlichen Veränderungen zu tun hatte“ (Stauffer 2008, 71).

Folgt man Laqueur, kann man zeigen, dass das Zwei-Geschlechter-Modell sich bis im 20. Jahrhundert hält – und im frühen 21. Jahrhundert wiederum von einem juristisch begründeten Drei-Geschlechter-Modell abgelöst wird: Seit 2013 war es in Deutschland möglich, den Geschlechtseintrag im Geburtenregister offenzulassen, und seit 2017 musste der Gesetzgeber neben „männlich“ und „weiblich“ einen dritten Geschlechtseintrag im Geburtenregister zulassen, wie „anders“ oder „divers“ (Hipp 2017). Die Begründung des Bundesverfassungsgerichts lautete, dass Personen, die sich dauerhaft weder dem weiblichen noch dem männlichen Geschlecht zuordnen lassen, in ihren Grundrechten verletzt werden, wenn sie das Personenstandsrecht zwingt, das Geschlecht zu registrieren – aber keinen anderen positiven Geschlechtseintrag als „weiblich“ oder „männlich“ zulässt (Witte und Ziegler 2017). Der Eintrag „X“ für das dritte Geschlecht scheint jedoch nicht nur in Deutschland üblich zu sein, er sei „schon jetzt international etabliert“ (Hipp 2017). Ethnologische Studien haben zudem schon länger gezeigt, dass es weltweit in anderen kulturellen Kontexten längst Drei- und Viergeschlechterordnungen gab (Herdt 1994; Ramet 1996).

2 Exemplarische Beispiele und Fragestellungen

Im Folgenden sollen Kanonkritik und Kanonrevision der feministischen Literaturwissenschaft in der Frühen Neuzeit und in der Gegenwart als exemplarische Beispiele der GENDER STUDIES vorgestellt werden. Seit den Anfängen der feministischen Literaturwissenschaft reißen Kanondebatten und Kanonarbeit nicht ab und sind gegenwärtig wieder hochaktuell (vgl. Vedder 2020, 268). So sind Autorinnen der Frühen Neuzeit, trotz aller Bemühungen um Kanonrevision, in der Literaturgeschichtsschreibung weiterhin unterrepräsentiert. Sie werden – wie die Dichterinnen des *Pegnesischen Blumenordens* – fälschlicherweise nur als Ehefrauen prominenter Mitglieder erwähnt (Becker-Cantarino 1997, 36), oder ihre Autorschaft wird – wie bei Sibylla Schwarz (1621–1638) – angezweifelt (Niefanger 2006, 120). Oder es findet – wie in einem neueren Lehrbuch zur Literatur der Frühen Neuzeit – nur Catharina Regina von Greiffenberg (1633–1694) als einzige Autorin Erwähnung (Bremer 2008).

Dabei zeigen die historischen Quellen eine andere Situation: Über dichtende und gelehrte Frauen wurde in der Frühen Neuzeit heftig diskutiert (Woods und Fürstenwald 1984, x); es gab zudem viele Lexika gelehrter und künstlerisch tätiger Frauen – zu den bekanntesten gehören Christian Paullinis *Hoch- und Wohl-gelahrtes Teutsches FrauenZimmer* (1705), Johann Caspar Ebertis *Eröffnetes Cabinet deß gelehrten Frauen = Zimmers* (1706) und Georg Christian Lehms *Teutschlands galante Poetinnen* (1715). Insbesondere innerhalb des *Pegnesischen Blumenordens*, einer der vier großen Sprachgesellschaften des 17. Jahrhunderts, hatten Frauen für damalige Verhältnisse sehr gute Möglichkeiten zu publizieren und sich miteinander zu vernetzen. Die meisten ihrer Gedichte waren Gelegenheitsgedichte – eine damals durchaus hoch angesehene Gattung (Segebrecht 2007, 689–690). Einige wurden sogar im *Blumenorden* zu Dichterinnen gekrönt (Stauffer 2022, 14) – und dies noch vor den bekannteren Dichterinnenkrönungen der Aufklärung wie von Christiana Mariana von Ziegler (1733) oder Sidonia Hedwig Zäunemann (1738). Insbesondere Maria Catharina Stockfleth, geborene Frisch, verwitwete Heden (1634–1692) – unter dem Gesellschaftsnamen Dorilis – und Catharina Margaretha Dobenecker, geborene Schweser (1649–1683), unter dem Namen Silvia, korrespondierten miteinander und dichteten übereinander. Maria Catharina Stockfleth (1634–1692) gehört zu den wichtigsten Dichterinnen des 17. Jahrhunderts. Sie ist – unter Mitarbeit ihres Ehemannes Heinrich Arnold Stockfleth (1643–1708) – die Autorin des zweibändigen, zwischen 1669 und 1673 erschienenen Romans *Die Kunst- und Tugend-gezierte Macarie* (Stauffer 2022, 15). Stockfleth und Schweser imaginieren einander in ihrem lyrischen Dialog als Sonne, die das Können ihrer Dichterkollegen in den Schatten stellt, sowie als Wunder und als Pallas Athene. Die Identifizierung mit der Sonne verweist auf den antiken Gott der Sonne und der Dichtung, Phoebus Apollon. Die Bezeichnung als ‚Wunder' und die Anspielung auf Pallas Athene als Göttin der Weisheit bei gelehrten und dichtenden Frauen waren topisch, wie die Beschreibungen der berühmtesten aller gelehrten und dichtenden Frauen, Anna Maria van Schurmann, zeigt (Stauffer 2022, 22). Sie wird in den einschlägigen Lexika als „Miraculum des weiblichen Geschlechtes" (Paullini 1712, 134) und „gelehrte Minerva" (Lehms 1715, 194) bezeichnet. Auf Anna Maria van Schurmann beruft sich Stockfleth zudem in ihrem Macarien-Roman (Stauffer 2007, 34–35).

Innerhalb des *Blumenordens* nimmt auch Barbara Helena Kopsch, geborene Lang (1656–?), mit dem Gesellschaftsnamen Erone, dichterisch auf eine andere Pegnitzschäferin Bezug: Sie verfasste ein Hochzeitsgedicht auf Anna Maria Nützel, geborene Paumgartner (1658–1685), die Amarillis genannt wurde. Darin betont Kopsch Paumgartners Status als Dichterin, indem sie sie als Pallas Athene und als Sappho bezeichnet. Kopsch hat zudem eine zentrale französische Autorin der Frühen Neuzeit ins Deutsche übertragen: Madeleine de Scudéry (1607–1701). In dieser Übersetzung bezeichnet Kopsch Scudéry als „berühmt" und „weltklug" (Stauffer 2018, 62–72) und fügt eigene Gedichte und Radierungen hinzu. Das Übersetzen hatte in der Frühen Neuzeit einen hohen Stellenwert, da es zur Entwicklung der deutschen Literatur Wesentliches beitrug (Koloch 2011, 171) und hatte im *Pegnesischen Blumenorden* Tradition.

In den Vorreden zu ihren Übersetzungen tritt Kopsch sehr selbstbewusst als gelehrte Frau und Dichterin auf, sie schrieb aber bspw. auch ein Figurengedicht: Es handelt sich um das Nachrufgedicht zum Tod von Christina Magdalena Negelein 1681 und sieht wie ein Grabstein in pyramidaler Form aus. Solche Figurengedichte waren im 17. Jahrhundert sehr beliebt – insbesondere im Bereich der Kasuallyrik. In ihrer Verbindung von Poesie und Malerei sind Figurengedichte in einem hohen Maße intermedial (Plotke 2017, 373, 377), was zudem auf Kopschs weitere Tätigkeiten als Malerin und Bildhauerin referiert. Im *Pegnesischen Blumenorden* gab es einige Vorbilder an Figurengedichten – so das Blumenkranzgedicht von 1645 von Georg Philipp Harsdörffer (1607–1658) oder das berühmte Sanduhr-Gedicht von Johann Helwig (1609–1674) von 1650. Von einer Dichterin ist sonst nur noch von Catharina Regina von Greiffenberg ein Figurengedicht *Über den gekreuzigten JESUS* (1662) bekannt. Sie stand dem *Blumenorden* nahe, war aber kein Mitglied. Kopsch wird nicht nur in die Lexika gelehrter und künstlerisch tätiger Frauen aufgenommen, sondern auch noch später von Christiana Mariana von Ziegler (1695–1760) in ihrer Antrittsrede in der Deutschen Gesellschaft zu Leipzig (1730 gehalten, 1739 publiziert) lobend erwähnt (Koloch 2015, 386).

Mit der Berufung auf mythische und reale gelehrte und dichtende Frauen wie Pallas Athene, Sappho, Schurmann oder Scudéry und der lobenden Bezugnahme aufeinander, versuchen die Dichterinnen der Frühen Neuzeit eine weibliche Tradition zu bilden. Sie waren ihren Zeitgenoss*innen durchaus bekannt und haben Eingang in die frühaufklärerischen Lexika gefunden – und sind somit offensichtlich erst später aus der Literaturgeschichte gestrichen worden.

Ausgehend von diesen Autorinnen müssen für ein *re-writing* der Literaturgeschichte grundsätzliche Prämissen, die bisher für eine Kanonisierung relevant sind, hinterfragt werden: eine implizit gegenderte Gattungshierarchie sowie ein gegenderter Werkbegriff, die Gelegenheitsgedichte, Übersetzungen, unpublizierte Manuskripte und Briefe – insbesondere bei Autorinnen – abwerten und nicht als ‚werkfähig' betrachten. Zudem müsste Intermedialität im Schaffen von weiblichen Autorinnen stärker einbezogen und aufgewertet werden, da viele von ihnen in mehreren Kunstformen tätig waren.

Der „nach wie vor männlich geprägte [...] Kanon" (Vedder 2020, 268) wird auch in der Gegenwart kritisiert. Und zwar nicht nur in literarischen Texten, sondern auch in Initiativen, die sich Internetplattformen zunutze machen. So beschreiben in der Twitteraktion #dichterdran Literaturkritikerinnen Schriftsteller „wie es sonst Männer mit Frauen tun" (Brendel 2019). Entsprechend twitterte Sybille Berg am 9. August 2019 über Ernest Hemingway: „‚Zeigt in seiner Fisch-Novelle wie famos ein Mann scheitert, wenn er sich statt der Beschreibungen von Familie, Pferden oder Lifestyle-Themen an den großen Fragen der Weltgeworfenheit versucht.'" (zit. n. Brendel 2019) Die Initiatorinnen Nadia Brügger, Güzin Kar und Simone Meier haben daraus die Buchpublikation *Hemingways sexy Beine. #dichterdran* (2019) gemacht. 2020 hat der seit 1996 in Großbritannien ausgelobte *Women's Prize for Fiction* die Kampagne *Reclaim her Name* initiiert. Sie bringt 25 literarische Texte von Frauen als E-Books in *open access* heraus, die ursprünglich unter einem männlichen Pseudonym publiziert worden waren – wie George Eliot, die Mary Ann Evans (1819–1880), und George Sand, die Amantine Aurore Dupin (1804–1876) hieß (Platthaus 2020). Kate Mosse, die Gründerin des Preises, erläutert, dass die Frauen verschiedene Gründe für das Verbergen ihres wahren Namens hatten, dass aber die Vorstellung, es sei unpassend für eine Frau an die Öffentlichkeit zu treten, dabei eine wichtige Rolle spielte. Sie erhoffe sich neue und wichtige Diskussionen über die weiterhin andauernden Herausforderungen für Frauen, wenn sie publizieren (Flood 2020).

Auch die Website *Die Kanon* von Theresia Reinhold und anderen initiiert „eine neue Liste". Mit der für sie typischen Ironie geht Sibylle Berg in ihrem Vorwort zu dieser Website davon aus, dass „[d]ie Einordnung, also immer auch ein wenig Aneignung, der Welt durch die Männer [...] lobenswert“ (Berg o. J.) sei. Jedoch könne man „[n]ach Hunderten von Jahren, nach Tausenden empfohlener Werke, Gedanken und Schriften [...] heute zu dem Schluss kommen, dass das Experiment, die Welt durch Zuhilfenahme von Ordnungssystemen die vornehmlich männliche Geistesgrössen auflisten, zu einem freundlicheren und erfreulicheren Ort zu machen, fehl schlug. Denn trotz dieser ohne jeden Zweifel trefflichen Werklisten ist es nicht so, dass der Mensch sich vehement weiterentwickelt hätte.“ (Berg o. J.) Deshalb brauche es eine neue, weibliche Liste: Die Kanon.

Im Projekt #breiterkanon, konzipiert und koordiniert von Martina Wernli, werden bestehende Kanones kritisch hinterfragt, „Forschung, Literaturkritik und Lehre zu vergessenen, marginalisierten oder unbekannten Autor*innen sichtbar“ gemacht (vgl. Wernli o. J.)

Auch im neuen digitalen Feuilleton, *54books*, das Themen Raum gibt, „die im Feuilleton keinen Platz mehr finden“ (Glanz et al. o. J.), geht es um Kanonisierungsfragen. Nicole Seifert, die Autorin von *FRAUEN LITERATUR: Abgewertet, vergessen, wiederentdeckt* (2021), weist in ihrem Artikel „Schweig, Autorin. Misogynie in der Literaturkritik“ darauf hin, dass die Auseinandersetzung mit den Werken von Autorinnen „zu oft nicht angemessen ist, weil die Kritiker Traditionen weiblichen Schreibens nicht kennen, weil sie ihre LeGuin und ihre Atwood nicht gelesen haben, weil sie sich mit diesen Themen und Formen nicht beschäftigen“ (Seifert 2021).

Dennoch ist Bewegung im Kanon der Gegenwartsliteratur möglich, wie der Deutsche und der Schweizer Buchpreis 2022 gezeigt haben: Als erste nicht binäre Person hat Kim de l’Horizon mit *Blutbuch* (2022) beide Preise gewonnen. Dieser autofiktionale Roman entwirft eine fluide Genderidentität und bezieht sich intertextuell auf inzwischen kanonisierte Autorinnen wie Virginia Woolf und ihren berühmten Essay *A Room of One’s Own* oder Annie Ernaux, die 2022 den Nobelpreis für Literatur gewonnen hat.

3 Genderforschung im deutschsprachigen Raum

Mitte der 1970er Jahre begann der Institutionalisierungsprozess der Gender Studies an deutschen Universitäten mit der ersten Berliner Sommeruniversität der Frauen 1976. In den 1980er Jahren organisieren sich dann Frauengruppen an den Universitäten noch weitgehend ohne institutionelle Unterstützung (Metz-Göckel 2010, 896). Zu Anfang der 1990er Jahre beginnen sich die Gender Studies an deutschen Universitäten zu etablieren (Bergmann et al. 2012, 10), die seitdem im deutschsprachigen Wissenschaftsfeld sehr gut verankert sind. Es gibt zahlreiche

Forschungseinrichtungen für GENDER STUDIES: Maximiliane Brand und Katja Sabisch haben 2019 rund dreißig Bachelor- und Masterstudiengänge im deutschsprachigen Raum gezählt. Als erste haben 1997 die Humboldt-Universität Berlin und die Carl von Ossietzky-Universität Oldenburg Masterstudiengänge in Gender Studies angeboten (Brand und Sabisch 2019, 1046). Ebenso existieren eigene Fachgesellschaften in Deutschland, Österreich und der Schweiz (Brand und Sabisch 2019, 1044). 1982 wurde die erste Genderprofessur an einer Fachhochschule und 1984 die erste Universitätsprofessur mit einer Genderdenomination an der FU Berlin eingerichtet, und inzwischen zählen Brand und Sabisch bereits über 200 Genderprofessuren im deutschsprachigen Raum (2019, 1047).

An der Universität Bern existiert seit 2001 ein interdisziplinäres Zentrum für Geschlechterforschung (IZFG). Es bietet einen Master Minor „Gender Studies" sowie ein Doktoratsprogramm „Graduate School Gender Studies" an und wird von zwei außerordentlichen Professuren für Geschlechterforschung geleitet. Auch die Universität Basel verfügt über ein Zentrum Gender Studies, das 2001 gegründet wurde und von einer Professur für Geschlechterforschung geleitet wird. Die Schweizer Hochschulen betreiben mit *Gender Campus* eine Internet-Plattform zu GENDER STUDIES, Equality und Diversity an Schweizer Hochschulen (https://www.gendercampus.ch/de/hochschulen). Auf dieser Plattform ist auch die Schweizerische Gesellschaft für Geschlechterforschung zu finden (SGGF).

Seit 2003 gibt es ein Zentrum für transdisziplinäre Geschlechterstudien (ZtG) an der Humboldt-Universität zu Berlin. In ihm wurden das seit 1989 bestehende Zentrum für interdisziplinäre Frauenforschung (ZiF) und der Masterstudiengang Geschlechterstudien/Gender Studies, der seinerseits aus dem seit dem Wintersemester 1997/98 bestehenden Magisterstudiengang Geschlechterstudien entstanden ist, verankert. Das Zentrum wird von einem Sprecher*innen-Team geleitet und umfasst zehn (Junior-)Professuren mit einer Genderdenomination. Am Margherita-von-Brentano Zentrum der FU Berlin für Geschlechterforschung, das seit 2015 besteht, ist die *Fachgesellschaft Geschlechterstudien/Gender Studies Association* angesiedelt (https://www.fg-gender.de). Ebenfalls an diesem Zentrum lokalisiert ist die *Open Gender Platform*, die Informationsangebote bietet, *open science*-Projekte vernetzt und neue *open access*-Formate und Tools für die Geschlechterforschung entwickelt (https://opengenderplatform.de).

Bekannte Zeitschriften im Bereich der Geschlechterforschung sind: *Feministische Studien. Zeitschrift für interdisziplinäre Frauen- und Geschlechterforschung*, gegründet 1982, sowie *Gender Forum*, ein Internet-Journal, das seit 2002 geschlechterbezogene Themen behandelt und interdisziplinär aufgestellt ist. Das *Open Gender Journal*, ebenfalls ein Online-Journal, veröffentlicht Fachbeiträge aus dem wissenschaftlichen Feld der intersektionalen Geschlechterforschung, und *Gender. Zeitschrift für Ge-*

schlecht, Kultur, Gesellschaft bietet ein fachübergreifendes Online-Forum für wissenschaftliche Debatten, aber auch für die Kommunikation zwischen Wissenschaft und Praxis. Neben den Zeitschriften gibt es noch einen *blog interdisziplinäre geschlechterforschung*, einen Wissenschaftsblog des Netzwerks Frauen- und Geschlechterforschung NRW und der Landesarbeitsgemeinschaft der Einrichtungen für Frauen- und Geschlechterforschung in Niedersachsen.

Eines der frühesten Handbücher war das *Metzler Lexikon Gender Studies/Geschlechterforschung. Ansätze, Personen, Grundbegriffe*, 2002 von Renate Kroll herausgegeben. Wie der Untertitel verspricht, werden Ansätze (wie Dekonstruktion), Personen (wie Julia Kristeva) und Grundbegriffe (wie Intersexualität) in kurzen Lexikonartikeln erklärt.

Ein weiteres *Handbuch Frauen- und Geschlechterforschung. Theorie, Methoden, Empirie* von 2004 wurde von Ruth Becker und Beate Kortendiek herausgegeben. Es ist 2010 in dritter Auflage erneut erschienen und mit 113 Beiträgen sehr umfassend angelegt. Es enthält drei Hauptteile: Erstens zu zentralen Fragestellungen und Theoriekonzepten, zweitens zu Methoden und Methodologien sowie drittens zu Arbeitsfeldern und Forschungsergebnissen. Der erste Teil wiederum ist in zwei Bereiche unterteilt: zum einen Konzepte zum Geschlecht und zum anderen zur Rezeption und Weiterentwicklung von Theorien. Im ersten Bereich gibt es Artikel zu Konzepten, die Geschlecht betreffen, wie bspw. zum Patriarchat, zum Feminismus oder zu Intersektionalität. Im zweiten geht es um Theorien, die für die GENDER STUDIES wichtig sind oder von den GENDER STUDIES weiterentwickelt wurden, wie etwa die Systemtheorie, Habitus und sozialer Raum oder die Ökokritik. Der zweite Teil zu den Methoden und Methodologien ist kürzer und nicht weiter unterteilt. Er umfasst Beiträge etwa zur Netzwerkforschung, zur teilnehmenden Beobachtung oder zur Diskursanalyse. Der dritte Teil zu den Arbeitsfeldern und Forschungsergebnissen ist der längste und in sechs Bereiche aufgeteilt: Erstens Lebensphasen und -lagen, zweitens Arbeit, Politik und Ökonomie, drittens Körper und Gesundheit, viertens Bildung und Kultur, fünftens Technik- und Naturwissenschaften sowie sechstens Frauen- und Gleichstellungspolitiken.

2005 ist darüber hinaus das Handbuch *Genus. Geschlechterforschung/Gender Studies in den Kultur- und Sozialwissenschaften*, herausgegeben von Hadumod Bußmann und Renate Hof, erschienen. Dieses Handbuch enthält 16 Beiträge, die nach Fächern geordnet sind, von der Ethnologie bis zur Theologie. Ebenfalls 2005 wurde *Gender@Wissen. Ein Handbuch der Gender-Theorien* von Christina von Braun und Inge Stephan veröffentlicht. Es widmet sich der Frage nach dem Verhältnis von Wissen/Wissenschaft und Geschlecht und behandelt davon ausgehend elf Themenfelder, wie Identität, Globalisierung und Gedächtnis sowie fünf Überschneidungen/Abgrenzungen, wie zur Postmoderne, den → QUEER STUDIES und den → POSTCOLONIAL STUDIES.

Das *Handbuch Interdisziplinäre Geschlechterforschung* (2019), von Beate Kortendiek, Birgit Riegraf und Katja Sabisch herausgegeben, ist noch umfassender als das *Handbuch Frauen- und Geschlechterforschung* von 2004, beinhaltet aber auch einige thematische Überschneidungen mit dem älteren Handbuch. Mit „155 Beiträgen bietet es einen umfassenden und systematischen Überblick über den gegenwärtigen Stand der Geschlechterforschung im deutschsprachigen Raum und wirft Schlaglichter auf internationale Debatten“ (Kortendiek/Riegraf/Sabisch 2019, v). Es ist in sieben Teile gegliedert: Debatten; Denkströmungen; Disziplinen; Ungleichheiten, Sozialstruktur, Gleichstellung; Lebensphasen, Lebensführung, Körper; Institutionen, Organisation, Kultur; sowie Internationales.

An Readern sind erschienen: *Gender Studies* (2012), herausgegeben von Franziska Bergmann, Franziska Schößler und Bettina Schreck. Auf der Basis klassischer Texte von Virginia Woolf, Simone de Beauvoir, Hélène Cixous, Judith Butler und anderen mehr zeigt die Anthologie die Anfänge der Frauenforschung, behandelt aktuelle Fragen der Queer Theory und stellt die Verknüpfungen der Geschlechterforschung mit anderen Untersuchungsfeldern dar. Der *Gender & Medien-Reader* (2016), herausgegeben von Kathrin Peters und Andrea Seier, untersucht das Verhältnis von Geschlecht und Medien anhand einschlägiger Texte von Laura Mulvey, Donna Haraway, Luce Irigaray, Judith Butler und anderen mehr.

4 Potenzial, Kritik, Ausblick

Die Gender Studies haben sich immer weiter ausdifferenziert und neue Themenfelder erobert. Auch der Begriff „Gender“ hat sich entbinarisiert und intersektional erweitert. Zudem sind die Gender Studies in den letzten Jahren wieder stärker in den Fokus der Medien gerückt. Die Kritik an den Gender Studies verläuft parallel zu den Wellen der feministischen Bewegungen in Form von *backlashes,* also machtvollen Gegenangriffen auf Frauenrechte, die immer dann auftreten, wenn die Wahrnehmung entsteht, dass Frauen große Fortschritte machen (Faludi 1992, 12–13). Insofern können die aktuell heftigen medialen Debatten rund um Wokeness, Cancel Culture und Gender-Sprache auch als Teil eines *backlashs* gelesen werden.

Im Folgenden soll es um Themenfelder und Ansätze gehen, die das Potenzial für eine Weiterentwicklung der Gender Studies bergen oder gerade besonders stark im Fokus der vom *backlash* motivierten Kritik stehen, wie Forschungen zu patriarchalen Strukturen und toxischer Männlichkeit, Genderlinguistik, posthumanistischem Feminismus und Gender sowie Gender und Nachhaltigkeit.

Nach über 200 Jahren verschiedener Frauenbewegungen ist die andauernde Persistenz patriarchaler Strukturen erklärungsbedürftig. Ein Modell dazu bietet Raewyn Connell in ihrem Buch *Masculinities* (1995). Sie hat den Begriff der patriarchalen Dividende geprägt, „den allgemeinen Vorteil, der den Männern aus der Unterdrückung der Frauen erwächst" (Connell 2015 [1995], 133). Mit dieser patriarchalen Dividende sind „ein Zugewinn an Achtung, Prestige und Befehlsgewalt" (Connell 2015 [1995], 136), aber auch materielle Vorteile gemeint, wie höheres Einkommen, stärkere Arbeitsmarktpartizipation, ungleiche Verteilung von Besitz und Eigentum, privilegierter Zugang zu institutioneller Macht und kulturelle sowie sexuelle Privilegien (Connell 2015 [1995], 333). Diese patriarchale Dividende wird auch an Frauen, die patriarchale Strukturen stützen, ausgezahlt – und zwar ebenfalls in Form von materiellen und institutionellen Privilegien, wenn auch in geringerem Maße als an Männer (Connell 2013, 193). Die Nutznießung und Partizipation von Frauen an patriarchalen Strukturen könnte noch eingehender erforscht werden, um einen der Faktoren, die zur Persistenz des patriarchalen Geschlechtersystems beitragen könnten, besser zu verstehen.

Durch den Journalismus und die sozialen Medien wurde der Begriff der *toxic masculinity* in wissenschaftliche Debatten eingeführt (→ Masculinity Studies). Ursprünglich in den 1980ern geprägt durch den Psychologen Shepherd Bliss, stieg der Begriff ab 2016 in nicht-akademischen und akademischen Publikationen massiv an. In ihren psychologischen Ursprüngen wurde die ‚toxische Männlichkeit' als aggressive und kriminelle Männlichkeit konzeptualisiert, deren Entwicklung durch engagierte, zugewandte Vaterfiguren verhindert werden konnte. Durch dieses Konzept sollten sozial marginalisierte Männer reformiert und patriarchale, heterosexuelle Familiennormen stabilisiert werden (Harrington 2021, 346–349). In nicht-akademischen Publikationen wurde *toxic masculinity*, insbesondere rund um die Präsidentschaft von Donald Trump und die #MeToo-Bewegung, verwendet. Nach Carol Harrington erweist sich der Begriff als symptomatisch für die aktuelle Geschlechterpolitik und zugleich als problematisch, schließlich weise dieser eine geschlechterkonservative und heteronormative Anlage auf und individualisiere Sexismus als eine Frage der persönlichen Haltung statt als strukturelles Problem. Deshalb plädiert Harrington dafür, ihn nicht als analytisches Instrument zu verwenden und empfiehlt stattdessen den wissenschaftlichen Begriff der *hegemonic masculinity* von Connell (Harrington 2021, 346, 350).

Gegenwärtig wird ebenfalls in den Medien die Frage nach geschlechtergerechter Sprache „besonders häufig und heftig diskutiert" – auch, wenn Erkenntnisse der Sprachwissenschaft „bislang nur sehr zögerlich und selektiv Eingang in die öffentliche Debatte" (Diewald und Nübling 2022, 2–3) finden. Auch innerhalb der Linguistik – obwohl es schon jahrelang Forschung dazu gab (Trömel-Plötz 1978, 1980; Pusch 1979, 1984) – wurde der Bereich der Genderlinguistik „kaum wahrgenommen bzw. sogar bewusst ignoriert“ (Diewald und Nübling 2022, 3). So hat die Linguistik „längst empirisch belegt, dass das sogenannte generische Maskulinum im Sinne einer geschlechtsübergreifenden Bedeutung keine neutrale Bezeichnung ist, sondern stereotypisch die männliche Lesart begünstigt“ (Diewald und Nübling 2022, 10). Die Kategorie Genus (als grammatisches Geschlecht) ist zwar nicht primär geschlechtlich motiviert. Sie interagiert aber im Deutschen „in vielfacher Weise mit Sexus“ (dem natürlichen Geschlecht) und wird „in diesem Sinne zum Transport geschlechtlicher Inhalte genutzt“ (Diewald und Nübling 2022, 15, 17). Mittels Sprache können Geschlechter- bzw. Genderkonzepte auch aufgelöst werden, ein *undoing gender* (Hirschauer 2001), indem man an Stelle „der geschlechtsbinarisierenden Begrüßung ‚Sehr geehrte Damen und Herren‘ auf ‚Sehr geehrtes Publikum‘ ausweicht“ (Diewald und Nübling 2022, 18). Zu diesem Feld gehört auch die namensrechtliche Regelung von 2008, Kinder mit einem geschlechtsneutralen Namen benennen zu dürfen. Die Änderungen des Personenstandsgesetz hin zu einem dritten Geschlecht 2013 und 2018 fördern die Vergabe von Unisexnamen (Diewald und Nübling 2022, 18). Wie die genderlinguistische Forschung zeigen kann, reflektiert die Sprache gesellschaftliche Veränderungen (Diewald und Nübling 2022, 28), allerdings wäre eine stärkere Rezeption der wissenschaftlichen Forschungsresultate in den Medien wünschenswert.

Die Rezeption des posthumanistischen Feminismus steht in der deutschsprachigen Geschlechterforschung noch weitgehend aus (Steinfeldt-Mehrtens 2019). Donna Haraway stellte jedoch bereits in ihrem ironischen *Manifesto for Cyborgs* (1985) die Figur der Cyborg als Überschreitung der Dichotomien zwischen Tier und Mensch, Organismus und Maschine vor. Die Cyborg soll „einen Weg aus dem Labyrinth der Dualismen weisen“, sie enthält „die Hoffnung auf eine monströse Welt ohne Gender“ (Haraway 2007 [1985], 275, 276). Haraway ist jedoch nicht naiv technophil, sondern sieht durchaus die drohende Gefahr patriarchaler technokratischer Herrschaftsverhältnisse. Sie plädiert dafür „beide Blickwinkel zugleich“ (Haraway 2007 [1985], 245) einzunehmen, den kritischen und den utopischen hinsichtlich neuer Technologien. Seit Haraways Aufschlag könnte v. a. Karen Barads Konzept der posthumanistischen Performativität zur Konzeptualisierung der Vergeschlechtlichung technischer Artefakte, mit dem sie an Judith Butler anschließt, für zukünftige Theoriebildung im Bereich Gender und Posthumanismus produktiv werden (Bath 2012, 89, 100–101). Barad schlägt vor, Materie und Materialität, und somit auch vergeschlechtlichte Körper, als dynamisches intra-aktives Werden zu verstehen. In ihre Überlegungen zu Systemen der Fortpflanzung und der wechselseitigen intra-aktiven Verbundenheit und Anziehung bezieht sie somit nicht-menschliche Organismen und nicht-organische Materie ein – damit stellt sie den exemplarischen Status des binären Geschlechtersystems in Frage (Barad 1998; Ernst 2016, 38).

Ein weiteres neues und wichtiges Forschungsfeld im Bereich der GENDER STUDIES sind Geschlechterverhältnisse und Nachhaltigkeit, denn „Umweltprobleme sind nicht geschlechtsneutral“ (Buchen et al. 1994). Die Perspektive auf Geschlecht und Geschlechterverhältnisse legt ‚blinde Flecken‘ in der Nachhaltigkeitsforschung frei (Hofmeister et al. 2013, 50). Die kritische Erforschung von Konzeptualisierungen von ‚Natur‘ und ‚Geschlecht‘ zeigt, dass moderne Gesellschaften „Wesen, Prozesse und Leistungen, denen kein sozialer und ökonomischer Wert beigemessen wird, als ‚Natur‘ aus der gesellschaftlichen und ökonomischen Sphäre heraustrennen“ (Hofmeister et al. 2013, 65). Insofern werden die ‚ökologische‘ Krise und die Krise der (weiblichen) Reproduktionsarbeit als gleichursprünglich gedeutet, und es wird untersucht, wie „doing gender“ mit „doing nature“ verwoben ist (Hofmeister et al. 2013, 66, 70).

Insgesamt sind die genannten Gebiete, wie die Struktur und Persistenz patriarchaler Unterdrückungsformen und deren Verflechtung mit kapitalistischen und neokolonialen Herrschaftsmechanismen, weiterhin relevant für die GENDER STUDIES. Auch die Kanondebatten sind nicht am Ende angelangt. Insbesondere in den Bereichen MATERIAL CULTURE STUDIES und Gender, Ökologie und Gender sowie Digitalisierung und Gender ist viel in Bewegung und viel Potenzial für künftige Forschung auszumachen.

5 Literaturverzeichnis

Artwinska, Anna und Janine Schulze-Fellmann. „Gender Studies. Grenzen und Entgrenzungen“. *Gender Studies im Dialog*. Hrsg. von Anna Artwinska und Janine Schulze-Fellmann. Bielefeld 2022: 11–28.

Bachmann-Medick, Doris. *Cultural Turns. Neuorientierungen in den Kulturwissenschaften*. Reinbek 2007.

Barad, Karen. „Getting Real. Technoscientific Practices and the Materialization of Reality“. *Differences. A Journal of Feminist Cultural Studies* 10.2 (1998): 87–128.

Bath, Corinna. „Wie lässt sich die Vergeschlechtlichung informatischer Artefakte theoretisch fassen? Vom Genderskript zur posthumanistischen Performativität“. *Bulletin Texte. Zentrum für Transdisziplinäre Geschlechterstudien* 38 (2012): 88–103.

Becker-Cantarino, Barbara. „Frauenzimmer Gesprächspiele. Geselligkeit, Frauen und Literatur im Barockzeitalter“. *Geselligkeit und Gesellschaft im Barockzeitalter. Band 1*. Hrsg. von Wolfgang Adam. Wiesbaden 1997: 17–42.

Berg, Sibylle. „Ein Vorwort“. *Die Kanon*: https://diekanon.org [31.01.2024].

Bergmann, Franziska. „Gender und Queer Studies. Einführung“. *Gender Studies*. Hrsg. von Franziska Bergmann, Franziska Schößler und Bettina Schreck. Bielefeld 2012: 117–128.

Bergmann, Franziska und Franziska Schößler. „(Inter-)Disziplinäre Anschlüsse. Einführung“. *Gender Studies*. Hrsg. von Franziska Bergmann, Franziska Schößler und Bettina Schreck. Bielefeld 2012: 215–228.

Bergmann, Franziska, Franziska Schößler und Bettina Schreck. „Vorwort“. *Gender Studies*. Hrsg. von dies. Bielefeld 2012: 9–18.

Bose, Christine und Minjeong King (Hrsg.): *Global Gender Research. Transnational Perspectives*. London 2009.

Brand, Maximiliane und Katja Sabisch. „Gender Studies. Geschichte, Etablierung und Praxisperspektiven des Studienfachs“. *Handbuch Interdisziplinäre Geschlechterforschung*. Hrsg. von Beate Kortendieck, Birgit Riegraf und Katja Sabisch. Wiesbaden 2019: 1044–1051.

Braun, Christina und Inge Stephan (Hrsg.). *Gender Studien. Eine Einführung*. Stuttgart 2000.

Braun, Christina von und Inge Stephan (Hrsg.). *Gender@Wissen. Ein Handbuch der Gender-Theorien*. Köln 2005.

Bremer, Kai. *Literatur der Frühen Neuzeit. Reformation, Späthumanismus, Barock*. Paderborn 2008.

Brendel, Gerd. „Twitteraktion #dichterdran: Schriftstellerinnen wehren sich gegen Sexismus“. *Deutschlandfunk Kultur* 16. August 2019: https://www.deutschlandfunkkultur.de/twitteraktion-dichterdran-schriftstellerinnen-wehren-sich-100.html [31.01.2024].

Brügger, Nadia, Güzin Kar und Simone Meier. *Hemingways sexy Beine. #dichterdran*. Zürich 2019.

Buchen, Judith et al. (Hrsg.). *Das Umweltproblem ist nicht geschlechtsneutral. Feministische Perspektiven*. Bielefeld 1994.

Bußmann, Hadumod. *Genus. Geschlechterforschung/Gender Studies in den Kultur- und Sozialwissenschaften*. Stuttgart 2005.

Butler, Judith. *Das Unbehagen der Geschlechter*. Übers. von Katharina Menke. Frankfurt a.M. 1991.

Butler, Judith. *Körper von Gewicht. Die diskursiven Grenzen des Geschlechts*. Übers. von Karin Wördemann. Frankfurt a.M. 1999.

Connell, Raewyn. *Gender*. Übers. von Reinhart Kößler. Wiesbaden 2013.

Connell, Raewyn. *Der gemachte Mann. Konstruktion und Krise von Männlichkeiten*. Übers. von Christian Stahl. 4. Aufl. Wiesbaden 2015 [1995].

Dietze, Gabriele. „Intersektionalität und Hegemonie(selbst)kritik“. *Transkulturalität. Gender- und bildungshistorische Perspektiven*. Hrsg. von Wolfgang Gippert, Petra Götte und Elke Kleinau. Bielefeld 2008: 27–43.

Diewald, Gabriele und Damaris Nübling. „‚Genus, Sexus, Gender‘. Ein spannungs- und ertragreiches Themenfeld der Linguistik“. *Genus, Sexus, Gender*. Hrsg. von Gabriele Diewald und Damaris Nübling. Berlin 2022.

Ernst, Waltraud. „Menschliche und weniger menschliche Verbindungen. Posthumanismus und Gender“. *FIfF-Kommunikation* 33.3 (2016): 37–41.

Faludi, Susan. *Backlash. The Undeclared War Against Women*. London 1992.

Feldmann, Doris und Sabine Schülting. „Gender Studies“. *Metzler Lexikon Literatur- und Kulturtheorie*. Hrsg. von Ansgar Nünning. 3. Aufl. Stuttgart 2004: 224–226.

Flood, Alison. „Women's Prize for Fiction: George Eliot Joines 24 Female Authors Making Debuts Under Their Real Names“. *The Guardian* 12. August 2020: https://www.theguardian.com/books/2020/aug/12/george-eliot-joins-24-female-authors-making-debuts-under-their-real-names [31.01.2024].

Frey Steffen, Therese. *Gender*. Stuttgart 2017.

Glanz, Berit et al. *54books*: https://www.54books.de/projekt [31.01.2024].

Grewal, Inderpal und Caren Kaplan (Hrsg.). *Scattered Hegemonies. Postmodernity and Transnational Feminist Practices*. Minneapolis, MN 1997.

Haraway, Donna. „Ein Manifest für Cyborgs. Feminismus im Streit mit den Technowissenschaften [1985]“. *Reader Neue Medien. Texte zur digitalen Kultur und Kommunikation*. Hrsg. von Karin Bruns und Ramón Reichert. Bielefeld 2007: 238–277.

Harrington, Carol. „What Is ‚Toxic Masculinity‘ and Why Does It Matter?“. *Men and Masculinities* 24.2 (2021): 345–352.
Herdt, Gilbert (Hrsg.). *Third Sex, Third Gender. Beyond Sexual Dimorphism in Culture and History*. New York 1994.
Hipp, Dietmar. „Drittes Geschlecht. Warum schon heute ein X im Reisepass stehen kann“. *Spiegel Online* 16. November 2017: https://www.spiegel.de/panorama/gesellschaft/intersexualitaet-warum-schon-heute-ein-x-im-reisepasse-stehen-kann-a-1178271.html [31.01.2024].
Hirschauer, Stefan. „Das Vergessen des Geschlechts. Zur Praxeologie einer Kategorie sozialer Ordnung“. *Geschlechtersoziologie*. Hrsg. von Bettina Heintz. Opladen 2001: 208–235.
Hofmeister, Sabine, Christine Katz und Tanja Mölders (Hrsg.). *Geschlechterverhältnisse und Nachhaltigkeit. Die Kategorie Geschlecht in den Nachhaltigkeitswissenschaften*. Opladen 2013.
Karl, Michaela. *Geschichte der Frauenbewegung*. 7. Aufl. Stuttgart 2020.
Koloch, Sabine. *Kommunikation, Macht, Bildung. Frauen im Kulturprozess der Frühen Neuzeit*. Berlin 2011.
Kortendieck, Beate, Birgit Riegraf, Birgit und Katja Sabisch (Hrsg.). *Handbuch Interdisziplinäre Geschlechterforschung*. Wiesbaden 2019.
Kroll, Renate (Hrsg.). *Metzler Lexikon Gender Studies/Geschlechterforschung. Ansätze, Personen, Grundbegriffe*. Stuttgart 2002.
Laqueur, Thomas. *Auf den Leib geschrieben. Die Inszenierung der Geschlechter von der Antike bis Freud*. München 1996.
Lehms, Georg Christian. *Teutschlands galante Poetinnen*. Frankfurt a.M. 1715.
Lenz, Ilse. „Frauenbewegungen. Zu den Anliegen und Verlaufsformen von Frauenbewegungen als sozialen Bewegungen“. *Handbuch Frauen- und Geschlechterforschung: Theorie, Methoden, Empirie*. Hrsg. von Ruth Becker und Renate Kortendieck. 3. Aufl. Wiesbaden 2010: 867–877.
Lenz, Ilse. „Internationale und transnationale Frauenbewegungen. Differenzen, Vernetzungen, Veränderungen“. *Handbuch Interdisziplinäre Geschlechterforschung*. Hrsg. von Beate Kortendieck, Birgit Riegraf und Katja Sabisch. Wiesbaden 2019: 901–910.
Löw, Christine et al. „Einleitung“. *Material Turn. Feministische Perspektiven auf Materialität und Materialismus*. Hrsg. von Christine Löw et al. Opladen 2017: 11–20.
Löw, Christine und Katharina Volk. „Materialität, Materialismus,Feminismus. Konturen für eine gesellschaftskritische globale Perspektive“. *Material Turn. Feministische Perspektiven auf Materialität und Materialismus*. Hrsg. von Christine Löw et al. Opladen 2017: 69–93.
Metz-Göckel, Sigrid. „Institutionalisierung der Frauen- und Geschlechterforschung. Geschichte und Formen“. *Handbuch Frauen- und Geschlechterforschung. Theorie, Methoden, Empirie*. Hrsg. von Ruth Becker und Renate Kortendiek. 3. Aufl. Wiesbaden 2010: 895–903.
Metz-Göckel, Sigrid. „Frauenhochschulbewegung. Selbstermächtigung und Wissenschaftskritik“. *Handbuch Interdisziplinäre Geschlechterforschung*. Hrsg. von Beate Kortendieck, Birgit Riegraf und Katja Sabisch. Wiesbaden 2019: 1034–1042.
Nicholson, Linda. „Feminism in ‚Waves‘. Useful Metaphor or Not?“. *New Politics* 12.4 (2010): o.P.
Nieberle, Sigrid. *Gender Studies und Literatur. Eine Einführung*. Darmstadt 2013.
Niefanger, Dirk. *Barock. Lehrbuch Germanistik*. 2. Aufl. Stuttgart 2006.
Paullini, Christian Franz. *Hoch- und Wohl-gelahrtes teutsches Frauenzimmer*. Frankfurt a.M. 1712.
Penny, Laurie. *Fleischmarkt. Weibliche Körper im Kapitalismus*. Hamburg 2012.
Penny, Laurie. *Unsagbare Dinge. Sex, Lügen und Revolution*. Hamburg 2015.
Peters, Kathrin und Andrea Seier (Hrsg.). *Gender & Medien-Reader*. Zürich 2016.
Platthaus, Andreas. „Kampagne ‚Reclaim her name‘: Aus George wird wieder Mary Ann“. *Frankfurter Allgemeine Zeitung* 17. August 2020: https://www.faz.net/aktuell/feuilleton/buecher/themen/reclaim-her-name-macht-frauen-in-der-literatur-sichtbar-16907560.html [31.01.2024].

Plotke, Seraina. „Bildgestalt aus Lettern. Die Intermedialität der visuellen Poesie im 17. Jahrhundert". *Intermedialität in der Frühen Neuzeit. Formen, Funktionen, Konzepte.* Hrsg. von Jörg Robert. Berlin 2017: 366–390.
Purtschert, Patricia und Kathrin Meyer. „Die Macht der Kategorien. Kritische Überlegungen zur Intersektionalität". *Feministische Studien* 28.1 (2010): 130–142.
Pusch, Luise F. „Der Mensch ist ein Gewohnheitstier, doch weiter kommt man ohne ihr". *Linguistische Berichte* 63 (1979): 84–102.
Pusch, Luise F. *Das Deutsche als Männersprache. Aufsätze und Glossen zur feministischen Linguistik.* Frankfurt a.M. 1984.
Ramet, Sabrina P. (Hrsg.). *Gender Reversals and Gender Cultures. Anthropological and Historical Perspectives.* London 1996.
Schößler, Franziska. *Einführung in die Gender Studies.* Berlin 2008.
Schößler, Franziska. „Bürgerliche Geschlechterhierarchie und emanzipative Ansätze. Einführung". *Gender Studies.* Hrsg. von Franziska Bergmann, Franziska Schößler und Bettina Schreck. Bielefeld 2012: 19–30.
Schulz, Kristina. „Frauenbewegungen im deutschsprachigen Raum. Geschlecht und soziale Bewegung". *Handbuch Interdisziplinäre Geschlechterforschung.* Hrsg. von Beate Kortendieck, Birgit Riegraf und Katja Sabisch. Wiesbaden 2019: 911–920.
Segebrecht, Wulf. „Gelegenheitsgedicht". *Reallexikon der deutschen Literaturwissenschaft. Band 1.* Hrsg. von Klaus Weimar. Berlin 2007: 688–681.
Seifert, Nicole. „Schweig, Autorin. Misogynie in der Literaturkritik". *54books* 4. Februar 2021, https://www.54books.de/schweig-autorin-misogynie-in-der-literaturkritik [31.01.2024].
Seifert, Nicole. *FRAUEN LITERATUR. Abgewertet, vergessen, wiederentdeckt.* Köln 2021.
Stauffer, Isabelle. „*Querelle* im galanten Gewand. M. K. Stockfleths *Die Kunst- und Tugend-gezierte Macarie*". *Feministische Studien* 25.1 (2007): 25–39.
Stauffer, Isabelle. *Weibliche Dandys, blickmächtige Femmes fragiles. Ironische Inszenierungen des Geschlechts im Fin de Siècle.* Köln 2008.
Stauffer, Isabelle. *Verführung zur Galanterie. Benehmen, Körperlichkeit und Gefühlsinszenierungen im literarischen Kulturtransfer, 1664–1772.* Wiesbaden 2018.
Stauffer, Isabelle. „Im Dialog. Dichterinnen im ‚Pegnesischen Blumenorden'". *Gelehrte Frauen der Frühaufklärung. Einsame „Wunderthiere" oder vernetzte Akteurinnen?* Hrsg. von Corinna Dziudzia und Sonja Klimek. Berlin 2022: 13–33.
Steinfeldt-Mehrtens, Eddi. „Posthumanistischer Feminismus". *Gender Glossar* 13. Februar 2019: https://www.gender-glossar.de/post/posthumanistischer-feminismus [31.01.2024].
Stokowski, Margarete. *Untenrum frei.* 13. Aufl. Reinbek 2020.
Trömel-Plötz, Senta. „Linguistik und Frauensprache". *Linguistische Berichte* 57 (1978): 49–69.
Trömel-Plötz, Senta. „Sprache, Geschlecht und Macht". *Linguistische Berichte* 69 (1980): 1–14.
Vedder, Ulrike. „Kanonkritik, Interventionen, Identitätsfragen. Zur gegenwartsliterarischen Geschlechterforschung". *Mitteilungen des deutschen Germanistenverbandes* 67.3 (2020): 267–277.
Witte, Jens und Jean-Pierre Ziegler. „Urteil zu Intersexuellen. Stärkung des dritten Geschlechts". *Spiegel Online* 8. November 2017, https://www.spiegel.de/panorama/gesellschaft/intersexualitaet-bundesverfassungsgericht-fordert-drittes-geschlecht-in-geburtenregister-a-1177008.html [31.01.2024].
Wernli, Martina. *#breiterkanon*: https://breiterkanon.hypotheses.org [31.01.2024].
Woods, Jean M. und Maria Fürstenwald. *Schriftstellerinnen, Künstlerinnen und gelehrte Frauen des deutschen Barock. Ein Lexikon.* Stuttgart 1984.

Vanessa Franke

Global Studies

1 Global denken: Forschungsgeschichte und diskursiver Hintergrund

Das ‚Globale' in den GLOBAL STUDIES verweist unweigerlich auf das Phänomen der Globalisierung und die Auseinandersetzung damit. Erstmals in den 1990er Jahren v. a. im angloamerikanischen Raum institutionalisiert, muss die Entstehung und rasche Entwicklung der kulturwissenschaftlichen GLOBAL STUDIES zusammen mit den von den USA ausgehenden Globalisierungsprozessen nach dem Zerfall der Sowjetunion betrachtet werden. Es war mitunter die University of California, Santa Barbara, wo sich auch heute noch eines der renommiertesten Departments der GLOBAL STUDIES befindet, die 1998 den ersten Studiengang in *Global & International Studies* als INTERNATIONAL STUDIES mit Fokus auf Globalisierung einrichtete, der in kürzester Zeit eine hohe Nachfrage generierte. Entsprechende Programme entwickelten sich schnell auch außerhalb der USA über verschiedene Kontinente hinweg und stießen je nach Region auf Zuspruch oder Skepsis (Middell 2017, 4): Die Vision eines liberalen, pluralistischen „Global Village" (McLuhan und Powers 1992) ohne Grenzen und Mauern, eine Welt als Einheit, schien kurz nach dem Mauerfall noch greifbar und erklärt u. a. den hohen Zulauf zu dem neuen Fach. Gleichzeitig befanden sich die weniger auf den Globalen Norden fokussierten → AREA STUDIES in den USA in einer Krise, was ebenfalls den Überlauf zu den GLOBAL STUDIES begünstigte. Ehemalige Expert*innen der Regionalstudien innerhalb der GLOBAL STUDIES konnten somit ansatzweise den Fokus auch in Richtung des Globalen Südens verschieben (Middell 2017, 3).

Sowie Globalisierung als auch GLOBAL STUDIES kennzeichnen sich v. a. durch eine Auflösung bisheriger Grenzen – ökonomische, politische, sprachliche und kulturelle Grenzen bzw. disziplinäre und epistemologische – und folglich der Herstellung und der Betrachtung (neuer) transnationaler Verbindungen, Netzwerke und Rhizome (→ BORDER STUDIES). Während Globalisierungstendenzen und globale Perspektiven unter anderen Namen schon in Zeiten des Griechischen und Römischen Reichs existierten (Juergensmayer 2013, 34) und historisch betrachtet von verschiedenen Globalisierungsphasen oder -schüben über Jahrhunderte hinweg gesprochen werden kann (z. B. Osterhammel und Petersson 2003), ist doch unumstritten, dass die Globalisierungsprozesse seit den 1990er Jahren in erheblichem Ausmaß beschleunigt wurden und, v. a. im Sinne der digitalisierten Netzwerkge-

https://doi.org/10.1515/9783110712919-015

sellschaft („network society“; Castells 1996), bisher ungekannte Dimensionen angenommen haben.

Erstmals als ökonomischer Begriff in den 1980er Jahren eingeführt, ist „Globalisierung“ in verschiedenen Disziplinen, von der Ökonomie über die Soziologie bis zu den Kulturwissenschaften, zu einem beliebten Schlagwort der letzten Jahrzehnte geworden. Über ihren Wesenskern kann man sich im Grunde einig sein: Globalisierung bezeichnet die Intensivierung grenzüberschreitender Prozesse auf der ganzen Welt, seien es nun Prozesse ökonomischer, politischer oder kultureller Art. Um es mit Roland Robertson auszudrücken, der Pionierarbeit auf dem Gebiet der kulturellen Globalisierung und religiöser Identitäten leistete und eine der bekanntesten Definitionen des Konzepts hervorbrachte (1992, 8): „Globalization as a concept refers both to the compression of the world and the intensification of consciousness of the world as a whole.“ Dennoch besteht aufgrund des semantischen Volumens und der Multidimensionalität des Begriffs (sowie seiner ideologischen Implikationen) kein transdisziplinärer konzeptueller Konsens, was sich auch auf die GLOBAL STUDIES niederschlägt. Die Autoren von *Theorizing Global Studies* verweisen auf die Kritik des Kultursoziologen John Tomlinson am Begriff der Globalisierung, mit dem sie jedoch letztendlich arbeiten: „To begin with let us agree – on this we *can* all probably agree – that ‚globalization‘ is a rather unsatisfactory term for the phenomena we are attempting to describe and to understand.“ (zit. n. O'Byrne und Hensby 2011, 1) Der wissenschaftlichen Auseinandersetzung mit Globalisierung scheint stets das Problem des zu vagen gemeinsamen Referenzpunkts vorauszugehen. Die Autoren machen in ihrer Einleitung auch den Unterschied zwischen ‚Globalisierung‘ und dem ‚Globalen‘ deutlich, der für ein Verständnis der GLOBAL STUDIES, nicht etwa als ideologisches Expansions- oder Kosmopolitismus-Projekt, sondern als wissenschaftliche Forschungsdisziplin, notwendig ist: „To this end we have pulled the term ‚globalization‘ out of the metaphorical haystack within which it has got lost and reduced it to a simple definition: as the *process of becoming global.* [...] What is it to be ‚global‘? How does one measure the extent of this ‚globality‘?“ (O'Byrne und Hensby 2011, 2)

Diese Leitfragen sind der Schlüssel zum Verständnis der Konzeption von GLOBAL STUDIES und begleiten bis heute die Diskussionen und Kontroversen um das Feld.

Wegweisend für die Konzeptualisierung des Globalen und somit auch für die GLOBAL STUDIES als eigenständige Disziplin der Humanities waren v. a. Soziolog*innen wie Immanuel Wallerstein (1930–2019) mit seiner *world-systems theory* (1974), Roland Robertson (1938–2022) mit dem Begriff der *glocalization* (1998) und Saskia Sassen (geb. 1947) mit dem Konzept der *Global City* (1991). Der US-Amerikaner Wallerstein beschäftigte sich bereits in den 1970er Jahren kritisch mit globaler kapitalistischer Wirtschaft, die er als hegemoniales Welt-System mit Zentralgewalt in der europäischen Weltwirtschaft verstand, welche die Peripherien systematisch ausbeute. Anhand von Wallerstein wird deutlich, dass von Anfang an ‚Globalisierung' als teleologisch ausgerichtetes, neoliberales Programm kontrovers diskutiert wurde und Theoretiker*innen in Globalisierungsanhänger*innen und Globalisierungskritiker*innen spaltete.

Robertson setzte sich mit Religion und Kultur auf einer globalen Ebene auseinander, sowie mit der Frage nach dem Zusammenhang von Globalität und Modernität bzw. Postmodernität, welcher den Globalisierungsdiskurs begleitet (dazu z. B. auch Jameson 1991). Er prägte dabei das Kofferwort der *glocalization*, das auf das dialektische Verhältnis von Globalem und Lokalem verweist, und welches einige Jahre später von Zygmunt Bauman (1925–2017) vertieft wurde (1998). Ein zentrales Beispiel für das Prinzip der *glocalization* ist das Konzept der *global city* der niederländisch-amerikanischen Soziologin Saskia Sassen: Städte wie New York, London oder Tokio sind im 21. Jahrhundert in ein globales ökonomisches und kulturelles Netzwerk eingebunden, und sind dennoch Orte mit lokaler Geschichte und Spezifika.

Als Klassiker der Global Studies in all ihrer Breite gilt heute *Global Transformations: Politics, Economics and Culture* (Held et al. 1999), bezeichnenderweise herausgegeben von vier Wissenschaftlern vier unterschiedlicher Fächer, welches aber noch keine Theorie der Globalisierung als solche enthält. Einschlägige Theorien der Globalisierung als soziokulturelles Phänomen bilden *Globalization: Social Theory and Global Culture* (1992) des bereits erwähnten Roland Robertson, *Globalization: A Very Short Introduction* (2003) des Soziologen Manfred Steger sowie dessen Nachschlagewerk *Globalization, the Greatest Hits. A Global Studies Reader* (2010), oder *Was ist Globalisierung? Irrtümer des Globalismus – Antworten auf Globalisierung* (1997) von Ulrich Beck (1944–2015), der u. a. die Begriffe der „Weltgesellschaft" und der „Risikogesellschaft" als Formen des Zusammenlebens im 21. Jahrhundert prägte.

Nicht nur Sozialwissenschaftler*innen waren an der Entstehung der Global Studies beteiligt, auch die Kulturwissenschaften und der *cultural turn* (Jameson 1998) sowie weitere transnationale bzw. transkulturelle Wenden seit den 1970er Jahren trugen einen maßgeblichen Teil bei. Die gesellschaftlichen Umwälzungen nach dem Ende des Kalten Kriegs, die Entwicklung digitaler Massenmedien und die verstärkte Auseinandersetzung mit westlicher Kolonialgeschichte und dem sogenannten Kosmopolitismus als westliches Konzept führten zu einem *transnational turn* v. a. in den anglophonen Humanities der 1990er Jahre, auf den um das Jahr 2000 der *global turn* folgte: „[The global issue] represents something more than just a substantive concern shared across disciplines. Rather, it is a fundamental shift in analytical perspectives that requires a thorough retooling of our modernist and disciplinary modes of analysis (Appadurai 2000; Bauman 1998). We call this shift the

‚global turn.'" (Darian-Smith und McCarty 2017, 2) Das Globale fungiert damit nicht nur als Forschungsobjekt, sondern als operativer Begriff. Die Frage der Übersetzung, der *cultural translation*, und die TRANSLATION STUDIES spielten dabei eine nicht zu unterschätzende Rolle (Joubert 2015, 240), da die institutionalisierte Praxis der Übersetzung die transnationale Zirkulation und Anwendung von Texten überhaupt erst ermöglicht und diese gleichzeitig vorantreibt.

Auch der Paradigmenwechsel des *spatial turn* (Soja 2008) ist im Zusammenhang mit der Entwicklung der GLOBAL STUDIES zu sehen (z. B. Lefebvre 1991, 2017), schließlich wirkt Globalisierung als raum-zeitlich orientiertes Konzept dabei aufgrund seiner lokalen sowie globalen Implikationen gleichzeitig deterritorialisierend und reterritorialisierend: Durch die Blickverschiebung auf einen globalen Maßstab werden menschliche Vollzüge aus ihrer physisch-örtlichen Gebundenheit gelöst (*space* anstatt *place*); gleichzeitig haben auch dematerialisierte globale Ströme stets eine physisch-örtliche Basis, denkt man bspw. an die Hardware aus sogenannten Serverfarmen und deren Kühlräume, die mittlerweile größere Dimensionen eingenommen haben als die entsprechenden Computerräume selbst.

Der Anthropologe Arjun Appadurai führte zur Definition von Globalisierung im Sinne des *spatial turn* das Konzept verschiedener fluider ‚Landschaften' (*scapes*) an, welche von *flows*, d. h. grenzüberschreitenden Strömen durchzogen werden und sich auf die verschiedenen Dimensionen der Globalisierung beziehen: *ethnoscapes, mediascapes, technoscapes, financescapes,* und *ideoscapes* (Appadurai 2005, 33). Damit knüpft Appadurai an ein im Laufe des 20. Jahrhunderts gefestigtes Verständnis von Raum als Ergebnis soziokulturellen Handelns und kollektiver Imaginationen an. So entstand die Raumsoziologie Mitte der 1970er Jahre mit Gründungstheorien von Michel Foucault und Henri Lefebvre, und wurde später u. a. im Zuge des *postcolonial turn* kritisch weiterentwickelt (→ POSTCOLONIAL STUDIES). Hierfür zu erwähnen ist insbesondere das Konzept des dritten Raums (*third space*) des Theoretikers Homi K. Bhabha in *The Location of Culture* (2004): ein deterritorialisierter Sprach-Raum des Hybriden, der immer wieder von Neuem zwischen sozialen Akteur*innen mit unterschiedlichen kulturellen Hintergründen entstehen kann.

2 Ein erster Definitionsversuch

Das breite und facettenreiche diskursive Umfeld der GLOBAL STUDIES, die sich nicht nur inhaltlich, sondern auch methodologisch v. a. durch Vielfalt und Querbezüge auszeichnen, ist maßgeblich für eine Annäherung an das noch junge Fach. Nach der Etablierung erster Lehrstühle und Masterstudienprogramme wurden im Jahr 2008 während des International Global Studies Consortium in Tokio erstmals fünf allgemeine Charakteristiken bzw. Distinktionsmerkmale der GLOBAL STUDIES als Fach definiert, die im Folgenden kurz nachvollzogen werden: Sie sollen transnational, interdisziplinär, gegenwartsbezogen und historisch zugleich, kritisch und multikulturell sein, sowie sich durch ein globales Verantwortungsbewusstsein auszeichnen (Juergensmeyer 2013, 15–18). Dass die GLOBAL STUDIES per se grenzüberschreitenden Charakter haben, versteht sich von selbst, doch sind sie eben nicht mit den TRANSREGIONAL STUDIES, TRANSNATIONAL STUDIES oder gar den INTERNATIONAL STUDIES gleichzusetzen, die stärker auf den Nationalstaat als fundamentale Größe rückbezogen sind. Transnationales ist nicht unbedingt global, Globales allerdings notwendigerweise transnational, wenn nicht sogar postnational. Aufgrund ihres interdisziplinären, d. h. problemorientierten Charakters (*problem based learning*) herrscht in den GLOBAL STUDIES eine gewisse Methodenvielfalt und Multiperspektivität, welche kooperatives Arbeiten und Netzwerkdenken erfordert.

In einer Zeit der allumfassenden globalen Vernetzung reagiert das Fach auf neueste gesellschaftliche Entwicklungen, dabei soll aber eine historische und genealogische Perspektive – etwa, wie bereits angedeutet, durch die zeitliche Einteilung in verschiedene Globalisierungsphasen – nicht aus dem Blick geraten, um Tendenzen der Gegenwart zu verstehen. Das Fach der *World History, Global History* bzw. Globalgeschichte bezeichnet als Zweig der Geschichtswissenschaften allerdings eine eigene Strömung, so wie auch andere Fächer mit der Zeit ‚globalisiert' wurden (Nederveen Pieterse 2013, 499).

Anhand des kritischen und multikulturellen Aspekts wird die komplexe Gemengelage der GLOBAL STUDIES besonders deutlich. Einige Wissenschaftler*innen sprechen von Globalisierung*en* im Plural oder schlagen vor, auf den Begriff komplett zu verzichten (s. Kapitel 4) – erstens, um den multiplen, kulturell verschiedenen Perspektiven auf Globalisierungsprozesse gerecht zu werden, und zweitens, um auf die Dominanz der westlichen Position im Globalisierungsdiskurs hinzuweisen und diese zu unterminieren. In diesem Sinne verweisen insbesondere die CRITICAL GLOBAL STUDIES, ähnlich wie die → POSTCOLONIAL STUDIES, auf die kolonialistische und imperialistische (Vor-)Geschichte der wirtschaftlichen und kulturellen Globalisierung vonseiten Europas und der USA, und bemühen sich so, den Begriff des Globalen aus seinem hegemonialen Zusammenhang zu entheben.

Mit diesem kritischen Ansatz hängt auch der in Tokio formulierte Anspruch auf globale Verantwortung zusammen: Globale Probleme sollen nicht nur benannt, sondern auf ethischer Grundlage bearbeitet werden, um die Welt zu einem friedlicheren Ort voller ‚Global Citizens' zu gestalten – ein Vorhaben, dessen optimistische bzw. idealistische Grundlage in den letzten Jahren stark ins Wanken geraten ist. Im Kontext der globalen Klimakrise sind daher auch die GLOBAL ENVIRONMENTAL STUDIES hervorzuheben, deren Forschungsgegenstand – das globale Ökosystem (→ ENVIRONMENTAL STUDIES) – sich kaum von einer kritischen Betrachtung des globalen kapitalistischen Wirtschaftssystems lösen lässt.

3 Kulturwissenschaftliche Forschung im deutschsprachigen Raum

Im deutschsprachigen Raum sind die GLOBAL STUDIES oder die GLOBAL CULTURAL STUDIES deutlich weniger stark vertreten als im anglophonen Raum, und meist (wenn nicht an die Wirtschaftswissenschaften) an die Sozialwissenschaften angeschlossen, auch wenn Interdisziplinarität und Transkulturalität mit Blick auf globale Makroprozesse den größten Teil der kulturwissenschaftlichen Forschung mittlerweile durchdringen. Es ist eher das Fach der Globalgeschichte oder Weltgeschichte, das in Deutschland schon seit Jahrzehnten etabliert ist, und insbesondere mit Jürgen Osterhammels Arbeiten an der Universität Konstanz eine der Koryphäen auf diesem Gebiet hervorgebracht hat.

Ein eigenes Institut der GLOBAL STUDIES findet sich in Deutschland, neben dem sozialwissenschaftlich ausgerichteten Leibniz-Institut für Globale und Regionale Studien (GIGA) in Hamburg, nur an der Universität Leipzig (Global and European Studies Institute, GESI), mit Matthias Middell als Direktor und in Deutschland wohl bekanntestem Vertreter (→ EUROPEAN STUDIES). Hier findet sich auch die Graduate School Global and Area Studies, die nicht nur transdisziplinär, sondern sogar „postdisziplinär" orientiert ist (→ AREA STUDIES). Ein Master-Programm in GLOBAL STUDIES gibt es u. a. an der Universität Freiburg, welche den Studiengang im Jahr 2004 in Form eines trikontinentalen Programms [WDH] als erste Universität in Deutschland einführte. Weiter findet sich der Studiengang an der Universität Konstanz unter dem Titel Global European Studies, der hier – eher ungewöhnlich – zum Fachbereich Literatur-, Kunst- und Medienwissenschaften gehört. Ebenfalls zu nennen ist das interdisziplinäre GLOBAL STUDIES-Programm der HU Berlin, das zusammen mit Partneruniversitäten aus vier verschiedenen Ländern angeboten wird. Des Weiteren sind, als kulturwissenschaftliche Studien, die Transkulturellen Studien (TRANSCULTURAL STUDIES) oder der Master Medienkultur und Globalisierung der Universität Bremen, der Studiengang der Human Geography – Globalisation, Media and Culture in Mainz oder das Masterprogramm Cultures of the Global South an der Universität Tübingen zu erwähnen. Auch die Studierenden des Master World Studies an der Universität in Bielefeld befassen sich zum Teil mit kulturellen Perspektiven. In Österreich findet man derartige Studiengänge an den Universitäten in Graz (Global Studies, u. a. mit dem Schwerpunkt Gesellschaft und Kultur) und Wien (Globalgeschichte und Global Studies). In der Schweiz ist das in Basel situierte Institute of

European Global Studies zu nennen, außerdem bietet bspw. die Kultur- und Sozialwissenschaftliche Fakultät der Universität Luzern einen Master in Global Studies an; die Universität Bern besitzt das transdisziplinäre Center for Global Studies (CGS) als Teil des Walter Benjamin Kollegs der Philosophisch-Historischen Fakultät, das sowohl Masterstudien als auch Promotionsprogramme anbietet.

Um das weite Feld der Global Studies sowie deren Methodik und Methodenvielfalt konkreter zu veranschaulichen, sollen im nächsten Abschnitt einige paradigmatische Beispiele v. a. aus unterschiedlichen Ländern und dem, für das Forschungsdesiderat dieses Handbuchs ausschlaggebenden, geisteswissenschaftlichen Bereich angeführt werden. Dass die Global Studies sich zu Anfang nicht zuletzt mit globaler Ökonomie, globalem Recht (*Global Citizenship, Global Policy Making*) und globalem Terrorismus bzw. Sicherheit beschäftigten, sei an dieser Stelle noch einmal erwähnt, jedoch widmet sich dieser Artikel dem Globalen als kulturelles Phänomen.

4 Exemplarische Beispiele und Fragestellungen

Die Global Studies sind zunächst eine Frage des Maßstabs: Sie beschäftigen sich mit der ganzen Welt in ihrer Verflochtenheit, d. h. v. a. mit Vergleichen, Zusammenhängen, Netzwerken und Phänomenen auf der Makro-Ebene. Dass das Globale dabei stets mit dem Lokalen zusammenhängt und die Erforschung jener Makro-Ebene immer auch Untersuchungen von Mikro-Ebenen mit sich bringt, ist wohl unumstritten – auch, wenn das Feld aus guten Gründen nicht in Glocal Studies umbenannt wurde. Wie es der dänische Literaturwissenschaftler Svend Erik Larsen treffend formuliert (2019, 23): „The term [glocal] casts a veil over the fact that the relation between the local and the global is a process full of breaks, interruptions and unsolved conflicts evolving when borders are moving in yet unknown directions." Die Idee des Glokalen setzt demnach eine reibungslose Verschränkung zweier vermeintlich diametral gegensätzlicher Begriffe voraus, die aber niemals gegeben sei.

Fest steht, dass in den Global Studies naturgemäß lokal verankerte Problematiken mit dem Anspruch einer ‚globalen' Methodik bearbeitet werden, also multiperspektivischen und interdisziplinären Herangehensweisen. Dennoch sind auch die Global Studies einer gewissen Situiertheit unterworfen, weshalb sich je nach Forschungskontext, -frage und -projekt unterschiedliche Schwerpunkte bzw. methodische Vorgehensweisen herausstellen lassen. Im Folgenden sollen vier paradigmatische Zugänge – historisch, geisteswissenschaftlich, soziologisch und kulturwissenschaftlich – erläutert werden. Dabei werden nicht alle Beispiele uneingeschränkt den GLOBAL STUDIES zugeordnet, sondern entspringen teilweise Unterströmungen, wie z. B. den GLOBAL LITERARY STUDIES, oder ließen sich anderen Fächern zuordnen. Dieser Umstand verweist erneut auf die den GLOBAL STUDIES innewohnenden Spannung zwischen Universalität und Partikularität sowie auf die nicht deckungsgleichen Begriffe ‚Globalisierung' und ‚Globalität'. Was also ist das Globale?

Mit dem für die „Studies" so essenziellen Kern der Globalität befasste sich das *New Global Studies Journal* im Jahr 2021 in einer Doppelausgabe; zwei Professoren der Universität Bonn veröffentlichten 2019 *Die Bonner Enzyklopädie der Globalität* (Kühnhardt und Mayer 2019) mit dem Schwerpunkt Europa und halten fest, dass die analytische Bestimmung des Begriffs erst am Anfang stehe (Kühnhardt 2019, 21).

4.1 Die Geschichte des Globalen – das Globale der Geschichte

Die GLOBAL STUDIES befassen sich nicht nur mit der spätkapitalistischen, globalisierten Gegenwart des 21. Jahrhunderts, sondern auch, an der Schnittstelle zum älteren Fach der Global- oder Weltgeschichte, mit historischen Dimensionen des Globalen. So hat bspw. Matthias Middell vom Global and European Studies Institute der Universität Leipzig in internationaler Kollektivarbeit das 18. Jahrhundert aus der Perspektive des Globalen erforscht (Middell 2014), d. h. die kulturellen Transfers, Begegnungen und Verbindungen zwischen Europa und den Kolonien sowie Russland, Indien, dem Osmanischen Reich, Japan und China. Auf dem Klappentext der Veröffentlichung *Cultural Transfers, Encounters and Connections in the Global 18th Century* heißt es: „The articles which arose from a close cooperation of French, Italian and German researchers prove that traditional eurocentric narratives are subject to review, also and especially for the 18th century." (Middell 2014) Anhand breiter historischer Quellenforschung verschiedener nationaler Forschungseinrichtungen können globale Dimensionen und Verwicklungen einer vergangenen Epoche und spezifischer historischer Ereignisse derselben (etwa die Französische Revolution) zutage getragen und gleichzeitig Vergleiche und Verknüpfungen zur heutigen Zeit gezogen werden. Am Beispiel des 18. Jahrhunderts, das als das Jahrhundert des imperialistischen Eurozentrismus und der europäischen Aufklärung in die Geschichtsbücher eingegangen ist, wird deutlich, wie durch die GLOBAL STUDIES eine signifikante Perspektivverschiebung stattfinden kann. In solchen historischen Zugängen soll Globalgeschichte eurozentrischer Geschichtsschreibung entgegentreten, und die Geschichtlichkeit des Globalen hervorgehoben werden. So kann allgemein gesprochen in historisch ausgerichteten Forschungsprojekten der GLOBAL STUDIES bspw. nach der Geschichte und Genealogie des Begriffes des Globalen, nach Manifestierungen und Repräsentationen des Globalen in verschiedenen Epochen sowie deren Entwicklung, nach der Rolle von verschiedenen Medien, oder auch nach globalen Wirkungszusammenhängen einzelner Ereignisse oder Personen gefragt werden.

4.2 Globale Imaginationen

In den Literaturwissenschaften hat zunächst die Gründung des Fachs der Komparatistik Mitte des 20. Jahrhunderts, die Ausbreitung eines Markts von Literaturübersetzungen und später die berüchtigte Weltliteratur-Debatte Anfang der 2000er für einen ‚Globalisierungsschub' gesorgt und den Fokus von philologischer hin zu kulturwissenschaftlich geprägter Forschung verschoben. Diese transkulturelle Wende beeinflusst den literarischen Kanon und die Methoden der Literaturwissenschaft, die sich verstärkt auf intertextuelle Verbindungen und die Hybridität von Literatur konzentriert. Auch wenn der Begriff der Weltliteratur aufgrund zu starker Uneinigkeiten unter Forschenden umstritten bleibt, hat sich die Literaturwissenschaft, und eben v. a. die Komparatistik, weiter vom Rahmen der Nationalliteratur und der Philologie entfernt und untersucht Texte verstärkt transnational, d. h. im Vergleich mit Texten anderer Sprachen und Länder, oder auch dezidiert global, in Bezug auf deren Zirkulation auf dem globalen Markt, aber auch in Hinblick auf Themen und Ästhetiken der Globalisierung. Im Jahr 2001 fand die Globalizing Literary Studies Conference der *Modern Language Association of America* statt. Der Literaturwissenschaftler und postkoloniale Theoretiker Edward W. Said (1935–2003) stellte in seiner Einführung zur Konferenz zwei althergebrachte Annahmen insbesondere zur Debatte – erstens, dass Literatur in einem nationalen Bezugssystem zu verorten sei, und zweitens, dass literarische Formen in ihrer europäischen Prägung fix und unveränderlich seien: „Can one formulate a theory of connection between part and whole that denies neither the specificity of the individual experience nor the validity of a projected, putative, or imputed whole?", fragte Said (2001, 68), und legte damit direkt den Finger in die bis heute offene Wunde der Global Studies, verweist jedoch gleichzeitig auf deren Potenzial, hin zu einer horizontal strukturierten Vielheit als Einheit. Seither hat das neue Paradigma des Globalen in den (Vergleichenden) Literaturwissenschaften (Comparative Literature Studies) zu zahlreichen innerdisziplinären Verhandlungen und Publikationen geführt (u. a. Sturm-Trigonakis 2007; Jay 2010; Ghosh und Miller 2016). Auch insbesondere unter dem Gesichtspunkt globaler Migration wird neu über (inter)nationale literarische Verhältnisse nachgedacht (Zipfel 2017). Einen aktuellen Überblick über das Verhältnis der Komparatistik zum Globalen bietet *Comparing the Literatures: Literary Studies in a Global Age* (2020) von David Damrosch, US-amerikanischer Komparatist und Pionier auf dem Gebiet der angelsächsischen

World Literature; oder auch der interdisziplinäre Reader *Literature and Globalization* (Connell und Marsh 2011). Eine hochaktuelle Abhandlung des Globalen in nationaler Literatur bietet z. B. der Band *Globalgeschichten der deutschen Literatur. Methoden, Ansätze, Probleme* (Büttner und Kim 2022).

Offiziell unter dem Namen der GLOBAL STUDIES, wenn auch mit dem Zusatz des Literarischen, arbeitet derzeit z. B. das *Global Literary Studies Research Lab* in Barcelona an einer Konzeption der „Global Novel" als literarischer Form und untersucht dazu sowohl globalhistorisch die Geschichte des Romans wie auch mittels komparatistischer und literaturtheoretischer Methoden verschiedene Repräsentationen und Imaginationen des Globalen in Romanen der Moderne und der Gegenwart. Dabei können u. a. folgende Fragen aufgeworfen werden: Mit welchen stilistischen Mitteln, welchen Topoi und Motiven wird der Eindruck des Globalen hergestellt? Wie hängen dabei Inhalt und Form miteinander zusammen, d. h. mit welchen ästhetischen Mitteln werden bspw. sogenannte Nicht-Orte dargestellt, oder werden vielleicht verschiedene Erzählstränge rund um den Globus wie ein Netzwerk miteinander verwoben? Wie unterscheiden sich die Repräsentationen des Globalen verschiedener kultureller Kontexte voneinander – und ist die Kategorie der Kultur als Mittel zur Differenzierung hier überhaupt tauglich? Wie hat sich die Repräsentation des Globalen über verschiedene Epochen entwickelt und ab wann lässt sich von der Herausbildung einer ‚Global Novel' sprechen? Und terminologisch betrachtet: Ist die ‚Global Novel' etwas anderes als das französische Konzept des „roman-monde" (Samoyault 1999), wobei doch der Begriff des Globalen in Frankreich ganz anders rezipiert wird? Wie steht es mit dem Begriff des Globalen zur Welt, und damit (wieder einmal) um das Verhältnis von Literatur und Welt allgemein? Diese Fragestellungen lassen sich unter Berücksichtigung der Mediengeschichte und Medienspezifika auch auf Repräsentationen anderer medialer Formen übertragen, und verweisen darüber hinaus auf eine selbstreflexive Betrachtung des Verhältnisses von Produktion und Distribution von Texten, Bildern und Filmen (z. B. Ghosh 2011).

4.3 Globale Topographien

Ein beliebter Forschungsgegenstand der GLOBAL STUDIES sind selbstredend globale Migrationsbewegungen von Menschen, Waren und Kapital (→ REFUGEE STUDIES) sowie dementsprechend über den Globus verteilte Grenzsysteme (→ BORDER STUDIES). Diese werden gerne mit empirischen Methoden erfasst, wie es z. B. unlängst dem Makrosoziologen Steffen Mau, Professor am Institut für Sozialwissenschaften der Humboldt-Universität zu Berlin, in seiner Studie *Sortiermaschinen. Die Neuerfindung der Grenze im 21. Jahrhundert* (2021) gelungen ist, für die Mau und sein Team nicht weniger als alle existenten Grenzsysteme der Welt im Zeitalter der Globalisierung erfasst und kategorisiert haben, und die daher eigentlich als Vorzeigebeispiel von GLOBAL STUDIES gelten könnte, ohne sich explizit auf diese zu beziehen.

Eine der wegweisenden Schriften zur globalen Neuordnung von Räumen und Orten ist die bereits erwähnte Studie *The Global City* (1991) von Saskia Sassen, die gleichzeitig ein hervorragendes, durchaus interdisziplinäres Beispiel für die Konzeptualisierung des Globalen anhand räumlicher und örtlicher Parameter darstellt. Raum bildet dabei eine Größe der Deterritorialisierung, während Ort als lokalmaterielle Situiertheit zu verstehen ist (vgl. zu Raum-Zeit-Dimensionen und Globalisierung auch Harvey 1990 oder Castells 1996). Diese empirische Forschungsarbeit, basierend auf umfangreichem Datenmaterial zu den untersuchten Städten London, New York und Tokio als für ihre Theorie paradigmatische Beispiele, bezieht sich auf Prozesse der Globalisierung Ende des 20. Jahrhunderts, allerdings wird hier der Zusammenhang des Lokalen – die ökonomischen und sozialen Strukturen urbaner Zentren – mit dem Globalen – die Dominanz der global ausgerichteten Produktions-, Dienstleistungs- und Finanzsektoren in diesen Metropolen – besonders anschaulich: Wie werden Weltstädte als Knotenpunkte globaler *flows*, d. h. Ströme von Menschen, Waren, Informationen und Kapital, in den 1980er Jahren von zeitgenössischen Entwicklungen globaler Ökonomie geprägt? Eine *global city* versteht Sassen als „einen spezifischen Schauplatz globaler Prozesse", und die Soziologin „möchte [zu ...] einem besseren Verständnis dessen beitragen, wie sich das Globale und das Lokale in der Welt von heute und morgen miteinander verschränken" (Sassen 1996, 9). *The Global City* ist dabei in drei Teile gegliedert: Der erste Teil widmet sich einer Analyse der Geographie und den ökonomischen Strukturen von Globalisierung Ende des 20. Jahrhunderts, bzw. der räumlichen Struktur der global vernetzten Finanzindustrie. Der zweite Teil befasst sich anhand statistischer Daten mit der ökonomischen Ordnung von *global cities*, der dritte Teil schließlich mit den sozialen Strukturen von *global cities*. Nach Sassens These ähneln sich die in ein Netzwerk des globalen *flows* eingebundenen *global cities* wie London, New York und Tokio tatsächlich untereinander stärker als jeweils den Städten in ihrer nationalen Umgebung (Sassen 1991, 3–4). Die neuartige ökonomische Strukturierung wirke sich auf Architektur, Infrastruktur, soziale Ordnung und Zusammenleben in den Städten aus, was die Autorin (kapitalismus-)kritisch betrachtet: Erstens sind die drei Weltstädte des Globalen Nordens auch als globale Machtzentren zu sehen, zweitens ist die ökonomische Restrukturierung der Städte verbunden mit einer wachsenden sozialen Polarisierung, Gentrifizierung und Prekarisierung innerhalb derselben (Michel 2016, 37–38).

4.4 Der globale Mensch

Neben dem Soziologen Robertson setzte sich der Anthropologe Arjun Appadurai in *Modernity At Large: Cultural Dimensions of Globalization* (1996) erstmals verstärkt mit den kulturellen Dimensionen von Globalisierung auseinander. Dabei machte er neben der Migration transnationale Medien und Technologien als zentralen Vektor von kultureller Globalisierung aus (→ MEDIA STUDIES), da diese auch nicht-migrantische Lebenswelten durchdringen. Im Zusammenhang von Medien, Technologie und der Raum-Zeit-Kompression („Time-Space Compression"; Harvey 1990, 284) ist des Weiteren die Frage des Verhältnisses von Globalität zu Modernität von Bedeutung. Ob die Beschaffenheit des globalen Zeitalters einen Bruch mit den Parametern der Moderne darstellt oder dessen gesteigerte Weiterführung sei, ist eine wesentliche Frage der kulturwissenschaftlich und anthropologisch ausgerichteten Globalisierungsforschung. Die GLOBAL MIGRATION STUDIES als Subkategorie der GLOBAL STUDIES beschäftigen sich dezidiert mit globaler Migration; hervorgegangen sind sie aus den bereits im Kontext der transkulturellen → POSTCOLONIAL STUDIES länger bestehenden MIGRATION STUDIES und DIASPORA STUDIES.

Das Verhältnis von lokal verankerten Kulturen und deren Praktiken zur Dimension des Globalen, anders gesagt das der CULTURAL STUDIES zu den GLOBAL STUDIES, ist spannungsreich. Welche Bedeutung kommt (religiöser) Identität in einer globalisierten Welt zu, welche Bedeutung hat Differenz? Und folglich: Wie verhalten sich Universalität und Partikularität zueinander? Inwiefern ist eine Kultur lokal und traditionell ‚verwurzelt' und inwiefern ist sie von globalen, deterritorialen Tendenzen durchdrungen? Ist ‚Kultur' als nationaler oder zumindest regionaler Bezugspunkt überhaupt noch dienlich? Und inwiefern hängen Kulturbegriffe mit hegemonialer Macht zusammen? Konzepte aus den → POSTCOLONIAL STUDIES wie Hybridität (Bhaba 1994), Kreolisierung (Glissant 1997) und Kulturelle Identität (Hall 1996), die den Begriff der Kultur performativ anstatt essentialistisch verstehen, haben sich weitestgehend durchgesetzt und Container-Konzepte wie der „clash of civilizations" (Huntington 1996) abgelöst. Auch die Anthropologie, v. a. ihre ethnologischen Zweige, die traditionell mit kulturellen Kategorien arbeiten, hat im Zuge des *transnational* und des *global turn* einen Wandel hin zu Transkulturalität erfahren. Erhellend sind die durch den Anthropologen James Clifford eingeführten wegweisenden Begriffsbilder: Er schlägt in *Routes. Travel and Translation in the Late Twentieth Century* (1997) eine Wende von der traditionellen „roots"-Anthropologie – fokussiert auf kulturelle Wurzeln – zu einer nomadischen „routes"-Anthropologie – fokussiert auf Migration und Übersetzungsprozesse – in einer globalisierten Welt vor. In seinem *Global Studies Reader* fasst Mark Juergensmeyer zusammen (2013, 43): „One discipline that saw a sea change in its approach was anthropology. It maintained its classical emphasis on ethnographic depth, but it shifted its orientation from internally focused microstudies of remote locales to attempting to understand communities, whether they be remote or metropolitan, in terms of their place in a globalizing world."

Dass die Global Studies oft an der Schnittstelle zu Area Studies und Transregional Studies liegen, zeigt ein Beispiel aus dem Bereich der African Diaspora-Forschung, die sich u. a. mit Religion befasst. Gefragt wird in diesem konkreten Beispiel „Thinking globally about African Religion" (Olupona 2014, 96) nach dem Einfluss der Globalisierung auf afrikanische Religionen in der afrikanischen Diaspora. Methodisch liegt es nahe, anhand qualitativer Feldforschung in verschiedenen *communities* der Diaspora eine Datenmenge zu erheben, durch welche sich Rückschlüsse auf die Einflüsse des Globalen, z. B. globale Kommunikationssysteme wie Social Media, Algorithmen, Bilderströme durch Massenmedien und transnationale Politik- und Wirtschaftsbeziehungen, in alltägliche religiöse Praktiken und Wertesysteme ziehen lassen. Im Vorhinein werden dabei die Kategorien ‚Indigene Religionen', ‚Afrikanisierter Islam' und ‚Afrikanisiertes Christentum' festgelegt, wobei auch Gemeinsamkeiten und Unterschiede untereinander festgestellt werden können. Zentrale Fragen sind hier: Wie verhalten sich traditionelle Wertesysteme gegenüber diesen neuen Einflüssen? Welche Arten von neuen Religionsformen und Institutionen gehen aus diesen hybriden Verhältnissen hervor? Wie über ‚Afrikanische Religion' sprechen ohne das Bias westlicher Paradigmen (Olupona 2011, 96)? Darüber hinaus läge ein transkontinentaler Vergleich der afrikanischen mit einer anderen Diaspora nahe.

5 Am Ende der Globalisierung? Potenzial, Kritik, Ausblick

Mark Juergensmeyer, einer der US-amerikanischen Koryphäen der Global Studies, greift in einem Online-Artikel der University of California einen häufigen Vorwurf an das Fach auf (2011): „What is Global Studies? [...] Is it anything different than simply International, or Comparative, or Area Studies made over and outfitted with a bright new name?" Die Frage nach der Definition der Global Studies, ihren Alleinstellungsmerkmalen bzw. Distinktionsmerkmalen zu anderen „Studies" und folglich ihrem Mehrwert ist bis heute einer der Hauptkritikpunkte an der jungen Disziplin. In der Zeitschrift *Globalizations* entbrannte 2013 eine beispielhafte Kontroverse um die noch immer umstrittene Definition der Global Studies. Während Global Studies und Globalization Studies oft synonym verwendet werden, beharrte Jan Nederveen Pieterse, Professor für Global Studies und Soziologie an der UC Santa Barbara, auf der Notwendigkeit einer Unterscheidung: Die Globalization Studies seien in den

1990er der Vorläufer der späteren GLOBAL STUDIES gewesen, konstatiert er. GLOBALIZATION STUDIES seien per se eurozentristisch, präsentistisch und zu sehr in den alten Disziplinen der Sozial- und Humanwissenschaften verhaftet, während die GLOBAL STUDIES interdisziplinäres und multizentrisches Potenzial haben, das es auszuschöpfen gelte, „add[ing] value *beyond* Studies of Globalization and International Studies" (Nederveen Pieterse 2013, 505). Auch O'Byrne und Hensby beharren in *Theorizing Global Studies* auf einer Abgrenzung derselben zu Studien der ‚Globalisierung' (2011, 4): GLOBAL STUDIES „incorporates critical voices for whom this fundamental dynamic may not be ‚globalizing' at all: to engage in global studies does not require one to possess a theory of ‚globalization'".

Behauptungen, die wiederum Manfred Steger, damals noch Professor für GLOBAL STUDIES an der RMIT-University in Melbourne mit dem kurzen Artikel „It's About Globalization, After All: Four Framings of Global Studies" (2013) als Antwort auf Nederveen Pieterse zu entkräften versuchte und vielmehr aufzeigte, dass sich die GLOBAL STUDIES eben nicht vom Begriff der „Globalisierung" lösen lassen. Das sehr breit aufgestellte Feld der Forschungsarbeiten an den meisten GLOBAL STUDIES-Instituten, schaut man sich schlicht einmal deren Publikationslisten an, lassen kein endgültiges Fazit zu.

Allein im Laufe dieses Überblicks dürfte deutlich geworden sein, dass die Forschungsgegenstände der GLOBAL STUDIES oft schwierig abzugrenzen sind von inhärent globalen Perspektiven innerhalb verschiedener Disziplinen. So folgen manche der erwähnten Beispiele aus der Forschung zwar den Prinzipien der GLOBAL STUDIES, werden aber – nicht selten bewusst – nicht unter ihrem Namen publiziert, sondern z. B. unter einem untergeordneten Fachbereich oder innerhalb eines eigenen Fachs wie dem der Soziologie. Es stellt sich daher die Frage, ob das Globale, das sich so schwer konzeptualisieren lässt, nur postnational ist oder vielmehr postdisziplinär.

Neben den Uneinigkeiten innerhalb des Fachs üben Skeptiker*innen weiterhin von außen Kritik und stellen das Paradigma der GLOBAL STUDIES *per se* in Frage. Schon von Anfang an war, v. a. vonseiten marxistisch geprägter Theoretiker*innen, aber auch im öffentlichen Diskurs, von Globalisierung als ‚Amerikanisierung' (Featherstone 1995, 8–9) oder ‚McDonaldisierung' (Ritzer 1998) die Rede, d. h. als globaler wirtschaftlich-ideologischer Ordnungsprozess, und nicht als ‚natürliche' Entwicklung der Ausbreitung und Vermischung von Kulturen. Dabei fürchtet man eben auch die Globalisierung der Wissenschaften, wobei die GLOBAL STUDIES gerade nicht als Gegengewicht zum Eurozentrismus verstanden werden, sondern vielmehr als Auswuchs einer nordamerikanisch-kapitalistischen Agenda, welche globale Machtverhältnisse in einer Geste des Universalismus vielmehr perpetuiert als aufhebt. Die bekannteste Globalisierungskritik aus der Ecke der marxistischen Theorie bildet wohl *Empire* (2000) von Michael Hardt und Antonio Negri, eine politische Diagnose, in der die

Globalisierung bzw. der globale Kapitalismus zur neuen – feindlichen – Weltordnung deklariert wird, die es zu unterminieren gelte. Auch in den letzten Jahren ist der Begriff der Globalisierung und damit auch des Globalen in der Wissenschaft einerseits vonseiten der machtkritischen, marxistisch geprägten → POSTCOLONIAL STUDIES und der kritischen ‚Dekonstruktion des Westens', andererseits im Zusammenhang mit dem Klimawandel und der Forderung nach Klimagerechtigkeit in Verruf geraten – zwei Perspektiven, die sich bestens miteinander verknüpfen lassen (→ ENVIRONMENTAL STUDIES). Gayatri Chakravorty Spivak (*1942), Mitbegründerin der Postkolonialen Theorie und Professorin für Literaturwissenschaft an der Columbia University, New York, eröffnete in ihrem Essay „The Imperativ to Re-Imagine the Planet" den Bezugsrahmen des Planetarischen in den Kulturwissenschaften und stellte dieses durchaus ethisch gedachte Prinzip dem Globalen als Auswuchs der kapitalistischen Globalisierung gegenüber (2011 [1999], 348): „to control globalization interruptively, to locate the imperative in the indefinite radical alterity of the other space of [the] planet[,] to deflect the rational imperative of capitalist globalization". In einem ihrer Hauptwerke, *Death of a Discipline*, führt sie diesen Ansatz formvollendet aus (2003, 72): „I propose the planet to overwrite the globe." Das Planetarische solle im Rückbezug auf Örtlichkeit, Situiertheit und Alterität, aber auch schlicht Lebendigkeit, das abstrakte Bezugssystem des Globalen ablösen: „The globe is on our computers. No one lives there", schreibt Spivak (2003, 72). Dieser Ansatz wurde des Weiteren von Masao Miyoshi in einer stärker posthumanistisch-ökologischen Tradition geprägt (2001), sowie in den folgenden Jahren von Komparatist*innen und Theoretiker*-innen wie Emily Apter (2013) oder Wai Chee Dimock (2006) weiterentwickelt.

Auch im Bereich der Philosophie sucht man nach Alternativen zum Globalisierungsbegriff. Ein einschlägiges Beispiel für Globalisierungskritik findet sich bei Bruno Latour (1947–2022), dem französischen Vertreter der → SCIENCE AND TECHNOLOGY STUDIES: Latour greift in seinem politischen Essay *Où atterrir?* von 2017 zwar auf den Begriff zurück, um über positive und negative Implikationen von Globalisierung, über Globalisierungsanhänger sowie -kritiker zu sprechen; er dient ihm jedoch v. a. dazu, den Begriff des Terrestrischen („Terrestre"; 2017, 56) einzuführen und damit einen Ausweg aus der dichotomen lokal-global Paarung anzubieten.

Die Annahme, dass mit der Covid-19-Pandemie nun auch die Zeit der Globalisierung vorbei sei und die Tendenz wieder zurück zu Protektionismus und Grenzschließung gehe, scheint zu extrem gewesen zu sein. Vielmehr stellt sich heute, auch in Zeiten der Pandemie und nationalistischer Bewegungen, die Idee eines retromanischen ‚Zurück' zum Lokalen, weg vom Globalen, als geradezu unmöglich dar: Über Globalisierung lässt sich streiten, doch der Horizont des Globalen („l'horizon du global"; Latour 2017, 79) bzw. die „global condition" (Robertson 1992, 49) lässt sich im 21. Jahrhundert nicht (mehr) wegdenken und geht jede*n an. Die Beobachtung, dass „spätmoderne Gesellschaften von intensiven Spannungen geprägt sind, welche mit Globalisierung versus Nationalisierung nur unzureichend beschreibbar sind“ (Löw 2021, 9), wie die Raumtheoretikerin Martina Löw in *Am Ende der Globalisierung* konstatiert, kann zu einer stärkeren Ausdifferenzierung des ‚Globalen‘ als allgemeine Gegenwartsdiagnose und wissenschaftlich wertvoller Referenzpunkt führen anstatt zur Verabschiedung des Begriffs. Diese hochaktuellen Debatten stellen für die GLOBAL STUDIES eine spannende Herausforderung dar und es bleibt abzuwarten, inwiefern sich die Disziplin weiter schärfen und wandeln wird.

6 Literaturverzeichnis

Anheier, Helmut K. und Mark Juergensmeyer. *The Encyclopedia of Global Studies*. London 2012.

Appadurai, Arjun. *Modernity At Large. Cultural Dimensions of Globalization*. Minneapolis, MN 2005 [1996].

Apter, Emily. *Against World Literature. On the Politics of Untranslatability*. London 2013.

Appelbaum, Richard P. und William I. Robinson (Hrsg.). *Critical Globalization Studies*. New York 2005.

Bauman, Zygmunt. „On Glocalization. Or Globalization for Some, Localization for Some Others“. *Thesis Eleven* 54.1 (1998): 37–49.

Beck, Ulrich. *Was ist Globalisierung? Irrtümer des Globalismus. Antworten auf Globalisierung*. Frankfurt a.M. 1997.

Bhabha, Homi K. *The Location of Culture*. London 1994.

Büttner, Urs und David D. Kim (Hrsg.). *Globalgeschichten der deutschen Literatur. Methoden, Ansätze, Probleme*. Stuttgart 2022.

Castells, Manuel. *The Information Age. Economy, Society, and Culture, Volume 1: The Rise of the Network Society*. Malden, MA 1996.

Clifford, James. *Routes. Travel and Translation in the Late Twentieth Century*. Cambridge 1997.

Connell, Liam und Nicky Marsh (Hrsg.). *Literature and Globalization. A Reader*. London 2011.

Darian-Smith, Eve und Philip C. McCarty. *The Global Turn. Theories, Research Designs, and Methods for Global Studies*. Berkeley, CA 2017.

Dimock, Wai Chee. *Through Other Continents. American Literature Across Deep Time*. Princeton, NJ 2006.

Featherstone, Mike. *Undoing Culture. Globalization, Postmodernism and Identity*. London 1995.

Ghosh, Ranjan und J. Hillis Miller. *Thinking Literature Across Continents*. Durham, NC 2016.

Ghosh, Bishnupriya. *Global Icons. Apertures to the Popular*. Durham, NC 2011.

Glissant, Edouard. *Traité du tout-monde*. Paris 1997.

Hall, Stuart und David Morley. *Essential Essays. Volume 2: Identity and Diaspora*. New York 2018.

Hardt, Michael und Antonio Negri. *Empire. Globalization as a New Roman Order, Awaiting Its Early Christians*. Cambridge, MA 2000.

Harvey, David. *The Condition of Postmodernity. An Enquiry Into the Origins of Cultural Change*. Oxford 1990.

Held, David und Anthony McGrew (Hrsg.). *The Global Transformations Reader. An Introduction to the Globalization Debate*. Cambridge 2000.

Huntington, Samuel. *The Clash of Civilizations and the Remaking of World Order*. London 1996.

Jameson, Fredric. *Postmodernism, or: The Cultural Logic of Late Capitalism*. Durham, NC 1991.

Jameson, Fredric. *The Cultural Turn. Selected Writings on the Postmodern, 1983–1998*. London 1998.
Jay, Paul. *Global Matters. The Transnational Turn in Literary Studies*. Ithaca, NY 2010.
Joubert, Claire. „Sciences De La Mondialisation Et Culturalité Pouvoir". *Critiques de l'anglais. Poétique et politique d'une langue mondialisée*. Limoges 2015: 237–305.
Juergensmeyer, Mark. *Thinking Globally. A Global Studies Reader*. Berkeley, CA 2013.
Juergensmeyer, Mark. „What is Global Studies?" *Global-e* 5.3 (2011): o.P.
Kühnhardt, Ludger. „Globalität. Begriff und Wirkung". *Bonner Enzyklopädie der Globalität*. Hrsg. von Ludger Kühnhardt und Thomas Mayer. Wiesbaden 2017: 21–36.
Larsen, Svend Erik. *Literature and the Experience of Globalization. Texts Without Borders*. London 2019.
Latour, Bruno. *Où atterir? Comment s'orienter en politique*. Paris 2017.
Lefebvre, Henri. „Preface to the New Edition. The Production of Space". *Key Writings*. Hrsg. von Stuart Elden, Elizabeth Lebas und Eleonore Kofman. London 2017: 232–240.
Lefebvre, Henri. *The Production of Space*. Oxford 1991.
Löw, Martina (Hrsg.). *Am Ende der Globalisierung. Über die Refiguration von Räumen*. Bielefeld 2021.
Mau, Steffen. *Sortiermaschinen. Die Neuerfindung der Grenze im 21. Jahrhundert*. München 2021.
McLuhan, Marshall und Bruce R. Powers. *The Global Village. Transformations in World Life and Media in the 21st Century*. Oxford 1992.
Michel, Boris. „Saskia Sassen. ‚The Global City'". *Schlüsselwerke der Stadtforschung*. Hrsg. von Frank Eckardt. Wiesbaden 2016: 31–45.
Middell, Matthias (Hrsg.). *Cultural Transfers, Encounters and Connections in the Global 18th Century*. Leizpig 2014.
Middell, Matthias. „Kultursoziologie und Global Studies". *Handbuch Kultursoziologie. Band 1: Begriffe, Kontexte, Perspektiven, Autor*innen*. Hrsg. von Stephan Moebius et al. Wiesbaden 2017: 1–12.
Miyoshi, Masao. „Turn to the Planet: Literature, Diversity, and Totality". *Comparative Literature* 53.4 (2001): 283–297.
Nederveen Pieterse, Jan. „What is Global Studies?". *Globalizations* 10.4 (2013): 499–514.
O'Byrne, Darren J. und Alexander Hensby. *Theorizing Global Studies*. Basingstoke 2011.
Olupona, Jacob K. „Thinking Globally About African Religion". *Thinking Globally. A Global Studies Reader*. Hrsg. von Mark Juergensmeyer. Berkeley, CA 2014: 96–98.
Osterhammel, Jürgen und Niels Petersson. *Geschichte der Globalisierung. Dimensionen, Prozesse, Epochen*. München 2003.
Ritzer, George. *The McDonaldization Thesis. Explorations and Extensions*. London 1998.
Robertson, Roland. „Glocalization. Time-Space and Homogeneity-Heterogeneity". *Global Modernities*. Hrsg. von Mike Featherstone, Scott Lash und Roland Robertson. London 2002: 25–44.
Robertson, Roland. *Globalization. Social Theory and Global Culture*. London 1992.
Said, Edward W. „Globalizing Literary Study". *PMLA* 116.1 (2001): 64–68.
Samoyault, Tiphaine. *Excès du roman*. Paris 1999.
Sassen, Saskia. *Metropolen des Weltmarktes*. Frankfurt a.M. 1996.
Sassen, Saskia. *The Global City. New York, London, Tokyo*. Princeton, NJ 1991.
Soja, Edward. „Taking Space Personally". *The Spatial Turn. Interdisciplinary Perspectives*. Hrsg. von Santa Arias und Barbara Warf. London 2008: 11–35.
Spivak, Gayatri Chakravorty. *Death of a Discipline*. New York 2003.
Spivak, Gayatri Chakravorty. „Imperative to Re-Imagine the Planet". *An Aesthetic Education in the Era of Globalization*. Cambridge, MA 2011 [1999]: 335–350.
Steger, Manfred B. „It's About Globalization, After All. Four Framings of Global Studies. A Response to Jan Nederveen Pieterse's ‚What is Global Studies?'". *Globalizations* 10.6 (2013): 771–777.
Steger, Manfred B. *Globalization. A Very Short Introduction*. Oxford 2003.

Steger, Manfred B. *Globalization, the Greatest Hits. A Global Studies Reader*. London 2010.
Sturm-Trigonakis, Elke. *Global Playing in der Literatur. Ein Versuch über die Neue Weltliteratur*. Würzburg 2007.
Wallerstein, Immanuel. *The Modern World-System*. 3 Bde. San Diego, CA 1974–1988.
Zipfel, Frank (Hrsg.). *Fremde Ähnlichkeiten. Die „große Wanderung" als Herausforderung der Komparatistik*. Stuttgart 2017.

Stefanie Samida

Heritage Studies

Zu Beginn des Jahres 2016 sorgte ein 18-jähriger Deutscher weltweit für öffentliches Aufsehen: Er hatte die knapp 140 Meter hohe Cheops-Pyramide bestiegen, die mit den anderen Pyramiden von Gizeh zu den einzigen noch existierenden „Sieben Weltwundern der Antike" gehört und seit 1979 als UNESCO-Welterbe gelistet ist. Den nicht ganz ungefährlichen Aufstieg dokumentierte er mit seinem Smartphone. Wieder unten angekommen, wartete bereits die Polizei auf ihn, denn das Besteigen der Pyramiden ist streng verboten. Zwar verzichtete die Polizei auf eine Haftstrafe, nachträglich verhängten die ägyptischen Behörden aber eine lebenslange Einreisesperre für den jungen Kletterer. Das auf ca. zwei Minuten zusammengeschnittene Video seiner ‚Roofing-Aktion' lud er wenig später auf Youtube hoch, wo es bis heute mehr als dreieinhalb Millionen Mal aufgerufen wurde (Roofing Cheops Pyramide 2016); zugleich postete er zahlreiche Fotos über seinen Facebook- und Instagram-Account. Die Aktion wurde damals in den sozialen Medien kontrovers diskutiert: Die einen waren von der waghalsigen Aktion und den Fotos begeistert, weil sie andere Perspektiven von dem und auf das Welterbe lieferten; die anderen warfen dem Kletterer nicht nur einen Hang zur Selbstdarstellung vor, sondern auch respektloses Verhalten. Schließlich sei durch eine solche Aktion nicht nur die Gefahr verbunden, das einzigartige Monument zu beschädigen, sondern auch Menschenleben zu gefährden, etwa wenn lose Steine unkontrolliert herabfallen.

Was hat das Beispiel mit Heritage Studies zu tun? Es verdeutlicht nicht nur mehrere Aspekte, mit denen sich die Heritage Studies beschäftigen und auf die im Folgenden eingegangen, wie z. B. die beteiligten Akteur*innen, die Listung bzw. Wertung von Kulturerbe, Fragen zum Schutz von Kulturerbe, mediale Praktiken sowie die zwischen diesen Feldern bestehenden Verwebungen. Das Beispiel soll auch illustrieren, dass die Heritage Studies ein vielseitiges Forschungsfeld sind und man sich dem Forschungsgegenstand je nach Fragestellung über verschiedene Ansätze – anwendungsorientiert, normativ, theoretisch-analysierend – nähern kann. Hinzu kommt, dass sich mit den Critical Heritage Studies ein Bereich herausgebildet hat, der einen dezidiert machtkritischen Ansatz verfolgt (s. u.). Heritage hat also viele Facetten und lässt sich nicht nur mit Praktiken des Bewahrens und Verwaltens verbinden, sondern muss aus Sicht der Heritage Studies viel offener gedeutet werden: „Heritage is [...] an active assembling of a series of objects, places and practices that we choose to hold up as a mirror to the present, associated with a particular set of values that we wish to take with us into

https://doi.org/10.1515/9783110712919-016

the future. As such, heritage is not inert or passive, but has the potential to engage directly with questions of contemporary global concern." (Harrison 2013, 228–229)

1 Zum Forschungsgegenstand: Heritage/Kulturerbe

1.1 Begriffsgeschichte

Heritage ist Ausdruck einer Vergegenwärtigung von Vergangenem – eine Praxis, die sich bis in die Antike zurückverfolgen lässt (Harvey 2008, 22). Allerdings, so mag man einwenden, spielten der Begriff *heritage* und auch das dahinter stehende Konzept in der wissenschaftlichen Auseinandersetzung lange Zeit eine eher geringe bzw. nachrangige Rolle, oder anders gesagt: Die Beschäftigung mit *heritage* blieb auf einzelne Fächer wie z. B. Archäologie und Kunstgeschichte oder Professionen wie z. B. die Denkmalpflege beschränkt und firmierte – wie im deutschen Sprachraum – unter anderen Bezeichnungen: Bis weit ins 20. Jahrhundert hinein sprach man von „Denkmal", „Monument" oder „Kulturgut". Heute ist der englische Terminus *heritage* im Deutschen gängig; synonym dazu werden die Begriffe „Kulturerbe", „kulturelles Erbe" und „Naturerbe" genutzt – Bezeichnungen, die ebenfalls noch jung sind und erst im letzten Drittel des 20. Jahrhunderts vermehrt in den sowohl alltäglichen als auch wissenschaftlichen Sprachgebrauch einsickerten.

Im Hinblick auf die Begriffsgeschichte ist zu betonen, dass mit dem Erbe-Begriff eines der grundlegenden Konzepte menschlichen Lebens erfasst wird. Denn ‚erben' – und auch ‚vererben' – hat mit Übertragen, Überliefern und Übereignen zu tun (Willer et al. 2013, 7). Damit wird ein Prozess beschrieben, der einen transformativen Charakter besitzt. Ein handgeschriebener Brief der verstorbenen Mutter stammt – vom Standpunkt der Gegenwart aus betrachtet – aus der Vergangenheit und ragt nun in die eigene Gegenwart hinein, um für die Zukunft, sei sie nah oder fern, ‚bewahrt' zu werden. Nicht ausgeschlossen, dass er einmal als Objekt in einer Kunstperformance dient oder im Laufe der Zeit digitalisiert und in ein anderes Medium übertragen wird und damit das Original womöglich überflüssig macht.

Während das private bzw. individuelle Erben zu allen Zeiten und in unterschiedlichen kulturellen Ausprägungen vollzogen wurde und wird, ist das Konzept des kollektiv-öffentlichen Erbens von Kultur in einem historischen Moment des radikalen Umbruchs – der Französischen Revolution – entstanden, der von Prozessen der Enteignung und Aneignung geprägt war. Schon kurz nach der Revolution wurden die königlichen und sonstigen adeligen sowie kirchlichen Kunstschätze, die den ersten Sturm schadlos überstanden hatten, enteignet, profanisiert, zentralisiert und in der Folge in der jungen Republik nationalstaatlich verankert (te Heesen 2013, 49). Die einstigen Objekte des verhassten Regimes wurden jetzt neu kontextualisiert, nämlich vor dem Hintergrund der revolutionären Idee von Freiheit, Gleichheit, Brüderlichkeit; das zentrale Schlagwort war *patrimoine* (Kulturerbe) und damit die Idee der Schaffung eines Kanons gemeinsamer materieller und ideeller Werte und einer nationalen Geschichte (Thiemeyer 2018a, 42). Die Kunstschätze und Sammlungen wurden zu kollektivem Eigentum bzw. zum kollektiven Erbe, das allen Bürger*innen zugänglich sein sollte und infolgedessen in Einrichtungen verwaltet und bewahrt werden musste.

Die Vorstellung eines kollektiven Erbes entwickelte sich also in der europäischen Moderne und hat seitdem verschiedene Phasen durchlaufen. Rodney Harrison (2013, 42–94) macht drei Phasen aus: Die erste, im Nachgang der Französischen Revolution, ist gekennzeichnet durch einen Professionalisierungsschub. Harrison (2013, 45) spricht von „professionalisation of practice“ und meint damit bspw. das Aufkommen von spezialisierten Inspektoren, die sich um den Schutz und die Erhaltung der natürlichen und kulturellen Umwelt bemühten, sowie die Etablierung neuer Techniken der Aufnahme von schützenswerten Objekten (etwa über das Anlegen von Inventarlisten). Die zweite Phase, die sich vom Ende des 19. Jahrhunderts bis zur Verabschiedung der UNESCO-Welterbe-Konvention 1972 erstreckt, lässt sich als Periode zunehmender staatlicher Kontrolle (bspw. über gesetzgebende Maßnahmen) charakterisieren. War diese Phase noch stark davon geprägt, *heritage* eine nationale Bedeutung zuzuweisen, lässt sich die dritte Phase seit 1972 am besten als ‚Globalisierungsphase‘ beschreiben (Harrison 2013, 67–94): Zahlreiche gesellschaftliche Veränderungen (Deindustrialisierung, technologischer Wandel, zunehmende Erlebnisorientierung in der Freizeit) haben zu einem größeren Interesse an der Vergangenheit geführt und damit auch das Interesse an *heritage* befördert. Eine nicht unwichtige Rolle in dieser Phase spielte einerseits die Welterbe-Konvention mit ihrem universellen Anspruch als ‚Erbe der Menschheit‘. Andererseits wurde mit dem Kriterium des „outstanding universal value“, das für die Einschreibung als Welterbe nachgewiesen werden muss, und mit der Welterbe-Listung ein ‚Gütesiegel‘ geschaffen, das den globalen Tourismus und einen ‚Heritage-Boom‘ bzw. eine Heritage-Industrie beförderte (dazu Hewison 1987; Kirshenblatt-Gimblett 1998). Dass mit der UNESCO-Welterbe-Konvention v. a. eine westliche Perspektive auf Kulturerbe und der Fokus auf materielles Erbe gefördert wurde, stieß bald auf Kritik, weil damit zahlreiche nicht-materielle Ausdrucksformen unberücksichtigt blieben.

1.2 *Authorized heritage discourse*

Lange Zeit galt *heritage* als positive Metapher für Vergangenheit, Bewahrung und auch Verpflichtung, mit der zugleich eine identitätsrelevante Funktion für soziale Gruppen – von kleineren Einheiten bis hin zu Nationalstaaten – verbunden war (Tauschek 2013, 77). Der Begründer der britischen CULTURAL STUDIES, Stuart Hall (1999/2000, 6), wies allerdings darauf hin, dass über Kulturerbe zwar nationaler Zusammenhalt gestärkt und nationale Identität geschaffen werden könnte, allerdings nur für diejenigen, die sich zugehörig und als Teil einer kulturell homogenen und geeinten Gesellschaft fühlten. Vor dem Hintergrund zunehmend diverser Gesellschaften stellte er die berechtigte Fragte: „Whose heritage?". Immer häufiger meldeten sich *communities* (zu diesem Begriff Peselmann und Samida 2021, 163–164) zu Wort und forderten mehr Teilhabe ein bzw. engagierten sich ganz praktisch für Kulturerbe-Belange und stellten die westliche Deutungshoheit und -macht, das enge ‚technische' Verständnis von Kulturerbe und die nahezu ausschließlich ‚akademische' Sicht auf *heritage* in Frage, die auf der elitären Vorstellung beruht, „that heritage is an oppositional, or popular, form of history that must be regarded with suspicion and brought under the control of such professionals" (Smith 2011, 13–15). Die Australierin Laurajane Smith hat diesen Diskurs – vornehmlich geprägt von Expert*innen aus archäologischen Fächern, der Kunstgeschichte und der Denkmalpflege, und deren Vorstellung eines materiellen und authentischen Kulturerbes, das es zu bewahren gilt – in verschiedenen Publikationen prägnant nachgezeichnet und als *authorized heritage discourse* (AHD) bezeichnet: „While the AHD may work to exclude the historical, cultural and social experiences of a range of groups, it also works to constrain and limit their critique. It does this on a broad level by privileging the expert and their values over those of the non-expert, and by the self-referential nature of the discourse, which continually legitimizes itself and the values and ideologies on which it is based." (Smith 2006, 30) Dieser Diskurs schließt also einerseits gesellschaftliche Gruppen aus, indem er Expert*innen und ihre Werte gegenüber denen von Nichtexpert*innen privilegiert, andererseits legitimiert er sich durch seinen selbstreferentiellen Charakter immer wieder aufs Neue (Smith 2006, 30) – ganz zu schweigen davon, dass damit eine *top-down*-Praxis einhergeht: Expert*innen erklären, Besucher*innen hören zu.

1.3 Kulturerbe als soziale Praxis

Auch die Welterbe-Konvention der UNESCO aus dem Jahr 1972 folgte der Bewahrungslogik und dem Authentizitätsverständnis des AHD, indem sie vermeintlich objektivierbare Kriterien zur Kennzeichnung materieller Überreste als Kulturerbe schuf. Überwunden wurde dieses Verständnis erst mit dem UNESCO-Übereinkommen zur Erhaltung des immateriellen Kulturerbes aus dem Jahr 2003, das nun etwa sprachliche Ausdrucksformen und kulturelle Praktiken wie Rituale, Tänze, Festumzüge sowie Wissensbestände wie bspw. Handwerkstechniken berücksichtigte. Das vorherrschende Paradigma der Objektauthentizität wurde zugunsten eines konstruktivistischen Authentizitätsverständnisses zurückgedrängt, womit auch dem Kritikpunkt des eurozentrischen Blicks mit seiner Fokussierung auf materielle Zeugnisse begegnet wurde (dazu z. B. Seng 2021). Dennoch sind die beiden Konventionen weit von einem praxeologisch-konstruktivistischen *heritage*-Begriff entfernt, der Kulturerbe als soziale Praxis versteht. Im Vordergrund stehen hier nicht Schutz und Erhalt eines als Kulturerbe ausgewiesenen Objekts oder anderer kultureller Ausdrucksform. Der praxeologische Zugriff spürt vielmehr den komplexen und vielfältigen Verflechtungen zwischen verschiedenen Entitäten nach – das eingangs erwähnte Beispiel steht dafür *pars pro toto:* materielle Kultur, Organisationen (UNESCO, Polizei), Tourismus, soziale Medien u. a. Man könnte es mit den Worten der Göttinger Kulturwissenschaftlerin Regina Bendix folgendermaßen ausdrücken (2007, 340): „Kulturerbe ist nicht, es wird". Sie verweist auf das Machen von Kulturerbe bzw. den Prozess und damit auf die soziale Praxis, und argumentiert somit ähnlich wie Smith, in deren Verständnis *heritage* grundsätzlich immateriell ist (2011, 39): „All heritage is intangible, in so far as heritage is a moment, or a process, of re/constructing cultural and social values and meanings."

1.4 Theoretisierung von Kulturerbe

Die amerikanische Kulturanthropologin Barbara Kirshenblatt-Gimblett gehört zu den ersten Kulturwissenschaftler*innen, die sich der Theoretisierung von Kulturerbe zuwendeten. In ihrem zentralen Beitrag „Theorizing Heritage" aus dem Jahr 1995 arbeitete sie – vor dem Hintergrund der engen Verflechtung von Tourismus und Heritage – verschiedene Merkmale heraus, die bis heute nichts von ihrer Bedeutung eingebüßt haben. Heritage, so Kirshenblatt-Gimblett (1995, 370), „produces something new in the present that has recourse to the past". Damit widersprach sie schon früh weit verbreiteten essentialistischen Vorstellungen, wonach die Vergangenheit ‚nur' wiederentdeckt werden müsste, um sie dann zu bewahren. Sie hob hervor, dass *heritage* ein Prozess ist. Zugleich verwies sie darauf, dass Kulturerbe immer auch einen Wert produziert, ja als eine „value added industry" (Kirshenblatt-Gimblett 1995, 370) umschrieben werden könne. Sie hatte hier insbesondere den Tourismus im Blick, schließlich werde für ihn und durch ihn kulturelles Erbe sozusagen ‚exportiert'. Denn einerseits wandele *heritage* Orte zu Reisezielen um, schaffe also attraktive Destinationen; andererseits verwandle der Tourismus *heri-*

tage-Stätten zu Ausstellungen und mache sie wirtschaftlich lebensfähig (Kirshenblatt-Gimblett 1995, 371, 373).

Waren in den 1990er Jahren theoretische Überlegungen noch die Ausnahme, was auch daran lag, dass sich die HERITAGE STUDIES damals erst nach und nach als interdisziplinäres Forschungsfeld zu etablieren begannen, ist die Situation heute eine völlig andere. Das hat auch damit zu tun, dass die HERITAGE STUDIES vom Austausch mit anderen Feldern, mit denen sie eng verbunden sind – den MUSEUM STUDIES, MATERIAL CULTURE STUDIES und → MEMORY STUDIES –, profitieren. Das Changieren zwischen den Feldern – nicht nur inhaltlicher Art, sondern auch *in personam* – bereichert die Theoriedebatte. Theoretische Konzepte wandern als *travelling concepts* (Bal 2002) ‚hin und her', werden zur Kenntnis genommen, transformiert und fruchtbar gemacht (siehe Kap. 3.3). Emma Waterton und Steve Watson (2013) haben einen konzisen Überblick zur Theorie-Lage in den HERITAGE STUDIES gegeben und vor dem Hintergrund die jeweiligen Ansätze in „theories in heritage", „theories of heritage" und „theories for heritage" klassifiziert. Sie plädieren dafür, den theoretischen Rahmen zukünftig aber zu erweitern und mehr komplementäre statt konkurrierende Ansätze einzubringen: „Our theoretical scope should be expanded, in order to take account of thinking in those disciplines that can provide theories *for* heritage, and it should permit us to critically examine and re-examine theories *in* and *of* heritage." (Waterton und Watson 2013, 557)

2 HERITAGE STUDIES und CRITICAL HERITAGE STUDIES

Die HERITAGE STUDIES sind noch ein junges Forschungsfeld, auch wenn – wie erwähnt – die Wurzeln bis weit ins 19. Jahrhundert zurückreichen. Hinzu kommt, dass sich die HERITAGE STUDIES, wie Rodney Harrison (2013, 8) in seinem Einführungsbuch *Heritage: Cultural Approaches* betont, nicht nur aus einem einzigen akademischen Fach speisen, sondern darüber hinaus ein praktisches Feld (aus-)bilden, zu dem z. B. auch Planer*innen, Tourismusmanger*innen und politische Entscheidungsträger*innen gehören (siehe den Band von Logan et al. 2016). Deutlich wird das an den zum Teil unterschiedlichen fachlichen Hintergründen der Akteur*innen. Sie haben ihre Wurzeln in der Archäologie, der Kulturanthropologie, der Geschichtswissenschaft, der Geographie, der Rechtswissenschaft, der Politik und der Soziologie, aber auch aus mehr anwendungsorientierten Wissenschaften wie der Tourismuswirtschaft. Diese Aufzählung zeigt bereits, dass die HERITAGE STUDIES ein heterogenes Feld sind und ganz unterschiedliche Ansätze und Erkenntnisinteressen herausgebildet haben, die seit etwa den 1980er Jahren unter dieser Bezeichnung firmieren. In diesem Feld gibt es, wie schon mehrfach angeklungen ist, ein zum Teil recht unterschiedliches Verständnis von *heritage*, nämlich zum einen ein normativ-essentialistisches und zum anderen ein praxeologisch-konstruktivistisches Verständnis. Im ersten Fall wird *heritage* als etwas verstanden, das vorfindbar ist. Im Fokus stehen die materielle Kultur oder die kulturelle Praktik, die es zu schützen und bewahren gilt, Fragen von Authentizität, aber auch Identität/Alterität. Im praxeologisch-konstruktivistischen Verständnis ist *heritage* sozial konstruiert und ein Gebilde aus komplexen und vielfältigen Verflechtungen verschiedener Entitäten – unterschiedlicher Akteur*innen, Institutionen, Organisationen, Diskurse etc. Es geht um Aushandlungsprozesse, Transformationen des kulturellen Erbes, um Praktiken im Umgang mit ihm und wie sich diese äußern. Und schließlich geht es auch um Bedeutungen, die im praktischen Umgang produziert werden, kurz: „heritage is what is *done* and not what is conserverd, preserved or managed" (Waterton und Smith 2009, 16). Dieses Verständnis von *heritage*, das den Konstruktionscharakter von Kulturerbe betont, hat das Feld der Critical Heritage Studies befördert. Sie suchen v. a. die eingelagerten Machtverhältnisse und Machtassymetrien im Kontext von Kulturerbe herauszuarbeiten. Im Manifest der 2012 gegründeten Association of Critical Heritage Studies wird dieser Ansatz deutlich, der Kulturerbe als politischen Akt begreift und eine „rücksichtslose Kritik an allem Bestehenden" („ruthless criticism of everything existing") fordert: „Nationalism, imperialism, colonialism, cultural elitism, Western triumphalism, social exclusion based on class and ethnicity, and the fetishising of expert knowledge have all exerted strong influences on how heritage is used, defined and managed" (ACHS 2012). Eine so verstandene ‚kritische Kulturerbeforschung' rückt also ganz bewusst unbequeme Fragen zu traditionellen Denkweisen über *heritage* in den Vordergrund: Es geht um Macht, Gender, ethnische Zugehörigkeit, ideologische und politische Aneignung sowie Teilhabe und anderes mehr (Smith 2011, 40).

Zu den zentralen Figuren der Critical Heritage Studies gehören die schon zitierten Australierinnen Laurajane Smith und Emma Waterton sowie Rodney Harrison (z. B. Harrison 2010, 2013; Harrison et al. 2020; Fairclough et al. 2008). Auch er ist Australier, kommt ursprünglich aus der Archäologie und arbeitete u. a. als Berater im Heritage-Management; seit 2012 lehrt er Heritage Studies am University College London, das mit dem fakultätsübergreifenden Centre for Critical Heritage Studies ein wichtiges Forschungszentrum etabliert hat. Laurajane Smith, wie Harrison ausgebildete Archäologin, lehrt an der Australian National University in Canberra und steht dort dem Centre for Heritage and Museum Studies vor. Als Gründungsmitglied und erste Vorsitzende der Association of Critical Heritage Studies hat sie die Critical Heritage Studies mitbegründet. Sie ist Autorin zahlreicher Bücher und Artikel (z. B. Smith 2006, 2011, 2021; Waterton und Smith 2009) und darüber hinaus Herausgeberin des *International Journal of Heritage Studies* – einer der zentralen Zeitschriften auf dem Feld der Heritage Studies. Zahlreiche Wissenschaftler*innen, die auch in diesem Beitrag immer wieder zitiert werden, gehören dem Editorial Advisory Board an (z. B. Rodney Harrison, David Harvey, Barbara Kirshenblatt-Gimblett, Sharon Macdonald, Emma Waterton). Waterton, die mit Smith mehrfach gemeinsam publiziert hat, studierte Kulturanthropologie und Archäologie und promovierte 2008 in HERITAGE STUDIES. Sie lehrt an der University of York und leitet das Heritage for Global Challenges Research Centre. Zusammen mit Steve Watson hat sie u. a. das *Palgrave Handbook of Contemporary Heritage Research* vorgelegt (Waterton und Watson 2015) sowie zahlreiche, auch theoretische, Beiträge zum kulturellen Erbe verfasst (z. B. Waterton und Watson 2013; Waterton 2014).

3 Exemplarische Beispiele und Fragestellungen

3.1 Die Allgegenwart von Heritage

Zu einem der Klassiker der HERITAGE STUDIES gehört zweifellos *The Past is a Foreign Country* des US-Amerikaners und lange Zeit am University College in London lehrenden Geographen und Historikers David Lowenthal. Es erschien 1985 und kann als Kritik auf den damals einsetzenden *heritage*-Boom gelesen werden – gleiches gilt auch für seine 1998 und mit dem durchaus martialisch klingenden Titel *The Heritage Crusade and the Spoils of History* publizierte Studie. Darin stellte er, noch deutlicher als zuvor, fest (1998, xiii): „All at once heritage is everywhere – in the news, in the movies, in the marketplace – in everything from galaxies to genes. It is the chief focus of patriotism and a prime lure of tourism. One can barely move without bumping into a heritage site. Every legacy is cherished. From ethnic roots to history theme parks, Hollywood to Holocaust, the whole world is busy lauding – or lamenting – some past, be it fact or fiction."

Lowenthals Schriften lassen sich als Reaktion auf gesellschaftliche Veränderungen verstehen, die sich für ihn – er war bereits in London, und die Thatcher-Regierung förderte nicht nur den ‚schlanken' Staat, sondern auch einen ‚neuen' Patriotismus – abzeichneten. Mit *The Past is a Foreign Country* reagierte er auf drei miteinander verwobene Phänomene, nämlich

1. auf das wachsende Interesse (auch politisch und international), Dinge der Vergangenheit bzw. Kulturgüter/*heritage* zu bewahren – in England wurde z. B. 1983 mit English Heritage eine Organisation gegründet, die sich um in Staatsbesitz befindliche Denkmäler und archäologischen Stätten Englands kümmern sollte;

2. auf die zunehmende Ökonomisierung und Kommerzialisierung von Kulturgütern/*heritage*;
3. auf die Indienstnahme von *heritage* zur Untermauerung einer konservativen und zum Teil nationalstaatlich fixierten Sozial- und Kulturpolitik (Smith 2011, 10–11).

Er beleuchtete – in beiden Büchern – sowohl populäre Zugänge zur Vergangenheit als auch die Umgangsweisen und verschiedenen Modi der Bewahrung von Vergangenheit. Sein Interesse richtete sich dabei aber nicht nur auf seine Zeitgenoss*innen oder das 20. Jahrhundert, sondern er blickte in kulturgeschichtlicher Manier – was Europa betraf – bis in die Renaissance zurück und verfolgte für die USA die *heritage*-Spuren bis zu den Gründungsvätern (Lowenthal 1985, 74–124). Seine „Kartierung der Geschichtskultur" bzw. dessen, was er als „cult of heritage" (Lowenthal 1998, 1) brandmarkte, war eine – wenn auch aus einer stark eurozentrischen Perspektive geschriebene – Erzählung über die „Formen und Funktionen der Geschichtsaneignung" (Saupe 2021, 204). Und trotz der bisweilen vehementen Kritik am Heritage-Boom maß er der Bewahrung von Überresten der Vergangenheit eine wichtige Rolle für die Sinnstiftung und Identitätsarbeit zu: „Heritage's essential role [is] in husbanding community, identity, continuity" (Lowenthal 1998, XV).

Mit seinen kulturhistorischen Surveys rückte Lowenthal einerseits zweifellos das Thema *heritage* in das Blickfeld der Wissenschaft; andererseits trug er das recht enge Verständnis von *heritage*, das Laurajane Smith später als *authorized heritage discourse* beschreiben sollte, weiter. Heute stellen Lowenthals Bücher ein interessantes zeithistorisches Dokument dar, dessen Relektüre weiterhin lohnt.

3.2 *Difficult heritage*

Heritage ist nicht per se „harmlos und unverdächtig" (Tauschek 2016, 72), auch wenn es vielfach als positive Metapher dient. Als erste haben J. E. Tunbridge und Gregory J. Ashworth in ihrem Buch *Dissonant Heritage* (1996) auf die Misstöne aufmerksam gemacht und dabei auch Aspekte des ‚dunklen Erbes' (*dark heritage*) bzw. ‚schwierigen Erbes' (*difficult heritage*) angesprochen. War ihr Buch aus der Perspektive des *heritage*-Managements verfasst und besaß damit einen anwendungsorientierten Fokus, verfolgte die mittlerweile in Berlin lehrende Britin Sharon Macdonald (s. u.) mit ihrer Studie *Difficult Heritage: Negotiating the Nazi Past in Nuremberg and Beyond* (2009) einen anderen Weg. Sie beschäftigte sich mit der Frage, wie Nürnberg bzw. die Nürnberger*innen nach dem Zweiten Weltkrieg mit ihrem nationalsozialistischen Erbe umgegangen sind. Anhand von Archivmaterial, der Berichterstattung in Zeitungen sowie eingehenden Feldforschungen am Nürnberger Reichparteitagsgelände analysierte sie Anfang der 2000er Jahre die Beziehung von Kulturerbe, Identität und materieller Kultur – immerhin hatte das Reichparteitagsgelände eine enorme materielle Präsenz – und identifizierte verschiedene Strategien im Umgang mit diesem Erbe wie Zerstörung, Umnutzung, Hinwegsehen, Gedenken, Bildung. Interessant ist der doppelte Zugang, also die Kombination von historischer und ethnographischer Forschung und die Betonung, dass es eben nicht darum geht, etwa verschiedene Arten des Erbes zu klassifizieren, Abstufungen vorzunehmen oder eine ‚Landkarte' des schwierigen Erbes in Deutschland zu erstellen. Macdonald (2009, 4) ging es darum, *difficult heritage* – anstatt es als analytische Kategorie zu etablieren – als historisches und ethnographisches Phänomen zu untersuchen. Im Zentrum ihrer Analyse standen die Aushandlungsprozesse und damit Fragen, wie und unter welchen Bedingungen Debatten über schwieriges Erbe stattfanden, was ignoriert oder übersehen wurde – bewusst oder unbewusst. Kurz: Es ging ihr darum, wie *heritage* hergestellt wird („heritage making"; 2009, 4). Hervorzuheben ist dabei ihr inkludierender Ansatz im Sinne einer „democratic anthropology". Als Forscherin bringt sie sich unweigerlich in die Debatten ein, weil sie sich an Aushandlungsprozessen beteiligt, Argumente und Ideen der Beteiligten aufnimmt und stützt, sowie Ideen und Beiträge für zukünftige Prozesse anbietet; sie versteht ihre Studie daher dezidiert nicht als Analyse über eine Gruppe von Menschen (Macdonald 2009, 22). Macdonalds Untersuchung steht vielmehr *pars pro toto* für das, was das Verständnis der Critical Heritage Studies kennzeichnet: „Heritage is something vital and alive. It is a moment of action, not something frozen in material form." (Smith 2011, 23)

3.3 Heritage und Social Media

Das Smartphone und Social Media wirken ganz zweifellos in viele Lebensbereiche hinein. Das gilt auch für den Tourismus, wie das Beispiel des jungen Pyramidenbezwingers bezeugt. Was früher der Photoapparat und das Photoalbum waren, sind heute das Smartphone und die sozialen Medien. Das hat auch Folgen hinsichtlich der Begegnung mit *heritage sites* und wie diese wahrgenommen werden. Das Smartphone ist heute ein zentraler Akteur, der die „Subjekt-Objekt-Relation in Richtung eines ‚aktiven' bzw. (mit-)handelnden Artefakts" verschiebt (Eisentraut 2016, 111). Über den Smartphone-Bildschirm (ver-)ändert sich nicht nur das Bewegen im Raum und damit die Aneignung des Raums, sondern auch die Perspektive auf ihn. Zum anderen ermöglichen Smartphones in ihrer Verflechtung mit den sozialen Medien, wie es der Tübinger Kulturwissenschaftler Christoph Bareither (2020, 47) ausdrückt, die „Teilnahme an der kurzfristigen und einfachen Zirkulation emotionaler Anerkennung“. Im Fokus seiner Forschung standen die Verwebungen von schwierigem Erbe und digitalen Medien. Seine Analyse, die einem affordanztheoretischen Ansatz folgt, stützte sich u. a. auf eine digitale Ethnographie der Medienpraktiken von Besucher*innen der Berliner Holocaust-Gedenkstätte, teilnehmende Beobachtung in der Gedenkstätte selbst sowie auf zahlreiche Interviews mit Besucher*innen vor Ort und Chat-Interviews mit Nutzer*innen sozialer Medien (Bareither 2020, 2021). Er konnte zeigen, dass Affordanzen von Technik (Smartphone und Social Media) und materieller Umwelt (schwieriges Kulturerbe), bestimmte Praktiken und damit auch Emotionen anstoßen (Bareither 2020, 49), die auf den ersten Blick nicht immer zusammengehen. Besonders deutlich wird das am Beispiel der Selfies an schwierigen Orten: Da ist zum einen das Smartphone, das ein Lächeln evoziert, und da ist zum anderen das dunkle Erbe, das zum Gedenken auffordert. Alltägliche Routinen geraten hier also in ein Spannungsfeld „zwischen respektvollem emotionalen Gedenken einerseits und dem routinierten, vergnüglichen Gebrauch digitaler Medien andererseits“ (Bareither 2020, 34). Das Beispiel verdeutlicht den offenen Ansatz der HERITAGE STUDIES: Es geht um die Analyse der Verwebung von digitalen Medien, materieller Kultur und Emotion, verknüpft mit dem theoretischen Ansatz der Affordanz, der ursprünglich aus der Wahrnehmungspsychologie kommt und später von den MATERIAL CULTURE STUDIES aufgegriffen und, wie dieses Beispiel zeigt, für die HERITAGE STUDIES fruchtbar gemacht wurde (Stichwort *travelling concept*, siehe Kap. 1.4).

4 Kulturwissenschaftliche Kulturerbeforschung im deutschsprachigen Raum

Forschungen zum Thema Kulturerbe haben auch im deutschsprachigen Raum eine lange Tradition – sie firmieren hier allerdings in der Regel nicht unter dem Begriff HERITAGE STUDIES, sondern waren lange Zeit eine Domäne der Kunstgeschichte und Denkmalpflege (z. B. Riegl 1903) bzw. sind es zum Teil heute noch (bspw. Falser und Juneja 2013; Scheurmann 2018; Dolff-Bonekämper 2021). Die Bezeichnung HERITAGE STUDIES fließt nur langsam in den deutschen Sprachgebrauch ein, und auch eine Bezugnahme auf die anglophonen kulturwissenschaftlichen Theorie- und Methodendiskussionen findet in den letzten Jahren v. a. über einzelne Forscher*innen sowie über die Einrichtung größerer Forschungsverbünde statt. Die in Deutschland lange Zeit betriebene Kulturerbeforschung hängt mit einer anders gearteten Forschungstradition zusammen, denn (kulturwissenschaftliche) Forschung zum kulturellen Erbe wird hier immer noch deutlich fachspezifischer betrieben als im anglophonen Raum, wo die Fachgrenzen und die Grenzen von Forschungsfeldern leichter, vielleicht auch mutiger, überschritten werden (können) als bspw. in Deutschland. Das zeigt sich insbesondere an den akademischen Strukturen – Fachnamen und Studienangeboten –, die weiterhin stark disziplinär ausgerichtet sind.

In Deutschland findet sich – bis auf den 2003 an der BTU Cottbus eingerichteten UNESCO Chair in Heritage Studies – daher auch kein*e Lehrstuhlvertreter*in mit einer Denomination HERITAGE STUDIES. Es gibt aber zahlreiche Wissenschaftler*-innen, die sich intensiv mit Kulturerbefragen befassen und in diesem Feld forschen; zugleich kann man auch in Deutschland Studiengänge – in der Regel Master-Studiengänge – absolvieren, die sich dem Kulturerbe widmen, seiner Geschichte und unserem Umgang damit. Viele der Studiengänge in Deutschland, die den Begriff ‚Kulturerbe' oder ‚Heritage' im Titel tragen, fokussieren allerdings stark auf das materielle Erbe und sind daher eng mit kunsthistorischen und denkmalpflegerischen Aspekten verknüpft (etwa in Bamberg, TU Berlin, BTU Cottbus; in Paderborn wird auch das immaterielle Erbe einbezogen). An der Universität Heidelberg wurde jüngst nicht nur eine neue Professur für Cultural Heritage und Kulturgüterschutz geschaffen, sondern auch ein gleichnamiger Masterstudiengang etabliert. Vermittelt werden hier v. a. der Erwerb der theoretischen und praktischen Grundlagen im Umgang mit Kulturerbe. Sowohl die Professur als auch der Studiengang sind wiederum eng mit dem Heidelberg Center for Cultural Heritage (HCCH) verknüpft, einer 2013 gegründeten wissenschaftlichen Einrichtung, die dem langfristigen „Ausbau der an der Universität Heidelberg bestehenden Kompetenzen im Bereich des materiellen und immateriellen Kulturellen Erbes" dient (HCCH 2021). Im Rahmen der Exzellenzstrategie der Universität Heidelberg wird seit kurzem mit der Flagship-Initiative „Transforming Cultural Heritage" darüber hinaus das Thema ‚Kulturerbe' in Forschung, Lehre und Transfer gefördert.

Diese Skizzierung zeigt: Das universitäre Ausbildungsangebot in Deutschland ist stark kunsthistorisch-denkmalpflegerisch-archäologisch orientiert. Dort, wo sich also die Begriffe ‚Heritage'/‚Kulturerbe' im Titel des Studiengangs finden, stehen meist die materielle Kultur und der Schutz des (kulturellen) Erbes im Vordergrund. Kulturanthropologische Perspektiven, wodurch sich die anglophon-geprägten (CRITICAL) HERITAGE STUDIES auszeichnen, spielen hier eine eher untergeordnete Rolle. Eine solche Perspektive wird jedoch von der Empirischen Kulturwissenschaft bzw. Europäischen Ethnologie eingenommen, die – an einzelnen Standorten – eine empirisch-kulturwissenschaftliche Kulturerbeforschung betreibt. Als Fachvertreter*-innen sind hier in erster Linie Regina Bendix (Göttingen), Sharon Macdonald (Berlin) und Markus Tauschek (Freiburg) zu nennen. Bendix hat die kulturanthropologische Kulturerbeforschung in Deutschland wesentlich geprägt. Davon zeugen zahlreiche Bücher, an denen sie maßgeblich beteiligt war (Hemme et al. 2007; Bendix et al. 2010; Bendix et al. 2013; Groth et al. 2015; Adell et al. 2015), das von ihr an der Universität Göttingen initiierte und durchgeführte DFG-Projekt „Die Konstituierung von Cultural Property. Akteure, Diskurse, Kontexte, Regeln" (2008–2011) sowie eine große Zahl betreuter Qualifikationsschriften, die in der Reihe *Göttingen Studies in Cultural Property – Göttinger Studien zu Cultural Property* bis heute erscheinen (z. B. Peselmann 2018). 2018 sind von ihr unter dem Titel *Culture and Value* gesammelte Schriften erschienen, die sich mit den sozialen, ideologischen, politischen und wirtschaftlichen Verwebungen von *heritage*, Tourismus und Eigentum befassen (Bendix 2018). Markus Tauschek, der bei ihr zum belgischen Karneval in Binche als UNESCO-Kulturerbe promovierte (Tauschek 2010), hat die bis heute einzige deutschsprachige Einführung in das Thema und zahlreiche Beiträge verfasst. In seinem Buch *Kulturerbe: Eine Einführung* fragt er weniger danach, was Kulturerbe ist, sondern er beschäftigt sich – ganz in kulturanthropologischer Manier – damit, wie Kulturerbe entsteht, also wie aus Dingen, Räumen und Landschaften sowie Traditionen und Praktiken kulturelles Erbe wird (Tauschek 2013). Seit 2015 prägt auch die britische Sozial- und Kulturanthropologin Sharon Macdonald die deutsche Kulturerbeforschung: Sie trat damals eine Alexander-von-Humboldt-Professur für Sozialanthropologie an der Humboldt-Universität zu Berlin an und gründete dort das Centre for Anthropological Research on Museums and Heritage (CARMAH). Das Berliner Zentrum verfolgt das Ziel, das Verständnis für Museen und Kulturerbe in der Gegenwart zu vertiefen. Im Fokus der Forschung stehen verschiedene Akteure wie Kulturgüter, Sammlungen und Publikum und damit immer auch Aspekte der sozialen Anerkennung, Fragen von Machtverhältnissen und der öffentlichen Debatte. Macdonald war und ist an zahlreichen Projekten beteiligt und gehört zweifellos zu denjenigen Forscher*innen im deutschsprachigen Raum, die die Heritage Studies im anglophonen Verständnis vertreten und jüngere Forschergenerationen an die internationale Debatte heranführen. Und wie kaum ein*e andere*r Forscher*in – neben ihr ist noch der Tübinger Kulturwissenschaftler Thomas Thiemeyer zu erwähnen (z. B. Thiemeyer 2018b; 2018c) – verschränkt sie in ihren Arbeiten Heritage Studies und Museum Studies, und damit zwei Felder, die bis in die 2000er Jahre hinein, wie Laurajane Smith (2011, 16) feststellte, nur wenig aufeinander bezogen waren. Das Berliner Projekt „Making Differences: Transforming Museums and Heritage in the 21st Century" (2017–2021) ist hierfür ein Beispiel: Es fokussiert – vor dem Hintergrund globaler Entwicklungen und postkolonialer Theorien – auf die sich verändernde Rolle und das Potenzial von Museen und Kulturerbe bei der Produktion von Verschiedenheit und Vielfalt, wobei neben sozialer und kultureller Vielfalt auch Aspekte der ‚natürlichen' bzw. biologischen Vielfalt im Zentrum der Betrachtung stehen. Die Berliner Museumslandschaft dient dabei als eine Art Forschungslabor, um die Dynamik der Veränderungen zu untersuchen. Macdonald war auch an dem Verbundprojekt „TRACES: Transmitting Contentious Cultural Heritage with the Arts" (2016–2019) beteiligt, das mit dem Ansatz der Creative Co-Production einen neuen Weg in der Zusammenarbeit zwischen Künstler*innen und Wissenschaftler*innen ging (dazu auch Hamm und Schönberger 2021).

Institutionen wie die Beratungs- und Forschungsstelle Immaterielles Kulturerbe in Bayern am Institut für Volkskunde der Kommission für Bayerische Landesgeschichte bei der Bayerischen Akademie der Wissenschaften wiederum bilden eine Art Schnittstelle. Eine wichtige Aufgabe liegt in der Beratung von Träger*-innen kultureller Ausdrucksformen, die sich für das Bayerische Landesverzeichnis des Immateriellen Kulturerbes bewerben möchten. Die Beratungsstelle gibt aber nicht nur Hilfestellung im Bewerbungsprozess, sondern möchte auch einen „Dialog zwischen Wissensbeständen der Trägergruppen und wissenschaftlichen Konzepten bzw. Ergebnissen" ermöglichen (Groschwitz 2021, 72; zur Beratungsstelle ausführlich auch Groschwitz 2019).

Eine stärker soziologische Perspektive in die HERITAGE STUDIES bringt die Soziologin Sybille Frank ein. Sie hat am Beispiel des innerdeutschen Grenzübergangs Checkpoint Charlie den Prozess der ‚Erbwerdung' bzw. *heritagisation* nachgezeichnet – also wie ein Ort zu kulturellem Erbe wird – und eindrücklich herausgearbeitet, dass nicht die Berliner*innen, sondern Tourist*innen den berühmten Grenzübergang zu *heritage* gemacht und damit eine lokale Heritage-Industrie befördert haben (Frank 2009). Frank ist darüber hinaus seit 2016 Mitglied im interdisziplinären DFG-Graduiertenkolleg „Identität und Erbe", das sich der kritischen Erforschung von Identitäts- und Erbe-Konstruktionen annimmt und zugleich das demokratische Verständnis von Kulturerbe stärken möchte.

5 Ausblick

Die kulturwissenschaftlichen HERITAGE STUDIES sind ein heterogenes Feld: Sie speisen sich aus unterschiedlichen Fächern, sind aber immer auch offen, sich in neue Bereiche hineinzubewegen bzw. theoretische Konzepte für die eigene Forschung fruchtbar zu machen und gesellschaftliche Veränderungen zu erkennen bzw. auf diese zu reagieren. Zu nennen ist hier bspw. das 2019 abgeschlossene Projekt „Heritage Futures", das sich anhand von vier Punkten – Ungewissheit, Transformation, Überfluss und Vielfalt – mit zukünftigen Herausforderungen an Kulturerbe beschäftigte (Harrison et al. 2020; Holtorf und Högberg 2021). Dabei ging es etwa um Entsorgung von Atommüll, die Erhaltung des baulichen Erbes, die Bewahrung gefährdeter Sprachen, das (Über-)Sammeln in Museen und die Aufbewahrung von Familienerbstücken. Denn erst Analysen, die danach fragen, wie Sammlungen heute hergestellt und erhalten werden, die einmal das Erbe der Zukunft bilden, ermöglichen es Menschen, über das Vermächtnis, das künftige Generationen erben, nachzudenken und es gegebenenfalls zu beeinflussen (Heritage Futures 2021).

Auch wenn die Heritage Studies sich immer wieder mit Aspekten kolonialen Erbes befasst haben, so zeichnet sich – befördert von der Black Lives Matter-Bewegung und postkolonialen Theoriedebatten – in den letzten Jahren ein gestiegenes Interesse in diesem Feld, auch in der deutschsprachigen Kulturerbeforschung, ab. Hierzu zählen etwa die Beschäftigung mit Debatten um die Bedeutung von *heritage* in immer pluraler und diverser werdenden Gesellschaften, die Frage wie mit kolonialen Objekten umzugehen ist und wie sich die Aushandlungsprozesse gestalten (Stichwort ‚Denkmalsturz', dazu etwa Blokker 2021; Stichwort ‚Repatriierung', dazu bspw. Wergin 2021).

Da die Digitalisierung in allen Lebensbereichen stetig voranschreitet, dürfte für die Heritage Studies hier zukünftig großes Forschungspotenzial liegen. Das Schlagwort ist *digital heritage*, wobei damit eben nicht nur die Digitalisierung von materiellem Erbe in eine digitale Form gemeint ist (Virtual Reality bzw. Augmented Reality), sondern die Erforschung einer zunehmend digitalisierten Erinnerungs- bzw. Kulturerbeökologie, die durch sich wandelnde sozio-technische, organisatorische, rechtliche, wirtschaftliche und ethische Rahmenbedingungen gekennzeichnet ist. Das von der Europäischen Union geförderte Projekt „Participatory Memory Practices" (POEM), das u. a. von der Hamburger Kulturwissenschaftlerin Gertraud Koch initiiert wurde, reagiert mit einem Schulungsprogramm auf diese Veränderungen und damit auf die (praktischen) Auswirkungen im Umgang mit Kulturerbe, seiner Nutzung und hinsichtlich der Teilhabe an diesem Erbe.

Die Forschungsthemen werden den Heritage Studies also nicht ausgehen. Vereinzelt und noch leise hört man Stimmen, die sich an den Critical Heritage Studies mit ihrem machtkritischen Ansatz stören und in den CHS eine Art *authorized heritage discourse* 2.0 oder AHD^2 heraufziehen sehen. Es bleibt jedoch abzuwarten, ob und inwieweit diese Stimmen erste Anzeichen eines künftigen Paradigmenwechsels sind.

6 Literaturverzeichnis

ACHS. *Manifest der Association of Critical Heritage Studies*. 2012: https://www.criticalheritagestudies.org/history [31.01.2024].

Adell, Nicolas et al. (Hrsg.). *Between Imagined Communities and Communities of Practice. Participation, Territory and the Making of Heritage*. Göttingen 2015.

Bal, Mieke. *Travelling Concepts in the Humanities. A Rough Guide*. Toronto 2002.

Bareither, Christoph. „Affordanz". *Kulturtheoretisch argumentieren*. Hrsg. von Timo Heimerdinger und Markus Tauschek. Münster 2020: 32–55.

Bareither, Christoph. „Difficult Heritage and Digital Media. ‚Selfie Culture' and Emotional Practices at the Memorial to the Murdered Jews of Europe". *International Journal of Heritage Studies* 27.1 (2021): 57–72.

Bendix, Regina. „Kulturelles Erbe zwischen Wirtschaft und Politik. Ein Ausblick". *Prädikat „Heritage". Wertschöpfungen aus kulturellen Ressourcen*. Hrsg. von Dorothee Hemme et al. Berlin 2007: 337–356.

Bendix, Regina F. *Culture and Value. Tourism, Heritage, and Property*. Bloomington, IN 2018.

Bendix, Regina F., Kilian Bizer und Stefan Groth (Hrsg.). *Die Konstituierung von Cultural Property. Forschungsperspektiven*. Göttingen 2010.

Bendix, Regina F., Aditya Eggert und Arnika Peselmann (Hrsg.). *Heritage Regimes and the State*. Göttingen 2013.

Blokker, Johanna. „Denkmalsturz und Denkmalschutz. Positionen der Denkmalpflege zum Umgang mit Denkmälern des Kolonialismus". *APuZ* 71.40/41 (2021): 20–26.

Dolff-Bonekämper, Gabi. *Der Streitwert der Denkmale*. Berlin 2021.

Eisentraut, Steffen. „Das Mobiltelefon als digitaler Dauerbegleiter". *Dinge befremden. Essays zu materieller Kultur*. Hrsg. von Julia Reuter und Oliver Berli. Wiesbaden 2016: 107–113.

Fairclough, Graham et al. (Hrsg.). *The Heritage Reader*. London 2008.

Falser, Michael und Monica Juneja (Hrsg.). *Kulturerbe und Denkmalpflege transkulturell. Grenzgänge zwischen Theorie und Praxis*. Bielefeld 2013.

Frank, Sybille. *Der Mauer um die Wette gedenken. Die Formation einer Heritage-Industrie am Berliner Checkpoint Charlie*. Frankfurt a.M. 2009.

Groschwitz, Helmut. „Immaterielles Kulturerbe in Bayern. UNESCO-Übereinkommen zur Erhaltung des immateriellen Kulturerbes. Beginn der vierten Bewerbungsrunde". *Schönere Heimat* 1 (2019): 11–16.

Groschwitz, Helmut. „Immaterielles Kulturerbe als Netzwerk und die Koproduktion von Authentizität". *Weitergabe und Wiedergabe. Dimensionen des Authentischen im Umgang mit immateriellem Kulturerbe*. Hrsg. von Achim Saupe und Stefanie Samida. Göttingen 2021: 71–90.

Groth, Stefan, Regina F. Bendix und Achim Spiller (Hrsg.). *Kultur als Eigentum. Instrumente, Querschnitte und Fallstudien*. Göttingen 2015.

Hall, Stuart. „Whose Heritage? Un-Settling ‚The Heritage', Re-Imagining the Post-Nation". *Third Text* 13.49 (1999/2000): 3–13.

Hamm, Marion und Klaus Schönberger (Hrsg.). *Contentious Cultural Heritages and Arts. A Critical Companion*. Klagenfurt 2021.

Harrison, Rodney (Hrsg.). *Understanding the Politics of Heritage. Critical Approaches*. Manchester 2010.

Harrison, Rodney. *Heritage. Critical Approaches*. London 2013.

Harrison, Rodney et al. *Heritage Futures. Comparative Approaches to Natural and Cultural Heritage Practices*. London 2020.

Harvey, David. „The History of Heritage". *The Ashgate Research Companion to Heritage and Identity*. Hrsg. von Brian Graham und Peter Howard. Aldershot 2008: 19–36.

HCCH. *Heidelberg Center for Cultural Heritage*: https://www.hcch.uni-heidelberg.de [31.01.2024].

Heritage Futures: https://heritage-futures.org/about [31.01.2024].

te Heesen, Anke. *Theorien des Museums zur Einführung*. Hamburg 2013.

Hemme, Dorothe, Markus Tauschek und Regina F. Bendix (Hrsg.). *Prädikat „Heritage". Wertschöpfungen aus kulturellen Ressourcen*. Berlin 2007.

Hewison, Robert. *The Heritage Industry. Britain in a Climate of Decline*. London 1987.

Holtorf, Cornelius und Anders Högberg (Hrsg.). *Cultural Heritage and the Future*. London 2021.

Kirshenblatt-Gimblett, Barbara. „Theorizing Heritage". *Ethnomusicology* 39.3 (1995): 367–380.

Kirshenblatt-Gimblett, Barbara. *Destination Culture. Tourism, Museums, and Heritage*. Berkeley, CA 1998.

Logan, William, Máiréad Nic Craith und Ullrich Kockel (Hrsg.). *A Companion to Heritage Studies*. Chichester 2016.

Lowenthal, David. *The Past is a Foreign Country*. Cambridge 1985.

Lowenthal, David. *The Heritage Crusade and the Spoils of History*. Cambridge 1998.

Macdonald, Sharon. *Difficult Heritage. Negotiating the Nazi Past in Nuremberg and Beyond*. London 2009.

Peselmann, Arnika. *Konstituierung einer Kulturlandschaft. Praktiken des Kulturerbens im deutsch-tschechischen Erzgebirge*. Göttingen 2018.

Peselmann, Arnika und Stefanie Samida. „Heritage und Kulturerbe". *Schlüsselbegriffe der Public History*. Christine Gundermann et al. Göttingen 2021: 149–173.

POEM. *European Training Network „Participatory Memory Practices"*: https://www.poem-horizon.eu [31.01.2024].

Riegl, Alois. „Der moderne Denkmalkultus, sein Wesen und seine Entstehung [1903]". *Georg Dehio und Alois Riegl. Konservieren, nicht restaurieren. Streitschriften zur Denkmalpflege um 1900*. Hrsg. von Marion Wohlleben und Georg Mörsch. Braunschweig 1988: 43–87.

Roofing Cheops Pyramide. 25. Januar 2016: https://www.youtube.com/watch?v=s6X-1ShM8uA [31.01.2024].

Saupe, Achim. „Destination Vergangenheit. David Lowenthals Panorama geschichtskultureller Aneignungen (1985/2015)". *Zeithistorische Forschungen* 18 (2021): 202–209.

Scheurmann, Ingrid. *Konturen und Konjunkturen der Denkmalpflege. Zum Umgang mit baulichen Relikten der Vergangenheit*. Köln 2018.

Seng, Eva-Maria. „Authentizität und kulturelles Erbe". *Weitergabe und Wiedergabe. Dimensionen des Authentischen im Umgang mit immateriellem Kulturerbe*. Hrsg. von Achim Saupe und Stefanie Samida. Göttingen 2021: 35–52.

Smith, Laurajane. *Uses of Heritage*. London 2006.

Smith, Laurajane. *All Heritage is Intangible. Critical Heritage Studies and Museums*. Amsterdam 2011.

Smith, Laurajane. *Emotional Heritage. Visitor Engagement at Museums and Heritage Sites*. London 2021.

Tauschek, Markus. *Wertschöpfung aus Tradition. Der Karneval von Binche und die Konstituierung kulturellen Erbes*. Berlin 2010.

Tauschek, Markus. *Kulturerbe. Eine Einführung*. Berlin 2013.

Tauschek, Markus. „Wenn aus Traditionen Kulturerbe wird. Ein kulturanthropologisch-volkskundlicher Beitrag zur Inwertsetzung von Kultur". *Jahrbuch der Steirischen Volkskultur* (2016): 71–77.

Thiemeyer, Thomas. *Geschichte im Museum. Theorien, Praxis, Berufsfelder*. Tübingen 2018a.

Thiemeyer, Thomas. „Kulturerbe als ‚Shared Heritage'? Kolonialzeitliche Sammlungen und die Zukunft einer europäischen Idee". *Merkur* 72/829 (2018b): 30–44.

Thiemeyer, Thomas. „Kulturerbe als ‚Shared Heritage'? Anerkennungsfragen". *Merkur* 72/830 (2018c): 85–92.

Tunbridge, J. E. und Gregory J. Ashworth. *Dissonant Heritage. The Management of the Past as a Resource in Conflict*. Chichester 1996.

Waterton, Emma. „A More-Than-Representational Understanding of Heritage? The ‚Past' and the Politics of Affect". *Geography Compass* 8.11 (2014): 823–833.

Waterton, Emma und Laurajane Smith. „There is No Such *Thing* as Heritage". *Taking Archaeology out of Heritage*. Hrsg. von Emma Waterton und Laurajane Smith. Cambridge 2009: 11–27.

Waterton, Emma und Steve Watson. „Framing Theory. Towards a Critical Imagination in Heritage Studies“. *International Journal of Heritage Studies* 19.6 (2013): 546–561.

Waterton, Emma und Steve Watson (Hrsg.). *The Palgrave Handbook of Contemporary Heritage Research*. New York 2015.

Wergin, Carsten. „Healing Through Heritage? The Repatriation of Human Remains from European Collections as Potential Sites of Reconciliation“. *Anthropological Journal of European Cultures* 30.1 (2021): 123–133.

Willer, Stefan, Siegrid Weigel und Bernhard Jussen. „Erbe, Erbschaft, Vererbung. Eine aktuelle Problemlage und ihr historischer Index“. *Erbe. Übertragungskonzepte zwischen Natur und Kultur*. Hrsg. von Stefan Willer, Siegrid Weigel und Bernhard Jussen. Berlin 2013: 7–36.

Sonja Schmalenberger, Stefanie Köhler, Josefine Honke
und Gerd Bayer

Holocaust Studies

1 Forschungsgeschichte

Die kulturwissenschaftlichen HOLOCAUST STUDIES nehmen ihren Ursprung in der Massenvernichtung der europäischen Jüdinnen*Juden während der Naziherrschaft Deutschlands vor und während des Zweiten Weltkriegs. Schon Charlie Chaplins bittere Satire *The Great Dictator* (1940) unternimmt den Versuch einer ästhetisch-diskursiven Annäherung an den Faschismus durch ein filmisches Medium, auch wenn zu diesem Zeitpunkt das Ausmaß der späteren „Endlösung" in den Vernichtungslagern noch nicht beschlossen war und deswegen auch nicht so offen diskutiert wurde wie nach der Befreiung der Konzentrationslager (KZ). Anna Seghers begann bereits 1938 mit den Arbeiten an ihrem Roman *Das siebte Kreuz* (1942 erschienen, schon wenig später auch als *comic strip*). Gleich nach Kriegsende bemühten sich die Alliierten, die Gräuel des Krieges über dokumentarisches und primär auch didaktisch konzipiertes Filmmaterial in den öffentlichen Diskurs zu bringen: Alfred Hitchcocks Film *Night Will Fall* blieb 1945 unvollendet (und erschien erst in André Singers Bearbeitung 2014), unter der Aufsicht von Billy Wilder entstand der Film *Death Mills* (1945). Beide Werke zeigen schon die große Nähe zwischen der ästhetisch-didaktischen und der juristischen Aufarbeitung des Holocaust, benutzen sie doch Sequenzen aus Filmen, die für die Nürnberger Prozesse (November 1945 bis Oktober 1946) erstellt wurden. Auch dieses medial breit rezipierte Justizverfahren nimmt in der Geschichte der HOLOCAUST STUDIES eine zentrale Rolle ein, denn es legt unmissverständlich dar, dass die Auseinandersetzung mit diesen historischen Ereignissen immer auch mit Fragen der Schuld und Verantwortung verbunden sind, wodurch sich eine klare Linie hin zu allen ethischen Fragestellungen der folgenden Jahrzehnte ziehen lässt, die sich etwa auch in den theoretischen Schriften des Juristen Giorgio Agamben (2003) zur Zeug*innenschaft zeigt.

Anders als bei vielen Bereichen der CULTURAL STUDIES kann man bei den HOLOCAUST STUDIES nur bedingt von einer Entwicklung sprechen, die sich an theoretischen Impulsen orientiert: Vielmehr treten Beeinflussungen in umgekehrter Richtung ein. Viele der zentralen Entwicklungen der postmodernen, dekonstruktivistischen und allgemein kulturwissenschaftlichen Theoriediskurse finden ihren Ursprung in den Verbrechen des sogenannten „Dritten Reiches" und dem Versuch, Begrifflichkeiten und Konzepte zu entwickeln, die einem Verständnis dieser Entwicklungen dienen können (Eaglestone 2004), bzw. die Grenzen semantischer Festschreibung theoretisieren (Lyotard 1986). Selbst Fragen zur Ethik und der Alterität, die in einem späten

https://doi.org/10.1515/9783110712919-017

Stadium postmoderner Diskussionen an Relevanz gewinnen, gehen, etwa bei Emmanuel Levinas, klar auf Erfahrungen des Holocaust zurück. In ihren Publikationen, aber auch im didaktischen Alltag zeichnen sich die HOLOCAUST STUDIES deswegen nicht nur durch eine große Nähe zu zentralen theoretischen Diskursen aus, sie stehen – man denke nur an die Erinnerungsforschung (→ MEMORY STUDIES) – oft sogar an deren Anbeginn. Die Auseinandersetzung mit dem Holocaust (selbst im Historikerstreit der späten 1980er Jahre) hat dabei immer auch eine eindeutig politische Komponente, die sich ebenso klar in der Debatte um den Eichmannprozess in Jerusalem zeigte (Arendt 1963). In der Diskussion um das „Böse" bleibt, so scheint es, eine Positionierung mit Bezug auf den Holocaust eine *conditio sine qua non*.

Die wissenschaftliche Auseinandersetzung mit dem Holocaust findet dementsprechend in vielen geistes- und sozialwissenschaftlichen Kontexten statt. In Deutschland existieren dazu einige Forschungsschwerpunkte, etwa das Zentrum für Holocaustforschung am Institut für Zeitgeschichte (München/Berlin) oder die Arbeitsstelle Holocaustliteratur (Gießen); ein fachlich einschlägiger interdisziplinärer BA- oder MA-Studiengang (vergleichbar zu Programmen etwa in den USA, UK, Israel, und Kanada) existiert an keiner der großen staatlichen Universitäten in Deutschland. Das private Touro College Berlin bietet einen MA in *Holocaust Communication and Tolerance* an.

2 Der Holocaust in Texten

Neben einer bewusst faktual-soziologisch ausgerichteten geschichtswissenschaftlichen Aufarbeitung des Holocaust (Hilberg 1961; Browning 1994; Goldhagen 1996) existiert in den HOLOCAUST STUDIES eine intensive Forschungstätigkeit, die stark inter- und transdisziplinär in den Bereichen Literatur-, Film- und Medienwissenschaften verortet ist. Ausgehend von frühen autobiographischen Zeug*innenberichten – etwa Elie Wiesels *Un di velt hot geshvign* (1956), Primo Levis *Se questo è un uomo?* (1961) und Imre Kertész' *Sorstalanság* (1975) – erreichten über die TV-Serie *Holocaust* (1978), über Claude Lanzmanns *Shoah* (1985) und schließlich Steven Spielbergs *Schindler's List* (1993) Dokumentar- und Spielfilme ein breites Publikum, das sich zudem auch in anderen Gattungen, etwa in Art Spiegelmans *graphic novel Maus* (1980), adressiert fand. Angestoßen von Theodor W. Adornos Diktum zum Barbarischen der Kunst (als Lyrik) nach Auschwitz beschäftigen sich die HOLOCAUST STUDIES stark mit den Grenzen des Sag- und Zeigbaren (Lang 2000) sowie mit der Diskussion über die (kommerzielle) Vereinnahmung des Leidens durch die Kunst (Young 1988). Viele Werke der Holocaustliteratur verwenden bewusst transmediale bzw. gattungsübergreifende und experimentelle Zugänge, etwa David Grossman in *Stichwort*

Liebe (1986) über das Enzyklopädische, W.G. Sebalds *Austerlitz* (2001) über die Photographie und Jonathan Safran Foer in *Everything is Illuminated* (2002) über Sprache. Ruth Klügers *weiter leben* (1992) verdeutlicht den Zusammenhang zwischen Erinnern, Gedenken und autobiographischem Schreiben. Zentrale Zugänge zur literaturwissenschaftlichen Aufarbeitung waren Modelle aus der Traumaforschung (Caruth 1996) sowie das Konzept der Postmemory (Hirsch 1997; siehe auch Bayer und Freiburg 2009). Inspiriert von Täter*innentexten – etwa Jonathan Littells Roman *Les Bienveillantes* (2006) oder Martin Amis' *The Zone of Interest* (2014) – sowie der öffentlichen Debatte um Oliver Hirschbiegels Hitlerfilm *Der Untergang* (2004), haben sich als neuerer Forschungsansatz zudem die PERPETRATOR STUDIES etabliert (Pettitt 2017; McGlothlin 2021).

3 Der Holocaust in (fiktionalen) Bildern

Die bei visuellen Auseinandersetzungen mit dem Holocaust unausweichliche Frage, ob eine solche Darstellungsform überhaupt angemessen sei, wird immer wieder im Zusammenhang mit Spielfilmen diskutiert und steht nicht selten im Zentrum von wissenschaftlichen Untersuchungen von Holocaust-Filmen (Corell 2009). Die Thematisierung des Holocaust in Film- und Serienproduktionen ist vielfältig und umfasst sowohl Werke, die den Holocaust selbst inszenieren, als auch Werke, die Erinnerung und Aufarbeitung thematisieren. Die Bandbreite der filmischen Bearbeitungen von Nationalsozialismus und Holocaust spiegelt sich zwangsläufig auch in der Forschung wider, bspw. in Gonshaks *Hollywood and the Holocaust* (2015), einer Untersuchung von Filmen und Serien, die bis hin zur alternativen Geschichtsschreibung von *Inglourious Basterds* (2009) reicht.

Auffällig oft wird die Darstellung des Holocaust im Film im Kontext des Konzepts des kollektiven Gedächtnisses verhandelt, und ein Großteil der (deutschsprachigen) Forschung zum kollektiven Gedächtnis im Film bezieht sich dementsprechend auch oder ausschließlich auf filmische Inszenierungen des Holocaust und deren Wirkung. Der Begriff des kollektiven Gedächtnisses (*mémoire collective*) wurde in den 1920er Jahren vom französischen Philosophen und Soziologen Maurice Halbwachs geprägt, der 1945 selbst als Opfer des Holocaust im KZ Buchenwald starb. Corell begründet die herausragende Stellung des Mediums Film für die Erinnerungsarbeit in seiner Popularität und verweist im Besonderen auf die Bedeutung der Serie *Holocaust* und des Spielfilms *Schindler's List* für den öffentlichen Diskurs (Corell 2009, 15). Die US-amerikanische Fernsehserie *Holocaust* (1978), von der die Verwendung des Begriffes „Holocaust" im deutschsprachigen Raum überhaupt erst ausgeht (Stiglegger 2015, 35), erzählt die Geschichte einer Familie, die fast vollständig Opfer des Holocaust wird. Die Serie wurde u.a. für ihr „Unterhaltungsformat", ihre „amerikanische Herkunft" und die „Fiktionalisierung" des Holocaust kritisiert (Stiglegger 2015, 42). *Schindler's List*, ein auf der Biographie des Industriellen Oskar Schindler (1908–1974) basierender Spielfilm, erregte bei seinem Erscheinen große mediale Aufmerksamkeit und wurde insbesondere dafür kritisiert, dass das Innere der Gaskammern nachgebaut und das Sterben darin filmisch inszeniert wurde. Zwar warfen Filme wie *Schindler's List* die bis heute kontrovers diskutierte Frage auf, ob der Holocaust Gegenstand des kommerziell ausgerichteten Hollywoodkinos sein darf, sie haben dadurch aber gleichzeitig auch die geschichtswissenschaftliche Forschung angestoßen und zu interdisziplinären Auseinandersetzungen mit Holocaust-Filmen geführt (Roebling-Grau und Rupnow 2015; Sarhangi 2019). In der filmwissenschaftlichen Forschung zum Holocaust sind die Debatten um die Darstellbarkeit ebenfalls fest verankert (Insdorf 2003; Hirsch 2004). Der Umgang des Mediums Film mit dem Holocaust wird auch innerhalb des Mediums reflektiert und kritisch hinterfragt: So besucht sowohl in *Der Himmel über Berlin* (1987) als auch in *Oh Boy* (2012) der jeweilige Protagonist das Set eines Filmes, in dem der Holocaust als Hintergrund für eine stereotype Detektiv- bzw. Liebesgeschichte dient. Nicht selten wird der Holocaust im Film aus der Perspektive eines Kindes erzählt, so zum Beispiel in *La vita è bella* (1997), *The Boy in the Striped Pyjamas* (2008) oder *Jojo Rabbit* (2019). Die Darstellung jüdischer Figuren im Film ist häufig schwer von dem Themenkomplex Holocaust zu trennen, so findet sich bspw. in Lea Wohl von Haselsbergs *Und nach dem Holocaust?* (2016) ein Blick darauf, wie der Holocaust und seine filmischen Umsetzungen auch nach 1989 entstandene Filme ohne primären Bezug zum Holocaust beeinflusst haben.

Neben der Perspektive der Opfer inszeniert das Medium Film auch die Perspektive der Täter*innen und wurde somit ebenfalls zum Gegenstand der PERPETRATOR STUDIES (Adams und Vice 2013). Die filmische Aufarbeitung nationalsozialistischer Täter*innenschaft setzte früh ein: Schon der erste deutsche Nachkriegsfilm und erste sogenannte „Trümmerfilm" *Die Mörder sind unter uns* (1946) beinhaltet das bis heute wiederkehrende Motiv der nationalsozialistischen Täter*innen, die nicht zur Verantwortung gezogen werden. Die Frage nach Schuld und Schuldfähigkeit wird im auf Bernhard Schlinks Roman *Der Vorleser* (1995) basierenden Film *The Reader* (2008) verhandelt, in dem der Analphabetismus einer ehemaligen KZ-Aufseherin als Erklärung ihrer Täterinnenschaft dient. Täter*innenschaft steht auch im Zentrum von *Die Wannseekonferenz* (2022), einer auf den realen Protokollen basierenden filmischen Aufarbeitung derjenigen Konferenz, auf der die sogenannte „Endlösung der Judenfrage" beschlossen wurde; er ist nach *Die Wannseekonferenz* (1984) und *Conspiracy* (2001) bereits der dritte Spielfilm, der diese Herangehensweise wählt.

Neben dem Film setzen sich selbstverständlich auch andere bildgebende Medien mit dem Holocaust auseinander. Eine Untersuchung verschiedener Comics von Superheldencomics wie *Captain America* bis hin zu um Authentizität bemühten Darstellungen wie Pascal Crocis *Auschwitz* (2002) oder Joe Kuberts *Yossel 19. April 1943* (2005) bietet Marco Behringers *Der Holocaust in Sprechblasen* (2009). Eine stark auf Fragen der Erinnerungskultur ausgerichtete Auseinandersetzung mit neueren Comics liefert Thomas Mertens *Die Shoah im Comic seit 2000: Erinnern zeichnen* (2021). Die Bildenden Künste verfügen in der Regel nicht über die Reichweite und Popularität des Mediums Film, und Holocaust-Darstellungen in Malerei und Bildhauerei sind dementsprechend auch deutlich schwächer erforscht als der Holocaust-Film. Auf dem Gebiet der Bildenden Kunst sind insbesondere die Werke von Gerhard Richter, David Olère und Samuel Bak erwähnenswert. Die Malerei greift häufig auf die Abbildung der toten Körper zurück, bspw. Pablo Picassos *Le Charnier* und Otto Schuberts *Auschwitz*-Triptychon.

3.1 *Maus*

Art Spiegelmans zweiteilige *graphic novel Maus* (1986/1991) ist zweifelsohne die bekannteste Umsetzung des Holocaust in Comicform und seit ihrer Veröffentlichung regelmäßig Auslöserin von Kontroversen, zuletzt 2022, als *Maus* für die Schulbüchereien und Klassenräume eines Countys in Tennessee verboten wurde. Spiegelman, der die Jüdinnen*Juden als anthropomorphisierte Mäuse und die Deutschen als anthropomorphisierte Katzen zeichnet, verarbeitet in *Maus* seine eigene Familiengeschichte. *Maus* thematisiert dabei explizit die Suche nach einer angemessenen Bildsprache für die Gräuel des Holocaust, am eindrucksvollsten in einem Panel des zweiten Teils, in dem Spiegelman sich selbst am Schreibtisch sitzend auf einem Berg Leichen darstellt, mit einem KZ-Wachturm im Hintergrund. Spiegelman hinterfragt hier explizit den kommerziellen Erfolg des ersten Bandes – er berichtet von vier Angeboten zur Verfilmung und 15 Übersetzungen –, und das Panel verdeutlicht seine Sorge, vom Leiden der Holocaust-Opfer zu profitieren. Er stellt sich in diesem Panel ausnahmsweise nicht als anthropomorphisierte Maus dar, sondern als Menschen, der die Maske einer Maus trägt, und veranschaulicht damit die Frage, inwiefern er sich mit dem Leiden seiner Elterngeneration identifizieren darf/will, eine Frage, die sich durch beide Bände von *Maus* zieht.

3.2 *Werk ohne Autor*

In Florian Henckel von Donnersmarcks eng an die Biographie Gerhard Richters (geb. 1932) angelehntem Spielfilm *Werk ohne Autor* (2018) wird der Bildende Künstler Kurt als Kind Zeuge, wie seine an Schizophrenie leidende Tante Elisabeth in eine psychiatrische Anstalt zwangseingewiesen wird. Der Film verbindet die explizite bildliche Umsetzung des Todes in der Gaskammer – Elisabeths Tod in der Tötungsanstalt Pirna-Sonnenstein wird in deutlicher Ähnlichkeit zu *Schindler's* List inszeniert – mit Fragen der Erinnerung und Aufarbeitung. Dem in der nationalsozialistischen Rassegesundheitsideologie verhafteten Arzt Seeband, dem Verantwortlichen für Elisabeths Tod und späteren Schwiegervater Kurts, gelingt es sowohl in der DDR als auch in der BRD, seine Karriere fortzusetzen und jedweder Rechenschaft für seine Taten (vorerst) zu entgehen. Die beschwerliche Suche Kurts nach einer eigenen künstlerischen Ausdrucksform findet ihre Auflösung in einem Gemälde, das ein Passfoto Seebands und eine Photographie, die Elisabeth mit Kurt zeigt, collagenartig übereinanderlegt und ineinander übergehen lässt, womit Kurt, ihm selbst unbewusst, in seiner Kunst die Verbindung zwischen Täter und Opfer herstellt, der sich Seeband in beiden deutschen Staaten entziehen konnte.

4 Erinnerungen, Zeug*innen und Medien

Die Auseinandersetzungen mit Überlebenden des Holocaust als Zeug*innen der Verbrechen beeinflussen unterschiedliche Forschungsbereiche und verweisen auf die Interdisziplinarität der HOLOCAUST STUDIES. Die nationalen und internationalen gesellschaftlichen Entwicklungen im Umgang mit den Verbrechen der Nationalsozialist*innen werden darum aus verschiedenen Blickrichtungen betrachtet: Sie können sowohl erinnerungskulturwissenschaftlich als auch medien- oder wissenschaftsgeschichtlich untersucht werden. Erinnerungskulturelle, mediale Praktiken stehen dabei stets in Wechselwirkung mit den diskursiven Entwicklungen (→ HERITAGE STUDIES). Diese gegenseitige Einflussnahme kann anhand von Zäsuren veranschaulicht werden. So betitelt die französische Historikerin Annette Wieviorka den Eichmann-Prozess in Jerusalem im Jahr 1961 als die Geburtsstunde der Zeug*innen. Dies steht in engem Zusammenhang damit, dass hier Überlebende des Holocaust nicht nur als juristische Zeug*innen befragt wurden, sondern als „Erinnerungs-Menschen" (Wieviorka 2000, 152), also als Träger*innen von Erinnerungen wahrgenommen und ihre Erzählungen von Fernsehanstalten weltweit ausgestrahlt wurden. Zwar hatten Überlebende bereits zuvor über ihre Schicksale gesprochen, und ihre Aussagen wurden als historisches Material gesammelt, doch erreichten erst die videographierten Überlebendenzeugnisse eine substanzielle Reichweite in den Nachkriegsgesellschaften. Es stand nunmehr nicht nur das Gesagte sowie dessen juristische Relevanz (Assmann 2007), sondern auch die Person mit dem individuell Erlebten sowie ihrem Körper und ihrer Art zu sprechen im Fokus. Nicht zu vernachlässigen sind dabei auch frühe Formen des Zeugnisses, bspw. die ein Jahr nach der Befreiung der nationalsozialistischen Konzentrations- und Vernichtungslager gesammelten Tondokumente des US-amerikanischen Sozialpsychologen David P. Boder, der 1946 Interviews mit 100 Displaced Persons (DPs) führte. Bis heute finden sich Zeitzeug*innenberichte in allen Massenmedien – wie Büchern, dem Fernsehen aber auch im Internet – und haben damit einen großen Einfluss auf historische Narrative und Erinnerungskulturen (→ MEMORY STUDIES).

Während bereits in den 1960er Jahren Zeitzeug*innen im Fernsehen inszeniert wurden, entstand in den 1970er Jahren das Videozeugnis (*video testimony*) als relevantes Speichermedium für Zeug*innenaussagen des Holocaust. Der Leiter des Fortunoff Archive in den USA entschied sich für diese Form der Aufbewahrung der Erinnerungen an die Verfolgung und Vernichtung durch Nationalsozialist*innen aufgrund der zusätzlichen „Unmittelbarkeit und Beweiskraft" (Hartmann 1999, 212). Neben den Speichermedien waren zugleich auch fiktionale Darstellungsformen daran beteiligt, die (Zeitzeug*innen-)Erinnerungen in die Gesellschaften und den Forschungsdiskurs zu tragen.

Parallel zur US-Fernsehserie *Holocaust* und des durch diese ausgelösten *memory booms* hatte auch der Spielfilm *Schindler's List* weitreichende Auswirkungen: So entschied sich der Regisseur Steven Spielberg nach dessen großem Erfolg dazu, mit den Einnahmen die USC Shoah Foundation zu gründen, mit der Aufgabe, eine Sammlung von Videozeugnissen zu erstellen. Die videographierten Zeitzeug*innenvideos, die von der Stiftung gesammelt wurden, waren u.a. ein Auslöser dafür, dass Wieviorka die 1990er Jahre als „Ära des Zeugen" betitelte.

In den 1990er und frühen 2000er Jahren prägten Zeug*innenaussagen historische Dokumentationen zum Holocaust stark und waren integraler Bestandteil dieser Mediengattung (u.a. Keilbach 2010). Der bekannte deutsche Fernsehhistoriker Guido Knopp war mit der Sendung „ZDF History" maßgeblich an der Popularisierung dieses Formats beteiligt und regte die Sammlung von deutschen Videozeugnissen an. Diese wurden in den deutschsprachigen Fernsehdokumentationen jedoch eher zur Kontextualisierung des Gesamtnarrativs der Produktionen eingesetzt, ohne dass die eigentlichen Erzählungen und Lebensgeschichten Relevanz erlangten. Diese Entkontextualisierung ist auch in anderen Bereichen zu finden, wie Ausstellungen in Museen aber auch in Gedenkstätten (de Jong 2018). In audiovisuellen Medien ist der sogenannte *talking head*, der ‚sprechende Kopf', zu einer paradigmatischen Inszenierungsform geworden. Aufgrund der Kameraeinstellung eines Close-ups auf das Gesicht der Zeitzeug*innen fokussieren Zuschauende dieses und können sich besonders auf die darin widergespiegelten Emotionen einlassen. Der Bildhintergrund ist zudem häufig neutral, so dass eine Ablenkung vermieden wird und die spätere Bearbeitung, insbesondere der Schnitt, erleichtert wird. Eine weitere, international bedeutsame Darstellung von Zeug*innen der Vernichtung durch die Nationalsozialist*innen stellt Claude Lanzmanns *Shoah* dar. In einer programmatischen Radikalität lehnt Lanzmann in seinem über neunstündigen Film jegliches audiovisuelles Material aus der NS-Zeit ab und rückt damit die Zeitzeug*innen eindeutig ins Zentrum. Zentral für Lanzmann ist, dass *Shoah* kein Film über das Überleben sein könne. Vielmehr fasst er *Shoah* als Film über die Toten, da niemand lebend einer Gaskammer entkommen sei. In langen Gesprächen mit Opfern zwingt Lanzmann einige von ihnen dazu, ihre Vergangenheit erneut zu durchleben. Sein Interviewstil ist beharrlich, oft undurchschaubar und erinnert dadurch ebenso an die Psychoanalyse wie juristische Verhöre. Gleichzeitig führt er die Zeitzeug*innen mental zurück an die einstigen Schauplätze des Nationalsozialismus und verbindet so Momente der Erinnerung mit heutigen Aufnahmen der Schreckensorte. Damit wird die Spurensuche und zugleich die Gegenwärtigkeit von Erinnerung verdeutlicht. Die Täter*innen und Zuschauenden werden hingegen – meist subtil – zu einer Selbstentblößung gebracht. Insbesondere das Filmen eines Täters mit einer versteckten Kamera verbildlicht den Film auch als investigative Ermittlung (Liebmann 2007).

Bei der Untersuchung aller „Gedächtnismedien" (Erll 2017) – ob *video testimony* oder Dokumentarfilm – ist es besonders wichtig, die Entstehungsgeschichte des Mediums zu bedenken. Die Situation der Aufnahme und ihre gesamte Rahmung haben einen maßgeblichen Einfluss darauf, was gesagt und erinnert werden kann. Es handelt sich immer um Momentaufnahmen, die stark durch die jeweilige Gegenwart geprägt sind. Zudem sind diese Situationen nicht alltäglich, und die Anwesenheit von Kameras und Interviewenden prägen das jeweils abgelegte Zeugnis stark. Insbesondere die gestellten Fragen beeinflussen, was erzählt wird; werden diese, wie in vielen Fernsehdokumentationen, im Schneideraum entfernt, so gehen wichtige Informationen verloren. Zahlreiche dieser Überlegungen sind Teil soziologischer bzw. geschichtswissenschaftlicher Auseinandersetzung mit biographischen Interviews. So hat sich die Oral History aus dem Bedürfnis heraus entwickelt, Alltags- und Mentalitätsgeschichte als „Geschichte von unten" mithilfe von Zeitzeug*innen-Gesprächen darstellen zu können. Hierfür wurde das Zeitzeug*innen-Interview als historische Methode entwickelt. Die Zeugnisse sind dabei zugleich Quelle und Untersuchungsgegenstand. Der historische Erkenntnisgewinn ist hierbei jedoch v.a. durch die – wie Hayden White für sämtliche Geschichtsschreibung statuierte – Narrativierung der Vergangenheit geprägt (White 1973). Wichtig für alle Wissenschaften ist der Grundsatz, dass Erzählungen einen logischen Aufbau haben und im Gegensatz zu dem Erlebten viel weniger bruchstückhaft erscheinen. Darum haben Pausen und Momente, in denen die Sprache versagt, eine hohe Aussagekraft. Diese können in einigen Fällen auch Hinweise auf erlittene Traumata geben. Dieser Zusammenhang zeigt, wie sehr auch die Psychologie Teil der HOLOCAUST STUDIES und anderer Wissenschaften ist, die sich mit Erinnerungen beschäftigen.

Zudem hat auch der fortschreitende Prozess der Digitalisierung einen großen Einfluss auf aktuelle Erinnerungskulturen sowie deren Erforschungen. Dabei sind Videozeugnisse durch Verschlagwortung, Untertitel und Spracherkennungssoftware barrierefreier verfügbar und leichter auffindbar. Neben der Zugänglichkeit haben Digitalisierungsprozesse jedoch zugleich auch Auswirkungen auf die Darstellung und Rezeption von Videozeugnissen. Mit der Entstehung der Figur der Zeitzeug*-innen kam es zugleich zu einem Nachdenken über mögliche Formen des Erinnerns ohne diese „Erinnerungs-Menschen" – die Frage nach der „Zukunft der Erinnerung" prägt die erinnerungskulturwissenschaftliche Forschung, so dass sich aktuell zahlreiche wissenschaftliche Konferenzen und Publikationen mit diesem Thema beschäftigen (u.a. Wiese et al. 2021). Nicht zu vernachlässigen sind hierbei auch ethische Überlegungen (Bothe 2012), waren doch insbesondere die Überlebendenzeugnisse der US-amerikanischen Stiftungen bewusst jahrzehntelang nur mit Zugangsberechtigungen einsehbar.

Eine zentrale Thematik der HOLOCAUST STUDIES stellt zudem die Frage nach den räumlichen und musealen Formen der Erinnerung dar, also nach den angemessenen Maßnahmen zum Erhalt und zur Darstellung der Gräuel des Holocaust im Kontext von (politisch und national definierter) Erinnerung und Massentourismus (Huener 2003; Wollaston 2005). Dementsprechend suchen Museen, Gedenkstätten und Stiftungen aktiv nach neuen Formen der Erinnerung an den Holocaust. Während Entwicklungen in digitalen, sozialen Medien den institutionalisierten Erinnerungsakteur*innen oft zuvorkommen, werden darüber hinaus auch Virtual Reality (VR) oder Augmented Reality (AR)-Rundgänge durch Gedenkstätten umgesetzt. Große Diskussionen werden zudem über die sogenannten *virtual biographies* im Projekt „Dimensions in Testimony" der USC Shoah Foundation geführt (siehe Boswell und Rowland 2023). Hierfür wurden Zeitzeug*innen der Verfolgung und Vernichtung durch die Nationalsozialist*innen über viele Stunden hinweg von zahlreichen Kameras aus unterschiedlichen Blickrichtungen gefilmt. Während dieser Aufzeichnungen wurde ein umfassender Fragenkatalog gestellt, so dass eine automatische Spracherkennungssoftware in der Lage ist, Fragen von Nutzenden mit gespeicherten Antworten der Zeitzeug*innen zu verlinken, was dazu führt, dass zwischen virtueller Biographie und Nutzenden ein „als-ob"-Gespräch (Bothe 2008, 11) stattfinden kann.

Diese Videozeugnisse und insgesamt die neuen Erinnerungsmedien, wie die *virtual biographies*, lösen die einflussreichen Konzepte des „kommunikativen" und „kulturellen Gedächtnisses" der Kulturwissenschaftler*innen Jan und Aleida Assmann teilweise ab. Während zuvor zwischen mündlich weitergegebenen Erinnerungen, die an die Lebenszeit von Menschen gebunden waren (als „kommunikatives

Gedächtnis“) und der offiziell tradierten Erinnerung (als „kulturelles Gedächtnis“) unterschieden werden konnte, greift diese Unterteilung in aktuellen Erinnerungskulturen nicht mehr. Insbesondere die Zeitzeug*innen verdeutlichen hiermit einmal mehr ihre Rolle als „Wanderer[*innen] zwischen den Welten“ (Sabrow 2012), indem ihre mündlichen Schilderungen Teil eines „kulturellen Gedächtnisses“ werden, noch ehe sich der eigentliche Übergang vom „kommunikativen“ zum „kulturellen Gedächtnis“ überhaupt vollzogen hat. Zugleich stellen die Interviewzeugnisse Momentaufnahmen aus alltagsfernen Situationen dar, die nicht dem fluiden Charakter entsprechen, welcher sich über die gesamte Lebensdauer von Einzelpersonen immer wieder verändern kann.

5 Entwicklung der Holocaustforschung im deutschsprachigen Raum

Das Forschungsfeld der Holocaust Studies ist immer schon hochgradig interdisziplinär und schließt in vielerlei Hinsicht an das (ebenfalls interdisziplinäre) Feld der → Memory Studies an, sowohl die historischen bzw. erinnerungskulturellen Narrative als auch die gesellschaftlichen Reflexionen im deutschsprachigen Raum unterscheiden sich aber zum Teil elementar von internationalen Diskursen und sind stark politisch aufgeladen. Wissenschaftliche Betrachtungen des Holocaust sind zwar untrennbar mit gesellschaftlichen und politischen Entwicklungen und Ereignissen verknüpft, immer wieder wird dabei allerdings eine Diskrepanz zwischen dem (kultur-)wissenschaftlichen und dem gesellschaftlichen bzw. politischen Diskurs erkennbar. Insbesondere in Deutschland, seit einigen Jahrzehnten aber auch in Österreich und der Schweiz, beschäftigten und beschäftigen sich wissenschaftliche Publikationen diverser Fachrichtungen mit Fragen der Schuld bzw. der (politischen) Verantwortung. Diese Spezifik führen Daniel Levy und Natan Sznaider auf die Tatsache zurück, dass Deutschland den Holocaust aus der Perspektive der Täter*innennation erinnert (Levy und Sznaider 2007).

Erste wissenschaftliche Reflexionen des Ereignisses erschienen schon unmittelbar nach Kriegsende im deutschsprachigen Raum – bereits 1946 bspw. *Der SS-Staat: Das System der deutschen Konzentrationslager* des KZ-Überlebenden Eugen Kogon (1903–1987) und der Essay *Die Schuldfrage* des Philosophen Karl Jaspers (1883–1969), in dem er sich differenziert mit den Facetten der deutschen Schuld an Krieg und Holocaust auseinandersetzt – allerdings fanden die Betrachtungen zunächst kaum ein öffentliches Echo. Die direkten Nachkriegsjahre waren vielmehr von Verdrängung und Leugnung geprägt: Alexander und Margarete Mitscherlich diagnostizierten der deutschen Gesellschaft in einer massenpsychologischen Studie aufgrund dessen 1967 eine „Unfähigkeit zu trauern“ (Mitscherlich und Mitscherlich 1998). In den 1960er Jahren erreichte die Diskussion der deutschen Vergangenheit, und mit ihr der deutschen Schuld, durch (Medien-)Ereignisse wie die Frankfurter Auschwitz-Prozesse, den Prozess gegen Adolf Eichmann in Jerusalem oder die Fernsehserie *Holocaust* die breite Öffentlichkeit, historische Studien wurden angeregt und die noch junge Geschichte als Stoff an bundesrepublikanischen Schulen etabliert. Die zunehmende wissenschaftliche, gesellschaftliche und politische Präsenz des Ereignisses und die Konfrontation mit der schuldbeladenen Vergangenheit führten neben politischen ‚Schlussstrich‘-Forderungen auch zu Disputen unter Wissenschaftler*innen, von denen der wohl bislang bekannteste unter dem Begriff ‚Historikerstreit‘ gefasst wird. Diese Debatte, die 1986/87 in den Feuilletons großer deutscher Zeitungen ausgetragen wurde, kreiste um die Frage nach dem Maß an Bedeutung, das dem Holocaust für die Konstruktion einer nationalen Identität zukommen solle (Piper 1987). Der Philosoph Jürgen Habermas erkennt es unter Rückbezug auf Karl Jaspers' *Schuldfrage* und das dort entwickelte Konzept einer „Solidarität zwischen Menschen als Menschen“ (Jaspers 1979, 21) als Pflicht der Deutschen an, die Erinnerung an die Nazi-Verbrechen und ihre Opfer wachzuhalten (Habermas 1987, 247).

In den folgenden Jahren setzte eine Popularisierung des Holocaust-Gedenkens und der medialen, non-fiktionalen sowie fiktionalen Repräsentation des Ereignisses bzw. seiner wissenschaftlichen Betrachtung ein. Als zentrale Wendepunkte der Erinnerungs- und Repräsentationspraxis werden die bereits erwähnte TV-Serie *Holocaust* sowie die reale Wende, der Fall der Mauer, betrachtet. Das Ende des Kalten Krieges und die zunehmende Globalisierung nach 1989 schufen die Grundlage für Informationsaustausch und Vernetzung von Gedächtnisinhalten, die auch die Auseinandersetzung mit dem Holocaust nachhaltig beeinflusst haben (Assmann 2016).

Österreich, das sich nach Kriegsende politisch als ‚erstes Opfer Hitlers‘ positionierte und damit einen öffentlichen Schulddiskurs jahrzehntelang ausschloss, musste nach Offenlegung historischer Dokumente aus dem osteuropäischen Raum, die nach der Wende erstmals zugänglich waren, seine Beteiligung an den Verbrechen Nazi-Deutschlands reflektieren (Perz 2005). Auch die Schweiz, die während des Zweiten Weltkriegs politisch neutral geblieben war, begann aufgrund des politischen und öffentlichen Drucks in den 1990er Jahren u.a. mit der historischen Aufarbeitung seiner Finanzgeschäfte zu Kriegszeiten (Tanner und Weigel 2002). Aufgrund der relativen zeitlichen Nähe dieser Ereignisse zueinander und der veränderten Haltung zur historischen Vergangenheit sprechen Azaryahu et al. von den 1990er Jahren auch als einer Zeit des „moralischen turns“ bezüglich der Auseinandersetzung mit dem Holocaust und anderen Genoziden (Azaryahu et al. 2021, 18).

6 Potenziale, Kritik, Ausblick

Die zunehmende weltweite kommunikative Vernetzung und migratorische Mobilität seit den 1990er Jahren veränderte auch den Zugriff auf Gedächtnisinhalte noch einmal nachhaltig. Während der Holocaust im DACH-Raum mehr und mehr zum zentralen geschichtlichen Referenzpunkt wurde, knüpften auch internationale sozialpolitische Diskurse zunehmend an das als größtes Menschheitsverbrechen der Geschichte wahrgenommene Ereignis an, was auf unterschiedliche Weise in der Wissenschaft reflektiert wird. Bereits 2001 erschien auf Deutsch die erinnerungskulturelle Studie *Erinnerung im globalen Zeitalter. Der Holocaust* der deutsch-amerikanischen bzw. israelischen Soziologen Daniel Levy und Natan Sznaider, deren Kernargument lautet, dass die zunehmende ethnonationale Entgrenzungen der Erinnerung durch die gesteigerte weltweite Vernetzung zur Herausbildung eines „kosmopolitischen Gedächtnisses" führe, das die Erinnerung an den Holocaust global zugänglich macht. Dabei geht es aber explizit nicht um ein immer gleiches Universalgedächtnis, im Gegenteil werde die Holocaust-Erinnerung regionalspezifisch aktualisiert und dabei v.a. in Menschenrechtsdiskurse inkorporiert. Ähnliche Überlegungen finden sich auch bei Eugen Kogon (1974), James E. Young (1988) und Andreas Huyssen (2003a, 2003b). In *Multidirectional Memory: Remembering the Holocaust in the Age of Decolonization* bezweifelt der US-amerikanische Komparatist Michael Rothberg 2009 die Annahme, dass Erinnerungen verschiedener Gruppen im öffentlichen Raum in Konkurrenz zueinander treten müssen und entwickelt vielmehr einen neuen Ansatz, in dem sich verschiedene Erinnerungsnarrative gegenseitig beeinflussen, produktive Verbindungen eingehen und zu Geltung verhelfen können, statt sich diese gegenseitig zu entziehen: Der Holocaust könne gerade aufgrund seiner Singularität und Monumentalität als Metapher oder Analogie für andere extreme Gewalterfahrungen fungieren.

Diese Theorien und Thesen, die in der internationalen, v.a. in der britischen und US-amerikanischen Forschungslandschaft für einen Paradigmenwechsel gesorgt haben und von der deutschsprachigen Forschung ebenso formuliert wurden und werden, gelten im öffentlichen und politischen Diskurs als provokant, bisweilen sogar als unwissenschaftlich. Die Zentralität des Holocaust-Gedenkens in Deutschland, und dabei v.a. der Opferperspektive, und das gleichzeitige Streben nach Abgrenzung gegenüber den Täter*innen (ein Streben, das auch die 1968er auszeichnete) führte zu einer Erinnerungspraxis, die sowohl von Wissenschaftler*innen als auch von Kulturschaffenden immer wieder massiv kritisiert wird. Aleida Assmann (2016) formuliert in diesem Zusammenhang ein „neues Unbehagen an der Erinnerungskultur", das mit der Schematisierung und Historisierung des Gedenkens einhergehe. Ebenso sprechen Ulrike Jureit und Christian Schneider von einer „erinnerungspolitischen Sackgasse" und einem „deutlich[en] Unbehagen" bezüglich der „moralisierenden und sinnentleerten Formen des öffentlichen Erinnerns“ (2010, 22–23): Indem der Holocaust zum negativen Referenzpunkt einer deutschen Identität geworden sei, geriet die Identifikation mit den Opfern zur „Grundfigur des Erinnerns“ (Jureit und Schneider 2010, 24). Und auch Sigrid Weigel kommt zu einem ähnlichen Befund: Der Identifikationswunsch mit den Opfern und die gleichzeitige pauschale Verurteilung der bzw. Abgrenzung von den Täter*innen verhindere eine wirkliche Auseinandersetzung mit der Geschichte, eine derartige Erinnerung besitze kein subversives Potenzial (Weigel 2002). Max Czollek bezeichnet diese Form der Erinnerungsarbeit, in Anlehnung an den Soziologen Y. Michal Bodemann, als „Gedächtnistheater“ (Czollek 2020a, 24). Als Antithese zur aktuellen Praxis der Erinnerung und als Gegenbegriff zur gemeinhin als Unwort wahrgenommenen ‚Vergangenheitsbewältigung‘ schlägt Czollek das Konzept der „Gegenwartsbewältigung“ vor (Czollek 2020b). Dieses beinhaltet, die Nazi-Verbrechen nicht als Historie ohne Bezug zur Gegenwart wahrzunehmen, sondern sich bewusst zu werden, welche unterdrückenden, faschistischen Strukturen heute bzw. bis heute in der Gesellschaft wirken. Analoge Annahmen zu einer notwendigen „Horizonterweiterung“ (Jureit und Schneider 2010, 37) von kollektiver Erinnerung finden sich in diversen neueren Studien zum Thema; so schreibt zum Beispiel auch Anja Tippner von der notwendigen Offenheit von Erinnerungsdiskursen für neue Einflüsse, „um nicht an Relevanz für die Identitätskonstruktion einer Gesellschaft zu verlieren“ (2019, 159). Aleida Assmann erkennt als Gefahr für die Zukunft der Erinnerung nicht das Vergessen, sondern die „Verflachung und Verengung der Erinnerung“ (2021, 246).

Die Anerkennung der Heterogenität von Erinnerungskultur und die Notwendigkeit der Aktualisierung und gegenwartsbezogenen Akzentuierung der Holocaust-Erinnerung kann als eines der großen Potenziale der Forschung betrachtet werden, die sich in verschiedene Unterkategorien (bspw. Täter*innenforschung oder *implicated subject*; Rothberg 2019) verzweigt und auch Fragen nach der ‚Zukunft der Erinnerung‘ Rechnung trägt. Begriffe wie „kosmopolitisches Gedächtnis“ (Levy und Sznaider 2007), „Multidirectional Memory“ (Rothberg 2009), „Gegenwartsbewältigung“ (Czollek 2020/2) oder der 2020 von Daniela Henke und Tom Vanassche eingebrachte Begriff der „Ko-Erinnerung“ (Henke und Vanassche 2020), sind – obwohl jeweils etwas anders akzentuiert – nur einige Beispiele für die Fülle an theoretischen Herangehensweisen an dieses Thema.

7 Literaturverzeichnis

Aarons, Victoria. *Holocaust Graphic Narratives. Generation, Trauma, and Memory*. New Brunswick, NJ 2020.
Adams, Jenni und Sue Vice (Hrsg.). *Representing Perpetrators in Holocaust Literature and Film*. London 2013.
Agamben, Giorgio. *Was von Auschwitz bleibt. Das Archiv und der Zeuge*. Frankfurt a.M. 2003.
Arendt, Hannah. *Eichmann in Jerusalem. A Report on the Banality of Evil*. New York 1963.
Assmann, Aleida. „Vier Grundtypen von Zeugenschaft". *Zeugenschaft des Holocaust. Zwischen Trauma, Tradierung und Ermittlung*. Hrsg. von Michael Elm und Gottfried Kössler. Frankfurt a.M. 2007: 33–51.
Assmann, Aleida. *Das neue Unbehagen an der Erinnerungskultur. Eine Intervention*. München 2016.
Assmann, Aleida. *Der lange Schatten der Vergangenheit. Erinnerungskultur und Geschichtspolitik*. München 2021.
Azaryahu, Maoz et al. „Der Namenlosen gedenken, dem Vergessen entrinnen. Debatten, Formen, Orte und Weisen der Erinnerung an den Holocaust. Eine Einleitung mit Anmerkungen zur grenzüberschreitenden Vielfalt in der Gedächtniskultur". *Erzählweisen des Sagbaren und Unsagbaren. Between Commemoration and Amnesia. Formen des Holocaust-Gedenkens in schweizerischen und transnationalen Perspektiven. Forms of Holocaust Remembrance in Swiss and Transnational Perspectives*. Hrsg. von Maoz Azaryahu et al. Köln 2021: 15–43.
Bayer, Gerd und Rudolf Freiburg (Hrsg.) *Literatur und Holocaust*. Würzburg, 2009.
Behringer, Marco. *Der Holocaust in Sprechblasen. Erinnerung im Comic*. Marburg 2009.
Boswell, Matthew und Antony Rowland. *Virtual Holocaust Memory*. Oxford 2023.
Bothe, Alina. *Die Geschichte der Shoah im virtuellen Raum. Eine Quellenkritik*. Berlin 2008.
Bothe, Alina. „Das digitale Zeugnis, eine neue mediale Narration". *Narrative Genres im Internet. Theoretische Bezugsrahmen, Mediengattungstypologie und Funktionen*. Hrsg. von Ansgar Nünning und Jan Rupp. Trier 2012: 241–59.
Browning, Christopher R. *Ganz normale Männer. Das Reserve-Polizeibataillon 101 und die „Endlösung" in Polen*. Reinbek 1994.
Caruth, Cathy. *Unclaimed Experience. Trauma, Narrative and History*. Baltimore, MD 1996.
Corell, Catrin. *Der Holocaust als Herausforderung für den Film. Formen des filmischen Umgangs mit der Shoah seit 1945, eine Wirkungstypologie*. Bielefeld 2009.
Czollek, Max. *Desintegriert Euch!* München 2020a.
Czollek, Max. *Gegenwartsbewältigung*. München 2020b.
De Jong, Steffi. *The Witness as Object. Video Testimonies in Memorial Museums*. New York 2018.
Eaglestone, Robert. *The Holocaust and the Postmodern*. Oxford 2004.
Ebbrecht-Hartmann, Tobias. *Geschichtsbilder im medialen Gedächtnis. Filmische Narrationen des Holocaust*. Bielefeld 2011.
Erll, Astrid. *Kollektives Gedächtnis und Erinnerungskulturen. Eine Einführung*. Stuttgart 2017.
Fischer, Torben und Matthias N. Lorenz (Hrsg.). *Lexikon der „Vergangenheitsbewältigung" in Deutschland. Debatten und Diskursgeschichte des Nationalsozialismus nach 1945*. Bielefeld 2015.
Goldhagen, Daniel Jonah. *Hitlers willige Vollstrecker. Ganz gewöhnliche Deutsche und der Holocaust*. Berlin 1996.
Gonshak, Henry. *Hollywood and the Holocaust*. Lanham, MD 2015.
Habermas, Jürgen. „Vom öffentlichen Gebrauch der Historie: Das offizielle Selbstverständnis der Bundesrepublik bricht auf". *„Historikerstreit". Die Dokumentation der Kontroverse um die*

Einzigartigkeit der nationalsozialistischen Judenvernichtung. Hrsg. von Ernst Reinhard Piper. München 1987: 243–255.
Halbwachs, Maurice. *Les cadres sociaux de la mémoire*. Paris 1925.
Halbwachs, Maurice. *La mémoire collective*. Paris 1950.
Hartman, Geoffrey. *Der längste Schatten: Erinnern und Vergessen nach dem Holocaust*. Berlin 1999.
Henke, Daniela und Tom Vanassche (Hrsg.). *Ko-Erinnerung. Grenzen, Herausforderungen und Perspektiven des neueren Shoah-Gedenkens*. Berlin 2020.
Hilberg, Raul. *The Destruction of the European Jews*. Chicago, IL 1961.
Hirsch, Joshua Francis. *Afterimage. Film, Trauma, and the Holocaust*. Philadelphia, PA 2004.
Hirsch, Marianne. *Family Frames. Photography, Narrative and Postmemory*. Cambridge, MA 1997.
Huener, Jonathan. *Auschwitz, Poland, and the Politics of Commemoration, 1945–1979*. Athens, OH 2003.
Huyssen, Andreas. *Present Pasts. Urban Palimpsests and the Politics of Memory*. Stanford, CA 2003a.
Huyssen, Andreas. „Diaspora and Nation. Migration Into Other Pasts". *New German Critique* 88 (2003b): 147–164.
Insdorf, Annette. *Indelible Shadows. Film and the Holocaust*. Cambridge 2003.
Jaspers, Karl. „Die Schuldfrage". *Die Schuldfrage. Für Völkermord gibt es keine Verjährung*. München 1979: 9–93.
Jenni-Preihs, Monika. *Gerhard Richter und die Geschichte Deutschlands*. Wien 2013.
Jureit, Ulrike und Christian Schneider. *Gefühlte Opfer. Illusionen der Vergangenheitsbewältigung*. Stuttgart 2010.
Keilbach, Judith. *Geschichtsbilder und Zeitzeugen. Zur Darstellung des Nationalsozialismus im bundesdeutschen Fernsehen*. Münster 2010.
Keilbach, Judith, Béla Rásky und Jana Starek (Hrsg.). *Völkermord zur Prime Time. Der Holocaust im Fernsehen*. Wien 2019.
Kilchmann, Esther (Hrsg.). *Artefakte. Holocaust und Zweiter Weltkrieg in experimentellen Darstellungsformen in Literatur und Kunst*. Köln 2016.
Kogon, Eugen. *Der SS-Staat. Das System der deutschen Konzentrationslager*. München 1974.
Lang, Berel. *Holocaust Representation. Art Within the Limits of History and Ethics*. Baltimore, MD 2000.
Levy, Daniel und Natan Sznaider. *Erinnerung im globalen Zeitalter. Der Holocaust*. Frankfurt a.M. 2007.
Liebman, Stuart. *Claude Lanzmann's Shoah. Key Essays*. Oxford 2007.
Lüdeker, Gerhard Jens. *Kollektive Erinnerung und nationale Identität. Nationalsozialismus, DDR und Wiedervereinigung im deutschen Spielfilm nach 1989*. München 2012.
Lyotard, Jean-François. *Le différend*. Paris 1986.
Margalit, Avashai. „A Moral Witness". *The Ethics of Memory*. Cambridge 2002: 147–182.
Martìnez, Matìas (Hrsg.). *Der Holocaust und die Künste. Medialität und Authentizität von Holocaust-Darstellungen in Literatur, Film, Video, Denkmälern, Comic und Musik*. Bielefeld 2020.
McGlothlin, Erin. *The Mind of the Holocaust Perpetrator in Fiction and Nonfiction*. Detroit, MI 2021.
Merten, Thomas. *Die Shoah im Comic seit 2000. Erinnern zeichnen*. Berlin 2021.
Mitscherlich, Alexander und Margarete Mitscherlich. *Die Unfähigkeit zu trauern. Grundlagen kollektiven Verhaltens*. München 1998.
Perz, Bertrand. „Österreich". *Verbrechen erinnern: Die Auseinandersetzung mit Holocaust und Völkermord*. Hrsg. von Volkhard Knigge und Norbert Frei. Bonn 2005: 170–182.
Pettitt, Joanne. *Perpetrators in Holocaust Narratives. Encountering the Nazi Beast*. London 2017.
Piper, Ernst Reinhard (Hrsg.). *„Historikerstreit". Die Dokumentation der Kontroverse um die Einzigartigkeit der nationalsozialistischen Judenvernichtung*. München 1987.
Reimer, Robert C. und Carol J. Reimer. *Historical Dictionary of Holocaust Cinema*. Lanham, MD 2012.

Roebling-Grau, Iris und Dirk Rupnow (Hrsg.). *„Holocaust"-Fiktion. Kunst jenseits der Authentizität.* Paderborn 2015.

Rothberg, Michael. *Multidirectional Memory. Remembering the Holocaust in the Age of Decolonization.* Stanford, CA 2009.

Rothberg, Michael. *The Implicated Subject. Beyond Victims and Perpetrators.* Stanford, CA 2019.

Sarhangi, Mohammad A.S. *Jüdischer Widerstand im US-amerikanischen Kino. Vom Nutzen der Filmfiktion für die Geschichtswissenschaft.* Berlin 2019.

Schmoller, Andreas. *Vergangenheit, die nicht vergeht. Das Gedächtnis der Shoah in Frankreich seit 1945 im Medium Film.* Innsbruck 2010.

Schultz, Sonja. *Der Nationalsozialismus im Film. Von „Triumph des Willens" bis „Inglourious Basterds".* Berlin 2012.

Stiglegger, Marcus. *Auschwitz-TV. Reflexionen des Holocaust in Fernsehserien.* Wiesbaden 2015.

Tanner, Jakob und Sigrid Weigel. „Gedächtnis, Geld und Gesetz in der Politik mit der Vergangenheit des Zweiten Weltkriegs und des Holocaust". *Gedächtnis, Geld und Gesetz. Vom Umgang mit der Vergangenheit des Zweiten Weltkrieges.* Hrsg. von Jakob Tanner und Sigrid Weigel. Zürich 2002: 7–18.

Tippner, Anja. „Erinnerung und Transnationalität". *Handbuch Literatur und Transnationalität.* Hrsg. von Doerte Bischoff und Susanne Komfort-Hein. Berlin 2019: 156–170.

Weigel, Sigrid. „‚Generation' as a Symbolic Form. On the Genealogical Discourse of Memory Since 1945". *The Germanic Review* 77.4 (2002): 264–277.

Weigel, Sigrid. „Shylocks Wiederkehr. Die Verwandlung von Schuld in Schulden, oder: Zum symbolischen Tausch der Wiedergutmachung". *Fünfzig Jahre danach. Zur Nachgeschichte des Nationalsozialismus.* Hrsg. von Sigrid Weigel und Birgit R. Erdle. Zürich 1996: 165–192.

Weiß, Christoph (Hrsg.). *„Der gute Deutsche." Dokumente zur Diskussion um Steven Spielbergs „Schindlers Liste" in Deutschland.* St. Ingbert 1995.

Wende, Waltraud (Hrsg.). *Der Holocaust im Film. Mediale Inszenierung und kulturelles Gedächtnis.* Heidelberg 2007.

White, Hayden. *Metahistory. The Historical Imagination in Nineteenth-Century Europe.* Baltimore, MD 1973.

Wiese, Christian et al. *Die Zukunft der Erinnerung. Perspektiven des Gedenkens an die Verbrechen des Nationalsozialismus und die Shoah.* Berlin 2021.

Wieviorka, Annette. „Die Entstehung des Zeugen". *Hannah Arendt Revisited. „Eichmann in Jerusalem" und die Folgen.* Hrsg. von Gary Smith. Frankfurt a.M. 2000: 136–162.

Wohl von Haselberg, Lea. *Und nach dem Holocaust? Jüdische Spielfilmfiguren im (west-)deutschen Film und Fernsehen nach 1945.* Berlin 2016.

Wollaston, Isabell. „Negotiating the Marketplace. The Role(s) of Holocaust Museums Today". *Journal of Modern Jewish Studies* 4 (2005): 63–80.

Young, James E. *Writing and Rewriting the Holocaust. Narrative and the Consequences of Interpretation.* Bloomington, IN 1988.

Esther Gimeno Ugalde

Iberian Studies / Iberische Studien

1 Forschungsgeschichte

1.1 Was sind die Iberischen Studien?

In den letzten zwei Jahrzehnten haben sich die IBERIAN STUDIES/Iberischen Studien innerhalb verschiedener Traditionen als ein akademisches und institutionelles Fachgebiet etabliert, das sich grundsätzlich mit dem Austausch, den Beziehungen, Konvergenzen, Spannungen, Abhängigkeiten und Unsichtbarkeiten zwischen den verschiedenen Kulturen und Literaturen der Iberischen Halbinsel befasst, und zwar mit einem methodischen Ansatz, der den iberischen Raum als ein „complex, multilingual cultural and literary system" (Pérez Isasi und Fernandes 2013, 1) voraussetzt. In Überwindung des auch heute noch vorherrschenden nationalen Paradigmas hat dieses relativ neue Studienfach zum Ziel, heterogene, aber miteinander verknüpfte Realitäten aus einer transnationalen und relationalen Perspektive zu untersuchen. Es ebnet somit weiteren multikulturellen und mehrsprachigen Studienansätzen den Weg.

Auch wenn die IBERIAN STUDIES in den letzten Jahren zunehmend an Aufmerksamkeit gewonnen haben und bezüglich anderer traditioneller Teilbereiche der Literatur- und Kulturwissenschaften zu einer Alternative geworden sind, so sind sie jedoch als Wissenschaftsbereich noch in keinem akademischen Raum dominant (Pérez Isasi 2021, 21). Ihr polygenetischer Ursprung, ihre theoretische und methodische Vielfalt sowie die Starrheit der wissenschaftlichen Disziplinen und akademischen Institutionen, die gegenüber Veränderungen nicht immer offen sind, sind einige der Gründe, die sowohl die fehlende Vorherrschaft der Iberischen Studien – insbesondere im Vergleich zu den Einzelphilologien – als auch den unterschiedlichen Grad ihrer Etablierung in verschiedenen Kontexten erklären.

1.2 Die Iberische Halbinsel in neuem Fokus

Die Entstehung und Etablierung der Iberischen Studien als eigenständiger Forschungsbereich lässt sich großteils mit dem seit dem letzten Drittel des 20. Jahrhunderts wachsenden wissenschaftlichen Interesse an der Iberischen Halbinsel erklären. Zunächst einmal müssen die bedeutenden politischen Veränderungen seit den Demokratisierungsprozessen berücksichtigt werden, die Mitte der 1970er Jahre in Portugal mit der Nelkenrevolution (1974) und in Spanien mit dem Tod

https://doi.org/10.1515/9783110712919-018

des Diktators Franco (1975) begannen. Das Ende der langen iberischen Diktaturen (1926–1974 in Portugal und 1939–1975 in Spanien) bedeutete nicht nur das Ende der politischen und kulturellen Isolation beider südeuropäischer Länder, sondern auch eine Annäherung zwischen Portugal und Spanien, deren symbolischer Meilenstein der gleichzeitige Beitritt zur damaligen Europäischen Wirtschaftsgemeinschaft im Jahr 1986 war (Codina und Pinheiro 2019, 8–9).

Francos Tod bedeutete für Spanien nach Jahrzehnten intensiver Unterdrückung einen allmählichen Übergang zu einem demokratischen System und gleichzeitig eine neue Herausforderung in Bezug auf die politische Dezentralisierung und die Auseinandersetzung mit seiner nationalen, kulturellen und sprachlichen Vielfalt – heikle politische Themen, die teilweise heute noch ungelöst sind. Die Ko-Offizialisierung des Baskischen (1979), des Katalanischen (1979) und des Galicischen (1981) sowie die von den jeweiligen autonomen Gemeinschaften geförderten sprachlichen Standardisierungsprozesse (einschließlich des Schulunterrichts in den jeweiligen Sprachen) brachten einen wichtigen Richtungswechsel und neuen Schwung in das literarische und kulturelle Schaffen in diesen Minderheitensprachen. Während der spanische Staat damals mit seiner nationalen und sprachlichen Vielfalt zurechtkommen musste und sich für ein nicht-föderalistisches, dezentralisierendes Modell entschied, befand sich Portugal nach der Dekolonialisierung in einem Prozess der Rezentralisierung und der territorialen Reduzierung des Nationalstaats auf seine europäische Dimension (Codina und Pinheiro 2019, 8–9). Die katastrophalen Folgen des portugiesischen Kolonialkriegs und die Migrationsprozesse aus den Kolonien in die ehemalige Metropole Lissabon änderten den historischen und politischen Kurs des Landes: Während Portugal seine Beziehungen zu den ehemaligen Territorien überdenken musste, wurde es zu einer vielfältigeren Gesellschaft.

All diese Ereignisse förderten die Annäherung zwischen Portugal und Spanien (nicht nur an seinem Zentrum, sondern auch an seinen „Peripherien") – eine Beziehung, die ab den 2000er Jahren aufgrund der Wirtschaftskrise, welche die Länder Südeuropas besonders hart traf, noch intensiviert wurde. Gleichzeitig weckten sie ein zunehmendes Interesse an den iberischen Ländern und ihren Beziehungen (Sardica 2013, 2019; Sáez Delgado und Pérez Isasi 2022).

1.3 *Spatial turn* als gemeinsamer Nenner

Das Interesse an der Iberischen Halbinsel als Forschungsgegenstand ist nicht neu, wohl aber die Einbeziehung als Wissensgebiet in die westliche akademische Welt. Die Entstehung der Iberian Studies als transnationales akademisches Paradigma wurde durch die Unfähigkeit der traditionellen Disziplinen und den (National-)Philologien ausgelöst, sowohl die oben erwähnten politischen und sozialen Entwicklungen als auch die Komplexität der kulturellen und literarischen Phänomene zu erklären, die sich aus einer langen Geschichte der (nicht immer spannungsfreien) Koexistenz zwischen kulturell und politisch verschiedenen Gemeinschaften ergeben. Die Entstehung der Iberischen Studien als eigenständige Disziplin kann jedoch nicht auf einen einzigen Ursprung zurückgeführt werden, sondern knüpft an mehrere Traditionen an, die praktisch gleichzeitig und in gewissem Maße unabhängig voneinander sind (Pérez Isasi 2019, 17–24; Pérez Isasi 2020, 21–23). Diese genetische Diversität erklärt die Methodenvielfalt, die heute die Iberian Studies kennzeichnet.

Einerseits ist ihre Entwicklung in den Vereinigten Staaten mit einer kritischen Strömung gegenüber dem vorherrschenden sogenannten *Peninsular Hispanism* bzw. Peninsular Studies verbunden, die Ende der 1990er Jahre aufkam und sich in der Monographie *Del hispanismo a los estudios ibéricos. Una propuesta federativa para el ámbito cultural* (Resina 2009) und später in dem Sammelband *Iberian Modalites. A Relational Approach to the Study of Culture in the Iberian Peninsula* (Resina 2013) herauskristallisierte. Beiden Büchern gehen einige Initiativen und Publikationen voraus, die bereits in den 1980er Jahren den Weg zur Erforschung der Iberischen Halbinsel als vielfältigen, mehrsprachigen und komplexen Kulturraum ebnete (vgl. Gimeno Ugalde 2017, 6–7). Die Vertreter*innen dieser Strömung plädieren für eine Erweiterung des spanischen Kanons und eine Erneuerung der Theorien und Methoden, die der iberischen kulturellen und linguistischen Vielfalt Rechnung tragen. In der Praxis bleibt Portugal jedoch eher am Rande des wissenschaftlichen Interesses dieser Strömung, die aus einer internen Debatte innerhalb des *Peninsular Hispanism* hervorgegangen ist (Schacht Pereira 2017, 23). Besonders von den Cultural Studies geprägt, zeichnen sich die Iberian Studies in den Vereinigten Staaten, wie auch in Großbritannien und Irland, durch ihren methodischen Eklektizismus sowie durch den Akzent auf (insbesondere zeitgenössische) kulturelle Prozesse und literarische Phänomene aus (Gimeno Ugalde 2017). In den letzten Jahren ist jedoch ein wachsendes Interesse an der Mittelalter- und Frühneuzeitforschung festzustellen (u. a. Wade 2020; Francomano 2021; Gerli und Gilles 2021).

Die Entwicklung der Iberian Studies in Großbritannien und Irland (Buffery et al 2017; Keown 2013) steht dieser Konfiguration sehr nah, auch wenn sie dort vermutlich weniger stark verwurzelt ist als in den Vereinigten Staaten. In diesem akademischen Raum kann man auch von einer anderen Konzeption der Iberischen Studien sprechen, die mit den → Area Studies enger in Verbindung steht und für andere Disziplinen wie Politikwissenschaft, Geschichte, Wirtschaft usw. offen ist (Pérez Isasi 2021, 23). Diese Ausrichtung der Iberischen Studien steht v. a. mit der Association for Contemporary Iberian Studies (ACIS) im Zusammenhang, die 1978 von Hispanist*innen der ehemaligen britischen polytechnischen *colleges* mit dem Ziel gegründet wurde, neue Forschungsansätze zu fördern. Sowohl der Fachverband ACIS als auch die mit ihm verbundene Fachzeitschrift *International Journal of Iberian Studies* verfolgen den Ansatz der Regionalstudien und fördern neben dem Studium der iberischen Literaturen und Kulturen, das Studium eines breiten Spektrums u. a. sozialer, wirtschaftlicher und politischer Aspekte, die für die Iberische Halbinsel ebenfalls von Bedeutung sind.

Andererseits sind seit Ende der 1980er Jahre v. a. in Portugal einige bahnbrechende Arbeiten mit einem iberischen Schwerpunkt erschienen, die sich mit den kulturellen Beziehungen und dem literarischen Austausch zwischen Portugal und Spanien befassen (z. B. Rodrigues 1987; Abreu 1994; Lourenço 1995; Brandenberger und Thorau 2005; Sáez Delgado und Pérez Isasi 2022). Zu diesen Veröffentlichungen kommen noch eine Vielzahl grenzüberschreitender Tagungen hinzu, die bis zum heutigen Datum zwar noch nicht unter der spezifischen Bezeichnung IBERIAN STUDIES abgehalten werden, aber entscheidend zur Entwicklung des Studienfaches beigetragen haben: Die von den Universitäten Évora (Portugal), Salamanca (Spanien) und Beira Interior (Portugal) organisierten RELIPES-Treffen „Relações Linguísticas e Literárias entre Portugal e Espanha desde Inícios do Século XIX até à Atualidade" (‚Sprachliche und literarische Beziehungen zwischen Portugal und Spanien vom Beginn des 19. Jahrhunderts bis zur Gegenwart') führten später zu bahnbrechenden Publikationen (Magalhães 2007a, 2007b; Marcos de Dios 2007). Weitere bemerkenswerte Impulse kamen aus den sogenannten „Peripherien" des spanischen Staates, insbesondere aus dem Baskenland, Galicien und Katalonien. Die Iberischen Studien auf der Iberischen Halbinsel könnten als Teilbereich der Komparatistik definiert werden: wichtige theoretisch-methodologische Einflüsse sind hier Even-Zohars Theorie der Polysysteme (1979), Ďurišins interliterarische Theorie (1988) und Bourdieus Theorie des literarischen Feldes von 1992 (Pérez Isasi 2019, 22). Hervorzuheben ist in diesem Kontext die Arbeit der Grupo de Teoría da Literatura e Literatura Comparada (‚Arbeitsgruppe der Literaturtheorie und der vergleichenden Literatur') an der Universidade de Santiago de Compostela (Galicien) mit Veröffentlichungen, die für die Erforschung des iberischen literarischen und kulturellen Raums auch heute noch von großer Bedeutung sind: *Bases metodolóxicas para unha historia comparada das literaturas na Península Ibérica* (2004) und eine zweibändige *Comparative History of Literatures in the Iberian Peninsula* (2010, 2016). Seit 2009 ist das Cluster DIIA (Diálogos Ibéricos e Iberoamericanos; ‚Iberische und Ibero-Amerikanische Dialoge'), das zum Centro de Estudos Comparatistas (‚Zentrum für Komparatistik') der Universidade de Lisboa (Portugal) gehört, eine der wichtigsten treibenden Kräfte der Erforschung und Institutionalisierung der Iberischen Studien auf der Iberischen Halbinsel selbst. Generell lässt sich feststellen, dass in Portugal und Spanien drei Tendenzen vorherrschen, wenn es um die Erforschung des iberischen Kulturraums geht: Erstens das Interesse an literarischen Phänomenen (trotz einer zunehmenden

Offenheit gegenüber kulturellen Phänomenen, Prozessen und Artefakten), zweitens die Erforschung der Beziehungen zwischen Portugal und anderen iberischen Kulturräumen (insbesondere Spanien, aber auch Galicien, Katalonien und in viel geringerem Maße zum Baskenland) und, drittens, ein historischer Schwerpunkt (v. a. im Vergleich zu den Vereinigten Staaten und dem Vereinigten Königreich), der bestimmte Perioden bevorzugt, in denen die Beziehungen zwischen Portugal und Spanien besonders fruchtbar waren – nämlich sowohl das 16. und 17. Jahrhundert, insbesondere die Zeit der sog. Iberischen Union, als auch das Ende des 19. und den Beginn des 20. Jahrhunderts (Pérez Isasi 2019, 17–24; Pérez Isasi 2020, 21–23).

Trotz dieser genetischen und methodischen Vielfalt ist zu erkennen, dass diese Konfigurationen auf demselben Untersuchungsgegenstand (dem iberischen Raum) und einem gemeinsamen Ziel beruhen: einer Re-Konzeptualisierung des iberischen Kulturraums, die darauf abzielt, die nationalstaatlichen Grenzen zu überwinden, die seit Beginn des 19. Jahrhunderts vorherrschen (vgl. Pérez Isasi 2019, 15). Ein weiterer gemeinsamer Nenner ist die Anwendung eines transnationalen Forschungsansatzes.

Unabhängig des genetischen Ursprungs (Vereinigte Staaten, Großbritannien/Irland oder Iberische Halbinsel) muss der Paradigmenwechsel der Iberischen Studien im Zusammenhang mit dem *spatial turn* in den Geisteswissenschaften kontextualisiert werden (u. a. Lefebvre 1974; Foucault 1984; Harvey 1989; Soja 1996). Diese kulturelle Wende bedeutete eine Verschiebung von der Annahme, dass Raum ein rein physisches bzw. territoriales Konzept ist, hin zu einem Verständnis von Raum als relationales Konzept, d. h. als soziales Konstrukt, das für die Produktion und das Verständnis von gesellschaftlichen und kulturellen Phänomenen relevant ist (Bachmann-Medick 2006; Warf und Arias 2009 u. a.). Unter dem Einfluss des *spatial turn* zielen die Iberischen Studien darauf ab, einerseits kulturelle Phänomene zu untersuchen, die eng mit den Räumen, in denen sie auftreten, verbunden sind, und andererseits nationalstaatliche Grenzen zu hinterfragen, die als „künstliche Abgrenzungen" solcher Phänomene gelten (vgl. Pérez Isasi 2019, 15). Dies bedeutet aber nicht, dass die Iberische Halbinsel als ein monolithischer, ahistorischer Raum konzipiert ist, noch dass die verschiedenen Kulturen und Nationen, aus denen die „Iberia" besteht, als einheitliche Blöcke mit klar definierten Konturen betrachtet werden.

1.4 Nähe und Abgrenzungen zu anderen „Studies" und Disziplinen

Die Iberian Studies verstehen sich als ein Wissenschaftsbereich, dessen Ursprünge auf die letzten beiden Jahrzehnte des 20. Jahrhunderts zurückgehen. Sie basieren auf einem dezentraleren und nicht-hierarchischen Ansatz für den iberischen Kulturraum und stellen gleichzeitig ein heuristisches Instrument dar, das es uns erlaubt, traditionelle disziplinäre Unterteilungen, wie die der Einzelphilologien (etwa HISPANIC STUDIES), neu zu konzipieren und über die Gegenüberstellung hinauszugehen. Das „Iberische" wird also nicht nur als Zugehörigkeit oder Bezug zur Iberischen Halbinsel verstanden (eine Eigenschaft, die logischerweise vorausgesetzt wird), sondern auch implizit als ein Element, das die relationale Dimension miteinschließt und dem Studienfach in gewisser Weise Originalität als wissenschaftliches Forschungsfeld verleiht (Gimeno Ugalde und Pérez Isasi 2019, 14). Ein zentraler Aspekt der Iberischen Studien besteht darin, dass sie die Ablösung des Nationalstaats als Standardkategorie der Analyse ermöglichen – eine Kategorie, die paradoxerweise, wie einige Kritiker*innen festgestellt haben (Kinoshita 2009, 602), auch in einer vermeintlich postnationalen Ära noch dominant ist.

In einigen neueren Forschungsarbeiten wird eine disziplinäre Annäherung der Iberischen Studien als ein relationaler und vergleichender Forschungsbereich mit den entstehenden Mittelmeerstudien (MEDITERRANEAN STUDIES) vorgeschlagen. Der Band *In and Of the Mediterranean: Medieval and Early Modern Iberian Studies* legt bspw. nahe, die vormoderne Iberia in einem alternativen, breiteren Rahmen zu verorten: dem Mittelmeerraum. Dieser breitere Kontext ist dadurch gerechtfertigt, dass die Iberische Halbinsel seit der Zeit der Tartesser und Phönizier als integraler Bestandteil der mediterranen Welt verstanden wird (Hamilton und Silleras-Fernández 2015; Wacks 2019). Andere Forscher*innen legen einen Dialog mit transnationalen und transkulturellen Studien wie den (iberischen und lateinamerikanischen) TRANSATLANTIC STUDIES nahe, wobei letztere als kritischer Ansatz zur transatlantischen Kulturgeschichte verstanden werden, der sich auf die Kontinuitäten und Brüche zwischen Lateinamerika, der Iberischen Halbinsel und dem spanisch- und portugiesischsprachigen Afrika ausrichtet (Enjuto-Rangel et al. 2019). In diesem Zusammenhang wurde die Notwendigkeit betont, die IBERIAN STUDIES mit einer transatlantischen Dimension auszustatten, wobei sowohl institutionelle als auch epistemologische Gründe angeführt wurden. Ohne auf institutionelle bzw. praktische Fragen einzugehen, ist es hier wichtig, darauf hinzuweisen, dass sowohl die IBERIAN STUDIES als auch die TRANSATLANTIC STUDIES von einigen gemeinsamen Annahmen ausgehen, die mit ihren jeweiligen *raisons d'être* in Verbindung gebracht werden könnten: z. B. ein aufrichtiges Interesse an Heterogenität, eine kritische Sicht auf die Einsprachigkeit und die Ideologie der Hispanistik oder ein besonderes Augenmerk auf die vermittelnde Rolle der Übersetzung in den Kolonisierungspraktiken (Santana 2019, 63–64).

Die Iberischen Studien sind auch als Teilgebiet der → EUROPEAN STUDIES ausgestaltet, die sich grundsätzlich mit der Analyse der Prozesse der europäischen Integration in politischer, rechtlicher und wirtschaftlicher Hinsicht seit dem Epochenbruch des Zweiten Weltkriegs befassen. Aus der Perspektive der Europa-Studien liegt ein besonderer Akzent auf den ähnlichen politischen und wirtschaftlichen Entwicklungen Portugals und Spaniens (z. B. Demokratisierungs- und Modernisierungsprozesse, Finanzkrise) und auf den Beziehungen der beiden iberischen Länder zu ihren europäischen Partnern (z. B. Beitrittsverhandlungen, Beitritt zur Europäischen Wirtschaftsgemeinschaft, Austeritätsmaßnahmen, EU-Ratspräsidentschaften). Heutzutage beherbergen einige europäische Studieninstitute oder -zentren interdisziplinäre Programme oder Forschungsgruppen in IBERIAN STUDIES. Neben der Organisation von Vorträgen mit einem iberischen Schwerpunkt werden auch Fellows und Professor*-innen aus dem In- und Ausland eingeladen, die zu aktuellen Themen (z. B. dem Katalonien-Spanienkonflikt, dem „iberische Modell" in der Energiekrise) forschen oder lehren. Als Beispiel seien das Iberian Studies Program des Europe Center an der Stanford University oder die Iberian Study Group des Center for European Studies an der Harvard University genannt.

1.5 Institutionalisierung

In den letzten Jahren haben die IBERIAN STUDIES ein beträchtliches Wachstum und eine Etablierung erfahren, insbesondere im Bereich der Forschung. Dies zeigt sich in der wachsenden Zahl und Vielfalt von Treffen, Projekten und Veröffentlichungen, v. a. seit der Erscheinung von *Del hispanismo a los estudios ibéricos* (Resina 2009) – einer Monographie, die dazu beigetragen hat, dem Studienfach (und seinem Namen) Sichtbarkeit zu verleihen, und die zweifellos ein Ausgangspunkt für weitere Arbeiten war, darunter die Sammelbände *Looking at Iberia: A Comparative European Perspective* (Pérez Isasi und Ângela Fernandes 2013), *The Routledge Companion to Iberian Studies* (Muñoz-Basols et al. 2017), *Iberian Studies. Reflections Across Borders and Disciplines* (Codina und Pinheiro 2019), *Perspetivas críticas sobre os estudos ibéricos* (Martínez Tejero und Pérez Isasi 2019), *Studi iberici. Dialoghi dall'Italia* (Corsi und Nadal Pasqual 2021), *The Routledge Hispanic Studies Companion to Medieval Iberia* (Gerli und Gilles 2021), oder *Iberian and Translation Studies. Literary Contact Zones* (Gimeno Ugalde et al. 2021). Repräsentative Publikationen für die verschiedenen Zeitabschnitte sind: *eHumanista*, die 1999 als *open access*-Zeitschrift an der University of California, Santa Barbara gegründet wurde und deren Schwerpunkt das Mittelalter bzw. die Frühe Neuzeit bildet; das 2009 erstmals erschienene *Journal of Medieval Iberian Studies* (Taylor & Francis), eine interdisziplinäre Fachzeitschrift mit Fokus auf das Mittelalter; und schließlich das 1988 von Mitgliedern der Association for Contemporary Iberian Studies gegründete *International Journal of Iberian Studies* (Intellect), das heute als wichtige internationale Referenz in den → AREA STUDIES gilt und sich der Periode von der zweiten Hälfte des 19. bis zum 21. Jahrhundert widmet.

Bemerkenswert ist die Zunahme der akademischen Tagungen, die auf beiden Seiten des Atlantiks stattgefunden haben und in der Regel heute unter der spezifischen Bezeichnung Iberian Studies präsentiert werden. In Europa wurden bspw. die internationalen Seminare und Kolloquien „Looking at Iberia from a Comparative European Perspective: Literature, Narration, and Identity" (2011), „Iberian Studies: New Spaces" (2016), „Os estudos ibéricos a partir da periferia" (2018), „Iberian and Translation Studies: Re-Defining Literary Contact Zones" (2019) und „Para uma história digital das literaturas ibéricas" (‚Zu einen digitalen Geschichte der Iberischen Literaturen') aus dem Jahr 2021 von Mitgliedern des Centro de Estudos Comparatistas der Universidade de Lisboa (Portugal) organisiert, aus denen einige der oben genannten Sammelbände hervorgegangen sind. Erwähnenswert sind auch die jährlichen Konferenzen der Association for Contemporary Iberian Studies (ACIS), die 1978 ins Leben gerufen wurde und verschiedenen Disziplinen der Sozial- und Geisteswissenschaften offen steht, oder die Treffen des Forum for Iberian Studies, die seit 1996 von der University of Oxford organisiert werden und nun alle zwei Jahre stattfinden. Ebenso ist die Durchführung des internationalen Symposiums „Conversations on Iberian Studies: Challenges and Opportunities" (2022) an der Universität Kopenhagen (Dänemark) ein bemerkenswerter Versuch, die Iberian Studies als multidisziplinäres Fach in die akademische Debatte Skandinaviens einzuführen.

Parallel zu diesen Entwicklungen in Europa fanden auch auf der anderen Seite des Atlantiks Konferenzen, Kolloquien und Tagungen statt, die das wachsende Interesse an diesem Wissenschaftsbereich belegen. Beispiele hierfür sind die Konferenzen „Iberian Modalities" und „Towards Iberian Studies", die an der Stanford University (2011) bzw. an der Ohio State University (2013) organisiert wurden, oder die Sektionen „Theorizing Iberian Studies", „Iberian Studies and the Crisis in the Humanities" oder „New Currents in Medieval Iberian Studies", die auf den Jahreskonferenzen des Verbandes Modern Language Association (MLA) in Vancouver (2015), Chicago (2019) und Online (2021) stattfanden. In den Vereinigten Staaten wurden auch einige Forschungsarbeitsgruppen eingerichtet wie die 2013 gegründete Iberian Studies Working Group an der Ohio State University, die Iberian Studies Initiative an der University of Minnesota oder die 2011 gegründete UC Comparative Iberian Studies Working Group, die sich aus Forscher*innen des gesamten kalifornischen Universitätssystems zusammensetzt und seit 2012 jährliche Treffen organisiert. Nach mehr als einem Jahrzehnt wird letztere ab 2023 eine formellere Struktur annehmen und zum UC Iberian Studies Consortium unter der Leitung von Robert Newcomb (University of California, Davis) und Silvia Bermúdez (University of California, Santa Barbara) werden.

Nennenswert sind im Bereich der Forschung ebenso das Iberian Theater and Performance Network (ITPN), das sich hauptsächlich aus Forscher*innen US-amerikanischer Universitäten zusammensetzt, das International Network Historical Memory in Iberian Literatures (MHLI), an dem Fachleute aus Europa und den Vereinigten Staaten beteiligt sind, die Forschungsgruppe (Other)Iberia, die 2014 von Forscher*innen polnischer Universitäten gegründet wurde und sich der Erforschung der Minderheitensprachen und -literaturen der Iberischen Halbinsel widmet, oder die Forschungsgruppe Glocal Perspectives in Iberian Studies an der Universität Turin (Italien). Schließlich ist das internationale Projekt IStReS (Iberian Studies Reference Site) zu erwähnen. Das von verschiedenen Institutionen finanzierten Projekt verfolgt ein dreifaches Ziel: den Austausch und die Zusammenarbeit zwischen Forscher*innen, Gruppen und Forschungszentren sowohl in Europa als auch in Nordamerika zu fördern, zur Konsolidierung des Fachgebiets beizutragen und es sichtbarer zu machen sowie eine Datenbank zur Verfügung zu stellen, in der eine umfassende Bibliographie zusammengefasst wird (Gimeno Ugalde und Pérez Isasi 2019). Derzeit enthält diese Datenbank mehr als 2.000 bibliographische Referenzen, die den IBERIAN STUDIES zugeordnet sind. Die Corona-Pandemie hat auch zu neuen digitalen Initiativen geführt, wie bspw. Pleibéricos (Presentación de libros de Estudios Ibéricos online), die sich auf die Online-Präsentation der Neuerscheinungen im Bereich der Iberischen Studien spezialisiert hat.

Trotz des relativen Auftriebs in der Forschung lassen sich in den verschiedenen akademischen Traditionen erhebliche Unterschiede in Bezug auf den Grad der Etablierung und Institutionalisierung der IBERIAN STUDIES sowie in ihrer Umsetzung auf die Lehre (insbesondere auf Bachelor- und Masterniveau) beobachten. Die Dominanz des nationalen Paradigmas bei der Organisation von universitären Subeinheiten (Departments und Instituten), die sich mit dem Studium von Sprachen, Kulturen und Literaturen befassen, behindert in den meisten Ländern die Durchführbarkeit und/oder Institutionalisierung der Iberischen Studien. Es muss jedoch eingeräumt werden, dass in den letzten Jahren wichtige Schritte in diese Richtung unternommen wurden: So ist der kürzlich eingerichtete Cátedra de Estudos Ibéricos (Lehrstuhl für Iberische Studien) an der Universität Évora – der einzige Lehrstuhl dieser Art auf der Halbinsel – ein vorbildliches Beispiel für die Institutionalisierung des Studienfaches in Portugal, aus dem mehrere Initiativen (u. a. die Online-Vorlesungsreihe „Polibéricos“) hervorgegangen sind.

Seit 2010 hat eine beachtliche Anzahl von Einrichtungen in den Vereinigten Staaten ihre Fachbereichsbezeichnungen geändert, so dass sie nun ausdrücklich Bezeichnungen wie „Iberian Studies“, „Iberian Cultures“ usw. enthalten (Santana 2013, 55; Gimeno Ugalde 2017, 15). Auch wenn diese Veränderungen in einigen Fällen einem bestimmten Trend (oder sogar einer Mode) entsprechen mögen, ist es unbestreitbar, dass sie in vielen anderen Fällen einen echten Versuch darstellen, das Fach neu zu konfigurieren und ihm eine interdisziplinäre, transnationale und mehrsprachige Perspektive zu geben. Das Department of Iberian and Latin American Cultures der Stanford University zeichnet sich dabei durch seine Pionierarbeit aus. Seine Studiengänge bieten eine Spezialisierung in IBERIAN STUDIES an und ermöglichen den Studierenden, Lehrveranstaltungen wie „Introduction to Iberia: Cultural Perspectives", „Modern Iberian Literatures", „Medieval and Early Modern Literatures", „Early Modern Iberian Lyric Poetry", „The Memory of the Eye: Iberian Cinema from Buñuel to Almodóvar" usw. zu belegen. Das Department of Spanish and Portuguese an der Ohio State University stellt einen Lehrgang für „Iberian Studies" auf Master- und Promotionssebene zur Wahl („Graduate Iberian Literary and Cultural Studies"). Das Doktorandenprogramm des Department for Spanish and Portuguese an der UMass Amherst (Massachusetts) erlaubt es, sich auf Iberische Studien zu spezialisieren. Auch wenn es diese Bezeichnung nicht in seinem Namen führt, hat das Department of Romance Languages and Literatures an der University of Chicago ein starkes iberisches Profil: neben dem Lehrangebot in diesem Fachbereich bietet es die Möglichkeit, vier (von den fünf) offiziellen Sprachen der Iberischen Halbinsel zu studieren – Baskisch, Katalanisch, Portugiesisch und Spanisch. Auch im deutschsprachigen Raum gibt es einige Initiativen, die es erlauben, von einem wachsenden Interesse und höherer Sichtbarkeit des Forschungsbereiches zu sprechen (vgl. Punkt 3).

2 Exemplarische Beispiele und Forschungsfragen

Die Iberischen Studien deuten eine erkenntnistheoretische Wende an, die das relationale Studium der Kulturen und Literaturen der Iberischen Halbinsel fördert, wobei eine breite Zeitspanne vom Mittelalter bis zum 21. Jahrhundert abgedeckt werden kann. Da es sich um ein umfangreiches Studienfach mit einer großen Bandbreite an Untersuchungsmöglichkeiten und Ansätzen handelt, ist es schwierig, spezifische Forschungsfragen zu nennen, ohne in Vereinfachungen zu verfallen. Unabhängig von der jeweiligen Epoche oder dem konkreten Untersuchungsgegenstand stellen die IBERIAN STUDIES einen Forschungsansatz dar, der auf die eine oder andere Weise den Austausch, die Einflüsse und die Konvergenzen untersucht, die sich aus den Kontakten zwischen den iberischen Kulturen und Literaturen ergeben, ohne dabei die möglichen Spannungen, Abhängigkeiten und Unsichtbarkeiten auszuschließen, die solche Kontakte ebenfalls hervorrufen (können). Bei der Untersuchung dieser fast immer asymmetrischen Beziehungen ist es bspw. interessant zu beobachten, wie die beiden globalen Kulturen und Sprachen der Iberischen Halbinsel – Spanisch und Portugiesisch – sich gegenseitig austauschen, wie diese sich zu den Minderheitensprachen des iberischen Kulturraums verhalten (Asturisch, Baskisch, Galicisch, Katalanisch, Mirandesisch) oder wie letztere miteinander interagieren. Interessant ist auch die Frage nach den Mechanismen der Beherrschung, der Abhängigkeit oder der Solidarität, die bei diesem Austausch in Gang gesetzt werden, sowie nach anderen Arten von Einflüssen, die zwischen den verschiedenen iberischen Kulturen, Literaturen und Sprachen entstehen.

Trotz des vorherrschenden Akzentes auf die Gegenwart wird dem Mittelalter und der Frühen Neuzeit ebenfalls Aufmerksamkeit geschenkt. Einerseits ist die sprachliche, literarische, religiöse und ethnische Vielfalt des mittelalterlichen Iberien Gegenstand mehrerer neuerer Veröffentlichungen wie *Representing Others in Medieval Iberian Literature* (Hamilton 2007), *Framing Iberia: Frametales and Maqamat in Medieval Spain* (Wacks 2007), *Multilingual Medieval Iberia: Between the Tongue and the Pen* (Cortijo Ocaña und Wacks 2010) oder *Iberian Babel: Translation and Multilingualism in the Medieval and Early Modern Mediterranean* (Hamilton und Silleras-Fernández 2022). Andererseits sind das so genannte Goldene Zeitalter („Siglo de Oro") Spaniens und die Iberische Union (1580–1640) zu einer besonders fruchtbaren Periode für die Untersuchung der spanisch-portugiesischen Beziehungen geworden: Von der literarischen Zweisprachigkeit des portugiesischen Dichters Gil Vicente (1465–1536) über die Kontakte und Einflüsse in der Theater-Szene auf beiden Seiten der Grenze bis hin zu portugiesischen Autor*innen in kastilischer Sprache wie Jorge Montemayor (1520–1561), Manuel de Faria e Sousa (1590–1649), Violante do Céu (1601–1693), Ângela de Azevedo (1665–1723) und Francisco Botelho de Morais e Vasconcelos (1670–1747) etc. (Wade 2020; Rodrigues-Moura 2021).

Zudem gibt es drei spezifische Bereiche innerhalb der Iberischen Studien, die im letzten Jahrzehnt zunehmend an Bedeutung gewonnen haben: die Filmwissenschaft, die Feministischen Studien und die Übersetzungswissenschaft/Übersetzungstheorie. Der Rahmen der Iberian Studies bietet die Möglichkeit, Filmwerke und Regisseur*innen aus einer vergleichenden (und oft intersektionalen) Perspektive zu analysieren (Film Studies). Jüngste Sammelbände, die sich mit dem iberischen Filmschaffen befassen, präsentieren bspw. verschiedene Ansätze an der Schnittstelle zu anderen Fächern wie → Gender Studies, Feminist Studies, → Queer Studies oder Ageing Studies. Als Beispiel gelten hier *Women in Iberian Filmic Culture. A Feminist Approach to the Cinemas of Portugal and Spain* (Cordero-Hoyo und Soto-Vázquez 2020), *Indiscreet Fantasies: Iberian Queer Cinema* (Lema-Hincapié und Domènech 2020) oder *Envejecimientos y cines ibéricos* (Zecchi et al. 2021). Im Fall der Feministischen Studien ist die Veröffentlichung des Sammelbandes *A New History of Iberian Feminisms* (Bermúdez und Johnson 2018), der kürzlich ins Spanische übersetzt wurde (Tirant lo Blanch, Bermúdez und Johnson 2021), sowie der Band *Translation and Cultural Mediation: New Critical Approaches to Women Intellectuals in Early 20th Century Iberia* (Harkema und Scaramella, i.V.) hervorzuheben. Auch in diesem Forschungsschwerpunkt fand im Herbst 2022 an der

Universidade de Lisboa das Symposium „Ibéricas – Mulheres e mediação cultural no espaço peninsular“ statt, das das intellektuelle, kulturelle und künstlerische Schaffen von Frauen auf der Iberischen Halbinsel sichtbar machte. Schließlich hat die Untersuchung des inner-iberischen literarischen Übersetzens einen Aufschwung erlebt. Augenfällig ist die Vielzahl und die breite Chronologie der untersuchten Phänomene: von der zentralen Rolle der Übersetzung im Mittelalter und in der Frühen Neuzeit oder in der aktuellen Konfiguration des iberischen Polysystems bis hin zur literarischen Selbstübersetzung oder indirekten Übersetzung sowie der Rolle der Übersetzer*innen als Kulturvermittler*innen (Santana 2015; Hamilton und Silleras-Fernández 2022). In diesem Zusammenhang ist die Arbeit der Forschungsgruppe IberTranslatio zu erwähnen, die zum Cluster DIIA (Diálogos Ibéricos e Iberoamericanos) an der Universidade de Lisboa gehört und sich der Erforschung von Übersetzungsphänomenen zwischen den verschiedenen iberischen Literaturen widmet (Gimeno Ugalde 2021; Gimeno Ugalde et al. 2021).

3 Kulturwissenschaftliche Forschung im deutschsprachigen Raum

Während in einigen Ländern wie den Vereinigten Staaten oder Portugal die Iberian Studies eine bemerkenswerte Sichtbarkeit und sogar einen gewissen Institutionalisierungsgrad erreicht haben (Gimeno Ugalde 2017; Laraway 2020; Pérez Isasi und Fernandes 2021), sind sie im deutschsprachigen akademischen Raum zwar als spezifisches Forschungsgebiet anerkannt, ihre Institutionalisierung und ihr Transfer in die Lehre bleibt aber noch begrenzt.

Dank der Tätigkeit einiger Wissenschaftler*innen, die in den letzten Jahren ein iberisches Forschungsprofil entwickelt haben, ist es den Universitäten Bamberg, Basel, Chemnitz, Göttingen, Marburg, Salzburg und Wien gelungen, den Iberian Studies eine eigene Forschungsagenda einzuräumen. An der TU Chemnitz werden sie auch institutionell durch die Professur Kultureller und Sozialer Wandel (am Institut für Europäische Studien und Geschichtswissenschaften) verankert, die im deutschsprachigen akademischen Kontext bislang einzigartig ist. Ziel des 2004 als Juniorprofessur eingerichteten und den → Area Studies nahestehenden Lehrstuhls ist die Erforschung kultureller und sozialer Phänomene auf der Iberischen Halbinsel unter Berücksichtigung ihrer sprachlichen und kulturellen Vielfalt (Baskenland, Galicien, Katalonien, Portugal und Spanien), ohne dabei den Bezug zu Mittel- und Osteuropa und den Globalisierungsprozessen zu vernachlässigen. Neben dem Abkommen mit dem Instituto Camões (Portugal) hat die Chemnitzer Professur vor kurzem ein neues Abkommen mit dem Institut Ramon Llull

(Katalonien) zur Förderung der katalanischen Forschung durch die Finanzierung eines Promotionsstipendiums in Katalanistik abgeschlossen. An den anderen genannten Universitäten wird die IBERIAN STUDIES-Forschung in den Fachbereichen Romanistik betrieben, insbesondere im Rahmen der Lehrstühle und Professuren für Iberoromanistik, einer Teildisziplin, die häufig mit anderen spanisch- und portugiesischsprachigen Kulturräumen verbunden ist.

Trotz der romanistischen Tradition des deutschsprachigen Raums wird in der Praxis eine vergleichende Lehre der iberischen Literaturen und Kulturen oft durch die Organisation von noch sehr stark auf die nationalen Literaturen und/oder Staatssprachen ausgerichteten Studienpläne, aber auch durch die starke Nachfrage des Spanischen für das Lehramtsstudium behindert. Ähnliches gilt für die Fachverbände der Hochschullehrer*innen der deutschsprachigen Romanistik, die (mit Ausnahme des Balkanromanistikverbandes) in der Regel nach Sprachen und Sprachgemeinschaften (Hispanistik, Lusitanistik, Katalanistik, usw.) organisiert sind. Das Fehlen eines Fachverbands, der sich der Erforschung der Iberischen Halbinsel im deutschsprachigen akademischen Kontext widmet, erschwert den Austausch und die Zusammenarbeit zwischen Forscher*innen, die Schaffung eines nachhaltigen akademischen Netzwerks sowie die notwendigen Debatten, die eine weitere Institutionalisierung des Studienfaches in Deutschland, Österreich und der Schweiz ermöglichen würden. Die Schaffung neuer Professuren mit einem iberischen Forschungsschwerpunkt wie der Chemnitzer Professur würde zweifellos zur Sichtbarkeit und Institutionalisierung der IBERIAN STUDIES im deutschsprachigen Raum beitragen.

Die Durchführung der „Jornadas de Estudios Culturales Ibéricos" (‚Tage der Kulturwissenschaftlichen Iberischen Studien') an der Philipps-Universität Marburg (2014) und an der TU Chemnitz (2017) waren daher ein wichtiger Versuch, die Iberischen Studien in Deutschland zu institutionalisieren, als sie in anderen akademischen Kontexten gerade an Dynamik gewannen (Codina Solà und Pinheiro 2019, 13). Erwähnenswert sind auch die „Bamberger Vorträge zu Iberian Studies" als eine weitere wichtige Initiative zur Sichtbarmachung und Institutionalisierung des Forschungsbereiches im deutschsprachigen Raum. Die an der dortigen Professur für Romanische Literaturwissenschaft/Schwerpunkt Hispanistik angesiedelte Reihe lädt regelmäßig Fachexpert*innen ein, sich mit verschiedenen Aspekten der kulturellen und literarischen Vielfalt der Iberischen Halbinsel zu befassen. Die Organisation des zweiten Internationalen Symposiums IberTranslatio, das im Juni 2022 in Wien unter dem Rahmenthema „Writing and Translating within/between Iberian Literatures" stattfand, war ein weiterer Schritt zur Institutionalisierung der IBERIAN STUDIES. Diese Tagung wurde von Mitgliedern der Gruppe IberTranslatio (Centro de Estudos Comparatistas, Universidade de Lisboa) in Zusammenarbeit mit dem Institut für Romanistik der Universität Wien organisiert und brachte Forscher*innen zusammen, die an der Schnittstelle zwischen Iberischen Studien und Übersetzungswissenschaft/Übersetzungstheorie (TRANSLATION STUDIES) arbeiten.

Neben Portugiesisch und Spanisch – Sprachen mit einer langen Tradition an den Universitäten des deutschsprachigen Raums – gibt es ein breites Lehrangebot zum Erlernen der ko-offiziellen Sprachen Spaniens. In den meisten Fällen wird diese Lehre von den zuständigen Kultureinrichtungen der autonomen Regierungen unterstützt: dem Etxepare Euskal Institutua für die Förderung des Baskischen, dem Institut Ramon Llull für die Förderung des Katalanischen und der Secretaría Xeral de la Xunta de Galicia (autonome Regierung Galiciens) für die Förderung des Galicischen. Katalanisch kann derzeit an 19 deutschen Universitäten studiert werden, wie auch an der Universität Salzburg, der Universität Wien und der Universität Zürich. Hier ist das Sprachniveau sowie die Breite des Lehrangebots je nach Institution unterschiedlich: Während in den meisten Universitäten nur Anfänger- und Mittelstufe-Kurse erteilt werden, ist es anderen Universitäten gelungen, eine Zusatzausbildung oder Spezialisierung in der Katalanistik anzubieten. Bspw. können Studierende der Universität Regensburg in zwei Semestern das Zusatzstudium „Katalanicum" (20 ECTS) absolvieren. An anderen Universitäten, wie z.B. an der Universität des Saarlandes (24 ECTS) oder an der Ruhr-Universität Bochum (40 ECTS), können Studierende das „Zertifikat Katalanisch" erwerben. Außerdem kann Katalanisch als Wahlfach in Kombination mit geistes- und sozialwissenschaftlichen BA-Studiengängen an der Universität Leipzig absolviert werden (Wahlfach Katalanisch, 60 ECTS). Im Bereich der Katalanistik ist auch die 2017 eingerichtete Marià-Villangómez-Gastprofessur am Institut für Angewandte Linguistik und Translatologie (IALT) der Universität Leipzig zu erwähnen, derzeit die einzige Gastprofessur für Katalanistik im deutschsprachigen Bereich. Gefördert vom Institut Ramon Llull und mit dem Ziel den Studien der katalanischen Kultur und Sprache eine größere Sichtbarkeit im deutschsprachigen Raum zu verschaffen, wird im Rahmen dieser Gastprofessur jedes Studienjahr ein*e Gastprofessor*in eingeladen. Darüber hinaus kann Galicisch an der Freien Universität Berlin, der Christian-Albrechts-Universität zu Kiel, der Universität Heidelberg, der Universität Leipzig, der Universität Zürich und der Universität Wien erlernt werden. Schließlich wird Baskisch an der Universität Konstanz, der Universität Leipzig, der Freien Universität Berlin und der Goethe-Universität Frankfurt am Main angeboten. Auch wenn dieses Lehrangebot nicht spezifisch in den Bereich der Iberischen Studien fällt, so könnte es doch Auswirkungen auf die künftige Entwicklung des Faches in Deutschland, Österreich und der Schweiz haben, da das Interesse an der kulturellen und sprachlichen Vielfalt der Iberischen Halbinsel zweifellos eine der Grundlagen der IBERIAN STUDIES ist.

4 Potenzial, Kritik und Ausblick

Die Iberischen Studien sind in den letzten Jahrzehnten des 20. Jahrhunderts aus der Notwendigkeit entstanden, die Gültigkeit des staatlichen Rahmens als Referenz für die Festlegung sprachlicher, kultureller und nationaler Grenzen innerhalb der Iberischen Halbinsel in Frage zu stellen. Mittlerweile haben sie eine erhebliche Sichtbarkeit erreicht und sich als international anerkanntes wissenschaftliches Studienfach etabliert. Obwohl die Institutionalisierung und die Umsetzung in die Universitätslehre in manchen akademischen Kontexten noch begrenzt sind, wurden in einigen Ländern wichtige Schritte unternommen, die auf eine vielversprechende Zukunft hindeuten, v. a. im Bereich der Forschung. Die Anzahl und Vielfalt der Kongresse, akademischer Tagungen, Forschungsgruppen und Veröffentlichungen, die diesem Forschungsbereich zugeordnet werden können, sind ein deutlicher Beweis für das Aufstreben der Iberian Studies sowohl im angelsächsischen Raum als auch in einigen Ländern Europas. Dennoch sollten die fehlende Verankerung oder sogar die Nichtexistenz in anderen akademischen Kontexten Gegenstand künftiger Überlegungen sein.

Die Originalität und das Potenzial der Iberischen Studien liegen stark in ihrer relationalen und transnationalen Perspektive, da sie auf der Idee basieren, dass der iberische Raum – über die Staatsgrenzen hinaus – einen relevanten Bezugsrahmen für die Untersuchung der Beziehungen zwischen den verschiedenen Kulturen und Literaturen der Iberischen Halbinsel darstellt. Einerseits bildet dieser Kulturraum ein ‚peripheres' System innerhalb der westlichen Welt, und andererseits besteht er aus einem dominanten System (dem Kastilischen) und den anderen ‚peripheren' Systemen (d. h. den anderen iberischen Literaturen und Sprachen), zwischen denen nicht nur Kontakte und Einflüsse, sondern auch Asymmetrien und Spannungen bestehen (Ordóñez López und Sabio Pinilla 2015; Gimeno Ugalde 2021). Die Iberischen Studien werden somit gesehen als ein umfassenderer disziplinärer Rahmen, der für eine multikulturelle und mehrsprachige Vision der vielfältigen historischen Realität Iberiens offen ist (Colmeiro 2021, 11).

Diese größere Vielfalt und Inklusivität darf jedoch weder das Studium Portugals außer Acht lassen, wie es manchmal der Fall ist, noch andere Gebiete ignorieren, die zumindest kulturell zum iberischen Kontinuum gehören. Wie jeder geographische Begriff ist auch der iberische Raum nicht unproblematisch. Obwohl die Iberian Studies als ein relativ neuer Wissenschaftsbereich verstanden werden, der sich von den politischen Zielen des Iberianismus des späten 19. und frühen 20. Jahrhunderts löst (Resina 2013, 18), so ist der iberische Raum keineswegs eine natürliche, entideologisierte Einheit (Domínguez 2007). Die Iberische Halbinsel ist nämlich nicht nur ein spezifischer, neutraler geographischer Raum, sondern auch ein Konstrukt, das mit historischen und ideologischen Ansichten verbunden ist. Ebenso stimmen weder der geographische Raum der Iberischen Halbinsel noch ihre politischen Teilungen mit den kulturellen/nationalen Konfigurationen überein: Dies zeigt sich besonders deutlich im Fall von Insellagen (Picornell 2019) oder am Beispiel von Grenzräumen (→ BORDER STUDIES) wie Iparralde (das französische Baskenland) oder Catalunya Nord (Nordkatalonien in Frankreich). All dies wirft natürlich eine Reihe relevanter Fragen auf, auf die es keine einfache oder nuancierte Antwort gibt: Wie geht man bspw. mit Inseln, Archipelen (Balearen, Kanarische Inseln, Azoren oder Madeira) oder Enklaven (Ceuta und Melilla) um, die politisch-administrativ zu Spanien oder Portugal gehören, aber geographisch gesehen nicht Teil der Iberischen Halbinsel sind (ARCHIPELAGIC STUDIES, PENINSULAR STUDIES)? Was also tun mit jenen Kulturräumen, die streng genommen nicht auf dem Territorium der Halbinsel angesiedelt sind, die aber kulturell und sprachlich zum iberischen Kontinuum gehören? Oder wie ist es zu erklären, dass Andorra – der kleine Pyrenäenstaat an der Grenze zwischen Katalonien/Spanien und Frankreich, dessen einzige Amtssprache Katalanisch ist – fast systematisch aus den Iberischen Studien ausgeklammert wird? Auf welche Weise und in welchem Umfang sollten sich die Iberischen Studien mit den Gebieten der ehemaligen Kolonien Portugals und Spaniens befassen? (→ POSTCOLONIAL STUDIES)

Diese Fragen machen deutlich, dass die IBERIAN STUDIES als Studienfach, das sich durch das Studium eines spezifischen Raumes legitimiert, dringend darüber nachdenken müssen, wie sie Identitäten und kulturelle Phänomene, die über die geographischen Konturen der Iberischen Halbinsel hinausgehen, in inklusiver Weise thematisieren können (Codina und Pinheiro 2019, 14). Wenn es einerseits notwendig ist, das Risiko zu vermeiden, irrtümlicherweise als „reterritorialisierende" Disziplin (Codina und Pinheiro 2019, 14) angesehen zu werden, so ist es andererseits in diesem Öffnungsprozess auch zwingend notwendig, nicht Gefahr zu laufen, ihre Originalität zu verlieren, indem sie entweder zu einem neuen bunten Sammelsurium werden oder ihre Spezifität gegenüber anderen Fächern aufgeben. In diesem Zusammenhang erscheint es auch relevant, die Beziehung der Iberischen Studien zu anderen Einzelphilologien und etablierten Fächern wie Katalanistik, Baskische Studien, Galicische Studien, PENINSULAR STUDIES, die Hispanistik/HISPANIC STUDIES, PORTUGUESE STUDIES, Transatlantische Studien/TRANSATLANTIC STUDIES, Mittelmeerstudien/MEDITERRANEAN STUDIES, Lusitanistik, → AREA STUDIES, Weltliteratur/GLOBAL LITERARY STUDIES usw. zu überdenken oder ihre Verbindung mit neu entstehenden Konfigurationen wie *Global Hispanophone* oder *Global Portuguese/Global Lusophone* (siehe Campoy-Cubillo und Sampedro Vizcaya 2019) zu erwägen. Über den Dialog mit anderen Fächern hinaus müssen die IBERIAN STUDIES kritisch hinterfragen, ob sie ihren nicht-hierarchischen Ansätzen treu bleiben können. Das heißt, ob sie über die theoretisch-methodologischen Annahmen hinaus auch in der Praxis in der Lage sind, pyramidale Hierarchien und radiale Strukturen nicht nur in Frage zu stellen und zu dekonstruieren, sondern auch die Schaffung neuer Asymmetrien zu vermeiden (Gimeno Ugalde und Pérez Isasi 2019; Picornell 2019; Pérez Isasi 2021).

Es stimmt zwar, dass sich die Iberischen Studien als ein Studienfach erweisen, das sich als mehrsprachig definiert und daher besonders sensibel für die sprachliche Frage des iberischen Kulturraums ist. Jedoch ist der Umgang mit dieser Mehrsprachigkeit ein komplexes Anliegen auf mehreren Ebenen: Erstens sind neben dem Englischen v. a. das Spanische und das Portugiesische in der wissenschaftlichen Leistung dominant (Gimeno Ugalde und Pérez Isasi 2019, 40). Obwohl diese Ungleichheit zum Teil auf ihren Status als Globalsprachen zurückzuführen ist, ist dies immer noch ein heikles Thema in einem Forschungsbereich, der sich u. a. durch einen genuin multikulturellen und mehrsprachigen Ansatz charakterisiert. Zweitens ist es schwierig, Mehrsprachigkeit – in diesem konkreten Fall verstanden als die Kenntnis mehrerer iberischer Sprachen – als Voraussetzung für das Fach zu stellen, insbesondere im Lehrbereich auf Bachelor- und Master-Ebene, und umso mehr in akademischen Kontexten, die traditionell weniger anfällig für sprachliche Diversität sind. In diesem Sinne kann Übersetzung also nicht nur als Instrument für den Zugang zu anderen Sprachen dienen, sondern v. a. als pädagogisches Mittel, um die Ideologie der Einsprachigkeit in Frage zu stellen (Santana 2013, 57). Dies bedeutet logischerweise nicht, dass die Kenntnis verschiedener iberischer Sprachen nicht als Horizont und wesentlicher Bestandteil der Spezialisierung in der Iberian Studies angesehen werden sollte. Des Weiteren wirft die Situation des Baskischen – die einzige der iberischen Sprachen, die nicht romanischen Ursprungs ist – eine Reihe komplexer Fragen auf. Eine davon betrifft die tatsächlichen Möglichkeiten für eine Minderheitensprache wie das Baskische mit etwa 750.000 Sprecher*innen im Rahmen eines Studienfaches, in der die Anzahl der Forscher*innen, die Zugang zu dieser Sprache haben, ohne auf die vermittelnde Rolle der Übersetzung zurückzugreifen, wirklich sehr gering ist. Der Fall des Baskischen verdeutlicht einige der Herausforderungen, mit denen die Iberischen Studien konfrontiert sind und die für alle integrativen Wissenschaftsbereiche gelten, die sich der Vielfalt verschrieben haben. In diesem Sinne ist die Förderung des Erlernens der Minderheitensprachen durch die von den iberischen Kultureinrichtungen geförderten Lektorate zentral für die künftige Entwicklung der Iberischen Studien. Ebenso ist die Schaffung von akademischen Strukturen und Einrichtungen, die es ermöglichen, die Forschung in den institutionellen Bereich und in die Lehre zu übertragen, unerlässlich, um das Potenzial der Iberian Studies zu gewährleisten.

5 Literaturverzeichnis

Abreu, Maria Fernanda de. *Cervantes no Romantismo Português. Cavaleiros andantes, manuscritos encontrados e gargalhadas molaríssimas*. Lissabon 1994.

Bachmann-Medick, Doris. „Spatial turn". *Cultural Turns. Neuorientierungen in den Kulturwissenschaften*. Reinbek 2006: 285–329.

Bermúdez, Silvia und Roberta Johnson (Hrsg.). *A New History of Iberian Feminisms*. Toronto 2018.

Bermúdez, Silvia und Roberta Johnson (Hrsg.). *Una nueva historia de los feminismos ibéricos*. Übers. von Catherine M. Jaffe. València 2021.

Brandenberger, Tobias und Henry Thorau (Hrsg.). *Portugal und Spanien. Probleme (k)einer Beziehung. Portugal e Espanha. Encontros e desencontros*. Frankfurt a. M. 2005.

Buffery, Helena et al. (Hrsg.). *Reading Iberia. Theory, History, Identity*. Oxford 2017.

Campoy-Cubillo, Adolfo und Benita Sampedro Vizcaya. „Entering the Global Hispanophone. An Introduction". *Journal of Spanish Cultural Studies* 20 (2019): 1–16.

Codina Solà, Núria und Teresa Pinheiro (Hrsg.). *Iberian Studies. Reflections Across Borders and Disciplines*. Berlin 2019.

Colmeiro, José. *Cruces de fronteras. globalización, transnacionalidad, y poshispanismo*. Madrid 2021.

Cordero-Hoyo, Elena und Begoña Soto-Vázquez (Hrsg.). *Women in Iberian Filmic Culture. A Feminist Approach to the Cinemas of Portugal and Spain*. Bristol 2020.

Corsi, Daniele und Cèlia Nadal (Hrsg.). *Studi iberici. Dialoghi dall'Italia*. Venedig 2021.

Cortijo Ocaña, Antonio und David A. Wacks. „Multilingual Medieval Iberia. Between the Tongue and the Pen". *eHumanista. Journal of Iberian Studies* 14 (2010): o.P.

Domínguez, César. „The Horizons of Interliterary Theory in the Iberian Peninsula. Reception and Testing Ground". *The Horizons of Contemporary Slavic Comparative Literature Studies*. Hrsg. von Halina Ivaničková. Warschau 2007: 70–83.

Enjuto-Rangel, Cecilia et al. (Hrsg.). *Transatlantic Studies. Latin America, Iberia, and Africa*. Liverpool 2019.

Foucault, Michel. „Des spaces outres. Hétérotopies". *Architecture, Mouvement, Continuité* 5 (1984): 46–49.

Francomano, Emily C. „Reinventing Medieval Iberian Studies". *Revista Hispánica Moderna* 74.1 (2021): 61–71.

Gerli, Michael E. und Ryan D. Gilles (Hrsg.). *The Routledge Hispanic Studies Companion to Medieval Iberia*. Abingdon 2021.

Gimeno Ugalde, Esther. „The Iberian Turn. An Overview on Iberian Studies in the United States". *Informes Del Observatorio. Observatorio Reports* 36.12 (2017): o.P.

Gimeno Ugalde, Esther und Santiago Pérez Isasi (Hrsg.). „Lo ‚ibérico' en los Estudios Ibéricos. meta-análisis del campo a través de sus publicaciones (2000–)". *Iberian Studies. Reflections Across Borders and Disciplines*. Hrsg. von Núria Codina Solà und Teresa Pinheiro. Berlin 2019: 23–48.

Gimeno Ugalde, Esther. „Ripensare la peninsola iberica come zona di traduzione". *Studi Iberici. Dialoghi dall'Italia*. Hrsg. von Cèlia Nadal and Daniele Corsi. Venedig 2021: 67–84.

Gimeno Ugalde, Esther, Marta Pacheco und Ângela Fernandes (Hrsg.). *Iberian and Translation Studies. Literary Contact Zones*. Liverpool 2021.

Hamilton, Michelle M. *Representing Others in Medieval Iberian Literature*. New York 2007.

Hamilton, Michelle M. und Núria Silleras-Fernández (Hrsg.). *In and Of the Mediterranean. Medieval and Early Modern Iberian Studies*. Nashville, TN 2015.

Hamilton, Michelle M. und Núria Silleras-Fernández (Hrsg.). *Iberian Babel. Translation and Multilingualism in the Medieval and Early Modern Mediterranean*. Leiden 2022.
Harkema, Leslie und Evelyn Scaramella (Hrsg.). *Translation and Cultural Mediation. New Critical Approaches to Women Intellectuals in Early 20th Century Iberia* (i.V.).
Harvey, David. *The Urban Experience*. Baltimore, MD 1989.
Keown, Dominic. „Dine with the Opposition? ¡No, gracias! Hispanism versus Iberian Studies in Great Britain and Ireland“. *Iberian Modalities. A Relational Approach to the Study of Culture in the Iberian Peninsula*. Hrsg. von Joan Ramon Resina. Liverpool 2013: 23–36.
Kinoshita, Sharon. „Medieval Mediterranean Literature“. *PMLA* 124.2 (2009): 600–608.
Laraway, David. „Programas de Estudios ibéricos en Estados Unidos. Crisis y oportunidad“. *Ínsula. Revista de Letras y Ciencias Humanas* 883/884 (2020): 23–26.
Lefebvre, Henri. *Le production de l'espace*. Paris 1974.
Lema-Hincapié, Andrés und Conxita Domènech (Hrsg.). *Indiscreet Fantasies: Iberian Queer Cinema*. New Brunswick, NJ 2020.
Lourenço, António Apolinário. *Identidade e alteridade em Fernando Pessoa e Antonio Machado*. Braga 1995.
Magalhães, Gabriel (Hrsg.). *RELIPES. Relações Linguísticas e Literárias entre Portugal e Espanha desde os Inícios do Século XIX até à Actualidade*. Colvilhã 2007a.
Magalhães, Gabriel (Hrsg.). *Actas do Congresso RELIPES III. Universidade da Beira Interior, 18, 19 e 20 de Abril de 2007*. Colvilhã 2007b.
Marcos de Dios, Ángel (Hrsg.). *Aula Ibérica. Actas de los congresos de Évora y Salamanca, 2006–2007*. Salamanca 2007.
Martínez Tejero, Cristina und Santiago Pérez Isasi (Hrsg.). *Perspetivas críticas sobre os estudos ibéricos*. Venedig 2019.
Muñoz-Basols, Javier, Laura Lonsdale und Manuel Delgado (Hrsg.). *The Routledge Companion to Iberian Studies*. London 2017.
Ordóñez-López, Pilar, Sabio Pinilla und José Antonio (Hrsg.). *Historiografía de la traducción en el espacio ibérico. Textos contemporáneos*. Cuenca 2015.
Pérez Isasi, Santiago. „On the Polysemic Nature of Iberian Studies. Definitions, Spaces, Limits“. *International Journal of Iberian Studies* 32.1–2 (2019): 13–32.
Pérez Isasi, Santiago. „¿Hacia unos estudios ibéricos 2.0? Críticas, debates y caminos abiertos“. *Theory Now. Journal of Literature, Critique and Thought* 3.2 (2020): 145–167.
Pérez Isasi, Santiago. „Luces y sombras en los Estudios Ibéricos. Un estado de la cuestión diez años después“. *Revista de Estudos Literários* 11 (2021): 19–46.
Pérez Isasi, Santiago und Ângela Fernandes (Hrsg.). *Looking at Iberia. A Comparative European Perspective*. Bern 2013.
Pérez Isasi, Santiago und Ângela Fernandes. „Los Estudios Ibéricos. Una perspectiva portuguesa“. *Ínsula. Revista de Letras y Ciencias Humanas* 883/884 (2020): 26–29.
Picornell, Mercè. „La hipótesis del ovillo desmadejado. Caracterizar los estudios ibéricos desde lo insular“. *Perspetivas críticas sobre os estudos ibéricos*. Hrsg. von Cristina Martínez Tejero und Santiago Pérez Isasi. Venedig 2019: 57–88.
Resina, Joan Ramon. *Del Hispanismo a los Estudios Ibéricos. Una propuesta federativa para el ámbito cultural*. Madrid 2009.
Resina, Joan Ramon (Hrsg.). *Iberian Modalities. A Relational Approach to the Study of Culture in the Iberian Peninsula*. Liverpool 2013.
Rodrigues, Maria Idalina Resina. *Estudos Ibéricos. Da Cultura À Literatura. Pontos de Encontro. Séculos XIII a XVII*. Lissabon 1987.

Rodrigues-Moura, Enrique. „Leer a Francisco Botelho como autor ibérico“. *Romanica Olomucensia* 33.1 (2021): 185–194.
Sáez Delgado, Antonio und Santiago Pérez Isasi. *Literary and Cultural Relations between Spain and Portugal, 1870–1930*. London 2022.
Santana, Mario. „Implementing Iberian Studies. Some Paradigmatic and Curricular Changes“. *Iberian Modalities. A Relational Approach to the Study of Culture in the Iberian Peninsula*. Hrsg. von Joan Ramon Resina. Liverpool 2013: 54–61.
Santana, Mario. „Translation and Literatures in Spain, 2003–2012“. *1611: Revista de Historia de la Traducción* 9 (2015), o.P.
Santana, Mario. „Iberian Studies. The Transatlantic Dimension“. *Transatlantic Studies. Latin America, Iberia, and Africa*. Hrsg. von Cecilia Enjuto-Rangel et al. Liverpool 2019: 56–66.
Sardica, José Miguel. *Ibéria. A Relação entre Portugal e Espanha no Século XX*. Lissabon 2013.
Sardica, José Miguel. „Estudos Ibéricos e História Ibérica. Passado, presente e futuro“. *Iberian Studies. Reflections Across Borders and Disciplines*. Hrsg. von Núria Codina Solà und Teresa Pinheiro. Berlin 2019: 49–70.
Schacht Pereira, Pedro. „Portuguese and the Emergence of Iberian Studies“. *Beyond Tordesillas. New Approaches to Comparative Luso-Hispanic Studies*. Hrsg. von Robert P. Newcomb und Richard A. Gordon. Columbus, OH 2017: 21–36.
Soja, Edward. *Thirdspace. Journeys to Los Angeles and Other Real-and-Imagined Places*. Oxford 1996.
Wacks, David A. *Framing Iberia. Frametales and Maqamat in Medieval Spain*. Leiden 2007.
Wacks, David A. *Medieval Iberian Crusade Fiction and the Meditearranean World*. Toronto 2019.
Wade, Jonathan W. *Being Portuguese in Spanish: Reimagining Early Modern Iberian Literature*. West Lafayette, IN 2020.
Warf, Berney und Santa Arias. *The Spatial Turn. Interdisciplinary Perspectives*. London 2009.
Zecchi, Barbara (Hrsg.). *Envejecimientos y cines ibéricos*. València 2021.

Sina Rauschenbach und Jan Wilkens

Jewish Studies

1 Grundlagen

Die kulturwissenschaftlichen JEWISH STUDIES beschäftigen sich im weitesten Sinne mit jüdischen Denk- und Lebenswelten zwischen der Antike und der Gegenwart. Sie sind interdisziplinär und umfassen Studien zu jüdischen Sprachen und Literaturen, zur jüdischen Religion, Rechtslehre und Philosophie, Geschichte, Kunst und Musik, wobei sich häufig aus unterschiedlichen nationalen Wissenschaftskulturen unterschiedliche Schwerpunkte und Besonderheiten ergeben (Brenner und Rohrbacher 2000; Goodman 2005; Lezzi und Salzer 2009a, 2009b; Bell 2015). Ihren Ursprung führen die JEWISH STUDIES auf die „Wissenschaft des Judentums" zurück, die zu Beginn des 19. Jahrhunderts in Deutschland entstand und in der jüdische Themen erstmals nicht mehr nur ausschließlich in religiösen Kontexten, sondern explizit auch jenseits theologischer Interpretationen wissenschaftlich behandelt wurden (Schulte 1997; Schorsch 2000; Schulte 2002). Inwieweit frühere religiöse Traditionen des Studiums und der Lehre jüdischer Traditionsliteratur einer Vorgeschichte der JEWISH STUDIES im heutigen Sinne zuzurechnen sind, ist umstritten. Ebenso kontrovers diskutiert wird die Bedeutung einer langen, antijüdisch und missionarisch geprägten Tradition von christlichen Hebraica für das Fach (Goodman 2005, 3–4; Bell 2015, 1).

Nach der Machtergreifung der Nationalsozialisten und der Ermordung und Vertreibung jüdischer Wissenschaftler*innen verlagerte sich der Schwerpunkt akademischer Forschungen zum Judentum in der zweiten Hälfte des 20. Jahrhunderts nach Israel und in die USA (Brenner 2000). In Jerusalem wurden deutsche Wissenschaftstraditionen seit den 1920er Jahren an der neu gegründeten Hebräischen Universität fortgesetzt (Brenner 2000, 50–54; kritisch Raz-Krakotzkin 2017). In den USA erstarkten JEWISH STUDIES seit den 1960er Jahren im Kontext wachsender jüdischer Gemeinden (Wechsler und Ritterband 1983 und 1994; Brenner 2000, 43–50), seit den 1980er Jahren im Umfeld von → (CRITICAL) ETHNIC STUDIES und → MINORITY STUDIES (Boyarin und Boyarin 1997; Brenner 2000; Beller 2003; Goodman 2005, 4; Cassen 2017).

In Deutschland wurde die akademische Lehre und Forschung zum Judentum nach der Shoah zunächst in der Judaistik wieder eingeführt (Schäfer 1991; Schlüter 2000; Stemberger 2002; Lenhardt 2017). Die Judaistik, die lange einen stark philologischen Zugang zum Judentum pflegte und ihren Schwerpunkt in Antike und Mittelalter sah (Stemberger 2002, 16–18), ist neben ihrer ersten institutionellen Einbindung an der Freien Universität Berlin 1964 nicht selten in enger Partnerschaft mit der Orientalistik (z. B. in Freiburg oder Halle) oder auch der Evangelischen Theologie (z. B. in

https://doi.org/10.1515/9783110712919-019

Mainz oder Tübingen) entstanden. Weitere Institute/Lehrstühle befinden sich u. a. in Bamberg, Düsseldorf, Erfurt, Frankfurt a. M., Hamburg, Köln, Leipzig, München, Münster und Paderborn. Zentral für historische Forschungen zum Judentum sind darüber hinaus das Selma Stern Zentrum für Jüdische Studien Berlin-Brandenburg, das Salomon Ludwig Steinheim-Institut für deutsch-jüdische Geschichte an der Universität Duisburg-Essen, das Institut für die Geschichte der deutschen Juden in Hamburg, das Leibniz-Institut für jüdische Geschichte und Kultur – Simon Dubnow in Leipzig und das Arye Maimon-Institut für Geschichte der Juden an der Universität Trier. Der erste deutsche Studiengang für Jüdische Studien, der sich explizit interdisziplinär verstand und inzwischen in einem Institut für Jüdische Studien und Religionswissenschaft verortet ist, wurde 1994 in Potsdam eingerichtet (Grözinger 2000) und durch die institutionelle Verflechtung von Universität und Moses Mendelsohn Zentrum für europäisch-jüdische Studien entscheidend gestärkt. Eine Besonderheit stellt die private, aber staatlich anerkannte Hochschule für Jüdische Studien in Heidelberg dar, die 1979 gegründet wurde (Heil und Krochmalnik 2010). An der Universität Potsdam wird darüber hinaus seit 2013 Jüdische Theologie religionsgebunden gelehrt. Gemeinsam mit dem Abraham-Geiger-Kolleg und dem Zacharias Frankel College werden hier erstmals nach dem Zweiten Weltkrieg in Deutschland Rabbiner*innen und Kantor*innen ausgebildet. Überschneidungen mit der Judaistik/den Jüdischen Studien sind dabei freilich nicht ausgeschlossen, sondern bieten fruchtbare Synergien (Spero 2013; von Braun und Brumlik 2018). Eine Übersicht über die deutschsprachigen Universitäten und Institute, die Jewish Studies in ihrer Vielfalt anbieten, findet sich im *Handbuch Jüdische Studien* (von Braun und Brumlik 2018, 493–494).

Im Unterschied zu anderen „Studies", die im vorliegenden Handbuch thematisiert werden, waren und sind Jewish Studies nicht automatisch deckungsgleich mit Studien, die sich den kulturwissenschaftlichen *turns* verschreiben. Vielmehr gehen Jewish Studies international den kulturwissenschaftlichen „Studies" voran und decken zu unterschiedlichen Zeiten unterschiedliche methodische Zugänge zu jüdischen Themen ab. Umgekehrt bedeutetet dies aber nicht, dass die *cultural turns*, die in anderen Wissenschaften seit den 1980er Jahren ihre Spuren hinterlassen, nicht auch Jewish Studies-Departments und Studiengänge geprägt und zu einer Stärkung weniger beachteter Forschungsfelder und Interessen geführt hätten (Lezzi und Salzer 2009a, 2009b). Exemplarisch hingewiesen sei an dieser Stelle auf wichtige Publikationen zum *memorial, translational, performative* und *spatial turn* in den Jewish Studies (z. B. Yerushalmi 1988; Carlebach, Efron und Myers 1998; Steer und Schmale 2006; Steer 2006; Suppanz 2006; Hödl 2008; Fonrobert 2009; Lezzi und Salzer 2009a). Zwei Überschneidungen, die in den letzten Jahrzehnten immer mehr an Bedeutung gewonnen haben, verbinden Jewish Studies und → Gender Studies wie → Queer Studies respektive Jewish Studies und → Postcolonial Studies. Sie sollen im Folgenden gesondert beleuchtet werden. Dabei ist offen, wie sich zukünftige Zusammenarbeiten im

Lichte der Terroranschläge des 7. Oktober 2023, des folgenden Kriegs im Nahen Osten und der weltweiten Welle von Antisemitismus entwickeln und gestalten werden.

2 Jewish Studies und Gender/Queer Studies

Die Welt der Frau ist im Judentum traditionell von derjenigen des Mannes abgegrenzt, sei es im Ausschluss der Frau vom Studium der Tora und des Talmuds, der Verantwortung für die Familie, in Vorschriften für „anständiges Verhalten“ oder in der Geschlechtertrennung in der Synagoge (Greenberg 1981). Zwar war die religiöse Gleichstellung von Mann und Frau eines der Ziele des (liberalen) Reformjudentums, das zu Beginn des 19. Jahrhunderts in Deutschland begründet wurde, die tatsächliche Emanzipation jüdischer Frauen erfolgte aber auch hier erst im späten 19. und frühen 20. Jahrhundert (Or 2018, 269–275). Während es in dieser Zeit v. a. um breitere Beteiligungsmöglichkeiten von Frauen an religiösen Traditionen und im gesellschaftlichen Leben ging, war es ab den 1960er Jahren das Ziel, patriarchale soziale Strukturen zu dekonstruieren (Benjamin 2020, 12). Dieser *second wave feminism* war in den USA nicht selten von jüdischen Frauen wie Betty Friedan (1921–2006) und Susan Brownmiller (geb. 1935) geprägt.

Eine klare Abgrenzung zwischen feministischem Aktivismus und einer genuin wissenschaftlichen Analyse ist bei den Jewish Studies ähnlich wie bei den → Gender Studies unmöglich. Vor allem die ersten Schriften zu jüdischer Religion und Geschlecht sind Zeugnisse feministischen Engagements. So schrieb Rachel Adler 1971 einen Artikel für *Davka*, das „Magazin für die jüdische kulturelle Revolution“ und Publikationsort erster jüdisch-feministischer Überlegungen, der bereits 1973 in wissenschaftlichen Werken rezipiert wurde (Adler 1973). „The Jew Who Wasn't There: Halacha and the Jewish Woman“ kritisierte die Abwesenheit von Frauen in rabbinischer Literatur, Exegese und im gelebten jüdischen Recht. Adler bezeichnet die Frau als „peripheral Jew“, weil sie nur in Richtung eines ‚peripheren Engagements‘ wie der Aufrechterhaltung des Haushalts unterrichtet werde, nicht jedoch in Traditionsliteratur oder in einer persönlichen Beziehung mit und zu Gott (Adler 1973, 78–79). Zudem werde weibliche Sexualität schlicht als Versuchung oder Bedrohung für den Mann gesehen. Adler fordert: „The halachic scholars must examine our [the women's] problem anew, right now, with open minds and with empathy. [...] If they continue to turn a deaf ear to us, the most learned and halachically committed among us must make halachic decisions for the rest.“ (Adler 1973, 82) Ähnlich prägend für das jüdisch-feministische Engagement dieses Jahrzehnts war Rita Gross' Artikel „Female God Language in a Jewish Context“ (1979). Gross argumentiert hier für eine weibliche statt maskuliner

Gottesansprache, die einen transformativen Charakter hätte und die Erfahrung von Frauen in Liturgie und religiöser Praxis einbeziehen könne, ohne jedoch damit zu sagen, dass Gott ‚eigentlich' weiblich (oder männlich) sei (Gross 1979, 170–173).

Parallel zu den theologischen Fragen eines frauenzugewandten Judentums begannen jüdische Frauen, ihre eigene Geschichte aufzuarbeiten. Als bahnbrechend wurde *The Jewish Woman in America* (1976) von Charlotte Baum, Paula Hyman und Sonya Michael angesehen. Zum ersten Mal wurden die Geschichten von jüdischen Frauen mit diversen kulturellen Hintergründen gehört. Es war gänzlich neu, dass sich die Erfahrungen von Frauen im Zentrum historischer Analysen befanden. Für die deutsch-jüdische Geschichte war Marion Kaplans *The Jewish Feminist Movement in Germany: The Campaigns of the Jüdischer Frauenbund, 1904–1938* von 1979 ein Startpunkt, wenngleich auch in englischer Sprache verfasst.

Wie Sarah Imhoff beschreibt, waren die ersten Versuche, Frauen innerhalb des Judentums sichtbar zu machen, theologisch und geschichtswissenschaftlich begründet. Jedoch weist Imhoff korrekt darauf hin, dass diese beiden Felder nicht scharf voneinander zu trennen seien. Die ersten Frauen, die sich theologisch mit der Frage nach Gleichberechtigung beschäftigten, berücksichtigten auch die Geschichte(n) jüdischer Frauen; Historiker*innen auf der anderen Seite mussten sich zwangsläufig mit dem binären und hierarchischen System, Bildern und Metaphern des Judentums auseinandersetzen (Imhoff 2019, 78). In Susannah Heschels Anthologie *On Being a Jewish Feminist* (1983) kamen schließlich Stimmen zusammen, die die Emanzipation der jüdischen Frau aus unterschiedlichen wissenschaftlichen Perspektiven betrachteten (theologisch, sozial-, kultur- sowie geschichtswissenschaftlich) und forderten. Die genannte Breite an behandelten Themen war zu diesem Zeitpunkt einmalig und setzte ein Zeichen über den Kreis feministischer Aktivist*innen hinaus.

Insbesondere die Frage, wie die Ausgrenzung von Frauen aus der öffentlichen jüdischen Religionsausübung überwunden werden konnte, wurde in den kommenden Jahren zentral. Ein großer Diskussionspunkt dabei war, ob – wie bereits von Rita Gross thematisiert – Gott mit weiblichem Pronomen angesprochen werden solle. Dies wurde v. a. in *Chavurot* praktiziert, in kleinen Gruppen jüdischer Menschen, die alternativ zu den hierarchisch organisierten Synagogen und Institutionen egalitäre Gottesdienste feierten und ihre eigenen Schwerpunkte setzten. In den 1990er Jahren wurden die vielen Gedankenstränge zu etwas zusammengefasst, was im Folgenden als feministische-jüdische Theologie bezeichnet werden sollte. Judith Plaskow, die bereits Jahre zuvor öffentlich über Veränderungen in der jüdischen Religionspraxis nachgedacht hatte, verfasste mit *Standing Again at Sinai* (1990) das erste umfassende Werk dieser ‚neuen Theologie' und ist bis heute eine wichtige Referenz. Plaskow versteht Gott nicht als mannes- oder frauenebenbildlich, sondern transformiert die Figur Gottes zu etwas ohne Geschlecht: als Liebhaber*in, Freund*in, als

Quelle, Brunnen (Plaskow 1990, 154–169) oder schlicht als ‚Ort' (*maqom*) „[that] evokes both the presence of the world in God and the extraordinary presence of God in particular places" (Plaskow 1990, 165). Doch mit diesen Vorschlägen endete Plaskows Anspruch nicht, sondern sie forderte vielmehr eine neue religiöse und soziale Ordnung (Plaskow 1990, 237–238), in der Verschiedenheiten als Teil des Zusammenlebens geschätzt würden (Plaskow 1990, 105–107). Plaskow leitete keinen alleinigen Geltungsanspruch ihrer Theologie ab, sondern betonte stets, dass jede*r die Chance hätte, das Judentum mit eigenen Erfahrungen zu füllen und zu transformieren.

Während sich die feministische Auseinandersetzung mit jüdischer Theologie nach Plaskow stetig weiterentwickelt(e) und Frauen sich neue Rituale wie Feiern zum Beginn des Monats und neue Räume wie Frauenchavurot schufen (z. B. Falk 1996; für eine Übersicht zu mehr als einem halben Jahrhundert jüdisch-feministischer Theologie siehe Benjamin 2020), hielt die Kategorie „Gender" auch in die JEWISH STUDIES immer stärker Einzug. Ähnlich zu parallelen Entwicklungen in der Frauenforschung (WOMEN'S STUDIES) setzte sich auch in den JEWISH STUDIES die Einsicht durch, dass Gender nicht mit „Frauen" gleichzusetzen, sondern als Konstrukt, analytisches Tool und Machtkategorie zu verstehen sei (Imhoff 2019, 79). Rachel Adlers *Engendering Judaism* (1998) setzte sich erstmals umfassend mit der Kategorie Gender in jüdischen Texten und Recht (*Halacha*) auseinander. Adlers übergeordnetes Ziel, dass alle Geschlechter gleichgestellt sein sollten, beinhaltete zwei Schritte: erstens die kritische Einsicht, dass das historische Verständnis von Gender *alle* jüdischen (Kon-)Texte beeinflusse und daher die Aufmerksamkeit von *allen* Jüdinnen*Juden erfordere; und zweitens eine ethische Verpflichtung, denn die Vorstellung von Gender habe sich in der Vergangenheit stetig geändert und sage daher nichts darüber aus, wie die Zukunft gestaltet werden solle. Vielmehr sollten die Bedürfnisse und Erwartungen der Jüdinnen*Juden im Jetzt über weitere Veränderungen entscheiden. Eine Stärke von Adlers Werk ist es, die Komplexität, die mit der Kategorie Gender einhergeht, aufzuzeigen und sich einfachen Lösungen zu entsagen (Adler 1998, xiv–xv).

Gleichzeitig mit Adlers Buch wurde *Nashim: A Journal of Jewish Women's Studies & Gender Issues* erstmals veröffentlicht. Das Journal platzierte das Thema prominent in den JEWISH STUDIES und bot einen Sammelpunkt für neue wissenschaftliche Arbeiten. *Nashim* sowie die Anthologie *Judaism since Gender* (Peskowitz und Levitt 1997) und das Symposium *Jews and Gender* (Frankel 2000) wiesen bereits auf das Potenzial hin, das eine umfassende Betrachtung jüdischer Themen unter dem Brennglas von Geschlechterdifferenzen und -hierarchien mit sich brachte. So wurden die Rolle der Frau in der Traditionsliteratur der Rabbinen analysiert und feministische Zugänge zu dieser fast ausschließlich männlichen Sphäre eröffnet (Fonrobert 2000; Baskin 2002; Ilan 2008; Alexander 2013). Die jüdische Historiographie nahm das Anliegen der frühen jüdischen Feminist*innen auf, die Stimmen von Frauen in der jüdischen Geschichte sichtbar zu machen, und verstand Gender zunehmend auch als historisch wirksame Kategorie (Müller und Schatz 2004; Heinsohn und Schüler-Springorum 2005; Kaplan und Moore 2011; Schüler-Springorum 2014). Jüdische Geschichtsschreibung/das Schreiben jüdischer Geschichte, so die Historiker*innen, war ebenfalls von Machtstrukturen und Hierarchien geprägt, die nicht nur dazu beitrugen, dass gewisse Geschichten nicht weitererzählt wurden, sondern die sich auch vor neuen Erkenntnissen über das Verhältnis der Geschlechter verschlossen. Gleichzeitig wurden die Rolle von Frauen und feministische Elemente in jüdischen Literaturen zu beliebten Anschauungsobjekten (Baskin 1994; Lappin und Nagel 2007; Lang 2019). Mit der Verbindung von jüdischen Sprachen und sozialem Geschlecht haben sich Wissenschaftlerinnen wie Chava Weissler oder Naomi Seidman auseinandergesetzt (Weissler 1989; Seidman 1997). Ein weiterer Einfluss der Kategorie Gender auf die JEWISH STUDIES war das wachsende Interesse gegenüber jüdischer Heterosexualität und der Konstruktion des jüdischen Mannes – von der durch Antisemitismus gefütterten Vorstellung des „schwachen", „femininen" jüdischen Mannes bis zum zionistischen Ideal des „Muskeljuden" (Boyarin 1997; Davidson 2010; Baader, Gillerman und Lerner 2012). In all diesen Studien wird „der heterosexuelle Mann" nicht mehr als starre, feste Entität wahrgenommen, sondern ebenso dekonstruiert wie die gesamte Vorstellung von Geschlecht und Sexualität.

Derweil entwickelte(n) sich Sexualität(en) zu einem weiteren Interessensbereich der → GENDER STUDIES. Auch in den JEWISH STUDIES gibt es seitdem Bestrebungen, die Erfahrungen von nicht-heterosexuellen und nicht-cis-geschlechtlichen Jüdinnen*Juden einzubinden, wenngleich dieses Feld deutlich weniger Beachtung findet als die Inklusion von jüdischen Frauen (→ QUEER STUDIES). Dabei waren es v. a. lesbische Frauen, die jüdisch-feministische Kritik äußerten (Imhoff 2019, 79). Erste Stimmen queerer Jüdinnen*Juden, die Einfluss auf die Wissenschaft nahmen, waren – ähnlich wie die ersten feministischen Stimmen – aktivistisch geprägt (Balka und Rose 1989; Aviv und Shneer 2002). Erste theoretische Ansätze zum Zusammenhang zwischen jüdischen und queeren Identitäten, die sich jedoch nicht zwangsläufig überschneiden müssen, lieferte das Werk *Queer Theory and the Jewish Question* (Boyarin, Itzkovitz und Pellegrini 2003). Bald folgten Reinterpretationen der Traditionsliteratur und Überlegungen, wie diese mit einer queeren Lebensrealität zusammengebracht werden können (Greenberg 2004; Drinkwater, Lesser und Shneer 2009). Einzelne Publikationen behandeln außerdem die Geschichte und (Un-)Sichtbarkeit queerer Jüdinnen*Juden in der Vergangenheit (Sienna 2019; Wilkens 2020). Die JEWISH STUDIES haben bei der Inklusion queerer Stimmen jedoch noch deutliches Entwicklungspotenzial. Nicht nur ist die historische Überlieferung lückenhaft, sondern auch die individuellen Lebenserfahrungen und Konflikte jüdischer Queers mit ihrer jüdischen *community* werden zu selten erforscht.

Jüdisches Leben war immer und ist weiterhin stark gegendert: Machtstrukturen und Hierarchien durchziehen das Judentum genauso wie jede andere Gemeinschaft. JEWISH STUDIES erhalten durch die → GENDER STUDIES und → QUEER STUDIES ein alternatives Modell zum Überdenken von sozialen, politischen und epistemologischen Differenzen (Imhoff 2019, 79). Sarah Imhoff hat durchaus Recht, wenn sie sagt (2019, 79): „Jewish Studies [...] must reckon with feminist inquiry and [G]ender [S]tudies in order to become a better, more interesting version of itself." Noch immer hadert aber das Fach als Ganzes damit, das volle Potenzial der Analyse von Geschlecht und Sexualität(en) anzunehmen, wenngleich die JEWISH STUDIES in den USA die Kategorien Gender (und Queer/ness) viel stärker inkorporiert haben als ihre Gegenstücke in Europa bzw. Deutschland.

Wissenschaftler*innen, die zu den JEWISH GENDER STUDIES arbeiten, forschen und lehren oft nur am Rande der JEWISH STUDIES. Umgekehrt inkludieren Wissenschaftler*innen, die eine intersektionale Perspektive einnehmen, nur selten jüdische Erfahrungen in ihre Erforschung von sich intersektional überschneidenden, verschränkten und gleichzeitigen Diskriminierungskategorien. Dabei ist, wie Marla Brettschneider argumentiert, eine antirassistische, auf Vielfalt ausgerichtete Agenda genauso notwendig für jüdisch-feministische Analysen wie das Einbeziehen von jüdischen Perspektiven für Aktivist*innen und Wissenschaftler*innen, die sich allgemein mit Intersektionalität beschäftigen. Besonders der steigende Antisemitismus in den USA und Europa fordert eine solche Berücksichtigung jüdischer Diskriminierungserfahrungen (Brettschneider 2019, 5–6, 127–146). Dass jüdische Perspektiven innerhalb intersektionaler Debatten häufig ignoriert werden, wird seit geraumer Zeit kritisiert. So schrieben Julia Yael Alfandari und Gil Shohat im Jahr 2022 (140–141): „Juden*Jüdinnen sind [...] in ihren mehrdimensionalen Identitäten der Inbegriff von Intersektionalität, werden aber in Intersektionalitätstheorien oftmals nicht beachtet. Trotz ihrer innerjüdischen Vielfalt werden Juden*Jüdinnen häufig als eine homogene Einheit auf die strukturelle Markierung ‚weiß' subsumiert. Weißsein verbindet Hautfarbe mit Macht, sozialer Klasse und Privilegien." Seit dem terroristischen Angriff der Hamas am 7. Oktober 2023 scheint sich diese Beobachtung nur weiter zu bestätigen. In intersektional geprägten Debattenräumen wird Israel als angeblicher Kolonialstaat verunglimpft. Juden*Jüdinnen werden – unabhängig von ihrer Herkunft – als ‚weiße Unterdrücker*innen' dargestellt und aus intersektionalen Diskursen weiter oder komplett entfernt. Dass auch jüdische Themen in den → GENDER STUDIES und → QUEER STUDIES zukünftig eine differenzierende und simplifizierende Dichotomien infrage stellende Rolle spielen werden, bleibt zu hoffen.

3 Jewish Studies und Postcolonial Studies

Noch schwerer als die Beziehung zwischen Jewish Studies und → Gender Studies respektive → Queer Studies gestaltet sich die Beziehung zwischen Jewish Studies und → Postcolonial Studies (Lezzi 2009, 438–443; Cheyette 2013; Coffey und Laumann 2021). Verantwortlich hierfür sind vor allem divergierende Auffassungen über israelische Geschichte und Politik (Katz, Leff und Mandel 2017, 15), die schon vor dem Jahr 2023 zu heftigen Auseinandersetzungen in Deutschland und darüber hinaus geführt haben (Brumlik 2021; Mendel 2023) und nach dem 7. Oktober in einer beängstigenden Welle von globalem Antisemitismus eskalieren. Damit verbunden, vergiften die bereits erwähnten Zuschreibungen von Juden*Jüdinnen zur ‚westlichen', ‚weißen' und hegemonialen Welt des europäischen Kolonialismus das Klima nachhaltig (Cheyette 1997). Nicht zuletzt tragen sie auch dazu bei, dass hoch problematische, weil kompetitive Vergleiche zwischen Opfern der Shoah und des transatlantischen Sklavenhandels (Faber 1998; Friedman 1998) den akademischen Austausch zwischen → Postcolonial und → Holocaust Studies erschweren oder gänzlich blockieren. Santiago Slabodsky fordert entsprechend, falschen Zuschreibungen mit der „formulation of a Jewish decolonialism" entgegenzutreten (2015, 20). Bryan Cheyette konstatiert insgesamt, dass die Ausdifferenzierung von Disziplinen wie → Postcolonial Studies, → Holocaust Studies, Jewish Studies und Diaspora Studies es Wissenschaftler*innen erschwere, an frühere universalisierende Sichtweisen anzuknüpfen (Cheyette 2013, 7, 19), und erinnert – wie auch andere – an die Tatsache, dass selbst europäische Juden*Jüdinnen immer zwischen allen Stühlen standen – „ambivalently positioned as both black *and* white; self *and* other as both inside *and* outside Western culture" (Cheyette 1997, 124). Nicht unproblematisch für die Zusammenarbeit sind schließlich auch postkoloniale Reduzierungen jüdischer Literatur und Geschichte auf „metaphorical possibilities of Jewishness" (Mufti 2007), die den eigentlichen Kern jüdischer Geschichts- und Erfahrungswelten außer Acht lassen.

Demgegenüber verweisen Studien, die den Mehrwert des Zusammendenkens von Jewish Studies und → Postcolonial Studies erkennen, auf den „historischen Nexus zwischen Rassismus und Antisemitismus, Kolonialismus und europäischem Nationalismus" (Goetschel und Quayson 2016, 9) und rufen die Bedeutung orientalistischer Denkmuster in Erinnerung, die sowohl innerjüdisch als auch (zusammen mit Fragen und Problemen der → Gender Studies) in der Geschichte des Antisemitismus eine zentrale Rolle spielten und spielen (z. B. Kalmár und Penslar 2005; Rohde 2005; Brunotte, Ludewig und Stähler 2015). Zusätzlich betonen sie historische Verbindungen und Solidaritäten zwischen Opfern von kolonialer und antisemitischer Gewalt (Lapierre 2011; Cheyette 2013), die es ermöglichen, über Formen der Erinnerung neu und „multidirektional" nachzudenken (Rothberg 2009; Casteel

2016). In ähnlicher Weise rufen renommierte Wissenschaftler*innen im Bereich der Diaspora Studies zu Vergleichen zwischen der jüdischen und der afrikanischen Diaspora/dem „Black Atlantic" auf, die zum gegenseitigen Erkenntnisinteresse von Jewish Studies und → Postcolonial Studies beitragen (Boyarin und Boyarin 1993; Boyarin und Boyarin 1997, viii), ohne dabei Narrativen der „Überholtheit" jüdischer durch (post-)koloniale Erfahrungen zum Opfer zu fallen (Cheyette 2017 und 2013, 30). Hilfreich ist in diesem Sinne die intersektionale Beschäftigung mit dem Schicksal von schwarzen Jüdinnen*Juden und ihren besonderen Herausforderungen in jüdischen Gemeinden, die in den letzten Jahren deutlich zugenommen hat (Bruder 2008; Parfitt 2013; Brettschneider, Bruder und Le Roux 2019).

Wichtige Anregungen zum Feld der vergleichenden Diaspora Studies hat neuerdings auch der Blick in die Vormoderne beigetragen. Zentral waren hier nicht zuletzt neue Studien zur Konstitution und Gruppenbildung innerhalb der sephardischen Diaspora, d. h. der Diaspora der iberischen Juden und ihrer Nachkommen, die zwischen 1492 und 1498 von der Iberischen Halbinsel (→ Iberian Studies) vertrieben oder dort zwangskonvertiert wurden (Ray 2008; Graizbord 2008). Dabei ist auch die Geschichte der sephardischen Juden, die im 17. und 18. Jahrhundert in der atlantischen Welt eine ambivalente Rolle zwischen Akteuren und Opfern kolonialer Gewalt einnahmen, brisant und wurde lange politisch polarisiert (Schorsch 2000). Erst neuere Studien widmen dem „Sephardischen Atlantik" eine weniger polarisierte Aufmerksamkeit (Rauschenbach und Schorsch 2019a, 2019b) und bemühen sich, sukzessiv zu einem differenzierten Bild beizutragen, in dem besonders das Schicksal afroamerikanischer Versklavter auf jüdischen Plantagen in der frühneuzeitlichen Karibik in den Blick genommen wird (Schorsch 2009, 166–253; Davis 2016; Ben-Ur 2020). Diskussionen über koloniale Denkmuster im frühneuzeitlichen Judentum lassen sich schließlich nicht nur auf das sephardische Judentum und die atlantische Welt beschränken, sondern können auch für das aschkenasische Judentum geführt werden, wie inzwischen am Beispiel einer Reihe jiddischer Texte und Texte der jüdischen Aufklärung (*Haskala*) nachgewiesen wurde (Idelson-Shein 2014).

Ein anderes wichtiges Teilgebiet der Jewish Studies, das in enger Verbindung zu den → Postcolonial Studies steht, sind schließlich die sogenannten Mizrahi Studies, die seit den 1980er Jahren vor allem in den USA und Israel erstarken (Shohat 2002; Zohar 2005a). Der Begriff „Mizrahim" (heb. für „Orientalen") bezeichnet dabei diejenigen Jüdinnen*Juden, die mehrheitlich seit den 1950er Jahren in sukzessiven Migrationswellen aus arabischen und nordafrikanischen Ländern nach Israel einwanderten und ihrerseits von der aschkenasischen Mehrheitsgesellschaft orientalisiert wurden (Khazzoom 2003). Zunächst von europäischstämmigen Jüdinnen*Juden in Israel als Fremdbezeichnung genutzt, entwickelte sich der Begriff „Mizrahim" schnell zum Kampfbegriff der Betroffenen selbst (Shohat

1999), die mehr und mehr gegen ihre religiöse, soziale und politische Marginalisierung auftraten, während sie sich gleichzeitig auf die amerikanische Bürgerrechtsbewegung und deren Kampf gegen Rassismus in den USA bezogen (Roby 2015; differenzierend Yanov 1998). Gleichwohl sind die Terminologien alles andere als eindeutig und in den meisten Fällen hoch umstritten (Alcalay 1993, 36–37; Shohat 1999). In einigen Kontexten werden „Mizrahim" auch unter einen weiteren Begriff von „Sepharden" gefasst (z. B. bei Shohat 1988). Selbst dort, wo unterschieden wird, kritisieren Fachwissenschaftler*innen die Nivellierung von Unterschieden, die dem Terminus „Mizrahim" zugrunde liegt und der tatsächlichen Vielfalt der Traditionen und Kulturen derjenigen, die der Gruppe zugeordnet werden, keine Rechnung trägt (Goldberg und Bram 2007).

Moniert wird darüber hinaus auch die in der Programmatik der Mizrahi Studies angelegte Engführung auf Israel, die dazu beiträgt, dass nach wie vor Defizite bestehen, wenn es darum geht, die Vielfalt jüdischer Lebens- und Denkwelten in Nordafrika, im Nahen Osten und in anderen außereuropäischen Regionen zu erforschen und jenseits orientalistischer Dekadenzerzählungen zu deuten (Schroeter 1994; Stein 2005). Demgegenüber schlagen Historiker*innen vor, Sephardic Studies im weiteren Sinne zu stärken (z. B. Gerber 1995), neue Forschungen zu nutzen, um althergebrachte Fragestellungen, Begrifflichkeiten und Chronologien zu überdenken und insgesamt in den Jewish Studies einen Paradigmenwechsel einzuleiten (Stein 2005, 346–348). Wirkmächtige Erwiderungen auf westliche Dekadenzerzählungen finden sich bereits jetzt in Studien, die auf eine Wiederbelebung levantinisch-mediterraner Perspektiven drängen, in welchen sie nicht zuletzt auch neue Potenziale für zukünftige Formen des Zusammenlebens zwischen Jüdinnen*Juden, Christ*innen und Muslim*innen in Israel und dem gesamten Nahen Osten identifizieren (Alcalay 1993; Nocke 2016). In ähnlicher Weise nutzen Mizrahi-Aktivist*innen ihre sprachlichen und kulturellen Kompetenzen, um als Brückenbauer*innen in die islamische Welt aufzutreten und für ein neues Selbstverständnis Israels inmitten seiner geographischen Umgebung im Nahen Osten zu werben (Shohat 1999; Zohar 2005b).

Wissenschaftshistorisch haben Amnon Raz-Krakotzkin (Raz-Krakotzkin 2017) und Gil Eyal (Eyal 2006) die Unterscheidung zwischen Jewish Studies und Oriental Studies aus postkolonialer Perspektive kritisch beleuchtet und dabei in ähnlicher Absicht auf die aus ihrer Sicht (wissenschafts-)politischen Nachteile aufmerksam gemacht, die aus einer sich im Laufe des politischen Zionismus herauskristallisierenden „Entzauberung des Orients" (Eyal 2006) folgten und mit der einseitigen Hinwendung Israels zum Westen bzw. der Abkehr von Menschen und Kulturen der MENA-Region einhergingen. Im Gegenzug hierzu mehren sich nach dem 7. Oktober 2023 Stimmen, die den Mena Jewish Studies ihrerseits eine problematische Ost-West-Dichotomisierung vorwerfen, verbunden mit der Tendenz „to highlight and even glorify any alignment of Jews with Arab nationalism, regional Marxism, or integration into postcolonial MENA countries“ (Moreno und Karkason 2024, 140). Gerade hinsichtlich der Geschichte Israels und des Zionismus plädieren sie für Forschungen, die (wieder) auf „interconnectedness and shared aspirations for self-determination among diverse Jewish communities in the region and beyond“ (Moreno und Karkason 2024, 140) zielen und Wissenschaftler*innen zwischen Jewish Studies und → Postcolonial Studies dazu zwingen, frühere Argumentation kritisch zu hinterfragen und ggf. neu zu denken.

4 Ausblick und Perspektiven

Jewish Studies sind kein Gebiet, das nur für sich selbst besteht, sondern ein inhärent interdisziplinäres Fach, das einerseits auf die Methoden und Forschungsgegenstände anderer Disziplinen zurückgreift und andererseits einen eigenen und einzigartigen Blickwinkel eröffnet, von dem Kolleg*innen aus anderen Disziplinen profitieren können. Besonders intersektionale Ansätze, die Antworten auf drängende Fragen unserer Zeit liefern, können durch das Verständnis jüdischer Erfahrungen bereichert werden. Gleichzeitig wächst die Notwendigkeit, in Zeiten zunehmender antisemitischer Gewalt jüdische Themen in ihrer ganzen Vielfalt und Breite in den Kanon nicht explizit „jüdischer Fächer“ zu übernehmen. Dennoch besteht die Marginalisierung jüdischer Themen, die Jonathan und Daniel Boyarin bereits 1997 beklagten, bis heute in vielen (und auch in kulturwissenschaftlichen) Fächern fort: „While exciting work plausibly identifiable as Jewish Cultural Studies has been done in recent years [...], the work of establishing a ‚Jewish place‘ within the shifting field of Cultural Studies has barely begun.“ (Boyarin und Boyarin 1997, viii)

Andersherum stehen Jewish Studies weiter vor der Herausforderung, die Potenziale zu entdecken, die sich aus einer offenen, vielfältigen und inklusiven Forschung ergeben. Dabei zeugen neue Arbeiten von beständig wachsenden Themenfeldern und methodischen Horizonterweiterungen. Exemplarisch genannt seien hier z. B. die Beiträge von Julia Watts Belser zu Behinderungen von Jüdinnen*Juden (→ Disability Studies), insbesondere in der jüdischen Traditionsliteratur (Watts Belser 2018 und 2020); die Beiträge von Julia Watts Belser oder Jonathan Schorsch zu Jewish Environmental Studies (Watts Belser 2015; Schorsch 2019a); diejenigen von Jonathan Schorsch zu Jewish Food Studies (Schorsch 2018 und 2019b) oder diejenigen von Beth Berkowitz an der Schnittstelle zwischen Jewish Studies und → Animal Studies (Berkowitz 2018). Durch den beständigen Austausch zwischen Jewish Studies und anderen Studies öffnet sich schließlich auch die Chance, Jewish Studies aus ihrem Nischendasein herauszuführen und für eine größere akademische *community* attraktiv zu machen. Gleichzeitig kann der Austausch nur dann gelingen, wenn die Besonderheit des Fachs gewahrt bleibt, die auf der spezifischen Betrachtung jüdischer Geschichte(n) und Kultur(en) beruht. Diese Spannung auszuhalten und konstruktiv umzusetzen ist eine der großen Herausforderungen der JEWISH STUDIES, aber auch aller mit ihnen zusammen arbeitenden „Studies" im 21. Jahrhundert.

Anmerkung der Autor*innen: Dieser Artikel wurde vor dem 7. Oktober 2023 verfasst. Korrekturen wurden vor der Drucklegung nachgetragen, ohne dass der Artikel gänzlich umgeschrieben wurde.

5 Literaturverzeichnis

Adler, Rachel. *Engendering Judaism. An Inclusive Theology and Ethics*. Boston, MA 1998.

Adler, Rachel. „The Jew Who Wasn't There. Halacha and the Jewish Woman". *Response. A Contemporary Jewish Review* 7.2 (1973): 77–82.

Alcalay, Ammiel. *After Jews and Arabs. Remaking Levantine Culture*. Minneapolis, MN 1993.

Alexander, Elisabeth Shanks. *Gender and Timebound Commandments in Judaism*. Cambridge 2013.

Alfandari, Julia Yael und Gil Shohat. „Sind Juden*Jüdinnen weiß?". *Frenemies. Antisemitismus, Rassismus und ihre Kritiker*innen*. Hrsg. von Meron Mendel, Saba-Nur Cheema und Sina Arnold. Berlin 2022: 137–142.

Aviv, Caryn und David Shneer. *Queer Jews*. New York 2002.

Baader, Benjamin M., Sharon Gillerman und Paul Lerner (Hrsg.). *Jewish Masculinities. German Jews, Gender, and History*. Bloomington, IN 2012.

Balka, Christie und Andy Rose (Hrsg.). *Twice Blessed. On Being Lesbian, Gay, and Jewish*. Boston, MA 1989.

Baskin, Judith R. *Midrashic Women. Formations of the Feminine in Rabbinic Literature*. Hanover, NH 2002.

Baskin, Judith R. (Hrsg.). *Women of the Word. Jewish Women and Jewish Writing*. Detroit, MI 1994.

Baum, Charlotte, Paula Hyman und Sonya Michael. *The Jewish Woman in America*. New York 1976.

Bell, Dean Phillip. „Introduction". *The Bloomsbury Companion to Jewish Studies*. Hrsg. von Dean Phillip Bell. London 2015: 1–21.

Beller, Steven. „Knowing Your Elephant. Why Jewish Studies Is Not the Same As Judaistik, and Why That Is a Good Thing". *Jüdische Studien. Reflexionen zu Theorie und Praxis eines wissenschaftlichen Feldes*. Hrsg. von Klaus Hödl. Innsbruck 2003: 13–23.

Benjamin, Mara H. „Tracing the Contours of a Half Century of Jewish Feminist Theology". *Journal of Feminist Studies in Religion* 36.1 (2020): 11–31.

Ben-Ur, Aviva. *Jewish Autonomy in a Slave Society. Suriname in the Atlantic World, 1651–1825*. Philadelphia, PA 2020.

Berkowitz, Beth A. *Animals and Animality in the Babylonian Talmud*. Cambridge 2018.

Boyarin, Daniel und Jonathan Boyarin. „Diaspora. Generation and the Ground of Jewish Identity". *Critical Inquiry* 19.4 (1993): 693–725.

Boyarin, Daniel. *Unheroic Conduct. The Rise of Heterosexuality and the Invention of the Jewish Men.* Berkeley, CA 1997.

Boyarin, Daniel und Jonathan Boyarin. „Introduction. So What's New". *Jews and Other Differences. The New Jewish Cultural History.* Hrsg. von Daniel Boyarin und Jonathan Boyarin. Minneapolis, MN 1997: vii–xxii.

Boyarin, Daniel, Daniel, Itzkovitz und Ann Pellegrini (Hrsg.). *Queer Theory and the Jewish Question.* New York 2003.

Boyarin, Jonathan. *The Unconverted Self. Jews, Indians and the Identity of Christian Europe.* Chicago, IL 2009.

Brenner, Michael. „Jüdische Studien im internationalen Kontext". *Wissenschaft vom Judentum. Annäherungen nach dem Holocaust.* Hrsg. von Michael Brenner und Stefan Rohrbacher. Göttingen 2000: 42–57.

Brenner, Michael und Stefan Rohrbacher (Hrsg.). *Wissenschaft vom Judentum. Annäherungen nach dem Holocaust.* Göttingen 2000.

Brettschneider, Marla. *Jewish Feminism and Intersectionality.* Albany, NY 2018.

Brettschneider, Marla, Edith Bruder und Magdel Le Roux. *Africana Jewish Journeys. Studies in African Judaism.* Newcastle upon Tyne 2019.

Bruder, Edith. *The Black Jews of Africa. History, Religion, Identity.* Oxford 2008.

Brumlik, Micha. *Postkolonialer Antisemitismus? Achille Mbembe, die palästinensische Bewegung und andere Aufreger. Bestandsaufnahme einer Diskussion.* Hamburg 2021.

Brunotte, Ulrike, Anna-Dorothea Ludewig und Axel Stähler. *Orientalism, Gender and the Jews. Literary and Artistic Transformations of European National Discourses.* Berlin 2015.

Carlebach, Elisheva, John M. Efron und David N. Myers (Hrsg.). *Jewish History and Jewish Memory. Essays in Honor of Yosef Hayim Yerushalmi.* Hanover, NH 1998.

Cassen, Flora. „Early Modern Jewish History. Ongoing Trends, Global Directions". *Church History and Religious Culture* 97 (2017): 393–407.

Casteel, Sarah Philipps. *Calypso Jews. Jewishness in the Caribbean Literary Imagination.* New York 2016.

Cheyette, Bryan. „‚White Skin, Black Masks'. Jews and Jewishness in the Writings of George Liot and Frantz Fanon". *Cultural Readings of Imperialism. Edward Said and the Gravity of History.* Hrsg. von Keith Ansell Pearson, Benita Parry und Judit Squires. London 1997: 106–126.

Cheyette, Bryan. *Diasporas of the Mind. Jewish and Postcolonial Writing and the Nightmare of History.* New Haven, CT 2013.

Cheyette, Bryan. „Against Supersessionist Thinking. Old and New, Jews and Postcolonialism, the Ghetto and Diaspora". *The Cambridge Journal of Postcolonial Literary Inquiry* 4.3 (2017): 424–439.

Coffey, Judith und Vivien Laumann. *Gojnormativität. Warum wir anders über Antisemitismus sprechen müssen.* Berlin 2021.

Davidson, Neil R. *Jewishness and Masculinity from the Modern to the Postmodern.* New York 2010.

Davis, Natalie Zemon. „Regaining Jerusalem. Eschatology and Slavery in Jewish Colonization in Seventeenth-Century Suriname". *The Cambridge Journal of Postcolonial Literary Inquiry* 3 (2016): 11–38.

Drinkwater, Gregg, Joshua Lesser und David Shneer. *Torah Queeries. Weekly Commentaries on the Bible.* New York 2009.

Efron, John M. *German Jewry and the Allure of the Sephardic.* Princeton, NJ 2016.

Eyal, Gil. *The Disenchantment of the Orient. Expertise in Arab Affairs and the Israeli State.* Stanford, CA 2006.

Faber, Eli. *Jews, Slaves and the Slave Trade. Setting the Record Straight.* New York 1998.

Falk, Marica. *The Book of Blessings. New Jewish Prayers for Daily Life, the Sabbath, and the New Moon Festival*. San Francisco, CA 1996.

Fonrobert, Charlotte. *Menstrual Purity. Rabbinic and Christian Reconstructions of Biblical Gender*. Stanford, CA 2000.

Fonrobert, Charlotte Elisheva. „Review. The New Spatial Turn in Jewish Studies". *AJS Review* 33.1 (2009): 155–164.

Frankel, Jonathan. *Jews and Gender. The Challenge to Hierarchy*. Oxford 2000.

Friedman, Saul. *Jews and the American Slave Trade*. New Brunswick, NJ 1998.

Gerber, Jane (Hrsg.). *Sephardic Studies in the University*. Madison, NJ 1995.

Goetschel, Willi und Ato Quayson. „Introduction. Jewish Studies and Postcolonialism". *The Cambridge Journal of Postcolonial Literary Inquiry* 3 (2016): 1–9.

Goldberg, Harvey und Chen E. Bram. „Sephardic/Mizrahi/Arab-Jews. Reflections on Critical Sociology and the Study of Middle Eastern Jewries within the Context of Israeli Society". *Sephardic Jewry and Mizrahi Jews*. Hrsg. von Peter Medding. Oxford 2007: 227–256.

Goodman, Martin. „The Nature of Jewish Studies". *The Oxford Handbook of Jewish Studies*. Hrsg. von Martin Goodman. Oxford 2005: 1–13.

Graizbord, David L. „Religion and Ethnicity among ‚Men of the Nation'. Toward a Realistic Interpretation". *Jewish Social Studies* n.s. 5.1 (2008): 32–65.

Greenberg, Blu. *On Women and Judaism. A View from Tradition*. Philadelphia, PA 1998 [1981].

Greenberg, Steven. *Wrestling with God and Men. Homosexuality in the Jewish Tradition*. Madison, NJ 2004.

Gross, Rita. „Female God Language in a Jewish Context". *Womanspirit Rising. A Feminist Reader in Religion*. Hrsg. von Carol P. Christ und Judith Plaskow. San Francisco, CA 1979: 167–178.

Grözinger, Karl Erich. „‚Jüdische Studien' oder ‚Judaistik' in Deutschland. Aufgaben und Strukturen eines ‚Faches'". *Wissenschaft vom Judentum: Annäherungen nach dem Holocaust*. Hrsg. von Michael Brenner und Stefan Rohrbacher. Göttingen 2000: 70–84.

Heil, Johannes und Daniel Krochmalnik (Hrsg.). *Jüdische Studien als Disziplin, die Disziplinen der Jüdischen Studien. Festschrift der Hochschule für Jüdische Studien Heidelberg, 1979–2009*. Heidelberg 2010.

Heinsohn, Kirsten und Stefanie Schüler-Springorum (Hrsg.). *Deutsch-jüdische Geschichte als Geschlechtergeschichte: Studien zum 19. und 20. Jahrhundert*. Göttingen 2005.

Heschel, Susannah (Hrsg.). *On Being a Jewish Feminist. A Reader*. New York 1983.

Hödl, Klaus. „Looking beyond Borders. Performative Approaches to Jewish Historiography". *Journal of Jewish Identities* 1.1 (2008): 51–66.

Ilan, Tal. *Massekhet Ta'anit. Text, Translation, and Commentary. Feminist Commentary on the Babylonian Talmud*. Tübingen 2008.

Idelson-Shein, Iris. *Difference of a Different Kind. Jewish Constructions of Race During the Long Eighteenth Century*. Philadelphia, PA 2014.

Imhoff, Sarah. „Women and Gender, Past and Present. A Jewish Studies Story". *Jewish Social Studies* 24.2 (2019): 74–81.

Kalmar, Ivan Davidson und Derek J. Penslar (Hrsg.). *Orientalism and the Jews*. Waltham, MA 2005.

Kaplan, Marion A. *The Jewish Feminist Movement in Germany. The Campaigns of the Jüdischer Frauenbund, 1904–1938*. Westport, CT 1979.

Kaplan, Marion A. und Deborah Dash Moore (Hrsg.). *Gender and Jewish History*. Bloomington, IN 2011.

Katz, Ethan B., Lisa Moses Leff und Maud S. Mandel. „Introduction". *Colonialism and the Jews*. Hrsg. von Ethan B. Katz, Lisa Moses Leff und Maud S. Mandel. Bloomington, IN 2017: 1–25.

Khazzoom, Aziza. „The Great Chain of Orientalism. Jewish Identity, Stigma Management, and Ethnic Exclusion in Israel“. *American Sociological Review* 68.4 (2003): 481–510.
Lang, Jessica. „Gender and Feminism in Contemporary Jewish American Writing“. *The New Jewish American Literary Studies.* Hrsg. von Victoria Aarons. Cambridge 2019: 90–108.
Lapierre, Nicole. *Causes Communes. Des Juifs et des Noirs.* Paris 2011.
Lappin, Eleonore und Michael Nagel (Hrsg.). *Frauen und Frauenbilder in der europäisch-jüdischen Presse von der Aufklärung bis 1945.* Bremen 2007.
Lehnardt, Andreas (Hrsg.). *Judaistik im Wandel. Ein halbes Jahrhundert Forschung und Lehre über das Judentum in Deutschland.* Berlin 2017.
Lezzi, Eva. „Kolonialfantasien in der deutsch-jüdischen Literatur um 1900.“ *Dialog der Disziplinen. Jüdische Studien und Literaturwissenschaft.* Hrsg. von Eva Lezzi und Dorothea Salzer. Berlin 2009: 437–479.
Lezzi, Eva und Dorothea Salzer (Hrsg.). *Dialog der Disziplinen. Jüdische Studien und Literaturwissenschaft.* Berlin 2009a.
Lezzi, Eva und Dorothea Salzer. „Einleitung. Disziplinen im Dialog“. *Dialog der Disziplinen. Jüdische Studien und Literaturwissenschaft.* Hrsg. von Eva Lezzi und Dorothea Salzer. Berlin 2009b: 11–47.
Mendel, Meron. *Über Israel reden: Eine deutsche Debatte.* Köln 2023.
Moreno, Aviad und Tamir Karkason. „The Jewish ‚East‘ and its Restricted Agencies“. *Israel Studies* 29.1 (2024): 135–147.
Mufti, Aamir R. *Enlightenment in the Colony. The Jewish Question and the Crisis of Postcolonial Culture.* Princeton, NJ 2007.
Müller, Christiane E. und Andrea Schatz (Hrsg.). *Der Differenz auf der Spur. Frauen und Gender in Aschkenas.* Berlin 2004.
Nocke, Alexandra. „Yam Tikhoniut. Mediterraneanism as a Model for Identity Formation In Between“. *Handbook of Israel: Major Debates.* Hrsg. von Eliezer Ben-Rafael et al. Berlin 2016: 102–115.
Or, Tamara. „Männlichkeit, Weiblichkeit, Körperlichkeit und Sexualität im Judentum“. *Handbuch Jüdische Studien.* Hrsg. von Christina von Braun und Micha Brumlik. Köln 2018: 255–275.
Parfitt, Tudor. *Black Jews in Africa and the Americas.* New York 2013.
Peskowitz, Miriam und Laura Levitt (Hrsg.). *Judaism since Gender.* New York 1997.
Plaskow, Judith. *Standing Again at Sinai. Judaism from a Feminist Perspective.* New York 1990.
Rauschenbach, Sina und Jonathan Schorsch (Hrsg.). *The Sephardic Atlantic. Colonial Histories and Postcolonial Perspectives.* Cham 2019a.
Rauschenbach, Sina und Jonathan Schorsch. „Postcolonial Approaches to the Early Modern Sephardic Atlantic“. *The Sephardic Atlantic. Colonial Histories and Postcolonial Perspectives.* Hrsg. von Sina Rauschenbach und Jonathan Schorsch. Cham 2019b: 1–20.
Ray, Jonathan. „New Approaches to the Jewish Diaspora. The Sephardim as a Sub-Ethnic Group“. *Jewish Social Studies, n.s.* 15.1 (2008): 10–31.
Raz-Krakotzkin, Amnon. „Orientalism, Jewish Studies and Israeli Society. A Few Comments“. *Philological Encounters* 2 (2017): 237–269.
Roby, Bryan K. *The Mizrahi Era of Rebellion. Israel's Forgotten Civil Rights Struggle, 1948–1966.* New York 2015.
Rohde, Achim. „Der Innere Orient. Orientalismus, Antisemitismus und Geschlecht im Deutschland des 18. bis 20. Jahrhunderts“. *Die Welt des Islams,* NS 45.3 (2005): 370–411.
Rothberg, Michael. *Multidirectional Memory. Remembering the Holocaust in the Age of Decolonization.* Stanford, CA 2009.

Schäfer, Peter. „Judaistik – jüdische Wissenschaft in Deutschland heute. Historische Identität und Nationalität". *Saeculum* 42 (1991): 199–216.

Schlüter, Margarete. „Judaistik an deutschen Universitäten heute". *Wissenschaft vom Judentum. Annäherungen nach dem Holocaust.* Hrsg. von Michael Brenner und Stefan Rohrbacher. Göttingen 2000: 85–96.

Schmale, Wolfgang und Martina Steer (Hrsg.). *Kulturtransfer in der jüdischen Geschichte.* Frankfurt a.M. 2006.

Schorsch, Ismar. „Das erste Jahrhundert der Wissenschaft des Judentums (1818–1919)". *Wissenschaft vom Judentum. Annäherungen nach dem Holocaust.* Hrsg. von Michael Brenner und Stefan Rohrbacher. Göttingen 2000: 11–24.

Schorsch, Jonathan. „American Jewish Historians, Colonial Jews and Blacks, and the Limits of ‚Wissenschaft'. A Critical Review". *Jewish Social Studies* n.s. 6.2 (2000): 102–132.

Schorsch, Jonathan. *Jews and Blacks in the Early Modern World.* Cambridge 2009 [2004].

Schorsch, Jonathan. *The Food Movement, Culture, and Religion. A Tale of Pigs, Christians, Jews, and Politics.* New York 2018.

Schorsch, Jonathan. „Looking for an Ecological God". *Ehyeh Asher Ehyeh.* Hrsg. von Martin S. Cohen, Saul Berman und David Birnbaum. New York 2019a: 265–284.

Schorsch, Jonathan. „Olive Oil, Anointing and Ecology". *Ritual Dynamics in Judaism and Christianity.* Hrsg. von Claudia Bergmann und Benedikt Kranemann. Leiden 2019b: 215–236.

Schroeter, Daniel. „Orientalism and the Jews of the Mediterranean". *Journal of Mediterranean Studies* 4 (1994): 183–196.

Schüler-Springorum, Stefanie. *Geschlecht und Differenz.* Paderborn 2014.

Schulte, Christoph. „Über den Begriff einer Wissenschaft des Judentums. Die ursprüngliche Konzeption der Wissenschaft des Judentums und ihre Aktualität nach 175 Jahren". *Aschkenas* 7.2 (1997): 277–302.

Schulte, Christoph. „Religion in der Wissenschaft des Judentums. Ein historischer Abriss in methodologischer Absicht". *Revue des études juives* 161.3/4 (2002): 411–429.

Seidman, Naomi. „Lawless Attachments, One-Night Stands. The Sexual Politics of the Hebrew-Yiddish Language War". *Jews and Other Differences. The New Jewish Cultural History.* Hrsg. von Daniel Boyarin und Jonathan Boyarin. Minneapolis, MN 1997: 279–305.

Shohat, Ella. „Sephardim in Israel. Zionism from the Standpoint of Its Jewish Victims". *Social Text* 19–20 (1988): 1–35.

Shohat, Ella. „The Invention of the Mizrahim." *Journal of Palestine Studies* 29.1 (1999): 5–20.

Shohat, Ella. „The Shaping of Mizrahi Studies. A Relational Approach". *Israel Studies Forum* 17.2 (2002): 86–93.

Sienna, Noam. *A Rainbow Thread. An Anthology of Queer Jewish Texts from the First Century to 1969.* Philadelphia, PA 2019.

Slabodsky, Santiago. *Decolonial Judaism. Triumphal Failures of Barbaric Thinking.* Basingstoke 2015.

Spero, Shubert. *New Perspectives in Theology of Judaism.* Boston, MA 2013.

Steer, Martina. „Einleitung. Jüdische Geschichte und Kulturtransfer". *Kulturtransfer in der Jüdischen Geschichte.* Hrsg. von Wolfgang Schmale und Martina Steer. Frankfurt a.M. 2006: 10–22.

Stein, Sarah Abrevaya. „Sephardi and Middle Eastern Jewries since 1492". *The Oxford Handbook of Jewish Studies.* Hrsg. von Martin Goodman. Oxford 2005: 327–362.

Stemberger, Günter. *Einführung in die Judaistik.* München 2002.

Suppanz, Werner. „Kultur in einer ‚Welt in Bewegung'. Theoretische Überlegungen zu kultureller Differenz und Kulturtransfer". *Kulturtransfer in der Jüdischen Geschichte.* Hrsg. von Wolfgang Schmale und Martina Steer. Frankfurt a.M. 2006: 42–56.

Von Braun, Christina und Micha Brumlik (Hrsg.). *Handbuch Jüdische Studien*. Köln 2018.
Watts Belser, Julia. *Power, Ethics, and Ecology. Rabbinic Responses to Drought and Disaster*. New York 2015.
Watts Belser, Julia. *Rabbinic Tales of Destruction. Gender, Sex, and Disability in the Ruins of Jerusalem*. New York 2018.
Watts Belser, Julia. „Disability Studies in Jewish Culture in Late Antiquity". *A Companion to Late Ancient Jews and Judaism. Third Century BCE to Seventh Century CE*. Hrsg. von Naomi Koltun-Fromm und Gwynn Kessler. Hoboken, NJ 2020: 371–390.
Wechsler, Harold S. und Paul Ritterband. „Jewish Learning in American Universities. The Literature of a Field". *Modern Judaism* 3.3 (1983): 253–289.
Wechsler, Harold S. und Paul Ritterband. *Jewish Learning in American Universities. The First Centuries*. Bloomington, IN 1994.
Weissler, Chava. „For Women and for Men Who Are Like Women. The Construction of Gender in Yiddish Devotional Literature". *Journal of Feminist Studies in Religion* 5.2 (1989): 7–24.
Wilkens, Jan. *„Jewish, Gay and Proud". The Founding of Beth Chayim Chadashim as a Milestone of Jewish Homosexual Integration*. Potsdam 2020.
Yanov, Dvora. „From What Edah Are You? Israeli and American Meanings of ‚Race-Ethnicity' in Social Policy Practices". *Israel Affairs* 5.2/3 (1998): 183–199.
Yerushalmi, Yosef Hayim. *Zachor. Erinnere Dich! Jüdische Geschichte und jüdisches Gedächtnis*. Berlin 1988 [1982].
Zohar, Zion (Hrsg.). *Sephardic and Mizrahi Jewry. From the Golden Age of Spain to Modern Times*. New York 2005a.
Zohar, Zion. „Sephardim and Oriental Jews in Israel. Rethinking the Sociopolitical Paradigm". *Sephardic and Mizrahi Jewry. From the Golden Age of Spain to Modern Times*. Hrsg. von Zion Zohar. New York 2005b: 300–228.

Stefan Horlacher

Masculinity Studies

1 Definition und Untersuchungsgegenstand

„In inverse fashion to the struggle in Women's Studies to establish the *objectivity* of women's experiences and thereby validate the legitimacy of women's experiences *as women*, much of Men's Studies struggles to establish the *subjectivity* of men's experiences and thereby validate the legitimacy of men's experiences *as men*" (Brod 1987a, 6).

Betont Harry Brod 1987 noch, dass es der Männlichkeitsforschung primär um das Herausarbeiten einer spezifisch männlichen Erfahrung gehe, so hat sich die Forschung seitdem rasant weiterentwickelt: Die führenden Ausprägungen der im Englischen je nach zeitlichem Auftreten, Zielsetzung und theoretischer Ausrichtung MEN'S STUDIES, NEW MEN'S STUDIES, MASCULINITY STUDIES, CRITICAL MASCULINITY STUDIES oder CRITICAL STUDIES ON MEN AND MASCULINITY genannten Männlichkeitsforschung sind häufig von der Soziologie beeinflusst, orientieren sich aber auch an den Erkenntnissen des dekonstruktiven Feminismus, der Diskursanalyse, der → QUEER STUDIES, der Kulturanthropologie, der Intersektionalitätsforschung sowie der postfreudianischen Psychoanalyse. Mit ihrem Fokus auf der Herausbildung männlicher Identität(en) versuchen sie, Männlichkeit(en) als ein jeweils historisch verschieden verkörpertes variables Bündel kultureller Normen zu fassen (Feldmann und Schülting 2001), das, bspw. unter Verweis auf die Arbeiten von Judith Butler oder Jack* Halberstam, nicht notwendigerweise an einen spezifischen geschlechtlichen Körper gebunden ist bzw. erst dann wirklich interessant wird, „when it is *not* tied [...] to the straight, white male body" (Adams 2000, 468).

Aus einer vom *linguistic, narrative* und *cultural turn* beeinflussten Perspektive kann Männlichkeit – wie auch der Identitätsbegriff wird Männlichkeit im Folgenden in der Regel als übergeordneter Sammelbegriff für eine Vielzahl ihn konstituierender Ausprägungen verwendet, die Pluralität folglich immer mitgedacht – als historisch kontingente, variable erzählerische Struktur begriffen werden, die nach Kohärenz strebt und von Fluidität und Instabilität geprägt ist, von einer prekären narrativen Plotstruktur und einem stetigen Ausbalancieren von Wandlungsfähigkeit und Veränderung, wobei ‚Männlichkeit' immer erst performativ hervorgebracht wird. Männer verhalten sich demnach nicht männlich aufgrund biologischer Gegebenheiten, „but by virtue of the fact that their gendered acts implicitly refer to or cite innumerable actions that others have already undertaken – actions that provide authority, meaning, and stability for the current act" (Reeser 2015, 31). Diese Handlungen und Plotstrukturen erweisen sich aus

https://doi.org/10.1515/9783110712919-020

diachroner und synchroner Perspektive als so vielfältig, dass sich in letzter Konsequenz aus Sicht der COMPARATIVE MASCULINITY STUDIES die Frage nach strukturellen Gemeinsamkeiten (*commonalities*) stellt, um Männlichkeit in seiner Pluralität als nicht-essentialistischen Untersuchungsgegenstand überhaupt definieren zu können.

Zusammenfassend sind die aktuellen Ausprägungen der internationalen Männlichkeitsforschung primär charakterisiert durch:

- a *specific*, rather than an implicit or incidental, *focus* on the topic of men and masculinities;
- taking account of feminist, gay, and other critical gender scholarship;
- recognizing men and masculinities as *explicitly gendered* rather than non-gendered;
- understanding men and masculinities as *socially constructed, produced, and reproduced* rather than as somehow just ‚naturally' one way or another;
- seeing men and masculinities as *variable and changing* across time (history) and space (culture), within societies, and through life courses and biographies;
- emphasizing men's relations, albeit differentially, to *gendered power;*
- spanning the material and the discursive in analysis;
- interrogating the *intersecting of the gender with other social divisions* in the construction of men and masculinities. (Hearn 2011b, 197; s. a. Hearn und Howson 2020, 22)

2 Geschichtliche Entwicklung international: Von MEN'S STUDIES zu MASCULINITY STUDIES

Wenn vermeintlich ‚wahre' Männlichkeit lange Zeit durch *no Sissy stuff, the big wheel, the sturdy oak* und *Give'em Hell* (David und Brannon 1976) gekennzeichnet war und der ‚wahre' Mann – sei es Rambo oder der Terminator – als „‚psychischer Krüppel' eher zum Sterben gemacht" zu sein schien „als dazu, zu heiraten" (Badinter 1993, 161), so wandeln sich in der zweiten Hälfte des 20. Jahrhunderts die Anforderungen an das angeblich so starke Geschlecht. Mit dem Aufkommen des Feminismus in den 1960er Jahren verändern sich die Machtrelationen zwischen den Geschlechtern, gelingt es Frauen zunehmend, eine längst überfällige Veränderung ihrer Position innerhalb der Gesellschaft vorzunehmen und ihre Rollen oder Subjektpositionen neu zu definieren. Je kritischer durch die Arbeiten der WOMEN'S STUDIES, v. a. aber der → GENDER STUDIES und ihrer dekonstruktiven Ableger, traditionelle Frauenbilder und Weiblichkeitsstereotype, insbesondere jedoch essentialistische Konzepte hinterfragt und dabei die bisherigen Abgrenzungs- und Bezugsgrößen von Männlichkeit in Frage gestellt werden, desto stärker greift diese Infragestellung auch auf das Konstrukt von Männlichkeit über. Zeitgleich fördert die zunehmende Mediatisierung und Liberalisierung der Gesellschaft die Pluralisierung von Männlichkeitskonzeptionen. Dieses Hinterfragen traditioneller Entwürfe von Weiblichkeit und Männlichkeit wirkt einerseits verängstigend und führt zu dem reaktionären Versuch, alte, kulturell tradierte Geschlechtergrenzen zu restaurieren und patriarchale Machtstrukturen zu prolongieren, es bietet aber auch die Chance, Geschlechterverhältnisse wie auch männliche Identität in ihrer Komplexität neu zu denken.

In den USA stellt Harry Brods Sammelband *The Making of Masculinities* (1987) einen wichtigen Anfangspunkt der damals als MEN'S STUDIES bezeichneten und feministische Ansätze weiterführenden Forschungsrichtung dar. Hierbei widersetzen sich Wissenschaftler*innen „zunehmend der Idee, bei Männlichkeit handle es sich um etwas Natürliches, Singuläres oder Normatives" und fragen „insbesondere im Rahmen der Geistes- und Sozialwissenschaften [...], was es bedeutet, Männer als Männer, und nicht als Inbegriff des Allgemeinmenschlichen zu erforschen" (Reeser 2016, 26). Die Impulse für diese neue Arbeit erwachsen zum Großteil „aus politischem Engagement, nämlich dem Kampf gegen Sexismus, männliche Aggression und Homophobie – Phänomene, die allesamt eine akademische Ursachenforschung notwendig machten, um Lösungswege aufzeigen zu können" (Reeser 2016, 26).

Kenneth Clatterbaugh unterteilt das breite Feld der frühen MEN'S STUDIES in eine *ProFeminist Perspective*, eine *Men's Rights Perspective*, eine durch Bücher wie Robert Blys *Iron John* (1990) oder Sam Keens *Fire in the Belly* (1991) populär gewordene *Mythopoetic Perspective*, eine *Socialist Perspective* sowie die in soziobiologisch und moralisch unterteilte *Conservative Perspective*. Von Bedeutung sind in den USA weiterhin die *Gay Male Perspective*, die *African American Men's Perspective* sowie das *Evangelical Christian Men's Movement*. Wird in dieser Frühphase ‚Männlichkeit' in den meisten Studien noch im Singular gedacht, indem auf abstrakter Ebene eine generelle Art von Männlichkeit im nationalen Kontext oder in den Werken kanonisierter Autoren untersucht wird, so hat sich die Männlichkeitsforschung seit den frühen 1990er Jahren deutlich ausdifferenziert.

Auf internationaler Ebene haben sich die Arbeiten der Soziolog*innen Michael Kimmel, Victor Seidler, Raewyn Connell und Jeff Hearn als besonders einflussreich erwiesen, zu nennen sind aber auch David Gilmore, James W. Messerschmidt, Pierre Bourdieu und bell hooks. Seit dem Erscheinen von *Masculinities* im Jahr 1995 sind weite Teile der Männlichkeitsforschung von Connells inzwischen mehrfach reformuliertem Konzept der hegemonialen Männlichkeit geprägt. Connell versteht Geschlecht als körperreflexive Praxis, „die sich in den Körper einschreibt und gleichzeitig auf ihn bezogen ist, ohne sich auf ihn zu reduzieren" (Walter 2000, 100), und schlägt ein Modell vor, in dem sie zwischen Machtbeziehungen, Produktionsbeziehungen, emotionalen Bindungsstrukturen sowie Symbolisierung als kulturelle symbolische Repräsentanz der Geschlechter unterscheidet. Hegemonie wird dabei als eine sich historisch verändernde Relation aufgefasst, die nicht nur das Verhältnis zwischen Männern und Frauen, sondern auch das Verhältnis zwischen

Männern beschreibt, wobei als strukturelle Prinzipien diejenigen der Hegemonie, Unterordnung, Komplizenschaft und Marginalisierung bzw. Ausgrenzung gelten. Hegemoniale Männlichkeit ist folglich die in einem gegebenen *setting* kulturell dominante Form von Männlichkeit und kann „als jene Konfiguration geschlechtsbezogener Praxis“ definiert werden, „welche die momentan akzeptierte Antwort auf das Legitimationsproblem des Patriarchats verkörpert und die Dominanz der Männer sowie die Unterordnung der Frauen gewährleistet (oder gewährleisten soll)“ (Connell 1995 (dt. 1998), 98).

Ergänzend zu Connells weit über die Soziologie hinaus einflussreichen Arbeiten wurden Männlichkeit wie auch die psychosoziale Entwicklung des Mannes v. a. historisch (Peter G. Filene 1974; Elizabeth H. und Joseph H. Pleck 1980; E. Anthony Rotundo 1993; Michael Kimmel 1996) sowie aus kulturanthropologischer und psychoanalytischer Sicht untersucht. So arbeitet Gilmores wichtiges, aber umstrittenes Buch *Manhood in the Making* (1990; vgl. Conway-Long 1994; Pease und Pringle 2001; Jackson II und Balaji 2011) kulturvergleichend heraus, dass Männlichkeit einen ungewissen und mehrdeutigen Status hat, durch einen Kampf, eine schmerzhafte Initiation oder eine lange und manchmal demütigende ‚Lehrzeit‘ erworben und erlernt werden muss. Kulturanthropologisch wie auch psychoanalytisch koinzidiert hier die Geschichte der Männlichkeit mit einer Geschichte der „Angst und Zerrissenheit zwischen dem Wunsch, den Anforderungen der Realität zu entfliehen, im Weiblichen, der Mutter (und schließlich dem Tod) aufzugehen, sowie dem Versuch, eine vom Weiblichen abgespaltene Identität aufrechtzuerhalten“ (Horlacher 2010, 207; vgl. Chodorow 1978; Badinter 1992; Rutherford 1992). Dieser Ansatz, „wonach die psychosexuelle Entwicklung des Mannes auf einer fortschreitenden Entdifferenzierung von Weiblichkeit beruht und dadurch notwendig zur Ausprägung einer spezifisch männlich codierten Sexualität führt“ (Erhart 2016, 21), wird inzwischen zunehmen kritisiert, bspw. durch die These, dass sich „die geschlechtlichen Identifizierungen als jeweils körperlich eingeschriebene Erfahrungen“ überlagern, „so dass trotz der Begrenzung auf zuletzt nur ein Geschlecht wechselseitig männliche und weibliche Sexualitäten aktiviert und die beiden Geschlechter immer auch in einer einzigen Person zur Geltung gebracht werden können“ (Erhart 2016, 21; vgl. Quindeau 2013).

Lässt sich die Entwicklung der amerikanischen Männlichkeitsforschung seit 1980 auch als drei zeitlich aufeinanderabfolgende Phasen beschreiben, nämlich erstens, die Erforschung sozialer und historischer Männlichkeitskonstruktionen, zweitens, die Analyse kultureller Repräsentationen von Männlichkeit, sowie drittens, die Erforschung von Männlichkeit als nicht mehr an Männer(körper) gebundenes Phänomen (Gottzén et al. 2020b, 4), so haben in der aktuellen Forschung intersektionale Perspektiven stark an Bedeutung gewonnen, werden aus historischer, soziologischer, literatur- und kulturwissenschaftlicher oder pädagogischer

Perspektive zunehmend Kriterien wie Ethnie, soziale Schicht, Nationalität, Alterskohorte, Marginalität, (Dis)Ability oder Religion bedeutsam. Gegenstand der Untersuchungen ist die Spezifik der bspw. je nach historischem, geographischem, ethnischem oder soziokulturellem Kontext verschiedenen Männlichkeiten, wobei der Fokus auf die Pluralität und Heterogenität von Männlichkeit, ihre Differenz und Vielfalt v. a. in den Literatur- und Kulturwissenschaften zur Dekonstruktion einer in der früheren Forschung implizit dominant weiß gedachten hegemonialen Männlichkeit und zur Ausbildung einer mit COMPARATIVE MASCULINITY STUDIES umschriebenen Forschungsrichtung, zum Einbezug der → QUEER STUDIES, TRANSGENDER STUDIES und INTERSEX STUDIES wie auch zur besonderen Berücksichtigung narrativer Strukturen für die Ausbildung geschlechtlicher Identität geführt hat. Entsprechend beschreiben Hearn und Howson die gegenwärtige Phase der Männlichkeitsforschung als geprägt von „greater attention to international, comparative, supranational, global, postcolonial and transnational approaches [...] and more rebellious positions on gender hegemony" (2020, 22).

3 Institutionalisierung international

Bereits 2011 konstatiert Brod als vorläufiges Fazit der Männlichkeitsforschung im anglo-amerikanischen Raum, dass die Forschung an einem wichtigen Wendepunkt stehe bzw. „that some critical mass has been achieved, allowing for the kind of overview self-reflection that is possible only when at least the initial trajectory of a field's development has reached some sort of intellectual maturity" (24). Dies zeigt sich nicht nur in der Gründung des Center for the Study of Men and Masculinities (CSMM) durch Michael Kimmel an der Stony Brook University im Jahr 2013 sowie der dort 2019 erfolgenden weltweit ersten Einrichtung des Master-Studiengangs ‚Masculinity Studies', sondern auch in der Etablierung von Zeitschriften wie *Men and Masculinities* (seit 1998), *Journal of Men's Studies* (seit 1992), *NORMA: International Journal for Masculinity Studies* (seit 2006), *Masculinities. A Journal of Culture and Society* (seit 2009), *Journal of Bodies, Sexualities, and Masculinities* (seit 2020) oder *Psychology of Men & Masculinities* (seit 2000); es zeigt sich auch in zahlreichen Buchreihen wie „Critical Studies of Men and Masculinities" (Routledge), „Men and Masculinities" (Sage), „Global Masculinities" (Palgrave Macmillan) und „Masculinity Studies. Literary and Cultural Representations" (Peter Lang). Ein weiteres Indiz stellen Enzyklopädien und Handbücher dar, die zwar häufig eine über den Kontext der Vereinigten Staaten hinausgehende Perspektive versprechen, nicht selten jedoch von einem stark selektiven Kanon US-amerikanischer Männlichkeitsbilder geprägt sind. Die wichtigsten Werke sind: Bret E. Carroll: *American Masculinities*

(2003); Michael Kimmel und Amy Aronson: *Men and Masculinities* (2004); Michael Kimmel, Jeff Hearn und R.W. Connell: *Handbook of Studies on Men & Masculinities* (2005); Michael Flood (u. a.): *International Encyclopedia of Men and Masculinities* (2007); Elisabetta Ruspini (u. a.): *Men and Masculinities around the World* (2011); Stefan Horlacher, Bettina Jansen und Wieland Schwanebeck: *Männlichkeit: Ein interdisziplinäres Handbuch* (2016) sowie Lucas Gottzén, Ulf Mellström und Tamara Shefer: *Routledge International Handbook of Masculinity Studies* (2020). Haben viele dieser Arbeiten für die ersten 20 bis 30 Jahre US-amerikanischer Männlichkeitsforschung eine beeindruckende Bilanzierung geleistet, so nehmen die meisten von ihnen außeramerikanische Kontexte und nicht in englischer Sprache publizierte Forschungsergebnisse jedoch kaum zur Kenntnis.

4 Anwendungsbeispiel: Komplexität und Fraglichkeit statt Krise

‚Männlichkeit in der Krise' ist ein in der medial inszenierten Diskussion immer wiederkehrender Topos: Titel wie *Was vom Manne übrig blieb* (Hollstein 2008) oder *Das entehrte Geschlecht* (Bönt 2012) tauchen regelmäßig auf den Bestsellerlisten auf, Akif Pirinçci trauert dem „zur Memme transformierten deutschen Mann" nach (2014, 13), und bei Ralf Bönt wird das männliche Genital zum „Witz des Universums" (2012, 11). Zwar ist der ‚Krisenmann' primär ein mediales Konstrukt, ein tragischer Held der Moderne, der technologisch und zwischenmenschlich überfordert in Zeiten der Gleichberechtigung um seine vermeintlich verlorengegangene stabile Identität trauert, doch bedeutet dies nicht, dass Männlichkeit außerhalb der medialen Vermarktung problemfrei wäre, auch wenn hier nur zu oft Komplexität mit Krise verwechselt wird.

Männlichkeit als vielschichtige Problematik offenbart sich auf verschiedenen Feldern, von denen einige exemplarisch angerissen werden sollen: Seit über 20 Jahren wird Männlichkeit in der westlichen Welt aufgrund von Gewaltexzessen als ernstzunehmendes soziales Problem wahrgenommen. Zahlreiche U-Bahn-Attacken, gewalttätige Zwischenfälle und Schießereien an Schulen und Universitäten wie auch das Anders Behring Breivik-Massaker vom Juli 2011 belegen, dass sich die öffentliche Aufmerksamkeit immer stärker auf männliche Straftäter und männliche Gewalt konzentriert und diese in der Täter*innenstatistik tatsächlich auch dominieren. Doch diese Problematik ist nicht neu, ruft William Pollock doch bereits 1998 für die USA populistisch eine „nationale Krise des Knabenalters" aus und argumentiert: „Im Pubertätsalter begehen in den USA fünfmal so viele Jungen wie Mädchen Selbstmord. Jungen machen 90 Prozent der Disziplinarfälle aus und brechen viermal häufiger die Schule ab" (*Welt* 1998, 12). Auch wenn dies, gepaart mit Begriffen wie *toxic masculinity*, *lookism*, der Thematik der *incels* oder der Problematik der Digitalisierung (Online-Pornographie, Dating-Plattformen etc.) nach Effekthascherei klingt, belegt es doch die Notwendigkeit, sich im Rahmen der Männlichkeitsforschung aus soziologischer, entwicklungspsychologischer wie auch bildungswissenschaftlicher Perspektive mit den häufig als ‚Bildungsversager' geltenden männlichen Jugendlichen auseinanderzusetzen.

Ähnlich problematisch verhält es sich auf bio-medizinischer Ebene für den Bereich der Männergesundheit: Epidemiologische Daten belegen, „dass Jungen in der Adoleszenz eine deutlich erhöhte Mortalität haben" und „praktisch an allen Todesursachen häufiger versterben als Mädchen" (Schubert 2016, 84, 85). Zumindest aus bio-medizinischer Sicht greift die Interpretation, es würde sich „hierbei allein um ‚männliches' Risikoverhalten während der Adoleszenz" handeln, zu kurz: „Zwar sind Unfalltode und Suizide bei Jungen in der Adoleszenz häufiger, jedoch trifft dies auch für eine Vielzahl von Erkrankungen zu. Es ist demnach nicht [...] klar, warum auch in dieser jungen Altersgruppe die Mortalität von Männern im Vergleich zu Frauen höher liegt" (Schubert 2016, 85). Aus dieser Perspektive stellt sich die Frage, ob die deutlich geringere Lebenserwartung von männlichen Jugendlichen auf eine weniger redundante genetische Kodierung zurückzuführen ist und ob genetische und hormonelle Einflüsse nicht doch „die wesentliche Ursache für männer- bzw. frauenspezifische Verhaltensweisen" (Schubert 2016, 88) sind. Einzuräumen ist jedoch auch, dass in der Humanbiologie nach wie vor strittig ist, was genau ein männlicher oder weiblicher Körper ist (Combrink 2002).

Konträr zur bio-medizinischen Sicht argumentieren ethnologische und kulturanthropologische Untersuchungen, die aufzeigen, dass Männlichkeit auch im 21. Jahrhundert noch durch Initiationsriten erworben und immer wieder bestätigt werden muss. Die in dieser ‚Lehrzeit' allgemein akzeptierten Risiken sind immens hoch, und je höher sie sind, desto größer scheint der Anspruch der Betroffenen auf einen männlichen Habitus zu sein. Hinzu kommt aus geschichtswissenschaftlicher Perspektive, dass „traditionelle Leitbilder ‚hegemonialer Männlichkeit'", die im 19. Jahrhundert geprägt wurden und auf „harte, schmerzunempfindliche, [...] besonders wehrfähige Jungen" abzielten, die „normativ erwünschte Trennung der Sphären von Frau und Mann" sowie „die zunehmende Verbreitung haushaltsferner Arbeitsplätze der Männer [...] auch heute noch zu Gesundheitsgefährdungen im männlichen Lebenslauf" (Dinges 2010, 7) führen. So sieht auch der 2010 erschienene *Erste Deutsche Männergesundheitsbericht* den Mann in Bezug auf Lebenserwartung, chronische Erkrankungen und Pflegebedürftigkeit deutlich im Nachteil (Bardehle 2010), und auch aktuelle Statistiken wie die der World Health Organization (WHO) deuten in die gleiche Richtung. Letztlich ist im Schnitt die Selbstmordrate in Deutschland bei Männern unabhängig von der Alterskohorte mindestens dreimal so hoch wie bei Frauen.

Allerdings verbirgt etwa die statistische ‚Tatsache', dass die psychische Gesundheit bei Frauen laut Zahlen der WHO anfälliger als die der Männer ist, dass Männer bei gleichen Symptomen weit seltener als depressiv diagnostiziert werden als Frauen (Bardehle 2013, 18–19). Hier bestimmen kulturell tradierte Leitbilder von Männlichkeit (und Weiblichkeit) die medizinische Diagnostik; Leitbilder, die unsere Gesellschaft (mit)organisieren und im Schnittpunkt von Geschichts-, aber auch Literatur-, Kultur-, Film- und Medienwissenschaft stehen und letztlich mitverantwortlich dafür sind, dass Männer in Industriegesellschaften eine um etwa fünf Jahre geringere Lebenserwartung haben als Frauen, während die Differenz in klösterlicher Umgebung nur ein Jahr beträgt (Dinges 2010, 5). Hieraus folgt, dass Männlichkeit (und ihre Problematik) bis hin zur Lebenserwartung kulturell determiniert ist. Belegt wird dies u. a. anhand der Frage nach Verletzungsmacht und Verletzungsoffenheit, anhand einer kulturellen Konstruktion von Männlichkeit/Weiblichkeit, die den männlichen Körper als verletzungsmächtig, den weiblichen Körper als verletzungsoffen konzipiert und Gegenevidenzen, die sich nicht der binären Klassifikation fügen, ausblendet, hält doch das „Muster der hegemonialen Männlichkeit [...] für die Wahrnehmung einer verletzungsoffenen Männlichkeit bzw. von Männern als Opfer von Gewalt kein Vokabular bereit" (AIM GENDER 2012). Setzt man Männlichkeit in Relation zu sich selbst wie auch zum anderen Geschlecht, so kann die Krise als oberflächenstrukturelle Manifestation eines „schleichenden geschlechtergeschichtlichen Transformationsprozess[es]" (Tholen 2014, 11–12) gelesen werden, die das Ausbleiben einer „dialogischen Subjektivität" belegt, in der eine Männlichkeit begründet wäre, „die sich zuallererst in der Bedürftigkeit – im Gespräch, in der Liebe, in der Sorge um sich selbst und um andere – selbst hätte" (Tholen 2014, 13).

Die oben nur angerissene facettenreiche Problematik wird im populärwissenschaftlichen Diskurs ebenso regelmäßig wie fälschlicherweise zur ‚Krise von Männlichkeit' verkürzt, wobei die kulturelle Dominanz des Krisenkonzepts aus der Tatsache resultiert, dass es medial wirkmächtig ist und sowohl auf der Objektebene (also als Bestandteil von Männlichkeit) als auch der Beobachtungsebene (als Konzept/Modell der beteiligten wissenschaftlichen Disziplinen) angesiedelt wird. Zudem ist die Krise nicht nur ein Topos der kulturellen Moderne und Teil einer langen Tradition der Geschlechtergeschichte, die „Männlichkeit als narrativ, etwa als eine durch Initiation und (Tat-)Handlungen zu erringende und zu erwartende, aber auch jeweils wieder zu verlierende Geschlechtseigenschaft" (Erhart 2016, 20) konzipiert. Sie ist auch ein diskursiv-kulturelles Phänomen, das zwar eng mit dem Männlichkeitsdiskurs, nicht aber mit Männlichkeit verwachsen ist und dazu dient, die Komplexität und Problemhaftigkeit von Männlichkeit durch ein vorgegebenes Narrativ zu bändigen. Krisen bezeichnen folglich „keine Bedrohung von Männlichkeit, sondern sind jeweils integrale Bestandteile einer in erster Linie narrativ verfassten Männlichkeit" (Erhart 2016, 20).

Liest man die Denkfigur, dass sich „über die epochalen Grenzen der Männergeschichte hinweg" Männlichkeit immer in einer Krise befindet, unter Rekurs auf Judith Butler, so gründet sich die Krise „auf den stets performativen, iterativen Status der Kategorie Geschlecht" und beschreibt gleichzeitig „das Symptom und Ergebnis einer mühsam gesicherten und den Männern eher zwangsweise und permanent auferlegten hegemonialen Männlichkeit" (Erhart 2005, 174). Das Verlangen nach einer vermeintlich natürlichen, stabilen Männlichkeit täuscht letztlich über einen tiefen ‚Mangel an Sein' hinweg, der sich bspw. in der Literatur häufig als oberflächenstruktureller ‚Mangel an Haben' manifestiert. Wie die Literatur- und Kulturwissenschaften zeigen, dienen die in unzähligen Texten und Filmen entworfenen Versionen stabiler und starker Männlichkeiten in einem permanenten Akt der Verleugnung als imaginäre Identifikationsflächen, um die der Männlichkeit zugrundeliegende Fragilität und ‚Fraglichkeit' (Bhabha 1995, 57) in einem ‚jubilierenden' Schritt der Selbstverkennung (Lacan) zu überwinden. Männlichkeit wird dabei als „letztlich undefinierbares Phänomen ohne finalen Referenten" erkennbar, „das weniger durch seine soziale Konstruiertheit als vielmehr durch eine niemals endende Reihe von Fragen bestimmt ist" (Reeser 2016, 38). Die ‚Krise der Männlichkeit' entpuppt sich dabei als eine reaktionäre Erzählung, die männliche Selbstverkennung genauso garantiert wie die traditionellen Machtstrukturen des Patriarchats; als ein Ideologem, dessen Funktion darin besteht, die „dauernde Re-Produktion männlicher Hegemonialität in allen möglichen Diskurszusammenhängen und Alltagspraxen" (Tholen 2014, 12) zu verdecken, und als eine Erzählung, die die Idee einer nichtkrisenhaften, nämlich starken Männlichkeit als ‚normal' befördert und somit traditionell hegemoniale Strukturen weiter verfestigt und Männlichkeit resouveränisiert.

5 Männlichkeitsforschung in Deutschland

Als in den 1970er Jahren feministische Theorien an einer Auflösung der als natürlich aufgefassten Geschlechterordnung arbeiten und nach der Benachteiligung und fehlenden Berücksichtigung von Frauen in Geschichte und Gegenwart fragen, geraten auch Männer und Männlichkeit in den Fokus. Während eine gesellschaftliche Männergruppenszene und (Männer-)Bewegung entsteht, die an einer Kritik und Veränderung traditioneller Männerrollen arbeitet, kommt es zu empirisch-soziologischen Arbeiten zum Selbstverständnis von Männern (Pross 1978). Allerdings bleibt die kritische Männerforschung noch bis in die 1980er Jahre weitgehend von sozialpsychologisch orientierter Belletristik (Pilgrim 1986) und autobiographischen Berichten

(Müller-Schwefe 1979) sowie von den Grundlagen feministischer Theorie geprägt. Eine Ausnahme stellt Klaus Theweleits zweibändiges Werk *Männerphantasien* (1977/78) dar, in dem er „den Typus des soldatischen Mannes im Kontext der Freicorps-Literatur und der faschistischen Bewegung in den 1920er und 1930er Jahren" mit Hilfe der postfreudianischen Psychoanalyse untersucht, um „eine in Deutschland und Europa in der ersten Hälfte des 20. Jahrhunderts weit verbreitete psychische Struktur ‚normaler' Männlichkeit zu dechiffrieren" (Erhart 2016, 13). Ebenfalls zu nennen ist Walter Hollsteins *Nicht Herrscher, aber kräftig* (1988), das die frühe Männlichkeitsforschung aufnimmt und geschickt wissenschaftlich-akademische Quellen mit populärwissenschaftlichen Ausrichtungen verbindet.

Dessen ungeachtet partizipiert die Männlichkeitsforschung selbst Anfang der 1990er Jahre noch nicht am akademischen Diskurs. Eine Bestandsaufnahme erfolgt erst mit *Kritische Männerforschung* (BauSteineMänner 1996) zu einer Zeit, in der die Bandbreite der Männlichkeitsforschung bereits breit gefächert ist und Themen wie bspw. „Gewalt, Erwerbsarbeit, Homosexualität, geschlechtliche Arbeitsteilung, Sozialisation, Väterlichkeit" (Tunç 2012, 2) umfasst. Hierbei bilden v. a. die Soziologie, die Geschichtswissenschaft sowie die Psychologie/Psychoanalyse den disziplinären Schwerpunkt. Exemplarisch zu nennen sind für diese Periode die Arbeiten von Michael Meuser, Ute Frevert, Karen Hagemann, Thomas Kühne, Martin Dinges, Wolfgang Schmale, Walter Erhart und Britta Herrmann, wobei sich auch in Deutschland Connells Konzept der hegemonialen Männlichkeit als von entscheidender Bedeutung erweist. Ein Selbstläufer ist die deutsche Männlichkeitsforschung aber nicht: Noch 2002 kritisiert Mechthilde Vahsen, dass „die interdisziplinäre Verknüpfung mit anderen Analysekategorien, z. B. Klasse oder Ethnie" fehlt und dass „sich der Austausch mit neuen Forschungsrichtungen [...] noch in den Anfängen" (2002, 249) befindet. Therese Frey Steffen spricht 2002 von einem in den vergangenen 15 Jahren „im anglo-amerikanischen Raum exponentiell gewachsene[n] Interesse an ‚Masculinities'", das sich im deutschen Sprachraum nur zögerlich artikuliert, „sei es, dass man(n) sich nicht (schon wieder) mit Gewalt auseinandersetzen oder als Prügelknabe dienen mochte, sei es, dass die Frauenforschung hart erkämpften Boden ungern teilt, oder Europa US-amerikanischen Entwicklungen nicht folgen will, ihnen vielleicht ganz einfach nachhinkt" (2002, 270). Auch der Historiker Wolfgang Schmale argumentiert ähnlich, wenn er die Frage nach dem Platz der „Männergeschichte" in der deutschen Geschichtswissenschaft damit beantwortet, dass die „*Men's Studies*, ob mit oder ohne historische Fragestellung [...] erst noch integriert, möglicherweise erst noch verstanden werden" müssen und ihre „*Notwendigkeit*, um nicht zu sagen *Legitimität*, [...] noch nicht zum *allgemeinen* Wissensgut" (1998, 7) gehören.

Zwar spricht Hans-Joachim Lenz noch 2007 von der kurzen Geschichte der Männerforschung in Deutschland, doch hat sich in den letzten 20 Jahren eine lebendige Fachkultur entwickelt, die sich der Erforschung von Männlichkeit u. a. aus soziologischer, historischer, bildungswissenschaftlicher, psychologischer sowie kultur- und literaturwissenschaftlicher Perspektive widmet und international immer mehr Anschluss findet, wobei hier nur auf prominente Vertreter*innen verwiesen werden kann, bspw. auf Michael Meuser, Hans-Joachim Lenz, Sylka Scholz, Rolf Pohl, Mechthild Bereswill, Nina Degele, Diana Lengersdorf und Lothar Böhnisch aus dem Bereich der Soziologie (im weiteren Sinne); aus Perspektive der Geschichtswissenschaft auf Martin Dinges, Wolfgang Schmale, Ulrike Brunotte, Jürgen Martschukat und Olaf Stieglitz; aus Sicht der Pädagogik, Didaktik sowie Jungen- und Männerarbeit auf Olaf Stuve, Jürgen Budde, Martin Lücke und Stephan Höyng, und aus Sicht der Literatur- und Kulturwissenschaften auf Toni Tholen, Walter Erhart, Rainer Emig, Stefan Horlacher, Wieland Schwanebeck, Dieter Ingenschay, Gregor Schuhen, Änne Söll und Kathleen Starck.

Aufgrund differierender Prämissen, theoretischer Ansätze und Erkenntnisinteressen erweist sich die Kommunikation innerhalb der Männlichkeitsforschung bzw. zwischen den beteiligten Disziplinen als schwierig. Zwar wurden die soziologischen Konzepte von Connell und z. T. auch Bourdieu (1998; vgl. Jäger et al. 2012) wie auch die Arbeiten von Kimmel in den Literatur-, Kultur- und Geschichtswissenschaften nachdrücklich zur Kenntnis genommen, die Rezeption der gerade in den Literatur- und Kulturwissenschaften vorangetriebenen anti-essentialistisch, dekonstruktiv und queer ausgerichteten Ansätze in anderen Bereichen der Männlichkeitsforschung lässt jedoch zu wünschen übrig. Lucas Gottzén et al. sprechen nicht ohne Grund von einer „humanities-social sciences divide" (2020b, 4), und auch zwischen der sich im deutschsprachigen Raum seit der Jahrtausendwende etablierenden männerspezifischen Medizin (der Andrologie und der sog. Männermedizin) und den Kulturwissenschaften ist der produktive Austausch noch deutlich ausbaufähig.

6 Institutionalisierung in Deutschland

Aus diachroner Sicht ist die deutsche Forschungslandschaft vom Erscheinen von Sondernummern und Schwerpunktthemen in Zeitschriften wie *Der Deutschunterricht* („Männerbilder", 1995), *Kursbuch* („Männer", 1997), *traverse* („Geschlecht: Männlich. Genre: Masculin", 1998), *Die Philosophin* („Männerforschung/Männlichkeitsforschung", 2000) oder dem *Internationalen Archiv für Sozialgeschichte der deutschen Literatur* („Narrative Masculinities", 2018) genauso geprägt wie von dem verstärkten Erscheinen von Forschungsüberblicken (Walter 2000; Dinges 2004; Horlacher 2004a, 2004b, 2010, 2016, 2018; Martschukat und Stieglitz 2005; Erhart

2005, 2006, 2016; Bergmann und Moos 2007; Krammer 2007; Schölper 2008; Lücke 2009; Tunç 2012) sowie vom ersten deutschsprachigen Handbuch zur Männlichkeitsforschung (Horlacher et al. 2016b).

An Organisationen sind stellvertretend „AIM GENDER – Arbeitskreis für interdisziplinäre Männer- und Geschlechterforschung", das „Bundesforum Männer" und das „Forum Männer in Theorie und Praxis der Geschlechterverhältnisse" zu nennen, in der Schweiz existiert die „Arbeitsgruppe TransforMen (Transformation von Männlichkeiten)", in Österreich „MEN – Gesundheitszentrum, für Burschen und Männer", wobei es jedoch nicht um Forschung im engeren Sinne, sondern um Gesundheitsförderung und Kurse zur Männergesundheit geht; anders gestaltet sich dies an Einrichtungen wie der „Forschungsstelle für Literatur und Masculinity Studies (LIMAS)" von Gregor Schuhen (Landau), dem ebenfalls dort angesiedelten „Political Masculinities Network" von Kathleen Starck, der „AG Männlichkeiten" am Marie Jahoda Center (Bochum), dem mehrjährigen TransCoop-Projekt „Towards Comparative Masculinity Studies" (Dresden) sowie der dort seit 2006 stattfindenden und sich in zahlreichen Konferenzen und Publikationen niederschlagenden Forschung zu Männlichkeit. Als weitere Forschungsprojekte der letzten Jahre seien exemplarisch „Männlichkeiten und Erwerbsarbeit" (Diana Lengersdorf, Bielefeld), „Transformationen von Männlichkeit in (literarischen) Kulturen der Sorge" (Toni Tholen, Hildesheim) oder „Comparative Masculinity Studies and the Question of Narrative" am Zentrum für Interdisziplinäre Forschung der Universität Bielefeld (Walter Erhart, Stefan Horlacher) genannt. Bemerkenswert ist, dass einerseits viele Institute (bspw. „Dissens – Institut für Bildung und Forschung e.V."), universitäre → GENDER STUDIES-Zentren sowie der Geschlechterforschung gewidmete Professuren Themen der Männlichkeitsforschung mit einbeziehen und potenzielle epistemologische Unterschiede zwischen → GENDER STUDIES und Männlichkeitsforschung ignorieren, die Männlichkeitsforschung selbst jedoch nicht institutionalisiert ist, wurde doch bspw. das von Wolfgang Popp (Siegen) herausgegebene *Forum Homosexualität und Literatur* 2007 eingestellt. Zwar hat sich die Männlichkeitsforschung inzwischen weitgehend „als Fortführung, Erweiterung und Ergänzung geschlechtertheoretischer und geschlechtergeschichtlicher Fragestellungen" (Erhart 2016, 18) etabliert, wenn sich aber bereits die → GENDER STUDIES bei ihrer Institutionalisierung in der deutschen Forschungslandschaft schwertun, so gilt dies für die Männlichkeitsforschung noch in sehr viel höherem Maße.

7 Ausblick

Als in der Männlichkeitsforschung noch weitgehend unerforscht erweisen sich postkoloniale Fragestellungen, haben sich doch selbst die englischsprachigen → Postcolonial Studies bisher primär mit postkolonialer Weiblichkeit oder mit kolonialen Männlichkeitskonstruktionen beschäftigt. Die Analyse postkolonialer Männlichkeiten „in local as well as cross-cultural and metropolitan settings" (Newell 2009, 245) steht noch am Anfang. Akzeptiert man die Prämisse, dass „all masculinities (whether they inhabit a history of colonised or coloniser) are formed through and within postcolonial conditions" (Treacher Kabesh 2013, 26), dann muss sich (nicht nur) die europäische Männlichkeitsforschung „kritisch damit auseinandersetzen, wie die Kolonialgeschichte die Wahrnehmungen und Erwartungen an Männer unterschiedlicher Hautfarbe, Herkunft und Religion bis heute prägt und wie die Beziehungen und Machtverhältnisse zwischen ihnen strukturiert sind" (Horlacher et al. 2016b, 7).

Eng verbunden mit der → Postcolonial Studies-Perspektive ist die Frage nach Migration und Männlichkeit(en), haben doch seit dem Ende des Zweiten Weltkriegs verschiedene Zuwanderungswellen zu einer nachhaltigen Veränderung der gesellschaftlichen Zusammensetzung wie auch kulturellen Produktion vieler europäischer Länder geführt (→ Refugee Studies). Dies wirft Fragen nach dem Einfluss der zunehmenden Herausbildung polykultureller Gesellschaften auf bestehende Männlichkeitsbilder und -narrative auf, danach, wie sich die Beziehungen zwischen Männern, Frauen und anderen Genderidentitäten angesichts der Begegnung mit dem kulturellen Anderen verändern, oder welche Stellung Ethnie und Religion (auch aus diachroner Perspektive) im intersektionalen Gefüge männlicher Identitätsbildung einnehmen.

Verbunden mit einer stärker transdisziplinären und transnationalen Ausrichtung bleibt die intersektionale Dimension männlicher Identität von zentraler Bedeutung für die Männlichkeitsforschung, bspw. durch die stärkere Berücksichtigung sozialer Differenzkategorien wie ethnische Zugehörigkeit, soziale Schicht, Religion, Alter, sexuelle Neigung oder Region. Versteht man Männlichkeiten als „intersections of gender and other social divisions" (Hearn 2011a, 91), so führt dieses plurale Verständnis zur Dekonstruktion einer implizit oft dominant weiß gedachten hegemonialen Mittelschicht-Männlichkeit und zur Herausbildung der Comparative Masculinity Studies (Horlacher 2013; Horlacher und Floyd 2017). Während sich die aktuelle Forschung in einer Phase der Ausdifferenzierung, wenn nicht sogar Partikularisierung von Männlichkeit befindet, stellt sich aus komparatistischer Sicht die Frage nach *commonalities* bzw. danach, was Männlichkeiten verbindet und wie sie überhaupt identifiziert und zugeordnet werden können, wobei es um Strukturen, Entsprechungen und Überlappungen, nicht aber Essentialismen geht. Hier ist ein dialektisches

Verständnis gefordert, welches es vermag, gleichzeitig die Differenzen wie auch Gemeinsamkeiten zwischen den sich voneinander unterscheidenden Männlichkeiten zu denken und zueinander in Beziehung zu setzen; ein Verständnis, das sich komparatistisch mit Identität(en) auf gleichzeitig lokaler, nationaler und globaler Ebene befasst, bspw. im Sinne von *gendered national identities* und *gendered national pasts*.

Bricht man dies auf die europäische Männlichkeitsforschung herunter, so bedeutet dies darüber hinaus, dass „die für Europa spezifischen Ausprägungen des politischen Spektrums, die jeweiligen historischen Entwicklungen und Traditionslinien europäischer Kulturräume wie auch die dort geführten Genderdiskussionen bei der Frage nach Männlichkeit und männlicher Identität" (Horlacher et al. 2016b, 4) zwingend mitgedacht werden müssen. An die Arbeiten des europäischen Forschungsnetzwerks CROME („Critical Research on Men in Europe") anknüpfend, impliziert dies eine vergleichende Erforschung europäischer Männlichkeitskonstruktionen in Gesellschaft und Kunst, wobei transnationale Gemeinsamkeiten ebenso wie lokale Besonderheiten, diachrone wie synchrone Konstruktionen, Repräsentationen, Transformationen und Praktiken europäischer Männlichkeit(en) zu untersuchen sind. Wichtig sind hierbei die Fragen, „welche Funktionen diese Narrative, Repräsentationen und Handlungsmuster zu verschiedenen Zeiten und in differierenden kulturellen und gesellschaftlichen Kontexten erfüllen", wie sie sich „in Diskursen und Medien manifestieren, jeweils individuelle, kollektive und nationale Männlichkeitskonzepte gestalten sowie mit den in Europa unterschiedlich wirksamen politisch-sozialen Transformationen in Beziehung gesetzt werden können" (Horlacher et al. 2016b, 7–8). Dabei gilt es, die zahlreichen kulturell ausdifferenzierten Formen von Männlichkeit nicht als miteinander inkommensurabel, sondern als relational und interdependent zu verstehen.

Zahlreiche Arbeiten aus dem Bereich des dekonstruktiven Feminismus und der Transgender- und Intersex-Forschung besitzen ein enormes Potenzial, nicht nur um wichtige biopolitische und epistemologische Fragen aufzuwerfen, sondern auch um wesentliche Kategorien und Grundannahmen der Männlichkeits- und Geschlechterforschung inklusive der Konzeption des Körpers zu hinterfragen (Floyd 2011); diese Arbeiten haben die vermeintlich gesellschaftsbegründende Gender-Binarität nachhaltig ins Wanken gebracht, so dass sich die Frage stellt, ob die binäre Opposition von ‚männlich' und ‚weiblich' als Ausgangspunkt nicht dekonstruiert und ‚Geschlecht' als ein performativer Akt aufgefasst werden sollte. Obwohl diese Position keineswegs neu ist, setzt sie sich in der deutschen und europäischen Männlichkeitsforschung nur langsam durch. Gleichzeitig – und in direktem Widerspruch hierzu – gewinnt die Konzeption und Rolle des Körpers als begründender Faktor geschlechtlicher Identität in einigen Bereichen der Intersex- wie auch – paradoxerweise – in der gemeinhin als (de)konstruktivistisch geltenden Transgender-Forschung an Bedeutung, was nicht selten zu einer Affirmation traditioneller Dichotomien führt.

Hier bieten die → Queer Studies, insofern sie „the unsaid, the non-normative, and the complexity and messiness of desire" (Allan 2020, 74) zur Sprache bringen, ein potenzielles Korrektiv und wichtiges Innovationspotenzial für die Männlichkeitsforschung. So steht eine vertiefte Auseinandersetzung mit homosexuellen Männlichkeiten, bspw. mit Eve Kosofsky Sedgwicks Vorschlag, Männlichkeit und Homosexualität nicht als getrennte Elemente zu denken, sondern „to hypothesize the potential unbrokenness of a continuum between homosocial and homosexual" (1985, 1), noch genauso aus wie der Versuch zu einem „movement-centered approach" zu gelangen, der „queerness within heterosexual masculinity" (Reeser 2015, 30) einschließt. Wenig aufgegriffen wurde auch Jack* Halberstams Arbeit zu *Female Masculinity* (1998), die argumentiert, dass ein komplettes Verständnis für Männlichkeit nur um den Preis einer Abkopplung vom männlichen Körper zu erreichen ist.

Weitere in der Forschung zu vertiefende Aspekte sind Männlichkeit und Homosozialität, (Online-)Pornographie (und damit verbunden Digitalisierung/Technologie), männliche Prostitution, Trans-Männlichkeit(en) sowie nichtbinäre und genderqueere Identitäten. Auch Fragen der Ageing Studies und der → Dis/ability Studies sollten mehr Beachtung finden, bspw. in Verbindung mit einem stärkeren Fokus auf dem *life course*, sei es als Analyse alternierender Facetten/Konfigurationen männlicher Identität, die von der Kindheit bis ins Alter, von Gesundheit über geistige oder körperliche Behinderung bis zu Krankheit und Tod reichen, sei es als Analyse der Interferenz zwischen Demenz, Körperlichkeit, Identität und Sexualität. Immer wichtiger wird auch der Einfluss von Disziplinen wie Posthumanismus, New Materialism und Affect Studies auf die Männlichkeitsforschung, wobei sich die Frage nach „ecological masculinities" stellt, und zwar als Alternativen zur hegemonialen *breadwinner/industrial masculinity* wie auch als Abkehr von einem „damaging impact of ‚manthropocentric' exploitation of planetary resources" (Gottzén et al. 2020b, 14).

So wie eine Öffnung über den anglo-amerikanischen Sprach- und Kulturraum hinaus vorangetrieben werden sollte, gilt es die innerhalb der Männlichkeitsforschung traditionell dominanten Disziplinen stärker durch das vorhandene, häufig jedoch implizite Wissen über Männlichkeit aus anderen Fachrichtungen wie auch der Kunst (verstanden als produktives Medium, durch das sich eine Gesellschaft selbst reflektiert, neu entwirft und potenziell transzendiert) zu supplementieren und in einen hierarchiefreien Dialog zu bringen, um eigene Prämissen und Präsuppositionen zu hinterfragen. Ziel sollte es sein, ein nicht-lineares, komplexes und hybrides Querdenken zu ermöglichen, das zu multiperspektivischen, trans- und interdisziplinären Verstehensmöglichkeiten männlicher Identitätsbildung führt und hegemoniale Wissens- und Machtstrukturen genauso wie disziplinäre Engführungen und Abschottungen überwindet. Es gilt, Harry Brods Aufruf zur Selbstreflexion ernst zu nehmen und die Situiertheit und Relativität des von der

Männlichkeitsforschung hervorgebrachten Wissens stärker mitzureflektieren, eine Dezentrierung des „global Northern and Western knowledge" (Gottzén et al. 2020b, 8) vorzunehmen und zu fragen, wie koloniale und patriarchale Beziehungen die Geneaologie und gegenwärtigen Wissenspraxen der Männlichkeitsforschung beeinflussen, um auf globaler Ebene der Gefahr zu entgehen, „a hegemonic masculinist pattern in the way knowledge on masculinities is produced" (Lohokare 2020, 296) reproduzieren zu müssen.

8 Literaturverzeichnis

Adams, Rachel. „Masculinity Without Men. Review of Judith Halberstam, ‚Female Masculinity'". *GLQ: A Journal of Lesbian and Gay Culture* 6.3 (2000): 467–478.

AIM GENDER – Arbeitskreis für interdisziplinäre Männer- und Geschlechterforschung. *Männer als Täter und als Opfer. Zwischen Verletzungsmacht und Verletzungsoffenheit*. 28. November 2012: https://www.hsozkult.de/event/id/event-67885 [31.01.2024].

Allan, Jonathan A. „Queer Theory and Critical Masculinity Studies". *Routledge International Handbook of Masculinity Studies*. Hrsg. von Lucas Gottzén, Ulf Mellström und Tamara Shefer. London 2020: 72–81.

Badinter, Elisabeth. *XY. De L'identité masculine*. Paris 1992 (dt. 1993).

Bardehle, Doris und Matthias Stiehler (Hrsg.). *Erster Deutscher Männergesundheitsbericht. Ein Pilotbericht*. München 2010.

Bardehle, Doris. „Gesundheit und gesundheitliche Versorgung von Männern". *Erster Deutscher Männergesundheitsbericht. Ein Pilotbericht*. Hrsg. von Doris Bardehle und Matthias Stiehler. München 2010: 17–27.

Bardehle, Doris. „Psychische Gesundheit des Mannes, international und national". *Männergesundheitsbericht 2013. Im Fokus: Psychische Gesundheit*. Hrsg. von Lothar Weißbach und Matthias Stiehler. Bern 2013: 11–30.

BauSteineMänner (Hrsg.). *Kritische Männerforschung. Neue Ansätze in der Geschlechtertheorie*. Berlin 1996.

Bergmann, Franziska und Jennifer Moos. „Männer und Geschlecht". *Männer und Geschlecht. Freiburger Geschlechter Studien* 21 (2007): 13–37.

Bhabha, Homi K. „Are You a Man or a Mouse?". *Constructing Masculinity*. Hrsg. von Maurice Berger, Brian Wallis und Simon Watson. New York 1995: 57–68.

Bly, Robert. *Iron John. A Book About Men*. New York 1990.

Bönt, Ralf. *Das entehrte Geschlecht. Ein notwendiges Manifest für den Mann*. München 2012.

Bourdieu, Pierre. *La domination masculine*. Paris 1998.

Brod, Harry (Hrsg.). *The Making of Masculinities. The New Men's Studies*. Boston, MA 1987a.

Brod, Harry. „Introduction: Themes and Theses of Men's Studies". *The Making of Masculinities. The New Men's Studies*. Hrsg. von Harry Brod. Boston, MA 1987b: 1–17.

Brod, Harry. „The Construction of the Construction of Masculinities". *Constructions of Masculinity in British Literature from the Middle Ages to the Present*. Hrsg. von Stefan Horlacher. New York 2011: 19–32.

Carroll, Bret E. (Hrsg.). *American Masculinities. A Historical Encyclopedia*. Thousand Oaks, CA 2003.

Chodorow, Nancy. *The Reproduction of Mothering. Psychoanalysis and the Sociology of Gender*. Oakland, CA 1978.
Clatterbaugh, Kenneth. *Contemporary Perspectives on Masculinity*. Boulder, CO 1990.
Combrink, Claudia. „Körper, männlicher/weiblicher". *Metzler Lexikon Gender Studies/ Geschlechterforschung. Ansätze, Personen, Grundbegriffe*. Hrsg. von Renate Kroll. Stuttgart 2002: 213–214.
Connell, R.W. [Raewyn]. *Masculinities*. Berkeley, CA 1995 (dt. 1999).
Conway-Long, Don. „Ethnographies and Masculinities". *Theorizing Masculinities*. Hrsg. von Harry Brod und Michael Kaufman. Thousand Oaks, CA 1994: 61–81.
David, Deborah S. und Robert Brannon (Hrsg.). *The Forty-Nine Percent Majority*. Reading, MA 1976.
Dinges, Martin. „Männlichkeit und Gesundheit: Aktuelle Debatte und historische Perspektiven". *Erster Deutscher Männergesundheitsbericht. Ein Pilotbericht*. Hrsg. von Doris Bardehle und Matthias Stiehler. München 2010: 2–16.
Dinges, Martin. „Stand und Perspektiven der ‚neuen Männergeschichte' (Frühe Neuzeit)". *Erfahrung. Alles nur Diskurs? Zur Verwendung des Erfahrungsbegriffs in der Geschlechtergeschichte*. Hrsg. von Marguérite Bos, Bettina Vincez und Tanja Wirz. Zürich 2004: 71–96.
Erhart, Walter und Britta Herrmann (Hrsg.). *Wann ist der Mann ein Mann? Zur Geschichte der Männlichkeit*. Stuttgart 1997.
Erhart, Walter und Stefan Horlacher. „Comparative Masculinity Studies and the Question of Narrative". *Internationales Archiv für Sozialgeschichte der deutschen Literatur (IASL)* 43.2 (2018): 312–326.
Erhart, Walter. „Das zweite Geschlecht: ‚Männlichkeit' interdisziplinär. Ein Forschungsbericht". *Internationales Archiv für Sozialgeschichte der deutschen Literatur* 30.2 (2005): 156–232.
Erhart, Walter. „Deutschsprachige Männlichkeitsforschung". *Männlichkeit: Ein interdisziplinäres Handbuch*. Hrsg. von Stefan Horlacher, Bettina Jansen und Wieland Schwanebeck. Stuttgart 2016: 11–25.
Erhart, Walter. „Männlichkeitsforschung und das neue Unbehagen der Gender Studies". *GeschlechterRevisionen. Zur Zukunft von Feminismus und Gender Studies in den Kultur- und Literaturwissenschaften*. Hrsg. von Sabine Schülting. Königstein i.T. 2006: 77–100.
Feldmann, Doris und Sabine Schülting. „Männlichkeit". *Metzler Lexikon Literatur- und Kulturtheorie*. Hrsg. von Ansgar Nünning. Stuttgart 2001: 399.
Filene, Peter G. *Him/Her/Self. Sex Roles in Modern America*. Baltimore, MD 1974.
Flood, Michael et al. (Hrsg.). *International Encyclopedia of Men and Masculinities*. London 2007.
Floyd, Kevin. „Masculinity Inside Out: The Biopolitical Lessons of Transgender and Intersex Studies". *Constructions of Masculinity in British Literature from the Middle Ages to the Present*. Hrsg. von Stefan Horlacher. New York 2011: 33–48.
Frey Steffen, Therese. „Masculinities/Maskulinitäten: Gender Studies and its Mal(e)Contents". *Masculinities, Maskulinitäten: Mythos, Realität, Repräsentation, Rollendruck*. Hrsg. von Therese Frey Steffen. Stuttgart 2002: 270–282.
Gilmore, David D. *Manhood in the Making. Cultural Concepts of Masculinity*. New Haven, CT 1990.
Gottzén, Lucas, Ulf Mellström und Tamara Shefer (Hrsg.). *Routledge International Handbook of Masculinity Studies*. London 2020a.
Gottzén, Lucas, Ulf Mellström und Tamara Shefer. „Introduction: Mapping the Field of Masculinity Studies". *Routledge International Handbook of Masculinity Studies*. Hrsg. von Lucas Gottzén, Ulf Mellström und Tamara Shefer. London 2020b: 1–16.

Hearn, Jeff und Richard Howson. „The Institutionalization of (Critical) Studies on Men and Masculinities: Geopolitical Perspectives". *Routledge International Handbook of Masculinity Studies*. Hrsg. von Lucas Gottzén, Ulf Mellström und Tamara Shefer. London 2020: 19–30.

Hearn, Jeff. „Neglected Intersectionalities in Studying Men: Age(ing), Virtuality, Transnationality". *Framing Intersectionality. Debates on a Multi-Faceted Concept in Gender Studies*. Hrsg. von Helma Lutz, Maria Teresa Herrera Vivar und Linda Supik. Farnham 2011a: 89–104.

Hearn, Jeff. „The Materiality of Men, Bodies, ‚and' Towards the Abolition of ‚Men'". *Männlichkeit denken*. Hrsg. von Martina Läubli und Sabrina Sahli. Bielefeld 2011b: 195–215.

Hoffmann, Arne. *Männerbeben*. Grevenbroich 2007.

Hollstein, Walter. *Nicht Herrscher, aber kräftig. Die Zukunft der Männer*. Hamburg 1988.

Hollstein, Walter. *Was vom Manne übrig blieb*. Berlin 2008.

Horlacher, Stefan. „Men's Studies and Gender Studies at the Crossroads: Überlegungen zum aktuellen Stand von Geschlechterforschung und Literaturwissenschaft. Teil I". *Literatur in Wissenschaft und Unterricht* 37.2 (2004a): 169–188.

Horlacher, Stefan. „Men's Studies and Gender Studies at the Crossroads: Transdisziplinäre Zukunftsperspektiven der Geschlechterforschung. Teil II". *Literatur in Wissenschaft und Unterricht* 37.3 (2004b): 267–286.

Horlacher, Stefan. „Überlegungen zur theoretischen Konzeption männlicher Identität: Ein Forschungsüberblick mit exemplarischer Vertiefung". *„Wann ist die Frau eine Frau?" „Wann ist der Mann ein Mann?" Konstruktionen von Geschlechtlichkeit von der Antike bis ins 21. Jahrhundert*. Hrsg. von Stefan Horlacher. Würzburg 2010: 195–238.

Horlacher, Stefan. „Towards Comparative Masculinity Studies: On the Interdependence of National Identity and the Construction of Masculinity". *Post World War II Masculinities in British and American Literature and Culture. Towards Comparative Masculinity Studies*. Hrsg. von Stefan Horlacher und Kevin Floyd. London 2013: 1–14.

Horlacher, Stefan. „Männlichkeiten: Ein Forschungsüberblick". *In (Ge)schlechter Gesellschaft? Politische Konstruktionen von Männlichkeit in Texten und Filmen der Romania*. Hrsg. von Julia Brühne und Karin Peters. Bielefeld 2016: 33–56.

Horlacher, Stefan. „Masculinity Studies. Contemporary Approaches and Alternative Perspectives". *Beyond Gender. An Advanced Introduction to Futures of Feminist and Sexuality Studies*. Hrsg. Greta Olson, Mirijam Horn-Schott, Daniel Hartley und Regina Leonie Schmidt. Abingdon 2018: 52–78.

Horlacher, Stefan und Kevin Floyd (Hrsg.). *Post-World War II Masculinities in British and American Literature and Culture. Towards Comparative Masculinity Studies*. London 2016.

Horlacher, Stefan und Kevin Floyd (Hrsg.). *Contemporary Masculinities in the UK and the US: Between Bodies and Systems*. New York 2017.

Horlacher, Stefan, Bettina Jansen und Wieland Schwanebeck (Hrsg.). *Männlichkeit: Ein interdisziplinäres Handbuch*. Stuttgart 2016a.

Horlacher, Stefan, Bettina Jansen und Wieland Schwanebeck. „Einleitung". *Männlichkeit: Ein interdisziplinäres Handbuch*. Hrsg. von Stefan Horlacher, Bettina Jansen und Wieland Schwanebeck. Stuttgart 2016b: 1–9.

Jackson II, Ronald L. und Murali Balaji (Hrsg.). *Global Masculinities and Manhood*. Urbana, IL 2011.

Jäger, Ulle, Tomke König und Andrea Maihofer. „Pierre Bourdieu: Die Theorie männlicher Herrschaft als Schlussstein seiner Gesellschaftstheorie". *Zeitgenössiche Gesellschaftstheorien und Genderforschung*. Wiesbaden 2012: 15–36.

Keen, Sam. *Fire in the Belly*. New York 1991.

Kimmel, Michael S. *Manhood in America. A Cultural History*. New York 1996.

Kimmel, Michael S. und Amy Aronson (Hrsg.). *Men & Masculinities. A Social, Cultural and Historical Encyclopedia.* Santa Barbara, CA 2004.

Kimmel, Michael, Jeff Hearn und R.W. Connell (Hrsg.). *Handbook of Studies on Men & Masculinities.* Thousand Oaks, CA 2005.

Krammer, Stefan. „Fiktionen des Männlichen. Männerforschung als literaturwissenschaftliche Herausforderung“. *MannsBilder: Literarische Konstruktionen von Männlichkeiten.* Hrsg. von Stefan Krammer. Wien 2007: 15–36.

Lenz, Hans-Joachim. „Zwischen Men's Studies und männlicher Verletzungsoffenheit. Zur kurzen Geschichte der Männerforschung in Deutschland“. *Männer und Geschlecht. Freiburger Geschlechter Studien* 21 (2007): 41–77.

Lohokare, Madhura. „Locating Critical Masculinities Theory: Masculinities in Space and Place“. *Routledge International Handbook of Masculinity Studies.* Hrsg. von Lucas Gottzén, Ulf Mellström und Tamara Shefer. London 2020: 292–301.

Lücke, Martin. „Hegemonie und Hysterie: Perspektiven der Männlichkeitsgeschichte“. *Neue politische Literatur* 54 (2009): 191–206.

Martschukat, Jürgen und Olaf Stieglitz (Hrsg.). *„Es ist ein Junge!“ Einführung in die Geschichte der Männlichkeiten in der Neuzeit.* Tübingen 2005.

Müller-Schwefe, Hans-Ulrich (Hrsg.). *Männersachen. Verständigungstexte.* Frankfurt a.M. 1979.

Newell, Stephanie. „Introduction: Postcolonial Masculinities and the Politics of Visibility“. *Journal of Postcolonial Writing* 45.3 (2009): 243–250.

Pease, Bob und Keith Pringle (Hrsg.). *A Man's World? Changing Men's Practices in a Globalized World.* London 2001.

Pilgrim, Volker Elis. *Manifest für den freien Mann.* Reinbek 1986.

Pirinçci, Akif. *Deutschland von Sinnen. Der irre Kult um Frauen, Homosexuelle und Zuwanderer.* Waltrop 2014.

Pleck, Elizabeth H. und Joseph H. Pleck (Hrsg.). *The American Man.* Englewood Cliffs, NJ 1980.

Pross, Helge. *Die Männer. Eine repräsentative Untersuchung über die Selbstbilder von Männern und ihre Bilder von der Frau.* Reinbek 1978.

Quindeau, Ilka. „Jenseits der Geschlechterdichotomie: Eine alteritätstheoretische Konzeptualisierung von Männlichkeit und Weiblichkeit“. *Obskure Differenzen. Psychoanalyse und Gender Studies.* Hrsg. von Marlen Bidwell-Steiner und Anna Babka. Gießen 2013: 175–192.

Reeser, Todd W. „Concepts of Masculinity and Masculinity Studies“. *Configuring Masculinities.* Hrsg. von Stefan Horlacher. Amsterdam 2015: 11–38.

Reeser, Todd W. „Englischsprachige Männlichkeitsforschung“. *Männlichkeit: Ein interdisziplinäres Handbuch.* Hrsg. von Stefan Horlacher, Bettina Jansen und Wieland Schwanebeck. Stuttgart 2016: 26–42.

Rotundo, E. Anthony. *American Manhood. Transformations in Masculinity from the Revolution to the Modern Era.* New York 1993.

Ruspini, Elisabetta et al. (Hrsg.). *Men and Masculinities Around the World. Transforming Men's Practices.* New York 2011.

Rutherford, Jonathan. *Men's Silences. Predicaments in Masculinity.* London 1992.

Schmale, Wolfgang. *MannBilder: Ein Lese- und Quellenbuch zur historischen Männerforschung.* Berlin 1998.

Schölper, Dag. „Männer- und Männlichkeitsforschung, ein Überblick“. *gender...politik...online* 2008: https://www.fu-berlin.de/sites/gpo/soz_eth/Geschlecht_als_Kategorie/M__nner_und_M__nnlichkeitsforschung/dag_schoelper.pdf [31.01.2024].

Schubert, Markus. „Biomedizin: Humanmedizin und Humanbiologie“. *Männlichkeit: Ein interdisziplinäres Handbuch*. Hrsg. von Stefan Horlacher, Bettina Jansen und Wieland Schwanebeck. Stuttgart 2016: 82–93.

Sedgwick, Eve Kosofsky. *Between Men. English Literature and Male Homosocial Desire*. New York 1985.

Theweleit, Klaus. *Männerphantasien.* 2 Bde. Frankfurt a.M. 1977–1978.

Tholen, Toni. „Krise der Männlichkeit. Zur Konzeptualisierung eines häufig verwendeten Topos“. *allmende. Zeitschrift für Literatur* 34 (2014): 11–14.

Treacher Kabesh, Amal. *Postcolonial Masculinities. Emotions, Histories and Ethics*. Farnham 2013.

Tunç, Michael. „Männlichkeitsforschung und Intersektionalität“. Portal Intersektionalität 2012: http://portal-intersektionalitaet.de/uploads/media/Tunc.pdf [31.01.2024].

Vahsen, Mechthilde. „Männerforschung (Men's Studies/New Men's Studies/Men's Movement)“. *Metzler Lexikon Gender Studies/Geschlechterforschung: Ansätze, Personen, Grundbegriffe*. Hrsg. von Renate Kroll. Stuttgart 2002: 248–249.

Walter, Willi. „Gender, Geschlecht und Männerforschung“. *Gender-Studien. Eine Einführung*. Hrsg. von Christina von Braun und Inge Stephan. Stuttgart 2000: 97–115.

Welt. „Psychiater: Amerikas Jungen in der Krise“. *Die Welt* 2. Juni 1998: 12.

Hedwig Wagner

Media Studies

1 Definition des Forschungsbereichs Medienwissenschaft

Die Medienwissenschaft als spezifisch deutschsprachige Ausprägung der MEDIA STUDIES erfasst den Gegenstandsbereich der Medien (Einzelmedien und Mediensysteme) in ihrer eigenen medientheoretischen Denkrichtung, die das Mediale als Interdependenz von Medien im Sinne von Apparaten und ihrer übermittelten Inhalte, Technik und Kultur denkt (Wagner 2023). Die deutschsprachige Fachgesellschaft, die Gesellschaft für Medienwissenschaft (GfM), formuliert ihr Wissenschaftsselbstverständnis folgendermaßen: „Medienwissenschaft geht davon aus, dass eine Auseinandersetzung mit Medien, mit ihren technischen und ästhetischen, ihren symbolischen und kommunikativen Eigenschaften einen wesentlichen Beitrag zum Verständnis von Geschichte, Kultur und Gesellschaft leistet. [...] Medienwissenschaft zielt auf eine Analyse von einzelnen Medien und komplexen Mediensystemen mit ihren je spezifischen Darstellungsformen, Apparaten, Institutionen; dabei kommt eine Vielfalt von Methoden zum Einsatz, die Produktionsweisen, Textstrukturen, Inhalte, kulturelle Praktiken und Kontexte aufschlüsseln. Sie zielt zugleich auf eine Theorie der Medien, die unter Rückgriff auf Forschungen in anderen Disziplinen die Merkmale des Medialen/der Medialität im Allgemeinen zu bestimmen versucht.“ (GfM 2018a)

Die intrinsische Verwobenheit von Medien und Mediensystemen mit dem Technischen und dem Kulturellen bildet die eine unverbrüchliche Trias. Die andere ist die jedweder Kulturwissenschaft: Geschichte, Theorie und Ästhetik, die Kernbereiche (vgl. Strategiekommission der GfM 2008) ausmachen und sich nach dem medienwissenschaftlichen Selbstverständnis in den Bereichen ‚Gesellschaft‘, ‚Technik‘ und ‚Kultur‘ untergliedern in jeweils ihnen zugeordneten ‚Medientheorien und ihren Methoden‘ einerseits, ‚Theorien und Methoden der Mediengeschichte‘ andererseits und drittens den ‚Theorien und Methoden der Medienästhetik‘ (Strategiekommission der GfM 2008). Neben Bindestrich-Subdisziplinen, die Intersektionen mit einer Vielzahl kultur- und gesellschaftswissenschaftlicher Disziplinen bilden (Medienökonomie, Medienpsychologie, Medienpolitik, Medienrecht, ungenannt von der GfM sind: Mediensoziologie, Mediengeographie), finden sich transversale Wissensfelder, die teils durch ihren thematischen, teils durch ihren methodischen Zugriff bestimmt sind (Actor Network Theory, Dekonstruktivismus, Diskursanalyse, Gender-Theorien, Kommunikationstheorien, Konstruktivismus, Kritische Theorie,

https://doi.org/10.1515/9783110712919-021

Semiotik, Systemtheorie) sowie interdisziplinäre „Studies“. Die klassischen Gegenstandsbereiche der Medienwissenschaft, die Einzelmedien in ihrer historischen Abfolge, werden aufgrund des weit gefassten Medienverständnisses nur in der Sektion der Mediengeschichte ausgewiesen, und die eigenständige Filmwissenschaft/Film Studies nicht erfasst.

Nicht nur der Gegenstandsbereich der Medienwissenschaft ist extrem weit gefasst, die Medienwissenschaft ist auch offen für vielfältige Methoden und Zugänge: Limitierungen und damit die Identität des Fachs ergeben sich aus dem Denken des Medialen, das Aufschluss gibt über „die Wechselwirkungen von ästhetischen, normativen und sozialen Dynamiken in Gesellschaften [...]. Diese Wechselbeziehung markiert den epistemologischen Ort und das Erkenntnisinteresse der allgemeinen Medienwissenschaft, in die die verschiedenen Bereiche der Medienwissenschaft integrativ einbezogen werden.“ (Strategiekommission der GfM 2008)

Medien sind in ihren Grundbedingungen technischer Natur, stets geschichtlich bedingt und kulturell konditioniert. Sie leisten die Organisation der Sinneswahrnehmung (Apperzeption) und ermöglichen erst Wahrnehmung (Perzeption). Media Studies wie auch die Medienwissenschaft sind von einem weiten Medienbegriff getragen, der Kulturtechniken und kulturelle Erscheinungsweisen einschließt und Medialität ganz grundlegend als Wesenseigenschaft und als grundlegende Funktionalität von Apparaten, Artefakten und Kulturtechniken denkt. Medien werden aufgefasst als das, was Wahrnehmen und Denken bedingt (Engell und Siegert 2010) oder als „Apparate, Institutionen und Funktionen, und Bedingung von Formbildungsprozessen“ (Paech 2006).

1.1 Gesellschaftliche Gründe für die Entstehung der Media Studies

Gab es Medien seit es Menschen gibt, so gibt es Medientheorie als adressierbaren Wissensbereich seit den 1980er Jahren: ‚Medien‘ mit der Bedeutung Kommunikations-, Speicher- und Informationsmittel und im Sinne von „‚Mittel der Konstruktion von Gegenständen‘“ (Helmes und Köster 2002, 15) sowie die ‚Medientheorie‘ selbst sind ein junger akademischer Wissensbereich und eine noch jüngere akademische Disziplin. Ein „spezifischer Fragenkomplex“ (Helmes und Köster 2002, 15) bzw. eine Aspektierung, eine Wissensperspektivierung, hat sich in der Wissenschaft aus den blinden Flecken anderer Wissenschaftsdisziplinen heraus entwickelt und „sich zugleich im Bewußtsein einer interessierten Öffentlichkeit verankert“ (Helmes und Köster 2002, 15).

Wenn Medien so alt wie die Menschheitsgeschichte sind und so grundlegend, dass sie Welt, Gesellschaft und Mensch konstituieren, so stellt sich die Frage, warum so spät erst diese Erkenntnis gewonnen wurde: „Erst mit dem Proze[ss] einer tiefgreifenden Mediatisierung der Gesellschaft, d. h. mit dem Aufstieg der sogenannten Massenmedien, ist die Universalisierung und Generalisierung jener Problematik [nämlich der unhintergehbaren Konstitutionskraft von Medien] möglich und nötig geworden, zu deren Erhellung Medientheorie beitragen will.“ (Helmes und Köster 2002, 15–16)

An der deutschsprachigen Medienwissenschaft als Sonderfall der MEDIA STUDIES lässt sich die Entstehung des Fachs aus den blinden Flecken und Desideraten der Kulturwissenschaft erklären, deren Medien- und Technikvergessenheit überwunden werden sollte. Die deutschsprachige Medienwissenschaft trat dabei in einem paradigmatischen Bruch zur Kulturwissenschaft und bildete ihre eigenen Episteme aus.

Wissensgebiete der sich später institutionalisierten, akademischen Disziplin der Medienwissenschaft entwickelten sich ab den 1960er Jahren u. a. in der Germanistik, die Expertise in Hörfunk und vornehmlich Film als germanistische Medienwissenschaft in die Institute und die Lehre trugen. Diese Wissensgebiete fanden in den 1970er Jahren erstmals Eingang in die bundesdeutsche Universität über Institute, die sich der Film-, später der Film- und Fernsehwissenschaft (wenngleich letztere auch einen ganz anderen Theoriekanon hat) verschrieben.

Die verspätete Rezeption der Frankfurter Schule (Adorno/Horkheimers Medien- wie Kracauers Filmschriften) in Deutschland seit den 1960er Jahren war ein Initialfunke, der bis in die 1980er Jahre hinein die Medienwissenschaft dominierte und sich gesamtgesellschaftlich als Medienkritik äußerte. Abgelöst wurde diese Dominanz mittels eines Paradigmenbruchs von der Populärkultur und deren Reflexion in den CULTURAL STUDIES. Der sich an diese Phase anschließende französische Poststrukturalismus und andere Spielarten der Postmoderne (vielmehr ihre wissenschaftsdisziplinäre, konfigurierende Kraft der Rezeption) hatten – wie auch in den Kulturwissenschaften insgesamt – enormen Einfluss auf die Medienwissenschaft. In dieser Phase koexistierten die *popular culture* (Fiske, Hall) neben McLuhan, der Toronto School und der Orientierung an Foucault, Derrida und Deleuze/Guattari als Wissensbereiche, die sich in Schwerpunkten ausbildeten. Auf breiter Basis etablierten sich die Medienwissenschaften institutionell in den 1980er und 1990er Jahren.

Einen Bruch mit dem nahtlosen Anschluss an die hermeneutisch geprägte Kulturwissenschaft erfolgte mit der *Austreibung des Geistes aus den Geisteswissenschaften* (Kittler 1980), mithin der Behauptung eines medialen Apriori, das der Technik ihr Primat einräumte.

1.2 Die nordamerikanische und britische Medienwissenschaft

Die nordamerikanischen und britischen MEDIA STUDIES sind von einer sehr engen Medien- und (Populär-)Kulturverflechtung gekennzeichnet. Bezeichnend ist: „There is probably no other cultural formation whose existence has been linked as intensely to mediation and media revolutions as that of the United States. [...] So just as American history is inconceivable without modern media, the history of modern media cannot be told without the United States of America." (Kelleter und Stein 2008; siehe auch Böger und Sedlmeier 2022)

Für Nordamerika werden im Wesentlichen drei Richtungen der MEDIA STUDIES ausgemacht: die erste textbasiert und interpretatorisch (bzw. ästhetisch-analytisch), die zweite sozial(wissenschaftlich) und explikativ (im Sinne gesellschaftlicher Prozesse), die dritte, vornehmlich auf Wirtschaft und Recht ausgerichtet, historisch-institutionell. Jenseits dessen umfasst ein exklusiver Bereich die CULTURAL STUDIES OF MEDIA (Peters 2008). Nach dem internationalen Bekanntwerden der Medientheorie deutscher Provenienz – zumeist beschränkt es sich hierbei auf die Rezeption von Friedrich Kittler – werden die „North American and German tradition of Media Theory" ausgemacht als ideengeschichtliche Verflechtung (vgl. Peters 2008). Einen ähnlichen Verflechtungsansatz zwischen der German Media Theory und den nordamerikanischen, insbesondere den kanadischen Ansätzen, verfolgen Norm Friesen und Richard Cavell (Friesen 2016).

Im britischen Universitätssystem entwickelten sich die MEDIA STUDIES in den 1960er Jahren. Die ersten Forschungszentren wurden richtungsweisend, beginnend mit dem Centre for Contemporary Cultural Studies (CCCS) an der Universität von Birmingham, das 1964 von Richard Hoggart gegründet wurde. Dieses Zentrum beforschte nicht nur Fernsehen, Medien und Film, es nahm vielmehr die gesamte Populärkultur und ihre Bedeutung für die Menschen in den Blick. Stuart Hall, seit 1964 dort tätig, wurde 1969 zum Direktor des CCCS ernannt. Das Centre for Mass Communication Research (CMCR) an der Universität Leicester wurde 1966 gründet, 1968 folgte das Centre for Television Research an der Universität von Leeds, etwa zwanzig Jahre später wird dessen Gründer Nicholas Pronay der erste Direktor des neu gegründeten Institute for Communication Studies (ICS) an der Universität Leeds.

Die starken sozialen Umbrüche, die sich in den 1960er und 1970er Jahren in vielen europäischen industrialisierten Nachkriegsgesellschaften vollzogen (vgl. *Strukturwandel der Öffentlichkeit* von Jürgen Habermas, 1961) und insbesondere Massenmedien, Politik und Gesellschaft bzw. Individuum betrafen, rief auch in Großbritannien eine Forschungsaufmerksamkeit auf die Auswirkungen von Fernsehen, Medien und Populärkultur auf die Gesellschaft hervor.

Im Vereinigten Königreich umfasse Noonan und Lohmeier (2017) zufolge der Bereich Medien (und Kommunikation) in der Hochschulbildung nach wie vor eine Reihe von Disziplinen und Fachgebieten, die von Kulturstudien (CULTURAL STUDIES), Filmstudien (FILM STUDIES), Management, Journalismus, RADIO STUDIES, Fernsehstudien (→ TELEVISION STUDIES) bis zu Kritischer Theorie reichen. Des Weiteren kommen die Autor*innen zu dem Schluss „[that] Media and Communication Studies in the UK is highly diverse and heterogeneous with a variety of approaches, research methods and paradigms. Among other factors, Media Studies' roots in sociology, English Studies and vocational training courses, as well as its institutional emergence out of polytechnics and colleges, have played a part in the emergence of this highly diversified scholarly field" (Noonan und Lohmeier 2017, 34). Forschung ist „often artificially categorized by medium (e.g. television, film, radio, digital media, etc.), by scholarly focus (e.g. on textual analysis, modes of production and/or consumption, the research methods associated and commonly used in each one), by different contexts of research (including political, economic, social, technological, legal, etc.), and increasingly by territorial and geo-political boundaries" (Noonan und Lohmeier 2017, 38).

Die britischen MEDIA STUDIES stehen (wie im deutschsprachigen Raum) in großer Nähe zu den CULTURAL STUDIES, allerdings sind diese stärker auf die *popular culture* ausgerichtet als die deutschsprachigen Kulturwissenschaften (wenngleich auch da Populärkultur ein wichtiges Forschungsinteresse ist). Ebenfalls viel ausgeprägter sind die Fantum-Forschung (FANDOM STUDIES) und die AUDIENCE STUDIES.

Im anglo-amerikanischen Raum sind neben dem schon genannten CCCS in Birmingham mit ihren Referenztheoretikern Stuart Hall („Encoding/Decoding", 1973; „The West and the Rest: Discourse and Power", 1992; „Representation: Cultural Representations and Signifying Practices", 1997) und John Fiske („Understanding Popular Culture", 1989; „Reading the Popular", 1989) weitere wichtige Grundorientierungen die Toronto School of Communication Theory, die erste Schriften in den 1930er Jahren vorlegte und deren theoretische Hauptwerke in den 1950er Jahren entstanden sind. Erste Lehrtätigkeiten wurden bereits in den 1950er Jahren aufgenommen, bevor die Institutionalisierung dann 1963 an der University of Toronto durch das Centre for Culture and Technology erfolgte. Ihre Hauptvertreter sind Harold Adams Innis („Empire and Communications", 1950; „The Bias of Communication", 1951), Eric A. Havelock („Preface to Plato", 1963; „The Muse Learns to Write: Reflections on Orality and Literacy from Antiquity to the Present", 1986), Edmund Carpenter („Culture and Technology", 1963; „Oh, What a Blow That Phantom Gave Me!", 1972), Walter J. Ong („Orality and Literacy: The Technologizing of the Word", 1982) sowie Marshall McLuhan („The Medium is the Message", 1967); „Understanding Media: The Extensions of Man", 1964); „War and Peace in the Global Village", 1968).

Auch diese neu entstandene Medien- und Kommunikationsforschung stützte sich auf einen breiten interdisziplinären Ansatz: das Spektrum von Disziplinen umschloss Soziologie, Anthropologie, Geschichte und Literaturwissenschaft. Insgesamt bot die Toronto School of Communication Theory eine neue Perspektive auf Medien, die hervorhob, dass diese das menschliche Wahrnehmen und Verhalten bedingen. Ihre Erkenntnisse beeinflussen die MEDIA STUDIES bis heute.

Neben Fragen nach der *culture industry* (Kulturindustrie) und der *public sphere* (Öffentlichkeit) werden in den britischen und nordamerikanischen MEDIA STUDIES vermehrt die Begriffskonzepte von *class*, *race* und Gender ins Spiel gebracht, wobei nach Machtasymmetrien gefragt wird, mithin die Frage nach der Perspektive der *ruling* oder der *subaltern class* gestellt wird. Die *apparatus theory* wird nach wie vor in Anschlag gebracht, der Nexus von *hegemony and culture* wird vermehrt analysiert, und *audience research* tritt stärker in den Vordergrund als in den deutschsprachigen Ausprägungen. Die Schnittstellen mit den → GENDER STUDIES (etwa FEMINIST FILM STUDIES, GENDER MEDIA STUDIES) und den → POSTCOLONIAL STUDIES sind auch in den nordamerikanischen und britischen MEDIA STUDIES groß, ist doch die ideologiekritische Ausrichtung in beiden Diskurformationen gegeben, so sind auch all die Problematisierungen der Globalisierung prominenter vertreten. Andererseits werden Positivbezüge und Anschlussstellen zur cultural economy (Kulturwirtschaft) nicht vernachlässigt (Durham und Kellner 2012).

1.3 Die *turns*

Einfluss auf Bildung und Entwicklung der MEDIA STUDIES wie auch der deutschsprachigen Medienwissenschaft hatten verschiedene gewichtige *turns*, genannt seien hier nur der *spatial turn* und der *performative turn*. Der in allen kulturwissenschaftlichen Fächern in den 1990er und 2000er Jahren stark gewordene *performative turn* hat in der Medienwissenschaft das Mediale und das Performative zusammengedacht, insbesondere in der Medienphilosophie wie auch in den medienwissenschaftlichen Geschlechterstudien, die Schnittstellen von Gender und Medien ausmachen (als grundlegende Erneuerung der feministischen Filmtheorie den Komplex von ‚Frauen und Film' beleuchtend). Sprache wurde als Medium des Handelns, der vermittelnden Welterzeugung gedacht wie auch Medien als performative, in ihrem Vollzug handelnde, welterzeugende Akteure konstitutiv wurden. Performativität und Medialität wurden als sich gegenseitig konstituierend angenommen, und Performativität als medienwissenschaftlicher Begriff (Seier 2015) sowie Performativität und Medialität der Medien und in den Medien (Krämer 2004) prägten Theoriebildung wie Medienanalysen.

Der für die Kulturwissenschaften so eminent wichtige *spatial turn* (Bachmann-Medick 2006, 284–329; Döring und Thielmann 2008) hat u. a. im deutschsprachigen Raum die Raumtheorie (Dünne und Günzel 2006), die Raumwissenschaften (Günzel 2009), Arbeiten zur Topologie (Günzel 2007) und Topographie (Weigel 2002) hervorgebracht. Der *spatial turn* fand in der Kulturwissenschaft mit der Kartographie und in der Medienwissenschaft mit den Geo-Medien, den Mediengeowissenschaften und den Internetgeographien seinen vorläufigen Höhepunkt (→ Area Studies; → European Studies). Mit *Mediengeographie. Theorie, Analyse, Diskussion* (Döring und Thielmann 2009) wurde für eine Geomedienwissenschaft und Geomedientheorie plädiert, die im Bereich der visuellen Geographie zum einen die kultur- und wissensgeschichtliche Relevanz hervorhob (Latour 2009; Schüttpelz 2009), die Technizität der Bilder als geomedial signifikant erkennen ließ (Schröter 2009), den geomedialen Impakt in einzelnen Medien und Apparaten analysierte (Döring 2009; Hagen 2009), Geomedien in Hinsicht auf Geobrowsing expliziert (in den Phänomenbereichen GIS, Navigation, Google Earth, Flugsimulation) und auf den Zusammenhang von Medien, Globalisierung und Sozialem einging (Abend 2013). Mobile Geomedien bzw. *locative media* haben sich darüber hinaus zu einem neuen Forschungsstrang innerhalb der Geo-Medien entwickelt (Buschauer und Willis 2013).

1.4 Die Medienwissenschaft im Verbund mit anderen Disziplinen

Die Medienwissenschaft, eine junge akademische Disziplin in Deutschland, eingebettet im Kanon der Geisteswissenschaften, hat eine große Nähe zur Kulturwissenschaft, hat sich parallel zu ihr entwickelt, ist zu weiten Teilen aus der Literaturwissenschaft hervorgegangen, hat enge verwandtschaftliche Beziehungen zur Theaterwissenshaft, hat die Film- und später Fernsehwissenschaft als Vorgängerdisziplinen und hat sich in Abgrenzung zur Germanistik weiterentwickelt. In besonderer Nähe steht die Medienwissenschaft zur Wissensgeschichte und zur Kulturwissenschaft (im Sinne des engeren Fachkanons), denn die „Entwicklung der medialen Techniken der Generierung, Speicherung, Darstellung und Weitergabe von Wahrnehmungen, Erfahrungen und Wissen“ (Strategiekommission der GfM 2008) ist ihre disziplinäre Identität. Die eigene mediale Logik bzw. die Eigengesetzlichkeit der Medien ist Kernbestandteil des Fachs „Medienwissenschaft“.

Medien als Untersuchungsgegenstand bildet weit über die Kulturwissenschaften, auch über die Geisteswissenschaften hinaus, in den Gesellschafts- und sogar in den Naturwissenschaften mögliche subdisziplinäre Konfiguration aus, z. B. Mediensoziologie, Medienrecht, Medieninformatik, Medienökonomik und Medienpsychologie.

Medien als ausgewiesener Forschungsgegenstand, vertreten mit entsprechender Expertise, findet sich meist in der Germanistik, dort oft in Form des Forschungsschwerpunkts in Filmgeschichte, -theorie und -ästhetik, und sehr häufig in anderen Philologien. Adaptionen, Genres und Formate wie grundlegende narratologische Fragestellungen und ästhetische Analyseverfahren wie Interpretationsmethoden, die an die allgemeine Geistesgeschichte Anschluss nehmen, sind diesen Disziplinen gemein. Die Medienwissenschaft ist neben der Germanistik auch aus der Pädagogik erwachsen, und hat sich seit den 1970er Jahren, in ihren Anfängen, als kritische Gesellschaftskunde in Form der Medienkunde etabliert. Aus diesem Grunde ist neben der germanistischen Medienwissenschaft die klassische Medienpädagogik wie die erneuerte Medienbildung ein starker Wissensbereich von theoretischer, praktischer und praxeologischer Natur, wo sich Wissenschaftler*innen, von ihren jeweiligen Disziplinen ausgehend, treffen.

Auch in der Theaterwissenschaft (THEATER STUDIES) und den visuellen Künsten (→ VISUAL CULTURE STUDIES) sind visuelle/elektronische Medien fester Bestandteil von Seminaren oder Instituten und in Denominationen von Professuren vertreten. In den MEDIA STUDIES konnte im deutschsprachigen Raum sehr gut Anschluss an die Forschungsrichtung der Kulturwissenschaft genommen werden, die sich der *Materialität der Kommunikation* (Gumbrecht und Pfeiffer 1988) widmete.

So wird die Ästhetik als eine Medienwissenschaft *avant la lettre* begriffen und ist integraler Bestandteil des Fachs, zumal eine trennscharfe Unterscheidung von Methoden und Theorien ohnehin kaum möglich ist, und insbesondere „philologisch-hermeneutische, kunstwissenschaftliche, philosophische, soziologische und psychologische Theorien und Methoden“ (Strategiekommission der GfM 2008) zur Theoretisierung herangezogen werden, wobei jedoch die Transformationskraft und Bereicherung des kulturwissenschaftlichen Theorierepertoires betont wird.

Teile der Medienwissenschaft konfigurierten sich als ‚Medientheorie‘ und wurden später als ‚German Media Theory‘ wahrgenommen in ihrer spezifischen – international nicht vergleichbaren – epistemischen Grundierung. In dieser Strömung, der deutschen Medientheorie, wurden ab Anfang der 2000er Jahre die Medienphilosophie und die Kulturtechnikforschung (Engell und Siegert 2010) zunehmend wichtig.

1.5 Abgrenzung der Medienwissenschaft von der Kommunikationswissenschaft

Medienwissenschaft grenzt sich von der eher sozialwissenschaftlichen Kommunikationswissenschaft vornehmlich durch andere Forschungsmethoden ab, aber auch durch ein unterschiedliches Erkenntnisinteresse und somit Theoriereferenzen. Die auf die Frage der Gesellschaft im Sinne sozialer Lebensrealität und ihrer Adressierung durch Massenmedien hinwirkende Kommunikationswissenschaft ist unterschieden von der Medienwissenschaft, die sich mit der Wechselwirkung von Medien, Technik und Kultur beschäftigt und Ästhetik und Geschichte einschließt. So beschäftigen sich die → COMMUNICATION STUDIES mit Medien im Sinne von Massenmedien und Kommunikationsmitteln, die sie mit sozialwissenschaftlich grundierten quantitativen und qualitativen Methoden untersucht.

Die Abgrenzung der deutschsprachigen Medienwissenschaft von den eigenständigen Disziplinen der deutschsprachigen Kommunikationswissenschaft, Publizistik und Journalistik, bildete eine Wissenschaftskonfiguration aus, die in diesem Zuschnitt in anderen europäischen/westlichen Ländern bzw. Forschungskontexten in dieser Form nicht vorfindlich ist (Friesen 2016; Wagner 2020).

1.6 Institutionalisierung

1.6.1 Geschichte

Friedrich Knilli (1930–2022) wurde 1972 zum Professor für Allgemeine Literaturwissenschaft mit Schwerpunkt Medienwissenschaft an die TU Berlin berufen, womit die ersten Anfänge zur Entwicklung als eigenständige Disziplin gelegt waren: Knillis medienwissenschaftliche Abteilung ging aus dem Institut für Sprache im technischen Zeitalter *(SPRITZ)* hervor. 1986 gründete Friedrich Knilli den Hauptstudiengang Diplom-Medienberatung an der TU Berlin, den ersten genuin medienwissenschaftlichen Studiengang, den er zusammen mit Siegfried Zielinski (1989 zum Professor für Audiovisionen an die Uni Salzburg berufen) verantwortete. Als Teilbereich der Theaterwissenschaft gab es ab Anfang der 1970er Jahre in Wien im Institut für Theaterwissenschaft erste Professuren mit medienwissenschaftlicher Teildenomination. Die frühen Anfänge der Disziplin konfigurierten sich auch dank des Studiengangs Medienanalyse an der Uni Hamburg, geleitet von Knut Hickethier, bevor Ende der 1970er Jahre dann das Fach „Medienwissenschaft", germanistisch-literaturwissenschaftlich ausgerichtet, institutionalisiert war (Paech 2011, 51).

Hans-Ulrich Gumbrecht, damals an der Universität Siegen, organisierte zwischen 1981 und 1989 fünf international ausgerichtete, interdisziplinäre Forschungskolloquien zur erkenntnistheoretischen Neuorientierung der Geisteswissenschaften. Initialfunke und für das Fach prägend war der erste medienwissenschaftliche Sonderforschungsbereich (SFB) „Ästhetik, Pragmatik und Geschichte der Bildschirmmedien", von 1985 bis 2000 als SFB der deutschen Forschungsgemeinschaft (DFG) an der Uni Siegen angesiedelt. 1987 hat Gumbrecht das erste geisteswissenschaftliche DFG-Graduiertenkolleg mit dem Titel „Kommunikationsformen als Lebensformen" geführt. Wesentlichen Einfluss auf die Medienwissenschaft hat das Käte Hamburger-Kolleg für Kulturtechnikforschung und Medienphilosophie (IKKM) der Bauhaus-Universität Weimar (2008–2020) genommen. Das DFG-Graduiertenkolleg „Locating Media" der Universität Siegen, das von 2009–2021 bestand, war ebenfalls sehr bedeutsam.

Die Fachgesellschaft der Medienwissenschaft wurde 1985 als Gesellschaft für Film- und Fernsehwissenschaft (GFF) gegründet, 2000 hat sie sich in Gesellschaft für Medienwissenschaft (GfM) umbenannt und weist aktuell 29 Arbeitsgruppen auf. Zwischen 2001 und 2007 wirkte an der Humboldt-Universität zu Berlin die interdisziplinär aufgestellte und international beachtete DFG-Forschergruppe „Bild – Schrift – Zahl", die sich erstmal auch den bis dato in den MEDIA STUDIES weniger stark erforschten Bildern zuwandte, diese mit Schriften und Zahlen in ihrem Zusammenhang in (analogen wie digitalen) medialen Kontexten mit neuen, auch ikonographischen, Methoden untersuchte (→ VISUAL STUDIES) – und so die Kulturtechnikforschung in den MEDIA STUDIES signifikant erweiterte. 2009 fand das erste medienwissenschaftliche DFG-Symposium statt, was einen weiteren symbolischen Abschnitt in der Etablierung des Fachs markiert (Bergermann 2015, 15), waren die MEDIA STUDIES bis dahin doch nicht mit dieser Nobilitierung durch die Deutsche Forschungsgemeinschaft ausgezeichnet worden. Dennoch erkennt die DFG die Medienwissenschaft/MEDIA STUDIES in ihrer Systematik nicht explizit als Einzelfach an, sondern gruppiert sie gemeinsam mit den Kunst-, Musik- und Theaterwissenschaften ein.

Die Konferenzreihe „Hyperkult" wurde sehr früh, bereits 1991, etabliert und prägte die Medienwissenschaft, insbesondere die Medientheorie, stark, denn ihre jährlich wechselnden Thematiken wenden sich rezenten, avancierten Medientechnologien zu.

Die Anfänge der institutionalisierten deutschsprachigen Medienwissenschaft sind verknüpft mit Forschungen zu Literaturadaptionen (Rundfunk und Film; siehe z. B. Knill, Hickethier und Lützen 1976; Albersmeier 1985; Schaudig 1992), zum Nexus von Medien und Holocaust (Knilli und Zielinski 1982; → HOLOCAUST STUDIES) sowie zur Internationalisierung/Europäisierung (z. B. Zielinski 1992; Zielinski und Luger 1993). Vor der institutionalisierten Medienwissenschaft ist die Medienkunde v. a. verknüpft mit dem Namen Helmut Schanzes (1974), die Wissenskonfiguration, die ‚medienreflexiv' bzw. im ‚Denken des Medialen' die Medialität theoretisiert. Da sich innerhalb anderer Disziplinen, u. a. der Theaterwissenschaft und der Germanistik, die medienwissenschaftliche Expertise entwickelte und viele medienwissenschaftliche Schriften *avant la lettre* in der Kulturgeschichte ausgemacht werden können, sollen hier exemplarisch einige wenige Schriften genannt werden, ohne damit einen Erstheits- und Exklusivitätsanspruch zu verbinden.

1.6.2 Publikationen

Frühe, der Disziplin Medienwissenschaft zuzurechnende, Monographien werden von Friedrich Knilli vorgelegt, der 1959 eine Arbeit zum Hörspiel (Knilli 1959) veröffentlichte. Helmut Schanze publizierte 1974 die *Medienkunde für Literaturwissenschaftler*, gefolgt von einer *Literaturgeschichte als Mediengeschichte* (1976/77). Neben der germanistischen Medienwissenschaft sind erste „Medienanalyse" im Titel tragende Monographien und Konferenzschriften ab 1972 nachzuweisen. Die Medienanalyse, eine frühe und auch studiengangsnamengebende Hauptströmung der Medienwissenschaft, war auf Fernsehen und audiovisuelle Medien bezogen und u. a. von pädagogischen Fachgesellschaften getragen. ‚Medienkunde' und ‚Medienkritik' sind weitere vor-disziplinäre bzw. frühe Wissenskonfigurationen, gefolgt von der ‚Medienarbeit'. In der zweiten Hälfte der 1980er Jahre wurde die Medienwirkungsforschung zum Wissensgebiet, hauptsächlich der Kommunikationswissenschaft, das große Aufmerksamkeit auf sich zog, ebenso wie die Medienanalyse als Kultur- und Gesellschaftskritik. In diesem Zeitraum erscheinen erstmalig Bücher mit ‚Medientheorie' im Titel, dem späteren Großparadigma der Medienwissenschaft. Ende der 1990er Jahre tauchten die ersten Kompendien auf (siehe z. B. Faulstich 1991; Kloock und Spahr 1997) sowie Handbücher in renommierten Wissenschaftsverlagen. Ebenfalls in der zweiten Hälfte der 1990er Jahre zogen die CULTURAL STUDIES (im Verbund mit der Medienanalyse) in den Kern-Wissensbereich der Medienwissenschaft ein.

1.6.3 Zeitschriften

Die Schriftenreihe der Gesellschaft für Film- und Fernsehwissenschaft (GFF) erschien von 1987–2000 und umfasste die Tagungsbände der Jahrestagungen; nach Umbenennung der Fachgesellschaft erscheinen sie von 2002–2009 unter dem Namen *Schriftenreihe der Gesellschaft für Medienwissenschaft (GfM)*. Das Film- und Fernsehwissenschaftliche Kolloquium (FFK), mit dazugehöriger Schriftenreihe, findet seit 1988 statt und richtet sich vornehmlich an den wissenschaftlichen Nachwuchs. Seit 2017 erscheinen die Tagungsbeiträge in der *open access*-Publikationsplattform *ffk journal*.

Die Gründung der Zeitschrift *Germanistische Medienwissenschaft* durch Knilli, Zielinski und Hickethier erfolgte 1989 und umfasste vier Bände (1989–1991). Ab 1955 gab das Institut für Theater-, Film- und Medienwissenschaft an der Universität Wien die *Vierteljahresschrift für Theaterwissenschaft* heraus, seit 1991 mit medienwissenschaftlichen Beiträgen unter dem Namen *Maske und Kothurn. Montage A/V. Zeitschrift für Theorie und Geschichte audiovisueller Kommunikation* erscheint seit 1992 zweimal jährlich und ist vornehmlich film- und fernsehwissenschaftlich ausgerichtet. *Navigationen – Zeitschrift für Medien- und Kulturwissenschaften,* herausgegeben von der Universität Siegen, neben den Universitäten Weimar, Bochum und Hamburg, ein großer medienwissenschaftlicher Studien- und Forschungsstandort, wird seit 2001 vertrieben, und die Schriftenreihe *Medien'Welten. Braunschweiger Schriften zur Medienkultur* existiert seit 2004. Die *Zeitschrift für Medienwissenschaft,* deren erste Heftausgabe 2009 erfolgte, herausgegeben von der *Gesellschaft für Medienwissenschaft* (GfM), ist das Publikationsorgan der medienwissenschaftlichen Fachgesellschaft. Die englischsprachige, international ausgerichtete Zeitschrift *Digital Culture & Society* erscheint seit 2014. Wichtig für die deutschsprachige Forschung ist der transcript Verlag, der rund 20 medienwissenschaftliche Buchreihen aufweist.

Eine weitere wichtige internationale Zeitschrift im Bereich der MEDIA STUDIES ist das Journal *Media, Culture and Society,* das seit 1979 erscheint. Feministische Ansätze im Bereich der Medien- und Kommunikationswissenschaft werden seit 2001 in *Feminist Media Studies* veröffentlicht. Mit der Rolle der Digitalen Medien im Informationszeitalter beschäftigt sich *Information, Communication & Society* seit 1998. *New Media & Society* existiert seit 1999. Ebenfalls mit einem Fokus auf neuen Medientechnologien und ihren Auswirkungen wurde das Journal *Convergence: The International Journal of Research into New Media Technologies* 1995 ins Leben gerufen. *Communication Theory* veröffentlicht seit 1991 Forschung zur Theorieentwicklung im Bereich der Kommunikation aus unterschiedlichen Disziplinen. Die International Communication Association gibt seit 1951 das *Journal of Communication heraus. Das International Journal of Communication* wurde als interdisziplinäre Zeitschrift 2007 von Manuel Castells und Larry Gross gegründet. *Critical Studies in Media Communication* erscheint seit 1984. Seit 2000 untersucht *Television & New Media,* wie Machstrukturen sich in Medienpolitik, -wirtschaft und -kultur widerspiegeln.

1.7 Besondere Schwerpunkte

Ein gewichtiger Strang in der Medienwissenschaft ist die Ausrichtung an Wissensgeschichte, zweitrangig an Wissenschaftsgeschichte, im steten Bemühen die beiden Spannungspole, das Technische und das Soziale, zu einem Schnittpunkt zu bringen, dem der zur Reflexion konstituierten Medien. Gerade aufgrund dieser disziplinären Grundlagenkonfiguration sowie der theoretischen Reflexion der fundamentalen Rolle der Technik für Medien in ihren sozialen Gebrauchsweisen steht die deutschsprachige Medienwissenschaft in Nähe zu den englischsprachigen → SCIENCE AND TECHNOLOGY STUDIES (STS), insbesondere zu der aus ihr hervorgegangenen Akteur-Netzwerk-Theorie (ANT). Die ANT wurde ab Mitte der 2000er Jahre in der Medienwissenschaft stark rezipiert (z. B. Kneer, Schroer und Schüttpelz 2008; Thielmann und Schüttpelz 2013) und erwies sich bis Mitte der 2010er Jahre als Hauptströmung, vornehmlich durch das Internationale Kolleg für Kulturtechnikforschung und Medienphilosophie (IKKM, 2008–2020) der Bauhaus-Universität Weimar. Die medienwissenschaftliche ANT arbeitet die *agency* von menschlichen und nicht-menschlichen Akteuren in operativen Zeichenketten heraus. Die Handlungsmacht von Medien, Artefakten und Inskriptionen, sowie die Mediengebundenheit aller technischen und sozialen Abläufe aus der technische, wissenschaftliche und organisatorische Operationen hervorgehen, aufzudecken und zu konzeptionalisieren, hat die tiefgehende Verschränktheit von Medien, Technik und Sozialem erfasst (Thielmann und Schüttpelz 2013, 15).

2 Exemplarische Beispiele und Fragestellungen

MEDIA STUDIES müssen in der Lage sein, eine Definition zu ihren zentralen Begrifflichkeiten zu geben – zu Medium und Medien zuvorderst –, ihren Gegenstandsbereich darzulegen, ihre Methoden anzugeben und ihre Forschungsthesen zu begründen. Um die historische wie thematische Breite, insbesondere auch um die Auffassung, was alles als Medium wie definiert werden könnte, ist lange und intensiv diskutiert worden – und wird es noch weiterhin.

Von der Medienwissenschaft wurde erwartet, eine Antwort auf die Frage zu geben: „Was ist ein Medium?“ (Münker und Rösler 2008) Genauer genommen zielte die Frage auf den Medienbegriff der Medienwissenschaft, wenn diese zwar auf die Medien (Einzel-, Massenmedien und Mediensystem) abstellte und den Anspruch erhob, Expertise für diese zu haben und in zahlreichen Studiengängen lehren zu können, aber nicht dem landläufigen Medienbegriff folgte.

Heterogene, untereinander nicht kompatible, nach Theorien und Schulen unterschiedene Mediendefinitionen koexistieren friedlich, und mehrere Medienunterscheidungen, wie z. B. die zwischen Speicher- und Verbreitungsmedien, Wahrnehmungs-, Kommunikations- und Verbreitungsmedien, wurden angeboten und mit Interesse diskutiert. Doch die Selbstverständigung des Fachs, die Fachidentität der Medienwissenschaft, die sie erst als Wissenschaftsdisziplin auszeichnet, erwarb sie im Ringen um den Medienbegriff, der mit der übergeordneten, weit umfassenderen Kategorie der Medialität beantwortet wurde. Die

‚Eigengesetzlichkeit der Medien', das ‚Mediale', das ‚Denken des Medialen', die ‚mediale Eigenlogik' wurde zur Kernidentität des Fachs. Ein Medium wird als „Aktualisierung des medialen Potenzials" (Engell 2003, 54–55) gedacht und damit eine Objektkonstruktion durch philosophische Reflexion erzwungen, diametral dem alltagssprachlichen Medienbegriff entgegensetzt, in dem Medien mit Übertragungsapparaten (und ihren typisierten Inhalten) gleichgesetzt sind. Die Abhängigkeit von Allem (Seiendem) von den ihnen vorgängigen Medien wird stets betont, so z. B. in der Präsentation der *Medien des Heiligen* (2015), bei der die Herausgeber im Klappentext präzisieren: „[H]ier wird von der unhintergehbaren Hervorbringung des Heiligen durch Medien ausgegangen [...], ist das Heilige als Unberührbares, als eine Gewalt zu verstehen, der sich zu nähern technische Mittel erfordert. Da es das Heilige nicht jenseits der Operationen gibt, durch die es hergestellt wird, gehen die Beiträge des Heftes den medialen Operationen und Praktiken des Heiligen nach."

Die Auffassung von ‚Medien' im substanziellen und historischen Sinne wird verworfen (Engell und Vogl 1999, 10). Die Abgrenzung zu Repräsentationsformen, Techniken und Symboliken als allein schon hinreichende Begründung oder Denk- und Verhandlungsform von Medien wird zurückgewiesen, und Medienwissenschaft soll ihre Legitimität in der Verhältnisbegründung der genannten Elemente finden. Das heißt, dass Medien gleichzeitig als Vermittler von Informationen, als Kommunikationsinstrumente, als Technologie, als gesellschaftliches Phänomen und als kulturelles Artefakt wahrgenommen und theoretisch gedacht werden müssen. Der generalistische Ansatz, der seinen Theoriekanon aus vielen akademischen Disziplinen herausgebildet hat (so z. B. Philosophie, Soziologie, Wissens- und Kulturgeschichte), fragt z. B. danach, wie Medientechnologien unser Verständnis von Raum und Zeit bilden. Ulrike Bergermann (2015) hat die Frage aufgeworfen, welcher Art diese Medienwissenschaft sei. Der Gründungsdiskurs legitimiere sich in der Leere. Eine Medienwissenschaft ohne Gegenstand oder Objekt kann es geben bzw. kann es nur so geben, denn Medienwissenschaft findet ihren Kern darin „ein Medium, ein Mittleres, eine Übersetzungsleistung, einen blinden Fleck, ein leeres Zentrum in den Mittelpunkt einer Disziplin zu stellen, die ihre Legitimation ja durchaus nicht als reine Medialitätsforschung erhält, sondern aus der stets neuen Erarbeitung von Bezugnahmen zwischen einzelnen Medien/Artefakten und ihrer Medialität" (Bergermann 2015, 20).

In den vielen medienwissenschaftlichen Einführungen seit Anfang der 2000er Jahre wurde Wissen(schaft)sgeschichte, Medialität und Erkenntnistheorie – explizit oder implizit im Kontext einer Fachgründung – zusammengedacht. Wissensproduktion auf Medialität hin zu befragen, auf ihre mediale Begründung (im doppelten Wortsinn), ist der Medienwissenschaft als Mandat geblieben. So weist das *Handbuch Medienwissenschaft* (Schröter 2014) neben den Basismedien Bild, Klang,

Text, Zahl auch die Geste als Basismedium auf, und Geld wie textile Medien fungieren unter den Einzelmedien.

Die Bezeichnung ‚Medienkulturwissenschaft' bzw. ‚kulturwissenschaftliche Medienforschung' (CULTURAL MEDIA STUDIES; MEDIA CULTURAL STUDIES; CULTURAL STUDIES OF MEDIA) sind Zeugnis einer Fundierung in Literatur- und Kulturwissenschaft, jedoch in einer Theorieformation, die die über Einzelmedien hinausgehende grundlegende Konstitutionskraft des Medialen erfasst als zugleich (kultur-)technisch basiertes, symbolisch konfiguriertes, über Zeichen unterschiedlicher Natur (Bild, Zahl etc.) operierendes Dispositiv, das auf das Individuum als Subjektkonstitutionskraft bzw. auf die Gesellschaft als Kollektiv einwirkt und *vice versa* (Medien/Technik sind Ablagerungen des Sozialen).

3 Kulturwissenschaftliche Forschung im deutschsprachigen Raum

Medienwissenschaft, in ihrem grundlegenden kulturwissenschaftlichen Selbstverständnis kann jedwede Vermittlung, die auf einem symbolischen Zeichencharakter beruht, als medienbasiert erfassen und somit Bild, Schrift, Zahl (Krämer & Bredekamp 2003) als Medien definieren bzw. die Kulturtechniken Lesen, Schreiben, Rechnen, mithin Mnemotechniken, die körpergebundene kulturell konfigurierte Vermittlungen leisten, die an symbolische Zeichen gebunden sind, als mediale Konfigurationen ausweisen (grundlegend zu Kulturtechniken siehe Siegert 2015). Somit greift Medienwissenschaft nicht nur weit ins Historische aus (etwa die Geschichte der Schrift), sondern kann jedwede Thematisierung von Bild, Schrift und Zahl als medientheoretische Reflexion in den Kanon der Medienwissenschaft einreihen – so etwa in einer Abhandlung von Günter Helmes zum alttestamentarischen Bilderverbot (2002, 23), womit auch Texte aus der griechischen und römischen Antike zu ihrem Fundament werden. Die damit einhergehende Kanonisierung, die Etablierung von Referenztexten, sind Rekonfigurationen klassischer Texte aus Geschichte, Ästhetik, Literatur, Kunst und Philosophie unter der neuen interesseleitenden Perspektivierung der Vermittlung, der Mediengebundenheit als *conditio sine qua non*, die auch Aussagen wie das grundlegendere Wahrnehmen, Denken und Fühlen erst ermöglichen, und die somit zur Daseins-Grundbedingung des Menschen wird. Die physiologische Wahrnehmungsbedingung, die fünf menschlichen Sinne, werden in ihrem Zusammenhang von Wahrnehmen und Erkennen als Erkenntnis und Wissen zu medialen Grundbedingungen. Als mediale Wissenskonfigurationen aufgefasst, werden Medien und Wissen kurzgeschlossen.

Medien als anthropologische Konstante werden sodann evolutionär thematisierbar als historisch bedingte Aussagebedingungen, die sozial, kulturell und politisch in ihrer kollektiven Dimension wie psychologisch und pädagogisch in ihrer individuellen Dimension sich erweisen.

Unter ‚Medien' werden auf verschiedenen Ebenen angesiedelte Vermittlungen subsumierbar – sowohl die unterschiedlichen Zeichennaturen (Bild, Schrift, Zahl) als auch die Künste (das Schauspiel, die Mal- wie die Dichtkunst, der Gesang und der Tanz) sowie Medien als intermediale ästhetische Erscheinungsweisen und ebenso die spezifischen Konfigurationsebenen der Formate und Genres.

Neben der Kittler'schen Medienwissenschaft war ein weiteres Großparadigma der Medienwissenschaft, die nach erfolgreicher Gründung sich fortlaufend in Subdisziplinen ausdifferenzieren konnte, aber in ihrem identitären Kern der Medientheorie noch einen inneren Zusammenhang aufwies, die Intermedialität (INTERMEDIA STUDIES; INTERART STUDIES): „Zugleich sorgte die Intermedialitätsanalyse nicht nur für eine systematische Vernetzung der Medienwissenschaft innerhalb der Kulturwissenschaften, sondern sie bietet sich als Wissenschaft des Mediensystems und der Medienkulturen geradezu als Integrations- und Ankerpunkt der Kulturwissenschaften an. Damit aber hat sich die Medienwissenschaft als eigenständiges Wissenssystem mit einem prinzipiell nicht abzuschließenden Objektbereich und einer integralen Vernetzung innerhalb der Kulturwissenschaften etabliert." (Leschke 2012, 14)

4 Potenzial, Kritik und Ausblick

4.1 Potenzial und Kritik

Die deutschsprachige Medienwissenschaft ist nicht nur durch die große Spannbreite an Einzelmedien, denen sie sich widmet, sehr weit aufgespannt, auch die Theorieorientierungen sind von einer großen Bandbreite.

Neben den zu erwartenden Einzelmedien und Mediensystemen werden von der Medienwissenschaft insbesondere – da vom alltagssprachlichen Begriff abweichend – der weit gefasste Medienbegriff vermittelt. Dieser wird jedoch nicht definitorisch dargelegt, sondern exemplarisch hinsichtlich von Anwendungsfeldern genannt. Kritik an einem ausufernden Medienbegriff, der Gegenstände und Praxen als Medien festlegen kann und sich zugleich der Eingrenzbarkeit durch hinreichende, überprüfbare Bestimmungsmerkmals des Medialen verweigert, kam von der Kommunikationswissenschaft (→ COMMUNICATION STUDIES), und stellt in der Lehre eine große Herausforderung dar.

Die starke historische Ausrichtung der Medienwissenschaft im Verbund mit dem kritisch-analytischen Ausgriff auf Geschichte, Kultur und Gesellschaft verleiht ihr einen fundamentalen und generalistischen Deutungsanspruch, um damit eine Reflexionsfolie für aktuelle und zukünftige Medien- und Gesellschaftsentwicklungen bereit zu halten (GfM 2018b).

Das von Friedrich Kittler und seinem technologisch-materialistischen Ansatz vertretene medienwissenschaftliche Denken erfuhr innerhalb und hauptsächlich außerhalb der Disziplin sowohl große Verehrung (wie 1980 unter Studierenden, die als „Kittler-Jugend" bezeichnet wurden, z. B. Bernhard Siegert und Wolfgang Ernst), als auch harsche Kritik. Diese von einigen Wissenschaftler*innen als Technikdeterminismus abgelehnte Denkrichtung entwickelte sich zur Kulturtechnikforschung. Die Technizität des Medialen zu denken, wurde jedoch nicht auf Technikgeschichte, sondern eher wie die auch in den Medienwissenschaften breit wahrgenommene und anschlussfähige Technikphilosophie betrieben als geistes- und sozialgeschichtliche Rekonstruktion ihrer Bedingungen und Effekte.

Eine kritische Selbstbefragung der Medienwissenschaft leistete Rainer Leschke (2012), der die Fokussierung auf das Mediale, die hartnäckige Frage nach der Medialität, als (zum Scheitern verurteilter?) Versuch einer ontologischen Grundlegung der Disziplin ansieht.

4.2 Ausblick

In mehreren akademischen Disziplinen der Geisteswissenschaften, einschließlich der Sozialwissenschaften (→ SOCIAL STUDIES), war ein *new materialist turn*, eine ‚neue materialistische Wende' innerhalb der europäischen MEDIA STUDIES stark ausgeprägt. Sie führte den etablierten Strang der Materialität der Kommunikation in den Kulturwissenschaften fort und weitete ihn auf neue akademische Disziplinen (Feminismus, Philosophie, Wissenschaftsstudien, Geschichte, Medienwissenschaften) aus, während sie ihn von der Geschichte (der Technologie) auf den Bereich der Wissenstheorie (Theory of Knowledge, TOK) ausdehnte. Der Schwerpunkt verlagerte sich von ausschließlich textbasierten Studienobjekten auf die Untersuchung von Objekten. Apparate, Artefakte und alle anderen Objekte der Kommunikations- und Informationsmittel werden als objektbezogene Nachzeichnung der Wissensgeschichte, der Ideengeschichte und der Zirkulation von Ideen und Wissen verstanden. Die Fokussierung auf Objekte und „Grenzobjekte" (Susan Leigh Star) war in den → SCIENCE-TECHNOLOGY-STUDIES und insbesondere in der Actor-Network-Theory besonders ausgeprägt. Die Fokussierung auf Netze und Netzwerke innerhalb und jenseits der ANT schuf ein interdisziplinäres Forschungsfeld: die Netzwerkforschung (v. a. in den Geschichts-, Technik- und Medienwissenschaften). Ein Forschungsfokus wurde durch die Infrastrukturforschung gewonnen. Kern dieses neuen Ansatzes ist es, die materialistische Ebene, die institutionelle Ebene und die diskursive Ebene als solche zu erforschen, ihre Verflechtung und ihre vielfältigen Interdependenzen, was ein Gegengewicht zum vorherrschenden rein institutionellen Ansatz bildet. Dieser neue Forschungsstrang war für die Europaforschung (→ EUROPEAN STUDIES) besonders fruchtbar, wobei an erster Stelle das Forschungsnetzwerk Tensions of Europe zu nennen ist. Die Analyse der Art und Weise, wie die überragenden Informations- und Kommunikationstechnologien (IKT) und ihre Grundlage, die internationale medientechnische Infrastruktur, gesamteuropäische (blockübergreifende) Kommunikationsmittel bereitstellen, ist in einer ost-westeuropäischen Perspektive entscheidend und innovativ. Diese neuen IKT (Informations- und Kommunikationstechnologien) hatten einen starken Einfluss auf die Bedeutung der Kommunikation.

5 Literaturverzeichnis

Abend, Pablo. *Geobrowsing: Google Earth und Co. Nutzungspraktiken einer digitalen Erde*. Bielefeld 2013.

Albersmeier, Franz-Josef. *Die Herausforderung des Films an die französische Literatur. Entwurf einer Literaturgeschichte des Films*. Heidelberg 1985.

Bachmann-Medick, Doris. *Cultural Turns. Neuorientierung in den Kulturwissenschaften*. Reinbek 2006.

Bergermann, Ulrike. *Leere Fächer. Gründungsdiskurse in Kybernetik und Medienwissenschaft*. Münster 2015.

Böger, Astrid und Florian Sedlmeier (Hrsg.). *U. S. American Culture As Popular Culture*. Heidelberg 2022.

Buschauer, Regine und Katherine Willis. *Locative Media. Medialität und Räumlichkeit*. Bielefeld 2013.

Döring, Jörg und Tristan Thielmann (Hrsg.). *Mediengeographie. Theorie, Analyse, Diskussionen*. Bielefeld 2009.

Döring, Jörg und Tristan Thielmann (Hrsg.). *Spatial Turn. Das Raumparadigma in den Kultur- und Sozialwissenschaften*. Bielefeld 2008.

Döring, Jörg. „Zur Geschichte der Literaturkarte, 1907–2008". *Mediengeographie: Theorie, Analyse, Diskussion*. Hrsg. von Jörg Döring und Tristan Thielmann. Bielefeld 2009: 247–290.

Dünne, Jörg und Stephan Günzel (Hrsg.). *Raumtheorie. Grundlagentexte aus Philosophie und Kulturwissenschaften*. Frankfurt a.M. 2006.

Durham, Meenakshi Gigi und Douglas M. Kellner (Hrsg.). *Media and Cultural Studies: Keyworks*. Malden, MA 2012.

Engell, Lorenz. „Tasten, Wählen, Denken. Genese und Funktion einer philosophischen Apparatur". *Medienphilosophie. Beiträge zur Klärung eines Begriffs*. Hrsg. von Stefan Münker, Alexander Roesler und Mike Sandbothe. Frankfurt a.M. 2003: 53–77.

Engell, Lorenz und Bernhard Siegert (Hrsg.). „Medienphilosophie". *Zeitschrift für Medien- und Kulturforschung* 2 (2010).

Engell, Lorenz und Joseph Vogl. „Zur Einführung". *Kursbuch Medienkultur. Die maßgeblichen Theorien von Brecht bis Baudrillard*. Hrsg. von Claus Pias et al. Stuttgart 1999: 8–11.

Faulstich, Werner. *Medientheorien: Einführung und Überblick*. Göttingen 1991.

Friesen, Norm (Hrsg.). *Media Transatlantic. Developments in Media and Communication Studies Between North American and German-Speaking Europe*. Cham 2016.
GfM. Gesellschaft für Medienwissenschaft. „Selbstverständnis, Forschungsfragen, Wissenschaftspolitik". 27. Februar 2018: https://gfmedienwissenschaft.de/gesellschaft [31.01.2024].
GfM. Gesellschaft für Medienwissenschaft. „Positionen". 12. Januar 2023: https://gfmedienwissenschaft.de/positionen [31.01.2024].
Gumbrecht, Hans-Ulrich und Karl Ludwig Pfeiffer. *Materialität der Kommunikation*. Frankfurt a.M. 1988.
Günzel, Stephan. *Handbuch Raum*. Stuttgart 2009.
Günzel, Stephan. *Topologie. Zur Raumbeschreibung in den Kultur- und Medienwissenschaften*. Bielefeld 2007.
Hagen, Wolfgang. „Zellular, Parasozial, Ordal. Skizzen zu einer Medienarchäologie des Handys". *Mediengeographie. Theorie, Analyse, Diskussionen*. Hrsg. von Jörg Döring und Tristan Thielmann. Bielefeld 2009: 359–382.
Helmes, Günter und Werner Köster (Hrsg.). *Texte zur Medientheorie*. Stuttgart 2002.
Kelleter, Frank und Daniel Stein (Hrsg.). *American Studies as Media Studies*. Heidelberg 2008.
Kittler, Friedrich A. *Austreibung des Geistes aus den Geisteswissenschaften. Programme des Poststrukturalismus*. Paderborn 1980.
Kloock, Daniela und Angela Spahr. *Medientheorien: Eine Einführung*. Paderborn 1997.
Kneer, Gerd, Marcus Schroer und Erhard Schüttpelz (Hrsg.). *Bruno Latours Kollektive. Kontroversen zur Entgrenzung des Sozialen*. Frankfurt a.M. 2008.
Knilli, Friedrich. *Das Hörspiel in der Vorstellung der Hörer. Eine experimental-psychologische Untersuchung*. Graz 1959.
Knilli, Friedrich, Knut Hickethier und Wolf-Dieter Lützen (Hrsg.). *Literatur in den Massenmedien. Demontage von Dichtung?* München 1976.
Knilli, Friedrich und Siegfried Zielinski. *Holocaust zur Unterhaltung*. Berlin 1982.
Krämer, Sybille und Horst Bredekamp (Hrsg.). *Bild, Schrift, Zahl*. Paderborn 2003.
Krämer, Sybille. *Technik als Kulturtechnik. Kleines Plädoyer für eine kulturanthropologische Erweiterung des Technikkonzeptes*. Ulm 2004.
Latour, Bruno. „Die Logistik der immutable mobiles". *Mediengeographie. Theorie, Analyse, Diskussionen*. Hrsg. von Jörg Döring und Tristan Thielmann. Bielefeld 2009: 111–144.
Leschke, Rainer. *Medienwissenschaften und Geschichte. Morphologie einer Wissenschaft*. o.O. 2012.
Münker, Stephan und Alexander Rösler (Hrsg.). *Was ist ein Medium?* Frankfurt a.M. 2008.
Muhle, Maria. „Medienwissenschaft als theoretisch-politisches Milieu". *Zeitschrift für Medienwissenschaft* 10.1 (2014): 137–142.
Noonan, Caitriona und Christine Lohmeier. „From Cultural Studies to Impact Factor: Media and Communication Research in the United Kingdom". *Kommunikationswissenschaft im internationalen Vergleich*. Hrsg. von Stefanie Averbeck-Lietz. Wiesbaden 2017: 33–52.
Paech, Joachim. *Warum „Medien"?* Konstanz 2006: http://medientheorie.com/aktuell/WasWarenMedien/03_Paech.mp3 [31.01.2024].
Paech, Joachim. „Die Erfindung der Medienwissenschaft: Ein Erfahrungsbericht aus den 1970er Jahren". *Was waren Medien?* Hrsg. von Claus Pias. Zürich 2011: 31–55.
Peters, John Durham. „Strange Sympathies: Horizons of Media Theory in America and Germany". *American Studies As Media Studies*. Hrsg. von Frank Kelleter und Daniel Stein. Heidelberg 2008: 131–152.

Pias, Claus. „Was waren Medien-Wissenschaften? Stichworte zu einer Standortbestimmung“. *Was waren Medien?* Hrsg. von Claus Pias. Zürich 2011: 7–30.

Schanze, Helmut. *Medienkunde für Literaturwissenschaftler. Einführung und Bibliographie*. München 1974.

Schaudig, Michael. *Literatur im Medienwechsel: Gerhart Hauptmanns Tragikomödie „Die Ratten“ und ihre Adaptionen für Kino, Hörfunk, Fernsehen. Prolegomena zu einer Medienkomparatistik*. München 1992.

Schröter, Jens. „Das transplane Bild und der spatial turn“. *Mediengeographie. Theorie, Analyse, Diskussionen*. Hrsg. von Jörg Döring und Tristan Thielmann. Bielefeld 2009: 167–178.

Schröter, Jens. „Einleitung“. *Handbuch Medienwissenschaft*. Hrsg. von Jens Schröter. Stuttgart 2014: 1–11.

Schüttpelz, Erhard. „Die medientechnische Überlegenheit des Westens. Zur Geschichte und Geographie der immutable mobiles Bruno Latours“. *Mediengeographie. Theorie, Analyse, Diskussionen*. Hrsg. von Jörg Döring und Tristan Thielmann. Bielefeld 2009: 67–110.

Seier, Andrea. *Remediatisierung Die performative Konstitution von Gender und Medien*. Münster 2015.

Siegert, Bernhard. *Cultural Techniques: Grids, Filters, Doors, and other Articulations of the Real*. New York 2015.

Strategiekommission der GfM. *Kernbereiche der Medienwissenschaft. Beschluss der Mitgliederversammlung der GfM*. 4. Oktober 2008: https://www.online.uni-marburg.de/blog-mediarep/blog/wp-content/uploads/2020/02/2008-GfM-Strategiepapier.pdf. [31.01.2024].

Thielmann, Tristan und Erhard Schüttpelz (Hrsg.). *Akteur-Medien-Theorie*. Bielefeld 2013.

Vogl, Joseph et al. (Hrsg.). *Medien des Heiligen. Archiv für Mediengeschichte 2015*. Weimar 2015.

Wagner, Hedwig (Hrsg.). *Europäische Medienwissenschaft. Zur Programmatik eines Fachs*. Bielefeld 2020.

Wagner, Hedwig. „Media Studies in Germany in the Context of Cultural Studies and Franco-German Cooperation“. *History of Media Studies* 3 (2023): o.P.

Weigel, Sigrid. „Zum ‚topographical turn‘. Kartographie, Topographie und Raumkonzepte in den Kulturwissenschaften“. *KulturPoetik* (2002): 151–165.

Zielinski, Siegfried. *Video: Apparat/Medium, Kunst, Kultur. Ein internationaler Reader*. Frankfurt a.M. 1992.

Zielinski, Siegfried und Kurt Luger (Hrsg.). *Europäische Audiovisionen. Film und Fernsehen im Umbruch*. Wien 1993.

Steffen Röhrs

Memory Studies

1 Forschungsgeschichte

Die kulturwissenschaftlichen MEMORY STUDIES stellen ein internationales, interkulturelles und interdisziplinäres Forschungsfeld dar, in dem die Beschäftigung mit Formen, Funktionen und kulturellen Praktiken des Erinnerns sowie mit medialen Techniken der Erinnerung in ihrer individuellen und kollektiven Dimension im Mittelpunkt steht. Verantwortlich für die anhaltende „Präsenz des Gedächtnis-Themas" (Erll 2017, 2) in Wissenschaft und Gesellschaft sind einerseits verschiedene historische Transformationsprozesse – darunter etwa das Schwinden von Zeitzeug*innen des Zweiten Weltkriegs und des Holocaust oder auch Dekolonialisierungs- und Migrationserfahrungen – sowie medientechnologische Entwicklungen, die auf neue Weise Fragen nach einer medialen Bewahrung von Erinnerungen, aber auch nach einem möglichen Vergessen angesichts immer umfassenderer Speicherungsmöglichkeiten aufwerfen (Erll 2017, 2–4). Andererseits ist der „boom" (Erll und Nünning 2010, v) der MEMORY STUDIES durch die Dynamik, Anschlussfähigkeit und potenzielle Offenheit des Forschungsdiskurses selbst erklärbar. Für Astrid Erll entwickelte sich die vielschichtige Beziehung zwischen Erinnerung, Gedächtnis und Kultur in den vergangenen Jahren zu einer der zentralen Schnittstellen interdisziplinärer Forschung, „involving fields as diverse as History, Sociology, Art, Literary and Media Studies, Philosophy, Theology, Psychology, and the Neurosciences, and thus bringing together the Humanities, Social Studies, and the Natural Sciences" (2010, 1). Deutlich wird hier, dass in der aktuellen Gedächtnisforschung eine „Heterogenität der Konzepte und disziplinären Zugriffsweisen" (Erll 2017, 4) vorherrscht, was als Chance einer fächerübergreifenden Vernetzung, gleichzeitig aber auch als Herausforderung für die akademische Institutionalisierung der MEMORY STUDIES begriffen werden kann.

Das Interesse an der Erinnerung ist eine Grundkonstante menschlicher Gesellschaften und reicht weit zurück. Dies zeigt sich nicht nur an der griechischen Philosophie und ihrem Bewusstsein um die Bedeutung des Gedächtnisses für die menschliche Identität, sondern ebenfalls an der Entwicklung der antiken Rhetorik, die neben Anleitungen zum Verfassen auch konkrete Erinnerungstechniken (*memoria*, Mnemotechnik) zum erneuten Abrufen von Reden bereitstellt (Pethes 2013, 23–27). Maßgeblichen Einfluss auf konzeptuelle und terminologische Grundannahmen der heutigen MEMORY STUDIES haben wiederum insbesondere sozial-, kunst-, geschichts- und kulturwissenschaftliche Gedächtnistheorien des 20. Jahrhunderts. Fachgeschichtliche Überblicke (Gudehus et al. 2010; Pethes 2013; Erll 2017) sind sich darin einig, dass die theoretische Konzeptualisierung des Gedächtnisses in seiner

https://doi.org/10.1515/9783110712919-022

überindividuellen, kollektiven Dimension ihren Anfang in den 1920er Jahren nimmt und dann erneut ab den 1980er Jahren entscheidende Impulse für eine Weiterentwicklung und Reflexion erfährt. Diese „Konjunkturwellen“ (Pethes 2013, 19) korrelieren Nicolas Pethes zufolge mit den als krisenhaft wahrgenommenen Umbruchsituationen von Moderne und ‚Postmoderne‘ (Lyotard 1994; Bauman 1995), in deren Zuge gewohnte Traditionslinien, Denkweisen und Wissenschaftsparadigmen – etwa die Vorstellung einer geschichtlichen Kontinuität – eine epistemologische Neubewertung erfahren (Pethes 2013, 17–19).

Zwar wird schon in der zweiten Hälfte des 19. Jahrhunderts Erinnerungsforschung betrieben – hierbei handelt es sich überwiegend um empirisch-experimentelle Untersuchungen der Gedächtnisleistung, etwa im Bereich der kognitiven Psychologie und der frühen Neurowissenschaften (Pethes 2013, 29–31; Erll 2017, 79). Eine intensivere geisteswissenschaftliche Auseinandersetzung mit dem Gedächtnis, die sich von dessen vermeintlicher biologischer ‚Natur‘ abwendet und auf eine Durchdringung der sozialen, kulturellen und medialen Bedingungen des Erinnerns abzielt, findet – in Rückbezug auf die kulturtheoretischen Schriften Friedrich Nietzsches (1844–1900) und Sigmund Freuds (1856–1939) – jedoch erst zu Beginn des 20. Jahrhunderts statt. Zentral sind in diesem Zusammenhang die Arbeiten des aus Hamburg stammenden Kunsthistorikers Aby Warburg (1866–1929) und des französischen Soziologen Maurice Halbwachs (1877–1945). Indem Warburg die „erinnerungsauslösende Kraft“ (Erll 2017, 16) der Kunst erforscht und konkrete Visualisierungen bestimmter Gebärden und Symbole als Speicher menschlicher Affekte deutet (‚Pathosformeln‘), verbindet er ikonographische mit gedächtnispsychologischen Überlegungen. Auf diese Weise entwickelt er die Vorstellung eines kulturell geprägten europäischen Bildgedächtnisses (Warburg 2000). Demgegenüber betont Maurice Halbwachs die gesellschaftlich-sozialen Bedingungen des Erinnerns: In seiner 1925 publizierten Studie *Les cadres sociaux de la mémoire* stellt Halbwachs die wegweisende These auf, dass individuelle Erinnerungen stets in einem „kollektiven Bezugsrahmen“ (Halbwachs 2019, 22) gebildet würden, den er als „kollektives Gedächtnis“ (Halbwachs 2019, 21) bezeichnet. Damit wendet sich Halbwachs gegen einen psychologisch-positivistischen Ansatz, den Menschen als ein „isoliertes Wesen“ (Halbwachs 2019, 20) jenseits des sozialen Gefüges zu betrachten. Stattdessen sei davon auszugehen, dass „die Gruppe und die Umgebung“ (Halbwachs 2019, 20) das Denken und Erinnern des Individuums maßgeblich beeinflussten und dass spezifische Erinnerungen nicht aus dem Individuum selbst hervorgingen, sondern vielmehr „von außen ins Gedächtnis gerufen“ (Halbwachs 2019, 21) würden. Eine weitere wichtige Erkenntnis Halbwachs’ ist die Konstruktivität und Narrativität von Erinnerungen: So komme der Gegenwart mit den in ihr jeweils vorherrschenden Bedürfnissen und Bezugsrahmen eine entscheidende Bedeutung bei der (Re-)Konstruktion und Modifizierung des Vergangenen zu (Halbwachs 2019, 22, 368). Ein wichtiges Werkzeug sei hierbei die Sprache: „[E]s ist die Sprache und das ganze System der damit verbundenen gesellschaftlichen Konventionen, die uns jederzeit die Rekonstruktion unserer Vergangenheit gestattet.“ (Halbwachs 2019, 369) Einer solchen Auffassung nach wird also nicht das erinnert, „was tatsächlich gewesen ist, sondern das, was erzählt werden kann“ (Butzer 2002, 153). Halbwachs’ Thesen legen nicht nur den Grundstein für die sozial- und kulturwissenschaftliche Gedächtnisforschung, sondern sind ebenso folgenreich für die Geschichtstheorie – und dies, obwohl Halbwachs Geschichte und Gedächtnis noch eindeutig voneinander unterscheidet. So entwickelt sich ab den 1960er Jahren im Zuge des *linguistic* bzw. *narrative turn* (Todt 2007, 178–198; Bachmann-Medick 2021, 33–36) immer mehr die Gewissheit, dass geschichtliche Erkenntnisse im historiographischen Diskurs standortgebunden, selektiv und sprachlich-narrativ organisiert sind. In diesem Sinne liefern weder Erinnerung noch Historiographie ein ‚wirkliches Abbild‘ des Vergangenen; vielmehr stellen sie diskursive Konstruktionen dar und weisen hierin zahlreiche Parallelen auf (Baumgartner 1972; Koselleck 1977; Carr 1981; Danto 1980; Veyne 1990; White 1991a, 1991b).

Die zweite ‚Konjunkturwelle‘ kulturtheoretisch ausgerichteter Gedächtnisforschung seit den 1980er Jahren wird insbesondere durch das vom französischen Historiker Pierre Nora (geb. 1931) initiierte Projekt *Les lieux de mémoire* (Nora 1984–1992) beeinflusst. Im Rahmen dieser umfangreichen Aufsatzsammlung schließt Nora an die Überlegungen Halbwachs’ an, indem er sich kritisch mit dem Verhältnis von Geschichte, Gedächtnis und kollektiver Identität beschäftigt. Gleichzeitig argumentiert er, dass eine zunehmende ‚Beschleunigung der Geschichte‘ zu einem Rückgang gedächtnisbildender Milieus führe (Nora 1984, 1990): „Für Nora befindet sich die heutige Gesellschaft in einem Übergangsstadium, in dem die Verbindung zur lebendigen, gruppen- und nationenspezifischen, identitätsbildenden Vergangenheit abreißt.“ (Erll 2017, 20) An die Stelle sinnstiftender Formen des Erinnerns im Rahmen spezifischer sozialer Gruppen treten Nora zufolge symbolträchtige Erinnerungsorte, die geographisch-materiell, darüber hinaus aber auch rituell und ideell besetzt sein können. Ein Potenzial dieser Erinnerungsorte bestehe darin, „als eine Art künstlicher Platzhalter für das nicht mehr vorhandene, natürliche kollektive Gedächtnis“ (Erll 2017, 20) zu fungieren. Durch eine Pluralisierung erinnerungskultureller Aspekte am Ende des 20. Jahrhunderts und die Heterogenität der Erinnerungsorte garantierten diese wiederum letztlich keine kohärenten ‚Gesamterzählungen‘ (Erll 2017, 20–21). Noras Ansatz zeugt von einem verstärkten Interesse an Raumkonzepten und -theorien seit den 1980er Jahren (*spatial turn*) und prägt zahlreiche Folgeprojekte. Auch in der deutschsprachigen Forschung wird durch Nora eine intensive Auseinandersetzung mit gedächtnisbildenden Orten und Räumen angestoßen (A. Assmann 1996, 2018; François und Schulze 2001). Ein naheliegender Grund für diese Entwicklung – und neben anderen Vorbehalten gleichsam ein Argument *gegen* die Denkfigur der *lieux de mémoire* – ist die definitorische Unschärfe in der Annäherung an die Erinnerungsorte, die letztlich als kulturelle Phänomene in einem beliebig weiten Verständnis aufgefasst werden können (Kroh und Lang 2010, 185–188; Erll 2017, 21–23).

Weitere zentrale Impulse zur theoretischen Fundierung der kulturwissenschaftlichen Betrachtung des Gedächtnisses liefern Jan und Aleida Assmann, deren Forschung im Kontext einer fortschreitenden „Ausweitung und interdisziplinäre[n] Verknüpfung von u. a. Ethnologie, Geschichts-, Literatur-, Sozial-, Religions- und Altertumswissenschaften [...] in den 1990er Jahren" (Pethes 2013, 59) zu sehen ist. Im Anschluss an Jan Assmanns 1992 erstveröffentlichte Studie *Das kulturelle Gedächtnis* entstehen weitere Monographien und Einzelbeiträge, die zu einer umfassenden Systematisierung verschiedener Formen des Gedächtnisses führen. Grundlegend unterscheiden Aleida und Jan Assmann ein kommunikatives von einem kulturellen Gedächtnis und tragen so zu einer Ausdifferenzierung des durch Halbwachs geprägten Begriffes des kollektiven Gedächtnisses bei: Während sich das kommunikative Gedächtnis auf den Austausch von Gedächtnisinhalten im Rahmen einer mündlich geprägten (Alltags-)Kommunikation bezieht und damit prinzipiell an die Lebensspanne seiner einzelnen Träger*innen gebunden ist, ermöglicht eine mediale Fixierung und Speicherung von Gedächtnisinhalten deren generationenübergreifendes Fortleben auch über individuelle Träger*innen hinaus (A. Assmann und J. Assmann 1994, 119–121). Für das kulturelle Gedächtnis erscheinen Medien – aber auch kulturelle Objektivationen oder zeremonielle Inszenierungen – somit als „die Bedingung der Möglichkeit dafür, da[ss] spätere Generationen zu Zeugen eines längst vergangenen und in seinen Einzelheiten vergessenen Geschehens werden können" (A. Assmann und J. Assmann 1994, 120). Ausgehend vom kulturellen Gedächtnis nehmen Aleida und Jan Assmann für literale Gesellschaften eine weitere terminologische Abgrenzung vor zwischen einem unstrukturierten Speichergedächtnis (*memoria* als ‚ars' = Technik der Aufbewahrung unbewohnter Erinnerungen) einerseits sowie einem sinn- und identitätsstiftenden Funktionsgedächtnis (*memoria* als ‚vis' = Konfiguration und Repräsentation bewohnter Erinnerungen) andererseits (A. Assmann und J. Assmann 1994, 122–123; A. Assmann 2018, 27–32). Gerade am Beispiel des Funktionsgedächtnisses, das für eine Selektion relevanter Gedächtnisinhalte mit dem Ziel einer kollektiven Sinnbildung steht, offenbart sich der enge Bezug zwischen Erinnern und politischer Macht, da diese vielfach durch Formen des kulturellen Gedächtnisses gestützt und legitimiert wird. Auf solche Prozesse weisen Aleida Assmann und Ute Frevert in der Studie *Geschichtsvergessenheit – Geschichtsversessenheit* (1999) hin, in der die Autorinnen Diskrepanzen im Erinnerungsdiskurs der deutschen Gesellschaft nach 1945 aufdecken – etwa im Hinblick auf die ausbleibende Integration der Erinnerungen von Kriegsheimkehrern in die kollektive Geschichtsdeutung der Nachkriegszeit

(A. Assmann und Frevert 1999, 47). Weitere Publikationen Aleida Assmanns wie *Der lange Schatten der Vergangenheit. Erinnerungskultur und Geschichtspolitik* (2006) argumentieren in eine ähnliche Richtung. Für Astrid Erll liegt es an solchen Engführungen von Fragen nach „kultureller Erinnerung, kollektiver Identitätsbildung und politischer Legitimierung" (2017, 24), dass die Arbeiten Aleida und Jan Assmanns sich nach wie vor als hochgradig anschlussfähig an unterschiedliche Fachdiskurse erweisen.

Nicolas Pethes deutet die Konjunktur und Weiterentwicklung kulturwissenschaftlicher Gedächtnistheorien am Ende des 20. Jahrhunderts als mögliche Folge einer „Selbstbestimmungskrise" der (geistes-)wissenschaftlichen Forschung, „weil das Selbstverständnis und die Überlieferungsverfahren einer Kultur ihre Selbstverständlichkeit und ihre Funktion verloren haben bzw. bedroht sehen" (2013, 60). Jan Assmann spricht in diesem Zusammenhang von einer „Epochenschwelle in der kollektiven Erinnerung" (2018, 11), womit er das Sterben der Überlebenden des Ersten und Zweiten Weltkriegs sowie des Holocaust meint, das zwangsläufig zu einem Neudenken im Umgang mit dem Gedächtnis führen müsse. Gleichzeitig erkennt Assmann, „daß sich um den Begriff der Erinnerung ein neues Paradigma der Kulturwissenschaften aufbaut" (J. Assmann 2018, 11). Tatsächlich ist in einer internationalen Perspektive seit den 1970er und 1980er Jahren eine zunehmende Etablierung der (kultur-)wissenschaftlichen Gedächtnisforschung im akademischen Feld zu beobachten (Erll 2010, 1; Dutceac Segesten und Wüstenberg 2017, 479).

Anknüpfend an diese Entwicklung findet seit der Jahrtausendwende eine fortschreitende Konturierung eines eigenen, unter der Bezeichnung MEMORY STUDIES zu fassenden Forschungsbereichs statt. Hiervon zeugen neben der Veröffentlichung einschlägiger Handbücher, Methodensammlungen und Lexika (Rossington et al. 2007; Whitehead 2009; Olick et al. 2010; Radstone und Schwarz 2010; Erll und Nünning 2010; Keightley und Pickering 2013; Kattago 2015; Nikulin 2015; Tota und Hagen 2016) sowie der Gründung wichtiger Fachzeitschriften (v. a. das seit 2008 erscheinende Journal *Memory Studies*) und Mailinglisten (*H-Memory*) ebenfalls eine wachsende Zahl spezifischer Verlagsreihen (*Palgrave Macmillan Memory Studies*; *Studies in Memory and Narrative*; *Cultural Memory in the Present*). Diese Projekte sind vielfach mit dem Bemühen verbunden, „to consolidate Memory Studies into a more coherent discipline" (Erll 2010, 1). Eine zentrale Initiative zur Zusammenführung internationaler Gruppen und Assoziationen sowie multidisziplinärer Ansätze stellt die Memory Studies Association (MSA) dar, die 2016 gegründet wurde und seitdem Fachkonferenzen ausrichtet. Die MSA hat Vorläuferinnen in verschiedenen Netzwerken, darunter In Search of Transcultural Memory in Europe, das Network in Transnational Memory Studies sowie das MNEMONICS – Network for Memory Studies (Erll 2017, ix). Es ist allerdings zu konstatieren, dass eine umfassende Institutionalisierung der MEMORY STUDIES noch aussteht: Im Sinne eines eigenständigen und klar bestimmbaren Faches befinden sich die Memory Studies aktuell erst „in a mid-level state of development, where individual agents are the most active drivers of defining the boundaries of the field and driving its further establishment" (Dutceac Segesten und Wüstenberg 2017, 474).

2 Exemplarische Beispiele und Fragestellungen

Laut Astrid Erll ermöglicht „[d]as Gedächtnis-Thema [...] einen Brückenschlag zwischen Sozial-, Geistes- und Naturwissenschaften [...], wie vermutlich in diesem Jahrhundert kein anderes" (2017, 2). Die folgenden Beispiele disziplinspezifischer wie auch disziplinübergreifender Fragestellungen orientieren sich an der von Erll vorgeschlagenen Differenzierung zwischen drei Schwerpunkten (2017, 35–92): einer psychologischen Gedächtnisforschung (‚Gedächtnis mental'), einer geschichts- und sozialwissenschaftlichen Gedächtnisforschung (‚Gedächtnis historisch und sozial') sowie einer kunst- und literaturwissenschaftlichen Gedächtnisforschung (‚Gedächtnis materiell'). Auch wenn diese Schwerpunkte jeweils für heterogene Methoden und für teils divergente Zugriffsweisen auf Gedächtnis und Erinnerung stehen, zeichnet sich das Feld der Memory Studies gerade dadurch aus, dass es zu vielfältigen disziplinären Überschneidungen und Amalgamierungen zwischen den verschiedenen Forschungsansätzen kommen kann.

2.1 Krisen des Erinnerns – Perspektiven der Psychologie und der Geschichtsdeutung

Wie Siegfried J. Schmidt schreibt, spielen Gedächtnis und Erinnern „eine entscheidende Rolle beim Aufbau und dem Erhalt individueller wie gesellschaftlicher Identität" (2013, 253). Damit im Rahmen des Erinnerns eine identitätsstabilisierende Selbstverortung und Selbstvergewisserung stattfinden kann, sind wiederum kommunikative und narrative Prozesse nötig: „Unser Gedächtnis arbeitet offenbar im Dienst des menschliches Bedürfnisses, dem Lebens des Einzelnen wie der Gesellschaft einen erzählbaren und erzählenswerten Sinn zu geben." (Schmidt 2013, 253) Narration als „universelle kulturelle Aktivität" (Koschorke 2010, 91) erscheint somit als entscheidende Voraussetzung wie auch als spezifischer Konstruktionsmechanismus eines sinnhaften Erinnerns, das durch den Rückgriff auf Erzählmuster erst ermöglicht wird (Schmidt 2013, 253; Erll 2017, 81, 84–85). Im Verständnis einer narratologisch ausgerichteten Psychologie lässt sich das autobiographische Erinnern als ein Vorgang verstehen, „in dem Menschen ihre Lebensgeschichte als einen mehr oder weniger kohärenten narrativen Zusammenhang gestalten" (Brockmeier 1999, 22). Jens Brockmeier betont in diesem Kontext, dass im Zuge des ‚autobiographischen Prozesses' „der Bedeutungs- und Sinnzusammenhang eines Lebens überhaupt erst erschaffen wird" und dass menschliche Identität „erst im narrativen Modus Gestalt gewinnt" (1999, 22).

Als Herausforderung für eine sinnstiftende autobiographische Erinnerung erweisen sich existenzielle Krisen wie die Erfahrung von Gewalt, Krieg, Kolonialismus oder auch Krankheit. Insbesondere Traumata (Caruth 1995, 1996; Roth 1998; McNally 2003; Kühner 2007, 2008) – also Extremerfahrungen, die aufgrund ihrer Intensität physio-psychisch nur unzureichend verarbeitet werden können (Dissoziation) und gewaltsam nachwirken (etwa in unkontrollierbaren *flashbacks*) – können zu einem Prüfstein der Erinnerung werden, da sie sich einer Narrativierung widersetzen: „Trauma, das ist die Unmöglichkeit der Narration." (A. Assmann 1998, 151) Erkenntnisse der (Trauma-)Psychologie und der poesietherapeutischen Praxis zeigen indes, wie wichtig es für betroffene Personen sein kann, traumatische Erinnerungen in eine narrative Form zu überführen, um im Erzählen zumindest ein Stück weit Handlungsmacht wiederzuerlangen und auf diese Weise potenzielle Heilungsprozesse anzustoßen (Heimes 2012, 2015). Konkret wohnen der Verbalisierung von Erinnerungen und deren Verschriftlichung – bspw. in autobiographischen Texten – „Möglichkeiten der Selbstoffenbarung und -reflexion, der Kommunikationsförderung wie auch der Selbstbestimmung und Selbstermächtigung (*empowerment*) inne" (Röhrs 2021, 218).

Der Umgang mit problematischen Erinnerungen ist indes nicht nur für individuell Betroffene lebensweltlich bedeutsam; gerade im Hinblick auf Kriege und deren Folgen kommt ihm auch ein Stellenwert für die kollektive Geschichtsdeutung zu, womit das Problemfeld ebenfalls für die Geschichts-, Sozial- und Politikwissenschaften von großem Interesse ist. Diesem Verhältnis geht im deutschsprachigen Raum u. a. die seit 1988 erscheinende *Zeitschrift für Biographieforschung, Oral History und Lebensverlaufsanalysen* (BIOS) nach. Die Berücksichtigung von individuellen lebensgeschichtlichen Erinnerungen durch die *Oral History* kann mit dem Versuch einer ‚Demokratisierung' der Geschichtsschreibung verbunden sein (von Plato 2013, 232–233) und trägt der Pluralität und Heterogenität menschlicher Geschichtserfahrungen Rechnung.

Eine besondere Gruppe von Zeitzeug*innen sind Soldat*innen, die direkt in Kampfhandlungen involviert sind und dabei als Ausführende wie auch als Erleidende unmittelbar mit kriegerischer Gewalt in Berührung kommen (Mank 2011, 20–21). Narratologische und tiefenhermeneutische Analysen lebensgeschichtlicher Schilderungen von Kriegserlebnissen können spezifische Mechanismen einer möglichen, häufig jedoch auch unmöglichen Sinnbildung im Rahmen eines prekären Erinnerns offenlegen. Aus autobiographischen Zeugnissen und Interviews lassen sich konkrete Verfahren der Narrativierung herausarbeiten, darunter die Orientierung an konventionalisierten Erzählmustern (etwa die Vorstellung einer positiv besetzten soldatischen Kameradschaft) sowie der Rückgriff auf einzelne Metaphern und Symbole oder auf bestimmte Zeitstrukturen (etwa eine chronologische Ordnung). Auffällige Leerstellen und Lücken der Erinnerung bzw. des Erzählens deuten in diesem Kontext darauf hin, dass es für Soldat*innen oftmals „keine Erzählstrukturen für das Schreckliche [gibt], weder für das ausgeteilte Grauen noch für das eigene Leid. Doch wo diese ausgefallen sind, finden sich andere Narrative." (Mank 2011, 195)

Darüber hinaus ermöglicht die Betrachtung subjektiver Lebens- und Erinnerungsentwürfe ebenfalls eine kritische Beschäftigung mit „Sagbarkeitsregeln in der öffentlichen Erinnerungskultur" (Goltermann 2009, 42–43): Speziell in historischen Umbruchsituationen in und nach Kriegen und beim Wechsel politischer Systeme ändern sich die jeweiligen Rahmenbedingungen des ‚offiziellen' Erinnerns, von dem sich bestimmte Personengruppen ausgeschlossen fühlen können (Mank 2011, 13, 60). Es handelt sich dabei um einen „beständigen Aushandlungsprozess, in dem sich entscheidet, was im hegemonialen Kollektivgedächtnis verankert wird" (Gansel 2010, 21). Vielfach stehen subjektive Kriegserinnerungen und deren Verarbeitung in einem irritierenden Spannungsverhältnis zur kollektiven Gedächtnis- und Gedenkkultur einer Gesellschaft, die in hohem Maße auf Stabilität und die Etablierung eines kohärenten und konsistenten Vergangenheitsentwurfs abzielt und die mit den Worten Carsten Gansels darum bemüht ist, „Konflikte und Widersprüche zu harmonisieren, abzuschwächen und gegebenenfalls auszuschließen" (2010, 21). Zwar könnten „[h]istorische Differenzen, Problemlagen, Verwerfungen, ja Verbrechen oder Traumata [...] nicht gänzlich ignoriert werden, aber es besteht die Tendenz, diese zugunsten einer konsensfähigen Geschichte [...] zu verkleinern" (Gansel 2010, 21). Für vergangene Kriege wurde dies bereits ausführlich erforscht (Keller 1996; Berding et al. 2000; Welzer et al. 2002; Kühner 2008; Goltermann 2009; Mank 2011; A. Assmann 2011; Pfeiffer 2013), wobei v. a. für den Zweiten Weltkrieg neben der Betrachtung von Erinnerungsnarrativen auch die Frage nach persönlicher Schuld und Verantwortung im Kontext von Kriegsverbrechen eine wesentliche Rolle spielt – etwa im Anschluss an die in der Öffentlichkeit kontrovers diskutierten ‚Wehrmachtsausstellungen' (1995–1999 und 2001–2004) des Hamburger Instituts für Sozialforschung (Mank 2011, 9–13). Eine in den letzten Jahren zunehmend steigende Zahl autobiographischer Erinnerungsberichte heimkehrender deutscher Soldat*-innen, die neben den belastenden Folgen traumatisierender Erfahrungen Probleme bei der gesellschaftlich-sozialen Wiedereingliederung nach dem Krieg schildern (exemplarisch Würich und Scheffer 2014; Bohnert und Schreiber 2016), zeigt wiederum die Dringlichkeit, auch die jüngsten Einsätze der Bundeswehr in einer erinnerungspolitischen Dimension für die gegenwärtige Gesellschaft zu untersuchen (Röhrs 2021, 217–233).

2.2 Gedächtnis und Erinnerung(en) als Gegenstände der Literaturwissenschaft

Das enge Verhältnis von Erinnerung, Narration und individueller wie kollektiver Sinnbildung lässt sich ebenfalls an fiktionalen Texten in einer literaturwissenschaftlichen Perspektive fruchtbar machen. Während Erinnern ohne eine Narrativierung nicht vorstellbar scheint, wird das Phänomen ‚Erinnerung' ebenso vielfältig in literarischen (Erzähl-)Texten aufgegriffen. Im Laufe der Zeit haben sich verschiedene literaturwissenschaftliche Gedächtniskonzepte herausgebildet (Erll und Nünning 2005; Erll 2017, Kap. 3.2, Kap. 6). Hierbei sei – so Erll – nicht nur die Thematisierung von Erinnerungen *in* literarischen Texten von Interesse; in einem metaphorischen Verständnis ließen sich Formen der Intertextualität (Lachmann 1990), Gattungstraditionen wie auch die gesellschaftliche Institutionalisierung und Kanonisierung von Literatur ebenfalls als ‚Gedächtnis *der* Literatur' selbst begreifen. Darüber hinaus könne Literatur wichtige sinn- und identitätsstiftende Funktionen als gedächtnisbildendes Medium übernehmen (Erll 2013, 255–256).

Ein anschauliches Beispiel, das diese verschiedenen Gedächtnisformen der Literatur zusammenbringt, ist Ludwig Tiecks Sammlung von „Märchen, Schauspiele[n] und Erzählungen" (1985, 9), die erstmals 1812/16 in drei Bänden unter dem Titel *Phantasus* erschien. Der umfangreiche und letztlich doch Fragment gebliebene *Phantasus* enthält äußerst heterogene Texte, die durch einen Konversationsrahmen verknüpft werden. Ein verbindendes Element ist hierbei die Erinnerung: Zum einen lässt sich die Zusammenstellung und Veröffentlichung des *Phantasus* als wichtiger Schritt einer werkgeschichtlichen (und ebenso biographischen) Selbstvergewisserung Tiecks verstehen (Meißner 2007, 145–146), der mit der Kompilierung zumeist älterer Texte vergangene Stationen seines Schreibens sowie poetologische Konzepte in Erinnerung ruft und in der Rahmenerzählung explizit kommentiert (Tieck 1985, 9–10). Zum anderen gelten die drei Bände als Zeugnis einer rückwärtsgewandten, in einem hohen Maße selbstreferenziellen Romantikreflexion. Die wegweisende *Phantasus*-Monographie von Thomas Meißner trägt den bezeichnenden Titel *Erinnerte Romantik* (2007) und markiert damit, dass in Tiecks großangelegtem Projekt „Romantik nicht mehr lebendig, sondern gebrochen, reflexiv, nur durch einen Akt der Erinnerung aufrufbar" (Meißner 2007, 9) ist. Meißner zufolge wird mit der wiederkehrenden Benennung „kultureller Traditionen und Autoritäten [...] ein Gedächtnisraum beschworen, in den Tieck sich einschreiben möchte" (2007, 145). Durch die Integration und Reflexion verschiedener Gattungen, Textsorten und Genres sowie durch ein

„universales intertextuelles Verweissystem“ (Meißner 2007, 195) und Bezüge zu anderen Autoren avanciert der *Phantasus* zu einer Art kulturellem Gedächtnis – spezifischer: einem literaturgeschichtlichen und gattungstheoretischen Gedächtnis – der Romantik (Meißner 2007, 193–196).

Zuletzt finden sich im *Phantasus* auch konkrete Inszenierungen von (Figuren-)Erinnerungen, etwa in Form der Binnenerzählung Berthas in dem oft analysierten Kunstmärchen *Der blonde Eckbert*. Während Berthas Darstellung der „Geschichte ihrer Jugend“ (Tieck 1985, 127) als Versuch gedeutet werden kann, die Kindheitserfahrungen nicht nur zu kommunizieren, sondern durch ihre Narrativierung ebenfalls zu verarbeiten, zeigt die Erzählung im weiteren Verlauf eindringlich, dass Bertha dies letztlich nicht gelingt: Als Philipp Walther, dem Bertha ihre Lebensgeschichte offenbart, den Namen des Hundes ausspricht, an den sie sich ausgerechnet *nicht* mehr erinnern kann, nachdem sie das Tier bei ihrer Flucht aus der ‚Waldeinsamkeit‘ zurücklässt (Tieck 1985, 140–142), wird Bertha an ihr „Unrecht“ (Tieck 1985, 145) erinnert und die verschiedenen Erzählebenen beginnen sich zu überschneiden. Diese Metalepse korrespondiert nicht nur mit einer zunehmenden Verunsicherung der Figurenwahrnehmungen innerhalb des Textes, sondern führt auch zu Irritationen in der Rezeption der Erzählung, die letztlich nicht vollständig aufgelöst werden können. Demgegenüber gibt es in Tiecks *Phantasus* aber auch Beispiele eines sinnhaften – wenn auch teils naiv-verklärten – Erinnerns: Gleich der erste von der Figur Ernst gesprochene Satz der einleitenden Rahmenerzählung hat in dieser Hinsicht Signalwirkung: „Dieses romantische Gebirge [...] erinnert mich lebhaft an einen der schönsten Tage meines Lebens.“ (Tieck 1985, 13) An Ernsts Aussage schließt eine Analepse an, in der vergangene Reise- und Naturerfahrungen mit enthusiastischen Assoziationen und einer romantischen Vorstellung von Fantasie verknüpft werden. Diese Erinnerung wird mit einer fast wörtlichen Wiederholung des Anfangs ‚formal‘ abgeschlossen: „Und – wie ich sagte – dieses romantische Gebirge hier erinnert mich lebhaft an den Genuß jener schönen Tage.“ (Tieck 1985, 14) Der am Beginn des *Phantasus* stehende Rückblick macht deutlich, dass der Prozess des Erinnerns unmittelbar nachvollziehbar gestaltet wird, indem die Analepse durch entsprechende sprachliche Marker gerahmt wird („erinnert mich“). Dies ist auch insofern verständlich, als dass hier ein zwar wehmütiges, dabei aber gleichzeitig identitätsstiftendes Bild einer als glücklich empfundenen Vergangenheit beschworen wird, die „sich oft wachend und träumend in mir [d. i. Ernst] wiederholt“ (Tieck 1985, 14).

Spannender – und auch in einer geschichts- und gesellschaftskritischen Perspektive relevant – erscheint es wiederum, wenn literarische Texte Gedächtnis und Erinnerung problematisieren und auf diese Weise Widersprüche zwischen individuellen und kollektiven Formen der Sinnbildung aufdecken und zur Disposition stellen. Exemplarisch lässt sich dies an den bisher wenig erforschten Romanen Inka Pareis veranschaulichen. Während *Die Schattenboxerin* (1999) eingebettet in einen Kriminalplot die Geschichte einer Vergewaltigung in der Nacht des Mauerfalls erzählt, handelt *Was Dunkelheit war* (2005) von einem alten Mann, der in Folge eines körperlichen Zusammenbruchs von bruchstückhaften Erinnerungen an seine Zeit als Wehrmachtssoldat und von seiner Mitschuld an Kriegsverbrechen eingeholt wird. Pareis dritter Roman, *Die Kältezentrale* (2011), thematisiert die Erfahrungen eines namenlosen Ich-Erzählers im wiedervereinigten Berlin, der versucht, mögliche Ursachen für die Krebserkrankung seiner Exfrau zu finden. Bei seinen Nachforschungen gerät er zunehmend an seine eigenen physischen und psychischen Grenzen und sieht sich mit seiner 20 Jahre zurückliegenden Tätigkeit als Kältetechniker in der DDR konfrontiert – einer Zeit, die von zahlreichen persönlichen Schwierigkeiten und vom (vermeintlichen) Suizid eines Arbeitskollegen überschattet wird.

Im Mittelpunkt der Romane stehen jeweils die desintegrativen Folgen physiopsychischer Versehrungen sowie die verstörenden Erinnerungen der Protagonist*-innen. Dabei evozieren die Texte den Eindruck, sich sehr nah an die subjektiven Wahrnehmungen und die Erinnerungsprozesse der Figuren anzunähern, was mit Michael Basseler und Dorothee Birke als *Mimesis des Erinnerns* (2005) beschrieben werden kann. Auch wenn es sich hier letztlich nur um eine ‚Mimesis-Illusion' von menschlichen Erinnerungsvorgängen handelt, so haben Erzähltexte das Potenzial, durch spezifische narrative Verfahren „die Illusion einer ‚authentischen' Erinnerungsleistung" (Basseler und Birke 2005, 124) zu erzeugen. Solche Techniken der Nachahmung von Erinnerung – zu denen Basseler und Birke neben speziellen Fokalisierungstypen und -wechseln Abweichungen von einer chronologischen Ordnung sowie die innovative Verwendung des grammatikalischen Erzähltempus bei der Darstellung von Erlebnissen auf verschiedenen Zeitebenen zählen (Basseler und Birke 2005, 125–128, 134–140) – werden von Parei eingesetzt, um die problembehaftete Verarbeitung von Erinnerungen zu inszenieren, die sich einer sinnstiftenden Deutung widersetzen. Die Texte stehen damit in einer Reihe von dezidiert ‚erinnerungshaften' Romanen der Gegenwartsliteratur, in denen Gansel zufolge „der Vorgang der Erinnerung ausdrücklich problematisiert [wird]. Die für den [älteren] Gedächtnisroman kennzeichnende Geschlossenheit wird aufgebrochen, die Erinnerungen sind brüchig, nur teilweise vorhanden und nur ansatzweise rekonstruierbar." (2010, 29) Durch die erzählerische Annäherung an das menschliche Erinnern einerseits und ihre mitunter fragmentarisch-desorientierende Wirkung andererseits ermöglichen Pareis Romane für Leser*innen ein zumindest partielles Nachempfinden existenzieller (Gedächtnis-)Krisen. Entscheidend ist wiederum, dass es den Texten nicht um eine distanzlose oder ‚naive' Nachahmung von Erinnerung(en) geht, sondern dass sie ebenfalls zu einer kritisch-reflektierten Auseinandersetzung mit außerliterarischen Spezialdiskursen wie etwa der wissenschaftlichen Geschichtsschreibung anregen: Die subjektiven, hochgradig ‚brüchigen' Figurenerinnerungen stehen in einem eklatanten Widerspruch zu hegemonialen Formen des kulturellen Gedächtnisses und des kollektiven Gedenkens, die darum bemüht sind, die krisenhaften Momente der (deutschen) Geschichte in kohärente und geschlossene Narrative der Vergangenheit zu überführen (Röhrs 2016, 154–172). Durch eine solche Kontrastierung kommt Pareis Romanen das Potenzial zu, Diskrepanzen in der gesellschaftlichen Aufarbeitung historischer Ereignisse aufzuzeigen sowie Fragen nach individueller und kollektiver Schuld zu diskutieren (Gerstenberger 2010, 96). Gleichzeitig sensibilisieren die Texte für die Selektivität und Konstruktivität spezifischer Geschichtsbilder und für Möglichkeiten und Grenzen der Erinnerung.

2.3 Gedächtnis(medien) einer Pandemie: Ein aktueller Blick auf COVID-19

Ein zukünftiges Forschungsfeld der MEMORY STUDIES wird auf lange Sicht die Beschäftigung mit der COVID-19-Pandemie sein. Bislang ist schwer abschätzbar, welchen Einfluss die seit Ende 2019 weltweit auftretende Infektionskrankheit auf individuelles Erinnern wie auch kollektive Gedächtnisse haben wird. Bereits recht früh im Verlauf der Pandemie zeigte sich indes ein interessantes Phänomen im öffentlich-medialen Umgang mit der Krankheit, das sowohl aus einer medienwissenschaftlich-narratologischen Perspektive als auch in einer gesellschaftspolitischen Dimension betrachtet werden kann.

An drei aufeinanderfolgenden Tagen im November 2020 veröffentlichte die deutsche Bundesregierung aufwendig produzierte Videos, die die Bevölkerung unter dem Motto „Zusammen gegen Corona #besonderehelden" dazu bewegen sollten, soziale Kontakte einzuschränken, um die weitere Verbreitung der Krankheit im bevorstehenden Winter zu verhindern. Die Clips zeichnen sich durch eine spezifische Inszenierung von Erinnerungsakten aus: In allen drei Videos berichten fiktive Figuren aus einer imaginierten, rund 50 Jahre entfernten Zukunft über ihre Erfahrungen mit der Pandemie. Unübersehbar werden dabei Parallelen zu medial präsentierten Zeitzeug*innen-Interviews (etwa über den Zweiten Weltkrieg) aufgerufen. Hierzu tragen auch Formulierungen aus dem Bereich des Kriegs bei – etwa „zweite Welle", „unsichtbare Gefahr", „Mut", „Front", „Waffe" (Bundesregierung 2020, Video 1). Während sich die Figuren daran erinnern, wie sie zu ‚besonderen Helden' wurden, wird allerdings nach und nach mit diesem Bild gebrochen, wenn klar wird, dass der angesprochene Kampf gegen das Coronavirus letztlich in einem ‚Nichtstun' besteht, das das Infektionsgeschehen abschwächen soll. Aufgrund des Produktionsdatums im Herbst 2020 stellen die Videos im Grunde Prolepsen dar, die eine potenzielle Entwicklung des Pandemieverlaufs antizipieren. Die Besonderheit ist wiederum, dass sie sich der narrativen

Technik der Analepse bedienen, also des Erzählens in Rückblenden über (vermeintlich) Vergangenes, das hier als Wiedergabe von Erinnerungen erscheint. Durch den Einsatz älterer Schauspieler*innen wird suggeriert, dass die Figuren die Pandemie durch ihr umsichtiges Verhalten wohlbehalten überstehen konnten. Der Eindruck, dass die Krankheit überwunden und nur noch eine Erinnerung ist, wird durch einzelne Aussagen unterstützt, in denen neben dem Präteritum ebenfalls auf die Vergangenheit bezogene Temporaladverbien verwendet werden: „Es *waren* besondere Zeiten *damals*, im Winter 2020." (Bundesregierung 2020, Video 3) Visuell auffällig ist zudem der Einsatz bestimmter Requisiten, darunter ein mit der Aufschrift „Erinnerungen 2020" (Bundesregierung 2020, Video 2) versehenes Tagebuch, in dem – buchstäblich als Erinnerungsstück – eine medizinische Gesichtsmaske ‚archiviert' wurde.

Mit einer solchen Medialisierung der Pandemiebekämpfung soll einerseits ein konkreter Beitrag der Rezipient*innen zur Eindämmung des Infektionsgeschehens bewirkt werden, wobei das durch entsprechende Bilder vermittelte ‚Zuhause-Bleiben' als wichtiger und effektiver Schutz im Kampf gegen die Krankheit dargestellt wird. Andererseits sollen die Videos offensichtlich ebenso Emotionen bei den Zuschauer*innen auslösen: Indem die porträtierten Figuren auf ihr Leben zurückblicken und die Pandemie in der Retrospektive in ein kohärentes Narrativ ihrer (auto-)biographischen Erinnerung einordnen, kann der im Moment der Videoveröffentlichung vorherrschenden Verunsicherung und Furcht der realen Rezipient*-innen die Wucht genommen werden. In diesem Sinne ist auch die Audiospur zu deuten, die die einzelnen Flashbacks überlagert und kommentiert, wodurch Konsistenz und Kontinuität evoziert werden. Dass die Clips auf eine solche Wirkung abzielen, wird ebenfalls an dem mitunter verharmlosenden Tonfall deutlich: „[M]anchmal muss ich fast ein bisschen schmunzeln, wenn ich an diese Zeit zurückdenke." (Bundesregierung 2020, Video 1) Teil dieser Inszenierungsstrategie sind weiterhin humoristische Elemente sowie augenscheinliche Kontraste zwischen dem bürgerlich-konservativen Setting, das durch Kulissen und Ausstattung erzeugt wird, und einer jugendsprachlichen Ausdrucksweise, die im Laufe der Videos die anfängliche Kriegsterminologie ablöst. Dadurch entsteht das Bild eines kollektiven Gedächtnisses, in dem Erinnerungen an COVID-19 zwar einen festen Platz einnehmen, die Krankheit selbst aber keine ‚reale' Gefahr mehr darstellt.

Dass solche Inszenierungen von Erinnerung – zumal durch die Bundesregierung – eine gesellschaftliche Relevanz besitzen und polarisieren können, lässt sich an den kritischen Reaktionen der medialen Öffentlichkeit unmittelbar nach Erscheinen der Videos beobachten. So produzierte die Satiresendung *ZDF Magazin Royale* zwei Clips, die – teils unter dem Rückgriff auf das Bildmaterial der Bundesregierung – das ‚Nichtstun' und den schützenden Mantel einer ‚intakten' Erinnerungskultur auf andere brisante Themen wie die ausbleibende Hilfe für Geflüchtete (ZDF

Magazin Royale 2020, Video 1) und die gesellschaftliche Akzeptanz gegenüber rechtsterroristischen Tendenzen im Polizeiapparat (ZDF Magazin Royale 2020, Video 2) übertrugen. Selbst wenn sich diese satirische Stellungnahme lediglich auf ein *fingiertes* Erinnerungsnarrativ bezieht, so vermag sie doch für Konstruktionsprinzipien und Probleme des kulturellen Gedächtnisses zu sensibilisieren. Die Kritik ließe sich somit auch im Rahmen der von Aleida Assmann angestoßenen Debatte um *Das neue Unbehagen an der Erinnerungskultur* (2020) weiterführend untersuchen.

3 Kulturwissenschaftliche Forschung im deutschsprachigen Raum

Neben der regen Publikationsstätigkeit von Aleida und Jan Assmann wird die Gedächtnisforschung im deutschsprachigen Raum in den letzten Jahren v. a. durch Astrid Erll, Ansgar Nünning, Nicolas Pethes und Harald Welzer vorangetrieben. Von Erll stammt das bereits mehrfach aufgelegte Handbuch *Kollektives Gedächtnis und Erinnerungskulturen* (2005) sowie mehrere gemeinsam mit Nünning herausgegebene Kompendien und fachspezifische, auch international ausgerichtete Sammelbände (Erll und Nünning 2004, 2005, 2010). Neben interdisziplinären Lexika (Pethes und Ruchatz 2001) liegen Einführungen und Studienbücher von Nicolas Pethes (2008) sowie Christian Gudehus, Ariane Eichenberg und Harald Welzer (2010) vor. Eine wichtige Rolle für ein Neu- und Weiterdenken von ‚Erinnerungskulturen' übernimmt der zwischen 1997 und 2008 von der DFG geförderte Gießener Sonderforschungsbereich 434, der bestehende Gedächtnistheorien aus unterschiedlichen fachwissenschaftlichen Perspektiven kritisch musterte und (re-)aktualisierte. Die Akzentuierung der „Dynamik, Kreativität, Prozesshaftigkeit und v. a. der Pluralität der kulturellen Erinnerung" (Erll 2017, 32) im Rahmen des SFB legte einen Grundstein für viele weitere Projekte im deutschsprachigen Raum (exemplarisch Oesterle 2005), darunter auch die Verlagsreihen *Formen der Erinnerung* bei Vandenhoeck & Ruprecht sowie *Medien und kulturelle Erinnerung* bei De Gruyter (Erll 2017, 31–34). Weitere Reihen erscheinen seit 2012 bei transcript (*Erinnerungskulturen/Memory Cultures*) und seit 2013 bei Springer (*Soziales Gedächtnis, Erinnern und Vergessen – Memory Studies*). Die Justus-Liebig-Universität Gießen betreibt innerhalb des International Graduate Centre for the Study of Culture (GCSC) ein eigenes Promotionsprogramm im Forschungsbereich der Cultural Memory Studies. Seit 2011 besteht die von Erll gegründete *Frankfurt Memory Studies Platform* (FMSP), eine Initiative des Forschungszentrums für Historische Geisteswissenschaften (FzHG), die insbesondere die Transkulturalität und Medialität von Erinnerungen sowie die Beziehungen zwischen Gedächtnis und Narration erforscht. Weiterführende Informationen zu lokalen und internationalen Netzwerken, zu Institutionen sowie zu einzelnen Buchreihen und Zeitschriftentiteln der Memory Studies sind dem Webauftritt der MSA, Erlls Einführung (Erll 2017, ix–xi, Kap. 1.5, Kap. 2.5) und dem Handbuch *Gedächtnis und Erinnerung* (Gudehus et al. 2010, 338–345) zu entnehmen.

4 Potenzial, Kritik und Ausblick

Aufgrund der zentralen Bedeutung von Erinnerung(en) für die individuelle Identitätsbildung wie auch für die Konstituierung und Stabilisierung sozialer und politischer Kollektive kann dem Gedächtnis die Rolle eines Leitbegriffs innerhalb der gegenwärtigen kulturwissenschaftlichen Forschung zugesprochen werden (Radonić und Uhl 2016). Die anhaltende Konjunktur des Gedächtnisbegriffs und dessen mitunter inflationär erscheinender Gebrauch als ein „wide umbrella term" (Erll 2010, 1) bergen zwar die Gefahr einer Universalisierung bzw. terminologischen und konzeptuellen Verwässerung. Demgegenüber wohnen einer ‚offenen' Gedächtnisforschung aber auch vielfältige Potenziale inne, indem sie als dynamisches Scharnier wichtige Impulse für das Zusammendenken unterschiedlicher Kulturen, Fächer, Methoden und Medien geben kann: „Als Konzept und Praxis überschreiten ‚Gedächtnis' und ‚Erinnerung' kulturelle Bereiche, Disziplinen und Nationen. Daraus ergibt sich auch: Der Gedächtnisbegriff ermöglicht und erfordert den Dialog." (Erll 2017, 2)

Auch wenn es sich längst um einen als relevant erachteten und international etablierten Forschungsdiskurs innerhalb der Kulturwissenschaften handelt, kann bislang – mit wenigen Ausnahmen – nicht von einer akademischen Institutionalisierung als Fach gesprochen werden, denn es existieren kaum Masterprogramme, Promotionsprogramme oder Professuren im Bereich der kulturwissenschaftlichen Memory Studies (Erll 2017, 35). Dieser Problematik gehen Anamaria Dutceac Segesten und Jenny Wüstenberg in dem Artikel „Memory Studies: The State of an Emergent Field" (2016/17) nach, der unter Einbezug empirischer Erhebungen eine aktuelle Bestandsaufnahme der Gedächtnisforschung anstrebt sowie Entwicklungspotenziale aufzeigt. Als Hindernis für eine institutionelle Verankerung sowie eine stärkere finanzielle und ideelle Förderung erweise sich die oftmals konstatierte „fragmented nature of the discipline" (Dutceac Segesten und Wüstenberg 2017, 474). Die Autorinnen betonen in diesem Kontext die Herausforderung einer verbindlicheren (Selbst-)Positionierung der Memory Studies und die Erfordernis einer noch integrativeren interdisziplinären Zusammenarbeit – anstelle von multidisziplinären Einzelansätzen – über traditionelle Verwandtschaften von Wissenschaftskulturen hinaus (Dutceac Segesten und Wüstenberg 2017, 474–475, 480–481, 486–488). Neben den Vorteilen benennen sie auch Gefahren der Institutionalisierung: So sei zu beachten, dass die Möglichkeit einer (politischen) Befangenheit bestehen könne, „[s]ince the subject of collective identity (and memory) is tightly bound with sensitive issues from the point of the view of the state (inter alia, national and ethnic identity, foreign policy, post-conflict reconstruction, human rights, etc.)" (Dutceac Segesten und Wüstenberg 2017, 479). Insbesondere eine staatliche Finanzierung von Forschungsprojekten „may be seen as potentially involving a risk of bias" (Dutceac Segesten und Wüstenberg 2017, 479).

In den erwähnten Verbindungen der Gedächtnisforschung mit Aspekten nationaler, ethnischer und soziokultureller Identität sowie der Aufarbeitung politischer Konflikte liegt gleichzeitig die große zukünftige Relevanz der MEMORY STUDIES: Aktuelle Phänomene der Globalisierung (→ GLOBAL STUDIES) und Effekte weltweiter Migrationsbewegungen (→ REFUGEE STUDIES) lassen sich ebenfalls in einer erinnerungskulturellen Dimension untersuchen. Hinzu kommen Erfahrungen von Alterität wie auch post- und neokolonialistische Entwicklungen, die auf komplexe Weise mit individuellem und kollektivem Erinnern verflochten sind (→ POSTCOLONIAL STUDIES). MEMORY STUDIES bieten daher die Chance, inter- bzw. transkulturelle Prozesse, Hybridisierungen und ‚Bewegungen' einer dynamischen Erinnerung aufzudecken und in diesem Zuge transnationale Perspektiven – auch für das Feld der Gedächtnisforschung selbst – zu erschließen (Erll 2017, 123–130; Pethes 2013, 19–20).

Zuletzt wird den MEMORY STUDIES zukünftig eine wichtige Bedeutung angesichts einer fortschreitenden Digitalisierung zukommen (→ MEDIA STUDIES, → VISUAL STUDIES), da die ständige (massen-)mediale Weiterentwicklung von Speicherungsmöglichkeiten die „Dialektik von Erinnern und Vergessen" (Schmidt 2013, 253) noch verschärfen wird. Innerhalb der umfassend medialisierten Gesellschaften der Gegenwart offenbart der interessenbasierte, selektive Rückgriff auf spezifische Gedächtnisinhalte ein enges Zusammenspiel zwischen Erinnerungskultur(en), Wertvorstellungen und ‚Relevanzgefällen' (A. Assmann) sowie politischer Macht (Pethes 2013, 15–16; Schmidt 2013, 253). MEMORY STUDIES können in diesem Zusammenhang eine konkrete gesellschaftspolitische und krisendiagnostische Aufgabe übernehmen, etwa wenn Mechanismen der Zensur oder Formen der Marginalisierung sozialer Gruppen im öffentlichen Gedächtnisdiskurs herausgestellt und kritisch hinterfragt werden.

5 Literaturverzeichnis

Assmann, Aleida. „Erinnerungsorte und Gedächtnislandschaften“. *Erlebnis, Gedächtnis, Sinn. Authentische und konstruierte Erinnerung*. Hrsg. von Hanno Loewy und Bernhard Moltmann. Frankfurt a.M. 1996: 13–29.

Assmann, Aleida. „Stabilisatoren der Erinnerung. Affekt, Symbol, Trauma“. *Die dunkle Spur der Vergangenheit. Psychoanalytische Zugänge zum Geschichtsbewußtsein. Erinnerung, Geschichte, Identität 2*. Hrsg. von Jörn Rüsen und Jürgen Straub. Frankfurt a.M. 1998: 131–152.

Assmann, Aleida. „Von kollektiver Gewalt zu gemeinsamer Zukunft. Vier Modelle für den Umgang mit traumatischer Vergangenheit“. *Erinnerung und Gesellschaft. Formen der Aufarbeitung von Diktaturen in Europa*. Hrsg. von Wolfgang R. Assmann und Albrecht Graf von Kalnein. Berlin 2011: 25–42.

Assmann, Aleida. *Der lange Schatten der Vergangenheit. Erinnerungskultur und Geschichtspolitik*. 2. Aufl. München 2014.

Assmann, Aleida. *Erinnerungsräume. Formen und Wandlungen des kulturellen Gedächtnisses*. 5. Aufl. München 2018.

Assmann, Aleida. *Das neue Unbehagen an der Erinnerungskultur. Eine Intervention*. 4. Aufl. München 2020.

Assmann, Aleida und Jan Assmann. „Das Gestern im Heute. Medien und soziales Gedächtnis“. *Die Wirklichkeit der Medien. Eine Einführung in die Kommunikationswissenschaft*. Hrsg. von Klaus Merten, Siegfried J. Schmidt und Siegfried Weischenberg. Opladen 1994: 114–140.

Assmann, Aleida und Ute Frevert. *Geschichtsvergessenheit, Geschichtsversessenheit. Vom Umgang mit deutschen Vergangenheiten nach 1945*. Stuttgart 1999.

Assmann, Jan. *Das kulturelle Gedächtnis. Schrift, Erinnerung und politische Identität in frühen Hochkulturen*. 8. Aufl. München 2018.

Bachmann-Medick, Doris. *Cultural Turns. Neuorientierungen in den Kulturwissenschaften*. 7. Aufl. Reinbek 2021.

Basseler, Michael und Dorothee Birke. „Mimesis des Erinnerns“. *Gedächtniskonzepte der Literaturwissenschaft. Theoretische Grundlegung und Anwendungsperspektiven*. Hrsg. von Astrid Erll und Ansgar Nünning. Berlin 2005: 123–147.

Bauman, Zygmunt. *Ansichten der Postmoderne*. Übers. von Nora Räthzel. Hamburg 1995.

Baumgartner, Hans Michael. *Kontinuität und Geschichte. Zur Kritik und Metakritik der historischen Vernunft*. Frankfurt a.M. 1972.

Berding, Helmut, Klaus Heller und Winfried Speitkamp (Hrsg.). *Krieg und Erinnerung. Fallstudien zum 19. und 20. Jahrhundert*. Göttingen 2000.

Bohnert, Marcel und Björn Schreiber (Hrsg.). *Die unsichtbaren Veteranen. Kriegsheimkehrer in der deutschen Gesellschaft*. Berlin 2016.

Brockmeier, Jens. „Erinnerung, Identität und autobiographischer Prozeß“. *Journal für Psychologie* 7.1 (1999): 22–42.

Bundesregierung. *#besonderehelden. Zusammen gegen Corona [Video 1]*. 14. November 2020: https://www.bundesregierung.de/breg-de/themen/coronavirus/besonderehelden-1-1811518 [31.01.2024].

Bundesregierung. *#besonderehelden. Zusammen gegen Corona [Video 2]*. 15. November 2020: https://www.bundesregierung.de/breg-de/themen/coronavirus/besonderehelden-2-1811526 [31.01.2024].

Bundesregierung. *#besonderehelden. Zusammen gegen Corona [Video 3].* 16. November 2020: https://www.bundesregierung.de/breg-de/themen/coronavirus/besonderehelden-3-1811534 [31.01.2024].

Butzer, Günter. „Narration, Erinnerung, Geschichte: Zum Verhältnis von historischer Urteilskraft und literarischer Darstellung". *Literatur und Geschichte. Ein Kompendium zu ihrem Verhältnis von der Aufklärung bis zur Gegenwart.* Hrsg. von Daniel Fulda und Silvia Serena Tschopp. Berlin 2002: 147–169.

Carr, Edward Hallett. *Was ist Geschichte?* Übers. von Siglinde Summerer und Gerda Kurz. 6. Aufl. Stuttgart 1981.

Caruth, Cathy (Hrsg.). *Trauma: Explorations in Memory.* Baltimore, MD 1995.

Caruth, Cathy. *Unclaimed Experience: Trauma, Narrative, and History.* Baltimore, MD 1996.

Danto, Arthur C. *Analytische Philosophie der Geschichte.* Übers. von Jürgen Behrens. Frankfurt a.M. 1980.

Dutceac Segesten, Anamaria und Jenny Wüstenberg. „Memory Studies: The State of an Emergent Field". *Memory Studies* 10.4 (2017): 474–489.

Erll, Astrid. „Cultural Memory Studies: An Introduction". *A Companion to Cultural Memory Studies.* Hrsg. von Astrid Erll und Ansgar Nünning. Berlin 2010: 1–15.

Erll, Astrid. „Gedächtniskonzepte der Literaturwissenschaft". *Metzler Lexikon Literatur- und Kulturtheorie. Ansätze, Personen,Grundbegriffe.* Hrsg. von Ansgar Nünning. 5. Aufl. Stuttgart 2013: 255–256.

Erll, Astrid. *Kollektives Gedächtnis und Erinnerungskulturen. Eine Einführung.* 3. Aufl. Stuttgart 2017.

Erll, Astrid und Ansgar Nünning (Hrsg.). *Medien des kollektiven Gedächtnisses. Konstruktivität, Historizität, Kulturspezifität.* Berlin 2004.

Erll, Astrid und Ansgar Nünning (Hrsg.). *Gedächtniskonzepte der Literaturwissenschaft. Theoretische Grundlegung und Anwendungsperspektiven.* Berlin 2005.

Erll, Astrid und Ansgar Nünning (Hrsg.). *A Companion to Cultural Memory Studies.* Berlin 2010.

François, Etienne und Hagen Schulze (Hrsg.). *Deutsche Erinnerungsorte.* 3 Bde. München 2001.

Gansel, Carsten. „Formen der Erinnerung in der deutschsprachigen Gegenwartsliteratur nach 1989". *Das „Prinzip Erinnerung" in der deutschsprachigen Gegenwartsliteratur nach 1989.* Hrsg. von Carsten Gansel und Pawel Zimniak. Göttingen 2010: 19–35.

Gerstenberger, Katharina. „Fictionalizations: Holocaust Memory and the Generational Construct in the Works of Contemporary Women Writers". *Generational Shifts in Contemporary German Culture.* Hrsg. von Laurel Cohen-Pfister und Susanne Vees-Gulani. Rochester, NY 2010: 95–114.

Goltermann, Svenja. *Die Gesellschaft der Überlebenden. Deutsche Kriegsheimkehrer und ihre Gewalterfahrungen im Zweiten Weltkrieg.* München 2009.

Gudehus, Christian, Ariane Eichenberg und Harald Welzer (Hrsg.). *Gedächtnis und Erinnerung. Ein interdisziplinäres Handbuch.* Stuttgart 2010.

Halbwachs, Maurice. *Das Gedächtnis und seine sozialen Bedingungen.* Übers. von Lutz Geldsetzer. 6. Aufl. Frankfurt a.M. 2019.

Heimes, Silke. *Warum Schreiben hilft. Die Wirksamkeitsnachweise zur Poesietherapie.* Göttingen 2012.

Heimes, Silke. *Kreatives und therapeutisches Schreiben. Ein Arbeitsbuch.* 5. Aufl. Göttingen 2015.

Kattago, Siobhan (Hrsg.). *The Ashgate Research Companion to Memory Studies.* Farnham 2015.

Keightley, Emily und Michael Pickering (Hrsg.). *Research Methods for Memory Studies.* Edinburgh 2013.

Keller, Barbara. *Rekonstruktion von Vergangenheit. Vom Umgang der „Kriegsgeneration" mit Lebenserinnerungen.* Opladen 1996.

Koschorke, Albrecht. „Wissen und Erzählen". *Nach Feierabend. Zürcher Jahrbuch für Wissenschaftsgeschichte* 6 (2010): 89–102

Koselleck, Reinhart. „Standortbindung und Zeitlichkeit. Ein Beitrag zur historiographischen Erschließung der geschichtlichen Welt". *Objektivität und Parteilichkeit in der Geschichtswissenschaft*. Hrsg. von Reinhart Koselleck, Wolfgang J. Mommsen und Jörn Rüsen. München 1977: 17–46.

Kroh, Jens und Anne-Katrin Lang. „Erinnerungsorte". *Gedächtnis und Erinnerung. Ein interdisziplinäres Handbuch*. Hrsg. von Christian Gudehus, Ariane Eichenberg und Harald Welzer. Stuttgart 2010: 184–188.

Kühner, Angela. *Kollektive Traumata. Konzepte, Argumente, Perspektiven*. Gießen 2007.

Kühner, Angela. *Trauma und kollektives Gedächtnis*. Gießen 2008.

Lachmann, Renate. *Gedächtnis und Literatur. Intertextualität in der russischen Moderne*. Frankfurt a.M. 1990.

Lyotard, Jean-François. „Die Delegitimierung". *Geschichte schreiben in der Postmoderne. Beiträge zur aktuellen Diskussion*. Hrsg. von Christoph Conrad und Martina Kessel. Stuttgart 1994: 71–79.

Mank, Ute. *Zwischen Trauma und Rechtfertigung. Wie sich ehemalige Wehrmachtssoldaten an den Krieg erinnern*. Frankfurt a.M. 2011.

McNally, Richard J. *Remembering Trauma*. Cambridge, MA 2003.

Meißner, Thomas. *Erinnerte Romantik. Ludwig Tiecks „Phantasus"*. Würzburg 2007.

Nikulin, Dmitri. *Memory: A History*. Oxford 2015.

Nora, Pierre (Hrsg.). *Les lieux de mémoire*. 7 Bde. Paris 1984–1992.

Nora, Pierre. *Zwischen Geschichte und Gedächtnis*. Übers. von Wolfgang Kaiser. Berlin 1990.

Oesterle, Günter (Hrsg.). *Erinnerung, Gedächtnis, Wissen. Studien zur kulturwissenschaftlichen Gedächtnisforschung*. Göttingen 2005.

Olick, Jeffrey K., Vered Vinitzky-Seroussi und Daniel Levy (Hrsg.). *The Collective Memory Reader*. Oxford 2010.

Parei, Inka. *Die Schattenboxerin. Roman*. 3. Aufl. Frankfurt a.M. 2000.

Parei, Inka. *Was Dunkelheit war. Roman*. Frankfurt a.M. 2005.

Parei, Inka. *Die Kältezentrale. Roman*. Frankfurt a.M. 2011.

Pethes, Nicolas. *Kulturwissenschaftliche Gedächtnistheorien zur Einführung*. 2. Aufl. Hamburg 2013.

Pethes, Nicolas und Jens Ruchatz (Hrsg.). *Gedächtnis und Erinnerung. Ein interdisziplinäres Handbuch*. Reinbek 2001.

Pfeiffer, Moritz. *Mein Großvater im Krieg, 1939–1945. Erinnerung und Fakten im Vergleich*. 3. Aufl. Bremen 2013.

von Plato, Alexander. „Oral History". *Lexikon Geschichtswissenschaft. Hundert Grundbegriffe*. Hrsg. von Stefan Jordan. Stuttgart 2013: 231–234.

Radonić, Ljiljana und Heidemarie Uhl (Hrsg.). *Gedächtnis im 21. Jahrhundert. Zur Neuverhandlung eines kulturwissenschaftlichen Leitbegriffs*. Bielefeld 2016.

Radstone, Susannah und Bill Schwarz (Hrsg.). *Memory: Histories, Theories, Debates*. New York 2010.

Röhrs, Steffen. *Körper als Geschichte(n). Geschichtsreflexionen und Körperdarstellungen in der deutschsprachigen Erzählliteratur, 1981–2012*. Würzburg 2016.

Röhrs, Steffen. „‚Jetzt versuche ich, Worte zu finden.' Zum Umgang mit Krisenerfahrungen und traumatischen Erinnerungen in autobiografischen Erzählungen von Bundeswehrsoldat*innen". *Autobiografisches Schreiben in Bildungskontexten. Konzepte und Methoden*. Hrsg. von Renata Behrendt und David Kreitz. Bielefeld 2021: 217–233.

Rossington, Michael et al. (Hrsg.). *Theories of Memory: A Reader*. Baltimore, MD 2007.

Roth, Michael S. „Trauma, Repräsentation und historisches Bewußtsein". *Die dunkle Spur der Vergangenheit. Psychoanalytische Zugänge zum Geschichtsbewußtsein. Erinnerung, Geschichte, Identität 2*. Hrsg. von Jörn Rüsen und Jürgen Straub. Frankfurt a.M. 1998: 153–173.

Schmidt, Siegfried J. „Gedächtnis und Gedächtnistheorien". *Metzler Lexikon Literatur- und Kulturtheorie. Ansätze, Personen,Grundbegriffe.* Hrsg. von Ansgar Nünning. 5. Aufl. Stuttgart 2013: 252–254.

Tieck, Ludwig. *Schriften in zwölf Bänden. Band 6: Phantasus.* Hrsg. von Manfred Frank. Frankfurt a.M. 1985.

Todt, Sabine. „Linguistic turn". *Geschichte. Ein Grundkurs*. Hrsg. von Hans-Jürgen Goertz. 3. Aufl. Reinbek 2007: 178–198.

Tota, Anna Lisa und Trever Hagen (Hrsg.). *Routledge International Handbook of Memory Studies*. London 2016.

Veyne, Paul. *Geschichtsschreibung, und was sie nicht ist*. Übers. von Gustav Roßler. Frankfurt a.M. 1990.

Warburg, Aby. *Der Bilderatlas Mnemosyne*. Hrsg. von Martin Warnke und Claudia Brink. Berlin 2000.

Welzer, Harald. *Das kommunikative Gedächtnis. Eine Theorie der Erinnerung*. 4. Aufl. München 2017.

Welzer, Harald, Sabine Moller und Karoline Tschuggnall (Hrsg.). *„Opa war kein Nazi." Nationalsozialismus und Holocaust im Familiengedächtnis*. 3. Aufl. Frankfurt a.M. 2002.

White, Hayden. *Auch Klio dichtet oder Die Fiktion des Faktischen. Studien zur Tropologie des historischen Diskurses*. Übers. von Brigitte Brinkmann-Siepmann und Thomas Siepmann. Stuttgart 1991a.

White, Hayden. *Metahistory. Die historische Einbildungskraft im 19. Jahrhundert in Europa*. Übers. von Peter Kohlhaas. Frankfurt a.M. 1991b.

Whitehead, Anne. *Memory. The New Critical Idiom.* London 2009.

Würich, Sabine und Ulrike Scheffer. *Operation Heimkehr. Bundeswehrsoldaten über ihr Leben nach dem Auslandseinsatz*. Berlin 2014.

ZDF Magazin Royale. *#besonderehelden Gemeinsam NICHTS tun [Video 1]*. 18. November 2020: https://www.youtube.com/watch?v=ydrOLEe_xNo [31.01.2024].

ZDF Magazin Royale. *#besonderehelden Gemeinsam NICHTS tun [Video 2]*. 20. November 2020: https://www.youtube.com/watch?v=UJ_-VICjCTM [31.01.2024].

Gabriele Pisarz-Ramirez

Minority Studies

1 Forschungsgeschichte

Der Begriff der kulturwissenschaftlichen MINORITY STUDIES bezeichnet die Untersuchung der Geschichte, Kulturen und Literaturen ethnischer und rassifizierter Minderheiten. In den USA wird der Begriff zumeist synonym zum Begriff der → (CRITICAL) ETHNIC STUDIES verwendet. „Minderheit" wird dabei nicht nur numerisch gefasst, sondern bezieht sich auf das soziale Machtgefälle zwischen einer (meist weißen bzw. europäischstämmigen) Mehrheitsgesellschaft und den (häufig nichtweißen bzw. nicht-europäischstämmigen) Minderheiten. Dennoch ist eine klare Eingrenzung der MINORITY STUDIES schwierig, da sie sich mit mehreren anderen Forschungsfeldern überschneiden, so z. B. mit den MIGRATION STUDIES und → REFUGEE STUDIES, den DIASPORA STUDIES, → POSTCOLONIAL STUDIES und den CRITICAL RACE STUDIES. Dazu kommt, dass die Gruppen, die in den USA als „ethnic/racial minorities" bezeichnet werden, im globalen Maßstab keine Minoritäten sind (Alcoff und Mohanty 2006, 6) und dass zudem die demographischen Entwicklungen in den USA in den kommenden Dekaden auf eine Umkehrung der Mehrheits-Minderheitsverhältnisse hin zu einer nicht-europäischstämmigen Mehrheitsgesellschaft hindeuten. Zentrale Themenbereiche der MINORITY STUDIES sind die Untersuchung von Prozessen der „Minoritisierung" (*minoritization*), die Aufarbeitung und Sichtbarmachung der Geschichte und Kulturtraditionen ethnischer Minderheiten, die Erforschung ihrer Literaturen, die Auseinandersetzung mit Stereotypisierungen durch die Mehrheitsgesellschaft, die Analyse ethnischer Identitätskonstruktionen und -repräsentationen, die Vermittlung von Wissen über minoritäre Gruppen an Schulen und Hochschulen und die Beteiligung an damit verbundenen gesellschaftspolitischen Debatten. Die zentrale Rolle des Verhältnisses von Mehrheits- und Minderheitsgesellschaft und deren Folgen markiert eine wesentliche Unterscheidung zwischen den ETHNIC MINORITY STUDIES und den auf die Beziehungen der USA zu Ländern in Afrika, Asien und Lateinamerika fokussierten → AREA STUDIES, die zur Durchsetzung US-amerikanischer Interessen in den entsprechenden Ländern ins Leben gerufen wurden (Hu-DeHart 1993, 53).

Innerhalb der MINORITY STUDIES haben v. a. die AFRICAN AMERICAN STUDIES, BLACK STUDIES, NATIVE AMERICAN STUDIES, CHICANA/O STUDIES und LATINA/O STUDIES und die ASIAN AMERICAN STUDIES größere Sichtbarkeit und Institutionalisierung erlangt. Sie stehen daher in diesem Artikel im Mittelpunkt. Anfänglich v. a. aus soziologischer, anthropologischer und historischer Perspektive betrieben, ist das Gebiet der MINORITY STUDIES heute hochgradig interdisziplinär und schließt Disziplinen wie Recht,

https://doi.org/10.1515/9783110712919-023

Politikwissenschaften, Psychologie, und das gesamte Spektrum geisteswissenschaftlicher Fächer ein, insbesondere Literaturwissenschaften, Sprachwissenschaften und Kulturwissenschaften (Bulmer und Solomos 1998, 820).

1.1 Entstehungskontext

Die Entstehung der MINORITY STUDIES resultiert aus den Forderungen nach Gleichberechtigung und Partizipation im Kontext der Bürgerrechts- und Protestbewegungen der 1960er und 1970er Jahre. Die politischen Bewegungen von Afroamerikaner*-innen („Black Power"), Chicana/o, Native Americans („Red Power") und Asian Americans gingen mit dem Erstarken kollektiver Gruppenidentitäten einher. Nachdem erste wirksame Gesetzesänderungen zur Beendigung rassistischer Diskriminierungen durchgesetzt waren (Civil Rights Act 1964; Voting Rights Act 1965) und ein modernes Einwanderungsgesetz die bisherigen strengen Restriktionen für nichteuropäischstämmige Einwander*innen beendete (Hart-Cellar Act 1965), wurden Forderungen nach gesellschaftlicher und kultureller Repräsentanz und nach der Beseitigung struktureller Ungleichheiten auch im Bildungsbereich lauter. Zum einen war der Zugang zu höheren Bildungseinrichtungen vielen Angehörigen von ethnischen und rassifizierten Minderheiten aufgrund struktureller Barrieren erschwert – so gehörten bspw. im Jahr 1967 an der San Francisco State University nur vier Prozent aller Studierenden ethnischen Minderheiten an, während im Einzugsgebiet 70 Prozent aller Schüler*innen einen ethnisch minoritären Hintergrund hatten (Ehsanipour 2020). Zum anderen waren die Erfahrungen ethnischer Minoritäten nicht Teil der Lehrprogramme: Von der Mehrheitsgesellschaft häufig als kultur- und geschichtslos und als zivilisatorisch defizitär wahrgenommen, waren ihre Literaturen und Kulturgeschichten weder Gegenstand der Forschung noch wurden sie durch Verlage oder in Bibliotheken zugänglich gemacht. Zahlreiche ethnische Autor*innen haben als Motiv für ihr Schreiben das Erleben von Unsichtbarkeit genannt, da sie sich in der vorhandenen Literatur nicht oder nur in verzerrter Form gespiegelt sahen. Symptomatisch ist Toni Morrisons (1931–2019) oft wiederholte Feststellung, dass sie ihren ersten Roman *The Bluest Eye* (1970) über ein schwarzes Mädchen schrieb, weil es das Buch war, das sie selbst lesen wollte und das nicht existierte. Die in den AMERICAN STUDIES lange einflussreiche Myth-and-Symbol School führte zur Verengung des Blickwinkels auf einen Kanon von „great texts", die ein exzeptionalistisches Narrativ der USA im Zeichen wiederkehrender Mythen und Symbole (American Adam, Virgin Land, Errand into the Wilderness etc.) fortschrieben und die Perspektiven von schwarzen US-Amerikaner*innen, Native Americans und nicht-europäischen Immigrant*innen weitgehend ausschlossen.

1.2 Institutionalisierung und Weiterentwicklung

Unter dem Druck von Organisationen wie der Third World Liberation Front, in der sich Aktivist*innen mehrerer ethnischer Gruppen zusammenfanden, und von Studierendenprotesten (z. B. San Francisco State Strike 1968, Third World Liberation Front Strike in Berkeley 1969), kam es in den späten 1960er und den 1970er Jahren an zahlreichen amerikanischen Universitäten zur Einrichtung von Studienprogrammen, die die Geschichte und Kulturen ethnischer Minderheiten ins Zentrum rückten. So erreichte die Black Student Union am San Francisco State College 1969 die Etablierung des ersten Black Studies-Programms in den USA, darauf folgte die Eröffnung des ersten Black Studies-Departments an der San Francisco State University (Bobo et al. 2004, 2). Infolge der Proteste entstanden an vielen Universitäten der Westküste → Ethnic Studies-Departments, die als Dach für die Forschung und Lehre in den Native American Studies, den Chicana/o Studies und den Asian American Studies dienten. Affirmative-Action-Maßnahmen bewirkten die verstärkte Zulassung von Studierenden nicht-europäischstämmiger Herkunft und die schrittweise Aufstockung und Diversifizierung des Lehrpersonals, und ermöglichten so die Verbreiterung des Lehrangebots, die Einrichtung von Doktorand*innenprogrammen an diesen Departments, und die Entwicklung eigener Forschungsperspektiven und Theorieansätze. Dabei lag der Fokus der Ethnic Minority Studies zunächst vielfach auf den strukturellen Unterdrückungs- und Ausgrenzungsmechanismen der Mehrheitsgesellschaft sowie auf der Sichtbarmachung der Interessen der eigenen *communities*. Im Zentrum standen zudem die Solidarität mit anderen marginalisierten Gruppen und – unter dem Einfluss marxistischer Strömungen in den politischen Bürgerrechtsbewegungen und den Unabhängigkeitsbewegungen in afrikanischen und asiatischen Ländern – die Kritik an Kapitalismus und Kolonialismus wie auch die Herausstellung einer gemeinsamen Unterdrückungsgeschichte. Gleichzeitig führte das Streben nach kultureller Emanzipation von der Mehrheitsgesellschaft zu kulturnationalistischen Tendenzen: auf der Grundlage eines essentialistisch definierten Kulturbegriffs wurde die eigene Gruppe dabei als Kulturnation verstanden und daraus eine ‚nationale' Gegenidentität zur weißen Mehrheitsgesellschaft konstruiert. Eine solche Gegenidentität findet sich etwa im Black Nationalism und dem damit verbundenen Black Arts Movement, aber auch innerhalb des Chicano Movement und hier insbesondere im Konzept der *Familia de la Raza*, dem die Vorstellung zugrunde liegt, alle Menschen mexikanischer Herkunft in den USA seien Mitglieder einer Nationfamilie (vgl. das kulturnationalistische Manifest „Plan Espiritual de Aztlán"). Die Vorstellung einer ‚nationalen' ethnischen Gemeinschaft führte auch zu heteropatriarchalen Ausgrenzungsmechanismen: so definierten die Herausgeber der ersten wichtigen Anthologie asiatisch-amerikanischer Literatur, *Aiiieeeee! An*

Anthology of Asian-American Writers von 1974, asiatisch-amerikanische Identität als „non-immigrant, non-Christian and non-feminine" (Chin et al. 2019, 38).

Ab Mitte der 1970er Jahre setzten sich verstärkt intersektionelle feministische Positionen durch, und ab den 1980er Jahren wurde zunehmend der Einsatz für die Rechte sexueller Minderheiten bedeutsam. Essentialistische und kulturnationalistische Positionen traten in den Hintergrund; es kam zu einer starken Auffächerung von Themen und theoretischen Perspektiven. Die Rezeption poststrukturalistischer und postkolonialer Theorien, epistemologiekritischer Denkmodelle und komparatistischer Ansätze trugen zu einer weiteren Diversifizierung der Minority Studies bei. Dabei blieben die Erschließung der Unterdrückungs- und Widerstandsgeschichte nicht-europäischstämmiger ethnischer Gruppen und ihrer Beiträge zur amerikanischen Kultur und Gesellschaft sowie die grundlegende Rolle der Differenzkategorien *race* und *ethnicity* zentrale Schwerpunkte. Indem sie die epistemologischen Positionen und kulturellen Narrative und Mythen des Mainstreams in Frage stellten, traten die Minority Studies bald über die vom dominanten Diskurs verordnete Minoritätenposition hinaus und wurden zum zentralen Motor einer weitreichenden Debatte über die kulturellen Bildungsinhalte an Schulen und Hochschulen. Diese Debatte richtete sich zunächst auf eine Pluralisierung und Diversifizierung kanonischer Lehrinhalte, sehr bald aber auch auf die Neubestimmung des Verhältnisses von kulturellem Zentrum und Peripherie.

Unter dem Einfluss des *spatial turn* wandte sich die Forschung zunehmend transnationalen Kontaktzonen ethnischer Kulturen wie der US-mexikanischen Grenze zu. Die Chicana/o Studies und → Border Studies leisteten einen wesentlichen Beitrag zur Revision monokultureller und eurozentristischer Definitionen amerikanischer Kultur und Geschichte, indem sie das Raumkonstrukt der amerikanischen *frontier* und dessen exzeptionalistische Prämissen bereits früh hinterfragten und ihm das Konzept der *borderlands* entgegensetzten, das die Grenze als kulturellen Kontaktraum begreift. Auch die African American Studies und die Native American Studies erweiterten ihre Forschungsfelder zunehmend um transnationale Perspektiven. Diese Entwicklungen führten gleichzeitig zu Debatten über die Inhalte der Ethnic Minority Studies. Symptomatisch dafür ist eine Roundtable-Diskussion während der Jahrestagung der Modern Language Association im Jahr 2006, in der zahlreiche Vertreter*innen der Ethnic Minority Studies ihre Bedenken über die Folgen des *transnational turn* äußerten und dabei eine Priorisierung von gegenwartsbezogenen ‚globalen' Themen beklagten (→ Global Studies), die nach ihrer Auffassung zu Lasten der Erforschung historischer, lokaler und regionaler Erfahrungen ethnischer Gruppen in den USA führte (Rhadhakrishnan 2007; Rodriguez 2007; Sanders 2007).

Eine weitere Institutionalisierung und Professionalisierung der Ethnic Minority Studies ist in der Gründung von Fachgesellschaften wie dem National Council for Black Studies (1975), der National Association of Chicana and Chicano Studies

(1972), der Latina/o Studies Association (2014), der Association for Asian American Studies (1979) und der American Indian Studies Association (1999) sichtbar, die regelmäßig Konferenzen ausrichten und den wissenschaftlichen Austausch fördern. Bereits 1973 wurde die Society for the Study of the Multi-Ethnic Literature of the United States (MELUS) gegründet, deren Ziel die Erweiterung des Kanons der amerikanischen Literatur durch die Erforschung und Vermittlung der Literaturen und Kulturen von Latinx Americans, Native Americans, African Americans, Asian and Pacific Americans und von ethnisch spezifischen euroamerikanischen Minderheiten ist. Die Fachzeitschrift der Gesellschaft *MELUS: Multi-Ethnic Literature of the United States* erscheint seit 1974 vierteljährlich. Weitere Fachzeitschriften sind das 1970 gegründete *Journal of Black Studies* (JBS), die *African American Review* (seit 1967), *Aztlán: A Journal of Chicano Studies* (seit 1970), *SAIL* (*Studies in American Indian Literature*, seit 1977), *Asian American Literature* (seit 2010) sowie übergreifend *Sociology of Race and Ethnicity* (seit 2015) oder das 1971 gegründete *Journal of Ethnic and Migration Studies*.

Trotz ihrer erfolgreichen Etablierung an zahlreichen Universitäten sahen und sehen sich die Minority Studies immer wieder mit Kritik und der Infragestellung ihrer Relevanz und Berechtigung konfrontiert. Dort, wo nur Programme und keine eigenständigen Departments existieren, können Budgetkürzungen rasch zur Einstellung führen, und selbst an → Ethnic Studies-Departments sind Personal und Finanzmittel häufig extrem knapp bemessen. Immer wieder werden solche Programme und Einrichtungen auch Gegenstand politischer Auseinandersetzungen und Debatten. Ihre Exponiertheit und Vulnerabilität zeigte sich bspw. im Fall des Mexican American Studies-Programms in Tucson, Arizona. Dort trat 2012 auf Initiative konservativer politischer Kräfte das Gesetz HB 2281 in Kraft, das es öffentlichen Schulen in Tucson verbot, zielgruppenspezifische Kurse für Schüler*innen aus ethnischen Minoritäten mit einem Fokus auf ethnischer Kultur und Geschichte anzubieten. Das Gesetz blieb bis 2017 in Kraft und wurde dann als verfassungswidrig aufgehoben.

2 Exemplarische Beispiele und Fragestellungen

2.1 Die Aufarbeitung und Vermittlung der eigenen Kultur- und Literaturgeschichte

Ein zentrales Anliegen der kultur- und literaturwissenschaftlichen Minority Studies waren von Beginn an die Aufarbeitung und Vermittlung der Geschichte und Erfahrungen von Angehörigen ethnischer Gruppen in den USA. Dabei ging es um die

Sichtbarmachung prägender Traditionen, gemeinsamer kultureller Wurzeln und zentraler historischer Ereignisse und Narrative. In den ersten Jahren nach der Etablierung von → ETHNIC STUDIES-Programmen und -Departments stand zudem das Auffinden und die kritische Aufbereitung historischer, literarischer und kultureller Artefakte sowie die Herausgabe von Anthologien und kritischen Editionen im Mittelpunkt, um einen Quellenkorpus als Grundlage weiterer Forschung und Vermittlung bereitzustellen. Auch populäre literarische Genres, die von großer Bedeutung für die Widerstandskulturen einzelner ethnischer Gruppen waren, wurden erforscht, wie das afroamerikanische autobiographische *slave narrative*, dessen Signifikanz für die afroamerikanische Geschichte, aber auch als literarisches Zeugnis mit einer eigenständigen rhetorischen und narrativen Tradition zuerst von Henry Louis Gates und Charles T. Davis gewürdigt wurde (*The Slave's Narrative*, 1986). Mexikanische *corridos*, Volksballaden mit widerständigen Texten, die in den Landkonflikten im Südwesten der USA nach dem mexikanisch-amerikanischen Krieg (1846–48) eine wichtige Rolle spielten und die in der Populärkultur von Mexican Americans fortlebten, wurden veröffentlicht und untersucht. Dabei konnte man auf eine bereits 1958 durch Americo Paredes erstellte Studie zu dem bekanntesten Volkshelden dieser Tradition, Gregorio Cortez (1875–1916) zurückgreifen, *With His Pistol in His Hand: A Border Ballad and its Hero*. Die Untersuchung von Figuren aus *folklore* und *folk culture* hatte das Ziel, die Bedeutung dieser von der Mehrheitsgesellschaft als randständig und allenfalls als exotisch oder kurios betrachteten Traditionen und ihr subversives Potenzial deutlich zu machen, die von Ramón Saldívar als „vernacular history in the making" beschrieben worden sind (Saldívar 2006, 148). Diesem Ziel dienen auch ethnographisch-literarische Studien wie José Limóns' *Dancing with the Devil* (1994), das populärkulturelle Traditionen in Südtexas (insbesondere Manifestationen eines karnevalesken Humors) als seit dem 19. Jahrhundert praktizierte Strategien der Selbstbehauptung und des subalternen Widerstands gegen Ausgrenzung und Stereotypisierung durch Angloamerikaner*innen untersucht. In den AFRICAN AMERICAN STUDIES wurden mündliche Erzähltraditionen von *folktales* und *spirituals* über das „talking book" bis zum „speakerly text" (Gates 1988, Kap. 4, Kap. 5) als zentral in der afroamerikanischen Kulturgeschichte identifiziert. Praktiken wie das *quiltmaking* wurden auf ihre historische, religiöse und künstlerische Symbolkraft untersucht (Benberry 1992, Freeman 1996). Subversive Trickster-Figuren wie Brer Rabbitt und Coyote, die in der mündlichen Erzähltradition von African Americans und Native Americans eine zentrale Rolle spielten, wurden Gegenstand wissenschaftlicher Untersuchungen. Buchreihen wie die vom Arte Público-Verlag herausgegebene Reihe *Recovering the U. S. Hispanic Literary Heritage* machten vergessene Zeugnisse der Literaturen ethnischer Gruppen aus dem 19. und frühen 20. Jahrhundert in kritischen Editionen zugänglich.

Die Aufarbeitung der eigenen Kulturgeschichte war häufig mit einer Kritik an normativen und ausgrenzenden Prämissen der Mehrheitsgesellschaft verbunden. So verwies der Soziologe Richard Griswold del Castillo darauf, dass soziologische Studien über die mexikanisch-amerikanische Familie häufig an den Maßstäben der anglo-amerikanischen Kernfamilie ausgerichtet waren und folglich mexikanische Familienstrukturen als ‚unamerikanisch' und defizitär beschrieben, da sie in wesentlichen Aspekten deutlich von der anglo-amerikanischen Norm der nuklearen Familie abwichen (1984, 3–4). Ein ähnlich schablonenhaftes Denken führte zur Entstehung des Konzepts der asiatisch-amerikanischen *model minority*, das, wie Buck Wong feststellte, letztlich einer Verschleierung des fortgesetzten Rassismus diente, dem Asian Americans ausgesetzt waren (1971, 131). Entsprechend war es ein wichtiges Anliegen z. B. der ASIAN AMERICAN STUDIES von Beginn an, die in dominanten Erzählungen amerikanischer Geschichte ausgeschlossenen Erfahrungen und sozialen Konditionen von Amerikaner*innen asiatischer Herkunft zu thematisieren, einschließlich der Diskriminierungserfahrungen chinesischstämmiger Einwander*-innen im 19. Jahrhundert durch den Chinese Exclusion Act, der rassistischen Anfeindungen gegen philippinischstämmige Saisonarbeiter*innen in den 1940er und 1950er Jahren (beschrieben z. B. in Carlos Bulosans *America is in the Heart* von 1946), und der Internierung japanischstämmiger Bürger*innen im Zweiten Weltkrieg (*Japanese Internment*). Darüber hinaus zielten die Forderungen nach Repräsentanz minoritärer Interpretationen wichtiger Perioden amerikanischer Geschichte – wie der Westexpansion oder dem Mexikanisch-Amerikanischen Krieg – auf die Neubewertung zentraler Mythen amerikanischen Selbstverständnisses (Paul 2014).

Damit einher ging der in den 1980er Jahren vehement geführte Kampf um die Neudefinition des Kanons kulturell und literarisch bedeutsamer Texte wie auch die Revision universitärer Curricula, der als Multikulturalismus-Debatte eine hohe Sichtbarkeit erlangte. Es ging dabei nicht nur um die Ergänzung bestehender Kanones um ‚diverse' Stimmen, die vom kulturellen Zentrum toleriert werden, sondern um gleichberechtigte Repräsentanz, die Thematisierung von Machtasymmetrien und um eine Neubestimmung des Verhältnisses von kulturellem Zentrum und Peripherie. So verwiesen Kritiker wie Youngsuk Chae auf das Problem einer Sichtweise, bei der US-amerikanische Kultur weiterhin als weiß und männlich definiert und ethnische Kulturen nur als ‚Ergänzung' eines unveränderten Kanons dienen sollten (2018, 17): „If Asian American literature functions as a mere ‚ethnic' literature by reproducing a typical image engraved on Asians, those narratives eventually function as an ‚exotic commodity' and their cultural, racial, or ethnic differences become ‚essentialized'." Der kritische Multikulturalismus forderte eine grundlegende Revision der Repräsentation amerikanischer Geschichte und Kultur und die Thematisierung von Rassismus und weißen Privilegien. Die anhaltenden Diskussionen um die Berechtigung von Studienprogrammen, die die Erfahrungen nichteuropäischstämmiger ethnischer Gruppen in den Mittelpunkt stellen, lässt sich ebenso wie die jüngsten Kontroversen um juristische Verbote von Critical Race Theory an Schulen als eine Fortsetzung dieses Konflikts in der Gegenwart lesen.

2.2 Kulturelle Identität in den CHICANA/O STUDIES

Die CHICANA/O STUDIES bildeten sich parallel zu und in Verschränkung mit dem politischen Chicano Movement und dem Chicano Art Movement heraus, die ab Mitte der 1960er Jahre im Kontext des Civil Rights Movement, der Landarbeiter-Proteste der United Farmworkers Union und weiterer Protestbewegungen entstanden. Politische, künstlerische und akademische Diskurse sind aufgrund dieser Entstehungsgeschichte kaum voneinander zu trennen. Die Selbstwahrnehmung von Mexican Americans in der Zeit vor dem Chicano Movement war vorrangig durch Negativzuschreibungen sowohl durch Angloamerikaner*innen als auch durch das Herkunftsland Mexiko geprägt. Während mexikanischstämmige Einwander*innen in den USA häufig als kulturell defizitär dargestellt und mit rassistischen Stereotypen (*greaser*, *wetback*) belegt wurden, galten sie in Mexiko als Abtrünnige der eigenen mexikanischen Nationalkultur, als *pochos* (Mexikaner, die ihre Kultur/Sprache aufgegeben haben). Ein zentrales Thema der frühen CHICANA/O STUDIES war daher die Konstruktion und Performanz einer kollektiven Identität, die der Selbstermächtigung und der Ermöglichung gemeinsamen politischen Handelns diente, und in deren Mittelpunkt die Schaffung und Verbreitung eines Kanons von gemeinsamen Erzählungen, Imaginarien und Symbolen stand. In diesem Kontext war zunächst die Appropriierung und politische Neudefinition des Begriffs „Chicano" selbst bedeutsam, der ursprünglich abwertend für kürzlich eingewanderte mittellose Mexikaner*innen gebraucht wurde. Chicanismo markierte ein politisches Bewusstsein und den Stolz auf die eigene kulturelle Identität und Geschichte. Ein zentrales Konzept und verbindendes Symbol des frühen Identitätsdiskurses war die Legende von Aztlán, dem mythischen Ursprungsland der Azteken, das von den intellektuellen Vordenkern des Movement im Südwesten der USA verortet wurde. Damit reklamierten sie eine direkte Verbindung zwischen Mexican Americans und den indigenen Kulturen der Azteken und Mayas und verwurzelten sie sowohl geographisch in den USA als auch kulturell in einer Ursprungsgeschichte, die weit vor der Besiedlung Nordamerikas durch Europäer begann. Das Aztlán-Narrativ, das die Abwertung von Mexican Americans als geschichtslose Migrant*innen konterkariert, findet sich in zahlreichen Anthologien (z. B. Valdez und Steiner 1969) sowie zentral im programmatischen „Plan Espiritual de Aztlán" (‚Spiritueller Plan von Aztlán'), einem von Künstler*innen und Intellektuellen verfassten Manifest des Chicano Movement, das die Einheit der Mexican Americans als ethnischer und kultureller Familie und Nation betonte und die Zugehörigkeit zu den Bevölkerungen Lateinamerikas unterstrich: der Plan beschreibt sie als „a bronze people on a bronze continent". Viele frühe Studien innerhalb der CHICANA/O STUDIES, die aus anthropologischen, soziologischen, aber auch linguistischen Perspektiven unternommen wurden, sind daher der Erforschung der indigenen Ursprünge von Mexican Americans, der Rolle indigener Mythen in der Literatur, der Rolle der spanischen Sprache und dem Stellenwert der Familie als Zentrum von Tradition und Zusammenhalt gewidmet. Insbesondere in Anthologien, die in den 1970er und frühen 1980er Jahren in spanischer Sprache erschienen, wurde dem Spanischen eine programmatische Funktion in der Erhaltung kultureller Identität zugewiesen. Die Untersuchung von Bilingualität, Interlingualität und *code switching* blieben auch in den 1980er und 1990er Jahren ein wichtiger Bereich der CHICANA/O STUDIES, wobei diese Sprachpraktiken aber zunehmend als Ausdruck einer hybriden und fragmentierten Identität gelesen wurden.

In den späteren 1970er und während der 1980er Jahre kam es zu einer Ausdifferenzierung von Themen und Positionen, bei der die Heterogenität der mexikanisch-amerikanischen Bevölkerung auch als Forschungsdesiderat stärker in den Vordergrund trat. So entwickelten sich spezifisch feministische trans-ethnische Identitätskonstruktionen von *women of color* wie in der 1981 von Gloria Anzaldúa und Cherrie Moraga herausgegebenen Anthologie *This Bridge Called My Back: Writings by Radical Women of Color*. Teil dieser feministischen Neuausrichtung war eine radikale Neuinterpretation von mythischen und historischen Frauenfiguren mexikanischer Geschichte (Malinche, Virgin of Guadalupe, llorona) und der Erfahrungen mexikanisch-amerikanischer Frauen, so etwa im „Xicanisma"-Feminismus von Ana Castillo (*Massacre of the Dreamers, Goddess of the Americas*). Ab den 1980er Jahren betonten kreative wie kritische Diskurse zunehmend den Grenzcharakter mexikanisch-amerikanischer Identität zwischen den Kulturen, prominent in Gloria Anzaldúas *Borderlands/La Frontera. The New Mestiza* (1987). Dieses Bewusstsein einer mehrfach verankerten Identität findet sich in kritischen Texten als „frontera imaginary" (so in José David Saldívars *Border Matters*) oder dem Grenzraum als *Nepantla* („Raum in der Mitte") in Pat Moras gleichnamiger Sammlung kritischer Essays. In ihrer transnationalen Ausrichtung nahmen die CHICANA/O STUDIES eine epistemologiekritische Vorreiterrolle in der Auseinandersetzung mit nationalistischen Interpretationen US-amerikanischer Kultur und Geschichte ein. Ab den 1990er Jahren wurden CHICANA/O STUDIES und → BORDER STUDIES Teil zentraler Debatten in den AMERICAN STUDIES über den amerikanischen Exzeptionalismus und die Cultures of United States Imperialism (Pease und Kaplan 1993). Damit wurden sowohl der Grenzraum als auch die Grenzidentität vieler Mexican Americans auch außerhalb der CHICANA/O STUDIES immer häufiger als Referenzpunkt für die Kritik an nationalen und die Reklamierung trans- und postnationaler Identitäten herangezogen (Pisarz-Ramirez 2005).

Seit Beginn des 21. Jahrhunderts lässt sich eine zunehmende Verlagerung von Forschungsinteressen hin zu übergreifenden Fragestellungen beobachten, die die gesamte Latinx-Bevölkerung in den USA betreffen. Dazu gehört die fortgesetzte Auseinandersetzung mit Identitätszuschreibungen (z. B. Dávila 2008), aber auch die Frage nach der Konstruktion und Performanz einer kollektiven Latinidad, einer zum Teil durch Marktmechanismen und kommerzielle spanischsprachige Medien (Univisión) beförderten Latinx-Identität (z. B. Aparicio 2019; Valdivia 2020). Darüber hinaus gibt es zahlreiche Berührungspunkte von CHICANA/O STUDIES und → BORDER STUDIES mit den HEMISPHERIC STUDIES und INTERAMERICAN STUDIES.

2.3 Auseinandersetzung mit Stereotypisierung und kultureller Aneignung in den NATIVE AMERICAN STUDIES

Das Konzept des „Indianers“ ist eine euroamerikanische Erfindung, und seine Repräsentation untrennbar an westliche koloniale Ideologien geknüpft; entsprechend sieht sich die enorm heterogene und dynamische Bevölkerung der Native Americans seit den Anfängen der amerikanischen Siedlungsgeschichte mit ethnischen Stereotypen konfrontiert, die die Vielfalt tribaler Kulturen auf dem amerikanischen Kontinent in wenige eindimensionale Bilder presst. Die kritische Auseinandersetzung mit diesen Stereotypen, welche gesellschaftliche Diskurse und weite Teile der amerikanischen Populärkultur durchdringen, war daher von Beginn an ein wesentlicher Bestandteil der NATIVE AMERICAN STUDIES. Zentrale Stereotypen umfassen bspw. den *savage Indian* – den unzivilisierten, rückschrittlichen und gewaltsamen „Wilden“ (vgl. das Genre der *Indian captivity narratives*, James Fenimore Coopers *Leatherstocking Tales* sowie zahllose Hollywood-Westerns) oder den *noble savage* als den naturverbundenen und spirituellen „edlen Wilden“, der ebenfalls in Coopers Romanen und zahlreichen anderen Texten zu finden ist. Über viele Jahrzehnte haben Museen Native Americans als *vanishing Indians* – als zum Aussterben verurteilte Spezies – dargestellt, Fernsehserien präsentieren den passiven und würdelosen *reservation Indian* (Berkhofer 1978) sowie den reichen *Casino Indian* (etwa in den TV-Serien *South Park* oder *The Sopranos*), Disney-Filme wie *Pocahontas* (1995) die stereotype *Indian Princess*. Dazu tritt die Vereinnahmung von Elementen indigener Kultur für kommerzielle oder andere Zwecke, so im *mascotting* – der Bezeichnung von Football- und Baseballteams mit ‚indianischen‘ Namen (wie „Redskins“ oder „Chiefs“); die Nutzung kultureller Symbole zur Vermarktung von Konsumprodukten („Calumet Baking Powder“); die Imitation des Federschmucks als Teil von

Halloweenkostümen oder die Kommerzialisierung indigener Erfahrungen im Tourismus („Powwows“) usw.

Bereits vor der Entstehung der Native American Studies sind indigene Intellektuelle und Schriftsteller*innen in ihren Lebensgeschichten immer wieder eindimensionalen und verzerrenden Repräsentationen indigener Kultur und Lebensweise entgegengetreten. In autobiographischen Texten und Tribal Histories wie George Copways *Traditional History and Characteristic Sketches of the Ojibway Nation* (1850), Sarah Winnemuca Johnsons *Life Among the Paiutes, Their Wrongs and Claims* (1883) oder Zitkala-Sas *American Indian Stories* (1921) bemühten sich die Autor*innen um eine Aufklärung weißer Leser*innen durch realistische Darstellungen indigener Geschichte und Kulturen. Die Native American Renaissance, die ab Mitte der sechziger Jahre den Korpus der indigenen US-amerikanischen Literatur deutlich erweiterte, trug zu einer Diversifizierung der Repräsentationen von Native Americans in der US-amerikanischen Kultur bei. Ab den 1970er Jahren wurden Stereotypisierungen und Aneignungen indigener Kultur in wissenschaftlichen Studien kritisch analysiert, so in den Arbeiten von Gretchen Bataille („The Indian in Film“, 1977; *The Pretend Indians*, 1978) und Jacquelyn Kilpatrick (*Celluloid Indians*, 1999). In einem einflussreichen Artikel führte die Kritikerin Elizabeth Cook-Lynn 1996 das Fortbestehen von Negativstereotypen auf die fehlende Repräsentanz von indigenen Intellektuellen in der Öffentlichkeit zurück („American Indian Intellectualism“). Der Historiker Philip J. Deloria weist in seiner Studie *Playing Indian* (1998) nach, dass Angloamerikaner*innen seit den frühen Anfängen der USA stereotype Indianerbilder immer wieder zur nationalen Selbstdefinition benutzt haben, und zeichnet die Reaktionen von Native Americans auf diese Aneignung ihrer Kultur nach. Er argumentiert, dass die konfliktreiche Beziehung zu den Ureinwohner*innen des amerikanischen Kontinents, die als Teil der nationalen Geschichte vereinnahmt und gleichzeitig verdrängt und vernichtet wurden, zu einer Tradition des *playing Indian* führte – so z. B. in der Kostümierung amerikanischer Soldaten als ‚Indianer‘ während der Amerikanischen Revolution oder in den Aktivitäten der Boy Scouts. In einer neueren Studie setzt sich Deloria (2004) kritisch mit Klischees von Authentizität und Vormodernität auseinander, indem er die Präsenz von *Indians in Unexpected Places*, d. h. in Kontexten jenseits stereotyper Rollenbilder, untersucht, Orten wie Filmstudios, Opernhäusern oder Schönheitssalons. Der Chippewa-Autor Gerald Vizenor argumentiert, dass stereotype Indianerbilder in ihrer Verwendung in der amerikanischen (Populär-)Kultur als Simulacren fungierten, als immer neue Simulationen des Unrealen, die indigene Kulturen entstellt darstellen. In akademischen und fiktionalen Texten konterkariert er derartige kulturelle Zuschreibungen, indem er den Blick auf das Untypische richtet, so auf transkulturelle Mixed-blood-Trickster-Figuren, die alle kulturellen Erwartungen unterlaufen. Vizenors theoretische Texte stellen nicht zuletzt eine kritische und ironische Aneignung europäischer Theorie- und Wissenstraditionen dar. Er beschreibt indigene Künstler*innen und Autor*innen als „post-Indian warriors of survivance“, die solche Simulationen gezielt und kreativ umformen und sie als Widerstandsstrategie nutzen (*Manifest Manners: Postindian Warriors of Survivance*, 1994).

Vor allem die Kommodifizierung von indigenen Kulturen ist in den letzten beiden Dekaden zunehmend ins Blickfeld der NATIVE AMERICAN STUDIES gerückt. Zahlreiche Studien beschäftigen sich mit der touristischen und medialen Vermarktung dieser Kulturen (King und Springwood 2001; Taylor 2013) sowie mit der kreativen Aneignung von Marktmechanismen durch indigene Gemeinschaften bei der Erhaltung und Fortentwicklung eigener Traditionen, so der Band *Selling the Indian: Commercializing and Appropriating American Indian Cultures* (Meyer und Royer 2001). Die verstärkte Fokussierung der AMERICAN INDIAN STUDIES auf eine Kritik an Stereotypisierungen, Rassismen und Kolonialismen führt aber auch zu Bedenken. So wandte Duane Champagne ein, dass diese Stereotypendiskussion wenig zur Untersuchung historischer und kultureller indigener Erfahrungen und aktueller Probleme indigener Gemeinschaften beitrage und dass Native Americans vielmehr als „players in their own historical contexts“ studiert werden sollten (2007, 360). Dennoch stellt die kritische Auseinandersetzung mit den ungebrochenen Stereotypisierungen indigener Kulturen ein wichtiges und notwendiges Forschungsfeld dar, das durch aktivistische Stimmen in den sozialen Medien flankiert wird, etwa in Hashtags wie #NotYourNativeStereotype oder #DearNonNatives. Neuere Dissertationen haben Stereotypisierungen in spezifischen Bereichen untersucht, so in Theaterproduktionen der *counter culture* der 1960er und 1970er Jahre (Hahn 2014) sowie in der Modeindustrie (DeLoggans 2017).

3 Kulturwissenschaftliche Forschung im deutschsprachigen Raum

Vereinzelt in den Jahren nach Ende des Zweiten Weltkriegs, verstärkt aber seit den 1970er Jahren haben sich auch im deutschsprachigen Raum Amerikanist*innen mit den Literaturen und Kulturen von ethnischen Minoritäten in den USA beschäftigt. Während zunächst das Interesse an den politischen Protesten des Civil Rights Movement und seinen Konsequenzen für die Situation ethnischer Minderheiten im Zentrum stand, kam es sehr bald zu einer Auffächerung von Themen. Einschlägige Monographien und Aufsatzsammlungen erschienen zahlreicher ab den 1970er und 1980er Jahren, so der von Peter Freese herausgegebene Band *Growing up Black in America* (1978), Berndt Ostendorfs *Black Literature in White America* (1982), Brigitte

Findlays *Der Indianer in der amerikanischen Literatur* (1982), Hartmut Lutz' *„Indianer" und „Native Americans"* (1985), Dieter Herms und Hartmut Lutz' *Native Americans: Chicanos und Indianer in den USA* (1985), Dieter Herms' *Die zeitgenössische Literatur der Chicanos, 1959–1988* (1990) oder Horst Tonns *Zeitgenössische Chicano-Erzählliteratur in englischer Sprache* (1988). In den 1980er und 1990er Jahren traten dazu auch verstärkt feministische Perspektiven (z. B. Koenen 1985; Broeck 1988; Maier 1996; Bösenberg 1999). Forschungen zu Multikulturalismus als soziales und Bildungs-Projekt (nicht zuletzt vor dem Hintergrund einer zunehmenden ethnischen Pluralisierung in Deutschland), zu den Feminismen schwarzer und Chicana-Autorinnen, zur Diskussion um hybride, *border*- und diasporische Identitäten, sowie zunehmend transatlantische und hemisphärische, später auch transpazifische Perspektiven zeigen die Diversifizierung der amerikanistischen Forschung zu ethnischen Minderheiten im deutschsprachigen Raum. Dies resultierte in einer spürbaren Erweiterung amerikanistischer Lehrprogramme an deutschen Universitäten und einer wachsenden Zahl von einschlägigen Dissertationen, flankiert von der Popularisierung ethnischer Literaturen in deutschen Übersetzungen. Wichtige Beförderer dieser Entwicklung waren Wissenschaftler*innen wie Wolfgang Binder, Helmbrecht Breinig, Heiner Bus, Maria Diedrich, Brigitte Findlay, Alfred Hornung, Anne Koenen, Günter Lenz, Hartmut Lutz, Berndt Ostendorf, Josef Raab und Renate von Bardeleben. Ein spezifisches Forschungsfeld beschäftigt sich mit der Faszination für indigene Kulturen in Deutschland, dem sog. Indianthusiasm: so untersuchte Frank Usbeck in *Fellow Tribesmen* die Geschichte der Funktionalisierung und Vereinnahmung von indigenen Kulturen für nationale und nationalsozialistische Ideologien (Usbeck 2015), und ein 2019 erschienener Band thematisiert indigene Reaktionen auf solche Vereinnahmungen (Lutz et al. 2019). Wie in den USA dominieren zunehmend komparatistische und transnationale Ausrichtungen, wie jüngere Publikationen in den Bereichen der Chicana/o Studies und Latina/o Studies (Raab et al. 2011; Raussert et al. 2020), der African American Studies (z. B. Green und Ortlepp 2010), der Native American Studies und Indigenous Studies (Däwes et al. 2015; Banerjee 2016) zeigen. Darüber hinaus hat die Beschäftigung mit Rassismen und Ausgrenzungsmechanismen auch zu einer Sensibilisierung für die Minoritisierung von Afrodeutschen und asiatischstämmigen Deutschen sowohl in der Gesellschaft als auch in akademischen Kontexten geführt (Muniz de Faria 2002; Gerbing 2010; Ndahayo 2020; Klug 2021).

Eine wesentliche Rolle für die Entwicklung der Lehre und Forschung zu ethnischen Minoritäten an deutschsprachigen Hochschulen spielten die institutionellen Kontexte. Die Spezialisierung junger Wissenschaftler*innen auf dieses Forschungsgebiet ist vielfach nur eingeschränkt möglich, da amerikanistische Professuren häufig Einzelprofessuren sind und das gesamte Fachgebiet der Amerikanistik abdecken müssen, so dass von Stellenbewerbern auf Professuren daher breiter angelegte Profile erwartet werden. Eine erste Professur für American Studies und Mi-

NORITY STUDIES wurde 2010 am Institut für Amerikanistik in Leipzig eingerichtet, womit eine beginnende Institutionalisierung erreicht werden konnte. Während die AFRICAN AMERICAN STUDIES sich – nicht zuletzt aufgrund ihrer längeren Geschichte – dennoch an deutschsprachigen Hochschulen fest etablieren konnten und heute ein wichtiger Bestandteil amerikanistischer Forschung im deutschen Sprachraum sind, hängt die Präsenz einer Spezialisierung im Bereich der LATINA/O STUDIES und CHICANA/O STUDIES, der NATIVE AMERICAN STUDIES und ASIAN AMERICAN STUDIES häufig von den Forschungsinteressen einzelner bereits etablierter Wissenschaftler*innen ab.

Wesentliche Impulse für den akademischen Austausch innerhalb Europas, aber auch zwischen deutschen, europäischen und amerikanischen Forscher*innen im Bereich der ETHNIC MINORITY STUDIES gab die Gründung mehrerer internationaler Fachgesellschaften unter zentraler Beteiligung deutscher Wissenschaftler*innen. Das Collegium for African American Research (CAAR), das sich ab 1992 für AFRICAN AMERICAN STUDIES und BLACK DIASPORA STUDIES in Europa, Afrika, der Karibik und den USA engagierte, fungiert als Forum für die Vernetzung zwischen Wissenschaftler*-innen und verschiedenen Forschungsinteressen. Unter der Leitung der Gründungspräsidentin Maria Diedrich (Westfälische Wilhelms-Universität Münster) erschien die auf afroamerikanische Studien spezialisierte Monographienreihe FORECAAST (*Forum for European Contributions to African American Studies*, Lit-Verlag Münster 1999–2011). Die Gründung der Society for Multi-Ethnic Studies (MESEA) im Jahr 1998, deren erste von Dorothea Fischer-Hornung und Heike Raphael-Hernandez organisiere Konferenz in Heidelberg stattfand, schuf ein interdisziplinäres Forum für das Studium ethnischer Kulturen in den Amerikas, Europa, Afrika und Asien. MESEA gibt zudem seit 2004 die Zeitschrift *Atlantic Studies* heraus. Nach ihrer Gründungskonferenz in Essen 2010 wurde die International Association for Inter-American Studies unter dem Gründungspräsidenten Josef Raab zur Dachgesellschaft für die transnational ausgeweiteten CHICANA/O STUDIES respektive LATINA/O STUDIES und die Erforschung interamerikanischer Verknüpfungen (INTERAMERICAN STUDIES). Neben Essen ist auch Bielefeld ein Zentrum von Latina/o- und interamerikanischen Studien, mit zahlreichen Konferenzen, den Buchreihen *Inter-American Perspectives/Perspectivas Interamericanas* (LIT-Verlag Münster) und *Inter-American Studies/Estudios Interamericanos* (Wissenschaftlicher Verlag Trier), sowie der Herausgabe der Zeitschrift FIAR (*Forum for Inter-American Research*). Der seit 1980 existierende American Indian Workshop, der jährlich in einer europäischen Stadt tagt, bietet eine Plattform für die internationale Forschung in den NATIVE AMERICAN STUDIES. 2011 wurde zudem an der Universität Mainz das Center for Comparative Native and Indigenous Studies gegründet.

4 Potenzial, Kritik und Ausblick

Die Ethnic Minority Studies haben sich seit ihrer Entstehung immer wieder als Motor von gesellschaftlichen Veränderungen erwiesen, und diese Eigenschaft bestimmt auch ihre Relevanz für die Zukunft. Die wissenschaftliche Analyse und Vermittlung der Geschichte und Kulturen ethnischer Gruppen und ihrer Rolle in der amerikanischen Gesellschaft aus der Perspektive dieser Gruppen trägt wesentlich zur Diversifizierung epistemologischer Perspektiven auf amerikanische Kultur und Geschichte bei und somit zu deren Verständnis und Einordnung. Viele der Themen, mit denen sich Wissenschaftler*innen an → (Critical) Ethnic Studies-Departments auseinandersetzen, haben eine direkte Verbindung zu den jeweiligen *communities* und ihren sozialen und kulturellen Belangen. Dieses Engagement der Minority Studies für soziale Veränderungen bedingt daher, dass es häufig keine scharfe Trennung zwischen akademischen und gesellschaftlichen Interessen gibt. Dabei haben sich die Ethnic Minority Studies seit ihrer Entstehung als außerordentlich flexibel erwiesen, sowohl in der Reaktion auf aktuelle Entwicklungen und Ereignisse als auch als Mediator zwischen den Belangen der *communities* und zentralen Themen und Diskursen in der amerikanischen Gesellschaft, wie etwa Debatten über Migration (→ Refugee Studies), Rassismus, Gendergerechtigkeit (→ Gender Studies), das Gesundheits- und Bildungssystem oder Umweltgerechtigkeit (→ Environmental Studies). Die Erforschung ethnischer Kulturen und Literaturen und die Analyse von Differenzkategorien wie *race*, Ethnizität, *class*, Gender und sexueller Orientierung und deren Relevanz für ethnische Gemeinschaften und für die amerikanische Gesellschaft bleibt eine zentrale Aufgabe der Ethnic Minority Studies. Darüber hinaus stellt sich als Herausforderung die verstärkte Kontextualisierung nationaler Problemstellungen in globalen Kontexten und die produktive Verknüpfung lokaler, nationaler und globaler Perspektiven. Wie die bisherigen Forschungsanstrengungen in den Bereichen der Black Transatlantic Studies, der Indigenous Studies, Inter-American Studies, Transpacific Studies und Archipelagic Studies zeigen, wird diese Herausforderung angenommen, eine Entwicklung, die zahlreiche neue Erkenntnisse über Minoritarisierungsprozesse jenseits einer Fokussierung auf den Nationalstaat verspricht.

5 Literaturverzeichnis

Alcoff, Linda Martín und Satya P. Mohanty. „Reconsidering Identity Politics: An Introduction". *Identity Politics Reconsidered*. Hrsg. von Linda Martín Alcoff et al. New York 2006: 1–9.

Anzaldúa, Gloria. *Borderlands/La Frontera: The New Mestiza*. San Francisco, CA 1987.

Anzaldúa, Gloria und Cherríe Moraga. *This Bridge Called My Back: Writings by Radical Women of Color*. New York 1981.

Aparicio, Frances und Susana Chávez-Silverman. *Tropicalizations. Transcultural Representations of Latinidad*. Hanover, NH 1997.

Aparicio, Frances. *Negotiating Latinidad. Intralatina/o Lives in Chicago*. Urbana 2019.

Banerjee, Mita. *Comparative Indigenous Studies*. Heidelberg 2016.

Bataille, Gretchen M. *Native American Representations: First Encounters, Distorted Images, and Literary Appropriations*. Lincoln, NE 2001.

Bataille, Gretchen. „The Indian in Film: A Critical Survey". *The Quarterly of Film Studies* 2 (1977): 56–74.

Bataille, Gretchen und Charles L.P. Silet. *The Pretend Indians: Images of Native Americans in the Movies*. Ames, IO 1978.

Benberry, Cuesta. *Always There: The African-American Presence in American Quilts*. Louisville, KY 1992.

Berkhofer, Jr., Robert F. *The White Man's Indian: Images of the American Indian from Columbus to the Present*. New York 1978.

Bobo, Jacqueline, Cynthia Hudley und Claudine Michel. „Introduction". *The Black Studies Reader*. Hrsg. von Jacqueline Bobo, Cynthia Hudley und Claudine Michel. New York 2004: 2–12.

Bösenberg, Eva. *Gender, Voice, Vernacular. The Formation of Female Subjectivity in Zora Neale Hurston, Toni Morrison and Alice Walker*. Heidelberg 1999.

Bruce-Novoa, Juan. „The Space of Chicano Literature". *Retrospace. Collected Essays on Chicano Literature, Theory and History*. Houston, TX 1990 [1975]: 93–113.

Broeck, Sabine. *Der entkolonisierte Körper. Die Protagonistin in der afroamerikanischen weiblichen Erzähltradition der 1930er bis 1980er Jahre*. Frankfurt a.M. 1988.

Bulmer, Martin und John Solomos. „Introduction: Re-thinking Ethnic and Racial Studies". *Ethnic and Racial Studies* 21.5 (1998): 819–837.

Bulosan, Carlos. *America is in the Heart*. Seattle, WA 1973 [1946].

Castillo, Ana. *Massacre of the Dreamers: Essays on Xicanisma*. Albuquerque, NM 1994.

Chae, Youngsuk. *Politicizing Asian American Literature: Towards a Critical Multiculturalism*. New York 2008.

Champagne, Duane. „In Search of Theory and Method in American Indian Studies". *American Indian Quarterly* 31.3 (2007): 353–372.

Chin, Frank et al. „Introduction: Fifty Years of Our Whole Voice". *Aiiieeeee! An Anthology of Asian-American Writers*. Hrsg. von Frank Chin et al. 3. Aufl. Washington, DC 2019: 3–60.

Contredas, Hilario H. „The Chicanos Search for Identity". *Yearnings*. Hrsg. von Albert C. Chávez. West Haven, CT 1972: 24–32.

Cook- Lynn, Elizabeth. „American Indian Intellectualism and the New Indian Story". *American Indian Quarterly* 20.1 (1996): 57–76.

Däwes, Birgit, Karsten Fitz und Sabine N. Meyer. *Twenty-First Century Perspectives on Indigenous Studies. Native North American in (Trans)Motion*. New York 2015.

Dávila, Arlene. *Latino Spin: Public Image and the Whitewashing of Race*. New York 2008.

Deloria, Philip J. *Playing Indian*. New Haven, CT 1998.

Deloria, Philip J. *Indians in Unexpected Places*. Lawrence, KS 2004.

„El Plan Espiritual de Aztlán" (Spiritual Plan of Aztlán). Mexican American Youth Organization. *Avant-Garde of the Chicano Movement in Texas*. Hrsg. von Armando Navarro. Austin, TX 1995.

Ehsanipour, Asal. „Ethnic Studies: Born in the Bay Area from History's Biggest Student Strike". *KQED* 30. Juli 2020: https://www.kqed.org/news/11830384/how-the-longest-student-strike-in-u-s-history-created-ethnic-studies [31.01.2024].

Findlay, Brigitte. *Der Indianer in der amerikanischen Literatur. Das weiße Rassenverständnis bis 1900 und die indianische Selbstdarstellung ab 1833. Versuch einer Gegenüberstellung*. Köln 1982.
Freeman, Roland L. *A Communion of the Spirits: African-American Quilters, Preservers, and Their Stories*. Nashville, TN 1996.
Gates, Henry Louis. *The Signifying Monkey. A Theory of African-American Literary Criticism*. New York 1988.
Gerbing, Stefan. *Afrodeutscher Aktivismus. Interventionen von Kolonisierten am Wendepunkt der Dekolonisierung Deutschlands 1919*. Frankfurt a.M. 2010.
Green, Larry A. und Anke Ortlepp. *Germans and African Americans: Two Centuries of Exchange*. Jackson, MS 2010.
Griswold del Castillo, Richard. *La Familia. Chicano Families in the Urban Southwest, 1848 to the Present*. Notre Dame, IN 1984: 3–4.
Hahn, Miriam. *Playing Hippies and Indians. Acts of Cultural Colonization in the Theater of the American Counterculture*. Bowling Green, OH 2014.
Herms, Dieter und Hartmut Lutz. *Native Americans: Chicanos und Indianer in den USA*. Berlin 1985.
Herms, Dieter. *Die zeitgenössische Literatur der Chicanos, 1959–1988*. Frankfurt a.M. 1990.
Hu-DeHart, Evelyn. „The History, Development, and Future of Ethnic Studies". *The Phi Delta Kappan* 75.1 (1993): 50–54.
Kidwell, Clara Sue und Alan Velie. *Native American Studies*. Lincoln, NE 2005.
Kilpatrick, J. *Celluloid Indians: Native Americans and Film*. Lincoln, NE 1999.
King, C. R. und C. F. Springwood. *Team Spirits: The Native American Mascots Controversy*. Lincoln, NE 2001.
Koenen, Anne. *Zeitgenössische afro-amerikanische Frauenliteratur. Selbstbild und Identität bei Toni Morrison, Alice Walker, Toni Cade Bambara und Gayl Jones*. Frankfurt a.M. 1985.
Klug, Nina-Maria. *(Afro)Deutschsein. Eine linguistische Analyse der multimodalen Konstruktion von Identität*. Berlin 2021.
Lemke Muniz de Faria, Yara-Colette. *Zwischen Fürsorge und Ausgrenzung. Afrodeutsche „Besatzungskinder" im Nachkriegsdeutschland*. Berlin 2002.
Loggans, Regan De. *Selling Headdresses to Hipsters: A Discussion on the Cultural Appropriation of Native American Regalia*. New York 2017.
Lutz, Hartmut. *„Indianer" und „Native Americans": Zur sozial- und literarhistorischen Vermittlung eines Stereotyps*. Hildesheim 1985.
Lutz, Hartmut, Florentine Strzelczyk und Renae Watchman. *Indianthusiasm: Indigenous Responses*. Waterloo 2019.
Maier, Annette. *‚Dark, distinct and excellently female'? Die Sexualität der Frauen in ausgewählten Werken der modernen Chicana Literatur*. Frankfurt a.M. 1996.
Meyer, Carter Jones und Diana Royer. *Selling the Indian: Commercializing and Appropriating American Indian Cultures*. Tucson, AZ 2001.
Mora, Pat. *Nepantla: Essays From the Land in the Middle*. Albuquerque, NM 1993.
Ndahayo, Emmanuel. *Staatsbürgerschaft. Wie werden aus Schwarzen Deutsche? Zur sozialen Lage von eingebürgerten Deutschen afrikanischer Herkunft*. Bielefeld 2020.
Paredes, Americo. *„With His Pistol in His Hand." A Border Ballad and Its Hero*. Austin, TX 1958.
Paul, Heike. *The Myths That Made America*. Bielefeld 2014.
Pease, Donald und Amy Kaplan. *Cultures of United States Imperialism*. London 1993.
Pisarz-Ramirez, Gabriele. *MexAmerica: Genealogien und Analysen postnationaler Diskurse in der kulturellen Produktion von Chicanos/as*. Heidelberg 2005.

Raab, Josef, Sebastian Thies und Olaf Kaltmeier. *Inter-American Studies: Cultures-Societies-History/Estudions Interamericanas: Culturas-Sociedades-Historia*. Trier 2011.
Radhakrishnan, Rajagopalan. „Ethnic Studies in the Age of Transnationalism". *PMLA* 122.3 (2007): 808–810.
Raussert, Wildfried et al. *The Routledge Handbook to Culture and Media of the Americas*. Abingdon 2020.
Rodriguez, Juana María. „Ethnic Scholarship, Transnational Studies, Institutional Locations". *PMLA* 122.3 (2007): 810–812.
Saldívar, José David. *Border Matters. Remapping American Cultural Studies*. Durham, NC 1997.
Saldívar, Ramón. „Américo Paredes and the Transnational Imaginary". *Identity Politics Reconsidered*. Hrsg. von Linda Martin Alcoff et al. New York 2006.
Saldívar, Ramón. *Chicano Narrative: The Dialectics of Difference*. Madison, WI 1990.
Sanders, Mark A. „Brief Reflections on the Discourse of Transnationalism and African American Studies". *PMLA* 122.3 (2007): 812–814.
Smith, Linda Tuhiwai. *Decolonizing Methodologies: Research and Indigenous Peoples*. New York 2012.
Taylor, M. *Constructed Indianness: The Intersection of the Frontier, Masculinity, and Whiteness in Native American Mascot Representations*. Lanham, MD 2013.
Usbeck, Frank. *Fellow Tribesmen. The Image of Native Americans, National Identity, and Nazi Ideology in Germany*. New York 2015.
Valdez, Luis und Stan Steiner. *Aztlán: An Anthology of Mexican American Literature*. New York 1973 [1969].
Valdivia, Angharad N. *The Gender of Latinidad. Uses and Abuses of Hybridity*. Hoboken, NJ 2020.
Vizenor, Gerald. *Manifest Manners: Postindian Warriors of Survivance*. Hanover, NH 1994.
Wilson, Waziyatawin Angela und Michael Yellow Bird (Hrsg.). *For Indigenous Eyes Only: A Decolonization Handbook*. Santa Fe, NM 2005.
Wong, Buck, „Introduction: Asian Americans and the Apotheosis of American Democracy". *Roots: An Asian American Reader*. Hrsg. von Amy Tachiki et al. Los Angeles, CA 1971: 131–133.

Urte Stobbe

Plant Studies

1 Forschungsgeschichte

1.1 Definition des Forschungsbereichs

Die kulturwissenschaftlichen Plant Studies widmen sich den Imaginations- und Darstellungsformen von Pflanzen und Pflanzlichem in Literatur, Kunst, Photographie, Video, Film, Comic, Computerspiel, Theater und Performanz wie auch in den verschiedenen Wissens- und Alltagskulturen. Erforscht werden die bioethischen und philosophischen Konzepte zum Status und Stellenwert von Pflanzen in der Welt, die historischen wie gegenwärtigen Mensch-Pflanze-Verhältnisse sowie auch die Praktiken der Interaktion zwischen Menschen und Pflanzen in unterschiedlichen Kontexten, Medien und Kulturen. Im Fokus stehen nicht nur die verschiedenen Modi der Repräsentation von Pflanzen sowie die Modifikationen und Reflexionen des Wissens über sie, sondern auch die Entwicklung und Hervorbringung phytozentrischer Narrative aus transnationaler sowie globalgeschichtlicher Perspektive. Diskutiert wird, inwiefern Pflanzen selbst als Medien der Kommunikation begriffen werden können und inwiefern ihre selbsttätigen, intra- und interspeziezistischen Kommunikationsformen herkömmliche Autor*innenschaftsmodelle in der literatur- und kulturwissenschaftlichen Theorie und Praxis herauszufordern vermögen.

Die Entstehung der Plant Studies (dt.: Kulturwissenschaftliche Pflanzenforschung) steht im Kontext einer Vielzahl teils publikumswirksamer Veröffentlichungen, die statt einer wiederholt konstatierten ‚Plant Blindness' (Wandersee und Schussler 1999) diesen so vielfältigen Lebewesen eine große Aufmerksamkeit und Wertschätzung zuteilwerden lassen. Die Publikationen stammen größtenteils aus den Bereichen Philosophie (z. B. Marder 2013 und 2014; Irigaray und Marder 2016; Coccia 2018) und Biowissenschaften (z. B. Baluška et al. 2006; Chamovitz 2012; Baluška et al. 2018) und plädieren für eine Sicht auf Pflanzen als intelligente Lebewesen mit gezielt kollaborativen Interaktionsformen und einer pflanzenspezifischen Fortpflanzungs-, Empfindungs-, Erkenntnis- und Ausdrucksfähigkeit (z. B. Mancuso und Viola 2015; Wohlleben 2015; Mancuso 2018). Aufmerksamkeit wird zudem den vegetabilen Techniken der Ausbreitung und des Überdauerns, der Etablierung von Rechten für Pflanzen sowie der Anerkennung ihres Status als historische Akteure gewidmet (Mancuso 2018, 2021 und 2023).

Die einzelnen Aspekte dieses Pflanzenverständnisses werden sowohl in den Biowissenschaften (Pollan 2013) als auch in den Kulturwissenschaften kontrovers diskutiert, geht es doch implizit und explizit um eine Historisierung und

https://doi.org/10.1515/9783110712919-024

kritische Revision der bisherigen Vorstellungen und Praktiken des Beobachtens, Beschreibens, Ordnens, Benennens und Bewertens von Pflanzen in der westlichen Wissenschaft und Kultur (Bühler und Rieger 2013; Ruppel 2019). Das gesamte Pflanzenwissen steht derzeit auf dem Prüfstand, womit auch die sprachlichen, epistemologischen und religiösen Grundlagen in Frage gestellt werden. So kennt bspw. die deutsche Sprache keine eigene Bezeichnung für die Rank- und Sprieß-‚Kraft' von Pflanzen; Eigenschaften und Fähigkeiten von Pflanzen werden in biologischen Lehrwerken erst nach den Tieren behandelt, womit eine untergeordnete Rolle der Pflanzen nahegelegt wird; auch weist das christliche Weltbild in der Vorstellung des *dominium terrae* (Genesis 1,28) den Menschen als die Krone der Schöpfung aus (Küster 2022, 12).

Die in der westlichen Welt bislang dominante Sichtweise auf das Vegetabile als stumm, gesichts- und gefühllos, passiv und duldsam – und dadurch quasi beliebig verfügbar – ist in den letzten Jahren grundlegend revidiert worden. Aktuell diskutierte Pflanzenvorstellungen gehen von einer pflanzlichen Wirk- und Handlungsmacht (*agency*) aus, betrachten Pflanzen als unverzichtbare mehr-als-menschliche Lebewesen (*more-than-human*) und begreifen das Mensch-Pflanze-Verhältnis als *interrelated*, was ‚in Beziehung zueinander' meint. Zudem stehen nach diesem Verständnis Menschen und Pflanzen neben anderen Lebewesen und Entitäten in einem wechselseitigen, netzwerkartigen Resonanzverhältnis. ‚Neu' im Sinne von ‚noch nie vorher da gewesen oder gedacht' sind diese Vorstellungen mit Blick auf globale Mythen, Religionen und Kulturen und die darin vertretenen und gelebten Pflanzenvorstellungen nicht (z. B. Hall 2011 und 2019). Auch in der westlichen Kultur waren ähnliche Vorstellungen etwa in der Zeit um 1800 präsent (Rigby 2015), diese konnten sich nur in wissenschaftlichen Kontexten nicht durchsetzen.

1.2 Gesellschaftliche Hintergründe

Derzeit befinden wir uns im Anthropozän und damit in einer Phase eines sich bereits abzeichnenden massiven Artensterbens, induziert und beschleunigt durch Klimawandel, flächendeckende Rodungen, Bodenversiegelungen, Brände, Dürren, Genveränderungen sowie Monokulturen und die Einbringung teils toxischer Substanzen in die vielfältigen Stoff- und Nahrungskreisläufe (→ Environmental Studies). Mit der Annahme, dass Lösungen für diese vielfältigen Herausforderungen sehr wahrscheinlich im Genom der Pflanzen angelegt sind, werden an verschiedenen Orten der Welt, wie bspw. auf Spitzbergen im Global Seed Vault, die Samen archiviert, um sie zu nutzen, wenn sich die Lebensbedingungen für die menschliche Spezies auf der Erde weiter verschlechtern. Dies ist v. a. deshalb so wichtig, weil Menschen existenziell von Pflanzen abhängig sind, haben doch erst Pflanzen auf der Erde eine Welt geschaffen, die es Säugetieren und damit auch den Menschen ermöglicht, hier zu leben. Stärker formuliert: Ohne Pflanzen kein Leben auf diesem Planeten.

Pflanzen sind bis heute für den Menschen zentral als Nahrungsmittel, Sauerstofflieferant, Klimafaktor, Baumaterial, Kleidungsstoff, Brennmaterial, Heilmittel, Gewürz- und Genussmittel sowie auch Rauschmittel – um nur die wichtigsten Funktionen und Eigenschaften zu nennen (z. B. Prance und Nesbitt 2005). Pflanzen sind nicht nur stoffliche, materielle Entitäten, sondern sie gelten auch als außerschriftliche Speichermedien. So lässt sich aus umwelthistorischer Perspektive anhand von Pflanzenresten im Erdboden eine ganze Reihe vielfältiger Informationen zu Ernährungsgewohnheiten, Bauweisen und Siedlungsformen vorschriftlicher Zeit ablesen, ebenso wie Bäume eine dendroklimatologische Quelle sein können (Trouet 2020). Aus ehemals abgestorbenen Pflanzen beziehen wir heutzutage in Form von Braunkohle unsere Energie mit allen Folgen, die das im Anthropozän als *dark green* zeitigt (Sullivan 2019).

Auch in kultureller Hinsicht sind Pflanzen unersetzlich. Durch sie haben sich eigene Kulturen mit spezifischen Nahrungsgewohnheiten entwickelt – wie etwa durch die Olive im Mittelmeerraum oder den Mais in Mittel- und Südamerika. Darüber hinaus werden mit Pflanzen Außenräume gestaltet – kein Garten oder Park kommt ohne Pflanzen aus, wie auch viele Innenräume und insbesondere Büroräume mit Zimmerpflanzen ausgestattet sind. Blumensträuße begleiten auf vielfache Weise Feierlichkeiten, Feste und rituelle Handlungen; in politischen und kulturellen Zusammenhängen werden Pflanzen bis heute zu Symbolbildungen etwa bei Landesflaggen und Wappen genutzt (z. B. Duve und Völker 2002). Pflanzen führten in unterschiedlichen Kulturen zur Herausbildung einer Blumensprache (Kranz 2016), wie auch einzelne Bäume und Pflanzen mit bestimmten emotiven, religiösen und nationalspezifischen Semantisierungen versehen wurden (z. B. Hentschel 2005; Zemanek 2022). Letztlich basieren große Teile der Schriftkultur auf der Materialität der Pflanzen, denn spätestens nach der Erfindung des Buchdrucks und der Verwendung von Papier (und damit einem pflanzenbasiertem Medium) hat in den letzten Jahrhunderten in Europa eine enorme Wissensexplosion stattgefunden.

1.3 Nähe und Abgrenzung im Verhältnis zu anderen „Studies"

Die Entstehung der Plant Studies verdankt sich in vielfältiger Weise den Grundannahmen verwandter Forschungsfelder, die je nach theoretischer Ausrichtung in ihrer Relevanz und Gewichtung variieren. Die Annahme, dass die Grenzen zwischen menschlichen und nicht-menschlichen Lebewesen durchlässiger gedacht werden, ebenso wie vermeintlich sichere Gewissheiten von der Besonderheit und herausgehobenen Stellung des Menschen auf dem Prüfstand stehen, teilen die Plant Studies mit dem Ecocriticism bzw. mit Teilen der → Environmental Studies, den → Animal Studies, den Multispecies Studies sowie dem Posthumanismus. Die ethisch fundierte Forderung nach Respekt, Achtung und Anerkennung des als das vermeintlich ‚Andere' Ausgewiesene teilen die Plant Studies mit den → Postcolonial Studies, den → Gender Studies und den Forschungen im Bereich des Nature Writing und des Life Writing. Es geht in all diesen Forschungsfeldern vielleicht nicht nur, aber doch *auch* um eine Kritik an Dominanzverhältnissen gegenüber denjenigen, die teils jahrhundertelang ausgenutzt und in jedem Fall zu Objekten gemacht worden sind.

Zudem verorten sich die Plant Studies auch in der Nähe zum umfassenden Forschungsfeld ‚Literatur und Wissen'. Literatur im engen Sinn ist ein Ort, in dem potenziell ein ‚anderes' Wissen über Pflanzen kreiert wird, das auch in Spannung zu dem institutionell und gesellschaftlich anerkannten botanischen Wissen stehen kann, und das in Abgrenzung dazu als ‚botanikales Wissen' zu bezeichnen ist – wobei Pflanzen auch Gegenstand weiterer Wissensdiskurse und Praktiken des Umgangs mit ihnen sein können (Forstwissenschaft, Agrar-/Kameralwissenschaft, Floristik, Medizin, Gartenkunst, Kulinarik etc.). Dieses ‚andere' Wissen kann bereits literarischen Texten inhärent sein, bevor es im wissenschaftlichen, künstlerischen und gesellschaftlichen Diskurs Anerkennung findet. Diese Annahmen sind beeinflusst von diskursanalytischen Ansätzen und dem Fokus darauf, wie in literarischen und nicht-literarischen Texten über Pflanzen geschrieben, wie mit ihnen verfahren und was aus und mit ihnen ‚gemacht' wird.

Als eine Besonderheit der Plant Studies kann gelten, dass medienwissenschaftlich inspiriert die Ansicht vertreten wird, dass die Pflanzen es selbst sind, die denken, kommunizieren, Texte schreiben oder sich zumindest in diese einschreiben können. Impliziter und expliziter Ausgangspunkt für diese Annahme sind phytolinguistische und biosemiotische Ansätze, die die Blütenbildung, Farbgebung, Wuchsform und die sehr langsamen, mit bildgebenden Verfahren sichtbar gemachten Bewegungen von Pflanzen als eigene Sprache bzw. Schrift-, Denk- und Ausdrucksform werten (v. a. Vieira et al. 2015, 2017). Gleichwohl bleibt zu berücksichtigen, dass alle Bildgebungsverfahren keinesfalls objektiv sind, sondern letztlich wie jede Art des Sprechens, Schreibens und Wissens über Pflanzen an menschliche Sprache und Kommunikation sowie auch an menschliche Imaginationen und (Ordnungs-) Vorstellungen gebunden bleiben, denen jeweils ein kulturell und historisch variables Welt- und Menschenbild inhärent ist (Daston und Park 2002; Daston und Galison 2007).

1.4 Institutionalisierung und Ausdifferenzierung

PLANT STUDIES verstehen sich prinzipiell als inter- bzw. transdisziplinär. Im angloamerikanischen Bereich gelten von Anfang an die mit ethischem Anspruch auftretenden CRITICAL PLANT STUDIES als die dominante Strömung. Die erste Buchreihe des Forschungsfelds erscheint seit 2013 unter dem Label *Critical Plant Studies: Philosophy, Literature, Culture* bei Brill mit Michael Marder als Editor. Seitdem sind zentrale Bände wie *Plants and Literature* (Laist 2013), *Media, Modernity and Dynamic Plants in Early 20th Century German Culture* (Janzen 2016) sowie *Why Look at Plants* (Aloi 2018) in dieser Reihe erschienen. Zu den Veröffentlichungen der PLANT STUDIES im angloamerikanischen Bereich mit Blick auf Literatur und Kunst zählen zudem die Studie *The Poet as Botanist* (Mahood 2008) sowie die Sammelbände *Plant Horror: Approaches to the Monstrous Vegetal in Fiction and Film* (Keetley und Tenga 2016) und *Covert Plants: Vegetal Consciousness and Agency in an Anthropocentric World* (Gibson und Baylee 2018). Einen aktuellen Überblick über die Forschungen in Bezug auf *plant otherness, plant ethics* and *human-plant attunement* im Bereich der CRITICAL PLANT STUDIES liefert Lawrence (2022).

Neben den CRITICAL PLANT STUDIES haben sich in den letzten gut zehn Jahren eine Reihe weiterer Strömungen innerhalb der sich formierenden PLANT STUDIES herausgebildet, die mehr oder weniger alle mit John Charles Ryan verbunden sind – dem mit Abstand agilsten Autor mit den meisten Veröffentlichungen und produktivsten Theoriediskussionen innerhalb der anglophonen Plant Humanities. So hat er eine Studie zur Ästhetik zwischen Pflanze, Raum und Sprache vorgelegt (Ryan 2012a) und sich um die Etablierung einer „Cultural Botany“ (Ryan 2011) und der HUMAN PLANT STUDIES (Ryan 2012b) verdient gemacht. Er reflektiert den Zusammenhang von Pflanzen und Posthumanismus (Ryan 2015), untersucht Pflanzen in der Gegenwartslyrik unter Berücksichtigung des Verhältnisses zwischen Ecocriticism und Botanik (Ryan 2020a), ebenso wie er zur Phytographie (Ryan 2020b) und zu Narrativen vegetabiler Intelligenz forscht (Ryan et al. 2021).

In den anglophonen PLANT STUDIES wird bspw. analysiert, inwiefern die aktuell diskutierte Pflanzenphilosophie im Kino adaptiert wird (Cooper 2023), wie die Verwobenheit von Philosophie und Kunst in Bezug auf Pflanzen (Aloi und Marder 2023) zu denken ist, oder wie eine Poetik phytozentrischen Lebens aussehen kann (Sprang und Roxburgh 2018). Auch werden Formen des Sprechens über

Pflanzen imaginiert (Flanagan 2022). In der Einführung in die Environmental Humanities (Hubbel und Ryan 2022) finden sich Kapitel u. a. zum Klimawandel, Anthropozän, indigenen Naturvorstellungen, Umweltgeschichte, -philosophie und -religonswissenschaften wie auch zu Environmental Art, LITERARY STUDIES, THEATER STUDIES, FILM STUDIES und Journalismus, die auch für die PLANT STUDIES relevant sind.

Ende 2022 wurde bei Lexington Books unter der Leitung von Douglas Vakoch eine weitere Buchreihe mit dem Titel *Critical Plant Studies* gegründet. Laut Selbstbeschreibung werden Beiträge aus den Humanities und den Sozialwissenschaften zu den Themen „representations of plants in literature, art, film, and popular culture; relationships between humans and plants; boundaries and distinctions between plants and animals; plants and the environmental crisis; phytosemiotics and plant communication; plant sensation and consciousness; vegetal agency; agriculture, plant medicine, and other applied uses of plants; plant ethics and veganism; invasive plants; plants as objects of allegory, metaphor, or fable; diversity of plants, including algae, moss, and ferns; plants as embedded in larger ecosystems" gewünscht. Diese Breite des Themenspektrums kann als Indiz dafür gelten, dass eine Subsumierung zentraler Forschungsthemen im Bereich der angloamerikanischen Plant Humanities weiterhin unter dem Label CRITICAL PLANT STUDIES zu erfolgen scheint. Das erste pflanzenzentrierte Journal unter dem Titel *Plant Perspectives: An Interdisciplinary Journal* erscheint seit 2024 und wird von John C. Ryan und Isis Brook herausgegeben.

Von zentraler Brückenfunktion für die Vernetzung der internationalen PLANT STUDIES ist das von Joela Jacobs und Isabel Kranz gegründete Forschungsnetzwerk Literary and Cultural Plant Studies Network. Ausgangspunkt für die Gründung war das Panel „The Literary Life of Plants: Agency, Languages, and Poetics of the Vegetal" auf der Konferenz der German Studies Association (GSA) im Jahr 2016. Diese Bezeichnung ist implizit an einen entsprechenden Teilbereich der → ANIMAL STUDIES („Literary and Cultural Animal Studies") angelehnt, bleibt definitorisch aber vergleichsweise offen (vgl. Jacobs und Kranz 2017, 84).

Mittlerweile ist eine Vielzahl von Tagungen, Panels und internationalen Kongressen zum Thema Pflanzen zu verzeichnen. Aus der großen Vielzahl sind u.a. zu nennen das Panel „Mensch-Pflanze-Verwandlungen aus der Perspektive der Plant Studies" in Gent (2017) von Urte Stobbe beim Jahreskongress der Kulturwissenschaftlichen Gesellschaft (KWG), die Netzwerktagung „Vegetal Poetics: Narrating Plants in Culture and History" von Joela Jacobs, Solvejg Nitzke und Isabel Kranz in Dresden (2019), sowie die internationale Tagung „Botany and Literature" in Warschau (2022) unter der Leitung von Joanna Godlewicz-Adamiec, Paweł Piszczatowski und Tomasz Szybisty, die global die PLANT STUDIES aus der Anglistik, Amerikanistik und Germanistik zusammengeführt hat. Ebenso ist das international besetzte Alexander von Humboldt-Kolleg zum Thema „Networks of Plants and Language of Resonance in Science and Literature/Netzwerke der Pflanzen und Sprache der Resonanz in Wissenschaft und Literatur“ in Sydney (2023) von Gabriele Dürbeck und Yixu Lu anzuführen.

2 Paradigmatische Veröffentlichungen und erkenntnisleitende Forschungsfragen

Gemessen an der Zahl der insbesondere im angloamerikanischen Sprachraum erschienenen Veröffentlichungen, lassen sich die PLANT STUDIES als derzeit exponentiell wachsendes Forschungsfeld bezeichnen, dessen Fülle und Verästelung der Diskussionen an dieser Stelle nicht annähernd vollständig abgebildet werden kann. Insgesamt verbinden die verschiedenen Publikationen häufig literarische, essayistische, wissens- und wissenschaftsgeschichtliche, philosophische, politische, mythologische und ethische Schreibweisen und Erkenntnisse. Aus der Vielzahl der Publikationen sind zwei besonders hervorzuheben, die für die Genese, Formierung und weitere Etablierung und Fokussetzung der PLANT STUDIES von paradigmatischer Bedeutung sind: *The Botany of Desire* (2001) von Michael Pollan und *Braiding Sweetgrass* (2013) von Robin Wall Kimmerer, deren zentrale Thesen und ihre Relevanz für das Forschungsfeld erläutert werden. Im Anschluss daran werden die fünf zentralen Themenkomplexe der kulturwissenschaftlichen PLANT STUDIES (kulturelle Konzepte von Pflanzen, Mensch-Pflanze-Relationen, Wissen über Pflanzen, Pflanzen als Agens, Poetik des Pflanzlichen) mit erkenntnisleitenden Fragen bei der pflanzenorientierten Lektüre verbunden. Schließlich wird aufgezeigt, inwiefern die traditionellen Kategorien in den Literaturwissenschaften durch das neue Pflanzenverständnis eine Neuperspektivierung erfahren (bezogen auf Pflanzen und Figur, Raum, Zeit, Stimme, Blick und *agency*).

2.1 Paradigmatische Lektüren: Pollans *The Botany of Desire* und Kimmerers *Braiding Sweetgrass*

Michael Pollan hat in *The Botany of Desire: A Plant Eye’s View of the World* (2001, dt. *Die Botanik der Begierde*, 2002) den Blick auf die Möglichkeit gerichtet, dass nicht länger die Menschen die Pflanzen kultiviert haben, sondern umgekehrt die Pflanzen den Menschen dazu gebracht haben, in ihrem Sinne zu agieren. Indem bestimmte Pflanzen dem Menschen etwas (an-)bieten, das er begehrt, tragen die Menschen ganz im Sinne der Pflanzen und ihrem existentiellen Bedürfnis nach

Verbreitung dazu bei, dass sie auch in Gebieten angebaut werden, in denen diese Pflanzen nicht von alleine wachsen würden. So verweist Pollan auf die Ausdehnung des Apfelanbaus in Nordamerika durch Multiplikatoren wie John Chapman alias Johnny Appleseed, der entlang der *frontier* Apfelbaumschulen angelegt hat, um den Siedlern Fruchtbäume für die Herstellung von Most und Schnaps anzubieten. Pflanzen wie der Hanf ermöglichen einen Rauschzustand durch bewusstseinserweiternde Substanzen, während Kartoffeln das Gefühl von Kontrolle über scheinbar kontingente Prozesse wie wetterbedingte Hungersnöte vermitteln, deren schlimmste Folgen der Anbau dieser Pflanze verhindern kann. Die Tulpe hingegen hatte im 16. Jahrhundert das menschliche Bedürfnis nach Schönheit für sich ‚genutzt', indem sie eine große Bandbreite an Farb- und Formvarianten zeigte und zugleich damals noch als so schwierig zu züchten und als so empfindlich galt, dass die Preise in die Höhe schnellten: Ohne dass es den Menschen bewusst war, ist der eigentlich aus Persien stammenden Tulpe durch diesen ‚Hype' eine (welt)weite Verbreitung gelungen.

Pollans Studie hat für die Genese der Plant Studies im angloamerikanischen Bereich und insbesondere für die ethisch ausgerichteten Critical Plant Studies ungefähr den Stellenwert wie Donna Haraways *Companion Species Manifesto* (2003) für die → Animal Studies. Wie Haraway vollzieht Pollan den ‚Shift' der Objekt-Subjekt-Verkehrung: Statt dass der Mensch etwas mit Tieren und Pflanzen ‚macht', indem er sie seinen Bedürfnissen entsprechend ‚nutzt' und sie in jedem Fall zu Objekten seines Handelns macht, sind es nun die Tiere und Pflanzen, die etwas mit den Menschen ‚machen': Die Vorstellung einer Co-Evolution ist hier angelegt. Pollans Essay kann zudem als Katalysator für eine vergleichsweise breite Diskussion über die Fähigkeiten von Pflanzen gelten, auch wenn es, historisch betrachtet, schon zuvor Phasen gab, in denen eine neue Sicht auf Pflanzen diskutiert wurde (Bühler und Rieger 2013).

Robin Wall Kimmerer entwirft eine andere Perspektive auf die Interrelationen zwischen Menschen und Pflanzen bzw. allem Lebenden und Lebensspendendem auf der Welt. Ihr Buch *Braiding Sweetgrass: Indigenous Wisdom, Scientific Knowledge and the Teaching of Plants* (2013, dt. *Geflochtenes Süßgras*, 2021) nimmt nicht so sehr die Perspektive ein, als Mensch das Gegenüber der Natur zu sein, sondern sich als ein Teil der Natur zu begreifen. Kimmerer ist eine Wanderin zwischen genau jenen zwei Sphären, die zumindest im deutschsprachigen Bereich seit der zweiten Hälfte des 19. Jahrhunderts zunehmend getrennt voneinander aufgefasst werden: (Natur-)Wissenschaft und Literatur (Detering 2020). Kimmerer rekurriert bei ihren Beobachtungen der Pflanzen zusätzlich auf ein Wissen, das bezogen auf das westliche Wissenschaftsverständnis sowohl wissens- als auch wissenschaftsgeschichtlich nicht nur marginalisiert, sondern vollständig exkludiert war und als unwissenschaftlich galt: Sie spricht zugleich als Angehörige der Potawatomi. Dieses indigene Wissen über die Zusammenhänge in der Welt und die gänzlich andere Kultur des Umgangs mit den mehr-als-menschlichen Lebewesen flicht sie in ihre autobiographischen Erzählungen ein, bei denen meist eine Pflanzenart den Ausgangspunkt ihrer Überlegungen und das Herzstück der wissenschaftlichen und lebensgeschichtlichen Erkenntnisse bildet (Braun 2023). Sie macht uns mit den Geboten der ‚ehrbaren Ernte' und somit der indigenen ‚Kultur der Dankbarkeit' und des Austauschs vertraut, die darauf setzt, in Pflanzen unsere Lehrer zu sehen und anzuerkennen, dass wir ohne sie und das, was sie uns geben, nicht überleben (können).

Dieses bedeutende und in mehrerlei Hinsicht herausragende Werk bietet mit der Rede von *kinship* (‚Verwandtschaftlichkeit'), *reciprocity* (‚Reziprozität' und ‚Austausch') und *care* (‚Pflege' und ‚Fürsorglichkeit') ein zentrales Vokabular für die Beschreibung von Prozessen im Bereich der Plant Studies. Zudem macht diese Studie anhand (ethno-)botanischer, pflanzenphysiologischer und ethischer Überlegungen deutlich, wie weit das indigene Wissen über die Verortung des Menschen in der Welt zurückreicht. Kimmerer erzählt von einer Einstellung den Pflanzen gegenüber, die von einer Haltung der respektvollen Anerkennung für ihre Gaben zeugt, woraus sich nach der Vorstellung der Potawatomi die Verantwortung für diese Lebewesen als Erwiderung der Gaben ableitet. Zentral ist die Entwicklung einer engen Verbundenheit mit dem Land (im Sinne von Erdboden), auf und mit und von dem wir leben. Reziprozität zeigt sich für sie z. B. auch in der umfassenderen Erforschung der ökologischen Zusammenhänge unter Einschluss indigenen Wissens sowie in der ganzheitlichen Regeneration vormals zerstörter und vergifteter Landstriche aus einer Haltung der denkbar engen Verbindung mit der more-than-human Welt heraus.

2.2 Pflanzenorientierte Lektüren

Im deutschsprachigen Bereich scheint sich derzeit die allgemeine Bezeichnung Plant Studies bzw. Kulturwissenschaftliche Pflanzenforschung (ohne nähere Spezifizierung) durchzusetzen. In dem Grundlagenband *Literaturen und Kulturen des Vegetabilen: Plant Studies – Kulturwissenschaftliche Pflanzenforschung* (2022) werden fünf Themenkomplexe detektiert, die als kennzeichnend für das Forschungsfeld gelten. Als erkenntnisleitende Fragestellungen einer pflanzenorientierten Lektürepraxis werden folgende Vorschläge unterbreitet (Tabelle 1), die als Anregungen und weniger als normatives Regelwerk zu verstehen sind (Stobbe et al. 2022, 16–17):

Tabelle 1: Themenkomplexe einer pflanzenorientierten Lektürepraxis.

Themenkomplexe	Erkenntnisleitende Fragestellungen
1 Kulturelle Konzepte von Pflanzen	– Welche Eigenschaften sind mit der Pflanze kulturell (zeichenhaft, symbolisch) verbunden? – Welche Eigenschaften werden Pflanzen im Text zugeschrieben oder abgesprochen?
2 Mensch-Pflanze-Relationen	– Wie viel Raum gibt der Text Pflanzen hinsichtlich ihrer Redeanteile, als Handlungsort, als handlungsrelevante Entität? – Pflanzen als Handlungsträger betrachtet: Wie verändern sich die Grenzen zwischen animalischen und vegetabilen, zwischen menschlichen und nicht-menschlichen Wesen? – Welche Wechselwirkungen gehen Pflanzen mit anderen Wesen ein? – Welche Verfahren grenzen Pflanzen von anderen Wesen ab? – Wie stabil bzw. porös sind die Grenzen zwischen den Wesen?
3 Wissen über Pflanzen	– Werden in den literarischen Texten anerkannte botanische Wissensbestände aktualisiert? – Entwirft der Text dem etablierten Wissen gegenüber ein anderes Verständnis von Pflanzen? – Welche Wissensfiguren erzeugen Pflanzen in literarischen Texten? – Wie und auf welche Weise werden Pflanzen in literarischen Kontexten zu Wissensobjekten? – Welche Rolle spielen Pflanzen bei der Entstehung wissenschaftlicher Tatsachen?
4 Pflanzen als Agens	– Begegnet im Text eine Pflanze als (menschenähnliche) Figur? – Interagiert die Pflanze als Akteur mit anderen? Wie tragen Pflanzen zum Handeln bei? – Welche Formen von *agency* (Wirksamkeit, Handlungsmacht) lassen sie erkennen? – Wodurch unterscheidet sich die *agency* der Pflanzen von derjenigen anderer (z. B. Steine, Tiere, Menschen, Götter), die am Handeln beteiligt sind? – Mit welchen Verfahren stellen die literarischen Texte *agency* von Pflanzen dar bzw. her? – Welche Rolle spielt der Anthropomorphismus in den Texten?
5 Poetik des Pflanzlichen	– Inwiefern zeigt sich das Vegetabile bzw. Pflanzliche im Verhalten der Pflanzen formsemantisch auf der Ebene der Gestaltung des Texts? – Welche Zeitlichkeiten und Rhythmen geben Pflanzen vor, welche Prozesse der Transition und Transformation bedingen sie? – Welche poetologischen Prozesse basieren auf der Dynamik der Pflanzen und bilden eine Phytopoetik?

Durch die Grundannahmen der PLANT STUDIES erfahren die traditionellen Kategorien der literaturwissenschaftlichen Praxis eine Neuperspektivierung:

(a) Pflanzen und Figur: Pflanzen treten zum Beispiel in der Kinderliteratur als Erzählinstanz oder zentrale Figur auf (Wanning 2022). Prinzipiell sind in literarischen Texten die diegetischen von den semiotischen und die realistischen von den fantastischen Pflanzen zu unterscheiden. Die bisherigen Kriterien zur Bestimmung literarischer Figuren (menschenähnliche Physiognomie, intentionales Handeln, Sprache bzw. Sprachfähigkeit sowie ein psychisches Innenleben) sind aufgrund ihrer dominant gesetzten Menschenbezogenheit in ihrer Relevanz zu überprüfen und in ihren Auswirkungen auf die Grundannahmen der Metaphorologie zu diskutieren. Zudem ist das Konzept eines Individuums bei manchen Pflanzenarten ein anderes: So kann ein ganzer Pappelwald aus einem einzigen Genom bestehen.

(b) Pflanzen und Raum: Pflanzen sind als Hintergrund oder als Ornament im Zusammenhang mit der Raumdarstellung und Raumkonstitution vertraut. Ohne Pflanzen keine Felder, Wiesen, Wälder und Gärten – das gilt für die reale wie auch für die fiktionale Welt. Was sich im Zuge der PLANT STUDIES verändert: Ihre Präsenz sowohl in der realen wie in der fiktionalen Welt wird nicht mehr als selbstverständlich existent vorausgesetzt, sondern als raumschaffend und raumspezifizierend wahrgenommen, denn erst ihre Existenz hat das Potenzial, den Unterschied zu machen.

(c) Pflanzen und Zeit: Pflanzen haben unterschiedliche Eigenzeiten, die von denen des Menschen deutlich abweichen. Angefangen bei der schnellwachsenden Kresse bis hin zum mehrere Jahrhunderte überdauernden Baum vollziehen sich deutliche Relativierungen der bislang v. a. menschenbezogenen Zeitvorstellungen.

Und auch die übergreifenden Konzepte der Textanalyse lassen sich in Bezug auf Pflanzen vor dem Hintergrund der Basisannahmen der PLANT STUDIES neu und anders denken:

(d) Pflanzen und Stimme: Ein zentrales, durchaus umstrittenes Konzept ist es, der/dem/den Marginalisierten eine ‚Stimme zu geben' und im übertragenen Sinn Gehör zu verschaffen. Das Konzept ist an sich nicht neu, wurde es doch bereits im Zusammenhang mit ehemals Kolonialisierten, Frauen, Kindern und Tieren diskutiert. Das fundamental ‚Andere' an Pflanzen ist jedoch, dass sie sich tatsächlich nicht in einem für Menschen akustisch wahrnehmbaren Modus artikulieren können.

(e) Pflanzen und Blick: Auch diese Kategorie stellt vor Herausforderungen, hatten doch Pflanzen bislang eher Objektcharakter, d. h. sie waren Objekte des menschlichen Blicks auf sie. Mittlerweile gilt als erforscht, dass Pflanzen mittels sog. Phytochrome Rot- und Infrarotlicht wahrnehmen können. Gleichwohl bleibt die Frage kaum gesichert zu beantworten, was sie und wie sie etwas in den Blick nehmen und welche Schlussfolgerungen daraus abzuleiten sind.

(f) Pflanzen und *agency* (im Sinne von ‚Wirkmacht'): Natur wird hier verstanden als ein „System aus dynamischen, nicht hierarchischen und offenen Teilsystemen von Wechselwirkungen zwischen Organismen einschließlich ihrer anorganischen Lebensgrundlagen, und zwar unter Einschluss von menschlichen wie nicht menschlichen Individuen und Kollektiven, Handlungen und Hervorbringungen" (Detering 2020, 19). Die Vorstellung einer pflanzenspezifischen Wirkmacht hat das Potenzial, den Eigenwert der Pflanzen als Lebewesen im Netzwerk des Lebendigen sichtbar(er) zu machen.

3 Kulturwissenschaftliche Forschung im deutschsprachigen Raum

Seit etwa fünf Jahren sind zahlreiche Tagungen im deutschsprachigen Raum zu verzeichnen, die sich Pflanzen auch unter den Prämissen der kulturwissenschaftlichen Plant Studies widmen. Bei den Germanistentagen wie auch bei den Konferenzen der Internationalen Vereinigung der Germanistik (IVG) haben entsprechende Panels stattgefunden bzw. sind angekündigt; entsprechendes gilt für die Jahrestagungen der Kulturwissenschaftlichen Gesellschaft (KWG). Bislang gibt es im Bereich der deutschsprachigen Kulturwissenschaften keine Professuren mit einer Denomination im Bereich der Plant Studies. Auch bestehen keine entsprechenden Forschungszentren oder Studiengänge; ähnlich sieht es im Bereich deutschsprachiger Zeitschriften und in Bezug auf Anthologien oder Reader aus.

Mehrere Tagungs- und Sammelbände wurden mittlerweile veröffentlicht (Kranz et al. 2016; Jacob und Kranz 2017; Kittelmann 2017; Heimgartner et al. 2020; Choné und Hamman 2021; Nitzke und Braunbeck 2021, Stobbe et al. 2022). Ebenso sind Überblicksartikel zur Kulturwissenschaftlichen Pflanzenforschung (Stobbe 2019a und 2019b) und ein Grundlagenkapitel zu den Gemeinsamkeiten und Unterschieden zwischen den Plant Studies und den → Animal Studies (Middelhoff 2022a) erschienen. Weitere richtungsweisende Publikationen zeigen die Agilität und Produktivität aktuell diskutierter Annahmen in der deutschsprachigen Germanistik. Zu nennen sind die Veröffentlichungen zum floralen Rollengedicht (Zemanek 2018), zu den unterschiedlichen pflanzenorientierten Poetiken der Gegenwartslyrik (Hayer 2018; Braun/ Valtolina 2021; Al-Taie/Dueck 2023), zur Phytopoetik in der Romantik und zur romantischen Sympoesis mit Pappeln in Abgrenzung zu Schreibweisen über diese Bäume zur Zeit der Klassik (Middelhoff 2021 und 2022b) sowie die Aufsätze zu den Tiefenzeiten in Bezug auf alte Bäume und Farne (Nitzke 2021 und 2022). Weitere Untersuchungen widmen sich dem Theater und Pflanzen (Heinrich 2022) sowie den poetischen Taxonomien (Lempp et al. 2022). Zu erwarten ist zudem das seit 2017 angekündigte kulturwissenschaftliche Handbuch zu Pflanzen von Joela Jacobs und Isabel Kranz.

Eine weitere Verbreitung und Dissemination des gewandelten Pflanzenbilds bzw. eine Neukonzeption des Pflanzlichen findet seit einigen Jahren in zahlreichen Ausstellungen in großen und bedeutenden Museen statt. Zu verweisen ist z. B. auf die Ausstellung „Von Pflanzen und Menschen. Leben auf dem grünen Planeten" (2019/20) im Deutschen Hygiene-Museum, Dresden (Meyer und Weiss 2019), „Die Intelligenz der Pflanzen – ein Zusammenspiel von Wissenschaft und Kunst" (2021/22) im Frankfurter Kunstverein, „Grüne Moderne – Die neue Sicht auf Pflanzen" (2022/23) in der Sammlung Ludwig in Köln mit einem umfangreichen digitalen Katalog (https://www.gruene-moderne.de/ausstellung) sowie „Grow. Der Baum in der Kunst" (2022/23) im Belvedere, Wien (Rollig und Halák 2022).

4 Potenzial, Kritik und Ausblick

Auch für die kulturwissenschaftlichen Plant Studies im deutschsprachigen Bereich ist die Annahme zentral, dass Pflanzen auf andere, pflanzenspezifische Weise untereinander und mit ihrer Mitwelt interagieren. Mehr noch: dass sie auch mit uns kommunizieren, indem sie z. B. gut gedeihen und uns gewissermaßen dazu gebracht haben, uns ihnen zuzuwenden. Ein argumentativer *gap* besteht darin, dass Pflanzen in der Regel auch dann gut gedeihen, wenn der Mensch fern ist. Ein Dilemma des Forschungsfelds bleibt, dass literarische Texte einerseits das Potenzial haben, unseren Blick auf Pflanzen zu verändern, indem sie der Andersartigkeit dieser Lebewesen besondere Aufmerksamkeit widmen, andererseits diese Versuche Gefahr laufen, potenziell vereinnahmend gemäß den eigenen Vorstellungen und Projektionen zu sein.

Zudem gibt es zwar den Tag der Zimmerpflanze am 10. Januar und eine Rote Liste für die vom Aussterben bedrohten Pflanzenarten, doch sind diese weitaus weniger bekannt als entsprechend gefährdete und bedrohte Tierarten. Auf ein weiteres Dilemma hat Ursula Heise bei ihrem Vortrag bei der Tagung „Botany and Literature" (s. o.) hingewiesen: Wir können uns zwar aus tierethischen Gründen dazu entscheiden, eine fleischlose Ernährung zu präferieren, doch ist eine vergleichbare Diskussion und Intention in Bezug auf eine pflanzenlose Ernährung kaum umzusetzen. In der angloamerikanischen Diskussion zeichnet sich eine zunehmende Aufmerksamkeitsteilung ab, weil nicht mehr das Tierleid allein thematisiert wird (etwa Stark 2015, 182–183). Statt verschiedene Viktimisierungen gegeneinander auszuspielen, ließe eine Betonung der Intersektionalität erkennen, dass Tier- und Pflanzenleid ähnliche Wurzeln haben und die Interessen beider Forschungsfelder vergleichbar gelagert sind.

Diese offenen Fragen sind durchweg als Anreiz zu verstehen, die Prämissen der eigenen kulturwissenschaftlichen Betrachtung von Pflanzen zu reflektieren, zu kontextualisieren und in ihrer Genese zu historisieren. Dazu gehört auch das Wissen darum, dass die Wertigkeit einzelner Pflanzen in verschiedenen Kulturen sehr unterschiedlich sein kann: Was in Mitteleuropa ein beliebiges weit verbreitetes Wiesengras ist, kann bei den Potawatomi eine heilige Pflanze sein (z. B. *Hierochloe odorata* – Duftendes Mariengras). Zu beobachten ist eine gewisse Fokussierung auf Bäume als *flagship species* unter den Pflanzen. Auch wenn sich Moosen (Kimmerer 2022) und Flechten als den unscheinbaren Geschwistern der Pflanzen zugewandt wird, ist der Flora in ihrer ganzen Vielfalt an (Wuchs-)Formen, Lebensdauer, Gift- und Wirkstoffen, Nährstoffen, Fortpflanzungs- und Ausbreitungsweisen sowie Lebensräumen Aufmerksamkeit zu widmen.

Insgesamt zeichnet sich in der kulturwissenschaftlichen Pflanzenforschung der Trend zur transdiziplinären und gattungstranszendierenden Erforschung von Pflanzen und den verschiedenen, historisch wandelbaren Mensch-Pflanze-Interrelationen ab. Die aktuellen Untersuchungen imaginieren, profilieren und propagieren Sichtweisen auf Pflanzen, die vermeintliche Gewissheiten in Bezug auf die Relevanz von Pflanzen und unsere Verortung in der Welt auch im Verhältnis zu unseren Mitlebewesen reflektieren. Wünschenswert sind weitere Tagungen und Kooperationen über die Fachkulturen-Grenzen hinweg, die gleichzeitig den Spezifika des eigenen Fachbereichs und den teils lang zurückreichenden Traditionen der medial und gattungspoetisch gebundenen Imaginationen und Repräsentationen des Pflanzlichen gerecht werden.

5 Literaturverzeichnis

Aloi, Giovanni (Hrsg.). *Why Look at Plants? The Botanical Emergence in Contemporary Art*. Leiden 2018.

Aloi, Giovanni und Michael Marder (Hrsg.). *Vegetal Entwinements in Philosophy and Art*. Cambridge, MA 2023.

Al-Taie, Yvonne und Evelyn Dueck (Hrsg.). *Blütenlesen. Poetiken des Vegetabilen in der Gegenwartslyrik*. Berlin 2023.

Baluška, František, Stefano Mancuso und Dieter Volkmann (Hrsg.). *Communication in Plants: Neuronal Aspects of Plant Life*. Berlin 2006.

Baluška, František, Monica Gagliano und Günther Witzany (Hrsg.). *Memory and Learning in Plants.* Cham 2018.

Braun, Michael und Amelia Valtolina (Hrsg.). *Bäume lesen. Europäische ökologische Lyrik seit den 1970er Jahren.* Würzburg 2021.

Braun, Peter. "Im Netz der Gegenseitigkeit: Über indigenes Wissen, Robin Wall Kimmerer und neue Wege des Nature Writing". *Welche Natur? Und welche Literatur? Tranditionen, Wandlungen und Perspektiven des Nature Writing.* Hrsg. von Tanja van Hoorn und Ludwig Fischer. Berlin 2023: 107–123.

Bühler, Benjamin und Stefan Rieger. *Das Wuchern der Pflanzen. Ein Florilegium des Wissens.* 2. Aufl. Berlin 2013.

Chamovitz, Daniel. *What a Plant Knows: A Field Guide to the Senses.* New York 2012.

Choné, Aurélie und Philippe Hamman (Hrsg.). *Die Pflanzenwelt im Fokus der Environmental Humanities. Le végétal au défi des Humanités environnementales. Deutsch-französische Perspektiven. Perspectives franco-allemandes.* Berlin 2021.

Coccia, Emanuele. *Die Wurzeln der Welt. Eine Philosophie der Pflanzen.* Übers. von Elsbeth Ranke. 2. Aufl. München 2018.

Cooper, Sarah. „Introduction: Thinking Cinema. With Plants“. *Philosophies* 8.20 (2023): o.P.

Daston, Lorraine und Peter Galison. *Objektivität.* Übers. von Christa Krüger. Frankfurt a.M. 2007.

Daston, Lorraine und Katharine Park. *Wunder und die Ordnung der Natur, 1150–1750.* Übers. von Sebastian Wohlfeil und Christa Krüger. Berlin 2002.

Detering, Heinrich. *Menschen im Weltgarten. Die Entdeckung der Ökologie in der Literatur von Haller bis Humboldt.* Göttingen 2020.

Duve, Karen und Thies Völker. *Lexikon berühmter Pflanzen. Vom Adamsapfel zu den Peanuts.* München 2002.

Flanagan, Tim Angelaki. „Talking like a Plant: Testimony and Justice (for the Humans to Come)“. *Journal of Theoretical Humanities* 27.2 (2022): 85–99.

Gibson, Prudence und Brits Baylee (Hrsg.). *Covert Plants: Vegetal Consciousness and Agency in an Anthropocentric World.* Santa Barbara, CA 2018.

Hall, Matthew. *Plants as Persons: A Philosophical Botany.* Albany, NY 2011.

Hall, Matthew. *The Imagination of Plants: A Book of Botanical Mythology.* Albany, NY 2019.

Haraway, Donna. *The Companion Species Manifesto: Dogs, People and Significant Otherness.* 2. Aufl. Chicago, IL 2003.

Hayer, Björn: "Flora im Widerstand. Subjektivität als ökokritische Haltung in der zeitgenössischen Lyrik: Marion Poschmann, Silke Scheuermann und Jan Wagner". *Ökologischer Wandel in der deutschsprachigen Literatur des 20. und 21. Jahrhunderts. Neue Ansätze und Perspektiven.* Hrsg. von Gabriele Dürbeck, Christine Kanz und Ralf Zschachlitz. Berlin 2018: 71–90.

Heimgartner, Stephanie, Solvejg Nitzke und Simone Sauer-Kretschmer. *Baum und Text. Neue Perspektiven auf verzweigte Beziehungen.* Berlin 2020.

Heinrich, Carola. „Theater und Wissen. Pflanzenphilosophie auf der Bühne“. *World Literature Studies* 14.4 (2022): 104–118.

Hentschel, Uwe. „Der Lindenbaum in der deutschen Literatur des 18. und 19. Jahrhunderts“. *Orbis Litterarum* 60.5 (2005): 357–376.

Hubbel, J. Andrew und John C. Ryan. *Introduction to the Environmental Humanities.* New York 2022.

Irigaray, Luce und Michael Marder. *Through Vegetal Being: Two Philosophical Perspectives.* New York 2016.

Jacobs, Joela und Isabel Kranz (Hrsg.). „Das literarische Leben der Pflanzen: Poetiken des Botanischen“. *Literatur für Leser* 40.2 (2017): 85–89.

Janzen, Janet. *Media, Modernity and Dynamic Plants in Early 20th Century German Culture*. Leiden 2016.
Keetley, Dawn und Angela Tenga (Hrsg.). *Plant Horror: Approaches to the Monstrous Vegetal in Fiction and Film*. London 2016.
Kimmerer, Robin Wall. *Geflochtenes Süßgras. Die Weisheit der Pflanzen*. Übers. von Elsbeth Ranke. Berlin 2021.
Kimmerer, Robin Wall. *Das Sammeln von Moos. Eine Geschichte von Natur und Kultur*. Übers. von Dieter Fuchs. Berlin 2022.
Kittelmann, Jana (Hrsg.). *Botanik und Ästhetik. Annals of the History and Philosophy of Biology*. Göttingen 2017.
Kranz, Isabel, Alexander Schwan und Eike Wittrock (Hrsg.). *Floriographie. Die Sprachen der Blumen*. Paderborn 2016.
Kranz, Isabel. *Sprechende Blumen. Ein ABC der Pflanzensprache*. 2. Aufl. Berlin 2016.
Küster, Hansjörg. *Flora. Die ganze Welt der Pflanzen*. München 2022.
Laist, Randy (Hrsg.). *Plants and Literature: Essays in Critical Plant Studies*. Amsterdam 2013.
Lawrence, Anna M. „Listening to Plants: Conversations Between Critical Plant Studies and Vegetal Geography". *Progress in Human Geography* 46.2 (2022): 629–651.
Lempp, Felix, Antje Schmidt und Jule Thiemann: „Poetische Taxonomien. Un/Geordnete Begegnungen zwischen Pflanzen, Menschen und Tieren in Lyrik und Prosa der Gegenwart". *Literatur für Leser* 43.1 (2022): 17–37.
Mahood, Molly M. *The Poet as Botanist*. Cambridge 2008.
Mancuso, Stefano. *Die Welt der Pflanzen und wie sie Geschichte machten*. Übers. von Andreas Thomsen. Stuttgart 2023.
Mancuso, Stefano. *Die Pflanzen und ihre Rechte. Eine Charta zur Erhaltung unserer Natur*. Übers. von Andreas Thomsen. Stuttgart 2021.
Mancuso, Stefano. *Die unglaubliche Reise der Pflanzen*. Übers. von Andreas Thomsen. Stuttgart 2020.
Mancuso, Stefano. *Pflanzenrevolution. Wie die Pflanzen unsere Zukunft erfinden*. Übers. von Christine Ammann. München 2018.
Mancuso, Stefano und Alessandra Viola. *Die Intelligenz der Pflanzen*. Übers. von Christine Ammann. München 2015.
Marder, Michael. *Plant-Thinking: A Philosophy of Vegetal Life*. New York 2013.
Marder, Michael. *The Philosopher's Plant: An Intellectual Herbarium*. New York 2014.
Marder, Michael. „The Place of Plants: Spatiality, Movement, Growth". *Performative Philosophy* 1.1 (2015): 185–194.
Meyer, Kathrin und Judith Elisabeth Weiss (Hrsg.). *Von Pflanzen und Menschen. Leben auf dem grünen Planeten*. Göttingen 2019.
Middelhoff, Frederike. „Thinking and Writing with Leaves: Poplar Sympoetics in Romanticism". *Green Letters: Studies in Ecocriticism. Special Issue: Arboreal Poetics* 25.4 (2021): 356–376.
Middelhoff, Frederike. „Animal Studies und Plant Studies: Eine Verhältnisbestimmung". *Literaturen und Kulturen des Vegetabilen. Plant Studies, Kulturwissenschaftliche Pflanzenforschung*. Hrsg. von Urte Stobbe, Anke Kramer und Berbeli Wanning. Berlin 2022a: 71–96.
Middelhoff, Frederike. „Wandern, winden, sprossen, steigen. Pflanzliche Bewegungskräfte und romantische Phytopoesie (Sophie Mereau/Henriette Schubart)". *Form- und Bewegungskräfte in Kunst, Literatur und Wissenschaft*. Hrsg. von Frank Fehrenbach et al. Berlin 2022b: 167–192.
Nitzke, Solvejg und Helga G. Braunbeck. „Arboreal Imaginaries: An Introduction to the Shared Cultures of Trees and Humans". *Green Letters: Studies in Ecocriticism. Special Issue: Arboreal Poetics* 25.4 (2021): 341–355.

Nitzke, Solvejg. „Pflanzenzeit und Weltzeit. Farnlust im Schatten des Systema Naturæ“. *Zeiten der Materie. Verflechtungen temporaler Existenzformen in Wissenschaft und Literatur, 1770–1900*. Hrsg. von Alexander Kling und Jana Schuster. Hannover 2021: 147–166.

Nitzke, Solvejg. „Alte Bäume lesen. Tiefenzeitlektüren als Beziehungsarbeit im Anthropozän“. *Anthropozäne Literatur: Poetiken, Genres, Lektüren*. Hrsg. von Gabriele Dürbeck, Simon Probst und Christoph Schaub. Berlin 2022: 183–199.

Pollan, Michael. „The Intelligent Plant. Scientists Debate a New Way of Understanding Flora“. *The New Yorker* 15. Dezember 2023: https://www.newyorker.com/magazine/2013/12/23/the-intelligent-plant [31.01.2024].

Pollan, Michael. *Die Botanik der Begierde. Vier Pflanzen betrachten die Welt*. Übers. von Christiane Buchner und Martina Tichy. München 2002.

Prance, Ghillean und Mark Nesbitt (Hrsg.). *The Cultural History of Plants*. New York 2005.

Rigby, Kate. „Art, Nature, and the Poesy of Plants in the Goethezeit: A Biosemiotic Perspective“. *Goethe Yearbook* 22.1 (2015): 23–44.

Rollig, Stella und Miroslav Halák (Hrsg.). *Grow. Der Baum in der Kunst*. Köln 2022.

Ruppel, Sophie. *Botanophilie. Mensch und Pflanze in der aufklärerisch-bürgerlichen Gesellschaft um 1800*. Wien 2019.

Ryan, John Charles. „Cultural Botany: Toward a Model of Transdisciplinary, Embodied, and Poetic Research Into Plants“. *Nature and Culture* 6.2 (2011): 123–148.

Ryan, John Charles. *Green Sense: The Aesthetics of Plants, Place and Language*. Oxford 2012a.

Ryan, John Charles. „Passive Flora? Reconsidering Nature's Agency Through Human-Plant Studies (HPS)“. *Societies* 2.3 (2012b): 101–121.

Ryan, John Charles. *Posthuman Plants: Rethinking the Vegetal through Culture, Art, and Poetry*. Champaign, IL 2015.

Ryan, John Charles. *Plants in Contemporary Poetry: Ecocriticism and the Botanical Imagination*. New York 2020a.

Ryan, John Charles. „Writing the Lives of Plants: Phytography and the Botanical Imagination“. *Auto/Biography Studies* 35.1 (2020b): 97–122.

Ryan, John Charles, Patrícia Vieira und Monica Gagliano (Hrsg.). *The Mind of Plants: Narratives of Vegetal Intelligence*. Santa Fe, NM 2021.

Sprang, Felix und Natalie Roxburgh. „Knowing Plants, Knowing Form. Probing the Poetics of Phyto-Centric Life“. *European Journal of English Studies* 22.3 (2018): 224–240.

Stark, Hannah. „Deleuze and Critical Plant Studies“. *Deleuze and the Non/Human*. Hrsg. von Jon Roffe. London 2015: 180–196.

Stobbe, Urte. „Plant Studies: Pflanzen kulturwissenschaftlich erforschen. Grundlagen, Tendenzen, Perspektiven“. *Kulturwissenschaftliche Zeitschrift* 4.1 (2019a): 91–106.

Stobbe, Urte. „Kulturwissenschaftliche Pflanzenstudien (Plant Studies)“. *Nachhaltigkeit, interdisziplinär. Konzepte, Diskurse, Praktiken: Ein Kompendium*. Hrsg. von Ursula Kluwick und Evi Zemanek. Wien 2019b: 347–360.

Stobbe, Urte, Anke Kramer und Berbeli Wanning (Hrsg.). *Literaturen und Kulturen des Vegetabilen. Plant Studies, Kulturwissenschaftliche Pflanzenforschung*. Berlin 2022.

Sullivan, Heather. „Petro-Texts, Plants, and People in the Anthropocene: the Dark Green“. *Green Letters: Studies in Ecocriticism* 23.2 (2019): 152–167.

Trouet, Valerie. *Tree Story. The History of the World Written in Rings*. Baltimore, MD 2020.

Vieira, Patrícia, Monica Gagliano und John Charles Ryan (Hrsg.). *The Green Thread: Dialogues with the Vegetable World*. Lanham, MD 2015.

Vieira, Patrícia, Monica Gagliano und John Charles Ryan (Hrsg.). *The Language of Plants: Science, Philosophy, Literature*. Minneapolis, MN 2017.

Wandersee, James H. und Elisabeth E. Schussler. „Preventing Plant Blindness". *The American Biology Teacher* 61.2 (1999): 82–84.

Wanning, Berbeli. „Wenn Bäume sprechen. Pflanzliche Protagonisten in der Kinderinderliteratur". *Literaturen und Kulturen des Vegetabilen. Plant Studies, Kulturwissenschaftliche Pflanzenforschung*. Hrsg. von Urte Stobbe, Anke Kramer und Berbeli Wanning. Berlin 2022: 97–112.

Wohlleben, Peter. *Das geheime Leben der Bäume. Was sie fühlen, wie sie kommunizieren. Die Entdeckung einer verborgenen Welt*. München 2015.

Zemanek, Evi. „Durch die Blume. Das florale Rollengedicht als Medium einer biozentrischen Poetik in Silke Scheuermanns ‚Skizze vom Gras' (2014)". *Zeitschrift für Germanistik N.F.* 28.2 (2018): 290–309.

Zemanek, Evi. „Pflanzliche Sinnbilder. Satirische Kritik am deutschen Wald und der deutschen Eiche als Symbole für nationale Identität und kulturelle Nachhaltigkeit". *Literaturen und Kulturen des Vegetabilen. Plant Studies, Kulturwissenschaftliche Pflanzenforschung*. Hrsg. von Urte Stobbe, Anke Kramer und Berbeli Wanning. Berlin 2022: 183–222.

Isabelle-Christine Panreck

Political Studies

1 Forschungsgeschichte: Der *cultural turn* der Politischen Kulturforschung

Unter dem Schirm der POLITICAL STUDIES sammeln sich interdisziplinär angelegte Studien mit politikwissenschaftlichem Schwerpunkt, die die politischen Dimensionen des menschlichen Lebens in all seinen Beziehungen zur Außenwelt beschreiben, analysieren und (normativ) reflektieren. Die wörtliche Übersetzung als „politische Studien" meint dabei nicht das Ansinnen, als Forschungsarbeit selbst politisch sein zu wollen – wiewohl dies je nach Selbstverständnis der Forschenden nicht ausgeschlossen ist. In erster Linie richtet sich das Augenmerk der „Study" vielmehr auf das Politische und seine Bedeutung für das gesellschaftliche Zusammenleben und dessen institutionelle Verfasstheit. Das durch den *cultural turn* bedingte und hier im Vordergrund stehende Verständnis des Politischen als ein Ort der konfliktiven Aushandlung und des Diskurses deutet bereits auf das Amalgam hin, das ‚Kultur' und das ‚Politische' in den Wirklichkeiten und Praxen politischer Systeme eingehen. Die „Study" untergliedert sich dabei grob in zwei Forschungszweige: die Untersuchung politischer Kultur im Feld der Einstellungsforschung einerseits sowie die eher semiotischen Studien über Zeichen(-systeme) und Symbole, Mythen, Identifikationen, kurzum: ihrer tieferliegenden Sinngebungen andererseits.

Es ist kaum übertrieben, die Studie von Gabriel A. Almond (1911–2002) und Sidney Verba (1932–2019) mit dem Titel *The Civic Culture. Political Attitudes and Democracy in Five Nations* als bahnbrechend für die Erforschung der Verwebungen von Politik und Kultur zu bezeichnen. Bereits im Jahr 1963 publiziert, prägt die Arbeit bis heute die Politische Kulturforschung – als Vorbild und Reibungspunkt. Die beiden Autoren waren keinesfalls die ersten, denen die Bedeutung von Kultur für die Politik – sowie *vice versa* – in den Blick fiel. Bereits in den Schriften des in der Politikwissenschaft breit rezipierten Soziologen Max Weber (1864–1920) ragt der Kulturbegriff hervor (etwa Weber 1922). Dennoch ist es das Verdienst der beiden US-Amerikaner, „Kultur" definitorisch fassen und für die meist quantifizierende Forschung operationalisieren zu wollen. Ausgehend von der Beobachtung, die Stabilität der Demokratie fundiere nicht nur auf Institutionen, sondern auch auf der sie umgebenden politischen Kultur (*civic culture*) prüfen die Autoren die Einstellungen der Bürger*innen zum politischen System. Unterstütze die politische Kultur die Demokratie in den USA und Großbritannien, sei

https://doi.org/10.1515/9783110712919-025

dies in Deutschland, Italien und Mexiko weniger der Fall – so das zentrale Ergebnis der länderübergreifenden Studie mit nomothetischem Anspruch.

In diesem gründet denn auch das Bestreben, dem Kulturbegriff seinen Amorphismus zu nehmen: Politische Kultur meint bei Almond und Verba den Grad an Internalisierung des politischen Systems in den Kognitionen, Gefühlen und Bewertungen durch die Bevölkerung (1963, 14). Zwar betonen die Autoren die Interdisziplinarität der Kulturforschung, aber *politische* Kultur erscheint als abgrenzbar von anderen Kulturen: „The term political culture thus refers to the specifically political orientations – attitudes toward the political system and its various parts, and attitudes toward the role of the self in the system. We speak of a political culture just as we can speak of an economic culture or a religious culture. It is a set of orientations toward a special set of social objects and processes." (Almond und Verba 1963, 13) Der Versuch, politische Kultur über Befragungen von Individuen messbar zu machen, fügte sich nahtlos in die in den USA bereits vor den 1960er Jahren – und damit früher als in Deutschland einsetzende – behavioralistische Wende ein, die sozialwissenschaftliche Methoden gegenüber geisteswissenschaftlichen Ansätzen bevorzugte (Falter 1982). Zwar schloss sich an die Studie Almonds und Verbas ein bis heute nicht wirklich beigelegter Streit um die Operationalisierung von Kultur an – war diese nicht, wie Max Kaase (1983) meint, viel zu vage, glich sie nicht gar dem Versuch, „einen Pudding an die Wand zu nageln"? Nichtsdestotrotz entfaltete sich ein florierendes Forschungsfeld, das international an Gewicht zunahm und ab den 1980er Jahren auch im deutschsprachigen Raum an Relevanz gewann (statt vieler Gabriel 1986; Niedermayer und Beyme 1994; Mannewitz 2015).

Fast nebenbei beobachten Almond und Verba bereits zu Beginn der 1960er Jahre eine Tendenz, die sich bis heute nicht nur im demokratischen Ideal, sondern auch in der Demokratieforschung niederschlägt. So heißt es (1963, 4): „If there is a political revolution going on throughout the world, it is what might be called the participation explosion. In all the new nations of the world the belief that the ordinary man is politically relevant – that he ought to be an involved participant in the political system – is widespread. Large groups of people who have been outside of politics are demanding entrance into the political system. And the political elites are rare who do not profess commitment to this goal."

Teilnahme und Teilhabe als normative Fluchtpunkte demokratischer Verhältnisse kann indes im Forschungszweig der von Almond und Verba geprägten Politischen Kulturforschung kaum Beachtung finden. So gelingt es der „Study", Partizipation auf einer deskriptiven Ebene von Einstellungen und Orientierungen gegenüber dem politischen System abzubilden. Sie scheitert aber an einer Erklärung, wie sich Gefühle des Dazugehörens und eine folgende Identifikation mit dem politischen System entwickeln. Zu Recht attestiert Lisa Wedeen der ‚klassischen' Erforschung politischer Kultur daher – beinahe 40 Jahre nach der

Almond/Verba-Studie –, einen engen Kulturbegriff, der über die Betrachtung von Sprache, Rhetorik und Symbole nicht nur ausgeweitet, sondern gänzlich neu gedacht werden müsse. Im Anschluss an Michel Foucault (1973, 1978, 1987), Pierre Bourdieu (1984), Jacques Derrida (1974, 1979) und Michel de Certeau (1988) rücken die Praxen in den Mittelpunkt, deren Bedeutungen einerseits durch Konventionen festgezurrt sind, die aber andererseits nie ihre Fragilität verlieren. Im Anschluss an Wedeen brauchen die so verstandenen POLITICAL STUDIES ein kritisches Verständnis von Kultur als Ort der Aushandlungen von (Be-)Deutungen und Sinnstiftung (2002, 714–719).

Wer die Definition Almonds und Verbas sowie die Begriffsreflexionen Wedeens gegenüberstellt, mag den Eindruck gewinnen, zwei ganz unterschiedliche Forschungsfelder vor sich zu haben. In der Tat überwiegen die Differenzen: Forschungen im Anschluss an Almond und Verba nehmen Individuen in den Blick und beruhen (meist) auf Befragungen, Hypothesenbildung und -verwerfung. Im von Wedeen umrissenen Forschungsfeld rücken Diskurse in den Vordergrund – also Texte, aber auch Bilder, Städtebau, Denkmäler oder Architektur. Die Unterteilung in quantitative und qualitative Forschungsdesigns mag schablonenhaft anmuten und wird der Vielfalt im Fach nicht gerecht; dennoch: Im Gegensatz zur quantitativ ausgerichteten Politische Kulturforschung nach Almond/Verba folgen Studien in diesem auf (Be-)Deutungen zielenden Forschungszweig eher qualitativen Herangehensweisen.

Wie aber kam es zu diesem neuen Blick auf Kultur innerhalb der geistes- und sozialwissenschaftlichen Politikforschung? Der unter dem Begriff *cultural turn* gefasste Perspektivwechsel gründet in einer Idee des Menschen, der nicht einfach Konsument*in von Kultur ist, sondern der immer auch als Produzent*in von neuen sozialen Werten und kulturellen Sprachen fungiert. Subjektivität und Macht(-verhältnisse) rücken somit in den Vordergrund: Wie werden Subjekte geformt und wie erfahren sie die kulturelle und soziale Sphäre? Ihren Ausgang im Großbritannien der 1960er Jahre von Richard Hoggart, E. P. Thompson, Stuart Hall und Raymon Williams nehmend, widmete sich die Birmingham School inspiriert von Antonio Gramsci (1971) der Intersektionalität von sozialer Klasse und Nation (Miller 2001, 1–3). Der Rückgriff auf Gramsci – einen nach Klaus von Beyme (2013, 236) nicht-leninistischen Marxisten – fußt dabei auch auf der Frustration über den orthodoxen Marxismus, der nach der Invasion der UdSSR in Ungarn 1956 sowie dem „Stalin-Schock" um sich griff und aus der die „Neue Linke" hervorging, gleichfalls enttäuscht vom Osten (der Sowjetunion) und dem Westen (nach Frankreichs Algerienkrieg) (Gotto 2018). Im Anschluss an Gramsci verstand die Birminghamer Forschergruppe und ihr bekanntester Vertreter, Stuart Hall, Popkultur als eine Form des Widerstandes und des politischen Alltags. Mit dieser Ausweitung des Kulturbegriffs auf Praxen der gesellschaftlich Marginalisierten ging eine Politisierung von Kultur und Alltag einher in einer Zeit, die durch enorme gesellschaftliche Dispute in den 1960er Jahren und der anschließenden Regierungszeit der oft als neoliberal verschrienen Margaret Thatcher (1925–2013) geprägt war. Nach Jordi Dean waren es gerade das Abarbeiten am Marxismus, die gesellschaftlichen Konflikte und die ökonomischen Entwicklungen in der Thatcher-Ära, die den britischen CULTURAL STUDIES grenzüberschreitend öffentliche Resonanz einbrachten (2008, 758–760).

In den USA rückten in den 1970ern und 1980er Jahren indes stärker die Arbeiten von Michel Foucault zu Diskurs und Mikropolitik in den Vordergrund. Die dort dominante, staatlich geprägte Kulturpolitik mündete in als „Cultural War" bezeichnete gesellschaftliche Verwerfungen, die schließlich innerhalb der Politikwissenschaft einen Perspektivwechsel weg vom Staat hin zur Gesellschaft bedingten. Es nimmt sohin kaum Wunder, dass aus den britischen sowie US-amerikanischen Forschungsbemühungen in den 1990er Jahren in der englischsprachigen Wissenschaft feministische Studien sowie die kritische Analyse von *race*, *class* und *gender* hervorgingen (Dean 2008, 761 sowie eine Übersicht bei Miller 2001, 4). Dieses neue Forschungsprogramm, gebündelt in den CULTURAL STUDIES, durchbrach das in den Geistes- und Sozialwissenschaften oft vorherrschende Revierdenken: „It takes its agenda and mode of analysis from Economics, Politics, Media and Communication Studies, Sociology, Literature, Education, the Law, Science and Technology Studies, Anthropology, and History, with a particular focus on gender, race, class, and sexuality in everyday life, commingling textual and social theory under the sign of a commitment to progressive social change." (Miller 2001, 1)

Der fachübergreifende Charakter der CULTURAL STUDIES blieb nicht ohne Folgen für die Wissenschaften, aus denen sich das neue Forschungsprogramm speiste. Dies trifft besonders auf das Verhältnis von POLITICAL STUDIES und CULTURAL STUDIES zu: Welche Perspektive hatte die passenden methodischen Werkzeuge und theoretischen Ansätze, um das Politische zu analysieren? Einerseits fällt die Erforschung des Politischen in das Gebiet der POLITICAL STUDIES, besonders in den Zweig der Politischen Theorie. Zugleich wurde in den CULTURAL STUDIES die Forderung laut, das Politische eben nicht der Politikwissenschaft zu überlassen (Hermes and Dahlgren 2006, 260). Bereits in den Arbeiten der Birmingham School schwang ein grundsätzliches Verständnis des Kulturellem als *per se* politisch mit (Dean 2008, 759). Der Streit verweist auf zwei Kernfragen, die für beide Studien, besonders aber die POLITICAL STUDIES relevant sind: Was meinen wir eigentlich, wenn wir über das Politische sprechen? Und: Wie ist eine Ausweitung der Teilnahme und Teilhabe im politischen System im Sinne des demokratischen Ideals möglich?

2 Über den Kern der Political Studies, oder: Was ist das Politische?

Gemäß des sich Ende der 1980er Jahre vollziehenden *spacial turn* erscheint „das Politische" sowohl in der Kultur- als auch der Politikwissenschaft als Ort der Aushandlung von (Be-)Deutungen und der Sinnstiftung. Welche Disziplin nun aufgrund ihrer spezifischen theoretischen Vorannahmen und methodischen Herangehensweisen besser geeignet sei, den Ort des Politischen zu analysieren, geriet Ende der 1990er Jahre zum Streitpunkt zwischen Alan Finlayson und James Martin sowie Robin Brown. Finlayson und Martin plädierten für eine Öffnung der Politikwissenschaft hin zur Kulturwissenschaft, um das Terrain des Politischen neu und angemessen verstehen zu können. Laut den beiden Autoren war die Politikwissenschaft noch immer zu stark in der Tradition Almonds und Verbas verhaftet (Finlayson und Martin 1997, 183). Überdies setze sich das Fach Scheuklappen auf, wenn es in erster Linie Parteien, Wahlen und Institutionen in den Blick nehme. Aufgebrochen sei diese Verengung auf Akteure und den Staat erstmals mit der Präsenz der sozialen Bewegungen, die sich rund um die Themen *race, class*, Gender, *nationality* und Religion gebildet hätten. Wenn aber die produktive Ebene von Macht- und Herrschaftsverhältnissen stärker in den Mittelpunkt rücken solle, gelte es von den Kulturwissenschaften zu lernen, die u. a. Musik, Film und Mode betrachteten, um Aufschluss über soziale und politische Macht als subjektive Erfahrung zu erhalten (Finlayson und Martin 1997, 183–187). Befruchtend wirke dies vorwiegend für die politikwissenschaftlichen Analysen von Partizipation und Repräsentation, zum Beispiel in der massenmedialen Öffentlichkeit: „In these kinds of debates there are two kinds of politics going on: one is a politics of representation, an argument over who has the power to do the representing of society and what that representation should look like. But there is also a politics through representation. People use debates about popular culture as a way of debating society more generally. For example, when people say that there should be more ethnic minorities on television and that they should be shown doing well, they are also saying that they think ethnic minorities should be generally better represented in society and should generally be doing well." (Finlayson und Martin 1997, 188)

Robin Brown bestritt nicht das Potenzial des Austausches zwischen Cultural Studies und Political Studies, allerdings sei es an den Kulturwissenschaften, von der Politikwissenschaft zu lernen. Den Cultural Studies bescheinigt Brown in ihrer Gründungsphase theoretische Armut, die erst – so schon Stuart Hall – über einen Rückgriff durch Ansätze des kritischen Marxismus, zuvorderst von Althusser und Gramsci, überwunden wurde (Brown 1998, 173–174; vgl. Hall 1980). Überdies sei – anders als in der Birmingham School nahegelegt und von Finlayson und Martin betont – Kultur nicht *per se*, sondern nur potenziell politisch. Das Gütekriterium für das Attribut „politisch" ist bei Brown das Beeinflussen der Umverteilung von Ressourcen in einer Gesellschaft (2018, 175): „While political movements do emerge from civil society and from cultural movements, as Finlayson and Martin argue, few potential movements attain real political significance in the sense of having noticeable affects on the distribution of resources within society or on policy outcomes." Ferner unterschätzten die Kulturwissenschaften den Einfluss politischer Institutionen (Brown 2018, 176) – ein Argument mit Gewicht, schließlich prägen Institutionen den Raum des Politischen vor. So heißt es bei der postmarxistisch inspirierten, neo-gramscianisch argumentierenden Chantal Mouffe zum Verhältnis vom konfliktiven, fluiden Politischen und institutionalisierter Politik (2007, 16): „Mit dem ‚Politischen' meine ich die Dimension des Antagonismus, die ich als für menschliche Gesellschaften konstitutiv betrachte, während ich mit ‚Politik' die Gesamtheit der Verfahrensweisen und Institutionen meine, durch die eine Ordnung geschaffen wird, die das Miteinander der Menschen im Kontext seiner ihm vom Politischen auferlegten Konflikthaftigkeit organisiert."

Dieses Miteinander verweist auf die vielfältigen Beziehungsgeflechte zwischen Menschen. Ein solches ist aber, wie von Michel Foucault überzeugend herausgearbeitet, niemals frei von Macht- und Herrschaftsverhältnissen und Konflikt (1978, 112–113): „Jedes Kräfteverhältnis impliziert in jedem Augenblick eine Machtbeziehung [...] und jede Machtbeziehung verweist [...] auf ein politisches Feld, dessen Teil sie ist. Sagt man, dass ‚alles politisch ist', so spricht man von der Allgegenwart der Kräfteverhältnisse und ihrer Immanenz in einem politischen Feld."

Immer wieder tritt das Verständnis des Politischen als Dreh- und Angelpunkt der Political Studies in Vorschein. Die Frage nach dem Wesen des Politischen ist wohl so alt wie die Politikwissenschaft selbst – zumindest in Form ihrer Neugründung nach dem Zweiten Weltkrieg in Deutschland (vgl. z. B. Sternberger 1983). Eine letztgültige Antwort ist weder in Sicht noch wünschenswert. Zugleich verweist die zentrale Frage von Partizipation und Repräsentation auf den analytischen Mehrwert der von Mouffe verfochtenen Trennung in eine Sphäre des Politischen und der Politik. Beide stehen in einem Spannungsverhältnis, wobei der Grad an Teilnahme an politischen Aushandlungsprozessen und das Maß an Vertretung durch Institutionen und Ämter einem ständigen Tauziehen unterliegt. Überdies wandeln sich die Ansprüche an institutionalisierte und fluide Formen der Partizipation und Repräsentation (vgl. Saward 2006, 2010), wie die unlängst in der deutschsprachigen Forschungslandschaft Gewicht erlangte Kontroverse um die Ausformung beider Ideale der liberalen Demokratie belegt.

3 Kontroversen im deutschsprachigen Raum: Bedeutungswandel von Repräsentation und Partizipation

Die POLITICAL STUDIES im deutschsprachigen Raum blicken auf eine paradoxe Genese zurück. Einerseits waren es zuvorderst die Politische Theorie und ihre postmarxistischen Stränge, die das theoretische Vakuum der CULTURAL STUDIES füllten, andererseits sahen sich Studien über Macht- und Herrschaftsverhältnisse gerade in der Politischen Theorie zunächst marginalisiert (Kreide 2016). Einer der Gründe mag die länderübergreifende Dominanz der Kontroverse zwischen liberalen und kommunitaristischen Ansätzen in den 1970er und 1980er Jahren sein. Erst die Feststellung, etwa bei Jordi Dean, es gebe keinen archimedischen Punkt, von dem aus das universale Prinzip der Gerechtigkeit gefunden werden könne, gab dem *cultural turn* innerhalb der Politischen Theorie deutlichen Rückenwind (Dean 2008, 752–755). Die Vervielfältigung der Welt durch die Transformation und (versuchte) Konsolidierung von Demokratien im ehemaligen sowjetischen Einflussbereich nach Ende des Kalten Krieges ließ die Forschung über das Amalgam aus Kultur und Politischem darüber hinaus aufblühen (Schwelling 2001, 602). Als treibende Kraft der theoretischen Neuauffassung des Politischen, das nicht mehr auf das Öffentliche beschränkt blieb (wie bei Hannah Arendt 1993), sondern auch vermeintlich Privates einbezieht, wie Geschlechterverhältnisse, wirkten dabei feministische Autorinnen, allen voran Carole Pateman (1988, 1989).

Bereits in den 1980er Jahren beobachtete Karl Rohe eine Ausweitung der deutschsprachigen Erforschung politischer Kultur auf inhaltsanalytische und hermeneutische Studien jenseits von Befragungen. Die These Almonds und Verbas, wonach die Stabilität eines politischen Systems von der es tragenden politischen Kultur abhängt, gibt Rohe dabei nicht auf. Er verweist vielmehr auf die ständig von neuem zu erarbeitende Legitimation politischer Herrschaft, so könnten auch etablierte Regime erodieren, sofern die politische Klasse sich nicht an die politischen Beurteilungsmaßstäbe der Gesellschaft anpasse (Rohe 1990, 325–334). Legitimierend wirkten dabei politische Gefühlswelten ebenso wie politische Ästhetiken, denn „[k]eine politische Gesellschaft kann ohne symbolische Politik existieren, wenn sie ihre politisch-kulturellen Muster bewahren will“ (Rohe 1990, 341). Hiermit öffnet der Autor den Weg für die Analyse von Ideen, Entwürfen, Mustern, Symbolen und Designs, so liege hinter den sichtbaren Manifestationen immer auch ein verborgener politischer Sinn (Rohe 1990, 336, 334; ferner Rohe 1987, 1994). Dieser semiotische Zweig der Kulturforschung nimmt – im Anschluss an Ernst Cassirer (2010a, 2010b, 2010c), Umberto Eco (1991) und Pierre Bourdieu – Mythenbildungen ebenso in den Blick wie Rituale, wodurch das Forschungsfeld immer auch historische Perspektiven fordert. Die Gratwanderung zwischen politik- und geschichtswissenschaftlichen Ansätzen handelte semiotischen Studien jedoch dabei den Vorwurf ein, im Anekdotischen zu verweilen und quantifizierende Forschung zu verunmöglichen (Schwelling 2001, 610–612).

Die kontemporäre Theoriedebatte innerhalb der POLITICAL STUDIES schöpft zwar durchaus aus der Gedankenwelt Gramscis, prägend wirken aber vorwiegend theoretische Ansätze ab den 1960er Jahren (siehe auch Moebius and Quadflieg 2011, 14). Obwohl der *cultural turn* bereits einige Jahre zurückliegt, ist er für Wolfgang Bergem, Paula Diehl und Hans J. Lietzmann noch immer nicht im Mainstream der deutschsprachigen Politikwissenschaft angekommen. Um aber jüngste politische Herausforderungen, etwa Echokammern, Fake News und die neuen Formen der Repräsentation verstehen zu können, so die drei Sprecherinnen und Sprecher des Arbeitskreises Politik und Kultur der Deutschen Vereinigung für Politikwissenschaft (DVPW) im Jahr 2019, müssten Ansätze aus Philosophie, Kultursoziologie und aus kulturphilosophisch inspirierten Politiktheorien in den Vordergrund rücken (Bergem et al. 2019, 9–10).

Für Lietzmann befasst sich eine theoretisch fundierte politische Kulturforschung jenseits der empirisch-phänomenologischen Perspektive „mit den Motiven, den Gefühlen, den Inszenierungen, den Bildern und den Kommunikationen, die den politischen Institutionen zugrunde liegen und die sie im politischen Alltag befeuern“ (2019, 15). Gerade dem Alltag misst er für die Stabilität eines politischen Systems Relevanz zu, wenn er an Rohe anschließend festhält, „[k]eine politische Elite kann in den politischen Gesellschaften der Gegenwart gegen die Erwartungshaltung der Bevölkerung erfolgreich sein“ (Lietzmann 2019, 17). Regierungs- und Alltagspraxis sind sohin verwoben, was sich auch in der gesellschaftlich zunehmend verbreiteten Forderung spiegelt, sich selbst in den politischen Institutionen wiedererkennen zu wollen: „Die kulturelle Lesbarkeit des politischen Systems soll in immer größerem Maße eine unmittelbare Abbildung des eigenen, subjektiven Habitus und der eigenen subjektiven Befindlichkeit erkennen lassen.“ (Lietzmann 2019, 20)

Der hiermit einhergehende Wandel des Verständnisses von politischer Repräsentation schreibt sich derzeit tief in die politische Kultur der Bundesrepublik ein, ohne ausreichend in wissenschaftlichen Studien Aufmerksamkeit zu finden. Anders als etwa in den 1970er Jahren gelten Parteien weniger als ‚natürliche‘ Instanzen zur Vertretung aggregierter Interessen. Nach Lietzmann sieht sich vielmehr eine Mehrzahl an Bürger*innen in der Lage, selbst Entscheidungen zu treffen. Die Forderung an das politische System, weniger auf Hierarchie beruhende Verfahren zur Entscheidungsfindung und Gestaltung des politischen Raums zu etablieren, erscheint sohin nur als eine stimmige Konsequenz des Teilnahmeanspruchs (vgl. Lietzmann 2019, 21–22). Eine Legitimationskrise erwachse schließlich dann, wenn die gesellschaftlich gewünschte Partizipation in Verfahren und die Identifikation mit staatlichen Symboliken und Mythen (gesellschaftliche Nachfrageseite) nicht mehr mit den institutionalisierten Partizipationsverfahren und den symbolischen Angeboten der politischen Institutionen (staatliche Angebotsseite) Hand in Hand gehen (Lietzmann 2019, 25–26). Nicht nur die Parteien seien dabei vom Vertrauensentzug der Bürger*innen betroffen: Auch Kirchen, Verbände oder Gewerkschaften fungierten in den Augen Vieler nicht (mehr) als Repräsentanten ihrer Anliegen und Interessen. Zudem offenbare die zunehmend gebildete und informierte Gesellschaft die Tendenz, in „individuell-leidenschaftliche[m] Gestus" weniger den rationalen Konsens denn Aushandlung, Kompensation und Koordination anzustreben (Lietzmann 2019, 33).

Pointiert fordert Paula Diehl sohin eine „konstruktivistische Sicht auf die politische Repräsentation und mit ihr das Bewusstsein, dass politische Repräsentation von politisch-kulturellen Faktoren abhängig ist" (2019, 44). In dieser von Identitäten und Gefühlswelten geprägten Idee von Repräsentation beschränkt sich die Rolle des Repräsentanten nicht mehr auf gewählte Abgeordnete, sondern es weitet sich auch auf andere politische Akteure aus. Selbst Prominente können von bestimmten Gruppen innerhalb der Gesellschaft die Rolle der Vertreterin oder des Vertreters zugewiesen bekommen (Diehl 2019, 48). Die aus den CULTURAL STUDIES bereits bekannten Symbole, Bilder, Mythen aber auch Emotionen, Narrative und Vorstellungen geben für Diehl Aufschluss über das politisch Imaginäre und die darin verborgenen (Be-)Deutungen und Sinnzuschreibungen. Die Herausforderungen der demokratischen Regierungssysteme durch Populismen versteht Diehl sohin als Folge des Auseinanderdriftens von etablierten Normen des politischen Systems und dem politisch Imaginären (Diehl und Steilen 2016; Diehl 2019, 52–53).

4 Ausblick: Der Streit um Mythen und Symbole als Gratmesser demokratischer Stabilität?

Selbst nach vielen Jahrzehnten der Erforschung von Kultur innerhalb der Politikwissenschaft scheint sich die Lücke zwischen dem auf Almond und Verba zurückgehenden Forschungsstrang sowie den stärker semiotisch ausgerichteten Studien nicht zu schließen. Ist die umfragebasierte Analyse von Einstellungen gegenüber dem politischen System in der stark auf quantifizierbare Methoden ausgerichteten Politikwissenschaft fest im Fach verankert, nimmt das beinahe geisteswissenschaftlich anmutende Durchdringen von Mythen, Gefühlswelten, Identifikationen – kurzum: den Diskursen und Praxen der Sinnstiftung – eher eine randständige Position ein. Zugleich verschieben sich die Kräfteverhältnisse, rücken doch gerade die Erforschung von Identitäten und Teilhabebedingungen innerhalb demokratischer Gesellschaften – entlang von *race, class* und Gender – zunehmend ins Zentrum politikwissenschaftlicher Forschungsanstrengungen. Die vom *cultural turn* inspirierten POLITICAL STUDIES nehmen dabei die Rolle einer integrierenden Dachwissenschaft ein: Die Kontroversen über das Wesen des Politischen speisen sich aus der politischen Philosophie ebenso wie der Soziologie, wie allein die Präsenz von Denkern wie Antonio Gramsci, Pierre Bourdieu und Michel Foucault belegen. Besonders die noch junge Debatte um die Bedeutung von Repräsentation und Partizipation jenseits der formalen Prozesse des demokratischen Verfassungsstaats offenbaren Schnittstellen mit den Geschichtswissenschaften, wenn etwa nach Bedeutungen von Symboliken und Mythen gefragt wird. Mit den Kulturwissenschaften teilen sich die POLITICAL STUDIES die Untersuchungsgegenstände, etwa (mediale) Texte und Bilder. Zunehmend in den Blick rückt der soziale Raum und mit ihm Stadtplanung und Architektur (→ AREA STUDIES) – ein interdisziplinäres Terrain, das weiterer Forschungsanstrengungen der beteiligten Disziplinen bedarf.

Die Kritik des Anekdotischen auf Seite der auf Symbole fixierten POLITICAL STUDIES wird dabei wohl ebenso wenig verschwinden wie die Skepsis gegenüber dem engen Kulturbegriff der quantitativen Politische Kulturforschung. Die künstlich anmutende Trennung zwischen ‚Quantis' und ‚Qualis' zu überwinden, ist Aufgabe zukünftiger Anstrengungen. Wer Mythen und Bilder verstehen will, kommt nicht um die hermeneutische Ausdeutung dieser Erzählungen umhin. Wen interessiert, inwiefern diese innerhalb der Bevölkerung verankert sind, erkennt den Wert von Befragungen. Die zeitgenössischen Herausforderungen des Populismus, aber auch schwieriger auf einen Nenner zu bringende, oft in kurzer Zeit öffentliche Resonanz erzielende Protestbewegungen belegen die Bedeutung des von Lietzmann und Diehl betonten Wandels der Ansprüche an Repräsentation und Partizipation in liberalen Demokratien.

Ein Beleg für die Tendenz, politische Konflikte über historische Anleihen, Mythenbildungen und Symbolik auszutragen, sind die innerhalb der Corona-Pandemie 2020/21 bemühten Rückgriffe auf historische Momente – etwa das Jahr 1989 und den anschließenden Systemwechsel – um dem aktuellen Protest Aufmerksamkeit zu sichern (Hartmann und Leistner 2019; Brieger und Panreck 2021). Was sicherlich als willkürlicher Griff in den ‚Bauchladen Geschichte' einzuordnen ist, offenbart zugleich, wie weit die hegemoniale, staatliche Erinnerungskultur und partielle, in gewissen Milieus verbreitete Narrative auseinanderdriften können (Sabrow 2019). Diese Form der Krise von Vertretung und Teilhabe – oder wie es bei Wolfgang Merkel (2021) heißt: Erosion der Demokratie – gewinnt gesamtgesellschaftlich an Gewicht. Innerhalb der vielseitigen geistes- und sozialwissenschaftlichen Forschungslandschaft erscheinen besonders die vom *cultural turn* geprägten, semiotischen und durch Einstellungsforschung angereicherten POLITICAL STUDIES prädestiniert, neue

Entwicklungen aufzutun, zu analysieren und nach Konsequenzen für die demokratische Verfasstheit von Gesellschaften zu fragen.

5 Literaturverzeichnis

Almond, Gabriel Abraham und Sidney Verba. *The Civic Culture: Political Attitudes and Democracy in Five Nations*. Princeton, NJ 1963.

Arendt, Hannah. *Was ist Politik? Fragmente aus dem Nachlaß*. München 1993.

Bergem, Wolfgang, Paula Diehl und Hans J. Lietzmann. „Vorwort". *Politische Kulturforschung reloaded*. Hrsg. von Wolfgang Bergem, Paula Diehl und Hans J. Lietzmann. Bielefeld 2019: 9–12.

Beyme, Klaus von. *Sozialismus: Theorien des Sozialismus, Anarchismus und Kommunismus im Zeitalter der Ideologien, 1789–1945*. Wiesbaden 2013.

Bourdieu, Pierre. *Distinction*. London 1984.

Brieger, Stefan und Isabelle-Christine Panreck. „‚Friedliche Revolution 2.0': Rückgriffe auf den Systemwechsel 1989/90 als Kitt im Corona-Protestgeschehen". *Jahrbuch des Else-Frenkel-Brunswik-Instituts* 2021: 103–115.

Brown, Bruce. „Interdisciplinary Research". *European Review* 26.S2 (2018): 21–29.

Brown, Robin. „Political Studies and Cultural Studies: A Response to Finlayson and Martin". *Politics* 18.3 (1998): 173–177.

Cassirer, Ernst. *Philosophie der symbolischen Formen: Erster Teil: Die Sprache*. Hamburg 2010a.

Cassirer, Ernst. *Philosophie der symbolischen Formen: Zweiter Teil: Das Mythische Denken*. Hamburg 2010b.

Cassirer, Ernst. *Philosophie der symbolischen Formen: Dritter Teil: Phänomenologie der Erkenntnis*. Hamburg: 2010c.

Certeau, Michel de. *Kunst des Handelns*. Berlin 1988.

Dean, Jodi. „Political Theory and Cultural Studies". *The Oxford Handbook of Political Theory*. Hrsg. von John S. Dryzek, Bonnie Honig und Anne Phillips. Oxford 2008: 751–772.

Derrida, Jacques. *Grammatologie*. Frankfurt a.M. 1974.

Derrida, Jacques. *Die Stimme und das Phänomen. Ein Essay über das Problem des Zeichens in der Philosophie Husserls*. Frankfurt a.M. 1979.

Diehl, Paula. „Interdisziplinarität, Politische Repräsentation und das Imaginäre: Plädoyer für eine neue Perspektive der politischen Kulturforschung". *Politische Kulturforschung reloaded*. Hrsg. von Wolfgang Bergem, Paula Diehl und Hans J. Lietzmann. Bielefeld 2019: 39–57.

Diehl, Paula und Felix Steilen (Hrsg.). *Politische Repräsentation und das Symbolische. Historische, politische und soziologische Perspektiven*. Wiesbaden 2016.

Eco, Umberto. *Einführung in die Semiotik*. München 1991.

Falter, Jürgen W. *Der „Positivismusstreit" in der amerikanischen Politikwissenschaft*. Opladen 1982.

Finlayson, Alan und James Martin. „Political Studies and Cultural Studies". *Politics* 17.3 (1997): 183–189.

Foucault, Michel. *Archäologie des Wissens*. Frankfurt a.M. 1973.

Foucault, Michel. *Dispositive und Macht. Über Sexualität, Wissen und Wahrheit*. Berlin 1978.

Foucault, Michel. „Das Subjekt und die Macht". *Michel Foucault: Jenseits von Strukturalismus und Hermeneutik*: Hrsg. von Hubert L. Dreyfus und Paul Rabinow. Frankfurt a.M. 1987: 241–261.

Gabriel, Oscar W. *Politische Kultur, Postmaterialismus und Materialismus in der Bundesrepublik Deutschland*. Opladen 1986.

Gotto, Bernhard. *Enttäuschung in der Demokratie: Erfahrung und Deutung von politischem Engagement in der Bundesrepublik Deutschland während der 1970er und 1980er Jahre*. Berlin 2018.
Gramsci, Antonio. *Selections From the Prison Notebooks of Antonio Gramsci*. London 1971.
Hall, Stuart. „Cultural Studies and the Centre: Some Problematics and Problems“. *Culture, Medie, Language: Working Papers in Cultural Studies, 1972–1979*. Hrsg. von Stuart Hall et al. London 1980: 15–47.
Hartmann, Greta und Alexander Leistner. „Umkämpftes Erbe: Zur Aktualität von ‚1989‘ als Widerstandserzählung“. *Aus Politik und Zeitgeschichte* 69.35/37 (2019): 18–24.
Hermes, Joke und Peter Dahlgren. „Cultural Studies and Citizenship“. *European Journal of Cultural Studies* 9.3 (2006): 259–265.
Kaase, Max. „Sinn oder Unsinn des Konzepts ‚Politische Kultur‘ für die Vergleichende Politikforschung, oder auch: Der Versuch, einen Pudding an die Wand zu nageln“. *Wahlen und politisches System: Analysen aus Anlaß der Bundestagswahl 1980*. Hrsg. von Max Kaase und Hans-Dieter Klingemann. Opladen 1983: 144–171.
Kreide, Regina. „Das Schweigen des politischen Liberalismus“. *Mittelweg 36* 25.2 (2016): 5–20.
Lietzmann, Hans J. „Kulturen politischer Partizipation: Hermeneutische und historische Perspektiven“. *Politische Kulturforschung reloaded*. Hrsg. von Wolfgang Bergem, Paula Diehl und Hans J. Lietzmann. Bielefeld 2019: 15–38.
Mannewitz, Tom. *Politische Kultur und demokratischer Verfassungsstaat: Ein subnationaler Vergleich zwei Jahrzehnte nach der deutschen Wiedervereinigung*. Baden-Baden 2015.
Merkel, Wolfgang. „Neue Krisen: Wissenschaft, Moralisierung und die Demokratie im 21. Jahrhundert“. *Aus Politik und Zeitgeschichte* 71.26/27 (2021): 4–11.
Miller, Toby. „What it is and what it isn't: Introducing...Cultural Studies“. *A Companion to Cultural Studies*. Hrsg. von Toby Miller. Malden, MA 2001: 1–19.
Moebius, Stephan und Dirk Quadflieg. „Kulturtheorien der Gegenwart – Heterotopien der Theorie“. *Kultur: Theorien der Gegenwart*: Theorien der Gegenwart. Hrsg. von Stephan Moebius und Dirk Quadflieg. Wiesbaden 2011: 11–18.
Mouffe, Chantal. *Über das Politische: Wider die kosmopolitische Illusion*. Frankfurt a.M. 2007.
Niedermayer, Oskar und Klaus von Beyme (Hrsg.). *Politische Kultur in Ost- und Westdeutschland*. Berlin 1994.
Pateman, Carole. *The Sexual Contract*. Stanford, CA 1988.
Pateman, Carole. „The Civic Culture: A Philosophic Critique“. *The Civic Culture Revisited*. Hrsg. von Gabriel A. Almond und Sidney Verba. Newbury Park, CA 1989: 57–102.
Rohe, Karl. „Politische Kultur und der kulturelle Aspekt von politischer Wirklichkeit: Konzeptionelle und typologische Überlegungen zu Gegenstand und Fragestellung Politischer Kultur-Forschung“. *Politische Kultur in Deutschland: Bilanz und Perspektiven der Forschung* Hrsg. von Dirk Berg-Schlosser und Jakob Schissler. Opladen 1987: 39–48.
Rohe, Karl. „Politische Kultur und ihre Analyse: Probleme und Perspektiven der Politischen Kulturforschung“. *Historische Zeitschrift* 250 (1990): 321–346.
Rohe, Karl. „Politische Kultur: Zum Verständnis eines theoretischen Konzepts“. *Politische Kultur in Ost- und Westdeutschland*. Hrsg. von Oskar Niedermayer und Klaus von Beyme. Berlin 1994: 1–21.
Sabrow, Martin. „‚1989‘ als Erzählung“. *Aus Politik und Zeitgeschichte* 69.35/37 (2019): 25–33.
Saward, Michael. „The Representative Claim“. *Contemporary Political Theory* 5.3 (2006): 297–318.
Saward, Michael. *The Representative Claim*. Oxford 2010.

Schwelling, Birgit. „Politische Kulturforschung als kultureller Blick auf das Politische: Überlegungen zu einer Neuorientierung der Politischen Kulturforschung nach dem ‚cultural turn'". *Zeitschrift für Politikwissenschaft* 11.2 (2001): 601–629.

Sternberger, Dolf. „Das Wort ‚Politik' und der Begriff des Politischen". *Politische Vierteljahresschrift* 24.1 (1983): 6–14.

Weber, Max. *Gesammelte Aufsätze zur Wissenschaftslehre*. Tübingen 1922.

Wedeen, Lisa. „Conceptualizing Culture: Possibilities for Political Science". *American Political Science Review* 96.4 (2002): 713–728.

Monika Albrecht

Postcolonial Studies und Critical Post-Colonial Studies

1 Forschungsgeschichte

Wie alle kulturwissenschaftlichen „Studies" erheben auch die postkolonialen den Anspruch, zu einem besseren Verständnis der Welt beizutragen. In diesem Sinne wird meist darauf hingewiesen, dass diese Ansätze „a more inclusive, more truly global story" bieten wollen (Brennan 2013, 143) und ihre zentralen Prämissen und Schlüsselbegriffe in der Lage sein sollen, „to chart the worldwide contemporary condition" (Parry 2012, 341). Anders als bei den meisten anderen „Studies" ist jedoch bei den postkolonialen auch mehr als vier Jahrzehnte nach ihrem Aufkommen in der anglophonen Wissenschaftslandschaft noch umstritten, ob sie dieses Versprechen tatsächlich einlösen können. Frühe Kritiker wie die – allerdings im deutschsprachigen Raum kaum bekannten – Philosophen Aijaz Ahmad und Sadik Jalal Al-'Azm oder der Historiker Arif Dirlik haben genau dieses Mehr an Erkenntnis nicht nur bezweifelt, sondern entschieden bestritten (z. B. Al-'Azm 1980; Ahmad 1992; Ahmad 1995; Dirlik 1994). Bis heute wird der postkoloniale Ansatz immer wieder und disziplinenübergreifend als ganzer in Frage gestellt, etwa von dem Komparatisten Neil Lazarus, für den postkoloniale Konzepte und Theorien „[seem] to lack accountability to the realities of the contemporary world system that constitutes their putative object" (2011, 1), oder dem Soziologen Vivek Chibber, der die postkoloniale Theoriebildung als „riesige[n] Rückschritt in der Sozialtheorie" bezeichnet (2019). Keiner dieser Kritiker ist dem rechten Lager oder jenen tatsächlichen oder vermeintlichen Kolonialrevisionist*innen zuzurechnen, die sich vereinzelt wieder zu Wort gemeldet haben (zusammenfassend Stuchtey 2020, 3–4); ihre Einwände zielen im Gegenteil auf reduktionistische Prämissen des Postkolonialismus selbst, auf seine Ideologeme und ihre Folgen in Wissenschaft und Gesellschaft. Den Erfolg postkolonialer Denkweisen hat dies jedoch nicht beeinträchtigt, diese konnten „nach und nach viele wissenschaftliche Disziplinen" beeinflussen (Habermas 2019, 19), sind mittlerweile in öffentlichen Diskursen und „im sozial- und kulturwissenschaftlichen Mainstream angekommen" (Schröter 2017, 145) und „zu einem Teil des wissenschaftlichen *common sense* geworden" (Polaschegg 2005, 6). Tatsächlich hat sich der Diskurs der Postcolonial Studies zu einem System „scheinbar selbstverständlicher Regeln und Kriterien der Wissenserzeugung, -verwendung und -bewertung" entwickelt, das sich mit gutem Grund als „Wissensregime" bezeichnen lässt (Wehling 2007, 704).

https://doi.org/10.1515/9783110712919-026

In einem weiten Verständnis ist Postkolonialismus ein Sammelbegriff für unterschiedliche Ansätze v. a. in den Geistes- und Sozialwissenschaften und steht für „kritische Erinnerung an die Kolonialzeit und deren geschichtspolitische Neubewertung“ (Göttsche 2017a, 114). Im engeren Sinn ist er ein politisch motiviertes, gesellschafts- und herrschaftskritisches Arbeitsfeld, das den Kolonialismus sowohl im Horizont der Weltgeschichte als auch im Kontext gegenwärtiger politischer, ökonomischer, sozialer und kultureller Globalisierungsprozesse neu verortet. Das Versprechen eines ‚Mehr‘, eines besseren Verständnisses großer Zusammenhänge, bezieht sich im Wesentlichen auf diese Neupositionierung der europäischen Expansion und des Kolonialismus, denen im Weltbild der POSTCOLONIAL STUDIES zentraler Stellenwert zukommt. Dabei nimmt die postkoloniale Perspektivierung selbst den Status einer „master narrative“ ein (Salzman 2008, 244), die den Eurozentrismus früherer Darstellungen überwinden will und in den „Kampf um die historische Deutungshoheit“ eingreift (Conrad 2021, 5) – in jüngerer Zeit häufig auch im Kontext von aktuellen Themen wie der Restitutionsdebatte (Habermas und Lindner 2018) oder der um das Berliner Humboldt-Forum (Bach 2021). Auch die Umbenennung von Straßennamen (Albrecht 2017b) und Fragen von „Zensur oder Rassismus“, etwa im Fall von Kinderbüchern (Hein 2013), sind postkolonial grundierte Themen, ebenso Kampagnen wie „Rhodes-Must-Fall“, die weitere ‚Denkmalstürze‘ nach sich gezogen und besonders im Pandemie-Jahr 2020 „durch die internationale ‚Black Lives Matter‘-Bewegung zusätzliches Gewicht erhalten“ haben (Stuchtey 2020, 3; vgl. auch Albrecht 2023; Elbe 2024).

2 Zentrale Prämissen und Denkfiguren

Bei aller Vielfalt der Ansätze und internen Differenzen ist das mit Abstand größte Wirkungsfeld postkolonialer Studien das der kolonialen Kontinuitäten, wofür die zentrale Prämisse von einem „fortgesetzten Einfluss kolonialer Strukturen auf eine formal ‚dekolonisierte‘ Gegenwart“ steht (Mackenthun 1996, 375). Dieser Grundsatz kommt in einem weiten Spektrum von Arbeitsbereichen zum Tragen, das sich von der Untersuchung konkreter Kontinuitäten und Diskontinuitäten in der historischen Forschung (z. B. Zimmerer 2013; Kühne 2013) bis zu einer ideologisch motivierten Suche nach kolonialen Spuren in Denkweisen oder dem kollektiven Unbewussten ‚des Westens‘ erstreckt. Diese Suche ist nicht ergebnisoffen, bezeichnenderweise spricht Walter Mignolo im Hinblick auf die „analytic task“ des Arbeitsfeldes der „decoloniality“ von „*unveiling* the logic of coloniality“ (Mignolo 2011, 54). Zu untersuchen ist dieser Auffassung zufolge also, was ohnehin als gegeben vorausgesetzt wird, oder, mit dem Anthropologen Philip Carl Salzman: „no new knowledge is generated, the results being merely examples of pre-established post-colonial assertions“ (2008, 241). Methodisch fragwürdige Zirkelschlüsse in den POSTCOLONIAL STUDIES entstehen immer da, wo koloniale Kontinuitäten als Auswirkungen einer „colonialist mentality“ (Zantop 1997, 4, 14) oder eines „Western consciousness“ verstanden werden (Said 1978, 8), die den Kolonialismus sowohl hervorgebracht haben als auch sozusagen bis in die Gegenwart weiterführen (Albrecht 2014). Als Resultat bis heute wirkmächtiger Denkfiguren aus der Blütezeit Postkolonialer Studien wird die Fortdauer kolonialer Verhältnisse und Strukturen fast immer als „Teil eines europäischen imperialen Denksystems“ (Barskanmaz 2009, 365) vorausgesetzt, oder, wie Aijaz Ahmad kritisch anmerkt, sogar als eine Art „compulsive drive inherent in Europe's unitary *psyche*“ (Ahmad 1992, 182). „Die Befürworter“ dieser Sichtweise, so kritisiert auch die Historikerin Birthe Kundrus, „gehen offenbar von einem über alle Transformationen, Anpassungen und Transfers hinweg persistenten ideellen mentalen oder auch praxeologischen Nukleus aus“ (2006, 50). Tatsächlich liegt hierin die eigentliche „theoretische und methodische Herausforderung dieser Kontinuitätsthese“ (Kundrus 2006, 50), die sich aus der Sicht postkolonialer Ansätze jedoch insofern nicht stellt, als koloniale Ideologien und Mentalitäten meist im Sinne Foucaults als *Episteme* betrachtet werden (Lazarus 2011, 12). Auch im postkolonialen Kontext ist darunter eine Art unhintergehbares *a priori* zu verstehen, aus dem Wissen und Diskurse hervorgehen, die dieses wiederum konstituieren und aus dem es keinen Ausweg gibt, oder, mit Neil Lazarus: „as an untranscendable horizon governing thought – its forms, contents, modalities, and presuppositions so deeply and insidiously layered and patterned that they cannot be circumvented, only deconstructed“ (2011, 127).

In seiner Studie *Orientalism* (1978), die meist als Anstoß für die Entstehung Postkolonialer Studien bezeichnet wird, hat Edward Said „die unausrottbare Unterscheidung zwischen der Überlegenheit des Westens und der Unterlegenheit des Orients“ als das „Wesen“ des Orientalismus bezeichnet (Said 2009, 55). Ein Charakteristikum postkolonialer Studien, das wie die Kontinuitätsthese bei aller Vielfalt der einzelnen Ansätze als weitere Gemeinsamkeit gelten kann, ist die *umgekehrte* Teilung der Welt in einen (in Anlehnung an Stuarts Halls Formel „The West and the Rest“) abgewerteten „Westen“ und einen aufgewerteten „Rest“. Trotz des komplexen poststrukturalistischen Gewandes vieler Beiträge reproduziert diese quasi-manichäische Teilung der Welt in ‚Gut‘ und ‚Böse‘ Frantz Fanons bekannte Bestimmung – „Die kolonisierte Welt ist eine zweigeteilte Welt“ (1966, 3) – aus der umgekehrten Perspektive. Auch wenn bspw. „both Bhabha and Spivak seek to emphasize that the colonial cultural experience had mutually modifying effects“ (MacKenzie 1995, 11; vgl. auch Cooper and Stoler 1997, vii), und auch da, wo versucht wurde, eben diese Zweiteilung aufzulockern – etwa durch Einbezug von *hybridity* (Bhabha 1994) oder vermittelnder *contact zones* (Mary

Louise Pratt 1992) – ist die Abwertung der westlichen Welt in POSTCOLONIAL STUDIES immer präsent (Osterhammel 2015, 79).

Die Umkehrung der Werthierarchien als Grundlage postkolonialen Denkens ist die logische Konsequenz aus einem spezifisch postkolonialen Verständnis von Differenz, das auf Differenzzuschreibungen der Kolonialzeit aufbaut, jedoch so weit darüber hinausgeht, dass eine regelrechte „Differenzemphase" als eines der zentralen Kennzeichen postkolonialer Theoriebildung diagnostiziert wurde (Pirkl 2018). Im Anfangsstadium der Postkolonialen Studien war es v. a. Gayatri Spivak – damals der sogenannten *holy trinity* von Said-Bhabha-Spivak zugerechnet (Young 1994, 163) –, die im Zuge ihrer „theorization of subalternity" einen radikalen Begriff von Differenz einführte, der nahe bei einem „fetishizing difference under the rubric of incommensurability" ist (Lazarus 2004, 10). Als Beispiel für den bis heute anhaltenden Einfluss dieses frühen Impulses wäre einer der bekanntesten Grundlagentexte an der Schnittstelle von postkolonialer Theoriebildung und SUBALTERN STUDIES zu nennen, Dipesh Chakrabartys *Provincializing Europe* (2000). Der Untertitel dieser vielzitierten Studie lautet *Postcolonial Thought and Historical Difference*, denn ein Insistieren auf Differenz ist die „crux of the project of ‚provincializing' Europe" (Kaiwar 2015, x).

In seiner Einseitigkeit ist das spezifisch postkoloniale Differenz-Konzept als ein in vielerlei Hinsicht folgenreiches Ideologem zu werten. Zwar ist davon auszugehen, dass dem Kolonialismus ein „Diskurs über (vermeintliche) Unterschiede mit dem Ziel gegenseitiger Abgrenzung" (Zimmerer 2013, 15) zugrunde lag – aber eben tatsächlich „gegenseitiger", und nicht, wie die postkoloniale Denkweise meist unterstellt, *einseitiger* Abgrenzung von Seiten der Kolonialmacht. In POSTCOLONIAL STUDIES wird hingegen durchgehend vernachlässigt, dass Kolonisierte ebenfalls auf ihrem überlegenen Anderssein beharrten, „inverting the colonialist contempt for indigenous cultures into a contempt for the culture of the colonizers" (Narayan 1997b, 402). Entgegen der Behauptung, dass es nur die westliche „logic of coloniality" war, „that translated differences into values" (Mignolo 2011, xxvii), bestanden Menschen auf beiden Seiten der kolonialen Kluft „on the ‚Otherness' of the other culture" (Narayan 1997b, 402). Das immer wieder kritisierte „colonial understanding of difference as lack and backwardness" (Korteweg und Yurdakul 2020, 13) war offenkundig nur die eine Seite der kolonialen Situation, kulturelle Unterschiede und eigene kulturelle Überlegenheit wurden auf beiden Seiten betont.

Wenngleich Differenzzuschreibungen aus einer Machtposition heraus andere Implikationen und Auswirkungen haben als aus einer untergeordneten, sind sie nicht grundsätzlich verschieden. Andrea Polaschegg hat darauf aufmerksam gemacht, dass der postkoloniale Ansatz nur „auf ein allgemeines Grundprinzip kultureller Identitätskonstitution gestoßen" ist, das dann irrtümlich für „ein Spezifikum des Westens" gehalten wurde (2005, 41, 38). Die einseitige postkoloniale Version unterstellt zudem, dass „such operations were somehow evil in themselves“ (Al-’Azm 1980). Bekannt geworden ist diese Version der Differenzzuschreibung unter der Bezeichnung *othering*, also jenem Terminus, der von einem breiteren Publikum am ehesten mit dem akademischen Feld der POSTCOLONIAL STUDIES in Verbindung gebracht wird. Der Reduktionismus des Konzepts *othering* – „coined by Gayatri Spivak for the process by which imperial discourse creates its ‚others‘“ (Ashcroft et al. 2013, 188; vgl. Spivak 1985, 252) – wird allerdings selten als solcher gesehen, geschweige denn hinterfragt. Der außergewöhnlichen Karriere des Spivak’schen *othering* hat diese Einseitigkeit daher nicht geschadet.

Das postkoloniale Differenzkonzept, aus dem die Idee eines solchen *othering* hervorgegangen ist, hat noch andere weitreichende Folgen, insbesondere ist auch die im Postkolonialismus vorherrschende Zurückweisung westlicher Methoden und Theorien sowie letztlich der gesamten Wissensproduktion hierauf zurückzuführen. Während sich die Absage an die Traditionen von Aufklärung und Humanismus generell auch jenen postmodernen und poststrukturalistischen Denkweisen verdankt, die die Entstehungszeit der POSTCOLONIAL STUDIES dominierten, sind andere Aspekte dieser Zurückweisung genuin postkolonial – etwa die Annahme, dass es eine tiefe Bruchlinie zwischen dem Westen und der postkolonialen Welt gibt, die Neil Lazaruzs zufolge zum „conceptual substrate“ postkolonialen Denkens gehöre (2016, 97). Aus postkolonialer Sicht folgt daraus auch für viele, dass die (vormals) Kolonisierten „cannot be understood by concepts and analytical methods that emerge from that ‚West‘“ (Jani 2017, 110). Inwiefern diese Prämisse mit dem postkolonialen Verständnis von Differenz zusammenhängt, lässt sich u. a. in der Studie *Provincializing Europe* ablesen: Dipesh Chakrabartys geht hier davon aus, dass der Kolonisierte „always a figure of lack“ sei (2008, 32), und er leitet daraus den postkolonialen Imperativ ab, „to read ‚lack‘ otherwise“, nämlich als „‚plenitude‘ and ‚creativity‘ where this [colonialist] narrative has made us read ‚lack‘ and ‚inadequacy‘“ (Chakrabarty 2008, 34, 35). Aus der berechtigten Zurückweisung des „ethnisierende[n] Inferioritätsaxiom[s]“ (Uerlings 2006, 5) wurde ein Beharren auf Differenz *als* Unvergleichbarkeit – führte also zu der Vorstellung, auf beiden Seiten der imperialen und kolonialen Wasserscheide existiere „a difference so deep, so fundamental“ (Chibber 2014, 312), „that the categories developed out of European experience cannot possibly be adequate for analyzing the East“ (Chibber 2013, 23). Auf diese Weise wurde „European thought“, wenngleich „indispensable“, so doch „inadequate in helping us to think through the various life practices that constitute the political and the historical in India“ (Chakrabarty 2008, 17). Postkoloniale Ansätze bestreiten also bspw. vielfach die Eignung europäischer Analysekategorien für die indische Realität „and, by extension, to the rest of the postcolonial world“ (Chibber 2013, 108; vgl. dazu ausführlich Albrecht 2021).

Während über die Jahre immer wieder kritische Hinweise in dieser Richtung erfolgt sind, kommt dem Soziologen Vivek Chibber das Verdienst zu, diesen problematischen Aspekt im Theoriegebäude der POSTCOLONIAL STUDIES im Zusammenhang zu analysieren. Anders als Spivaks Abwertung von Chibbers *Postcolonial Theory and the Specter of Capital* als „Little Britain Marxism“ suggeriert (Spivak 2014, 190), geht es darin nicht um Abweichungen von der marxistischen Orthodoxie, sondern um entscheidende Fragen der Vergleichbarkeit historischer, ökonomischer, politischer oder kultureller Phänomene im Westen und in der nichtwestlichen Welt, und letztlich um die des in Misskredit geratenen Universalismus. Das Fazit, dass postkoloniale Theoriebildung über weite Strecken von falschen Voraussetzungen ausgeht, wiegt also schwer, zumal auch Kritiker wie Vasant Kaiwar (2015) und andere denselben Theoretiker*innen „a lack of knowledge about European history“ attestieren (Jani 2017, 106). In diesem Sinne hat ein Rezensent anlässlich der deutschen Übersetzung von Chibbers *Studie* (Chibber 2018) die entsprechenden postkolonialen Grundvoraussetzungen als „ein folgenreiches Mißverständnis“ bezeichnet (Pirkl 2018).

3 Historische, geistesgeschichtliche und institutionelle Kontexte

Der Beginn postkolonialer Theoriebildung fällt mit den ersten Jahren der Reagan-Thatcher-Ära zusammen, die auch den Beginn jener Zeit markiert, in der sich die Kluft zwischen Arm und Reich weltweit von Jahr zu Jahr vertieft hat. Ein großer Teil der akademischen Linken – inzwischen „Cultural Left“ (Rorty 1998, 73), „Identitätslinke“ (Kostner 2019) oder „Lifestyle-Linke“ (Wagenknecht 2021, 21) genannt – hat sich jedoch angesichts der dramatischen Zunahme sozialer Ungleichheit von ökonomischen Fragen abgewandt und stattdessen – „Culture pushes economics aside“ (Rorty 2008, 74) – damit begonnen, sich mit ‚rassischen‘ und kulturellen Identitäten zu beschäftigen (Rorty 1999; Barry 2001; Michaels 2006; Lilla 2017). Auf diese Weise trat der Begriff *Kultur* „nicht allein in Konkurrenz zu dem der Gesellschaft – und vielfach auch an seine Stelle –, sondern gewann in diesem Zusammenhang auch zunehmend an Plausibilität zur Erklärung globaler Zusammenhänge, Konflikte und Dynamiken“ (Polaschegg 2005, 19). Die Mehrzahl der im Feld des Postkolonialismus Arbeitenden rekrutiert sich aus dieser kulturellen Linken. Wie Neil Lazarus (2013) im Detail und mit zahlreichen Beispielen nachweisen kann, hat sich eine große Mehrheit davon zwar weiterhin den Marxismus als Quelle der Theoriebildung auf die Fahne geschrieben, in der Realität aber einen stillschweigenden Wechsel der Analyse- und Differenzkategorien von *Klasse* zu *race* vollzogen, und von einer Kritik am *Kapitalismus* zu einer am *Westen*. Als eine von vielen Facetten des Kampfes um Anerkennung von Differenz und Anderssein (Fraser und Honneth 2003), der nach dem Ende des Kalten Krieges als neues Paradigma politischer Konflikte frühere Fragen sozio-ökonomischer Ungleichheit verdrängt hat, gehören POSTCOLONIAL STUDIES, die sich selbst als herrschaftskritisch verstehen, in diesem Sinne zu den herrschaftsstabilisierenden.

Postkoloniale Studien spiegeln also in mancher Hinsicht ihre Entstehungszeit, insbesondere ist jedoch der Einfluss poststrukturalistischer Ansätze zu betonen. Kritiker machen diesen für „the culturalism and historical ungroundedness of much of postcolonialist scholarship" verantwortlich (Lazarus 2013, 324–325), und erinnern daran, dass „Postcolonial Studies' depoliticizing celebrations of hybrid identities [...] often took Bhabha's work as a point of departure" (Wenzel 2007, 634). Tatsächlich wird dessen „Theoriekauderwelsch" (Bronfen und Marius 1997, 7) auch im deutschsprachigen Raum dafür kritisiert, dass „seine Konzepte von Hybridität, Mimikry oder Drittem Raum ausschließlich in ästhetischen Artefakten zu finden und dort, als künstlerische Spielerei in der autonomen Sphäre der Literatur, nahezu unpolitisch" seien (Struve 2017, 19). Positiv gewendet wird Bhabha, auch wenn er nicht selten „seine Quellen radikal verbiegt", dafür gewürdigt, „die Erzählungen des Westens mithilfe anderer Perspektiven zu verstellen – nicht zu *verstehen*" (Castro Varela und Dhawan 2020, 231). Der Komparatist Timothy Brennan hingegen hat jene ethischen Postulate, die der Poststrukturalismus populär gemacht hat und die entsprechend auch weite Teile der postkolonialen Theoriebildung kennzeichnen, ironisch, jedoch im Grunde prägnant auf den Punkt gebracht (2006, 139): „the striving for ambivalence as a matter of principle; the ardent belief that answering a question forecloses it; the elision of meaning in pursuit of epistemological doubt as a desired goal; and, most of all, the deployment of a variety of tropes such as ‚migrancy,' ‚nomadism,' ‚hybridity,' and ‚decentering'". Es ist oft darauf hingewiesen worden, dass der Einfluss dieses bereits in den 1960er Jahren einsetzenden *poststructuralist turns* auf Postkoloniale Studien kaum hoch genug eingeschätzt werden kann, oder, wie der Historiker Vasant Kaiwar zugespitzt formuliert (2015, xvii): „What is distinctive about [POSTCOLONIAL STUDIES] is the adaption of a range of issues central to anti-colonial and-anti-imperialist thought to a kind of poststructuralist idiom." Inhaltlich-thematisch sind Postkoloniale Studien dagegen durch Variationen auf Themen gekennzeichnet, die „implizit und oft auch explizit bereits in französischsprachigen antikolonialistischen Texten zu finden" sind (Schüller 2017, 2).

Mit dem Forschungsfeld der *Decolonial Options*, „a combative ‚decolonial' rhetoric has emerged from Latin America that diverges from, and claims a different lineage to, the postcolonial" (Howe 2013, 162). Über diese ostentative Abgrenzung wurde schon viel spekuliert, wobei die meisten jedoch von einer „strategic rejection“ des Postkolonialismus ausgehen (Williams 2010, 88). Tatsächlich sind die zentralen Prämissen dieses vermeintlich alternativen Ansatzes von denen des Postkolonialismus kaum zu unterscheiden – beginnend bei der Dichotomie von westlichem Kolonisator und nicht-westlichem Kolonisierten, wobei hier wie dort *The Darker Side of Western Modernity* (Mignolo 2011) im Zentrum der Kritik steht. Entsprechend werden Postkolonialismus und *Decolonial Options*, außer von Vertreter*innen der letzteren, meist zusammengedacht, nicht zuletzt auch in dem populären Imperativ zur „Dekolonisierung“, der sich letztlich auf alles ‚Westliche‘ zu beziehen scheint, von akademischen Disziplinen – *Decolonizing Political Economy* (Kings College Website 2021), „Decolonizing History“ (Behm et al. 2020), *Decolonising Modern Languages* (IMLR 2020) – über Museen (Lonetree 2012), Bibliotheken (Simon Fraser University 2021), Methodologien (Smith 2017) und Curricula (Lindsay 2020), bis zu den Humanities (William & Mary 2021) und den Universitäten als ganzen (Bhambra et al. 2018; Rodriguez 2019), sowie nicht zuletzt westlichen Denktraditionen wie die Aufklärung (Dhawan 2014).

Trotz häufiger Klagen über den „Widerstand gegen die Institutionalisierung postkolonialer Kritik und die Integrierung eurozentrismuskritischer Theorien“ (Castro Varela und Dhawan 2020, 16), kann von einem Mangel daran keine Rede sein – ebenso wie der „postkoloniale Blick“ (Lützeler 1996, 222) soweit in Gesellschaft und Wissenschaft etabliert ist, dass bereits von seiner „Normalisierung“ gesprochen werden kann (Göttsche 2012, 185). Und auch an der „convenient metaphor“ (Rothermund 2014, 65) einer kolonialen oder postkolonialen ‚Amnesie‘ wird nur da festgehalten, wo nicht zur Kenntnis genommen wird, dass die „breitgeführten Diskussionen“ der letzten zehn, zwanzig Jahre „die öffentliche Wahrnehmung von Deutschlands und Europas kolonialer Vergangenheit und die Sensibilität im Umgang mit diesen Themen bereits grundlegend verändert“ (Conrad 2021, 12) haben. Von einer Institutionalisierung postkolonialer Denkweisen zeugen nicht allein solche weithin sichtbaren Einrichtungen wie das seit zwei Jahrzehnten bestehende *Institut für postkoloniale und transkulturelle Studien* (INPUTS) an der Universität Bremen; auch das Angebot an einschlägigen Konferenzen, Workshops, Seminarangeboten vieler Studiengängen im deutschsprachigen Raum ist inzwischen kaum zu überschauen. In zahlreichen Städten gibt es Initiativen wie das seit 2005 bestehende *Freiburg postkolonial*, die zum Teil universitär eingebunden sind. In Verlagen wie *transcript* erscheinen inzwischen POSTCOLONIAL STUDIES-Reihen, und postkoloniale Titel sind in anderen Verlagen in Reihen etwa der Anglistik oder der AMERICAN STUDIES ebenfalls präsent. Auch renommierte Handbücher der Sozial- und Geisteswissenschaften haben seit einiger Zeit damit begonnen, Überblicksaufsätze zum Thema Postkolonialismus aufzunehmen (z. B. Zacharia 2013; Heé 2017); englischsprachige *Reader* zum Postkolonialismus gibt es seit den 1990er Jahren (Ashcroft et al. 1995); eine deutschsprachige Übersicht über *Schlüsselwerke der Postcolonial Studies* erschien 2012 (Reuter und Karentzos

2012) sowie 2017 im Metzler-Verlag ein *Handbuch Postkolonialismus und Literatur* (Göttsche et al. 2017), um nur einige Beispiele zu nennen.

Im deutschsprachigen Raum wurden postkoloniale Studien die längste Zeit als Theorieimporte betrachtet (vgl. dazu Albrecht 2012, 67–68), während frühe Überblicksdarstellungen etwa aus den Sozialwissenschaften (Wolter 2000), der Anglistik (Reckwitz 2000; Antor 2002) oder der deutschsprachigen Literaturwissenschaft (Göttsche 2004) wenig Beachtung fanden. Dass der Trend zu einer kaum hinterfragten Übernahme von vornehmlich aus den USA stammenden Ansätzen bis heute anhält, hat in jüngster Zeit Mark Terkessidis am Beispiel der sogenannten WHITENESS STUDIES kritisiert: „Wenn in Deutschland nun die Diskussion über Rassismus mit den Kategorien ‚Weiß' und ‚Schwarz' geführt wird und zudem die postkoloniale Diskussion fast ausschließlich über die Kolonien in Afrika geht, dann garantiert das eine internationale Anschlussfähigkeit, erscheint aber verkürzend" (Terkessidis 2019, 189; vgl. auch Albrecht 2017a).

4 (Un-)Kritische Rezeption

Anders als die anglophone postkoloniale Wissenschaftslandschaft zeichnet sich die deutsche durch einen Mangel an *kritischer* Auseinandersetzung mit postkolonialen Theorien aus (Polaschegg 2005, 28; Wiedemann 2012, 13). Kritik an dem postkolonialen Wissensregime kommt jedoch aus anderen Disziplinen wie den Sozial-, Politik- und Geschichtswissenschaften. Der Historiker Wolfgang Reinhard hat bspw. schon vor mehr als zehn Jahren darauf hingewiesen, dass sich in der Auseinandersetzung mit der (post)kolonialen Situation „eine besondere Art darüber zu denken und zu schreiben" herausgebildet hat, „die bereits wirkungsvolle Denkgebote und -verbote hervorgebracht hat" (2010, 25). Auch Jürgen Osterhammel brachte über die Jahre hinweg immer wieder erhellende Kritik ein – von seinem Einwand, dass sich im postkolonialen Umfeld „ein lockerer, beinahe metaphorischer Kolonialismusbegriff ein[bürgert]" – „Manchen gilt bereits jede Beziehung zwischen Kollektiven oder gar Einzelnen dann als ‚kolonialistisch', wenn das involviert ist, was man in Amerika nahezu unübersetzbar ‚race' nennt" (Osterhammel 2006, 25) –, bis zu seinem kontinuierlichen Nachweis von „Widersprüchen und Absurditäten" in vielen Beiträgen postkolonialer Studien (Osterhammel 1997, 163). Wichtig sind auch die wiederholten Hinweise darauf, dass der schlechte Ruf der europäischen Aufklärung „zumeist auf einem leichtfertigen Umgang mit der Aufklärungsliteratur des 18. Jahrhunderts" beruhe (Osterhammel 2005, 381), wobei postkoloniale Wissenschaftler*innen jedoch auf eben dieser unzulänglichen Basis „die angebliche Mitverantwortung" der Denker der Aufklärung „für europäische Arroganz, koloniale Unterdrückung oder gar Rassismus“ behaupten (Osterhammel 2006, 35). In der anglophonen Wissenschaft kommt ebenfalls von prominenter Seite Kritik an einem solchen Generalverdacht, bei dem „the Enlightenment‘ with a capital E appears almost seamlessly to map onto the capital E of empire“ (Stoler 2013, 39). Viele im Feld des Postkolonialismus gehen bis heute von einer grundsätzlichen Komplizenschaft der westlichen Wissensproduktion mit dem imperialen und kolonialen Denken aus – und können sich auch hier auf Spivak und ihre Behauptung berufen: „There is an affinity between the imperialist subject and the subject of humanism“ (1996, 210) –; dagegen hat Ann Laura Stoler darauf aufmerksam gemacht, „how much is missed and amiss in how these mappings of the Enlightenment onto empire are framed“ (2013, 39).

Während in den Postkolonialen Studien einerseits Anspruch auf Wissenschaftlichkeit erhoben wird, scheint andererseits stillschweigende Übereinkunft zu bestehen, Kolonialismuskritik ausschließlich in den eigenen Reihen zu verorten und kritische westliche Traditionslinien seit Bartolomé de Las Casas (1552), einem Zeitgenossen der Konquistadoren, durchgehend auszublenden (vgl. auch Stuchtey 2010). Die postkoloniale Kritik an Europa sei „a rejection of liberalism, racism and imperialism“, in postkolonialen Ansätzen verschwinde dagegen „the development of a whole radical tradition that has also rejected liberalism, racism, imperialism“ (Jani 2017, 110). Allerdings ist Kritik an diesem gravierenden Mangel postkolonialer Ansätze inzwischen im deutschsprachigen Feuilleton angekommen, etwa in Ijoma Mangolds Beitrag zur Diskussion um Achille Mbembe im Frühjahr 2020 (Mangold 2020). John Noyes hat ebenfalls am Beispiel von Mbembes *Critique of Black Reason* darauf hingewiesen, dass „paradoxically, given the title, there is in Mbembe’s story of Western knowledge as good as no critical tradition“ (Noyes 2020, 61). Tatsächlich präsentiert Mbembe auch seine zentrale These von den „zwei Gesichter[n] oder zwei Seiten“ der „Geschichte der modernen Demokratie“ – „eine Tag- und eine Nachtseite. Kolonialreich und Sklavenstaat [...] sind die wichtigsten Sinnbilder der Nachtseite“ (Mbembe 2017, 46–47) –, als hätte außer ihm selbst und einigen ausgewählten postkolonialen Wissenschaftler*-innen noch niemand diesen Weg betreten.

Ein zentrales Merkmal des Postkolonialismus wird offenbar als so selbstverständlich empfunden, dass es kaum jemals angesprochen, geschweige denn in Frage gestellt wird: Den POSTCOLONIAL STUDIES ist es gelungen, den Kolonialismus als ein Thema zu etablieren und zu normalisieren, das ausschließlich westliche Kolonialreiche und Imperien und ihre nicht-westlichen Subjekte betrifft – „as if colonies and empires had existed nowhere else“ (Berman 2011, 165). Der Komparatist Russell Berman ist einer der wenigen, die es nicht für normal, sondern für bemerkenswert halten, dass „studies of colonialism and empire during recent decades have concerned nearly exclusively the non-European colonial territories of Western European powers“ (2011, 165) – mit dem Ergebnis, dass in der postkolonialen „master narrative most of world history disappears“ (Salzman 2008, 31). Tatsächlich definieren postkoloniale Wissenschaftler*innen das Charakteristikum ihres Feldes üblicherweise als „a common political and moral consensus towards the history and legacy of *Western* colonialism“ (Young 2016, 5) und postkoloniale Theorie „as that branch of contemporary theory that investigates, and develops propositions about, the cultural and political impact of *European* conquest upon colonized societies, and the nature of those societies' responses“ (Ashcroft 2012, xv). Der Provinzialismus der POSTCOLONIAL STUDIES zeigt sich v. a. in dieser Selbstbeschränkung auf nur einen Teil der Welt und v. a. auf den *unidirektionalen* und abwertenden Blick auf den „Big Bad West“ (Narayan 1997a, 136). CRITICAL POST-COLONIAL STUDIES (Albrecht 2020a, 2020b, 2020c, 2021, 2023) nehmen dagegen die Erweiterung des geopolitischen Raums – etwa durch Einbezug des Osmanischen Reichs und des Sowjetischen Imperiums – als Ausgangspunkt und zeigen, dass und inwiefern das konventionelle Verständnis des Postkolonialen dadurch maßgeblich beeinträchtigt wird. CRITICAL POST-COLONIAL STUDIES sind also keine neue Unterabteilung des Postkolonialismus, sondern stellen postkoloniale Prämissen und damit das postkoloniale Wissensregime als Ganzes in Frage. Dies schafft Raum für den notwendigen Paradigmenwechsel in den postkolonialen Wissenschaften, der einerseits den Bedingungen von Imperialismus und Kolonialismus gerecht wird und andererseits universelle Muster in unterschiedlichen geopolitischen und historischen Bedingungen zu erfassen vermag.

5 CRITICAL POST-COLONIAL STUDIES: Exemplarische Fragestellungen und Arbeitsfelder

Während der postkoloniale Kalender in der Regel mit dem Jahr 1492 beginnt, fehlt in dieser Version der Weltgeschichte ein anderes zentrales Ereignis desselben Jahrhunderts – die Eroberung von Konstantinopel, der Hauptstadt des Byzantinischen Reiches, am 29. Mai 1453 durch das Heer von Sultan Mehmed II., mit der die jahrhundertelange osmanische Herrschaft über Südosteuropa, den Nahen Osten und darüber hinaus begann. Obwohl dieses Imperium seine Gebiete zum Teil erst im 20. Jahrhundert zur gleichen Zeit wie etwa das Wilhelminische Deutschland verlor, ist das Osmanische Reich im Feld der Postkolonialen Studien entweder ein „missing piece“ (Karsh 2008, 120), oder ihm kommt ebenso wie anderen islamischen Reichen Opferstatus zu, und „the postcolonial approach traces contemporary inequality to the region's interactions with Western modernity“ (Göçek 2012, 551). Das Fehlen des Osmanischen Reichs im Kontext des postkolonialen Paradigmas lässt sich auf Edward Said zurückführen, der in seiner Studie *Orientalism* den Grundstein für die Normalisierung und Naturalisierung der einseitigen Idee vom „Orient" als Opfer des Strebens europäischer Mächte nach imperialer Vorherrschaft gelegt hat. In der Folge wurde eine Art Schutzraum für das Osmanische Reich und andere Imperien des Nahen Ostens und ihre Nachfolgestaaten geschaffen, der sie von postkolonialer Kritik ausnimmt (vgl. hierzu Albrecht 2020a).

Ein weiteres der vielen „missing pieces" in der zeitgenössischen postkolonialen Wissenschaft ist der Bereich der postsowjetischen postkolonialen oder postimperialen Studien, so dass „initiatives to compare the Soviet empire of 1917–1989 to empires of Britain and France in the 20th century have come almost entirely from the side of scholars of the Soviet Union" (Cooper 2005, 410). Denn inzwischen werden – weitgehend unbeachtet von den auf die europäische Expansion fixierten Postkolonialen Studien – das sowjetische Imperium und seine Nachfolgestaaten aus postkolonialer Sicht untersucht (u. a. Şandru 2012; Morozov 2015; Pucherová/Gáfrik 2015; Annus 2018; Kalnačs 2020). Ein Aufsatz von David Moore in den *Publications of the Modern Language Association of America* (PMLA) aus dem Jahr 2001, der die Frage stellte, „Is the Post- in Postcolonial the Post- in Post-Soviet?", gilt als Beginn der Auseinandersetzung. Etwa seit dieser Zeit wird das Osmanische Reich ebenfalls unter postkolonialem Vorzeichen betrachtet: Der Historiker Özgür Türesay sprach schon 2013 von einem „recent historiographical turn", bei dem nun auch dieses Imperium „through the lens of Postcolonial Studies" gesehen wird (Türesay 2013, i). Viele in diesem Feld sind der Meinung, dass es gute Gründe dafür gibt, das Osmanische Reich, oder zumindest Teile davon in bestimmten Zeitabschnitten, als Kolonialmacht zu bezeichnen (Deringil 2003, 313). In diesem Sinne stellt es „fruitful challenges to any student of colonialism and postcolonialism" dar (Deringil 2003, 313): Vor allem seit dem „enormous historiographical pendulum swing" (Mikhail und Philliou 2012, 742–743, 722) sind Studien zum Osmanischen Reich aus postkolonialer Sicht zu einem breiten Arbeitsfeld geworden (u. a. Makdisi 2002a,b; Kühn 2007; Göçek 2012; Kechriotis 2015; Minawi 2016; Lameborshi 2019).

Die zeitliche und geographische Beschränkung des postkolonialen Horizonts aufzuheben, führt zur erhellenden Konfrontation mit Vorannahmen der Postkolonialen Studien und ist letztlich geeignet, die Grundlagen dieses Feldes zu untergraben. Das ist an zahlreichen Beispielen gezeigt worden (Albrecht 2020a, 2020b, 2020c, 2021), etwa auch an dem Konzept des *othering*. Denn dasselbe Denkmuster, mit dem angeblich nur der westliche Diskurs seine kolonialen Subjekte als minderwertig markierte, ist auch im Kontext des Osmanischen Reiches finden. Dort funktionierte das mehr oder weniger friedliche Zusammenleben von Muslimen, Christen und Juden nur dann, wenn die „social inferiority of non-Muslims" nicht in Frage gestellt wurde (Masters 2001, 23). War das der Fall, bedeutete dies oft das Ende des sozialen Friedens, denn „Islamic ideology unambiguously proclaimed the inferiority of non-

Muslim peoples“ (Naimark 2002, 19). Als die Tanzimat-Reformen des 19. Jahrhunderts „abrogated the old laws governing Christian-Muslim relations at the expenses of Muslim privilege“ (Masters 2001, 132), führte dies u. a. zu Aufständen und Massakern an Minderheiten in verschiedenen Regionen des Osmanischen Reiches (Masters 2001, 130–168; Sharkey 2017, 146–152). Entgegen der postkolonialen Annahme ist die Differenzzuschreibung zwischen Ethnien in Verbindung mit dem Anspruch auf Überlegenheit nicht auf den westlichen imperialen Diskurs beschränkt. Auch in einem anderen Teil der Welt, dem Sowjet-Imperium, waren *othering* und Überlegenheitsansprüche so selbstverständlich, dass Josef Stalin bei einem Bankett im Mai 1945 einen „toast to the Russian people“ als „the leading people“ aussprechen konnte (Annus 2020, 241). Damit stellte er „all other nations within the Soviet bloc in a subordinate position“ und kodierte die Russen als „essentially more worthy“ als eben diese anderen ethnischen Gruppen (Annus 2020, 242).

Wenn osmanische oder sowjetische Gesellschaften und ihre Herrscher sich ebenfalls von den imperialen Subjekten abgrenzen und sie wie der Westen seine Kolonisierten nach ihren eigenen Maßstäben beurteilen, dann können Strategien und Mechanismen des *othering* nicht nur für den Westen charakteristisch sein. Umgekehrt zeugen auch zahlreiche Quellen aus dem osmanischen Kontext davon, dass sich beispielweise „Greek intellectuals, poets, and merchants thought themselves as culturally superior to their imperial masters“ (Jusdanis 2011, 110–111), wie sich auch im Kontext etwa der sowjetischen Besatzung Osteuropas ein „sense of superiority over the Russian barbarians“ nachweisen lässt (Kożuchowski 2021). Viele andere Aspekte kommen hinzu (Albrecht 2020a, 2020b, 2020c, 2021), bspw. dass die Menschen in Ostmittel- und Südosteuropa „rebelled against an empire“ (Jusdanis 2011, 110), das kein europäisches war. Die überwiegende Mehrheit der Subjekte osmanischer und sowjetischer Herrschaft sah sich im Gegenteil selbst als Europäer*innen oder zumindest als dem Westen zugeneigt. Auch wirft das Beispiel des Osmanischen Reiches Fragen nach einer besonderen Art Fremdbestimmung auf, nämlich des muslimischen *othering* und einer „subordination“ von Christen und Juden „to Muslim rule“ (Kechriotis 2015, 71). Vergleichende Blicke auf das Osmanische oder das Sowjetische Imperium machen die Vielschichtigkeit all dieser Phänomene und die Unzulänglichkeit der postkolonialen Schablone deutlich. Nur wenn der Blick auf den Westen und seine kolonisierten Subjekte begrenzt ist und vergleichbare Mechanismen anderswo in der Welt ausgeblendet bleiben, kann es so aussehen, als ob „attribution of inferiority“ (Mbembe 2002, 253) ein Alleinstellungsmerkmal eben dieses Westens und seiner Denksysteme ist.

6 Potenzial, Kritik, Ausblick

Wie sich das Verhältnis der Postkolonialen Studien zu CRITICAL POST-COLONIAL STUDIES entwickelt, ist derzeit kaum abzusehen. Zu letzteren wären, obschon sie dieses Label nicht benutzen, grundsätzlich auch all die Theoretiker*innen zu zählen, die – wie etwa Ahmad, Berman, Chibber, Lazarus und viele andere – Prämissen der POSTCOLONIAL STUDIES grundsätzlich in Frage stellen. Diese Art der Kritik zielt auf die postkoloniale Ideologie, nicht jedoch auf das weite Feld des Post-Kolonialen selbst. Im Feld der CRITICAL POST-COLONIAL STUDIES wird auch nicht bestritten, dass Vernunft und Wissen „may be implicated in structures of power" – es ist in der Tat „hard to argue with the obvious" (Berman 1998, 17). Die Erweiterung der postkolonialen Perspektive ist kein Herunterspielen von Machtverhältnissen, sondern versteht sich als eine Art „Entdramatisierung" (Bhatti 2015, 15; Koschorke 2015, 36), die den Blick für die Notwendigkeit öffnet, den postkolonialen Ansätzen zugrunde liegende Prämissen zu überdenken. Im Raum steht nicht zuletzt die Frage nach einer *post*-postkolonialen Zukunft, und hier liegen die Positionen von Postkolonialen Studien und CRITICAL POST-COLONIAL STUDIES weit auseinander. Zudem finden postkoloniale Positionen auch Unterstützung in einer öffentlichen Debatte, die selbst radikale Tendenzen ohne genaue Prüfung toleriert und oft begrüßt. Der Politikwissenschaftler Stephan Grigat hat dieses Phänomen in der *taz* im Kontext der Mbembe-Debatte als „Paternalismus durchaus rassistischer Provenienz" bezeichnet, womit gemeint ist, dass „man sich begeistert darüber zeigt, *dass* ‚die Subalternen' sprechen [...], aber nicht ernst nimmt, *was* sie sagen" (2020). Der *Keynote*-Vortrag der kenianische Schriftstellerin Yvonne Adhiambo Owuor zu Beginn der *International Conference: Colonialism as Shared History. Past, Present, Future* im Oktober 2020 und seine Rezeption waren eine deutliche Manifestation dieser Zeiterscheinung.

Während Owuor zufolge eine „more human future" in Afrika sehr wahrscheinlich „under and through the China-originated BRI [Belt & Road-Initiative]" stattfinden wird – ihrer Ansicht nach „compelling in its vision" –, soll ‚der Westen' den in 400 Jahren aufgehäuften „Mount Everest of debt to the African continent" abtragen, um anschließend – „let nobody confuse this settling of outstanding accounts with reparations" – zusätzlich über Entschädigungszahlungen nachzudenken (Owuor 2020). Diese Forderung ist nicht nur metaphorisch, sondern auch konkret im Sinne von „financial settling" (Owuor 2020) zu verstehen und wird im Rückgriff auf essentialistische postkoloniale Tropen eines „Western consciousness" (Said 1978, 8) und einer „colonialist mentality" (Zantop 1997, 4, 14) wie ihren fatalen kolonialen Auswirkungen begründet. Entsprechend war es das Ziel von Owuors Vortrag, „to interrogate a 400-year old cultural mindset", „cultural conscience and collective soul" eines undifferenzierten ‚Westen', und sie wollte verstehen, „what was in the European cultural psyche that turned such an excess of its migrating population into sociopaths, psychopaths, and serial killers operating in the world?“ (Owuor 2020). So wie Aijaz Ahmad Saids *Orientalism* die Vorstellung eines „compulsive drive inherent in Europe's unitary *psyche*“ attestiert (Ahmad 1992, 182), findet sich auch in Owuors Vorstellung der ‚europäischen Psyche‘ „an intrinsic impulse to genocide, to necrophilia, to inhumanity“, ein „will to violence, will to annihilate masses, will to genocide“, oder, an anderer Stelle, „its will to murder, its compromise with intrinsic and moral evil“ (Owuor 2020). Selbst wenn man Owuors Pamphlet in gewissem Maße künstlerische Freiheit zugesteht, lässt sich seine Kernaussage mit Timothy Brennan präzise als „othering of Europe“ (Brennan 2014, 68) beschreiben. Zudem wäre auch hier an einen entscheidenden Einwand zu erinnern, den Aijaz Ahmad, selbst Nachkomme von Kolonisierten, in den frühen 1990er Jahren gegen die relevanten Aspekte von Saids Werk vorgebracht hat (1992, 182): „These ways of dismissing entire civilizations as diseased formations are unfortunately far too familiar to us, who live on the other side of the colonial divide, from the history of imperialism itself.“ Drei Jahrzehnte später dagegen wurde der Vortrag von Owuor zwar als provokant empfunden, aber insgesamt sehr gut aufgenommen und von einem Kommentator auf *Deutschlandfunk Kultur* als „starke Eröffnungsrede“ bezeichnet, als „diese scharfe, irgendwie tolle auch, keynote speech mit dieser scharfen Kritik“ (Aguigah 2020).

Die wichtige „Frage, wie Europa sich zu seinem kolonialen Erbe verhält“ (Habermas 2019, 18), ist in einem postkolonialen Kontext, der nicht in der Lage oder nicht gewillt ist, Positionen wie die von Owuor kritisch zu hinterfragen, im Grunde beantwortet. Hier wird die *umgekehrte* Teilung der Welt immer wieder festgeschrieben, und es geht – meist stillschweigend, gelegentlich auch offen – darum, westliche Schuld und Verpflichtungen auf unbestimmte Zeit zur „default position“ (Bach 2019, 64) zu machen. Daneben gibt es jedoch auch konstruktive Vorschläge, die einen anderen Weg in eine post-postkoloniale Zukunft weisen können. Für Arif Dirlik war seine Gegenwart – trotz der „possibility of a return to colonialism in a new guise“ – schon „post-postcolonial“, als er den Aufsatz „Where Do We Go From Here?“ veröffentlichte (2003, 424). Seitdem ist immer wieder über die Möglichkeiten des *Post*-Postkolonialen nachgedacht worden (Göttsche 2017b; Etim 2019), das konzeptionell-terminologisch allerdings mit einem zusätzlichen *post-* in der etablierten Doppelbedeutung von Chronologie und Kontinuität nicht zu fassen ist. Vor einigen Jahren hat Albrecht Koschorke gegenüber der postkolonialen Vorstellung von „Differenz“ designiert „Ähnlichkeit“ als „post-postkoloniales Konzept“ vorgestellt (2015, 35). Tatsächlich erscheint eine Auseinandersetzung mit diesem lange vernachlässigten Konzept vielversprechend, insofern dem postkolonialen Denken in *Differenzen* ein wichtiges Korrektiv an die Seite gestellt wird (Albrecht 2020a, 29–30). Der indische Germanist Anil Bhatti, auf den diese Idee zurückgeht, fasst dies so zusammen

(2015, 15): „Das Ähnlichkeitsdenken eröffnet andere Erkenntnismöglichkeiten für den Umgang mit den Problemen komplexer Gesellschaften, als dies eine an Differenz orientierte Methodologie leisten kann." Der Weg dahin geht über ein gutes Maß an *„Indifferenz gegenüber Differenz"*. Und v. a. ist Bhatti davon überzeugt, dass „Ähnlichkeitsdenken [...] ein subversives Potenzial [besitzt], das postulierte Antagonismen und radikale Unverträglichkeiten von Gegensätzen, Differenzen und sogenannten *clashes* als Ideologie entlarven kann" (Bhatti 2015, 15).

7 Literaturverzeichnis

Aguigah, René. „Statement in: Kolonialismus als ‚Shared History'. Was sind die nächsten Schritte? Moderation: René Aguigah". *Deutschlandfunk Kultur* 11. Oktober 2020: https://www.deutschlandfunkkultur.de/kolonialismus-als-shared-history-was-sind-die-naechsten-100.html [31.01.2024].

Ahmad, Aijaz. „The Politics of Literary Postcoloniality". *Race & Class* 36.3 (1995): 1–20.

Ahmad, Aijaz. *In Theory: Classes, Nations, Literatures*. New York 1992.

Al-'Azm, Sadik Jalal. „Orientalism and Orientalism in Reverse". *Khamsin: Journal of Revolutionary Socialists of the Middle-East* 8 (1980): 5–26.

Albrecht, Monika. „Doppelter Standard und postkoloniale Regelpoetik: Eine kritische Revision Postkolonialer Studien". *Postkolonialismus und Kanon*. Hrsg. von Herbert Uerlings und Iulia-Karin Patrut. Bielefeld 2012: 67–111.

Albrecht, Monika. „‚Kolonialphantasien' im postkolonialen Deutschland. Zur kritischen Revision einer Denkfigur der deutschen Postkolonialen Studien". *Postkoloniale Germanistik. Bestandsaufnahme, theoretische Perspektiven, Lektüren*. Hrsg. von Gabriele Dürbeck und Axel Dunker. Bielefeld 2014: 417–455.

Albrecht, Monika. „Whiteness". *Metzler Handbuch Postkolonialismus und Literatur*. Hrsg. von Dirk Göttsche, Axel Dunker und Gabriele Dürbeck. Stuttgart 2017a: 232–234.

Albrecht, Monika. „Negotiating Memories of German Colonialism: Reflections on Current Forms of Nongovernmental Memory Politics". *Journal of European Studies* 47.2 (2017b): 203–218.

Albrecht, Monika. „Introduction: Postcolonialism Cross-Examined: Multidirectional Perspectives on Imperial and Colonial Pasts and the Neocolonial Present". *Postcolonialism Cross-Examined: Multidirectional Perspectives on Imperial and Colonial Pasts and Neocolonial Present*. Hrsg. von Monika Albrecht. New York 2020a: 1–47.

Albrecht, Monika. „Unthinking Postcolonialism? On the Necessity of a Reset Instead of a Step Forward". *Postcolonialism Cross-Examined: Multidirectional Perspectives on Imperial and Colonial Pasts and Neocolonial Present*. Hrsg. von Monika Albrecht. New York und London 2020b: 181–195.

Albrecht, Monika. „Hierarchien, Asymmetrien, und Griechenland als Postkolonialismus-Verlierer. Statt einer Einleitung". *Europas südliche Ränder. Interdisziplinäre Perspektiven auf Asymmetrien, Hierarchien und Postkolonialismus-Verlierer*. Hrsg. von Monika Albrecht. Bielefeld 2020c: 7–53.

Albrecht, Monika. „Critical Post-Colonial Studies: Opening Up the Post-Colonial to a Broader Geopolitical View". *Oxford Research Encyclopedia of Literature* 31. August 2021: https://doi.org/10.1093/acrefore/9780190201098.013.1283 [31.01.2024].

Albrecht, Monika. „Erinnerungspolitische Transformationen und koloniale Gewalt. Aus der Perspektive von Critical Post-Colonial Studies“. *Postkoloniale Germanistik und Konflikte im globalen Kontext. Herausforderungen, Möglichkeiten und Ausblick im 21. Jahrhundert*. Hrsg. von Axel Dunker, Michael Hofmann und Serge Yowa. Berlin 2023: 131–163.

Annus, Epp. *Soviet Postcolonial Studies. A View from the Western Borderlands*. New York 2018.

Annus, Epp. „The Colonizer's Day Off. Colonial Subjectivities in the Soviet-Era Baltics“. *Postcolonialism Cross-Examined: Multidirectional Perspectives on Imperial and Colonial Pasts and Neocolonial Present*. Hrsg. von Monika Albrecht. New York 2020: 240–254.

Antor, Heinz. „Postkoloniale Studien. Entwicklungen, Positionen, Perspektiven“. *Sprachkunst* 33 (2002): 115–130.

Ashcroft, Bill, Gareth Griffiths und Helen Tiffin (Hrsg.): *The Postcolonial Studies Reader*. London 1995.

Ashcroft, Bill. „A Convivial Critical Democracy: Postcolonial Studies in the Twenty-First Century“. *Literature for Our Times: Postcolonial Studies in the Twenty-First Century*. Hrsg. von Bill Ashcroft et al. Amsterdam 2012: xv–xxxv.

Ashcroft, Bill, Gareth Griffiths und Helen Tiffin. *Key Concepts in Post-Colonial Studies*. New York 2013.

Bach, Jonathan. „Colonial Pasts in Germany's Present“. *German Politics and Society* 37.4 (2019): 58–73.

Bach, Jonathan. „Brand of Brothers? The Humboldt Forum and the Myths of Innocence“. *German Politics and Society* 39.1 (2021): 100–111.

Barry, Brian. *Culture and Equality. An Egalitarian Critique of Multiculturalism*. Cambridge, MA 2001.

Barskanmaz, Cengiz. „Das Kopftuch als das Andere. Eine notwendige postkoloniale Kritik des deutschen Rechtsdiskurses“. *Der Stoff, aus dem Konflikte sind. Debatten um das Kopftuch in Deutschland, Österreich und der Schweiz*. Hrsg. von Sabine Berghahn und Petra Rostock. Bielefeld 2009: 361–392.

Behm, Amanda et al. „Decolonizing History: Enquiry and Practice“. *History Workshop Journal* 89 (2020): 169–191.

Berman, Russel A. *Enlightenment or Empire: Colonial Discourse in German Culture*. Lincoln, NE 1998.

Berman, Russel A. „Colonialism, and No End. The Other Continuity Theses“. *German Colonialism. Race, the Holocaust, and Postwar Germany*. Hrsg. von Volker Langbehn und Mohammad Salana. New York 2011.

Bhabha, Homi K. *The Location of Culture*. New York 1994.

Bhambra, Gurminder K., Kerem Nisancioglu und Delia Gebrial (Hrsg.). *Decolonising the University*. London 2018.

Bhatti, Anil. „Ähnlichkeiten/Similarities. Vorläufige Überlegungen zu einem Suchbegriff“. *Ähnlichkeit: Ein kulturtheoretisches Paradigma*. Hrsg. von Anil Bhatti und Dorothee Kimmich. Konstanz 2015: 15–26

Brennan, Timothy. *Wars of Position: The Cultural Politics of Left and Right*. New York 2006.

Brennan, Timothy. „Hegel, Empire, and Anti-Colonial Thought“. *The Oxford Handbook of Postcolonial Studies*. Hrsg. von Graham Huggan. Oxford 2013: 142–161.

Brennan, Timothy. „Subaltern Stakes“. *New Left Review* 89 (2014): 67–87.

Bronfen, Elisabeth und Benjamin Marius. „Hybride Kulturen. Einleitung zur anglo-amerikanischen Multikulturalismusdebatte“. *Hybride Kulturen. Beitrage zur anglo-amerikanischen Multikulturalismusdebatte*. Hrsg. von Elisabeth Bronfen und Benjamin Marius. Tübingen 1997: 1–29.

Casas, Bartolomé de las. *Kurzgefaßter Bericht von der Verwüstung der Westindischen Länder*. Hrsg. von Hans Magnus Enzensberger. Frankfurt a.M. 1966 [1552].

Castro Varela, María do Mar und Nikita Dhawan. *Postkoloniale Theorie. Eine kritische Einführung*. Bielefeld 2020.

Chakrabarty, Dipesh. *Provincializing Europe. Postcolonial Thought and Historical Difference*. 2. Aufl. Princeton, NJ 2008.
Chibber, Vivek. *Postcolonial Theory and the Specter of Capital*. London 2013.
Chibber, Vivek. „Confronting Postcolonial Theory. A Response to Critics". *Journal of World-Systems Research* 20.2 (2014): 311–317.
Chibber, Vivek. *Postkoloniale Theorie und das Gespenst des Kapitals*. Berlin 2018.
Chibber, Vivek. „Die blinden Flecken des Postkolonialismus. Vivek Chibber im Gespräch mit Stephanie Rohde". *Deutschlandfunk Kultur* 17. November 2019: https://www.deutschlandfunkkultur.de/soziologe-vivek-chibber-die-blinden-flecken-des-100.html [31.01.2024].
Conrad, Sebastian. „Erinnerung im globalen Zeitalter: Warum die Vergangenheitsdebatte gerade explodiert". *Merkur. Zeitschrift für europäisches Denken* 75.867 (2021): 5–17.
Cooper, Frederick und Ann Laura Stoler. „Preface". *Tensions of Empire: Colonial Cultures in a Bourgeois World*. Hrsg. von Frederick Cooper und Ann Laura Stoler. Berkeley, CA 1997.
Cooper, Frederick. „Postcolonial Studies and the Study of History". *Postcolonial Studies and Beyond*. Hrsg. von Ania Loomba et al. Durham, NC 2005: 401–422.
Deringil, Selim. „‚They Live in a State of Nomadism and Savagery': The Late Ottoman Empire and the Post-Colonial Debate". *Comparative Studies in Society and History* 45.2 (2003): 311–342.
Dhawan, Nikita (Hrsg.). *Decolonizing Enlightenment: Transnational Justice, Human Rights and Democracy in a Postcolonial World*. Opladen 2014.
Dirlik, Arif. „The Postcolonial Aura: Third World Criticism In The Age Of Global Capitalism". *Critical Inquiry* 20.2 (1994): 328–356.
Dirlik, Arif. „Where Do We Go From Here? Marxism, Modernity, and Postcolonial Studies". *Diaspora: A Journal of Transnational Studies* 12.3 (2003): 419–436.
Elbe, Ingo: *Antisemitismus und postkoloniale Theorie. Der „progressive" Angriff auf Israel, Judentum und Holocausterinnerung*. Berlin 2024.
Etim, Eyoh. „‚Post-Postcolonialism': Theorising On the Shifting Postcolonial Paradigms in African Fiction". *IOSR Journal Of Humanities And Social Science* 24.5 (2019): 1–12.
Fanon, Frantz. *Die Verdammten dieser Erde*. Übers. von Traugott König. Frankfurt a.M. 1966 [1961].
Fraser, Nancy und Axel Honneth. *Umverteilung oder Anerkennung. Eine politisch-philosophische Kontroverse*. Frankfurt a.M. 2003.
Göçek, Fatma Müge. „Postcoloniality, the Ottoman Past, and the Middle East Present". *International Journal of Middle East Studies* 44 (2012): 549–563.
Göttsche, Dirk. „Postkolonialismus als Herausforderung und Chance germanistischer Literaturwissenschaft". *Grenzen der Germanistik. Rephilologisierung oder Erweiterung?* Hrsg. von Walter Erhart. Stuttgart 2004: 558–576.
Göttsche, Dirk. „Rekonstruktion und Remythisierung der kolonialen Welt. Neue historische Romane über den deutschen Kolonialismus in Afrika". *Deutsch-afrikanische Diskurse in Geschichte und Gegenwart Literatur- und kulturwissenschaftliche Perspektiven*. Hrsg. von Michael Hofmann und Rita Morrien. Amsterdam 2012: 171–195.
Göttsche, Dirk. „Memory Studies". *Handbuch Postkolonialismus und Literatur*. Hrsg. von Dirk Göttsche, Axel Dunker und Gabriele Dürbeck. Stuttgart 2017a: 114–121.
Göttsche, Dirk. „Post-Imperialism, Postcolonialism and Beyond: Towards a Periodization of Cultural Discourse About Colonial Legacies". *Journal of European Studies* 47.2 (2017b): 111–128.
Göttsche, Dirk, Axel Dunker und Gabriele Dürbeck (Hrsg.). *Metzler Handbuch Postkolonialismus und Literatur*. Stuttgart 2017.
Grigat, Stephan. „Debatte um Achille Mbembe: Zionismus und Universalismus. Mbembes Fanclub nimmt dessen Ausführungen zu Israel nicht ernst und ignoriert den arabisch-islamischen

Antisemitismus". *taz* 10. Mai 2020: https://taz.de/Debatte-um-Achille-Mbembe/!5681657 [31.01.2024].

Habermas, Rebekka. „Restitutionsdebatten, koloniale Aphasie und die Frage, was Europa ausmacht". *Aus Politik und Zeitgeschichte* 69.40/42 (2019): 17–22.

Habermas, Rebekka und Ulrike Lindner. „Kunst der Kolonialzeit: Rückgabe, und mehr! Die Debatte über Werke aus Kolonialbesitz greift zu kurz. Sie verkennt die Chance, die diese Objekte für eine gemeinsame globale Geschichtspolitik bieten". *Die Zeit* 13. Dezember 2018: https://www.zeit.de/2018/52/kunst-kolonialzeit-rueckgabe-restitution-geschichtspolitik [31.01.2024].

Hall, Stuart. „The West and the Rest: Discourse and Power". *Formations of Modernity*. Hrsg. von Stuart Hall und Bram Gieben. Cambridge 1992: 275–320.

Heé, Nadin. „Postkoloniale Ansätze". *Handbuch Wissenschaftsgeschichte*. Hrsg. von Marianne Sommer, Staffan Müller-Wille und Carsten Reinhardt. Stuttgart 2017: 80–92.

Hein, Jakob. „Rassistische Begriffe in Kinderbüchern: Werte und Worte. In der Debatte über Kinderbücher geht es um Abwägung: Zensur oder Rassismus. Entscheidend sollte sein, was die Autoren beim Schreiben beabsichtigten". *taz* 15. Januar 2013: https://taz.de/Rassistische-Begriffe-in-Kinderbuechern/!5075360 [31.01.2024].

Howe, Stephen. „Imperial Histories, Postcolonial Theories". *The Oxford Handbook of Postcolonial Studies*. Hrsg. von Graham Huggan. Oxford 2013: 162–178.

IMLR. Institute of Modern Languages Research. „Decolonising Modern Languages: A Symposium for Sharing Practices and Ideas. Online Converence, 8–11 September 2020": https://modernlanguages.sas.ac.uk/events/event/22797 [31.01.2024].

Jani, Pranav. „Review of: ‚The Postcolonial Orient: The Politics of Difference and the Project of Provincialising Europe' by Vasant Kaiwar". *Race & Class* 58.4 (2017): 106–113.

Jusdanis, Gregory. *The Necessary Nation*. Princeton, NJ 2011.

Kaiwar, Vasant. *The Postcolonial Orient: The Politics of Difference and the Project of Provincialising Europe*. Chicago, IL 2015.

Kalnačs, Benedikts. „Latvian Multiculturalism and Postcolonialism". *Postcolonialism Cross-Examined: Multidirectional Perspectives on Imperial and Colonial Pasts and Neocolonial Present*. Hrsg. von Monika Albrecht. New York 2020: 255–268.

Karsh, Efraim. „The Missing Piece: Islamic Imperialism". *Postcolonial Theory and the Arab-Israel Conflict*. Hrsg. von Philip Carl Salzman und Donna Robinson Divine. New York 2008: 120–128.

Kechriotis, Vangelis. „Post-Colonial Criticism and Muslim-Christian Relations in the (very) Late Ottoman Empire: The Case of Smyrna/Izmir". *Religious Communities and Modern Statehood. The Ottoman and Post-Ottoman Worlds at the Age of Nationalism and Colonialism*. Hrsg. von Michalis N. Michael, Tassos Anastassiades und Chantal Verdeil. Berlin 2015: 70–89.

Kings College. „Decolonizing Political Economy: Transforming the University. Workshop, 19 October 2019": https://www.kcl.ac.uk/events/decolonizing-political-economy-transforming-the-university [31.01.2024].

Korteweg, Anna C. und Gökçe Yurdakul. „Liberal Feminism and Postcolonial Difference: Debating Headscarves in France, the Netherlands, and Germany". *Social Compass* (2020): 1–14.

Koschorke, Albrecht. „Ähnlichkeit. Valenzen eines post-postkolonialen Konzepts". *Ähnlichkeit: Ein kulturtheoretisches Paradigma*. Hrsg. von Anil Bhatti und Dorothee Kimmich. Konstanz 2015: 35–45.

Kostner, Sandra (Hrsg.). *Identitätslinke Läuterungsagenda. Eine Debatte zu ihren Folgen für Migrationsgesellschaften*. Stuttgart 2019.

Kożuchowski, Adam. „A Tentative Dissolution of Austria-Hungary: The 1914–15 Russian Occupation of Lviv in Polish Memory". *Austrian History Yearbook* 52 (2021): 166–181.

Kühn, Thomas. „Shaping and Reshaping Colonial Ottomanism: Contesting Boundaries of Difference and Integration in Ottoman Yemen“. *Comparative Studies of South Asia, Africa and the Middle East* 27.2 (2007): 315–331.

Kühne, Thomas. „Colonialism and the Holocaust: Continuities, Causations, and Complexities“. *Journal of Genocide Research* 15.3 (2013): 339–362.

Kundrus, Birthe. „Kontinuitäten, Parallelen, Rezeptionen. Überlegungen zur ‚Kolonialisierung‘ des Nationalsozialismus“. *WerkstattGeschichte* 43 (2006): 45–62.

Lameborshi, Eralda L. „The Ottoman Empire, Southeastern European Literature, and Postcolonial Theory“. *Journal of World Literature* 4.3 (2019): 374–393.

Lazarus, Neil. „Introducing Postcolonial Studies“. *The Cambridge Companion to Postcolonial Literary Studies*. Hrsg. von Neil Lazarus. Cambridge 2004: 1–16.

Lazarus, Neil. *The Postcolonial Unconscious*. Cambridge 2011.

Lazarus, Neil. „‚Third Worldism‘ and the Political Imaginary of Postcolonial Studies“. *The Oxford Handbook of Postcolonial Studies*. Hrsg. von Graham Huggan. Oxford 2013: 324–339.

Lazarus, Neil. „Vivek Chibber and the Spectre of Postcolonial Theory“. *Race & Class* 57.3 (2016): 88–106.

Lilla, Mark. *The Once and Future Liberal. After Identity Politics*. New York 2017.

Lindsay, James. „Decolonizing the Curriculum“. *Academic Questions* 33 (2020): 448–454.

Lonetree, Amy. *Decolonizing Museums. Representing Native America in National and Tribal Museums*. Chapel Hill, NC 2012.

Lützeler, Paul Michael. „Der postkoloniale Blick. Deutschsprachige Autoren berichten aus der Dritten Welt“. *Schreiben zwischen den Kulturen. Beiträge zur deutschsprachigen Gegenwartsliteratur*. Hrsg. von Paul Michael Lützeler. Frankfurt a.M. 1996: 222–238.

Mackenthun, Gesa. „E Pluribus Unum? Die Position der USA im postkolonialen Diskurs“. *Das Argument. Zeitschrift für Philosophie und Sozialwissenschaften* 215 (1996): 373–379.

MacKenzie, John M. *Orientalism. History, Theory, and the Arts*. Manchester, NY 1995.

Makdisi, Ussama. „Ottoman Orientalism“. *The American Historical Review* 107.3 (2002a): 768–796.

Makdisi, Ussama. „Rethinking Ottoman Imperialism: Modernity, Violence and the Cultural Logic of Ottoman Reform“. *The Empire in the City: Arab Provioncial Capitals in the Late Ottoman Empire*. Hrsg. von Jens Hanssen, Thomas Phili und Stefan Weber. Würzburg 2002b: 29–48.

Mangold, Ijoma. „Rassismus: Wie rassistisch ist der Westen? Der Historiker Achille Mbembe aus Kamerun sollte die Ruhrtriennale eröffnen, und geriet unter Antisemitismusverdacht. Sein Israelhass rückt die Postcolonial Studies ins Zwielicht“. *Die Zeit* 29. April 2020: https://www.zeit.de/2020/19/rassismus-achille-mbembe-antisemitismus-postcolonial-studies [31.01.2024].

Masters, Bruce. *Christians and Jews in the Ottoman Arab World: The Roots of Sectarianism*. Cambridge 2001.

Mbembe, Achille. „African Modes of Self-Writing“. *Public Culture* 14.1 (2002): 239–273.

Mbembe, Achille. *Politik der Feindschaft*. Berlin 2017.

Michaels, Walter Benn: *The Trouble with Diversity. How We Learned to Love Identity and Ignore Inequality*. New York 2006.

Mignolo, Walter D. *The Darker Side of Western Modernity. Global Futures, Decolonial Options*. Durham, NC 2011.

Mikhail, Alan und Christine M. Philliou. „The Ottoman Empire and the Imperial Turn“. *Comparative Studies in Society and History* 54.4 (2012): 721–745.

Minawi, Mostafa. *The Ottoman Scramble for Africa. Empire and Diplomacy in the Sahara and the Hijaz*. Stanford, CA 2016

Moore, David Chioni. „Is the Post- in Postcolonial the Post- in Post-Soviet? Toward a Global Postcolonial Critique". *Publications of the Modern Language Association of America (PMLA)* 116.1 (2001): 111–128.

Morozov, Viatcheslav. *Russia's Postcolonial Identity: A Subaltern Empire in a Eurocentric World*. Basingstoke 2015.

Naimark, Norman M. *Fires of Hatred: Ethnic Cleansing in Twentieth-Century Europe*. Cambridge 2002.

Narayan, Uma. *Dislocating Cultures. Identities, Traditions, and Third World Feminism*. New York 1997a.

Narayan, Uma. „Contesting Cultures. ‚Westernization', Respect for Cultures, and Third-World Feminists". *The Second Wave. A Reader in Feminist Theory*. Hrsg. von Linda Nicholson. New York 1997b: 396–414.

Noyes, John K. „Humanism, Embodied Knowledge, and Postcolonial Theory". *Postcolonialism Cross-Examined: Multidirectional Perspectives on Imperial and Colonial Pasts and the Neocolonial Present*. Hrsg. von Monika Albrecht. New York 2020: 51–64.

Osterhammel, Jürgen. „Wissen als Macht: Deutungen interkulturellen Nichtverstehens bei Tzvetan Todorov und Edward Said." *„Barbaren" und „Weiße Teufel". Kulturkonflikte und Imperialismus in Asien vom 18. bis zum 20. Jahrhundert*. Hrsg. von Eva-Maria Auch und Stig Förster. Paderborn 1997: 145–169.

Osterhammel, Jürgen. „‚The Great Work of Uplifting Mankind'. Zivilisierungsmission und Moderne". *Zivilisierungsmissionen: Imperiale Weltverbesserung seit dem 18. Jahrhundert*. Hrsg. von Boris Barth und Jürgen Osterhammel. Konstanz 2005: 363–424.

Osterhammel, Jürgen. „Welten des Kolonialismus im Zeitalter der Aufklärung". *Das Europa der Aufklärung und die außereuropäische koloniale Welt*. Hrsg. von Hans-Jürgen Lüsebrink. Göttingen 2006: 19–36.

Osterhammel, Jürgen. „Ähnlichkeit, Divergenz, Konvergenz: Für eine Historiographie relationaler Prozesse". *Ähnlichkeit: Ein kulturtheoretische Paradigma*. Hrsg. von Anil Bhatt und Dorothee Kimmich. Konstanz 2015: 75–91.

Owuor, Yvonne Adhiambo. „Derelict Shards & The Roamings of Colonial Phantoms". *The Elephant* 6. November 2020: https://www.theelephant.info/long-reads/2020/11/06/derelict-shards-the-roaming-of-colonial-phantoms [31.01.2024].

Parry, Benita. „What is Left in Postcolonial Studies?". *New Literary History* 43.2 (2012): 341–358.

Pirkl, Bernhard. „Das Schreckgespenst des Universalismus. Vivek Chibber seziert das Denken der Postcolonial Studies und attestiert eine fehlerhafte Marx-Lektüre". *jungle.world* 13. Dezember 2018: https://jungle.world/artikel/2018/50/das-schreckgespenst-des-universalismus [31.01.2024].

Polaschegg, Andrea. *Der andere Orientalismus. Regeln deutsch-morgenländischer Imagination im 19. Jahrhundert*. Berlin 2005.

Pratt, Mary Louise. *Imperial Eyes: Travel Writing and Transculturation*. New York 1992.

Pucherová, Dobrota und Róbert Gáfrik (Hrsg.): *Postcolonial Europe? Essays on Post-Communist Literatures and Cultures*. Leiden 2015.

Reckwitz, Erhard. „‚Postcoloniality Ever After'. Bemerkungen zum Stand der Postkolonialismustheorie". *Anglia* 118 (2000): 1–40.

Reinhard, Wolfgang. „Kolonialgeschichtliche Probleme und kolonialhistorische Konzepte". *Koloniale Vergangenheiten, (post-)imperiale Gegenwart*. Hrsg. von Jörn Leonhard und Rolf G. Renner. Berlin 2010: 25–41.

Reuter, Julia und Alexandra Karentzos (Hrsg.). *Schlüsselwerke der Postcolonial Studies*. Wiesbaden 2012.

Rodriguez, Clelia O. *Decolonizing Academia. Poverty, Oppression and Pain*. Winnipeg 2019.

Rorty, Richard. *Achieving Our County. Leftist Thought in Twentieth-Century America*. Cambridge, MA 1998.

Rorty, Richard. *Philosophy and Social Hope*. New York 1999.

Rorty, Richard. „Is ‚Cultural Recognition' a Useful Notion for Leftist Politics?". *Adding Insult to Injury: Nancy Fraser Debates Her Critics*. Hrsg. von Kevin Olson. London 2008: 69–81.

Rothermund, Dietmar. „Memories of Post-Imperial Nations: Silences and Concerns". *India Quarterly* 70.1 (2014): 59–70.

Said, Edward. *Orientalism*. New York 1978.

Said, Edward. *Orientalismus*. Übers. von Hans Günter Holl. Frankfurt a.M. 2009.

Salzman, Philip Carl. „Conclusion: Reflections on Postcolonial Theory and the Arab-Israel Conflict". *Postcolonial Theory and the Arab-Israel Conflict*. Hrsg. von Philip Carl Salzman und Donna Robinson Divine. New York 2008: 239–246.

Şandru, Cristina: *Worlds Apart? A Postcolonial Reading of Post-1945 East-Central European Culture*. Newcastle upon Tyne 2012.

Schröter, Susanne. „Gender Clash in der Einwanderungsgesellschaft? Debatten um Rassismus, Sexismus und Kultur nach den Ereignissen der Silvesternacht 2015/2016". *Normenkonflikte in pluralistischen Gesellschaften*. Hrsg. von Susanne Schröter. Frankfurt a.M. 2017: 133–172.

Schüller, Thorsten. „Frankophone antikoloniale Theorie". *Handbuch Postkolonialismus und Literatur*. Hrsg. von Dirk Göttsche, Axel Dunker und Gabriele Dürbeck. Stuttgart 2017: 2–9.

Sharkey, Heather J. *A History of Muslims, Christians, and Jews in the Middle East*. Cambridge 2017.

Simon Fraser University. *Decolonizing the Library Working Group*: https://www.lib.sfu.ca/help/academic-integrity/indigenous-initiatives/decolonization [31.01.2024].

Smith, Linda Tuhiwai. *Decolonizing Methodologies: Research and Indigenous Peoples*. London 2017.

Spivak, Gayatri Chakravorty. „The Rani of Sirmur: An Essay in Reading the Archives". *History and Theory* 24.3 (1985): 247–272.

Spivak, Gayatri Chakravorty. „Subaltern Studies. Deconstructing Historiography". *The Spivak Reader. Selected Works of Gayatri Chakravorty Spivak*. Hrsg. von Donna Landra und Gerald MacLean. New York 1996.

Spivak, Gayatri Chakravorty. „Review of Vivek Chibber: ‚Postcolonial Theory and the Specter of Capital'". *Cambridge Review of International Affairs* 27.1 (2014): 184–203.

Stoler, Ann Laura. „Reason Aside: Reflections on Enlightenment and Empire". *The Oxford Handbook of Postcolonial Studies*. Hrsg. von Graham Huggan. Oxford 2013: 39–66.

Struve, Karen. „Homi K. Bhabha". *Metzler Handbuch Postkolonialismus und Literatur*. Hrsg. von Dirk Göttsche, Axel Dunker und Gabriele Dürbeck. Stuttgart 2017: 16–21.

Stuchtey, Benedikt. „Das schwierige Erbe des Kolonialismus. Die europäische Debatte über den Umgang mit den kolonialen Vergangenheiten". *Zeitgeschichte aktuell* 2 (2020): 1–17.

Stuchtey, Benedikt. *Die europäische Expansion und ihre Feinde: Kolonialismuskritik vom 18. bis in das 20. Jahrhundert*. München 2010.

Terkessidis, Mark: *Wessen Erinnerung zählt? Koloniale Vergangenheit und Rassismus heute*. Hamburg 2019.

Türesay, Özgür. „The Ottoman Empire Seen through the Lens of Postcolonial Studies: A Recent Historiographical Turn". *Revue d'histoire moderne et contemporaine* 60.2 (2013): 127–145.

Uerlings, Herbert. *„Ich bin von niedriger Rasse." (Post-)Kolonialismus und Geschlechterdifferenz in der deutschen Literatur*. Köln 2006.

Wagenknecht, Sarah. *Die Selbstgerechten. Mein Gegenprogramm, für Gemeinsinn und Zusammenhalt*. Frankfurt a.M. 2021.

Wehling, Peter. „Wissensregime". *Handbuch Wissenssoziologie und Wissensforschung*. Hrsg. von Rainer Schützeichel. Konstanz 2007: 704–711.

Wenzel, Jennifer. „Editor's Column: The End of Postcolonial Theory? A Roundtable with Sunil Agnani, Fernando Coronil, Gaurav Desai, Mamadou Diouf, Simon Gikandi, Susie Tharu, and Jennifer Wenzel". *Publications of the Modern Language Association of America (PMLA)* 122.3 (2007): 633–651.

Wiedemann, Felix. „Orientalismus, Version: 1.0". *Docupedia-Zeitgeschichte* (2012): 1–17.

William & Mary. *Decolonizing Humanities Project*: https://www.wm.edu/sites/dhp [31.01.2024].

Williams, Patrick. „Outlines of a Better World: Rerouting Postcolonialism". *Rerouting the Postcolonial: New Directions for the New Millennium*. Hrsg. von Janet Wilson, Cristina Şandru und Sarah Lawson Welsh. New York 2010: 86–97.

Wolter, Udo. „Postkolonialismus. Ein neues Paradigma kritischer Gesellschaftstheorie?". *Theorie des Faschismus, Kritik der Gesellschaft*. Hrsg. von der jour fix initiative berlin. Münster 2000: 92–128.

Young, Robert J.C. *Postcolonialism. An Historical Introduction*. 2. Aufl. Chichester 2016.

Young, Robert. *Colonial Desire. Hybridity in Theory, Culture and Race*. New York 1994.

Zachariah, Benjamin. „Postcolonial Theory and History". *The SAGE Handbook of Historical Theory*. Hrsg. von Nancy Partner und Sarah Foot. Los Angeles, CA 2013: 378–396.

Zantop, Susanne. *Colonial Fantasies: Conquest, Family, and Nation in Precolonial Germany, 1770–1870*. Durham, NC 1997.

Zimmerer, Jürgen. „Kolonialismus und kollektive Identität: Erinnerungsorte der deutschen Kolonialgeschichte". *Kein Platz an der Sonne. Erinnerungsorte der deutschen Kolonialgeschichte*. Hrsg. von Jürgen Zimmerer. Frankfurt a.M. 2013: 9–37.

Anna Babka und Marina Rauchenbacher

Queer Studies

1 Forschungsgeschichte

1.1 Historischer Ausgangspunkt: *Queer* – Begriff & Denkfigur

Der Begriff *queer*, ursprünglich ‚eigenartig', ‚schräg', wird seit den 1990er Jahren als affirmative Beschreibung von sexuell oder geschlechtlich marginalisierten Menschen, wie etwa von Schwulen und Lesben, A- oder Bisexuellen, trans- oder intergeschlechtlichen Personen (LGBTQIA+) verwendet, bezieht sich also gleichermaßen auf Geschlechtsidentität und sexuelle Orientierung. In den letzten drei Jahrzehnten hat sich der Terminus in akademischen Kontexten zu einer vielschichtigen, notwendig unbestimmten und offenen Denkfigur entwickelt. *Queer* ist intrinsisch intersektional/interdependent zu verstehen, als über die Auseinandersetzung mit gendertheoretischen Fragen und Problemstellungen hinausgehend, dekonstruktiv, antihegemonial und grundlegend binäre Konzepte durchkreuzend. Im Hinblick auf Modi der Subjektkonstitution meint *queer* „the open mesh of possibilities, gaps, overlaps, dissonances and resonances, lapses and excesses of meaning" (Sedgwick 1994, 8). Daneben wird der Terminus auch im Kontext von politischem Aktivismus – wie etwa „ACT UP!" oder „Queer Nation" (Hark 2005, 292) – sowie für Zeitschriften und Verlagsprojekte (Jagose 2001, 7) verwendet. *Queer* ist so „a site of collective contestation, the point of departure for a set of historical reflections and futural imaginings, it will have to remain that which is, in the present, never fully owned, but always and only redeployed, twisted, queered from a prior usage and in the direction of urgent and expanding political purposes" (Butler 1993, 173). Seine systematische Ausformung findet der Begriff innerhalb der Queer Theory, auf der die kulturwissenschaftlichen Queer Studies basieren (Hark 2005, 286).

1.2 Verortung der Queer Studies

Queer Studies bezeichnet demnach ein inter-/transdisziplinäres und kulturwissenschaftlich-kulturtheoretisches Forschungsfeld, dem zuerst eine Kritik an normativen Repräsentationspolitiken und binär codierten Modellen von *sex* und Gender innewohnt. Sie stellen einen „Korpus von Wissen [bereit], der Geschlecht(skörper) und Sexualität als Instrumente" und darüber hinaus als „Effekte bestimmter moderner Bezeichnungs-, Regulierungs- und Normalisierungsverfahren" fasst (Hark

https://doi.org/10.1515/9783110712919-027

2005, 285; vgl. Hark 1993, 104). Gleichzeitig kann als formgebend für die Queer Studies verstanden werden, dass der Begriff *queer* offen ist und „keinen Anspruch auf ein scharf umgrenztes Sachgebiet erhebt" (Jagose 2001, 13).

Verankert in verschiedenen wissenschaftlichen Disziplinen und *per se* intersektional (vgl. zu diesem Begriff Crenshaw 1989) bzw. interdependent/in interdependenten Kategorien (vgl. zu diesem Terminus Walgenbach u. a. 2012) in Hinblick auf ein breites Spektrum an Strukturmerkmalen und Identitätskonzepten zu denken, widmen sich Queer Studies der Analyse, Kritik und Subversion von (hetero) normativen Modellen von Geschlecht, Gender und Sexualität, wie sie sich im Rahmen einer *heterosexuellen Matrix* abzeichnen. Maßgeblicher Verdienst der Queer Theory – in Verbindung mit Gender Theory (→ Gender Studies) – ist die analytische Rekonstruktion von Heterosexualität als Machtregime, „dessen Aufgabe die Produktion und Regulierung einer Matrix von hegemonialen und minoritären sozio-sexuellen Subjektpositionen ist" (Hark 2005, 285). Queer Theory richtet sich gegen ein solches umfassendes „Regime der Heterosexualität", das „Subjektivitäten, Beziehungsweisen und Begehrensformen" organisiert und „gesellschaftliche Institutionen, wie Recht, Ehe, Familie und Verwandtschaft oder wohlfahrtsstaatliche Systeme" strukturiert bzw. „(alltags-)kulturelle[n] Praxen" strukturell eingeschrieben ist (Hark 2005, 285). Dabei werden auch Strategien queerer Repräsentationen in den Blick genommen, wie sie etwa Antke Engel mit dem Ziel der „VerUneindeutigung" und Destabilisierung heteronormativer Gesellschaftsstrukturen entwickelt (2002, 14–15).

In ihrer transdisziplinären Ausformung und basierend auf der prinzipiellen Unabgeschlossenheit des Begriffes *queer* sind auch Queer Studies über eine Auseinandersetzung mit inhaltlichen Fragen (nach Geschlecht) hinaus zu verstehen und widmen sich strukturellen, medientheoretischen, diskursanalytischen oder rhetorisch-narratologischen Analysen, die Kritik und Subversion hegemonialer, binärer Konzepte ermöglichen (u. a. Brunow und Dickel 2018; Scott und Fawaz 2018) und als Ausgangspunkt für dekonstruktive Analysen im Rahmen unterschiedlicher Wissensformationen verstanden werden können.

1.3 Gesellschaftliche Hintergründe

Queer fußt in seiner inhaltlichen und strukturellen Diversität zuerst in den feministischen und lesbisch-schwulen Bewegungen des 20. Jahrhunderts, wobei erste medizinisch-wissenschaftlich ausgerichtete Diskussionen um die Entkriminalisierung von Homosexualität bereits am Ende des 19. Jahrhunderts (mit Fokus auf *männlich* gelesenen Personen) begannen und kontrovers im 20. Jahrhundert weitergeführt wurden (Jagose 2001, 37–45). Als (gesellschafts-)politischer Ausgangspunkt – und die Gay Studies und Lesbian Studies sowie schließlich die Queer Studies konturierend – ist der Stonewall-Aufstand von 1969 zu verstehen, der die *Gay Liberation* und den lesbischen Feminismus begründet. Letzterer ist zudem zentral in Abgrenzung von der *männlich* ausgerichteten Homo-Befreiungsbewegung zu denken (Jagose 2001, 46–77). Daneben basiert die Ausbildung der Queer Theory auf der „Thematisierung und Politisierung der Sexualität durch die zweite Frauenbewegung" (Villa 2007, 165). In weiterer Folge steht v. a. die mit den 1980er-Jahren einsetzende Diskussion einer Entkoppelung und Entnaturalisierung von Geschlecht und Sexualität sowie schließlich die „Dezentrierung von (sexueller) Identität" im Fokus der Queer Theory, begleitet von einer Orientierung hin zu „Praxen und Handlungen als Dreh- und Angelpunkt politischer Positionen" (Villa 2007, 171) infolge u. a. der AIDS-Krise. Mit Blick auf diesen historisch komplexen (gesellschafts-)politischen Prozess kann *queer* einerseits als ein politisches Fazit der Lesben- und Schwulenbewegung gefasst werden und wird andererseits durch die Fokussierung auf den Terminus der *Differenz* als „Schlüsselbegriff queerer Wissens- und Organisationsformen" poststrukturalistischen Denkens *per se* zum Gegenstand der Diskussion (Jagose 2001, 100; vgl. Villa 2007, 176).

1.4 Relevanz der Queer Studies & *queer reading*

Ausgehend von der Annahme, dass jede Wissensformation über eine geschlechtliche Dimension verfügt und sich, unseres Erachtens, demzufolge auch keine wissenschaftliche Disziplin ohne wissenschaftliches Wissen aus dem Bereich der Geschlechterforschung (→ Gender Studies) angemessen weiterentwickeln kann, erklärt sich die Bedeutung der Queer Studies besonders aus deren inter-/transdisziplinären, kritisch-emanzipatorischen Ansprüchen, die gesamtgesellschaftlich von Relevanz sind. Mit *queer*/Queer Theory/Queer Studies wird die vorgestellte Ordnung der Dinge gründlich und systematisch hinterfragt (Perko 2005, 28–29): „Angebliche Wahrheiten und essentialistische Vorstellungen werden zugunsten der Geschlechtervielfalt und der vielfältigen Alchemie des Begehrens dekonstruiert, verschoben, verrückt, transformiert; andere Relationen werden hergestellt." Neben verschiedenen Identitätskonzepten geht es um Menschenrechte und Demokratie, um Kolonialismus, Rassismus und Klassismus (Perko 2005, 27), um neue Sichtweisen auf biologisch-organische Prozesse/Gegebenheiten, um die Frage, was überhaupt als ‚natürlich' verstanden wird und, daran gekoppelt, um nicht-(hetero-)normative Formen von Sexualität. Entwickelt werden neue Lektüren medialer Konfigurationen, symbolischer Formen, gesellschaftspolitischer Konzepte oder auch naturwissenschaftlicher Phänomene, wie etwa an Arbeiten von Karen Barad (2012) zur Physik, von Sigrid Schmitz (2014) zur Medizin, von Nicole Seymour (2013) zur Ökologie, von Anne Fausto-Sterling (2000) zu Biologie, Natur und

Technik, von Jasbir Puar (2007) zu Fragen der Sicherheitspolitik und des Nationalismus oder von Sarah Ahmed (2013) zu queeren Emotionen im Zusammenhang mit Körperwahrnehmungen abzulesen ist und womit zugleich das umfassende Potenzial dieser hochpolitischen Strategie als *critique* im Sinne eines produktiv subversiven Que(e)rlesens angezeigt ist.

Grundlegend dafür kann das Lektüreverfahren *queer reading* gelten, das – zurückgehend auf Eve Kosofsky Sedgwick (2015 [1985]) – zuerst Texte „auf ihre heteronormative Zeichenökonomie hin untersucht" bzw. „queere Subtexte sichtbar macht" (Babka und Hochreiter 2008, 12). Darüber hinaus kann *queer reading* – breiter angelegt sowie mannigfaltig theoretisch grundiert – verschiedenartige Ausprägungen annehmen und auf alle kulturellen Texte, Phänomene und Gegenstandsbereiche angewandt werden (etwa Barad 2012).

Zentraler Impuls von *queer reading* im Rahmen der Humanities ist – gleich dem entscheidenden theoretischen Zug der Queer Studies – die Dekonstruktion von Heterosexualität bzw. der heterosexuellen Identität (Jagose 2001, 174–176; Kraß 2003, 27; Babka und Hochreiter 2008, 11–13) bzw. das Unterlaufen der heterosexuellen Matrix, wie sie Judith Butler als gesellschaftsdeterminierende Logik beschreibt. Im Zuge queerer Lektüren wird insbesondere auf das dekonstruktive Potenzial bzw. die queere Semiotik (Kraß 2003, 22–23) sowie die queer-rhetorische Verfasstheit fokussiert, um die binär organisierten und asymmetrischen Machtstrukturen, Identifikations- und Subjektivierungsprozesse sowie das Denken der sexuellen Differenz aufzudecken und zu dekonstruieren (v. a. Menke 1992, 438; Butler 1993; Sedgwick 1997; Kraß 2004; Babka und Hochreiter 2008). Demnach bedeutet *queer reading* ein Sichtbarmachen der – binären Konfigurationen notwendig inhärenten – Zwischenräume und Ränder, auch über Geschlechterkonfigurationen hinaus. Es kann somit als wesentlich dekonstruktive Lektürestrategie verstanden werden, die Fragen nach medialen und narrativen Möglichkeiten und Bedingungen, nach onto-epistemologischen Voraussetzungen gleichermaßen inkludiert.

1.5 Queer Studies & *cultural turns*

Mit dieser theoretischen, multiperspektivischen, inter- und transdisziplinären Ausarbeitung von *queer* als basale dekonstruktive Denkfigur ist ein bedeutender Perspektivenwechsel innerhalb der Humanities formuliert, der als *turn* bezeichnet werden kann (Kraß 2009; Hall und Jagose 2013, xiii; Berger 2013), ohne seine konstitutive Beziehung zu den Lesbian Studies, Gay Studies oder → Gender Studies zu negieren. Von *turns* spricht Doris Bachmann-Medick, die dabei die Geschlechterforschung nicht berücksichtigt, „wenn der neue Forschungsfokus von der Gegenstandsebene neuartiger Untersuchungsfelder auf die Ebene von Analysekategorien und Konzepten ‚umschlägt', wenn er also nicht mehr nur neue Erkenntnisobjekte ausweist, sondern selbst zum Erkenntnismittel und -medium wird" (2010, 26). QUEER STUDIES/Queer Theory sind, selbst als ‚Erkenntnismittel und -medium' und damit im Rahmen eines *turns* fassbar, grundlegend anschlussfähig an verschiedene *turns* – was im Folgenden nur exemplarisch dargelegt werden kann. So sind der *performative turn* und der *postcolonial turn* (→ POSTCOLONIAL STUDIES) von entscheidender Bedeutung; als aufschlussreich können u. a. auch der *posthumanist turn* sowie – um eine dezidiert zeichentheoretische Ebene einzubeziehen – der *pictorial turn* (→ VISUAL STUDIES) verstanden werden.

1.5.1 Queer Studies & *performative turn*

Mit dem *performative turn* rücken „Fragen des Vollzugs, der Inszenierung und der Wirkmächtigkeit – und das heißt eben der Performanz – von sozialen Praktiken stärker in den Fokus" (Gertenbach 2020, 233). Entlang dieser Lesart des *turns* erweist sich der Einsatzpunkt für die die QUEER STUDIES grundierenden Konzepte von Performanz/Performativität als bezeichnend, wie sie maßgeblich von Judith Butler – dies in enger Anlehnung etwa an Michel Foucault (Laufenberg 2022, 67–77) oder Jacques Derrida (Hite 2017) – theoretisiert wurden. Bereits in *Gender Trouble* (1990) und *Bodies that Matter* (1993) diskutiert sie den Begriff des Performativen als paradigmatisch für die Gender Theory und die Queer Theory in Hinblick auf die „specific modality of power as discourse" (1993, 187). Ausgehend von der These, dass das biologische Geschlecht ebenso kulturell konstruiert sei wie das soziale (Butler 1990), es daher keine Wahrnehmungs- und Zugangsmöglichkeit von *sex* außerhalb seiner soziokulturellen und damit diskursiven Verfasstheit gebe, hinterfragt Butler die als natürlich angenommene Kohärenz der Kategorien *sex*, Gender und Sexualität. Diese werden durch Wiederholung stilisierter Akte innerhalb regulativer Diskurse hervorgebracht, die die Essenzialität von Gender allererst erzeugen. Dabei ist, wie Gerald Posselt darlegt, „Performativität nicht als ein einzelner Akt aufzufassen, sondern vielmehr als eine reiterative Praxis innerhalb normativer Ordnungen, die die Identitäten, die sie ermöglichen und benennen, ebenso reproduzieren, wie sie das Risiko ihrer Fehlbenennung und Desintegration mit sich bringen" (2016, 82).

Performativität im Sinne von (iterativer) Hervorbringung und Konstruktion kann dabei nicht mit dem Terminus *Performanz* (*performance*; Aufführung, Inszenierung) gleichgesetzt werden. Vielmehr ist Performativität im Gegensatz zu Performanz just ohne intentional agierendes Subjekt zu denken. Dessen ungeachtet ist der Aspekt des Theatralischen v. a. in Hinblick auf Inszenierungen von Geschlechtsidentität (Travestie, *drag*, sexuelle Stilisierungen – *butch/femme*) bedeutsam. Das Theatralische ist der Angelpunkt von Butlers Performativitätstheorie, in der sich die Widerständigkeit gegen eine vermeintliche Natürlichkeit oder Originalität von Geschlechtsidentität äußert. Mit Bezug auf Sedgwick bestimmt sie *queering* als „a *defining moment* of performativity" (Butler 1993, 224), der in der Praxis des Benennens und Kategorisierens bestehe und der durch die Sprechakte eine gewisse Bindungsmacht über Handlungen erzwingt. Insofern erweisen sich nach Butler sexualisierte und geschlechtliche Identitäten im Rückbezug auf sprachliche Prozesse als konstruiert bzw. als durch performative Akte konstituiert.

1.5.2 Queer Studies & *postcolonial turn*

Aufgrund der politisch-programmatischen wie diskurstheoretischen Instrumentarien des *postcolonial turn* ergeben sich vielfache Anschlussstellen zu Queer Studies (s. 1.6.4 Queer Studies und → Postcolonial Studies). Der politisch aufgeladene Begriff *postkolonial* selbst steht per se „in enger Verbindung mit Ethnizität, Klasse und Geschlecht" (Bachmann-Medick 2010, 185) und ist machtkritisch sowie *intersektional* bzw. interdependent/in interdependenten Kategorien zu denken. Der *postcolonial turn* ist als eine Wende hin zur Auseinandersetzung mit dissonanten Stimmen (*dissenting voices*) und Positionen zu verstehen, wie sie nicht nur die → Postcolonial Studies, sondern auch die → Gender Studies und Queer Studies markieren (Ha 2015). Paradox ist auch hier, dass der notwendigen Markierung als *turn* just eine Ablehnung von Normierungsprozessen gegenübersteht.

Ziel der → Postcolonial Studies wie der Queer Studies ist es, Strukturen von Differenz und Ungleichheit bzw. Privilegierung aufzuzeigen und emanzipatorische Strategien zu entwickeln (Babka 2017, 109). Als zentrale Strategien und Schlüsselkonzepte charakterisieren den *postcolonial turn* dabei etwa – und hier sind Überschneidungen mit dem *queer reading* deutlich gegeben (s. 1.4 Relevanz der Queer Studies und *queer reading*) – das *writing back (re-writing)* sowie das *remapping* und die Kanonkritik (Bachmann-Medick 2010, 193), die Auseinandersetzung mit Hybridität und dem „Dritten Raum" nach Homi K. Bhabha (2004 [1994]) sowie die forcierte Analyse von Identitätskonzepten.

1.5.3 Queer Studies & *posthumanist turn*

Posthumanismus – in seinen unterschiedlichen Ausformungen – ist eine philosophisch-kulturtheoretische Strömung, die darauf ausgerichtet ist, Konzeptionen des Menschseins bzw. des Menschlichen/Humanen in einem Zeitalter schneller bio- und kommunikationstechnologischer, kultureller und sozialer Entwicklungen neu zu denken. Dabei wird der Posthumanismus nicht als „einfache Ablösung und

Überwindung des Humanismus" verstanden, sondern ist eine Art „Re-Lektüre' oder eine andauernde Dekonstruktion des Humanismus, was eine kausale und zeitliche Beziehung zwischen Humanismus und Posthumanismus, human und posthuman, Humanität und Posthumanität [...] durchkreuzt" (Herbrechter 2016, 62). Inhärent ist posthumanistischen Ansätzen ein grundlegender machtkritischer Anspruch.

Der technokulturell ausgerichtete, interdisziplinäre Ansatz des Kritischen Posthumanismus, der humanistisch-epistemologische Kategorien und dichotome, hierarchisch strukturierte anthropozentrische Weltordnungsmodelle hinterfragt, kann zentral an → Gender Studies, → Postcolonial Studies, Transgender Studies und, nicht zuletzt, Queer Studies angeschlossen werden. Dabei erweist sich die Dekonstruktion traditioneller Oppositionen wie Mensch/Tier, Organismus/Maschine, Natur/Kultur als eine grundlegende erkenntnistheoretische und machtkritische Perspektive, der ein ‚queeres Denken' und Ansätze des *queer reading* eingeschrieben sind. Kritischer Posthumanismus zeigt „ein neues (nicht-humanistisches) Verständnis des Menschen" und die Hinwendung zu „nicht-menschlichen Alteritäten" (Loh 2018, 131) bzw. Akteur*innen.

Für die Queer Studies bedeutet die posthumanistische Wende die Ausweitung des Forschungsradius auf Tiere, Pflanzen, unbelebte Objekte und Maschinen. Als bahnbrechend erweist sich in diesem Zusammenhang Donna Haraways *A Cyborg Manifesto* (1985). Mit der Figur der*des Cyborg als „a hybrid of machine and organism, a creature of social reality as well as a creature of fiction" (65) erprobt Haraway eine ‚Neuerfindung der Natur' und des gesellschaftlichen Gefüges, in dem das menschliche Subjekt und die Vorstellung einer in sich abgeschlossenen humanen Identität erodiert. Diskursanalytisch und zeichentheoretisch argumentierend und in Anlehnung an Haraway situieren Jack* Halberstam und Ira Livingston posthumane Körper außerhalb dominanter Diskurse. Sie seien „not slaves to masterdiscourses but emerge at nodes where bodies, bodies of discourse, and discourses of bodies intersect to foreclose any easy distinction between actor and stage, between sender/receiver, channel, code, message, context" (1995, 2). Wenn im Rahmen dieser *critique* der Körper neu gedacht wird, so nur noch als *posthuman body*, als Körper, der nicht mehr vergegenständlicht und konkretisiert werden kann, der an der Schnittstelle von Körpern als Effekte von Diskursen und von Diskursen über den Körper oszilliert (Babka 2008).

Die Verbindung queertheoretischer und posthumanistischer Konzepte wird schließlich insbesondere im neomaterialistischen Ansatz Karen Barads deutlich. Mit dem Konzept des *agential realism* erarbeitet Barad „eine umfassende kritische Überprüfung der Grundannahmen der westlichen Epistemologie und Ontologie" (Hoppe und Lemke 2015, 262), wobei die Überschreitung von Grenzen, wie jene von

Physik und Philosophie oder von Dualismen wie „menschlich/nicht-menschlich, Geist/Materie oder Natur/Kultur" bestimmend sind und „Fragen nach dem konstitutiven Verhältnis von Subjekten und Objekten des Wissens" neu kontextualisiert werden (Schmitz 2014, 279). Die intrinsische Verbindung von New Materialism und Queer Studies demonstriert Barad insbesondere in dem Aufsatz *Nature's Queer Performativity* (2012), wenn *Queerness* paradigmatisch nicht nur als zwischen Natur-Kultur angelegt, sondern vielmehr als in der Raumzeitmaterialisierung (*spacetimemattering*) verortet verstanden wird (29). Barads – auf Donna Haraway zurückgehende – Methode und Lektürestrategie der Diffraktion (*diffraction patterns*) kann als grundlegend für eine Erweiterung des *queer reading* verstanden werden.

1.5.4 Queer Studies & *pictorial turn*

Der *pictorial turn* wird von W. J. T. Mitchell als „postsemiotische Wiederentdeckung des Bildes als komplexes Wechselspiel von Visualität, Apparat, Institutionen, Diskurs, Körpern und Figurativität" beschrieben (2008 [1992], 108) und impliziert soziale, politische und kulturhistorische Fragestellungen – einhergehend mit einer grundlegenden Analyse des *Bild-Begriffs* (Mitchell 1987). Die Erprobung kulturwissenschaftlicher Zugänge über kunsthistorisch-ikonographische und medienwissenschaftliche Ansätze hinaus ermöglicht – im Sinne etwa der Diversität der → Visual Culture Studies als einer bild- und kulturtheoretisch ausgerichteten „Study" – die forcierte Auseinandersetzung mit visuellen Konzepten sowie (Lektüre-)Strategien von Geschlecht bzw. deren Systematisierung (u. a. Jones 2010 und 2012). In einem (queer)feministischen Verständnis ist dabei die Analyse von Blickkulturen und -macht von entscheidender Bedeutung. Zudem implizieren phänomenologisch/dekonstruktiv ausgerichtete Theorien (z. B. Didi-Huberman 1999 [1992]) eine Infragestellung ikonographischer Deutungstraditionen bzw. fokussieren – dekonstruktiv ausgerichtet – auf Zwischenräume und Schwellen im Wahrnehmungs- und Leseprozess, die Anschluss für queere Lektüren bieten. Wie etwa an rezenten Ergebnissen der Comic Studies deutlich wird, wird dadurch nicht nur eine antihegemoniale Lesart von Körpern, sondern auch eine stete Reflexion über Bildlichkeit und ihre Konstitution möglich (s. 2.2 zum Medium Comic). Als konturierend für eine queertheoretische Ausrichtung innerhalb der → Visual (Culture) Studies können jedenfalls Fragen nach queeren Blick- und Bildkultur(en), queeren visuellen Begehrensstrukturen und einer Subversion heteronormativer visueller Kulturen verstanden werden (Paul und Schaffer 2009).

1.6 Queer Studies & andere „Studies"

1.6.1 Gender Studies und Queer Studies

→ Gender Studies und Queer Studies überschneiden sich in ihren Terminologien und teilen viele ihrer Anliegen. Die Unterschiede sind weder eindeutig geklärt noch systematisch beschrieben. Oft werden Queer Studies als Weiterentwicklung der → Gender Studies angesehen oder die beiden Studies werden in ihrem „konstitutive[n] Wechselverhältnis" (Raab 2005, 242) betrachtet bzw. werden bestimmte Theoretiker*innen in beiden Bereichen gleichermaßen verortet – im Unterschied zu den Women's Studies. Letztere weisen aufgrund ihres differenzlogischen Ansatzes, der entweder differenzfeministisch oder egalitätstheoretisch grundiert ist und auf die „empirische[n], theoretische[n] und/oder ideologiekritische[n] Analyse[n] aller sozialen Verhältnisse [abzielt], die Ungleichheiten und Unterschiede zwischen den Geschlechtern bedingen" (Brüns 2002, 119–120), keine signifikante Nähe zu den Queer Studies auf.

→ Gender Studies fragen „nach der Bedeutung des Geschlechts für Kultur, Gesellschaft, Wissenschaften" (Braun und Stephan 2000, 9). Es gilt, Geschlecht grundlegend zu diskutieren, geschlechtsblinde Annahmen kritisch zu hinterfragen, damit „den Blick für die Komplexität des Geschlechts zu öffnen" und „angemessenere Wirklichkeitsanalysen zu liefern" (Villa 2010). Geprägt durch poststrukturalistische Theoreme vollzieht sich im Rahmen der → Gender Studies in den 1980er- und 1990er-Jahren ein Perspektivenwechsel: von historischen oder kultursoziologischen Zugangsweisen zu dekonstruktiven, diskurstheoretischen Ansätzen; vom Anliegen, *weibliche* Subjektivität und Identität zu konzeptualisieren zur Differenzierung und Dekonstruktion von Identitäten; von der Annahme gesicherter *weiblicher* Subjekte zur Analyse von *Weiblichkeit* als kulturhistorisches Konstrukt; von politisch motivierten Fragestellungen hinsichtlich der Diskriminierung von Frauen zur Analyse des Konstruktionscharakters von Geschlechtsidentitäten (Babka 2007, 18).

Gemeinsam ist den → Gender Studies und Queer Studies „ein anti-normatives, hybrides, entnaturalisiertes, anti-essentialistisches Identitätskonzept" (Raab 2005, 248), wobei, wie Heike Raab hervorhebt, „die Frage nach der Verhältnisbestimmung von ‚Queer Studies' und ‚Gender Studies' [...] aufgegeben werden [müsse] zugunsten einer transdisziplinären Perspektive, in der Queer-Feminismus [...] zum Ausgangspunkt einer kritischen Gesellschaftsanalyse der Vergangenheit und Gegenwart wird" (2005, 248).

Gerade anhand von Judith Butlers frühen Schriften zeigt sich der fließende Übergang zwischen beiden „Studies" – etwa in Hinblick auf die sogenannte ‚Gender-Debatte' rund um das Erscheinen von *Gender Trouble* (1990) im deutschsprachigen Raum (z. B. *Feministische Studien* 11/2 1993), bei der Butler – als *die* Theoretikerin der → Gender Studies – stark kritisiert wurde. In *Bodies that Matter* (1993), nicht zuletzt als Erweiterung, Präzisierung und Verteidigung der Thesen aus *Gender Trouble* zu verstehen, setzt sie sich im Schlusskapitel, „Critically Queer", mit der Subversion des Begriffs *queer* und seinem kritischen Potenzial auseinander. Damit wird Butler auch als eine der Begründer*innen der Queer Theory wahrgenommen (Hark 2005, 289–291; Raab 2005, 241).

1.6.2 Queer Studies & Men's Studies/Masculinity Studies

Die transdisziplinär und intersektional angelegten Men's Studies respektive → Masculinity Studies, oft als Teilbereich der → Gender Studies verstanden, setzen sich mit Kulturen von Männlichkeit/en (*masculinities*), männlicher Sexualität und später in ihrer Entwicklung auch mit De-Konstruktionen bzw. dekonstruktiven Lektüren von Männlichkeit(en) auseinander. Raewyn Connells (1995) – für die Men's Studies grundlegende und einflussreiche – Theorie der hegemonialen Männlichkeiten ist in Hinblick auf signifikante Merkmale der Queer Theory, wie sie etwa die Dekonstruktion der heterosexuellen Matrix darstellt, kaum anschlussfähig. Obwohl Connell in ihrer Theoretisierung von Männlichkeiten deren Vielfalt insofern auslotet, als sie unter der Prämisse des absoluten heterosexuellen Regimes die verschiedenen Verhältnisse von Männlichkeiten über kategoriale Einordnungen der Hegemonie, Unterordnung, Komplizenschaft und Marginalisierung beschreibt – womit auch innerhalb der Geschlechtergruppe ‚Mann' verschiedene Ausprägungen von Dominanz und Unterdrückung benannt sind –, gibt sie das Konzept der Binarität von Geschlecht nicht auf: „Die Dekonstruktion von Geschlecht ist bei Connell wohl zu (körperreflexiv) praktisch ausgerichtet, als dass er [sic] sich vom (historisch gewachsenen) Zweigeschlechtermodell verabschieden könnte" (Krammer 2018, 21). Das Gleiche gilt für Pierre Bourdieus soziologisch grundierte Studie *Die männliche Herrschaft* (2010 [1998]), die auf dichotomen Modellen basiert.

Les K. Wright (2005) lotet in seiner Einführung zu *Queer Masculinities* die über Generationen hinweg tendenziell soziologisch orientierten und spezifisch auf (nicht)hegemoniale Männlichkeiten ausgerichteten Men's Studies aus, die erst durch das Einsickern verschiedener transdisziplinärer Impulse und Anforderungen aus den Queer Studies sowie durch die Auseinandersetzung mit kulturwissenschaftlichen Fragestellungen und Konzeptualisierungen von Geschlecht, wie etwa der Performativität von Geschlecht, Neuorientierungen erfahren haben. Als hingegen radikal transdisziplinär und dekonstruktiv-queer angelegt kann Jack* Halberstams Konzept der *female masculinity* (1998) verstanden werden, das auch prägend für die Transgender Studies ist.

Im Rahmen der Literaturwissenschaften und im Sinne eines *queer reading* queert Stefan Krammer entlang dekonstruktiver Verfahren, die ihm „ein Spiel mit Differenzen" eröffnen und „bei dem Zu- und Festschreibungsprozesse reflektiert und deren Loslösung als Empowerment praktiziert werden" (2018, 8), ein breites Spektrum von Männlichkeiten in literarischen Texten. Er fokussiert auf „sprachlich-diskursive Formationen, durch die unterschiedliche Repräsentationen und Konstruktionen von Männlichkeit sichtbar werden" (Krammer 2018, 9).

1.6.3 Queer Studies & Transgender Studies

Transgender Studies fokussieren zuerst explizit auf Fragen der Geschlechtsidentität in Opposition zum heteronormativen Geschlechtermodell, wobei wiederum Butlers Performativitätsbegriff bzw. ihre Ausführungen zu *gender parody*, die sie entlang einer Auseinandersetzung mit *drag* entwickelt (s. o.), zentral sind. Transgender Studies können so in unmittelbarer Verbindung bzw. als Subkategorie der Queer Studies verstanden werden. Als grundlegend für ihre Ausformung gilt Sandy Stones *The* Empire *Strikes Back: A Posttranssexual Manifesto* (1987), in dem eine produktive Störung des Zweigeschlechtermodells durch die Konfrontation (medizinisch) transformierter Verkörperungen mit der kulturellen Konstruktion von Geschlechtskörpern formuliert wird (Stryker und Currah 2014, 3).

Jack* Halberstam ermöglicht – auch in produktiver Weiterentwicklung der Men's Studies – durch das Konzept der *female masculinity* ein neues Verständnis von *männlichen* Verhaltensweisen und Identitäten (Halberstam 1998). ‚Weibliche Männlichkeit' bedeutet nicht etwa eine Form von Imitation von Männlichkeit/en, sondern eine Rekonzeptualisierung und Re-Inszenierung „traditionelle[r] Männlichkeiten und Männerkulturen, denen er* Konzepte und Figurationen einer ‚weiblichen Männlichkeit' (*female masculinity*) entgegensetzt" (Babka und Brucher 2021, 9). Anhand von Einzelanalysen – wie bspw. der Geschichte Brandon Teenas, der 1993 in Nebraska ermordet wurde – trägt Halberstam (2005) zudem wesentlich zu einem Verständnis queerer Zeitlichkeit bei.

Für den aktivistisch-sexualpolitischen Zugang der Transgender Studies (bzw. darüber hinaus der Queer Studies) kann die teilweise autotheoretische Arbeit von Paul B. Preciado gelten – *Das Kontrasexuelle Manifest* (2000) oder *Testo Junkie* (2008) –, mit der performativ die Performativität von Geschlecht ausgearbeitet wird.

1.6.4 Queer Studies & Postcolonial Studies

Neben den prinzipiellen Überlappungen von Queer Studies und → Postcolonial Studies finden sich v. a. im recht jungen Feld des als dezidiert postkolonial ausgewiesenen feministischen, gender- und queertheoretischen Bereichs Überschneidungen bzw. Ergänzungen. Beispielhaft dafür gelten Ansätze einer „anti-rassistische[n] feministische[n] Wissensbildung jenseits der Akademie", der „feministische[n] interdependente[n] oder intersektionale[n], akademisch institutionalisierte[n] Gender Studies" oder eines „transnationale[n] Feminismus" (Hornscheidt 2012, 215; auch Dietze 2013) – immer auch angeleitet von einer Kritik an eurozentrischer, *westlicher* Wissensproduktion in Hinblick auf die intrinsische Verwobenheit der Herstellung von Wissen mit Machtpositionen, wie sie prägend über den Begriff *situated knowledge* in die Debatte eingeführt wurde (Haraway 1988; Harding 1994; vgl. Hill Collins 2000). Zentral ist dabei auch die Analyse und Offenlegung produktiv *queerender* Strukturen und Verfahren – etwa in Hinblick auf „koloniale[] Schaukultur" (Annuß 2022, 349). Ein entscheidender Aspekt postkolonialer Theoriebildung für die → Gender Studies und Queer Studies ist zudem die Kritik an den Grundlagen postkolonialer Theorie selbst – allen voran an der fehlenden Genderperspektive, etwa in den Arbeiten von Edward W. Said und Homi K. Bhabha (Kossek 2010; grundlegend Spivak 2008 [1988]) – sowie die Kritik an universalistischen, euro- und ethnozentrischen Feminismen, in Hinblick auf die Vernachlässigung der sowohl rassistisch wie klassistisch indizierten Probleme und Bedürfnisse von *women of color*. Neben hegemonialen Repräsentationsregimen und Sichtbarkeitsverhältnissen werden auch Sexualität und Begehren in postkolonialer Theoriebildung diskutiert, wobei der sowohl sexuell wie rassisch stigmatisierte Körper zum Austragungsort von Reflexion und Kritik wird (Babka 2019).

Exemplarisch dafür sind die Arbeiten der Filmemacherin, Musikerin und Theoretikerin Trinh T. Minh-ha zu verstehen. Sie tragen wesentlich zur Ausarbeitung eines Theorieansatzes bei, der phallogozentristische und heteronormative Ordnungsraster zu dekonstruieren vermag. Aufgrund seiner poetischen Verfasstheit ist ihr Ansatz als postkoloniale *écriture féminine* lesbar und führt postkoloniale, literaturwissenschaftliche, philosophische und anthropologische Diskurse zusammen (Babka 2010; Trinh 2010 und 2011). Einen ihrer jüngeren Filme kommentierend (*Forgetting Vietnam*, 2015), plädiert Trinh dafür, „to break with the system of binary opposition, to take in the Other and question the phallic imperial One" und situiert sowohl feministische, queere als auch postkoloniale Bemühungen in Räumen, die sie als „the Inappropriate, the third term, the interval and the *between two*" beschreibt (2016).

An diesen Formen des *in-between* als epistemologische Ankerpunkte kann auch die Verbindung von Queer Studies und → Postcolonial Studies nachvollzogen werden. Beide „Studies“ arbeiten subversiv an binären Strukturen und arbeiten die Prozesshaftigkeit von Identitätskonzepten bzw. Identität als kulturelles Produkt heraus. Gleichfalls sind beide „Studies“ genuin in poststrukturalistischer Theorie begründet, insofern als diese epistemologisch bzw. als „kritische[] Denkbewegung“ verstanden wird (Villa 2010 [2004], 270) und eine „Pluralisierung und Verflüssigung von Identitäten sowie die Auflösung bisheriger politischer und sozialer Leit-Differenzen“ beschreibt (Villa 2010 [2004], 269).

1.6.5 Queer Studies & Black Queer Studies & Critical Whiteness Studies

In thematisch enger Verbindung mit den → Postcolonial Studies stehen Black Queer Studies, die sich im Rahmen intersektional angelegter Analysen Dekonstruktionen von oppressiven Strukturen und Systemen – als *queer of color critique* – verschreiben sowie grundlegend zum Verständnis der Erfahrungen queerer *people of color* beitragen (Johnson und Henderson 2005; Bacchetta et al. 2019). Dabei geht es etwa auch um Bemühungen, dominante künstlerische Ausdrucksformen zu hinterfragen und je eigene, spezifische zu schaffen (Muñoz 1999). Eine weitere Form einer *critique*, die Hautfarben als Analysekategorien in den Blick nimmt, bilden die Critical Whiteness Studies (→ Ethnic Studies), die wesentlich durch die Schriftstellerin und Friedensaktivistin Adrienne Rich (1979) bzw. die Arbeiten Toni Morrisons (1995) angestoßen wurden und für die Richard Dyers *White* (1997) als zentraler theoretisch-analytischer Referenzpunkt firmiert. Die Fokussierung der Critical Whiteness Studies auf die Differenz-/Strukturkategorie ‚weiß‘ zeigt deutlich die Produktivität und die Möglichkeiten der Perspektivenverschiebung für eine Neubetrachtung von Rassismen und rassistischen Strukturen (Ahmed 2007), die selbst als interdependent/intersektional zu denken sind. Die Verbindung zu den Queer Studies basiert auf der prinzipiellen Reflexion kultureller bzw. gesellschaftspolitischer Konstruktionen von Normierungen und Abweichungen (Muñoz 1998; García 2023).

1.7 Institutionalisierung und Queer-Theorie im deutschsprachigen Raum

Ausgehend von einer Institutionalisierung der Queer Studies in den USA – basierend auf Women's Studies- bzw. Gay Studies- und Lesbian Studies-Programmen – ist diese auch im deutschsprachigen Raum vorangetrieben worden. Hervorzuheben ist das 2006 eröffnete *institute for queer theory* in Berlin unter der Leitung von Antke Engel, das in dieser Form im deutschsprachigen Raum nach wie vor einzigartig ist. An Universitäten im deutschsprachigen Raum sind Queer Studies nur in seltenen Fällen eigenständig angeboten bzw. explizit genannt, sondern zumeist in die jeweiligen → GENDER STUDIES-Studiengänge inkludiert. Die Universität zu Köln bietet explizit einen Master in *Gender & Queer Studies* an. Oft obliegt es dem Engagement einzelner Forscher*innen, wie intensiv an Institutionen QUEER STUDIES betrieben werden.

Die einschlägigen Zeitschriften sowie Verlagsreihen sind umfassend und Überschneidungen mit anderen „Studies“ werden – auch im historischen Rückblick – deutlich. Grundlegend ist das traditionsreiche *GLQ. A Journal of Lesbian and Gay Studies* (seit 1993). Darüber hinaus können u. a. das *Journal of Gender Studies* (seit 1991), das *International Journal of Sexuality and Gender Studies* (seit 1996) und *Studies in Gender and Sexuality* (seit 2000) genannt werden. Zentrale Verlagsreihen sind etwa *Queer Studies and Education* (Palgrave Macmillan/Springer, seit 2019), *Revisited – Relektüren aus den Gender und Queer Studies* (Springer, seit 2020) oder *Queer Studies* (transcript).

2 Exemplarische Beispiele des *queer reading*

2.1 Heinrich von Kleist: *Über das Marionettentheater* (1810)

Heinrich von Kleists Text *Über das Marionettentheater* (1810) ist gekennzeichnet durch wenig kohärente Passagen, durch eine brüchig erscheinende Komposition, durch Risse innerhalb der Narration, durch dezentrierte, verwundete, fragmentierte, ersatzstück- und maschinenhafte Körper, wie der „Dornauszieher“, die Marionetten, „der Gliedermann“, die Figuren aus Prothesen aber auch durch Figuren, die Vorstellungen des Menschlichen durchkreuzen, wie etwa der fechtende Bär). Ein *queer reading* ermöglicht neue Einsichten in Kleists Körper-De-Figurationen als dekonstruktive Textbewegungen wie sie besonders entlang Paul de Mans Dekonstruktion des figurativen Gestus der Sprache deutlich werden (ausführlich Babka 2008, 237–264). In seiner Lektüre des Kleist'schen Marionettentheaters stellt er die „machinelike performance“ des Textes heraus, die die Möglichkeit des Erkennens unterbricht und die Identität des Subjekts bedroht (Bennington 1989, 216), nämlich dann, wenn die Maschine gleichsam „aus den Fugen gerät“ (Zeeb 1994, 315). Genau dort taucht bei de Man Kleists göttlicher Gliedermann auf. Die Figuration des Gliedermanns eröffnet Möglichkeiten der Verdrehung, Verschiebung, Unterbrechung metaphysischer Vorstellungen von Identität und Ganzheit; zugleich wird die Widersprüchlichkeit der Definition von Menschsein deutlich. Die Wege der Seele oder des ‚Geistes‘ des Kleist'schen Gliedermanns – die Seele sitzt im Schwerpunkt der Bewegung der einzelnen Teile, die der Maschinist dirigiert – können mit den Hauptfiguren aus *Ghost in the Shell* (1995), einem Animationsfilm basierend auf dem gleichnamigen Manga von Masamune Shirow (1995) gegengelesen werden. In beiden medialen Formen wird die Frage zentral, was ein Mensch ist bzw. was Menschlichkeit wirklich ausmacht. Ein *queer reading* entlang der Figuration der*des Cyborg sowie des Kleist'schen Gliedermanns als Göttin*Gott und seiner fädenziehenden Maschinist*innen liefert mögliche Antworten – basierend auf der ‚Verwandtschaft' dieser Figuren, wie sie Nina Lykke herausstellt (1996, 5): „[G]oddesses and cyborgs. They are [...] signifiers of chaos, heterogeneity and unstable identities. [...] The early worldmother-goddesses of ancient mythologies are often situated close to chaotic and undifferentiated primordial states. Cyborgs are grotesque post-industrial boundary figures, questioning the boundaries between human, organism and machine."

Die Heldin in *Ghost in the Shell*, Major Kusanagi, ist Mitglied einer staatlichen Spezialeinheit – und sie ist Cyborg. Als perfekte Funktionseinheit kann sie ihre *shell*, also ihre äußere Hülle, verändern und „‚geistig' in Computersysteme eintauchen" (Chute 1997). Kusanagi ist fast nur noch *Ersatzteil*, denn lediglich „ein kleiner Teil ihrer gottgegebenen, organischen grauen Masse ist [...] in der titanlegierten Hülle übriggeblieben" (Chute 1997). Sie glaubt ihren *Geist* unversehrt in dieser ihr verbliebenen Hirnmasse. Der *ghost* – im Sinne von Seele oder Gewissen –, kann die *shell*, welche auf Körper „both artificial and organic" (Ebert 1996) referiert, ‚bewohnen'. Die Fähigkeiten der Cyborgs übersteigen die der Menschen eklatant, der Vorrang und die Vorzüge des Mechanischen gegenüber dem Menschlichen geraten auch bei Kleist zu einer bestimmenden Frage: „Ich [der Erzähler] sagte, daß, so geschickt er [Herr C.] auch die Sache seiner Paradoxe führe, er mich doch nimmermehr glauben machen würde, daß in einem mechanischen Gliedermann mehr Anmut enthalten sein könne, als in dem Bau eines menschlichen Körpers". Anmut und Grazie stehen bei Kleist außerhalb zu erwartender ästhetischer Kategorien; die Weltordnung – figuriert im Gliedermann oder im Gott – ist brüchig und angeschlagen, künstlich in jedem Fall. Kleists Text macht den Geist/die Seele im Gott als Marionette lesbar; Anmut bedarf des Geistes/der Seele so wenig wie Stärke, Präzision und Perfektion seitens der Cyborgs auf eine solche angewiesen sind. In der Figur des göttlichen Gliedermanns wird die Widersprüchlichkeit der Definition von Menschsein genauso deutlich, wie im Werk der Science-Fiction, denn: „If a cyber could create its own ghost, what would be the purpose of being human?" (Ito 1995)

Der Gliedermann als Gott ist ausgestattet mit keinem oder einem unendlichen Bewußtsein, so wie der *Puppet Master*, der als *Übergeist* das Datennetz beherrscht und somit uneingeschränkt Zugang zum Wissen hat oder das Wissen selbst ist, der körperlos die größte Macht erlangt und über Aneignung des Körpers von Major Kusanagi sie, die als *halb-menschlich* gilt, noch übertrifft. Der *Puppet Master* ist aber noch mehr, ist *Übergeist* und Maschinist zugleich und in ihm verschwimmt die Figur dessen, der die Fäden zieht, und dessen, der bewegt wird. Der *Puppet Master* und der Gliedermann werden beide als göttliches Prinzip lesbar: zu einer Kreation aus sich selbst heraus fähig. *Geist*, *Cyborg*, *Gott* (der Gliedermann *als* Gott), *Monster* etc. sind Figurationen der Grenze, des Dazwischen, der Unterbrechung, des *neither/both*. Der gottgleiche Gliedermann gerät gleich wie der*die Cyborg und der *Puppet Master* zur Metapher für verwundete fragmentierte Körper, für Abweichungen von der Norm und für das produktive Potenzial einer nichtidentischen Figur. Was prinzipiell in Frage steht, ist *wer* oder *was* überhaupt als *menschlich* gilt und wie diese menschliche Qualität oder die *human condition* im Sinne eines queeren Verständnisses von Subjektivität und Identität konstruiert und hervorgebracht wird (Babka 2008, 258).

2.2 Das Medium Comic

Die transdisziplinäre Verortung der QUEER STUDIES ist der sowohl inhaltlich-objektbezogenen als auch *per se* strukturell-dekonstruktiven Konfiguration des Queeren geschuldet. Die Fragestellungen und Analysegegenstände zu *Queerness* sind dementsprechend vielfältig, unabgeschlossen und erweiterbar (s. o.).

So zeigt sich etwa in rezenten Ergebnissen der COMIC STUDIES die Produktivität der Denkfigur *queer*, um die Struktur des Mediums zu analysieren und die spezifische Funktionalisierung von Körpern durch das Medium zu begreifen. Dieses tendiert nicht nur aufgrund seiner (von Zensuren geprägten) Geschichte bzw. seiner „Verwurzelung im Gegenkulturellen" (Glitz 2019, 1) zu queer-antihegemonialen und marginalisierten Themen, sondern ist auch strukturell *queer* (Fawaz 2016 und 2019; Scott und Fawaz 2018; Glitz 2019; Rauchenbacher 2022; Sina 2023; Rauchenbacher und Serles i. V.). Es ist durch Unterbrechungen und Zwischenräume – bedingt durch die Panelstruktur und das Gutter (Raum zwischen den Panels) – markiert. Den dadurch entstehenden Leerstellen bzw. Zwischenräumen ist Unsicherheit inhärent; sie haben subversives Potenzial (Eckhoff-Heindl und Sina 2020). Gleichzeitig ist für Comics die Figur der Wiederholung konstitutiv; die Entfaltung der Narration beruht wesentlich auf der wiederholten Darstellung der Motive, insbesondere der Körper, die seriell in unterschiedlichen Modifikationen gezeigt werden, gleichzeitig aber stets simultan auf der/den jeweiligen Seite/en präsent sind. Die Figur der Wiederholung zeigt dabei in einer dekonstruktiven Wendung auch auf das Moment der Differenz in einem Deleuz'schen Sinn (Frahm 2010; Deleuze 2007 [1968]). Die Körper sind wiederholt, aber eben different, ihre Narration ist unterbrochen (Sina 2016, 30). Die Wiederholungsstruktur lässt sich dabei auch unmittelbar an den Butler'schen Performativitätsgedanken bzw. eine zeichenkritische Auseinandersetzung anschließen. Wie Deleuze erläutert, sei die Wiederholung „verkleidet", liege nicht

„unter den Masken, sondern bildet sich von einer Maske zur anderen": „Die Masken verdecken nichts, nur andere Masken. Es gibt keinen ersten Term, der wiederholt würde" (Deleuze 2007 [1968], 34). Comics arbeiten demnach als Parodie auf „die Vorstellung, dass Zeichen und Gegenstand etwas miteinander zu tun haben" (Frahm 2010, 36). Sie parodieren – so Ole Frahm mit Bezug auf Judith Butlers Ausführungen zu *drag* – strukturell und zwar einen „Anspruch auf eine Wahrheit außerhalb der Zeichen"; sie lenken „den Blick auf die Konstellation der Zeichen selbst" (Frahm 2010, 37). Prinzipiell kann dies an Comics *per se* gezeigt werden, vorerst unabhängig von ihrem Anspruch oder ästhetischem Konzept; wobei die Funktionalisierung des *queeren* Potenzials je unterschiedlich umgesetzt wird bzw. eine bestimmte Entschlüsselungskompetenz (*visual literacy*) benötigt (→ Visual (Culture) Studies). Ein nachgerade paradigmatisches Beispiel, an dem Wiederholung und Differenz nachvollzogen werden können, ist Regina Hofers Comic *Blad* (2008), der sich anhand des autobiographischen Avatars Regina mit der eigenen Essstörung und der traumatisierenden Familiengeschichte auseinandersetzt. Hofer zeigt die verhandelten Körper als fragmentiert und verletzt; sie exponiert ihre Zeichenhaftigkeit (Rauchenbacher und Serles 2020, 90) und fordert permanente Re-Lektüren; beides steht im Spannungsfeld zu dem Versuch der Introspektion, der Auseinandersetzung mit dem Leiden.

Ein queertheoretischer Ansatz in der Comicanalyse kann vielfach kulturtheoretisch angeschlossen werden. Aufgrund der beschriebenen spezifischen Materialität von Comics, bedingt durch die Figur der Wiederholung, kann an Comics etwa ein queer-diffraktives Lesen im Sinne Karen Barads nachvollzogen und gezeigt werden, wie diskursive Praxen in ihrer Relation zu materiellen Phänomenen neu verstanden werden können (Barad 2012, 32). *Queer* sei – so Barad (2012, 29) – „a lively mutating organism, a desiring radical openness, an edgy protean differentiating multiplicity, an agential dis/continuity, an enfolded reiteratively materializing promiscuously inventive spatiotemporality". Das Lesen von Comics bzw. die Konstruktion von Identitäten anhand der wiederholten Körper, die immer schon auf ihre differente Konstitution verweisen, kann nachgerade als ideale Verdeutlichung eines queer-diffraktiven Lesens gelten bzw. erschließt sich erst in diesem Leseprozess. Die Differenz der Zeichen verdeutlicht so eine prinzipielle Differenz in der Identität der Figuren und zeigt Identität als queere *phenomenal matter*. Identität sei – so Barad – „multiple within itself; or rather, identity is diffracted through itself – identity is diffraction/différance/differing/deferring/differentiating" (Barad 2012, 32; vgl. Rauchenbacher 2022).

3 Potenzial, Ausblick und Kritik

Das Potenzial der QUEER STUDIES liegt in der beschriebenen, transdisziplinären Ausrichtung und der grundlegenden dekonstruktiven, antihegemonialen sowie intersektional/interdependenten Verfasstheit. *Queer* als kulturwissenschaftlich leitende Denkfigur ermöglicht so eine subversiv-kritische Analyse unterschiedlicher Wissensgebiete und öffnet einen Raum für produktive, neue Ideen, die hier im Folgenden in einer kleinen Auswahl skizziert sind.

Queer Kinship etwa entwickelt die methodischen und theoretischen Grundlagen der Queer Theory im Hinblick auf neue Wege zur Erforschung von Verwandtschaft weiter und theoretisiert und analysiert dabei Konsequenzen und Auswirkungen von Sklaverei, Kolonialismus, Rassismus und Minderheitenfeindlichkeit (Bradway und Freeman 2022). Im engen Konnex dazu stehen Ansätze einer *Queer Biology* im Hinblick auf künstliche Befruchtung und damit einhergehende Transformationen von Familienkonzepten oder einer entnaturalisierten, queeren Fassung von Prokreation und Mutterschaft (Franklin 2014). *Queer Ecologies* befassen sich mit kritischen, philosophischen und politischen Dimensionen von Sex und Natur (→ ENVIRONMENTAL STUDIES) im Rahmen von Überschneidungen von Sexualität und Umweltstudien (Mortimer-Sandilands und Erickson 2010). In seinem Buch *In a Queer Time and Place. Transgender Bodies, Subcultural Lives* (2005) entfaltet Jack* Halberstam die Bedeutung der Repräsentation des Transgenderkörpers für Kunst, Literatur, Film, Video und Musik. In *The Queer Art of Failure* (2011) widmet er sich dem Konzept des Scheiterns als einem produktiven Weg, Kapitalismus und Heteronormativität zu kritisieren.

Queer scheint jedwede Wissensgebiete und -formationen zu durchdringen. Mit der dezidiert kritischen Frage, *What's queer about Queer Studies now?* – zugleich der Titel des Aufsatzes von David Eng mit Jack* Halberstam und José Esteban Muñoz – wurde der Status der „Studies", ihre Wirkmächtigkeit und ihre Potenzialität schon 2005 erneut in den Blick genommen. So gilt es nach den Autor*innen v. a., aus queerer Perspektive Antworten auf globale Krisen der Gegenwart, die die nationalen Erscheinungsformen sexueller, rassischer und geschlechtsspezifischer Hierarchien prägen, zu finden (Eng, Halberstam und Muñoz 2005). Zu diesen Krisen gehören besonders der Aufstieg und der Triumph des Neoliberalismus, der Zusammenprall von religiösen Fundamentalismen, Nationalismen und Patriotismen sowie die Rückkehr zu moralischen und Familien-Werten als Abschreckung für politische Debatten, wirtschaftliche Umverteilung und kulturellen Dissens (Eng, Halberstam und Muñoz 2005, 2). Auch Judith Butler betont die politische Aufgabe der Queer Theory im Rahmen von New Gender Politics, die „eine Verbindung von Bewegungen [darstellt], die mit Transgender, Transsexualität, Intersexualität und ihren komplizierten Beziehungen zur feministischen und schwul-lesbischen [*queer*]

Theorie befasst sind" (2009, 13). Damit plädiert Butler für eine gemeinsame Anstrengung aller emanzipatorischer Strömungen an dieser nicht fixierbaren, unabgeschlossenen, ‚verUneindeutigten' (Antke Engel) queeren Arbeit, die zudem, so Sabine Hark (2008, 61), „um der eigenen Zukünftigkeit willen bereit sein [muss], sich von [*queer*] zu verabschieden. Denn insofern jeder kritischen Theorie die ethische Verpflichtung aufgegeben ist, kritisch gegen sich selbst gewendet, auch die Möglichkeit zu denken, dass sie nicht immer da sein wird, gilt es, sich nicht im eigenen Moment einzurichten."

4 Literaturverzeichnis

Ahmed, Sara. „A Phenomenology of Whiteness". *Feminist Theory* 8.2 (2007): 149–168.

Ahmed, Sara. „Queer Feelings". *The Routledge Queer Studies Reader*. Hrsg. von Donald E. Hall and Annamarie Jagose. London 2013: 422–441.

Annuß, Evelyn. „Astramentum ex machina. Zum Queering kolonialer Schaukultur". *Theatermaschinen, Maschinentheater. Von Mechaniken, Machinationen und Spektakeln*. Hrsg. von Bettine Menke und Wolfgang Struck. Bielefeld 2022: 349–367.

Babka, Anna. *Unterbrochen. Gender und die Tropen der Autobiographie*. Wien 2002.

Babka, Anna. „‚Rundum Gender'. Literatur, Literaturwissenschaft, Literaturtheorie". *Informationen zur Deutschdidaktik. Zeitschrift für den Deutschunterricht in Wissenschaft und Schule* 3 (2007): 8–21.

Babka, Anna. „Reading Kleist Queer. Eine rhetorisch-dekonstruktive Lektüre von ‚Über das Marionettentheater'". *Queer Reading in den Philologien. Modelle und Anwendungen*. Hrsg. von Anna Babka und Susanne Hochreiter. Göttingen 2008: 237–264.

Babka, Anna. „Einleitung". *Trinh T. Minh-ha. Woman, Native, Other. Postkolonialität und Feminismus schreiben*. Hrsg. von Anna Babka. Übers. von Kathrina Menke. Wien 2010: 9–24.

Babka, Anna. „Gender Studies". *Metzler-Handbuch Postkolonialismus und Literatur*. Hrsg. von Axel Dunker, Gabriele Dürbeck und Dirk Göttsche. Stuttgart 2017: 109–114.

Babka, Anna. *Postcolonial-Queer. Erkundungen in Theorie und Literatur*. Wien 2019.

Babka, Anna und Rosemarie Brucher. „Vorwort". *Jack Halberstam: Trans*Positionen zu Geschlecht und Architektur*. Hrsg. von Anna Babka und Rosemarie Brucher. Wien 2021: 7–13.

Babka, Anna und Susanne Hochreiter. „Einleitung". *Queer Reading in den Philologien. Modelle und Anwendungen*. Hrsg. von Anna Babka und Susanne Hochreiter. Göttingen 2008: 11–19.

Babka, Anna und Gerald Posselt. *Gender und Dekonstruktion. Begriffe und kommentierte Grundlagentexte der Gender- und Queer-Theorie*. Wien 2016.

Bacchetta, Paola, Fatima El-Tayeb und Jin Haritaworn. „Queers of Colour and (De)Colonial Spaces". *Global Raciality. Empire, PostColoniality, DeColoniality*. Hrsg. von Paola Bacchetta, Sunaina Maira und Howard Winant. New York 2019: 158–170.

Bachmann-Medick, Doris. *Cultural Turns. Neuorientierungen in den Kulturwissenschaften*. 4. Aufl. Reinbek 2010.

Barad, Karen. „Nature's Queer Performativity". *Kvinder, Køn & Forskning* 1/2 (2012): 25–53.

Bennington, Geoffrey. „Aberrations. de Man (and) the Machine". *Reading de Man Reading*. Hrsg. von Lindsay Waters und Wlad Godzich. Minneapolis, MN 1989: 109–222.

Berger, Anne-Emmanuelle. *The Queer Turn in Feminism. Identities, Sexualities, and the Theater of Gender*. New York 2013.
Bhabha, Homi K. *The Location of Culture*. London 2004 [1994].
Bourdieu, Pierre. *Die männliche Herrschaft*. Übers. von Jürgen Bolder. Frankfurt a.M. 2010 [1998].
Bradway, Tyler und Elizabeth Freeman. *Queer Kinship. Race, Sex, Belonging, Form*. Durham, NC 2022.
Braun, Christina von und Inge Stephan. „Einleitung". *Gender-Studien. Eine Einführung*. Hrsg. von Christina von Braun und Inge Stephan. Stuttgart 2000: 9–15.
Breger, Claudia. „‚Gekreuzt' und ‚queer'. Überlegungen zur Rekonzeptualisierung von ‚gender', Ethnizität und Sexualität". *Differenzen in der Geschlechterdifferenz. Aktuelle Perspektiven der Geschlechterforschung*. Hrsg. von Kati Röttger und Heike Paul. Berlin 1999: 66–85.
Brunow, Dagmar und Simon Dickel. „Vorwort". *Queer Cinema*. Hrsg. von Dagmar Brunow und Simon Dickel. Mainz 2018: 7–16.
Brüns, Elke. „Frauenforschung". *Metzler Lexikon Gender Studies/Geschlechterforschung. Ansätze, Personen, Grundbegriffe*. Hrsg. von Renate Kroll. Stuttgart 2002: 119–121.
Butler, Judith. *Gender Trouble. Feminism and the Subversion of Identity*. New York 1990.
Butler, Judith. *Bodies That Matter. On the Discursive Limits of „Sex"*. London 1993.
Butler, Judith. *Die Macht der Geschlechternormen und die Grenzen des Menschlichen*. Übers. von Karin Wördemann. Frankfurt a.M. 2009 [2004].
Chute, David. „Ghost in the Shell (Rezension)". *Programm des Wiener Filmcasinos* 20 (1997).
Connell, Raewyn. *Masculinities*. Cambridge 1995.
Crenshaw, Kimberlé. „Demarginalizing the Intersection of Race and Sex. A Black Feminist Critique of Antidiscrimination Doctrine, Feminist Theory and Antiracist Politics". *University of Chicago Legal Forum* 1.8 (1989): 139–167.
Davis, Kathy. „Intersectionality as Buzzword. A Sociology of Science on What Makes a Feminist Theory Successful". *Feminist Theory* 9.1 (2008): 67–85.
Deleuze, Gilles. *Differenz und Wiederholung*. 3. Aufl. München 2007 [1968].
Derrida, Jacques: *Randgänge der Philosophie*. 3. Aufl. Wien 2023.
Didi-Huberman, Georges. *Was wir sehen blickt uns an. Zur Metapsychologie des Bildes*. Übers. von Markus Sedlaczek. München 1999 [1992].
Dietze, Gabriele. „Postcolonial Theory". *Gender@Wissen. Ein Handbuch der Gender-Theorien*. Hrsg. von Christina Braun. 3. Aufl. Köln 2013: 471–502.
Duden, Barbara. „Die Frau ohne Unterleib. Zu Judith Butlers Entkörperung. Ein Zeitdokument". *Feministische Studien* 11.2 (1993): 24–33.
Dyer, Richard. *White. Essays on Race and Culture*. London 1997.
Ebert, Roger. „Review: ‚Ghost in the Shell'". 12. April 1996: https://www.rogerebert.com/reviews/ghost-in-the-shell-1996 [31.01.2024].
Eckhoff-Heindl, Nina und Véronique Sina (Hrsg.). *Spaces Between. Gender, Diversity, and Identity in Comics*. Wiesbaden 2020.
Eng, David, Judith Halberstam und José Esteban Muñoz. „Introduction. What's Queer about Queer Studies now?". *Social Text* 23. 3–4 (2005): 1–17.
Engel, Antke: *Wider die Eindeutigkeit. Sexualität und Geschlecht im Fokus queerer Politik der Repräsentation*. Frankfurt a.M. 2002.
Fausto-Sterling, Anne. *Sexing the Body. Gender Politics and the Construction of Sexuality*. New York 2000.
Fawaz, Ramzi. *The New Mutants. Superheroes and the Radical Imagination of American Comics*. New York 2016.
Fawaz, Ramzi. „A Queer Sequence. Comics as a Disruptive Medium". *PMLA* 134.3 (2019): 588–594.

Foucault, Michel. *Der Wille zum Wissen. Sexualität und Wahrheit 1*. Übers. von Ulrich Rauff und Walter Seitter. Frankfurt a.M. 1991 [1976].

Frahm, Ole. *Die Sprache des Comics*. Hamburg 2010.

Franklin Susan. „Queer Biology?". *Lambda Nordica* 19.3/4 (2014): 173–180.

García, Frank. „Queer Whiteness, the Chicana/o/x Family, and El Malinche in Quinceanera". *Journal of Popular Culture* 56.1 (2023): 1–20.

Gertenbach, Lars. „Von performativen Äußerungen zum Performative Turn. Performativitätstheorien zwischen Sprach- und Medienparadigma". *Berliner Journal für Soziologie 30* (2020): 231–258.

Glitz, Julia. „Alison Bechdels Queere Archive". *kultur & geschlecht* 23 (2019): 1–20.

Ha, Kien Nghi. *Unrein und vermischt. Postkoloniale Grenzgänge durch die Kulturgeschichte der Hybridität und der kolonialen „Rassenbastarde"*. Bielefeld 2015.

Hacker, Hannah. „‚...und kein *t* in Feminismus' [Teil des Forums: Doris Bachmann-Medicks ‚Cultural Turns. Neuorientierung in den Kulturwissenschaften'. Zur Diskussion gestellt von Christoph Conrad, Hanna Hacker, Barbara Lüthi und Elisabeth Timm]". *L'Homme. Zeitschrift für Geschlechtergeschichte* 18.2 (2007): 128–130.

Halberstam, Jack* und Ira Livingston. „Introduction. Posthuman Bodies". *Posthuman Bodies*. Hrsg. von Jack* Halberstam und Ira Livingston. Bloomington, IN 1995: 1–19.

Halberstam, Jack*. *Female Masculinity*. Durham, NC 1998.

Halberstam, Judith. *In a Queer Time and Place. Transgender Bodies, Subcultural Lives*. New York 2005.

Hall, Donald E. und Annamarie Jagose. „Introduction. The Queer Turn". *The Routledge Queer Studies Reader*. Hrsg. von Donald E. Hall and Annamarie Jagose. London 2013: xiv–xx.

Haraway, Donna. „Situated Knowledges. The Science Question in Feminism and the Privilege of Partial Perspective". *Feminist Studies* 14.3 (1988): 575–599.

Haraway, Donna. „A Manifesto for Cyborgs. Science, Technology, and Socialist Feminism in the 1980s". *Socialist Review* 80 (1985): 65–107.

Harding, Sandra. *Das Geschlecht des Wissens. Frauen denken die Wissenschaft neu*. Übers. von Helga Kelle. Frankfurt a.M. 1994 [1991].

Hark, Sabine. „Queere Interventionen". *Feministische Studien* 11.2 (1993): 103–109.

Hark, Sabine. „Queer Studies". *Gender@Wissen. Ein Handbuch der Gender-Theorien*. Hrsg. von Christina von Braun und Inge Stephan. Köln 2005: 285–303.

Hark, Sabine. „Total normal? Queer Theorie in der Akademie". *Queer Reading in den Philologien. Modelle und Anwendungen*. Hrsg. von Anna Babka und Susanne Hochreiter. Wien 2008: 51–62.

Herbrechter, Stefan. „Kritischer Posthumanismus". *ZMK Zeitschrift für Medien- und Kulturforschung* 7.1 (2016): 61–67.

Hill Collins, Patricia. *Black Feminist Thought. Knowledge, Consciousness, and the Politics of Empowerment*. 10. Aufl. New York 2000 [1990].

Hite, Christian. *Derrida and Queer Theory*. New York 2017.

Hofer, Regina. *Blad*. Wien 2018 [2008].

Hoppe, Katharina und Thomas Lemke. „Die Macht der Materie. Grundlagen und Grenzen des agentiellen Realismus von Karen Barad". *Soziale Welt* 66.3 (2015): 261–279.

Hornscheidt, Lann. „Postkoloniale Gender-Forschung. Ansätze feministischer postkolonialer Studien". *Schlüsselwerke der Postcolonial Studies*. Hrsg. von Julia Reuter und Alexandra Karentzos. Wiesbaden 2012: 215–228.

Ito, Kazunori. *Ghost in the Shell (Kokaku Kidotai)*. Japan 1995.

Jagose, Annamarie. *Queer Theory. Eine Einführung*. Hrsg. von Corinna Genschel et al. Berlin 2001.

Johnson, E. Patrick und Mae G. Henderson. *Black Queer Studies. A Critical Anthology*. Durham, NC 2005.

Jones, Amelia. *Seeing Differently. A History and Theory of Identification and the Visual Arts*. London 2012.

Jones, Amelia (Hrsg.). *The Feminism and Visual Culture Reader*. 2. Aufl. London 2010.
Kleist, Heinrich von. „Über das Marionettentheater [1810]". *Sämtliche Werke und Briefe, Band 2*. München 1985: 338–345.
Kossek, Brigitte. „Zur Artikulation der rassischen und sexuellen Differenz in Homi K. Bhabhas ‚Anatomie des kolonialen Diskurses'". *Dritte Räume. Homi K. Bhabhas Kulturtheorie. Kritik. Anwendung. Reflexion*. Hrsg. von Anna Babka, Julia Malle und Matthias Schmidt. Wien 2010: 89–106.
Krammer, Stefan. *Fiktionen des Männlichen. Männlichkeitsforschung in der Literaturwissenschaft*. Wien 2018.
Kraß, Andreas. „Queer lesen. Literaturgeschichte und Queer Theory". *Gender Studies. Wissenschaftstheorien und Gesellschaftskritik*. Hrsg. von Therese Frey Steffen, Caroline Rosenthal und Anke Väth. Würzburg 2004: 233–248.
Kraß, Andreas. „Kritische Heteronormativitätsforschung. Der ‚queer turn' in der germanistischen Mediävistik". *Zeitschrift für Deutsche Philologie* 1 (2009): 95–106.
Kraß, Andreas. „Queer Studies. Eine Einführung". *Queer denken. Gegen die Ordnung der Sexualität*. Hrsg. von Andreas Kraß. Frankfurt a.M. 2003: 7–28.
Lanser, Susan S. „Queering Narratology". *Ambiguous Discourse. Feminist Narratology and British Women Writers*. Hrsg. von Kathy Mezei. Chapel Hill, NC 1996: 250–261.
Laufenberg, Mike. *Queere Theorien zur Einführung*. Hamburg 2022.
Loh, Janina. *Trans- und Posthumanismus zur Einführung*. Hamburg 2018.
Lykke, Nina. „Between Monsters, Goddesses and Cyborgs. Feminist Confrontations with Science". *Between Monsters, Goddesses and Cyborgs. Feminist Confrontations with Science, Medicine and Cyberspace*. Hrsg. von Nina Lykke und Rosi Braidotti. London 1996: 13–29.
Menke, Bettine. „Verstellt. Der Ort der ‚Frau'. Ein Nachwort". *Dekonstruktiver Feminismus. Literaturwissenschaft in Amerika*. Hrsg. von Barbara Vinken. Frankfurt a. M. 1992: 436–476.
Menke, Bettine. „Körper-Bild und -Zerfällung, ‚Staub'. Über Heinrich von Kleists ‚Penthesilea'". *Körper, Gedächtnis, Schrift. Der Körper als Medium kultureller Erinnerung*. Hrsg. von Claudia Öhlschläger und Birgit Wiens. Berlin 1997: 122–156.
Mitchell, W. J. T. „What is an Image?". *Iconology. Image, Text, Ideology*. Chicago, IL 1987: 7–46.
Mitchell, W. J. T. „Pictorial Turn". *Bildtheorie*. Hrsg. von Gustav Frank. Frankfurt a.M. 2008: 101–135.
Morrison, Toni. *Im Dunkeln spielen. Weiße Kultur und literarische Imagination. Essays*. Reinbek 1995.
Mortimer-Sandilands, Catriona und Bruce Erickson. *Queer Ecologies. Sex, Nature, Politics, Desire*. Bloomington, IN 2010.
Muñoz, José Esteban. „Dead White. Notes on the Whiteness of the New Queer Cinema". *GLQ. A Journal of Lesbian and Gay Studies* 4.1 (1998): 127–138.
Muñoz, José Esteban. *Disidentifications. Queers of Color and the Performance of Politics*. Minneapolis, MN 1999.
Muñoz, José Esteban. *Cruising Utopia. Then and There of Queer Futurity*. 10. Aufl. New York 2019 [2009].
Paul, Barbara und Johanna Schaffer (Hrsg.). *Mehr(wert) queer. Visuelle Kultur, Kunst und Gender-Politiken. Queer Added (Value). Visual Culture, Art, and Gender Politics*. Bielefeld 2009.
Perko, Gudrun. *Queer-Theorien. Ethische, politische und logische Dimensionen plural-queeren Denkens*. Köln 2005.
Puar, Jasbir K. *Terrorist Assemblages. Homonationalism in Queer Times*. Durham, NC 2007.
Posselt, Gerald. „Performativität". *Gender und Dekonstruktion. Begriffe und kommentierte Grundlagentexte der Gender- und Queer-Theorie*. Hrsg. von Anna Babka und Gerald Posselt. Wien 2016: 80–82.
Preciado, Paul B. *Kontrasexuelles Manifest*. Übers. von Stephan Geene. Berlin 2003 [2000].

Preciado, Paul B. *Testo Junkie*. Übers. von Stephan Geene. Berlin 2016 [2008].

Raab, Heike. „‚Queer revisited'. Neuere Aspekte zur Verhältnisbedingung von Queer Studies und Gender Studies". *Die Kategorie Geschlecht im Streit der Disziplinen*. Hrsg. von Marlen Bidwell-Steiner und Karin S. Wozonig. Innsbruck 2005: 240–252.

Rauchenbacher, Marina und Katharina Serles. „Fragmented and Framed. Precarious ‚Body Signs' in Comics by Regina Hofer, Ulli Lust, Barbara Yelin and Peer Meter". *Spaces Between. Gender, Diversity, and Identity in Comics*. Hrsg. von Nina Eckhoff-Heindl und Véronique Sina. Wiesbaden 2020: 79–93.

Rauchenbacher, Marina. „Comics. Posthuman, queer-end_um_un-ordnend". *Genealogy+Critique* 8.1 (2022): 1–27.

Rauchenbacher, Marina und Katharina Serles. „Gender/Queer Studies und Intersektionalität/ Interdependenz. Schwerpunkt deutschsprachige Comicforschung". *Handbuch Comicforschung*. Hrsg. von Juliane Blank und Stephan Packard (i.V.).

Rich, Adrienne. „Disloyal to Civilization. Feminism, Racism, Gynephobia". *On Lies, Secrets, and Silence. Selected Prose, 1966–1978*. New York 1979.

Schmitz, Sigrid. „Karen Barad: Agentieller Realismus als Rahmenwerk für die Science & Technology Studies". *Schlüsselwerke der Science & Technology Studies*. Hrsg. von Daniela Lengersdorf und Matthias Wieser. Wiesbaden 2014: 279–291.

Schmitz, Sigrid und Grit Höppner (Hrsg.). *Gendered Neurocultures. Feminist and Queer Perspectives on Current Brain Discourses*. Wien 2014.

Scott, Darieck und Ramzi Fawaz. „Introduction. Queer about Comics". *American Literature* 90.2 (2018): 197–219.

Sedgwick, Eve Kosofsky. „Queer and Now". *Tendencies*. London 1994: 1–20.

Sedgwick, Eve Kosofsky (Hrsg.). *Novel Gazing. Queer Readings in Fiction*. Durham, NC 1997.

Sedgwick, Eve Kosofsky. *Between Men. English Literature and Male Homosocial Desire*. 13. Aufl. Columbia 2015 [1985].

Seymour, Nicole. *Strange Natures. Futurity, Empathy, and the Queer Ecological Imagination*. Champaign, IL 2013.

Shirow, Masamune. *Ghost in the Shell*. Milwaukee, WI 1995.

Sina, Véronique. *Comic, Film, Gender. Zur (Re-)Medialisierung von Geschlecht im Comicfilm*. Bielefeld 2016.

Sina, Véronique. „Comic. Gender. Queer(en)". *QUE(E)RULIEREN! Störmomente in Kunst, Medien, Wissenschaft*. Hrsg. von Oliver Klaassen und Andrea Seier. Berlin 2023: 95–97.

Spivak, Gayatri Chakravorty. „Can the Subaltern Speak?". *Can the Subaltern Speak? Postkolonialität und subalterne Artikulation*. Übers. von Alexander Joskowicz und Stefan Nowotny. Wien 2020.

Stone, Sandy. „The ‚Empire' Strikes Back. A Posttranssexual Manifesto". *Camera Obscura. Feminism, Culture, and Media Studies* 10.2 (1992): 150–176.

Stryker, Susan und Paisley Currah. „Introduction". *Transgender Studies Quarterly* 1.1/2 (2014): 1–18.

Trinh T. Minh-ha. *Woman. Native. Other. Postkolonialität und Feminismus schreiben*. Hrsg. von Anna Babka. Übers. von Kathrina Menke. Wien 2010 [1989].

Trinh T. Minh-ha. *Elsewhere, Within Here. Immigration, Refugeeism and the Boundary Event*. New York 2011.

Trinh T. Minh-ha, Benjamin Schultz-Figueroa und Patricia Alvarez. „[In Conversation]". *The Brooklyn Rail* Oktober 2016: https://brooklynrail.org/2016/10/film/trinh-t-minh-ha-with-benjamin-schultz-figueroa-patricia-alvarez [31.01.2024].

Villa, Paula-Irene. „Kritik der Identität, Kritik der Normalisierung. Positionen von Queer Theory". *Images von Gewicht. Soziale Bewegungen, Queer Theory und Kunst in den USA*. Hrsg. von Lutz Hieber und Paula-Irene Villa. Bielefeld 2007: 165–190.

Villa, Paula-Irene. „Poststrukturalismus: Postmoderne + Poststrukturalismus = Postfeminismus?". *Handbuch Frauen- und Geschlechterforschung. Theorie, Methoden, Empirie*. Hrsg. von Ruth Becker und Beate Kortendiek. 3. Aufl. Wiesbaden 2010: 269–273.

Villa, Paula-Irene. „Gender Studies sollen Unis helfen, exzellent zu werden". *Standard* 31. Januar 2010: http://diestandard.at/1263706277960/Gender-Studies-Sollen-Unis-helfen-exzellent-zu-werden [31.01.2024].

Walgenbach, Katharina et al. *Gender als interdependente Kategorie. Neue Perspektiven auf Intersektionalität, Diversität und Heterogenität*. 2. Aufl. Berlin 2012.

Warhol, Robyn R. und Susan S. Lanser (Hrsg.). *Narrative Theory Unbound. Queer and Feminist Interventions*. Columbus, OH 2015.

Wright, Les K. „Introduction to ‚Queer' Masculinities". *Men and Masculinities* 7.3 (2005): 243–247.

Zeeb, Ekkehard. „Kleist, Kant und/mit Paul de Man vor dem ‚Rahmen' der Kunst. Verschiedene Empfindungen vor Friedrichs Seelandschaft". *Heinrich von Kleist. Kriegsfall, Rechtsfall, Sündenfall*. Hrsg. von Gerhard Neumann. Freiburg 1994: 299–336.

Simon Goebel und Karin Scherschel

Refugee Studies

1 Forschungsgeschichte

Die Zahl der Flüchtenden steigt seit Jahrzehnten, und weder ein Ende der humanitären Notlagen, noch ein Ende der Krise der Solidarität ist absehbar. Das 20. Jahrhundert wurde nicht nur als das Jahrhundert der Migration (Castles und Miller 2009), sondern auch als das „Jahrhundert der Flüchtlinge" bezeichnet (Colson 2003, 1). Das gleiche lässt sich bereits jetzt für das 21. Jahrhundert behaupten. Der Krieg in der Ukraine hat das Flüchtlingsgeschehen sprunghaft auf über 100 Millionen flüchtende Menschen weltweit ansteigen lassen. Ban Ki Moon, der frühere Generalsekretär der Vereinten Nationen, konstatierte 2016: „We are facing the biggest refugee and displacement crisis of our time. Above all, this is not just a crisis of numbers; it is also a crisis of solidarity". Elizabeth Colson prophezeite bereits 2003, dass es keinen Grund für die Annahme gäbe, „to overcome the human propensity to indulge in atrocities or to pursue self-interest at whatever cost to others" (Colson 2003, 3). Flüchtlingsbewegungen würden durch Bevölkerungswachstum, den Kampf um begrenzte Ressourcen, Kriege und die Folgen des Klimawandels weiterhin die Menschheit beschäftigen.

In den letzten vier Jahrzehnten hat sich international und jüngst auch im deutschsprachigen Raum das Forschungsfeld der Refugee Studies etabliert. Im deutschen Kontext ist meist die Rede von der Flucht- und/oder Flüchtlingsforschung. Die (disziplinäre) Selbstbezeichnung ist jedoch umstritten. Handelt es sich um Fluchtforschung, Flüchtlingsforschung oder Zwangsmigrationsforschung? So wird der Verwendung des Begriffs „Flüchtlingsforschung" bspw. vorgeworfen, eine zu enge Beobachtungskategorie zu verwenden, der Begriff sei nicht nur negativ konnotiert, sondern auch eine politische und keine wissenschaftliche Kategorie. Der Verwendung des Begriffs „Zwang(smigration)" wird wiederum entgegengehalten, dass er nicht eindeutig sei und zudem sei die Unterscheidung zwischen freiwilliger und unfreiwilliger Bewegung nicht tragfähig. Im englischsprachigen Forschungsraum hält die Diskussion über das Selbstverständnis der Refugee Studies oder Forced Migration Studies seit den 1990er Jahren an.

Wir werden aufgrund der internationalen Ausrichtung des Beitrags im Folgenden von Refugee Studies sprechen und in Kapitel drei, in dem es um die einschlägige deutschsprachige Forschungslandschaft geht, die Begriffsdebatten der Flucht- bzw. Flüchtlingsforschung reflektieren. Die Entwicklung der Refugee Studies ist eng verbunden mit Fluchtbewegungen und den politischen und rechtlichen Reaktionen bzw. der Verrechtlichung der Situation Schutzsuchender durch inter-

https://doi.org/10.1515/9783110712919-028

nationale Abkommen. Im Zuge der desaströsen Folgen des Zweiten Weltkrieges in Europa wird nicht nur ein Flüchtlingsregime institutionalisiert, sondern auch ein modernes Verständnis des Flüchtlings (Malkki 1995, 499–502). Malkki bringt dies pointiert zum Ausdruck (1995, 498): „As far as has been possible to determine, it is in the Europe emerging World War II, that certain key techniques for managing displacements of people first became standardized and then globalized. This does not mean there were no refugees or techniques for managing them before World War II […]. People have always sought refuge and sanctuary. But ‚the refugee' as a special social category and legal problem of global dimension did not exist in its full modern form before this period."

Entscheidend für die Herausbildung des Flüchtlingsbegriffs ist die Genfer Flüchtlingskonvention. Das internationale Regelwerk zum Schutz von Flüchtlingen entstand unter dem Eindruck der Flüchtlingsbewegungen, die durch den Nationalsozialismus ausgelöst wurden (Gatrell 2016; Oltmer 2016; Poutrus 2019). Der heutige Flüchtlingsbegriff ist das Resultat von Menschenrechtspolitiken, ihrer Kodifizierung in der allgemeinen Menschenrechtserklärung, in der Genfer Flüchtlingskonvention und den darauffolgenden Protokollen. Dieses Verständnis ist höchst selektiv – historisch und aktuell. Gatrells wegweisende historische Studie *The Making of the Modern Refugee* (2013) zeichnet diese politischen Prozesse detailliert nach.

Die Refugee Studies befassen sich mit den historischen, sozialen, kulturellen, ökonomischen, geographischen und psychologischen Ursachen und Folgen von Flucht sowie mit zahlreichen mit Fluchtmigration eng verknüpften Themen wie Zugehörigkeit, Citizenship, Kontrollpolitiken, Governance, Aufnahme, Integration/Inklusion, Diversität, Arbeitsmarkt, Sozialstaat, Rassismus, Diskriminierung, Grenzregime, Abschiebung, „Humanitarianism", Menschenrechte, Repräsentation, Partizipation, Erinnerung, Spiritualität, u. v. a. m.

Insofern sind Refugee Studies gekennzeichnet durch ein breites Interesse an den soziopolitischen und kulturellen Prozessen und Praktiken im Kontext von Fluchtbewegungen (Malkki 1995, 496). Sie sind nicht nur ein interdisziplinäres, sondern auch ein thematisch, theoretisch und methodologisch ausdifferenziertes Forschungsfeld. Dies zeigen insbesondere jüngere internationale Publikationen, die zahlreiche Disziplinen und Themen versammeln (Fiddian-Qasmiyeh et al. 2014a; Fiddian-Qasmiyeh 2020).

Die Frage nach dem gemeinsamen Nenner ist daher nicht ohne weiteres zu beantworten. J. Olaf Kleist argumentiert, dass sich Refugee Studies als Forschungsfeld durch ihr „Kerninteresse an Verlust von und Bedarf an politischen Rechten und Schutz der Flüchtlinge" (Kleist 2015, 151) von anderen Forschungsfeldern abgrenzen ließen. Kleist geht es dabei naheliegender Weise um die schwierige Abgrenzung zu den Migration Studies. Flüchtlinge, so Kleist (2015, 153), unterscheiden sich von

Migrant*innen in ihrem Verlust von grundlegenden Rechten und ihrer Suche nach Schutz.

Epistemische Klärungsversuche zielen darauf, frühe Versäumnisse der Fluchtforschung einzuholen: Die Debatten in den 1990er und 2000er Jahren monierten einerseits eine fehlende theoretische Fundierung der REFUGEE STUDIES, andererseits kritisierten sie, dass das Verhältnis von Wissenschaft und Politik ungeklärt sei. Dies beträfe insbesondere die nicht vorhandene Distanz der Forschung zu den politischen Institutionen des Flüchtlingsschutzes – eine der zentralen Schwächen des Forschungsfeldes. Ein Resultat davon sei nicht nur eine unzureichende theoretische Reflexion der Kontingenz und Normativität des Flüchtlingsbegriffes, sondern eine generelle Vernachlässigung der Bedeutung der Rolle der Institutionen des Flüchtlingsregimes. So hätten die meisten Studien unreflektiert institutionalisierte Flüchtlingsdefinitionen wie die der Genfer Flüchtlingskonvention verwendet (Black 2001, 58). Die Kritik führte zur Infragestellung gängiger Kategorien wie „Flüchtling", und so plädierte Malkki im Sinne sozial- und kulturanthropologischer Perspektiven dafür, den Begriff nicht als objektive Kategorie einer spezifischen sozialen Gruppe zu verwenden, weil diese Gruppe selbst höchst divers ist. Der Begriff „Flüchtling" sei daher lediglich „as a broad legal or descriptive rubric that includes within it a world of different socioeconomic statuses, personal histories, and psychological or spiritual situations" (Malkki 1995, 496) sinnvoll analytisch verwendbar.

Vielmehr geht es, darauf hat Roger Zetter (1991, 2007), ein Nestor der REFUGEE STUDIES, früh hingewiesen, um die Reflexion der *labeling*-Prozesse, also der administrativen Prozeduren, die zu einem bestimmten historischen Zeitpunkt „Flüchtlinge" als solche hervorbringen. Solche Debatten führten dazu, dass sich ein Teil der REFUGEE STUDIES eher an den weniger spezifischen Forschungsfeldern zu Migration oder sozialem Wandel orientierten (Bakewell 2007, 8). REFUGEE STUDIES haben immer wieder von bereits bestehenden Ansätzen aus den MIGRATION STUDIES profitiert (Colson 2003, 5).

Einen weiteren epistemologischen Schwerpunkt bildet die Diskussion um den Grad der Freiwillig- und Unfreiwilligkeit als Parameter der wissenschaftlichen Einordnung von Migrationsprozessen. Die Positionen sind unterschiedlich: Schuster (2014, 301–302) macht bspw. die Fluchtursachen zum Ausgangspunkt seiner Argumentation. *Mixed migrations*, die Überlagerung verschiedener Migrationsursachen (z. B. Armut, Gewalt, Verfolgung, Arbeitslosigkeit), machten es unmöglich, zwischen freiwilliger und unfreiwilliger Migration trennscharf zu unterscheiden.

Die Gegenüberstellung von Flucht bzw. Flüchtlingen und Migration bzw. Migrant*innen oder Migration und Zwangsmigration wird an einen Dualismus von „unfreiwillig" (Jászi 1939), „erzwungen" (Petersen 1958), „reaktiv" (Richmond 1988) und deren begriffliche Gegenüber geknüpft. Bedeutsam im Zuge dieser Debatte sind Richmonds soziologisch inspirierte Überlegungen (1988) zu *agency*, sozialen Ungleichheiten und Machtverhältnissen: Migrationsentscheidungen seien weder völlig frei, noch stünden sie unter totalem Zwang. Er lehnt eine Gegenüberstellung binärer Kategorien von (Un-)Freiwilligkeit ab und plädiert dafür von unterschiedlichen „Freiheitsgraden“ sowie reaktiven und proaktiven Formen zu sprechen (Gelardi und Scherschel 2023, 71). Auch wenn Richmond mit seiner Argumentation binäre Konzepte von Zwang und Freiwilligkeit versucht aufzubrechen, orientiert er seine Flüchtlingsdefinition ebenfalls an der verbreiteten Dichotomie, Flüchtlinge von anderen Migrant*innentypen zu unterscheiden, weshalb auch seine Ausführungen von „reaktiven“ (Flüchtlingen) gegenüber „proaktiven“ (Migrant*innen) die Gefahr bergen, Flüchtlingen weniger Handlungsfähigkeit zuzuschreiben. Jeweilige Migrationsdynamiken gilt es differenziert zu betrachten, es kann von einem komplexen Zusammenspiel „wirtschaftlicher, sozialer und politischer Faktoren“ ausgegangen werden (Richmond 1988, 12).

Flucht kann – wie allgemein soziales Handeln – als Folge einer „komplexen Verschränkung von strukturellen Zwängen mit individuellen und kollektiven Entscheidungs- und Handlungsmöglichkeiten“ (Scherr und Scherschel 2019, 39) betrachtet werden. Da Migrationsbewegungen stets Zwänge als auch Wahloptionen beinhalten, verliert einerseits die Unterscheidung freiwillig vs. unfreiwillig an Tragfähigkeit. Gleichwohl sind andererseits Migrationssituationen mit unterschiedlich starken Zwängen und Handlungsmöglichkeiten verbunden, bspw. im Falle gewaltvoller Vertreibung (Scherr und Scherschel 2019, 41). Mobilität beinhaltet ein Kontinuum an Zwängen (FitzGerald und Arar 2018, 393). Die Bedeutung von *agency* ernst zu nehmen, sollte nicht dazu führen, den Blick für restriktive Entscheidungseinschränkungen und ungleiche Machtverhältnisse zu verlieren. *Zwangsmigration* kann den Forschungsgegenstand auch erweitern, indem der Begriff für weitere Gruppen und Lebensbedingungen geöffnet wird, immer dann, wenn „grundlegende Menschenrechte […] nicht gewährleistet sind“ (Scherr und Scherschel 2019, 42). Dadurch kommen auch Vertreibungen und (Zwangs-)Umsiedlungen als Folge von bspw. Entwicklungsprojekten oder Umweltveränderungen in den analytischen Fokus (FitzGerald und Arar 2018, 392). Die (Wieder-)Herstellung von und der Zugang zu Grundrechten kann demnach als zentral für die Unterscheidung von Migrant*innen und Flüchtlingen (Kleist 2015, 135) respektive von Migrationsforschung und Flüchtlings- bzw. Fluchtforschung gesehen werden. Die Hervorhebung der *Unfreiwilligkeit* kann zudem als ein politischer, die wissenschaftliche Diskussion flankierender Appell gelesen werden, gesellschaftlich Verantwortung für Schutz und Aufnahme zu tragen (Scherr und Scherschel 2019, 38–39), da migrationspolitische Unterscheidungen zum Aufbau von Grenzregimen führen, die darauf abzielen, Menschen nach Migrationsmotiven zu selektieren (→Border Studies). Insgesamt scheint es plausibel, die Diskussionen um Klassifikation und Definition des Begriffs „Flüchtling" mit Kleist als „eine der unlösbaren Konstanten des Forschungsfeldes" (Kleist 2015, 152) zu bezeichnen.

Verstehen wir Refugee Studies als Teil der Cultural Studies, so verschiebt sich der Blick ein wenig. Refugee Studies zeichnen sich unter dieser Perspektive dadurch aus, dass sie in Bezug auf gegenwärtige kulturelle Aushandlungsfelder neue, inter- und transdisziplinäre Analyseinstrumente, also spezifische epistemologische Perspektiven auf Gesellschaft entwickeln (Moebius 2012, 10–12).

Forschung zu Zwangsmigration kann auf eine produktive Publikationshistorie zurückblicken. Als einen der ersten einschlägigen Hinweise ist das Sonderheft der *Annals of the American Academy of Political and Social Science* zu Flüchtlingen von 1939 zu nennen (Black 2001, 58). Wissenschaftliche Erkenntnisse spielten bei der Konstitution der Genfer Flüchtlingskonvention von 1951 und der darin enthaltenen Flüchtlingsdefinition eine Rolle (Bakewell 2007, 6). Die Fluchtbewegungen aus Vietnam in den späten 1970er Jahren waren Thema eines Sonderheftes der *International Migration Review* 1981 und vieler weiterer Studien (Colson 2011, 157). Die Schwerpunkte lagen auf Policy-Analysen sowie Lösungs- und Handlungsempfehlungen für politische Akteure, was auch zur Finanzierung einschlägiger Forschung über politische bzw. regierungseigene Förderprogramme geführt hat (Black 2001, 58, 61).

Dennoch haben sich Refugee Studies erst in den späten 1980er Jahren zu einem eigenständigen akademischen Feld entwickelt (Malkki 1995, 507). Die initialen Anliegen der Refugee Studies bezogen sich dabei auf die Frage, wer warum und in welcher Weise dem internationalen Flüchtlingsregime unterworfen wurde, wie das Regime funktionierte und welche Auswirkungen es auf seine Subjekte hatte (Black 2001, 57–58; Bakewell 2007, 6). Standen also zunächst politikwissenschaftliche Perspektiven auf institutionelle und bürokratische Aspekte des Flüchtlingsregimes im Vordergrund, differenzierte sich das Forschungsfeld im Weiteren schnell aus, was nicht zuletzt der zunehmenden Institutionalisierung der Refugee Studies in Form von Projekten, Forschungszentren und oben skizzierten Publikationsaktivitäten geschuldet war. Eine tabellarische Auflistung einiger relevanter Gründungsdaten von Forschungszentren und Journals findet sich bei Black (2001, 60), ebenso wie eine ausführliche Beschreibung der Entstehung der Refugee Studies als Forschungsfeld. Refugee Studies war für diverse disziplinäre Perspektiven von Interesse – insbesondere Soziologie, Kultur- und Sozialanthropologie, Geographie, Politik-, Rechts- und Wirtschaftswissenschaften (Bakewell 2007, 7). Obwohl die Institutionalisierung der Refugee Studies wie im Refugee Studies Programme in Oxford (seit 2000 heißt es Refugee Studies Centre) oder dem Centre for Refugee Studies in York (Kanada), Anhaltspunkte für ein sich etablierendes Forschungsfeld sind, ist das *gros* der Refugee Studies außerhalb institutionalisierter Kontexte in den jeweiligen disziplinären Zusammenhängen und Journals entstanden (Black 2001, 61). Einerseits ist dadurch die Erstellung einer Kartographie der einschlägigen Forschungslandschaft kaum leistbar, andererseits zeigt es den Einfluss von REFUGEE STUDIES auf disziplinäre und interdisziplinäre Forschung (Black 2001, 61). Schon 2001, schreibt Black (2001, 59), sei das Feld der REFUGEE STUDIES kaum noch zu überblicken, die Erstellung einer Bibliographie nahezu unmöglich. Die jüngsten Sammelbände zu REFUGEE STUDIES (Fiddian-Qasmiyeh et al. 2014a; Triandafyllidou 2016; Fiddian-Qasmiyeh 2020) versuchen die Forschungslandschaft zu sortieren, wobei sich bereits im Titel des Bandes von Triandafyllidou – *Routledge Handbook of Immigration and Refugee Studies* – wiederum die schwierige Abgrenzung zwischen IMMIGRATION STUDIES und REFUGEE STUDIES offenbart.

Die Genese der REFUGEE STUDIES zeigt: Sie zählen nicht originär zu den CULTURAL STUDIES. Beide haben sich unabhängig voneinander entwickelt und gleichwohl im Kontext soziologischer sowie sozial- und kulturanthropologischer Arbeiten instruktive gegenseitige Bezugnahmen erfahren (Malkki 1995; Chatty 2014). Konzepte wie Transnationalismus (Glick Schiller et al. 1992), → BORDER STUDIES und CITIZENSHIP STUDIES, Hybridität (Bhabha 2007 [1994]) und andere postkoloniale Theorien (Samaddar 2020; → POSTCOLONIAL STUDIES), Intersektionalität (Crenshaw 1991), die Dekonstruktion von Kultur und Nation (Çağlar 1990; Gupta und Ferguson 1992) sowie *de-migranticization* (Dahinden 2014) und Autonomie der Migration (Bojadžijev und Karakayalı 2010) zeigen nur einen Teil der Bandbreite kulturtheoretischer Verflechtungen mit den REFUGEE STUDIES. Intersektionale Arbeiten diskutieren Flucht im Zusammenhang mit Gender (→ GENDER STUDIES), Alter, *disability* (→ DISABILITY STUDIES), Gesundheit, Religion oder Repräsentation – Themen, die im *Oxford Handbook of Refugee and Forced Migration Studies* (Fiddian-Qasiymeh et al. 2014a) mit je eigenen Kapiteln bedacht und systematisiert werden. Im ersten deutschsprachigen Handbuch *Flucht- und Flüchtlingsforschung* systematisieren Scharrer, Glorius, Kleist und Berlinghoff das Feld entlang von Forschungsansätzen, Begriffen und Themen, einschlägigen Gegenständen und Regionen (Scharrer et al. 2023).

2 Exemplarische Beispiele und Fragestellungen

Im Folgenden werden exemplarisch ethnographisch-kulturwissenschaftliche Beispiele der REFUGEE STUDIES skizziert. Angesichts der oben skizzierten Breite des Feldes handelt es sich notwendigerweise um eine hoch selektive Auswahl.

2.1 Ethnographie des gesamten Akteursfelds: Harrell-Bonds *Imposing Aid* (1986)

Das Buch *Imposing Aid. Emergency Assistance to Refugees* von Barbara E. Harrell-Bond aus dem Jahr 1986 gilt in den REFUGEE STUDIES als „ground-breaking" (Fiddian-Qasmiyeh et al. 2014b, 2): Elisabeth Colson (2011) beschreibt, wie *Imposing Aid* gängige Vorstellungen und Praktiken von Ethnograph*innen infrage gestellt und revidiert hat. So wurde die Aufgabe der Ethnographie bis weit in die zweite Hälfte des 20. Jahrhunderts darin gesehen, Wissen über die Lebensweisen vermeintlich homogener ethnischer oder kultureller Gruppen zu generieren und an Außenstehende zu vermitteln. Harrell-Bond brach mit dieser Ausrichtung des Faches, indem sie im Kontext ihrer Feldforschung die Akteursvielfalt in Fluchtsituationen berücksichtigte. Im Südsudan suchten in den frühen 1980er Jahren Ugander*innen Zuflucht. Harrell-Bond schloss sämtliche Akteure diskursiv in ihre Forschung mit ein, d. h. nicht nur die vermeintlich ‚Anderen', also die Geflüchteten, sondern ebenso die lokale Bevölkerung und die Regierung. Die besondere Sprengkraft ihrer Arbeit lag darin, dass sie auch internationale Hilfsorganisationen zum Gegenstand ihrer Forschung machte. Sie fokussierte nicht ‚die Flüchtlinge', sondern die Interaktionen der verschiedenen Akteur*innen und die daraus entstehende Ordnung, in der Flüchtlinge trotz ihrer vielfältigen Eigenschaften, Bedürfnisse und Fähigkeiten zu einer einheitlichen Kategorie verschmolzen, für die ein und dasselbe Hilfskonzept vorgesehen war.

Die internationalen humanitären Hilfsorganisationen standen der Beforschung ihrer Tätigkeiten skeptisch gegenüber, zumal Harrell-Bond nicht mit Kritik zurückhielt. Zwar sah sie großen Bedarf an humanitärer Unterstützung, sie problematisierte aber, dass die humanitäre Hilfe eine administrative Struktur aufbaue, die die Regierungsstrukturen im Sudan untergruben. Dadurch wurde die gesamte Organisation von Hilfe und Spendengeldern abhängig, um das teure ausländische Personal zu bezahlen. Hilfsgüter kamen ebenfalls aus dem Ausland, so dass die lokale Wirtschaft nicht in die Hilfe miteinbezogen wurde. Zudem kritisierte Harrell-Bond die Unterbringung in Lagern, die sie als Kristallisationspunkt zahlreicher Probleme ausmachte. Diese führten zum Ausschluss aus dem lokalen Verwaltungs- und Rechtssystem, verhinderten die Möglichkeit den Lebensunterhalt selbst zu verdienen und führten so zu größerer Abhängigkeit der Geflüchteten.

Ein forschungspolitisches Novum war zudem die Repräsentation der Geflüchteten als heterogene Gruppe mit einer gewissen Handlungsmacht (*agency*). Manche stellten Ansprüche, andere zeigten keine Dankbarkeit für die Hilfe, die ihnen zugebracht wurde, wiederum andere verhielten sich angriffslustig oder unfreundlich usw. – als ausschlaggebend dafür nannte sie u. a. Traumata, Stress, Psychosen, Verlust, Hunger, und mangelnde Sicherheit. Das Zusammenpferchen von Menschen schaffe kein Gemeinschaftsgefühl (Colson 2011, 159–160).

In Harrell-Bonds Studie zeigt sich der *reflexive turn* (Bachmann-Medick 2009, 144–183), da die Involviertheit der Forscherin im Rahmen der eigenen Forschung bedacht wird. Eine *engaged anthropology* zielt nicht auf eine nie gegebene vermeintliche Objektivität, sondern auf die Reflexion der Positionierung der forschenden Person innerhalb der das Forschungsfeld durchkreuzenden Machtasymmetrien.

Colson ehrt *Imposing Aid* als lebendige Ethnographie, die eigentlich als ein Handbuch für die Refugee Studies zu verstehen sei (2011, 162). Es war übrigens Harrell-Bond, die 1985 das heutige Refugee Studies Centre in Oxford gründete und auch damit die Refugee Studies prägte.

2.2 Anti-Essentialismus: Malkkis „Refugees and Exile" (1995)

Liisa H. Malkkis Beitrag „Refugees and Exile. From ‚Refugee Studies' to the National Order of Things" kann zweifellos als eines das Forschungsfeld prägenden kulturtheoretischen Werke betrachtet werden: Sie plädiert darin für interdisziplinäre Offenheit und für die Entwicklung eines eigenständigen interdisziplinären Forschungsfeldes (Malkki 1995, 496). Dieses konturiert sie in kritischer Reflexion der damaligen Refugee Studies. Die moderne Kategorie des Flüchtlings sei, so Malkki (1995, 497), das Ergebnis verschiedener voneinander unabhängiger, aber ebenso verknüpfter Ereignisse und Entwicklungen. Einen zentralen historischen Entstehungskontext sieht sie, wie in der im Eingangskapitel zitierten Stelle deutlich wurde, in den Maßnahmen zur Steuerung massenhaft vertriebener Menschen nach Ende des Zweiten Weltkriegs. Sie warnt jedoch gleichzeitig vor einem eurozentrischen Blick auf Flucht. Insbesondere die neu geschaffenen Flüchtlingslager als standardisierte und generalisierbare Technologien der Macht in Form von Verwaltung, Segregation, Kontrolle und Disziplinierung waren Ausdruck eines neu aufkommenden Flüchtlingsregimes. Dadurch wurde „der Flüchtling" zu einem zentralen Objekt von politischer, öffentlicher, medialer und (sozial-)wissenschaftlicher Wissensproduktion: „The importance of the accessibility of the camp inhabitants to documentary accumulation should not be underestimated in this connection; neither should the social fact that the Displaced Persons' camps scattered over Europe (especially Germany) created a whole class of people (administrators, bureaucratic functionaries, doctors, therapists) who came to be trained in refugee relief and management as well as others who had different kinds of knowledge of refugees (journalists, writers, academics, photographers, and the refugees themselves)." (Malkki 1995, 498)

Dass hunderte deutsche Arbeits- und Konzentrationslager nach dem Zweiten Weltkrieg in Sammellager für Flüchtlinge transformiert wurden, nennt sie eine bittere Ironie (Malkki 1995, 499). Dabei widerspricht sie der Annahme, Flüchtlinge seien ein Problem des Globalen Südens, schließlich wurde historisch das *gros* der Geflüchteten nach dem Zweiten Weltkrieg durch Dekolonisierungsprozesse und Konflikte der Weltmächte im Zuge des Kalten Krieges produziert.

Malkki (1995, 508–509) macht einen kulturtheoretisch bedeutsamen Blick stark: Flüchtlinge seien nicht das Gegenüber oder Abweichende eines als sesshaft und stabil imaginierten gesellschaftlichen ‚Ganzen'. Diese funktionalistische Perspektive präge zwar viele (anthropologische) Studien über Schutzsuchende, verschleiere aber die transformativen Eigenschaften in Fluchtprozessen und suggeriere, dass der Herkunftsstaat der normale und ideale Lebensraum von Menschen sei. Doch Flüchtlinge würden eben nicht nur entwurzelt und ihrer Identität und kulturellen Kontexte enteignet, sondern rekonfigurierten diese in neuen sozialen Kontexten. Malkki problematisiert die Vorstellung, Geflüchtete ausschließlich über den Verlust von ‚Heimat' wahrzunehmen. Dies biete einerseits eine Grundlage für anti-migrantische Akteur*-innen, Geflüchtete genau dorthin zu verweisen; andererseits bleibe so das Konzept ‚Heimat' unhinterfragt. Vielmehr sei Heimat, so Malkki, fragil und stimme nicht mit dem Herkunftsland überein – insbesondere bei Geflüchteten nicht, die aus verschiedenen Gründen ihr Herkunftsland verlassen haben.

Diese dekonstruktivistische Perspektive auf Begriffe wie ‚Heimat' und ‚Identität' spiegeln kulturanthropologisches Denken wider und zeigen, dass die Genese der Refugee Studies eng mit kulturwissenschaftlichen Entwicklungen verbunden war und ist. Zu nennen sind praxeologische Konzepte im Sinne des „doing culture" (Hörning und Reuter 2004), der *performative turn* oder anti-essentialistische Verständnisse von Kultur, wie sie in den britischen Cultural Studies (Hall 2014, 89–90) prominent eingefordert wurden.

Ihre Überlegungen – dies signalisiert bereits der Titel – knüpfen an Foucaults Genealogie zur Wissenschaftsgeschichte an. Malkki macht deutlich, dass die Refugee Studies Gefahr laufen, die nationale Ordnung der Dinge, wie sie vorherrschend ist, unhinterfragt zu übernehmen und dadurch unsichtbar zu machen. Malkki nimmt damit die Debatte um einen methodologischen Nationalismus, wie sie von Wimmer und Glick Schiller (2002) initiiert wurde, vorweg. Sie empfiehlt dementsprechend neue Forschungsansätze aufzugreifen über Themen wie Nationalität, Citizenship und Souveränität (Scherr und Scherschel 2019, 54–58).

2.3 Die Vielgestaltigkeit des Flüchtlings: Jajis „Under the shadow of genocide“ (2017)

Rose Jajis fulminante Studie untersuchte die soziale und politische Situation ruandischer Flüchtlinge in Kenia nach dem Genozid an den Hutu und die über dieses Ereignis hinaus fortwirkenden ethnizistischen Zuschreibungen. Der Genozid zu Beginn der 1990er Jahre in Ruanda zählt zweifellos zu den brutalsten Gewaltverbrechen des ausgehenden 20. Jahrhunderts. Der Mord an der Tutsi-Minderheit durch Hutu wurde schnell als ethnischer Konflikt verfeindeter Gruppen etikettiert, dabei reichen seine politischen Ursachen bis tief in die Kolonialgeschichte des Landes und sind u. a. ein Resultat rassifizierender kolonialer Praktiken. Innerhalb kurzer Zeit wurden 800.000 Menschen umgebracht. Die Gewaltverbrechen lösten Fluchtbewegungen von über zwei Millionen Menschen in die Nachbarländer und darüber hinaus aus.

Jajis ethnographische Forschung basiert hauptsächlich auf qualitativen Interviews und Gruppendiskussionen mit Flüchtlingen in Nairobi, Kenia, die zu unterschiedlichen Zeitpunkten zwischen 2006 und 2013 durchgeführt wurden. Es handelt sich um einen hochpolitischen Kontext, der durch Misstrauen, Angst und massive Gewalterfahrungen geprägt ist. Jaji gelang es erst im Zuge zeitintensiver Vertrauensbildung, mit den ruandischen Flüchtlingen zu sprechen. Letztere versuchten sich insbesondere durch Nachfragen nach Jajis Herkunft, zu vergewissern, dass sie keine ruandische Spionin ist, zeigten aber auch ein großes Bedürfnis, sie mit spezifischen Identitäten zu belegen: „My being African and my not being Rwandan opened doors for me to conduct research in this refugee community.“ (Jaji 2017, 51) Charakteristisch für ethnographische Forschung rekonstruiert Jaji die wichtigsten Deutungen über das Verständnis von Ethnizität der Menschen nicht über den Weg methodisch formalisierter Interviews, sondern über die vermeintlich beiläufigen Gespräche in Alltagssituationen (Jaji 2017, 50–51).

Die Situation ruandischer Flüchtlinge in Kenia ist ein Dilemma, da sie einerseits Schutz vor Verfolgung durch die ruandische Tutsi-Partei RPF suchen, gleichzeitig befinden sich aber unter ihnen Menschen, die sich am Genozid an den Tutsi beteiligt haben. Kenias Flüchtlingsregime sieht keinen Schutz für Täter*-innen und Kriminelle vor. Auch zwei Jahrzehnte nach dem Genozid in Ruanda sind die Zuschreibungen *Hutu* unweigerlich mit der Täter- und *Tutsi* mit der Opfergruppe assoziiert. Obwohl die ruandische Politik ruandische Flüchtlinge zurückholen will und eine ethnische Amnesie verspricht, bleibt die Ethnizität der Hutu das dominante Täternarrativ, d. h. die Täterrolle wird ethnisiert – ungeachtet der Tatsache, dass es unter den Hutu ebenso Menschen gab, die während des Genozids Tutsi schützten und verteidigten.

Jaji macht die politischen Fallstricke ihrer Forschung deutlich: Dass sie mit ruandischen Flüchtlingen in Kenia spricht, unter denen möglicherweise *génocidaires* sind, und ihre Aussagen analysiert, könnte dem hegemonialen ruandischen Narrativ zuwiderlaufen und ihr den Vorwurf der Genozid-Leugnung einbringen. Aufgrund dessen betont sie einleitend die unbestreitbare Tatsache des Genozids und ihr Anliegen, die Erfahrungen von Menschen als erfahrungsbasiert, konstruktivistisch, subjektiv und heterogen, sowie als komplex, dissonant und atypisch zu beschreiben, also gerade nicht eine vermeintliche Gegenwahrheit zum hegemonialen Narrativ Ruandas zu behaupten (Jaji 2017, 49).

Jaji zeigt, dass ethnizistische Generalisierungen der komplexen Realität nicht gerecht werden. So spricht sie bspw. mit Nachkommen interethnischer Ehen, deren Lebensrealitäten nicht der dichotomen Unterscheidung in Hutu oder Tutsi folgen. Das hegemoniale Narrativ über den Völkermord, so Jaji, verstärke essenzialistische Sichtweisen, die intra-ethnische Heterogenität leugnen und Ethnizität als homogen und stabil imaginieren sowie Widersprüche und individuelle Umstände und Erfahrungen unterdrücken. Die Erfahrungen und Selbstbeschreibungen der ruandischen Flüchtlinge lassen sich weder in die Dichotomie von Hutu und Tutsi noch in diejenige von Schuld und Opferrolle einordnen. Schuld und Unschuld würden weniger auf eine kollektive Identität zurückgeführt und vielmehr auf individuelle Handlungen und Erfahrungen. Zudem kontextualisieren sie den Genozid 1994 historisch und politisch, wodurch sie seine Ethnisierung relativieren (Jaji 2017, 52–63). Ethnische Identität, so Jaji, ist narrativ und performativ, also eingebettet in Rhetorik und Praxis. Die den Ruander*innen essentialistisch, auf physische Merkmale und Ursprungsmythen zugeschriebene Ethnizität widerspreche den aus Erfahrungen hervorgegangenen Selbstdefinitionen und davon ausgehenden Bedeutungen.

Jajis Arbeit ist höchst instruktiv: Sie verknüpft Refugee Studies mit dekonstruktivistisch-kulturwissenschaftlichen Ansätzen und zeigt, wie die qualitative Arbeit ethnographischer Forschungen die Narrative politischer Deutungsmuster irritieren kann. Mit kritischer Distanz beforscht und beobachtet sie einen der bedeutsamsten Genozide des späten 20. Jahrhunderts. Sie stellt die Triebfedern dieses Konfliktes radikal in Frage und bricht mit einem essentialistischen Verständnis von Ethnizität (→ Ethnic Studies). Implizit verweist sie zudem auf die Komplexität des Begriffs „Flüchtling": Flüchtende können nicht nur Opfer sein, sondern auch Täter*innen, sie suchen nicht nur politischen Schutz, sondern sind als politische Subjekte aktiv daran beteiligt, gesellschaftliche Situationen zu schaffen, die Fluchtprozesse initiieren. Nicht zuletzt hält Jaji den zu einem erheblichen Anteil eurozentrischen Refugee Studies den Spiegel vor und zeigt, dass ohne Forschung im und aus dem Globalen Süden keine ausreichende Theoretisierung von Fluchtmigration möglich ist.

3 Kulturwissenschaftliche Forschung im deutschsprachigen Raum

Erst seit den 2010er Jahren sind zunehmend Anstrengungen unternommen worden, um eine deutschsprachige Flucht- und Flüchtlingsforschung zu etablieren (Scherr und Scherschel 2019, 23–26). 2013 wurde das interdisziplinäre Forschungsnetzwerk *Grundlagen der Flüchtlingsforschung* gegründet, aus dem das inzwischen schon etablierte und mitgliederstarke *Netzwerk Flucht- und Flüchtlingsforschung* hervorgegangen ist. Im Zweijahresturnus ruft das Netzwerk zur Konferenz an wechselnden Hochschulen. Die Mitgliederversammlung der Konferenz des Netzwerks 2018 entschied sich für eine Umbenennung in *Netzwerk Fluchtforschung*. Der Vorschlag setzte sich mit der Begründung durch, dass erstens dem Begriff „Flüchtling“ aufgrund des Suffixes „-ling“ eine pejorative Bedeutung eingeschrieben sei und zweitens – noch schwerwiegender – vermieden werden solle, durch die Kategorie „Flüchtling“ ein *othering* zu betreiben, das als soziale Identitätskonstruktion die Betroffenen homogenisiert, entsubjektiviert und damit die verrechtlichte Kategorie als sozialer und kultureller Status zu normalisieren. Die Diskussion zeigte gleichwohl, dass das Feld auch im deutschsprachigen Raum multiperspektivisch aufgestellt ist.

Das *Netzwerk Fluchtforschung* konnte nicht zuletzt von einer gleichzeitig zunehmenden Institutionalisierung der Migrationsforschung profitieren, weil zwischen den Institutionen, Organisationen und Netzwerken einige inhaltliche und personelle Überschneidungen zu sehen sind. 2014 wurde das *Berliner Institut für empirische Integrations- und Migrationsforschung* (BIM) gegründet, 2016 das *Interdisziplinäre Zentrum für Integrations- und Migrationsforschung* (InZentIM) an der Universität Duisburg-Essen sowie im selben Jahr das *Zentrum Flucht und Migration* an der Katholischen Universität Eichstätt-Ingolstadt und 2017 das *Deutsche Zentrum für Integrations- und Migrationsforschung* (DeZIM). Weit länger existiert das *Netzwerk Kritische Migrations- und Grenzregimeforschung*, das kollaborativ zwischen Wissenschaft und Aktivismus arbeitet. Das Urgestein der einschlägigen deutschen Forschungszentren ist das *Institut für Migrationsforschung und Interkulturelle Studien* an der Universität Osnabrück, das bereits 1990/1991 gegründet wurde. Die zeitliche Abfolge der Institutsgründungen zeigt, dass die Vernetzung und Institutionalisierung erst seit 2013 an Fahrt aufgenommen hat und erklärt, warum erst in diesen Jahren auch der wissenschaftliche Output zu Fluchtforschung im deutschsprachigen Raum enorm angestiegen ist – und spätestens seit 2015 auch auf eine politische und mediale Resonanz und Nachfrage stößt.

Zahlreiche Konferenzen und Sammelbände etablierten und vernetzten das Feld (siehe etwa Ghaderi und Eppenstein 2017; Arslan und Bozay 2019; Kersting und Leuoth 2020). Aus dem Umfeld des Netzwerks Fluchtforschung ist 2018 die erste deutsche *Zeitschrift für Flüchtlingsforschung* erschienen, die damit das erste einschlägige, interdisziplinäre, hauptsächlich deutschsprachige Journal darstellt. Mit dem Verbundprojekt „Flucht- und Flüchtlingsforschung: Vernetzung und Transfer" (FFVT) sowie mit dem Vorgängerprojekt „Flucht: Forschung und Transfer" finanziert das Bundesministerium für Bildung und Forschung (BMBF) seit 2016 und derzeit bis 2024 die weitere Etablierung des Forschungsfeldes. Unter anderem pflegt das FFVT eine Datenbank über alle Forschungsprojekte der Fluchtforschung in Deutschland und zählt zwischen 2012 und 2018 651 Forschungsprojekte (die Daten werden gegenwärtig aktualisiert).

Kleist verweist auch für den deutschsprachigen Raum auf eine große Fragmentierung der Fluchtforschung, die je spezifische Kontexte von Flucht und Flüchtlingen fokussiert. Stark vertreten ist die Grenzregimeforschung mit ihrem Schwerpunkt auf Grenzschutz, Militarisierung, Technologisierung und Dehumanisierung der europäischen Außengrenzen sowohl durch die Zeitschrift *movements. Journal für kritische Migrations- und Grenzregimeforschung*, als auch durch die breit rezipierte Reihe *Grenzregime* (stellvertretend Hess und Kasparek 2010). Dabei kommen besonders innereuropäische Prozesse des Grenzregimes in den Blick. In der kritischen Migrations- und Grenzregimeforschung wird, so Kleist (2015, 152), das „Recht auf Mobilität" mit politischem Nachdruck eingefordert, wobei dadurch keine analytische Trennung mehr zwischen Flüchtlingen und Migrant*innen stattfindet. Machtkritische Perspektiven untersuchen Repräsentationen von Schutzsuchenden (Friese 2017; Goebel 2017), postkolonial und gendertheoretisch orientierte Perspektiven erforschen intersektionale Identitäts- und Zuschreibungspraktiken (→ POSTCOLONIAL STUDIES; → GENDER STUDIES). Eine deutliche Verflechtung existiert zwischen REFUGEE STUDIES und → BORDER STUDIES sowie SECURITIZATION STUDIES. Verschiedene Arbeiten analysierten die Rolle des bürgerschaftlichen Engagements für Schutzsuchende in der deutschen Aufnahmegesellschaft (Karakayali und Kleist 2016).

4 Potenzial, Kritik und Ausblick

Die enorme Zunahme an Forschungsarbeiten im Zuge der größten Fluchtzuwanderung nach Europa seit dem Zweiten Weltkrieg verweist auf drei Herausforderungen der REFUGEE STUDIES.

(1) REFUGEE STUDIES beschäftigen sich mit dem Verhältnis von Flucht/Zwangsmigration und Gesellschaft sowie mit den damit einhergehenden Transformationsprozessen. *Flüchtling* ist keine a priori-Kategorie, sondern ihre Verwendung ist mit gesellschafts-

politischen, rechtlichen Festlegungen und politischen Interessen verbunden. Die zunächst bestehende Nähe der Forschung zu den politischen Institutionen des Flüchtlingsschutzes hatte eine mangelnde Theoretisierung des Gegenstandes zur Folge. Gefordert ist deshalb analytische Distanz und die Entwicklung systematischer Definitionen. Die Kategorie Flüchtling ist kontingent und sozialem Wandel und gesellschaftlichen Deutungskämpfen unterworfen. Für das Forschungsfeld der Refugee Studies relevant sind die daraus resultierenden Selektionen, Begrenzungen, Legitimierungen und Folgen, die an administrative Kategorien gebunden sind und Fragen aufwerfen: Wer gilt als Flüchtling? Wie werden Definitionen jeweils ausgelegt und interpretiert?

(2) Refugee Studies reagierten in der Vergangenheit oft auf Krisen, dies steht kontinuierlicher und nachhaltiger Forschung entgegen. Das reaktive Moment der Refugee Studies verweist zudem auf die Verschränkung der zunehmenden Ökonomisierung der Wissenschaft mit dem weiterhin zu beobachtenden methodologischen Nationalismus (Wimmer und Glick Schiller 2002). Wissenschaft wird finanziert, wenn Drittmittelgeber*innen eine Aktualität sehen. Dieser Bedarf an Refugee Studies wurde zumindest im deutschen Kontext erst identifiziert, als seit 2013 zunehmend Menschen nach Europa geflohen sind. Die weit überwiegende Mehrheit der geflohenen Menschen weltweit befindet sich in ihren Herkunftsländern oder den Nachbarstaaten ihrer Herkunftsländer. Die Refugee Studies des Globalen Nordens befassen sich zu einem großen Anteil mit dem Verhältnis zwischen Fluchtzuwanderung und dem „Eigenen“, also der Aufnahmesituation in europäischen Staaten. Eine solche Forschung ist zweifellos wichtig, sie bildet aber nur einen Mosaikstein. Zudem wird die Diskrepanz zwischen Fluchtbewegungen und Fluchtsituationen und den zentralen Perspektiven der Refugee Studies deutlich.

(3) Die internationalen Refugee Studies werden hauptsächlich aus dem Globalen Norden finanziert. Dementsprechend kommt von dort mehr Output als aus dem Globalen Süden, was zu einer Marginalisierung der Perspektiven des Globalen Südens führt (Cabot 2019, 262). Ein forschungspolitisches Ziel sollte daher der stärkere Einbezug und die Finanzierung von Perspektiven aus dem Globalen Süden sein.

Es bleibt zu hoffen, dass die starke Zunahme an Forschungsaktivitäten ein Impuls war, der die Fluchtforschung in Deutschland auch langfristig etabliert. Die Institutionalisierung der Refugee Studies durch Forschungszentren, Netzwerke und Journals stimmt zuversichtlich. Gleichzeitig ist davor zu warnen, die Forschung von Regierungen und politischen Akteuren abhängig zu machen. Denn unweigerlich werden Refugee Studies zu einem „part of the refugee regime“ (Cabot 2019, 262), wenn Forschende in Form von Gehältern und Karriereschüben profitieren: „The anthropology of displacement on Europe's doorstep may reproduce and extend the European refugee regime and the apartheid-like logic that

Besteman so astutely outlines. This takes place in the form of crisis chasing, or the propensity to take crisis as a driver of scholarship; assuming that ‚refugee experiences' need to be studied; and, finally, heeding the call to ‚do good' through scholarship in ways that deflect attention from anthropology's own politics of life. These trends reinforce particular notions of public interest, usefulness, and social relevance [...] that make anthropologists complicit in perpetuating the increasingly neoliberal business aspects of our discipline (in funding mechanisms, position openings, project designs, and status hierarchies).“ (Cabot 2019, 262–263)

Es ist nicht leicht, diesen Widersprüchen zu entkommen. Es geht darum, Privilegien und Machtverhältnisse sichtbar zu machen. Als Weg, um die sich in Kontexten der Refugee Studies widerspiegelnden globalen Ungleichheitsverhältnisse wird eine *engaged anthropology* vorgeschlagen, die sich ausdrücklich einmischt, sich politisch äußert und Kritik übt; auch kollaborative Forschungsansätze wurden diskutiert, durch die Privilegien zumindest ansatzweise geteilt werden könnten (power-sharing) (Cabot 2019, 271). Dabei entsteht eine Nähe zwischen den Refugee Studies und Aktivismus, wie sie bspw. das Netzwerk kritische Migration- und Grenzregimeforschung pflegt.

Insbesondere die sozial- und kulturanthropologischen Disziplinen beschäftigen sich mit der Eingebundenheit wissenschaftlichen Schaffens. Dabei folgen sie ihrem konstruktivistischen Blick, der einerseits das Wissen um die Kontingenz migrationspolitischer Prozesse beinhaltet, wodurch andererseits normative Fragen bedeutsam werden. Wenn soziale und globale Machtverhältnisse das Produkt menschengemachter sozialer Dynamiken sind, dann wirft diese Einsicht die Frage auf, wie gerechtere Verhältnisse in und mit der Wissenschaft geschaffen werden können. Demnach muss in der selbstreflexiven Auseinandersetzung herausgefunden werden, wie Forscher*innen in diesen Verhältnissen der Wissensproduktion positioniert und involviert sind.

5 Literaturverzeichnis

Arslan, Emre und Kemal Bozay. *Symbolische Ordnung und Flüchtlingsbewegungen in der Einwanderungsgesellschaft.* Wiesbaden 2019.

Bachmann-Medick, Doris. *Cultural Turns. Neuorientierungen in den Kulturwissenschaften.* Reinbek 2009.

Bakewell, Oliver. „Researching Refugees: Lessons From the Past, Current Challenges and Future Directions“. *Refugee Survey Quarterly* 26.3 (2007): 6–14.

Bhabha, Homi K. *Die Verortung der Kultur.* Tübingen 2007 [1994].

Black, Richard. „Fifty Years of Refugee Studies: From Theory to Policy“. *IMR* 35.1 (2001): 57–78.

Bojadžijev, Manuela und Serhat Karakayalı. „Recuperating the Sideshows of Capitalism: The Autonomy of Migration Today“. *e-flux* 17 (2010): o.P.

Cabot, Heath. „The Business of Anthropology and the European Refugee Regime". *American Ethnologist* 46.3 (2019): 261–275.
Çağlar, Ayşe. *The Prison House of Culture in the Studies of Turks in Germany*. Berlin 1990.
Castles, Stephen und Mark J. Miller. *The Age of Migration. International Population Movements in the modern World*. New York 2009.
Chatty, Dawn. „Anthropology and Forced Migration". *The Oxford Handbook of Refugee and Forced Migration Studies*. Hrsg. von Elena Fiddian-Qasmiyeh et al. Oxford 2014: 74–85.
Colson, Elizabeth. „Forced Migration and the Anthropological Response". *Journal of Refugee Studies* 16.1 (2003): 1–18.
Colson, Elizabeth. „Imposing Aid: The Ethnography of Displacement and its Aftermath". *Kroeber Anthropological Society Papers* 100.1 (2011): 154–167.
Crenshaw, Kimberlé. „Mapping the Margins. Intersectionality, Identity Politics, and Violence Against Women of Color". *Stanford Law Review* 43.1 (1991): 1241–1299.
Dahinden, Janine. „A Plea for the ‚de-Migranticization' of Research on Migration and Integration". *Ethnic and Racial Studies* 39.13 (2016): 2207–2225.
Fiddian-Qasmiyeh, Elena (Hrsg.). *Refuge in a Moving World: Tracing refugee and migrant journeys across disciplines*. Oakland, CA 2020.
Fiddian-Qasmiyeh, Elena et al. *The Oxford Handbook of Refugee and Forced Migration Studies*. Oxford 2014a.
Fiddian-Qasmiyeh, Elena et al. „Introduction: Refugee and Forced Migration Studies in Transition". *The Oxford Handbook of Refugee and Forced Migration Studies*. Hrsg. von Elena Fiddian-Qasmiyeh et al. Oxford 2014b: 1–22.
FitzGerald, David S. und Rawan Arar. „The Sociology of Refugee Migration". *Annual Review of Sociology* 44 (2018): 387–406.
Friese, Heidrun. *Flüchtling. Opfer, Bedrohung, Helden. Zur politischen Imagination des Fremden*. Bielefeld 2017.
Gatrell, Peter. *The Making of the Modern Refugee*. Oxford 2013.
Gatrell, Peter. „65 Jahre Genfer Flüchtlingskonvention". *Aus Politik und Zeitgeschichte* 66.26/27 (2016): 25–32.
Gebauer, Thomas und Ilija Trojanow. *Hilfe? Hilfe! Wege aus der globalen Krise*. Frankfurt a.M. 2018.
Gelardi, Lea und Karin Scherschel. „Soziologie". In: Tabea Scharrer et al. (Hrsg.). *Flucht- und Flüchtlingsforschung. Handbuch für Wissenschaft und Studium*. Baden-Baden 2023: 69–76.
Ghaderi, Cinur und Thomas Eppenstein. *Flüchtlinge. Multiperspektivische Zugänge*. Wiesbaden 2017.
Glick Schiller, Nina, Linda Basch und Cristina Blanc-Szanton. „Transnationalism: A New Analytic Framework for Understanding Migration". *Annals of the New York Academy of Sciences* 645.1 (1992): 1–24.
Goebel, Simon. *Politische Talkshows über Flucht. Wirklichkeitskonstruktionen und Diskurse. Eine kritische Analyse*. Bielefeld 2017.
Gouma, Assimina. *Migrantische Mehrsprachigkeit und Öffentlichkeit. Linguizismus und oppositionelle Stimmen in der Migrationsgesellschaft*. Wiesbaden 2020.
Gupta, Akhil und James Ferguson. „Beyond ‚Culture': Space, Identity, and the Politics of Difference". *Cultural Anthropology* 7.1 (1992): 6–23.
Hall, Stuart. „Antonio Gramscis Erneuerung des Marxismus und ihre Bedeutung für die Erforschung von ‚Rasse' und Ethnizität". *Ideologie, Kultur, Rassismus. Ausgewählte Schriften 1*. Hamburg 2014: 56–91.
Haller, Michael. *Die „Flüchtlingskrise" in den Medien. Tagesaktueller Journalismus zwischen Meinung und Information*. Frankfurt a.M. 2017.

Harrell-Bond, Barbara E. *Imposing Aid. Emergency Assistance to Refugees*. Oxford 1986.

Hess, Sabine und Bernd Kasparek. *Grenzregime. Diskurse, Praktiken, Institutionen in Europa*. Hamburg 2010.

Hörning, Karl H. und Julia Reuter. *Doing Culture. Neue Positionen zum Verhältnis von Kultur und sozialer Praxis*. Bielefeld 2004.

Horz, Christine. „Zu positive Berichterstattung? Die Studie des Kommunikationswissenschaftlers Michael Haller zur ‚Flüchtlingsberichterstattung' in deutschen ‚Leitmedien'". *Global Media Journal* 7.2 (2017): o.P.

Jaji, Rose. „Under the Shadow of Genocide: Rwandans, Ethnicity and Refugee Status". *Ethnicites* 17.1 (2017): 47–65.

Karakayali, Serhat und J. Olaf Kleist. *EFA-Studie 2. Strukturen und Motive der ehrenamtlichen Flüchtlingsarbeit (EFA) in Deutschland*. Berlin 2016.

Kersting, Daniel und Marcus Leuoth. *Der Begriff des Flüchtlings. Rechtliche, moralische und politische Kontroversen*. Stuttgart 2020.

Kleist, J. Olaf. „Über Flucht forschen. Herausforderungen der Flüchtlingsforschung". *Peripherie* 35.138/139 (2015): 150–169.

Malkki, Liisa H. „Refugees and Exile. From ‚Refugee Studies' to the National Order of Things". *Annual Review of Anthropology* 24 (1995): 495–523.

Moebius, Stephan. „Kulturforschungen der Gegenwart, die Studies. Einleitung". *Kultur. Von den Cultural Studies bis zu den Visual Studies. Eine Einführung*. Hrsg. von Stephan Moebius. Bielefeld 2012: 7–12.

Oltmer, Jochen. „Kleine Globalgeschichte der Flucht im 20. Jahrhundert". *Aus Politik und Zeitgeschichte* 66.26/27 (2016): 18–25.

Poutrus, Patrice G. *Umkämpftes Asyl. Vom Nachkriegsdeutschland bis in die Gegenwart*. Berlin 2019.

Richmond, Anthony H. „Sociological Theories of International Migration: The Case of Refugees". *Current Sociology* 36.2 (1988): 7–25.

Samaddar, Ranabir. *The Postcolonial Age of Migration*. Abingdon 2020.

Scharrer, Tabea et al. (Hrsg.). *Flucht- und Flüchtlingsforschung. Handbuch für Wissenschaft und Studium*. Baden-Baden 2023.

Scherr, Albert und Karin Scherschel. *Wer ist ein Flüchtling? Grundlagen einer Soziologie der Zwangsmigration*. Göttingen 2019.

Schuster, Liza. „Unmixing Migrants and Refugees". *Routledge Handbook of Immigration and Refugee Studies*. Hrsg. von Anna Triandafyllidou. London 2016: 297–303.

Triandafyllidou, Anna. *Routledge Handbook of Immigration and Refugee Studies*. London 2016.

Wimmer, Andreas und Nina Glick Schiller. „Methodological Nationalism and Beyond: Nation-State Building, Migration and the Social Sciences". *Global Networks* 2.4 (2002): 301–334.

Zetter, Roger. „Labeling Refugees: Forming and Transforming a Bureaucratic Identity". *Journal of Refugee Studies* 4.1 (1991): 39–61.

Zetter, Roger. „More Labels, Fewer Refugees: Remaking the Refugee Label in an Era of Globalization". *Journal of Refugee Studies* 20.2 (2007): 172–192.

Noyan Dinçkal

Science and Technology Studies

1 Forschungsgeschichte

Die Science and Technology Studies (STS) entstanden in den 1970er Jahren im angloamerikanischen Kontext. Im deutschen Sprachraum ist auch die Bezeichnung „Wissenschafts- und Technikforschung" geläufig. Es handelt sich hierbei um ein interdisziplinäres Forschungsfeld, das sich im Wesentlichen (aber nicht ausschließlich) im Schnittfeld von Soziologie, Geschichte, Philosophie und Ethnologie verorten lässt. Untersuchungsgegenstand sind die Effekte, Hervorbringungen, Praktiken und Bedeutungen von Wissenschaft und Technik (einschließlich der Medizin). Aufgrund der Interdisziplinarität ist dieses Forschungsfeld sowohl in seinen methodischen Ansätzen als auch in der Wahl der Untersuchungsgegenstände sehr heterogen. Daher ist es recht schwierig zu bestimmen, was Science and Technology Studies eigentlich genau bezeichnet: Es ist ein Forschungsfeld, eine spezifische Herangehensweise und eine Haltung zugleich. Was die STS im Kern auszeichnet, ist das Bestreben, die Genese, Geltung und Durchsetzung von wissenschaftlichem Wissen und technischen Logiken als sozial und kulturell voraussetzungsreiche Prozesse und Praktiken empirisch zu untersuchen. Infolgedessen weisen viele Studien einen zweifachen disziplinären Bezug auf: zum einen zum theoretisch-methodischen Arsenal der analysierenden Disziplin, zum anderen zur epistemischen Kultur der analysierten Disziplin, in der Regel Natur- und Technikwissenschaften (Potthast 2015, 158).

Anfangs zählten die Naturwissenschaften und hierbei besonders die Biochemie (Knorr-Cetina 1984) und die Physik (Traweek 1988) zu den bevorzugten Analysefeldern. Doch spätestens seit den späten 1990er Jahren bewegt sich die Forschung auch jenseits der eng umrissenen Grenzen naturwissenschaftlicher Labore. Die Wirtschafts-, Umwelt- und Sozialwissenschaften (etwa Mackenzie 2006) gehören seitdem ebenso zu den Untersuchungsobjekten wie physikalische Forschungseinrichtungen. Fragen sozialer Ungleichheit, Differenzmarkierungen wie *class*, *race* und Gender sowie das Ineinandergreifen von Wissenschaft, Technik und gesellschaftliche Machtbeziehungen rückten sukzessive in den Vordergrund. Die Entwicklung lässt sicherlich die ‚Familienähnlichkeiten' der Science and Technology Studies mit den Cultural Studies stärker zutage treten, auch wenn dies, wie Matthias Wieser (2014, 367–368) zutreffend festhält, in Deutschland weniger ausgeprägt ist, als in den USA oder in Großbritannien. Dass das Terrain der STS weitläufiger wurde, hat auch mit Impulsen etwa aus den → Postcolonial Studies (Harding 2011) zu tun. Ab den 1980er Jahren waren es aber v. a. Brückenschläge zu den → Gender

https://doi.org/10.1515/9783110712919-029

Studies, die innerhalb der STS feministische Perspektiven auf die wissenschaftlich-technische Kultur moderner Gesellschaften begünstigt haben (einen guten Überblick geben Wajcman 2000; Weber 2015; Orland 2017).

Charakteristisch ist neben der disziplinären Aufgeschlossenheit und des Antiessentialismus auch die Aufmerksamkeit, die dieses Forschungsfeld der Materialität und Performativität von Wissenschaft widmet. Im Vordergrund steht Wissenschaft als situierte Praxis, in der Menschen und apparativ-sachtechnische Ensembles in institutionellen Zusammenhängen in der Produktion wissenschaftlichen Wissens oder technischer Artefakte ineinander verschränkt sind. Die Grundannahme ist also, dass die verschiedenen Ausprägungen von Wissenschaft und Technik einschließlich ihrer epistemologischen, ontologischen und soziopolitischen Grundlagen in spezifischen historischen Konstellationen entstehen und wirken, somit immer auch Ausdruck der sozialen und kulturellen Gegebenheiten ihrer Zeit sind. Umgekehrt prägen sie die wirtschaftlichen und sozialen Strukturen einer Gesellschaft, die Kultur und das Denken von Menschen. Sie waren und sind integraler Bestandteil militärischer Macht, der Wirtschaft, der politischen Ordnung, der moralischen Urteilsfindung, von Zukunftsentwürfen und soziokultureller Differenzmarkierungen. Sie durchdringen den Alltag, bspw. durch die Erklärungskraft wissenschaftlicher Modelle, die Quantifizierung von Leistung oder Kommunikations-, Energie- und Transportinfrastrukturen. Sowohl Technik als auch Wissen (auch wissenschaftliches Wissen) sind also keine klar umrissenen Subsysteme, sondern vielmehr elementare kulturelle Charakteristika moderner Gesellschaften. Dabei wird hervorgehoben, dass die Menschen im Prozess der Hervorbringung von Wissen(schaft) und Technik auch sich selbst, ihre Gesellschaften und ihre materielle Umwelt herstellen. Der Gedanke, dass epistemische, technologische und soziale Ordnungen ko-produziert werden, spielt in diesem Kontext eine herausragende Rolle (Jasanoff 2004; Latour 2007, 2008).

Zum einen entstand diese Forschungsrichtung in einem engen Zusammenhang mit gesellschafts- und wissenschaftspolitischen Debatten, die sich um damals (wie gegenwärtig) umstrittene Technologien wie bspw. Reproduktions- und Atomtechnologien drehten. Mit anderen Worten, die Wurzeln der STS sind eng mit der Wissenschafts- und Technikkritik der 1970er und 1980er Jahre und Auseinandersetzungen um den militärisch-industriellen Komplex im Kalten Krieg verflochten. Ausgangspunkt der Kritik war – hier nur grob skizziert – die beschleunigte Technisierung und Verwissenschaftlichung von Gesellschaft und Kultur wie auch die Annahme, dass wissenschaftliche und technische Entwicklungen unabhängig von konkreten politischen und ökonomischen Interessen quasi zwangsläufig zu gesellschaftlichem Fortschritt beitragen (Bauer et al. 2020, 11–12). Neuere Arbeiten zeigen zudem, dass dieses Forschungsfeld in seiner Interdisziplinarität selbst als Ausdruck einer Wissenschaftshaltung in demokratischen Gesellschaften zur Zeit der Systemkonfrontation interpretiert werden kann (Cohen-Cole 2014, 65–103).

Zum anderen konstituierten sich die STS im Kontext der Entfaltung poststrukturalistischer und sozialkonstruktivistischer Ansätze in den Geistes- und Kulturwissenschaften seit den 1970er Jahren, wobei die Arbeiten Georges Canguilhems und die historisch-genealogischen Schriften Michel Foucaults einflussreich waren. Im Kern haben wir es mit einer zweifachen theoretischen Absatzbewegung zu tun: Erstens vom logischen Empirismus und kritischen Rationalismus in der Wissenschaftstheorie, wie sie vom Wiener Kreis formuliert wurden und die die Frage, wie Wissen entsteht, weitgehend unabhängig von seinen sozialen und materiellen Entstehungsbedingungen in den Blick nahmen. Zweitens von Grundannahmen der Wissenschaftssoziologie, die im Anschluss an Robert K. Merton (1973 [1942]) Wissenschaft in der Hauptsache auf ihre gesellschaftliche Organisation und strukturellen und funktionalen Bedingungen reduzierten, ohne ihre epistemischen und materiellen Voraussetzungen in die Analyse einzubeziehen.

Als wichtige Inspirationsquellen diente der Wissenschaftsphilosoph und -historiker Thomas Kuhn und seine Idee des „Paradigmenwechsels" (2001 [1962]). Kuhn problematisierte die Auffassung eines unaufhaltsamen wissenschaftlichen Fortschritts, der sich gegen irrationale Irrläufer zwangsläufig durchzusetzen vermag. An Beispielen aus der Physikgeschichte legte er dar, wie sich Phasen von Normalwissenschaft und wissenschaftlichen Revolutionen ablösen. Solche revolutionären Perioden sind für Kuhn durch Paradigmenwechsel charakterisiert, wobei der Begriff „Paradigma" gemeinsame Einschätzungen, Werte und Praktiken einer *scientific community* bezeichnet. Das Denken in Paradigmenwechseln weist auf die Historizität wissenschaftlicher Standards und Praktiken sowie auf die relative Geltung wissenschaftlicher Theorien hin. Kurzum, die Wissenschaften entwickeln sich nicht, weil sie immer weitere Teile der Geheimnisse der Natur entschlüsseln, sondern weil sie wiederkehrend in Krisen geraten, die zu einem Wandel ihrer Grund- und Voranahmen führen. Infolge der Rezeption Kuhns wurden recht spät auch die Studien des polnischen Wissenschaftstheoretikers und Mediziners Ludwik Fleck (2012 [1935]) wiederentdeckt und in die intellektuelle „Ahnengalerie" der STS eingereiht (Kuhn verwies in seinem Werk auf Fleck). Attraktiv an Fleck schienen insbesondere die von ihm geprägten Leitbegriffe „Denkstil" und „Denkkollektiv". Er sah die Generierung wissenschaftlichen Wissens an soziale Interaktion gebunden: Nicht das entdeckende Individuum, sondern das (Denk-)Kollektiv bestimme wissenschaftliche Praxis und somit auch die Entstehung wissenschaftlichen Wissens. Ferner historisierte er die epistemologischen Grundlagen der Wissensgenerierung, indem er anstelle eines durch Entdeckungen und Erfindungen vorangetriebenen kumulativen Prozesses der Wissenschaftsentwicklung eine nicht zwingend zielgerichtete Veränderung von Denkstilen setzte.

Speziell die Arbeit von Kuhn war ein Katalysator für die Entstehung der Social Studies of Knowledge in den 1970er Jahren – Technik spielte um diese Zeit kaum eine Rolle. Vor allem die Universität Edinburgh entwickelte sich zu einem Kristallisationspunkt einer Forschungsperspektive, die darauf bestand, dass wissenschaftliches Wissen zum Gegenstand einer historisch-sozialwissenschaftlichen Analyse avancieren müsse. Das daraus erwachsene sog. Strong Programme formulierte auf programmatischer Weise Grundsätze für die Forschung, die u. a. darauf abzielten, die Bedingungen und Überzeugungen, die Wissen hervorbringen, empirisch und auch symmetrisch zu untersuchen, vollkommen gleichgültig, ob das hervorgebrachte Wissen im Nachhinein als wahr und gültig oder falsch und illegitim gilt (Bloor 1976).

Weil Wissenschaft und Technik und die damit verbundenen Zuschreibungen von etwa Rationalität und Objektivität als situierte Praktiken betrachtet werden, weisen viele der in den Folgejahren publizierten Studien eine dezidiert historische Perspektive auf, auch wenn die Autor*innen nicht zwangsläufig Historiker*innen sind. Bekannte Beispiele sind Bruno Latours *Les Microbes: Guerre et paix suivi de Irréductions* (1984), Andrew Pickerings *Sociological History of Particle Physics* (1984) oder Donald MacKenzies *Historical Sociology of Nuclear Missile Guidance* (1990). Bahnbrechend und außerordentlich einflussreich war *Leviathan and the Air-Pump* (1985) der Historiker Steven Shapin und Simon Schaffer. In diesem Buch zeigen die Autoren anhand der Debatte zwischen Robert Boyle (1627–1691) und Thomas Hobbes (1588–1679) und historisch anerkannter Methoden der Wissensproduktion im 17. Jahrhundert, dass die experimentelle Forschung in England zu dieser Zeit nicht nur eine epistemische, sondern gleichermaßen auch eine soziale und politische Errungenschaft war. Allerdings scheinen seit den späten 1990er Jahren die historischen Perspektiven innerhalb dieses Forschungsfeldes abzunehmen. Die Wissenschaftshistorikerin Lorraine Daston (2009) hat die Beziehung mit einer unglücklichen, adoleszenten Liebe verglichen, inklusive ungestümer Versprechungen und Selbstmorddrohungen. Letztlich habe sich die Wissenschaftsgeschichte immer stärker den Geschichtswissenschaften zugewandt, während den Science Studies nach und nach das historische Ethos abhandengekommen sei (zur Kritik an Daston vgl. Dear und Jasanoff 2010). Laura Meneghello (2020) hingegen hat zuletzt am Beispiel der Geschichte der Rohrpost die Potenziale aufgezeigt, die sich aus der Verknüpfung von Kulturgeschichte und den STS ergeben. Gegenwärtig sind die STS neben der Soziologie, Philosophie und den Geschichtswissenschaften zunehmend durch die Kulturanthropologie, Geographie und Medienwissenschaften geprägt (bspw. Beck et al. 2012; Schröter et al. 2014).

Mittlerweile haben sich die Science and Technology Studies international etabliert, was sich u. a. an Fachgesellschaften und -zeitschriften ablesen lässt. Insgesamt ist aber traditionell eine große Konzentration in den Vereinigten Staaten und in Europa (hierbei v. a. Großbritannien und die Niederlande) erkennbar. An den meisten größeren US-amerikanischen Universitäten ist die Wissenschafts- und Technikforschung fest verankert, was auch für viele Universitäten in Großbritannien, den Niederlanden und in kleinerem Ausmaß auch etwa für Schweden gilt. Außerhalb dieser Länder ist diese „Study" eher selten vertreten – so auch in der deutschsprachigen Wissenschaftslandschaft. Hervorheben kann man etwa die STS-Departments der Universitäten Wien und Klagenfurt sowie das interdisziplinäre Fachgebiet der Wissenschafts- und Technikforschung an der Universität Basel. Auch in Deutschland ist dieser Forschungszusammenhang bislang nur in Ansätzen institutionalisiert, es gibt entsprechende Professuren bspw. an der TU München, der Albert-Ludwigs-Universität Freiburg oder der HU Berlin, wobei hier zunehmend der Schwerpunkt auf der Medienforschung liegt, worauf auch die entsprechenden Forschungen und Einrichtungen an den Universitäten Siegen (Science, Technology and Media Studies) oder Paderborn (Mediensoziologie) hindeuten. Infolge der starken Interdisziplinarität fällt die organisatorische Zuordnung in den Universitäten sehr variabel aus. So sind die STS bspw. in den Fachbereichen Soziologie, Geschichte, Komparatistik, Medienwissenschaften oder Bioethik aufzufinden.

Was wissenschaftliche Gesellschaften angeht, so sind sicher die Society for Social Studies of Science (4S) und die European Association for the Study of Science and Technology (EASST) von großer Bedeutung. Für Deutschland sind bspw. die Gesellschaft für Wissenschafts- und Technikforschung (GWTF), Science & Technology Studies in and through Germany (stsing) und INSIST (Interdisciplinary Network for Studies Investigating Science and Technology), das sich speziell an den wissenschaftlichen Nachwuchs richtet, zu nennen. 2001 wurde die Japanische Gesellschaft für Wissenschafts- und Technologiestudien (JSSTS) gegründet, in der Türkei 2017 die Turkey Science, Technology and Society Studies Research Unit und bereits in den 1990er Jahren die Latin American Association for the Social Study of Science and Technology, um hier auch einige Beispiele außerhalb des US-amerikanischen und (west-)europäischen Raumes aufzuführen. Viele Fachzeitschriften sind mit den entsprechenden Fachgesellschaften verbunden; international bedeutend sind etwa: *Social Studies of Science* (seit 1971); *Science, Technology & Human Values* (seit 1967); *Minerva* (seit 1962); *Science in Context* (seit 1987); *Science & Technology Studies* (seit 1988); *Science, Technology and Society* (seit 1996). Relevant sind auch internationale wissenschafts- und technikhistorischen Zeitschriften, wie bspw. *Technology and Culture* (seit 1959), *History and Technology* (seit 1983), *Isis* (seit 1913), *Annals of Science* (seit 1936) und *Osiris* (seit 1936).

Freilich bilden die genannten Standorte und Fachzeitschriften auch ab, wie ungleich die Ressourcen innerhalb des Fachgebiets verteilt sind – ein Umstand, der innerhalb der STS, ohne in einen simplen Determinismus zu verfallen, deutlich reflektiert wird: „To what extent does our scholarship, more broadly speaking, tend to address the experiences of a particular place as if it were universal? [...] Do we fully acknowledge that postcolonial sensitivities should also be present in reflecting on our own field? Or do we tacitly embrace the languages and paradigms of development and of catching up when speaking about STS?" (Felt et al. 2017, 14)

2 Exemplarische Beispiele und Fragestellungen

Es bietet sich an, mit dem Labor als paradigmatischem Ort der Produktion wissenschaftlichen Wissens zu beginnen: Erstens, weil Laborstudien zu den zentralen Gründungstexten der SCIENCE AND TECHNOLOGY STUDIES zählen, und zweitens, weil sich an diesem Beispiel einige ihrer zentralen theoretischen Vorannahmen und Fragehorizonte besonders pointiert aufzeigen lassen. Übergreifend geht es um die Frage, wie wissenschaftliches Wissen entsteht, aber nicht als Ertrag individuell-intellektueller Prozesse oder spezifischer Interessen von Akteursgruppen. Das wissenschaftliche Agieren im Laboratorium, idealtypisch ein Raum der Erkenntnisgenerierung, in dem der Versuch unternommen wird, äußere Faktoren möglichst auszuschalten, Variablen kontrolliert aufeinander einwirken zu lassen und die Vergleichbarkeit und Reproduzierbarkeit der gewonnenen Daten unter artifiziellen Bedingungen zu gewährleisten, wird als eine überaus voraussetzungsreiche soziale Praxis diskutiert. Das Laboratorium sei – so Karin Knorr-Cetina (1988, 85) – „ein Ort, an dem gesellschaftliche Praktiken für epistemische Zwecke instrumentalisiert und in Apparaturen der Erkenntnisfabrikation transformiert werden: das Labor ist Ort der Bemächtigung und ‚Verdichtung' von Gesellschaft". Das Zentrum dieser vielen in den 1970er und 1980er Jahren hauptsächlich in Form von Fallstudien publizierten Arbeiten bildet also die situierte Praxis, das wissenschaftliche Tun. Und indem wissenschaftliche Erkenntnisse als Folge von empirisch greifbaren, komplexen und hochgradig technisierten Handlungen begriffen werden und somit die soziale Konstruiertheit wissenschaftlicher Erkenntnisgewinnung unterstrichen wird, problematisieren diese Studien den spezifischen Status wissenschaftlichen Wissens als einer außerkulturellen Wissensform.

Typisch für diese mittlerweile als klassisch geltenden Arbeiten ist die Anwendung ethnographisch-beobachtender Methoden. Ähnlich vieler Studien der Mikrosoziologie und -geschichte der 1970er Jahre ist auch in diesem Fall der Grundgedanke, Fremdheitserfahrung als Mittel der Erkenntnisgewinnung zu nutzen. Man kann den damit einhergehenden Effekt eindrücklich in dem Werk *Laboratory Life* (1979) von Bruno Latour und Steve Woolgar erkennen, das in einigen Abschnitten in einem teils ironischen, anthropologischen Expeditionsberichten nachempfundenen, aber methodisch scharf durchdachten Stil verfasst ist: „Nach einigen weiteren Exkursionen in den Labortischbereichen fällt unserem Beobachter auf, dass dessen Angehörige zwanghafte, ja nahezu manische Schreiber sind. Jeder einzelne Labortisch verfügt über ein in Leder gebundenes dickes Buch, in dem diese akribisch festhalten, was sie gerade in Bezug auf eine bestimmte Codenummer getan haben. Dies erscheint merkwürdig, hat unser Beobachter solche Schwächen des Erinnerungsvermögens bisher doch nur bei einigen wenigen besonders akribisch arbeitenden Romanschriftstellern beobachten können" (Latour und Woolgar 1979 zit. n. der deutschen Übersetzung in Bauer 2020, 204). Dieser Strategie folgend untersuchte Anfang der 1980er Jahre die Soziologin Karin Knorr-Cetina (1984) in einer richtungsweisenden Studie die Arbeitsprozesse in der Forschung zu Pflanzenproteinen. Ausdrücklich am Konzept der dichten Beschreibung von Clifford Geertz (2002 [1973]) orientiert sich die Untersuchung von Sharon Traweek (1988) zur Hochenergietechnik. Da diese als wesentliche Produktionsschritte in der Hervorbringung wissenschaftlicher Ergebnisse gelten, ist all diesen Studien die eingehende Analyse alltäglicher Inskriptionsprozesse gemein, worunter etwa das Messen, die Textproduktion, die Aufzeichnung, die Übersetzung und Umwandlung von Daten in Tabellen, Kurven und Diagramme usw. fallen.

Trotz des Zusatzes *Technology* fristete die Technikforschung im Rahmen der STS bis dahin eher ein Mauerblümchendasein. Dies änderte sich im Verlauf der 1980er Jahre. Der in diesem Zusammenhang entwickelte Ansatz ist als sozialkonstruktivistische Technikforschung (*Social Construction of Technology*) bekannt, der unter dem Akronym SCOT in der Techniksoziologie und -geschichte großen Einfluss erlangte und anfangs v. a. von Wiebe Bijker und Trevor Pinch vorangetrieben wurde. Ende der 1980er Jahre ging es zunächst darum, sozialkonstruktivistische Ansätze, wie sie aus der Wissenschaftssoziologie (insbesondere im Kontext des *Empirical Programme of Relativism*) bekannt waren, für die Technikforschung fruchtbar zu machen (Lachmund, 2014; Potthast 2020, 104–105). Hierbei spielten die Arbeiten David Bloors eine wichtige Rolle: Bloor (1976) kritisierte an der Wissenschaftsforschung seiner Zeit ihre Blindheit gegenüber der sozialen Genese der Kriterien für Wissenschaftlichkeit und der weitgehend wissenschaftsimmanenten Beurteilung der Durchsetzung eines theoretischen Modells. Er beanstandete also, dass der Erfolg theoretischer Modelle in den Naturwissenschaften in der Regel damit begründet wurde, dass diese ihr Untersuchungsobjekt eben treffender erfassen würden als konkurrierende Modelle.

Daran anknüpfend kritisierten nun Bijker und Pinch an der Technikforschung, dass diese Erfolg und Scheitern einer Technik durch die Technik selbst erkläre und Technik damit mehr als etwas Erklärungsmächtiges und weniger als etwas Erklärungsbedürftiges begreife (Bijker et al. 1987; Bijker und Law 1992).

Einer linearen Erfolgsgeschichte der Technik setzen die Autoren das Modell einer nichtlinearen Technikentwicklung entgegen, was bedeutet, dass erfolgreiche wie gescheiterte Technologien symmetrisch bzw. gleichberechtigt behandelt werden. Übergeordnetes Ziel ist dabei eine Theorie soziotechnischen Wandels, die aufzeigen soll, unter welchen Bedingungen technischer Wandel sich vollzieht und Artefakte nicht mehr verändert werden. Ferner geht es darum, die strukturellen Rahmenbedingungen und Handlungsmöglichkeiten der Akteur*innen eingehend zu berücksichtigen. Drittens schließlich betont das Konzept, dass Technik sowohl sozial konstruiert ist, als auch Sozialität konstruiert. Beides ist untrennbar miteinander verwoben und konstituiert das sog. *seamless web* (Hughes 1986).

Folgt man den Kerngedanken der *Social Construction of Technology*, so ist die Technikgenese der Weg vom Sozialen zum Artefakt. Da allerdings die Technikgenese zum Zeitpunkt der Untersuchung in der Regel weitgehend abgeschlossen ist, muss den Ausgangspunkt der Analyse das Artefakt bilden – der Untersuchungsweg führt vom Artefakt in das Soziale. Für den Analyseweg sind verschiedene, zumeist von der Wissenschaftsforschung übernommene, Begriffe eingeführt worden. Zunächst gilt es, *Relevant Social Groups* zu identifizieren, die sich um das Artefakt konstituieren und dieses aneignen. In einem zweiten Schritt folgt die Analyse der Bedeutungen, die diese dem Artefakt zuweisen. Hierbei ist zu beachten, dass verschiedene Gruppen verschiedene Interessen und Vorstellungen an das Artefakt knüpfen (*interpretative flexibility*). In diesem Zusammenhang sollen Schwierigkeiten der Akteur*innen mit dem Gegenstand wie auch Lösungsmodelle identifiziert werden, die zu Veränderungen führen können. Abschließend steht das Verschwinden von Alternativen und damit auch der Flexibilität im Mittelpunkt. Dazu bedienen sich die Autoren des Konzeptes *closure*, das den Moment bezeichnet, in dem die Diskurse geschlossen werden, wobei idealtypisch zwei Varianten unterschieden werden: Zum einen die *rhetorical closure*, bei der die Gruppen sich darauf einigen, dass die Probleme gelöst sind oder kein Problem vorhanden sei (was nicht bedeutet, dass dies auch zutrifft), zum anderen die *closure by redefinition of the problem*, bei der das Problem umdefiniert wird.

Man kann diesen Ansatz gut am Beispiel des Fahrrads in groben Zügen illustrieren. Wie Pinch und Bijker (1987) aufzeigen, gab es im 19. Jahrhundert eine Fülle verschiedener Fahrradmodelle. Obwohl das Hochrad bis zum ausgehenden 19. Jahrhundert weit verbreitet war und als das geläufigste Modell galt, wurden von den damals noch jungen Fahrradherstellern auch Variationen entwickelt, die die mit dem Hochrad verknüpften Probleme beheben sollten. Die Frage, der sich nun die Autoren widmen, ist, welche mit dem Fahrrad verwobenen Ansprüche, Problemdefinitionen und Uminterpretationen dazu führten, dass das gegenwärtig bekannte niedrige Fahrrad mit Luft gefüllten Reifen sozial und kulturell akzeptabel wurde. Für die Autoren ist diese Entwicklung eine Art sozialer Selektionsprozess, zu dessen Analyse sie zunächst die *relevant social groups* betrachten, die in dem Entwicklungsverlauf und Aushandlungsprozess eine gewichtige Rolle spielen. Das wären zum einen die Hersteller wie etwa Handwerker, Industrielle, Firmen usw., und zum anderen verschiedene Gruppen von Nutzer*innen wie bspw. junge Männer, Frauen, ältere Personen etc. Bei der interpretativen Flexibilität geht es dann bei diesem Fallbeispiel darum, wesentliche Problemdefinitionen herauszuschälen, die die jeweilige Variation des Artefakts als funktionsgerecht erscheinen ließen. Es ist eindrucksvoll, wie an Details wie Design und Material die unterschiedlichen Ansprüche und Interpretationen der verschiedenen sozialen Gruppen zutage treten: Vor allem junge Männer favorisierten lange Zeit das Hochrad mit Vollgummireifen, da es bestimmte Virilitätsphantasien beflügelte, den Sport- und Abenteuergeist bediente, Technikbeherrschung anzeigte und auch Imponiergehabe ermöglichte. Für viele Frauen, aber auch Männer eher fortgeschrittenen Alters, war dieses Modell hingegen eher ungeeignet, da die Benutzung als gewöhnliche Mobilitätstechnik entweder gefährlich war oder als unschicklich angesehen werden konnte. Luftgefüllte Reifen etwa und auch die niedrige, kettenbetriebene Konstruktion, so wie wir sie auch heute kennen, kamen, obwohl sie lange Zeit aus Gründen des Sportsgeistes auf Widerspruch stießen, diesen Problemdefinitionen und Ansprüchen entgegen. Zusammengefasst kann man festhalten, dass die unterschiedlichen Gruppen das Fahrrad durch ihre Auslegung von Problemen als ein jeweils anderes Gerät konstruierten und damit sowohl den praktischen Umgang als auch dessen Genese bestimmten.

In der Gesamtschau hat die sozialkonstruktivistische Techniktheorie zu intensiven Debatten angeregt und wurde von Beginn an leidenschaftlich kritisiert (König 2009, 79–81). Thomas P. Hughes (1994, 105–106) warf dem Ansatz vor, den Technikdeterminismus schlicht durch einen Sozialdeterminismus ersetzt zu haben. Langdon Winner (1993) hingegen kritisierte an der *Social Construction of Technology*, sich zu einseitig auf die Entstehungsphasen von Technik zu kaprizieren und dabei die langfristigen kulturellen und sozialen Folgen aus den Augen zu verlieren, v. a. für Menschen, die nicht an der Entstehung beteiligt, aber im Nachhinein dennoch in verschiedenen Intensitäten von ihr betroffen waren. Infolge der Kritik wurde dieser Ansatz weiter entwickelt, wobei sich SCOT als ein flexibles Analyseinstrumentarium erwiesen hat. Vor allem die tieferliegenden kulturellen sowie sozialen Bedingungen und Machtasymmetrien in den relevanten sozialen Gruppen wurden deutlich stärker berücksichtigt (so in Bijker 1995). SCOT war und ist sehr wandlungsfähig und einflussreich, v. a. in der angelsächsischen Forschung, was sich an vielen diesem Forschungsansatz verpflichteten Fallstudien oder auch anhand der theoretischen Präferenzen der bedeutenden technikhistorischen Zeitschrift *Technology & Culture* ablesen lässt.

Diese Arbeiten zeigen noch etwas anderes, nämlich die analytische Sensibilität der STS für Fragen der Materialität. In den ethnographisch ausgerichteten Laborstudien zeigt sich dieser Umstand v. a. in der Aufmerksamkeit, die man der dinglichen Ordnung des Labors widmet. In dieser Perspektive erscheinen Dinge – oder in diesem Fall konkreter: die materielle Laborausstattung – nicht mehr als etwas Passives, als etwas, das die Welt außerhalb der Dinge repräsentiert, symbolisiert, spiegelt usw., sondern als wirkungsmächtige Akteure im Prozess der Wissensgenerierung. Mitte der 1970er Jahre hatte bspw. Harry M. Collins (1975) in einem einflussreichen Aufsatz technische Vorgänge am Beispiel von Gravitationswellen untersucht. Letztlich bestimmen – so sein Argument – die Apparaturen, die Gravitationswellen identifizieren, darüber mit, was diese Wellen überhaupt eigentlich sind. Kurzum: Die STS zeigen, dass technische Apparaturen entscheidend zur Hervorbringung wissenschaftlicher Aussagen beitragen und es daher analytisch unzureichend ist, lediglich auf Menschen (Forscher*innen, Laborassistent*innen etc.) als Akteure zu verweisen, wenn man untersuchen möchte, wie wissenschaftliches Wissen produziert wird. In dieser Perspektive kommt naturwissenschaftliches Wissen auf einmal nicht mehr als Resultat einer außerordentlichen Geistesleistung daher oder schlicht als Ergebnis hinter der Forschung wirksamer wirtschaftlicher und politischer Faktoren, sondern auch als Folge eines Zusammenwirkens von Menschen und Apparaturen.

Analytisch bedeutet dies, dass soziale Praktiken und Technik gleichermaßen in den Blick genommen werden, womit die Laborstudien (LABORATORY STUDIES) wichtige Impulse für theoretische Herangehensweisen gaben, die bspw. als soziotechnisches Arrangement oder Akteur-Netzwerk-Theorie (ANT) firmieren (Callon 2004; Latour 2007; einführend Belliger et al. 2006). Das Soziale erscheint hier als ein Hybrid aus Menschen, Praktiken und Materialitäten im weitesten Sinne – eine analytische Stoßrichtung, die sich auch in der feministischen Technik- und Wissenschaftsforschung, etwa bei Donna Haraway (z. B. 1985 und 1991), finden lässt. Insbesondere die ANT überführte diese Herangehensweise zu einem Konzept eines Netzwerkes miteinander verwobener Aktanten, die sowohl menschlich als auch nicht menschlich sein können – ein Punkt, der diese Herangehensweise etwa von der sozialkonstruktivistischen Technikforschung unterscheidet. Folgt man nun diesem Ansatz, so können das Soziale und Nicht-Soziale sowie Natur und Kultur nicht mehr ohne weiteres als voneinander unterschieden untersucht werden. Michel Callons hat die Konsequenzen für die Forschung in seiner vielfach zitierten Fallstudie zur *Domestication of the Scallops and the Fisherman of St-Brieuc Bay* (1986) aufgezeigt. Hier avancieren Muscheln zu wirkungsmächtigen Aktanten. Nicht nur, dass die Fischer die wohlmeinenden Anweisungen von Meeresbiolog*innen zurückwiesen, die die Erholung der Muschelbestände vor Augen hatten, auch die Muscheln blieben den Netzen fern, die zu ihrer Befestigung herangeschafft worden waren. Was Callon mit dieser Studie demonstrierte, war eine Forschungsstrategie, die eben neben Menschen gleichwertig Dinge und – in diesem Fall – auch Muscheln als handlungsfähig in die Erörterungen einbezog. Betrachtet man nun dies vor dem Hintergrund der zuvor geschilderten exemplarischen Fallbeispiele, so tritt hier etwas zum Vorschein, das über die üblichen Paradigmen der STS hinausreicht: den Dichotomien der Moderne mit ihren Grenzziehungen zwischen Gesellschaft, Kultur und Natur wird ebenso eine Absage erteilt wie der üblichen disziplinären Aufteilung zwischen Natur- und Sozialwissenschaften (vgl. auch Latour 2008 [1991]).

3 Potenzial, Kritik, Ausblick

Die Science and Technology Studies können eine mehrere Jahrzehnte zurückreichende Geschichte aufweisen. Diese Zeit ist gespickt mit theoretischen Auseinandersetzungen sowie Verschiebungen in der Auswahl der Untersuchungsgegenstände und des methodischen Arsenals. Allerdings sind diese Debatten und Revisionen aufgrund der ausgeprägt esoterischen Begriffsbildung in diesem Forschungsfeld für ‚Außenstehende' oftmals kaum zu durchblicken. Hinzu kommt, dass viele zentrale Studien dieses Forschungsfeldes noch immer nicht ins Deutsche übersetzt worden sind, was eine umfängliche Rezeption im deutschsprachigen Raum zumindest erschwert. In dieser Hinsicht ist ein vor kurzer Zeit erschienener Überblick besonders erwähnenswert, der nicht nur die Forschungsgeschichte systematisch darstellt (allerdings aus rein sozialwissenschaftlicher Perspektive), sondern auch einige der ‚klassischen' Texte erstmals in deutscher Übersetzung zur Verfügung stellt (Bauer et al. 2020).

Jörg Potthast (2015, 168) hat zurecht angemerkt, dass viele Studien, die man diesem Forschungsfeld zurechnen kann, aus „ungewöhnlich interdisziplinären Konstellationen und [...] häufig unter ungesicherten oder nur schwach institutionalisierten Bedingungen" hervorgegangen sind. Die frühen Arbeiten setzen sich mit Wissenschaft und Technik in einem engeren Sinn auseinander, wobei Wissenschaft hier in der Hauptsache – analog zur englischsprachigen Unterscheidung von *Science* und *Humanities* – Naturwissenschaften meint. Den Kern der Analyse bildete die Frage nach dem sozial und kulturell voraussetzungsreichen Prozess der Hervorbringung wissenschaftlichen Wissens und technischer Artefakte. In diesem Zusammenhang haben sich die STS mit konzeptionell und methodisch ausgesprochen innovativen Laborstudien profiliert. Zu den blinden Flecken dieser Arbeiten gehört jedoch, erstens, die weitgehend fehlende Aufmerksamkeit dafür, was mit diesem Wissen und den Dingen passierte, wenn Sie einmal auf die Welt gebracht wurden – wie sie etwa Herrschaft oder Fragen der Sozialität von

Menschen berührten, die weder an ihrer unmittelbaren Produktion beteiligt waren noch überhaupt über diesen Prozess wussten. Zweitens ist auffällig, dass die (post)kolonialen Aspekte einer als spezifisch europäisch oder nordamerikanisch verstandenen modernen Wissenschaft nur selten problematisiert wurden.

Insgesamt haben sich die SCIENCE AND TECHNOLOGY STUDIES zu einem imponierend breiten Forschungsfeld entwickelt. Das Untersuchungsspektrum ist, verglichen mit den frühen Arbeiten, gegenwärtig erheblich großzügiger gefasst. Der Anthropologe und Soziologe David Hess (2001, 242) hat diese Entwicklung prägnant damit beschrieben, dass es in den STS anfangs v. a. darum ging, die *black box* von Wissenschaft und Technik zu öffnen, aber man nun auch dazu übergegangen sei, einen Blick in die andersfarbigen, roten, blauen und gelben Boxen der Kultur und Politik von Wissenschaft und Technik zu riskieren. Mit dieser Verschiebung stehen auf einmal auch andere Perspektiven als die der Expert*innen im Vordergrund (so bei Epstein 1996). Und es werden die Verbindungslinien zwischen technowissenschaftlichen Kontroversen, Alltags- und Populärkultur und sozialen Bewegungen deutlicher herausgearbeitet (etwa bei Bijsterveld und Pinch 2004). Vor allem die Medienforschung hat an Attraktivität gewonnen – und das recht ausgeprägt im deutschsprachigen Raum (Couldry 2006; Gießmann und Taha 2018). Aber auch Finanzmärkte und Politiken der Naturalisierung gegenwärtiger Wirtschaftsweisen haben darin ihren Platz ebenso wie Funktionsweisen staatlicher oder wissenschaftlicher Verwaltungsapparate (Jasanoff 1990; Preda 2017), Architektur und Stadtplanung (Faías und Bender 2009; Coutard und Guy 2007) ebenso wie Datenverarbeitung oder Umweltwissen (Edwards 2010). Ebenfalls untersuchen Autor*innen vermehrt den Stellenwert von Wissenschaften und Technik für die Etablierung und Stabilisierung kolonialer Herrschaftsverhältnisse und auch, inwieweit die koloniale Erfahrung selbst zur Herausbildung moderner Wissenschaften und Technologien beigetragen hat (Harding 2011). Im Gefolge einer zunehmenden Öffnung gegenüber Perspektiven aus den → POSTCOLONIAL STUDIES zielen diese Arbeiten in Anlehnung an Dipesh Chakrabartys (2000) Diktum auch darauf, das europäische Naturwissenschafts- und Technikverständnis zu provinzialisieren.

Die aktuell starke Hinwendung zum Materiellen (etwa Barad 2003, aus globalhistorischer Perspektive Hård 2023), hat auch damit zu tun, dass die lange Zeit forschungsleitenden sozialkonstruktivistischen Paradigmen zunehmend problematisiert werden. Dies mag gegenwärtig auch mit aktuellen politischen Entwicklungen und dem Alltagsverständnis des Begriffes ‚Konstruktion' zusammenhängen. Tatsächlich drängt sich die Frage auf, welche Probleme und Missverständnisse in und außerhalb des akademischen Feldes mit den aus den STS generierten sozialkonstruktivistischen Perspektiven auftreten, wenn in Zeiten von *post-truth* und *fake news* auf einmal wissenschaftliches Wissen über den Klimawandel oder Pandemien mit dem Hinweis auf ‚Konstruktion' delegitimiert wird (hierzu übergreifend bereits 1996 Ashmore, aktueller Bärnreuther et al. 2020). Jedenfalls lassen diese Akzentverschiebungen, die sicherlich nicht die letzten innerhalb der SCIENCE AND TECHNOLOGY STUDIES gewesen sein werden, in der Zukunft neue Untersuchungsfelder, neue akademische Bündnispartner und v. a. anregende theoretische und methodische Debatten zu den zentralen Charakteristika moderner Gesellschaften erwarten. Und nach wie vor geht die Forschung in diesem Feld mit dem Ausloten von Optionen für Intervention und demokratischer Politik einher.

4 Literaturverzeichnis

Ashmore, Malcolm. „Ending up on the Wrong Side. Must the Two Forms of Radicalism Always be at War?". *Social Studies of Science* 26.2 (1996): 305–322.

Barad, Karen. „Agential Realism. How Material-Discursive Practices Matter". *Signs* 28.3 (2003): 803–831.

Bauer, Susanne, Torsten Heinemann und Thomas Lemke. „Einleitung". *Science and Technology Sudies. Klassische Positionen und aktuelle Perspektiven*. Hrsg. von Susanne Bauer, Torsten Heinemann und Thomas Lemke. Frankfurt a.M. 2020: 7–40.

Bärnreuther, Sandra et al. „Editorial: Feierabend? (Rück-)Blicke auf ‚Wissen'". *Nach Feierabend. Zürcher Jahrbuch für Wissensgeschichte* 15 (2020): 7–16.

Beck, Stefan, Jörg Niewöhner und Estrid Sørensen (Hrsg.). *Science and Technology Studies. Eine sozialanthropologische Einführung*. Bielefeld 2012.

Belliger, Andréa und David J. Krieger (Hrsg.). *ANThology. Ein einführendes Handbuch zur Akteur-Netzwerk-Theorie*. Bielefeld 2006.

Bijker, Wiebe E. *Of Bicycles, Bakelites and Bulbs. Toward A Theory of Sociotechnical Change*. Cambridge, MA 1995.

Bijker, Wiebe E. und John Law. *Shaping Technology/Building Society: Studies in Sociotechnical Change*. Cambridge, MA 1992.

Bijker, Wiebe E. und Trevor J. Pinch. „The Social Construction of Facts and Artifacts, or: How the Sociology of Science and the Sociology of Technology Might Benefit Each Other". *The Social Construction of Technological Systems. New Directions in the Sociology and History of Technology*. Hrsg. von Wiebe E. Bijker, Thomas P. Hughes und Trevor J. Pinch. Cambridge, MA 1987: 17–51.

Bijsterveld, Karin und Trevor Pinch. „Sound Studies. New Technologies and Music". *Social Studies of Science* 34.5 (2004): 635–648.

Bloor, David. *Knowledge and Social Imaginary*. Chicago, IL 1976.

Callon, Michel. „Some Elements For A Sociology of Translation. Domestication of the Scallops and the Fishermen of St-Brieuc Bay". *Power, Action and Belief. A New Sociology of Knowledge?* Hrsg. von John Law. London 1986: 196–233.

Callon, Michel. „The Rolle of Hybrid Communities and Socio-Technical Arrangements in the Participatory Design". *Journal of the Center for Information Studies* 5 (2004): 3–10.

Canguilhem, Georges. *Wissenschaftsgeschichte und Epistemologie. Gesammelte Aufsätze*. Frankfurt a.M 1979.

Chakrabarty, Dipesh. *Provincializing Europe. Postcolonial Thought and Historical Difference*. Princeton, NJ 2000.
Cohen-Cole, Jamie. *The Open Mind. Cold War Politics and the Sciences of Human Nature*. Chicago, IL 2014.
Collins, Harry M. „The Seven Sexes. A Study in the Sociology of a Phenomenon, or the Replication of Experiments in Physics“. *Sociology* 9 (1975): 205–224.
Couldry, Nick. „Akteur-Netzwerk-Theorie und Medien. Über Bedingungen und Grenzen von Konnektivität und Verbindungen“. *Konnektivitäten, Netzwerke und Flüsse. Konzepte für eine Kommunikations- und Kulturwissenschaft*. Hrsg. von Andreas Hepp et al. Wiesbaden 2006: 101–117.
Coutard, Olivier und Simon Guy. „STS and the City: Politics and Practices of Hope“. *Science, Technology & Human Values* 32.6 (2007): 713–734.
Daston, Lorraine. „Science Studies and the History of Science“. *Critical Inquiry* 35.4 (2009): 798–813.
Dear, Peter und Sheila Jasanoff. „Dismantling Boundaries in Science and Technology Studies“. *ISIS* 101.4 (2010): 759–774.
Edwards, Paul N. *A Vast Machine: Computer Models, Climate Data, and the Politics of Global Warming*. Cambridge, MA 2010.
Epstein, Steven. *Impure Science. AIDS, Activism, and the Politics of Knowledge*. Berkeley, CA 1996.
Faías, Ignacio und Thomas Bender. *Urban Assemblages. How Actor Network Theory Changes Urban Studies*. London 2009.
Felt, Ulrike et al. „Introduction to the Fourth Edition of The Handbook of Science and Technology Studies“. *The Handbook of Science and Technology Studies*. Hrsg. von Ulrike Felt et al. 4. Aufl. Cambridge, MA 2017: 1–26.
Fleck, Ludwik. *Entstehung und Entwicklung einer wissenschaftlichen Tatsache. Einführung in die Lehre vom Denkstil und Denkkollektiv*. 9. Aufl. Frankfurt a.M. 2012 [1935].
Foucault, Michel. *Les mots et les choses. Une archéologie des sciences humaines*. Paris 1966.
Geertz, Clifford. „Thick Description: Toward an Interpretive Theory of Culture“. *The Interpretation of Cultures. Selected Essays*. New York 1973: 3–30.
Gießmann, Sebastian und Nadine Taha (Hrsg.). *Susan Leigh Star. Grenzobjekte und Medienforschung*. Bielefeld 2018.
Haraway, Donna. „A Manifesto for Cyborgs: Science, Technology, and Socialist Feminism in the 1980s“. *Socialist Review* 15.2 (1985): 65–108.
Haraway, Donna. *Simians, Cyborgs and Woman. The Reinvention of Nature*. New York 1991.
Hård, Mikael. *Microhistories of Technology. Making the World*. London 2023.
Harding, Sandra (Hrsg.). *The Postcolonial Science and Technology Studies Reader*. Durham, NC 2011.
Hess, David. „Ethnography and the Development of Science and Technology Studies“. *Handbook of Ethnography*. Hrsg. von Paul Atkinson et al. London 2001: 234–245.
Hughes, Thomas P. „The Seamless Web: Technology, Science, Etcetera Etcetera“. *Social Studies of Science* 16.2 (1986): 281–292.
Hughes, Thomas P. „Technological Momentum“. *Does Technology Drive History? The Dilemma of Technological Determinism*. Hrsg. von Merritt Roe Smith und Leo Marx. Cambridge, MA 1994: 101–114.
Jasanoff, Sheila. *The Fifth Branch. Science Advisers as Policymakers*. Cambridge, MA 1990.
Jasanoff, Sheila (Hrsg.). *States of Knowledge: The Co-Production of Science and Social Order*. New York 2004.

Knorr-Cetina, Karin. *Die Fabrikation von Erkenntnis. Zur Anthropologie der Naturwissenschaft.* Frankfurt a.M. 1984 [1981].

Knorr-Cetina, Karin. „Das naturwissenschaftliche Labor als Ort der ‚Verdichtung' von Gesellschaft". *Zeitschrift für Soziologie* 17.2 (1988): 85–101.

König, Wolfgang. *Technikgeschichte. Eine Einführung in ihre Konzepte und Forschungsergebnisse.* Stuttgart 2009.

Kuhn, Thomas S. *Die Struktur wissenschaftlicher Revolutionen.* 2. Aufl. Frankfurt a.M. 2001 [1962].

Lachmund, Jens. „Wiebe Bijker und Trevor Pinch: Der sozialkonstruktivistische Ansatz in der Technikforschung". *Schlüsselwerke der Science & Technology Studies.* Hrsg. von Diana Lengersdorf und Matthias Wieser. Wiesbaden 2014: 145–154.

Latour, Bruno und Steve Woolgar. *Laboratory Life: The Social Construction of Scientific Facts.* Beverly Hill, CA 1979.

Latour, Bruno. *Les Microbes. Guerre et paix suivi de Irréductions.* Paris 1984.

Latour, Bruno. *Eine neue Soziologie für eine neue Gesellschaft. Einführung in die Akteur-Netzwerk-Theorie.* Frankfurt a.M. 2007.

Latour, Bruno. *Wir sind nie modern gewesen. Versuch einer symmetrischen Anthropologie.* Frankfurt a.M. 2008 [1991].

MacKenzie, Donald. *Inventing Accuracy. A Historical Sociology of Nuclear Missile Guidance.* Cambridge 1990.

MacKenzie, Donald. *An Engine, Not a Camera. How Financial Models Shape Markets.* Cambridge, MA. 2006.

Meneghello, Laura. „Kulturgeschichte und STS kombiniert. Die Rohrpost als kommunikations- und raumerzeugende Infrastruktur". *Wie forschen mit den Science and Technology Studies? Interdisziplinäre Perspektiven.* Hrsg. von Astrid Wiedmann, Katherin Wagenknecht. Philipp Goll und Andreas Wagenknecht. Bielefeld 2020: 25–49.

Merton, Robert K. „The Normative Structure of Science". *The Sociology of Science. Theoretical and Empirical Investigations.* Hrsg. von Norman W. Storer. Chicago, IL 1973 [1942].

Orland, Barbara. „Gender Studies". *Handbuch Wissenschaftsgeschichte.* Hrsg. von Marianne Sommer, Staffan Müller-Wille und Carsten Reinhardt. Stuttgart 2017: 68–80.

Pickering, Andrew. *Constructing Quarks: A Sociological History of Particle Physics.* Chicago, IL 1984.

Potthast, Jörg. „Wissenschaftspolitik und Science & Technology Studies". *Handbuch Wissenschaftspolitik.* Hrsg. von Dagmar Simon, Andreas Knie und Stefan Hornbostel. 2. Aufl. Wiesbaden 2015: 157–173.

Potthast, Jörg. „Sozialkonstruktivistische Technikforschung". *Science and Technology Studies. Klassische Positionen und aktuelle Perspektiven.* Hrsg. von Susanne Bauer, Torsten Heinemann und Thomas Lemke. Berlin 2020: 99–122.

Preda, Alex. „Machineries of Finance: Technologies and Sciences of Markets". *The Handbook of Science and Technology Studies.* Hrsg. von Ulrike Felt et al. 4. Aufl. Cambridge, MA 2017: 609–634.

Schröter, Jens und Tristan Thielmann. „Akteur-Medien-Theorie". *Handbuch Medienwissenschaft.* Hrsg. von Jens Schröter. Stuttgart 2014: 148–158.

Shapin, Steven und Simon Schaffer. *Leviathan and the Air-Pump: Hobbes, Boyle, and the Experimental Life.* Princeton, NJ 1985.

Traweek, Sharon. *Beamtimes and Lifetimes. The World of High Energy Physicist.* Cambridge, MA 1988.

Wajcman, Judy. „Reflections on Gender and Technology Studies: In What State is the Art?". *Social Studies of Science* 30.1 (2000): 447–464.

Weber, Jutta. „From Science and Technology to Feminist Technoscience“. *Women, Science, and Technology. A Reader in Feminist Science Studies*. Hrsg. von Mary Wyer et al. 3. Aufl. New York 2015: 543–556.

Wieser, Matthias. „Cultural Studies und Science & Technology Studies“. *Schlüsselwerke der Science & Technology Studies*. Hrsg. von Matthias Wieser und Diana Lengersdorf. Wiesbaden 2014: 363–376.

Winner, Langdon. „Upon Opening the Black Box and Finding It Empty: Social Constructivism and the Philosophy of Technology“. *Science, Technology & Human Values* 18.3 (1993): 362–378.

Lisa Gaupp

Social Studies

1 Forschungsgeschichte

1.1 Definition des Forschungsbereichs

Die kulturwissenschaftlichen SOCIAL STUDIES beinhalten alle (interdisziplinären) Ansätze in der Kulturforschung, die darauf fokussiert sind, wie kulturell konstruierte Differenzen praktiziert werden und wie diese Konstruktionen in der Gesellschaft (un-)wirksam gemacht werden. SOCIAL STUDIES untersuchen demnach die Arten und Weisen, Formen, Ursachen, Prozesse, Ziele, Wandel und Wirkungen sozialen Lebens, das heißt menschlicher Beziehungen, und fragen damit nach den ‚klassischen fünf Ws': Warum wer wie wo wann etwas tut.

Ansätze der SOCIAL STUDIES können dabei auf verschiedenste Kontexte und diverse kulturelle Formen wie u. a. Diskurse, Strukturen, Politiken, Praktiken, Verhandlungen, Materialisierungen, Bedingungen, Technologien, Medien oder Organisationsformen und auf verschiedene Analyseebenen (mikro-, makro-, meso-, multiperspektivisch) der Gesellschaft blicken. Die dabei zugrundeliegenden Definitionen von „Gesellschaft" oder „Sozialem"/„sozial" bzw. von verwandten Konzepten wie etwa Kultur (Hannerz 1996), Soziale Gruppe (Turner et al. 1987), Kollektiv (von Bismarck 2012), Gemeinschaft (Tönnies 2019), Netzwerk (Castells 1996) oder Lebensstil (Schulze 1992), oder auch von im wissenschaftlichen Diskurs weitgehend verschwundenen Bezeichnungen wie Zivilisation (Huntington 1996), Nation (Anderson 1983) oder Volk (Herder 1965) sind dabei ebenso vielschichtig. So kann Soziales bspw. in der Soziologie als Zusammenschluss von Individuen zu bestimmten Zwecken (Durkheim 2013) oder durch das Befolgen etablierter Normen (Berger und Luckmann 1966) verstanden werden. Andere Ansätze vermeiden solch strukturalistische Betrachtungen und blicken vielmehr auf soziokulturelle Praktiken (Turino 2008) und können damit als praxeologisch bezeichnet werden. Diese Vielschichtigkeit trifft ebenso sowohl auf die disziplinären Verortungen der diversen Ansätze zu, die den SOCIAL STUDIES zugerechnet werden können, als auch darauf, ob es sich um eher historische oder vielmehr zeitgenössische Blickwinkel handelt, sowie ob sie sich eher an kanonischen, etablierten Ansätzen orientieren oder diese kritisch revidieren möchten.

Ein Hauptfokus von SOCIAL STUDIES sind dabei Unterscheidungen und damit verbundene Zugehörigkeiten. Die Gründungsgeschichte der Disziplin Soziologie bedient sich maßgeblich des Begriffs der Differenz, und zwar in seiner prozessualen Verwendungsweise „Differenzierung". Die soziologische Differenzierungs-

https://doi.org/10.1515/9783110712919-030

theorie beschreibt v. a. gesellschaftliche Wandelprozesse auf unterschiedlichen Ebenen, die sich durch eine funktionale Ausdifferenzierung von bspw. sozialen Positionen, Berufen, Institutionen etc. und den damit jeweils verbundenen Lebensstilen beschreiben lassen (Durkheim 2013; Simmel 2016). Für Niklas Luhmann bedeutet Differenz dagegen v. a. in konstruktivistischer Perspektive, dass etwas erst unterscheidbar wird, wenn eine Differenz im Gegensatz zu einer Gleichheit, einer Identität eingeführt wird, etwa ein System von seiner Umwelt unterschieden wird (Luhmann 2018). Als heutige Weiterführung dieser konstruktivistischen Differenzierungstheorie kann die Soziale Netzwerkanalyse gelten (White 2012).

Kulturwissenschaftliche SOCIAL STUDIES problematisieren dabei v. a. auch den Vorgang des Kategorisierens selbst und erkennen kulturelle Kontingenzen an. Laut Stefan Hirschauer reichen bisherige prominente kulturwissenschaftliche Modelle der Mehrfachzugehörigkeit (wie das der Intersektionalität, das der Kreuzung sozialer Kreise oder das der Hybridität) nicht aus, um neben der „kontingenten Herstellung einer Unterscheidung" auch die „Kontingenz im Gebrauch durch soziale Prozesse" in den Blick zu nehmen: Das Modell des *un/doing differences* wird dagegen prozesshaft gedacht, Leitunterscheidungen werden aneinander relativiert (Hirschauer 2014, 181), und ein Fokus wird auf die „Vielfalt und Kontingenz dieser Kategorisierungen" (Hirschauer 2014, 188) gesetzt. Dabei bedeutet *un/doing* nicht nur, dass Differenzen und Zugehörigkeiten im praktischen Tun vollzogen werden, sondern dass sie „auch nicht getan werden können" (Hirschauer 2014, 182), dass der Konstruktion von Differenzen gleichfalls ihre Dekonstruktion innewohnt. Dieser Ansatz lässt sich also als praxeologischen, konstruktivistischen Ansatz der Kontingenz sozialer Unterscheidungen bezeichnen.

In Abgrenzung zu reinen sozialwissenschaftlichen Forschungen lassen sich kulturwissenschaftliche Ansätze von SOCIAL STUDIES daher durch eine genuin (de-)konstruktivistische und prozessuale Sichtweise vereinen. Während ‚klassische' soziologische Ansätze mit kulturwissenschaftlicher Orientierung (hier sind v. a. die Subdisziplinen Kultursoziologie und Soziologie der Kultur zu nennen) weitgehend auf kanonischen Definitionen von ‚Gesellschaft' beruhen, bspw. auf funktionalen, territorialen, normativen oder hierarchischen Argumenten aufbauen, weshalb und wie soziale Ordnung entsteht und reproduziert wird (Durkheim 2013), zeichnet die eher interdisziplinären kulturwissenschaftlichen SOCIAL STUDIES aus, dass Destablisierungen (Derrida 2004), Zwischenräume (Bhabha 1997) und Kontingenzen (Reckwitz 2004; Hirschauer 2014) menschlicher Beziehungen in den Fokus rücken.

1.2 Gesellschaftliche Hintergründe

Die Social Studies entwickeln sich zwar auf der Basis von u. a. den frühen funktionalistischen und strukturalistischen Sozialtheorien, ihre kulturwissenschaftliche Perspektivierung erhalten sie v. a. durch Einbezug von Ansätzen des Konstruktivismus und den Destablisierungsgedanken des Poststrukturalismus und der Postkolonialen Theorien (→ Postcolonial Studies). Vor allem in poststrukturalistischen Theorien kommen ab circa den 1970er Jahren die Dekonstruktion respektive *différence/différance* (Derrida 2004) oder das Modell des Rhizoms (Deleuze und Guattari 2011) in das akademische Feld der Kulturwissenschaften. Etablierte Vorstellungen von Subjektivität (Foucault 1978) und Möglichkeiten von Handlungsmacht werden kritisch hinterfragt (Spivak 1988; Haraway 1992). Die Differenz an sich wird im Poststrukturalismus jedoch nicht eliminiert, sondern „deren Uneindeutigkeit thematisiert" (Reckwitz 2010, 309). Zwar exkludiert in der globalen Geschichtsschreibung, hat der konstituierte ‚Andere' immer schon an deren Produktion teilgenommen (Bhambra 2007, 11). Durch diese beiden Schwerpunkte entstehen „hier sowohl subversive politische Handlungsmöglichkeiten [...] wie auch ein *policing*, d. h. ein Regulieren der Grenze" (Stäheli 2000, 62–63), was die Parallelen zwischen poststrukturalistischer Dekonstruktion und dekolonialer Theorie als Basis der kulturwissenschaftlichen Social Studies aufzeigt (Angermüller und Bellina 2012).

Auch die erwähnten Postkolonialen Theorien führen in verschiedenen kulturwissenschaftlichen Subdisziplinen wie auch der Soziologie zum Wunsch, die etablierten Grundunterscheidungen aufzulösen, Denkdichotomien offenzulegen und Machtstrukturen zu hinterfragen (Spivak 1988; Gilroy 1993; Chambers 1996; Hall 1997; Bhabha 2005). Solche Dekolonialisierungstheorien fordern nicht nur die Dekonstruktion dichotomer Sozialmodelle wie das der soziologischen Moderne (Bhambra 2007, 1–2), sondern fokussieren v. a. Konzepte wie das der „entangled histories" (Randeria 2006; Gould 2007, 786), „histoire croisée" (Werner und Zimmermann 2006, 39) oder „double critique" (Khatibi 1985, 17), die statische Differenzen destabilisieren und relativieren. Ungleichheiten nicht nur offen zu legen, sondern auch Strategien für ihre Bekämpfung zu entwickeln (Tuck und Yang 2012), ist ein weiteres zentralen Merkmal des Konzepts von Dekolonialisierung. Der handlungsorientierte Dekolonialisierungsanspruch (Icaza und Vázquez 2018; Richardson 2018) der Postkolonialen Theorien wendet sich in der Tradition des Feminismus und politischer Freiheitskämpfe v. a. in intersektionaler Perspektive (Lorde 1984) gegen Strukturen von Rassismus, Klassismus, Ableismus, Sexismus etc. (Mbembe 2001; Boatcă 2010; de Sousa Santos 2010). Damit befinden sich Themen wie Macht, Repräsentation, In- und Exklusion sowie soziale Ungleichheiten im Fokus der kulturwissenschaftlichen Social Studies: „Eine differenzorientierte kulturwissenschaftliche Herangehensweise [...] macht Grenzbereiche und Verschiebungen zwischen den Disziplinen [...] produktiv. So markiert sie stärker die Brüche, die Abweichungen und Missverhältnisse, um sie dann weitergehend zu analysieren: als soziale und gesellschaftliche Ungleichheiten." (Bachmann-Medick 2016a, 52)

Weiterhin ist der postkolonialen Perspektivierung der SOCIAL STUDIES inhärent, den Blick nicht nur auf *westliche* Gesellschaften zu wenden, sondern eine machtkritische, globale sozialräumliche Positionierung einzunehmen, die entlang der genannten sozialen Ungleichheiten u. a. Migration als konstitutives Element heutiger Gesellschaften weltweit setzt (Bojadžijev und Römhild 2014, 10–24). Diese und weitere Prozesse werden in den kulturwissenschaftlichen SOCIAL STUDIES häufig im Bereich der Kulturproduktion (Gaupp 2020; Abfalter und Reitsamer 2022) analysiert.

Ferner lässt sich eine Richtung der kulturwissenschaftlichen SOCIAL STUDIES ausmachen, die im Sinne der Akteur-Netzwerk-Theorie (ANT) von Bruno Latour, Michel Callon und John Law (Callon et al. 1986) in einem neomaterialistischen Ansatz das ‚Soziale' als eine „eigentümliche Bewegung des Reakkumulierens und erneuten Assoziierens" (Latour 2017, 19) als fließend und zirkulierend fasst. In einem solchen Postkonstruktivismus (Gertenbach 2017) wird selbst die Unterscheidung zwischen Realität und Konstruktion überwunden, da jede Konstruktion schon immer ihre materielle Ausführung besessen habe. Der Postkonstruktivismus will nicht nur Dichotomien überwinden, sondern orientiert sich weiter an Affekten und Emotionen, Sinnen und Räumen (Gertenbach 2017). Damit berührt der Postkonstruktivismus die poststrukturalistische Dekonstruktion und bezieht sich auf die *performative, sensory, material* und *spatial turns*.

Zusammenfassend blicken die SOCIAL STUDIES demnach sowohl auf Prozesse der Konstruktion und der Standardisierungen von machtvollen soziokulturellen Normen, die soziale Ungleichheiten festigen, als auch auf ihre Destablisierungen und Dekonstruktionen, die gleiche Repräsentation und die Auflösung von etablierten Dichotomien anstreben. Die Spannung zwischen der Konstruktion von hegemonialen Differenzen und den gleichzeitigen (konflikthaften) dekonstruktivistischen Praktiken können als transkulturelle Verhandlungen bezeichnet werden, die sich permanent wandeln und in jeder Situation neu ausgehandelt werden (Gaupp 2021). Kulturwissenschaftliche SOCIAL STUDIES zeichnen sich durch die konstruktivistischen und dekonstruktivistischen, prozessualen und kontingenten Fokussierungen auf soziale Normen, Praktiken und Aushandlungen aus.

1.3 Beeinflussung durch oder von *cultural turns*

Die kulturwissenschaftlichen SOCIAL STUDIES sind neben der generellen Entwicklung durch den *cultural* beziehungsweise dem *interpretative turn* v. a. durch den *refle-*

xive, den *postcolonial* (und in geringerem Maße dem *transcultural*) *turn* sowie den *mobility* und den *transnational* beziehungsweise *global turn* beeinflusst. Die *performative, sensory, material* und *spatial turns* sind ebenfalls wiederkehrend erkennbar. So sind durch den *cultural* beziehungsweise den *interpretative turn* kulturwissenschaftliche Modelle in die etablierten Sozialwissenschaften mit einer Fokussierung auf kulturelle Konstruktionen und auf Bedeutungszuweisungen in sozialen Praktiken eingezogen beziehungsweise wieder erstarkt (Reckwitz 2000, 109; Reckwitz 2010, 69–93). Die zugrunde liegende Prämisse des Konstruktivismus, dass der Welt Bedeutung zugeschrieben wird, ist ein Teil jener Theorien, die dem *interpretative turn* zugeordnet werden können. In der Tradition der interpretativen Soziologie von Max Weber (1864–1920), der interpretativen Kulturanthropologie von Clifford Geertz (1926–2006) und unter Bezugnahme auf die „Wissenschaftspolitik, [...] die Entkolonialisierungsprozesse ab den 1950er Jahren und die Befreiungsbewegungen in der sogenannten Dritten Welt" (Bachmann-Medick 2016b, 40–41), wird Kultur als Konstruktion von Symbolen, Zeichen und Deutungen verstanden. Gleichzeitig wird Kultur als eigentlich konstituierende soziale Realität gesehen (Fischer und Moebius 2014, 10).

Dieser Gedankengang lässt sich bis zur ersten institutionalisierten Gründung der Disziplin Soziologie zu Beginn des 20. Jahrhunderts zurückverfolgen, als Georg Simmel (1858–1918), Max Weber oder Émile Durkheim (1858–1917) ihre Gesellschafts- und Kulturtheorien als Gegenentwurf zu der vorherrschenden Positivistik entwickelten. Die Fokussierung dieser Tradition auf die Sinnesprozesse des Menschen wird in der sogenannten Philosophischen Anthropologie (Plessner 1975) nach dem Zweiten Weltkrieg wiederbelebt, um den dominierenden Paradigmen des Strukturfunktionalismus und des historischen Materialismus entgegenzutreten. Ab den 1970er Jahren wurde sie im Rahmen des *cultural turn* interdisziplinär und in der Kultursoziologie international weiterentwickelt. Diese Kultursoziologie interessiert sich für die Analyse symbolischer Regime in der Gesellschaft, die sinnvolles Handeln ermöglichen, deren Genese und damit verbundene Praktiken, beteiligte Akteur*innen und Gesellschaftsformationen sowie Lebensstile, Alltag und Artefakte (Albrecht und Moebius 2014, 12–13).

Den *reflexive* und den *postcolonial turn* sowie den *mobility* und den *transnational* beziehungsweise *global turn* lassen sich in den kulturwissenschaftlichen Social Studies v. a. in den genannten Fokussierungen auf Themen wie Macht, Repräsentation, Exklusion und soziale Ungleichheiten in globaler Perspektive und der Forderung nach Dekonstruktion und Dekolonialisierung derselben erkennen.

Vor allem die Postkolonialen Theorien (→ Postcolonial Studies) haben verschiedene heuristische Modelle entwickelt, um gegen den Strich zu denken, zu revidieren und zu lesen. → Gender Studies und → Queer Studies und andere theoretische Stränge wie Neuer Materialismus oder Ökofeminismus haben diese breite Palette von Ansätzen durch andere Werkzeuge wie Standpunkt-Epistemologien, situiertes Wissen, Psychoanalyse und queere Perspektiven ergänzt. Diese Theorien können als poststrukturalistische Antworten auf postmoderne Diversitätstheorien gesehen werden, die, obwohl sie als pluralistisch dargestellt werden, immer noch auf Differenzen beruhen. Ebenso kann die poststrukturalistische Dekonstruktion in Zusammenhang mit dem *reflexive turn* gesehen werden.

Im Rahmen (oder eigentlich vor) dem *reflexive turn* durchlief die Disziplin der Anthropologie eine sogenannte „Krise der Repräsentation" (Clifford und Marcus 1986), die ihren Höhepunkt in den 1960er Jahren nach den posthum veröffentlichten Tagebüchern des Anthropologen Bronislaw Malinowski (1884–1942) erreichte. Der ‚Gründungsvater' der empirischen Feldforschung entpuppte sich als erschreckender Rassist mit einer diskriminierenden Haltung gegenüber seinen Forschungsobjekten (Malinowski 1967). Entsprechend musste die gesamte Disziplin ihre kolonialistisch begründeten Prämissen hinterfragen und reflektieren, welche Wünsche, Annahmen und Vorurteile die eigenen epistemischen Interessen leiten.

Der *transcultural turn* schließlich zeigt sich in den kulturwissenschaftlichen Social Studies u. a. in der „begrifflichen Erfassung von Phänomenen, die sich im Prozess des Werdens befinden, und die sich aus gegensätzlichen Strukturen, Logiken, Dynamiken und Funktionalitäten zusammensetzen. ‚Trans' bezieht sich also nicht auf geschlossene Identitätsvorstellungen, sondern schließt fließende Grenzziehungen ein" (Rau et al. 2016, 7).

Auch kulturwissenschaftliche Migrations- und Mobilitätsstudien (→ Refugee Studies) folgen überwiegend einem solchen konstruktivistischen und reflexiven Ansatz (Karakayali 2016; Bojadžijev 2018). Es wird ein *mobility turn* und ein *transnational turn* mit starkem Fokus auf globale Entwicklungen diagnostiziert (Johler et al. 2011), zudem folgen viele dieser Studien einer globalen Perspektive (Go und Krause 2016). Tatsächlich gibt es jedoch wahrscheinlich ebenso viele makrotheoretische Perspektiven, die sich auf exkludierende globale Praktiken konzentrieren (Buchholz 2008), wie es Mikrostudien gibt, die sich den Praktiken der Inklusion und Exklusion im Alltag widmen (Anderson 2015).

1.4 Nähe zu anderen „Studies" und Disziplinen/Fächern

Disziplinäre Verortungen lassen sich v. a. in der Soziologie (insbesondere in der Kultursoziologie sowie der Soziologie der Kultur und der Künste), in der Sozial- und Kulturanthropologie (und verwandten Fächern wie der Musikethnologie oder der Europäischen Ethnologie) sowie in verschiedenen politikwissenschaftlichen Feldern (insbesondere Kulturpolitik, Politologie, Migrationspolitik), Geschichtswissenschaften (zum Beispiel Kulturgeschichte), Erziehungswissenschaften (einschließlich pädagogischer Ansätze wie bspw. aus der Sozialen Arbeit) und Kommunikationswissenschaften (einschließlich sozialwissenschaftlich orientierter Medienwissenschaften; → COMMUNICATION STUDIES) finden.

So stehen neben den erwähnten Fächern und Disziplinen der → POSTCOLONIAL STUDIES, Kultursoziologie, Soziologie der Kultur, (Kultur- und Sozial-)Anthropologie/ Ethnologie, → GLOBAL STUDIES sowie der MIGRATION STUDIES und MOBILITY STUDIES (Lash und Urry 1994) v. a. diejenigen Subdisziplinen den kulturwissenschaftlichen SOCIAL STUDIES nahe, die sich auf der einen Seite mit spezifischen kulturellen Feldern und die in ihnen wirkenden Machtstrukturen in sozialen Beziehungen auseinandersetzen wie u. a. die Musikethnologie (Guibault 1997; Burkhalter 2016; Gaupp 2016) und Musiksoziologie (De Nora 2003; Blaukopf 2005; Peres da Silva und Hondros 2019), die Kulturpolitikforschung (Gaupp 2016; Dragićević Šešić et al. 2017; Lettau und Knoblich 2017; Singh 2019) beziehungsweise die → POLITICAL STUDIES, die → MEDIA STUDIES, die (CULTURAL) ORGANIZATION STUDIES (Helin et al. 2014; Langley und Tsukas 2017) sowie die CULTURAL INSTITUTIONS STUDIES (Kirchberg und Zembylas 2024; Zembylas 2004; Gaupp 2020). Auf der anderen Seite gehen vielfältige Ansätze und Methoden aus den CROSS-CULTURAL STUDIES, aus allen → AREA STUDIES wie den AFRICAN AMERICAN STUDIES, den → EUROPEAN STUDIES und den → IBERIAN STUDIES sowie aus Ansätzen, die sich mit Inklusions- und Exklusionsprozessen und den damit verbundenen Machtprozessen generell beschäftigen, in die kulturwissenschaftlichen SOCIAL STUDIES ein, wie u. a. aus den → REFUGEE STUDIES, den → SCIENCE AND TECHNOLOGY STUDIES, den → SURVEILLANCE STUDIES sowie den INTERSECTIONALITY STUDIES (Crenshaw 1989; hooks 1995; Winker und Degele 2009; Ahmed 2012), den DIVERSITY STUDIES (Krell et al. 2007; Löw 2014; Salzbrunn 2014; Vertovec 2007, 2015) und den → BORDER STUDIES (Wille et al. 2016; Wille 2016; Bleuler und Moser 2018; do Mar Castro Varela 2018).

1.5 Abgrenzung zu anderen „Studies"

Die erwähnte Nähe der kulturwissenschaftlichen SOCIAL STUDIES zu den → POSTCOLONIAL STUDIES beschreibt gleichzeitig ihre gegenseitige Abgrenzung. Der Fokus auf Postkoloniale Theorie in den SOCIAL STUDIES stellt lediglich eine Herangehensweise neben anderen an Themen der Macht dar. Mit einem deutlichen Schwerpunkt auf soziales Handeln grenzen sich die SOCIAL STUDIES von den postkolonialen Ansätzen ab, die zunächst in geisteswissenschaftlichen Feldern wie u. a. den Literaturwissenschaften entwickelt wurden (Said 1995; Bhabha 1997) und erst später ihre interdisziplinäre Ausrichtung erfuhren.

Zwar ist der kulturwissenschaftlichen Ausrichtung der SOCIAL STUDIES inhärent, die „alten disziplinären Abgrenzungen" (Gaupp 2021, 337) zwischen geistes-

und sozialwissenschaftlichen Herangehensweisen überwinden zu wollen. Diese Trennung zeigt sich jedoch weiterhin v. a. in der Methodologie und weniger in der Theorie. Während in kulturwissenschaftlicher Sozialtheoriebildung durchaus anerkannt wird, dass das Ideelle und das Materielle nicht voneinander trennbar sind (Latour 2017), darauf geblickt wird, wie kulturelle Bedeutungszuweisungen nicht nur praktiziert werden, sondern auch wie sie durch kulturelle Formen transformiert werden, und auch vorrangig textbasierte Methoden wie die Diskursanalyse (Foucault 1966) weite Verbreitung erfahren, besteht jenseits der Sozialtheorie nach wie vor eine Kanonisierung empirischer Feldforschung fort, die darauf blickt, welche Bedeutungen von Akteur*innen im Feld zugeschrieben werden. Da aber auch hier Kultur als Konstruktion von Bedeutungen in einem eher geisteswissenschaftlichen Sinne verstanden wird, lässt sich feststellen, dass die Gräben nicht mehr so tief sind, wie sie weiterhin institutionell und hochschulpolitisch machtvoll verhandelt und wirksam gemacht werden.

Daher können die kulturwissenschaftlichen Social Studies als Chance gesehen werden, solche disziplinären Grenzen zu überwinden, da viele Ansätze sowohl den Geisteswissenschaften zugeordnet werden können als auch sozialwissenschaftliche Herangehensweisen implizieren. Dieses Argument wird v. a. durch die Überbrückung materialistischer und idealistischer Perspektiven deutlich. Zwar wird häufig weiterhin der Gegensatz zwischen materialistischen und idealistischen Perspektiven betont, etwa wenn kulturelle Differenzen als Folge sozialer Unterschiede betrachtet werden. Demgegenüber ordnet andererseits u. a. die Kultursoziologie die Sinnstiftungsprozesse dem menschlichen Geist zu. Handlungen resultieren aus diesen ideell konstruierten Unterschieden. Wie immer gibt es jedoch auch viele Ansätze, die diese scheinbar unterschiedlichen methodologischen und epistemologischen Perspektiven kombinieren. Sowohl geisteswissenschaftliche als auch gesellschaftstheoretische Ansätze sind somit nicht (mehr) zwei gegensätzliche Seiten in den kulturwissenschaftlichen Social Studies, sondern ihre kontextuelle Verschränkung ist in der Praxis etabliert und hat sich als fruchtbar erwiesen, ohne in einem theoretischen Eklektizismus auszuarten (Gaupp 2021).

1.6 Institutionalisierung

Bestimmte disziplinäre Normen und Standardisierungen bestehen im Feld fort, insbesondere in der Hochschulpolitik. Akademische Förderorganisationen wie die Deutsche Forschungsgemeinschaft (DFG) haben keinen Fachbereich für genuin kulturwissenschaftliche Social Studies. Das für Kulturwissenschaft zuständige Fachkolleg der DFG wird zusammen mit der Allgemeinen und Vergleichenden Literaturwissenschaft als Teilgebiet der Literaturwissenschaft geführt. Umgekehrt sind die Fachkollegs Empirische Sozialforschung oder Soziologische Theorie nicht explizit kulturwissenschaftlich ausgerichtet. Auch wenn die Möglichkeit besteht, einen Forschungsstipendienantrag als interdisziplinär zu deklarieren, zeigt die Praxis, dass Gutachter*innen immer noch häufig aus monodisziplinären Fachgebieten rekrutiert werden (Folk 2020).

Die meisten Professuren und assoziierten Stellen, die an kulturwissenschaftliche Fachbereiche, Fakultäten oder Institute angegliedert sind, werden für monodisziplinäre Fächer konzipiert. Auch wenn sie eher offen ausgeschrieben werden und einen interdisziplinären Fokus auf thematische Fragestellungen behalten oder in den wenigsten Fällen den Titel „Kulturwissenschaft/en“ tragen, werden in den Auswahlverfahren häufig diejenigen Kandidat*innen gegenüber Kulturwissenschaftler*innen bevorzugt, die die meisten disziplinären Bezüge zu den etablierten monodisziplinären Abteilungsmitgliedern erkennen lassen (Gaupp 2021).

1.7 Besondere Schwerpunkte durch eine weitere Spezialisierung

Die genannten CULTURAL INSTITUTIONS STUDIES legen im Sinne der kulturwissenschaftlichen SOCIAL STUDIES in einer multiperspektivischen, globalen, diskriminierungs- und machtkritischen Betrachtungsweise den Schwerpunkt auf gesellschaftliche Transformationsprozesse im Kulturbereich. CULTURAL INSTITUTIONS STUDIES umfassen das komplexe Zusammenspiel und die gegenseitigen Beeinflussungen von strukturellen Handlungsmustern und sich wiederholenden, ritualisierten Normen und Werten, die im Kulturbereich wirken, als auch das Soziale Handeln der Beteiligten, ihre Beziehungen zueinander sowie die Arten und Weisen, wie diese Interaktionen und Normen organisiert und institutionalisiert werden. In einem soziologischen Verständnis mit praxeologischer Lesart werden Institutionen als symbolische Ordnungen und Praktiken verstanden, die einen Rahmen dafür bilden, wie Menschen miteinander kommunizieren und interagieren. In der Soziologie geht dieses Verständnis von Institution mit Normen, Regeln und etablierten Verhaltensweisen einher, die von einer Mehrheit der Mitglieder einer bestimmten sozialen Gruppe befolgt und ausgeführt werden. So stellt bspw. für Émile Durkheim eine soziale Institution eine soziale Ordnung her und erhält sie aufrecht. Individuen müssen sich diesen Strukturen anpassen, weil ihre Handlungsfähigkeit von ihnen bestimmt wird (Durkheim 1976). Die konstruktivistische Lesart von Berger und Luckmann (1966) erlaubt ein dynamischeres Konzept sozialer Institutionen, die durch Gewöhnung erlernt werden, demnach verändert oder verlernt werden könnten, aber dennoch wenig Handlungsspielraum bieten.

Soziale Institutionen werden individuell mit bestimmten kulturellen Bedeutungen verknüpft (Vorländer und Rehberg 2015). Wenn dieses subjektive und dynamische Bedeutungsverständnis einer kulturellen Institution jemand anderem aufgezwungen wird, kann dies bspw. zu Diskriminierung, ungleichen Machtverhältnissen, Ideologien und Ungleichheiten führen oder diese begründen.

Für Michéle Lamont (1992) werden v. a. so genannte symbolische Grenzziehungen von Individuen entlang von kulturellen Institutionen vollzogen, um sich abzugrenzen: „‚Symbolische Grenzen' sind die Linien, die einige Menschen, Gruppen und Dinge einschließen und definieren, während sie andere ausschließen [...]. Sie spielen eine wichtige Rolle bei der Schaffung von Ungleichheit und Machtausübung." (Lamont et al. 2015, 850)

Einen weiteren Schwerpunkt der kulturwissenschaftlichen SOCIAL STUDIES bildet die Spezialisierung durch die Postkoloniale (Kultur-)Soziologie und ihrem kulturwissenschaftlichen Fokus auf Verflechtungen, Destablisierungen und Zwischenräumen. Die Soziologin Gurminder Bhambra etwa versucht, soziologische Konzepte der Moderne zu dekolonialisieren (2007). Die eurozentristische Unterscheidung zwischen „moderner Gesellschaft" und „traditioneller Gesellschaft" ist für Andreas Reckwitz ein Bestandteil der soziologischen Theorie der Moderne. Rationalität wird nur modernen *westlichen* Gesellschaften zugeschrieben, und die Evolution von einer traditionellen zu einer moderneren Gesellschaft wird als lineare und zwangsläufige Entwicklung gedacht (Reckwitz 2004, 10). Aus diesem Grund wurde „die Moderne selbst als Phänomen primär aus der Perspektive des westlichen Rationalismus verstanden" (Mbembe 2001, 10). Es gibt einige weitere Theorien, die als dekolonial bezeichnet werden können und die gleichzeitig neue Perspektiven für die kulturwissenschaftlichen SOCIAL STUDIES bieten (Gabbert 2010; Reuter und Villa 2010; Purtschert 2012; Boatcă und Costa 2016; Gutiérrez Rodriguez 2016). All diesen Ansätzen ist gemeinsam, dass sie versuchen, etablierte Denkweisen, Zuschreibungen und Grenzen zu destabilisieren und neu zu denken.

Mehrere Autor*innen präsentieren auch Vorschläge zur Dekolonialisierung der Künste durch die Umsetzung antirassistischer (Bayer und Terkessidis 2017), dekolonialer (Caceres et al. 2017) oder transkultureller (von Osten 2012; Bhagwati 2018; Lutz 2018) Praktiken des Kuratierens (Gaupp 2024). Weitere Ansätze fokussieren wiederum auf unterschiedliche Aspekte der gemeinsamen Zusammenarbeit (Richter 2012; Sennett 2012), Polyphonie (Bempeza et al. 2019), Kollektive (von Bismarck 2012), soziale Kohäsion und Conviviality (Heil 2020; Espahangizi 2021).

2 Exemplarische Beispiele und Fragestellungen

2.1 Macht zwischen Struktur und *agency*

Kulturelle Institutionen sind, wie beschrieben, machtvolle Normierungen, die zwar einerseits dazu genutzt werden, um sich einer bestimmten Gruppe zuzuordnen, bspw. mittels Identitätspolitik Inklusion zu befördern. Gleichzeitig hat jede Inklusion auch reziprok eine Exklusion von Nicht-Zugehörigen zur Folge. Darüber hinaus gibt es viele weitere Aspekte und Praktiken sowie eine Vielzahl an theoretischen Ansätzen, die sich mit Macht, Dominanz oder Herrschaft auseinandersetzen (Foucault 1978), etwa Pierre Bourdieus symbolische Macht im kulturellen Feld (1979). Weitere Ansätze beschäftigen sich u. a. mit der manipulativen Macht von Gatekeepern (Becker 2008; Gaupp 2020) oder mit der Macht sozialer Strukturen (Behnke et al. 2015).

Die Beschäftigung mit Konzepten und Vorstellungen von Herrschaft und Macht in gesellschaftlichen Strukturen steht seit Beginn der Disziplin im Zentrum der Soziologie. Im 19. Jahrhundert und um die Wende zum 20. Jahrhundert betrachteten Marx, Durkheim, Simmel und insbesondere Weber die Gesellschaft als ein reziprokes und gegensätzliches Zusammenspiel von determinierenden Strukturen und Handlungsmacht. Die Verknüpfung von Struktur und Handlungsspielraum zwischen den Akteur*innen von Kunst- und Kulturorganisationen wird stark von den Mechanismen legitimer Herrschaft beeinflusst. Diese manipulative Macht der Künste (Weber 1958) ist ein Beispiel, wie dieses Thema in den kulturwissenschaftlichen SOCIAL STUDIES betrachtet wird (Gaupp et al. 2022).

Im Fokus stehen dabei u. a. die Mechanismen, die eine künstlerische Praxis – verstanden als soziale Praxis – fördern oder daran hindern können, ihr beabsichtigtes Publikum zu erreichen. Was als künstlerische Praxis anerkannt wird und was nicht, ist ein weiteres Beispiel dafür, wie Gatekeeper und persistierende Konventionen in verschiedenen Kunstwelten eine gewisse Macht ausüben, um das Feld zu definieren. Die Künste können demnach entweder als Spiegelbild der Gesellschaft oder als Mittel, das die Gesellschaft formt, verstanden werden (Alexander 2020). So liegen die machtvollen Kräfte einerseits außerhalb der eigentlichen künstlerischen Praxis, nämlich in den umgebenden Organisationen wie Universitäten, Kommunen (Rothenberg 2022) oder Ranking- und Bewertungs-Organisationen (Buckermann 2022; Fryberger 2022). Weiterhin sind es soziale Strukturen wie Geschlecht/Gender (Einarsdottir 2022; Fontbona Mola und Wuggenig 2022; Protte 2022), *class* (Klages 2022) oder *race* (Behnke 2022; Klages 2022), die Künste und Künstler*innen machtvoll beeinflussen.

Andererseits besitzen Künstler*innen Handlungsmacht, sich solchen äußeren determinierenden Strukturen und politischer Herrschaft bspw. durch Subversion (Kempa 2022) oder durch Artivismus (Betrand-Höttcke und Kettner 2022) zu widersetzen. Hier werden die Künste als gesellschaftliches Produkt und als Ursache gesellschaftlicher Strukturen und Prozesse gesehen.

2.2 Soziale Ungleichheit zwischen Alterität und Exklusion

Verbunden mit Themen der Macht sind, wie beschrieben, soziale Effekte wie Exklusion und Alteritätszuschreibungen, die soziale Ungleichheiten manifestieren und (re-)produzieren. Eine Vielzahl an Ansätzen aus den kulturwissenschaftlichen SOCIAL STUDIES blicken bspw. aus Perspektive der Intersektionalitätsstudien auf diese Prozesse. In der früheren Intersektionalitätsforschung wurden oft die drei sich überschneidenden Kategorien *race,* Geschlecht/Gender und *class* betrachtet. Seitdem wurden viele weitere Kategorien in die intersektionale Forschung aufgenommen, um zu zeigen, wie soziale Ungleichheiten und Mehrfachdiskriminierungsprozesse entstehen und wirken. Intersektionalität wird dabei „als Verwobenheit von Ungleichheitskategorien [...], als kontextspezifische, gegenstandsbezogene und an sozialen Praxen ansetzende Wechselwirkungen ungleichheitsgenerierender sozialer Strukturen" (Winker und Degele 2009, 15) gesehen. In Bezugsetzung dieser Kategorien zum kapitalistischen Weltsystem (Marx und Engels 1872; Weber 2016) zeigen eine Vielzahl an Studien, wie soziale Ungleichheit mit Alteritätszuschreibungen und Exklusionsmechanismen verwoben ist (Sennett 1999; Boltanski und Chiapello 2003; Bröckling 2015). Auch hier sind postkoloniale (Nederveen Pieterse und Parekh 1995; Mbembe 2001; Escobar 2004; Bhambra 2007; Groys 2008; Dussel 2009) und globale (Stiglitz 2002; Robinson 2004; Sassen 2015) Perspektiven zu nennen, die sich unterschiedlichen Aspekten sozialer Ungleichheit und sozialer Schichtung widmen (Solga et al. 2009; Weiß 2017). Der intersektionale Ansatz wird teilweise auch als essentialisierend kritisiert, da selbst in der Verschränkung verschiedener Kategorien jene Kategorien an sich homogen verbleiben. Dagegen wird vorgeschlagen, anstelle von Kategorien in Relationen zu denken und entsprechend zum Beispiel Gender als interdependent zu begreifen (Walgenbach 2007; Soiland 2008).

In den kulturwissenschaftlichen SOCIAL STUDIES sind u. a. die Theorien von Pierre Bourdieu (1979), von bell hooks (1995) und von Sara Ahmed (2000; 2007; 2012) relevant für Fragen der Alterität und sozialer Ungleichheit. Auch Ansätze aus den CULTURAL STUDIES (Hall 2017), den CRITICAL WHITENESS STUDIES (Anderson 2015), den CRITICAL RACE STUDIES (Thompson 2015) und Theorien des Antirassismus (Espahangizi et al. 2016) können einen gewissen Einfluss vorweisen. Einige Ansätze prägten den Begriff postmigrantisch, „eine Analyseperspektive, die sich mit den Konflikten, Identitätsbildungsprozessen, sozialen und politischen Transformationen auseinandersetzt, die nach erfolgter Migration [...] einsetzen" (Foroutan 2019, 232). All diesen unterschiedlichen intersektionalen Ansätzen zu Alterität liegt v. a. eine differenztheoretische Perspektive zugrunde, die Differenzen als konstitutiv für soziale Ungleichheit sieht. Differenzen sollen hier nicht primär dekonstruiert, sondern die zugrundeliegenden Dichotomien als Basis ungleicher Machtverhältnisse offengelegt werden (Gaupp 2021).

Margaret S. Archer beschreibt das „kulturelle Kohärenz"-Modell und dessen „fallacy of conflation" (2005, 20), wenn bspw. der ethnische oder nationale Hintergrund eines Individuums, der häufig nur aufgrund von Aussehen oder Akzent zugeschrieben wird, mit der kulturellen Praxis eines Individuums gleichgesetzt wird. Dorothee Barth schreibt bspw. „In Deutschland wirst Du zum Türken gemacht" (2013) und bezieht sich dabei auf musikpädagogische Modelle der so genannten Interkulturellen Musikerziehung. Zwar hat das von Archer kritisierte Modell in den Sozialwissenschaften an Bedeutung verloren, doch in den Feldern kultureller Produktion bestehen bestimmte Gleichsetzungen von Akteur*innen, ihren kulturellen Praktiken und (angenommenen) geographischen und/oder nationalen Hintergründen fort, die eine holistische und statische Sicht auf Kultur zeigen, in der etablierte, meist eurozentrische Institutionen die Praxis bestimmen.

„Fallacy of conflation" ist v. a. dort vorhanden, wo Lamonts symbolische Grenzziehungen vollzogen werden. Wenn bspw. jemand zum Ausdruck bringt, dass er oder sie eine andere Bedeutung zuschreibt als jemand anderes und v. a., dass der oder die andere sich eher an die bekannten beziehungsweise etablierten kulturellen Institutionen halten soll, handelt es sich um Prozesse, bestimmte Differenzen zu normalisieren und sie anderen vorzuziehen. Denn diese umfasst oft symbolische „Macht, die Dinge mit Worten erschafft" (Bourdieu 1992, 153).

Symbolische Grenzen sind dabei laut Lamont und Molnár ein Medium, um Status zu akquirieren und Ressourcen zu monopolisieren (2002, 168). Dagegen sind soziale Grenzen objektivierte Formen sozialer Differenzen, die sich in ungleichem Zugang zu und ungleiche Verteilung von Ressourcen ausdrücken. Wenn es allerdings in einer sozialen Gruppe einen Konsens über eine symbolische Grenze gibt, kann sich diese in eine soziale Grenze transformieren und in Mustern sozialer Exklusion oder Segregation identifizierbar werden (Lamont und Molnár 2002, 169).

2.3 Dekolonialisierung zwischen Diversität und Inklusion

Als ein drittes Beispiel für prominente Forschungsthemen kulturwissenschaftlicher Social Studies lässt sich „Dekolonialisierung" identifizieren. Die zuvor beschriebenen Forschungen zu Macht und sozialen Ungleichheiten bilden hier den Ausgangspunkt für die Forderung danach, diese Verhältnisse ändern zu wollen, um Inklusion zu fördern. Dabei wird häufig anerkannt, dass dieselben Praktiken gleichzeitig sowohl inkludierende als auch exkludierende Ergebnisse haben können. Einige dieser

Forschungsansätze können als gleichheitstheoretisch bezeichnet werden, da sie oft auf einem philosophischen Argument der Gleichheit aller Menschen beruhen oder auf politische Strategien zur Erreichung von mehr Gerechtigkeit ausgerichtet sind. In der politischen Theorie bilden die Kämpfe um politische, soziale oder kulturelle Repräsentation, gleichberechtigten Zugang, Identitätspolitik und Minderheitenrechte ein weites Forschungsgebiet (Meer et al. 2016), häufig in Anlehnung an oder in Weiterentwicklung von früheren Theorien des Multikulturalismus (Taylor 1994; Benhabib 2002). Zu diesem Diskurs gehören mehrere verwandte Begriffe und Konzepte wie „Diaspora" (Clifford 2006) oder „Superdiversity" (Vertovec 2007; Arnaut 2012; Johler et al. 2011). Für Steven Vertovec bedeutet Diversität bspw. „soziale Differenz" (2015, 1), und er kritisiert die Vernachlässigung „des Einbeziehens historischer und nicht-westlicher Kontexte" (Vertovec 2015, 10) in Mainstream-Diversity-Forschungen. Darüber hinaus fordern viele Ansätze die Überwindung von „methodologischen Nationalismen" (Beck und Grande 2010, 189), die in der soziologischen Forschung immer noch häufig vorherrschen, insbesondere wenn sie sich mit Diversitätsfragen befassen.

In Praxisfeldern der Künste liegt der Fokus häufig auf Konzepten wie Partizipation, Repräsentation, gleichem Zugang und Inklusion (Gaupp 2016). Insbesondere die Debatten um die Einrichtung des Humboldt-Forums im Zentrum Berlins als Ausstellungsort „der Kulturen der Welt" (Di Blasi 2019), um die Dekolonialisierung ethnologischer Museen, wie das ehemalige Museum für Völkerkunde Hamburg, das in das MARKK Hamburg („Museum am Rothenbaum – Kulturen und Künste der Welt") umgewandelt wurde (Kraus und Noack 2015; Gaupp et al. 2020) sowie um koloniale und nationalsozialistische Raubkunst und deren Restitution, erregen in mehreren akademischen Disziplinen wie der Kunstgeschichte erhebliche Aufmerksamkeit (Macdonald 1996; Rother 2017). Ebenso kommt v. a. aufgrund eines offenen Briefes von Danielle Brown (2020), in dem sie die Dekolonialisierung der Musikethnologie und Musikpädagogik fordert, eine Debatte um Rassismus und weiße Vorherrschaft in diesen Disziplinen ins Rollen. Gleichzeitig werden Begriffe wie „Diversität" und „Dekolonialisierung" als bloße Schlagwörter und für ihre Kommodifizierung problematisiert (Ahmed 2012; Icaza und Vazquez 2018).

Dank solcher Kritik werden in der Praxis neue Identitätspolitiken und Interessensvertretungen wie die Initiative Bündnis kritischer Kulturpraktiker*innen (https://mindthetrapberlin.wordpress.com) oder die Diversity Arts Culture (http://www.diversity-arts-culture.berlin/de) entwickelt, die die genannten Ausschlüsse nicht reproduzieren wollen. An anderer Stelle kritisieren auch andere die ausgrenzenden Folgen solcher Diversity-affirmativen Aktionen, sehen aber dennoch die Notwendigkeit, einer solchen Agenda mittelfristig zu folgen, um die hierarchischen und neokolonialen Strukturen des kulturellen Feldes langfristig zu verändern. Darüber hinaus strebt die Kulturpolitik auch danach, das kulturelle Feld zu dekolonialisieren und dadurch eine inklusivere Gesellschaft aufzubauen, indem sie dem Creative Justice Model of Access, Diversity, Inclusion, Equity (Cuyler 2019) folgt und „Netzwerke von Möglichkeiten“ fördert (Singh 2019).

Zusammenfassend lässt sich an dieser Stelle festhalten, dass Dekolonialisierung in diesen Diskursen kulturwissenschaftlicher SOCIAL STUDIES sowohl zwischen Diversitätsaffirmation und Inklusion als auch zwischen der Kritik an zugeschriebener Alterität und Exklusion oszilliert und damit machtvolle Prozesse vielleicht nicht in der Praxis zu ändern, wohl aber in der Forschung aufzudecken vermag.

3 Kulturwissenschaftliche Forschung im deutschsprachigen Raum

Insbesondere in der deutschsprachigen Kultursoziologie besteht ein hoher Grad an akademischer Institutionalisierung anhand einer Sektion Kultursoziologie in der Deutschen Gesellschaft für Soziologie (DGS), mehreren kultursoziologischen Professuren (u. a. Berlin, Dresden, Frankfurt/Oder, Leipzig) und zahlreichen Publikationsorganen wie die Reihe *Kunst und Gesellschaft* (Wiesbaden/Springer). Auch im Europäischen und internationalen Maßstab existiert eine ähnlich institutionalisierte Kultursoziologie wie u. a. das Research Network Sociology of Culture in der European Sociological Association (ESA) oder die internationale Zeitschrift *Cultural Sociology*. In beiden Fällen, im deutschsprachigen Raum und im internationalen Rahmen, sind diese Kontexte eher von Abgrenzungsbemühungen gegenüber bspw. einer Soziologie der Künste geprägt, als von institutionalisierter Kooperation. Dass viele der Sektionsmitglieder und viele Forschungsprojekte zwischen diesen verschiedenen interdisziplinären Netzwerken hin und her wechseln, lässt die politischen Abgrenzungen unberührt.

In den ethnologischen Disziplinen sowie den genannten weiteren disziplinären Feldern kulturwissenschaftlicher SOCIAL STUDIES existieren ebenfalls mehrere Fachgesellschaften und angegliederte Publikationsorgane wie die ‚kleine‘ dgv (Deutsche Gesellschaft für Volkskunde, inzwischen umbenannt in Deutsche Gesellschaft für Empirische Kulturwissenschaft, DGEKW) und die ‚große‘ DGV (Deutsche Gesellschaft für Völkerkunde, inzwischen Deutsche Gesellschaft für Sozial- und Kulturanthropologie, DGSKA), die sich eher durch Abgrenzung als durch interdisziplinäre Zusammenarbeit kennzeichnen. Einzig die Kulturwissenschaftliche Gesellschaft (KWG) ist interdisziplinär fundiert und lässt v. a. bei den Sektionen Transkulturelle Lebenswelten, Kulturwissenschaftliche Border Studies, Medienkulturen/Kulturmedien sowie Raum/Kultur Bezüge zu den kulturwissenschaftlichen SOCIAL STUDIES erkennen.

Schließlich existieren einige wenige Lehrstühle, die nicht nur in der Forschungspraxis, sondern auch programmatisch den kulturwissenschaftlichen SOCIAL STUDIES zugerechnet werden können, wie bspw. die Kulturelle Musikwissenschaft (Göttingen), die kulturelle Anthropologie der Musik (Bern) oder die CULTURAL INSTITUTIONS STUDIES (Wien), deren disziplinäre Anleihen u. a. in der Musikethnologie und der Soziologie der Kultur und der Künste mit starken Bezügen zu den → POSTCOLONIAL STUDIES zu finden sind.

4 Potenzial, Kritik und Ausblick

Auch wenn sich bspw. die Sektion Kultursoziologie innerhalb der Deutschen Gesellschaft für Soziologie dem Thema Postkoloniale Theorie widmete (Tagungen in Bielefeld 2022 und Osnabrück 2023), besteht nach wie vor eine Marginalisierung dieser Themen im weiten Feld der Soziologie fort. Auch Bachmann-Medick unterscheidet den *reflexive turn* als „Selbstreflexion der Europäer" vom *postcolonial turn* als Ebene der „Kontakte und Beziehungen zwischen diesen beiden Welten" (2016, 125, 126). Damit wird eine dichotome Ordnung reproduziert, in der postkoloniale Ansätze immer noch oft einem eigenen Bereich neokolonialer Strukturen zugeordnet werden, der in der Mainstream-Forschung nicht berücksichtigt wird. Es scheint, als ob die herkömmliche Unterscheidung zwischen der ausschließlich für die Erforschung des ‚kolonialen Anderen' zuständigen Anthropologie und Ethnologie und der auf ‚westliche Gesellschaften' fokussierten Soziologie (García Canclini 2013) noch greift. Dies letztlich zu ändern beschreibt allerdings auch das Potenzial postkolonial ausgerichteter kulturwissenschaftlicher SOCIAL STUDIES.

Ein weiterer Kritikpunkt, der gleichzeitig ebenfalls das Potenzial für die Überwindung solcher Grenzen bietet, stellt die beschriebene Interdisziplinarität der kulturwissenschaftlichen SOCIAL STUDIES dar. Kulturwissenschaftliche SOCIAL STUDIES stellen thematisch gefasste Fragen und nähern sich ihnen aus vielen Blickwinkeln, um ein wenig der kulturellen Komplexität konstruktivistisch erfassen zu können. Die Gefahr einer daraus resultierenden Kleinteiligkeit, die v. a. hochschulpolitisch kaum Diskursmacht entfalten kann, wurde genannt. Vor diesem Hintergrund sollten die alten disziplinären Gräben angesichts der beschriebenen etablierten konstruktivistischen und dekonstruktivistischen, also transkulturellen Praxis in den kulturwissenschaftlichen SOCIAL STUDIES überwunden werden, um dadurch die Kulturwissenschaften selbst zu dekonstruieren und neue Bedeutungen innerhalb des Feldes auszuhandeln (Gaupp 2021).

5 Literaturverzeichnis

Abfalter, Dagmar und Rosa Reitsamer. *Music As Labour: Inequalities and Activism in the Past and Present*. Abingdon 2022.

Ahmed, Sara. *Strange Encounters: Embodied Others in Post-Coloniality. Transformations Thinking Through Feminism*. London 2000.

Ahmed, Sara. *Queer Phenomenology: Orientations, Objects, Others*. 2. Aufl. Durham, NC 2007.

Ahmed, Sara. *On Being Included: Racism and Diversity in Institutional Life*. Durham, NC 2012.

Albrecht, Clemens und Stephan Moebius. „Die Rückkehr der Kultur in die Soziologie: Zur Gründungsgeschichte einer Sektion". *Kultur-Soziologie*. Hrsg. von Stephan Moebius und Clemens Albrecht. Wiesbaden 2014: 9–22.

Alexander, Victoria D. *Sociology of the Arts: Exploring Fine and Popular Forms*. Hoboken, NJ 2020.

Anderson, Benedict. *Imagined Communities: Reflections on the Origin and Spread of Nationalism*. London 1983.

Anderson, Elijah. „The White Space". *Sociology of Race and Ethnicity* 1.1 (2015): 10–21.

Angermüller, Johannes und Leonie Bellina. „Poststrukturalismus und Postkolonialismus: Jacques Derridas ‚Grammatologie' sowie Gilles Deleuzes und Félix Guattaris ‚Tausend Plateaus'". *Schlüsselwerke der Postcolonial Studies*. Hrsg. von Julia Reuter und Alexandra Karentzos. Wiesbaden 2012: 27–37.

Archer, Margaret S. „Structure, Culture and Agency". *The Blackwell Companion to the Sociology of Culture*. Hrsg. von Mark D. Jacobs und Nacy Weiss Hanrahan. Malden, MA 2005: 17–34.

Arnaut, Karel. „Super-Diversity: Elements of an Emerging Perspective". *DIVERSITIES* 14.2 (2012): 1–16.

Bachmann-Medick, Doris. „Kulturwissenschaft in der Ermüdung? Anmerkungen zu einer Neuorientierung". *Kulturwissenschaftliche Zeitschrift* 1.1 (2016a): 49–55.

Bachmann-Medick, Doris. *Cultural Turns: New Orientations in the Study of Culture*. Berlin 2016b.

Barth, Dorothee. „‚In Deutschland wirst du zum Türken gemacht!', oder: ‚Die ich rief, die Geister, werd ich nun nicht los'". *Diskussion Musikpädagogik* 57 (2013): 50–57.

Bayer, Natalie und Mark Terkessidis. „Über das Reparieren hinaus: Eine antirassistische Praxeologie des Kuratierens". *Kuratieren als antirassistische Praxis*. Hrsg. von Natalie Bayer, Belinda Kazeem-Kamiński und Nora Sternfeld. Berlin 2017: 53–70.

Beck, Ulrich und Edgar Grande. „Jenseits des methodologischen Nationalismus: Außereuropäische und europäische Variationen der Zweiten Moderne." *Soziale Welt* 61.3/4 (2010): 187–216.

Becker, Howard Saul. *Art Worlds*. Berkeley, CA 2008.

Behnke, Christoph. 2022. „On the History of the Blues in the Field of Music Production in the United States Beginning in the 20th Century: A Field Theoretical Approach". *Arts and Power. Policies in and by the Arts*. Hrsg. von Lisa Gaupp, Alenka Barber-Kersovan und Volker Kirchberg. Wiesbaden 2022: 195–212.

Behnke, Christoph et al (Hrsg.). *Art in the Periphery of the Center*. London 2015.

Bempeza, Sofia et al. (Hrsg.). *Polyphone Ästhetik. Eine kritische Situierung*. Wien 2019.

Benhabib, Seyla. *The Claims of Culture: Equality and Diversity in the Global Era*. Princeton, NJ 2002.

Berger, Peter L. und Thomas Luckmann. *The Social Construction of Reality. A Treatise in the Sociology of Knowledge*. Garden City, NY 1966.

Betrand-Höttcke, Aude und Matthias Kettner. „‚The Dead Are Coming'. Contemporary Interventionist Art, Political Beauty, and the Power of Reason". *Arts and Power. Policies in and by the Arts*. Hrsg. von Lisa Gaupp, Alenka Barber-Kersovan und Volker Kirchberg. Wiesbaden 2022: 287–310.

Bhabha, Homi K. *The Location of Culture*. London 1997.

Bhabha, Homi K. „Die Frage der Identität: Frantz Fanon und das postkoloniale Privileg". *Differenzen anders denken: Bausteine zu einer Kulturtheorie der Transdifferenz*. Hrsg. von Lars Allolio-Näcke, Britta Kalscheuer und Arne Manzeschke. Frankfurt a.M. 2005: 361–395.

Bhagwati, Annette. 2018. „Of Maps, Nodes and Trajectories: Changing Topologies in Transcultural Curating". *Situating Global Art*. Hrsg. von Sarah Dornhof et al. Bielefeld 2018: 191–211.

Bhambra, Gurminder K. *Rethinking Modernity: Postcolonialism and the Sociological Imagination*. New York 2007.

Bismarck, Beatrice von. „The Exhibition as Collective". *Cultures of the Curatorial*. Hrsg. von Beatrice von Bismarck, Jörn Schafaff und Thomas Weski. Berlin 2012: 289–302.

Blaukopf, Kurt. *Musik im Wandel der Gesellschaft: Grundzüge der Musiksoziologie*. 2. Aufl. Darmstadt 2005 [1996].

Bleuler, Marcel und Anita Moser (Hrsg.). *ent/grenzen*. Bielefeld 2018.

Boatcă, Manuela. „Multiple Europes and the Politics of Difference Within". *The Study of Europe*. Hrsg. von Hauke Brunkhorst und Gerd Grözinger. Baden-Baden 2010: 51–66.

Boatcă, Manuela und Sérgio Costa. „Postcolonial Sociology: A Research Agenda". *Decolonizing European Sociology*. Hrsg. von Encarnación Gutiérrez Rodriguez, Manuela Boatcă und Sérgio Costa. London 2016: 13–31.

Bojadžijev, Manuela. „Migration und Integration: Zur Genealogie des zentralen Dispositivs in der Migrationsgesellschaft". *Migration und soziale Arbeit* 40.1 (2018): 54–61.

Bojadžijev, Manuela und Regina Römhild. „Was kommt nach dem ‚transnational turn'? Perspektiven für eine kritische Migrationsforschung". *Vom Rand ins Zentrum*. Hrsg. von Migration Labor. Berlin 2014: 10–24.

Boltanski, Luc und Ève Chiapello. *Der neue Geist des Kapitalismus*. Konstanz 2003.

Bourdieu, Pierre. *La distinction. Critique sociale du jugement*. Paris 1979.

Bourdieu, Pierre. *Rede und Antwort*. Frankfurt a.M. 1992.

Bröckling, Ulrich. *The Entrepreneurial Self: Fabricating a New Type of Subject*. London 2015.

Brown, Danielle. „An Open Letter on Racism in Music Studies. Especially Ethnomusicology and Music Education". *My People Tell Stories* 12. Juni 2020: https://www.mypeopletellstories.com/blog/open-letter [31.01.2024].

Buchholz, Larissa. „Feldtheorie und Globalisierung". *Nach Bourdieu: Visualität, Kunst, Politik*. Hrsg. von Beatrice von Bismarck und Therese Kaufmann. Wien 2008: 211–238.

Buckermann, Paul. „The ArtReview's Power 100: On the Concept and the Constitution of Power in Contemporary Art". *Arts and Power. Policies in and by the Arts*. Hrsg. von Lisa Gaupp, Alenka Barber-Kersovan und Volker Kirchberg. Wiesbaden 2022: 57–72.

Burkhalter, Thomas. „World Music 2.0: Updated and Expanded". *Sound as Popular Culture*. Hrsg. von Jens Gerrit Papenburg und Holger Schulze. Cambridge, MA 2016: 313–323.

Caceres, Imayna, Sunanda Mesquita und Sophie Utikal. „Anti*Colonial Fantasies/Decolonial Strategies: A Conversation". *Kuratieren als antirassistische Praxis*. Hrsg. von Natalie Bayer, Belinda Kazeem-Kamiński und Nora Sternfeld. Berlin 2017: 201–211.

Callon, Michel, John Law und Arie Rip (Hrsg.). *Mapping the Dynamics of Science and Technology: Sociology of Science in the Real World*. London 1986.

Castells, Manuel. *The Rise of the Network Society*. Malden, MA 1996.

Chambers, Iain. *Migration, Kultur, Identität*. Tübingen 1996.

Clifford, James. „Diasporas". *Globalization and Violence*. Hrsg. von Paul James and R.R. Sharma. London 2006: 227–263.

Clifford, James und George Marcus (Hrsg.). *Writing Culture: The Poetics and Politics of Ethnography*. Berkeley, CA 1986.

Crenshaw, Kimberle. „Demarginalizing the Intersection of Race and Sex: A Black Feminist Critique of Antidiscrimination Doctrine, Feminist Theory and Antiracist Politics". *University of Chicago Legal Forum* 1.8 (1989): 139–167.

Cuyler, Antonio. „The Role of Foundations in Achieving Creative Justice". *GIA Reader* 30.1 (2019): 57–62.

Deleuze, Gilles und Félix Guattari. *A Thousand Plateaus: Capitalism and Schizophrenia*. London 2011.

DeNora, Tia. *After Adorno: Rethinking Music Sociology*. Cambridge 2003.

Derrida, Jacques. *Die différance: Ausgewählte Texte*. Stuttgart 2004.

Di Blasi, Johanna. *Das Humboldt Lab: Museumsexperimente zwischen postkolonialer Revision und szenografischer Wende*. Bielefeld 2019.

do Mar Castro Varela, María. „Grenzen dekonstruieren, Mobilität imaginieren". *Ent/grenzen*. Hrsg. von Marcel Bleuler und Anita Moser. Bielefeld 2018: 23–34.

Dragićević Šešić, Milena, Ljiljana Rogač Mijatović und Nina Mihaljinac (Hrsg.). *Cultural Diplomacy: Arts, Festivals and Geopolitics*. Belgrad 2017.

Durkheim, Émile. *The Elementary Forms of the Religious Life*. 2. Aufl. London 1976.

Durkheim, Emile. *The Division of Labour in Society*. Oxford 2013.

Dussel, Enrique D. *Ética de la liberación en la edad de la globalización y la exclusión*. 6. Aufl. Madrid 2009.

Einarsdottir, Sigrún Lilja. „Equality, History, Tradition: Gender-Political Issues in the Oxford Collegiate Choral Scene". *Arts and Power. Policies in and by the Arts*. Hrsg. von Lisa Gaupp, Alenka Barber-Kersovan und Volker Kirchberg. Wiesbaden 2022: 123–140.

Escobar, Arturo. „Beyond the Third World: Imperial Globality, Global Coloniality and Anti-Globalisation Social Movements". *Third World Quarterly* 25.1 (2004): 207–230.

Espahangizi, Kijan. „The ‚Cultural Turn' of Postmigrant Conviviality. A Historical Case Study on Practices and Discourses of (Multi)Cultural Diversity in Switzerland, 1970s–1990s". *Diversity and Otherness. Transcultural Insights into Norms, Practices, Negotiations*. Hrsg. von Lisa Gaupp und Giulia Pelillo-Hestermeyer. Berlin 2021: 96–126.

Espahangizi, Kijan et al. (Hrsg.). „Rassismus in der postmigrantischen Gesellschaft". *Movements: Journal für kritische Migrations- und Grenzregimeforschung* 2.1 (2016).

Fischer, Joachim und Stephan Moebius. „Einleitung". *Kultursoziologie im 21. Jahrhundert*. Hrsg. von Joachim Fischer und Stephan Moebius. Wiesbaden 2014: 9–16.

Folk, Christian. „Kein Selbstzweck: Kreative Forschung und Drittmittelstrategien". *Forschung & Lehre* 3 (2020): 202–204.

Fontbona Mola, Isabel und Ulf Wuggenig. „Female Bodybuilding and Patriarchal Civilization. The Intrusion of a Practice in Sport into Artistic Fields and Visual Culture". *Arts and Power. Policies in and by the Arts*. Hrsg. von Lisa Gaupp, Alenka Barber-Kersovan und Volker Kirchberg. Wiesbaden 2022: 155–194.

Foroutan, Naika. *Die postmigrantische Gesellschaft: Ein Versprechen der pluralen Demokratie*. Bielefeld 2019.

Foucault, Michel. *Les mots et les choses. Une archéologie des sciences humaines*. Paris 1966.

Foucault, Michel. *Dispositive der Macht: Über Sexualität, Wissen und Wahrheit*. Berlin 1978.

Fryberger, Annelies. „How Organisations Exercise Power Through Peer Review: A Case Study from Contemporary Art Music". *Arts and Power. Policies in and by the Arts*. Hrsg. von Lisa Gaupp, Alenka Barber-Kersovan und Volker Kirchberg. Wiesbaden 2022: 73–86.

Gabbert, Wolfgang. „Das Eigene und das Fremde im ‚globalen Dorf'. Perspektiven einer kritischen Soziologie der Globalisierung". *Postkoloniale Soziologie*. Hrsg. von Julia Reuter und Paula-Irene Villa. Bielefeld 2010: 159–179.

García Canclini, Néstor. *Culturas híbridas: Estrategias para entrar y salir de la modernidad.* Barcelona 2013.
Gaupp, Lisa. *Die exotisierte Stadt: Kulturpolitik und Musikvermittlung im postmigrantischen Prozess.* Hildesheim 2016.
Gaupp, Lisa. „The ‚West' versus ‚the Rest'? Festival Curators as Gatekeepers for Sociocultural Diversity". *Managing Culture*. Hrsg. von Victoria Durrer und Raphaela Henze. Cham 2020: 127–153.
Gaupp, Lisa. „Decolonizing Otherness Through a Transcultural Lens: Conclusion". *Diversity and Otherness. Transcultural Insights into Norms, Practices, Negotiations*. Hrsg. von Lisa Gaupp und Giulia Pelillo-Hestermeyer. Berlin 2021: 336–355.
Gaupp, Lisa, Alenka Barber-Kersovan und Volker Kirchberg (Hrsg.). *Arts and Power. Policies in and by the Arts*. Wiesbaden 2022.
Gaupp, Lisa. „Postkoloniales Kuratieren". *Handbuch Kunstsoziologie*. Hrsg. von Aida Bosch, Lutz Hieber und Christian Steuerwald (i.V.).
Gaupp, Lisa et al. „Curatorial Practices of the ‚Global': Toward a Decolonial Turn in Museums in Berlin and Hamburg?". *Journal of Cultural Management and Cultural Policy* 2 (2020): 107–138.
Gertenbach, Lars. „Postkonstruktivismus in der Kultursoziologie". *Handbuch Kultursoziologie*. Hrsg. von Stephan Moebius, Frithjof Nungesser und Katharina Scherke. Berlin 2017: 1–24.
Gilroy, Paul. *The Black Atlantic: Modernity and Double Consciousness*. Cambridge, MA 1993.
Go, Julian und Monika Krause. *Fielding Transnationalism*. New York 2016.
Gould, Eliga H. „Entangled Histories, Entangled Worlds: The English-Speaking Atlantic as a Spanish Periphery". *The American Historical Review* 112.3 (2007): 764–786.
Groys, Boris. *Art Power*. Cambridge, MA 2008.
Guilbault, Jocelyne. „Interpreting World Music: A Challenge In Theory And Practice". *Popular Music* 16.1 (1997): 31–44.
Gutiérrez Rodriguez, Encarnación. „Decolonizing Postcolonial Rhetoric". *Decolonizing European Sociology*. Hrsg. von Encarnación Gutiérrez Rodriguez, Manuela Boatcă und Sérgio Costa. London 2016: 49–67.
Hall, Stuart (Hrsg.). *Representation: Cultural Representations and Signifying Practices*. London 1997.
Hall, Stuart. *The Fateful Triangle: Race, Ethnicity, Nation*. Cambridge, MA 2017.
Hannerz, Ulf. *Transnational Connections: Culture, People, Places*. London 1996.
Haraway, Donna. *Primate Visions: Gender, Race, and Nature in the World of Modern Science*. London 1992.
Heil, Tilmann. *Comparing Conviviality: Living with Difference in Casamance and Catalonia*. London 2020.
Helin, Jenny et al. *The Oxford Handbook of Process Philosophy and Organization Studies*. Oxford 2014.
Herder, Johann Gottfried. *Ideen zur Philosophie der Geschichte der Menschheit*. Berlin 1965.
Hirschauer, Stefan. „Un/doing Differences. Die Kontingenz sozialer Zugehörigkeiten". *Zeitschrift für Soziologie* 43.3 (2014): 170–191.
hooks, bell. *Ain't I a Woman: Black Women and Feminism*. 5. Aufl. London 1995.
Huntington, Samuel P. *The Clash of Civilizations and the Remaking of World Order*. New York 1996.
Icaza, Rosalba und Rolando Vázquez. „Diversity or Decolonisation? Researching Diversity at the University of Amsterdam". *Decolonising the University*. Hrsg. von Gurminder K. Bhambra, Dalia Gebrial und Kerem Nişancıoğlu. Chicago, IL 2018: 108–128.
Johler, Reinhard, Max Matter und Sabine Zinn-Thomas (Hrsg.). *Mobilitäten: Europa in Bewegung als Herausforderung kulturanalytischer Forschung*. Münster 2011.
Karakayali, Serhat. „Für einen New Deal der Migration". *Blätter für deutsche und internationale Politik: Monatszeitschrift* 61.3 (2016): 13–16.

Kempa, Karolina. „The Aesthetic Subversion of Cultural Posters. Examples from the Former People's Republic of Poland". *Arts and Power. Policies in and by the Arts.* Hrsg. von Lisa Gaupp, Alenka Barber-Kersovan und Volker Kirchberg. Wiesbaden 2022: 267–286.

Khatibi, Abdelkebir. „Double Criticism: The Decolonization of Arab Sociology". *Contemporary North Africa.* Hrsg. von Halim Isber Barakat. London 1985: 9–19.

Kirchberg, Volker und Tasos Zembylas. *The Social Organization of Arts* (i.V.).

Klages, Anna-Lisa. „‚It's Almost like Greeting.' Artistic Development Projects and Value Making of Traditional Art Practices in Ugandan Civil Society". *Arts and Power. Policies in and by the Arts.* Hrsg. von Lisa Gaupp, Alenka Barber-Kersovan und Volker Kirchberg. Wiesbaden 2022: 213–234.

Kraus, Michael und Karoline Noack (Hrsg.). *Quo vadis, Völkerkundemuseum? Aktuelle Debatten zu ethnologischen Sammlungen in Museen und Universitäten.* Bielefeld 2015.

Krell, Gertraude et al. (Hrsg.). *Diversity Studies: Grundlagen und disziplinäre Ansätze.* Frankfurt a.M. 2007.

Lamont, Michèle. *Money, Morals, and Manners: The Culture of the French and American Upper-Middle Class.* Chicago, IL 1992.

Lamont, Michèle und Virág Molnár. „The Study of Boundaries in the Social Sciences". *Annual Review of Sociology* 28 (2002): 167–195.

Lamont, Michèle, Sabrina Pendergrass und Mark Pachucki. „Symbolic Boundaries". *International Encyclopedia of the Social and Behavioral Sciences* 23 (2015): 850–855.

Langley, Ann und Charidēmos K. Tsukas (Hrsg.). *The SAGE Handbook of Process Organization Studies.* Los Angeles, CA 2017.

Lash, Scott und John Urry. *Economies of Signs and Space.* London 1994.

Latour, Bruno. *Eine neue Soziologie für eine neue Gesellschaft: Einführung in die Akteur-Netzwerk-Theorie.* 4. Aufl. Frankfurt a.M. 2017.

Lettau, Meike und Caroline Knoblich. „Foreign Cultural Policy in Processes of Transformation: Perceptions of German-Tunisian Cultural Exchange". *ENCATC Journal of Cultural Management and Policy* 7.1 (2017): 89–102.

Lorde, Audre. *Sister Outsider: Essays and Speeches. The Crossing Press Feminist Series.* Freedom, CA 1984.

Löw, Martina (Hrsg.). *Vielfalt und Zusammenhalt: Verhandlungen des 36. Kongresses der Deutschen Gesellschaft für Soziologie in Bochum und Dortmund 2012.* Frankfurt a.M. 2014.

Luhmann, Niklas. *Soziales System, Gesellschaft, Organisation. Band 3: Soziologische Aufklärung.* 6. Aufl. Wiesbaden 2018.

Lutz, Barbara. „Curating as Transcultural Practice: Documenta 12 and the ‚Migration of Form'". *Situating Global Art.* Hrsg. von Sarah Dornhof et al. Bielefeld 2018: 213–230.

Macdonald, Sharon (Hrsg.). *Theorizing Museums: Representing Identity and Diversity in a Changing World.* Cambridge, MA 1996.

Malinowski, Bronislaw. *A Diary in the Strict Sense of the Term.* Übers. von Wolfgang Laade. London 1967.

Marx, Karl und Friedrich Engels. *Das Kapital: Kritik der politischen Oekonomie.* Hamburg 1872.

Mbembe, Achille Joseph. *On the Postcolony.* Berkeley, CA 2001.

Meer, Nasar, Tariq Modood und Ricard Zapata-Barrero (Hrsg.). *Multiculturalism and Interculturalism. Debating the Dividing Lines.* Edinburgh 2016.

Nederveen Pieterse, Jan und Bhikhu Parekh (Hrsg.). *The Decolonization of Imagination: Culture, Knowledge and Power.* London 1995.

Osten, Marion von. „Displaying the Absent: Exhibiting Transcultural Modernism". *Cultures of the Curatorial.* Hrsg. von Beatrice von Bismarck, Jörn Schafaff und Thomas Weski. Berlin 2012: 189–212.

Peres da Silva, Glaucia und Konstantin Hondros (Hrsg.). *Music Practices Across Borders: (E)Valuating Space, Diversity and Exchange*. Bielefeld 2019.

Plessner, Helmuth. *Die Stufen des Organischen und der Mensch: Einleitung in die philosophische Anthropologie*. 3. Aufl. Berlin 1975.

Protte, Magdalena. „‚When She Talks, I Hear the Revolution': Pop Feminism Between Hegemony and Subalternity". *Arts and Power. Policies in and by the Arts*. Hrsg. von Lisa Gaupp, Alenka Barber-Kersovan und Volker Kirchberg. Wiesbaden 2022: 141–154.

Purtschert, Patricia. „Postkoloniale Philosophie: Die westliche Denkgeschichte gegen den Strich lesen". *Schlüsselwerke der Postcolonial Studies*. Hrsg. von Julia Reuter und Alexandra Karentzos. Wiesbaden 2012: 343–354.

Randeria, Shalini. „Entangled Histories of Uneven Modernities: Civil Society, Caste Solidarities and Legal Pluralism in Post-Colonial India". *Civil Society Berlin Perspectives*. Hrsg. von John Keane. Berlin 2006: 213–242.

Rau, Ariane, Stephanie Lavorano und Carolin Mehnert. „Vorwort: Zum Status der Trans_Konzepte". *Grenzen der Überschreitung*. Hrsg. von Stephanie Lavorano, Carolin Mehnert und Ariane Rau. Bielefeld 2016: 7–24.

Reckwitz, Andreas. *Die Transformation der Kulturtheorien: Zur Entwicklung eines Theorieprogramms*. Weilerswist 2000.

Reckwitz, Andreas. 2004. „Die Kontingenzperspektive der ‚Kultur': Kulturbegriffe, Kulturtheorien und das kulturwissenschaftliche Forschungsprogramm". *Handbuch der Kulturwissenschaften*. Hrsg. von Friedrich Jaeger et al. Heidelberg 2004: 1–20.

Reckwitz, Andreas. *Unscharfe Grenzen: Perspektiven der Kultursoziologie*. 2. Aufl. Bielefeld 2010.

Reuter, Julia und Paula-Irene Villa (Hrsg.). *Postkoloniale Soziologie: Empirische Befunde, theoretische Anschlüsse, politische Intervention*. Bielefeld 2010.

Richardson, William Jamal. „Understanding Eurocentrism as a Structural Problem of Undone Science". *Decolonising the University*. Hrsg. von Gurminder K. Bhambra, Dalia Gebrial und Kerem Nişancıoğlu. Chicago, IL 2018: 231–247.

Richter, Dorothee. „Artists and Curators as Authors: Competitors, Collaborators, or Teamworkers?". Hrsg. von Beatrice von Bismarck, Jörn Schafaff und Thomas Weski. Berlin 2012: 229–248.

Robinson, William I. *A Theory of Global Capitalism: Production, Class, and State in a Transnational World*. Baltimore, MD 2004.

Rothenberg, Julia. „Repurposing the Black Arts Movement on the South Side of Chicago". *Arts and Power. Policies in and by the Arts*. Hrsg. von Lisa Gaupp, Alenka Barber-Kersovan und Volker Kirchberg. Wiesbaden 2022: 21–56.

Rother, Lynn. *Kunst durch Kredit: Die Berliner Museen und ihre Erwerbungen von der Dresdner Bank 1935*. Berlin 2017.

Said, Edward W. *Orientalism: Western Conceptions of the Orient*. London 1995 [1978].

Salzbrunn, Monika. *Vielfalt, Diversität*. Bielefeld 2014.

Sassen, Saskia. *Ausgrenzungen: Brutalität und Komplexität in der globalen Wirtschaft*. Frankfurt a.M. 2015.

Schulze, Gerhard. *Die Erlebnisgesellschaft: Kultursoziologie der Gegenwart*. Frankfurt a.M. 1992.

Sennett, Richard. *The Corrosion of Character: The Personal Consequences of Work in the New Capitalism*. New York 1999.

Sennett, Richard. *Together: The Rituals, Pleasures, and Politics of Cooperation*. New Haven, CT 2012.

Simmel, Georg. *Über sociale Differenzierung: Soziologische und psychologische Untersuchungen*. Berlin 2016.

Singh, J. P. *Culture and International Development: Towards an Interdisciplinary Methodology*. Arlington, VA 2019.
Soiland, Tove. „Die Verhältnisse gingen und die Kategorien kamen. Intersectionality oder Vom Unbehagen an der amerikanischen Theorie". *quer-elles* 26 (2008): o.P.
Solga, Heike, Justin J. W. Powell und Peter A. Berger (Hrsg.). *Soziale Ungleichheit: Klassische Texte zur Sozialstrukturanalyse*. Frankfurt a.M. 2009.
Sousa Santos, Boaventura de. „From the Postmodern to the Postcolonial: And Beyond Both". *Decolonizing European Sociology*. Hrsg. von Encarnación Gutiérrez Rodriguez, Manuela Boatcă und Sérgio Costa. Farnham 2010: 225–243.
Spivak, Gayatri Chakravorty. „Can the Subaltern Speak?". *Marxism and the Interpretation of Culture*. Hrsg. von Cary Nelson und Lawrence Grossberg. Urbana, IL 1988: 66–111.
Stäheli, Urs. *Poststrukturalistische Soziologien*. Bielefeld 2000.
Stiglitz, Joseph E. *Globalization and Its Discontents*. London 2002.
Taylor, Charles. „The Politics of Recognition". *Multiculturalism*. Hrsg. von Charles Taylor und Amy Gutmann. Princeton, NJ 1994: 25–73.
Thompson, Vanessa Eileen. „Black Jacobins in Contemporary France: On Identities, on Politics, Decolonial Critique and the Other Blackness". *Sociological Focus* 49.1 (2015): 44–62.
Tönnies, Ferdinand. *Gemeinschaft und Gesellschaft*. Boston, MA 2019.
Tuck, Eve und K. Wayne Yang. „Decolonization is Not a Metaphor". *Decolonization: Indigeneity, Education & Society* 1.1 (2012): 1–40.
Turino, Thomas. *Music As Social Life: The Politics of Participation*. Chicago, IL 2008.
Turner, John C. et al. *Rediscovering the Social Group: Self-Categorization Theory*. Oxford 1987.
Vertovec, Steven. „Super-Diversity and Its Implications". *Ethnic and Racial Studies* 30.6 (2007): 1024–1054.
Vertovec, Steven (Hrsg.). *Routledge International Handbook of Diversity Studies*. London 2015.
Vorländer, Hans und Karl-Siegbert Rehberg. *Symbolische Ordnungen. Beiträge zu einer soziologischen Theorie der Institutionen*. Baden-Baden 2015.
Walgenbach, Katharina. „Gender als interdependente Kategorie". *Gender als interdependente Kategorie. Neue Perspektiven auf Intersektionalität, Diversität und Heterogenität*. Hrsg. von Katharina Walgenbach et al. Opladen 2007: 23–64.
Weber, Max. „The Three Types of Legitimate Rule". *Berkeley Publications in Society and Institutions* 4.1 (1958): 1–11.
Weber, Max. *Die protestantische Ethik und der „Geist" des Kapitalismus*. Hrsg. von Klaus Lichtblau und Johannes Weiß. Wiesbaden 2016.
Weiß, Anja. *Soziologie globaler Ungleichheiten*. Berlin 2017.
Werner, Michael und Bénédicte Zimmermann. „Beyond Comparison: Histoire Croisée and the Challenge of Reflexivity". *History and Theory* 45.1 (2006): 30–50.
White, Harrison C. *Identity and Control: How Social Formations Emerge*. 2. Aufl. Princeton, NJ 2012.
Wille, Christian. „Theoretical and Methodological Approaches to Borders, Spaces and Identities: Methodology and Situative Interdisciplarity". *Spaces and Identities in Border Regions*. Hrsg. von Christian Wille et al. Bielefeld 2016: 44–62.
Wille, Christian et al. (Hrsg.). *Spaces and Identities in Border Regions: Politics, Media, Subjects, Culture and Social Practice*. Bielefeld 2016.
Winker, Gabriele und Nina Degele. *Intersektionalität: Zur Analyse sozialer Ungleichheiten*. Bielefeld 2009.
Zembylas, Tasos. *Kulturbetriebslehre: Grundlagen einer Inter-Disziplin*. Wiesbaden 2004.

Dietmar Kammerer

Surveillance Studies

1 Forschungsgeschichte

1.1 Definition

Die kulturwissenschaftlichen SURVEILLANCE STUDIES untersuchen Formen gesellschaftlicher Überwachung und Kontrolle, ihre historische Entwicklung und Ausdifferenzierung sowie ihre sozialen, kulturellen und politischen Auswirkungen. Zu ihren Gegenständen gehören Praktiken, Institutionen, Techniken, Technologien, Medien und Diskurse, in denen Überwachung und Kontrolle sich vollziehen oder manifest werden. SURVEILLANCE STUDIES nehmen ihren Gegenstand in den Fokus, um an ihm wie in einem Brennglas zentrale gesellschaftliche Entwicklungen erklärbar zu machen: „Überwachung ist eine totale ‚soziale Tatsache', die [...] von grundlegender Bedeutung für menschliches Zusammenleben ist." (Zurawski 2007, 9) Entsprechend weit ist der Umfang der beteiligten Disziplinen, die das gesamte Feld sozial- und kulturwissenschaftlicher Forschung berühren (Soziologie, Kriminologie, → SCIENCE AND TECHNOLOGY STUDIES, Anthropologie, Politikwissenschaft, Geographie, Kommunikationswissenschaft, Rechtswissenschaft, Medienwissenschaft/→ MEDIA STUDIES, Literaturwissenschaft, Kunstgeschichte, → VISUAL (CULTURE) STUDIES, Philosophie, Geschichtswissenschaft u. a.). Diesem umfassenden Anspruch entgegen steht allerdings eine fehlende gemeinsame Bestimmung ihres Gegenstands: „Überwachung ist ein vielseitiges Phänomen mit so vielen Aspekten und Perspektiven, dass sich von ‚der' Überwachung, die man theoretisch mit dem ‚einen' Konzept fassen kann, nicht sprechen lässt." (Zurawski 2021, 21) Monahan und Wood beschreiben SURVEILLANCE STUDIES als ein inter- und transdiziplinäres Feld, verbunden durch die Suche nach Gemeinsamkeiten in ihren unterschiedlichen Herangehensweisen (2018a, xxi): „Perhaps the field's defining feature is its search for commonalities among tensions in disciplinary approaches to surveillance. [...] It draws its strength and forms its identity from shared general concerns and productive frictions among disciplines, all the while fostering departures and innovations." Damit werden SURVEILLANCE STUDIES u. a. durch die Frage vereint, was unter ‚Überwachung' überhaupt zu verstehen ist und ob der Begriff die Phänomene, die durch ihn beschrieben werden sollen, überhaupt angemessen zu konturieren vermag.

https://doi.org/10.1515/9783110712919-031

1.2 Vorgeschichte und Anfänge in den 1970er Jahren

Bereits um 1900 wurde in England und den USA eine öffentliche Debatte um das „right to privacy“ (Brandeis und Warren 1890) geführt. Ziele der Kritik waren einerseits der Sensationsjournalismus der Boulevardpresse, andererseits die (damals) neuen Technologien Photographie und Phonographie, mit deren Hilfe sich Bild und Stimme des Menschen auch ohne dessen Einwilligung aufzeichnen und reproduzieren ließen (Kammerer 2014). Diese Debatten waren v. a. von der Sorge um den Schutz des (bürgerlichen, männlichen, weißen) Individuums geprägt. Die gesellschaftliche Dimension von Überwachung gerät auf breiter Front in den 1960er Jahren in den Blick, parallel zur Verbreitung elektronischer Datenbanken sowie der Zunahme von psychologischen Profilen und Persönlichkeitstests im öffentlichen und kommerziellen Sektor (Igo 2018, 141). Gewarnt wurde etwa vor der Ausforschung der Privatsphäre von Konsument*innen und Arbeitnehmer*innen durch staatliche Behörden und Unternehmen, die nicht mehr einzelne Gruppen, sondern die gesamte Gesellschaft betreffe (Packard 1964; Brenton 1964; Rosenberg 1969; vgl. Hempel 2012 für den Zusammenhang zwischen dem kybernetischen Denken der 1960er Jahre und der Entstehung der Surveillance Studies).

Die wissenschaftliche Auseinandersetzung mit Überwachung setzt mit etwas Verspätung Mitte der 1970er Jahre mit den Werken von Rule (1974) und Foucault (1975) ein. Beide Ansätze – empirisch fundierte Soziologie einerseits, ambitionierte Theoriebildung und Begriffsarbeit andererseits – prägen bis heute den Diskurs der Surveillance Studies (Wood 2009; Lyon 2022). In Deutschland führen in den 1970er Jahren Maßnahmen zur Terrorismusbekämpfung (elektronische Rasterfahndung) sowie der Grundsatzentscheid des Bundesverfassungsgerichtes von 1983, der erstmals ein „Recht auf informationelle Selbstbestimmung“ formulierte, zu Warnungen vor dem „Überwachungsstaat“ und zur Entstehung einer zivilgesellschaftlichen Bewegung für Datenschutz und den Schutz der Privatsphäre (Bölsche und Baum 1979; Schoeler et al. 1986).

Anders aber als im öffentlichen Diskurs war ‚Überwachung‘ in akademischen Publikationen noch kein etablierter Begriff: Studien beschrieben den „Computerstaat“ (Burnham 1983), die „Informationsgesellschaft“ (Lyon 1988) oder die „smarten Maschinen“ (Zuboff 1988) und ihre Konsequenzen für politische Teilhabe, Arbeit und Konsum. Benigers *Control Revolution* (1986) legte die historischen Ursprünge der Informationsgesellschaft frei, die nicht erst mit der elektronischen Datenverarbeitung beginnt, sondern mit der Entwicklung der modernen Bürokratie als Ordnungs- und Strukturierungsmacht seit dem späten 18. Jahrhundert. Für Robins und Webster ist diese Informationsgesellschaft notwendigerweise panoptisch (1988, 72): „In our view, society as a whole comes to function as a giant panoptic mechanism:

automatic and continuous surveillance, along with centralized power and peripheral isolation [in] a society of routine and compulsive information gathering.“

1.3 1990: Big Brother bekommt Gesellschaft

Um 1990 vermehren sich die Bemühungen, den Zusammenhang zwischen der Ausweitung von Informatisierung und Überwachung nicht nur zu beschreiben, sondern auch theoretisch auf den Begriff zu bringen. Damit einher geht eine Abkehr von der Vorstellung des Staates als dominantem Akteur der Überwachung. Überwachung geht nicht länger (nur) von einer zentral organisierten und im Grenzfall repressiv operierenden Instanz aus (ideal verkörpert im „Big Brother“), sondern wird begriffen als Operation einer auf viele (staatliche wie nicht-staatliche) Akteur*-innen verteilten Macht, die nicht primär auf Zwang beruht, sondern auch Anreizverfahren kennt. Terminologisch wird die Abkehr von der (visuellen) *surveillance* in Begriffen wie *dataveillance* (Clarke 1988) oder *capture* (Agre 1994) formuliert. Den folgenreichsten Vorschlag macht 1991 der französische Philosoph Gilles Deleuze (2004) mit seiner Skizze der Heraufkunft einer Kontrollgesellschaft, die das durch Foucault beschriebene disziplinäre Regime ablöse. Seither gab es zahlreiche Versuche, das Modell des Panoptismus und der Disziplin wesentlich zu modifizieren oder sogar zu verabschieden (Lyon 2006). Bislang haben sich diese Begriffe allerdings als erstaunlich hartnäckig und widerstandsfähig erwiesen und werden bis heute in der theoretischen Diskussion eingesetzt (und sei es, um sich davon abzusetzen), was u. a. zu einer nicht immer hilfreichen Produktion von Neologismen mit dem Suffix „-opticon“ geführt hat (Haggerty 2006, 26).

1.4 Institutionalisierung

Surveillance Studies sind aktuell ein etabliertes und eigenständiges Forschungsfeld, für das mehrere Einführungen, Anthologien und Handbücher verfügbar sind (Hier und Greenberg 2007; Lyon 2007; Zurawski 2007; Lyon et al. 2012; Arrigo 2018; Monahan und Wood 2018a). Ein wichtiges Projekt in der Institutionalisierung der Surveillance Studies war das EU-finanzierte Forschungsprojekt „Urbaneye. On the Threshold to Urban Panopticon?“ (2002–2004) zur Untersuchung des Einsatzes von Videoüberwachung in europäischen Städten (Hempel und Töpfer 2003). Wesentlichen Anteil an der weiteren Etablierung hat das zum Teil aus „Urbaneye“ hervorgegangene, 2006 in Großbritannien gegründete, international ausgerichtete Surveillance Studies Network (SSN), das sowohl die zweijährliche Ausrichtung der Surveillance Studies Conference übernimmt als auch die Redaktion und Herausgabe der im *open access* erscheinenden *peer review*-Zeitschrift *Surveillance & Society* (seit 2002). Das Surveillance Studies Centre (SSC) an der kanadischen Queen's University ist das international größte Forschungszentrum. In Großbritannien wird das Centre for Research into Information, Surveillance and Privacy (CRISP) von mehreren Universitäten gemeinsam getragen. Forschungszentren und Lehrstühle in Belgien, Dänemark und den Niederlanden beschäftigen sich mit dem Internet, Big Data oder Algorithmen (Lyon 2022). Zu weiteren internationalen Forschungsprojekten gehören die vom kanadischen National Research Council geförderten Verbundprojekte „The New Transparency" (2008–2015) und „Big Data Surveillance" (2015–2020) sowie die EU-geförderten Projekte „Living in Surveillance Societies" (2009–2013) und „Surveillance and Moral Community: Anthropologies of Monitoring in Germany and Britain" (SAMCOM, 2021–2025). Zu den Kompromissen der institutionellen Formierung der SURVEILLANCE STUDIES vgl. Ball und Haggerty (2002).

In Deutschland haben die SURVEILLANCE STUDIES bislang keine stabile akademische Institutionalisierung vollzogen. Hier besteht ein Netzwerk zwischen Forschenden verschiedener Fachrichtungen, die sich über Forschungsprojekte, Konferenzen, Mailinglisten oder Weblogs verbinden. Größere Forschungsprojekte, die sich mit Überwachung befassen, stellen begrifflich eher die ‚Privatheit' ins Zentrum, so etwa das DFG-Graduiertenkolleg „Privatheit. Formen, Funktionen und Transformationen" (2012–2021, Universität Passau) oder das Forum „Privatheit und selbstbestimmtes Leben in der digitalen Welt" (2014–2021).

2 Exemplarische Beispiele und Fragestellungen

2.1 David Lyon: Von der Informationsgesellschaft zur Überwachungskultur

Die Entwicklung der kulturwissenschaftlichen SURVEILLANCE STUDIES seit den 1980er Jahren wie auch ihres Gegenstandes selbst lässt sich kompakt an den Titeln der Publikationen des kanadischen Soziologen David Lyon skizzieren. Etikettierte Lyon 1988 seine Gegenwart noch als „Information Society", war sechs Jahre später bereits die „Überwachungsgesellschaft" entstanden oder im Aufstieg begriffen (Lyon 1988 und 1994). Den Übergang von visueller zu elektronischer Überwachung fasste Lyon dabei in die Metapher des „elektronischen Auges". Überwachung, so Lyon, sei von der Ausnahme zur Regel geworden: In ihr enthülle sich ein Grundzug der Moderne selbst, die wesentlich als Automatisierung und Depersonalisierung von Macht in Gestalt bürokratischen Verwaltungshandelns begriffen werden kann (Dandeker 1990).

Zu Beginn des 21. Jahrhunderts führt der Ausbau digitaler Infrastrukturen dazu, dass der gesamte Alltag in den Blick genommen wird (Lyon 2001). Überwachung lässt sich nicht mehr nur auf staatliches Verwaltungshandeln zurückführen, sondern ist unvermeidbare Begleiterscheinung jeglicher Form mediatisierten Handelns und Kommunizierens. Zugleich werde Überwachung nicht mehr nur als Mittel der Kontrolle eingesetzt, sondern auch der Vorhersage und Simulation möglicher Zukünfte. 2018 schließlich erklärte Lyon mit *Culture of Surveillance* Überwachung zum festen Bestandteil der Lebenswelt und Alltagskultur. Überwachung sei internalisiert worden: „Surveillance has become a part of seeing and being in the world. It is a dimension of a whole way of life." (Lyon 2018, 30)

Lyon entfaltet seine Analyse gegenwärtiger Überwachung entlang zweier Dimensionen: einerseits ihrer Vorstellungen („surveillance imaginaries", d. h. ihre Werte, Selbstbilder, Glaubenssätze, moralischen Urteile usw.), andererseits ihrer automatisiert ablaufenden Praktiken („surveillance practices", d. h. die weitgehend unbedachten Routinen, Handlungsskripte und -muster, Gesten usw.), die sich mit ihr verbinden. Mit dieser Ausweitung des Zuständigkeitsbereichs der Surveillance Studies einher geht eine Neuausrichtung ihrer Perspektiven und Methoden: Um Überwachung zu verstehen, wird nicht mehr (nur) die überwachende Instanz in den Blick genommen. Ausgangspunkt dieser ‚kulturellen' Perspektive auf Überwachung sind stattdessen die Affekte und Emotionen, die Erfahrungen, Praktiken und das Wissen der überwachten Subjekte sowie die Heterogenität und Vielfalt ihrer möglichen Reaktionen, die von Affirmation über unbewusste Akzeptanz bis hin zu Widerstand reichen können (vgl. Monahan 2011). In Werken der Kultur und künstlerischen Produktionen findet Lyon zahlreiche Belege für seine These von Überwachung als Habitus und Lebenswelt.

2.2 Oscar Gandy: *The Panoptic Sort. A Political Economy of Personal Information* (1993/2021)

Überwachung ist nicht auf staatliches Handeln beschränkt und sie zielt nicht nur auf Individuen. Sie operiert vielmehr als Selektionsmechanismus – eine Maschine zur Differenzierung und Klassifizierung, die die Diskriminierung bereits benachteiligter gesellschaftlichen Gruppen zugleich verstärkt und verschleiert. So lässt sich in Kürze das Fazit von Oscar Gandys Studie *The Panoptic Sort* (2021 [1993]) ziehen. Gandy stellt sein Buch, das den Untertitel *A Political Economy of Personal Information* trägt, gezielt in die Tradition kritischer (marxistischer) Theorie. Die Technologien der Informationsgesellschaft dienen für Gandy unmittelbar dazu, soziale Differenzen aufzubauen und zu erhalten, indem sie Individuen auf der Basis von unsichtbaren, automatisierten und umfassenden Beobachtungen bewertet, einordnet und bestimmten Gruppen zuweist. Auf diese Weise wird der öffentliche Raum zerstört: „What is left of the public sphere will be described as little more than a phantasm, a ghostly afterimage that will appear in different forms to different individuals according to their profiles“ (Gandy 2021 [1993], 17). Während Gandy 1993 seine Beispiele v. a. den Bereichen Marketing, Versicherung, Kreditwesen und der Arbeitswelt entnahm, fällt es 30 Jahre später schwer, seine Diagnose nicht auch auf den *surveillance capitalism* der sozialen Plattformen auszuweiten (Zuboff 2019; Fuchs 2021).

In direktem oder indirektem Anschluss an Gandy sind mittlerweile zahlreiche Studien entstanden, die die diskriminierenden Wirkungen von Überwachung in Bezug auf gesellschaftliche Gruppen nachweisen. Aus Perspektive der → Gender Studies untersuchen Heynen und van der Meulen (2018), wie durch Überwachung Körper als ‚normal‘ oder als ‚deviant‘ klassifiziert werden. Zugleich wird ein einseitig technischer Begriff von Überwachung, wie er in den Surveillance Studies in Teilen immer noch in Gebrauch ist, kritisiert. Für eine Erweiterung der Surveillance Studies durch die → Gender Studies plädieren Dubrofsky und Magnet (2015). Browne (2015) weist nach, wie gegenwärtige Überwachungspraktiken in den USA in der Geschichte der Sklaverei verankert sind. Für *Overseers of the Poor* (2001) führte John Gilliom Interviews mit alleinerziehenden Müttern, die sich einer umfassenden Kontrolle durch staatliche Bürokratie ausgesetzt sehen. Allen Studien gemeinsam ist, dass sie zugleich Taktiken und Praktiken des Widerstands der überwachten Subjekte beschreiben und würdigen (McCahill und Finn 2015). Zurawski (2021) ergänzt Gandys Beobachtung, dass Überwachung durch und im Konsum entstehe, durch die These, dass Überwachung mittlerweile selbst ein Konsumgut geworden sei.

2.3 Clive Norris und Gary Armstrong: *The Maximum Surveillance Society* (1999)

Zu den am besten erforschten Gegenständen der Surveillance Studies gehören Videokameras, v. a. in ihrem Einsatz als Instrument polizeilicher Kriminalprävention. In ihrer 1999 erschienenen Studie *The Maximum Surveillance Society* untersuchten die beiden Kriminologen Clive Norris und Gary Armstrong den Aufstieg von Videoüberwachung in Großbritannien. Ausgerechnet das Land von George Orwell (1903–1950) und dessen dystopischem Roman *Nineteen Eighty-Four* (1949) war bis dato weltweit führend im Einsatz von Closed Circuit Television (CCTV). Einen Grund sehen die Autoren in der weitgehend unkritischen Medienberichterstattung, die an Werbemaßnahmen erinnere. Vor allem dem Fernsehen attestieren Norris und Armstrong eine „Liebesaffäre“ (1999, 67) mit Videoüberwachung. Des Weiteren kritisieren sie die Technikgläubigkeit, in der Kritiker wie Befürworter von Videoüberwachung gleichermaßen befangen seien: Beide Seiten teilten die Annahme, dass „CCTV actually produces the effects claimed for it. They see CCTV not only as omniscient but omnipotent" (Norris und Armstrong 1999, 9). Norris und Armstrong halten dagegen, dass diese Sicht den Anteil der menschlichen Entscheidungen in der Praxis der Videoüberwachung ignoriere. In Feldstudien haben sie die impliziten, von Erfahrung ebenso wie von Vorurteilen geprägten Praxisregeln der Sicherheitskräfte rekonstruiert. Diese, so das Fazit, beruhten im größten Teil der Fälle auf einem ‚kategorischen' Verdacht, der sich nach dem Aussehen der beobachteten Person und nach der (unterstellten) Zugehörigkeit zu einer sozialen Gruppe richte, nicht nach konkreten Handlungen.

Trotz dieses Exzesses an Verdachtsmomenten führt jedoch, so ein weiteres Fazit, die gezielte Beobachtung einer Person nur in seltenen Fällen zu einer tatsächlichen Handlung, etwa einer Durchsuchung oder einer Festnahme. Während aber die aktuelle Effektivität von Videoüberwachung zum Zeitpunkt der Stude als gering angesehen werden muss (eine Einschätzung, die durch Gill und Spriggs (2005) bestätigt wurde), sehen die Autoren in der zunehmenden Integration von Überwachungssystemen eine Entwicklung hin zu einer künftigen „maximalen Überwachungsgesellschaft". Weitere Studien zum Aufstieg von Videoüberwachung und zur Innenansicht der Kontrollzentren stammen von McCahill (2002; Videoüberwachung als Netz lokaler Akteure) und Smith (2015; Bedeutung der Affekte und Emotionen des beobachtenden Sicherheitspersonals).

2.4 Kelly Gates: *Our Biometric Future* (2011)

Automatisierte Gesichtserkennung (*automatic face recognition*, AFR) tritt u. a. mit dem Versprechen an, die von Norris und Armstrong beschriebene Subjektivität menschlicher Entscheidungen im Prozess der Überwachung zu minimieren, wenn nicht vollständig zu eliminieren. In ihrer 2011 erschienenen Studie *Our Biometric Future: Facial Recognition Tecnology and the Culture of Surveillance* erkundet die Medienwissenschaftlerin Kelly Gates „the web of cultural practices and ideas, along with the policy programs and institutional priorities" (3), in dem AFR sich entwickeln und etablieren konnte. Mit einer Verschränkung von Diskursanalyse mit Medien- und Technikgeschichte entgeht Gates der ansonsten vielfach üblichen thematischen Verkürzung der Debatte auf Sicherheit und Privatheit. Technologie, so Gates, sei immer nur eine mögliche Antwort auf einen wahrgenommenen Bedarf. Auch die an Rechner delegierte, automatisierte Gesichtserkennung sei nicht das unvermeidliche und natürliche Resultat einer vorangegangenen Entwicklung, sondern wird als kontingente und umstrittene Technologie beschrieben, behaftet mit Fehlern und Ambiguitäten. Das liege, wie die Studie argumentiert, v. a. am Gegenstand der Beobachtung selbst: Die Wahrnehmung eines Gesichts ist stets mehr als ein physiologischer, objektiver oder neutraler Vorgang.

In ihrer Rekonstruktion der Geschichte der Biometrie seit Alphonse Bertillon (1853–1914) insistiert Gates auf der kulturwissenschaftlich vielfach belegten Einsicht, dass eine stabile Identität immer nur das Ergebnis einer Produktion in Archiven sei. Den konkreten Einsatz von AFR in einer US-amerikanischen Stadt im Rahmen eines Pilotprojektes analysiert die Studie nicht als Fortschritt in der Kriminalitätsbekämpfung, sondern als Werbemaßnahme des Stadtmarketing einerseits, als Mittel zur Kostenminimierung und zum Personalabbau andererseits. Die Einsicht der Studie liegt nicht darin, dass das Pilotprojekt schließlich beendet wurde, ohne zu einer einzigen Verhaftung geführt zu haben, als vielmehr darin, dass das Nicht-Funktionieren einer Überwachungstechologie – hier: der Gesichtserkennung – die Effektivität der Maßnahme in keiner Weise einschränkt, sondern diskursive, rechtliche, soziale Konsequenzen hat, die kritisch analysiert werden müssen. Eine daran anschließende Studie zu den diskriminierenden Folgen biometrischer Technologien und zum Technikversagen hat Shoshana Amielle Magnet (2011) vorgelegt.

2.5 Die Bedeutung kultureller Objekte in der Überwachungsforschung

„[K]ey questions concerning the practices, transformations and experiences of surveillance have long been explored not only by sociologists, political theorists and philosophers but also [...] by artists working in all sorts of media." (Levin et al. 2002, 13)

Die Ausstellung *CTRL [SPACE]* im Karlsruher ZKM von 2001, deren Katalog das Zitat entnommen ist, versammelte zahlreiche Beispiele einer „panoptic art", die Überwachung mit künstlerischen Mitteln fragend erforscht. Aber nicht nur Werke der Bildenden Kunst, auch Werke der Literatur (*Nineteen Eighty Four*, *The Circle*), Filme (*The Conversation*, *Enemy of the State*), Fernsehserien (*Person of Interest*), Games (*Watch Dogs*), Theaterstücke oder Popsongs (*Every Breath You Take*, *Private Eyes*) thematisieren oder inszenieren Überwachung. Sie sind damit Teil dessen, was Lyon (2018) „surveillant imaginaries" nennt, sind also Ausdruck der gesellschaftlichen Selbstverständigung zu Überwachung und sozialer Kontrolle. Damit bilden sie auch für sozialwissenschaftliche Untersuchungen ein Untersuchungsfeld und einen Fundus.

Darüber hinaus dürfen Werke der Kunst und Kultur, so ergänzt Marks, für die SURVEILLANCE STUDIES als konstitutiv gelten, indem sie diese seit jeher mit Begriffen, Modellen und Bildern versorgen, mit denen oder gegen die argumentiert werden konnte – mit Orwells „Big Brother“ als prominentestem Beispiel (2015, 13; für eine kritische Position dazu vgl. Goold 2004, 212). Lyon (2007) wiederum weist darauf hin, dass Überwachung und Überwacht-Werden sich der unmittelbaren Erfahrbarkeit entziehe. Bilder und Vorstellungen darüber entstammen in der Regel Nachrichtenmedien oder Sachbüchern ebenso wie fiktionalen Werken. Überwachung ist gewissermaßen ein Thema aus zweiter Hand: „While surveillance offers popular culture some of its dominant themes, our experience of surveillance is itself shaped in part by popular culture.“ (Lyon 2007, 141) Insofern Überwachung sich im Geheimen oder im intransparenten Bereich digitaler Prozesse vollzieht, können gerade die zwischen Faktualität und Fiktionalität flexibel changierenden Narrative der Popkultur unwahrnehmbare Zusammenhänge diskutierbar machen, komplexe Sachverhalte auf prägnante Metaphern bringen, Diskussionen anstoßen. Sozialwissenschaften müssen, so Lyon, Überwachung und Kultur als Zirkel verstehen (2007, 142): „[O]n the one hand, we have to examine what sorts of surveillance are portrayed in novels, films, song lyrics and other media [...]; and, on the other, it is necessary to look at how popular culture influences surveillance.“

Monahan (2011) sieht die Kultur- und Geisteswissenschaften als notwendiges Komplement und Korrektiv der insgesamt sozialwissenschaftlichen Ausrichtung der Surveillance Studies. Sozialwissenschaftliche Forschung, so Monahan, sei letztendlich nur eine andere Form der Überwachung: beide zielten auf die Beobachtung äußeren Verhaltens, die Etablierung von Regeln und dem Formulieren abstrakter Wahrheiten. Kultur- und Geisteswissenschaften hingegen operierten ‚reflexiv‘, sind skeptisch gegenüber Verallgemeinerungen und lenkten das Augenmerk auf den Kontext, das Partikulare und die Ausnahme. Diese Reflexivität mache die Heraufkunft einer „cultural studies of surveillance“ (Monahan 2011, 503) begrüßenswert.

Tatsächlich ist eine mittlerweile kaum überschaubare Zahl kultur- und geisteswissenschaftlicher Beiträge zu den Surveillance Studies erschienen. Beispiele finden sich in den Literaturwissenschaften (Rosen und Santesso 2013; Marks 2015; Falkenhayner 2019; Hauptmann et al. 2020), in den Performance Studies (McGrath 2004; Morrison 2016; Harding 2018), in den Kunstwissenschaften (Levin et al. 2002; Bertrand et al. 2016), Filmwissenschaft/Film Studies (Blumenthal-Barby 2015; Zimmer 2015; Wise 2016) oder den Sound Studies (Szendy 2007). Ausgaben mit dem Themenschwerpunkt „Überwachung“ haben u. a. die *Zeitschrift für Medienwissenschaft* (Kammerer und Waitz 2015), *Geschichte und Gesellschaft* (Reichardt 2016) und *On_Culture* (Schniedermann und Hallet 2018) publiziert.

Bei aller Diversität dieser Studien teilen sie die Überzeugung (contra Monahan), dass auch Hervorbringungen der Kultur strukturelle Analogien mit Überwachung aufweisen. Auf die Komplizenschaft der Film- mit der Überwachungskamera bspw. wird regelmäßig hingewiesen. Der Filmwissenschaftler Stewart geht noch darüber hinaus, wenn er befindet: „All montage is espionage“, nur um sofort einzuschränken (2015, ix): „This is either too easy to be true or too true to be useful“. Für die Literatur fasst Wasihun die oft vertretene Auffassung zusammen (2019, 11): „the many analogies between surveillance (in the broadest sense of the term) and literature cannot be dismissed“. Kunst hat genau darum ein erhöhtes Erkenntnispotenzial in Bezug auf Überwachung, weil sie seit jeher zentrale Fragen der SURVEILLANCE STUDIES verhandelt: etwa nach Sichtbarkeit, Wissen und Subjektivität. Zwischen Kunst und Überwachung besteht eine Affinität, die sich nicht auf Repräsentation und Motivik reduzieren lässt. Dass diese Einsicht in beide Richtungen gilt – dass auch Überwachung Eigenschaften des Fiktionalen aufweist, dass sie zeichenhaft operiert, dass die Ambuiguität von Sein und Schein zu ihren notwendigen Operationen gehört –, argumentiert am Beispiel kriminalpolizeilicher Videoüberwachung im öffentlichen Raum Kammerer (2008).

3 Potenzial, Kritik und Ausblick

3.1 Potenzial

Längst wird ‚Überwachung‘ nicht mehr exklusiv im Zusammenhang mit staatlichen, polizeilichen oder geheimdienstlichen Aktivitäten diskutiert. Insofern die Prozesse, die durch das Schlagwort ‚Digitalisierung‘ nur unzureichend beschrieben und begriffen werden, sich auf immer weitere Bereiche auch jenseits des Virtuellen ausdehnen (Stichworte: Internet of Things, autonomes Fahren, Lifelogging), entstehen immer neue Möglichkeiten der datengestützten Überwachung – aber auch, *dataveillance* zu erkennen, zu kritisieren und durch neue Praktiken zu begegnen. Zugleich steigt die Zahl der Akteur*innen, Kontexte und Anlässe der Überwachung: Begriffe wie *lateral surveillance* (Andrejevic 2004), *participatory surveillance* (Albrechtslund 2008) oder *countersurveillance* (Wood und Thompson 2018) verweisen auf die allgegenwärtige Möglichkeit, selbst zur*m Agentin*Agenten von Überwachung zu werden. Es wird, anders gesagt, den SURVEILLANCE STUDIES auf lange Sicht nicht an Gegenständen und Fragestellungen fehlen. Der transdisziplinäre Austausch zwischen Sozial- und Geisteswissenschaften, zwischen Social Sciences und Humanities, kann angesichts dieser Situation nur hilfreich sein.

Monahan und Wood (2022) und Lyon (2022) betonen die Notwendigkeit, eine kritische, engagierte und offene Haltung zu entwickeln und beizubehalten: Das Potenzial der SURVEILLANCE STUDIES liege in ihrer Offenheit gegenüber politischem Aktivismus ebenso wie gegenüber experimentellen, künstlerischen Ansätzen. Kulturwissenschaftliche Überwachungsforschung müsse wachsam auf gesellschaftliche Veränderungen reagieren, Kritik deutlich formulieren und dürfe die Erfahrung der von Überwachung Betroffenen nicht außer Acht lassen, so die Autoren.

3.2 Kritik

Kritisch zu betrachten ist, dass die methodische Offenheit der Surveillance Studies mit einer hohen Abstraktion der verwendeten Modelle erkauft wird. Die konzeptionelle Unschärfe der zentralen Begriffe ist, wie bereits oben beschrieben, vielfach bemerkt worden (Haggerty 2006; Zurawski 2021, 21–28). Zugleich geht mit der Ausweitung des Untersuchungsfeldes die Notwendigkeit einer Positionsbestimmung oder sogar Abgrenzung gegenüber ähnlich gelagerten „Studies" einher – wie stehen die Surveillance Studies bspw. zu den Critical Data Studies (Kitchin 2014)?

Für Fuchs führt die Ausweitung des Überwachungsbegriffes zu einem Verlust der kritischen Reflexion. David Lyons vielzitierter Formel, wonach Überwachung ambivalent „care and control", Fürsorge und Kontrolle, zugleich sei (Lyon 2001), setzt Fuchs entgegen, dass für ein Denken in der Tradition der Kritischen Theorie Überwachung nur negativ zu begreifen ist (Fuchs 2015, 7). Ball und Haggerty weisen auf die potenziell widersprüchliche Position hin, die Forscher*innen in den Surveillance Studies im Hinblick auf ihren Gegenstand einnehmen müssen, zugleich Subjekt, Objekt und (neutraler) Beobachter von Überwachung zu sein (2002, 131): „[B]y engaging in research we are also agents of surveillance. We monitor and record the behaviour of individuals and institutions and do so, at least partially, to advance our careers and material interest." Diese Position notwendiger Selbstreflexivität sei es, die Surveillance Studies zu einem besonderen Forschungsansatz machten.

Eine weitere Herausforderung der Surveillance Studies liegt in der zunehmenden Delegation von Entscheidungsfindungen an selbstlernende Algorithmen und Künstliche Intelligenz (KI). Sozialwissenschaftliche Ansätze, die *agency* ausschließlich in menschlichen Akteur*innen verorten, stoßen hier an ihre Grenzen. Im Kontext von Big Data und der „Sensor Society" (Andrejevic und Burdon 2014), in der Daten gewissermaßen ohne Intention oder vorgehendes Ziel von einer technisierten Umwelt routinemäßig und automatisiert gesammelt werden, greifen Akteur*innen auf Daten zu, die sie nicht selbst erhoben haben. Und dennoch, das haben die Enthüllungen von Edward Snowden (2019) deutlich gemacht, ist auch das Modell – und die Gefahr – des Big Brother nicht endgültig zu verabschieden.

4 Literaturverzeichnis

Agre, Philip E. „Surveillance and Capture: Two Models of Privacy“. *The Information Society* 10.2 (1994): 101–127.

Albrechtslund, Anders. „Online Social Networking as Participatory Surveillance“. *First Monday* 13.3 (2008): o.P.

Andrejevic, Mark. „The Work of Watching One Another: Lateral Surveillance, Risk, and Governance“. *Surveillance & Society* 2.4 (2004): 479–497.

Andrejevic, Mark und Mark Burdon. „Defining the Sensor Society“. *Television & New Media* 16.1 (2014): 19–36.

Arrigo, Bruce A. (Hrsg.). *The Sage Encyclopedia of Surveillance, Security, and Privacy*. Los Angeles, CA 2018.

Ball, Kirstie S. und Kevin D. Haggerty. „Doing Surveillance Studies“. *Surveillance & Society* 3.2–3 (2005): 129–138.

Beniger, James Ralph. *The Control Revolution*. Cambridge, MA 1986.

Bertrand, Ann-Christin et al. (Hrsg.). *Watched!* Göteborg 2016.

Blumenthal-Barby, Martin. *Der Asymmetrische Blick*. Paderborn 2015.

Bölsche, Jochen und Gerhart Baum (Hrsg.). *Der Weg in den Überwachungsstaat*. Reinbek 1983.

Brandeis, Louis D. und Samuel D. Warren. „The Right to Privacy“. *Harvard Law Review* 4.5 (1890): 193–220.

Brenton, Myron. *The Privacy Invaders*. New York 1964.

Browne, Simone. *Dark Matters: On the Surveillance of Blackness*. Durham, NC 2015.

Burnham, David. *The Rise of the Computer State: The Threat to Our Freedoms, Our Ethics and Our Democratic Process*. New York 1983.

Clarke, Roger. „Information Technology and Dataveillance“. *Communications of the ACM* 31.5 (1988): 498–512.

Dandeker, Christopher. *Surveillance, Power and Modernity. Bureaucracy and Discipline from 1700 to the Present Day*. Cambridge 1990.

Deleuze, Gilles. „Postskriptum über die Kontrollgesellschaften“. *Unterhandlungen, 1972–1990*. Frankfurt a.M. 2004: 254–262.

Dubrofsky, Rachel E. und Shoshana Magnet (Hrsg.). *Feminist Surveillance Studies*. Durham, NC 2015.

Falkenhayner, Nicole. *Media, Surveillance and Affect: Narrating Feeling States*. London 2019.

Foucault, Michel. *Überwachen und Strafen*. Frankfurt a.M. 2008 [1975].

Fuchs, Christian. „Surveillance and Critical Theory“. *Media and Communication* 3.2 (2015): 6–9.

Fuchs, Christian. *Das digitale Kapital: zur Kritik der politischen Ökonomie des 21. Jahrhunderts*. Wien 2021.

Gill, Martin und Angela Spriggs. *Assessing the Impact of CCTV*. London 2005.

Gilliom, John. *Overseers of the Poor: Surveillance, Resistance, and the Limits of Privacy*. Chicago, IL 2001.

Haggerty, Kevin D. „Tear Down the Walls“. *Theorizing Surveillance. The Panopticon and Beyond*. Hrsg. von David Lyon. Cullompton 2006: 23–45.

Harding, James. *Performance, Transparency, and the Cultures of Surveillance*. Ann Arbor, MI 2018.

Hauptmann, Kilian, Martin Hennig und Hans Krah (Hrsg.). *Narrative Der Überwachung. Typen, mediale Formen und Entwicklungen*. Berlin 2020.

Hempel, Leon. „Surveillance Studies: Vom Kybernetischen Diskurs Zur Praxis“. *Kultur. Von den Cultural Studies bis zu den Visual Studies*. Hrsg. von Stephan Moebius. Bielefeld 2012: 151–175.

Hempel, Leon und Eric Töpfer. *On the Threshold to Urban Panopticum. Objectives and Results of the „Urbaneye" Project on the Employment of CCTV in Europe*. Berlin 2003.
Heynen, Robert und Emily van der Meulen. *Expanding the Gaze: Gender and the Politics of Surveillance*. Toronto 2018.
Hier, Sean P. und Joshua Greenberg (Hrsg.). *The Surveillance Studies Reader*. Maidenhead 2007.
Igo, Sarah Elizabeth. *The Known Citizen: A History of Privacy in Modern America*. Cambridge, MA 2018.
Kammerer, Dietmar. *Bilder der Überwachung*. Frankfurt a.M. 2008.
Kammerer, Dietmar. „Die Enden des Privaten. Geschichten eines Diskurses". *Medien und Privatheit*. Hrsg. von Simon Garnett et al. Passau 2014: 243–258.
Kammerer, Dietmar, Thomas Waitz und Gesellschaft für Medienwissenschaft (Hrsg.). „Überwachung und Kontrolle". *Zeitschrift für Medienwissenschaft* 7.13 (2015): 10–20.
Kitchin, Rob. *The Data Revolution*. Los Angeles, CA 2014.
Levin, Thomas Y., Ursula Frohne und Peter Weibel (Hrsg.). *CTRL [Space]*. Karlsruhe 2002.
Lyon, David. *The Information Society: Issues and Illusions*. Cambridge 1988.
Lyon, David. *The Electronic Eye. The Rise of Surveillance Society*. Cambridge 1994.
Lyon, David (Hrsg.). *Theorizing Surveillance. The Panopticon and Beyond*. Cullompton 2006.
Lyon, David. *Surveillance Studies. An Overview*. Cambridge 2007.
Lyon, David. „Reflections on Forty Years of ‚Surveillance Studies'". *Surveillance & Society* 20.4 (2022): 353–356.
Lyon, David, Kevin D. Haggerty und Kirstie Ball (Hrsg.). *Routledge Handbook of Surveillance Studies*. New York 2012.
Magnet, Shoshana Amielle. *When Biometrics Fail: Gender, Race, and the Technology of Identity*. Durham, NC 2011.
Marks, Peter. *Imagining Surveillance*. Edinburgh 2015.
McCahill, Michael. *The Surveillance Web: The Rise of Visual Surveillance in an English City*. Cullompton 2002.
McCahill, Michael und Rachel L. Finn. *Surveillance, Capital and Resistance. Theorizing the Surveillance Subject*. London 2015.
McGrath, John Edward. *Loving Big Brother*. London 2004.
Monahan, Torin. „Surveillance as Cultural Practice". *The Sociological Quarterly* 52.4 (2011): 495–508.
Monahan, Torin und David Murakami Wood (Hrsg.). *Surveillance Studies: A Reader*. New York 2018a.
Monahan, Torin und David Murakami Wood. „Introduction: Surveillance Studies as a Transdisciplinary Endeavor". *Surveillance Studies: A Reader*. Hrsg. von David Murakami Wood und Torin Monahan. New York 2018b: xix–xxxiv.
Monahan, Torin und David Murakami Wood. „Revitalizing Dissent: Imperatives for Critical Surveillance Inquiry". *Surveillance & Society* 20.4 (2022): 326–332.
Morrison, Elise. *Discipline and Desire: Surveillance Technologies in Performance*. Ann Arbor, MI 2016.
Norris, Clive und Gary Armstrong. *The Maximum Surveillance Society*. Oxford 1999.
Packard, Vance. *The Naked Society*. New York 1964.
Reichardt, Sven. „Einführung: Überwachungsgeschichte(n): Facetten Eines Forschungsfeldes". *Geschichte und Gesellschaft* 42.1 (2016): 5–33.
Robins, Kevin und Frank Webster. „Cybernetic Capitalism". *The Political Economy of Information*. Hrsg. von Vincent Mosco und Janet Wasko. Madison, WI 1988.
Rosen, David und Aaron Santesso. *The Watchman in Pieces*. New Haven, CT 2013.
Rosenberg, Jerry Martin. *The Death of Privacy*. New York 1969.
Rule, James B. *Private Lives and Public Surveillance. Social Control in the Computer Age*. New York 1974.

Schniedermann, Wibke und Wolfgang Hallet. „Editorial: On the Cultural Dimensions of Surveillance". *On_Culture: The Open Journal for the Study of Culture* 6 (2018): o.P.
Schoeler, Andreas von (Hrsg.). *Informationsgesellschaft oder Überwachungsstaat? Strategien zur Wahrung der Freiheitsrechte im Computerzeitalter*. Opladen 1986.
Smith, Gavin J. D. *Opening the Black Box*. London 2015.
Snowden, Edward. *Permanent Record*. New York 2019.
Stewart, Garrett. *Closed Circuits*. Chicago, IL 2015.
Szendy, Peter. *Sur écoute: Esthétique de L'espionnage*. Paris 2007.
Wasihun, Betiel (Hrsg.). *Narrating Surveillance. Überwachen Erzählen*. Würzburg 2019.
Wise, J. Macgregor. *Surveillance and Film*. New York 2016.
Wood, David M. „Situating Surveillance Studies". *Surveillance and Society* 6.1 (2009): 52–61.
Wood, Mark Andrew und Chrissy Thompson. „Crowdsourced Countersurveillance: A Countersurveillant Assemblage?". *Surveillance & Society* 16.1 (2018): 20–38.
Zimmer, Catherine. *Surveillance Cinema. Postmillennial Pop*. New York 2015.
Zuboff, Shoshana. *In the Age of the Smart Machine: The Future of Work and Power*. New York 1988.
Zuboff, Shoshana. *The Age of Surveillance Capitalism: The Fight for a Human Future at the New Frontier of Power*. London 2019.
Zurawski, Nils (Hrsg.). *Surveillance Studies*. Opladen 2007.
Zurawski, Nils. *Überwachen und konsumieren: Kontrolle, Normen und soziale Beziehungen in der digitalen Gesellschaft*. Bielefeld 2021.

Julien Bobineau und Christoph Vatter

Television Studies

1 Forschungsgeschichte

1.1 Entwicklung und grundlegende Forschungsbereiche

Die TELEVISION STUDIES – im deutschsprachigen Raum auch unter der Bezeichnung „Fernsehwissenschaften" verbreitet – beschäftigen sich im weitesten Sinne mit dem kulturellen Massenphänomen des Fernsehens (einem technischen Gerät, das analoge und digitale Signale in audiovisueller Form empfängt und auf einem Bildschirm wiedergibt) und den mit diesem Dispositiv verknüpften kulturellen Praktiken. Das Fernsehen wird dabei als Übergangsmedium zwischen analogen Formen klassischer Massenmedien wie Zeitung, Film oder Radio und dem Zeitalter der Digitalisierung im Sinne eines Hilfsmittels menschlicher Kommunikation betrachtet. Als kulturwissenschaftliches Forschungsgebiet schließen die TELEVISION STUDIES an Anliegen des *cultural turn* an, insbesondere die Erweiterung des Kanons hin zu populärkulturellen Medien und damit verbundener Aneignungsformen und sozialer Praktiken. Sie leisten einen Beitrag zu der Frage, in welcher Form das Medium Fernsehen kommuniziert und wie sich diese Art der Kommunikation von anderen Medien wie Literatur, Kunst, Kinofilm, Comic oder Computer Games unterscheidet.

Die Fachgeschichte der TELEVISION STUDIES ist durch einen anfänglich starken Fokus auf Fernsehkulturen in Nordamerika und (West-)Europa geprägt, während die wissenschaftliche Betrachtung anderer Kontinente und der dortigen narrativen, ästhetischen und ökonomischen Spezifika mit Bezug zum Fernsehen erst nach dem *spatial turn* bedeutsam wurde. Die methodologischen Grundlagen der interdisziplinär ausgerichteten TELEVISION STUDIES basieren auf theoretischen Konzepten aus den Kommunikations- und Medienwissenschaften (z. B. McLuhan 1964), den Filmwissenschaften (z. B. Arnheim 1969), den Literatur- und Sprachwissenschaften (z. B. Fiske und Hartley 1978), der Soziologie (z. B. Bourdieu 1996), der Psychologie (z. B. Horton und Wohl 1956) oder der Philosophie (z. B. Adorno 2008 [1953]). Innerhalb der letzten Jahrzehnte haben sich die TELEVISION STUDIES allerdings methodologisch zu einem eigenständigen Feld weiterentwickelt und gelten seit den 1990er Jahren v. a. in den USA und Großbritannien als etablierte wissenschaftliche Forschungs- und Lehrdisziplin (Newcomb 1994, 4). Mit der zunehmenden Verbreitung und Institutionalisierung der TELEVISION STUDIES haben sie auch zu einer differenzierten Betrachtung des Mediums und zur Überwindung der bislang vorherrschenden Dominanz kulturkritischer Ansätze (Adorno 2008 [1953]; Postman 1985; Bourdieu 1996; Enzensberger 1997) beigetragen. Neue Übermittlungsformen von klas-

https://doi.org/10.1515/9783110712919-032

sischen Fernsehinhalten durch Aufzeichnungstechnik (z. B. VHS, DVD, Blu-ray), Online-Streaming oder der Übertragung von Fernsehinhalten via Social Media führten innerhalb der TELEVISION STUDIES zu einem spürbaren Wandel in Bezug auf Fragestellungen, Untersuchungsgegenstände und Forschungsmethoden.

Jason Mittell unterteilt die TELEVISION STUDIES in insgesamt sechs übergeordnete funktionale Gebiete und betrachte ‚Television' als „a commercial industry, a democratic institution, a textual form, a site of cultural representation, a part of everyday life, and a technological medium" (2009, 2). Folglich zählen historische Ansätze im Bereich der Fernsehgeschichte, Untersuchungen zur Bedeutung von Genres, Formaten und der Programmbeschaffenheit des Fernsehens sowie Studien zur Narratologie, die Inhalte im Fernsehen als ‚Text' betrachten und dementsprechend analytisch auslegen, zu den zentralen Forschungsfeldern der TELEVISION STUDIES. Darüber hinaus ist die wissenschaftliche Beschäftigung mit den kulturellen, rechtlichen und ökonomischen Produktionsbedingungen der Fernsehindustrie als Institution innerhalb der TELEVISION STUDIES ebenso etabliert wie die Betrachtung der Rezeption, damit zusammenhängende Fragestellungen aus der (Medien-)Psychologie oder die Erforschung von Werbung. Eine technisch-strukturelle Perspektive impliziert die Untersuchung von Übertragungswegen und -technologien, die mit der Vermittlung von Fernsehinhalten zusammenhängen, während andere Ansätze die Frage nach der qualitativen Unterscheidbarkeit von Fernsehsendungen stellen (Quality-TV), geographische Fernsehräume in den Blick nehmen oder die globale Vernetzung von Fernsehen (Global Television) zum Gegenstand machen. Die Forschungsansätze können sich dabei sowohl an interpretativ-hermeneutischen Prinzipien mit einem Fokus auf Texte, Ästhetik und Strukturen als auch an empirischen Herangehensweisen, insbesondere beim Blick auf Rezeption und Produktion, orientieren.

1.2 Totgesagte leben länger – zur Beständigkeit televisueller Formen und Praktiken in Zeiten gesellschaftlichen und medialen Wandels

Zu Beginn der 2000er Jahre verfügte nahezu jeder deutsche Haushalt über mindestens ein Fernsehgerät (Renner 2012, 65), woraus laut Adelmann et al. (2002, 7) eine besondere kulturelle und gesellschaftliche Bedeutung des Mediums resultiert: „Fernsehen ist die Leitkultur unserer Gesellschaft". Diese hohe Kulturrelevanz des Fernsehens begründen Frey-Vor et al. (2008, 148–149) mit wesentlichen Distinktionsmerkmalen im Vergleich zu anderen Medienformen: Das Fernsehen weise eine nie zuvor dagewesene Lebensnähe und Eindrücklichkeit auf, lasse die Grenzen zwischen direkter und vermittelter Kommunikation verschwimmen und biete eine unüberschaubare Menge an ausgestrahlten Inhalten. Auch die Anzahl der Menschen, die täglich Inhalte im Fernsehen konsumieren und Programmzeiten in soziale Tagesabläufe integrieren, betone Frey-Vor et al. zufolge die institutionelle Wirkmacht des Fernsehens im lebensweltlichen Alltag. In allen Weltregionen spielt das Fernsehen eine dominante und kulturprägende Rolle, wenn man den Blick bspw. auf die Geltung von Telenovelas in Südamerika, Anime-Zeichentricksendungen in Asien oder Sitcoms in Nordamerika richtet. Neben diesen exemplarischen landes- oder regionaltypischen Spezifika fällt zudem eine globale Konformität bei übergeordneten Formaten und Genres auf, die Fernsehen als Medium strukturieren und ihre wissenschaftliche Betrachtung lohnenswert erscheinen lassen: Nahezu überall auf der Welt können Fernsehinhalte in fiktionale und nicht-fiktionale Unterhaltungsformate, Informations- und Bildungssendungen, Live-Übertragungen, Teleshopping und Werbung unterschieden werden (Borstnar et al. 2008, 195–200; Renner 2012, 83–111) und weisen entsprechende Implikationen auf gesellschaftliche, kulturelle, politische und ökonomische Teilbereiche auf. Diese werden auch im Kontext des digitalen Wandels in neuen medialen Zusammenhängen aufgegriffen und ggfs. Gegenstand einer Remediation (Bolter und Grusin 1999).

Als *Unterhaltungsformate* werden Fernseh- und Kinofilme verstanden, die im Fernsehen gezeigt werden, sowie TV-Serien und Shows, wie z. B. Revuen und Variété, Castingshows oder Reality-TV-Shows, während unter das Format *Informationssendung* vorrangig Nachrichten, Magazine, Dokumentationen, Talk-Shows und Bildungsprogramme fallen. *Live-Übertragungen* von zeitgeschichtlichen Großereignissen (z. B. Krönung der englischen Königin Queen Elizabeth II. 1953; Mondlandung 1969; Fall der Mauer 1989; Terroranschlag auf das World Trade Center 2001) oder Sportveranstaltungen (z. B. Olympische Spiele 1936; Finale der Fußballweltmeisterschaft 1954; US-amerikanischer Super Bowl) haben die soziale Wirklichkeit zahlreicher Menschen entscheidend mitgeprägt und tun dies bis heute. Eng verwandt mit Formaten des *Teleshoppings* ist auch die ökonomisch bedeutsame Wirkung von *Fernsehwerbung* als Grundprinzip privater und meist kapitalistisch strukturierter Privatsender. Wirtschaftliche Relevanz erlangen vor diesem Hintergrund auch die unterschiedlichen historischen Entwicklungslinien von Fernsehen und Broadcasting-Traditionen: In den USA ist der Fernsehmarkt seit seinen Anfängen in den 1940er Jahren stark kommerziell organisiert. In Europa dominierten hingegen lange Zeit öffentlich-rechtliche Sendeanstalten, ehe ab den 1980er Jahren durch entsprechende Gesetzesänderungen auch Privatsender Einzug in zahlreiche nationale Fernsehmärkte hielten.

Die Entwicklung des Fernsehens in Deutschland ist eng mit den europäischen Dynamiken verbunden und gleichzeitig mit der politischen Zeitgeschichte verknüpft: Die erste Fernsehübertragung auf deutschem Boden fand im Jahre 1934 statt, ehe knapp ein Jahr später der regelmäßige Programmbetrieb des *Fernsehsenders Paul Nipkow* als Live-Schaltung aus dem Berliner Studio des *Deutschen*

Fernseh-Rundfunks aufgenommen und mittels Funkwellen übertragen wurde. Im unmittelbaren Anschluss an den Ausbruch des Zweiten Weltkriegs diente das Fernsehen in Deutschland ausschließlich militärischen Zwecken, auch weil die Popularität des neuen und zuweilen mit Skepsis betrachteten Mediums der weit verbreiteten Beliebtheit von Kino und Radio unterlegen war (Renner 2012, 45). Nach dem Kriegsende 1945 wurde in der sowjetisch-besetzten Ostzone mit der *Mitteldeutschen Rundfunk-Gesellschaft* eine staatlich kontrollierte Instanz gegründet und ab 1956 in das monopolisierte Staatsfernsehen *Deutscher Fernsehfunk* überführt, während sich die alliierten Besatzungsmächte Frankreich, Großbritannien und die USA auf ein dezentrales System öffentlich-rechtlicher Rundfunkanstalten einigten, die sich 1950 zum Verbund *Arbeitsgemeinschaft der öffentlich-rechtlichen Rundfunkanstalten der Bundesrepublik Deutschland* (ARD) zusammenschlossen. In Kooperation mit den Rundfunkanstalten der Länder begann das Deutsche Fernsehen in der Bundesrepublik ab 1954, zu festgelegten Programmzeiten audiovisuelle Inhalte zu senden. Im Jahr 1963 wurde das bestehende Monopol durch das ebenfalls staatliche *Zweite Deutsche Fernsehen* (ZDF) und die jeweiligen Eigenprogramme der Landesanstalten als ‚drittes' Fernsehprogramm erweitert. Ab 1984 erlaubte das duale Rundfunksystem in Deutschland schließlich auch den öffentlichen Betrieb von privaten – d. h. kommerziellen – Fernsehsendern wie bspw. RTL oder Sat.1.

Damit verbunden ist auch die Funktion von Fernsehen als politisch-strategisches Instrument während des Kalten Kriegs (Havens 2020, 33–35), mit einschneidenden Auswirkungen auf die Fernsehkultur in den deutschsprachigen Ländern Europas: US-amerikanische Filme und TV-Serien dominierten lange Zeit die Fernsehmärkte insbesondere in den Ländern ‚westlicher' Verbündeter, was bspw. durch die enorme Popularität von Serien wie *Bonanza* (1959–1973), *Dallas* (1978–1991) oder *Colombo* (1968–1978) im Deutschland der Jahre 1960 bis 1990 belegt. Ebenso häufig wurden in den 1990er und 2000er Jahren vielzählige US-amerikanische Produktionen im Blockbuster-Bereich und aus dem sich entwickelnden Sitcom-Format in Deutschland, Österreich und der Schweiz rezipiert, darunter *Friends* (1994–2004), *The Simpsons* (seit 1989) oder *Seinfeld* (1989–1998), ehe Drama- und Krimi-Serien wie *Emergency Room* (1994–2009), *Law & Order* (1990–2010), *Sex and the City* (1998–2004), das *CSI*-Serial mit verschiedenen Ablegern (seit 2000) oder *Desperate Housewives* (2004–2012) einzogen. Der große Erfolg dieser und weiterer Formate bewirkte einerseits, dass US-Produktionen europäische Sendepläne zur Primetime dominierten und einheimische Film- und Serienformate – mit Ausnahme öffentlich-rechtlicher Sendeanstalten – weitgehend verdrängt wurden. Andererseits führte die große Popularität der nordamerikanischen Sendungen und die sich anpassenden Sehgewohnheiten der europäischen Rezipient*innen bei einheimischen Produzent*innen zu einer Übernahme von Produktions- und Erzählmustern nach US-Vorbild, um sich ähnlich erfolgreich im Vorabendprogramm mit Serien oder Filmen positionieren zu können. Ab den 2000er Jahren ist indes eine schleichende Ablösung des US-amerikanischen Kulturimperialismus durch eine Phase globaler Hybridisierung mit einer strukturellen Förderung von interkultureller Fluidität zu beobachten, die bspw. durch multinationale Produktionsteams, Franchise-Formate oder die Allverfügbarkeit von internationalen Fernsehproduktionen – zunächst via DVD, später über Streamingdienste – gefördert wurde. Die digitale Transformation veränderte parallel hierzu die Sehgewohnheiten der Fernsehzuschauer*innen durch die Entwicklung neuer Medienformate, die Vermittlung von ‚analogen' Fernsehinhalten auf ‚digitalen' Endgeräten und die Verschiebung von zeitlichen Verfügbarkeiten der rezipierten Inhalte.

Die Dynamiken und Auswirkungen auf den sozialen Alltag sehr vieler Menschen weltweit, die aus den skizzierten Entwicklungen resultieren, begründen in Verbindung mit der aktuell andauernden digitalen Transformation die Notwendigkeit einer tiefergehenden wissenschaftlichen Betrachtung von Fernsehen als Mittel der Kultur-, Politik- und Wirtschaftsvermittlung. Fernsehen nimmt sich nahezu aller Bereiche des sozialen, kulturellen, ökonomischen und politischen Lebens an und prägt mit den etablierten Programmformaten auch neue digitale Vermittlungsformen über Streamingdienste oder Social Media maßgeblich, so dass den Television Studies eine hohe Relevanz zukommt, um die technischen, historischen und kulturellen Grundlagen des aktuellen Medienensembles und seiner Wirkungen sowie die damit verbundenen Herausforderungen und Chancen zu verstehen.

1.3 Zur akademischen Institutionalisierung der Television Studies

Die fehlende Trennschärfe zwischen Film Studies, → Media Studies, Kommunikationswissenschaften (→ Communication Studies) sowie anderen kulturwissenschaftlichen „Studies" und den Television Studies im deutschsprachigen Raum spiegelt sich insbesondere in der Institutionalisierung der „Fernsehwissenschaften" als akademische Fachdisziplin wider. In Deutschland, Österreich und der Schweiz existiert kein Studiengang, in dem Television Studies bzw. Fernsehwissenschaften exklusiv unterrichtet werden. Für die institutionelle Verankerung stellt dies eine besondere Herausforderung dar, da die Television Studies meist im Verhältnis zu Fächern wie den Film-, Theater- oder Medienwissenschaften als strukturell untergeordnete Teildisziplin erscheinen – Knut Hickethier spricht hier von einem ‚disziplinären Exil' (1987, 8) – oder in vereinzelten Lehrveranstaltungen unterrichtet werden, die in Studiengänge mit kultur- oder literaturwissenschaftlicher Ausrichtung eingebettet sind.

Seit dem Ende der 1980er werden die Television Studies als Fernsehwissenschaften in der universitären Lehre u. a. in Bochum, Frankfurt am Main, Köln, Mainz und Wien häufig im Verbund mit verwandten Disziplinen in grundständigen Studiengängen wie „Theater-, Film- und Medienwissenschaften" angeboten: An der Goethe-Universität Frankfurt, der Johannes Gutenberg-Universität Mainz und der Universität Wien besteht dieser kombinierte Studiengang bis heute, während das Lehrangebot an der Ruhr-Universität Bochum 2016 in die Einzelfächer „Film und audiovisuelle Medien", „Medienwissenschaft", „Szenische Forschung" und „Theaterwissenschaft" aufgeteilt wurde. An der Universität Köln finden die Television Studies marginale Berücksichtigung im MA-Studiengang „Medienkulturwissenschaften", der sich „v. a. Fragestellungen zum Wechselverhältnis von Medien, Kultur und Gesellschaft" widmet. Die Christian-Albrechts-Universität zu Kiel hat hingegen den MA-Studiengang „Medienwissenschaft: Film und Fernsehen" im Portfolio, bei dem Studierenden „die einschlägigen film- und fernsehwissenschaftlichen Methoden zur Erfassung und Beschreibung narrativer Strategien von Film und Fernsehen (Erzähltheorie) nahegebracht" werden (so die Selbstbeschreibung). An der Universität Paderborn ist der Fachbereich Film- und Fernsehwissenschaften am Institut für Medienwissenschaften angesiedelt und führt dort auch elementare Ansätze der Television Studies im Lehrprogramm, versteht sich jedoch in erster Linie als Kinowissenschaft, die „den Ort und die Bedingungen der Filmwahrnehmung in der Projektion zum Gegenstand der Wahrnehmung und Analyse macht". Darüber hinaus sind insbesondere auch öffentliche und private künstlerische Hochschulen und Fachhochschulen bzw. Universities of Applied Sciences an einer stark praxisbezogenen Verankerung der Television Studies in der deutschsprachigen Hochschullandschaft beteiligt. Grundständige BA-Studiengänge mit unterschiedlichen Schwerpunkten bieten bspw. die staatliche Filmuniversität Babelsberg Konrad Wolf („Film- und Fernsehproduktion"), die ebenfalls staatliche Universität für Musik und darstellende Kunst Wien („Schnitt") sowie private Bildungseinrichtungen wie Deutsche POP („Film & Media Production"), SRH Berlin University of Applied Sciences („Film und Fernsehen"), University of Europe for Applied Sciences („Film + Motion Design") oder die Hochschule Macromedia („Filmmaking"). An der staatlichen Hochschule für Fernsehen und Film München können sich Studierende indes für einen publizistischen („Dokumentarfilm und Fernsehpublizistik") und einen produktionsbezogenen („Kino- und Fernsehfilm") Diplomstudiengang einschreiben, während die FH St. Pölten in Niederösterreich („Film, TV & Media – Creation and Distribution") und die SRH Berlin University of Applied Sciences („Film, Television and Digital Narratives") MA-Studiengänge im erweiterten Bereich der Television Studies im Studienangebot führen. Darüber hinaus bieten weitere staatliche und private Akademien und Filmhochschulen wie die Deutsche Film- und Fernsehakademie Berlin (DFFB), die Bayerische Akademie für Fernsehen und

Digitale Medien (BAF) oder die Fernseh Akademie Mitteldeutschland (FAM) eine stark praxisbezogene und weniger akademisierte Form der Ausbildung im Film- und Fernsehsektor an, vereinzelt auch als duales Studium. Der dortige Fokus liegt insbesondere auf der Herausbildung einzelner Berufszweige in den Tätigkeitsfeldern Fernsehtechnik, -wirtschaft, -kommunikation und -dramaturgie.

In der britischen und US-amerikanischen Forschungslandschaft zeichnet sich in Bezug auf die Genese der Institutionalisierung ein anderes Bild (Brunsdon 2004): Bereits ab den 1970er Jahren gingen die TELEVISION STUDIES aus der publizistischen Fernsehkritik, den Sozialwissenschaften und der kulturwissenschaftlichen Literaturkritik hervor und wurden durch elementare Publikationen wie die von Fiske/Hartley (1978) und Fiske (1987) an einigen britischen und US-amerikanischen Universitäten verankert. Darin spiegelt sich auch die grundsätzliche Interdisziplinarität der TELEVISION STUDIES und die dadurch entstandene fehlende Trennschärfe zu etablierteren Disziplinen wider (Miller 2010, 32–37). Nach Hartley sind die TELEVISION STUDIES spätestens ab dem Beginn der 1990er Jahre eingeständiger Bestandteil einer sozial- und geisteswissenschaftlichen Forschungskultur, als eine Mischung aus politisierter Theorie (Strukturalismus, Psychoanalyse, Marxismus, Postmodernismus) und ‚alternativer' kulturwissenschaftlicher Ansätze, die sich durch Kontaktpunkte mit Diversitätsdimensionen wie *class*, Gender, *race*, Ethnizität, sexuelle Orientierung oder Subkulturen an der Schnittstelle zu Fragen nach gesellschaftlicher und individueller Identität positionierten (Hartley 2005, 103). Diese Entwicklungen münden in die Gründung des aktuell an der University of Michigan herausgegebenen Journals *Television & New Media* im Jahr 2000 als einer der ersten wissenschaftlichen Zeitschriften mit einem ausschließlichen Fokus auf TELEVISION STUDIES. Forschungsprojekte wie das *SAGE Handbook of Television Studies* (2014) oder die Gründung thematischer Forschungszentren wie z. B. dem Centre for Television History, Heritage and Memory Research an der University of Warwick (2015) trieben das Feld weiter voran; auch in der Lehre werden an britischen und US-amerikanischen Hochschulen vermehrt Module zu den TELEVISION STUDIES angeboten, häufig eingebettet in Bachelor- und Masterstudiengänge mit Schwerpunkten wie „Film & Cinema“, „Media Studies“ oder „Drama“. Hierzu zählen in Großbritannien u. a. die University of Westminster, das King's College London, die University of Manchester und die University of Bristol mit dem Department of Film und Television, in den USA sind insbesondere die University of California Los Angeles, die Boston University und die University of Idaho zu nennen. Exemplarisch sei auch auf Institutionalisierungstendenzen im frankophonen Raum verwiesen, wo die TELEVISION STUDIES v. a. in den in den *Sciences de l'information et de la communication* beheimatet sind, die sich ab den 1970er Jahren in Frankreich als interdisziplinäre Medien- und Kommunikationswissenschaften etablierten. Seit 2010 erscheint die Fachzeitschrift *Télévision* (CNRS édition); in den letzten Jahren entstanden außerdem Forschungsgruppen wie das 2023 gegründete Netzwerk Télé/

Visées. Le réseau francophone et pluridisciplinaire des chercheur · e · s sur la télévision oder das Labo Télé (seit 2015) an der Université de Montréal, die auch einen Studiengang in TELEVISION STUDIES anbietet.

Auch die deutschsprachige Forschungslandschaft ist durch eine fehlende Abgrenzung zu themenverwandten „Studies" geprägt: Professuren oder Lehrstühle mit einer Denomination im Bereich der TELEVISION STUDIES existieren in Deutschland, Österreich und der Schweiz derzeit nicht. Wissenschaftliches Personal, das auf Lehrstühlen, akademischen Dauerstellen oder befristeten Projekt- und Qualifikationsstellen relevante Themenfelder der TELEVISION STUDIES beforscht, ist in der Regel strukturell in den Film-, Medien-, Kommunikations- oder anderen Kulturwissenschaften angesiedelt. Herausragende Forschungspersönlichkeiten wie die Fernsehtheoretiker Lothar Mikos, Lorenz Engell, Michael Grisko, Knut Hickethier und Karl Nikolaus Renner oder die TV-Serienforscher Jonas Nesselhauf, Jörg Türschmann und Christian Hißnauer sind nominell in angrenzenden Fachbereichen wie den Medienwissenschaften (Mikos, Hickethier, Engell, Grisko), der Medienkomparatistik (Nesselhauf), der Publizistik (Renner), der Germanistik (Hißnauer) oder der Romanistik (Türschmann) tätig; auch aus geschichtswissenschaftlicher Perspektive sind zentrale Impulse zu verzeichnen (Fickers 2013).

Das vergleichbare Bild einer dominierenden Anbindung der TELEVISION STUDIES an andere Fachdisziplinen zeichnet sich auch bei einem Blick auf wichtige Fachgesellschaften, regelmäßig stattfindende Konferenzen und wissenschaftliche Periodika ab: Die Gesellschaft für Film- und Fernsehwissenschaft (GFF) – als älteste Vereinigung ihrer Art 1985 in Deutschland gegründet und 2000 in Gesellschaft für Medienwissenschaft (GfM) umbenannt – setzt einen Arbeitsschwerpunkt auf die wissenschaftliche Betrachtung der technischen Massenmedien, worunter auch das Fernsehen – jedoch lediglich als Teilbereich – fällt. Die GFF fungiert gleichzeitig auch als institutionelle Herausgeberin der *Zeitschrift für Medienwissenschaften*. Parallel zur Gründung der GFF startete im Jahre 1985 der DFG-geförderte Sonderforschungsbereich (SFB) 240 unter dem Titel „Ästhetik, Pragmatik und Geschichte der Bildschirmmedien" an der Universität Siegen: Bis in das Jahr 2000 forschten dort über 100 Wissenschaftler*innen in 33 interdisziplinären Teilprojekten zu medienwissenschaftlichen Fragestellungen, organisierten zahlreiche internationale Tagungen und veröffentlichten etwa 2.000 Fachaufsätze, Thesenpapiere und Monographien. Eine ähnliche thematische Ausrichtung wie die GFF und der SFB verfolgen die Zeitschriften *Montage/av* (seit 1992), *tv diskurs* (seit 1997) und das 1984 gegründete Rezensionsorgan *MEDIENwissenschaft*, wobei sich letzteres vorrangig der fachlichen Bewertung von Neuerscheinungen und der Eröffnung neuer Forschungsperspektiven im Feld widmet. Darüber hinaus bietet das 2016 gegründete *ffk Journal* als Publikationsmedium des seit 1988 jährlich stattfindenden Fernseh- und Filmwissenschaftlichen Kolloquiums vorrangig Nachwuchswissenschaftler*innen Raum für die Veröffentlichung von film-, fernseh- und medienkulturwissenschaftlichen Forschungsthemen (→ MEDIA STUDIES).

Das offensichtliche Fehlen einer wissenschaftlichen Zeitschrift, die sich den TELEVISION STUDIES dezidiert aus kulturwissenschaftlicher Sicht widmet, spiegelt sicherlich auch die nur langsam voranschreitende Institutionalisierung und Verankerung der Fernsehwissenschaften in Deutschland, Österreich und der Schweiz wider. Wenngleich im Bereich der Einführungs- und Überblicksliteratur zum Themengebiet der TELEVISION STUDIES nicht von einem grundlegenden Mangel gesprochen werden kann, so ist die reine Anzahl deutschsprachiger Publikationen gerade im Vergleich zu Werken in englischer Sprache verhältnismäßig gering: Fernsehtheoretische Übersichten und Einführungen finden sich u. a. in *Fernsehtheorie zur Einführung* (2012) von Lorenz Engell, *Fernsehen* (2012) von Karl Nikolaus Renner, *Texte zur Theorie und Geschichte des Fernsehens* (2009) von Michael Grisko, *Fernsehen* (2004) von Werner Holly und *Geschichte des deutschen Fernsehens* (1998) von Knut Hickethier. Hierneben bieten weitere Einführungswerke, wie Knut Hickethiers *Film- und Fernsehanalyse* (1993), Werner Faulstichs *Grundkurs Fernsehanalyse* (2008) und die *Einführung in die Film- und Fernsehwissenschaft* (2008) von Nils Borstnar, Eckhard Pabst und Hans Jürgen Wulff, einen anwendungsbezogenen Überblick über das Feld mit entsprechenden Analyserastern und methodischen Zugängen, die auch Form, Gestaltung, Dramaturgie, Inhalte und Rezeption berücksichtigen. Jonas Nesselhauf und Markus Schleich haben 2016 mit *Fernsehserien. Geschichte, Theorie, Narration* eine systematische Einführung in das serielle Erzählen im Fernsehen vorgelegt, die sich auf erzähltheoretische Ansätze fokussiert und versucht, literaturwissenschaftliche Analysekategorien auf den Untersuchungsgegenstand der Fernsehserie zu übertragen. Als Überblick und Nachschlagewerk versteht sich das *Handbuch Televisuelle Serialität* (Grampp und Moskatova 2023).

1.4 Besondere Schwerpunkte durch eine weitere Spezialisierung

Als besonderer Schwerpunkt bieten die CRITICAL TELEVISION STUDIES eine wissenschaftliche Herangehensweise, die sich mit der kritischen Analyse von Fernsehinhalten und -praktiken und ihren Machthierarchien befassen (z. B. Newcomb 1994; Geraghty and Lusted 1998 sowie seit 2006 *Critical Studies in Television: The International Journal of Television Studies*). Ausgewiesenes Ziel der CRITICAL TELEVISION STUDIES ist es, verschiedene Aspekte der Fernsehproduktion und -rezeption zu untersuchen und dabei zu erörtern, wie die identifizierten Faktoren jeweils Strukturen, Institutionen und Individuen in Gesellschaft, Kultur und Politik beeinflussen. Die methodischen Zugänge basieren auf Überlegungen aus der Kritischen Theorie, feministischen Ansätzen, der → Queer Studies, der Critical Race Theory und dem Postkolonialismus (→ Postcolonial Studies). Daran anknüpfend stehen grundlegende Fragestellungen im Fokus der Critical Television Studies, bspw. in welcher Form Gender, *sex*, *race* und *class* im Fernsehen repräsentiert werden, welchen Einfluss kommerzielle Werbung und Sponsoring auf die Produktion und Rezeption haben und wie Fernsehinhalte in unterschiedlichen Kulturen produziert, verbreitet und rezipiert werden. Als weitere Spezialisierung der Critical Television Studies gilt der *Digital Criticism*, der sich als „(active, experimental) critical work of simultaneously deconstructing/reconstructing the multiple worlds of contemporary (cross-platform) media" und „textual criticism after television" (Kavoori 2008, 154, 155) versteht. Zu den Zielen des *digital criticism* zählen die Entwicklung von Tools und Verfahren zur Analyse komplexer, interaktiver ‚Texte' in digitalen Welten, ein besseres Verständnis digitaler Kulturen und eine Verortung medienkritischer Ansätze in Bezug auf demokratische Kommunikation, Identitätspolitik und die Verhandlung der Auswirkungen der Globalisierung auf digitale Medien (Kavoori 2008, 155).

2 Exemplarische Beispiele und Fragestellungen

Durch die oben erwähnte oftmals fehlende Trennschärfe zu anderen kulturwissenschaftlichen Studies sind Forschungsansätze der Television Studies von einer genuinen Interdisziplinarität geprägt, die sich auf allen Ebenen von Fragestellungen, Theorie, Analyserastern und Methoden widerspiegelt. Diese Beobachtung soll in der Folge anhand von zwei Beispielen veranschaulicht werden – mit unmittelbarem Bezug zu, erstens, erzähltheoretischen Zugänge innerhalb der TV-Serien-Forschung und, zweitens, der transnationalen und interkulturellen Dimensionen von Fernsehen.

(1) Die Erzähltheorie, auch als Narratologie bekannt, ist ein interdisziplinäres Feld, das in den Literaturwissenschaften entwickelt wurde, der systematischen Beschreibung von Erzähltexten vielfältiger Art dient und sich mit Strukturen, Elementen, Funktionen und Bedeutungen von Erzählungen beschäftigt (Martinez und Scheffel 2019, 13–28). In ihrer weiten Definition schließt die Erzähltheorie neben Literatur auch Film, Theater, Comics und andere kulturelle Ausdrucksformen mit ein. Die zu untersuchenden narratologischen Kategorien bilden u. a. die Erzählstruktur, der Aufbau von Erzählungen und die Erzeugung von Spannung; die Erzählperspektive als Position, von der aus eine Geschichte erzählt wird; Figuren, die in einer Erzählung auftreten, und deren Entwicklung; die zeitliche Anordnung von Erzähleinheiten; wiederkehrende zentrale Elemente wie (Leit-)Motive und Symbole; erzählerische, d. h. stilistische, rhetorische und bildliche Techniken der Erzählung. Aus der Übertra-

gung dieser Paramater auf den Untersuchungsgegenstand der TV-Serie resultiert ein medienspezifischer Fokus auf audiovisuell erzählte und seriell strukturierte Fernsehformate, die das Fernsehprogramm bereits seit seinen Anfängen prägen und bis heute, als Kulturphänomen im linearen Fernsehen oder online auf Streaming-Plattformen wie Netflix oder Amazon Prime, äußerst populär geblieben sind. Zum relevanten narratologischen Erkenntnisinteresse zählen im Rahmen von Einzelfallanalysen oder vergleichenden Studien bspw. Fragen nach der Funktion ausgewählter narratologischer Analysekategorien innerhalb der erzählten Geschichten, der Wirkung auf Rezipient*innen und der Entwicklung der Analysekategorien im Verlauf bestimmter Zeiträume. Eine historisch-vergleichende Betrachtung US-amerikanischer Fernseh-Sitcoms, die das Ziel hegt, die Entwicklung dieses spezifischen Formats nachzuzeichnen, kann von der kombinierten Beantwortung aller drei genannten Forschungsfragen unter Hinzuziehung der geeigneten Methode profitieren.

Bei einem exemplarischen Vergleich der Sitcoms *I Love Lucy* (1951–1957) und *How I Met Your Mother* (2005–2014) lässt sich mithilfe hermeneutischer Verfahren zur Auslegung von ‚Text' analytisch feststellen, dass die Sitcom *How I Met Your Mother* verglichen mit *I Love Lucy* über ein größeres Figurenensemble verfügt, den Großteil der Hauptfiguren dynamisch agieren lässt und somit Figurenentwicklung ermöglicht, episoden- und staffelübergreifende Gesamtzusammenhänge durch Leitmotive und Symbole herstellt, eine komplexe Zeitstruktur durch Zeitsprünge sowie die Unterscheidung in eine Rahmen- und Binnenerzählung mit mehrdimensionaler Erzählinstanz offenbart und häufig mehrere Wechsel unterschiedlicher Handlungsorte in die Erzählung integriert (Bobineau 2015). Dem Anstieg von narrativer Komplexität in *How I Met Your Mother* steht die Beibehaltung genre-typischer Strukturelemente der Sitcom gegenüber: Sowohl die relative Kürze von 20 bis 25 Minuten je Episode und die Verwendung von eingespieltem Gelächter (*laugh track*) haben beide Sitcoms als Genre-Konventionen gemein, was den Rezipient*innen einen abstrakten Orientierungsrahmen zur schnellen Einordnung als ‚Sitcom' bietet. Auch die reziproken Zusammenhänge erzählerischer Analysekategorien und lebensweltlicher Realitäten spielen bei narratologischen Betrachtungsweisen eine gewichtige Rolle, um das Aufgreifen realer – also politischer, sozialer, ökonomischer und ökologischer – Themen, Problemstellungen und Herausforderungen in der audiovisuellen Ausdrucksform der TV-Serie zu ermitteln und umgekehrt ebenso die Wirkung von TV-Serien auf nicht-fiktionale Diskurse herauszuarbeiten.

Ein derartiger kultursoziologischer und diskursanalytischer Zugang lässt sich am Beispiel der spanischen bzw. französischen Erfolgsserien *La casa de papel* (seit 2017) und *Lupin* (seit 2021) verdeutlichen. Beide Formate zeichnen sich als international breit rezipierte Netflix-Produktionen aus, die im Hinblick auf Handlungsstruktur, Figurenkonzeption und Spannungsaufbau an das *Heist*-Genre angelehnt sind und auf krisenhafte Veränderungsprozesse sowie den Fortbestand sozialer Herausforderungen in europäischen Gesellschaften referieren (Bobineau 2022). Zu den verhandelten Themen zählen das kapitalistische Finanz- und Wirtschaftssystem, das trotz der Auswirkungen der Finanzkrise 2008 unveränderlich scheint, die daraus resultierende Altersarmut und Jugendarbeitslosigkeit, der ebenfalls mit kapitalistischer Ausbeutung verbundene koloniale Alltagsrassismus in einem wenig versöhnlichen postkolonialen Europa sowie das staatliche und gesellschaftliche Versagen beim Lösen dieser schwerwiegenden Probleme. Die audiovisuellen Erzählungen werden in das Genre des *Heist* eingebettet, einem kriminal-komödiantischen Format, in dem eine Gruppe von Gesetzlosen mit außergewöhnlichen Fähigkeiten gut geplante Raubzüge durchführt und moralisch wenig integre Gegenspieler*innen häufig zum Wohle der Allgemeinheit bestiehlt. Hierdurch gelingt es beiden TV-Serien, eine implizite Gesellschaftskritik zu formulieren und diese Kritik in einem reziproken Wechselverhältnis in die Gesellschaft zu spiegeln. Letzteres wird v. a. durch die vielfache Verwendung der ikonischen Dalí-Masken – das Markenzeichen der kriminellen, aber Sympathie-weckenden Hauptfiguren in *La casa de papel* – auf globalisierungskritischen Demonstrationen weltweit unter Beweis gestellt.

(2) Die transnationale und interkulturelle Dimension des Fernsehens manifestiert sich sowohl auf institutioneller und programmgeschichtlicher als auch auf der kulturwissenschaftlich-ästhetischen Ebene und stellt damit ein fruchtbares Feld der Television Studies dar. Die Trope des Fernsehens als ‚Fenster zur Welt' (Damann 2005; Hickethier 2007) unterstreicht die Idee der Überschreitung räumlich-kultureller Grenzen. Mit der ‚Welt zu Gast im Wohnzimmer' richtet sich auch dessen räumlich-soziale Konfiguration im Dispositiv des Fernsehens gleich ganz auf den technischen Apparat hin aus (Hickethier 1995). Auf der Ebene der Institutionen und der Programmgestaltung sind v. a. Formen des Programmaustauschs und des Formattransfers, z. B. durch interkulturelle Adaptionen (Didier 2014), sowie internationale Koproduktionen zu nennen. Aus historischer Sicht sind Mittlerinstitutionen wie die 1950 aus der ursprünglich allein für das Radio zuständigen *International Broadcasting Union* (IBU) hervorgegangene *European Broadcasting Union* (EBU) von Interesse, die sich dem internationalen Programmaustausch und transnationalen Live-Übertragungen (Eurovision) widmete. Daraus ergeben sich schon zu den Anfangszeiten des Mediums transnationale Perspektiven für die Television Studies im westeuropäischen Kontext, aber auch darüber hinaus, z. B. über den Einfluss des US-Fernsehens (Henrich-Franke 2017) sowie durch intensive Transfers über den eisernen Vorhang hinweg (Fickers, Mustata und Weber 2020). Neben der Produktivität der Television Studies für transnationale Vernetzungen, Institutionen und Akteure des Kulturtransfers auf institutionel-

ler und programmgeschichtlicher Ebene ist aus kulturwissenschaftlicher Sicht die Frage nach Fremdwahrnehmungsprozessen und Verhandlungen von Diversität von Bedeutung.

Wie kein anderes Massenmedium erreicht Fernsehen generationsübergreifend Menschen aller sozialer Schichten und trägt maßgeblich zur Konstruktion von „imagined communities" (Anderson 1983) und Weltbildern bei. So konstatiert bspw. Luhmann (1995), dass die Massenmedien und insbesondere das Fernsehen letztendlich kein ‚Fenster zur Welt' darstellen und Wirklichkeit nicht direkt abbilden, sondern vielmehr den Rezipienten eine ‚Realität der Massenmedien' vermitteln – und dies über systemimmanente Filter- und Auswahlkriterien. Aufgrund seiner Verbreitung stellt das Fernsehen damit ein zentrales Forum der Aushandlung von Zugehörigkeit und kollektiven Identitätskonstruktionen dar (Fiske 1987; Hickethier 2012). Im Zusammenhang mit Interkulturalität und Diversität ist die Repräsentation und Sichtbarkeit/Visibilität aller Bevölkerungsgruppen, insbesondere aber von Minderheiten, eine zentrale Herausforderung. So untersuchen Studien bspw. die Darstellung von Migrant*innen im *Tatort* (Ortner 2007) und fragen nach dem Potenzial des Fernsehens für die „mediale Integration" (Geißler 2010), die sowohl die Sichtbarkeit und Darstellung von Menschen mit Migrationshintergrund auf dem Bildschirm als auch ihre Beteiligung an der Produktion sowie dem Konsum von Medienangeboten umfasst. So zeigt die Analyse der vielfach ausgezeichneten und auch international erfolgreichen Serie *Türkisch für Anfänger* (2006–2008) über eine deutsch-türkische Patchwork-Familie, dass zwar auf Produktionsseite sowie im Cast Migrant*innen beteiligt und deutlich sichtbar sind, in der Narration aber Multikulturalität v. a. aus Sicht der Mehrheitsgesellschaft beleuchtet und – letztlich den Regeln des Genres *Culture Clash Comedy* geschuldet – eine starke Polarisierung zwischen kulturellen Gruppen propagiert wird (Schowalter und Vatter 2013; Mäder 2014).

Die Frage nach der Diversität in Bildschirmmedien ist auch im aktuellen Kontext digitaler Angebote virulent. Während Streaming-Dienste wie Netflix die Repräsentation von Vielfalt zu einem zentralen Gestaltungselement und Qualitätskriterium ihrer Produktionen oder gar zum Markenkennzeichen machen (Asmar et al. 2023), belegen aktuelle Studien, dass verschiedene Diversitätsdimensionen im deutschen Fernsehen sehr unterschiedlich (bzw. deutlich unter-)repräsentiert sind (z. B. Prommer et al. 2021).

In historischer Perspektive tritt die ambivalente Rolle des Fernsehens im Kontext von Kulturtransfer und interkulturellem Austausch bereits in den 1960er Jahren deutlich zu Tage. So lässt sich am Beispiel von Unterhaltungsshows, die bis in die 1970er Jahre zu den Sendungen mit den höchsten Einschaltquoten gehörten, aufzeigen, dass diese zwar eine Plattform für die transnationale Zirkulation von Künstler*innen fungieren – ganz in der Tradition des Variétés –, gleichzeitig aber Internationalität auch zu Abwehrreaktionen und Widerstand seitens des Publikums führte, insbesondere hinsichtlich fremdsprachiger Musikbeiträge, wie sich bspw. anhand von Zuschauerpost und -befragungen aufzeigen lässt (Kurberg 2022). Gleichzeitig propagieren Unterhaltungsshows vorrangig stereotype Repräsentationen von Alterität über Klischees und exotisierende, zum Teil auch rassistische Inszenierungen. Letztlich trägt die europäische Fernsehunterhaltung der Zeit vornehmlich zur Konstruktion eines nationalen Zusammengehörigkeitsgefühls bei. Dass das europäische Fernsehen aber auch als Akteur internationaler Verständigung auftreten konnte, lässt sich an europäische Ko-Produktionen wie *Jeux sans frontières* (‚Spiel ohne Grenzen', 1965–1999), die als interaktive Städte-Spiele interkulturelle Begegnungen über Grenzen hinweg ermöglichten, oder auch den seit 1956 ausgetragenen Gesangswettbewerb *Grand Prix Eurovision de la Chanson européenne* (seit 2001 in Deutschland als *Eurovision Song Contest*) aufzeigen, der nationale Repräsentationen des Länderwettstreits mit europäischem Gemeinschaftsgefühl verbindet (Meyer 2015).

3 Kulturwissenschaftliche Forschung im deutschsprachigen Raum

Nach anfänglichen Schwierigkeiten, das Feld der Television Studies aufgrund der weit verbreiteten Ausklammerung von popkulturellen Phänomenen in den Geisteswissenschaften zu etablieren, wurde die Forschungsgeschichte der Disziplin durch analytische Arbeiten und theoretische Abhandlungen zunächst von anglophonen Forschungsarbeiten dominiert, die sich vornehmlich auf das Fernsehen in den USA und Großbritannien konzentrierten. Anknüpfungspunkt der ersten einschlägigen Veröffentlichungen zum Fernsehen bspw. von McLuhan (1964), Halloran (1970) oder Goldie (1978) war das sogenannte *Golden Age of Television*, eine erste Hochphase des Fernsehens, das von der stetig ansteigenden Anzahl von Fernsehgeräten, der Popularität wichtiger Live-Übertragungen und dem zunehmenden Vordringen der Kinofilmindustrie aus Hollywood in den Fernsehsektor profitierte. Der Umstand der weiterhin auftretenden Gleichgültigkeit der deutschen Forschung gegenüber dem Medium Fernsehen findet seinen geistesgeschichtlichen Ursprung in der Kulturkritik der sogenannten Frankfurter Schule, einer deutschen Denktradition mit weitreichender Wirkung in die hiesigen Geistes- und Sozialwissenschaften, die in der massenhaften Verbreitung von Kulturgütern über neue mediale Formen wie das Radio, den Film und auch das Fernsehen die Herausbildung einer homogenisierenden Kulturindustrie sah. Das Fernsehen diene laut Theodor W. Adorno (1909–1969), Philosoph und Hauptvertreter der Frankfurter Schule, in der Folge dazu, das Individuum der Postmoderne ideologisch zu beeinflussen, durch kapitalistisch motivierte Inhalte zu kommerzialisieren und kulturell zu ‚verdummen' (2008 [1953], 56–57). Hieraus speist sich die traditionelle, dem Fernsehen gegenüber kritische Perspektive vieler Intellektueller, v. a. in Europa, die zum einen an der Kommerzialisierung, zum anderen am sich daraus ergebenden Primat der Unterhaltung Anstoß nahmen, die als „Superideologie des gesamten Fernsehdiskurses" (Postman 2008, 110) jegliche Form anspruchsvoller und kritischer Inhalte verhindere. Forschungen befassten sich in diesem Sinne z. B. prominent mit dem Potenzial des Fernsehens für Geschichtsaufarbeitung und Erinnerungskultur. In Westdeutschland kann dies v. a. am Beispiel der US-Serie *Holocaust* (1978) aufgezeigt werden (→ Holocaust Studies), die ein breites Bewusstsein für die Shoah evozierte, aber sehr kontrovers diskutiert und mit Vorwürfen der Trivialisierung, Amerikanisierung und sentimental-melodramatischen Behandlung des Themas konfrontiert wurde (Wilke 2004). Edgar Reitz' ARD-Serie *Heimat – Eine deutsche Chronik* (1984) wurde als Gegenmodell dazu konzipiert. Im Kontext historisch-kritischer Auseinandersetzungen mit dem Potenzial des Fernsehens, komplexe und anspruchsvolle, ‚ernste' Themen zu verhandeln, ist auch das spezifische Genre der Fernsehmehrteiler zu nennen, die als veritable TV-Ereignisse häufig historische Themen auf Basis der Werke namhafter Autoren wie Walter Kempowski (*Tadellöser und Wolff*, 1975) oder Ralph Giordano (*Die Bertinis*, 1988) aufgriffen.

Mit der Abschaffung des staatlichen Fernsehmonopols und der damit verbundenen Teilprivatisierung der Fernsehmärkte in Europa ab den 1970er Jahren verstärkte sich der Eindruck einer Ökonomisierung des Fernsehens durch die Entstehung einer kommerziell arbeitenden Fernsehindustrie. Doch die ökonomischen Effekte des Wettbewerbs führten gleichzeitig dazu, dass sich die Fernsehproduktion durch das erweiterte Angebot an Inhalten demokratisierte und Innovationen im Hinblick auf Übertragungs- und Produktionstechniken, narrative Konzepte und Genres beschleunigt wurden. Der italienische Philosoph und Medienwissenschaftler Umberto Eco (1932–2016) erkannte in dieser Entwicklung eine neue Epoche der Fernsehgeschichte, die er als „Neo-Fernsehen" insbesondere aufgrund des Wirklichkeitsbezuges und der besonderen Ästhetik neuer Formate von der vorhergehenden Ära des „Paläo-Fernsehen" abgrenzte (2015 [1983]). Mit der Verbreitung und internationalen Rezeption von Ecos Beobachtungen stieg auch in der deutschsprachigen Kulturwissenschaft das Interesse am Forschungsgegenstand ‚Fernsehen' spätestens ab den 1980er Jahren merklich an. Zwar betrachteten viele deutsche Intellektuelle die Einführung des dualen Rundfunksystems in Deutschland im Jahre 1984 und die daraus resultierende Konkurrenz zwischen den öffentlich-rechtlichen Anstalten und werbefinanzierten Privatsendern als negative Entwicklung „[v]om Fernsehen mit bildungsbürgerlichem Anspruch zum Reklame- und Unterhaltungsfernsehen" (Schumacher 2000, 191) und die am Ende der 1960er Jahren gegründeten Filmakademien beschränkten sich weitgehend auf die praktische Ausbildung in relevanten Berufsfeldern, ohne sich aktiv an theoretischen Diskursen zu beteiligen. Doch gleichzeitig, so Knut Hickethier in einer *Bestandsaufnahme: Film- und Fernsehwissenschaft* aus dem Jahre 1987, führte die „offenkundige gesellschaftliche Relevanz von Fernsehen und Film, die jetzt als je fachspezifische Gegenstände reklamiert wurden“ (1987, 8), zu einem steigenden Forschungsinteresse, auch in den deutschsprachigen Ländern Westeuropas.

Um dieser Relevanz gleichfalls institutionell Ausdruck zu verleihen, fand 1986 die erste Jahrestagung der 1985 gegründeten Gesellschaft für Film- und Fernsehwissenschaft (GFF) statt, die in gewisser Weise als Startpunkt für einen sich andeutenden Paradigmenwechsel in der deutschsprachigen Film- und Fernsehwissenschaft betrachtet werden kann. In der Einleitung der Tagungsakten fordert Hickethier sowohl die „Verstärkung der Film- und Fernsehforschung in den verschiedenen Disziplinen“ als auch die „Etablierung einer eigenständigen Film- und Fernsehwissenschaft“ (1987, 12). Ausschlaggebend für diese Entwicklungen war, neben der wenig später erfolgten deutsch-deutschen Wiedervereinigung und den damit verbundenen Veränderungen der deutschen Medienlandschaft, mit dem *Second Golden Age of Television* eine zweite Hochphase der Fernsehproduktion und -distribution, angestoßen durch narrativ komplexe, aufwändig produzierte und – im Vergleich zu vorherigen TV-Produktionen – qualitativ ‚hochwertigere‘ Formate vornehmlich aus den USA wie *The Jeffersons* (1975–1985), *Hillstreet Blues* (1981–1987), *Miami Vice* (1984–1990) und *Twin Peaks* (1990–1991). Diese neue Ära eines sich entwickelnden ‚Quality Television‘ – so argumentiert der US-amerikanische Medienwissenschaftler Robert J. Thompson in seiner 1996 erschienenen Studie *Television's Second Golden Age*, in der er auf Basis der oben genannten TV-Formate insgesamt zwölf Kriterien für ‚Qualitätsfernsehen‘ definiert – änderte auch die Sichtweise der deutschsprachigen Geistes- und Sozialwissenschaftler*-innen auf das Fernsehen. Mit den weitreichenden Forschungsaktivitäten der GFF und des SFB „Ästhetik, Pragmatik und Geschichte der Bildschirmmedien“ an der Universität Siegen galt die – im weitesten Sinne – medienwissenschaftliche Forschung zum Themenfeld des Fernsehens ab dem Ende der 1980er Jahre in den deutschsprachigen Geistes- und Sozialwissenschaften als etabliert und gleichermaßen institutionalisiert. Die Zugänge zum Fernsehen als Forschungsgegenstand unterschieden sich zu Beginn zunächst in einen kommunikationswissenschaftlichen und einen medienwissenschaftlichen Zweig, deren wissenschaftliche Fragestellungen dennoch eng miteinander verwoben waren (Renner 2012, 8–9): Während sich die Kommunikationswissenschaft (→ COMMUNICATION STUDIES) vordergründig mit den technischen Mitteln der Übertragung sowie den vermittelnden Institutionen beschäftigte und das Fernsehen als Massenmedium verstand, standen im medienwissenschaftlichen Ansatz vorrangig „die materiellen Träger kommunikativer und künstlerischer Bemühungen wie Leinwand und Farbe, Bilder und Projektionsflächen, Ton, Sprache und Schrift“ (Renner 2012, 9) im Fokus (→ Media Studies; → Visual Studies). Ab den 2000er Jahren wurden diese beiden Forschungsansätze durch die verstärkte Entwicklung einer von den angloamerikanischen Cultural Studies beeinflussten kulturwissenschaftlichen Fernsehforschung ergänzt, die sich insbesondere für die alltagskulturelle Bedeutung des Fernsehens interessiert (Renner 2012, 13).

Mit dem Beginn des *Third Golden Age of Television*, auch Peak TV- oder Prestige TV-Ära genannt, kann in den internationalen Kulturwissenschaften eine regelrechte Euphorie beteiligter Fachdisziplinen bei der Beforschung von immer komplexer werdenden TV-Formaten, insbesondere im Bereich von Fernsehserien, beobachtet werden. Als Startpunkt dieser Periode werden kanonische TV-Serien wie *The Sopranos* (1999–2007), *The West Wing* (1999–2006), *Six Feet Under* (2001–2005), *24* (2001–2010/2014) oder *The Wire* (2002–2008) betrachtet, die aufgrund ihrer narrativen Komplexität, der hohen Produktionsbudgets und großen Casts sowie der Beteiligung von Mitwirkenden aus der Hollywood-Branche in Verbindung mit der Verlagerung der TV-Märkte in Richtung privater Pay-TV-Anbieter mit Abonnement-Modellen für eine TV-Revolution sorgten. Seinen Höhepunkt erreichte das auf analogen und digitalen Formen basierende *Third Golden Age of Television* mit global rezipierten TV-Serien wie *Mad Men* (2007–2015), *Breaking Bad* (2008–2013), *Game of Thrones* (2011–2019) und *House of Cards* (2013–2018), ehe sich das kommerzielle Geschäft mit Fernsehinhalten im Zuge der sogenannten *streaming wars* auf digitale Online-Plattformen wie Netflix, Watchever, Amazon Prime Video und Disney + verlagerte.

In dieser aktuell anhaltenden Umbruchphase einer fortlaufenden Digitalisierung ‚analoger‘ Medien und einer gleichzeitig rasanten Entwicklung neuer digitaler Medienformen hat das Fernsehen die lange Zeit gehegte Monopolstellung bei der Transmission audiovisueller Inhalte im Alltag verloren (Renner 2012, 49), mit spürbaren Auswirkungen auf Fragestellungen, Ansätze und methodische Zugänge innerhalb der Television Studies. In den deutschsprachigen Kulturwissenschaften reagierte man mit einer mehrjährigen Verzögerung auf die revolutionären Entwicklungen durch analoge Kabelanbieter und digitale Streamingdienste, was sich mit der lange anhaltenden Dominanz US-amerikanischer Produktionen, der zeitlich verschobenen Ausstrahlung der oben genannten Formate in Deutschland und dem Mangel an europäischen bzw. deutschen Quality-TV-Serien erklären lässt. Erste interdisziplinäre Forschungsansätze zum *Third Golden Age of Television* und den damit verbundenen Fernsehserien haben sich in Deutschland, Österreich und der Schweiz erst ab dem Ende der 2000er Jahre durch wissenschaftliche Tagungen, eine Vielzahl an Sammelbänden (z. B. Eichner et al. 2013; Blanchet et al. 2010; Dreher 2010; Nesselhauf und Schleich 2014; Dreher 2014; Agnetta und Schleich 2020) und Monographien (z. B. Bohne und Eschke 2010; Kelleter 2012; Didier 2014), darunter auch Dissertationen sowie ein utb-Lehrbuch zur TV-Serie (Nesselhauf und Schleich 2016) etabliert.

Ausgelöst wurde diese Institutionalisierung einer medienspezifischer Narratologie mit Fokus auf seriellen Erzählformen im Quality-TV nicht zuletzt durch den deutschen Feuilletonisten Richard Kämmerlings, der in einem Artikel der *Frankfurter Allgemeinen Zeitung* postulierte: „Ein Balzac für unsere Zeit. Der Roman der Gegenwart ist eine DVD-Box: Amerikanische Serien wie ‚The Wire' beweisen die Emanzipation einer epischen Form von der Unterhaltungsindustrie und sind längst zum ernsthaften Konkurrenten der Literatur geworden" (2010, 33). Dieses *Third Golden Age of Television* begründete laut Maeder et al. eine „neue, heterogene Serienforschung", die in „fröhlicher Pluralität [...] auf die Fernsehserie Bezug nehmen [konnte], ohne das Erbe einer dezidiert fernsehwissenschaftlichen Beschäftigung mit Serialität aufnehmen zu müssen, deren Paradigma die im Fernsehen ausgestrahlte Serie gewesen war" (2021, 2). Im Zuge dieser Fokuserweiterung und Loslösung von der televisuellen Linearität des Fernsehens folgten in der zweiten Hälfte der 2010er zahlreiche weitere Forschungsbeiträge zum Themengebiet in den deutschsprachigen Literatur- und Kulturwissenschaften, verbunden mit einer zugewandten Offenheit gegenüber medialen Erweiterung des Televisuellen und Initiativen zur nachhaltigen Verankerung der Television Studies in den jeweiligen Fachkulturen entsprechender Disziplinen: In der Germanistik dominiert in den letzten Jahren die Betrachtung von Fernsehen im Spiegel populärkultureller Ansätze, wie verschiedene germanistische Tagungen der AG Populärkultur und Medien in der Gesellschaft für Medienwissenschaften oder der Sammelband *TV populär. Zur Wissensgeschichte einer Fernsehform*, herausgegeben von Wolfgang Brylla und Oliver Ruf (i.V.), belegen. Darüber hinaus werden in der rezenten germanistischen Fernsehforschung intermediale Aspekte wie Literaturverfilmungen und Literaturvermittlung in den Medien, filmtheoretische Ansätze, Spezifika von Jugend- und Kinderfernsehen sowie einzelne kulturell bedeutsame Fernsehformate wie *Derrick* oder *Tatort* wissenschaftlich verhandelt. Eine ähnliche Schwerpunktsetzung bietet das Fach Anglistik/Amerikanistik, wo mit Fokus auf britische, irische und angloamerikanische Fernsehmärkte und -produktionen insbesondere zu Inter- und Transmedialität, der Fernsehästhetik, der Narratologie von TV-Serien, den Kriterien des Quality-TV und der Rezeption von Fernsehen geforscht wird, zum Teil auch unter Rückgriff auf kritische Ansätze aus den → Gender Studies oder den → Postcolonial Studies. Auch in der deutschsprachigen Romanistik (z. B. Schrader und Winkler 2014; Bobineau und Türschmann 2022) konnte sich die wissenschaftliche Beschäftigung mit dem Medium Fernsehen und den damit zusammenhängenden Fragestellungen in den letzten Jahrzehnten entsprechend entfalten. In Verbindung mit einer Fülle an rezenten Publikationen zum Fernsehen zeigt dies: Auch wenn die Forschung in den Television Studies heute noch maßgeblich durch entsprechende Aktivitäten in den englischsprachigen Kulturwissenschaften dominiert wird, scheint es so, als haben sich die TELEVISION STUDIES in Deutschland als ernstzunehmende (Teil-)Disziplin etabliert.

4 Potenzial, Kritik und Ausblick

Trotz ihrer nur langsam voranschreitenden Institutionalisierung und der oftmals fehlenden Trennschärfe zu verwandten Disziplinen bieten TELEVISION STUDIES einen geeigneten Rahmen für die kulturwissenschaftliche Untersuchung eines globalen Alltagsphänomens. Die „Fernsehwissenschaften" besitzen das Potenzial, einen Beitrag zur Hinterfragung der Rolle des Fernsehens bei der Prägung menschlicher Weltanschauungen, kultureller Werte und ideologischer Überzeugungen zu leisten. Durch die Untersuchung politischer, wirtschaftlicher und kultureller Einflussfaktoren und beteiligter Akteur*innen lässt sich mithilfe der TELEVISION STUDIES adäquat nachzeichnen, wie Medienunternehmen, Kulturschaffende und Werbetreibende das Fernsehen nutzen (können), um die öffentliche Meinung, gesellschaftliche Praktiken und das soziale Verhalten von Individuen – bewusst oder unbewusst – zu beeinflussen. In Verbindung mit interdisziplinären Ansätzen und Methoden können sich anwendungsorientierte *case studies* und theoretische Forschungsarbeiten innerhalb der TELEVISION STUDIES gewinnbringend an wissenschaftlichen Diskursen zu kulturellen Identitätskonstruktionen, Produktionsbedingungen, Zuschauer*innenverhalten, Formen der Aneignung von Medieninhalten und dem Fernsehen als Kommunikations- und Unterhaltungsmedium beteiligen.

Die Kritik an den TELEVISION STUDIES zielt insbesondere auf die bemerkenswerte Vernachlässigung populärer Formate des Mainstreams ab, da in wissenschaftlichen Analysen die Beschäftigung mit hochkulturellen Formaten des Quality-TV sowie Nachrichten, Kultur- und Dokumentarformaten deutlich dominiert. Diese Diskrepanz einer Höhenkamm-Debatte wirft elementare Fragen nach Bewertungskriterien und der generellen Repräsentativität der diskutierten Werke auf, die durch eine tiefergehende Beschäftigung mit bislang randständigen Formaten bspw. aus dem Bereich des Trash-TV (Nesselhauf und Schleich 2017) neu verortet werden. Ein weiteres Problem der TELEVISION STUDIES liegt in einem regionalen Übergewicht des wissenschaftlichen Diskurses: Die allermeisten Studien zur Entwicklung des Fernsehens konzentrieren sich auf die Produktionen aus Nordamerika und Westeuropa, wodurch viele wichtige kulturelle Beiträge aus anderen Weltregionen weitgehend ignoriert werden. Diese einseitige Perspektive führt zu einem unvollständigen Verständnis der globalen Entwicklung von Programmen und Formaten wie z. B. Fernsehserien und ihrer Bedeutung als kulturelles Phänomen. Gleichzeitig wirkt sich die sinkende Bedeutung von ‚Television' als synchrones und analoges Format im herkömmlichen Sinne auf wissenschaftliche Fragestellungen und Herangehensweisen aus. Die Verbreitung digitaler Endgeräte wie Laptops, Tablets und Smartphones haben einen Medienwandel mitbestimmt, der stationäre Fernsehgeräte vom Mittelpunkt des heimischen Wohnzimmers an den Rand des Medienkonsums gedrängt hat. Diese (räumliche und diskursive) Verschiebung hat drastische Auswirkungen auf das Konsumverhalten, die inhaltliche Produktion mitsamt Erzählprinzipien, die Übermittlungstechnik und die ästhetische Gestaltung von TV-Inhalten, die eben nicht mehr nur klassisch ‚im Fernsehen' rezipiert werden können. Genuin mediale Eigenschaften des Televisuellen wie Linearität, Flow oder Zapping werden in neue Medienformate überführt und stehen dabei in Konkurrenz zu völlig neuen Entwicklungen wie dem *binge watching*, wenn Konsument*innen mehrere Folgen einer TV-Serie am Stück rezipieren, der Allverfügbarkeit von Streaming-Plattformen oder experimentellen Settings wie Web-Serien mit sehr kurzen Folgen und interaktiven Formaten. Durch den wachsenden Einfluss der Digitalisierung auf das Fernsehen und die damit verbundenen Seh- und Nutzungsgewohnheiten, u. a. über die Möglichkeit der Kreation und Veröffentlichung eigener audiovisueller Inhalte als *user created content*, bleiben die Television Studies auch in Zukunft ein spannendes Feld für die kulturwissenschaftliche Beschäftigung.

5 Literaturverzeichnis

Abramson, Albert. *Die Geschichte des Fernsehens*. München 2002.

Adelmann, Ralf et al. „Perspektiven der Fernsehwissenschaft". *Grundlagentexte zur Fernsehwissenschaft*. Hrsg. von Ralf Adelmann et al. Konstanz 2002: 7–19.

Adorno, Theodor W. „Prolog zum Fernsehen [1953]". *Texte zur Theorie und Geschichte des Fernsehens*. Hrsg. von Michael Grisko. Stuttgart 2008: 52–64.

Agnetta, Marco und Markus Schleich (Hrsg.). *Folge um Folge. Multiple Perspektiven auf die Fernsehserie*. Hildesheim 2020.

Allen, Robert C. und Annette Hill: *The Television Studies Reader*. London 2004.

Anderson, Benedict. *Imagined Communities: Reflections on the Origin and Spread of Nationalism*. London 1983.

Arnheim, Rudolf. *Film as Art*. London 1969.

Asmar, Axelle, Tim Raats und Leo Van Audenhove. „Streaming Difference(s): Netflix and the Branding of Diversity". *Critical Studies in Television* 18.1 (2023): 24–40.

Blanchet, Robert et al. (Hrsg.). *Serielle Formen: Von den frühen Film-Serials zu aktuellen Quality-TV- und Online-Serien*. Marburg 2010.

Bobineau, Julien. „Do You Still Call It Situation Comedy? Die narrative Entwicklung US-amerikanischer Sitcoms am Beispiel von ‚How I Met Your Mother'". *Das andere Fernsehen?! Eine Bestandsaufnahme des „Quality Television"*. Hrsg. von Jonas Nesselhauf und Markus Schleich. Bielefeld 2015: 243–256.

Bobineau, Julien: „Serieller Trickbetrug und zeitgenössische Kapitalismuskritik. Die Netflix-Produktionen ‚La casa de papel' und ‚Lupin' als Prototypen der romanischen Heist-Serie". *Quotenkiller oder Qualitätsfernsehen? TV-Serien aus französisch- und spanischsprachigen Kulturräumen*. Hrsg. von Julien Bobineau und Jörg Türschmann. Wiesbaden 2022: 191–217.

Bobineau, Julien und Jörg Türschmann (Hrsg.). *Quotenkiller oder Qualitätsfernsehen? TV-Serien aus französisch- und spanischsprachigen Kulturräumen*. Wiesbaden 2022.

Bohne, Rudolf und Gunther Eschke. *Bleiben Sie dran! Dramaturgie von TV-Serien*. Konstanz 2010.

Bolter, Jay David und Richard Grusin. *Remediation. Understanding New Media*. Cambridge 1999.

Borstnar, Nils, Eckhard Pabst und Hans Jürgen Wulff. *Einführung in die Film- und Fernsehwissenschaft*. München 2008.

Bourdieu, Pierre. *Sur la télévision*. Paris 1996.

Brunsdon, Charlotte. „Television Studies". *The Encyclopedia of Television*. Hrsg. von Horace Newcomb. Chicago, IL 2004: 2299–2304.

Butler, Jeremy G. *Television. Critical Methods and Applications*. Mahwah, NJ 2001.

Casey, Bernadette et al. (Hrsg.). *Television Studies. The Key Concepts*. London 2008.

Damann, Clas. *Stimme aus dem Äther. Fenster zur Welt*. Köln 2005.

Didier, Aliénor. *Fernsehformat-Adaption interkulturell. Theorieansätze und empirische Ansätze, am Beispiel des R.I.S.-Formats, dem „europäischen CSI", in Italien, Frankreich und Deutschland*. Würzburg 2014.

Dreher, Christoph (Hrsg.). *Autorenserien. Die Neuerfindung des Fernsehens. Auteur Series. The Re-invention of Television*. Stuttgart 2010.

Dreher, Christoph (Hrsg.). *Autorenserien II. Quality TV in den USA und Europa. Auteur Series. Quality TV in the USA and Europe*. München 2014.

Eco, Umberto. „Fernsehen. Die verlorene Transparenz [1983]". *Telegen. Kunst und Fernsehen*. Hrsg. von Dieter Daniels und Stephan Berg. München 2015: 195–205.

Eichner, Susanne et al. (Hrsg.). *Transnationale Serienkultur. Theorie, Ästhetik, Narration und Rezeption neuer Fernsehserien*. Wiesbaden 2013.

Engell, Lorenz. *Fernsehtheorie zur Einführung*. Hamburg 2012.

Enzensberger, Hans Magnus. „Das Nullmedium oder Warum alle Klagen über das Fernsehen gegenstandslos sind". *Baukasten zu einer Theorie der Medien. Kritische Diskurse zur Pressefreiheit*. Hrsg. von Peter Glotz. München 1997: 145–158.

Faulstich, Werner. *Grundkurs Fernsehanalyse*. Paderborn 2008.

Fickers, Andreas. „Television". *The Handbook of Communication History*. Hrsg. von Peter Simonson et al. London 2013: 239–256.

Fickers, Andreas, Dana Mustata und Anne-Katrin Weber. „The Rise of Television. Institutionalization and the Forming of National Audiences". *The Handbook of European Communication History*. Hrsg. von Klaus Arnold et al. Hoboken, NJ 2020: 239–255.

Fiske, John. *Television Culture*. London 1987.

Fiske, John und John Hartley. *Reading Television*. London 1978.

Frey-Vor, Gerlinde, Gabriele Siegert und Hans-Jörg Stiehler. *Mediaforschung*. Konstanz 2008.

Geißler, Rainer. „Mediale Integration von ethnischen Minderheiten. Der Beitrag der Massenmedien zur interkulturellen Integration". *Zur Rolle der Medien in der Einwanderungsgesellschaft*. Hrsg. von der Friedrich-Ebert-Stiftung. Bonn 2010: 8–22.

Geraghty, Christine und David Lusted (Hrsg.). *The Television Studies Book*. London 1998.

Goldie, Grace Wyndham. *Facing the Nation: Television and Politics, 1936–1976*. London 1978.

Grampp, Sven und Olga Moskatova. *Handbuch Televisuelle Serialität*. Berlin 2023.

Gray, Jonathan und Amanda D. Lot. *Television Studies*. Cambridge 2019.

Grisko, Michael (Hrsg.). *Texte zur Theorie und Geschichte des Fernsehens*. Stuttgart 2009.

Halloran, James. *The Effects of Television*. London 1970.
Hartley, John. „Is Screen Studies a Load of Old Cobblers? And if so, is that Good?". *Cinema Journal* 45.1 (2005): 101–106.
Havens, Timothy: „What was Television? The Global and the Local". *The Routledge Companion to Global Television*. Hrsg. von Shawn Shimpach. New York 2020: 30–38.
Henrich-Franke, Christian. „Kulturtransfer im ‚Fenster zur Welt'. Fernsehprogrammhandel und transnationaler Kulturtransfer im Westeuropa der 1960er Jahre". *Populärkultur transnational. Lesen, Hören, Sehen, Erleben im Europa der langen 1960er Jahre*. Hrsg. von Dietmar Hüser. Bielefeld 2017: 179–196.
Hickethier, Knut. „Anstelle einer Einleitung: Über die Notwendigkeit einer Film- und Fernsehwissenschaft". *Bestandsaufnahme: Film- und Fernsehwissenschaft in der Bundesrepublik Deutschland*. Hrsg. von Gesellschaft für Film- und Fernsehwissenschaft. Münster 1987: 7–12.
Hickethier, Knut. „Dispositiv Fernsehen. Skizze eines Modells". *montage AV. Zeitschrift für Theorie und Geschichte audiovisueller Kommunikation* 4.1 (1995): 63–83.
Hickethier, Knut. *Geschichte des deutschen Fernsehens*. Stuttgart 1998.
Hickethier, Knut. „Das Fernsehen. Vehikel der Amerikanisierung oder Agentur der Modernisierung?". *Modernisierung als Amerikanisierung? Entwicklungslinien der westdeutschen Kultur, 1945–1960*. Hrsg. von Lars Koch. Bielefeld 2007: 111–127.
Hickethier, Knut: „Populäre Fernsehserien zwischen nationaler und globaler Identitätsstiftung". *Populäre Serialität: Narration, Evolution, Distinktion. Zum seriellen Erzählen seit dem 19. Jahrhundert*. Hrsg. von Frank Kelleter. Bielefeld 2012: 353–366.
Holly, Werner: *Fernsehen*. Tübingen 2004.
Horton, Donald und Richard Wohl. „Mass Communication and Para-Social Interaction. Observations on Intimacy at a Distance". *Psychiatry. Interpersonal and Biological Processes* 19.3 (1956): 215–229.
Kämmerlings, Richard. „Ein Balzac für unsere Zeit". *Frankfurter Allgemeine Zeitung* 8. Mai 2010: 33.
Karstens, Eric und Jörg Schütte. *Praxishandbuch Fernsehen. Wie TV-Sender arbeiten*. Wiesbaden 2005.
Kavoori, Anandam: *Thinking Television*. New York 2008.
Kelleter, Frank (Hrsg.). *Populäre Serialität. Narration, Evolution, Distinktion. Zum seriellen Erzählen seit dem 19. Jahrhundert*. Bielefeld 2012.
Kurberg, Ann-Kristin: *Grenzenlose Unterhaltung. Transnationale Verflechtungen und Bilder des Fremden in Unterhaltungsshows im bundesdeutschen und französischen Fernsehen der 1960er Jahre*. Saarbrücken 2022.
Luhmann, Niklas. *Die Realität der Massenmedien*. Wiesbaden 1995.
Mäder, Marie-Thérèse. „Eine deutsche Serie über die Anderen. Türkisch für Anfänger von Bora Dagtekin". *Filmbilder des Islam*. Hrsg. von Stefan Orth et al. Marburg 2014: 126–141.
Maeder, Dominik et al. „Fernsehwissenschaft und Serienforschung: Zur Einleitung". *Fernsehwissenschaft und Serienforschung. Theorie, Geschichte und Gegenwart (post-)televisueller Serialität*. Hrsg. von Dominik Maeder et al. Wiesbaden 2021: 1–16.
Martinez, Matias und Michael Scheffel. *Einführung in die Erzähltheorie*. München 2019.
McLuhan, Marshall. *Understanding Media. The Extensions of Man*. New York 1964.
Meyer, Christoph Oliver. „Die deutsch-französische Freundschaft und der Grand Prix de la Chanson de l'Eurovision". *Populärkultur und deutsch-französische Mittler. Culture de masse et médiateurs franco-allemands. Akteure, Medien, Ausdrucksformen. Acteurs, médias, articulations*. Hrsg. von Dietmar Hüser und Ulrich Pfeil. Bielefeld 2015: 153–66.
Miller, Toby. *Television Studies. The Basics*. New York 2010.
Mittell, Jason. *Television and American Culture*. New York 2009.

Nesselhauf, Jonas und Markus Schleich (Hrsg.). *Quality-TV. Die narrative Spielwiese des 21. Jahrhunderts?!* Münster 2014.
Nesselhauf, Jonas und Markus Schleich. *Fernsehserien. Geschichte, Theorie, Narration*. Tübingen 2016.
Nesselhauf, Jonas und Markus Schleich (Hrsg.). *Banal, trivial, phänomenal. Spielarten des Trash*. Darmstadt 2017.
Newcomb, Horace: *Television: The Critical View*. Oxford 1994 [1976].
Ortner, Christina. *Migranten im Tatort. Das Thema Einwanderung im beliebtesten deutschen TV-Krimi*. Marburg 2007.
Postman, Neil. *Wir amüsieren uns zu Tode. Urteilsbildung im Zeitalter der Unterhaltungsindustrie*. Frankfurt a.M. 2008 [1985].
Prommer, Elizabeth, Julia Stüwe und Juliane Wegner. *Sichtbarkeit und Vielfalt. Fortschrittsstudie zur audiovisuellen Diversität*. Rostock 2021.
Renner, Karl Nikolaus: *Fernsehen*. Konstanz 2012.
Schowalter, Lutz und Christoph Vatter. „Immigration as Entertainment. Cultural Diversity in Sitcoms in Canada and Germany“. *Multiculturalisme et diversité culturelle dans les médias au Canada et au Québec*. Hrsg. von Hans-Jürgen Lüsebrink und Christoph Vatter. Würzburg 2013: 167–192.
Schrader, Sabine und Daniel Winkler (Hrsg.). *TV glokal. Europäische Fernsehserien und transnationale Qualitätsformate*. Marburg 2014.
Schumacher, Heidemarie. *Fernsehen fernsehen. Modelle der Medien- und Fernsehtheorie*. Köln 2000.
Shimpach, Shawn (Hrsg.). *The Routledge Companion to Global Television*. New York 2021.
Thompson, Robert J. *Television's Second Golden Age. From „Hill Street Blues“ to „ER“*. New York 1996.
Wilke, Jürgen. „Die Fernsehserie ‚Holocaust‘ als Medienereignis“. *Zeitgeschichte Online* 1. März 2004: https://zeitgeschichte-online.de/themen/die-fernsehserie-holocaust-als-medienereignis [31.01.2024].

Jonas Nesselhauf

Visual (Culture) Studies

Die kulturwissenschaftlichen VISUAL STUDIES beschäftigen sich – chiastisch formuliert: mit der ubiquitären Visualität von Kulturen wie den kulturellen Dimensionen des Visuellen – einerseits mit den in Kulturen (technologisch) erzeugten und reproduzierten, (symbolisch) mit Bedeutung aufgeladenen Bildern und andererseits mit deren reziprokem Zurückwirken in gesellschaftliche Systeme. Als philosophisch/theoretisch, historisch wie empirisch arbeitende Forschungsrichtung stehen die VISUAL (CULTURE) STUDIES in engster Verbindung zu den benachbarten Disziplinen von FILM STUDIES, → GAME STUDIES, → TELEVISION STUDIES, COMIC STUDIES etc., zu den breit institutionalisierten Fächern wie Kunstgeschichte und Bildwissenschaft, Mediengeschichte und Medienwissenschaft (→ MEDIA STUDIES), aber auch Philosophie und (Visueller) Anthropologie.

1 *iconic turn / pictorial turn / visual turn*

In einem kurzen Artikel skizziert der US-amerikanische Kunsthistoriker W.J.T. Mitchell (geb. 1942), der nach einer bereits vielbeachteten Studie zur *Iconology* (1986) später auch eine wegweisende *Picture Theory* (1994) veröffentlicht, eine seltsame Dialektik: „If we ask ourselves why a *pictorial turn* seems to be happening now, in what is often characterized as a ‚post-Modern‘ era, the second half of the 20th century, we encounter a paradox: On the one hand, it seems overwhelmingly obvious that the era of video and cybernetic technology, the age of electronic reproduction, has provided unprecedented means of visual simulation and illusionism. On the other hand, the fear of the image, the anxiety that the ‚power of images‘ may finally destroy even their creators and manipulators, is as old as image making itself.“ (Mitchell 1992, 90–91)

So lasse sich einerseits eine Omnipräsenz von Bildern im vielbeschworenen ‚Zeitalter der technischen Reproduzierbarkeit‘ (so Walter Benjamin in seiner Abhandlung von 1936) ausmachen, denn: Nachdem Texte ja bereits mit der Entwicklung des Buchdrucks vermittels beweglicher Lettern und der rasanten Verbreitung von Wissen in der „Gutenberg-Galaxis“ (McLuhan 1962) seit Mitte des 15. Jahrhunderts durch Flugblätter, Zeitungen oder eben Bücher relativ effizient vervielfältigt werden konnten, war ein Kopieren von Bildern weiterhin vergleichsweise kompliziert. So sind etwa Mosaik, Zeichnung oder Malerei (ohnehin mehr oder weniger ortsgebundenen auf Wand oder Decke, Holz oder Papier, Leinen oder Seide) stets

https://doi.org/10.1515/9783110712919-033

durch eine bewusste Unikalität gekennzeichnet und konnten bis zur hochauflösenden Reprophotographie lediglich nachgeahmt/nachgebildet werden.

Im Gegensatz dazu sind andere visuelle Gattungen und bildliche Techniken bereits *sui generis* auf eine Reproduktion ausgerichtet: Mit dem Hochdruckverfahren des Holzschnitts (denke man etwa an Albrecht Dürers *Rhinocerus* von 1515) lassen sich ein paar Dutzend Kopien anfertigen, bis die teils filigran gearbeiteten Holzstege, von der Druckfarbe durchweicht, brüchig zu werden drohen; die späteren Tiefdruckverfahren von Kupferstich und Stahlstich erlauben nun eine quantitativ größere Menge von qualitativ hoch- und gleichwertig bleibenden Abzügen desselben Motivs; im 19. Jahrhundert wiederum läutet das revolutionäre Flachdruckverfahren der Lithographie die Massen(re)produktion von Bildern in Journalismus oder (Plakat)Werbung ein, bevor visuelle Informationen mit Photographie und Film – „Wenn in der Lithographie virtuell die illustrierte Zeichnung verborgen war, so in der Photographie der Tonfilm." (Benjamin 2011 [1936], 12) – immer schneller, zuverlässiger und kostengünstiger verbreitet werden können.

Die regelrechte ‚Magie' des Ab-Bilds, bislang fast ausschließlich dem Adel oder dem Bürgertum vorbehalten, wird nach 1900 in westlichen Kulturen zum alltäglichen Bestandteil, zum demokratischen Erinnerungsspeicher, gar zur austauschbaren Gebrauchsware, die mehr und mehr die ‚Dominanz' von Text zu verdrängen scheint: Inzwischen dürfte das Verständnis und die Sicht auf die Welt primär visuell geprägt sein – ikonische Bilder von Marilyn Monroe oder des Eiffelturms in Paris machen Menschen und Orte auch ohne einen persönlichen Bezug ‚bekannt' –, was sich völlig selbstverständlich in der (digitalen) Kommunikation durch Piktogramme und Emojis, Memes oder GIFs, kurze Clips und Reels fortsetzt.

So ‚sagt' ein Bild sprichwörtlich mehr als tausend Worte, die zudem ja noch ins Englische oder Chinesische übersetzt werden müssten – und doch muss auch die ‚universellere' Bild-Sprache ‚gelesen' werden (können): Die in Kulturen ‚erzeugten' Bilder und bild-haften Zeichen (dazu zählen natürlich ebenso Hieroglyphen oder heraldische, politische, religiöse Symbole) sind historisch und geographisch durchaus unterschiedlich konnotiert (etwa Kreuz, Stern, Adler etc.), zunächst ‚codiert' und müssen ‚entschlüsselt' werden.

Die Produktion und Rezeption, das Hervorbringen und Verstehen von Bildern und Bildinhalten ist aber nicht nur vom jeweiligen diskursiven Wissen geprägt, gar abhängig, sondern ebenso von den technischen wie handwerklichen Möglichkeiten. Denn auch wenn die ur- und frühgeschichtliche Höhlenmalerei mit eher schematischen Zeichnungen und einfachen Strichfiguren (teils mit ‚unnatürlich' vielen Armen und Beinen) aus heutiger Sicht als womöglich ‚primitiv' erscheinen mag, ist anzunehmen, dass diese Ab-Bilder von Mammuts oder jagenden Menschen zur Entstehungszeit als ‚glaubwürdig' verstanden wurden, und eventuell (so könnten die

Rußspuren an Wänden und Decken gedeutet werden) begründen gerade die anatomischen Dopplungen beim Schein der Fackeln in der dunklen Höhle einen protokinematographischen Illusionseffekt von Bewegung/en. Gleiches gilt bspw. für die Malerei des christlichen Mittelalters, die vor dem ästhetischen Paradigmenwechsel der Zentral- bzw. Fluchtpunktperspektive für die Betrachter*innen trotz der ‚einfachen' Bildstruktur aus Vordergrund und Hintergrund aus-/hinreichend funktional wie effektvoll gewirkt haben dürfte.

Mit diesen Prämissen hängt der von Mitchell ausgemachte zweite, dialektisch gegenüberstehende Aspekt zusammen, nämlich das Bild als Ab-Bild der Realität, was sich bereits etymologisch in den unterschiedlichen Begriffen – etwa althochdeutsch „bilidi" und mittelhochdeutsch „bilde" als „Nachbild(ung)" („Bild" 2021, 136), englisch „image" in relationaler Nähe zu „imitation", „imagination" oder „imaginary" (Williams 1988, 158), in diesem Kontext auch französisch „l'image", spanisch „la imagen", italienisch „l'immagine" etc. – angedeutet findet. Doch genau jenes Verhältnis von ‚Wirklichkeit' und visueller ‚Darstellung' ist hochgradig polyvalent, schließlich friert das Bild (im Vergleich zum Film) ein Objekt, eine Person oder einen Raum regelrecht ein, stellt einen ephemeren Moment im kopräsenten Da-Sein von Motiv und Künstler*in still (Heidegger 2012 [1935/36], 24–25), ‚ist' jedoch selbst nicht jener originale Zu- und Gegenstand. Diese ‚Täuschung' (in Platons *Politeia* ja als ‚Kopie der Kopie der Realität', als „Nachbildnerei der Erscheinung" (Platon 2020, 509) abgelehnt) und dieser ‚Verrat' – so ja im Titel von René Magrittes berühmtem Ölgemälde *La trahison des images* (1929), die photorealistische Abbildung einer Pfeife mit der schlichten Erkenntnis „Ceci n'est pas une pipe" unterschreibend – ist zugleich das größte Potenzial von Bild und Film wie auch deren eklatanteste Limitierung: Im visuellen Paragone zeichnet sich die Malerei durch eine eher subjektive (und von den künstlerischen Fähigkeiten abhängige) Interpretation, die Photographie durch eine vermeintlich objektive, allerdings auf die apparative Erfassbarkeit beschränkte Darstellung (vgl. dazu 3.1 unten) aus, und auch beim Film zeigt die fokussierende (Kamera)Perspektive zwangsläufig ja lediglich einen Ausschnitt der sichtbaren, umgebenden Welt.

Und: Längst hat, was (in der Vergangenheit) aufgenommen oder gemalt wurde, den Absolutheitsanspruch verloren, kann doch prinzipiell jedes Bild retuschiert oder gefälscht – und inzwischen auch mit nur wenigen Klicks und ein paar *prompts* künstlich erzeugt werden (vgl. dazu 3.3 unten). So ist das Bild in der postmodernen Hyper-Realität – als jenes Stadium, in dem jeglicher Widerspruch zwischen dem Realen und dem Imaginären ausgelöscht ist, beide Ebenen über die Simulation verschmelzen (Baudrillard 1976, 114) – in die von Jean Baudrillard (1929–2007) ausgemachte vierte Phase des Trug-Bildes eingetreten (1981, 17): Nachdem (1) ‚wahrhaftig' eine tieferliegende ‚Wirklichkeit' widergespiegelt oder (2) diese gerade entstellt wurde, versuchten Bilder (3) zunächst das Fehlen einer „réalité profonde" und entsprechend ihre ‚Referenzlosigkeit' zu maskieren, bzw. weisen schließlich (4) keinerlei Bezug zur ‚Realität' (mehr) auf und sind ihr eigenes, reines Simulakrum („son propre simulacre pur").

Angesichts der Allgegenwärtigkeit von Bildern und neuen Bildmedien im ausgehenden 20. Jahrhundert, aber auch der Ausdifferenzierung von interdisziplinären Forschungsansätzen durch die CULTURAL STUDIES mag der von Mitchell ausgerufene *pictorial turn* wenig überraschen – und wird in den folgenden Jahren von ähnlichen Vorschlägen eines *iconic turn* (Boehm 1994, 13), gar eines *visual turn* (vgl. zur kritischen Differenzierung auch Schade/Wenk 2011, 40–42), „der sich auf visuelle Praktiken und Medien der Wahrnehmung wie Aufmerksamkeit, Erinnerung, Sehen, Beobachtung ebenso ausdehnt wie auf Kulturen des Blicks" (Bachmann-Medick 2018, 331), begleitet. Dabei könnte/sollte ein solcher kulturwissenschaftlicher Paradigmenwechsel der mit dem *linguistic turn* verbundenen Sprachwissenschaft eine entsprechende Allgemeine Bildwissenschaft gegenüberstellen, die sowohl „das grundlegende Verhältnis zwischen Bildern, Beobachtern und Milieus" (Huber 2004, 15) untersucht, dabei über die etablierten Disziplinen von Kunstgeschichte oder Medienwissenschaft hinausreicht, und zugleich bspw. das reziproke Verhältnis von Bild/ern und Kultur/en wie etwa auch die Reflexion über das Visuelle in unterschiedlichen Medien (Malerei, Photographie, Musikvideo, Video Games etc.) in einer „Study" systematisiert und bündelt.

Gerade die Abgrenzung zum *linguistic turn* machte es strategisch notwendig, das Forschungsinteresse definitorisch neu zu fassen – wodurch sich viele Definitionen von Bild(lichkeit) zunächst noch häufig abgrenzend an Sprache und Text orientierten. Prägend sind frühe Konzepte der Zeichentheorie (Peirce 1998 [1895]) und Bildsemiotik (Barthes 1963), schließlich auch Versuche einer medienunabhängigen Perspektive als „denotation" (Goodman 1976, 5) oder die ‚familiäre' Erweiterung von „image" als „graphic, optical, perceptual, mental, verbal" (Mitchell 1986, 10) Phänomene, bevor die VISUAL (CULTURAL) STUDIES ebenso phänomenologische, medien- und rezeptionstheoretische etc. Ansätze ausbilden (Mersmann 2006, 21) oder sich in der Nähe zu den CULTURAL STUDIES der kritischen Reflexion der (ideologischen) ‚Macht' von Bildern (vgl. dazu 3.2 unten) zuwenden.

Und so wie Bilder im alltäglichen Leben des 21. Jahrhunderts omnipräsent sind, versteht sich der *visual turn* als eine „Hinwendung zur visuellen Logik und daher zum sinnlichen Wissen und Denken der Bilder" (Mersmann und Schulz 2006, 9): Die daraus begründeten VISUAL (CULTURE) STUDIES reflektieren inzwischen ebenso die Funktionalität von Bildern als Macht- und Propagandamittel wie deren Zensur und Kontrolle, unterstreichen in der Bildanthropologie (Belting 2001, 11–12) am Beispiel bildgebender Verfahren in Naturwissenschaften und Medizin oder der Kommunikation über Videotelephonie, dass Bild und Mensch, bzw.

konkret Bild und Körper, nicht zu trennen sind, oder wenden sich aktuellen Erscheinungsformen digitaler Film- und Computerkunst zu.

2 Institutionalisierungen

Trotz mancher Skepsis an einer konkret festzumachenden ‚visuellen Wende' in den Geistes- und Kulturwissenschaften, die sogar W.J.T. Mitchell teilt – den *pictorial turn* fortan etwas relativierend „unter dem doppelten Aspekt eines zeitgenössischen Paradigmenwechsels in den Wissenschaften [...] und zugleich einer ‚wiederkehrenden Trope'" (Mitchell 2007, 40), die mit neuen Bildmedien und -technologien wie damit verbundenen Herausforderungen und Ängsten auch bereits für frühere Zeiten angenommen werden kann, betrachtend –, scheinen die metaphorischen „Bilderfluten" (Flusser 2002, 71) des 20. Jahrhunderts wie auch der „heutige[] Bilderstrom" (Belting 2007, 17) des Digitalen dennoch verstärkt Forschungen in unterschiedlichen Disziplinen angestoßen zu haben, denn: „Wenn Archäologie und Kunstgeschichte als die genuinen Bild-Disziplinen ihre Traditionen als historische Bildwissenschaften reaktiviert haben, wenn die Filmwissenschaft nach der Erzählung die Bildhaftigkeit der Filme in den Vordergrund stellt, wenn die Philosophie die Reflexion des Bildes privilegiert, wenn die Literaturwissenschaft das Wechselverhältnis von Schrift und Bild analysiert, wenn die Historik die Bildquellen aus dem Odium der Illustration löst, wenn die Wissenschaftsgeschichte die visuelle Konditionierung von ‚science' betont, wenn die Jurisprudenz an einer Ikonologie des Rechtes arbeitet, wenn die gegen den Ikonoklasmus der Bourbaki-Gruppe gerichtete Formel ‚Seeing is believing' in der Mathematik nachwirkt, wenn die Biologie erstmals seit Darwin das Kriterium der Schönheit für die natürliche Auslese erörtert und wenn die auf allen Feldern der Naturwissenschaften agierende Computervisualistik analysiert wird, dann sind dies Anzeichen, dass auch im Bereich der Forschung ein tief greifender, durch die modernen Bildtechniken und den Wunsch nach visueller Teilhabe hervorgerufener Wandel geschieht, der sich in der gesamten Kultur vollzieht." (Bredekamp 2004, 16–17)

Konkret für die deutschsprachige Forschungslandschaft zeigt sich dieser *turn* an der Begründung oder institutionellen Festigung einer inter- und transdisziplinären Bildwissenschaft mit kulturwissenschaftlichen Fragestellungen (Frank und Lange 2010, 77) – wohl zwangsläufig in besonderer fachlicher Nähe zur Kunstgeschichte/Kunstwissenschaft, die ja bereits in der disziplinären Struktur ganz „wesentlich durch bildgebende Technologien geprägt wurde und infolgedessen grundlegende kunst- respektive bildwissenschaftliche Methoden hervorgebracht hat" (Hensel 2011, 15), aber auch aus Archäologie, Medienwissenschaft (→ Media Studies) oder Philosophie kommen Forschungsansätze zu den Visual (Culture) Studies. Und so weisen viele kunst- und medienwissenschaftliche Studiengänge einzelne Module oder gar Schwerpunkte im (Wahl-)Pflichtbereich auf, die in Bachelor-Programmen wie „Kunst- und Bildwissenschaft" (Universität des Saarlandes) oder „Bild- und Kunstgeschichte" (Universität Bielefeld) und Master-Studiengängen der „Bildwissenschaft" (Universität Passau, Donau-Universität Krems) weiter ausspezifiziert sind.

Diese genuine Interdisziplinarität spiegelt sich auch in derzeit besetzten Professuren mit Denominationen wie „Bildtheorie" (Bauhaus-Universität Weimar), „(Historische) Bildwissenschaft" (Universität Bielefeld, TH Nürnberg) oder „Kunstgeschichte und (Historische) Bildwissenschaft" (Universität Regensburg, Hochschule für Grafik und Buchkunst Leipzig) sowie der Kopplung aus „Bildwissenschaft und Medienästhetik" (Heinrich-Heine-Universität Düsseldorf) und „Bildwissenschaft im globalen Kontext" (TU Dresden), oder der historischen Schwerpunktsetzung auf „Mediävistische Bild- und Kulturwissenschaft" (TU Darmstadt) respektive „Bildkulturen des Mittelalters" (Humboldt-Universität Berlin).

Zu den universitären Forschungszentren zählen das Institut für Kunst- und Bildgeschichte (IKB) an der Humboldt-Universität Berlin, das Institut für angewandte Kunst- und Bildwissenschaften an der Bergischen Universität Wuppertal oder das (in der Theologischen Fakultät angesiedelte) Institut für Bildtheorie an der Universität Rostock. In enger Verbindung zum Zentrum für interdisziplinäre Bildforschung (ZiB) der Eberhard Karls Universität Tübingen steht die 2009 gegründete deutsche Fachgesellschaft für Interdisziplinäre Bildwissenschaft (GIB), in deren Herausgeberschaft auch *Image. Zeitschrift für Interdisziplinäre Bildwissenschaft* (seit 2005) liegt. Hinzu kommen zahlreiche inter- und transdisziplinäre Arbeitsgruppen – etwa „Die Welt als Bild" an der Berlin-Brandenburgischen Akademie der Wissenschaften (2005–2008) oder der bildwissenschaftliche Themenverbund „Sehen und Verstehen" an der Universität Regensburg – und Forschungsstellen wie bspw. das Warburg-Haus in Hamburg-Eppendorf mit Archiven und Schwerpunktprojekten (zur „Entarteten Kunst", zur Politischen Ikonographie etc.) in enger Verbindung zu den Kulturwissenschaften und der Kunstgeschichte an der Universität Hamburg.

Für die Schweiz ist besonders das an der Universität Basel verortete Zentrum für die Theorie und Geschichte des Bildes (eikones) sowie die seit 2020 an der Universität Zürich bestehende Forschungskooperation „Digital Visual Studies" (gemeinsam mit dem Max-Planck-Institut für Wissenschaftsgeschichte, Berlin) hervorzuheben, für Österreich das bereits 2001 gegründete Zentrum für Bildwissenschaften (ZBW) an der Donau-Universität Krems sowie das Labor für empirische Bildwissenschaft (CReA) an der Universität Wien.

Dieses deutschsprachige Spezifikum der ‚Bildwissenschaft' ist nicht deckungsgleich mit den VISUAL STUDIES respektive VISUAL CULTURE STUDIES, die in UK, den USA oder Kanada in zahlreichen Instituten und Departments, Professuren und Studiengängen etabliert, und die aus den CULTURAL STUDIES hervorgegangen sind (und in deren kritischem Bewusstsein stehen). Besonders einflussreich war hierbei das 1967 am Massachusetts Institute of Technology (MIT) gegründete Center for Advanced Visual Studies (CAVS), das 2009 mit dem Visual Arts Program (VAP, seit 1989) zum MIT Program in Art, Culture and Technology (ACT) verschmolzen ist. Weitere Forschungszentren („Center for Visual Studies") finden sich etwa an den Universitäten Oxford, Mailand oder Zagreb; die University of Nottingham beherbergt ein Centre for Research in Visual Culture; 2009 wurde an der University of Texas at Austin ein Center for Latin American Visual Studies (CLAVIS) ins Leben gerufen; ein vergleichbares Centre for Iberian and Latin American Visual Studies (CILAVS), die → Iberian Studies und Latina/o Studies mit bildwissenschaftlichen Fragestellungen verbindend, findet sich seit 2007 an der Birkbeck, University of London.

Bereits schon relativ bald nach Mitchells grundsätzlichen Überlegungen zu einem *pictorial turn* und der Einrichtung von Departments und Studiengängen im anglo-amerikanischen Raum erscheinen in den 1990er Jahren erste Überblicksbände (Jenks 1995; Sturken und Cartwright 2001) und Anthologien (Mirzoeff 1998; Evans und Hall 1999), und auch in Deutschland gründet sich bereits 2000 eine Buchreihe der „Studien zur Visuellen Kultur" (zunächst Jonas-Verlag, Marburg; seit 2006 im Bielefelder Transcript-Verlag). Nach einem ersten systematischen Überblick zur *Bildwissenschaft* (Sachs-Hombach 2005), zu *Bildtheorien* (Sachs-Hombach 2009) und *Visuellen Kulturen* (Rimmele und Stiegler 2012) sowie der Übersetzung einiger Aufsätze und Bücher von W.J.T. Mitchell (2008a; 2008b) erreicht die deutschsprachige Forschung dann einen ersten Höhepunkt mit dem interdisziplinären Handbuch *Bild* (Günzel und Mersch 2014), einem Handbuch *Literatur & Visuelle Kultur* (Benthien und Weingart 2014) sowie einer umfassenden Anthologie zu *Bildwissenschaft und Visual Culture* (Rimmele, Sachs-Hombach und Stiegler 2014). Aus dem Forschungsprojekt „Visual History. Institutionen und Medien des Bildgedächtnisses" (2012–2015) am Leibniz-Zentrum für Zeithistorische Forschung, Potsdam geht 2013 das Online-Portal „Visual History" sowie drei Jahre später die Schriftenreihe „Visual History. Bilder und Bildpraxen in der Geschichte" hervor; seit 2019 erscheint im Wagenbach-Verlag die Reihe „Digitale Bildkulturen", bislang mit Bänden u. a. zu Netzfeminismus (Kohout 2019) oder Selfies (Ullrich 2019), Modebildern (Weis 2020) oder Videospielen (Birken 2022).

3 Exemplarische Beispiele und Fragestellungen

Drei ausgewählte Fallbeispiele sollen einige Fragen und Ansätze der Visual (Cultural) Studies respektive der Bildwissenschaften anreißen – die einzelmedienhistorische Betrachtung der Photographie(geschichte), ideologiekritische Perspektiven auf die ‚Macht' von Bildern und Repräsentationen sowie die gegenwärtig akuten Herausforderungen durch digital erzeugte KI-Bilder und Krypto-Kunst/NFTs.

3.1 Photographiegeschichte

Die Geschichte der Photographie hat mehrere Dimensionen und umfasst ebenso die technologischen Entwicklungen der Bildherstellung als zunächst fotochemische, inzwischen digitale Verfahren wie die Herausbildung spezifischer Bildästhetiken oder schließlich das medientheoretische Nachdenken über diese „miniatures of reality" (Sontag 2013, 530) und deren Einfluss auf Sehen und Denken. Steht die Photographie heute gleichberechtigt neben den ‚klassischen' Kunstformen von Skulptur oder Malerei (bzw. hat deren diskursive Bedeutung durch ihre praktikable Alltäglichkeit und die leichte Zugänglichkeit wohl gar deutlich geschmälert), wurde der ‚Wert' photographischer Bilder zunächst teilweise skeptisch, gar ablehnend betrachtet: „[D]ie Daguerre'sche Erfindung [hat] einen sehr hohen szientifischen, aber nur einen bedingten künstlerischen Wert. Die Hervorbringung des Bildes selbst geschieht auf rein physikalischem Wege, und nur die Wahl des in Beleuchtung günstigen Moments und des Umfangs der Szene, um ein angenehmes Bild hervorzubringen, bleibt dem künstlerisch geübten Auge überlassen. [...] Man hat demnach sehr Unrecht, wenn man glaubt, der Daguerreotyp werde der Kunst der Malerei großen Schaden zufügen. Er schreibt die leblose Natur ab; die Beobachtung der lebenden und der Geist sie zu fassen ist ihm fremd; noch weniger weiß er von Erfindung und freier Darstellung dessen, was unsere Phantasie und unser Gemüt bewegt." (Schorn und Kolloff 1980, 58–59)

Diese Kritik aus dem Jahr 1839 entstand gut eineinhalb Jahrzehnte nach der heute frühesten bekannten Photographie durch Joseph Niépce (1765–1833), der eine dünn mit Bitumen bestrichene Zinnplatte in einer Lochkamera auf dem Fensterbrett seines Arbeitszimmers über acht Stunden belichten ließ. Die je nach Helligkeit verschieden stark gräulichen Abdrücke konnten dann zu einem noch eher grießigen und durch die lange Belichtungszeit unnatürlich schattierten Bild gesichert werden (Koschatzky 1987, 49–52). Auf diesen Vorarbeiten der „Heliographie" baut Louis Daguerre (1787–1851) in den folgenden Jahren auf – und entwickelt mit der „Daguerreotypie" eine effiziente Methode aus silberbeschichteten Kupferplatten, die durch Joddämpfe lichtempfindlich und mit Quecksilberdämpfen sichtbar gemacht wurden, bevor eine Salz- oder Zyankalilösung die unbelichteten Teile ausspülte und so das Bild fixierte (von Brauchitsch 2018, 30). Der deutlich kürzeren Belichtungszeit von nur noch wenigen Minuten steht bei einer bereits sehr guten (schwarz-weißen) Bildqualität der Umgang mit gefährlichen

Chemikalien gegenüber, doch wird das vom französischen Staat subventionierte, fortan nicht mehr Helio-, sondern Photographie genannte Verfahren (altgr. „hēlios“ = Sonne, „phôs“ = Licht, „gráphein“ = schreiben, abbilden) in der zweiten Hälfte des 19. Jahrhunderts auch für eine breite Nutzung immer weiter optimiert: Die schweren Platten werden von George Eastman (1854–1932) in der Kodak-Kamera von 1901 durch den Rollfilm ersetzt, und die Bilder ab den 1930er Jahren durch Kodachrome oder Agfacolor auch farbig; die Stereoskopie täuscht eine räumliche Tiefe vor, die Serienphotographie von Eadweard Muybridge (1830–1904) bringt ‚Bewegung‘ in die Standbilder und deutet so den Film voraus. Die zeitliche Latenz zwischen Aufnahme und (analogem) Photo wird durch Edwin Herbert Land (1909–1991) und die revolutionäre Polaroid-Technologie in der SX-70-Sofortbildkamera von 1972 erst minimiert, schließlich zum Ende des 20. Jahrhunderts durch Digitalkameras vollständig aufgehoben.

1839 noch als bloße chemisch-mechanische Apparatur abgetan, der jegliche Ästhetik und Kunstfertigkeit fehle, wird gerade dieses ‚naturalistische‘ Ab-Bilden – der britische Photopionier und Daguerres wohl schärfster Konkurrent William Henry Fox Talbot (1800–1877) spricht vom untrüglichen „pencil of nature“ – zur existenziellen Bedrohung für die Malerei, die (ähnlich der Literatur) in der paneuropäischen Strömung des „Realismus“ ebenso wie in Versuchen eines ‚neuen‘ Sehens im Impressionismus und später Kubismus, Futurismus oder Surrealismus wieder eine eigene ‚Legitimation‘ zu finden (ver-)sucht. Und so wird ausgerechnet die nüchterne Sachlichkeit, das ‚Abschreiben der leblosen Natur‘, zur größten Stärke des neuen Mediums, das im Vergleich zum flüchtigen Spiegelbild die ‚Wirklichkeit‘ nun dauerhaft stillstellen kann, und damit zugleich beglaubigt, dass jener eingefrorene Moment tatsächlich so stattgefunden haben muss (vgl. Barthes 1980, 15–16). Genau dieses Versprechen der Indexikalität macht die Photographie etwa für die journalistische Arbeit so essenziell, führt ebenso zur großen Reichweite von Boulevardzeitungen wie dem *Daily Mirror* (1903) und bunten Massenillustrierten wie *Life* (1883/1936) als auch der Notwendigkeit von (unabhängigen) Bildagenturen wie den u. a. von Henri Cartier-Bresson (1908–2004) gegründeten „Magnum Photos“ (1947): „Von allen Ausdrucksmitteln ist die Photographie einzigartig darin, einen Augenblick genau festzuhalten. Wir spielen mit Dingen, die entschwinden und wenn sie weg sind, ist es nicht mehr möglich, sie wieder ins Leben zurückzuholen. Man verändert sein Motiv nicht, kann es höchstens unter den Bildern auswählen, die man für die Reportage gesammelt hat. Ein Schriftsteller hat Zeit nachzudenken, bis sich ein Wort gebildet hat und er es auf das Papier bringen kann […]. Was für uns Photographen verschwindet, bleibt für immer verschwunden. Daraus kommen unsere Ängste und auch die Originalität unseres Handwerks. Einmal in das Hotel zurückgekehrt, können wir die Reportage nicht wiederholen.“ (Cartier-Bresson 1998, 16)

Seitdem ermöglicht die Photographie (und damit verbunden: der Film) ungeahnte Einblicke in fremde Länder und Kontinente, dokumentiert historische Ereignisse und ermöglicht sogar die menschliche Selbstbegegnung mit dem ‚Heimatplaneten', wenn die ikonische „Blue Marble"-Aufnahme der Apollo 17-Astronauten vom 7. Dezember 1972 erstmals die Erdkugel vom Weltraum aus zeigt und als „the most widely reproduced image in history" (Poole 2008, 82) zum bildgewaltigen Symbol für die globale Umweltschutzbewegung werden lässt. In den westlichen Kulturen längst ein ‚demokratisches' Medium, verändert sich von der analogen Loch- zur digitalen Smartphone-Kamera die Zugänglichkeit und Bedeutung von Bildern, und damit auch Strukturen des visuellen Denkens und Sehens generell: Musste sich der bürgerliche Patriarch des frühen 19. Jahrhunderts noch kostspielig und zeitaufwändig porträtieren lassen, sitzt die Familie in der zweiten Hälfte des Jahrhunderts bereits im Photoatelier, und existieren von den Großeltern aus der Mitte des 20. Jahrhunderts vielleicht einige Dutzend Bilder, können die zukünftigen Enkel*innen mit Hunderten, gar Tausenden Aufnahmen aus unterschiedlichen Stadien des Lebens, von Urlaubsreisen oder Restaurantbesuchen rechnen.

Die damit einhergehende Gefahr einer ‚Entwertung' von Bildern (und/oder den ephemeren Momenten dahinter) oder die Frage des Datenschutzes und der Privatsphäre auf den Servern der Clouds und Sozialen Netzwerke reiht sich ein in die mediengenuinen Problematiken von Bildfälschung und Photomanipulation, von Propaganda und Zensur, wie bspw. der politischen Einflussnahme in der gezielten Inszenierung von Kriegen (Ignatieff 2000, 192–194) oder der Be- und Umdeutung von Bildern im kulturellen Gedächtnis von Nationen (Paul 2011). Auch damit beschäftigen sich die am Medium der Photographie interessierten Forschungsansätze innerhalb der Visual (Culture) Studies, die sich gleichfalls mit der hier skizzierten Medien- und Technologiegeschichte, mit Phototheorie und Bildästhetik oder etwa mit dem Zusammenspiel von Photos und literarischen Texten – in Romanen von André Breton (*Nadja*, 1928) bis Esther Kinsky (*Am Fluß*, 2014) – auseinandersetzen.

Im kritischen Bewusstsein der Cultural Studies wird in den vergangenen Jahren ebenso eine explizit ‚weibliche' Photographiegeschichte geschrieben (Lebart und Robert 2022) wie die historische und ästhetische Eigenständigkeit der Photographie im Kolonialismus (→ Postcolonial Studies), etwa in Indien (Derenthal, Gadebusch und Specht 2012), herausgestellt, oder die (post-)feministische und queere Selbstermächtigung klassischer Bildmotive in Musikvideos oder dem Netzfeminismus untersucht (→ Gender Studies, → Queer Studies).

3.2 *male gaze* und Repräsentationskritik

Inzwischen dürften wohl mehrere Generationen britischer Kunstinteressierter durch John Berger (1926–2017) in ihrem Sehen und Verständnis von Bildern geprägt worden sein: Im Januar 1972 strahlt die BBC vier, jeweils halbstündige Folgen seiner Doku-Serie *Ways of Seeing* aus, die später auch zu einem immer wieder in zahlreichen Sprachen neu aufgelegten Taschenbuch überführt werden. Durchaus im kritischen Bewusstsein der CULTURAL STUDIES stehend, eröffnet er einem breiten Publikum neue, ungewohnte Perspektiven auf die westliche, hochkulturell konnotierte und stark patriarchal geprägte Bilderwelt, entstaubt und entzaubert den „process of mystification" (Berger 1972, 21), verfolgt ikonographische Traditionen von den ‚alten Meistern' bis in die Populärkultur, die Werbung und die Massenmedien des 20. Jahrhunderts, und deckt die ‚Macht' der Bilder auf – nun aber nicht „das heilige Schaudern" (Smith 2017, 11) vor dem Original, sondern vielmehr die sich darin widerspiegelnden hegemonialen Machtverhältnisse und die davon ausgehenden Ideologien. So etwa mit Blick auf die Darstellung von weiblichen und ihr Verhältnis zu männlichen Personen auf der Leinwand: „‚[M]en act' and ‚women appear'. Men look at women. Women watch themselves being looked at. This determines not only most relations between men and women but also the relation of women to themselves. The surveyor of woman in herself is male: the surveyed female. Thus she turns herself into an object – and most particularly an object of vision: a sight." (Berger 1972, 47)

Diese paradigmatische Annahme, die – häufig unter dem Vorwand mythologischer Figuren (Berger 1972, 51) – gemalte weibliche Nacktheit zur ‚Schaulust' eines (ohnehin jahrhundertelang, und in gewisser Weise bis heute) männlich dominierten Kunstdiskurses verstehend, teils sogar gespiegelt um männliche Voyeure, etwa im „Susanna im Bade"-Motiv (Nesselhauf 2021, 277), wird kurz darauf von der feministischen Filmwissenschaftlerin Laura Mulvey (geb. 1941) auf den klassischen Hollywoodfilm übertragen: In ihrem Aufsatz *Visual Pleasure and Narrative Cinema* von 1975 macht sie einerseits die voyeuristische Phantasie der „Scopohilia" – „taking other people as objects, subjecting them to a controlling and curious gaze" –, andererseits eine regelrechte „to-be-looked-at-ness" (Mulvey 1999, 835, 837) aus, die sich klar in ein männlich-aktives Sehen und ein weiblich-passives Betrachtet-Werden differenziert, und auf der Leinwand sogar verdoppelt wird: „Traditionally, the woman displayed has functioned on two levels: as erotic object for the characters within the screen story, and as erotic object for the spectator within the auditorium, with a shifting tension between the looks on either side of the screen." (Mulvey 1999, 838)

Jener männlich-heterosexuelle Blick des Begehrens (*male gaze*) reicht aus der Bilderwelt der europäischen Kunstgeschichte heraus und als hierarchisches Verhältnis in die (patriarchale, kapitalistische) Lebensrealität hinein und beeinflusst die Frau (un-)bewusst – schließlich könnte sie jederzeit beobachtet werden – wie umgekehrt den Mann in einer problematischen Normalisierung des voyeuristischen Beobachtens und einer damit verbundenen Erwartung an hegemoniale Männlichkeit (→ MASCULINITY STUDIES). Damit hebt der *male gaze* nicht nur exemplarisch hervor, wie Bilder ‚etwas' mit den Rezipient*innen ‚machen', das (vermeintlich passive) Betrachten und Zuschauen zu einem das Individuum (aktivierenden) ästhetischen Erfahren wird (Rancière 2008, 20), sondern wie stark auch darüber hinaus visuelle Inszenierungen sowohl Denken, Selbstbild und/oder Habitus beeinflussen (können): „Every regime of representation is a regime of power." (Hall 1990, 225–226)

Aus diesen theoretischen Grundlagen haben sich in den VISUAL (CULTURE) STUDIES weitere kritische Perspektiven zu Darstellungsmacht allgemein (Hall 1997, 24–25), zu visueller Sichtbarkeit und Unsichtbarkeit innerhalb gesellschaftlicher Systeme (Mercer 1990) oder exemplarisch zum Verhältnis von dargestellten Körpern und ordnenden Blickregimen (Silverman 1996, 20–21) entwickelt. So setzen sich bspw. auch die → POSTCOLONIAL STUDIES oder die (CRITICAL) WHITENESS STUDIES (Schaffer 2008, 89–90) mit den konventionalisierten Bildtraditionen westlicher Kulturen auseinander (Schade und Wenk 2011, 112), oder die GENDER MEDIA STUDIES fragen nach den (Un-)Möglichkeiten genuin ‚eigen(ständig)er' Ästhetiken in Malerei, Photographie oder Film, etwa einem *female gaze* oder einem *queer gaze*.

Dieses Dilemma dürfte sich besonders am Beispiel visueller Pornographien zeigen: Schon früh in der Photographie- und Filmgeschichte haben sich (aus der Kunst und Literatur übernommene) phallozentristische Darstellungskonventionen des sexualisierten Körpers etabliert, die längst so stark in die heterosexuelle Mainstreampornographie eingebrannt sein dürften, dass eine Dezentrierung des *male gaze*, die programmatische Sichtbarkeit und ästhetische Inszenierung ‚anderer' Sexualitäten entsprechend eines sex-positiven (Post-)Feminismus (Nesselhauf 2021, 292–296), häufig noch ungewohnt wirkt. Dabei wären Ansätze, die sich „für die unendliche Vielfalt von Sexualität[en] und ihrer Darstellungen" einsetzen, als „Ausdruck von Freiheit und sexueller Selbstbestimmung, losgelöst von traditionellen Stereotypisierungen und geschlechtsspezifischen Rollenzuschreibungen" (Nazarova 2016, 57), eine ja nur logische Fortsetzung der gesellschaftlichen Pluralität und sexuellen Diversität.

Gerade hierbei lässt sich die sonst nicht völlig von der Hand zu weisende Kritik an der ideologischen Fokussierung einer kulturwissenschaftlich orientierten Bildwissenschaft respektive den VISUAL (CULTURE) STUDIES entkräften, sich eventuell zu sehr „auf Kontexte, Strukturen, Institutionen, Habitus, skopische Regime etc." zu konzentrieren und „die visuellen Objekte selbst zu vernachlässigen" (Grave, Heyder und Hochkirchen 2022, 10): Das diskursive Umfeld, der „Bild-Akt"

(Bredekamp 2015, 56–57) und die visuelle ‚Macht' der Ab-Bilder sind nämlich lediglich *ein* Aspekt der kritischen Auseinandersetzung, vergessen aber keineswegs die ‚inhaltliche' (narrative und visuelle) Inszenierung unter Zuhilfenahme des kunst- oder filmwissenschaftlichen Werkzeugkastens.

3.3 KI-Bilder und NFTs

Bereits Marshall McLuhan (1911–1980) deutet auf den letzten Seiten seiner ‚Gutenberg-Galaxis' eine „new electric galaxy" (McLuhan 1962, 278) an, die in den vergangenen Jahrzehnten mit der (Re-)Produktion und (Nach-)Bearbeitung von digitalen Bildern und deren Verbreitung in Echtzeit über Zeitzonen hinweg, sei es bei der Live-Übertragung von Ereignissen auf anderen Kontinenten oder der globalen Interaktion über Social Media, eine starke Beschleunigung erreicht hat, bei der gegenwärtig kein baldiges Ende abzusehen ist.

Der revolutionäre Übergang vom analogen zum/ins digitale Bild lässt sich wohl ganz gut an zwei Erfindungen datieren: Einerseits der 1969 in den Bell Laboratories durch Willard Boyle (1924–2011) und George E. Smith (geb. 1930) entwickelte CCD-Sensor (*charge-coupled device*), mit dem es nun möglich wird, die Lichtimpulse in der Photo- oder Videokamera digital zu einem zweidimensionalen Bild zu verarbeiten (erstmals mit der handlichen Sony-CCD-G5 von 1983), andererseits die digitale, nicht-lineare Bearbeitung durch den 1989 von Avid auf den Markt gebrachten „Media Composer" respektive dem „Adobe Photoshop" von 1990. Dass beide Technologien inzwischen in jedem Smartphone verbaut sind, unterstreicht den längst alltäglich gewordenen Umgang der (Re-)Produktion visueller Inhalte und setzt zugleich die Medienkonvergenz (*media convergence*) – das Zusammenkommen von ‚alten' und ‚neuen' Medien, das Ineinanderfließen von Bild, Text, Film und Sprache in Kommunikation und *social media*, aber auch die Verbindungen von Medienunternehmen – als Merkmal des 21. Jahrhunderts fort (Jenkins 2006).

In den vergangenen Jahren stellen nun digital erzeugte „soft images" (Hoelzl und Marie 2015), gerade bei KI- oder Krypto-Kunst, auch neue Herausforderungen an und für die wissenschaftliche Beschäftigung mit visuellen Phänomenen, schließlich fehlt den direkt am Computer entstandenen Bildern und Filmen jegliche Indexikalität. Der Bezug zur ‚Realität' wird abstrakt, wenn statt eines ‚naturalistischen' Ab-Bilds mit nur wenigen Klicks und einigen *prompts* eine quasi unbegrenzte Bilder-Welt entsteht, deren Räume, Objekte und Personen so niemals ‚wirklich' existier(t)en. Die technologische Grundlage dafür ist eine mit großen Datenmengen ‚gefütterte' Künstliche Intelligenz: Mit ‚tatsächlichen' Bildern (etwa von Stränden, Autos, Katzen usw.) trainiert, werden in der ‚Blackbox' – denn die genauen Operationen der Algorithmen sind aufgrund der quantitativen Masse für die Programmierer*innen kaum noch nachvollziehbar – des *deep learning* durch künstliche neuronale Netze zunächst Muster erkannt, und diese dann entweder von außen kontrolliert (überwachtes Lernen) oder maschinell (etwa in *generative adversarial networks*) immer wieder re-produziert.

Wurde also KI zunächst v. a. analytisch zur Bilderkennung von Objekten oder Personen (sei es zur Überwachung oder zum Erstellen von Alt-Text bei Suchmaschinen und *social media*) – was für Algorithmen, die keine synästhetische Erfahrung und entsprechend Vorstellung der Welt haben (können), und etwa den Unterschied im zweidimensionalen Bild zwischen einem Wischmopp, einem Teller Spaghetti und ineinander verknoteten Kabeln aufwändig erlernen müssen, schwierig genug ist – genutzt, macht es bspw. die seit 2021 verfügbare Software „Dall-E" von OpenAI oder das Programm „Midjourney" (2022) nun möglich, online in nur wenigen Augenblicken komplexe Darstellungen zu erzeugen: Ein Ufo landet vor dem Weißen Haus, die Buntglasfenster einer gotischen Kathedrale zeigen Superhelden, der Bundeskanzler steht im Stil surrealistischer Malerei an einem Spielautomat.

Diese magischen Phantasiegebilde orientieren sich durchaus an der ‚Realität' (schließlich lernt die KI von bestehenden Bildern) und sind insofern weiterhin grundsätzlich anthropozentrisch, doch bringt der Algorithmus immer wieder eher überraschende Bildelemente und Kompositionen hervor, die tatsächlich die Frage nach einer genuin eigen(ständig)en Ästhetik stellen (Misselhorn 2023). Doch die frühen experimentellen Anwendungen haben bereits auch die damit verbundenen ethischen Probleme – mit Beispielen aus dem kunsthistorischen Kanon gefüttert, orientiert sich die KI stark an westlichen Körper- und Schönheitsidealen, Vorstellungen von Heteronormativität etc. – und Herausforderungen für das traditionelle Verständnis von ‚Bild' und ‚Kunst' aufgezeigt (Merzmensch 2023, 47–59): So ist das 2018 bei Christie's für nahezu eine halbe Million US-Dollar versteigerte ‚Porträt' *Edmond de Belamy* im prächtigen Goldrahmen die ‚Schöpfung' eines künstlichen neuronalen Netzes, das Tausende von Porträtgemälden der Kunstgeschichte neu zusammenfügt, und damit klassische Kategorien von ‚Werk' und ‚Urheberschaft' brüchig werden lässt (Kruse 2020, 165–166). Und auch das 2022 zu einem Kunstwettbewerb eingereichte (und dort gar prämierte) *Théâtre d'Opéra Spatial* eröffnet Fragen nach handwerklichem Können und individueller Kreativität, wenn nun statt Pinsel und Farbe offenbar der Umgang mit Tastatur und (der nicht selbst programmierten) Software konstitutionell sind.

Hinzu kommt: Selbst wenn davon auszugehen ist, dass selbstlernende KIs an unterschiedlichen Tagen trotz des gleichen *prompts* (je nach Komplexität der Eingabe) durchaus verschiedene Varianten eines Bildmotivs entwickeln werden – schließlich ist jede Nutzung stets ein Training –, kennen diese digitalen Bilder prinzipiell kein unikales ‚Original', lassen sich als Dateien oder Screenshots in quasi gleicher Pixelauflösung kopieren und weiter verbreiten. Die mit dem ‚Kunstwerk im Zeitalter der technischen Reproduzierbarkeit' (erneut: Walter Benjamin) ja ohnehin brüchig gewordene ‚Aura' der ästhetischen Erfahrung macht KI-Bilder so zwar demokratisch zugänglich, damit aber auch unattraktiv für den Kunstmarkt.

Dies ändert sich mit einem (ersten) Boom von NFTs in der globalen Corona-Pandemie, wenn 2020/21 plötzlich Photos, Memes oder GIFs zu horrenden Preisen gehandelt werden (Reichert 2021, 19–20): Das *non-fungible token* geht auf die Entwicklung des kryptographischen Blockchain-Verfahrens (ein lokal gespeicherter Datensatz mit fälschungssicheren Informationen) für Krypto-Währungen wie Bitcoin (2009) zurück, und ermöglicht es nun, dass Bild-, aber auch Text- oder Musikdateien von den Künstler*innen digital signiert/zertifiziert, damit anhängend als ‚Original' authentifiziert und so (in diskursiver Übereinkunft) wertvoll werden (können): „Der Kunstmarkt passte sich an. Museen kauften Computerkunst, Auktionshäuser stellen Kryptospezialisten ein [und] Prominente von Madonna bis Marina Abramović bastelten eigene NFTs und warfen sie auf einen Markt, in dem sich praktisch alles verkaufte" (Padtberg 2022, 115). Der kurz darauf spektakulär eingebrochene Handel mit diesen lediglich digital ‚existierenden' Inhalten (mit allen Unabwägbarkeiten der digitalen Speicherung) wiederum unterstreicht die fluide Dynamik dieser noch neuen, sich beständig weiterentwickelnden Phänomene, die Bildwissenschaft und VISUAL (CULTURE) STUDIES sicherlich auch die nächsten Jahre beschäftigen, dabei theoretisch und methodisch herausfordern werden.

4 Potenzial, Kritik, Ausblick

Die noch junge Geschichte des Forschungsfeldes nimmt 2002 eine durchaus überraschende Wendung, als ausgerechnet W.J.T. Mitchell die VISUAL (CULTURE) STUDIES – in einem für ihn uneindeutigen Status als „an emergent discipline, a passing moment of interdisciplinary turbulence, a research topic, a field or subfield of Cultural Studies, Media Studies, Rhetoric and Communication, Art History, or Aesthetics" (Mitchell 2002, 165) – zu einem ‚eher unnötigen Ding' erklärt: „We don't need it. It adds on a vague, ill-defined body of issues that are covered quite adequately within the existing academic structure of knowledge. And yet, here it is, cropping up as a kind of quasi-field or pseudo-discipline, complete with anthologies, courses, debates, conferences, and professors." (Mitchell 2002, 167)

Dies führt Mitchell auch auf eine gewisse fachliche Unschärfe zurück, hätten doch in visuellen Kulturen alle Bilder den gleichen Stellenwert (von der *Mona Lisa* bis zum populären Meme, das Homer Simpson rückwärts in einer Hecke verschwinden lässt), und ließen sich die ganz unterschiedlichen Bildmedien von Malerei, Zeichnung, Fresko, Graffiti, Photographie, Film, Comic, Computerspiel, Musikvideo, GIF, NFT etc. doch nicht pauschal, sondern lediglich mit einem spezifischen Profil und Wissen um deren historische, technologische, mediale, ästhetische, narrative usw. Bedingungen wirklich fundiert untersuchen. Stattdessen schlägt Mitchell einführende Grundkurse für geistes- und kulturwissenschaftliche Studierende vor, die dabei für ein „showing seeing" sensibilisiert werden sollten: „[V]isuality, not just the social construction of vision, but the visual construction of the social, is a problem in its own right that is approached, but never quite engaged by the traditional disciplines of Aesthetics and Art History, or even by the new disciplines of Media Studies." (Mitchell 2002, 177)

Mitchells Bedenken – und auch die in den Fallstudien zuvor angerissenen blinden Flecken – ernst nehmend, könnten die VISUAL (CULTURE) STUDIES in dieser Weise tatsächlich eine ‚Hilfswissenschaft' darstellen, die notwendige Impulse und Reflexionen für die etablierten Fächer liefert. Da kulturwissenschaftliche „Studies" andererseits ja aber ohnehin immer disziplinäre Schnittstellenbereiche abdecken und so ein ganz eigenes fachliches Profil mit hinreichend theoretischen und methodischen Ansätzen ausbilden (müssen), zugleich Eigenständigkeit, Notwendigkeit und Nützlichkeit von → MEDIA STUDIES, → POSTCOLONIAL STUDIES oder → GENDER STUDIES wohl kaum (noch) angezweifelt werden, spricht wohl auch wenig gegen eine kulturwissenschaftlich informierte Bildwissenschaft respektive VISUAL (CULTURE) STUDIES, wie es bspw. auch äquivalent die Forschungsrichtung der SOUND STUDIES gibt, die sich (trotz bestehender Spezialisierungen von Musikgeschichte oder POPULAR MUSIC STUDIES etc.) übergreifend unterschiedlichen akustischen Phänomenen zuwenden können – also dem Verhältnis von Kulturen zu Geräuschen und Tönen, sei es anthropologisch dem Minnesang und Volkslied, Rap und ASMR, technikgeschichtlich den Entwicklungen bei Klangerzeugung und Rezeption von der Panflöte über das Radio zum Streaming usw. usf.

5 Literaturverzeichnis

Bachmann-Medick, Doris. *Cultural Turns. Neuorientierungen in den Kulturwissenschaften*. 6. Aufl. Reinbek 2018.

Barthes, Roland. „Le message publicitaire, rêve et poésie". *Les Cahiers de la publicité* 7 (1963): 91–96.

Barthes, Roland. *La chambre claire. Note sur la photographie*. Paris 1980.

Baudrillard, Jean. *L'échange symbolique et la mort*. Paris 1976.

Baudrillard, Jean. *Simulacres et simulation*. Paris 1981.

Belting, Hans. *Bild-Anthropologie. Entwürfe für eine Bildwissenschaft*. München 2001.

Belting, Hans. „Die Herausforderung der Bilder. Ein Plädoyer und eine Einführung". *Bilderfragen. Die Bildwissenschaften im Aufbruch*. München 2007: 11–23.

Benjamin, Walter. *Das Kunstwerk im Zeitalter seiner technischen Reproduzierbarkeit. Mit Ergänzungen aus der ersten und zweiten Fassung*. Hrsg. von Burkhardt Lindner. Stuttgart 2011 [1936].
Benthien, Claudia und Brigitte Weingart (Hrsg.). *Handbuch Literatur & Visuelle Kultur*. Berlin 2014.
Berger, John. *Ways of Seeing. Based on the BBC Television Series directed by Michael Dibb*. London 1972.
„Bild". *Etymologisches Wörterbuch des Deutschen*. Hrsg. von Wolfgang Pfeifer. Berlin 2021: 136–137.
Birken, Jakob. *Videospiele. Illusionsindustrien und Retro-Manufakturen*. Berlin 2022.
Boehm, Gottfried. „Die Wiederkehr der Bilder". *Was ist ein Bild?* München 1994: 11–38.
Bredekamp, Horst. „Drehmomente. Merkmale und Ansprüche des Iconic Turn". *Iconic Turn. Die neue Macht der Bilder*. Hrsg. von Christa Maar und Hubert Burda. Köln 2004: 15–26.
Bredekamp, Horst. *Der Bildakt. Frankfurter Adorno-Vorlesungen 2007. Neufassung 2015*. Berlin 2015.
Cartier-Bresson, Henri. „Der rechte Augenblick". *Auf der Suche nach dem rechten Augenblick. Aufsätze zur Photographie und Erinnerungen an Freunde*. Übers. von Birgit Opiela und Gretl Stritzel. Berlin 1998: 11–29.
Derenthal, Ludger, Raffael Dedo Gadebusch und Katrin Specht (Hrsg.). *Das koloniale Auge. Frühe Porträtfotografie in Indien*. Berlin 2012.
Evans, Jessica und Stuart Hall (Hrsg.). *Visual Culture. The Reader*. London 1999.
Flusser, Vilém. „Bilderstatus". *Medienkultur*. Hrsg. von Stefan Bollmann. Frankfurt a.M. 2007: 69–82.
Frank, Gustav und Barbara Lange. *Einführung in die Bildwissenschaft. Bilder in der visuellen Kultur*. Darmstadt 2010.
Goodman, Nelson. *Languages of Art. An Approach to a Theory of Symbols*. Indianapolis, IN 1976.
Grave, Johannes, Joris Corin Heyder und Britta Hochkirchen. „Jenseits der Dichotomie von Bild und Kontext. Zur Bedeutung von Zurichtungen des Bildersehens. Eine Einleitung". *Vor dem Blick. Zurichtungen des Betrachtens von Bildern*. Hrsg. von Johannes Grave, Joris Corin Heyder und Britta Hochkirchen. Bielefeld 2022: 7–43.
Günzel, Stephan und Dieter Mersch (Hrsg.). *Bild. Ein interdisziplinäres Handbuch*. Stuttgart 2014.
Hall, Stuart. „Cultural Identity and Diaspora". *Identity. Community, Culture, Difference*. Hrsg. von Jonathan Rutherford. London 1990: 222–237.
Hall, Stuart. „The Work of Representation". *Representation. Cultural Representations and Signifying Practices*. Hrsg. von Stuart Hall. London 1997: 13–74.
Heidegger, Martin. „Der Ursprung des Kunstwerkes (1935/36)". *Der Ursprung des Kunstwerkes. Mit der ‚Einführung' von Hans-Georg Gadamer und der ersten Fassung des Textes*. Hrsg. von Friedrich-Wilhelm von Herrmann. Frankfurt a.M. 2012: 1–74.
Hensel, Thomas. *Wie aus der Kunstgeschichte eine Bildwissenschaft wurde. Aby Warburgs Graphien*. Berlin 2011.
Hoelzl, Ingrid und Rémi Marie. *Softimage. Towards a New Theory of the Digital Image*. Chicago, IL 2015.
Huber, Hans Dieter. *Bild, Beobachter, Milieu. Entwurf einer allgemeinen Bildwissenschaft*. Ostfildern 2004.
Ignatieff, Michael. *Virtual War. Kosovo and Beyond*. New York 2000.
Jenkins, Henry. *Convergence Culture. Where Old and New Media Collide*. New York 2006.
Jenks, Chris (Hrsg.). *Visual Culture*. New York 1995.
Kohout, Annekathrin. *Netzfeminismus. Strategien weiblicher Bildpolitik*. Berlin 2019.
Koschatzky, Walter. *Die Kunst der Photographie. Technik, Geschichte, Meisterwerke*. München 1987.
Kruse, Christiane. *Welterschaffung, Kunstvernichtung. Kunst in Zeiten der Bilder*. Berlin 2020.
Lebart, Luce und Marie Robert. *A World History of Women Photographers*. London 2022.
McLuhan, Marshall. *The Gutenberg Galaxy. The Making of Typographic Man*. Toronto 1962.
Mercer, Kobena. „Black Art and the Burden of Representation". *Third Text* 10.4 (1990): 61–78.

Mersmann, Birgit und Martin Schulz. „Kulturen des Bildes. Zur Einleitung“. *Kulturen des Bildes*. Hrsg. von Birgit Mersmann und Martin Schulz. München 2006: 9–17.
Mersmann, Jasmin. „Iconic Turns. Die Wende zum Bild in Bildern von Wenden“. *Moderne. Kulturwissenschaftliches Jahrbuch* 2 (2006): 19–35.
Merzmensch. *KI-Kunst. Kollaboration von Mensch und Maschine*. Berlin 2023.
Mirzoeff, Nicholas (Hrsg.). *Visual Culture Reader*. New York 1998.
Misselhorn, Catrin. *Künstliche Intelligenz. Das Ende der Kunst?* Stuttgart 2023.
Mitchell, W.J.T. *Iconology. Image, Text, Ideology*. Chicago, IL 1986.
Mitchell, W.J.T. „The Pictorial Turn“. *Artforum* 3 (1992): 89–94.
Mitchell, W.J.T. *Picture Theory. Essays on Verbal and Visual Representation*. Chicago, IL 1994.
Mitchell, W.J.T. „Showing Seeing: A Critique of Visual Culture“. *Journal of Visual Culture* 1.2 (2002): 165–181.
Mitchell, W.J.T. „Pictorial Turn. Eine Antwort“. *Bilderfragen. Die Bildwissenschaften im Aufbruch*. Hrsg. von Hans Belting. München 2007: 37–46.
Mitchell, W.J.T. *Bildtheorie*. Hrsg. von Gustav Frank. Frankfurt a.M. 2008a.
Mitchell, W.J.T. *Das Leben der Bilder. Eine Theorie der visuellen Kultur*. München 2008b.
Mulvey, Laura. „Visual Pleasure and Narrative Cinema [1975]“. *Film Theory and Criticism. Introductory Readings*. Hrsg. von Leo Braudy und Marshall Cohen. New York 1999: 833–844.
Nazarova, Ekaterina. „PorYES! Strömungen der sexpositiven Frauenbewegung“. *Pornographie. Im Blickwinkel der feministischen Bewegungen, der Porn Studies, der Medienforschung und des Rechts*. Hrsg. von Anja Schmidt. Baden-Baden 2016: 35–59.
Nesselhauf, Jonas. „Die Lust nach neuen Bildern. Zu den (Un-)Möglichkeiten ‚(post-)feministischer Pornographien‘“. *Ästhetik(en) der Pornographie. Darstellungen von Sexualitäten im Medienvergleich*. Hrsg. von Norbert Lennartz und Jonas Nesselhauf. Baden-Baden 2021: 273–332.
Padtberg, Carola. „Schrott bleibt auf der Strecke“. *Der Spiegel* 44 (2022): 114–116.
Paul, Gerhard (Hrsg.). *Bilder, die Geschichte schrieben, 1900 bis heute*. Göttingen 2011.
Peirce, Charles S. „Of Reasoning in General [1895]“. *The Essential Pierce. Selected Philosophical Writings. Volume 2, 1893–1913*. Bloomington, IN 1998: 11–26.
Platon. „Politeia“. *Sämtliche Werke, Band 2*. Übers. von Friedrich Schleiermacher. Reinbek 2020: 195–537.
Poole, Robert. *Earthrise. How Man First Saw the Earth*. New Haven, CT 2008.
Rancière, Jacques. *Le spectateur émancipé*. Paris 2008.
Reichert, Kolja. *Krypto-Kunst. NFTs und digitales Eigentum*. Berlin 2021.
Rimmele, Marius und Bernd Stiegler. *Visuelle Kulturen/Visual Culture zur Einführung*. Hamburg 2012.
Rimmele, Marius, Klaus Sachs-Hombach und Bernd Stiegler (Hrsg.). *Bildwissenschaft und Visual Culture*. Bielefeld 2014.
Sachs-Hombach, Klaus (Hrsg.). *Bildwissenschaft. Disziplinen, Themen, Methoden*. Frankfurt a.M. 2005.
Sachs-Hombach, Klaus (Hrsg.). *Bildtheorien. Anthropologische und kulturelle Grundlagen des Visualistic Turn*. Frankfurt a.M. 2009.
Schade, Sigrid und Silke Wenk. *Studien zur visuellen Kultur. Einführung in ein transdisziplinäres Forschungsfeld*. Bielefeld 2011.
Schaffer, Johanna. *Ambivalenzen der Sichtbarkeit. Über die visuellen Strukturen der Anerkennung*. Bielefeld 2008.
Schorn, Ludwig und Eduard Kolloff. „Der Daguerreotyp [1839]“. *Theorie der Fotografie. Band 1: 1839–1912*. Hrsg. von Wolfgang Kemp und Hubert von Amelunxen. München 1980: 56–59.
Silverman, Kaja. *The Threshold of the Visible World*. New York 1996.
Smith, Zadie. „Meine Zeit als junge Frau ist vorbei“. *Frankfurter Allgemeine Zeitung* 11. Februar 2017: 11.

Sontag, Susan. „On Photography (1977)". *Essays of the 1960s & 70s*. New York 2013: 523–674.
Sturken, Marita und Lisa Cartwright. *Practices of Looking. An Introduction to Visual Culture*. Oxford 2001.
Ullrich, Wolfgang. *Selfies. Die Rückkehr des öffentlichen Lebens*. Berlin 2019.
von Brauchitsch, Boris. *Kleine Geschichte der Fotografie*. Stuttgart 2018.
Weis, Diana. *Modebilder. Abschied vom Real Life*. Berlin 2020.
Williams, Raymond. *Keywords. A Vocabulary of Culture and Society*. London 1988.

Die „Studies“ der Cultural Studies

Die folgende Zusammenstellung versucht viele in der kulturwissenschaftlichen Forschung bestehenden und institutionalisierten „Studies“ übersichtlich zu ordnen – und muss dabei zwangsläufig unvollständig bleiben, sowohl hinsichtlich von Forschungsrichtungen, die hier keine Erwähnung finden können, als auch in einer anders zu denkenden Unterkategorisierung. Die in den Artikeln dieses Handbuchs erwähnten „Studies“ werden im anschließenden alphabetischen Register mit Seitenzahl gelistet.

Body Studies
→ Disability Studies
Fat Studies
Child/hood Studies
Ageing Studies
Affect Studies
Sexuality Studies
Trauma Studies

→ Gender Studies
Jewish Gender Studies
Feminist Studies
Women's Studies
→ Masculinity Studies, (New) Men's Studies
Critical Masculinity Studies, Comparative Masculinity Studies
Critical Studies on Men and Masculinity
Girl/hood Studies
→ Queer/ness Studies
Gay Studies, Lesbian Studies
Queer of Color Studies, Black Queer Studies
Gay Latino Studies
Transgender Studies
Intersex Studies
Feminist Film Studies
Gender Media Studies
Porn Studies

https://doi.org/10.1515/9783110712919-034

→ (Cultural) Memory Studies
Material Culture Studies
→ Heritage Studies, Critical Heritage Studies
Classical Studies
Hellenic Studies
Roman Studies
Mediaeval Studies
→ Jewish Studies
Mizrahi Studies, Mena Jewish Studies
Sephardic Studies
→ Holocaust Studies
Diaspora Studies
Black Diaspora Studies
Mormon Studies
Museum Studies

→ Media Studies
→ Communication Studies, Cultural Communication Studies
Media Cultural Studies, Cultural Media Studies, Cultural Studies of Media
→ Visual (Culture) Studies
Digital Visual Studies
Popular Culture Studies
Production Studies
Audience Studies, Fan(dom) Studies
→ Fashion Studies
Costume Studies, Dress Studies, Wardrobe Studies
Comparative Media Studies
Intermedia Studies, Interart Studies
Comic Studies
Photography Studies
Film Studies
→ Television Studies, Critical Television Studies
→ Game Studies
Performance Studies
Theater Studies
Sound Studies
Music Studies
Popular Music Studies
Hip Hop Studies

Comparative Literature Studies
Global Literary Studies
Translation Studies

→ Social Studies
Class Studies
Citizenship Studies
Intersectionality Studies
Mobility Studies
Migration Studies
Forced Migration Studies, Global Migration Studies, Critical Migration Studies
Immigration Studies
→ Refugee Studies
Incarceration Studies, Camp Studies
Critical Legal Studies
Economic Studies, Business Studies, Management Studies
Social Studies of Knowledge
Science Studies
→ Science and Technology Studies
Laboratory Studies
Cultural Organization Studies, Cultural Institutions Studies
(Critical) University Studies
Contradiction Studies
→ Futures Studies
Celebrity Studies
Urban Studies

→ Political Studies
→ Surveillance Studies
Critical Data Studies
Diversity Studies
Governmentality Studies
Securization Studies
Peace and Conflict Studies
Peace and Security Studies
Perpetrator Studies
Reconciliation Studies
Strategic Studies
Nationalism Studies

Globalization Studies
→ Border Studies, Cultural Border Studies, Territorial Border Studies

→ Postcolonial Studies
Critical Post-Colonial Studies
Subaltern Studies
Oriental Studies
Commonwealth Studies
Black/ness Studies, Africana Studies
Black Women's Studies
Critical Whiteness Studies
Dependency and Slavery Studies

→ (Critical) Ethnic Studies
Cross-Cultural Studies, Transcultural Studies
Critical Race Studies
→ Minority Studies, Ethnic Minority Studies
Indigenous Studies
Māori Studies
Asian Australian Studies
African American Studies
African European Studies
Asian American Studies
Native American Studies, American Indian Studies
Mexican American Studies
Chicana/o Studies
Latina/o Studies

→ Area Studies
Comparative Area Studies, Critical Area Studies
→ Global Studies, Critical Global Studies
International Studies
Western Hemisphere Studies
African Studies
American Studies
Asian Studies
→ European Studies
Transnational Studies

Transregional Studies
Peninsular Studies
Glocal Studies
South East Asian Studies
Archipelagic Studies
Transpacific Studies
Transatlantic Studies
Black Transatlantic Studies
InterAmerican Studies
Mesoamerican Studies
Pacific Studies
Oceanic Studies
Mediterranean Studies
→ Iberian Studies
Hispanic Studies
Portuguese Studies
Scandinavian Studies
Middle Eastern Studies

→ **Environmental Studies**
Global Environmental Studies
Green Studies
Multispecies Studies
→ Animal Studies, Cultural Animal Studies, Human Animal Studies, Critical Animal Studies, Literary Animal Studies
→ Plant Studies, Human Plant Studies, Critical Plant Studies
→ Food Studies, Agro-Food Studies
Vegan Studies
Climate Studies
Sustainability Studies
Anthropocene Studies
Petroculture Studies
Extinction Studies

Autorinnen und Autoren

Monika Albrecht, Professorin für Neuere Deutsche Literaturwissenschaft an der Universität Vechta

Florian Auerochs, Wissenschaftlicher Mitarbeiter am Institut für Medienkulturwissenschaft der Albert-Ludwigs-Universität Freiburg

Anna Babka, Professorin am Institut für Germanistik der Universität Wien

Gerd Bayer, Professor für Anglistik an der Friedrich-Alexander-Universität Erlangen/Nürnberg

Julien Bobineau, Wissenschaftlicher Mitarbeiter an der Friedrich-Schiller-Universität Jena

Roland Borgards, Professor für Neuere Deutsche Literaturwissenschaft an der Goethe-Universität Frankfurt a. M.

Heike Derwanz, Professorin für Textilwissenschaft, Materielle Kultur und Textildidaktik an der Europa-Universität Flensburg

Noyan Dinçkal, Professor für Europäische Wissens- und Kommunikationsgeschichte der Moderne an der Universität Siegen

Gabriele Dürbeck, Professorin für Literatur- und Kulturwissenschaften an der Universität Vechta

Ulf Engel, Professor für Politik in Afrika am Institut für Afrikastudien der Universität Leipzig

Astrid Fellner, Professorin für Nordamerikanische Literatur- und Kulturwissenschaft an der Universität des Saarlandes

Vanessa Franke, Wissenschaftliche Mitarbeiterin des Graduiertenkollegs „Medienanthropologie" an der Bauhaus-Universität Weimar

Lisa Gaupp, Professorin für Cultural Institutions Studies am Institut für Kulturmanagement und Gender Studies der Universität für Musik und darstellende Kunst Wien

Esther Gimeno Ugalde, Wissenschaftliche Mitarbeiterin am Institut für Romanistik der Universität Wien

Simon Goebel, Professor für Soziale Arbeit und Diversität an der Technischen Hochschule Augsburg

Anne Grüne, Wissenschaftliche Mitarbeiterin am Seminar für Medien- und Kommunikationswissenschaft der Universität Erfurt

Susanne Hamscha, freie Kulturwissenschaftlerin und Beraterin für Diversität & Inklusion, Wien

https://doi.org/10.1515/9783110712919-035

Stefan Horlacher, Professor für Englische Literaturwissenschaft an der Technischen Universität Dresden

Josefine Honke, Wissenschaftliche Mitarbeiterin am Dr. K.H. Eberle-Forschungszentrum „Kulturen Europas in einer multipolaren Welt“ der Universität Konstanz

Dietmar Kammerer, Wissenschaftlicher Referent am Weizenbaum-Institut Berlin

Stefanie Köhler, Wissenschaftliche Mitarbeiterin am Institut für Germanistik der Universität Hamburg

Sabine Müller, Wissenschaftliche Mitarbeiterin am Institut für Germanistik der Universität Wien

Jonas Nesselhauf, Juniorprofessor in der Fachrichtung Kunst- und Kulturwissenschaften der Universität des Saarlandes

Solvejg Nitzke, Vertretungsprofessorin für Allgemeine und Vergleichende Literaturwissenschaft an der Ruhr-Universität Bochum

Isabelle-Christine Panreck, Professorin für Politikwissenschaft an der Katholischen Hochschule Nordrhein-Westfalen

Gabriele Pisarz-Ramirez, Professorin für American Studies/Minority Studies an der Universität Leipzig

Marina Rauchenbacher, Wissenschaftliche Mitarbeiterin am International Research Center Gender and Performativity der Universität für Musik und darstellende Kunst Wien

Sina Rauschenbach, Professorin für Religionswissenschaft mit dem Schwerpunkt Jüdisches Denken an der Universität Potsdam

Andreas Rauscher, Professor für Medientheorie und Mediengeschichte an der Hochschule Kaiserslautern

Steffen Röhrs, Wissenschaftlicher Mitarbeiter am Deutschen Seminar der Leibniz-Universität Hannover

Stefanie Samida, Wissenschaftliche Mitarbeiterin am Historischen Seminar der Universität Heidelberg

Karin Scherschel, Professorin für Flucht- und Migrationsforschung an der Katholischen Universität Eichstätt-Ingolstadt

Sonja Schmalenberger, Wissenschaftliche Mitarbeiterin am Lehrstuhl für Neuere deutsche Literaturgeschichte der Julius-Maximilians-Universität Würzburg

Timo Sedelmeier, Akademischer Oberrat am Lehrstuhl für Stadt- und Regionalentwicklung der Eberhard Karls Universität Tübingen

Isabelle Stauffer, Professorin für Neuere deutsche Literaturwissenschaft an der Katholischen Universität Eichstätt-Ingolstadt

Urte Stobbe, Akademische Oberrätin am Institut für Deutsche Sprache und Literatur der Universität zu Köln

Christoph Vatter, Professor für Interkulturelle Wirtschaftskommunikation mit Schwerpunkt Kulturtheorie und Kommunikationsforschung an der Friedrich-Schiller-Universität Jena

Hedwig Wagner, Professorin für Europäische Medienwissenschaft an der Europa-Universität Flensburg

Ute Wardenga, Professorin für Theorie, Methodik und Geschichte der Regionalen Geographie am Leibniz-Institut für Länderkunde in Leipzig

Florian Weber, Juniorprofessor in der Fachrichtung Gesellschaftswissenschaftliche Europaforschung der Universität des Saarlandes

Jan Wilkens, ehemaliger Doktorand am Institut für Jüdische Studien und Religionswissenschaft der Universität Potsdam

Christian Wille, Wissenschaftlicher Mitarbeiter an der Universität Luxemburg und Leiter des Interdisziplinären Kompetenzzentrums „UniGR-Center for Border Studies“

Register

https://doi.org/10.1515/9783110712919-036